KOORDINATEN- GEOMETRIE

VON

Dr. HANS BECK
PROFESSOR AN DER UNIVERSITÄT BONN

ERSTER BAND
DIE EBENE

MIT 47 TEXTABBILDUNGEN

BERLIN
VERLAG VON JULIUS SPRINGER
1919

ISBN-13:978-3-642-89522-7   e-ISBN-13:978-3-642-91378-5

DOI: 10.1007/978-3-642-91378-5

Vorwort.

An Lehrbüchern der analytischen Geometrie herrscht kein Mangel. Sie gehen im allgemeinen nicht zu weit über das hinaus, was der Studierende bereits von der Schule mitbringt, und wollen meist offenbar nur eine Vorbereitung für die Differentialrechnung sein. Daher befolgen sie eine gemischte Methode, insofern sie die synthetische Elementargeometrie voraussetzen und sich darauf beschränken, deren Aussagen nachträglich in das neue Gewand des Koordinatenapparats zu kleiden.

Der in dieser Weise behandelte Stoff ist im wesentlichen seit zwei Jahrhunderten bekannt, und man könnte daraus schließen, daß die analytische Geometrie seit jener Zeit erstarrt sei. Tatsächlich hat während der größeren Hälfte des verflossenen Jahrhunderts die synthetische Geometrie, in Deutschland die Steinersche Schule, das Hauptinteresse absorbiert. Darüber ist einmal die analytische Geometrie, die gleiche Erfolge nicht aufzuweisen hatte, in Mißkredit gekommen, und andererseits hat eine gewisse Vereinseitigung stattgefunden, insofern die Synthetiker nur ein Sondergebiet, die projektive Geometrie, pflegten und sich um andere Dinge, insonderheit um die Elementargeometrie kaum kümmerten.

Für die Koordinatengeometrie wurde der erste neue Gedanke nach langer Zeit 1872 von F. Klein in seinem Erlanger Programm ausgesprochen (vgl. S. 199 bis 202 dieses Buches). Klein erkannte wie sich die unübersehbare Fülle geometrischer Einzelerscheinungen in eine Reihe von Systemen einordnen läßt. Damit wurden die Invariantentheorie und die Lehre von den Transformationsgruppen Hilfswissenschaften der analytischen Geometrie, und es wurde u. a. auch der Nichteuklidischen Geometrie, die sich bis dahin nur zaghaft entwickelt hatte, ein fester Platz angewiesen.

In der Lehrbuchliteratur haben diese Gedanken Kleins ein Echo bisher nur gefunden im „Lehrbuch der analytischen Geometrie" von L. Heffter und C. Koehler.[1]) Auch auf das inhaltsreiche Werk von Clebsch-Lindemann[2]) sind sie ohne merklichen Einfluß geblieben und ebenso lange Zeit auf die Forschung, da Klein selbst

---

[1]) Lehrbuch der analytischen Geometrie. 1905.

[2]) Vorlesungen über Geometrie. Zweite Auflage. Erster Band, erster Teil. Erste Lieferung 1906. Zweite Lieferung 1910.

*

nicht allzuviel ·zur Verbreitung seiner Ideen getan hat. Erst die letzten zwanzig Jahre etwa haben, dank der Arbeiten Studys und seiner Schüler, so viel aus der Sache herausgeholt, daß heute von einem gewissen Abschluß, wenigstens in der Geometrie der Ebene, gesprochen werden kann.

Study gebührt das Verdienst, nachdrücklich die Forderung erhoben zu haben, auch in der Geometrie dieselbe Exaktheit walten zu lassen, die in der Analysis für selbstverständlich gilt. Er hat eine Reihe von neuen geometrischen Theorien geschaffen und andererseits auf die Wichtigkeit der Elementargeometrie hingewiesen, zu deren Klärung er als bester Kenner der Nichteuklidischen Geometrie und der Geometrie des komplexen Gebietes wertvolle Beiträge geliefert hat. Leider hat er seine Untersuchungen nicht im Zusammenhang dargestellt, und so ist der beklagenswerte Zustand festzustellen, *daß heute weder in der deutschen noch in der ausländischen Literatur ein Lehrbuch existiert, aus dem man sich über die Fortschritte der Forschung eines halben Jahrhunderts unterrichten kann.*

Diese Lücke soll das Buch auszufüllen helfen, welches der Verfasser hiermit der Öffentlichkeit übergibt. Daraus geht der Umfang des behandelten Stoffes hervor; der Leser wird im wesentlichen alles vorfinden, was nicht in die Geometrie der birationalen Transformationen gehört. Insbesondere ist der Nichteuklidischen Geometrie ein beträchtlicher Raum gewidmet, und zwar mehr als bei den· wenigen Spezialdarstellungen des Gegenstandes, wo zudem spärliches Tatsachenmaterial auch noch durch umfangreiche Ausführungen historischer und erkenntnistheoretischer Art überrankt wird, deren Wert gewiß nicht herabgesetzt werden soll, die aber doch wohl nicht die Hauptsache sein dürften.

Es konnte sich nun nicht um eine bloße Zusammenstellung dessen handeln, was in Zeitschriften verstreut liegt, sondern es mußte ein neues Fundament geschaffen werden. Es ist schlechthin unwissenschaftlich, wenn man, wie es doch wohl überall geschieht, die Gleichung der geraden Linie aus der Betrachtung ähnlicher Dreiecke gewinnt oder den Ausdruck für das Quadrat der Entfernung zweier Punkte aus dem Pythagoraeischen Lehrsatz. Da die analytische Geometrie ferner in der Hauptsache auf dem Fundamentalsatz der Algebra beruht, so ist es von vornherein unsachgemäß, wenn man auf das Imaginäre verzichtet. So haben wir denn, in einer neuerlichen Terminologie (vgl. § 18 dieses Buches), *abstrakte* Geometrie behandelt, und gleich von der ersten Seite ab grundsätzlich das komplexe Gebiet betrachtet. Nicht um seiner selbst willen, sondern weil unser Hauptziel, *auf ein erschöpfendes Verständnis der Elementargeometrie hinzuarbeiten,* das Imaginäre unentbehrlich macht.

Von diesem Gesichtspunkte aus wolle man die Stoffauswahl verstehen, z. B. bei der Lehre von den Kegelschnitten, wo nicht als letzter Weisheit Schluß das Hauptachsenproblem auftritt. Aus eben diesem Grunde die starke Betonung der anderen Wurzel der Elementargeometrie, der Nichteuklidischen Geometrie, die ebenfalls nicht Selbstzweck sein soll. Ihre Unentbehrlichkeit dürfte schlagend aus den Ausführungen des Schlußparagraphen hervorgehen.

Eine Schwierigkeit ließ sich dabei nicht vermeiden. Nicht alles in der Elementarmathematik vollzieht sich ganz zwangläufig. So sieht z. B. bei dem Kapitel der Vorzeichenbestimmungen, denen besondere Sorgfalt gewidmet ist, der Leser nicht immer sogleich, warum gerade so, und nicht anders verfahren ist. Wir haben nämlich *den Formelapparat von vornherein so eingerichtet, daß er später, von höheren Gesichtspunkten betrachtet, nicht wieder abgeändert zu werden braucht,* kurz so, daß hinterher alles „klappt". *Hierin* ist in den meisten Fällen die Motivierung zu finden. Wir haben darauf verzichtet, diesen Sachverhalt durch Scheinmotivierungen zu verhüllen. Immerhin bleibt hier ein Erdenrest, zu tragen peinlich. Aber diese Schwäche wird notwendigerweise einer jeden Darstellung gerade der abstrakten Geometrie anhaften, *eben um ihres Ursprungs in der konkreten Geometrie willen.* Wir wissen keinen Weg, die Begriffe des Winkels oder des Inhaltes usw. anders zu motivieren, als durch Hinweis auf ihren invarianten Charakter. Wer genau zusieht, wird im übrigen zugeben, daß es mit der „Motivierung" solcher Begriffe auch in der konkreten Geometrie ein eigenes Ding ist.

Wegen der außerordentlichen Stofffülle waren der Art der Darstellung gewisse Grenzen gezogen, sollte der Umfang des Buches nicht ins Ungemessene anschwellen. Diejenigen Abschnitte, die auch in anderen Büchern anzutreffen sind, haben wir gedrängter dargestellt und sind ausführlicher überall da zu Werke gegangen, wo der Leser anderweitig im Stich gelassen wird, am breitesten in den Kapiteln über Nichteuklidische Geometrie. Zudem ist das Buch, obwohl an Vorkenntnissen nur die einfachsten Sätze über Determinanten gefordert werden, nicht für Primaner bestimmt, sondern für solche Leser, die bereits eine einführende Vorlesung über analytische Geometrie gehört haben. Die Fragen, die in den Mittelpunkt gestellt sind, gehen vor allen Dingen den künftigen Lehrer an.

Erst dann, wenn er das Stoffliche beherrscht, wird der Leser mit Erfolg an die Axiomatik herangehen, deren geringer Bewertung durch Study[1]) wir nicht beipflichten. Erst dann wird er auch zu erkennen

---

[1]) Die realistische Weltansicht und die Lehre vom Raum. Braunschweig 1914. Kapitel X.

in der Lage sein, was die Axiomatik *nicht* leisten kann. Auch die Geschichte der Nichteuklidischen Geometrie und die Frage des Verhältnisses der Geometrie zum Erfahrungsraum hebe man sich auf, bis man über die nötigen Kenntnisse verfügt. Es will uns so scheinen, als ob man meist die umgekehrte Reihenfolge einschlägt. —

Der analytische Apparat ist auf die einfachste heute erreichbare Gestalt gebracht, indem, sobald es anging, durchweg invariante Bezeichnung durchgeführt wurde. Die Aronholdsche Symbolik zugrunde zu legen, hat sich der Verfasser jedoch nicht entschließen können. In den einfachsten Fällen arbeitet sie komplizierter als die von uns befolgte. Um jedoch dem Leser eine Vorstellung von ihrem Wesen zu geben, sind gelegentliche Hinweise in die Zusätze zerstreut, wo auch auf die Spezialliteratur verwiesen wird.

Diese durch kleinen Druck kenntlichen Zusätze sollen Absichten verschiedener Art dienen. Zunächst enthalten sie Übungsmaterial. Sodann auch Dinge, die es geboten schien, nicht in den eigentlichen Text aufzunehmen, um den Gedankengang klarer hervortreten zu lassen. Aus ökonomischen Rücksichten tritt dabei zuweilen ein und derselbe Gegenstand an verschiedenen Stellen in den Zusätzen auf; durch die Benutzung des besonders ausführlich gehaltenen Sachregisters wird der Leser in die Lage versetzt, sich schnell zurecht zu finden. Schließlich die en manche Zusätze vorbereitenden Zwecken; Vorarbeiten für künftige Entwicklungen werden vorweg genommen, um später störende Nebenbetrachtungen vermeiden zu können.

Literaturnachweisungen sind gegeben, soweit das möglich war; die Ausbeute ist nicht sehr groß.

Das, was man analytische Geometrie nennt, und was algebraische Geometrie heißen sollte, hat im Laufe der Zeit einen ganz bestimmten Sinn bekommen. Keine dieser Überschriften durfte gewählt werden, sollte unser abweichender Standpunkt im Titel des Buches zum Ausdruck kommen. Der Unterschied in der Methode ‚wurde schon erwähnt; aber auch eine stoffliche Verschiebung ist festzustellen. Nicht alle früher als gleichberechtigt angesehenen Partien haben sich als von gleicher Wichtigkeit erwiesen; manche sind zu sekundärer Bedeutung herabgesunken, andere in den Vordergrund des Interesses gerückt. Wohlmeinende Freunde haben geraten, auf Punkte dieser Art, die also neu gegen die vorhandenen Lehrbücher sind, den Leser hier besonders hinzuweisen. Als solche seien daher noch erwähnt die Lehre von den Umlegungen, den Ähnlichkeitstransformationen und den automorphen Kollineationen eines beliebigen irreduziblen Kegelschnitts, die Darstellungen dieser und anderer Transformationen durch unabhängige Parameter sowie ihre Zusammenhänge mit gewissen Systemen höherer komplexer Zahlen in vier Einheiten, den von uns so genannten konischen Quaternionen. Ferner die Ausdehnung des Koordinatenbegriffs auf andere Raumelemente, insbesondere auf die Speere, *die unerläßliche Vorbedingung zur Ermöglichung korrekter Vorzeichenbestimmungen*. Insbesondere seien hier die pseudohomogenen Koordinaten genannt, die bei den Abschnitten über die Forschung der letzten Jahre auftreten.

Weiterhin ist mit der Gepflogenheit gebrochen, immer nur den „allgemeinen" Fall zu betrachten. Sonderfälle sind vielfach interessanter, dann aber zumeist schwieriger zu behandeln. Bei der Gelegenheit ist häufig von einem wenig bekannten Verfahren Gebrauch gemacht, der Einführung willkürlich bleibender Hilfselemente in die Rechnung. Allgemein brauchbare Formeln lassen sich zuweilen auf keine andere Weise erzielen.

Neu sind ferner die Ausführungen über den Ursprung mancher Begriffe der Elementargeometrie, über uneigentliche Elemente und orientierte Gebilde, z. B. orientierte Punkte, neu die Erweiterung der Nichteuklidischen Geometrie, die wie so manches andere in ihrer vollen Bedeutung erst im zweiten Bande erkannt werden wird, der den dreidimensionalen und die wichtigsten höheren Räume behandeln soll. Und noch so manches andere wird der Leser finden, genug, um die Neuerung im Titel begreiflich zu finden.

Alle Rechnungen sind vom Verfasser mehrfach durchgeprüft. Wenngleich nicht gehofft werden kann, daß das Buch völlig fehlerfrei ausgefallen ist, so wird doch ein Fortschritt in der Richtung festzustellen sein. Von unschätzbarem Werte ist dem Verfasser dabei die Hilfe von Herrn Dr. L. Berwald in Prag gewesen, der sich in aufopfernder Weise der mühevollen Arbeit unterzogen hat, die Fahnenkorrektur typographisch und sachlich sorgfältig nachzuprüfen. Wärmsten Dank ihm, sowie einigen andern Freunden, die gelegentlichen Rat gespendet haben, und nicht zum wenigsten der Verlagsbuchhandlung, die allen Wünschen des Verfassers trotz der schwierigen Zeitumstände in vornehmer Weise entgegenzukommen gewußt hat!

Bonn, im August 1919.

H. Beck.

Inhaltsverzeichnis.

Erstes Kapitel.

1. Der Punkt. Bei der üblichen Begründung der analytischen
Geometrie der Ebene legt man durch einen Punkt („Nullpunkt")
zwei zueinander senkrechte gerade Linien („Achsen") und zieht durch
einen beliebigen Punkt P der Ebene zu jeder von ihnen die Senkrechte. Nach Festsetzung einer Längeneinheit mißt man dann auf
beiden Loten die Strecken von P bis zu den Achsen und gewinnt
so zwei Zahlen, die „Koordinaten" des Punktes P. Durch Einführung
des Vorzeichens wird diese Zuordnung von Paaren geordneter Zahlen
zu Punkten der Ebene auch umkehrbar eindeutig.

Von nun ab setzt die Rechnung ein, und in der Folge werden
die geometrischen Erscheinungen ihres anschaulichen Charakters ent-
kleidet, die Geometrie wird „arithmetisiert". Ja man setzt sich
sehr bald völlig über die Anschauung hinweg, wenn man beim
Problem, eine Gerade und einen Kreis zum Schnitt zu bringen,
imaginäre Punkte einführt; diese können nicht mehr angeschaut
werden und *haben überhaupt keine andere Existenz, als daß sie eben
Paare geordneter Zahlen sind,* die nicht beide gleichzeitig reell sind.

Die geschilderte Art, in die analytische Geometrie einzuführen,
hat ihre guten pädagogischen Gründe. Trotzdem geht schon aus
dem bisher Gesagten hervor, daß das auf diesem Wege gewonnene
Lehrgebäude auf schwankem Grunde errichtet ist, benutzt es doch
außer gesicherten Sätzen der Algebra solche ganz anderen Charakters
der Elementargeometrie. Deutlich tritt das zutage, wenn man
Sätze etwa über Senkrechtstehen von geraden Linien rechnerisch zu
beweisen unternehmen wollte, wo eben diese Sätze bereits der Koordinatenmethode zugrunde liegen; man würde sich in einem cir-
culus vitiosus bewegen. Ein *wissenschaftlicher* Aufbau der analytischen
Geometrie muß daher in anderer Weise vorgenommen werden. Das
nächstliegende wäre, das Fundament in Ordnung zu bringen, auf
dem die Rechnung einsetzen soll. Man hätte dann genau zu unterscheiden zwischen einem analytischen Teil und einem voraufgehenden
nicht analytischen Teil der Geometrie. So versucht es die Schule
der Axiomatiker.

Sie braucht für den folgerichtigen Aufbau des letztgenannten Teiles „nur wenige und einfache Grundsätze. Diese Grundsätze heißen Axiome." (Hilbert). „Alles, was zur Begründung der Lehrsätze gehört, muß sich ohne Ausnahme in den Grundsätzen niedergelegt finden." (Pasch). Diese bestehen „in nichts anderem als in der Aufzählung derjenigen geometrischen Eigenschaften der Objekte geometrischer Forschung, welche wir ohne Beweis annehmen und zum Ausgang aller weiteren Beweise machen". (F. Schur).

Aber die Widerspruchslosigkeit und Unabhängigkeit der einzelnen Axiome ist bisher erwiesen nur durch Vermittlung der Rechnung, so daß demnach auch der oben genannte nicht analytische Teil der Geometrie eines analytischen Fundamentes nicht entraten kann. Hieraus entnehmen wir die Berechtigung, den Schritt, der später doch getan werden muß, von vornherein zu tun. Wir werden uns *lediglich* auf die Algebra stützen. Später, in 18 werden wir auf diese grundsätzlichen Dinge eingehend zurückkommen.

Erklärung 1. *Ein Punkt der Ebene ist ein System zweier geordneter (reeller oder imaginärer) Zahlen. Sie heißen die Koordinaten des Punktes.*

Der Punkt mit den Koordinaten x und y wird kurz als (x, y) bezeichnet und ist vom Punkte (y, x) zu unterscheiden. Man schreibt auch wohl (x/y) oder $(x; y)$, oder auch wohl, wenn der Punkt schon eine Bezeichnung führte, $P(x, y)$. Die Bezeichnungen *Abszisse* und *Ordinate* für die erste und zweite Koordinate scheinen allmählich zu verschwinden.

Erklärung 2. *Zwei Punkte heißen identisch oder zusammenfallend, wenn ihre gleichnamigen Koordinaten übereinstimmen. Zwei nicht identische Punkte heißen getrennt.*

Die Punkte (a_1, b_1) und (a_2, b_2) sind also dann und nur dann identisch, wenn $a_1 = a_2$ und $b_1 = b_2$ ist.

Da ein Punkt der Ebene durch *zwei* Zahlen bestimmt ist, von denen jede unzählig viele Werte annehmen kann, so sagt man, es gibt in der Ebene ∞^2 (lies: unendlich hoch zwei) Punkte, oder zweifach unendlich viele Punkte. Dieselbe Tatsache ist gemeint, wenn man die Ebene als *zweidimensional* oder als eine zweifach ausgedehnte Punktmannigfaltigkeit bezeichnet.

Erklärung 3. *Der Punkt* $(0/0)$ *heißt Nullpunkt oder Koordinatenanfangspunkt.*

Erklärung 4. *Zwei Punkte heißen konjugiert komplex, wenn die Koordinaten des einen konjugiert komplex sind zu den gleichnamigen Koordinaten des andern.*

Bedeuten a, α, b, β reelle Zahlen, so sind die Punkte $(a + i\alpha, b + i\beta)$ und $(a - i\alpha, b - i\beta)$ zueinander konjugiert komplex. Zu jedem Punkte gibt es nur einen konjugiert komplexen Punkt.

Erklärung 5. *Ein Punkt heißt reell, wenn er mit dem konjugiert komplexen Punkt zusammenfällt. Punkte, die nicht reell sind, heißen imaginär.*

Satz. *Ein Punkt ist dann und nur dann reell, wenn seine Koordinaten einzeln reell sind.*

Reell ist der Punkt $(2/9)$, imaginär sind die Punkte $(2\,i/5)$, $(3\,i, -4\,i)$, $(3+8\,i/2-i)$, $(0/3\,i)$; alle fünf Punkte sind komplex.

Komplex heißt reell oder imaginär; imaginär heißt nicht reell. — Die Schreibweise (x/y) oder $(x; y)$ statt (x, y) ist notwendig wenn Dezimalkommata in Frage kommen. — Die Zahl $3\,i$ heißt *rein* imaginär. Den Übergang zur konjugiert komplexen Zahl bezeichnet man durch einen Querstrich: $\bar{x}$ (lies: „x quer") ist konjugiert komplex zu x. Der zu (x, y) konjugiert komplexe Punkt heißt dann $(\bar{x}, \bar{y})$. Der Punkt (x, y) ist reell, wenn $\bar{x} = x$, $\bar{y} = y$ ist. — Damit zwei Zahlen zueinander konjugiert komplex sind, ist es *notwendig*, daß ihre Summe und ihr Produkt reell sind. Sind diese Bedingungen bereits *ausreichend?* —

Erklärung 6. *Ein Punkt in einem Raume R_n von n Dimensionen ist ein System von n geordneten Zahlen $(x_1, x_2, x_3, \ldots, x_n)$.*

Wann sind zwei solche Punkte identisch zu nennen? Wieviel Punkte gibt es im R_n? Wie sind konjugiert komplexe Punkte, wie reelle Punkte zu erklären? Wie der Koordinatenanfangspunkt? Im R_3 schreibt man $x_1 = x$, $x_2 = y$, $x_3 = z$.

2. Die Gerade. In der analytischen Geometrie des reellen Gebietes setzt man den Begriff der geraden Linie als bekannt voraus und beweist dann mit Hilfe von ähnlichen Dreiecken, daß die Koordinaten aller Punkte der Geraden einer linearen Gleichung genügen.

Davon behalten wir nur die Terminologie bei und gehen im übrigen wieder umgekehrt vor.

Erklärung 1. *Die Gesamtheit aller Punkte (x, y), deren Koordinaten einer linearen Gleichung*

$$ax + by + c = 0$$

genügen, deren Koeffizienten a und b nicht gleichzeitig verschwinden, heißt eine gerade Linie oder eine Gerade.

Die Koeffizienten a, b, c dürfen imaginär sein; die Gleichung $ax + by + c = 0$ heißt die *Gleichung der Geraden.* Von den Punkten, die ihr genügen, sagt man, sie *liegen auf* der Geraden, oder die Gerade *geht durch sie hindurch*, oder die Gerade *läuft durch sie hindurch*, oder die Punkte *gehören* der Geraden *an*, oder sie sind Punkte *der* Geraden, oder sie *liegen mit der Geraden vereinigt.* Es erscheint bei dieser Ausdrucksweise die Gerade nicht mehr als ein aus Punkten aufgebautes Gebilde, sondern als selbständiger Begriff, durch das Zahlentripel (a, b, c) gegeben. Soll man eine Gerade angeben, die durch einen vorgeschriebenen Punkt läuft, so sagt man auch wohl, man *zieht* oder *legt* die Gerade hindurch; soll eine Gerade angegeben werden, die durch zwei vorgeschriebene Punkte läuft, so sagt man, man *verbinde* die Punkte durch eine Gerade. Soll ein Punkt angegeben werden, der gleichzeitig zwei geraden Linien angehört, so sagt man, die geraden Linien werden *zum Schnitt gebracht*. Ein Punkt *außerhalb* einer Geraden wird jeder solche Punkt genannt, der nicht auf der Geraden liegt, man sagt auch, er ist der Geraden *fremd* usw.[1]).

Identisch oder zusammenfallend wird man zwei gerade Linien dann nennen, wenn sie beide die gleiche Punktmannigfaltigkeit darstellen. Demnach sind die Geraden

$$a_1 x + b_1 y + c_1 = 0, \qquad a_2 x + b_2 y + c_2 = 0$$

nicht nur dann identisch, wenn

$$a_2 = a_1, \qquad b_2 = b_1, \qquad c_2 = c_1,$$

sondern auch, wenn die linken Seiten ihrer Gleichungen sich lediglich durch einen *konstanten nicht verschwindenden* Faktor unterscheiden, wenn also die Koeffizienten in beiden Gleichungen zueinander proportional sind. So sind die Geraden identisch

$$ax + by + c = 0 \quad \text{und} \quad \varrho a x + \varrho b y + \varrho c = 0, \qquad (\varrho \neq 0).$$

Der Proportionalitätsfaktor ϱ ist von Null verschieden anzunehmen. (*Diese Festsetzung gilt für das ganze Buch.*)

Somit hat eine gerade Linie nicht eine einzige Gleichung, sondern deren ∞^1. Trotzdem spricht man von *der* Gleichung der Geraden, indem man alle diese Gleichungen als äquivalent ansieht.

Durch geeignete Wahl des Proportionalitätsfaktors läßt sich die Gleichung einer Geraden immer (wenigstens) auf eine der beiden Gestalten bringen

$$x + \beta y + \gamma = 0, \qquad ax + y + \delta = 0,$$

d. i. von den drei Koeffizienten der Geraden sind nur zwei „*wesentlich*". Somit gibt es nicht ∞^3 gerade Linien, sondern nur ∞^2.

Gerade Linien, die nicht identisch sind, werden wieder *getrennt* genannt.

Satz. *Die zu den Punkten einer geraden Linie konjugiert komplexen Punkte erfüllen wieder eine gerade Linie, und die Beziehung beider Geraden ist gegenseitig.*

Gehört nämlich der Punkt (ξ, η) der Geraden $ax + by + c = 0$ an, so ist $a\xi + b\eta + c = 0$, mithin $a\bar{\xi} + \bar{b}\bar{\eta} + \bar{c} = 0$, d. i. der Punkt

---

[1]) Wir beabsichtigen nicht, bei anderen Gelegenheiten ebenso ausführlich vorzugehen, sondern setzen, wo Unklarheiten nicht zu befürchten sind, die Terminologie der üblichen Geometrie als bekannt voraus.

$(\bar{\xi}, \bar{\eta})$ liegt auf der Geraden $\bar{a}x + \bar{b}y + c = 0$. Weiter folgt aus $\bar{a}\xi + \bar{b}\eta + \bar{c} = 0$ die Gleichung $a\bar{\xi} + b\bar{\eta} + c = 0$.

Erklärung 2. *Zwei gerade Linien, von denen jede die Punkte enthält, die zu denen der andern konjugiert komplex sind, heißen zueinander konjugiert komplex.*

Erklärung 3. *Eine gerade Linie, die mit der zu ihr konjugiert komplexen zusammenfällt, heißt reell. Eine nicht reelle Gerade heißt imaginär.*

Somit kann eine Gerade reell sein, ohne daß ihre Gleichung reelle Koeffizienten hat, z. B. $ix + 5i = 0$.

Eine reelle Gerade enthält reelle und imaginäre Punkte. Eine imaginäre Gerade kann außer ihren imaginären Punkten auch noch einen reellen Punkt besitzen; so liegt auf der imaginären Geraden $ix + 5y + 2i = 0$ der reelle Punkt $(-2/0)$. Auf der imaginären Geraden $3x - 4y + 2i = 0$ liegen nur imaginäre Punkte. (Grund!)

Erklärung 4. *Die beiden Geraden $y = 0$ und $x = 0$ heißen X-Achse und Y-Achse. Beide werden Koordinatenachsen genannt.*

1. Sind die Koordinatenachsen komplex zu nennen? — Liegt $(4 + i / 3 - i)$ auf der Geraden $x + y - 1 = 0$? — Liegt $(3/i)$ auf $x - y - 4 = 0$? — Was läßt sich von der Geraden aussagen

$$(2 + 3i)x - (6 + 9i)y + 10 + 15i = 0?$$

Dieselbe Frage für die Geradenpaare

$$x + (1 - i)y + 7 - 2i = 0 \quad \text{und} \quad ix + (i - 1)y - 2 + 7i = 0.$$

Ebenso für die Geradenpaare

$$(i - 2)x + (3 + i)y + 2i + 1 = 0 \quad \text{und} \quad (i - 1)x + 2y + 1 + i = 0.$$

Arbeitet man nur im Gebiet der reellen Punkte und reellen Geraden, so ist auch der Proportionalitätsfaktor ϱ reell zu nehmen. —

2. Die lineare Gleichung

$$a_0 + a_1 x_1 + a_2 x_2 + \ldots + a_n x_n = 0$$

stellt ∞^{n-1} Punkte des R_n dar, wenn nicht $a_1 = a_2 = \ldots a_n = 0$ ist. Es dürfen $n - 1$ Koordinaten x_i willkürlich gewählt werden, dadurch ist die letzte dann eindeutig gegeben (immer?). Daher stellt die Gleichung einen Raum R_{n-1} von $(n - 1)$ Dimensionen im R_n dar, d. i. die Gesamtheit der Punkte eines solchen. Im R_3 nennt man die R_2 Ebenen. Wann sind zwei R_{n-1} des R_n identisch zu nennen? Ein System von k linear unabhängigen linearen Gleichungen $(k < n)$ in n Veränderlichen x_i stellt einen R_{n-k} dar, der im R_n verläuft.

Die Ausführungen des Textes sind dadurch gekennzeichnet, daß

$$x_1 = x, \quad x_2 = y, \quad x_3 = 0, \quad x_4 = 0, \ldots, x_n = 0.$$

3. Systeme linearer Gleichungen. In diesem Abschnitt soll kurz alles das zusammengestellt werden, was der Geometer aus der Lehre von den linearen Gleichungen immer wieder zu benutzen hat. Wegen der Beweise sei etwa auf das Buch von M. Bôcher, Einführung in die höhere Algebra[1]) verwiesen.

---

[1]) Leipzig bei B. G. Teubner 1909.

1. Die Gleichung

$$\boxed{l\,\xi + m = 0.}$$

Drei Fälle:

$\alpha)$ $l \neq 0$. Eine einzige Lösung: $\xi = -m:l$.

$\beta)$ $l = 0$, $m \neq 0$. Keine Lösung.

$\gamma)$ $l = 0$, $m = 0$. ∞^1 Lösungen; ξ kann ganz beliebig gewählt werden.

2. Das System homogener Gleichungen

$$\boxed{\begin{aligned} l_1\,\xi + m_1\,\eta &= 0, \\ l_2\,\xi + m_2\,\eta &= 0. \end{aligned}}$$

Drei Fälle:

$\alpha)$ $l_1 m_2 - l_2 m_1 \neq 0$. Ein einziges Lösungsystem: $\xi = 0$, $\eta = 0$.

$\beta)$ $l_1 m_2 - l_2 m_1 = 0$, ohne daß die vier Koeffizienten gleichzeitig verschwinden.

Dann läßt sich das *Verhältnis* der Unbekannten eindeutig angeben:

$$\xi : \eta = - m_1 : l_1 = - m_2 : l_2.$$

Einer der beiden Ausdrücke kann unbrauchbar (unbestimmt) werden; dann ist der andere immer noch brauchbar. ∞^1 Lösungsysteme, die man den Formeln entnimmt

$$\xi = - m_1\,t, \quad \eta = + l_1\,t \qquad \text{oder} \qquad \xi = - m_2\,s, \quad \eta = + l_2\,s.$$

Dabei kann t bzw. s ganz beliebig angenommen werden.

$\gamma)$ $l_1 = m_1 = l_2 = m_2 = 0$. ∞^2 Lösungen. ξ und η dürfen ganz beliebig angenommen werden.

3. Das System inhomogener Gleichungen

$$\boxed{\begin{aligned} l_1\,\xi + m_1\,\eta + n_1 &= 0, \\ l_2\,\xi + m_2\,\eta + n_2 &= 0. \end{aligned}}$$

Fünf Fälle:

$\alpha)$ $l_1 m_2 - l_2 m_1 \neq 0$. Ein einziges Lösungsystem:

$$\xi : \eta : 1 = \begin{vmatrix} m_1 & n_1 \\ m_2 & n_2 \end{vmatrix} : \begin{vmatrix} n_1 & l_1 \\ n_2 & l_2 \end{vmatrix} : \begin{vmatrix} l_1 & m_1 \\ l_2 & m_2 \end{vmatrix}.$$

$\beta)$ $l_1 m_2 - l_2 m_1 = 0$, *aber $m_1 n_2 - m_2 n_1$ und $n_1 l_2 - n_2 l_1$ verschwinden nicht gleichzeitig.*

Die Gleichungen sind unverträglich. Kein Lösungsystem.

$\gamma)$ $l_1 m_2 - l_2 m_1 = 0$, $m_1 n_2 - m_2 n_1 = 0$, $n_1 l_2 - n_2 l_1 = 0$, *ohne daß die vier Koeffizienten l_1, m_1, l_2, m_2 gleichzeitig verschwinden.* Jetzt ist eine Gleichung überflüssig (d. i. mit der andern äquivalent) oder identisch erfüllt. Bedeutet i einen der beiden Indizes 1, 2, so sei die i^{te} Gleichung diejenige (eine solche), die nicht identisch erfüllt ist. Es sind dann also nicht gleichzeitig l_i, m_i, n_i Null. Es gibt ∞^1 Lösungsysteme. Um diese zu erhalten, nimmt man eine weitere Gleichung hinzu, die in ziemlichem Umfange beliebig gewählt werden darf. Wir wollen hier die allgemeinste Lösung nicht durch eine, sondern durch zwei Formeln vollziehen, die später häufig zu verwenden sind.

Im Falle $l_i^2 + m_i^2 \neq 0$ nehmen wir als Hilfsgleichung
$$- m_i \xi + l_i \eta + T = 0,$$
und erhalten alle Lösungen, wenn wir im System
$$\xi : \eta : 1 = - n_i l_i + m_i T : - n_i m_i - l_i T : l_i^2 + m_i^2$$
der Größe T alle möglichen Werte beilegen.

Ist aber $l_i^2 + m_i^2 = 0$, so darf nach Voraussetzung jetzt weder l_i noch m_i verschwinden. Als Hilfsgleichung wählen wir hier
$$- l_i \xi + m_i \eta + \tau = 0$$
und erhalten
$$\xi : \eta : 1 = m_i (\tau - n_i) : - l_i (\tau + n_i) : 2\, l_i m_i,$$
wo man der Größe τ alle möglichen Werte beizulegen hat.

δ) $l_1 = m_1 = l_2 = m_2 = 0$, *aber nicht alle sechs Koeffizienten verschwinden.* Es gibt keine Lösung.

ε) Alle Koeffizienten verschwinden gleichzeitig. Dann gibt es ∞^2 Lösungen. ξ und η dürfen jetzt ganz beliebig gewählt werden.

4. Das System homogener Gleichungen
$$\boxed{\begin{aligned} l_1 \xi + m_1 \eta + n_1 \zeta &= 0, \\ l_2 \xi + m_2 \eta + n_2 \zeta &= 0, \\ l_3 \xi + m_3 \eta + n_3 \zeta &= 0. \end{aligned}}$$

Die Determinante
$$\begin{vmatrix} l_1 & m_1 & n_1 \\ l_2 & m_2 & n_2 \\ l_3 & m_3 & n_3 \end{vmatrix}$$
heißt *Determinante des Systems.*

Erklärung. *Eine Determinante (oder Matrix) heißt vom Range r, wenn es in ihr wenigstens eine einzige r-reihige Determinante gibt, die von Null verschieden ist, während alle $(r + 1)$-reihigen (und somit auch alle umfassenderen) Determinanten verschwinden.*

Ein System homogener Gleichungen heißt vom Range r, wenn seine Determinante (Matrix) den Rang r besitzt.

In unserm Falle, wo drei Gleichungen mit drei Unbekannten vorliegen, sind vier Fälle zu unterscheiden.

α) $r = 3$, d. i. die Determinante des Systems verschwindet nicht. Ein einziges Lösungsystem:

$$\xi = 0, \qquad \eta = 0, \qquad \zeta = 0.$$

β) $r = 2$. ∞^1 Lösungen.   Man hat jetzt etwa

$$\xi = \alpha\,(m_2\,n_3 - m_3\,n_2), \qquad \eta = \alpha\,(n_2\,l_3 - n_3\,l_2), \qquad \zeta = \alpha\,(l_2\,m_3 - l_3\,m_2)$$
oder
$$\xi = \beta\,(m_3\,n_1 - m_1\,n_3), \qquad \eta = \beta\,(n_3\,l_1 - n_1\,l_3), \qquad \zeta = \beta\,(l_3\,m_1 - l_1\,m_3)$$
oder
$$\xi = \gamma\,(m_1\,n_2 - m_2\,n_1), \qquad \eta = \gamma\,(n_1\,l_2 - n_2\,l_1), \qquad \zeta = \gamma\,(l_1\,m_2 - l_2\,m_1),$$

wo die α, β, γ ganz beliebig gewählt werden können. Auf jeden Fall kann man jetzt die *Verhältnisse der Unbekannten eindeutig* berechnen.

γ) $r = 1$. Die unter β) aufgeführten Lösungsysteme versagen sämtlich. Jetzt ist wenigstens eine der drei Gleichungen nicht identisch erfüllt. Diese (eine solche) sei

$$l_i\,\xi + m_i\,\eta + n_i\,\zeta = 0,$$

wo i eine der drei Zahlen 1, 2, 3 bedeutet. Man nimmt willkürlich die Gleichung hinzu

$$\lambda\,\xi + \mu\,\eta + \nu\,\zeta = 0,$$

wo die λ, μ, ν der einzigen Beschränkung unterliegen, daß die Matrix

$$\left\| \begin{array}{ccc} l_i & m_i & n_i \\ \lambda & \mu & \nu \end{array} \right\|$$

den Rang *zwei* besitzt. Jetzt kann man die Verhältnisse der Unbekannten ausrechnen, *aber nicht mehr eindeutig*, eben wegen der Willkür in der Wahl der λ, μ, ν. Man hat

$$\xi = k\,(m_i\,\nu - n_i\,\mu), \qquad \eta = k\,(n_i\,\lambda - l_i\,\nu), \qquad \zeta = k\,(l_i\,\mu - m_i\,\lambda),$$

wo k beliebig gewählt werden kann. Es sind dies ∞^2 Lösungen, denn k kann in eine der drei Größen λ, μ, ν einbezogen werden.

δ) $r = 0$. ∞^3 Lösungen. Die drei Unbekannten können ganz beliebig gewählt werden.

1. Der Leser muß *mit allem Nachdruck* darauf aufmerksam gemacht werden, daß die ausführliche Behandlungsweise so einfacher Gleichungen wie $l\,\xi + m = 0$ *in keiner Weise überflüssig* ist. Um die Notwendigkeit, die drei Fälle scharf zu unterscheiden, überzeugend einzusehen, rechne der Leser die folgende Aufgabe durch: Durch einen Punkt P der Seite BC eines Dreiecks ABC sind zu den beiden andern Dreiecksseiten die Parallelen gezogen, die AC in R und AB in Q schneiden. Der Punkt P soll so bestimmt werden, daß das Parallelogramm $AQPR$ den vorgeschriebenen Umfang $2\,u$ erhält. Man rechne einmal mit einer Unbekannten, das andere Mal mit zweien. Durch das Beispiel wird man zu der Überzeugung gelangen, daß die einzelnen Fälle, obwohl sie *häufig* triviale Bedeutung haben, doch sehr sorgsam beachtet werden müssen. *Wir fordern zur Bildung weiterer solcher Aufgaben, von denen noch viel zu wenig die Rede ist, hiermit ausdrücklich auf.* Vgl. auch 8, Zus. 8.

2. Löse das Gleichungsystem in (x, y):
$$3 t^2 x - y = 0, \qquad tx - ty + 6 t^2 - 2 = 0.$$

Für welche Werte von t gibt es keine Lösung? Wann unendlich viele? Welche Lösung kann dann noch als Grenzfall erhalten werden? — Löse ebenso das Gleichungsystem in (x, y):
$$tx + y - t = 0, \qquad tx + 2 y - 2 t = 0.$$

Geometrische Bedeutung dieses Systems! Durch welche beiden festen Punkte laufen die dargestellten geraden Linien? Bedeutung der ausgezeichneten Lösung! — Warum gibt es hier stets Lösungen? —

Bilde weitere solche Gleichungssysteme!

3. Bestimme den Rang der folgenden Matrizes
$$\left\| \begin{matrix} 1 & i & 0 \\ i & -1 & 0 \\ 0 & 0 & 1 \end{matrix} \right\|, \quad \left\| \begin{matrix} 4 & 6 & -2 \\ 6i & 9i & -3i \\ -2 & -3 & 1 \end{matrix} \right\|, \quad \left\| \begin{matrix} 1 & 0 & 0 \\ 0 & 0 & -1 \\ 0 & -1 & 0 \end{matrix} \right\|, \quad \left\| \begin{matrix} 1 & 0 & 0 \\ 1 & 0 & 0 \end{matrix} \right\|$$

Beim System 3 des Textes treten die beiden Matrizes auf
$$\left\| \begin{matrix} l_1 & m_1 \\ l_2 & m_2 \end{matrix} \right\| = M = \text{„Matrix des Systems“},$$
$$\left\| \begin{matrix} l_1 & m_1 & n_1 \\ l_2 & m_2 & n_2 \end{matrix} \right\| = M' = \text{„Erweiterte Matrix“}.$$

Berechne ihre Rangzahlen r und r' in den Fällen 3α bis 3ε.

4. Die Ausführungen des Textes ergänze der Leser durch Behandlung des Falles *dreier inhomogener* Gleichungen in *drei* Unbekannten.

5. Das System homogener Gleichungen
$$\boxed{\begin{aligned} a_{11} \xi_1 + a_{12} \xi_2 + \ldots + a_{1n} \xi_n &= 0, \\ a_{21} \xi_1 + a_{22} \xi_2 + \ldots + a_{2n} \xi_n &= 0, \\ \cdots \cdots \cdots \cdots \cdots \cdots \\ a_{n1} \xi_1 + a_{n2} \xi_2 + \ldots + a_{nn} \xi_n &= 0. \end{aligned}}$$

Ist der Rang dieses Systems r, so gibt es ∞^{n-r} Lösungsysteme. Diese lassen sich aus $n - r$ einzelnen Lösungsystemen
$$\begin{aligned} x_1^{[1]}, \quad & x_2^{[1]}, \ldots, x_n^{[1]} \\ x_1^{[2]}, \quad & x_2^{[2]}, \ldots, x_n^{[2]} \\ \cdots \cdots & \cdots \cdots \cdots \\ x_1^{[n-r]}, \quad & x_2^{[n-r]}, \ldots, x_n^{[n-r]} \end{aligned}$$

linear aufbauen. Das heißt, jede Lösung kann in der Form erhalten werden
$$\begin{aligned} \xi_1 &= \lambda_1 x_1^{[1]} + \lambda_2 x_1^{[2]} + \ldots + \lambda_{n-r} x_1^{[n-r]} \\ \xi_2 &= \lambda_1 x_2^{[1]} + \lambda_2 x_2^{[2]} + \ldots + \lambda_{n-r} x_2^{[n-r]} \\ \cdots & \cdots \cdots \cdots \cdots \cdots \cdots \\ \xi_n &= \lambda_1 x_n^{[1]} + \lambda_2 x_n^{[2]} + \ldots + \lambda_{n-r} x_n^{n-r}, \end{aligned}$$

wenn man den $\lambda_1, \lambda_2, \ldots, \lambda_{n-r}$ alle möglichen Werte beilegt. Dabei ist aber vorausgesetzt, daß die genannten $n - r$ Einzellösungen *linear unabhängig* sind, d. i., daß jedes System von Zahlen $c_1, c_2, \ldots, c_{n-r}$, welches die Gleichungen

$$c_1\, x_1^{[1]} + c_2\, x_1^{[2]} + \ldots + c_{n-r}\, x_1^{[n-r]} = 0,$$
$$c_1\, x_2^{[1]} + c_2\, x_2^{[2]} + \ldots + c_{n-r}\, x_2^{[n-r]} = 0,$$
$$\cdot \quad \cdot \quad \cdot \quad \cdot \quad \cdot \quad \cdot \quad \cdot \quad \cdot \quad \cdot \quad \cdot \quad \cdot \quad \cdot \quad \cdot$$
$$c_1\, x_n^{[1]} + c_2\, x_n^{[2]} + \ldots + c_{n-r}\, x_n^{[n-r]} = 0$$

gleichzeitig erfüllt, nur aus Nullen besteht.

Die Verhältnisse $\xi_1 : \xi_2 : \ldots : \xi_n$ der Unbekannten sind dann auf ∞^{n-r-1} Arten bestimmt.

Ist $r = n$, so gibt es nur das Lösungsystem $\xi_1 = \xi_2 = \ldots = \xi_n = 0$.

Für $r = n - 1$ ist jedes Lösungsystem proportional zu dem System der $(n-1)$-reihigen Determinanten, die man erhält, wenn man aus der Matrix der Koeffizienten eine geeignete Zeile fortläßt, sodann die erste, darauf die zweite usw. Kolonne ausstreicht, wobei man aber diese Determinanten abwechselnd mit dem Pluszeichen und dem Minuszeichen zu versehen hat.

Vgl. hierzu und zur Lösung inhomogener linearer Gleichungen 27, Zuss.

Bemerkt werden soll noch, daß manche Autoren im Falle $r = 0$ nicht mehr von von einem System homogener linearer Gleichungen, und im Falle $r = n$ nicht mehr von einem Lösungsystem reden.

4. Punkte und gerade Linien. 1. Sollen die drei Punkte (x_1, y_1), (x_2, y_2), (x_3, y_3) auf einer geraden Linie $ax + by + c = 0$ liegen, so müssen drei Gleichungen bestehen

$$x_1 a + y_1 b + c = 0$$
$$x_2 a + y_2 b + c = 0$$
$$x_3 a + y_3 b + c = 0,$$

in denen a, b, c als Unbekannte zu gelten haben.

a) Ist der Rang r der Determinante

$$\begin{vmatrix} x_1 & y_1 & 1 \\ x_2 & y_2 & 1 \\ x_3 & y_3 & 1 \end{vmatrix}$$

gleich drei, so ist $(3, 4\alpha)$ $a = b = c = 0$, wodurch keine Gerade geliefert wird (2).

b) Für $r = 2$ gibt es eine einzige solche Gerade; es ist *etwa*

$$a : b : c = \begin{vmatrix} y_1 & 1 \\ y_2 & 1 \end{vmatrix} : \begin{vmatrix} 1 & x_1 \\ 1 & x_2 \end{vmatrix} : \begin{vmatrix} x_1 & y_1 \\ x_2 & y_2 \end{vmatrix}.$$

Damit die drei Größen rechts nicht sämtlich verschwinden — in diesem Falle wäre nach 3, 4 β eins der beiden anderen Systeme zweireihiger Determinanten zu verwenden — ist notwendig und hinreichend, daß die beiden Punkte (x_1, y_1) und (x_2, y_2) getrennt sind, und eben diese Bedingung ergibt sich bereits aus der Forderung, daß a und b nicht gleichzeitig verschwinden sollen. Dann liefert das System also die Koeffizienten einer geraden Linie, die sicher durch die beiden Punkte (x_1, y_1) und (x_2, y_2) läuft.

Erklärung 1. · *Eine gerade Linie, die durch ·zwei Punkte läuft, heißt eine Verbindungsgerade (Verbindungslinie) dieser Punkte.*

Da die ∞^1 Lösungen a, b, c hier alle zueinander proportional sind, folgt der Satz

Satz 1. *Zwei getrennte Punkte haben stets eine und nur eine Verbindungsgerade.*

Die Verbindungsgerade der beiden getrennten Punkte (x_1, y_1) und (x_2, y_2) heißt also

$$(1) \qquad (y_1 - y_2)x + (x_2 - x_1)y + x_1 y_2 - x_2 y_1 = 0.$$

c) Für $r = 1$ fallen die drei Punkte zusammen. Dann fragen wir nach *allen Geraden durch den Punkt* (x_1, y_1). Als willkürliche Hilfsgleichung (3, 4 γ) wollen wir hinzunehmen

$$(x_1 - p)a + (y_1 - q)b + c = 0,$$

die von $x_1 a + y_1 b + c = 0$ verschieden ist, *solange nicht* $p = q = 0$ *ist*. Ausrechnung von a, b, c ergibt jetzt die Gerade

$$qx - py + y_1 p - x_1 q = 0$$

oder

$$(2) \qquad q(x - x_1) - p(y - y_1) = 0.$$

Wählt man hierin p und q veränderlich, so erhält man alle Geraden durch (x_1, y_1). Es sind das aber nicht ∞^2 gerade Linien, sondern nur ∞^1, weil es nur auf das Verhältnis $p : q$ ankommt.

Erklärung 2. *Die Gesamtheit aller geraden Linien durch einen Punkt heißt Geradenbüschel; der Punkt wird Scheitel des Geradenbüschels genannt.*

d) Der Fall $r = 0$ kann nicht eintreten.

Wir beschäftigen uns noch kurz mit (2). Jede Gerade (2) geht durch (x_1, y_1), denn $q(x_1 - x_1) - p(y_1 - y_1) = 0$, unabhängig von p und q. Soll umgekehrt $ax + by + c = 0$ durch (x_1, y_1) laufen, so muß sein $x_1 a + y_1 b + c = 0$, woraus sich immer c ermitteln läßt: $c = -x_1 a - y_1 b$. Es wird dann also $a(x - x_1) + b(y - y_1) = 0$. Setzt man jetzt $a = q$, $b = -p$, so ist noch einmal gezeigt, daß durch (2) *jede* Gerade erhalten werden kann, die durch den Punkt (x_1, y_1) läuft. Wir haben das hier noch einmal eingehend dargetan, um bei künftigen Gelegenheiten entsprechende Beweise dem Leser zu überlassen.

2. Sollen die drei geraden Linien G_1, G_2, G_3 mit den Gleichungen

$$a_1 x + b_1 y + c_1 = 0, \quad a_2 x + b_2 y + c_2 = 0, \quad a_3 x + b_3 y + c_3 = 0$$

einen Punkt (ξ, η) gemeinsam haben, so muß dieser den drei Forderungen genügen

$$a_1 \xi + b_1 \eta + c_1 = 0$$
$$a_2 \xi + b_2 \eta + c_2 = 0$$
$$a_3 \xi + b_3 \eta + c_3 = 0.$$

Hier liegt ein System *dreier inhomogener* Gleichungen in *zwei* Unbekannten vor (Gegensatz zu 4, 1). Wir können es aber als ein solches dreier *homogener* Gleichungen in den *drei* Unbekannten ξ, η, ζ ansehen; freilich sind dann nur die Lösungen $\zeta = 1$ brauchbar.

a) Für $r = 3$ gibt es nur die aus lauter Nullen bestehende Lösung, die hier $\zeta = 0$ gibt, also keinen Punkt liefert.

b) Im Falle $r = 2$ kann man, falls G_1 und G_2 getrennt sind, setzen

$$\xi = k \begin{vmatrix} b_1 & c_1 \\ b_2 & c_2 \end{vmatrix}, \qquad \eta = k \begin{vmatrix} c_1 & a_1 \\ c_2 & a_2 \end{vmatrix}, \qquad \zeta = k \begin{vmatrix} a_1 & b_1 \\ a_2 & b_2 \end{vmatrix},$$

wo die rechten Seiten nicht gleichzeitig verschwinden. (Wie hat man vorzugehen, wenn G_1 und G_2 zusammenfallen?) Jetzt kann man k aus der letzten Relation für $\zeta = 1$ berechnen, *solange* $a_1 b_2 - a_2 b_1 \neq 0$. (3, 1 α). Dann schreibt man zweckmäßig (3, 3 α)

$$\boxed{\text{(3)} \qquad \xi : \eta : 1 = \begin{vmatrix} b_1 & c_1 \\ b_2 & c_2 \end{vmatrix} : \begin{vmatrix} c_1 & a_1 \\ c_2 & a_2 \end{vmatrix} : \begin{vmatrix} a_1 & b_1 \\ a_2 & b_2 \end{vmatrix}}$$

Dieser Punkt liegt sowohl auf G_1 als auf G_2.

Erklärung 3. *Ein Punkt, der zwei geraden Linien angehört, heißt ein Schnittpunkt der beiden Geraden.*

Satz 2. *Zwei getrennte gerade Linien haben höchstens einen Schnittpunkt.*

Die geraden Linien G_1 und G_2 besitzen hier den durch (3) gelieferten Schnittpunkt, und durch ihn läuft auch die Gerade G_3.

Ist aber $a_1 b_2 - a_2 b_1 = 0$ (3, 1 β), so läßt sich k nicht ermitteln. Die beiden getrennten Geraden G_1 und G_2 haben jetzt keinen Schnittpunkt.

Erklärung 4. *Zwei gerade Linien, die keinen Punkt gemeinsam haben, heißen zueinander parallel. Nichtparallele Geraden nennt man sich schneidend.*

c) Ist der Rang $r = 1$, so fallen die drei geraden Linien G_1, G_2, G_3 zusammen. Man kann dann aber die Aufgabe stellen, *alle Punkte* (ξ, η) der Geraden G_1 anzugeben. Nach (3, 3 γ) erhalten wir sofort

α) $a_1^2 + b_1^2 \neq 0$. Die Gerade G_1 heißt dann *Euklidisch* oder *anisotrop*:

$$\boxed{\text{(4)} \qquad \xi : \eta : 1 = -ca + bT : -cb - aT : a^2 + b^2.}$$

β) $a_1^2 + b_1^2 = 0$. Die Gerade G_1 heißt dann *isotrop*:

$$\boxed{\text{(5)} \qquad \xi : \eta : 1 = b(\tau - c) : -a(\tau + c) : 2ab.}$$

Dabei haben wir in (4) und (5) rechts die Indizes fortgelassen. Der Leser zeige, daß *alle* Punkte der Geraden durch (4) oder (5) erhalten werden können, wenn man $T(\tau)$ veränderlich wählt. Somit folgt: Jede Gerade besitzt ∞^1 Punkte.

Erklärung 5. *Die Gesamtheit aller Punkte einer geraden Linie heißt das Punktbüschel oder die Punktreihe auf der Geraden; die Gerade heißt Träger der Punktreihe.*

Die Formeln (4) und (5) ergeben die Darstellung der Punktreihen auf einer anisotropen (isotropen) Geraden.

d) Fall, wo $r = 0$?

1. Die Gleichungsform (1) für die Verbindungsgerade der beiden Punkte (x_1, y_1) und (x_2, y_2) hat vor der sonst viel benutzten $y - y_1 : x - x_1 = y_1 - y_2 : x_1 - x_2$ den Vorzug, daß sie *alle* Fälle umspannt, wo die Gerade eindeutig bestimmt ist; ferner ist sie bereits von Nennern frei und geordnet. Man prägt sie sich leicht ein, wenn man beachtet, daß die Indizes in der Reihenfolge 1 2 2 1, 1 2 2 1 auftreten. — Wie heißt die Verbindungsgerade von $(a/0)$ und $(0/b)$? Welche geraden Linien sind nicht durch $\dfrac{x}{a} + \dfrac{y}{b} - 1 = 0$ darstellbar? Welche lassen sich durch einen Grenzübergang daraus gewinnen? — Zusammenfallende Gerade sollen *nicht* als parallel bezeichnet werden, obwohl das zuweilen von Nutzen wäre.

2. Die Formeln (4) und (5) lassen sich in eine einzige zusammenziehen. *Es sollen alle Punkte der Geraden $ax + by + c = 0$ angegeben werden.* Wir wählen einen Punkt (x_0, y_0) beliebig, aber so, daß er nicht auf der Geraden liegt $(ax_0 + by_0 + c \neq 0)$. Durch ihn legen wir alle geraden Linien: $r(x - x_0) + s(y - y_0) = 0$, wo r und s veränderlich genommen werden sollen, aber nicht gleichzeitig verschwinden dürfen. Die beiden Gleichungen liefern für die Schnittpunkte (ξ, η) der beiden Geraden

$$(4\,\text{a}) \quad \xi : \eta : 1 = (rb - sa)\, x_0 + (ax_0 + by_0 + c)\, s : (rb - sa)\, y_0 - (ax_0 + by_0 + c)\, r : rb - sa \,.$$

Hierin hat man das *Verhältnis* $r : s$ veränderlich zu nehmen. Man darf aber nicht etwa $r : s = t$ setzen, weil sich dann der Punkt $x : y : 1 = bx_0 : -(ax_0 + c) : b$ der Darstellung entziehen würde. Ebenso dürfte man nicht etwa für $s : r$ eine neue Größe einführen. Zu bemerken ist ferner, daß $r : s$ den Wert $a : b$ nicht annehmen darf. (Grund!) Schließlich könnte man Anstoß daran nehmen, daß der der Aufgabe fremde willkürliche Punkt (x_0, y_0) auftritt. *Die Formeln* (4 a) *lassen sich aber nicht vereinfachen, ohne daß die Allgemeinheit darunter leidet.* Deshalb behalten wir die Formeln (4) und (5) bei, zumal sie, wie wir sehen werden, einem wichtigen *Wesensunterschied* zwischen geraden Linien Rechnung tragen. Im übrigen erinnern wir daran, daß unseres Wissens noch niemand es bemängelt hat, wenn bei Konstruktionsaufgaben (z. B. der Teilung einer Strecke) willkürliche Elemente benutzt werden.

3. Man sagt: *die Gerade von (mit) der Gleichung $ax + by + c = 0$*, aber auch *die Gerade $ax + by + c = 0$*. Die erste Ausdrucksweise ist die historisch frühere; sie setzt den geometrischen Begriff der geraden Linie voraus, dem sie die Gleichung *zuordnet* (vgl. die Bemerkungen am Anfang von 1 und 2). Von unserm Standpunkt ist es korrekt, die zweite Ausdrucksweise zu benutzen; sind doch imaginäre Gerade *lediglich* durch die Gleichung und (vorläufig wenigstens) durch keine geometrische Vorstellung definiert. Wir werden aber beide Ausdrucksweisen nebeneinander benutzen, da sich Fälle einstellen

können, wo die ältere Ausdrucksweise prägnanter ist. Analoge Bemerkungen gelten für: „Der Punkt (x, y)" und „der Punkt mit den Koordinaten x und y".

4. Betrachtet man mehrere Punkte, gerade Linien und sonstige noch weiterhin zu erklärende Punktmannigfaltigkeiten gleichzeitig, so redet man wohl von einer *Figur*. Auch einzelne Punkte (Geraden) nennt man bereits Figuren.

5. Parallele Gerade. Zwei *getrennte* gerade Linien G_1 und G_2 von den Gleichungen $a_1 x + b_1 y + c_1 = 0$ und $a_2 x + b_2 y + c_2 = 0$, die keinen Schnittpunkt besitzen, hatten wir in 4 als parallel bezeichnet. Wir betrachten jetzt noch eine weitere Gerade

$$a_3 x + b_3 y + c_3 = 0$$

und nennen sie G_3. Auf die Figur dreier Geraden, auch wenn sie nicht parallel sind, wenden wir den folgenden Begriff an:

Erklärung 1. *Drei Gerade haben den Rang r, wenn die dreireihige Determinante ihrer Koeffizienten den Rang r hat.*

Satz 1. *Sind zwei getrennte Gerade gleichzeitig zu einer dritten Geraden parallel, so sind auch die beiden ersten zueinander parallel.*

Es sei G_3 parallel G_1 und G_3 parallel G_2; dann wird das System $b_1 a_3 - a_1 b_3 = 0$, $b_2 a_3 - a_2 b_3 = 0$, da $a_3 = b_3 = 0$ nicht eintreten kann, nach 3, 2 nur noch durch $a_1 b_2 - a_2 b_1 = 0$ erfüllt, d. i. G_1 ist parallel G_2.

Satz 2. *Drei gerade Linien vom Range drei können nicht sämtlich zueinander parallel sein.*

Denn aus $a_2 b_3 - a_3 b_2 = 0$, $a_3 b_1 - a_1 b_3 = 0$, $a_1 b_2 - a_2 b_1 = 0$ würde das Verschwinden der dreireihigen Determinante folgen. Hieraus folgt sogleich

Satz 3. *Die Figur dreier Geraden, die paarweise zueinander parallel sind, hat den Rang zwei.*

Dieser Satz läßt sich teilweise umkehren:

Satz 4. *Sind von drei getrennten Geraden vom Range zwei irgend zwei zueinander parallel, so sind sie alle paarweise parallel.*

Es sei G_1 parallel G_2; aus $a_1 b_2 - a_2 b_1 = 0$ folgt, da weder a_1, b_1 noch a_2, b_2 beide verschwinden können, $a_2 = k a_1$, $b_2 = k b_1$, wo k von Null verschieden ist.

Die nach Voraussetzung verschwindende dreireihige Determinante wird jetzt

$$(c_2 - k c_1)(a_3 b_1 - a_1 b_3) = 0.$$

Der erste Faktor darf nicht verschwinden, da G_1 und G_2 getrennt sind; also folgt $a_3 b_1 - a_1 b_3 = 0$, und daraus auch $a_3 b_2 - a_2 b_3 = 0$.

Wir wollen jetzt *alle Parallelen zur Geraden* $ax + by + c = 0$ *angeben.* Dazu haben wir nur in der Gleichung

$$(6) \qquad\qquad ax + by + c - t = 0$$

der Größe t alle möglichen Werte beizulegen. (Eine Ausnahme!)

Satz 5. *Zu einer geraden Linie gibt es ∞^1 Parallele.*

Erklärung 2. *Die Figur aller zu einer Geraden G parallelen Geraden heißt ein Parallelenbüschel, und die Gerade G wird selbst mit zum Büschel gerechnet.*

Soll die Gerade (6) durch einen vorgeschriebenen Punkt (x_0, y_0) außerhalb G laufen, so ist dadurch t eindeutig bestimmt, und man erhält

(6 a) $$a(x - x_0) + b(y - y_0) = 0.$$

Satz 6. *Zu einer Geraden gibt es durch einen nicht auf ihr liegenden Punkt eine einzige Parallele.*

Wir fassen die Hauptergebnisse von 4 und 5 zusammen:

Satz 7. *Drei gerade Linien vom Range drei haben keinen Punkt gemeinsam. Beträgt der Rang zwei, so laufen sie durch ein und denselben Punkt oder sind paarweise parallel oder endlich, zwei Gerade fallen zusammen* (zwei Fälle!). *Ist der Rang eins, so fallen alle drei Geraden zusammen.*

Auch die Umkehrungen gelten (bei vorsichtiger Formulierung!)

Erklärung 3. *Unter dem Rang dreier Punkte* (x_1, y_1), (x_2, y_2), (x_3, y_3) *versteht man den Rang der Determinante*

$$\begin{vmatrix} x_1 & y_1 & 1 \\ x_2 & y_2 & 1 \\ x_3 & y_3 & 1 \end{vmatrix}.$$

Satz 8. *Drei Punkte vom Range drei können nicht durch eine Gerade verbunden werden. Ist der Rang zwei, so gibt es stets eine einzige Verbindungsgerade; dabei können zwei der drei Punkte zusammenfallen. Beträgt der Rang eins, so fallen die drei Punkte zusammen.* Umkehrungen!

1. Satz 9. *Zwei getrennte, konjugiert komplexe Punkte besitzen eine reelle Verbindungsgerade.*

Somit kann man durch jeden imaginären Punkt eine einzige reelle Gerade angeben. Warum nicht zwei oder mehr? Durch den *imaginären* Punkt (ξ, η) läuft die *reelle* Gerade $(\eta - \bar\eta) x + (\xi - \bar\xi) y + \xi\bar\eta - \bar\xi\eta = 0$. Um ihre Gleichung auch in reeller Gestalt zu erhalten, multiplizieren wir mit i, schreiben also

$$i(\eta - \bar\eta) x + i(\bar\xi - \xi) y + i(\xi\bar\eta - \bar\xi\eta) = 0.$$

Wann wird diese Gerade unbestimmt, d. i. wann stellt die Gleichung keine Gerade dar? Wann laufen durch einen komplexen Punkt mehrere reelle Gerade?

2. Erklärung 4. *Wenn der Ausdruck $az\bar z + bz + c\bar z + d$ reell ist, heißt er ein binärer Hermitescher Ausdruck* in der Veränderlichen z. Notwendig und hinreichend dazu ist, daß a und d reell sind, und b und c konjugiert komplex: $a = \bar a$, $b = \bar c$, $d = \bar d$. Die einfachsten binären Hermiteschen Ausdrücke sind $z\bar z$, $z + \bar z$, $i(\bar z - z)$. Zusammenhang mit dem Vorhergehenden!

3. Satz 10. *Der Schnittpunkt zweier konjugiert komplexen geraden Linien ist reell.* (Gibt es immer nur *einen* Schnittpunkt?) Aber konjugiert komplexe

Gerade können auch zueinander parallel sein. Dann besitzt keine von ihnen einen reellen Punkt. Der reelle Punkt der *imaginären* Geraden $ax+by+c=0$ ergibt sich aus dem System

$$\xi : \eta : 1 = i\,(b\bar{c} - \bar{b}c) : i\,(c\bar{a} - \bar{c}a) : i\,(a\bar{b} - \bar{a}b).$$

Wann wird dieser Punkt unbestimmt? Wann liefert das System keinen Punkt? (Genauer Unterschied dieser beiden Fragen!) Wozu sind rechts die Faktoren i eingeführt? Was folgt für eine imaginäre Gerade, für die $a:b$ reell ist („Imaginäre Gerade von reeller Richtung")?

4. Alle Punkte der X-Achse sollen angegeben werden. — Ebenso alle Punkte der Geraden $3x - iy - 5 = 0$. — Ebenso alle Punkte der Geraden $x - iy - 3 = 0$. — Ebenso alle geraden Linien durch $(i/5 + i)$. — Ebenso alle Parallelen zu $x + 3y - i = 0$ und zu $x - (4 + 2i)y + 5i = 0$. Gibt es darunter reelle? — Verbindungsgerade von $(6/1)$ und $(2 + 4i/4 - 3i)$. — Schnittpunkt von $2ix + y - 4 = 0$ und $x - 3iy + 12i = 0$. — Reelle Gerade durch $(3/2 + i)$. — Reeller Punkt auf $x + 2iy - 4i = 0$. — Dieselbe Frage für $ix - 8iy - 3 + 7i = 0$. — Welche geraden Linien entziehen sich der Darstellungsform $y = mx + n$? — Es soll eine imaginäre Gerade angegeben werden, auf der kein reeller Punkt liegt. — Parallele durch (i/i) zu $y - 4ix - 7 = 0$.

5. Im R_n sind ein R_k und ein $R_{k'}$ gegeben $(k < n,\ k' < n)$. Wann haben beide keinen Punkt gemein? Wann haben sie *nur* einen Punkt gemeinsam? Fall $n = 3$, $k = k' = 1$. Im Fall $n = 4$ sollen sämtliche Möglichkeiten aufgezählt werden.

6. Quadratische Gleichungen. Die Lösungen („Wurzeln") einer quadratischen Gleichung in einer Unbekannten

$$a\xi^2 + 2b\xi + c = 0$$

kann man durch eine der beiden Formeln darstellen

$$\xi = \frac{-b + \sqrt{b^2 - ac}}{a}, \qquad \xi = \frac{c}{-b - \sqrt{b^2 - ac}},$$

wo der Quadratwurzel beidemal derselbe Wert beizulegen ist. Beide Formeln ergeben dann dieselbe Wurzel der Gleichung; wählt man sodann in beiden Formeln gleichzeitig den andern Wert der Quadratwurzel, so erhält man, wenn diese nicht verschwindet, (nicht immer) eine andere Lösung.

Wir diskutieren:

1. $b^2 - ac \neq 0$, $a \neq 0$. Es gibt *zwei* voneinander verschiedene (oder, wie man auch hier zu sagen pflegt, *getrennte*) *Lösungen*.

2. $b^2 - ac \neq 0$, $a = 0$. Hier ist $b \neq 0$. Deswegen liefert die übrig bleibende Gleichung $2b\xi + c = 0$ stets eine Wurzel $\xi = - c : 2b$ (3, 1 β). Sie ergibt sich für $\sqrt{b^2} = + b$ aus unserer zweiten Formel. Für $\sqrt{b^2} = - b$ versagt die zweite Formel; die erste ist in beiden Fällen unbrauchbar. Wir haben hier also *eine einzige einfach zählende Lösung*.

3. $b^2 - ac = 0$, $a \neq 0$. Hier gibt $\xi = - b : a$ *zwei zusammenfallende Lösungen*. Für $c \neq 0$ kann man auch schreiben $\xi = - c : b$.

4. $b^2 - ac = 0$, $a = 0$, $c \neq 0$. Jetzt ist $b = 0$. Die erste Formel versagt, die zweite zeigt, daß es *keine Lösung* gibt.

5. $a = b = c = 0$. Hier kann ξ alle möglichen Werte annehmen, daher gibt es ∞^1 *Lösungen.*

1. Der Leser, der geneigt sein wird, die Unterscheidung der fünf Fälle für wertlos zu halten — liegt doch nach üblicher Terminologie in den Fällen $a = 0$ gar keine quadratische, ja unter Umständen gar keine Gleichung vor —, betrachte die Aufgabe, eine Hyperbel (8, Zus. 1) mit einer Geraden *zum Schnitt zu bringen*, d. i. also das System einer linearen Gleichung und einer nichtlinearen, hier quadratischen Gleichung zu lösen. Der Fall 1 zweier getrennter Schnittpunkte liegt klar. Im Falle 3 zusammenfallender Schnittpunkte ist die Gerade Tangente. Fall 2 liegt vor, wenn die Gerade zu einer Asymptote parallel ist. Fall 4 tritt ein, wenn die Gerade selbst Asymptote ist. Nur Fall 5 kann hier nicht erhalten werden. Der Leser rechne das Beispiel sorgfältig durch. Sodann erledige er das analoge Problem für die Parabel (7, Zus. 2). — Ein Beispiel, bei dem alle fünf Fälle eintreten können, liefert das Problem der Geometrie des Raumes, eine Gerade mit einem einschaligen Umdrehungshyperboloid zum Schnitt zu bringen. Im Falle 5 liegt dann die Gerade ganz auf der Fläche, so daß es ∞^1 Schnittpunkte gibt. Alle Fälle außer 2 treten auf, wenn man eine Gerade mit einem Umdrehungszylinder schneidet.

2. **Erklärung 1.** *Die Gesamtheit aller Punkte (x, y), deren Koordinaten einer algebraischen Gleichung n^{ten} Grades $f(x, y) = 0$ genügen, heißt eine algebraische Kurve n^{ter} Ordnung.*

Eine solche Kurve n^{ter} Ordnung hat dann nicht nur eine einzige Gleichung, sondern unzählig viele, deren linke Seiten sich durch einen konstanten nicht verschwindenden Faktor unterscheiden. Trotzdem spricht man von *der* Gleichung der Kurve (vgl. 2).

Erklärung 2. *Zwei Kurven zum Schnitt bringen, heißt das System ihrer beiden Gleichungen lösen. Jedes Lösungspaar (x, y) bestimmt einen Schnittpunkt der beiden Kurven.*

Bringe folgende Kurven zum Schnitt:
$$xy = 12 \quad \text{und} \quad x = 3;$$
$$y^2 - 12x = 0 \quad \text{und} \quad y = 4;$$
$$xy - 4 = 0 \quad \text{und} \quad y = 0.$$

Löse die Gleichungsysteme:
$$x^2 - x - 4y^2 + 14y - 12 = 0, \qquad x + 2y = 4;$$
$$4x^2 + 24x - 9y^2 - 72y = 144, \qquad 2x + 3y = 1;$$
$$16x^2 - 9y^2 - 64x + 54y = 161, \quad 4x + 3y - 17 = 0;$$
$$4x^2 + y^2 - 2x + 3y = 34, \qquad 2x + y - 7 = 0;$$
$$6x^2 + y^2 + 4x - 6y + 5 = 0, \qquad x - y + 1 = 0.$$

Wie entsprechen diese den fünf Fällen des Textes?

Welche Geraden schneiden die Kurve $y^2 = 6x$ nur einmal (einfach zählend)? — Dieselbe Aufgabe für die Kurven $25x^2 - 36y^2 = 1$, $x^2 - 4xy + 4y^2 - 3 = 0$, $x^2 + 4y^2 = 1$. — Untersuche die Schnittfigur der beiden Kurven
$$x^2 - y^2 - x - y = 0 \quad \text{und} \quad x^2 - 2xy - 3y^2 + 5x + 5y = 0!$$

3. Die Funktionen $\cos \varphi$ und $\sin \varphi$ lassen sich *rational* durch $\operatorname{tg} \frac{\varphi}{2}$ ausdrücken. Wie heißen die Formeln? Welches Verfahren ergibt sich daraus, die Gleichung $a \cos x + b \sin x + c = 0$ zu lösen? Beispiele: $\cos x + \sin x \pm 1 = 0$ (zwei Werte, die übrigen davon mod 2π [vgl. 7, S. 20] verschieden). Löse die

Gleichung $a \cos x + b \sin x + c$ nach einem andern Verfahren. Dabei können sich *parasitäre* Lösungen einstellen, d. i. Werte, die die ursprüngliche Gleichung nicht befriedigen. Auf parasitäre Lösungen hin hat man immer zu untersuchen, wenn man „unerlaubte" Rechnungsarten vorgenommen hat (z. B. Quadrieren). Können bei der Lösung der obigen Gleichung mittels eines „Hilfswinkels" parasitäre Lösungen auftreten? Fälle $c = a$, $b \neq 0$ und $c = a \neq 0$, $b = 0$! Löse die Gleichungen $\sqrt{x+2} + \sqrt{x-3} = \sqrt{3x+4}$ und $\sqrt{x+7} + \sqrt{2x+7} = \sqrt{8x+9}$. ($\sqrt{}$ bedeutet den positiven Wurzelwert.) Achte auf etwaige parasitäre Lösungen. — Löse die Gleichung $10^{-6} \cdot x^2 + x - 2 = 0$. (Die Wurzel ist in eine Reihe zu entwickeln.) Dasselbe Verfahren werde auf die Gleichung $a x^2 + b x + c = 0$ angewandt. Daraus ist die Bedeutung der Fälle $a = 0$, $b \neq 0$ und $a = 0$, $b = 0$, $c \neq 0$ abzuleiten. — Löse das Gleichungsystem $(a x + b y)(c x + d y) = f$, $(a x + b y) : (c x + d y) = g$. (*Eine einzige* Irrationalität!)

    4. Löse die Gleichung
$$(8 + 28 t) x^2 + (30 - 15 t) x + 28 - 112 t = 0,$$
wo die Größe t alle möglichen Werte durchlaufen soll. Zwei der fünf Fälle des Textes können nicht eintreten. Bilde weitere Aufgaben dieser Art und erstrecke die Diskussion dann auch auf die Realität der Wurzeln. Trage die Wurzelwerte als Ordinaten für die Abszisse t ein.

    7. Der Kreis. Wir entnehmen der landläufigen Geometrie jetzt einen weiteren Begriff. Sie zeigt, daß das Quadrat der Entfernung oder des Abstandes zweier *reeller* Punkte (x_1, y_1) und (x_2, y_2) auf Grund des Pythagoräischen Lehrsatzes den Wert hat
$$(x_1 - x_2)^2 + (y_1 - y_2)^2.$$
Wir behalten wieder nur die Terminologie bei und setzen als *Erklärung* fest:

    Erklärung 1. *Als Quadrat der Entfernung oder des Abstandes zweier Punkte (x_1, y_1) und (x_2, y_2) wird der Ausdruck bezeichnet*
$$(x_1 - x_2)^2 + (y_1 - y_2)^2.$$
Von hier aus wird also umgekehrt später der Satz des Pythagoras zu beweisen sein. Unsere Erklärung ist sogleich auf komplexe Punkte zugeschnitten. Sie hat eine größere Bedeutung als man zu vermuten geneigt sein wird; es gibt nämlich noch eine andere Möglichkeit, die Entfernung zu erklären, die im reellen Gebiet dasselbe leistet. Vgl. darüber Zus. 4.

    Ferner entnehmen wir der landläufigen Geometrie die Terminologie der Kreislehre.

    Erklärung 2. *Der Ort (die Gesamtheit) aller Punkte (x, y), für die das Quadrat der Entfernung von einem festen Punkte (p, q) den konstanten Wert r^2 besitzt, heißt Kreis vom Mittelpunkt (p, q) und vom Radiusquadrat r^2.*

    Diese Erklärung ist wieder sogleich für das komplexe Gebiet berechnet, sagt also mehr aus, als die gleichlautende der üblichen Geometrie.

Zwei Kreise sind dann als identisch oder zusammenfallend zu bezeichnen, wenn sie in Mittelpunkt und Radiusquadrat übereinstimmen. Man kann daher kurz vom Kreise $(p, q; r^2)$ reden. Es gibt ∞^3 Kreise. Sind die Größen p, q und r^2 reell, so ist der Kreis reell zu nennen, weil er zu jedem Punkte auch den konjugiert komplexen enthält.

Damit der Punkt (x, y) dem Kreise $(p, q; r^2)$ angehört, oder „auf ihm liegt"[1]), muß nach dem Voraufgegangenen sein

$$(7) \qquad (x - p)^2 + (y - q)^2 - r^2 = 0.$$

Das ist also die *Gleichung* des Kreises $(p, q; r^2)$. Charakteristisch für die Kreisgleichung ist: 1. Sie ist vom zweiten Grade, so daß der Kreis (6, Erkl. 1) zu den Kurven zweiter Ordnung gehört. 2. Ein Glied mit xy fehlt. 3. Die Glieder mit x^2 und y^2 haben gleiche *von Null verschiedene* Koeffizienten, die aber nicht gleich 1 zu sein brauchen (6, Zus. 2).

Man beachte, daß nach unseren Festsetzungen auch der Kreis $x^2 + y^2 + 25 = 0$ reell ist, obwohl er keinen einzigen reellen Punkt besitzt; aber es ist dazu nicht einmal notwendig, daß seine Gleichung reell ist, denn auch der Kreis $(1 - 3i)(x^2 + y^2) - 2 + 6i = 0$ ist reell zu nennen.

Unter der *Potenz* eines *reellen* Punktes $P(\xi, \eta)$ in bezug auf den Kreis $(p, q; r^2)$ von *reellem* Mittelpunkt M und *positivem* Radiusquadrat versteht man sachgemäß den Ausdruck

$$PM^2 - r^2 = (\xi - p)^2 + (\eta - q)^2 - r^2,$$

d. i. man setzt die Koordinaten des Punktes P in die linke Seite der Kreisgleichung ein[2]). Die Potenz ist positiv, solange der Punkt P „außerhalb" des Kreises liegt, negativ für Punkte P „im Innern".

Im Vorzeichen der Potenz hat man also ein analytisches Kriterium für die der Anschauung entnommenen Begriffe innerhalb-außerhalb.

Dieser Gegensatz hört im komplexen Gebiet zu existieren auf. Übernehmen wir nämlich, um die Begriffe innerhalb-außerhalb möglicherweise zu retten, den Begriff der Potenz für komplexe Punkte und für alle Kreise, so kann sie imaginär ausfallen, und selbst wenn sie für alle Punkte der Ebene reell ausfällt, kann sie immer dasselbe Vorzeichen haben.

Im reellen Gebiet kann man von einem positiven Wert der Potenz zu einem negativen nur durch die Null hindurch gelangen. Geometrisch: Man kann von Punkten innerhalb zu Punkten außer-

---

[1]) Den Leser durch gewissenhafte Aufzählung aller Termini der Kreislehre zu ermüden, liegt nicht in unserer Absicht. [2]) Voraussetzung!

2*

halb nur durch Passieren der Kreislinie kommen. *Im komplexen Zahlgebiet kann man dagegen von jeder von Null verschiedenen Zahl zu jeder andern solchen Zahl übergehen, ohne durch die Null hindurch zu müssen.* Beispielsweise kann man vom reellen positiven Wert $+5$ zum reellen negativen Wert -7 kommen, indem man etwa im Ausdruck $-1 + 6\,e^{i\varphi}$ die reelle Größe φ alle Werte von 0 bis π durchlaufen läßt. Die Gesamtheit der komplexen Werte der Potenz kann also nicht durch den Wert Null in zwei getrennte Scharen geschieden werden. Schon bei reellen Kreisen der elementaren Auffassung gibt es somit den Gegensatz innerhalb-außerhalb *nicht* mehr, sobald man imaginäre Punkte betrachtet, und bei reellen Kreisen unserer Erklärung kann bereits die Gesamtheit der reellen Punkte nicht immer auf zwei getrennte Gebiete verteilt werden.

Um alle Punkte des Kreises (7) anzugeben, setzen wir das *Radiusquadrat als von Null verschieden* voraus. Sodann führen wir eine Hilfsveränderliche, oder wie man auch sagt, einen *„Parameter"* durch die Forderung ein:

$$(y - q) : (x - p) = \operatorname{tg} t.$$

Möglich ist das, da der Ausdruck links konstant nur für Punkte einer Geraden sein kann.

Wählt man jetzt einen Wert von $\sqrt{r^2}$ willkürlich, so hat man

(8) $$x = p + r \cos t, \qquad y = q + r \sin t.$$

Jedem Werte des Parameters t, der im reellen Gebiet auf das Intervall $0 \le t < 2\pi$ beschränkt werden kann, entspricht dann ein Punkt des Kreises (7), und umgekehrt lassen sich zu jedem Punkte des Kreises (7) unzählig viele mod 2π (lies: bis auf Vielfache von 2π) übereinstimmende Werte von t angeben, die also im Kosinus und Sinus übereinstimmen. Vorausgesetzt ist aber immer, daß zuerst ein Wert von $\sqrt{r^2}$ gegeben ist. Ändert man diesen nachträglich ab, so hat man, wenn man denselben Punkt des Kreises darstellen will, t um π zu verstärken. Über die Beseitigung dieses Übelstandes vgl. 9, Zus. 1.

Ein Kreis (von nicht verschwindendem Radiusquadrat) hat ∞^1 Punkte.

Ein Kreis vom Radius Null besteht aber aus zwei imaginären *geraden* Linien, denn die Gleichung (7) läßt sich dann in zwei lineare imaginäre Faktoren zerspalten:

(7a) $$[x - p + i(y - q)] \cdot [x - p - i(y - q)] = 0.$$

Diese beiden Geraden sind isotrop (4). Für einen solchen Kreis gilt die *„Parameterdarstellung"* (8) nicht. Reell kann von einem solchen Kreise höchstens der Schnittpunkt (p, q) der beiden isotropen geraden Linien sein; diese sind niemals parallel.

Da die Gleichung (7) des Kreises sich für $r = 0$ in zwei Faktoren zerspalten läßt, so nennt man Kreise vom Radius Null auch *reduzibel* oder *zerlegbar*, die übrigen *irreduzible* oder *unzerlegbare Kreise*. Es gibt ∞^2 reduzible Kreise.

1. In (8) haben wir eine „Parameterdarstellung" der Punkte eines irreduziblen Kreises vor uns; t heißt Parameter des Punktes (x, y). Doch kann man den Punkt (x, y) auch auf andere Weise darstellen. Setzt man nach Verfügung über $\sqrt{r^2}$

$$x = p + r\,\frac{\lambda_1^2 - \lambda_2^2}{\lambda_1^2 + \lambda_2^2}, \qquad y = q + r\,\frac{2\,\lambda_1\lambda_2}{\lambda_1^2 + \lambda_2^2},$$

so gehört zu jedem Wertepaar λ_1, λ_2, *für welches nicht* $\lambda_1^2 + \lambda_2^2 = 0$ *ist*, ein Punkt (x, y) des Kreises (7). Umgekehrt lassen sich zu einem Punkte (x, y) des Kreises unzählig viele Wertesysteme λ_1, λ_2 angeben, die aber alle zueinander proportional sind. Es kommt also nur auf das Verhältnis $\lambda_1 : \lambda_2$ oder $\lambda_2 : \lambda_1$ an, und daher kann dieses als Parameter des Punktes (x, y) in der neuen Parameterdarstellung bezeichnet werden. Wählt man aber $\lambda_1 : \lambda_2$ als Parameter, d. i. kürzt man durch λ_2^2, so entzieht sich ein Punkt des Kreises der Darstellung; ebenso einer, wenn man $\lambda_2 : \lambda_1$ als Parameter wählt. Welche beiden Punkte sind dies? — (Vgl. auch 4, Zus. 2.)

Die Gleichung (2) in **4** ist eine Parameterdarstellung der Geraden des Geradenbüschels vom Scheitel (x_1, y_1) mittelst des Parameters $p : q$ oder $q : p$.

Gleichung (4) in **4** ist eine Parameterdarstellung der Punkte einer Euklidischen Geraden vermöge des Parameters T; für die Punkte einer isotropen Geraden galt die Darstellung (5) in **4** (Parameter τ). Auch (4a) in **4** war eine Darstellung mittels des Parameters $r : s$ $(s : r)$, die sich in gleicher Weise auf Euklidische und isotrope Gerade bezieht. In Gleichung (6) in **5** haben wir eine Parameterdarstellung der Geraden eines Parallelenbüschels (Parameter t!).

Die geometrische Bedeutung des Parameters ist nebensächlich; es kommt eben nur darauf an, daß möglichst alle Elemente (Punkte, Geraden usw.) der betrachteten Mannigfaltigkeit dargestellt werden; allerdings ist es nicht unerwünscht, wenn ein Parameter eine einfache geometrische Bedeutung besitzt. Wir werden im einzelnen darauf zurückzukommen haben[1]).

2. Entfernung der beiden Punkte $(0/0)$ und $(1/i)$. — Gleichung des Kreises $(-i/-2i; -4)$. — Wie groß ist das Radiusquadrat und wie heißt der Mittelpunkt des Kreises $x^2 + 8ix + y^2 - 6y - 3 = 0$? — Geometrische Bedeutung des Mittelpunkts eines reduziblen Kreises (durch isotrope Geraden ausgedrückt). — Geometrische Bedeutung der Potenz eines Punktes in bezug auf einen reduziblen Kreis. — Gleichung des Kreises $(i/1 + i; 0)$. — Parameterdarstellung der beiden Geraden $x + 2y - 7 = 0$ und $x - iy - i = 0$. — Eine Parameterdarstellung für die Gerade $ax + by + c = 0$ gewinnt man, wenn man setzt $ax - by + 2abt = 0$. (Parameter t.) — Beispiel für $2x + 3y - 9 = 0$. — Wann ist das Verfahren nicht zulässig? — Welche geometrische Bedeutung hat es, wenn man aus $x : y = a : b$ schließt $x = at$, $y = bt$?

---

[1]) Der Übelstand, daß die Benennung Parameter mit dem „Parameter" einer Parabel kollidiert, wird am besten dadurch erledigt, daß man den Parameter der Parabel, über dessen genaue Erklärung überdies keine Einigkeit herrscht, beseitigt. Ein besonderes Wort dafür ist überflüssig; will man aber eins haben, so scheint uns bei der Parabel $y^2 - 2px = 0$ die Bezeichnung „Sperrung" für die Sehne senkrecht zur Symmetrieachse durch den Brennpunkt, also für die Größe $2p$ nicht unzweckmäßig zu sein.

Erklärung 3. *Die Kurve 2. Ordnung $y^2 - 2px = 0$ heißt ($p \neq 0$) Parabel.* Um eine Parameterdarstellung für die Punkte der Parabel $y^2 - 2px = 0$ zu erhalten, setzen wir $2x - ty = 0$ (Parameter t). Wie heißt die Darstellung? Die lineare Hilfsgleichung stellt eine ·Gerade dar, die immer durch den Punkt $(0/0)$ der Parabel läuft und diese daher (höchstens) noch in einem weiteren Punkte schneiden kann. — Suche Parameterdarstellungen für die Kurve $b^2 x^2 + a^2 y^2 - a^2 b^2 = 0$. — Die beiden isotropen Geraden, die einen reduziblen Kreis definieren, sollen konjugiert komplex sein. Geometrische Bedeutung!

3. Erklärung 4. *Der Ort aller Punkte, die gleiche Potenz in bezug auf zwei Kreise haben, heißt ihre Potenzlinie oder Chordale.* Wie findet man den Ort aller Punkte, die gleiche Potenz in bezug auf zwei getrennte Kreise $(a_1, b_1; r_1^2)$ und $(a_2, b_2; r_2^2)$ besitzen? — Der Ort ist eine Gerade (ein Ausnahmefall). — Stelle die Gleichungen der drei Potenzgeraden dreier getrennter Kreise auf. Welchen Rang besitzen die drei Geraden höchstens? — Welchen Rang müssen die Mittelpunkte der drei Kreise besitzen, damit die drei Potenzgeraden sich in einem Punkte (Potenzpunkt) schneiden? — Der Rang der Mittelpunkte sei zwei. Welche drei Fälle können dann noch eintreten? (Zeichnungen!) — Was ist in diesen Fällen über den Potenzpunkt auszusagen? (Im Falle von ∞^1 Potenzpunkten drei verschiedene Zeichnungen; auf die gemeinsamen Punkte der Kreise achten!) — Der Rang der Mittelpunkte sei eins („Konzentrische" Kreise). — (Sorgfältige Behandlung auf Grund von 4, 2 und 5!)

4. Man möge als Quadrat der Entfernung zweier Punkte (x_1, y_1) und (x_2, y_2) einmal den Ausdruck erklären

$$(x_1 - x_2)(\bar{x}_1 - \bar{x}_2) + (y_1 - y_2)(\bar{y}_1 - \bar{y}_2).$$

Das widerspricht zunächst der Geometrie des reellen Gebietes nicht, denn dort ist $\bar{x}_1 = x_1$, $\bar{y}_1 = y_1$ usw. Damit ist die *Zulässigkeit* dieser Erklärung dargetan. Zwei komplexe Punkte erhalten dann immer eine *reelle* Entfernung, so daß man dann die Theorie der Maxima und Minima aufs komplexe Gebiet übertragen kann. Man beachte aber, daß die Gleichung des Kreises vom Radiusquadrat 25 um den Nullpunkt als Mittelpunkt folgerichtig heißen muß $x\bar{x} + y\bar{y} - 25 = 0$. Es lassen sich leicht Punkte dieses Kreises angeben, z. B. die sechs Punkte $(4 \pm 3i/0)$, $(\pm 5/0)$, $(3 \pm 4i/0)$. Diese sechs Punkte sind *getrennt*. Sie liegen ferner alle auf der Geraden $y = 0$. Die Folgerung aus unserm neuem Entfernungsbegriff ist also, daß ein irreduzibler *Kreis mit einer Geraden mehr als zwei getrennte Punkte gemeinsam haben kann* (vgl. dazu 8). Dem steht andrerseits als Vorteil gegenüber, daß es getrennte Punkte von der Entfernung Null (Zus. 2) nicht gibt.

Betrachtet man nur komplexe Punkte der X-Achse — es ist das im wesentlichen der Standpunkt, den die Theorie der Funktionen einer komplexen Veränderlichen einnimmt —, so wird das Entfernungsquadrat zu

$$(x_1 - x_2)(\bar{x}_1 - \bar{x}_2),$$

d. i. zum Quadrate des absoluten Betrages der Differenz $x_1 - x_2$. Als Entfernung wird dann dieser absolute Betrag erklärt. Damit befolgt die Funktionentheorie nicht die im Texte gegebene Erklärung der Entfernung, sondern die neue. Für funktionentheoretische Zwecke richtet das keinen Schaden an; auch der Geometer *darf* so vorgehen, muß sich aber der Konsequenzen bewußt bleiben, die sein Vorgehen im komplexen Gebiet nach sich zieht. Hierzu vergleiche man **45**, Zus. 8.

8. Kreis und Gerade. Es sollen die gemeinsamen Punkte der Geraden $ax + by + c = 0$ und des Kreises $(x-p)^2 + (y-q)^2 - r^2 = 0$ ermittelt werden. Dabei unterliegen die Größen a, b, c, p, q, r nur der einen Bedingung, daß a und b nicht gleichzeitig verschwinden dürfen. Wir führen die Rechnung nur für den Fall $a \neq 0$ durch. Dann wird $x = (- by - c) : a$, und durch Einsetzen dieses Wertes erhält man für die Ordinaten y etwaiger gemeinsamer Punkte die quadratische Gleichung

$$(a^2 + b^2)y^2 + 2(bc + abp - a^2 q)y + (c + ap)^2 + a^2(q^2 - r^2) = 0.$$

Jetzt haben wir die Ergebnisse von **6** zu verwerten.

1. $(a^2 + b^2)r^2 - (ap + bq + c)^2 \neq 0$, $a^2 + b^2 \neq 0$. Es gibt *zwei getrennte* Schnittpunkte. Die Gerade ist *Euklidisch* (4). Ist der Kreis reduzibel, so ist $ap + bq + c \neq 0$, d. i. die Gerade läuft nicht durch den Mittelpunkt.

2. $a^2 + b^2 = 0$, $ap + bq + c \neq 0$. Hier handelt es sich um den Schnittpunkt des Kreises mit einer *isotropen Geraden*, die nicht durch den Mittelpunkt läuft; es gibt *einen einzigen einfach zählenden* Schnittpunkt.

3. $(a^2 + b^2)r^2 - (ap + bq + c)^2 = 0$, $a^2 + b^2 \neq 0$. *Zwei zusammenfallende* Schnittpunkte; die (Euklidische) Gerade wird als *Tangente* des Kreises bezeichnet, der doppelt zählende Schnittpunkt als *Berührungspunkt*.

4. Jetzt reduzieren sich die drei Bedingungen auf $ap + bq + c = 0$, $a^2 + b^2 = 0$, $r^2 \neq 0$. Ein *irreduzibler* Kreis soll mit einer *Isotropen durch seinen Mittelpunkt* zum Schnitt gebracht werden. Es gibt *keinen* Schnittpunkt. Die Gerade wird als *Asymptote* des Kreises bezeichnet.

5. $ap + bq + c = 0$, $a^2 + b^2 = 0$, $r^2 = 0$. Ein *reduzibler* Kreis hat mit einer *isotropen Geraden durch seinen Mittelpunkt* ∞^1 Punkte gemeinsam. Da ein reduzibler Kreis aus *zwei* isotropen Geraden durch seinen Mittelpunkt besteht, so fällt jetzt die Gerade mit einer von diesen zusammen. Alle gemeinsamen Punkte von Kreis und Gerade findet man jetzt aus (5) in **4**.

In dem von uns nicht durchgeführten Falle $a = 0$ können, wie der Leser zeigen möge, nur die Fälle 1 und 3 eintreten. Wir fassen zusammen:

Satz. *Eine Euklidische Gerade hat mit einem Kreise zwei getrennte oder zusammenfallende Punkte gemeinsam. Eine isotrope Gerade, die nicht durch den Mittelpunkt läuft, hat nur einen einfach zählenden Schnittpunkt mit dem Kreise gemeinsam. Läuft aber eine isotrope Gerade durch den Mittelpunkt des Kreises, so gibt es bei einem irreduziblen Kreise keinen Schnittpunkt; bei einem reduziblen Kreise ist die Gerade völlig auf dem Kreise gelegen.*

1. **Erklärung.** *Es seien p und q reell, positiv und von Null verschieden. Dann heißt die Kurve $q^2 x^2 + p^2 y^2 - p^2 q^2 = 0$ eine Ellipse, $q^2 x^2 - p^2 y^2 - p^2 q^2 = 0$ eine Hyperbel* (vgl. **71**). Beide Kurven sind jetzt Örter auch imaginärer Punkte. Auch die Begriffe Tangente, Berührungspunkt, Asymptote, werden

sinngemäß auf diese Kurven und auf die Parabel (7, Erkl. 3) übertragen. Schnitt dieser Kurven mit $ax + by + c = 0$. Zwei Fälle $(a \neq 0, a = 0)$.

2. Im Falle getrennter Schnittpunkte (ξ_1, η_1) und (ξ_2, η_2) lassen sich $\dfrac{\xi_1 + \xi_2}{2}$ und $\dfrac{\eta_1 + \eta_2}{2}$ *rational* angeben. Welche Gleichung besteht zwischen ihnen? Deutung nach **10**, (18). In dieser Gleichung tritt c nicht mehr auf. Bedeutung! (vgl. **70**, Zus. 8).

3. Wie heißen die beiden Parallelenbüschel, deren Gerade die Ellipse (Hyperbel) nur einmal (einfach zählend) schneiden? Welche geraden Linien dieser Büschel können als Asymptoten bezeichnet werden. Welche der fünf Möglichkeiten von **6** kann in Zus. 1 nicht eintreten?

4. Es sei $G_1 \equiv a_1 x + b_1 y + c_1$, $G_2 \equiv a_2 x + b_2 y + c_2$. Dann ergeben die Gleichungen $G_1 = 0$ und $G_2 = 0$ (nicht immer) zwei gerade Linien. Sind diese getrennt, so stellt $\lambda_1 G_1 + \lambda_2 G_2 = 0$, wo λ_1 und λ_2 nicht gleichzeitig verschwinden sollen, sonst aber beliebig veränderlich sind, ∞^1 Gerade dar. Warum nicht ∞^2? Zwei Fälle $a_1 b_2 - a_2 b_1 \neq 0, = 0$. Bedeutung! Fall, wo G_1 und G_2 zusammenfallen! Zeige, daß $\lambda_1 G_1 + \lambda_2 G_2 = 0$ eine Gerade dar-stellen kann, obwohl $G_2 = 0$ (oder $G_1 = 0$) keine Gerade darstellt.

5. Es sei $K_1 \equiv (x - a_1)^2 + (y - b_1)^2 - r_1^2$, $K_2 \equiv (x - a_2)^2 + (y - b_2)^2 - r_2^2$. Wann stellt $\lambda_1 K_1 + \lambda_2 K_2 = 0$ keinen Kreis dar? Zeige, daß der Kreis $\lambda_1 K_1 + \lambda_2 K_2 = 0$ durch sämtliche Schnittpunkte von $K_1 = 0$ und $K_2 = 0$ läuft. Bedeutung von $K_1 - K_2 = 0$! Potenzgeraden von $K_1 = 0$, $K_2 = 0$, $K_3 = 0$!

6. Schnittfigur von $K = 0$ und $G = 0$ für
$$K \equiv x^2 + 4ix + y^2 - 29, \quad G \equiv x + iy + 2i;$$
$$K \equiv x^2 - (4i + 8)x + y^2 + (2 - 2i)y + 4 + 18i, \quad G \equiv (1 - 2i)x + y - 7 + 5i$$
$$\text{(Wurzeln ausziehen!)};$$
$$K \equiv x^2 + y^2 - 25, \quad G \equiv (3 - 4i)x + (4 + 12i)y + 15 + 60i. \quad \text{(Nach 6 Zus. 3!)}$$

7. In den Formeln für $\mathrm{tg}(\alpha + \beta)$, $\mathrm{tg}(\alpha - \beta)$ setze man für $\mathrm{tg}\,\alpha$ den Wert i. Was folgt? Welche beiden Werte kann die Tangensfunktion nicht annehmen? Warum richtet es in der Parameterdarstellung **7**, (8) für die Punkte eines irreduziblen Kreises keinen Schaden an, daß durch die benutzte Geradenschar $y - q : x - p = \mathrm{tg}\,t$ nicht sämtliche Geraden durch den Mittelpunkt geliefert werden? Darf man statt **4**, (2) schreiben $\cos t\,(x - x_1) - \sin t\,(y - y_1) = 0$, oder gehen dabei gerade Linien verloren?

8. Gegeben sind zwei feste Punkte (x_1, y_1) und (x_2, y_2) und ein dritter Punkt (ξ, η), der nach und nach alle Lagen in der Ebene annehmen soll. Berechne den Radius des Kreises durch diese drei Punkte. Sorgfältige Rech-nung! Drei wesensverschiedene Fälle (**3**, 1).

9. Eine Gleichung k^{ten} Grades in $(x_1, x_2, \ldots, x_n)$ stellt, wie man sagt, eine $(n - 1)$-fach ausgedehnte Mannigfaltigkeit der Ordnung k dar, die in einem R_n verläuft. Kurz: eine M_{n-1}^k im R_n. So ist der Kreis eine M_1^2 im R_2. Für M_p^1 schreibt man R_p („lineare" Mannigfaltigkeiten).

9. Isotrope Gerade. Wir wiederholen eine Erklärung aus 4:

Erklärung 1. *Die gerade Linie $ax + by + c = 0$ heißt*

Euklidisch (anisotrop)	*Minimalgerade[1] (isotrop)*

falls der Ausdruck $a^2 + b^2$

von Null verschieden ist	*gleich Null ist.*

---

[1] Die historisch frühere Benennung Minimalgerade ist besser aufzugeben. Im komplexen Gebiet kann man von einem Minimum nicht reden. Wir werden sie nur gelegentlich anwenden.

Für ihre Punkte hatten wir die Parameterdarstellungen gewonnen:

$$4, (4): \qquad\qquad\qquad\qquad 4, (5):$$

$$x = \frac{-ca + bT}{a^2 + b^2}, \quad y = \frac{-cb - aT}{a^2 + b^2}. \qquad x = \frac{\tau - c}{2a}, \quad y = -\frac{\tau + c}{2b}.$$

Zu verschiedenen Werten von $T(\tau)$ gehören getrennte Punkte der Geraden. So seien den Parameterwerten T_1 und T_2 (τ_1 und τ_2) zugeordnet die Punkte (x_1, y_1) und (x_2, y_2).

$$(T_1 - T_2 \neq 0). \qquad\qquad\qquad (\tau_1 - \tau_2 \neq 0).$$

Für das Quadrat der Entfernung dieser beiden Punkte folgt aus 7 der Wert:

$$(T_2 - T_1)^2 : (a^2 + b^2). \qquad\qquad (a^2 + b^2)(\tau_2 - \tau_1)^2 : 4a^2 b^2.$$

Er ist *von Null verschieden:* | Er ist *gleich Null,* wie auch τ_1 und τ_2 gewählt werden:

Satz 1. *Getrennte Punkte einer anisotropen Geraden haben einen von Null verschiedenen Abstand.*

Satz 2. *Getrennte Punkte einer isotropen Geraden haben stets den Abstand Null.*

Damit ist eine weitgehende Wesensverschiedenheit zwischen den beiden Arten von geraden Linien aufgedeckt. Der Leser lasse sich nicht verleiten, die isotropen Geraden deshalb, weil sie niemals reell sind, für unwichtiger zu halten, als die Euklidischen Geraden. Wir werden sehen, daß durch die Minimalgeraden Licht auf die verschiedensten Gegenstände des reellen Gebietes fällt; ihre Kenntnis ist für ein tieferes Verständnis der reellen Geometrie *unerläßlich*.

Satz 3. *Es gibt zwei Arten von isotropen Geraden.* In der Gleichung $ax + by + c = 0$ einer Isotropen kann weder a noch b verschwinden (2 Erkl. 1). Daher kann man durch Einführung eines Proportionalitätsfaktors (2) den einen dieser beiden Koeffizienten auf den Wert eins bringen. Der andere wird dann i oder $-i$. So erhält man

$$(9) \qquad ix + y + c = 0 \qquad\qquad x + iy + \bar{c} = 0$$

(*linksisotrope* Gerade oder Linksisotrope). | (*rechtsisotrope* Gerade oder Rechtsisotrope).

Diese Terminologie[1]) kann hier nicht motiviert werden. Als Gedächtnisregel merke man, daß in der Darstellung (9) der Faktor i bei den linksisotropen Geraden links steht, bei den rechtsisotropen rechts. Es gibt ∞^1 linksisotrope und ∞^1 rechtsisotrope Gerade.

---

[1]) E. Study, Vorlesungen über ausgewählte Gegenstände der Geometrie. Erstes Heft. Ebene analytische Kurven und zu ihnen gehörige Abbildungen. 1911. S. 9. Im Folgenden zitiert als „E. A. K.".

Die Parameterdarstellung (5) der Punkte der isotropen Geraden spezialisiert sich jetzt:

$$(5\,l)\quad x = \frac{\tau - c}{2\,i},\quad y = -\frac{\tau + c}{2}.\qquad (5\,r)\quad x = \frac{\tau - c}{2},\quad y = -\frac{\tau + c}{2\,i}.$$

Bringt man zwei Isotrope zum Schnitt, so findet man die Sätze:

Satz 4. *Getrennte linksisotrope [rechtsisotrope] gerade Linien sind iueinander parallel. Eine linksisotrope und eine rechtsisotrope Gerade schneiden sich.*

Aus 4, (2) ergibt sich:

Satz 5. *Durch jeden Punkt läuft eine einzige linksisotrope und eine einzige rechtsisotrope Gerade.*

Die beiden Isotropen durch den Punkt (ξ/η) heißen

$$(10\,r)\quad i(x - \xi) + y - \eta = 0,\qquad (10\,r)\quad (x - \xi) + i(y - \eta) = 0.$$

Durch Multiplikation dieser beiden Gleichungen wird man wieder zu dem Satze geführt:

Ein reduzibler Kreis besteht aus den beiden Isotropen durch seinen Mittelpunkt. Der Mittelpunkt heißt daher auch *Doppelpunkt* des reduziblen Kreises.

Erklärung 2. *Zwei getrennte Punkte von der Entfernung Null sollen zueinander parallel genannt werden.* Die Motivierung dieser Bezeichnung kann erst in **67**, Nr. 3 erfolgen. Dann können parallele Punkte immer durch eine Isotrope verbunden werden, und zwar entweder durch eine linke („linksparallele" Punkte) oder durch eine rechte („rechtsparallele" Punkte). Alle Punkte eines zerlegbaren Kreises sind zum Doppelpunkt parallel.

Satz 6. *Auf jeder Euklidischen Geraden gibt es zu einem nicht auf ihr liegenden Punkte stets einen einzigen linksparallelen und einen einzigen rechtsparallelen Punkt.*

Satz 7. *Auf einer Linksisotropen gibt es zu einem nicht auf ihr liegenden Punkt einen einzigen rechtsparallelen, aber keinen linksparallelen Punkt.*

Beweise durch **7** (7 a), (10 l), (10 r), **3**, 3 $\alpha\beta$.

1. Die zu einer linksisotropen Geraden konjugiert komplexe Gerade ist rechtsisotrop. — Konzentrische Kreise haben dieselben Asymptoten. — Wieviel Kreise sind zu einem vorgegebenen konzentrisch? Wieviel isotrope Tangenten haben Ellipse, Parabel und Hyperbel? Berechne ihre Schnittpunkte; welche geometrische Bedeutung haben diese, soweit sie reell sind (vgl. **10**, Zus. 1). — Welche geometrische Bedeutung haben bei Ellipse und Hyperbel die *Euklidischen* Verbindungsgeraden jener vier Punkte? — Analytische Bedingung dafür, daß die beiden Punkte (ξ_1, η_1) und (ξ_2, η_2) linksparallel (rechtsparallel) sind. — Wie heißt der Punkt auf $ax + by + c = 0$, der zu (ξ, η) linksparallel

(rechtsparallel) ist? — Wie heißt der Punkt, der gleichzeitig zu (ξ_1, η_1) links-parallel und zu (ξ_2, η_2) rechtsparallel ist? — Eine Parameterdarstellung für die Punkte einer Euklidischen oder linksisotropen Geraden erhält man, wenn man diese Gerade mit allen rechtsisotropen Geraden zum Schnitt bringt. Wie heißen die Formeln? — Wie hat man bei einer rechtsisotropen Geraden vor-zugehen? — Eine Parameterdarstellung für die Punkte eines irreduziblen Kreises $(x-a)^2 + (y-b)^2 - r^2 = 0$ erhält man, wenn man ihn (etwa) mit allen linksisotropen Geraden zum Schnitt bringt. Diese seien so gegeben: $i(x-a) + y - b + t = 0$, wo t veränderlich ist. Stelle die Formeln auf! Welcher Wert von t ist auszuschließen? — *Inwiefern ist diese Darstellung der Dar-stellung 7 (8) vorzuziehen?* Wann sind konjugiert komplexe Punkte zuein-ander parallel?

2. Durch k algebraische Gleichungen in den Veränderlichen $(x_1, x_2, \ldots, x_n)$ wird aus dem R_n eine Mannigfaltigkeit M_{n-k} von $n-k$ Dimensionen aus-geschieden (immer?). Sie wurde früher als R_{n-k} bezeichnet, weil die k Glei-chungen sämtlich als linear vorausgesetzt wurden. Der jetzige Begriff ist der weitere. Nur die „*linearen*" M_{n-k} sollen als R_{n-k} bezeichnet werden:

3. Eine M_m, die in einem R_n verläuft, heißt von k^{ter} Ordnung und wird demgemäß als M_m^k bezeichnet, wenn sie mit einem R_{n-m}, der nicht ganz ihr angehört, und dem sie nicht ganz angehört, k Punkte gemeinsam hat $(n > m)$. Was heißt danach M_2^3 im R_3, M_1^3 im R_3, M_2^2 im R_3?

10. Spiegelung an einer Geraden. Gegeben sei die *Euklidische* Gerade G von der Gleichung $Ax + By + C = 0$, und der Punkt $P(\xi/\eta)$ außerhalb. Wir wollen ein Verfahren angeben, welches dem Punkte P einen andern Punkt P' vermittelst der Geraden G zuordnet. Dieses Verfahren wird *Spiegelung an der Geraden G* genannt.

Der zu P linksparallele Punkt auf G heiße P_l, der zu P rechts-parallele Punkt auf G entsprechend P_r. Die Koordinaten dieser Punkte sind dann

$$P_l: \frac{-iB\xi - B\eta - C}{A - Bi}, \quad \frac{Ai\xi + A\eta + Ci}{A - Bi}.$$

$$P_r: \frac{-B\xi - Bi\eta - Ci}{Ai - B}, \quad \frac{A\xi + Ai\eta + C}{Ai - B}.$$

Gesucht wird jetzt der Punkt P', der zu P_l rechtsparallel und gleichzeitig zu P_r linksparallel ist.

Die Linksisotrope durch P_r heißt:

$$(Ai - B)(ix + y) - 2C + (Ai + B)(i\xi - \eta) = 0.$$

Die Rechtsisotrope durch P_l heißt:

$$(A - iB)(x + iy) + 2C + (A + iB)(\xi - i\eta) = 0.$$

Die Koordinaten (ξ', η') von P' findet man daher aus dem System

$$(11) \quad \begin{cases} (A - iB)(\xi' + i\eta') + 2C + (A + iB)(\xi - i\eta) = 0, \\ (A + iB)(\xi' - i\eta') + 2C + (A - iB)(\xi + i\eta) = 0. \end{cases}$$

Daraus folgt

$$(12) \quad \begin{cases} (A^2 + B^2)\,\xi' = (B^2 - A^2)\,\xi - 2\,AB\eta \qquad\quad - 2\,AC \\ (A^2 + B^2)\,\eta' = \qquad\; - 2\,AB\xi + (A^2 - B^2)\,\eta - 2\,BC \end{cases}$$

oder

$$(13) \quad \xi' = \xi - \frac{2\,A\,(A\xi + B\eta + C)}{A^2 + B^2}, \quad \eta' = \eta - \frac{2\,B\,(A\xi + B\eta + C)}{A^2 + B^2}$$

Wir haben hier eine Konstruktion angegeben, die einem Punkte (ξ/η) einen andern Punkt (ξ'/η') zuordnet. Das analytische Äquivalent dazu bilden die Formeln (12), (13), und diese leisten noch etwas mehr. Man kann jetzt nämlich die ursprüngliche Einschränkung aufheben, wonach (ξ/η) nicht auf $Ax + By + C = 0$ liegen sollte. Auch dann haben die Formeln noch einen klaren Sinn, während die geometrische Konstruktion in gewisser Weise ausartet. Es wird dann $\xi' = \xi$, $\eta' = \eta$, so daß jeder Punkt der Geraden G sich selbst zugeordnet ist.

Bemerkenswert ist an unserer Konstruktion, daß man vom Punkte P' ausgehend wieder den Punkt P finden kann. Sie ist also rückwärts ausführbar, oder, wie man sagt *umkehrbar*.

Erklärung 1. *Ein Verfahren, welches jedem Punkte der Ebene einen andern Punkt umkehrbar zuordnet, heißt allgemein eine Transformation.* Die hier vorliegende ist sehr spezieller Art. Übt man nämlich unsere Konstruktion auf den Punkt P' aus, so gelangt man wieder zum Punkte P zurück. Man nennt solche Transformationen mit einer später (12) anzugebenden Ausnahme *involutorisch*. Analytisch tritt der involutorische Charakter zutage, wenn man die beiden Ausdrücke in (11) addiert:

$$(14) \qquad A\,(\xi + \xi') + B\,(\eta + \eta') + 2\,C = 0.$$

Hier erkennt man sofort die Gleichberechtigung der Punkte (ξ, η) und (ξ', η').

Erklärung 2. *Der Punkt (ξ', η') in (13) heißt das Spiegelbild des Punktes (ξ, η) in bezug auf die (anisotrope) Gerade $Ax + By + C = 0$. Diese heißt Achse der Spiegelung.* Das Spiegelbild von (ξ', η') ist wieder (ξ, η).

Die Formeln (12) oder (13) lehren, zu *jedem* Punkte der Ebene das Spiegelbild zu finden. Sie stellen, wie man sagt, *die Spiegelung an der Geraden G* dar. Damit meint man, daß *nicht nur zu einem* Punkte das Spiegelbild ermittelt werden soll, sondern *zu allen Punkten* der Ebene. Die Spiegelbilder werden immer dadurch gekennzeichnet, daß man ihren Koordinaten und sonstigen Bezeichnungen Akzente hinzufügt. So bedeutet (ξ_3', η_3') das Spiegelbild von (ξ_3, η_3), K' das Spiegelbild von K usw.

Wir betrachten jetzt zwei Punkte (ξ_1, η_1) und (ξ_2, η_2), die beide der Spiegelung unterworfen werden sollen. Aus (12) ergibt sich:

$$\begin{cases} (A^2 + B^2)(\xi_1' - \xi_2') = (B^2 - A^2)(\xi_1 - \xi_2) - 2AB(\eta_1 - \eta_2), \\ (A^2 + B^2)(\eta_1' - \eta_2') = -2AB(\xi_1 - \xi_2) + (A^2 - B^2)(\eta_1 - \eta_2), \\ (A^2 + B^2)(\xi_1'\eta_2' - \xi_2'\eta_1') = -2BC(\xi_1 - \xi_2) + 2AC(\eta_1 - \eta_2) - (A^2 + B^2)(\xi_1\eta_2 - \xi_2\eta_1). \end{cases}$$

Aus den ersten beiden dieser Formeln oder aus (11) folgt leicht:

$$(16) \quad \begin{cases} (B - Ai)[i(\xi_1' - \xi_2') + \eta_1' - \eta_2'] = i(B + Ai)[\xi_1 - \xi_2 + i(\eta_1 - \eta_2)], \\ (B + Ai)[\xi_1' - \xi_2' + i(\eta_1' - \eta_2')] = -i(B - Ai)[i(\xi_1 - \xi_2) + \eta_1 - \eta_2]. \end{cases}$$

Hieraus entnimmt man, wenn man die Ausdrücke in den eckigen Klammern rechts gleich Null setzt:

Satz 1. *Die Spiegelbilder rechtsparalleler Punkte sind linksparallel, die Spiegelbilder linksparalleler Punkte sind rechtsparallel.*

Durch Multiplikation der beiden Gleichungen (16) erhält man:

$$(\xi_1' - \xi_2')^2 + (\eta_1' - \eta_2')^2 = (\xi_1 - \xi_2)^2 + (\eta_1 - \eta_2)^2.$$

Links und rechts steht formal genau derselbe Ausdruck, das eine Mal für die Spiegelbilder gebildet, das andere Mal für die ursprünglichen Punkte. Ein solcher Ausdruck, der bei der Spiegelung seinen Zahlwert nicht ändert, heißt eine *absolute Invariante* gegenüber der Spiegelung. Zwei Spiegelbilder haben dasselbe Abstandsquadrat wie die ursprünglichen Punkte. Dafür sagt man auch:

Satz 2. *Das Abstandsquadrat zweier Punkte ist gegenüber einer Spiegelung invariant.*

Spiegelt man jetzt drei Punkte gleichzeitig, so findet man nach einigen Rechnungen (vgl. 15):

$$(17) \quad \begin{vmatrix} \xi_1' & \eta_1' & 1 \\ \xi_2' & \eta_2' & 1 \\ \xi_3' & \eta_3' & 1 \end{vmatrix} = - \begin{vmatrix} \xi_1 & \eta_1 & 1 \\ \xi_2 & \eta_2 & 1 \\ \xi_3 & \eta_3 & 1 \end{vmatrix}.$$

Dieser Ausdruck (der doppelte „*Inhalt*" der Dreiecke $P_1 P_2 P_3 = P_2 P_3 P_1 = P_3 P_1 P_2$, wenn P_i $(i = 1, 2, 3)$ den Punkt (ξ_i / η_i) bedeutet, vgl. 18, Zus. 2) bleibt zwar nicht ganz ungeändert, aber sein Quadrat würde eine absolute Invariante sein. Man nennt aber auch die dreireihige Determinante selbst eine (*relative*) Invariante. Verschwindet sie nämlich für die ursprünglichen Punkte nicht, so verschwindet sie auch für die Spiegelbilder nicht; verschwindet sie für die ursprünglichen Punkte, so verschwindet sie auch für die Spiegelbilder. Sie ist keine absolute Invariante, d. i. ihr Zahlwert bleibt nicht erhalten, wenn er von Null verschieden war.

Das Verschwinden der Determinante sagt nun aus, daß die drei Punkte auf einer einzigen Geraden liegen (Rang zwei) oder sämtlich zusammenfallen (Rang eins), und wir können jetzt aussprechen (vgl. 5):

Satz 3. *Der Rang dreier Punkte bleibt bei einer Spiegelung erhalten.*

Der Fall, wo der Rang zwei beträgt, sagt insbesondere aus:

Satz 4. *Drei Punkte einer Geraden gehen bei einer Spiegelung wieder in drei Punkte einer Geraden über.*

Dafür sagt man auch:

Die Spiegelung verwandelt gerade Linien in gerade Linien.

Als Spiegelbild einer Geraden darf nämlich jetzt erklärt werden die Gerade, die von den Spiegelbildern der Punkte der ersten Geraden gebildet wird.

Dann kann man fragen, wie das Spiegelbild $a'x + b'y + c' = 0$ der Geraden $ax + by + c = 0$ heißt. Letztere Gerade verbinde die Punkte (ξ_1, η_1) und (ξ_2, η_2). Dann folgt aus (15) in Verbindung mit 4, 1:

$$(A^2 + B^2)a' = (A^2 - B^2)a + 2AB \cdot b$$
$$(A^2 + B^2)b' = 2AB \cdot a + (B^2 - A^2)b$$
$$(A^2 + B^2)c' = 2AC \cdot a + 2BC \cdot b - (A^2 + B^2)c.$$

Diese Formeln werden in 21 eingehend behandelt werden. Hier beachten wir, daß

$$a'^2 + b'^2 = a^2 + b^2.$$

Hieraus, oder aus Satz 2 folgt:

Satz 5. *Eine Spiegelung führt eine anisotrope Gerade wieder in eine anisotrope über, eine isotrope Gerade wieder in eine isotrope.*

Jetzt sollen zwei Gerade G_1 und G_2 von den Gleichungen $a_1 x + b_1 y + c_1 = 0$ und $a_2 x + b_2 y + c_2 = 0$ der Spiegelung unterworfen werden. Für ihre Spiegelbilder $a_1'x + b_1'y + c_1' = 0$ und $a_2'x + b_2'y + c_2' = 0$ findet man

$$a_1' a_2' + b_1' b_2' = a_1 a_2 + b_1 b_2,$$
$$a_1' b_2' - a_2' b_1' = -(a_1 b_2 - a_2 b_1).$$

Hier haben wir zwei Invarianten vor uns, deren zweite aussagt:

Satz 6. *Eine Spiegelung verwandelt parallele Gerade wieder in parallele Gerade.*

Beide Invarianten sind aber nicht absolut, denn beide können durch Einführung von Proportionalitätsfaktoren auf jeden von Null verschiedenen Wert gebracht werden, falls sie von Null verschieden waren. Eine Invariante, deren Zahlwert durch Einführung beliebiger

Proportionalitätsfaktoren nicht mehr geändert wird, erhält man aber durch Division

$$\frac{a_1 b_2 - a_2 b_1}{a_1 a_2 + b_1 b_2} = \mathrm{tg}\,(G_1, G_2)^1).$$

Die hierdurch mod π erklärte Größe (G_1, G_2) heißt der *Winkel* der Geraden G_2 gegen die Gerade G_1.

Satz 7. *Bei einer Spiegelung geht der Winkel zweier geraden Linien in seinen entgegengesetzten Wert über.* Genaueres hierüber vgl. 21, wegen des Nenners $a_1 a_2 + b_1 b_2$ auch **11**.

Aus Satz 1 folgt noch:

Satz 8. *Bei einer Spiegelung wird jede Linksisotrope in eine Rechtsisotrope übergeführt, und umgekehrt.*

Ferner liefert noch Satz 2:

Satz 9. *Bei einer Spiegelung wird ein irreduzibler (reduzibler) Kreis immer wieder in einen irreduziblen (reduziblen) Kreis übergeführt.*

Unter Benutzung der Terminologie der elementaren Viereckslehre sprechen wir aus:

Die Figur $P P_l P_r P'$ stellt ein Viereck dar, dessen Seiten sämtlich die Länge Null haben. Jede Seite ist zur gegenüberliegenden parallel, jede Ecke zu den beiden benachbarten. Die eine Diagonale ist die Spiegelungsachse, die andere ist Achse einer Spiegelung, bei der P_l das Spiegelbild von P_r ist.

Der Schnittpunkt der beiden Diagonalen hat (Satz 2) gleichen Abstand von P und P' (und ebenso auch von P_l und P_r) und heißt *Mitte* von $P P'$:

Erklärung 3. *Die Figur zweier Linksisotropen und zweier Rechtsisotropen heißt Elementarvierseit.*

Es gibt ∞^4 Elementarvierseite. Ein solches kann, wenn die vier geraden Linien getrennt sind, als Parallelogramm vom Umfang Null bezeichnet werden.

Erklärung 4. *Mitte zwischen zwei nichtparallelen Punkten $P_1 (x_1, y_1)$ und $P_2 (x_2, y_2)$ heißt der Schnittpunkt der Diagonalen im Elementarvierseit, in welchem P_1 und P_2 gegenüberliegende Ecken sind.*

Die Mitte hat dann die Koordinaten

$$(18) \qquad \frac{x_1 + x_2}{2}, \qquad \frac{y_1 + y_2}{2},$$

und diese Formeln sollen die Mitte auch für parallele oder zusammenfallende Punkte definieren.

$^1)$ $i\,\mathrm{tg}\,\varphi = \dfrac{e^{\varphi i} - e^{-\varphi i}}{e^{\varphi i} + e^{-\varphi i}}$. Die Tangensfunktion darf in unserm Zusammenhange natürlich nicht aus einem rechtwinkligen Dreieck heraus erklärt werden.

1. Bei Ellipse und Hyperbel gibt es ein *umbeschriebenes* Elementarvierseit, d. i. ein solches, deren Seiten Tangenten (vgl. 18, Zus. 6, 9, Zus. 1) sind. Die Ecken dieses Elementarvierseits heißen *Brennpunkte* (foci), die Diagonalen *Achsen* der Kurve. Die Rechnungen sollen durchgeführt werden. Wie können demnach konfokale Ellipsen (Hyperbeln) erklärt werden? — Wie läßt sich der Brennpunkt bei der Parabel erklären? — Warum kann man von einer Spiegelung an einer isotropen Geraden nicht reden? — Ort der Spiegelbilder eines Punktes in bezug auf alle Geraden eines Geradenbüschels, eines Parallelenbüschels. Örter der Mitten der zugehörigen Elementarvierseite!

2. Da jede Isotrope, die nicht durch den Mittelpunkt eines irreduziblen Kreises läuft, diesen in einem einzigen Punkte schneidet, so kann man das *Spiegelbild eines Punktes in bezug auf einen irreduziblen Kreis* genau so erklären, wie das Spiegelbild in bezug auf die Gerade, d. i. als gegenüberliegende Ecke eines Elementarvierseits, dessen anliegende Ecken auf dem Kreise liegen. Die (etwas umständlichen) Rechnungen sind durchzuführen. Der Kreis heiße $(x-a)^2+(y-b)^2-r^2=0$, $(r^2 \neq 0)$. Man erhält schließlich:

$$\xi'-a=\frac{r^2(\xi-a)}{(\xi-a)^2+(\eta-b)^2}, \qquad \eta'-b=\frac{r^2(\eta-b)}{(\xi-a)^2+(\eta-b)^2}.$$

Welchem Punkte ist kein Spiegelbild zugeordnet? Ist diese Transformation involutorisch? Zeige, daß die Verbindungsgerade von Punkt und Spiegelbild, falls sie nicht unbestimmt ist, durch den Mittelpunkt des Kreises läuft. Zeige, daß für $a=\bar{a}$, $b=\bar{b}$, $r^2>0$ die Transformation identisch ist mit der sogenannten Inversion am Kreise. (Von einem Punkte P außerhalb des Kreises legt man an diesen die beiden Tangenten und halbiert die Verbindungsstrecke der beiden Berührungspunkte. Die Mitte ist der zugeordnete Punkt P'). Inwiefern ist auch in diesem Falle die analytische Erklärung der Transformation der geometrischen überlegen? Welche Punkte sind ihre eigenen Spiegelbilder? — Es will wohl beachtet sein, daß auch diese Konstruktion des reellen Gebietes sich ebenso wie die Spiegelung an einer reellen Geraden ungezwungen aus dem imaginären Gebiet heraus ergeben hat. Verallgemeinerung auf den R_n!

3. Zeige am Beispiel paralleler oder zusammenfallender Punkte, daß es nicht *allgemein* zulässig ist, die Mitte zwischen zwei Punkten als den Punkt ihrer Verbindungsgeraden zu erklären, der von beiden gleichen Abstand hat. (Sorgfältige Durchführung der Rechnung! Es würden sich zuweilen ∞^1 und ∞^2 „Mitten" ergeben.) — Ein Dreieck soll angegeben werden, in welchem zwei Seiten die Länge Null haben. *Inhalt dieses Dreiecks!* — Können in einem Dreieck mit getrennten Ecken alle Seiten Null werden? — Wieviel Ecken eines Elementarvierseits können reell sein? (Vorsicht!) Was kann man von den beiden andern Ecken eines Elementarvierseits aussagen, in dem zwei Ecken reell sind?

4. Auf Grund von (13) soll die Spiegelung an einem R_{n-1} erklärt werden, der innerhalb von R_n verläuft. Anisotrope und isotrope R_{n-1}!

11. Orthogonalität.

Wir knüpfen wieder an den Begriff des Elementarvierseits an, also an die Figur zweier linksisotroper und zweier rechtsisotroper gerader Linien. Fallen keine zwei dieser vier Geraden zusammen, so gibt es vier getrennte Ecken (Schnittpunkte) und es sind die beiden Diagonalen (Verbindungsgeraden nichtparalleler Ecken) Euklidisch; endlich stehen sie in einer *gegenseitigen* Beziehung zueinander: Bei der Spiegelung an der Diagonale durch ein Eckenpaar werden die andern beiden Ecken miteinander vertauscht. Das Elementarvierseit bestimmt also nicht nur eine, sondern zwei Spiegelungen an geraden Linien. Die beiden Spiegelungsachsen heißen *zueinander orthogonal* oder *aufeinander senkrecht.*

Erklärung 1. *Zwei anisotrope gerade Linien heißen zueinander senkrecht oder orthogonal, wenn sie als Diagonalen eines Elementarvierseits angesehen werden können.*

Es handelt sich darum, die analytische Bedingung dafür zu finden, daß zwei gerade Linien aufeinander senkrecht stehen.

Auf der Euklidischen Geraden G_1 von der Gleichung $a_1 x + b_1 y + c_1 = 0$ wählen wir zwei getrennte Punkte $P_1 (\xi_1, \eta_1)$ und $P_2 (\xi_2, \eta_2)$. Diese sollen gegenüberliegende Ecken des zu konstruierenden Elementarvierseits werden. Wir bringen zum Schnitt die Linksisotrope durch P_1 mit der Rechtsisotropen durch P_2:

$$(19) \qquad \frac{\xi_2 + \xi_1}{2} + \frac{i(\eta_2 - \eta_1)}{2}, \quad \frac{\eta_2 + \eta_1}{2} - \frac{i(\xi_2 - \xi_1)}{2};$$

die Rechtsisotrope durch P_1 mit der Linksisotropen durch P_2:

$$(19) \qquad \frac{\xi_2 + \xi_1}{2} - \frac{i(\eta_2 - \eta_1)}{2}, \quad \frac{\eta_2 + \eta_1}{2} + \frac{i(\xi_2 - \xi_1)}{2}.$$

Die Verbindungsgerade G_2 dieser Punkte heißt:

$$(20) \quad a_2 x + b_2 y + c_2 = (\xi_2 - \xi_1)x + (\eta_2 - \eta_1)y + \tfrac{1}{2}(\xi_1^2 + \eta_1^2 - \xi_2^2 - \eta_2^2) = 0$$

Zwischen ihr und G_1

$$a_1 x + b_1 y + c_1 = (\eta_1 - \eta_2)x + (\xi_2 - \xi_1)y + \xi_1 \eta_2 - \xi_2 \eta_1 = 0$$

besteht die Beziehung

$$(21) \qquad\qquad a_1 a_2 + b_1 b_2 = 0,$$

(warum nicht $a_1 = - b_2$, $a_2 = b_1$?!), die bei Vertauschung der Indizes 1 und 2 ungeändert bleibt. Sie heißt die *Orthogonalitätsbedingung* für die Geraden G_1- und G_2.

Da wir zwei Punkte P_1 und P_2 auf G_1 willkürlich gewählt haben, so kann man ∞^2 solche Elementarvierseite konstruieren und könnte demnach ∞^2 Senkrechte auf G_1 erwarten. Führen wir aber die Parameterdarstellung 4, (4) ein, so ist, wenn $T_1 (T_2)$ der Parameter von $P_1 (P_2)$ ist, $T_1 \neq T_2$,

$$\xi_1 = - c_1 a_1 + b_1 T_1 : a_1^2 + b_1^2, \qquad \eta_2 = - c_1 b_1 - a_1 T_2 : a_1^2 + b_1^2$$

usw., und die Gleichung von G_2 lautet:

$$b_1 x - a_1 y - \tfrac{1}{2}(T_1 + T_2) = 0.$$

Es kommt also nicht auf T_1 und T_2 selbst, sondern nur auf ihre Summe an; daher gibt es zu G_1 nur ∞^1 senkrechte Gerade („Lote"); man erhält sie alle aus der Gleichung:

$$(22) \qquad b_1 x - a_1 y + t = 0,$$

wenn man t veränderlich nimmt. Hieraus folgt sofort:

Satz 1. *Alle Senkrechten auf einer Geraden sind zueinander parallel.*

Satz 2. *Durch einen Punkt gibt es zu einer Geraden eine einzige Senkrechte.*

Die Senkrechte auf der Geraden $G\,(ax + by + c = 0)$, die durch den Punkt (ξ/η) läuft, heißt $(4,(2))$:

$$(23) \qquad b\,(x - \xi) - a\,(y - \eta) = 0.$$

Ein Teil der Entwicklungen in 10 kann jetzt so ausgesprochen werden:

Satz 3. *Bei einer Spiegelung werden orthogonale Gerade wieder in orthogonale Gerade übergeführt.*

Bisher waren wir von einem Elementarvierseit ausgegangen, dessen Ecken sämtlich getrennt sind. Dann sind beide Diagonalen anisotrop. Lassen wir jetzt etwa die beiden Linksisotropen zusammenfallen, so wird aus dem Viereck ein Zweieck, und die Diagonalen fallen beide zusammen; sie sind beide linksisotrop. Man würde also anscheinend zu sagen haben: Jede linksisotrope Gerade steht nur auf sich selbst senkrecht, und ebenso jede rechtsisotrope Gerade. Dem ist aber nicht so. Die analytische Orthogonalitätsbedingung (21) — *nur diese ist maßgebend* — zeigt, daß *eine linksisotrope Gerade nicht nur auf sich selbst, sondern auch auf jeder andern linksisotropen Geraden senkrecht genannt werden muß.* Entsprechendes gilt für rechtsisotrope Gerade. Nachträglich läßt sich das dann auch wieder geometrisch einsehen, wenn man eine Umkehrung von Satz 1 zu Hilfe nimmt.

Die Sätze 1—3 gelten auch für isotrope Gerade.

Wesentlich an den bisherigen Ausführungen ist, daß der Begriff des senkrechten Schneidens zweier gerader Linien sich hier aus dem imaginären Gebiet heraus ergeben hat. Sodann die Erkenntnis, daß geometrischer Gedanke und analytische Fassung sich nicht immer völlig decken. Ähnliches erkannten wir bereits bei den Formeln 10, (13) und (18). In solchen Fällen ist immer der analytische Ausdruck maßgebend; die Orthogonalitätsbedingung (21) war zwar hergeleitet nur für zwei anisotrope Gerade; für alle übrigen Fälle definiert *sie allein.*

Erklärung 2. *Der Schnittpunkt der Geraden G mit einer Senkrechten zu ihr heißt Fußpunkt der Senkrechten.* Für den Fußpunkt der Senkrechten vom Punkte (ξ, η) auf die Euklidische Gerade $a\,x + b\,y + c = 0$ findet man (4, (3)) die Koordinaten

$$(24) \qquad \frac{-ac + b\,(b\,\xi - a\,\eta)}{a^2 + b^2}, \quad \frac{-bc - a\,(b\,\xi - a\,\eta)}{a^2 + b^2}.$$

Auf isotropen Geraden gibt es keine Fußpunkte, da die Senkrechten zu einer isotropen Geraden auch zu dieser parallel sind.

1. Zeige, daß bei der Spiegelung an einer Geraden alle Geraden in sich selbst übergeführt werden, die zur Spiegelungsachse senkrecht stehen. — Wie heißt die Gleichung der Tangente an den Kreis $(x-a)^2 + (y-b)^2 - r^2 = 0$ $(r^2 \neq 0)$ im Punkte (ξ, η), wo $(\xi - a)^2 + (\eta - b)^2 - r^2 = 0$ ist? Wie heißt die Gleichung der Tangente an den soeben genannten Kreis im Punkte $(a + r \cos t, b + r \sin t)$? Die Tangente eines Kreises steht auf dem Radius nach ihrem Berührungspunkte senkrecht. — Die Gerade (20) heißt *Mittellot* oder *Mittelsenkrechte* der beiden Punkte (ξ_1, η_1) und (ξ_2, η_2). In welchem Zusammenhang steht sie mit der Potenzlinie gewisser irreduzibler oder reduzibler Kreise? Wie heißt das Lot auf $x + 5y - 4i$ durch $(0/3i)$? — Dieselbe Aufgabe für $x - iy - 5 = 0$ und $(4/-1)$! Wann fällt das Lot durch P auf G mit der Parallelen durch P auf G zusammen? — Gleichungen der *Höhen* im Dreieck P_1 $(0/0)$, $P_2(-2/0)$, $P_3(0/2)$! Koordinaten ihrer Fußpunkte! Fußpunkt des Lotes vom Nullpunkt auf $ax + by + c = 0$ („Zentralpunkt" der Geraden)! Welche geraden Linien besitzen keinen Zentralpunkt? — Beweise den Lehrsatz des Pythagoras! (Eine Euklidische Gerade wird willkürlich angenommen, ein Lot dazu angegeben; dann Parameterdarstellungen auf beiden Geraden usw.!) Ausnahmefall! — Wann schneiden sich zwei zueinander orthogonale gerade Linien? — Auf was für komplexen Geraden sind reelle Lote möglich? Wieviele dann? (Zwei Fälle!) — Zeige, daß die Koordinatenachsen zueinander orthogonal sind. — Statt orthogonal sagt man auch wohl *normal*.

2. Im komplexen Gebiet ist die Konstruktion, einen Punkt an einer Geraden zu spiegeln, *linear*, d. i. durch bloßes Ziehen von geraden Linien ausführbar, wozu wir anzunehmen haben, daß man durch jeden Punkt die beiden Isotropen angeben kann. *Im reellen Gebiet hat sie bekanntlich als quadratisch zu gelten.*

Linear im soeben erklärten Sinne ist daher auch die Aufgabe, von einem Punkte P aus auf eine Gerade G das Lot zu fällen. Man zieht durch P die beiden Isotropen. Die eine davon ist bereits das gesuchte Lot, wenn G selbst isotrop ist. Im andern Falle bestimmen die Isotropen auf G zwei getrennte Punkte, durch die man die noch fehlenden Isotropen zieht. Sie schneiden sich; ihr Schnittpunkt gibt, mit P verbunden, die gesuchte Senkrechte. Man kann so beliebig viele Lote fällen, und daher auch beliebig viele Parallele zu einer Geraden angeben. Sollen nämlich zu der anisotropen Geraden G Parallele gezogen werden, so fällt man irgend ein Lot auf G, und dann wieder Lote auf dieses Lot.

Hierdurch wird es dann wieder ermöglicht, *in* einem Punkte *auf* einer Geraden das Lot zu *errichten*; man *fällt* eben das Lot auf eine beliebige Parallele. Damit kann man jetzt eine Strecke um sich selbst verlängern. Soll die Strecke PQ über Q hinaus um sich selbst verlängert werden, so errichtet man in Q auf PQ das Lot, und spiegelt den Punkt P daran. Weiter ist es von hier aus möglich, zu einer Geraden die Parallele *durch einen vorgeschriebenen Punkt* zu legen. Damit kann man wieder eine Strecke beliebig auf einer parallelen Geraden abtragen, und damit auch auf ihrer Geraden selbst. Der Leser führe diese Gedanken durch und fertige schematische Zeichnungen nach dem Vorbild von 12, Zus. 1 an. — Auf diese Weise erklärt es sich, warum z. B. die Mitte zwischen zwei Punkten durch *lineare* Formeln geliefert wird, obwohl sie im reellen Gebiet quadratischer Konstruktionen bedarf. Zu bemerken ist indessen, daß dieser Sachverhalt erst aufgeklärt werden kann durch Vermittlung des Imaginären. Vgl. 26, Zus. 10.

3. Es gibt eine gegenseitige Beziehung zwischen zwei R_{n-1} eines R_n, die man als Orthogonalität bezeichnet. Sie soll unzerstörbar sein gegenüber Spiegelungen an einem dritten R_{n-1}; R_{n-1} ist isotrop, sobald er zu sich selbst orthogonal ist. Wie lautet demnach die Orthogonalitätsbedingung? — Wie verallgemeinert man den Begriff des Abstandsquadrates auf zwei Punkte im R_n?

12. Schiebung. In 10 hatten wir in der Spiegelung an einer (anisotropen) Geraden eine Transformation kennen gelernt, die zwei gegenüberliegende Ecken eines in ganz bestimmter Weise zu konstruierenden Elementarvierseits einander zuordnete. Jetzt betrachten wir eine andere Transformation, die in ähnlicher Weise beschrieben werden kann.

Gegeben sind zwei *parallele anisotrope* Gerade G_1 und G_2, und ein Punkt P, der nicht auf G_1 liegt. Er bestimmt mit G_1 zusammen ein Elementarvierseit, dessen gegenüberliegende Ecke wir P' genannt hatten. Ebenso bestimmt aber auch P' mit G_2 zusammen ein Elementarvierseit; die zu P' gegenüberliegende Ecke heiße P''. Dann ordnen wir dem Punkte P jetzt den Punkt P'' zu.

P heißt der *ursprüngliche*, P'' der *transformierte* Punkt.

Diese Konstruktion, die mit *allen* Punkten P der Ebene vorgenommen werden soll, ist gleichbedeutend mit zwei aufeinanderfolgenden Spiegelungen. Zuerst haben wir den Punkt P an der Achse G_1 gespiegelt, und dann das erhaltene Spiegelbild noch einmal an der zu G_1 parallelen Achse G_2. Man sagt dann, man habe die beiden Spiegelungen *zusammengesetzt* zu einer *resultierenden* Transformation.

Diese Bemerkung lehrt uns den analytischen Ausdruck für unsere Transformation finden. Die Gleichungen der beiden Spiegelungsachsen seien

$$G_1: \quad Ax + By + C_1 = 0, \qquad G_2: \quad Ax + By + C_2 = 0,$$

wo $C_2 \neq C_1$ ist. Für das erste Spiegelbild (ξ', η') folgt aus **10**, (13):

$$\xi' = \xi - \frac{2A(A\xi + B\eta + C_1)}{A^2 + B^2}, \qquad \eta' = \eta - \frac{2B(A\xi + B\eta + C_1)}{A^2 + B^2}.$$

Für das zweite Spiegelbild $P''(\xi'', \eta'')$ erhält man ebenso

$$\xi'' = \xi' - \frac{2A(A\xi' + B\eta' + C_2)}{A^2 + B^2}, \qquad \eta'' = \eta' - \frac{2B(A\xi' + B\eta' + C_2)}{A^2 + B^2}.$$

Das erste Spiegelbild (ξ', η') interessiert uns jetzt aber nicht mehr. Ersetzen wir daher in den letzten Formeln die ξ', η' vermöge der vorletzten Formeln, so wird

$$(25) \qquad \xi'' = \xi + \frac{2A(C_1 - C_2)}{A^2 + B^2}, \qquad \eta'' = \eta + \frac{2B(C_1 - C_2)}{A^2 + B^2}.$$

Da die doppelten Akzente jetzt entbehrlich sind, ersetzen wir sie durch einfache; bei Einführung neuer Größen r_1 und r_2 werden die *„Transformationsformeln"* dann:

$$(26) \qquad \boxed{\xi' = \xi + r_1, \qquad \eta' = \eta + r_2.}$$

Allerdings sind die r_1 und r_2 noch der Bedingung zu unterwerfen
$$(26\,a) \qquad r_1^2 + r_2^2 \neq 0.$$

Jetzt bekümmern wir uns nicht mehr um die beiden Spiegelungsachsen, sondern beschäftigen uns nur noch mit den Formeln (26). Man sagt, diese stellen eine *Euklidische* oder *anisotrope Schiebung* dar. Es gibt ∞^2 Schiebungen.

Es folgt sofort:
$$(\xi' - \xi)^2 + (\eta' - \eta)^2 = r_1^2 + r_2^2.$$

Satz 1. *Bei einer Schiebung ist das Quadrat der Entfernung zwischen einem ursprünglichen Punkte und dem transformierten Punkt konstant.*

Dadurch unterscheiden sich die Schiebungen von den Spiegelungen. Man drückt den Sachverhalt auch so aus: Bei einer Schiebung werden alle Punkte um ein und denselben Betrag fortgeführt.

Verbindet man einen ursprünglichen Punkt mit dem transformierten, so heißt die Verbindungsgerade (4, (1))
$$- r_2 x + r_1 y + r_2 \xi - r_1 \eta = 0;$$
alle solche Geraden sind also, soweit sie nicht zusammenfallen, zueinander parallel und Euklidisch:

Satz 2. *Bei einer Schiebung werden alle Punkte auf parallelen Geraden fortgeführt.*

Statt Schiebung sagt man daher auch *Parallelverschiebung.* Alle soeben genannten Parallelen stehen auf G_1 und somit auf G_2 senkrecht. Daher trifft die Gerade (ξ, η), (ξ', η') sowohl G_1 als auch G_2.

Da die Schiebung durch Vermittlung zweier Spiegelungen erklärt ist, so folgen aus **10** sofort weitere Sätze:

Satz 3. *Bei einer Schiebung bleibt das Abstandsquadrat zweier Punkte sowie der Rang dreier Punkte erhalten.*

Satz 4. *Bei einer Schiebung geht eine Euklidische Gerade wieder in eine Euklidische Gerade über, eine Isotrope wieder in eine Isotrope.*

Bei der Spiegelung an einer Geraden wurden die Begriffe rechtsparallel und linksparallel vertauscht. Durch zwei aufeinanderfolgende Spiegelungen wird die Vertauschung wieder aufgehoben:

Satz 5. *Bei einer Schiebung geht eine linksisotrope Gerade wieder in eine linksisotrope Gerade über, eine rechtsisotrope wieder in eine rechtsisotrope.*

Schließlich folgen noch aus 10:

Satz 6. *Bei einer Schiebung werden parallele Gerade wieder in parallele Gerade, orthogonale Gerade wieder in ebensolche verwandelt.*

Satz 7. *Bei einer Schiebung bleibt der Tangens des Winkels zweier Geraden invariant.*

Wir erledigen jetzt den Ausnahmefall; es sollen die Formeln (26) betrachtet werden, aber unter der Voraussetzung

$$(26\,\text{b}) \qquad r_1^2 + r_2^2 = 0,$$

wodurch der Zusammenhang mit den beiden Spiegelungen verloren geht.

Die Formeln (26) ordnen auch jetzt noch jedem Punkte (ξ/η) einen andern Punkt (ξ'/η') umkehrbar zu; es liegt also eine *Transformation* vor. Sie heiße, wenn r_1 und r_2 nicht gleichzeitig verschwinden, *isotrope Schiebung* oder *Minimalschiebung*. Satz 1 gilt noch; der Betrag, um den jeder Punkt fortgeführt wird, ist jetzt gleich Null. Satz 2 ist dahin zu ergänzen, daß die parallelen Geraden, auf denen die Punkte fortgeführt werden, jetzt isotrop sind. Unverändert gelten, obwohl ihre bisherige Begründung versagt, die Sätze 3, 4, 5, 6, 7. Daher haben wir sie sogleich allgemein ausgesprochen.

Die isotropen Schiebungen können nämlich nicht durch *zwei* Elementarvierseitkonstruktionen erhalten werden. Da sich aber eine isotrope Schiebung als Aufeinanderfolge zweier Euklidischen Schiebungen (und zwar auf ∞^2 Arten) darstellen läßt, so kann man eine isotrope Schiebung durch *viermalige* Wiederholung der Elementarvierseitskonstruktion erhalten. Vgl. Zus. 2 und 14.

Wir haben endlich noch den Fall zu erledigen, wo $r_1 = r_2 = 0$ ist. Hier gehen die Formeln (26) über in

$$(26\,\text{c}) \qquad \xi' = \xi, \qquad \eta' = \eta.$$

Jeder Punkt ist sich selbst zugeordnet. Man redet · hier von der *identischen* Transformation, obwohl gar keine Transformation in eigentlichem Sinne mehr vorliegt. Die identische Transformation läßt sich wieder durch Aufeinanderfolge zweier Spiegelungen erzeugen; dazu müssen die beiden Spiegelungsachsen G_1 und G_2 zusammenfallen $(C_1 = C_2)$.

Die identische Transformation kann nach Belieben sowohl den Euklidischen als auch den isotropen Schiebungen als Grenzfall zugeordnet werden. Sie soll nicht zu den involutorischen Transformationen gerechnet werden, vgl. 10, S. 28.

Erklärung. *Eine Transformation heißt reell, wenn sie reelle Punkte immer wieder in reelle Punkte überführt.* Daher ist eine isotrope Schiebung niemals reell, dagegen die identische Schiebung; eine Euklidische Schiebung *kann* reell sein. Eine Spiegelung ist reell, sobald die Spiegelungsachse reell ist.

1. Obwohl die isotropen Geraden niemals reell sind, dürfen wir doch die Spiegelungen und Schiebungen uns durch eine reelle Figur zu veranschaulichen suchen, die dann allerdings nur schematische Bedeutung hat. Wir zeichnen eine isotrope Gerade gestrichelt, eine Euklidische Gerade ausgezogen;

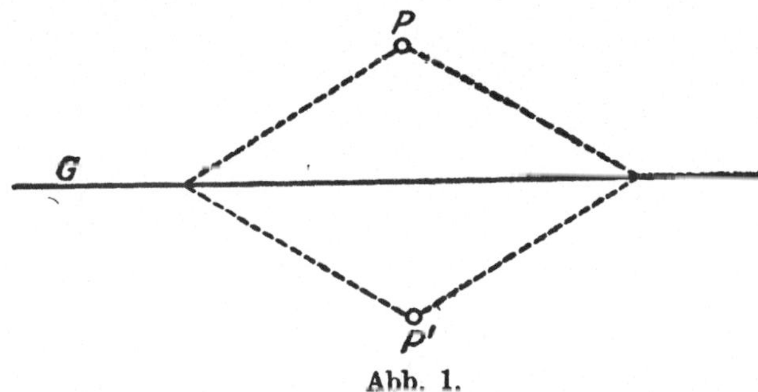

Abb. 1.

zwei linksisotrope Gerade und ebenso zwei rechtsisotrope sind parallel. So erhalten wir für die Spiegelungen Abb. 1, für die anisotropen Schiebungen Abb. 2. Man mache sich sorgfältig klar, was aus der Abbildung herausgelesen werden darf und was nicht!

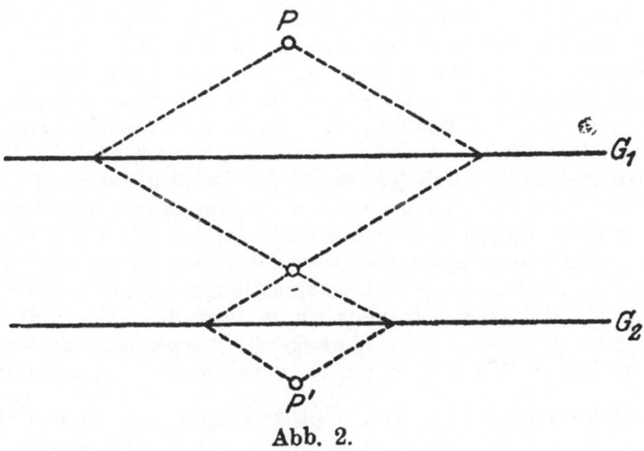

Abb. 2.

2. Die isotrope Schiebung
$$\xi' = \xi + r, \qquad \eta' = \eta + ri \qquad\qquad (r \neq 0)$$
erhält man, indem man nach der Euklidischen Schiebung
$$\xi^* = \xi + \lambda, \qquad \eta^* = \eta + \mu$$

die weitere Euklidische Schiebung ausübt
$$\xi' = \xi^* + r - \lambda, \qquad \eta' = \eta^* + ri - \mu.$$
Hierbei muß sein: $\lambda^2 + \mu^2 \neq 0$, $\quad \lambda - i\mu - 2r \neq 0$.

Man gewinnt daher für die isotropen Schiebungen folgende aus vier Elementarvierseiten aufgebaute Konstruktion (Abb. 3). Zu beachten ist aber, daß die in den Abb. 1—3 angegebenen Konstruktionen nicht mit einem einzigen Punkte P vorzunehmen sind, sondern mit *allen* Punkten der Ebene.

3. Um uns noch eine genauere Vorstellung von den isotropen Schiebungen zu verschaffen, nehmen wir an, daß der Punkt P in einen Punkt P' übergehe, der zu P *links parallel* ist. Es sollen jetzt also nicht die vier Spiegelungsachsen (Zus. 2) gegeben sein.

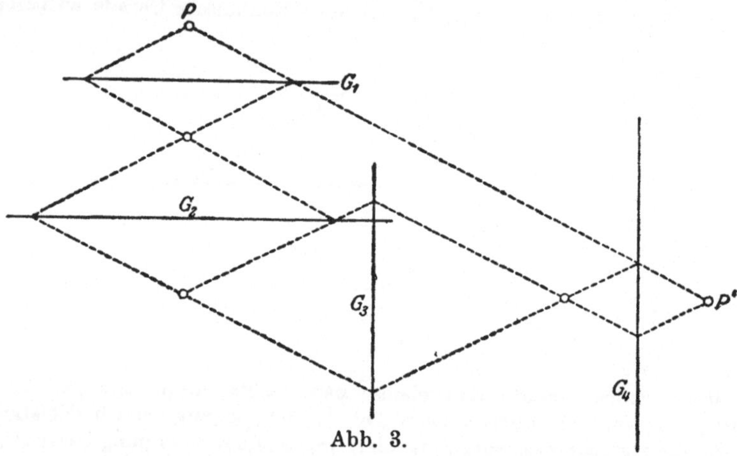

Abb. 3.

Den Punkt Q' zu Q finden wir:

a) Wenn Q zu P rechtsparallel ist, als die P gegenüberliegende Ecke des Elementarvierseits, dessen andere Ecken P' und Q sind.

b) Wenn Q nicht parallel zu P ist, indem wir die Linksisotrope durch Q zum Schnitt bringen mit der Parallelen, die durch P' zu PQ gezogen ist.

c) Wenn Q zu P linksparallel ist, indem wir zunächst einen Punkt R willkürlich wählen, der zu P nicht parallel ist, zu ihm nach b) den Punkt R' konstruieren und dann durch QR zu R' die Parallele legen. Diese schneidet aus PP' den Punkt Q' heraus. — Welche Eigenschaft der Schiebungen ist dabei benutzt? — Lassen sich diese Konstruktionen der isotropen Schiebungen für die Euklidischen Schiebungen verwenden? — Ist bei den Euklidischen Schiebungen die Reihenfolge der beiden Spiegelungsachsen G_1 und G_2 gleichgültig?

4. Im R_n wird eine Schiebung durch Formeln analog (26) erklärt. Sie läßt sich (immer?) durch Aufeinanderfolge der Spiegelungen an zwei *parallelen* R_{n-1} konstruieren. Wie sind demnach parallele R_{n-1} zu erklären?

13. Dehnungen. In den Spiegelungen an den (anisotropen) geraden Linien und den Schiebungen haben wir *spezielle* Transformationen kennen gelernt, die folgende Eigenschaften besaßen:

1. Jedem Punkte P, ohne Ausnahme, wird ein Punkt P' umkehrbar eindeutig zugeordnet.

2. Drei Punkte auf einer Geraden gehen immer wieder in drei Punkte einer Geraden über.

3. Parallele Punkte werden wieder in parallele Punkte übergeführt.

Wir fragen, ob es noch andere Transformationen dieser Art gibt. Dabei soll der Zusammenhang zwischen den Koordinaten (ξ, η) des ursprünglichen Punktes und (ξ', η') des transformierten Punktes *analytisch* sein (Zus. 2. 3).

1. Zunächst müssen ξ' und η' eindeutige analytische Funktionen von ξ und η sein, und auch ξ und η umgekehrt eindeutig sich durch ξ' und η' ausdrücken lassen. Z. B. $\xi' = -\xi + \eta^2$, $\eta' = \eta$, (24, Zus. 10).

2. Die zweite Forderung besagt, daß eine lineare Gleichung $a\xi + b\eta + c = 0$ wieder in eine ebensolche $A\xi' + B\eta' + C = 0$ übergehen muß. Dazu müssen die ξ', η' *linear* von den ξ, η abhängen:

$$\xi' = \frac{p_1\xi + q_1\eta + r_1}{p_3\xi + q_3\eta + r_3}, \qquad \eta' = \frac{p_2\xi + q_2\eta + r_2}{p_4\xi + q_4\eta + r_4}.$$

Damit sich auch ξ, η ebenso durch die ξ', η' ausdrücken, ist zunächst erforderlich, daß $p_4 : q_4 : r_4 = p_3 : q_3 : r_0$. Den Punkten der geraden Linie $p_3\xi + q_3\eta + r_3 = 0$ werden jetzt aber keine transformierten Punkte zugeordnet. Nur wenn $p_3 = q_3 = p_4 = q_4 = 0$, $r_3 \gtrless 0$, $r_4 \gtrless 0$, verschwindet diese störende gerade Linie. Durch Kürzen läßt sich dann noch erreichen $r_4 = r_3 = 1$. Jetzt haben die Transformationsformeln die Gestalt

$$(27) \qquad \xi' = p_1\xi + q_1\eta + r_1, \qquad \eta' = p_2\xi + q_2\eta + r_2.$$

Damit die Umkehrbarkeit dieser Formeln gewährleistet wird, muß (3, 3α) die „*Transformationsdeterminante*" von Null verschieden sein:

$$(28) \qquad p_1 q_2 - p_2 q_1 \gtrless 0.$$

Durch die Formeln (27), (28) ist jetzt die allgemeinste Transformation gefunden, die die beiden ersten unserer Forderungen erfüllt. Die Transformation (27) heißt dann *affin* oder eine *Affinität*. Es gibt ∞^6 Affinitäten (18, Zuss. 1, 2; 21, Zus. 7).

3. Die dritte Forderung spaltet sich in zwei engere:

Rechtsparallele Punkte sollen wieder rechtsparallel werden, linksparallele Punkte wieder linksparallel.	*Rechtsparallele Punkte sollen in linksparallele Punkte übergeführt werden, linksparallele in rechtsparallele.*

Es sollen also gleichzeitig verschwinden und dürfen sich daher nur durch einen konstanten Faktor unterscheiden die Ausdrücke:

$$\xi_1' - \xi_2' + i(\eta_1' - \eta_2') \quad \text{und} \qquad \xi_1' - \xi_2' + i(\eta_1' - \eta_2') \quad \text{und}$$
$$\xi_1 - \xi_2 + i(\eta_1 - \eta_2), \qquad i(\xi_1 - \xi_2) + \eta_1 - \eta_2,$$
$$i(\xi_1' - \xi_2') + \eta_1' - \eta_2' \quad \text{und} \qquad i(\xi_1' - \xi_2') + \eta_1' - \eta_2' \quad \text{und}$$
$$i(\xi_1 - \xi_2) + \eta_1 - \eta_2. \qquad \xi_1 - \xi_2 + i(\eta_1 - \eta_2).$$

Transformiert man also gleichzeitig zwei Punkte (ξ_1, η_1) und (ξ_2, η_2),

$$\xi_1' = p_1 \xi_1 + q_1 \eta_1 + r_1 \qquad \eta_1' = p_2 \xi_1 + q_2 \eta_1 + r_2,$$
$$\xi_2' = p_1 \xi_2 + q_1 \eta_2 + r_1 \qquad \eta_2' = p_2 \xi_2 + q_2 \eta_2 + r_2,$$

so wird

$$\xi_1' - \xi_2' = p_1(\xi_1 - \xi_2) + q_1(\eta_1 - \eta_2), \quad \eta_1' - \eta_2' = p_2(\xi_1 - \xi_2) + q_2(\eta_1 - \eta_2),$$

und daraus

$$\xi_1' - \xi_2' + i(\eta_1' - \eta_2') = (p_1 + i p_2)(\xi_1 - \xi_2) + (q_1 + i q_2)(\eta_1 - \eta_2)$$
$$i(\xi_1' - \xi_2') + \eta_1' - \eta_2' = (i p_1 + p_2)(\xi_1 - \xi_2) + (i q_1 + q_2)(\eta_1 - \eta_2).$$

Damit rechts die Ausdrücke $\xi_1 - \xi_2 + i(\eta_1 - \eta_2)$ bzw. $i(\xi_1 - \xi_2) + \eta_1 - \eta_2$ auftreten, muß sein:

$$i(p_1 - q_2) = p_2 + q_1, \qquad i(p_2 - q_1) = q_2 + p_1,$$
$$i(p_1 - q_2) = -(p_2 + q_1). \qquad i(p_2 - q_1) = -(q_2 + p_1).$$

Diese Forderungen vereinfachen sich zu:

$$p_1 = q_2, \quad q_1 = -p_2. \qquad p_2 = q_1, \quad q_2 = -p_1.$$

Somit erhalten wir Formeln von der Gestalt

$$(29\,a) \quad \begin{cases} \xi' = p\xi - q\eta + r_1, \\ \eta' = q\xi + p\eta + r_2. \end{cases} \qquad (29\,b) \quad \begin{cases} \xi' = p\xi + q\eta + r_1, \\ \eta' = q\xi - p\eta + r_2. \end{cases}$$
$$p^2 + q^2 \neq 0. \qquad\qquad\qquad p^2 + q^2 \neq 0.$$

Damit sind die allgemeinsten analytischen Transformationen gewonnen, die Gerade in Gerade und parallele Punkte wieder in parallele Punkte überführen. Jede solche Transformation heiße eine *Dehnung* (Ähnlichkeitstransformation), und zwar eine

gleichsinnige *Dehnung*; bei einer solchen bleiben die Begriffe rechtsparallel, linksparallel einzeln erhalten.

gegensinnige (ungleichsinnige) *Dehnung*; bei einer solchen werden die Begriffe rechtsparallel, linksparallel vertauscht.

Der Name Dehnung erklärt sich, wenn wir fragen, was bei unsern Transformationen aus dem Abstandsquadrat zweier Punkte wird. Man erhält beidemale

$$(30) \quad (\xi_1' - \xi_2')^2 + (\eta_1' - \eta_2')^2 = (p^2 + q^2)[(\xi_1 - \xi_2)^2 + (\eta_1 - \eta_2)^2].$$

Bei einer Dehnung wird das Abstandsquadrat zweier Punkte mit einem von Null verschiedenen Faktor multipliziert, der für alle Punktepaare derselbe ist.

Nennt man diesen Faktor $1 : m^2$ (vgl. Zuss. 4. 5), so lassen sich die Formeln (29a) und (29b) auch so schreiben:

$$(31\,\text{a})\ \begin{cases} m(\xi'-r_1)=\xi\cos\varphi-\eta\sin\varphi \\ m(\eta'-r_2)=\xi\sin\varphi+\eta\cos\varphi. \end{cases} \qquad (31\,\text{b})\ \begin{cases} m(\xi'-r_1)=\xi\cos\varphi+\eta\sin\varphi \\ m(\eta'-r_2)=\xi\sin\varphi-\eta\cos\varphi \end{cases}$$

Die Größe φ ist aber erst bestimmt, nachdem man über die Irrationalität $\dfrac{1}{m} = \sqrt{p^2+q^2}$ irgendwie verfügt hat:

$$i\,\varphi = \tfrac{1}{2}\log\operatorname{nat}\frac{p+qi}{p-qi} = \log\operatorname{nat} m\,(p+qi).$$

Ändert man das Vorzeichen von m, so ist φ um π zu verstärken φ heißt der *Drehungswinkel* der Dehnung.

Die Funktionen $\cos\varphi$ und $\sin\varphi$ sind (vgl. Fußnote auf S. 31) durch die Eulerschen Formeln erklärt:

$$\cos\varphi = \frac{e^{i\varphi}+e^{-i\varphi}}{2}, \quad \sin\varphi = \frac{e^{i\varphi}-e^{-i\varphi}}{2\,i}.$$

Betrachtet man zwei Figuren, von denen die eine durch eine Dehnung aus der andern hervorgegangen ist, etwa zwei Dreiecke PQR und $P'Q'R'$, so bedient man sich auch wohl der Ausdrucksweise: $P'Q'R'$ ist ein *Bild* von PQR; letztere Figur ist der *Gegenstand*. Von einer Abbildung verlangt man in der Tat, daß der Gegenstand in das Bild möglichst vermöge einer Dehnung übergeführt werden kann.

Diese Redeweise überträgt man weiterhin auch auf andere Transformationen und sagt dann statt ursprünglicher Figur *Gegenstand*. statt transformierter Figur *Bildfigur*, statt Transformation *Abbildung*.

Schließlich geht man noch einen Schritt weiter und redet bei jeder Art von umkehrbarer Zuordnung geometrischer Gebilde von einer Abbildung. So „bildet" man die Geraden der Ebene auf Punkte „ab", die Kreise der Ebene auf Punkte des R_3 usw. Gefordert wird dazu also lediglich, daß man die Abbildung *deuten* kann, d. i. stets den Übergang von der einen Figur zur andern vornehmen kann, so z. B. bei der Abbildung eines imaginären Punktes auf ein Paar geordneter reeller Punkte (17).

1. Was versteht man unter dem *Maßstab* einer gleichsinnigen Dehnung? Was geschieht mit den Maßstäben zweier Dehnungen, die zu einer resultierenden Dehnung zusammengesetzt werden? Maßstab einer Schiebung (kongruente Abbildung)! Verhalten der irreduziblen und reduziblen Kreise gegenüber Deh-

nungen. Wann wird eine gleichsinnige Dehnung zur identischen Transformation? Wann eine gegensinnige?

2. Die *nichtanalytische* Transformation

$$\xi' = \bar{\xi}, \qquad \eta' = \bar{\eta},$$

die jedem Punkte den konjugiert komplexen Punkt zuordnet, heißt *das Konjugium*. Zeige, daß sie linksparallele Punkte in rechtsparallele verwandelt und umgekehrt.

3. Außer von den Transformationen (31a) und (31b) werden die drei Forderungen, die am Anfang von **13** gestellt waren, noch von folgenden *nichtanalytischen* Transformationen erfüllt, die man *Quasidehnungen* nennen könnte.

$$(32\,\text{a})\qquad \begin{aligned} \xi' &= p\,\bar{\xi} + q\,\bar{\eta} + r_1 \\ \eta' &= q\,\bar{\xi} - p\,\eta + r_2 \\ p^2 + q^2 &\neq 0. \end{aligned} \qquad\Big|\qquad (32\,\text{b})\qquad \begin{aligned} \xi' &= p\,\bar{\xi} - q\,\bar{\eta} + r_1 \\ \eta' &= q\,\bar{\xi} + p\,\bar{\eta} + r_2 \\ p^2 + q^2 &\neq 0. \end{aligned}$$

Wie ändert sich jetzt die Formel (30)? — Verhalten paralleler Punkte!

4. Legt man in den Formeln (29a) der Quadratwurzel $\sqrt{p^2 + q^2}$ irgendein Zeichen bei und erklärt weiter

$$\sqrt{p - iq} \cdot \sqrt{p + iq} = \sqrt{p^2 + q^2},$$

so soll gesetzt werden $m = 1 : \sqrt{p^2 + q^2}$ und

$$\alpha_0 = 2i\left\{\sqrt{p - iq} + \sqrt{p + iq}\right\}, \qquad \alpha_3 = 2\left\{\sqrt{p - iq} - \sqrt{p + iq}\right\}.$$

$$\alpha_1 = (r_1 + ir_2)\sqrt{p - iq} - (r_1 - ir_2)\sqrt{p + iq}, \qquad \alpha_2 = -i\left\{(r_1 + ir_2)\sqrt{p - iq} + (r_1 - ir_2)\sqrt{p + iq}\right\}.$$

Hierdurch ist m doppeldeutig erklärt; nach Verfügung über m sind aber die *Verhältnisse* der α eindeutig bestimmt. Die Größe m nimmt also eine Sonderstellung ein. Die fünf Größen m; α_0, α_1, α_2, α_3 heißen die *Parameter* der *gleichsinnigen* Dehnung (29a). Die Transformationsformeln werden dann zu

$$\boxed{\begin{aligned} m(\alpha_0^2 + \alpha_3^2)\,x' &= (\alpha_0^2 - \alpha_3^2)\,x + 2\,\alpha_0\alpha_3\,y + 2m(\alpha_3\alpha_1 - \alpha_0\alpha_2), \\ m(\alpha_0^2 + \alpha_3^2)\,y' &= -2\,\alpha_0\alpha_3\,x + (\alpha_0^2 - \alpha_3^2)\,y + 2m(\alpha_2\alpha_3 + \alpha_0\alpha_1). \end{aligned}\qquad \left\{m(\alpha_0^2 + \alpha_3^2) \neq 0\right\}.}$$

Jeder gleichsinnigen Dehnung gehören so zwei Parametersysteme zu:

$$m;\ \alpha_0 : \alpha_1 : \alpha_2 : \alpha_3 \qquad \text{und} \qquad -m;\ -\alpha_3 : -\alpha_2 : \alpha_1 : \alpha_0.$$

Zu reellen gleichsinnigen Dehnungen gehören reelle Parametersysteme (genauer Sinn dieser Aussage!) und umgekehrt. Dann kann man festsetzen $m > 0$. Es wird $\cot\dfrac{\varphi}{2} = -\alpha_0 : \alpha_3$ oder $\cot\dfrac{\varphi}{2} = +\alpha_3 : \alpha_0$. Wie unterscheiden sich daher die zu beiden Parameterdarstellungen gehörigen Drehungswinkel φ?

5. Legt man in den Formeln (29b) der Quadratwurzel $\sqrt{p^2 + q^2}$ irgendein Zeichen bei und erklärt weiter

$$\sqrt{p - iq} \cdot \sqrt{p + iq} = \sqrt{p^2 + q^2},$$

so soll gesetzt werden

$$m = 1 : \sqrt{p^2 + q^2},$$

$$\alpha_0 = (r_1 + ir_2)\sqrt{p - iq} + (r_1 - ir_2)\sqrt{p + iq}, \qquad \alpha_3 = i\left\{(r_1 + ir_2)\sqrt{p - iq} - (r_1 - ir_2)\sqrt{p + iq}\right\},$$

$$\alpha_1 = -2i\left\{\sqrt{p - iq} - \sqrt{p + iq}\right\}, \qquad \alpha_2 = 2\left\{\sqrt{p - iq} + \sqrt{p + iq}\right\}.$$

Hierdurch ist m doppeldeutig erklärt. Nach Verfügung über m sind aber die *Verhältnisse* der α eindeutig bestimmt. Die Größe m nimmt also eine Sonderstellung ein. Die fünf Größen m; α_0, α_1, α_2, α_3 heißen die *Parameter* der *gegensinnigen* Dehnung (29b). Die Transformationsformeln werden dadurch zu

$$\left\{\begin{aligned}
m\,(\alpha_1^2+\alpha_2^2)\,x' &= (\alpha_2^2-\alpha_1^2)x - 2\,\alpha_1\,\alpha_2\,y + 2m(\alpha_0\alpha_2-\alpha_3\alpha_1) \\
m\,(\alpha_1^2+\alpha_2^2)\,y' &= -2\,\alpha_1\,\alpha_2\,x + (\alpha_1^2-\alpha_2^2)y - 2m(\alpha_0\alpha_1+\alpha_2\alpha_3)
\end{aligned}\right. \quad \left\{m\,(\alpha_1^2+\alpha_2^2)\neq 0\right\}.$$

Jeder ungleichsinnigen Dehnung gehören so zwei Parametersysteme zu:
$$m;\ \alpha_0:\alpha_1:\alpha_2:\alpha_3 \quad \text{und} \quad -m;\ -\alpha_3:-\alpha_2:\alpha_1:\alpha_0.$$

Zu reellen gegensinnigen Dehnungen gehören reelle Parametersysteme (vgl. Zus. 4), und umgekehrt. Dann kann man festsetzen $m > 0$.

6. Die Koeffizienten der Dehnungsformeln in Zuss. 4. 5 hängen *quadratisch* von den Parametern ab; es gelingt aber leicht, die Transformationsformeln so umzugestalten, daß die Parameter α nur *linear* auftreten. (Diese einfachere Darstellung wird wieder erst durch Vermittlung des Imaginären möglich):

Gleichsinnige Dehnungen.

$$\left\{\begin{aligned}
m\,(\alpha_0+i\alpha_3)\,(x'+iy') &= (\alpha_0-i\alpha_3)\,(x+iy)+2m\,(-\alpha_2+i\alpha_1) \\
m\,(\alpha_0-i\alpha_3)\,(x'-iy') &= (\alpha_0+i\alpha_3)\,(x-iy)+2m\,(-\alpha_2-i\alpha_1)
\end{aligned}\right. \quad \left\{m\,(\alpha_0^2+\alpha_3^2)\neq 0\right\}.$$

Gegensinnige Dehnungen.

$$\left\{\begin{aligned}
m\,(\alpha_2+i\alpha_1)\,(x'+iy') &= (\alpha_2-i\alpha_1)\,(x-iy)+2m\,(\alpha_0-i\alpha_3) \\
m\,(\alpha_2-i\alpha_1)\,(x'-iy') &= (\alpha_2+i\alpha_1)\,(x+iy)+2m\,(\alpha_0+i\alpha_3)
\end{aligned}\right. \quad \left\{m\,(\alpha_1^2+\alpha_2^2)\neq 0\right\}.$$

In diesen Formeln tritt besonders klar zutage, daß bei den gegensinnigen Dehnungen Linksisotrope und Rechtsisotrope vertauscht werden, während bei den gleichsinnigen Dehnungen Linksisotrope wieder in Linksisotrope, Rechtsisotrope in Rechtsisotrope übergeführt werden.

7. Setzt man die beiden *gleichsinnigen* Dehnungen von den Parametersystemen

$$m;\quad \alpha_0:\alpha_1:\alpha_2:\alpha_3$$
$$m';\quad \alpha_0':\alpha_1':\alpha_2':\alpha_3'$$

zusammen (12), so erhält man wieder eine *gleichsinnige* Dehnung. Für ihre Parameter

$$m'';\quad \alpha_0'':\alpha_1'':\alpha_2'':\alpha_3''$$

findet man (am bequemsten aus den Formeln in Zus. 6):

$$m'' = m\cdot m';$$

$$\left\{\begin{aligned}
\alpha_0'' &= m'\,(\alpha_0\alpha_0'-\alpha_3\alpha_3'), \\
\alpha_1'' &= m'\alpha_0\alpha_1'+\alpha_1\alpha_0'+\alpha_2\alpha_3'-m'\alpha_3\alpha_2', \\
\alpha_2'' &= m'\alpha_0\alpha_2'+\alpha_2\alpha_0'-\alpha_1\alpha_3'+m'\alpha_3\alpha_1', \\
\alpha_3'' &= m'\,(\alpha_0\alpha_3'+\alpha_3\alpha_0').
\end{aligned}\right.$$

Links ist überall in den letzten vier Zeilen der Faktor $m'\neq 0$ fortgelassen; es kommt ja nur auf die Verhältnisse der α'' an.

Es ist wesentlich, in welcher *Reihenfolge* man die beiden Dehnungen zusammensetzt. Die hier befolgte erkennt man aus der symbolischen Schreibweise (H. Wiener).

$$x\,\{m;\ \alpha\}\,x'\,\{m';\ \alpha'\}\,x'' = x\,\{m'',\ \alpha''\}\,x''.$$

8. Setzt man zwei *gegensinnige* Dehnungen zusammen, so resultiert keine gegensinnige Dehnung, sondern eine *gleichsinnige* Dehnung.

Jetzt erhält man für die Parameter der *resultierenden gleichsinnigen* Dehnung

$$m'' = m\,m';$$

$$\begin{cases}
\alpha_0'' = m'\,(\alpha_1\alpha_1' + \alpha_2\alpha_2'),\\
\alpha_1'' = -\,\alpha_0\alpha_1' - m'\alpha_1\alpha_0' - m'\alpha_2\alpha_3' + \alpha_3\alpha_2',\\
\alpha_2'' = -\,\alpha_0\alpha_2' - m'\alpha_2\alpha_0' + m'\alpha_1\alpha_3' - \alpha_3\alpha_1',\\
\alpha_3'' = m'\,(\alpha_2\alpha_1' - \alpha_1\alpha_2').
\end{cases}$$

Von diesen letzten beiden Zusammensetzungsformeln wird häufig Gebrauch gemacht werden. — Welcher Faktor ist in den letzten vier Reihen links unterdrückt? — Die Behandlungsweise der Dehnungen vermöge der Parameter hat vor der landläufigen Darstellung (29a), (29b) scheinbar keine Vorteile, und manchmal arbeitet jene auch bequemer. Die jetzige Darstellung ist die modernere; sie zeigt später den Zusammenhang mit anderen Gegenständen (vgl. 58); man wird so unabhängig von den Koordinaten in den Transformationsformeln. Daher brauchen die Eigenschaften der Dehnungen später, wenn wir andere Koordinaten, z. B. Geradenkoordinaten, benutzen, nicht von neuem untersucht werden.

9. Transformiere zwei getrennte Punkte vermöge einer Dehnung. Verbinde die beiden Punkte miteinander, ebenso die transformierten Punkte. Bilde den Winkel dieser beiden Geraden. Zusammenhang mit dem auf S. 43 eingeführten Drehungswinkel der Dehnung! Vgl. 21, Zus. 8.

10. Als Dehnungen in R_n werden diejenigen linearen Punkttransformationen erklärt, die das Abstandsquadrat zweier Punkte (11, Zus. 3, 15, Zus. 21) mit einem nicht verschwindenden konstanten Faktor multiplizieren. Vgl. (30).

Im R_2 können die Dehnungen nicht als gleichsinnig und gegensinnig unterschieden werden, sie bilden vielmehr eine *kontinuierliche Gruppe* (16).

14. Bewegungen und Umlegungen. An eine Transformation stellen wir nunmehr außer den drei Forderungen von 13 noch die weitere:

Das Abstandsquadrat zweier Punkte soll invariant bleiben.

Die dadurch definierten Transformationen sind also Dehnungen spezieller Art. Aus 13, (30) erkennt man sogleich, daß der Faktor $p^2 + q^2 = 1 : m^2$ gleich eins werden muß. *Wir setzen $m = 1$ und* gewinnen aus 13, (31a,b) die Formeln:

$$(33\,\text{a})\qquad \begin{cases} \xi' = \cos\varphi\cdot\xi - \sin\varphi\cdot\eta + r_1,\\ \eta' = \sin\varphi\cdot\xi + \cos\varphi\cdot\eta + r_2, \end{cases} \Big\}\ \text{\textit{„Bewegungen“}}.$$

$$(33\,\text{b})\qquad \begin{cases} \xi' = \cos\varphi\cdot\xi + \sin\varphi\cdot\eta + r_1,\\ \eta' = \sin\varphi\cdot\xi - \cos\varphi\cdot\eta + r_2. \end{cases} \Big\}\ \text{\textit{„Umlegungen“}}.$$

Es gibt demnach ∞^3 Bewegungen und ∞^3 Umlegungen.

Bei Benutzung der in 13, Zuss. 4, 5 eingeführten Darstellung kann man auch schreiben:

$$(34\,\text{a})\quad \begin{cases} (\alpha_0^2 + \alpha_3^2)\,\xi' = (\alpha_0^2 - \alpha_3^2)\,\xi + 2\,\alpha_0\alpha_3\,\eta + 2(\alpha_3\alpha_1 - \alpha_0\alpha_2),\\ (\alpha_0^2 + \alpha_3^2)\,\eta' = -2\,\alpha_0\alpha_3\,\xi + (\alpha_0^2 - \alpha_3^2)\,\eta + 2(\alpha_2\alpha_3 + \alpha_0\alpha_1). \end{cases} \quad (\alpha_0^2 + \alpha_3^2 \neq 0).$$

$$\text{Bewegungen.}$$

$$(34\,\mathrm{b})\begin{cases}(\alpha_1{}^2+\alpha_2{}^2)\,\xi'=(\alpha_2{}^2-\alpha_1{}^2)\,\xi-\;2\,\alpha_1\alpha_2\,\eta\;+2\,(\alpha_0\alpha_2-\alpha_3\alpha_1),\\[2pt](\alpha_1{}^2+\alpha_2{}^2)\,\eta'=-2\,\alpha_1\alpha_2\,\xi+(\alpha_1{}^2-\alpha_2{}^2)\,\eta-2\,(\alpha_0\alpha_1+\alpha_2\alpha_3).\end{cases}\;(\alpha_1{}^2+\alpha_2{}^2\!+\!0).$$

Umlegungen.

Wir fragen, ob es Punkte gibt, die bei diesen Transformationen in sich selbst übergeführt werden („in Ruhe bleiben"). Solche Punkte heißen *Fixpunkte* oder *Ruhepunkte*. Ist (ξ_0, η_0) ein solcher Ruhepunkt, so soll also sein $\xi_0' = \xi_0$, $\eta_0' = \eta_0$, d. i. es bestehen die beiden Gleichungen:

$$\begin{cases}(1-\cos\varphi)\,\xi_0+\sin\varphi\,\eta_0-r_1=0,\\-\sin\varphi\,\xi_0+(1-\cos\varphi)\,\eta_0-r_2=0,\end{cases}\quad\begin{cases}(1-\cos\varphi)\,\xi_0-\sin\varphi\cdot\eta_0-r_1=0,\\-\sin\varphi\cdot\xi_0+(1+\cos\varphi)\,\eta_0-r_2=0,\end{cases}$$

oder bei den Parameterdarstellungen:

$$\begin{cases}-\alpha_3^2\,\xi_0+\alpha_0\alpha_3\,\eta_0+\alpha_3\alpha_1-\alpha_0\alpha_2=0,\\-\alpha_0\alpha_3\,\xi_0-\alpha_3^2\,\eta_0+\alpha_2\alpha_3+\alpha_0\alpha_1=0.\end{cases}\quad\begin{cases}-\alpha_1^2\,\xi_0-\alpha_1\alpha_2\,\eta_0+\alpha_0\alpha_2-\alpha_3\alpha_1=0,\\-\alpha_1\alpha_2\,\xi_0-\alpha_2^2\,\eta_0-\alpha_0\alpha_1-\alpha_2\alpha_3=0.\end{cases}$$

Hier sind die fünf Fälle von 3, (3) zu beachten.

A. *Bewegungen.*

1. $\varphi \neq 0 \pmod{2\pi}$, $\quad(\alpha_3 \neq 0)$.

In Ruhe bleibt ein einziger Punkt

$$\xi_0 = \frac{r_1}{2} - \frac{r_2}{2}\cot\frac{\varphi}{2} = \alpha_1 : \alpha_3, \qquad \eta_0 = \frac{r_2}{2} + \frac{r_1}{2}\cot\frac{\varphi}{2} = \alpha_2 : \alpha_3.$$

Die Bewegung heißt *Drehung um* den Punkt (ξ_0, η_0). Dieser heißt *Drehungsmittelpunkt.* Die Größe φ nennt man *Drehungswinkel*:

$$\cot\frac{\varphi}{2} = -\,\alpha_0 : \alpha_3.$$

2. —

3. —

4. $\varphi = 0 \pmod{2\pi}$, $(\alpha_3 = 0)$, während r_1 und r_2 $(\alpha_1$ und $\alpha_2)$ nicht gleichzeitig verschwinden.

Kein Ruhepunkt. Die Transformationsformeln lauten jetzt

$$\xi' = \xi + r_1, \quad \eta' = \eta + r_2$$

oder $\quad \alpha_0\xi' = \alpha_0\xi - 2\alpha_2, \quad \alpha_0\eta' = \alpha_0\eta + 2\alpha_1, \quad(\alpha_0 \neq 0).$

(Nicht identische) *Schiebung* (12).

5. $\varphi = 0 \pmod{2\pi}$, $r_1 = r_2 = 0$; $(\alpha_1 = \alpha_2 = \alpha_3 = 0)$. Jeder Punkt bleibt in Ruhe. *Identische Bewegung.*

B. *Umlegungen.*

1. —

2. $r_2\sin\dfrac{\varphi}{2} + r_1\cos\dfrac{\varphi}{2} \neq 0$, $\quad(\alpha_0 \neq 0)$.

Kein Punkt bleibt in Ruhe. Mit jeder Umlegung ist eine bestimmte *anisotrope* Gerade verbunden

$$\alpha_1 x + \alpha_2 y + \alpha_3 = 0.$$

Sie heißt die *Achse der Umlegung*.

„*Nicht involutorische Umlegung*".

$$3.\quad r_2 \sin\frac{\varphi}{2} + r_1 \cos\frac{\varphi}{2} = 0, \quad (\alpha_0 = 0).$$

Die beiden Gleichungen zur Ermittlung der Ruhepunkte sind jetzt einer einzigen äquivalent:

$$2\,r_1\xi_0 + 2\,r_2\eta_0 - (r_1^2 + r_2^2) = 0, \qquad (\alpha_1\xi_0 + \alpha_2\eta_0 + \alpha_3 = 0).$$

Alle Punkte einer *anisotropen* Geraden sind Ruhepunkte. Die Umlegung ist die *Spiegelung* an dieser Geraden, vgl. **10**, (13). Die Spiegelungsachse ist hier auf zwei Arten dargestellt, die nicht völlig äquivalent sind. Die brauchbarere ist die zweite; *hier tritt allmählich die Überlegenheit der Parameter vor den Koeffizienten hervor.* Der Leser mache sich selbst klar, wann die erste Gleichung versagt, und beweise, daß sie dann durch $x\sin\frac{\varphi}{2} - y\cos\frac{\varphi}{2} = 0$ zu ersetzen ist. Immer brauchbar ist aber die Gleichung der Spiegelungsachse

$$\alpha_1 x + \alpha_2 y + \alpha_3 = 0.$$

4. —

5. —

Die Formeln aus **13**, Zus. 7, 8 für die Zusammensetzung zweier Transformationen vereinfachen sich etwas, wie der Leser auch durch *direkte* Ausrechnung bestätigen möge.

(35a)　　　　　　　　　　　　　　(35b)

$$
\begin{aligned}
\alpha_0'' &= \alpha_0\alpha_0' - \alpha_3\alpha_3', & \alpha_0'' &= \alpha_1\alpha_1' + \alpha_2\alpha_2', \\
\alpha_1'' &= \alpha_0\alpha_1' + \alpha_1\alpha_0' + \alpha_2\alpha_3' - \alpha_3\alpha_2', & \alpha_1'' &= -\alpha_0\alpha_1' - \alpha_1\alpha_0' - \alpha_2\alpha_3' + \alpha_3\alpha_2', \\
\alpha_2'' &= \alpha_0\alpha_2' + \alpha_2\alpha_0' + \alpha_3\alpha_1' - \alpha_1\alpha_3', & \alpha_2'' &= -\alpha_0\alpha_2' - \alpha_2\alpha_0' - \alpha_3\alpha_1' + \alpha_1\alpha_3', \\
\alpha_3'' &= \alpha_0\alpha_3' + \alpha_3\alpha_0' & \alpha_3'' &= -\alpha_1\alpha_2' + \alpha_2\alpha_1'.
\end{aligned}
$$

Von diesen beiden wichtigen Formeln interessiert uns zunächst die zweite, (35b). Wir wollen mit ihrer Hilfe zwei *Spiegelungen* zusammensetzen. Dann vereinfachen sie sich wegen $\alpha_0 = \alpha_0' = 0$ zu:

$$(36)\quad \alpha_0'' : \alpha_1'' : \alpha_2'' : \alpha_3'' = -(\alpha_1\alpha_1' + \alpha_2\alpha_2') : \alpha_2\alpha_3' - \alpha_3\alpha_2' : \alpha_3\alpha_1' - \alpha_1\alpha_3' : \alpha_1\alpha_2' - \alpha_2\alpha_1'.$$

Hier sind $\alpha_1'' : \alpha_3''$, $\alpha_2'' : \alpha_3''$ die Koordinaten des Schnittpunktes der beiden Spiegelungsachsen $\alpha_1 x + \alpha_2 y + \alpha_3 = 0$ und $\alpha_1' x + \alpha_2' y + \alpha_3' = 0$, *vorausgesetzt*, daß diese sich schneiden, also daß $\alpha_3'' = \alpha_1\alpha_2' - \alpha_2\alpha_1' \neq 0$. Dann ist aber die Bewegung $\alpha_0'' : \alpha_1'' : \alpha_2'' : \alpha_3''$ eine *Drehung* um jenen Schnittpunkt.

Sind aber die beiden Spiegelungsachsen parallel, so ist $\alpha_3'' = \alpha_1\alpha_2' - \alpha_2\alpha_1' = 0$, d. i. die resultierende Bewegung $\alpha_0'' : \alpha_1'' : \alpha_2'' : \alpha_3''$ wird eine (anisotrope) *Schiebung*.

Sind schließlich die beiden Spiegelungsachsen identisch, so wird $\alpha_1'' = \alpha_2'' = \alpha_3'' = 0$ und $\alpha_0'' \neq 0$ (Grund!). Dann resultiert die *identische Bewegung*.

Wenn es gelingt, diese Sätze umzukehren, d. i. zu zeigen, daß *jede* Bewegung (und Umlegung) sich durch Zusammensetzung von Spiegelungen erzeugen läßt, so haben wir ein Mittel, die Bewegungen und Umlegungen auf Elementarvierseitskonstruktionen zurückzuführen.

Dazu dienen die beiden Sätze:

Jede Bewegung läßt sich durch die Aufeinanderfolge von zwei oder vier Spiegelungen ersetzen.	*Jede nichtinvolutorische Umlegung läßt sich durch Zusammensetzung von drei Spiegelungen erhalten.*

1. Die *Drehung* vom Mittelpunkt (a, b) und dem Drehungswinkel φ hat die Parameter

$$(37) \qquad -\cot\frac{\varphi}{2} : a : b : 1.$$

Erste Spiegelungsachse:

$$\cos\left(t - \frac{\varphi}{4}\right)(x - a) + \sin\left(t - \frac{\varphi}{4}\right)(y - b) = 0.$$

Zweite Spiegelungsachse:

$$\cos\left(t + \frac{\varphi}{4}\right)(x - a) + \sin\left(t + \frac{\varphi}{4}\right)(y - b) = 0,$$

Beweis durch (35 b), also auch (36). Es kommt auf die Reihenfolge der beiden Spiegelungen an. Die Größe t kann willkürlich gewählt werden, so daß also unsere Zerlegung *auf ∞^1 Arten* vollzogen werden kann.

Der Leser führe die Zusammensetzung der beiden Spiegelungen auch so durch, wie es in 12 gezeigt ist, um sich selbst ein Urteil zu bilden, welches Verfahren bequemer arbeitet, die Benutzung der Koeffizienten oder die der Parameter.

2. Die Schiebung

$$\xi' = \xi + r_1 \qquad \eta' = \eta + r_2$$

hat die Parameter

$$\alpha_0 : \alpha_1 : \alpha_2 : \alpha_3 = 2 : r_2 : -r_1 : 0.$$

Hier sind zwei Fälle zu unterscheiden (vgl. 12).

a) $r_1^2 + r_2^2 \neq 0$. *Anisotrope Schiebung.* Die beiden Spiegelungsachsen sind

$$4\,r_1 x + 4\,r_2 y + t + (r_1^2 + r_2^2) = 0,$$
$$4\,r_1 x + 4\,r_2 y + t - (r_1^2 + r_2^2) = 0.$$

Beide sind *parallel.* Die Größe t darf alle Werte annehmen. Eine anisotrope Schiebung kann also *auf ∞^1 Arten* durch Aufeinanderfolge *zweier* Spiegelungen an parallelen Geraden erzeugt werden.

b) $r_1^2 + r_2^2 = 0$, ohne daß r_1 und r_2 gleichzeitig verschwinden. *Isotrope Schiebung.*

Da eine solche auf ∞^2 Arten als Aufeinanderfolge zweier Euklidischen Schiebungen (12, Zus. 2) hergestellt werden kann, so kann sie auf ∞^4 Arten durch *vier* Spiegelungen erzeugt werden, deren Achsen zu zweien parallel sind. Wir geben hier die Formeln für den Fall $r_2 = r_1 i$, wo der Index an r dann unterdrückt werden darf. Die isotrope Schiebung soll als Aufeinanderfolge der beiden anisotropen Schiebungen

$$\begin{cases} 2\,\xi' = 2\,\xi + r - \lambda \\ 2\,\eta' = 2\,\eta + ri - \mu i \end{cases} \text{und.} \begin{cases} 2\,\xi'' = 2\,\xi' + r + \lambda \\ 2\,\eta'' = 2\,\eta' + ri + \mu i \end{cases}$$

dargestellt werden $(\lambda \neq \mu, \ (\lambda + \mu)^2 \neq 4\,r^2)$. Diese Formeln sind denen in **12**, Zus. 2 überlegen, obwohl sie verwickelter aussehen. Hier treten nämlich die beiden anisotropen Schiebungen gleichberechtigt auf.

Daraus ergeben sich dann die vier Spiegelungsachsen der Reihe nach zu

$$8\,(r - \lambda)x + 8\,i\,(r - \mu)y + t - 2\,r\,(\lambda - \mu) + (\lambda^2 - \mu^2) = 0,$$
$$8\,(r - \lambda)x + 8\,i\,(r - \mu)y + t + 2\,r\,(\lambda - \mu) - (\lambda^2 - \mu^2) = 0,$$
$$8\,(r + \lambda)x + 8\,i\,(r + \mu)y + s + 2\,r\,(\lambda - \mu) + (\lambda^2 - \mu^2) = 0,$$
$$8\,(r + \lambda)x + 8\,i\,(r + \mu)y + s - 2\,r\,(\lambda - \mu) - (\lambda^2 - \mu^2) = 0,$$

wo die s und t ganz beliebig gewählt werden können.

3. Die *identische Bewegung* kann auf ∞^2 Arten durch Zusammensetzung von zwei Spiegelungen gewonnen werden. Die eine Spiegelungsachse kann ganz beliebig gewählt werden, die andere muß mit ihr zusammenfallen. Die Spiegelung an einer Geraden wurde in **10** *involutorisch* genannt. Das Wesentliche an einer involutorischen Transformation ist, daß sie, zweimal nacheinander ausgeübt, die identische Transformation ergibt.

4. Die *nichtinvolutorische Umlegung* (33 b) ersetzen wir durch die *Schiebung*

$$\xi' = \xi + \cos\frac{\varphi}{2}\left(r_1 \cos\frac{\varphi}{2} + r_2 \sin\frac{\varphi}{2}\right),$$

$$\eta' = \eta + \sin\frac{\varphi}{2}\left(r_1 \cos\frac{\varphi}{2} + r_2 \sin\frac{\varphi}{2}\right)$$

und die darauffolgende oder vorhergehende *Spiegelung* an der Geraden

$$\sin\frac{\varphi}{2}\,x - \cos\frac{\varphi}{2}\,y - \tfrac{1}{2}\left(r_1 \sin\frac{\varphi}{2} - r_2 \cos\frac{\varphi}{2}\right) = 0.$$

Diese Gerade ist dann die *Umlegungsachse* (S. 48). Den Nachweis erbringt man nach **12**. (Warum kann hier weder (35 a) noch (35 b) verwandt werden?)

Daraus folgt dann, daß die nichtinvolutorische **Umlegung** auf ∞^1 Arten durch drei Spiegelungen erzeugt werden kann, deren erste (oder letzte) die an der Umlegungsachse ist (vgl. aber **15**, Zus. 7). Die drei Spiegelungsachsen sind demnach

$$4\cos\frac{\varphi}{2}x + 4\sin\frac{\varphi}{2}y + t + \left(r_1\cos\frac{\varphi}{2} + r_2\sin\frac{\varphi}{2}\right) = 0,$$

$$4\cos\frac{\varphi}{2}x + 4\sin\frac{\varphi}{2}y + t - \left(r_1\cos\frac{\varphi}{2} + r_2\sin\frac{\varphi}{2}\right) = 0,$$

$$2\sin\frac{\varphi}{2}x - 2\cos\frac{\varphi}{2}y \quad - \left(r_1\sin\frac{\varphi}{2} - r_2\cos\frac{\varphi}{2}\right) = 0.$$

Die an erster Stelle genannten beiden Spiegelungsachsen stehen auf der Umlegungsachse senkrecht. Die Größe t darf wieder ganz beliebig gewählt werden.

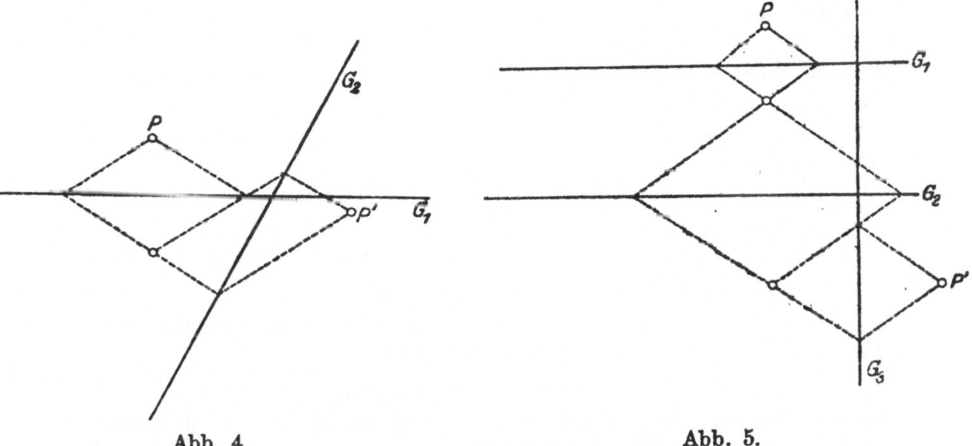

Abb. 4. Abb. 5.

5. Die *involutorischen Umlegungen* sind bereits Spiegelungen. Will man sie als Aufeinanderfolge *dreier* Spiegelungen erhalten, so kann man *etwa* die beiden ersten (oder letzten) Achsen zusammenfallen lassen und im übrigen ganz beliebig wählen.

Damit läßt sich jede Bewegung und Umlegung mit Hilfe von Elementarvierseiten konstruieren. In Abb. 4 und 5 geben wir schematische Zeichnungen nach dem Vorbild von **12** für die Drehungen und die nichtinvolutorischen Umlegungen. Insbesondere läßt sich jede *reelle* Bewegung durch zwei *reelle* Spiegelungen ersetzen, jede *reelle* Umlegung durch *drei reelle* Spiegelungen.

Die Sätze über die Zusammensetzung der Spiegelungen möge der Leser auch synthetisch begründen. Dabei ergeben sich sehr einfache Beziehungen zwischen der Figur der Spiegelungsachsen und den

Bestimmungsstücken der darzustellenden Bewegung oder Umlegung[1]). Gerade die Umlegungen sind bisher in der Literatur stiefmütterlich behandelt worden. Man löse etwa die Aufgabe, mit Hilfe der Mittel *des reellen Gebietes* zu jedem Punkte den ihm durch eine Umlegung zugeordneten zu zeichnen. Dazu müssen zwei zugeordnete Paare von Punkten $P \to P'$, $Q \to Q'$ gegeben sein.

1. Es sollen die Ruhepunkte der *gleichsinnigen* Dehnungen untersucht werden. Wir geben die Resultate für die Parameterdarstellung 13, Zus. 4. Der Leser rechne aber auch den Fall durch, daß die Dehnung durch 13, (29a) gegeben ist.

1) $\alpha_0^2 (1-m)^2 + \alpha_3^2 (1+m)^2 \neq 0$. Ein einziger Ruhepunkt.

$$\begin{cases} \xi_0 = 2m\{ \ \ (1-m)\alpha_0\alpha_2 + (1+m)\alpha_3\alpha_1 \} : \alpha_0^2 (1-m)^2 + \alpha_3^2 (1+m)^2, \\ \eta_0 = 2m\{-(1-m)\alpha_0\alpha_1 + (1+m)\alpha_3\alpha_2 \} : \alpha_0^2 (1-m)^2 + \alpha_3^2 (1+m)^2. \end{cases}$$

2a) $\alpha_0(1-m) + i\alpha_3(1+m) = 0$, $\alpha_2 + i\alpha_1 \neq 0$. Kein Ruhepunkt. Die Rechtsisotrope

$$x + iy = (\alpha_0 + i\alpha_3)(\alpha_2 - i\alpha_1) : -2i\alpha_0\alpha_3$$

bleibt in Ruhe, d. i. ihre Punkte werden nur untereinander vertauscht (vgl. 13, Zus. 6).

2b) $\alpha_0(1-m) - i\alpha_3(1+m) = 0$, $\alpha_2 - i\alpha_1 \neq 0$. Kein Ruhepunkt. In Ruhe bleibt die Linksisotrope

$$x - iy = (\alpha_0 - i\alpha_3)(\alpha_2 + i\alpha_1) : 2i\alpha_0\alpha_3.$$

3a) $\alpha_0(1-m) + i\alpha_3(1+m) = 0$, $\alpha_2 + i\alpha_1 = 0$. ∞^1 Ruhepunkte, die alle zueinander rechtsparallel sind und die Gerade erfüllen

$$x + iy = (\alpha_0 + i\alpha_3)\alpha_1 : \alpha_0\alpha_3.$$

3b) $\alpha_0(1-m) - i\alpha_3(1+m) = 0$, $\alpha_2 - i\alpha_1 = 0$. ∞^1 Ruhepunkte, die zueinander linksparallel sind und die Gerade erfüllen

$$x - iy = (\alpha_0 - i\alpha_3)\alpha_1 : \alpha_0\alpha_3.$$

Zusammenhang der in 3ab) genannten Geraden mit den in 2ab) auftretenden! Die Fälle $\alpha_0\alpha_3 = 0$ gehören nach 4 und 5.

4) $\alpha_0 = 0$, $m = -1$ (oder vermöge der Doppeldeutigkeit der Dehnungsparameter gleichbedeutend damit $\alpha_3 = 0$, $m = +1$); α_1 und α_2 verschwinden nicht gleichzeitig. Kein Ruhepunkt. In Ruhe bleiben alle Parallelen des Büschels

$$\alpha_2 x - \alpha_1 y = \text{const.} \quad (\text{bzw. } \alpha_1 x + \alpha_2 y = \text{const.})$$

Bedeutung dieses Falles!

5) $\alpha_0 = 0$, $m = -1$ ($\alpha_3 = 0$, $m = +1$), $\alpha_1 = 0$, $\alpha_2 = 0$. ∞^2 Ruhepunkte. *Identische Dehnung*, die infolgedessen durch die Parametersysteme geliefert wird:

$$1; \ 1:0:0:0 \quad \text{oder} \quad -1; \ 0:0:0:1.$$

---

[1]) Vgl. etwa 23, Zus. 22—25. Als klassische Arbeit über diesen Gegenstand erwähnen wir E. Study, Von den Bewegungen und Umlegungen, Math. Ann. 39 (1891) S. 441—564. Von den Spiegelungen handelt eine Reihe von Aufsätzen von H. Wiener. Sitzungsber. der Kgl. Sächs. Ges. d. Wissensch. zu Leipzig. 1890, S. 13—23, S. 71—87, S. 245—267; 1891, S. 424—447, S. 644—673; 1893, S. 555—598.

2. Unter den gleichsinnigen Dehnungen mit *nur* einem **Ruhepunkt** spielen eine Sonderrolle die, für welche $\alpha_3 = 0$, also $m \neq 1$ ist.

(38a) $$m\alpha_0\xi' = \alpha_0\xi - 2m\alpha_2, \qquad m\alpha_0\eta' = \alpha_0\eta + 2m\alpha_1.$$

Der Ruhepunkt heißt $\xi_0 = 2m\alpha_2 : \alpha_0(1-m)$, $\eta_0 = -2m\alpha_1 : \alpha_0(1-m)$. (Warum muß $\alpha_0 \neq 0$ sein?) Jetzt läßt sich die Dehnung schreiben:

(38b) $$m(\xi' - a) = (\xi - a), \qquad m(\eta' - b) = \eta - b,$$

wo ξ_0 durch a und η_0 durch b ersetzt ist. Durch Elimination von m folgt (vgl. **4**, 1), daß der transformierte Punkt (ξ', η') mit dem ursprünglichen Punkt (ξ, η) und dem Ruhepunkt (a, b) in gerader Linie liegt. Es bleibt also jede Gerade durch den Ruhepunkt in Ruhe, wenn auch nicht punktweise.

Ferner ist $m^2\{(\xi' - a)^2 + (y' - b)^2\} = (\xi - a)^2 + (\eta - b)^2$, d. i. bei dieser Transformation rückt jeder vom Ruhepunkt getrennte Punkt auf der durch ihn laufenden Ruhegeraden so fort, daß sein Abstand vom Ruhepunkt sich mit einem Faktor multipliziert, der für alle Punkte der Ebene derselbe ist. Man nennt diese Transformation eine *perspektive Dehnung*, oder wie wir zu sagen vorziehen, eine *Streckung* vom Punkte (a, b) aus. Sie hat die Parameter

(39) $$m; \ \alpha_0 : \alpha_1 : \alpha_2 : \alpha_3 = 2m : -b(1-m) : a(1-m) : 0, \qquad (m \neq 1)$$

(oder?). Zu den durch (38a) erklärten Streckungen gehören auch die Schiebungen.

3. Jede gleichsinnige Dehnung mit dem einzigen Ruhepunkt (a, b) hat die Parameter

(40) $$m; \ 2m\sigma_0 : (1+m)\sigma_3 a - (1-m)\sigma_0 b : (1+m)\sigma_3 b + (1-m)\sigma_0 a : 2m\sigma_3.$$

Hierin dürfen die σ_0 und σ_3, auf deren Verhältnis es nur ankommt, beliebig gemäß den Bedingungen $(1-m)^2\sigma_0^2 + (1+m)^2\sigma_3^2 \neq 0$, $\sigma_0^2 + \sigma_3^2 \neq 0$ gewählt werden, entsprechend der Tatsache, daß es zu einem vorgegebenen (a, b) und vorgeschriebenem m noch ∞^1 solche Dehnungen gibt. Setzt man

$$\sigma_3 : \sigma_0 = -\sin\frac{\varphi}{2} : \cos\frac{\varphi}{2},$$ so heißen die Parameter

(40) $$m; \ -2m\cot\frac{\varphi}{2} : (1+m)a + (1-m)b\cot\frac{\varphi}{2} : (1+m)b - (1-m)a\cot\frac{\varphi}{2} : 2m.$$

Die Größe φ heißt (vgl. **13**) *Drehungswinkel* der gleichsinnigen Dehnung. Die Dehnung kann nämlich erhalten werden, wenn man *zuerst* die Streckung (m) vom Ruhepunkt ausübt und *darauf* die Drehung um ihn vom Drehungswinkel φ. Man hat zum Beweise vermöge **13**, Zus. 7 die beiden Transformationen von den Parametern

$$m; \qquad 2m : -b(1-m) : a(1-m) : 0$$

$$1; \quad -\cot\frac{\varphi}{2} : \qquad a \quad : \qquad b \quad : 1$$

zusammenzusetzen. (**14**, 37 und 39!)

Für unsere Dehnungen vom Ruhepunkt (a, b) haben wir *zwei* Parametersysteme angegeben (40), die eine unter Benutzung der $\sigma_0 : \sigma_3$, die andere mit Hilfe des Drehungswinkels φ. Welche Dehnungen sind nur in dem einen System enthalten, nicht aber im andern? Ist der Drehungswinkel mit der in **13**, (31a) erklärten Größe φ identisch?

Kann man auch für Streckungen von einem Drehungswinkel reden, und wie groß könnte dieser gewählt werden?

4. Allgemeiner ist der Satz: *Die gleichsinnige Dehnung* $(m; \alpha_0 : \alpha_1 : \alpha_2 : \alpha_3)$ *kann ersetzt werden durch die Bewegung* $(1; \alpha_0 : m\alpha_1 : m\alpha_2 : \alpha_3)$ *und die darauffolgende Streckung* $(m; 1:0:0:0)$ *vom Nullpunkt aus.* Die Bedeutung dieses Satzes liegt darin, daß man die gleichsinnigen Dehnungen jetzt konstruieren

kann, wenn man als bekannt die Konstruktion der *Streckungen* ansieht. Diese aber besteht, wie schon erwähnt, in einer „ähnlichen (perspektiven) Vergrößerung oder Verkleinerung", wie man im reellen Gebiet sagt. Ist außer dem Streckungszentrum, d. i. dem Ruhepunkt noch ein einziges Paar zugeordneter Punkte gegeben, so kann man zu jedem andern Punkte der Ebene den transformierten durch Ziehen von Parallelen, also durch lineare Konstruktionen (**11**, Zus. 2) ermitteln.

5. Jede gleichsinnige Dehnung mit dem Ruhepunkt (a, b) läßt sich so schreiben:

$$\xi' - a = p\,(\xi - a) - q\,(\eta - b), \quad \eta' - b = q\,(\xi - a) + p\,(\eta - b), \qquad (p^2 + q^2 \,{\small\gtrless}\, 0).$$

6. Jede gleichsinnige Dehnung, die den Punkt (a, b) in (a', b') überführt, kann so dargestellt werden:

$$\xi' - a' = p\,(\xi - a) - q\,(\eta - b), \quad \eta' - b' = q\,(\xi - a) + p\,(\eta - b), \qquad (p^2 + q^2 \,{\small\gtrless}\, 0).$$

7. Jede gleichsinnige Dehnung, die alle Punkte der rechtsisotropen Geraden $x + iy + c = 0$ einzeln in Ruhe läßt, kann so geschrieben werden:

$$\xi' = \xi + s\,(\xi + i\eta + c), \quad \eta' = \eta - si\,(\xi + i\eta + c), \qquad (s \,{\small\gtrless}\, -\tfrac{1}{2}).$$

8. Bedeutung von:

$$\xi' = \xi - is\,(i\xi + \eta + c), \quad \eta' = \eta + s\,(i\xi + \eta + c), \qquad (s \,{\small\gtrless}\, -\tfrac{1}{2}).$$

9. Jede gleichsinnige Dehnung, die die Rechtsisotrope $x + iy + c = 0$ in Ruhe läßt, kann so geschrieben werden:

$$\xi' = \xi + s\,(\xi + i\eta + c) + t, \quad \eta' = \eta - si\,(\xi + i\eta + c) + ti, \qquad (s \,{\small\gtrless}\, -\tfrac{1}{2}).$$

Unterschied gegen Zus. 7! Bedeutung der Zusatzglieder!

10. Bedeutung der Formeln

$$\xi' = \xi - is\,(i\xi + \eta + c) + t, \quad \eta' = \eta + s\,(i\xi + \eta + c) - ti, \qquad (s \,{\small\gtrless}\, -\tfrac{1}{2}).$$

11. Wann treten außer den im Texte von Zus. 5, 6 genannten Ruhepunkten keine andern auf? Es sollen danach die Dehnungen in Zus. 5—10 auf die verschiedenen in Zus. 1 aufgeführten Typen verteilt werden und die Bedingungen in den Konstanten angegeben werden.

12. Gib die Parameter aller Dehnungen in Zus. 5—10 an.

13. Die Ruhepunkte der *ungleichsinnigen* Dehnungen ermitteln sich viel einfacher. Jedesmal, wenn die Dehnung sich nicht auf eine bloße Umlegung reduziert, gibt es einen einzigen Ruhepunkt. Dieser heißt für die Dehnung **13**, (29 b):

$$\xi_0 : \eta_0 : 1 = qr_2 + (p + 1)\,r_1 : qr_1 + (1 - p)\,r_2 : 1 - p^2 - q^2.$$

Für die gegensinnige Dehnung $(m;\ \alpha_0 : \alpha_1 : \alpha_2 : \alpha_3)$ (vgl. **13**, Zus. 5) lautet der Ruhepunkt:

$$\xi_0 = 2\,m\left\{\alpha_3\alpha_1 + \alpha_0\alpha_2 - m\,(\alpha_2\alpha_1 - \alpha_0\alpha_2)\right\} : (m^2 - 1)\,(\alpha_1^2 + \alpha_2^2),$$

$$\eta_0 = 2\,m\left\{\alpha_3\alpha_2 - \alpha_0\alpha_1 - m\,(\alpha_3\dot\alpha_2 + \alpha_0\alpha_1)\right\} : (m^2 - 1)\,(\alpha_1^2 + \alpha_2^2). \qquad (m^2 \,{\small\gtrless}\, 1).$$

14. Die beiden gleichsinnigen Dehnungen

$$m;\ \alpha_0 : \alpha_1 : \alpha_2 : \alpha_3 \qquad \text{und} \qquad \frac{1}{m};\ \alpha_0 : -\alpha_1 m : -\alpha_2 m : -\alpha_3$$

ergeben, in beliebiger Reihenfolge zusammengesetzt, die identische Dehnung (vgl. Zus. 1 und **13**, Zus. 7). Sie heißen daher *zueinander entgegengesetzt* oder besser *zueinander invers*. Invers zu **13**, (29 a) ist demnach die gleichsinnige Dehnung

$$\begin{cases} (p^2 + q^2)\,\xi' = p\xi + q\eta - pr_1 - qr_2, \\ (p^2 + q^2)\,\eta' = -q\xi + p\eta + qr_1 - pr_2. \end{cases}$$

15. Zueinander invers sind die gegensinnigen Dehnungen

$$m;\ \alpha_0 : \alpha_1 : \alpha_2 : \alpha_3 \quad \text{und} \quad \frac{1}{m};\ \alpha_0 m : -\alpha_1 : -\alpha_2 : -\alpha_3 m.$$

(Benutzung von **13**, Zus. 8.) Zur gegensinnigen Dehnung **13**, (29 b) invers ist

$$\begin{cases} (p^2 + q^2)\,\xi' = p\,\xi + q\,\eta - p\,r_1 - q\,r_2, \\ (p^2 + q^2)\,\eta' = q\,\xi - p\,\eta - q\,r_1 + p\,r_2. \end{cases}$$

16. Die gegensinnige Dehnung **13**, (29 b) wird erhalten, wenn man *nach* der Spiegelung $\xi' = \xi$, $\eta' = -\eta$ an der X-Achse die gleichsinnige Dehnung **13**, (29 a) ausübt. Die Bedeutung dieses Satzes liegt darin, daß es jetzt möglich ist (vgl. Zus. 4), auch die *gegensinnigen* Dehnungen durch Streckungen und Spiegelungen zu konstruieren.

17. Die Bewegungen

$$(41) \qquad\qquad 0 : \alpha_1 : \alpha_2 : \alpha_3 \qquad\qquad (\alpha_3 \neq 0)$$

sind involutorisch (**10**). Eine solche Bewegung ist (vgl. S. 49) eine Drehung um den Punkt $(\alpha_1 : \alpha_3,\ \alpha_2 : \alpha_3)$ durch den Drehungswinkel π und heißt *Umwendung* um den Punkt $\xi_0 = \alpha_1 : \alpha_3$, $\eta_0 = \alpha_2 : \alpha_3$. Man nennt sie zuweilen *Spiegelung* am Punkte (ξ_0, η_0), doch bleibt das Wort Spiegelungen wohl besser für die *Umlegungen* vorbehalten. Die Umwendungen sind die einzigen involutorischen Bewegungen; sie sind gleichzeitig (Zus. 2) Streckungen.

18. Durch Zusammensetzung zweier Umwendungen erhält man eine Schiebung. Beweis nach (35 a).

19. Bei einer (nicht identischen) Transformation heiße die Verbindungsgerade zweier zugeordneter Punkte (ξ, η) und (ξ', η') eine *Sehne*. Zeige:

Die Sehnenmitten bei einer Bewegung erfüllen die ganze Ebene, oder sie fallen alle in einen Punkt. Letzteres gilt nur für die Umwendungen.

20. Die Sehnenmitten bei einer Umlegung erfüllen die Umlegungsachse. Hier haben die ∞^2 Sehnen also nur ∞^1 Mitten.

21. Die Frage nach *involutorischen Dehnungen* ist ein wenig schwieriger als die nach involutorischen Bewegungen und Umlegungen, weil die Parameterdarstellung doppeldeutig ist. Eine Transformation ist involutorisch, wenn sie mit ihrer inversen Transformation (Zus. 14) zusammenfällt. Damit also die gleichsinnige Dehnung $m;\ \alpha_0 : \alpha_1 : \alpha_2 : \alpha_3$ involutorisch ist, muß sie mit einer der beiden Dehnungen zusammenfallen:

$$\frac{1}{m};\ \alpha_0 : -\alpha_1 m : -\alpha_2 m : -\alpha_3 \qquad\qquad \text{(Zus. 14)},$$

$$-\frac{1}{m};\ \alpha_3 :\quad \alpha_2 m : -\alpha_1 m :\quad \alpha_0 \qquad\qquad \textbf{(13}, \text{Zus. 4)}.$$

Die erste Darstellung gibt nur Bewegungen. Im zweiten Falle erhält man vier Scharen von je ∞^1 involutorischen gleichsinnigen Dehnungen:

$$i;\ 1 : t : -it :\quad 1. \qquad \xi' = -i\eta + t(1 + i), \qquad \eta' = \quad i\xi + t(1 - i).$$

$$i;\ 1 : t :\quad it : -1. \qquad \xi' = \quad i\eta - t(1 + i), \qquad \eta' = -i\xi + t(1 - i).$$

$$-i;\ 1 : t :\quad it :\quad 1. \qquad \xi' = \quad i\eta + t(1 - i), \qquad \eta' = -i\xi + t(1 + i).$$

$$-i;\ 1 : t : -it : -1. \qquad \xi' = -i\eta - t(1 - i), \qquad \eta' = \quad i\xi + t(1 + i).$$

Hierin kann t gánz beliebig gewählt werden. Bei jeder solchen involutorischen Dehnung bleibt eine (isotrope) Gerade punktweise in Ruhe. Der

Leser zeige das durch Verteilung der vier Scharen unter die Typen in Zus. 1. Aus der ersten Schar gewinnt man so

$$\xi' + i\eta' - t(i+1) = -\{\xi + i\eta - t(i+1)\},$$

woraus sofort die in Ruhe bleibende Gerade abzulesen ist.

22. Warum liefert das entsprechende Verfahren, auf *gegensinnige* Dehnungen angewandt, *keine* involutorischen Transformationen außer den Spiegelungen?

23. Die Formeln (35a) für die Zusammensetzung zweier *Bewegungen* lassen sich sehr kurz zusammenfassen, wenn man sich eines Systems von höheren komplexen Zahlen in vier Einheiten e_0, e_1, e_2, e_3 bedient. Dieses soll die Multiplikationstafel befolgen:

	e_0	e_1	e_2	e_3
e_1		0	0	$-e_2$
e_2		0	0	$+e_1$
e_3		$+e_2$	$-e_1$	$-e_0$,

d. i. das sogenannte Produkt $e_i e_k$ soll der i^{ten} Reihe und k^{ten} Kolonne entnommen werden. Es soll also sein $e_1 e_3 = -e_2$, $e_3 e_1 = +e_2$, $e_3^2 = -e_0$ usw. Die Multiplikation ist daher nicht kommutativ. Schreibt man jetzt

$$\dot\alpha = \alpha_0 e_0 + \alpha_1 e_1 + \alpha_2 e_2 + \alpha_3 e_3,$$

— eine solche komplexe Zahl nennen wir eine *Euklidische Quaternion* — so gehen die Formeln (35a) über in

$$(42) \qquad \dot\alpha'' = \dot\alpha \cdot \dot\alpha'.$$

Der Nutzen dieser Formel tritt hier noch nicht so sehr zutage, vgl. aber 58 und 67, Nr. 6.

Beispiel. Es sollen die beiden Bewegungen von den Parametern $2:1:4:0$ und $0:2:i:4$ zusammengesetzt werden.

$$\dot\alpha'' = (2e_0 + e_1 + 4e_2)(2e_1 + ie_2 + 4e_3)$$
$$= 4e_0 e_1 + 2e_1^2 + 8e_2 e_1 + 2ie_0 e_2 + ie_1 e_2 + 4ie_2^2 + 8e_0 e_3 + 4e_1 e_3 + 16e_2 e_3$$
$$= 4e_1 + 2ie_2 + 8e_3 - 4e_2 + 16e_1 = 20e_1 + (2i-4)e_2 + 8e_3.$$

Es ist also

$$\alpha_0'' : \alpha_1'' : \alpha_2'' : \alpha_3'' = 0 : 10 : i-2 : 4.$$

Hätte man dagegen zuerst die Bewegung $0:2:i:4$ und dann die Bewegung $2:1:4:0$ ausgeübt, so wäre zu rechnen

$$\dot\alpha'' = (2e_1 + ie_2 + 4e_3)(2e_0 + e_1 + 4e_2)$$
$$= 4e_1 e_0 + 2ie_2 e_0 + 8e_3 e_0 + 2e_1^2 + ie_2 e_1 + 4e_3 e_1 + 8e_1 e_2 + 4ie_2^2 + 16e_3 e_2$$
$$= 4e_1 + 2ie_2 + 8e_3 + 4e_2 - 16e_1$$
$$= -12e_1 + (2i+4)e_2 + 8e_3;$$
$$\alpha_0'' : \alpha_1'' : \alpha_2'' : \alpha_3'' = 0 : -6 : i+2 : 4.$$

Man bestätige diese Rechnungen durch direkte Zusammensetzung der Bewegungen nach (35a).

24. Setzt man noch

$$\tilde\alpha = \alpha_0 e_0 - \alpha_1 e_1 - \alpha_2 e_2 - \alpha_3 e_3$$
$$N(\alpha)e_0 = N(\tilde\alpha)e_0 = \tilde\alpha \cdot \dot\alpha = \dot\alpha \cdot \tilde\alpha = (\alpha_0^2 + \alpha_3^2)e_0$$
$$\dot x = \; * \; xe_1 + ye_2 + e_3,$$

so lassen sich die Formeln (34a) für die Bewegungen kurz so schreiben:

$$(43) \qquad N(\dot\alpha) \cdot \dot x' = \tilde\alpha \cdot \dot x \cdot \dot\alpha. \qquad\qquad (N(\alpha) \neq 0).$$

Von diesen und ähnlich gebauten Formeln wird noch zu reden sein (vgl. 58).
Die Zahl $\bar{\alpha}$ heiße die zu α *konjugierte* Euklidische Quaternion.

25. Die Tatsache, daß die Multiplikation dieser komplexen Zahlen nicht
kommutativ ist, zeigt sich nach Zus. 23 als Korrelat zu der Tatsache, daß es
bei der Zusammensetzung zweier Transformationen auf ihre Reihenfolge ankommt. Der Nullpunkt beispielsweise gelangt bei der Umwendung um ihn
und einer gewissen Schiebung das eine Mal nach (1/0), bei anderer Reihenfolge nach $(-1/0)$.

Ist aber die Reihenfolge zweier Transformationen für ihre Zusammensetzung gleichgültig, so heißen sie *miteinander vertauschbar*. Alle Schiebungen
sind miteinander vertauschbar, wie man erkennt, wenn man in (35a) $\alpha_3 = \alpha_3' = 0$
setzt. Nicht vertauschbar sind zwei Umwendungen um verschiedene Punkte
$(\alpha_0 = \alpha_0' = 0)$. Mit welchen Schiebungen ist die Spiegelung an einer Geraden
vertauschbar? Zwei Streckungen sind miteinander vertauschbar, wenn sie
denselben Mittelpunkt haben. Ebenso sind zwei Drehungen miteinander vertauschbar, wenn sie denselben Drehungsmittelpunkt haben.

26. In der Theorie der Funktionen einer komplexen Veränderlichen ordnet
man der komplexen Zahl $z = x + iy$ $(x = \bar{x},\ y = \bar{y})$ zu den reellen Punkt (x, y).
Dann behauptet man, die Summe zweier komplexen Zahlen werde durch die
bekannte Parallelogrammkonstruktion gefunden, obwohl zahlreiche Sonderfälle
sich dieser Konstruktion nicht fügen, solange man die elementare Definition
des Parallelogramms zugrunde legt. Es soll jetzt das „Parallelogramm" so
definiert werden, daß sämtliche Sonderfälle mit umspannt werden. (Das wird
zugleich *die* sachgemäße Erklärung auch für die Elementargeometrie.) (Zus. 17.)

27. Im R_3 führen einige M_2^2 besondere Namen. Für $a_1 = \bar{a}_1,\ a_2 = \bar{a}_2,$
$a_3 = \bar{a}_3$ heißt:

$$a_1^2 x_1^2 + a_2^2 x_2^2 + a_3^2 x_3^2 = a_0^2 \text{ ein Ellipsoid,}$$

$$a_1^2 x_1^2 - a_2^2 x_2^2 - a_3^2 x_3^2 = a_0^2 \text{ zweischaliges Hyperboloid,}$$

$$- a_1^2 x_1^2 + a_2^2 x_2^2 + a_3^2 x_3^2 = a_0^2 \text{ einschaliges Hyperboloid.}$$

Dabei ist $a_0 a_1 a_2 a_3 \neq 0$ vorausgesetzt. Das Ellipsoid $x_1^2 + x_2^2 + x_3^2 = r^2$
heißt auch *Kugel* vom Radiusquadrat r^2. Erhält man aus der Kugel, wenn
r^2 gegen Null konvergiert, ein Ebenenpaar?

15. Elementare Geometrie. Themastellung. Wir gehen von den
Formeln 13, (29 ab) der Dehnungen aus und fragen, was man damit
leisten kann. In diesen Formeln kommen je vier wesentliche Konstante vor, die nur der einen Bedingung unterliegen, daß die *Transformationsdeterminante* (13, (28)), die hier den Wert $\pm (p^2 + q^2)$ hat,
nicht verschwindet.

1. Wir stellen die Aufgabe: Wie heißt die allgemeinste *Dehnung*,
die den Punkt (x_0, y_0) in den Punkt (x_0', y_0') überführt? Wir setzen
also in 13, (29a) und (29b) für (ξ, η) und (ξ', η') die Werte (x_0, y_0)
bzw. (x_0', y_0') und erhalten dadurch zwei Bestimmungsgleichungen für
die vier Koeffizienten $p,\ q,\ r_1,\ r_2$, aus denen sich stets r_1 und r_2
eindeutig ermitteln lassen. Vgl. 14, Zus. 6. Nach geringer Umformung lassen sich dann die gesuchten Formeln so schreiben:

$$(44\,\mathrm{a}) \qquad \begin{cases} \xi' - x_0' = p\,(\xi - x_0) - q\,(\eta - y_0), \\ \eta' - y_0' = q\,(\xi - x_0) + p\,(\eta - y_0). \end{cases}$$

$$(44\,\mathrm{b}) \qquad \begin{cases} \xi' - x_0' = p\,(\xi - x_0) + q\,(\eta - y_0), \\ \eta' - y_0' = q\,(\xi - x_0) - p\,(\eta - y_0). \end{cases}$$

$$(p^2 + q^2 \neq 0).$$

Jeder Punkt läßt sich in jeden andern Punkt durch ∞^2 gleichsinnige und auch durch ∞^2 gegensinnige Dehnungen überführen.

Man drückt das auch so aus:

Alle Punkte sind zueinander sowohl gleichsinnig, als auch gegensinnig ähnlich.

Dasselbe besagt die Ausdrucksweise:

Es gibt .eine einzige Klasse von Punkten gegenüber gleichsinnigen und gegensinnigen Dehnungen.

Da jeder Punkt vermöge einer Dehnung in jeden andern verwandelt werden kann, so stellt man einen bestimmten Punkt als *kanonischen* Vertreter auf, etwa den Punkt $(0, 0)$. Die Bedeutung davon wird bei den nächsten Aufführungen klarer hervortreten.

2. Wie heißt die allgemeinste *Bewegung* (*Umlegung*), die den Punkt (x_0, y_0) in den Punkt (x_0', y_0') überführt? In $(44\,\mathrm{ab})$ ist zu setzen $p^2 + q^2 = 1$:

Jeder Punkt läßt sich in jeden andern Punkt durch ∞^1 Bewegungen und durch ∞^1 Umlegungen überführen:

$$(45\,\mathrm{a}) \qquad \begin{cases} \xi' - x_0' = \cos\varphi\,(\xi - x_0) - \sin\varphi\,(\eta - y_0), \\ \eta' - y_0' = \sin\varphi\,(\xi - x_0) + \cos\varphi\,(\eta - y_0). \end{cases}$$

$$(45\,\mathrm{b}) \qquad \begin{cases} \xi' - x_0' = \cos\varphi\,(\xi - x_0) + \sin\varphi\,(\eta - y_0), \\ \eta' - y_0' = \sin\varphi\,(\xi - x_0) - \cos\varphi\,(\eta - y_0). \end{cases}$$

Man sagt: *Alle Punkte sind zueinander sowohl gleichsinnig als auch gegensinnig kongruent. Es gibt eine einzige Klasse von Punkten gegenüber Bewegungen und Umlegungen.* Kanonischer Vertreter: $(0, 0)$.

3. Wir stellen die weitere Frage: Kann man noch durch eine *reelle Dehnung* jeden Punkt in jeden andern überführen?

Die Dehnung (29) ist sicher reell, wenn ihre Koeffizienten p, q, r_1, r_2, also auch die Verhältnisse ihrer Parameter, sämtlich reell sind. Es gibt dann ∞^4 reelle Dehnungen, wobei jetzt die Anzahl der *reellen* Konstanten gezählt ist, *wie immer, wenn Realitätsangelegenheiten in Frage kommen.* (Dann hat die Ebene also ∞^4 Punkte, und nicht ∞^2, auf einer Geraden liegen ∞^2 Punkte usw.)

Geht man ebenso vor, wie bei $(44\,\mathrm{ab})$, so erhält man die r_1, r_2 eindeutig. Diese sollen aber jetzt reell sein: $r_1 = \bar r_1$, $r_2 = \bar r_2$. Daraus erhält man für p und q ein System linearer Gleichungen mit *reellen* Koeffizienten; im Falle der *gleichsinnigen* Dehnungen:

$$\begin{cases} i(\bar{x}_0 - x_0)p - i(\bar{y}_0 - y_0)q - i(\bar{x}_0' - x_0') = 0, \\ i(\bar{y}_0 - y_0)p + i(\bar{x}_0 - x_0)q - i(\bar{y}_0' - y_0') = 0. \end{cases}$$

(Wegen der Faktoren i vgl. 5, Zus. 3.) Es sind jetzt die fünf Fälle zu unterscheiden, die in 3, 3 behandelt sind. β) und γ) können nicht eintreten, δ) liefert keine Lösung, dagegen α) eine einzige Lösung und endlich ε) ∞^2 Lösungen. Im Falle α) ist $(\bar{x}_0 - x_0)^2 + (\bar{y}_0 - y_0)^2 \neq 0$, und da die Transformationsdeterminante nicht verschwinden darf, auch $(\bar{x}_0' - x_0')^2 + (\bar{y}_0' - y_0')^2 \neq 0$, d. i. beide Punkte (x_0, y_0) und (x_0', y_0') sind imaginär. Wir gelangen zu folgenden Sätzen:

(α). *Es gibt eine einzige reelle gleichsinnige Dehnung, die einen imaginären Punkt in einen vorgegebenen imaginären Punkt überführt.*

(ε). *Es gibt ∞^2 reelle gleichsinnige Dehnungen, die einen reellen Punkt in einen vorgegebenen reellen Punkt überführen.*

(δ). *Es gibt keine reelle gleichsinnige Dehnung, die einen reellen Punkt in einen imaginären Punkt überführt.*

Man darf überall in diesen drei Sätzen das Wort gleichsinnig durch gegensinnig ersetzen, wie der Leser nachweise. Man sagt:

Alle imaginären Punkte sind zueinander reell-ähnlich, und zwar sowohl gleichsinnig als auch gegensinnig. Alle reellen Punkte sind zueinander reell-ähnlich, und zwar sowohl gleichsinnig als auch gegensinnig.

Die Punkte bilden gegenüber *reellen* gleichsinnigen Dehnungen *zwei* Klassen, die Klasse der imaginären Punkte und die der reellen Punkte. Die imaginären Punkte zerfallen aber nicht in weitere Klassen und ebenso nicht die reellen Punkte. Wir bilden folgende Tafel:

<table>
<tr><td colspan="3" align="center">Punkt (x, y).</td></tr>
<tr><td>1. $(\bar{x} - x)^2 + (\bar{y} - y)^2 \neq 0$. Imaginärer Punkt.</td><td>∞^4. Eine Klasse.</td><td>(i, i).</td></tr>
<tr><td>2. $x = \bar{x}$, $y = \bar{y}$. Reeller Punkt.</td><td>∞^2. Eine Klasse.</td><td>$(0, 0)$.</td></tr>
</table>

In dieser Tafel steht zuerst die analytische Bedingung des einzelnen Falles. Dann folgt die Terminologie. Hieran schließt sich die Konstantenzahl. (Es gibt ∞^4 imaginäre, ∞^2 reelle Punkte.) Zum Schluß folgt der kanonische Vertreter. Hier: *Jeder imaginäre Punkt kann durch eine einzige reelle gleichsinnige und auch durch eine einzige reelle gegensinnige Dehnung aus dem Punkte (i, i) gewonnen werden; jeder reelle Punkt durch ∞^2 reelle gleichsinnige und ∞^2 reelle gegensinnige Dehnungen aus dem Punkte $(0, 0)$.* Man hätte auch andere Punkte als kanonische Vertreter wählen können, etwa $(1, i)$ und $(1, 1)$. Die Aufgabe ist also nicht völlig bestimmt; man wählt „möglichst einfache" (was freilich nicht weiter definierbar ist).

4. Kann man durch eine *reelle Bewegung (Umlegung)* jeden Punkt in jeden andern überführen? Im allgemeinen wird das nicht möglich sein, da es ja ∞^4 Punkte gibt, aber nur ∞^3 reelle Bewegungen (Umlegungen). Ein Punkt kann daher durch die Gesamtheit aller reellen Bewegungen (Umlegungen) höchstens in ∞^3 Lagen übergeführt werden. Die Rechnung ist zunächst so durchzuführen, wie bei den reellen Dehnungen. Dazu kommt dann noch die Bedingung $p^2 + q^2 = 1$. Von den fünf Fällen **3, 3** läßt sich genau dasselbe aussagen, wie damals. Dann gelangen wir zu folgenden Sätzen:

Ein Punkt (x_0, y_0) läßt sich in einen Punkt (x_0', y_0') dann und nur dann durch reelle Bewegungen und Umlegungen transformieren, wenn die Beziehung besteht

$$(\bar{x}_0 - x_0)^2 + (\bar{y}_0 - y_0)^2 = (\bar{x}_0' - x_0')^2 + (\bar{y}_0' - y_0')^2.$$

Ist dieser reelle, nie positive Ausdruck von Null verschieden, so gibt es eine einzige reelle Bewegung und eine einzige reelle Umlegung, die das leisten; ist er gleich Null, so sind beide Punkte reell und können durch ∞^1 reelle Bewegungen (Umlegungen) ineinander übergeführt werden.

Jetzt besitzt also jeder imaginäre Punkt eine charakteristische Konstante, die durch reelle Bewegungen und Umlegungen nicht abgeändert werden kann, also eine *absolute Invariante gegenüber reellen Bewegungen und Umlegungen*, vgl. **10**. Da diese Zahl ∞^1 Werte annehmen kann, so sagt man, es gibt ∞^1 Klassen imaginärer Punkte, und außerdem noch eine einzige Klasse reeller Punkte. In dem kanonischen Vertreter der imaginären Punkte muß jetzt eine willkürliche Konstante auftreten. Nicht alle imaginären Punkte sind *reell-kongruent*, sondern nur die mit übereinstimmender Invariante (diese gibt das Abstandsquadrat des Punktes und des konjugiertkomplexen Punktes). Dagegen sind alle reellen Punkte *reell-kongruent*.

Punkt (x, y).

1. $(\bar{x} - x)^2 + (\bar{y} - y)^2 = -l^2 \neq 0$. Imaginärer Punkt. ∞^4. ∞^1 Klasse

$$\left(0, \frac{i}{2}l\right), \qquad\qquad (l = \bar{l}\,).$$

2. $x = \bar{x},\ y = \bar{y}$. Reeller Punkt. ∞^2. Eine Klasse. $(0, 0.)$

Wir fassen zusammen. Das *Klassifikationsgeschäft* setzt voraus, daß eine Schar von Transformationen zugrunde gelegt wird. (Dehnungen, Bewegungen, Umlegungen, reelle Bewegungen usw.)[1]. Eine solche Transformationsschar definiert dann einen *Zweig der Geometrie.* („Geometrie der Dehnungen, der reellen Bewegungen usw.") In

---

[1] Vgl. aber **16**, S. 66.

diesem Zweige der Geometrie werden Figuren (d. i. später gerade Linien, Punktepaare, Kreise usw.), die durch (mindestens) eine Transformation der Schar ineinander übergeführt werden können, als *äquivalent* (ähnlich, reell-ähnlich, gegensinnig kongruent usw.) angesehen. Zu verschiedenen Zweigen der Geometrie, oder wie man leider auch sagt, zu verschiedenen „Geometrieen" gehören verschiedene Äquivalenzbegriffe. Erscheinungen, die in einem Zweige der Geometrie invarianten Charakter haben, können in einem andern Zweige verloren gehen (z. B. der Unterschied zwischen reellen und imaginären Punkten in der Geometrie *aller* Dehnungen).

Die hier behandelten vier (acht) Zweige faßt man gewöhnlich unter dem Namen *Elementare Geometrie* zusammen.

1. Nachdem uns der letzte Abschnitt eine wenn auch noch unvollständige Vorstellung von der Bedeutung der Transformationen gegeben hat, müssen wir zur Vermeidung von Mißverständnissen einige Bemerkungen allgemeiner Art machen. Vor allem handelt es sich um die Benennung Bewegung und sodann um die Abgrenzung unseres Transformationsbegriffes gegenüber der sogenannten Koordinatentransformation.

Die hier sogenannte Bewegung ist rein kinematisch aufzufassen, d. i. uns interessiert die *Zeit*, die zur wirklichen Ausführung der Bewegung gehört, nicht. Während ferner die Mechanik als Objekte der Bewegungen begrenzte Figuren betrachtet, wird hier *die ganze Ebene* bewegt. In der Mechanik kommt es ferner sehr auf die Zwischenlagen an; uns geht nur die Anfangs- und Endlage des zu transformierenden Gebildes an.

Ein konkretes Beispiel möge das erläutern und zugleich zum zweiten Gegenstand überleiten. Wir stellen uns ein etwa rechteckig begrenztes Stück der Ebene als durchscheinendes Blatt Papier vor, welches auf einem Tische liegt. Der Tisch soll die stark gezeichneten Koordinatenachsen tragen, die man durch das Papier hindurchscheinen sieht. Um nun eine Drehung darzustellen, steckt man das Papier mit einer Nadel fest und läßt es herumspielen. Von diesem Vorgang stellen wir uns zwei photographische Bilder her; dann erst haben wir das, was der Geometer eine Transformation, hier eine Drehung, nennt. Es ist also gleichgültig, ob die Überführung aus der Anfangslage in die Endlage stetig erfolgte, ob mit konstanter Geschwindigkeit, ob in mehreren Absätzen, ob unter zeitweiser Umkehrung der Richtung.

Entsprechendes ist für alle Transformationen maßgebend; es kommt immer nur auf die Anfangslage und auf die Endlage der Ebene an. Man denke etwa an eine Umlegung oder an eine Spiegelung.

2. Mit (ξ, η) bezeichneten wir die Koordinaten eines ursprünglichen Punktes, mit (ξ', η') die des transformierten. Beide sind auf *dasselbe Koordinatensystem* bezogen (welches bei unserm Beispiel auf dem Tisch gezeichnet war und durch das Papier hindurchschien). Diese letzte Bemerkung hat von unserm Standpunkt aus gar keinen Sinn, wir müssen sie aber machen, weil der Leser gewohnt sein wird, die Formeln 14, (33a) als solche einer Abänderung des Koordinatensystems zu deuten. Dann würden (ξ, η) und (ξ', η') die Koordinaten *ein und desselben Punktes* sein, der auf *verschiedene Achsenkreuze* bezogen ist, während wir sie doch als Koordinaten *verschiedener Punkte in ein und demselben Achsensystem* deuten. Praktisch kommt das auf dasselbe hinaus. Die zweite Auffassung ist die modernere; vor allem ist sie bedeutender

Verallgemeinerung fähig (man kann Punkte in gerade Linien transformieren [vgl. 46] usw.), was bei der älteren Auffassung nicht der Fall ist.

Trotzdem muß ein berechtigter Kern der älteren Auffassung zugegeben werden. Sieht. man die geometrischen Gebilde mit ihren Eigenschaften und gegenseitigen Beziehungen als gegeben an, und bemüht sich nur, solche Eigenschaften *nachträglich* in analytisches Gewand zu kleiden, so hat man selbstverständlich zu zeigen, daß diese Eigenschaften und gegenseitigen Beziehungen unabhängig von der Wahl des den Figuren a posteriori als fremdartiges Element hinzugefügten Koordinatensystems sind. Man bleibt dann im wesentlichen im Gedankenkreise der Elementargeometrie.

Wir sind aber ganz anders vorgegangen. Für uns war der Punkt ein Zahlenpaar, eine gerade Linie eine Menge von ∞^1 Zahlenpaaren, und das Abstandsquadrat ein analytischer aus zwei Zahlenpaaren gebildeter Ausdruck. Aus diesen drei Begriffen heraus haben wir alles Bisherige rein analytisch entwickelt. Für uns gibt es also streng genommen gar kein Koordinatensystem. Eigenschaften, die der vorhergenannte beschreibende synthetico-analytische Geometer als unmittelbar gegeben ansieht, *definieren wir, indem wir ihre Invarianz gegenüber gewissen Transformationsscharen fordern.* Nicht jeder aus Koordinaten von Punkten gebildete Zahlausdruck stellt eine „Eigenschaft" dar, sondern nur solche, die durch die genannten Transformationen unzerstörbar sind. Für die Elementargeometrie kommen wir dabei im wesentlichen auf dasselbe hinaus, wie der Syntheticoanalytiker. Aber unser Programm reicht weiter, wie die nächsten Kapitel zeigen werden.

Um nun dem Leser, der mit der älteren Methode der Koordinatentransformation vertraut ist, das Eindringen in den jetzigen Transformationsbegriff zu erleichtern, haben wir die von jeder Beziehung auf ein Koordinatensystem freie Elementarviereckskonstruktion an den Anfang gestellt, die wenigstens für alle Bewegungen und Umlegungen in einfachster Weise über das Dilemma wegzuhelfen geeignet ist. Vgl. auch **16**, Zuss. 16—19.

3. Die Umwendung um den Punkt (a, b) heißt $(x' - a) = -(x - a)$, $(y' - b) = -(y - b)$. Sie soll so geschrieben werden, daß der involutorische Charakter zutage tritt. Parameter! Zusammenhang mit dem Elementarvierseit!

4. Die (nicht identische) Schiebung $\xi' = \xi + r_1$, $\eta' = \eta + r_2$ läßt sich auf ∞^2 Arten in zwei Umwendungen zerlegen. Zugehörige Umwendungsmittelpunkte entnimmt man für veränderliche s und t aus den beiden Systemen

$$\left(\frac{t-1}{4} r_1 + s r_2, \quad \frac{t-1}{4} r_2 - s r_1 \right),$$

$$\left(\frac{t+1}{4} r_1 + s r_2, \quad \frac{t+1}{4} r_2 - s r_1 \right).$$

Die Verbindungsgeraden zusammengehöriger Umwendungsmittelpunkte erfüllen ein Parallelenbüschel; das Abstandsquadrat für zwei zusammengehörige Mittelpunkte ist konstant. Parameter! Zeichnung für den Fall reeller Euklidischer Schiebungen!

5. Jede Umlegung von der Achse $ax + by + c = 0$ **(14)** läßt sich so schreiben

$$\begin{cases} (a^2 + b^2)\, \xi' = (a^2 + b^2)\, \xi - 2\, a\, (a\xi + b\eta + c) + bt, \\ (a^2 + b^2)\, \eta' = (a^2 + b^2)\, \eta - 2\, b\, (a\xi + b\eta + c) - at. \end{cases}$$

Betrachtet man nur Punkte der Achse, so reduziert sich die Umlegung auf eine Bewegung. Was ist das für eine Bewegung? Welche Zerlegung der Umlegungen wird durch diese Formel nahegelegt?

6. Wann sind zwei Spiegelungen vertauschbar, und was gilt von der resultierenden Bewegung? (Zwei Fälle!)

7. Eine nicht involutorische Umlegung soll auf alle möglichen Arten in drei Spiegelungen zerlegt werden. Man nimmt zwei Paare zugeordneter Punkte P, P' und Q, Q', so daß P' nicht mit Q zusammenfällt. Man spiegelt dann zuerst am Mittellot von PP', dann an der Verbindungsgeraden $P'Q$, endlich am Mittellot von QQ'. Zeichnung! Ausartung der Figur. Außer diesen Zerlegungen gibt es noch die im Text (S. 51) aufgeführten.

8. Die isotrope Schiebung $\xi' = \xi + r$, $\eta' = \eta - ri$ soll auf die allgemeinste Weise in Spiegelungen zerlegt werden. Vgl. **14**, S. 50.

9. Eine *gegensinnige* Dehnung **13**, (31b) soll mit einer gleichsinnigen Dehnung **13**, (31a) zusammengesetzt werden. Bilde die Parameter der resultierenden gegensinnigen Dehnung nach dem Vorbild von **13**, Zuss. 7, 8. (Zwei Formelsysteme!)

10. Der Ausdruck $N(\alpha) = \alpha_0^2 + \alpha_3^2$ in **14**, Zus. 24 heiße die *Norm* der Euklidischen Quaternion $\dot\alpha$. Nur Euklidischen Quaternionen *von nicht verschwindender Norm* können Bewegungen zugeordnet werden. Grund!

11. Aus $\dot\alpha\dot\beta = \dot\gamma$ folgt $\dot\alpha = \dot\gamma\,\bar{\dot\beta} : N(\beta)$ und $\dot\beta = \bar{\dot\alpha}\dot\gamma : N(\alpha)$. Man kann also aus einem Produkt einen Faktor nur dann ausrechnen, wenn die Norm des andern nicht verschwindet. Damit hat man *zwei* Gegenstücke zur Division, je nach der Stellung des zu beseitigenden Faktors. Man schreibt $\dot\alpha = \dot\gamma\,\dot\beta^{-1}$, $\dot\beta = \dot\alpha^{-1}\dot\gamma$.

12. Die Norm des Produktes zweier Euklidischen Quaternionen ist gleich dem Produkt der Normen der einzelnen Faktoren.

13. Die Euklidische Quaternion $\dot\alpha$ heißt Null, wenn $\alpha_0 = \alpha_1 = \alpha_2 = \alpha_3 = 0$. Berechne das Produkt $(2\,e_1 + e_2)(5\,e_1 - e_2)$.

14. Ein Produkt zweier Euklidischen Quaternionen kann Null werden, ohne daß einer der Faktoren Null wird; es muß aber einer der Faktoren verschwindende Norm haben; dieser heißt dann ein *Teiler der Null*.

15. Um die zum Produkt zweier Euklidischen Quaternionen konjugierte Quaternion zu finden, multipliziert man die Konjugierten der einzelnen Faktoren *in entgegengesetzter Reihenfolge*.

16. Die Zusammensetzung zweier Bewegungen kann so erfolgen. Es sei (vgl. **14**, (43)) $N(\alpha)\dot x' = \bar{\dot\alpha}\dot x\dot\alpha$, $N(\beta)\dot x'' = \bar{\dot\beta}\dot x'\dot\beta$, $N(\alpha)N(\beta)\dot x'' = \bar{\dot\beta}\bar{\dot\alpha}\dot x\dot\alpha\dot\beta = \bar{\dot\gamma}\dot x\dot\gamma$, wo $\dot\gamma = \dot\alpha\dot\beta$ gesetzt ist (vgl. Zus. 15). Nach Zus. 12 wird dann $N(\gamma)\dot x'' = \bar{\dot\gamma}\dot x\dot\gamma$.

17. Zeige: $(e_2 + e_3)(e_2 - e_3) \neq e_2^2 - e_3^2$.

18. Ebenso ist $(e_2 + e_3)^2 = (e_2 + e_3)(e_2 + e_3) \neq e_2^2 + e_3^2 + 2\,e_2 e_3$.

19. Versuche die Gleichungen zu lösen $e_0 \cdot \dot x = e_1$, $e_1 \cdot \dot x = e_0$.

20. Die Formeln
$$x' = x\cos\varphi - y\sin\varphi \qquad y' = x\sin\varphi + y\cos\varphi$$
ergeben eine *Drehung des Koordinatensystems* im Sinne der konkreten Koordinatengeometrie (18) durch den Winkel $(-\varphi)$, wenn (x', y') als die Koordinaten des Punktes (x, y) in bezug auf ein neues Achsenkreuz aufgefaßt werden. Die alten Koordinatenachsen müssen also durch den Winkel φ um den Anfangspunkt *zurück*gedreht werden, um in die neuen Achsen überzugehen. Beschreibe die allgemeinste „Koordinatentransformation" (sie soll eine Bewegung sein).

21. Das Quadrat e^2 der Entfernung der beiden Punkte $(x_1, \ldots, x_n)$ und $(y_1, \ldots, y_n)$ des R_n wird durch den Ausdruck erklärt
$$(y_1 - x_1)^2 + (y_2 - x_2)^2 + \ldots + (y_n - x_n)^2 = e^2.$$

Der Ort aller Punkte x, die von einem Punkte a die Entfernung Null haben

$$(x_1 - a_1)^2 + (x_2 - a_2)^2 + \ldots + (x_n - a_n)^2 = 0,$$

heißt für $n = 3$ *Minimalkegel* mit dem Scheitel a.

16. Transformationsgruppen. In 12 haben wir zwei Spiegelungen zusammengesetzt und dadurch die Formeln (25) erhalten. Die resultierende Transformation war keine Spiegelung mehr. Daher sagt man: *Die Spiegelungen bilden keine Gruppe.*

Die Zusammensetzung zweier Schiebungen ergibt nach 14, (35 a) wieder eine Schiebung (oder die identische Transformation, die als besondere Schiebung aufgefaßt werden kann; 12, S. 38). Denn aus $\alpha_3 = 0$, $\alpha_3' = 0$ folgt $\alpha_3'' = 0$.

Wollen wir die Parameter vermeiden, so sei

$$\xi' = \xi + a_1, \quad \eta' = \eta + b_1; \qquad \xi'' = \xi' + a_2, \quad \eta'' = \eta' + b_2.$$

Dann wird

$$\xi'' = \xi + a_1 + a_2 = \xi + a_3, \qquad \eta'' = \eta + b_1 + b_2 = \eta + b_3.$$

Die Tatsache, daß zwei Schiebungen zusammengesetzt immer wieder eine Schiebung ergeben, drückt man so aus: *Die Schar der ∞^2 Schiebungen bildet eine Gruppe.*

Daß die Schar der ∞^4 gleichsinnigen Dehnungen eine Gruppe bildet, folgt aus den Formeln in 13, Zus. 7. Ohne Parameter sei

$$\begin{cases} \xi' = p\xi - q\eta + r_1, \\ \eta' = q\xi + p\eta + r_2, \end{cases} \qquad (p^2 + q^2 \neq 0).$$

$$\begin{cases} \xi'' = p'\xi' - q'\eta' + r_1', \\ \eta'' = q'\xi' + p'\eta' + r_2'. \end{cases} \qquad (p'^2 + q'^2 \neq 0).$$

Durch Elimination der Zwischenwerte ξ', η' folgt

$$(46) \qquad \begin{cases} \xi'' = p''\xi - q''\eta + r_1'', \\ \eta'' = q''\xi + p''\eta + r_2'', \end{cases}$$

wo zur Abkürzung gesetzt ist:

$$(47) \qquad p'' = p'p - q'q, \qquad q'' = p'q + q'p,$$
$$r_1'' = p'r_1 - q'r_2 + r_1', \qquad r_2'' = q'r_1 + p'r_2 + r_2'.$$

Hier ist ferner

$$p''^2 + q''^2 = (p'^2 + q'^2)(p^2 + q^2) \neq 0.$$

Zwei gleichsinnige Dehnungen ergeben zusammengesetzt wieder eine gleichsinnige Dehnung. Daher bilden die gleichsinnigen Dehnungen eine Gruppe. Da diese Gruppe aus ∞^4 Transformationen besteht, heißt sie *viergliedrig*. Die Gruppe der Schiebungen ist danach *zweigliedrig*.

Daß die Bewegungen eine (dreigliedrige) Gruppe bilden, folgt u. a. aus 15, Zus. 16. Man kann es auch aus (47) durch Spezialisierung ableiten:

$$p = \cos\varphi, \quad q = \sin\varphi, \quad p' = \cos\varphi', \quad q' = \sin\varphi'.$$

Dann wird:

$$p'' = \cos(\varphi + \varphi') = \cos\varphi'', \qquad q'' = \sin(\varphi + \varphi') = \sin\varphi'',$$

$$r_1'' = \cos\varphi' \cdot r_1 - \sin\varphi' \cdot r_2 + r_1', \qquad r_2'' = \sin\varphi' \cdot r_1 + \cos\varphi' \cdot r_2 + r_2'.$$

Die Bewegungen gehören zu den gleichsinnigen Dehnungen, die ebenfalls eine Gruppe bilden. Daher heißt die Gruppe der Bewegungen eine *Untergruppe* der Gruppe der gleichsinnigen Dehnungen. Ebenso ist die Gruppe der Schiebungen eine Untergruppe der Gruppe der Bewegungen, und auch eine Untergruppe der Gruppe der gleichsinnigen Dehnungen.

Die ∞^3 Drehungen bilden keine Gruppe. Denn nach 15, Zus. 4 ergeben zwei Umwendungen, die doch Drehungen sind, *nicht wieder eine Drehung*, sondern eine Schiebung. Die *Schar* der ∞^3 Drehungen besitzt die Gruppeneigenschaft nicht.

Zwei gegensinnige Dehnungen ergeben zusammengesetzt eine *gleichsinnige* Dehnung. Die gegensinnigen Dehnungen bilden also keine Gruppe. Ebenso können daher die Umlegungen keine Gruppe bilden.

Diejenigen Drehungen, die den Drehungsmittelpunkt gemeinsam haben, bilden eine eingliedrige Gruppe. Nach 14, (37) setzen wir

$$\alpha_0 = -\cot\frac{\varphi}{2}, \quad \alpha_0' = -\cot\frac{\varphi'}{2}, \quad \alpha_1 = \alpha_1' = a, \quad \alpha_2 = \alpha_2' = b, \quad \alpha_3 = \alpha_3' = 1$$

und gewinnen aus 14 (35a)

$$\alpha_0'' : \alpha_1'' : \alpha_2'' : \alpha_3'' = \cot\frac{\varphi}{2}\cot\frac{\varphi'}{2} - 1 : -\left(\cot\frac{\varphi}{2} + \cot\frac{\varphi'}{2}\right)a$$

$$: -\left(\cot\frac{\varphi}{2} + \cot\frac{\varphi'}{2}\right)b : -\left(\cot\frac{\varphi}{2} + \cot\frac{\varphi'}{2}\right)$$

$$= -\cot\frac{\varphi + \varphi'}{2} : a : b : 1 = -\cot\frac{\varphi''}{2} : a : b : 1,$$

wo $\varphi'' = \varphi + \varphi'$ gesetzt ist.

Statt dieser analytischen Beweise benutzt man zum Nachweis der Gruppeneigenschaft auch wohl „begriffliche" Überlegungen, bei denen aber Vorsicht geboten ist, vgl. Zus. 2. Die gleichsinnigen Dehnungen müssen eine Gruppe bilden, weil sie die allgemeinsten analytischen Transformationen sind, die gerade Linien in ebensolche und linksparallele Punkte in linksparallele Punkte überführen. Die Drehungen vom selben Mittelpunkt bilden eine Gruppe, weil sie denselben Ruhepunkt haben. So müssen auch eine Gruppe bilden alle Streckungen vom selben Mittelpunkt aus. Die Bewegungen bilden eine Gruppe, weil sie sämtlich das Abstandsquadrat zweier Punkte invariant lassen und gleichsinnige Dehnungen sind.

Von hier aus kommt man zu einer Erweiterung des Gruppenbegriffs. Auch die Umlegungen lassen das Abstandsquadrat ungeändert. Sie bilden zwar keine Gruppe für sich, wohl aber mit den Bewegungen zusammen. Denn setzt man beliebig viele Bewegungen *oder* Umlegungen zusammen, so erhält man wieder eine Bewegung *oder* Umlegung. Eine solche Gruppe heißt *gemischt,* weil ihre Transformationen sich nicht durch eine einheitliche analytische Formel darstellen lassen.

So bildet auch die Gesamtheit *aller* Dehnungen eine gemischte Gruppe, denn man braucht zu ihrer Darstellung ja zwei Formelsysteme, ebenso wie für die gemischte Gruppe der Bewegungen und Umlegungen. Gruppen, die nicht gemischt sind, nennt man *kontinuierlich.* Die Gruppe der Bewegungen ist eine kontinuierliche Untergruppe der gemischten Gruppe der Bewegungen und Umlegungen.

Die Gruppe der *reellen* Dehnungen bildet eine gemischte Untergruppe der gemischten Gruppe *aller* Dehnungen und enthält die kontinuierlichen Untergruppen der reellen gleichsinnigen Dehnungen, der reellen Bewegungen, der reellen Schiebungen.

Auch eine kontinuierliche Gruppe kann gemischte Untergruppen haben. So gibt es in der kontinuierlichen Gruppe der Bewegungen die gemischte Gruppe der Schiebungen und Umwendungen; vgl. 14, Zus. 18. Man braucht eben zwei getrennte Systeme von Transformationsformeln; keine Schiebung fällt mit einer Umwendung zusammen.

Es kann auch eine kontinuierliche Gruppe aus getrennten Transformationsscharen bestehen. So die Gruppe der *reellen* Streckungen von einem Punkte aus. In 14, (38) wird die eine Schar von allen Transformationen gebildet, für die $m > 0$; die andere erhält man für $m < 0$. Beide sind durch den Fall $m = 0$ getrennt, dem keine Streckung entspricht. Die Gruppe wird aber nicht gemischt genannt, weil sie durch eine einzige Formel geliefert wird; ihre Erweiterung ins komplexe Gebiet hinein, d. i. die Gruppe der komplexen Streckungen, ist kontinuierlich (vgl. 7, S. 19. 20).

In 15 hatten wir eine Forschungsmethode der Geometrie auseinandergesetzt; sie bestand in einem Klassifizierungsgeschäft, dem eine Schar von Transformationen zugrunde zu legen ist. Diese Bemerkung haben wir nunmehr dahin einzuschränken, daß die *zugrunde gelegten Transformationen eine Gruppe bilden müssen.* In dem Sinne gehört zu jeder Gruppe eine geometrische Einzeldisziplin. Unter dem Namen Elementargeometrie begreift man dann, wie bereits S. 61 angedeutet wurde, nicht weniger als acht verschiedene Zweige der Geometrie; die zugrunde gelegten Gruppen sind folgende:

1. Gemischte Gruppe aller Dehnungen. 2. Kontinuierliche Gruppe der gleichsinnigen Dehnungen. 3. Gemischte Gruppe der Bewegungen

und Umlegungen. 4. Kontinuierliche Gruppe der Bewegungen. 5.—8. Die Untergruppen der unter 1—4 aufgezählten Gruppen, die nur aus *reellen* Transformationen bestehen.

Wir wollen noch an einem Beispiel das gegenseitige Verhalten zweier Zweige der Geometrie zeigen, die zu einer gemischten Gruppe und zu ihrer größten kontinuierlichen Untergruppe[1]) gehören. Dazu klassifizieren wir die Punkt*epaare* gegenüber den Transformationen der beiden Gruppen komplexer Dehnungen.

Die Dehnungen (44a), (44b) führen den Punkt (x_0, y_0) in (x_0', y_0') über. Da sich das noch durch ∞^2 Dehnungen bewerkstelligen läßt, so hat es Sinn, zu fordern, daß gleichzeitig noch (x_1, y_1) in (x_1', y_1') übergehen soll. Das gibt für die Koeffizienten p, q jedesmal ein nach 3, 3 zu diskutierendes Gleichungssystem

$$\begin{cases} (x_1 - x_0)\,p - (y_1 - y_0)\,q - (x_1' - x_0') = 0, \\ (y_1 - y_0)\,p + (x_1 - x_0)\,q - (y_1' - y_0') = 0. \end{cases}$$

$$\begin{cases} (x_1 - x_0)\,p + (y_1 - y_0)\,q - (x_1' - x_0') = 0, \\ -(y_1 - y_0)\,p + (x_1 - x_0)\,q - (y_1' - y_0') = 0. \end{cases}$$

1. $(x_0 - x_1)^2 + (y_0 - y_1)^2 \neq 0$. Damit die *Transformations*determinante $(\pm (p^2 + q^2))$ nicht verschwinde, muß dann noch sein

$$(x_0' - x_1')^2 + (y_0' - y_1')^2 \neq 0.$$

Es gibt stets eine einzige gleichsinnige und stets eine einzige gegensinnige Dehnung, die zwei getrennte nichtparallele Punkte der Reihe nach in zwei vorgeschriebene getrennte nichtparallele Punkte überführt.

2. Die Punkte (x_0, y_0) und (x_1, y_1) sind parallel, die Punkte (x_0', y_0') und (x_1', y_1') nicht,

oder wenigstens

nicht im selben Sinne parallel,   nicht im entgegengesetzten Sinne parallel.

Dann gibt es keine Dehnung der verlangten Art.

3a. Die Punkte (x_0, y_0) und (x_1, y_1) sind linksparallel, die Punkte (x_0', y_0') und (x_1', y_1')

<table>
<tr><td>linksparallel.</td><td>rechtsparallel.</td></tr>
<tr><td>∞^1 Dehnungen.</td><td>∞^1 Dehnungen.</td></tr>
<tr><td>Es gibt ∞^1 gleichsinnige Dehnungen, die ein Paar linksparalleler Punkte in ein vorgeschriebenes Paar linksparalleler Punkte überführen.</td><td>Es gibt ∞^1 gegensinnige Dehnungen, die ein Paar linksparalleler Punkte in ein vorgeschriebenes Paar rechtsparalleler Punkte überführen.</td></tr>
</table>

---

[1]) Die größte kontinuierliche Untergruppe beispielsweise der gemischten Gruppe der Bewegungen und Umlegungen ist die Gruppe der Bewegungen.

3b. In 3a sind überall die Worte rechts und links zu vertauschen.

4. Die Punkte (x_0, y_0) und (x_1, y_1) fallen zusammen, die beiden andern Punkte nicht. Keine Dehnung.

5. Die Punkte (x_0, y_0) und (x_1, y_1) fallen zusammen, ebenso (x_0', y_0') und (x_1', y_1'). ∞^2 Dehnungen. (15, 1.)

Wir sprechen noch einen Teil des Falles 2 aus:

Es gibt keine gleichsinnige Dehnung, die ein Paar linksparalleler Punkte in ein Paar rechtsparalleler Punkte überführt.	*Es gibt keine gegensinnige Dehnung, die ein Paar linksparalleler Punkte in ein Paar linksparalleler Punkte überführt.*

Daher bilden die Paare linksparalleler Punkte eine Klasse, ebenso die Paare rechtsparalleler Punkte eine Klasse gegenüber gleichsinnigen Dehnungen, *dagegen keine Klasse in der Geometrie der gemischten Gruppe der gleichsinnigen und ungleichsinnigen Dehnungen.* Dort ist es vielmehr möglich, ein Paar linksparalleler Punkte in ein Paar rechtsparalleler Punkte zu verwandeln. Man muß dann zu den Paaren linksparalleler Punkte hinzunehmen die Paare rechtsparalleler Punkte, und dann erst erhält man eine Klasse: Paare paralleler Punkte. Der Gegensatz rechts — links ist der Geometrie der gemischten Gruppe fremd; er tritt erst auf, wenn wir uns auf die *Geometrie der kontinuierlichen Gruppe der gleichsinnigen Dehnungen* beschränken. Es treten also in der Geometrie der Untergruppe mehr Eigenschaften auf, als in der Geometrie der weiteren Gruppe. Vgl. hierzu 21, S. 95.

Wir stellen die Ergebnisse des Klassifikationsgeschäfts zusammen:

Geometrie aller Dehnungen.

Punktepaar. (x_1, y_1), (x_2, y_2).

1. $(x_1 - x_2)^2 + (y_1 - y_2)^2 \neq 0$. Paar nichtparalleler Punkte. ∞^4. Eine Klasse. $(0, 0)$, $(1, 1)$.

2. $(x_1 - x_2)^2 + (y_1 - y_2)^2 = 0$, $x_1 \neq x_2$. Paar paralleler Punkte. ∞^3. Eine Klasse. $(0, 0)$, $(1, i)$.

3. $x_1 = x_2$, $y_1 = y_2$. Paar zusammenfallender Punkte. ∞^2. Eine Klasse. $(0, 0)$, $(0, 0)$.

Geometrie der gleichsinnigen Dehnungen.

Hier spaltet sich in der voraufgehenden Tafel der zweite Fall in:

2a. $i(x_2 - x_1) + (y_2 - y_1) = 0$, $x_1 \neq x_2$. Paar linksparalleler Punkte. ∞^3. Eine Klasse. $(0, 0)$, $(i, 1)$.

2b. $x_2 - x_1 + i(y_2 - y_1) = 0$, $x_1 \neq x_2$. Paar rechtsparalleler Punkte. ∞^3. Eine Klasse. $(0, 0)$, $(1, i)$.

---

1. Können Figuren zugleich gleichsinnig und gegensinnig kongruent sein? Beispiele für Figuren, die nur gleichsinnig kongruent sein können! Man betrachte die bekannten Figuren ähnlicher Dreiecke (z. B. Potenz eines Punktes in bezug auf einen Kreis, Teilung des rechtwinkligen Dreiecks durch die Höhe, zwei Höhen im schiefwinkligen Dreieck usw.) darauf hin, ob die Ähnlichkeit gleichsinnig oder gegensinnig ist.

2. Die Dehnung D verwandle den Punkt (x_0, y_0) in (x_1, y_1), die Dehnung D' habe dieselbe Eigenschaft. „Begrifflich" könnte man nun schließen, daß alle Dehnungen, die den vorgegebenen Punkt (x_0, y_0) in den vorgegebenen Punkt (x_1, y_1) überführen, eine Gruppe bilden. Zeige durch Ausführung der Rechnungen (vgl. 15, (44 a b)), daß das nicht der Fall ist, wenn die beiden Punkte getrennt sind.

3. Das Punkt*epaar* $(0, 0)$, $(1, 1)$ soll durch eine Dehnung in das *Paar* $(i, 2)$, $(7, 9)$ übergeführt werden. Es sollen *die beiden* gleichsinnigen und *die beiden* ungleichsinnigen Dehnungen aufgestellt werden, die das leisten.

4. Die Gruppe aller Dehnungen, die ein Paar getrennter nichtparalleler Punkte in Ruhe lassen, besteht aus vier Dehnungen, die sämtlich der Untergruppe der Bewegungen und Umlegungen angehören (Identität, Umwendung, zwei Spiegelungen). Bedeutung des Umwendungszentrums und der Spiegelungsachsen! Sonderfall paralleler Punkte! Vgl. 14, Zus. 1, 3 a b. Solche Gruppen, die nur aus einer endlichen Zahl von Transformationen bestehen, heißen *diskontinuierlich*.

5. Die Drehungen vom Drehungswinkel $\dfrac{2\pi}{n}$ ergeben, wenn man sie immer wieder zusammensetzt, eine diskontinuierliche Gruppe von n Bewegungen. Fälle $n = 4$, $n = 6$.

6. Bildet die Schar $x' = x + 1$, $y' = y a$ eine Gruppe?

7. Zeige, daß *alle* perspektiven Dehnungen, d. i. nicht nur solche vom selben Ruhepunkt, eine Gruppe bilden. Wievielgliedrig ist diese?

8. Die Affinitäten (13, (27)) bilden eine sechsgliedrige kontinuierliche Gruppe. Zusammensetzungsformeln!

9. *Gruppen des Punktes.* Ein Punkt bleibt in Ruhe bei ∞^4 Affinitäten, die eine kontinuierliche Gruppe bilden, die Gruppe der *automorphen* Affinitäten des Punktes. Transformationsformeln!

Ferner bleibt er in Ruhe bei ∞^2 gleichsinnigen und ∞^2 gegensinnigen Dehnungen. Diese bilden also eine gemischte Gruppe. Die Formeln für die gleichsinnigen Dehnungen sind bereits dagewesen (14, Zus. 5); die für gegensinnige Dehnungen stelle der Leser auf.

Die gleichsinnigen Dehnungen gehören entweder dem Haupttyp (Nr. 1 in 14, Zus. 1) an, oder es liegen die 2. ∞^1 Dehnungen vor, die die beiden Isotropen durch den Punkt punktweise in Ruhe lassen (Nr. 3 a, 3 b).

Die gegensinnigen Dehnungen enthalten an Umlegungen nur die Spiegelungen an allen Geraden durch den Punkt.

Die Gruppe der Bewegungen und Umlegungen, die den Punkt in Ruhe lassen, ist gemischt und eingliedrig. Sie besteht aus den Drehungen um den Punkt und den Spiegelungen an den geraden Linien durch ihn. Transformationsformeln!

10. *Gruppe der anisotropen Geraden.* Damit die Euklidische Gerade $ax + by + c = 0$ bei der gleichsinnigen Dehnung 13, (29 a) in Ruhe bleibt, muß $ax' + by' + c$ zugleich mit $ax + by + c$ verschwinden. Es muß also sein

$$ax' + by' + c = (ap + bq)x + (pb - aq)y + ar_1 + br_2 + c$$
$$= \varrho(ax + by + c), \qquad \varrho \neq 0.$$

Das liefert für p, q, r_1, r_2, ϱ drei Bedingungsgleichungen, aus denen man zunächst $q = 0$, $p = \varrho$ findet. Dann wird $a r_1 + b r_2 = (p - 1) c$. Um diese Gleichung *allgemein* lösen zu können, setzen wir $-b r_1 + a r_2 = t$ *) und erhalten dann

$$(a^2 + b^2) r_1 = (p - 1) a c - t b, \quad (a^2 + b^2) r_2 = (p - 1) c b + t a.$$

Die Gruppe der gleichsinnigen Dehnungen, die die Gerade $a x + b y + c = 0$ in Ruhe lassen (der *„automorphen“* gleichsinnigen Dehnungen der Geraden), heißt daher

$$\begin{cases} (a^2 + b^2) \xi' = (a^2 + b^2) p \xi + (p - 1) a c - t b, \\ (a^2 + b^2) \eta' = (a^2 + b^2) p \eta + (p - 1) b c + t a. \end{cases} \qquad (p \neq 0).$$

Soweit diese Dehnungen dem Haupttyp angehören $(p - 1 \neq 0)$, sind sie Streckungen von den Punkten der Geraden aus. Die übrigen ∞^1 automorphen Dehnungen sind Schiebungen. Die Zusammensetzungsformeln heißen [vgl. 16, (47)]:

$$p'' = p p', \quad t'' = t p' + t'.$$

Die gegensinnigen automorphen Dehnungen der Geraden lauten:

$$\begin{cases} (a^2 + b^2) \xi' = k (a^2 - b^2) \xi + 2 a b k \eta + (k - 1) c a - t b, \\ (a^2 + b^2) \eta' = 2 a b k \xi - k (a^2 - b^2) \eta + (k - 1) c b + t a. \end{cases} \qquad (k \neq 0).$$

Außer den Umlegungen von der Achse $a x + b y + c = 0$ sind unter ihnen die Spiegelungen an den Geraden senkrecht zur Achse enthalten.

Die Gruppe der automorphen Dehnungen einer Euklidischen Geraden ist demnach *zweigliedrig* und *gemischt*. Im Gegensatz dazu findet man:

11. *Die Gruppe einer Isotropen* ist dreigliedrig und kontinuierlich. Der Leser stelle die Formeln für die Transformation und die Zusammensetzung auf für Linksisotrope und Rechtsisotrope. — Warum ist bei anisotropen und isotropen Geraden nicht nach automorphen *Affinitäten* gefragt? Die Gruppe der automorphen Affinitäten einer Geraden ist viergliedrig und kontinuierlich.

12. *Bahnkurven.* Bei den ∞^1 Transformationen einer eingliedrigen kontinuierlichen Gruppe geht ein Punkt, wenn er nicht gemeinsamer Ruhepunkt aller Transformationen der Gruppe ist, in ∞^1 Lagen über. Diese erfüllen die *Bahnkurve* des Punktes. Für diese Bahnkurve gewinnt man eine Parameterdarstellung sofort aus den Transformationsformeln. Z. B. bei der Gruppe der Drehungen um den Punkt (a, b)

$$\begin{cases} \xi' - a = (\xi - a) \cos \varphi - (\eta - b) \sin \varphi, \\ \eta' - b = (\xi - a) \sin \varphi + (\eta - b) \cos \varphi, \end{cases}$$

indem man links die Akzente fortläßt, rechts (ξ, η) durch (ξ_0, η_0) ersetzt und φ als Parameter behandelt. So hat man die Bahnkurve des Punktes (ξ_0, η_0). Ist (ξ_0, η_0) von (a, b) getrennt, so können noch drei Arten von Bahnkurven eintreten, die Kreise um den Drehungsmittelpunkt und die beiden Isotropen durch ihn.

Die Gleichung der Bahnkurve erhält man durch Elimination des Parameters. Wählt man dann noch (ξ_0, η_0) veränderlich, so erhält man ∞^1 Bahnkurven.

13. Die Schar der ∞^1 Schiebungen $\xi' = \xi + t$, $\eta' = \eta + 3 t$ bildet eine eingliedrige Gruppe (Nachweis!). Bahnkurve des Nullpunktes!

14. Die Streckungen vom Punkte (a, b) aus sollen ebenso behandelt werden. *Hier liefert die Gleichung einer Bahnkurve und ihre Parameter-*

---

*) Besser wird hier und in den Formeln für die gegensinnigen Dehnungen, ebenso 15, Zus. 5 t durch $t \sqrt{a^2 + b^2}$ ersetzt. Vgl. 23.

darstellung nicht völlig dasselbe, d. i. nicht alle Punkte der Bahnkurve, wenn diese durch ihre *Gleichung* erklärt wird, können wirklich bei der Transformation erreicht werden. Schon bei den Drehungen in Zus. 12 kommt derselbe Umstand vor. Der Leser mache sich das sorgfältig klar!

15. Bahnkurven bei den eingliedrigen Gruppen in **14**, Zus. 7, 8.

16. Ort der Mittelpunkte aller Drehungen, die P in P' verwandeln (P soll nicht zu P' parallel sein).

17. Bei einer Drehung gehe P in P' und Q in Q' über. Die Figur der vier Punkte soll beschrieben werden. (Die reellen Punkte P und Q sollen getrennt sein). Der Drehungsmittelpunkt soll gezeichnet werden (Zus. 16). Wann ist die Bewegung $P \rightarrow P'$, $Q \rightarrow Q'$ eine Schiebung? Wann eine Umwendung? vgl. **14**, Zus. 19. Wann kann die Transformation $P \rightarrow P'$, $Q \rightarrow Q'$ keine Bewegung sein? (Vorsicht!) Synthetische Behandlung! Zeichnungen!

18. Welche Bedingungen sind erforderlich, damit die Transformation $P \rightarrow P'$, $Q \rightarrow Q'$ eine Umlegung sein kann? Wann ist sie dann insbesondere eine Spiegelung? Die Umlegungsachse soll gezeichnet werden (**14**, Zus. 20).

19. Bei diesen Transformationen soll zu einem dritten beliebig vorgegebenen Punkt R der transformierte Punkt R' gezeichnet werden. Die Umlegung ersetzt man dabei bequem durch eine Schiebung und die Spiegelung an der Umlegungsachse. Vgl. **14**, S. 50, 51.

Diese Übungen sind vor allem solchen Lesern zu empfehlen, die bei Betrachtung der Bewegungsformeln sich noch nicht ganz vom Gedanken an eine Transformation des Koordinatensystems frei machen können. Vgl. **15**, Zus. 2.

20. Zeige, daß im R_3 die folgenden Transformationen eine Gruppe bilden:

$$(\alpha_0^2+\alpha_1^2+\alpha_2^2+\alpha_3^2)x' = (\alpha_0^2+\alpha_1^2-\alpha_2^2-\alpha_3^2)x + 2(\alpha_1\alpha_2+\alpha_0\alpha_3)y + 2(\alpha_1\alpha_3-\alpha_0\alpha_2)z$$
$$(\alpha_0^2+\alpha_1^2+\alpha_2^2+\alpha_3^2)y' = 2(\alpha_1\alpha_2-\alpha_0\alpha_3)x + (\alpha_0^2-\alpha_1^2+\alpha_2^2-\alpha_3^2)y + 2(\alpha_2\alpha_3+\alpha_0\alpha_1)z$$
$$(\alpha_0^2+\alpha_1^2+\alpha_2^2+\alpha_3^2)z' = 2(\alpha_1\alpha_3+\alpha_0\alpha_2)x + 2(\alpha_2\alpha_3-\alpha_0\alpha_1)y + (\alpha_0^2-\alpha_1^2-\alpha_2^2+\alpha_3^2)z.$$

Hierbei ist $x = x_1$, $y = x_2$, $z = x_3$ gesetzt.

Diese Formeln liefern die „Drehungen" um den Punkt $(0, 0, 0)$.

17. Reelle Deutung imaginärer Punkte.

Der Zusammenhang zwischen den vier Ecken eines Elementarvierseits allgemeiner Art wird durch die Formeln **11**, (19) vermittelt. Wir verlangen jetzt, daß zwei gegenüberliegende Ecken konjugiert komplex sein sollen: $(\xi_1, \eta_1) = (\xi, \eta)$, $(\xi_2, \eta_2) = (\bar{\xi}, \bar{\eta})$. Dann werden die beiden andern Ecken *reell*, für sie erhält man

$$(48) \qquad \begin{aligned} 2x_l &= (\bar{\xi} + \xi) + i(\bar{\eta} - \eta) & 2x_r &= (\bar{\xi} + \xi) - i(\bar{\eta} - \eta) \\ 2y_l &= (\bar{\eta} + \eta) - i(\bar{\xi} - \xi), & 2y_r &= (\bar{\eta} + \eta) + i(\bar{\xi} - \xi). \end{aligned}$$

Es ist jetzt (x_l, y_l) der zu (ξ, η) *linksparallele reelle* Punkt, und (x_r, y_r) der zu (ξ, η) *rechtsparallele reelle* Punkt. Beide bestimmen umgekehrt wieder eindeutig den Punkt (ξ, η):

$$(49) \qquad 2\xi = (x_r + x_l) + i(y_r - y_l), \qquad 2\eta = (y_r + y_l) - i(x_r - x_l).$$

Dabei ist aber ihre Reihenfolge wesentlich. Ändert man diese ab, vertauscht also die Indizes l und r, so liefert das System (49) den konjugiert komplexen Punkt $(\bar{\xi}, \bar{\eta})$.

Es ist also möglich, zu erklären („*Abbildung I*“):

Erklärung. *Als reelles Bild des komplexen Punktes (ξ, η) bezeichnen wir den Pfeil, dessen reeller Anfangspunkt zu (ξ, η) linksparallel und dessen reeller Endpunkt zu (ξ, η) rechtsparallel ist.*

Der Pfeil dient uns nur als Hilfsmittel, die Reihenfolge der beiden reellen Punkte (x_l, y_l) und (x_r, y_r) anschaulich zum Ausdruck zu bringen. Entgegengesetzte Pfeile gehören zu konjugiert komplexen Punkten. Wird der komplexe Punkt (ξ, η) reell, so fallen Anfangspunkt und Endpunkt des Pfeiles in ihm zusammen („Nullpfeil“). Das reelle Bild eines reellen Punktes ist daher in gewissem Sinne er selbst.

Da es jetzt auf Realitätsfragen ankommt, so müssen wir *reelle* Parameter zählen (15, S. 58) und sagen: es gibt ∞^4 komplexe Punkte und ebensoviel Pfeile, denn es gibt ∞^2 reelle Punkte. Eine gerade Linie hat dann ∞^2 komplexe Punkte. Als reelles Bild einer geraden Linie erhält man also eine Schar von ∞^2 Pfeilen, die jetzt näher zu untersuchen ist.

Die komplexe Gerade sei $ax + by + c = 0$. Nach (49) ist dann für jeden ihrer komplexen Punkte (ξ, η)

$$a\{x_r + x_l + i(y_r - y_l)\} + b\{y_r + y_l - i(x_r - x_l)\} + 2c = 0.$$

Diese Gleichung ist, da in ihr sowohl reelle als auch komplexe Größen vorkommen, mit den folgenden beiden äquivalent

$$(50) \quad \begin{cases} (a - ib)(x_r + iy_r) + (a + ib)(x_l - iy_l) + 2c = 0, \\ (\bar{a} + i\bar{b})(x_r - iy_r) + (\bar{a} - i\bar{b})(x_l + iy_l) + 2\bar{c} = 0. \end{cases}$$

Man erkennt sofort das Sonderverhalten der Isotropen.

Für linksisotrope Gerade $(a - ib = 0)$ läßt sich (x_l, y_l) eindeutig berechnen und wird zum reellen Punkte der Geraden. Der Punkt (x_r, y_r) bleibt ganz unbestimmt.

Für rechtsisotrope Gerade $(a + ib = 0)$ läßt sich (x_r, y_r) eindeutig berechnen und wird zum reellen Punkte der Geraden. Der Punkt (x_l, y_l) bleibt ganz unbestimmt.

Satz 1. *Die ∞^2 Bildpfeile der komplexen Punkte einer linksisotropen Geraden haben sämtlich denselben Anfangspunkt, den reellen Punkt der Geraden.*

Satz 2. *Die ∞^2 Bildpfeile der komplexen Punkte einer rechtsisotropen Geraden haben sämtlich denselben Endpunkt, den reellen Punkt der Geraden.*

Noch anders können wir sagen:

Satz 3. *Die Bildpfeile zweier linksparalleler Punkte haben denselben Anfangspunkt.*

Satz 4. *Die Bildpfeile zweier rechtsparalleler Punkte haben denselben Endpunkt.*

Jetzt kehren wir zu unsern beiden Gleichungen (50) zurück, die als System für die beiden Unbekannten x_r und y_r aufgefaßt werden können. Von den fünf Fällen 3, 3 kann, da jetzt $a^2 + b^2 \neq 0$ sein soll, nur noch der erste eintreten. Man findet

$$(51) \quad \begin{cases} (a-ib)(\bar{a}+i\bar{b})x_r = (b\bar{b}-a\bar{a})x_l - (a\bar{b}+b\bar{a})y_l - c(\bar{a}+i\bar{b}) - \bar{c}(a-ib) \\ (a-ib)(\bar{a}+i\bar{b})y_r = -(a\bar{b}+b\bar{a})x_l + (a\bar{a}-b\bar{b})y_l + ic(\bar{a}+i\bar{b}) - i\bar{c}(a-ib). \end{cases}$$

Hierdurch läßt sich zu jedem (x_l, y_l) eindeutig ein (x_r, y_r) bestimmen und umgekehrt. Die Formeln (51) liefern also eine *Transformation*, und zwar, wie man durch Vergleichung mit **13**, (29b) oder Zus. 6 erkennt, eine *reelle gegensinnige Dehnung*.

Satz 5. *Die ∞^2 Bildpfeile der komplexen Punkte einer anisotropen Geraden werden erhalten, wenn man bei einer gewissen reellen gegensinnigen Dehnung jeden ursprünglichen Punkt als Anfangspunkt, jeden transformierten Punkt als Endpunkt eines Pfeiles nimmt.*

Die Eigenschaften der gegensinnigen Dehnungen kennen wir bereits. Nach **14**, Zus. 13 hat eine gegensinnige Dehnung, die nicht gleichzeitig Umlegung ist, einen einzigen Ruhepunkt. Als solcher erweist sich der reelle Punkt der Geraden $ax + by + c = 0$. Für diese ist dann $a\bar{b} - b\bar{a} \neq 0$, d. i. sie ist nicht zur konjugiert komplexen Geraden parallel.

Ist zweitens unsere Dehnung eine *nichtinvolutorische Umlegung*, so gibt es keinen Ruhepunkt. Die Gerade $ax + by + c = 0$ ist dann zur konjugiert komplexen Geraden parallel. Sie besitzt keinen reellen Punkt (imaginäre Gerade von reeller Richtung, **5**, Zus. 3).

Die Umlegungsachse heißt (vgl. **14**, S. 48) $ax + by + \frac{1}{2}(c + \bar{c}) = 0$; $(a = \bar{a}, b = \bar{b})$; sie ist eine reelle Parallele zur imaginären Geraden.

Endlich kann noch die Dehnung zu einer involutorischen Umlegung, also zu einer *Spiegelung* werden. Die Gerade $ax + by + c = 0$ fällt dann mit der konjugiert komplexen zusammen, ist also *reell* und zugleich Spiegelungsachse.

Wir stellen zusammen:

Linksisotrope.	Keine Transformation.
Rechtsisotrope.	Keine Transformation.
Anisotrope Gerade mit einem einzigen reellen Punkte.	Reelle gegensinnige Dehnung, die keine Umlegung ist.
Imaginäre Gerade von reeller Richtung.	Nichtinvolutorische Umlegung.
Reelle Gerade.	Spiegelung.

Jetzt sind wir in der Lage, alle unsere Sätze der Geometrie im komplexen Gebiet, soweit sie sich auf Punkte und gerade Linien beziehen, reell anschaulich zu deuten. Damit ist ein Weg gegeben, die Geometrie des komplexen Gebietes der synthetischen Methode zu erschließen. Wir kommen in den Übungen darauf zurück.

Um die Stellung der bisherigen Ausführungen im Sinne von 15, 16 zu zeigen, beweisen wir folgenden Satz:

Satz 6. *Führt eine reelle gleichsinnige Dehnung die Punkte* (x_l, y_l), (x_r, y_r), (ξ, η) *der Reihe nach in* (x_l', y_l'), (x_r', y_r'), (ξ', η') *über, so ist der Pfeil* $(x_l', y_l') \to (x_r', y_r')$ *dann und nur dann das reelle Bild des komplexen Punktes* (ξ', η'), *wenn der Pfeil* $(x_l, y_l) \to (x_r, y_r)$ *das reelle Bild des komplexen Punktes* (ξ, η) *war.*

Wir erinnern daran, daß die Punkte (x_l, y_l), (x_r, y_r) reell sind, der Punkt (ξ, η) aber imaginär sein darf. Die gleichsinnige reelle Dehnung sei durch 13, (29 a) gegeben ($p = \bar{p}$, $q = \bar{q}$, $r_1 = \bar{r}_1$, $r_2 = \bar{r}_2$). Dann wird

$$x_r' + x_l' = p(x_r + x_l) - q(y_r + y_l) + 2r_1,$$
$$y_r' + y_l' = q(x_r + x_l) + p(y_r + y_l) + 2r_2,$$
$$y_r' - y_l' = q(x_r - x_l) + p(y_r - y_l),$$
$$x_r' - x_l' = p(x_r - x_l) - q(y_r - y_l).$$

Hieraus folgt

$$x_r' + x_l' + i(y_r' - y_l') = p\{x_r + x_l + i(y_r - y_l)\} - q\{y_r + y_l - i(x_r - x_l)\} + 2r_1$$
$$y_r' + y_l' - i(x_r' - x_l') = q\{x_r + x_l + i(y_r - y_l)\} + p\{y_r + y_l - i(x_r - x_l)\} + 2r_2.$$

Aus (49) ergibt sich jetzt

$$x_r' + x_l' + i(y_r' - y_l') = 2\{p\xi - q\eta + r_1\}$$
$$y_r' + y_l' - i(x_r' - x_l') = 2\{q\xi + p\eta + r_2\},$$

oder nach Voraussetzung

$$x_r' + x_l' + i(y_r' - y_l') = 2\xi', \quad y_r' + y_l' - i(x_r' - x_l') = 2\eta'.$$

Hiermit ist gezeigt, daß der Zusammenhang zwischen komplexen Punkten und ihren reellen Bildpfeilen durch reelle gleichsinnige Dehnungen nicht zerstört wird, und zugleich dargetan, daß unsere Überlegungen in die *Geometrie der reellen gleichsinnigen Dehnungen* gehören. Gegenüber den Transformationen dieser Gruppe sind daher gleichzeitig die geraden Linien klassifiziert. Wir wollen aber den Klassifizierungsprozeß besonders durchführen und kanonische Vertreter aufstellen.

Da eine reelle Dehnung reelle Punkte wieder in reelle Punkte überführt (15, 3), so richten wir unser Augenmerk auf die reellen Punkte der zu klassifizierenden geraden Linien, deren Gleichungen wieder als $ax + by + c = 0$ gegeben seien. Ein reeller Punkt einer Geraden liegt aber gleichzeitig auf der konjugiert komplexen Geraden. Es ist also das Gleichungssystem zu betrachten

$$ax + by + c = 0, \quad \bar{a}x + \bar{b}y + \bar{c} = 0.$$

Von den fünf Fällen **3**, 3 können nur die ersten drei eintreten.

α) $a\bar{b} - b\bar{a} \neq 0$. Die Gerade besitzt einen einzigen reellen Punkt. Dieser kann nach 15, 3 auf ∞^2 Arten in den Punkt $(0, 0)$ übergeführt werden. Dann lautet die Gleichung der Geraden $a_1 x + b_1 y = 0$, wo $a_1 \bar{b}_1 - \bar{a}_1 b_1 \neq 0$. Wegen dieser Ungleichung darf weder a_1 noch b_1 verschwinden, so daß b_1 wegdividiert werden kann: $y = mx$ $(\bar{m} \neq m)$. Von nun ab sind nur noch solche reellen gleichsinnigen Dehnungen zulässig, die den Punkt $(0/0)$ in Ruhe lassen (14, Zus. 5). Diese schreiben wir so:

$$(p^2 + q^2)x = px' + qy', \qquad (p^2 + q^2)y = -qx' + py'.$$

Das gibt

$$y' = (mp + q)x' : (p - mq).$$

Reell kann der Faktor von x' nicht gemacht werden; wohl aber rein imaginär (vgl. 1, Zus.). Hier kann zunächst $m^2 = -1$ sein, so daß eine der beiden Isotropen durch den Punkt $(0/0)$ vorliegt. Der Fall kann als erledigt gelten. Daraus folgt aber gleichzeitig, daß der Faktor von x' für anisotrope Gerade nicht gleich $+i$ oder $-i$ werden kann. Alle übrigen rein imaginären Werte βi $(\beta = \bar{\beta},\ \beta(\beta^2 - 1) \neq 0)$ würden zulässig sein. Dazu setzt man

$$p = (1 + mi\beta)t, \qquad q = (\beta i - m)t, \qquad (t + \bar{t} \neq 0).$$

Dann wird $p^2 + q^2 = t^2(1 - \beta^2)(1 + m^2) \neq 0$, und nun ist nur noch dafür zu sorgen, daß p und q reell werden. Dazu genügt es, β gemäß der Gleichung zu wählen

$$2\beta : 1 + \beta^2 = i(\bar{m} - m) : 1 + m\bar{m},$$

die stets zwei reelle Lösungen hat, die von 0 und ± 1 verschieden sind. Nachweis!

β) $ab - b\bar{a} = 0$, aber nicht gleichzeitig $b\bar{c} - c\bar{b} = 0, c\bar{a} - a\bar{c} = 0$. Die Gerade besitzt keinen reellen Punkt. Das Verhältnis $a : b$ ist jetzt reell. Befreit man also nötigenfalls die Gleichung $ax + by + c = 0$ von einem gemeinsamen imaginären Faktor, so darf man voraussetzen $a = \bar{a}$, $b = \bar{b}$, $c \neq \bar{c}$.

Die reelle gleichsinnige Dehnung

$$i(\bar{c} - c) \cdot \xi' = 2b\xi - 2a\eta + r, \qquad i(\bar{c} - c)\eta' = 2(a\xi + b\eta + c) + \bar{c} - c$$

führt jetzt, wie auch r gewählt werde, die Gerade $ax + by + c = 0$ über in $\eta' + i = 0$.

γ) $a : b : c = \bar{a} : \bar{b} : \bar{c}$. Die Gerade besitzt ∞^1 reelle Punkte, ist also reell. Wir dürfen annehmen, daß auch die einzelnen Koeffizienten a, b, c reell sind. Die reelle gleichsinnige Dehnung

$$s\xi' = b\xi - a\eta + r, \qquad s\eta' = a\xi + b\eta + c \qquad (s \neq 0)$$

führt, wie auch r und s gewählt werden, die Gerade über in $\eta' = 0$.

Somit haben wir folgende Tafel:

Geometrie der reellen gleichsinnigen Dehnungen.

Komplexe Gerade. $ax + by + c = 0$.

I. $a^2 + b^2 \neq 0$. **Anisotrope Gerade.**

  1. $ab - b\bar{a} \neq 0$. Imaginäre Gerade mit reellem Punkt. ∞^4. ∞^1 Klassen. $y = i\beta x$, $(\beta = \bar{\beta} \neq 0, \neq \pm 1)$.

  2. $a\bar{b} - b\bar{a} = 0$, ohne daß $a:b:c = \bar{a}:\bar{b}:\bar{c}$. Imaginäre Gerade ohne reellen Punkt. ∞^3. Eine Klasse. $y = -i$.

  3. $a:b:c = \bar{a}:\bar{b}:\bar{c}$. Reelle Gerade. ∞^2. Eine Klasse. $y = 0$.

II. $a^2 + b^2 = 0$. **Isotrope Gerade.**

  4. $a - ib = 0$. Linksisotrope Gerade. ∞^2. Eine Klasse. $y = -ix$.

  5. $a + ib = 0$. Rechtsisotrope Gerade. ∞^2. Eine Klasse. $y = ix$.

Damit sind die fünf oben behandelten Typen (S. 73) wiedergefunden. Die Gleichungen der kanonischen Geraden nennt man auch wohl *Normalformen*. Eine gewisse Schwerfälligkeit in den letzten Entwicklungen verweist auf das zweite Kapitel, wo wir derartige Dinge bequemer zu handhaben lernen werden.

Wir wollen noch kurz die Punktepaare charakterisieren, indem wir nach der Art der sie verbindenden Geraden fragen. Es handelt sich jetzt also immer um getrennte Punkte.

(4.) Die Bildpfeile zweier Punkte, die durch eine linksisotrope Gerade verbunden werden können, haben denselben Anfangspunkt (*„divergente"* Pfeile).

(5.) Die Bildpfeile zweier Punkte, die durch eine rechtsisotrope Gerade verbunden werden können, haben denselben Endpunkt (*„konvergente"* Pfeile).

(3.) Die Bildpfeile zweier Punkte, die durch eine reelle Gerade verbunden werden können, sind *parallel-isometrisch*, d. i. sie sind parallel und ihre Endpunkte haben denselben Abstand, wie ihre Anfangspunkte (doch brauchen die beiden Pfeile nicht gleich lang zu sein). (Ein Ausnahmefall!)

(2.) Die Bildpfeile zweier Punkte, die durch eine imaginäre Gerade von reeller Richtung verbunden werden können, sind *schief-isometrisch*. Die Isometrie ist wie vorhin zu erklären; die Pfeile brauchen jetzt aber nicht mehr parallel zu sein; sind sie es, so liegen sie schief, d. i. nicht senkrecht zur Verbindungsgeraden ihrer Mitten.

(1.) Die Bildpfeile zweier Punkte, die durch eine Euklidische imaginäre Gerade mit reellem Punkt verbunden werden können, sind *anisometrisch.* Darunter soll verstanden werden, daß keine der vorhergenannten vier Besonderheiten auftritt.

Bemerkenswert ist noch die Pfeilfigur, die den Ecken eines Elementarviereits entspricht. Hat dieses vier getrennte Ecken, so bilden die vier zugehörigen Pfeile, die zu je zweien abwechselnd konvergent und divergent sind, ein Viereck; wir geben zwei Bilder, deren zweites erraten läßt, was in den beiden (drei) Grenzfällen aus der Figur wird. Fall, daß reelle Ecken vorkommen!

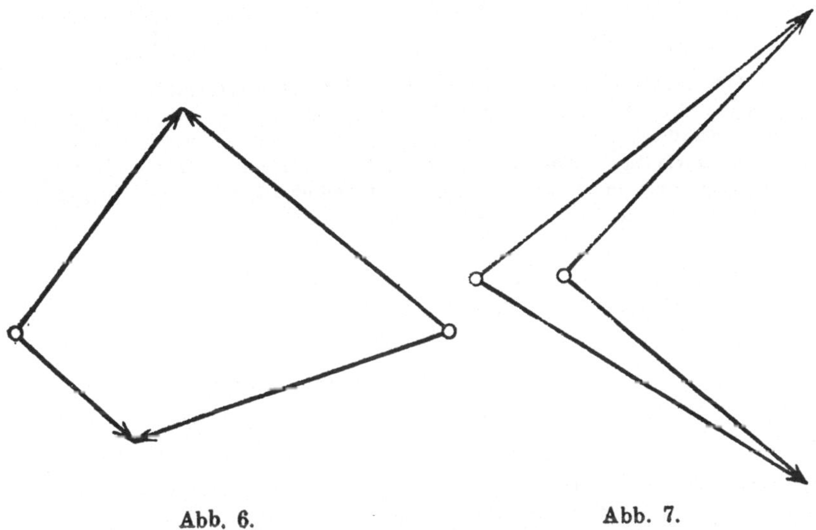

Abb. 6.Abb. 7.

Es ist noch auf andere Weise möglich, komplexen Punkten reelle Pfeile zuzuordnen (18, Zus. 5). Die hier beschriebene reelle Abbildung bezeichnet E. Study als erste; der reelle Pfeil $P_l \rightarrow P_r$ heißt das *erste* reelle Bild des komplexen Punktes.

Die beiden reellen Endpunkte des zum komplexen Punkte P gehörigen Bildpfeils seien P_l (Anfangspunkt) und P_r (Endpunkt). Dadurch wird es möglich, sich sprachlich kürzer auszudrücken; ferner sei in den folgenden Übungen $\sigma = \bar{\sigma}$, $\tau = \bar{\tau}$.

1. Die reelle Gerade $y = 0$. Parameterdarstellung: $\xi = \sigma + i\tau$, $\eta = 0$. ∞^2 Pfeile mit ∞^2 Anfangspunkten $x_l = \sigma$, $y_l = -\tau$ und ∞^2 Endpunkten $x_r = \sigma$, $y_r = \tau$. Transformation $x_r = x_l$, $y_r = -y_l$. Die ∞^2 Pfeile sind zueinander paarweise *parallel isometrisch.* Abb. 8 zeigt fünf Punkte einer reellen Geraden, und einen Punkt, der der Geraden nicht angehört. Diese Punkte sind sämtlich imaginär. Außerdem zeigt die Figur noch, wenn man will, ∞^1 reelle Punkte der Geraden.

2. Die linksisotrope Gerade $y = -ix$. Parameterdarstellung: $\xi = \sigma + i\tau$, $\eta = \tau - i\sigma$. ∞^2 Pfeile mit ∞^2 Endpunkten $x_r = 2\sigma$, $y_r = 2\tau$, die alle denselben Anfangspunkt $x_l = 0$, $y_l = 0$ besitzen, den reellen Punkt von $y = -ix$. Keine Transformation. Die ∞^2 Pfeile sind zueinander paarweise *divergent.*

Abb. 9 zeigt vier Punkte der Geraden, und einen Punkt, der ihr nicht angehört. Außer diesen imaginären Punkten ist noch der reelle Punkt der Geraden aus der Zeichnung zu ersehen.

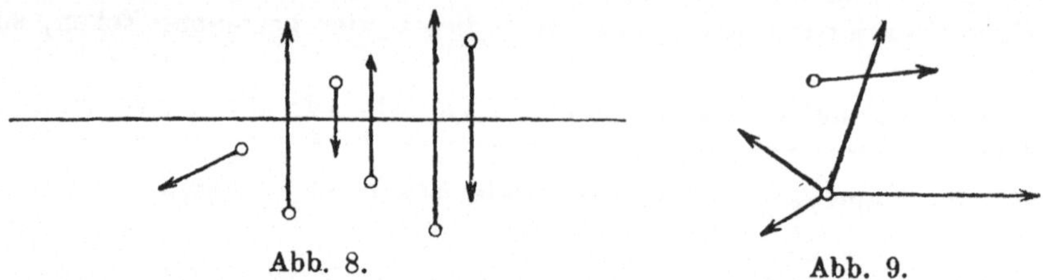

Abb. 8.   Abb. 9.

3. Die rechtsisotrope Gerade $y = ix$. Parameterdarstellung: $\xi = \sigma + i\tau$, $\eta = -\tau + i\sigma$. ∞^2 Pfeile mit ∞^2 Anfangspunkten $x_l = 2\sigma$, $y_l = -2\tau$, die alle denselben Endpunkt $x_r = 0$, $y_r = 0$ besitzen, den reellen Punkt von $y = ix$. Keine Transformation. Die ∞^2 Pfeile sind zueinander paarweise *konvergent*. Abb. 10 zeigt drei imaginäre Punkte der Geraden (und ?) sowie einen imaginären Punkt, der der Geraden nicht angehört.

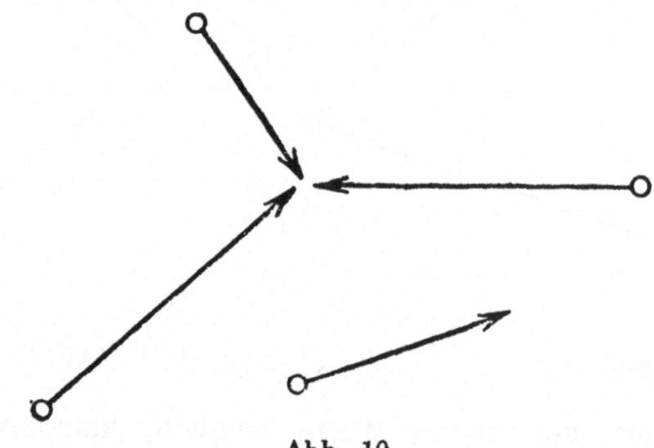

Abb. 10.

4. Die imaginäre Gerade von reeller Richtung $y + i = 0$. Parameterdarstellung: $\xi = \sigma + i\tau$, $\eta = -i$. ∞^2 Pfeile mit ∞^2 Anfangspunkten $x_l = \sigma - 1$, $y_l = -\tau$ und ∞^2 Endpunkten $x_r = \sigma + 1$, $y_r = \tau$. Die nichtinvolutorische Um-

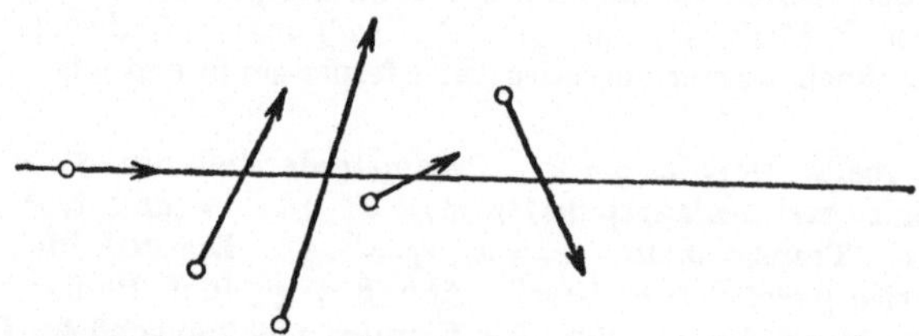

Abb. 11.

legung $x_r = x_l + 2$, $y_r = -y_l$ erhält man, indem man zuerst an der reellen Parallelen $y = 0$ zu $y + i = 0$ spiegelt und dann um den konstanten Betrag 2 verschiebt (vgl. 14, S. 50). Die ∞^2 Pfeile sind paarweise zueinander *schief isometrisch*. Drei Anfangspunkte und die zugehörigen drei Endpunkte bilden zwei Dreiecke, die *gegensinnig kongruent* sind. (Grenzfall!) Abb. 11 zeigt fünf imaginäre Punkte der Geraden.

5. Die imaginäre anisotrope Gerade „*von imaginärer Richtung*" $y = i\beta x$ ($\beta = \bar{\beta}$ $\neq \pm 1$, $\neq 0$). Parameterdarstellung: $\xi = \sigma + i\tau$, $\eta = \beta(-\tau + i\sigma)$. ∞^2 Pfeile mit ∞^2 Anfangspunkten $x_l = \sigma(1+\beta)$, $y_l = -\tau(1+\beta)$ und ∞^2 Endpunkten $x_r = \sigma(1-\beta)$, $y_r = \tau(1-\beta)$. Die gegensinnige Dehnung heißt $x_r = \gamma x_l$, $y_r = -\gamma y_l$, wo $\gamma = (1-\beta):(1+\beta)$. Der einzige Ruhepunkt ist der reelle Punkt $(0, 0)$ der Geraden. Die ∞^2 Pfeile sind zueinander paarweise *anisometrisch*. Drei Anfangspunkte und die zugehörigen drei Endpunkte bilden zwei Dreiecke, die *gegensinnig ähnlich*, aber nicht gegensinnig kongruent sind. Abb. 12 zeigt den reellen Punkt und drei imaginäre Punkte der Geraden.

6. Jetzt werde die Aufgabe gelöst, *zwei komplexe Punkte P und Q zu verbinden*. Darunter soll verstanden werden die Konstruktion aller Punkte der Verbindungsgeraden. Dabei haben wir also eine Art von geometrischer Parameterdarstellung zu leisten. Wir bringen demgemäß die Verbindungsgerade PQ zum Schnitt mit allen dazu geeigneten Isotropen (vgl. 9, Zus. 1). In der

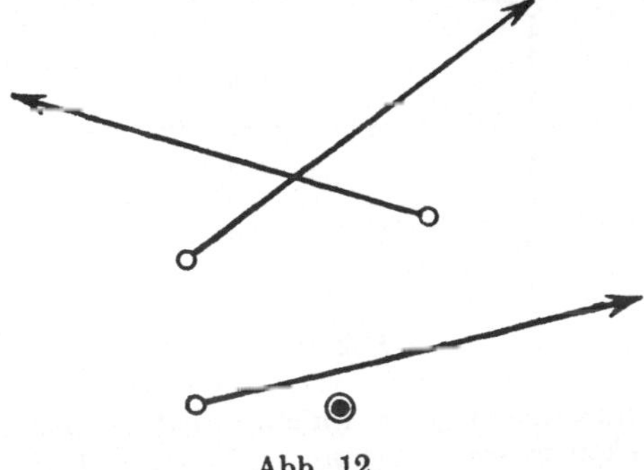

Abb. 12.

Sprache der Geometrie des reellen Gebietes heißt das: Es soll ein Pfeil gesucht werden, von dem ein Begrenzungspunkt vorgeschrieben ist, und der zu zwei getrennten Pfeilen in einer gewissen Beziehung steht (Isometrie, Divergenz usw.). Trivial ist die Lösung, wenn die Pfeile $P_l \rightarrow P_r$ und $Q_l \rightarrow Q_r$ konvergent oder divergent sind. Sind sie parallel isometrisch, so hat man jeden Punkt $R_l(S_r)$ an der Verbindungsgeraden ihrer Mitten zu spiegeln und erhält dann $R_r(S_l)$.

Sind $P_l \rightarrow P_r$ und $Q_l \rightarrow Q_r$ schief isometrisch, so bestimmt R_l mit P_l und Q_l zusammen ein Dreieck. Zu ihm gibt es ein einziges gegensinnig kongruentes Dreieck, in welchem die Ecken P_r und Q_r den Punkten P_l und Q_l zugeordnet sind. Die dritte Ecke ist dann R_r. Die Konstruktion behält ihren Sinn, wenn R_l auf der Geraden P_lQ_l liegt. Entsprechend hat man vorzugehen, wenn S_r gegeben ist, um S_l zu finden.

Der allgemeine Fall, wo $P_l \rightarrow P_r$ und $Q_l \rightarrow Q_r$ anisometrisch sind, bedarf keiner weiteren Erläuterung; an Stelle der Kongruenz tritt jetzt die Ähnlichkeit der Dreiecke $P_lQ_lR_l$ und $P_rQ_rR_r$.

7. Eine besonders einfache Anwendung ist die Aufgabe: Eine Strecke zu halbieren. Ist nämlich M die Mitte von PQ, so ist auch M_l die Mitte von P_lQ_l und M_r die Mitte von P_rQ_r. Man zeichne die Mitte für

a) zwei konvergente Pfeile (fünf Fälle); b) zwei divergente Pfeile; c) zwei parallel isometrische Pfeile (sechs Fälle); d) zwei schief isometrische Pfeile; e) zwei anisometrische Pfeile.

Wann haben zwei komplexe Punkte eine reelle Mitte? Figur der zugehörigen Pfeile!

8. Mit Hilfe der im Texte (Abb. 6, 7) gebrachten reellen Bildfigur der Ecken eines Elementarvierseits kann man jetzt einen komplexen Punkt an einer anisotropen Geraden spiegeln. Die in 10 angegebene Konstruktion führt im Falle einer reellen Geraden zur reellen Figur in Abb. 13. Man achte genau auf die Reihenfolge der Begrenzungspunkte der Pfeile, die zu Punkt und Spiegelbild gehören. *Damit lassen sich aber alle reellen Bewegungen und Umlegungen für komplexe Punkte konstruieren*, da sich diese durch Zusammensetzung von Spiegelungen an reellen Geraden erzeugen lassen.

9. Wesentlich an der Spiegelung ist das folgende: es sollen von einem Elementarvierseit zwei gegenüberliegende Ecken einer vorgegebenen Geraden angehören. Daraus ergibt sich leicht im Falle der Abb. 11, wo die Spiegelungsachse imaginär mit reeller Richtung ist, eine Anzahl von Spiegelbildern.

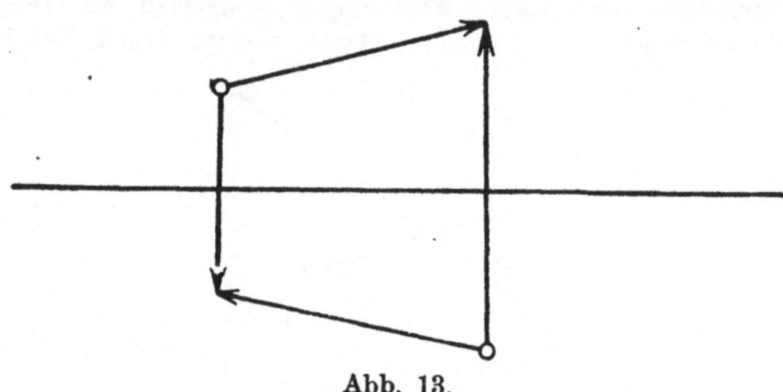

Abb. 13.

(Vorsicht bei der Unterscheidung der Anfangs- und Endpunkte der Bildpfeile!) Beschreibe die Pfeilkonstruktion, ebenso im Falle, daß die Spiegelungsachse imaginär von imaginärer Richtung ist. *Sodann können sämtliche komplexe Bewegungen und Umlegungen reell konstruiert werden.*

10. Konstruiere die Umwendung um einen Punkt. Zwei Fälle, je nachdem der Umwendungsmittelpunkt imaginär oder reell ist.

11. Jede Schiebung kann auf ∞^2 Arten durch Zusammensetzung von zwei Umwendungen erhalten werden (15, Zus. 4). Konstruiere daraus eine imaginäre Schiebung und dann eine reelle Schiebung. Zeige, daß bei einer reellen Schiebung eines komplexen Punktes auch Anfangspunkt und Endpunkt des Bildpfeils eine Schiebung erleiden. Entsprechendes gilt für eine komplexe Schiebung. Worin liegt der Unterschied zwischen reellen und komplexen Schiebungen?

12. Drücke das Abstandsquadrat zweier komplexen Punkte vermöge der Bildpfeile aus. Zeige, daß der Abstand im allgemeinen imaginär ist.

18. Abstrakte Koordinatengeometrie. ... „Worauf es ankommt, ist die Einsicht, daß neben der üblichen ‚analytischen Geometrie‘, der Kartesischen Koordinatengeometrie der Lehrbücher, noch eine andere möglich ist, die wohl noch eher den Namen *analytische* Geometrie verdient; eine Art der ‚Geometrie‘, die sich von jener nicht im Gedankeninhalt, wohl aber in der Art ihres Aufbaues unterscheidet. Diese Art von Geometrie nämlich, oder wenn man das

Wort Geometrie hier vermeiden will, dieses System mathematischer Begriffe, bedarf nämlich zu seiner Herleitung *nur* gewisser Begriffe der Analysis, zu der es demnach gehört, und von der es einen Bestandteil bildet; wohingegen die gewöhnliche analytische Geometrie *außer der Analysis* (oder Bestandteilen von ihr) auch noch *das (Euklidische) System der Elementargeometrie* zur Voraussetzung hat.

Sehen wir uns den Aufbau der Koordinatengeometrie in irgend einem Lehrbuch an, so finden wir überall, daß gewisse geometrische Begriffe, wie Punkt, Gerade, Ebene, Rechtwinkligkeit und Anderes als schon bekannt angenommen werden: Diese werden, wir wollen nicht untersuchen mit welchem Rechte, der Geometrie der Alten entnommen, wie sie auf unseren Schulen gelehrt wird.

Für den in die Koordinatengeometrie Eindringenden handelt es sich nun zunächst darum, den genannten, fertig mitgebrachten Begriffen andere, ebenfalls schon fertig bereitstehende Begriffe, solche der Analysis, *zuzuordnen*. So wird dem Punkt ein System von zwei[1]) Zahlen, das Paar seiner . . . Kartesischen Koordinaten gegenübergestellt; dieses Paar dient als analytisches Äquivalent oder *Bild* des Punktes. Ebenso wird eine Gerade, wie man sagt, *dargestellt* durch eine lineare Gleichung zwischen den Koordinaten eines Punktes: Diese Gleichung ist das analytische *Bild* der Geraden. Und so weiter: Der ganze Inhalt der Elementargeometrie wird in eine andere Sprache, die Sprache der Analysis *übersetzt* . . .

. . . Um das geschilderte System der Geometrie von dem nunmehr zu skizzierenden bequem unterscheiden zu können, wollen wir es als *konkrete (Euklidische) Koordinatengeometrie* bezeichnen. Konkret nennen wir es, wiewohl es im Grunde doch *abstrakt* ist, weil es überall, sei es direkt, sei es durch Vermittlung der Anschauung, auf den Raum der Erfahrung Bezug nimmt; das nun zu skizzierende System aber soll im Gegensatz dazu *abstrakte (Euklidische) Koordinatengeometrie* heißen.

Zu diesem zweiten System gelangen wir nun von der Bemerkung aus, daß jene Formeln der Analysis, die Punkten, Geraden usw., wie wir gesagt hatten, als *Bilder* dienen, *eine Welt für sich* sind. Eben weil sie der Analysis angehören, nehmen sie an deren Vorzug teil, von aller Erfahrung unabhängig zu sein . . . So wenig der Zahlbegriff abhängt von der Existenz von Äpfeln und Nüssen, an denen wir vielleicht einmal zu zählen gelernt haben, ebensowenig hat man zur Aufstellung jener Formeln Figuren oder Modelle . . . nötig . . .

---

[1]) Wir haben einzelne Worte abändern müssen, weil das Zitat sich auf den Raum, wir uns aber auf die Ebene beziehen.

Wenig zweckmäßig würde es allerdings sein, wollte man bei Ausführung des hiermit gegebenen Gedankens soweit gehen, auch die einfache und suggestive geometrische *Terminologie* zu vermeiden. Man würde sich dann vor die Alternative gestellt finden, entweder fortwährend unerträglich schleppende Redewendungen zu gebrauchen oder eine ganz neue, notwendig sehr willkürliche Terminologie auszubilden. Beides ist unnötig, es genügt, die vorhandene Terminologie zu benutzen und sie auf eine solche Art zu erklären, daß der Sinn von Worten, wie Punkt, Gerade, nicht schon als gegeben gilt. Man wird also zum Beispiel nicht mehr sagen dürfen: ‚Ein Punkt wird durch ein System von zwei Zahlen (x, y) *dargestellt*' oder ‚es wird ihm dieses Zahlenpaar *zugeordnet*', sondern man muß in der zu erklärenden abstrakten Koordinatengeometrie sagen:

Das System jener zwei Zahlen **ist** *der Punkt.*

. . . Der aus den Koordinaten zweier Punkte (x_1, y_1), (x_2, y_2) gebildete Ausdruck

$$(x_1 - x_2)^2 + (y_1 - y_2)^2$$

heißt Entfernungsquadrat . . . Die Transformation 14, (33a) **heißt** Bewegung usw.[1]

Nunmehr können wir die analytische Disziplin, die wir als *abstrakte Euklidische Koordinatengeometrie* bezeichnen wollen, in der gewünschten Weise definieren, nämlich *ohne alle Beziehung auf irgendeine Erfahrung oder Anschauung* . . .

. . . Evident sind die größere Allgemeinheit der abstrakten Koordinatengeometrie und die gleichartige Behandlung des Gleichartigen, die in der konkreten Koordinatengeometrie mit ihrer immerwährenden Verweisung auf die Anschauung durchbrochen wird . . .

. . . Wie die Analysis ohne Einführung imaginärer Größen praktisch nicht auskommen kann, so kann auch die Geometrie, *wenn sie nicht in den ersten Elementen stecken bleiben will*, der sogenannten imaginären Figuren (Punkte usw.) nicht entraten. Diese aber haben den auf die ‚Anschauung' eingeschworenen Geometern von jeher die größten Schwierigkeiten geboten. Eine Folge davon ist, daß die meisten Verfasser von Lehrbüchern der analytischen (wie der synthetischen) Geometrie auf Das verzichten, was doch auch sie, wenn sie ihre Probleme gründlich behandeln wollen, als durchaus notwendig anerkennen müssen. Andere haben zu Konstruktionen gegriffen, die scharfsinnig und fein erdacht, aber wegen übermäßiger Komplikation zur Unfruchtbarkeit verurteilt sind (v. Staudtsche

---

[1] Hier haben wir den *Wortlaut* der zitierten Stelle erheblich abändern müssen.

Theorie des geometrischen Imaginären). Wieder andere, und es sind ihrer nicht wenige, gelangen zu ihrem Imaginären unter Hintansetzung aller Logik durch einen *salto mortale*.

Diese ganze Schwierigkeit ist nun der abstrakten Koordinatengeometrie fremd ...".

Soweit E. Study in seinem Buche: Die realistische Weltansicht und die Lehre vom Raum. (Braunschweig, 1914, Fr. Vieweg und Sohn), S. 84—91.

Wir geben diesem Autor noch das Wort über das Verhältnis der abstrakten und konkreten Koordinatengeometrie zum Erfahrungsraum (S. 89, 90):

„Während bei der konkreten Koordinatengeometrie, die, wenn auch unter Mitwirkung der Analysis, durch *Idealisierung* der genannten Erfahrungen gewonnen worden ist, eben um dieses ihres Ursprunges willen die Möglichkeit einer Anwendung auf den Raum der Erfahrung von vornherein feststeht, muß für die erklärte abstrakte Koordinatengeometrie eine solche Möglichkeit, soweit sie überhaupt vorhanden ist, *nachträglich* ermittelt werden. Es findet sich, daß nur im Falle $n = 3$ engere Beziehungen von ihr zum empirischen Raume vorhanden sind.

Man hat z. B. eine, wenn auch sehr unvollkommene, *Realisierung* der ‚Ebenen‘ $x_1 = 0$, $x_2 = 0$, $x_3 = 0$ in drei senkrecht zusammenstoßenden Wandflächen eines Zimmers; ‚Punkte‘ mit hinreichend kleinen, z. B. positiven Koordinaten x_1, x_2, x_3 werden annähernd *realisiert* als Stellen im Innern des Zimmers. Die Quadratwurzel aus dem Entfernungsquadrat von zwei Punkten kann mit Hilfe des Metermaßes annähernd ermittelt werden; usw.

Daß nun diese Verschiebung der erkenntnistheoretischen Seite unseres Gegenstands einen wirklichen Gewinn bedeutet, erhellt aus zwei Überlegungen.

Zunächst nämlich wird sich nicht leugnen lassen, daß in dem historisch überlieferten Gedankengang der analytisch-geometrischen Lehrbücher logische und erkenntnistheoretische Momente in schwer zu trennender Weise durcheinander laufen ... *Von unserem Standpunkte aus aber werden Logik und Erkenntnistheorie reinlich geschieden.* Das logische System muß in der Hauptsache fertig sein, ehe man daran denken kann, Anwendungen davon zu machen; und darin liegt ein heilsamer Zwang zur Einführung strenger Beweismethoden. *Der Unterschied zwischen unserer abstrakten Euklidischen Koordinatengeometrie und ihrer Anwendung auf die uns umgebende Welt ist derselbe wie zwischen reiner und angewandter Mathematik überhaupt.* Daß aber die reine Mathematik ohne Verquickung mit Anschauung oder Erfahrung entwickelt werde, ist eine sonst überall anerkannte Forderung. Der suggestiven Wirkung nicht-logischer Momente ist für den Erfahrenen durch Gebrauch einer geometrischen *Terminologie* schon genügend Rechnung getragen.

Zweitens ist es eine Täuschung, wenn man glaubt, daß durch den Ursprung der Elementargeometrie aus einfachen Erfahrungen deren Anwendbarkeit auf den empirischen Raum schon hinreichend gesichert sei. Vielmehr muß auch die konkrete Geometrie sich erst noch durch Versuche in großem Maßstab bewähren; sie bedarf dann solcher Erfahrungen, wie sie nur die höhere Geodäsie und die Astronomie bieten können. Diese Wissenschaften können nun nicht ohne Koordinaten auskommen. Damit werden aber die konkrete Koordinatengeometrie und die abstrakte in bezug auf ihre Bewährung an der Erfahrung auf gleiche Stufe gestellt, der Vorteil, den die konkrete Geometrie in dieser Hinsicht zunächst zu haben scheint, wird als illusorisch erkannt."

1. Gegenüber Affinitäten (**13**, S. 41) gibt es eine Klasse von Punkten, gegenüber *reellen* (S. 39) Affinitäten gibt es deren zwei, die Klasse der imaginären Punkte und die Klasse der reellen Punkte. Zeige an einem Beispiel, daß parallele *Punkte* durch eine Affinität in nichtparallele Punkte übergeführt werden können. Im Anschluß daran zeige, daß in der Geometrie der Affinitäten („affine Geometrie") der Unterschied zwischen isotropen und anisotropen Geraden verschwindet. Zeige, daß parallele *Gerade* bei einer Affinität immer wieder in parallele Gerade übergehen. Ist die Entfernung zweier Punkte gegenüber Affinitäten invariant? Haben zwei Punkte überhaupt eine Affinitätsinvariante? Figuren, die durch Affinitäten ineinander übergeführt werden können, heißen *zueinander affin*. Sonderfälle der Affinitätsbeziehung sind die Kongruenz und die Ähnlichkeit. Der Rang der Determinante

$$\begin{vmatrix} x_1 & y_1 & 1 \\ x_2 & y_2 & 1 \\ x_3 & y_3 & 1 \end{vmatrix}$$

ist invariant gegenüber Affinitäten; diese Determinante ist eine relative Affinitätsinvariante. Bilde absolute Affinitätsinvarianten für vier Punkte! Haben drei Punkte eine *absolute* Affinitätsinvariante?

2. Die relative Affinitätsinvariante dreier Punkte $P_1\,(x_1,\,y_1)$, $P_2\,(x_2,\,y_2)$, $P_3\,(x_3,\,y_3)$

$$\begin{vmatrix} x_1 & y_1 & 1 \\ x_2 & y_2 & 1 \\ x_3 & y_3 & 1 \end{vmatrix}$$

heißt *doppelter Inhalt* der Dreiecke $P_1 P_2 P_3$, $P_2 P_3 P_1$, $P_3 P_1 P_2$. Gib den Inhalt der Dreiecke $P_1 P_3 P_2$, $P_2 P_1 P_3$, $P_3 P_2 P_1$ an. Zeige, daß der Inhalt *absolut* invariant gegenüber Bewegungen ist. Wie ändert er sich bei einer Umlegung? Nachteil der Inhaltsformel des Hero $\left(\sqrt{s\,(s-a)\,(s-b)\,(s-c)}\right)$! Aus dieser soll die jetzige *rationale* Formel hergeleitet werden (soweit das möglich ist). Man zeige am Beispiel $P_1\,(0/0)$, $P_2\,(1/0)$, $P_3\,(\xi/\eta)$ die Abhängigkeit des Vorzeichens des Inhalts vom Umlaufssinn. Aus der Invarianz gegenüber Bewegungen folgt dann die Erhaltung des Umlaufssinnes gegenüber Bewegungen, seine Abänderung bei Umlegungen (Motivierung des Namens Umlegung). — $ABCD$ seien aufeinanderfolgende Ecken eines Rechtecks. Wie groß wird der Inhalt der Figur $ABDCA$? — Parallelogramme von gleicher Grundseite und Höhe sind inhaltsgleich. Man beweist das, indem man jedes Parallelogramm in ein Trapez und ein Dreieck zerlegt. Der Beweis muß, wenn er als sachgemäß gelten soll, mit dem gleichen Wortlaut alle Fälle umspannen. Zeige, daß dazu im Falle eines überschlagenen Trapezes gewisse Flächenstücke negativ genommen werden müssen. — Ersetze den Beweis durch einen andern, wo man mit lauter positiven Inhalten auskommt.

3. Wir geben eine Parameterdarstellung der isotropen Geraden, die von den bisherigen etwas abweicht:

$$x - iy = L, \qquad x + iy = R.$$

Jede linksisotrope Gerade kann durch eine komplexe Zahl dargestellt werden, und ebenso jede rechtsisotrope Gerade. Wir können also kurz von der linksisotropen Geraden L und von der rechtsisotropen Geraden R reden. Ihr Schnittpunkt hat die Koordinaten

$$\xi = \frac{1}{2}(L + R), \qquad \eta = \frac{i}{2}(L - R).$$

Umgekehrt heißen die beiden Minimalgeraden durch den Punkt (ξ, η)

$$L' = \xi - i\eta, \qquad R = \xi + i\eta.$$

Es erweist sich mithin als möglich, dem Punkte (ξ, η) die Zahlen L, R als Koordinaten zuzuweisen. Sie sollen *isotrope* Koordinaten heißen, im Gegensatz zu den *Kartesischen* Koordinaten (ξ, η). Bestimme die isotropen Koordinaten von

$$(0, 0), \ (1, i), \ (i, 1), \ (i, i), \ (1, \ 1), \ (-1, 1), \ (0, 1), \ (-1, 0), \ (-1, -1)!$$

Die beiden Punkte mit den isotropen Koordinaten (L_1, R_1) und (L_2, R_2) haben das Abstandsquadrat $(L_1 - L_2)(R_1 - R_2)$. Folgerungen!

Bedingung für rechtsparallele Punkte! Für den reellen Bildpfeil $P_l \rightarrow P_r$ eines komplexen Punktes (L, R) sind die isotropen Koordinaten

$$P_l : (L, \bar{L}), \qquad P_r (\bar{R}, R).$$

Die isotropen Koordinaten reeller Punkte sind zueinander konjugiert-komplex. Daher gelingt es, einen *reellen* Punkt bereits durch *eine einzige komplexe Zahl* darzustellen. Ordnet man so dem reellen Punkte (ξ, η) die komplexe Zahl $R = \xi + i\eta$ zu, so hat man die *Gaußische Abbildung* der komplexen Zahlen auf die „Zahlenebene". Deren Bedeutung besteht also darin, daß man einen reellen Punkt ersetzt durch die Rechtsisotrope, die durch ihn hindurchläuft.

Gleichsinnige und ungleichsinnige Dehnungen in isotropen Koordinaten! Dieselbe Frage für Bewegungen und Umlegungen. Charakteristisches der vier letzten Formelsysteme! (Dazu stelle man auch die Affinitäten in isotropen Koordinaten her.) — Gleichung einer anisotropen Geraden in isotropen Punktkoordinaten; Gleichung einer isotropen Geraden! Besonderheit!

4. Ist in $aLR + bL + cR + d = 0$ der erste Koeffizient $a \neq 0$, so stellt diese *bilineare* Gleichung einen Kreis dar. Wann ist er reduzibel? Fälle $a = 0$! Berechne Mittelpunkt (isotrop!) und Radiusquadrat. Wann ist der Kreis reell? Auch die Gleichung eines *reellen Kreises* ist dann bilinear. Will man von ihm überdies nur *die reellen Punkte* betrachten, so setzt man etwa $L = \bar{R}$. Dann wird die linke Seite der Kreisgleichung eine *Hermitesche Form* (5, Zus. 2). Wann hat ein reeller Kreis mehr als einen reellen Punkt? („indefinite Hermitesche Formen"). Wann hat ein reeller Kreis keinen reellen Punkt? („definite

Hermitesche Formen"). F. Klein spricht im ersten Falle von *einteiligen*, im zweiten Falle von *nullteiligen* Kreisen. Welches ist die Gruppe der Elementargeometrie, in deren Geometrie der Unterschied zwischen nullteiligen und einteiligen Kreisen auftritt?

Wie heißen die Formeln $(\alpha_0^2 + \alpha_3^2 \neq 0)$
$$(\alpha_0 - i\alpha_3)\,L' = (\alpha_0 + i\alpha_3)\,L - 2\,i\,(\alpha_1 - i\alpha_2), \quad (\alpha_0 + i\alpha_3)\,R' = (\alpha_0 - i\alpha_3)\,R + 2\,i\,(\alpha_1 + i\alpha_2)$$
in Kartesischen Koordinaten? Bedeutung! Vgl. **13**, Zus. 6. Wann stellen sie eine reelle Bewegung dar? — Wie heißt die Spiegelung am Kreise (**10**, Zus. 2) in isotropen Koordinaten? — Der Übergang von Kartesischen zu isotropen Koordinaten hat den Charakter einer *affinen Transformation*. Genauer Sinn dieser Aussage! Wie heißt daher der Inhalt eines Dreiecks in isotropen Koordinaten? — Die isotropen Koordinaten sind in gewissem Sinne *natürlicher*, als die Kartesischen. Der Unterschied beider Koordinatenarten läßt sich für die konkrete Geometrie so fassen: Man legt durch den Punkt, dessen Koordinaten gesucht werden sollen, zwei Gerade. Diese werden *willkürlich* angenommen bei Kartesischen Systemen (Parallele zu zwei Achsen): ∞^2 Möglichkeiten; ihre Wahl erfolgt *naturgemäß* bei den isotropen Koordinaten (eine einzige Möglichkeit). Der Übelstand der isotropen Koordinaten besteht darin, daß reelle Punkte nicht immer durch reelle Koordinaten dargestellt werden. Legt man reelle Gruppen zugrunde, so sind also die Kartesischen Koordinaten vorzuziehen. Erwähnt sei hier noch, daß auch die isotropen Koordinaten über die Elementargeometrie hinausweisen; während die Kartesischen Koordinaten zur affinen Geometrie und nicht weiter führen, bleibt der sachgemäßen Behandlung durch isotrope Koordinaten die affine Geometrie verschlossen; dafür führen sie in einen andern Zweig der Geometrie, der wieder mit Kartesischen Koordinaten nicht sachgemäß zu erreichen ist (zyklische Geometrie oder Geometrie der Möbiusschen Kreisverwandtschaften), vgl. **45**, Zus. 1.

5. *Abbildung II.* Als *zweites reelles Bild* des komplexen Punktes (ξ, η) erklärt E. Study[1]) den Pfeil mit dem Anfangspunkt P_l und dem Endpunkt P_r, wo jetzt aber diese abweichend von **17**, (48) die Koordinaten haben
$$P_l: \ (\xi + i\,\bar{\xi} : 1 + i, \ \eta + i\,\bar{\eta} : 1 + i) \qquad P_r: \ (\xi - i\,\bar{\xi} : 1 - i, \ \eta - i\,\bar{\eta} : 1 - i).$$
Zweites reelles Bild des konjugiert-komplexen Punktes, eines reellen Punktes! Von einem *imaginären* Punkte sollen zugleich der erste und der zweite Bildpfeil gezeichnet werden. Welche Figur entsteht? Dieselbe Frage für einen reellen Punkt. — Der Prozeß, vermöge dessen aus dem ersten Bildpfeil der zweite hervorgeht, wird von Study als *Schwenkung* bezeichnet. Um welchen Punkt und durch welchen Betrag muß dazu der erste Bildpfeil gedreht werden? Ist die Schwenkung eine Drehung? (Vgl. **15**, Zus. 1.) Das zweite Bild einer reellen Geraden soll durch Schwenkung des ersten Bildes erhalten werden. Beschreibe die erhaltene Pfeilmannigfaltigkeit. Analytische Formeln! Dieselben Fragen für das zweite Bild einer imaginären Geraden von reeller Richtung. Anfangspunkte und Endpunkte der Bildpfeile erfüllen dann zwei parallele Gerade. Zweites Bild einer Minimalgeraden ist eine Drehung. Sinn dieser Aussage! Drehungsmittelpunkt. Drehungswinkel! Welche Eigenschaft besitzen die zweiten Bildpfeile zweier komplexer Punkte, deren Abstandsquadrat reell ist?

Durch den Schwenkungsprozeß wird aus einer Schiebung $(x_l, y_l) \to (x_r, y_r)$ wieder eine Schiebung $P_l \to P_r$, aus einer Drehung, deren Drehungswinkel von $\pm\dfrac{\pi}{2}$ verschieden ist, eine Streckung, die sich auf die identische Transformation

---

[1]) EAK, S. 12 ff.

oder auf eine Umwendung reduzieren kann. (Wann?) In den beiden Ausnahmefällen ordnet die Schwenkung der Drehung keine Transformation zu; ebensowenig gehen aus Umlegungen durch Schwenkung neue Transformationen hervor.

6. Beim Kreise $x = a + r \cos t$, $y = b + r \sin t$ $(r \neq 0)$ sollen zwei Punkte von den Parametern t_1 und t_2 $(t_2 \neq t_1,$ mod $2\pi)$ miteinander verbunden werden. Wie heißt die Gleichung der Verbindungsgeraden? Zeige, daß ein Faktor abgespalten werden kann, der mit $t_2 - t_1$ zugleich verschwindet (aber auch für $t_2 - t_1 = 0$ mod 2π). Die von diesem Faktor befreite Gleichung stellt eine Gerade dar, die mit dem Kreise die Punkte t_1 und t_2 gemeinsam hat. Das ist auch noch der Fall, wenn t_2 mit t_1 zusammenfällt; dann ist die Gerade *Tangente* im Punkte t_1 (8, 3). Wie heißt die Tangente im Punkte (x_1, y_1) des Kreises? Das soeben skizzierte Verfahren *definiert* die (eine) Tangente in allen Fällen, wo eine Kurve in Parameterdarstellung vorliegt.

Fall der Ellipse und Hyperbel. (Sinn dieses Gegensatzes in den verschiedenen Zweigen der Elementargeometrie; er gehört in die *reelle affine* Geometrie!) Fall der Parabel!

7. Gesucht ist der Ort aller Punkte P, für die das Produkt $PA \cdot PB$ der Abstände von zwei festen getrennten Punkten A und B $(AB = 2e)$ den konstanten Wert a^2 besitzt (*Cassinische Kurve*). Diskussion! Schnittfigur mit den Parallelen zu AB!) Für $a = e$ heißt die Cassinische Kurve auch *Lemniskate*. Schnitt mit allen Geraden durch die Mitte von AB (Vorsicht!). Zeichne die Kurve $y^4 = y^2 - x^2$. Ist sie eine Lemniskate? Ort der Fußpunkte der Lote vom Punkte $(0, 0)$ auf die Tangenten der Kurve $x^2 - y^2 = c^2$. Ort der Fußpunkte der Lote von einem festen Punkte eines (irreduziblen) Kreises in bezug auf alle Tangenten („*Cardioide*"). Der Gang in den letzten beiden Aufgaben ist folgender:

1. Parameterdarstellung der bekannten Kurve. 2. Tangente an diese im Punkte t. 3. Lot auf die Tangente vom gegebenen Punkt aus. 4. Fußpunkt dieses Lotes. Damit ist dann die Ortskurve *in Parameterdarstellung* gefunden. Aus den beiden Gleichungen kann man dann noch 5. die Parameter zu eliminieren versuchen. Gleichung der Cardioide! Ausartung!

Ein reeller einteiliger Kreis vom Radius ϱ rolle, ohne zu gleiten, auf einer reellen Geraden. Was für eine Bahn beschreibt ein Punkt des Kreises? (Parameterdarstellung!) Die Kurve heißt *Zykloide*. Tangente der Zykloide. — Jetzt rolle der Kreis vom Radius ϱ, ohne zu gleiten, in einem reellen einteiligen Kreise vom Radius r. Bahn eines Punktes des ersten Kreises! („*Hypozykloide*".) Sonderfall $4\varrho = r$! („*Astroide*".) Tangente der Hypozykloide $\left(\lim\limits_{\delta=0} \dfrac{\sin k\delta}{\sin \delta} = k! \right)$.

Gleichung der Astroide in einfachster Gestalt (drei Glieder!). Was läßt sich über das Stück ihrer Tangente aussagen, welches von den Koordinatenachsen abgeschnitten wird? Zusammenhang mit der Aufgabe: In einen Schornstein soll die Stange von größter Länge geschoben werden. — Der feste Kreis, der zur Erzeugung der Hypozykloide diente, soll in eine gerade Linie ausarten. Es soll gezeigt werden, wie die Hypozykloide dann in die Zykloide übergeht. (Man hält einen Punkt des festen Kreises fest, ebenso seine Tangente, und läßt dann r^2 unbegrenzt wachsen.) Besonderheit der Fälle, wo r und ϱ inkommensurabel sind. Die Hypozykloide $3\varrho = r$ ist nach Steiner benannt. Welche Gestalt hat sie?

Der Kreis vom Radius ϱ soll nunmehr *auf* dem Kreise vom Radius r rollen (d. i. die Berührung soll jetzt *von außen* erfolgen. Die Bahn eines Punktes des beweglichen Kreises heißt *Epizykloide*. Parameterdarstellung! Tangente! Grenzübergang, wenn der feste Kreis in eine Gerade ausartet. Sonderfall $\varrho = r$! Wie heißt diese spezielle Epizykloide?

8. Die Gleichung einer Ellipse $b^2(x-r)^2 + a^2(y-s)^2 - a^2b^2 = 0$ werde so bestimmt, daß der eine Hauptscheitel in den Koordinatenanfangspunkt fällt. Dann halte man den benachbarten Brennpunkt fest $\left(a - \sqrt{a^2 - b^2} = \dfrac{p}{2}\right)$ und gehe zur Grenze $a = \infty$ über. Wie heißt die Kurve in der Grenze? Zeige, daß auf gleiche Weise aus einer Hyperbel eine Parabel erhalten werden kann. — Was wird aus der Parabel $y^2 - 2px = 0$ $(p > 0)$, wenn der Brennpunkt auf die Leitlinie rückt? (Vorsicht! Die „Anschauung" täuscht!) Um die hier auftretende Divergenz zwischen Rechnung und Anschauung begreiflich zu machen, führe man auch den Grenzübergang für $y^2 + 2px = 0$ $(p > 0)$ aus. — Was wird bei dem entsprechenden Grenzübergang aus der Parameterdarstellung $x = \dfrac{p}{2}t^2$, $y = pt$? *Hier bleibt die Beziehung zwischen Kurvengleichung und Parameterdarstellung in der Grenze nicht erhalten.*

Ort der Fußpunkte der Lote vom Scheitel der Parabel auf ihre Tangenten („*Cissoide*"). Parameterdarstellung! Gleichung! Tangente! *Strophoide* heißt der Ort dieser Fußpunkte, wenn die Lote nicht vom Scheitel aus gefällt werden, sondern vom Spiegelbild des Brennpunktes in bezug auf die Scheiteltangente. Kann man als Fußpunktskurve der Parabel eine gerade Linie erhalten?

9. Den *Krümmungskreis* im Punkte t_1 einer in Parameterdarstellung gegebenen Kurve findet man, wenn man zunächst durch drei getrennte Punkte t_1, t_2, t_3 den Kreis legt und dann zur Grenze $t_3 = t_2 = t_1$ übergeht. Dabei müssen drei Faktoren abgespalten werden, die mit $t_2 - t_3$, $t_3 - t_1$, $t_1 - t_2$ zugleich verschwinden. Beispiel der Parabel. Krümmungskreis im Scheitel. Beispiel der Ellipse. Krümmungskreise in den vier Scheiteln. Diese lassen sich sehr leicht konstruieren. Gib die Konstruktion an. Ort der Krümmungsmittelpunkte, d. i. der Mittelpunkte der Krümmungskreise, bei der Parabel, bei der Ellipse (*Evolute* der ursprünglichen Kurve).

Stellen, an denen der Radius des Krümmungskreises über alle Grenzen wächst, heißen *Wendepunkte*. Doch ist es nicht notwendig, daß in einem so erklärten Wendepunkte die Kurve von der Tangente durchsetzt wird. Wendepunkte der Kurven $y = x^3$ und $y = x^4$. Wendepunkte haben gegenüber Dehnungen invarianten Charakter (nicht aber Maxima und Minima).

10. Übertrage das zweite reelle Bild eines imaginären Punktes (Zus. 5) auf den R_n. Läßt sich auch das erste reelle Bild auf den R_n übertragen?

Zweites Kapitel.

19. Geradenkoordinaten. Als Koordinaten der geraden Linie $ax + by + c = 0$ benutzt man die drei Koeffizienten a, b, c. Dann gibt es für eine gerade Linie ∞^1 Systeme von Koordinaten, denn ihre Gleichung kann mit einem Proportionalitätsfaktor versehen werden. So kann man der geraden Linie $y = 4x + 3$ beilegen die Koordinaten $4, -1, 3$, aber ebensogut die folgenden: $8, -2, 6$ oder $-24i, 6i, -18i$ usw. Es kommt eben nur auf die *Verhältnisse* dieser drei Zahlen an. Daher spricht man von *homogenen* Koordinaten: *Eine gerade Linie wird durch drei homogene Koordinaten dargestellt.*

Da die Systeme (a, b, c) und (ka, kb, kc) dieselbe Gerade darstellen (Voraussetzungen!), kann der Proportionalitätsfaktor k so gewählt werden, daß eine der drei Geradenkoordinaten den Wert 1 annimmt. Mithin genügen bereits zwei Koordinaten zur Bestimmung der geraden Linie; es gibt ∞^2 Gerade (vgl. 2). Man kann den Gedanken aber nicht allgemeingültig ausführen; stets entziehen sich ∞^1 Gerade der Darstellung (drei Fälle!). Da es nicht möglich ist, auf diese Weise die Gesamtheit der geraden Linien der Ebene gleichzeitig zu umspannen, so benutzt man die *drei* in gewisser Weise überzähligen Koordinaten und nimmt deren Vieldeutigkeit mit in Kauf.

Es erweist sich nun als unökonomisch, zur Bestimmung einer einzigen Geraden drei verschiedene Buchstaben zu verbrauchen. Daher greift man zu einer Indizesbezeichnung

$$u_1 x + u_2 y + u_3 = 0.$$

Diese Gerade wird dann kurz als Gerade u bezeichnet; sie hat die Koordinaten $u_1 : u_2 : u_3$. Die Divisionsdoppelpunkte zeigen, daß man es mit homogenen Koordinaten zu tun hat.

Der Schnittpunkt (ξ, η) der beiden Geraden u und v heißt jetzt so:

$$(1) \qquad \xi : \eta : 1 = u_2 v_3 - u_3 v_2 : u_3 v_1 - u_1 v_3 : u_1 v_2 - u_2 v_1.$$

Die Formeln bleiben ungeändert, wenn man die u mit einem Proportionalitätsfaktor k_1, die v ebenso mit einem Proportionalitätsfaktor k_2 multipliziert $(k_1 k_2 \neq 0)$. Diese Tatsache ist beim Arbeiten mit homogenen Koordinaten stets zu beachten. *Eine Formel in homogenen Koordinaten, die sich bei Einführung von Proportionalitätsfaktoren abändern läßt, kann eine geometrische Bedeutung nicht haben.*

Die beiden Geraden u und v sind parallel, wenn (außer zwei Ungleichungen) die Gleichung besteht

$$(2) \qquad\qquad u_1 v_2 - u_2 v_1 = 0;$$

sie sind orthogonal, sobald

$$(3) \qquad\qquad u_1 v_1 + u_2 v_2 = 0.$$

Die Gerade u ist isotrop für $u_1^2 + u_2^2 = 0$. Linksisotrope Gerade, rechtsisotrope Gerade!

1. *Raumelement.* Die Tatsache, daß man Punkte durch Koordinaten darstellte, gerade Linien und Kurven durch Gleichungen, spiegelt den historischen Werdegang wieder, indem nämlich in früherer Zeit der Punkt als einfacheres Element angesehen wurde, Kurven und Flächen dagegen als aus Punkten „bestehend" oder „zusammengesetzt". Das meint man, wenn man sagt, der Punkt wurde als alleiniges *Raumelement* benutzt.

Neuerdings stellt man sich aber auf den Standpunkt, daß der Punkt schließlich auch nur eine Figur sei, wie andere, und daß daher auch andere Figuren berechtigt sind, als Raumelemente zu fungieren. Dann sieht man diese also nicht als Punktmengen oder Punktmannigfaltigkeiten an, sondern gewissermaßen als Atome, als Bausteine, aus denen die Geometrie ebenso aufgebaut werden soll, wie beim früheren Standpunkt aus Punkten. Um nun eine Figur als Raumelement einzuführen, hat man sie durch *Koordinaten* darzustellen.

2. Statt *Geraden*koordinaten pflegt man auch wohl *Linien*koordinaten zu sagen. Wir tun das absichtlich nicht, da der Name Linienkoordinaten besser für die sechs homogenen von Plücker eingeführten Koordinaten einer geraden Linie des Raumes vorbehalten wird.

3. Will man nur reelle gerade Linien betrachten, so kann man die Proportionalitätsfaktoren reell nehmen; im komplexen Gebiet sind auch komplexe Proportionalitätsfaktoren zulässig. Wann sind zwei Gerade identisch?

4. Das Wesen *homogener Größen* kann man leicht an manchen Formeln der Stereometrie erkennen. Die Formel für das Zylindervolumen, in leicht erkennbarer Bezeichnungsweise $V = r^2 \pi h$, verlangt, daß V in ccm gemessen wird, wenn r und h in cm angegeben sind. Die Formel muß richtig bleiben, wenn man links den Faktor 10^3 hinzufügt, vorausgesetzt, daß r und h mit 10 multipliziert werden. Entsprechendes gilt allgemein für Volumen, Flächen und Längenmaßzahlen. Es kann daher keinen Körper geben, dessen Volumen sich aus Längenmaßzahlen a und b in folgender Weise zusammensetzt: $V = a^2 b - b^3 + \pi a b$. Ebenso kann es keinen Körper geben, dessen Oberfläche O sich aus Längenmaßzahlen c und d so darstellte: $O = cd + c + d$. An diesen beiden Beispielen wird man erkennen, wie man bei einer Formel in homogenen Koordinaten Fehler aufdeckt, und wie man entscheidet, ob sie eine geometrische Bedeutung haben kann. Kann die Gleichung $u_1 u_2 + v_1 v_2 = 0$, wo u und v die Koordinaten zweier Geraden sind, eine geometrische Bedeutung haben?

5. Bilde die Koordinaten für die X-Achse, die Y-Achse, für Parallele zu den Koordinatenachsen, für die geraden Linien durch den Nullpunkt, für die rechtsisotrope Gerade durch den Punkt $(i/8)$. Beschreibe die Fälle, in denen eine oder zwei der drei Geradenkoordinaten Null werden. Warum enthalten die linken Seiten von **19**, (2) und (3) weder u_3 noch v_3? Schnittpunkt der beiden Geraden $1+4i:0:4-i$ und $3+2i:-4+6i:0$! Dieselbe Aufgabe für die Geraden $1+2i:3+i:21+5i$ und $-3+4i:1+7i:0$. Geometrische Bedeutung! Gib alle Schnittpunkte der beiden Geraden an: $ix-2y=3i+1$ und $i+2:4i-2:-7-i$! Die Gerade u soll so bestimmt werden, daß sie mit der Kurve $x^2-y^2=1$ nur einen einzigen Schnittpunkt gemeinsam hat. Dieselbe Aufgabe, wenn kein einziger Schnittpunkt auftreten soll. Dieselben Aufgaben für die Kurve $x^2+4y^2=4$. Errichte in den Punkten $(0, 0)$ und $(1, i)$ auf ihrer Verbindungsgeraden die Lote! Welche Besonderheit tritt ein?

6. Bilde nach **18**, Zus. 6 Gleichung und Koordinaten der Tangente im Punkte t_1 an die Kurve $x=t^3$, $y=t^2$.

7. Um zu erfahren, welche Punktmannigfaltigkeit von den Geraden $u_1:u_2:u_3=t^2:2t:1$ „*umhüllt*" wird, bringt man zwei dieser Geraden zum Schnitt, die zu den Parameterwerten t_1 und t_2 gehören. Dann geht man, wieder nach Abspaltung eines Faktors, zur Grenze $t_1=t_2$ über und hat dadurch eine Parameterdarstellung für die Punkte des gesuchten Ortes, worauf man seine Gleichung in Punktkoordinaten durch Elimination von t findet. Eliminiert man den Parameter t zwischen den vorgegebenen Geradenkoordinaten, so erhält man die *Gleichung des Ortes in Geradenkoordinaten*. Die Kurve heißt dann *Enveloppe* der Geradenschar. *Sie muß homogen sein*, lautet also in unserm Falle *nicht* $u_3=1$. Wende das Verfahren auf den Fall an: $u_1:u_2:u_3=1+t^2:3t^2:1+t$! Die Homogenität erzielt man hier durch $1=u_1-\frac{1}{3}u_2$.

8. Eine Sonderrolle spielen die Geradenmannigfaltigkeiten $u_1:u_2:u_3=f_1(t):f_2(t):f_3(t)$, wo die Funktionen f_1, f_2, f_3 *linear* von einem Parameter abhängen; also etwa
$$u_1:u_2:u_3=t:4+it:0 \quad \text{oder} \quad u_1:u_2:u_3=\sin t:5+\sin t:2\sin t \;\; (\text{Parameter}:\sin t)$$
oder $\qquad\qquad u_1:u_2:u_3=1:2:t \quad$ oder $\quad u_1:u_2:u_3=3t:8t:-t$.
Geometrische Bedeutung dieser vier Fälle!

9. Ist in der Gleichung $au_1+bu_2+cu_3=0$ die Größe c *von Null verschieden*, so wird die Gleichung von allen Geraden u erfüllt, die durch den Punkt $\left(\dfrac{a}{c}, \dfrac{b}{c}\right)$ laufen, und heißt daher die *Gleichung* dieses Punktes. Die Gleichung des Punktes (ξ, η) heißt daher $\xi u_1+\eta u_2+u_3=0$. Beispiele: $\xi=0$, $\eta=0$; $\xi=3$, $\eta=4$; $\xi=0$, $\eta=i$; $\xi=2i$, $\eta=0$. Durch welchen Punkt laufen die Geraden $u_1:u_2:u_3=t:t+1:2$? Erhält man so alle Geraden durch den Punkt?

10. *Gleichung* der Kurve $f(x, y)=0$ *in Geradenkoordinaten* heißt die Gleichung, die zwischen den Geradenkoordinaten ihrer Tangenten besteht. Anwendung auf Kreis, Ellipse, Parabel, Hyperbel, Kardioide!

11. Bilde Koordinaten eines im R_n verlaufenden R_{n-1}.

20. Die uneigentliche Gerade. Während man zu jeder geraden Linie ∞^1 Systeme von Geradenkoordinaten angeben kann, stellt nicht umgekehrt jedes System dreier Verhältnisgrößen $u_1:u_2:u_3$ eine gerade Linie dar. Auszuschließen ist zunächst der Fall $u_1=u_2=u_3=0$. Dann wird keine, wenigstens keine bestimmte Gerade mehr dargestellt. Ferner haben wir bereits in **2** den Fall $u_1=u_2=0$ aus geschlossen. Diesen Ausnahmefall beseitigt man durch eine neue Begriffsbildung, zu der wir auf folgende Weise gelangen.

In der Gleichung $u_1 x + u_2 y + u_3 = 0$ seien sämtliche u von Null verschieden. Dann geht die Gerade u nicht durch den Nullpunkt. Aus den Koordinatenachsen schneidet sie die Punkte $\left(\dfrac{-u_3}{u_1},\, 0\right)$ und $\left(0,\, \dfrac{-u_3}{u_2}\right)$ heraus.

Geht man jetzt bei festbleibendem u_2 und u_3 zur Grenze $u_1 = 0$ über, so nimmt die Gerade u immer andere Lagen ein; sie dreht sich um ihren Schnittpunkt mit der Y-Achse und ist in der Grenze zur X-Achse parallel. Das Quadrat ihres Abstandes von der X-Achse ist $u_3^2 : u_2^2$.

Jetzt halten wir $u_1 = 0$ und u_3 fest und lassen noch u_2 gegen Null konvergieren. Die Gerade nimmt wieder neue Lagen ein, bleibt aber immer parallel zur X-Achse; das Abstandsquadrat nimmt seinem absoluten Werte nach über alle Maßen zu. In der Grenze $u_2 = 0$ hat sich die Gerade über jeden angebbaren Betrag hinaus vom Nullpunkt entfernt; sie ist „im Unendlichen verschwunden".

In der Gleichung der Geraden kommen jetzt x und y gar nicht mehr vor; d. i. eine *Gleichung* gibt es jetzt nicht mehr, während die *Koordinaten* der Geraden sich noch bilden lassen: $0 : 0 : u_3$; oder da man das nach Voraussetzung nicht verschwindende u_3 vermöge des Proportionalitätsfaktors $\dfrac{1}{u_3}$ auf den Wert 1 bringen kann: $0 : 0 : 1$. Diesem Wertsystem entspricht also eine Gerade, die im Unendlichen verschwunden ist. Man redet von *der uneigentlichen Geraden.* Im Gegensatz dazu heißen alle übrigen Geraden *eigentlich.*

Wir fassen zusammen:

Durch ein System von drei Verhältnisgrößen $u_1 : u_2 : u_3$ wird stets eine Gerade geliefert, wenn nicht alle u gleichzeitig verschwinden. Für $u_1^2 + u_2^2 \neq 0$ ist sie Euklidisch, für $u_1^2 + u_2^2 = 0$ isotrop, es sei denn, daß $u_1 = u_2 = 0$ ist. Im letzten Falle wird die uneigentliche Gerade dargestellt, während anisotrope und isotrope Gerade als eigentlich bezeichnet werden. Insofern die uneigentliche Gerade durch reelle homogene Koordinaten dargestellt werden kann, hat sie als reell zu gelten.

1. Der Leser wird Anstoß daran nehmen, daß nur von einer einzigen unendlich fernen oder uneigentlichen Geraden gesprochen wurde, und wird behaupten, sich unzählig viele solche unendlich ferne Gerade vorstellen zu können. In der Tat ist die Anschauung in beträchtlichem Maße der Dressur fähig. Es gelingt leicht, eine vage Vorstellung von unzählig vielen unendlich fernen Geraden zu gewinnen. Es gibt aber nur eine einzige uneigentliche Gerade, da es nur ein einziges System von Geradenkoordinaten gibt, welches

keine eigentliche Gerade darstellt. Wer trotzdem von mehreren uneigentlichen Geraden spricht, hat die Aufgabe, zu zeigen, wie solche analytisch unterschieden werden sollen. Möglich ist es in der Tat (45, Zus. 6); aber nicht bei unserer Koordinatenwahl. (Man beachte das Beispiel über die Polare des Kreises weiter unten!)

2. Zeige, daß die uneigentliche Gerade zu jeder eigentlichen Geraden als parallel angesehen werden darf, ebenso als orthogonal zu jeder eigentlichen Geraden [19, (2), (3)]. Genauer Sinn dieser Aussagen! Sind zwei getrennte Gerade zu einer dritten Geraden parallel, so sind sie unter sich parallel. Wie ist der Satz jetzt abzuändern?

3. Das System $u_1 : u_2 : u_3 = a_1\lambda_1 + b_1\lambda_2 : a_2\lambda_1 + b_2\lambda_2 : a_3\lambda_1 + b_3\lambda_2$ ist aus den Koordinaten zweier Geraden a und b aufgebaut; λ_1 und λ_2 seien Parameter. Bedeutung der veränderlichen Geraden u! 1. a und b eigentlich, sich schneidend, parallel, zusammenfallend; 2. b uneigentlich, a eigentlich. — Kann λ_1 oder λ_2 oder $\lambda_1 : \lambda_2$ eine geometrische Bedeutung haben?

4. Die Gleichung der Tangente im Punkte (x_1, y_1) an den irreduziblen Kreis (a, b, r^2) heißt:

$$(x_1 - a)(x - a) + (y_1 - b)(y - b) - r^2 = 0.$$

Welcher Forderung muß der Punkt (x_1, y_1) genügen? Ist diese nicht erfüllt, so stellt die Gleichung doch noch eine Gerade dar, die *Polare* des Punktes (x_1, y_1) in bezug auf den Kreis (a, b, r^2). Für welchen Punkt wird sie uneigentlich? Der Punkt (x_1, y_1) heißt der *Pol* dieser Geraden in bezug auf den Kreis. — Wann wird die Potenzgerade zweier Kreise (vgl. 7, Zus. 3) unbestimmt, wann uneigentlich? — Was gilt im Falle $r^2 = 0$ von der Polare eines Punktes (x_1, y_1)? — Zu den Tangenten der Parabel darf die uneigentliche Gerade gerechnet werden. Führe das analytisch durch und zeige, daß für den Kreis nicht das gleiche gilt.

5. Gleichung des Pols der Geraden $ax + by + c = 0$ $(c \neq 0)$ in bezug auf den Kreis $x^2 + y^2 - r^2 = 0$. Koordinaten des Pols.

6. Gleichungen der Ecken des Dreiecks von den Seiten $4x - y = 0$, $x - 4y = 0$, $x + y = 5$.

7. Es sei $P_i \equiv a_i u_1 + b_i u_2 + c_i u_3$ $(c_i \neq 0)$, $i = 1, 2, 3$. Wann liegen die Punkte $P_1 = 0$, $P_2 = 0$, $P_3 = 0$ auf einer Geraden?

8. Erkläre den uneigentlichen R_{n-1} des R_n!

21. Geradentransformation. Werden zwei getrennte Punkte (ξ_1, η_1) und (ξ_2, η_2) an der anisotropen Geraden $Ax + By + C = 0$ gespiegelt, so gelten für die Koordinaten der Verbindungsgeraden ihrer Spiegelbilder Formeln, die sich aus **10**, (15) auf Grund von **4**, 1 ergeben. Die Verbindungsgerade der beiden ursprünglichen Punkte heiße u, die der beiden transformierten Punkte, die wir in **10**, S. 30 als Spiegelbild der Geraden u erklärt hatten, werde demgemäß als u' bezeichnet. Dann lassen sich die u' allein durch die u, das heißt ohne Zuhilfenahme der (ξ_1, η_1), (ξ_2, η_2) und der transformierten Punkte (ξ_1', η_1'), (ξ_2', η_2') ausdrücken:

$$(4) \quad \begin{cases} (A^2 + B^2) \cdot u_1' = (A^2 - B^2) u_1 + 2AB u_2, \\ (A^2 + B^2) \cdot u_2' = 2AB u_1 - (A^2 - B^2) u_2, \\ (A^2 + B^2) \cdot u_3' = 2AC u_1 + 2BC u_2 - (A^2 + B^2) u_3. \end{cases}$$

Insofern diese Formeln angeben, wie bei der Spiegelung die geraden Linien vertauscht werden, sagt man, sie stellen die Spiegelung *als Geradentransformation* dar, während die Formeln **10**, (12), (13) die Spiegelung *als Punkttransformation* bedeuteten. Da nach **10**, Satz 9 bei der Spiegelung auch Kreise in Kreise übergeführt werden, so kann eine Spiegelung auch als *Kreistransformation* dargestellt werden usw.

Jetzt lassen sich Transformationsaufgaben bequem erledigen, in denen Punkte und Geraden zugleich auftreten (in Kapitel I haben wir bei solchen Gelegenheiten (S. 75) nur recht schwerfällig vorgehen können). Die Punkte müssen natürlich vermöge **10**, (12), die Geraden vermöge **21**, (4) transformiert werden (die genannten beiden Systeme von Transformationsformeln heißen zueinander *kontragredient*). So erhält man

$$(5) \qquad u_1' \xi' + u_2' \eta' + u_3' = -(u_1 \xi + u_2 \eta + u_3).$$

Der Ausdruck $u_1 x + u_2 y + u_3$ hat also die Natur einer *relativen Invariante* gegenüber allen Umlegungen. Daraus, daß bei einer Bewegung, die ja durch eine *gerade* Anzahl von Spiegelungen erzeugt wird, das Minuszeichen rechts fortfällt, darf man aber nicht schließen, daß der Ausdruck $u_1 x + u_2 y + u_3$ eine *absolute Bewegungsinvariante* wäre. Denn wir haben es mit *homogenen* Koordinaten zu tun, die bei Einführung von Proportionalitätsfaktoren abgeändert werden können. Auch gegenüber Bewegungen hat der Ausdruck $u_1 x + u_2 y + u_3$ also nur den Charakter einer *relativen* Invariante. Die Bedeutung des Verschwindens dieses Ausdrucks ist aber bekannt, so daß der Leser selbst die beiden aus (5) folgenden Sätze formulieren kann.

Auch bei Division zweier solcher relativer Invarianten erhält man keine absolute Invariante *zweier* Geraden und *eines* Punktes, etwa $(u_1 x + u_2 y + u_3):(v_1 x + v_2 y + v_3)$, weil eben der Zahlwert dieses Ausdrucks wieder durch Einführung von Proportionalitätsfaktoren in die Koordinaten der geraden Linien u und v abgeändert werden kann (wenn er nicht Null [oder?] ist).

Dagegen ist der Ausdruck

$$(6) \qquad (u_1 x + u_2 y + u_3):(u_1 \xi + u_2 \eta + u_3)$$

eine absolute Umlegungsinvariante des Systems *einer* Geraden und *zweier* Punkte, denn dieser Wert kann durch Proportionalitätsfaktoren nicht abgeändert werden und bleibt auch bei jeder Umlegung erhalten. Seine geometrische Bedeutung können wir erst später angeben (vgl. **25**, Zus. 8).

Wir suchen jetzt nach Invarianten *einer einzigen* Geraden. Aus 4) folgt:

$$(7) \quad \begin{cases} (A - iB)(u_1' + iu_2') = (A + iB)(u_1 - iu_2), \\ (A + iB)(u_1' - iu_2') = (A - iB)(u_1 + iu_2). \end{cases}$$

Hier sind mehrere Fälle zu unterscheiden.

1. $u_1 - iu_2$ und $u_1 + iu_2$ verschwinden gleichzeitig. Es liegt dann die uneigentliche Gerade $0:0:1$ vor. Diese geht bei der Spiegelung (4) in sich selbst über:

Bei allen Bewegungen und Umlegungen bleibt die uneigentliche Gerade in Ruhe.

2. $u_1 - iu_2 = 0$, $u_1 + iu_2 \neq 0$. Die Gerade u ist linksisotrop, u' rechtsisotrop.

3. $u_1 + iu_2 = 0$, $u_1 - iu_2 \neq 0$. Die Gerade u ist rechtsisotrop, u' linksisotrop.

Der Inhalt der Formeln (7) ist teilweise bereits in **10**, Satz 8 ausgesprochen. Vgl. auch **12**, Satz 5 und sprich die Folgerungen für Umlegungen und Bewegungen aus!

4. $u_1 + iu_2 \neq 0$, $u_1 - iu_2 \neq 0$. Die Gerade u ist anisotrop, ebenso u' (**10**, Satz 5; **12**, Satz 4).

Gegenüber *Umlegungen*, weil bereits Spiegelungen gegenüber, ist weder $u_1 - iu_2$ noch $u_1 + iu_2$ eine relative Invariante, sondern erst ihr Produkt $u_1^2 + u_2^2$. Dagegen ist gegenüber *Bewegungen* sowohl $u_1 - iu_2$ als auch $u_1 + iu_2$ relativ invariant. Vgl. hierzu **16**, S. 68.

Derselbe Weg, der uns von **10**, (15) zu **21**, (4) geführt hat, erlaubt es uns die *Dehnungen* als Geradentransformationen darzustellen. Aus **13**, (29 a b) erhält man so die beiden zu **13**, (29 a) und **13**, (29 b) kontragredienten Systeme von Transformationsformeln

$$(8\,\mathrm{a}) \quad \begin{cases} u_1' = p\,u_1 - q\,u_2, \\ u_2' = q\,u_1 + p\,u_2, \\ u_3' = -(r_1 p + r_2 q)\,u_1 + (r_1 q - r_2 p)\,u_2 + (p^2 + q^2)\,u_3. \end{cases}$$

$$(8\,\mathrm{b}) \quad \begin{cases} u_1' = -p\,u_1 - q\,u_2, \\ u_2' = -q\,u_1 + p\,u_2, \\ u_3' = (r_1 p + r_2 q)\,u_1 + (r_1 q - r_2 p)\,u_2 - (p^2 + q^2)\,u_3. \end{cases}$$

$$p^2 + q^2 \neq 0.$$

An Stelle von (5) erhält man jetzt für $u_1'\xi' + u_2'\eta' + u_3'$ die Ausdrücke:

$$(p^2 + q^2)(u_1\xi + u_2\eta + u_3) \qquad -(p^2 + q^2)(u_1\xi + u_2\eta + u_3).$$

Der Ausdruck in (6) erweist sich noch als *absolute Dehnungsinvariante.*

Die Formeln (7) werden zu

$$(9\,\mathrm{a}) \qquad\qquad\qquad\qquad (9\,\mathrm{b})$$

$$u_1' + iu_2' = (p+iq)(u_1+iu_2), \qquad u_1' + iu_2' = -(p+iq)(u_1-iu_2),$$
$$u_1' - iu_2' = (p-iq)(u_1-iu_2). \qquad u_1' - iu_2' = -(p-iq)(u_1+iu_2).$$

Daraus ergibt sich beidemal:

$$(10) \qquad\qquad u_1'^2 + u_2'^2 = (p^2+q^2)\cdot(u_1^2+u_2^2).$$

Die in diesen Formeln steckenden Sätze auszusprechen, überlassen wir dem Leser. Wir betonen nur, daß die uneigentliche Gerade auch bei allen Dehnungen in Ruhe bleibt.

Jetzt bilden wir Invarianten eines Systems von *zwei* geraden Linien. Beachtung der Formeln (9ab), sowie der Homogenität der Geradenkoordinaten führt auf die absolute Invariante

$$\frac{u_1 - iu_2}{u_1 + iu_2} : \frac{v_1 - iv_2}{v_1 + iv_2}.$$

Dieser Ausdruck ist absolute Invariante gegenüber *gleichsinnigen* Dehnungen; bei einer gegensinnigen Dehnung geht er in den reziproken Wert über. Der mit dem Faktor $-\dfrac{i}{2}$ multiplizierte natürliche Logarithmus dieser absoluten Invariante werde durch das Zeichen (u, v) bezeichnet. Es sei also

$$(11) \qquad (u,v) = -(v,u) = -\frac{i}{2}\log\mathrm{nat}\left\{\frac{u_1 - iu_2}{u_1 + iu_2} : \frac{v_1 - iv_2}{v_1 + iv_2}\right\}.$$

Man nennt (u, v) den *Winkel der Geraden v gegen die Gerade u*. Vgl. 10, S. 31. u heißt Anfangsschenkel, v Endschenkel. Der Winkel einer Geraden v gegen eine Gerade u bleibt erhalten bei *gleichsinnigen* Dehnungen, er ändert sein Vorzeichen bei einer gegensinnigen Dehnung.

Aus (11) folgt auf Grund der Beziehungen zwischen den goniometrischen Funktionen (die natürlich rein analytisch erklärt werden müssen) und der Exponentialfunktion:

$$\boxed{(12) \qquad \mathrm{tg}\,(u,v) = -\mathrm{tg}\,(v,u) = (u_1 v_2 - u_2 v_1) : (u_1 v_1 + u_2 v_2),}$$

und damit ist die Identität des neuen Begriffs mit dem in 10 ebenso genannten nachgewiesen.

Der Winkel (u, v) ist daher mod π erklärt, denn $\mathrm{tg}\,\varphi = \mathrm{tg}\,(\pi + \varphi)$. Es genügt also, ihm Zahlwerte beizulegen, deren reeller Bestandteil auf das Intervall $0 \leqq \varphi < \pi$ beschränkt ist.

Man bestätigt auf Grund von (8a) und (8b) sofort die vier Formeln:

$$(13\,\mathrm{a}) \qquad u_1 v_2' - u_2' v_1' = (p^2 + q^2)(u_1 v_2 - u_2 v_1),$$

$$(13\,\mathrm{b}) \qquad u_1' v_2' - u_2' v_1' = -(p^2 + q^2)(u_1 v_2 - u_2 v_1),$$

$$(14\,\mathrm{a}) \qquad u_1' v_1' + u_2' v_2' = (p^2 + q^2)(u_1 v_1 + u_2 v_2),$$

$$(14\,\mathrm{b}) \qquad u_1' v_1' + u_2' v_2' = (p^2 + q^2)(u_1 v_1 + u_2 v_2),$$

so daß sich Zähler und Nenner in (12) als relative Dehnungsinvarianten erweisen. Sie heißen *simultane* Invarianten, weil in ihnen zwei Gerade gleichzeitig vorkommen. Ihre geometrische Bedeutung folgt aus (2) und (3) in **19**. Von den vier in den Formeln (13) und (14) liegenden Sätzen sprechen wir die beiden aus, die sich auf das *Verschwinden* der Invarianten beziehen, während wir die Fassung der beiden andern dem Leser überlassen:

Parallele Gerade werden durch Dehnungen immer wieder in parallele Gerade übergeführt. Orthogonale Gerade gehen bei einer Dehnung wieder in orthogonale Gerade über.

Ist von den beiden Geraden u und v die eine uneigentlich, so wird der Winkel unbestimmt; ist eine isotrop, so würde der Tangens einen der Werte $\pm i$ annehmen. Dazu müßte sein Argument unendlich groß werden. Dann würde eine isotrope Gerade gegen sämtliche Euklidische Gerade den gleichen Winkel bilden, und aus dieser (inkorrekten) Vorstellung ist von den Franzosen wohl der Ausdruck isotrope Gerade für Minimalgerade gewählt.

Für den Winkel einer linksisotropen Geraden gegen eine rechtsisotrope würde man ebenso den Wert unendlich finden; der Winkel zweier linksisotropen Geraden wird unbestimmt.

Wir können somit sagen: *Für isotrope Gerade und die uneigentliche Gerade versagt der Winkelbegriff.*

Wann ist $(u, v) = (v, u)$?

Zunächst für $u_1 v_2 - u_2 v_1 = 0$, d. i. für parallele oder zusammenfallende anisotrope Gerade. Sodann für $u_1 v_1 + u_2 v_2 = 0$, d. i. für orthogonale anisotrope Gerade. Im ersten Falle ist der Winkel Null, im zweiten hat er den Betrag $\dfrac{\pi}{2}$. In dieser Tatsache liegt eine Erklärung für die besondere Bedeutung gerade des rechten Winkels.

1. Die gleichsinnige Dehnung von den Parametern m; $\alpha_0 : \alpha_1 : \alpha_2 : \alpha_3$ (**13**, Zus. 4) heißt in Geradenkoordinaten:

$$\begin{cases} m\,(\alpha_0^2 + \alpha_3^2)\,u_1' = (\alpha_0^2 - \alpha_3^2)\,u_1 + 2\,\alpha_0\,\alpha_3\,u_2 & *\,, \\[4pt] m\,(\alpha_0^2 + \alpha_3^2)\,u_2' = -2\,\alpha_0\,\alpha_3\,u_1 + (\alpha_0^2 - \alpha_3^2)\,u_2 & *\,, \\[4pt] m^2\,(\alpha_0^2 + \alpha_3^2)\,u_3' = 2\,m\,(\alpha_3\,\alpha_1 + \alpha_0\,\alpha_2)\,u_1 + 2\,m\,(\alpha_2\,\alpha_3 - \alpha_0\,\alpha_1)\,u_2 + (\alpha_0^2 + \alpha_3^2)\,u_3. \end{cases}$$

2. Die ungleichsinnige Dehnung von den Parametern m; $\alpha_0 : \alpha_1 : \alpha_2 : \alpha_3$ (13, Zus. 5) heißt in Geradenkoordinaten:

$$\begin{cases} m\,(\alpha_1^2+\alpha_2^2)\,u_1' = (\alpha_1^2-\alpha_2^2)\,u_1 + 2\,\alpha_1\alpha_2\,u_2 & \textbf{*}\,, \\ m\,(\alpha_1^2+\alpha_2^2)\,u_2' = 2\,\alpha_1\alpha_2\,u_1 + (\alpha_2^2-\alpha_1^2)\,u_2 & \textbf{*}\,, \\ m^2\,(\alpha_1^2+\alpha_2^2)\,u_3' = 2\,m(\alpha_3\alpha_1+\alpha_0\alpha_2)\,u_1 + 2\,m\,(\alpha_2\alpha_3-\alpha_0\alpha_1)\,u_2 - (\alpha_1^2+\alpha_2^2)\,u_3\,. \end{cases}$$

Welcher Faktor kann in den Formeln von Zus. 1. 2 überall unterdrückt werden?

3. *Problem der Ruhegeraden.* Wir betrachten die *Umlegung* von den Parametern $\alpha_0 : \alpha_1 : \alpha_2 : \alpha_3$. Damit die Gerade v *Ruhegerade* ist, d. i. bei der Transformation in sich selbst übergeführt wird, ist es nicht notwendig, daß $v_1' = v_1$, $v_2' = v_2$, $v_3' = v_3$ (vgl. S. 47), sondern da es sich um *homogene* Koordinaten handelt, so genügt bereits das Bestehen der drei Gleichungen $\varrho v_1' = v_1$, $\varrho v_2' = v_2$, $\varrho v_3' = v_3$ ($\varrho \neq 0$). Dann ist also das System der drei Gleichungen zu lösen:

$$\begin{aligned} [\alpha_1^2-\alpha_2^2-\varrho\,(\alpha_1^2+\alpha_2^2)]\,v_1 + 2\,\alpha_1\alpha_2 \quad\quad\quad\; v_2 \quad\quad \textbf{*} \quad\quad &= 0\,, \\ 2\,\alpha_1\alpha_2 \quad\quad v_1 + [\alpha_2^2-\alpha_1^2-\varrho\,(\alpha_1^2+\alpha_2^2)]\,v_2 \quad\quad \textbf{*} \quad\quad &= 0\,, \\ 2\,(\alpha_3\alpha_1+\alpha_0\alpha_2)\,v_1 + 2\,(\alpha_2\alpha_3-\alpha_0\alpha_1) \quad\quad v_2 - (\alpha_1^2+\alpha_2^2)\,(1+\varrho)\,v_3 &= 0\,. \end{aligned}$$

Hier sind die Fälle von 3, (4) zu beachten:

α) Die Determinante des Systems ist von Null verschieden. Dann ist $v_1 = v_2 = v_3 = 0$. Durch dieses Lösungssystem wird keine Gerade geliefert. Es muß also

β) die Determinante des Systems verschwinden; dadurch wird für ϱ eine Bestimmungsgleichung dritten Grades geliefert

$$- (\alpha_1^2 + \alpha_2^2)^3\,(\varrho+1)^2\,(\varrho-1) = 0\,.$$

Sie besitzt zwei getrennte Wurzeln $\varrho = 1$, $\varrho = -1$. Demnach sind jetzt die Systeme zu lösen:

$$\text{A.}\quad \begin{cases} 2\,\alpha_2\,(-\alpha_2 v_1 + \alpha_1 v_2) = 0\,, \\ -2\,\alpha_1\,(-\alpha_2 v_1 + \alpha_1 v_2) = 0\,, \\ (\alpha_3\alpha_1+\alpha_0\alpha_2)\,v_1 + (\alpha_2\alpha_3-\alpha_0\alpha_1)\,v_2 - (\alpha_1^2+\alpha_2^2)\,v_3 = 0\,. \end{cases}$$

$$\text{B.}\quad \begin{cases} 2\,\alpha_1\,(\alpha_1 v_1 + \alpha_2 v_2) = 0\,, \\ 2\,\alpha_2\,(\alpha_1 v_1 + \alpha_2 v_2) = 0\,, \\ (\alpha_3\alpha_1+\alpha_0\alpha_2)\,v_1 + (\alpha_2\alpha_3-\alpha_0\alpha_1)\,v_2 = 0\,. \end{cases}$$

Der Rang des Systems A beträgt immer zwei. Daher läßt sich (3, 4, β) eindeutig berechnen $v_1 : v_2 : v_3 = \alpha_1 : \alpha_2 : \alpha_3$, und das ist die *Umlegungsachse*.

Die zweireihigen Determinanten von B sind abgesehen von numerischen Faktoren $-\alpha_0\alpha_1(\alpha_1^2+\alpha_2^2)$, $-\alpha_0\alpha_2(\alpha_1^2+\alpha_2^2)$. Da α_1 und α_2 nicht gleichzeitig verschwinden können, ist für den Rang der Wert von α_0 maßgebend.

Für $\alpha_0 \neq 0$ ist der Rang zwei, und es wird $v_1 : v_2 : v_3 = 0 : 0 : 1$ (die uneigentliche Gerade). Ist aber $\alpha_0 = 0$, so tritt 3, 4, γ in Kraft. Man nimmt willkürlich hinzu die Gleichung $\alpha_2 v_1 - \alpha_1 v_2 + \sigma v_3 = 0$ und erhält ∞^1 Ruhegerade

$$v_1 : v_2 : v_3 = -\alpha_2\sigma : \alpha_1\sigma : \alpha_1^2 + \alpha_2^2\,,$$

unter denen sich die uneigentliche Gerade befindet ($\sigma = 0$). Sie erfüllen das Parallelenbüschel senkrecht zur Umlegungsachse, die jetzt Spiegelungsachse ist. Werden *alle* geraden Linien dieses Parallelenbüschels durch die letzte Formel geliefert? (Ersetze σ durch $\sigma_1 : \sigma_2$!) Beachte auch 23, S. 108 und die Fußnote auf S. 70.

Bei allen Umlegungen bleibt die uneigentliche Gerade in Ruhe. Bei den nichtinvolutorischen außerdem noch die Umlegungsachse, bei den involutorischen außer der Spiegelungsachse sämtliche Senkrechten dazu.

Der Leser lasse sich nicht verdrießen, ganz sorgfältig auf Grund von **3, 4** auch die Ruhegeraden der Bewegungen und Dehnungen zu ermitteln. Wir kennen keine besseren Übungen zur Lehre von den homogenen Gleichungen. Wer ohne Beachtung von **3, 4** auskommen will, hat viel mehr Einzelfälle zu beachten. (Hier $\alpha_1 = 0$, $\alpha_2 \neq 0$; $\alpha_2 = 0$, $\alpha_1 \neq 0$, die aber geometrisch keine Sonderfälle sind, *und auch algebraisch nicht*, was man aber so nicht sehen kann). — Wir geben die zu errechnenden Ergebnisse summarisch an.

4. Eine Bewegung kann ∞^2 Ruhegerade haben und ist dann die Identität. Hat sie nur ∞^1 eigentliche Ruhegerade, so ist sie eine Schiebung, falls diese parallel sind, eine Umwendung, wenn sie ein Geradenbüschel bilden. Für die nichtinvolutorischen Drehungen gibt es außer der überall als Ruhegerade auftretenden uneigentlichen Geraden nur zwei getrennte eigentliche Gerade, die in Ruhe bleiben. Welche Bedeutung haben diese?

Hier wird klar, was bei den Umlegungen noch nicht hervortrat, daß nämlich zur erschöpfenden Charakteristik der Bewegungen (und auch der Dehnungen) die Betrachtung der Ruhe*punkte* nicht genügt. Der Unterschied zwischen Umwendungen und nichtinvolutorischen Drehungen offenbart sich erst bei Betrachtung der Ruhe*geraden*.

5. Bei einer *gegensinnigen* Dehnung, die keine Umlegung ist, bleiben außer der uneigentlichen Geraden in Ruhe zwei senkrecht zueinander stehende anisotrope Gerade durch den Ruhepunkt.

6. Die *gleichsinnigen* Dehnungen mit nur einem Ruhepunkt lassen zwei eigentliche Gerade in Ruhe, oder alle geraden Linien durch den Ruhepunkt. In letzterem Falle sind sie *Streckungen* (insbesondere Umwendungen). Hat die gleichsinnige Dehnung ∞^1 Ruhepunkte, so hat sie auch ∞^1 isotrope parallele Ruhegerade und eine weitere isotrope Ruhegerade. Liegt kein Ruhepunkt vor, so gibt es entweder ein Büschel paralleler eigentlicher Ruhegeraden oder eine einzige isotrope Ruhegerade. Außerdem bleibt in allen Fällen die uneigentliche Gerade in Ruhe.

7. *Affinität in Geradenkoordinaten.* Die zu **13**, (27) kontragrediente Transformation oder m. a. W. die affine Transformation **13**, (27) in Geradenkoordinaten lautet:

$$\begin{cases} u_1' = q_2 u_1 - p_2 u_2, \\ u_2' = -q_1 u_1 + p_1 u_2, \\ u_3' = (r_2 q_1 - r_1 q_2) u_1 - (r_2 p_1 - r_1 p_2) u_2 + (p_1 q_2 - p_2 q_1) u_3. \end{cases}$$

Eine Affinität, *die keine Dehnung ist*, hat einen Ruhepunkt oder keinen, oder ∞^1 Ruhepunkte. (Von den fünf Fällen **3**, 3 können die beiden letzten nicht eintreten.) An Ruhegeraden tritt immer die uneigentliche auf. Liegt ein einziger Ruhepunkt vor, so kann es durch ihn zwei getrennte oder zwei zusammenfallende Ruhegerade geben. Existiert kein Ruhepunkt, so gibt es entweder eine einzige eigentliche Ruhegerade oder keine. Wenn es endlich ∞^1 Ruhepunkte gibt, so erfüllen sie eine einzige Gerade; außerdem gibt es dann noch ein Parallelenbüschel von Ruhegeraden. (Zwei Fälle!) Welche weiteren Möglichkeiten ergeben sich, wenn man auch Dehnungen zuläßt?

8. Die *Drehungen* um den Punkt (a, b) lauten *in Geradenkoordinaten* [vgl. **14**, (37)]:

$$\text{(15)} \quad \begin{cases} u_1' = \cos\varphi\, u_1 - \sin\varphi\, u_2, \\ u_2' = \sin\varphi\, u_1 + \cos\varphi\, u_2, \\ u_3' = [a(1 - \cos\varphi) - b\sin\varphi]\, u_1 + [a\sin\varphi + b(1 - \cos\varphi)]\, u_2 + u_3, \end{cases}$$

und φ war von uns als Drehungswinkel bezeichnet worden. Bilden wir den Winkel, dessen Anfangsschenkel eine ursprüngliche Gerade, dessen Endschenkel die transformierte Gerade ist, so finden wir nach **21**, (11) und (9a):

$$(u,\, u') = -\frac{i}{2}\log\mathrm{nat}\,\frac{\cos\varphi + i\sin\varphi}{\cos\varphi - i\sin\varphi} = -\frac{i}{2}\log\mathrm{nat}\,e^{2i\varphi} = \varphi + k\,\pi,$$

wo k eine ganze Zahl ist. Über diese können wir an dieser Stelle keine weitere Aussage machen, die nötig wäre, da in den Formeln (15) die Funktionen $\sin\varphi$ und $\cos\varphi$ vorkommen, die nicht π, sondern 2π als Periode haben. Wir haben später darauf zurückzukommen (vgl. **22**). *Der Drehungswinkel φ ist also, abgesehen von einem hier nicht zu ermittelnden Vielfachen von π, der für jede Drehung konstante Winkel irgendeiner* (vgl. **13**, Zus. 9) *transformierten Geraden gegen die ursprüngliche.*

9. Wir drehen jetzt um den Nullpunkt der Reihe nach durch die Winkel $\frac{\pi}{4}$, $\frac{\pi}{2}$, $\frac{3\pi}{4}$, π. Dabei geht die X-Achse der Reihe nach über in

$$x - y = 0, \qquad \text{Y-Achse}, \qquad x + y = 0, \qquad \text{X-Achse}.$$

Der Winkel der Geraden $x - y = 0$ gegen die X-Achse ist also $\frac{\pi}{4} \,(\mathrm{mod}\,\pi)$. Das wäre nicht immer der Fall gewesen, wenn man statt der absoluten Invariante

$$\frac{u_1 - i u_2}{u_1 + i u_2} : \frac{v_1 - i v_2}{v_1 + i v_2}$$

einen der ähnlich gebauten gleichfalls invarianten Ausdrücke zugrunde gelegt hätte, die durch Vertauschung von Zählern und Nennern sich noch hätten bilden lassen. Alle diese Ausdrücke führen auf *zwei* zueinander reziproke Zahlwerte. Hätte man statt des von uns gewählten Wertes den andern genommen, so wäre der Winkel der Geraden $x - y = 0$ gegen die X-Achse zu $-\frac{\pi}{4}\,(\mathrm{mod}\,\pi)$ geworden. Der Leser erkennt, daß die Entscheidung, die wir getroffen haben, gleichbedeutend ist mit der, die der Synthetiker trifft, wenn er den *positiven Drehungssinn der Ebene* als den erklärt, der einen Punkt *„vom positiven Teil der X-Achse über den positiven Teil der Y-Achse nach dem negativen Teil der X-Achse"* überführt.

10. Offen bleibt noch die Frage, weshalb wir von der soeben erwähnten *algebraischen* Invariante zu der *transzendenten* Logarithmusfunktion übergegangen sind.

Bezeichnen wir einmal durch ein abkürzendes Symbol

$$[u,\, v] = \frac{u_1 - i u_2}{u_2 + i u_2} : \frac{v_1 - i v_2}{v_1 + i v_2},$$

und betrachten drei Gerade u, v, w, so wird

$$[u,\, v] \cdot [v,\, w] \cdot [w,\, u] = 1,$$
$$[u,\, w] = [u,\, v] \cdot [v,\, w].$$

Das heißt, diese algebraischen Invarianten *multiplizieren sich* dann, wenn der Synthetiker von den Winkeln fordert, daß sie sich *addieren*:

$$(u,\, w) = (u,\, v) + (v,\, w).$$

Das ist der Grund, weswegen man den Logarithmus einführt.

11. Endlich handelt es sich darum, den Faktor $-\dfrac{i}{2}$ vor dem Logarithmus zu motivieren. An sich könnte dort noch jeder von Null verschiedene konstante Faktor stehen:

$$(u,\, v) = c \cdot \log \mathrm{nat.}\left\{\frac{u_1 - i u_2}{u_1 + i u_2} : \frac{v_1 - i v_2}{v_1 + i v_2}\right\}$$

Läßt man aber v mit u zusammenfallen, so wird

$$(u,\, u) = c \log 1 = c \cdot (0 + 2\,k\pi i) = 2\,cik\pi,$$

Abb. 14.　　　　　　　　　Abb. 15.

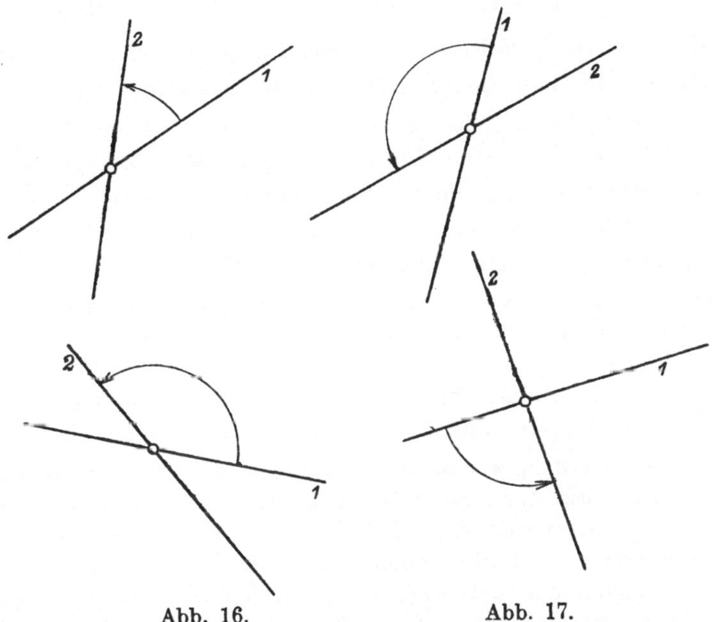

Abb. 16.　　　　　　　　　Abb. 17.

wo k eine ganze Zahl ist. Nun kann man u in sich selbst bei einer Drehung durch den Winkel π überführen (Nachweis vermöge Zus. 8, (15)!), und daher ist es naturgemäß, $2\,ci = 1$ zu setzen.

12. Rechnet man nach der Formel (12) die Winkel $(v,\, w)$, $(w,\, u)$, $(u,\, v)$ dreier geraden Linien aus, die nicht durch einen Punkt laufen, so erhält man nicht die Innenwinkel, sondern die *Außenwinkel* des von ihnen gebildeten Dreiecks (vgl. 22, Zus. 6).

13. Zeige, daß

$$(v,\, w) + (w,\, u) + (u,\, v) = 0 \ (\mathrm{mod}\,\pi).$$

Berechne zuerst tg $[(w,\, u) + (u,\, v)]$! Schon bei dieser einfachen Aufgabe tritt die Überlegenheit der Winkelformel (11) vor (12) zutage, trotzdem oder vielmehr eben weil sie nicht reell ist. — Wie folgt hieraus der Satz von der Summe der Innenwinkel im Dreieck?

14. In der Gleichungsform $y - Ax - b = 0$ der Geraden G bedeutet A *den Tangens eines der beiden mod π unterschiedenen Winkel der Geraden G gegen die X-Achse.* Die sonstigen Fassungen (wo von positivem Teil der X-Achse die Rede ist) sind falsch bzw. sinnlos (vgl. 22, Zus. 5).

15. Zeige: *Der Winkel (G_1, G_2) der Geraden G_2 gegen die Gerade G_1 ist der Betrag der Drehung im positiven Sinne (einer der beiden Drehungen) um den Schnittpunkt von G_1 und G_2, die G_1 in G_2 überführt.* Von dieser Definition hat die synthetische Geometrie auszugehen. Man betrachte die Abb. 14 bis 17, in denen vier Geradenpaare nebst der Angabe des Winkels eingezeichnet sind. Der Anfangsschenkel ist mit 1, der Endschenkel mit 2 bezeichnet.

22. Speere. Aus 21, (12) findet man

$$(16) \quad \cos(u, v) = \frac{u_1 v_1 + u_2 v_2}{\sqrt{u_1^2 + u_2^2}\,\sqrt{v_1^2 + v_2^2}}, \quad \sin(u, v) = \frac{u_1 v_2 - u_2 v_1}{\sqrt{u_1^2 + u_2^2}\,\sqrt{v_1^2 + v_2^2}}.$$

Die Größe (u, v) läßt sich also *vollständig*, d. i. mod 2π erst bestimmen, sobald über die beiden Wurzelgrößen verfügt ist. $\sqrt{u_1^2 + u_2^2}$ ist in beiden Formeln gleich zu nehmen; dasselbe gilt von $\sqrt{v_1^2 + v_2^2}$. Ferner können die beiden Formeln wegen der Homogenität der Geradenkoordinaten nur dann Sinn haben, wenn $\sqrt{u_1^2 + u_2^2}$ den Faktor k erhält, sobald die u_1, u_2, u_3 mit dem Proportionalitätsfaktor k belastet werden. Entsprechendes gilt für $\sqrt{v_1^2 + v_2^2}$.

Es zeigt sich also, daß man aus homogenen Geradenkoordinaten den Winkel (u, v) nicht vollständig ermitteln kann, sondern nur mod π. Vom Sinus oder Kosinus des Winkels zweier Geraden zu reden, ist daher sinnlos. Man hat dazu vielmehr einen andern Begriff einzuführen, der durch ein System von *vier* homogenen Koordinaten $u_0 = \sqrt{u_1^2 + u_2^2}$, u_1, u_2, u_3 definiert ist. Wir reden da von einem *Speere*. *Ein Speer ist also ein System von vier Verhältniszahlen u_0, u_1, u_2, u_3, zwischen denen die Relation besteht $u_0^2 - u_1^2 - u_2^2 = 0$.* Aus jeder (anisotropen) Geraden können *zwei* Speere gewonnen werden; sie heißen zueinander *entgegengesetzt*, weil beidemal die *Speerkoordinate u_0* entgegengesetzt zu nehmen ist. Man sagt, sie *liegen auf* der Geraden $u_1 : u_2 : u_3$, ihrem gemeinsamen *Träger*.

Ist die Gerade $u_1 : u_2 : u_3$ eigentlich und reell, so kann man als geometrisches Bild des neuen Begriffes die beiden Durchlaufungsrichtungen auf der Geraden ansehen, und daher stammt auch die Bezeichnung Speer.

Auf der Geraden $3 : -4 : 8$ liegen so die beiden entgegengesetzten Speere:

$$u_0 : u_1 : u_2 : u_3 = 5 : 3 : -4 : 8 = -5 : -3 : 4 : -8 = 10 : 6 : -8 : 16 = \ldots$$

$$u_0 : u_1 : u_2 : u_3 = -5 : 3 : -4 : 8 = +5 : -3 : 4 : -8 = -10 : 6 : -8 : 16 = \ldots.$$

Auf einer isotropen Geraden und ebenso auf der uneigentlichen Geraden liegt immer nur ein Speer ($u_0 = 0$). Solche Speere („isotrope Speere, der uneigentliche Speer") dürfen als zu sich selbst entgegengesetzt bezeichnet werden. Alle übrigen Speere heißen Euklidisch oder anisotrop.

Im Gegensatz zu einer Geraden bildet ein (anisotroper) Speer mit sich selbst einen Winkel, der sich von Null um ein Vielfaches nicht von π, sondern von 2π unterscheidet, wie aus der ersten Formel (16) hervorgeht.

Der Winkel zweier Speere $u_0 : u_1 : u_2 : u_3$ und $v_0 : v_1 : v_2 : v_3$ ist bestimmt durch:

$$(17) \quad \cos(u, v) = \frac{u_1 v_1 + u_2 v_2}{u_0 v_0}, \qquad \sin(u, v) = \frac{u_1 v_2 - u_2 v_1}{u_0 v_0}.$$

Um eine Spiegelung als *Speertransformation* darstellen zu können, haben wir noch eine Festsetzung willkürlich zu treffen. Wir setzen fest, daß bei der Spiegelung an einer Geraden jeder der beiden Speere auf ihr in Ruhe bleiben soll. Dazu ist den Formeln 21, (4) noch hinzuzufügen die Gleichung $u_0' = u_0$. (Ohne unsere Festsetzung wäre wegen $u_1'^2 + u_2'^2 = u_1^2 + u_2^2$ noch $u_0' = -u_0$ möglich gewesen.) Aus Spiegelungen lassen sich aber alle Bewegungen und Umlegungen zusammensetzen. Daher sind diese jetzt als Speertransformationen erklärt; den Formeln für Bewegungen und Umlegungen in Geradenkoordinaten ist beidemal hinzuzufügen $u_0' = u_0$. Über die *Dehnungen* als Speertransformationen vgl. 45, Zus. 5.

Der Drehungswinkel (21, Zus. 8; 14, S. 47) erweist sich jetzt als Winkel eines transformierten *Speeres* gegen den zugehörigen ursprünglichen *Speer*, und ist damit vollständig bestimmt.

Bezeichnet man endlich den Speer $u_0 : u_1 : u_2 : u_3 = 1 : 0 : 1 : 0$ als *positiven X-Speer*, so findet man für den Winkel φ, den der Speer $u_0 : u_1 : u_2 : u_3$ gegen den positiven X-Speer bildet:

$$(18) \qquad \cos\varphi = u_2 : u_0, \qquad \sin\varphi = -u_1 : u_0,$$

oder

$$(18) \qquad u_1 = u_0 \cos\left(\frac{\pi}{2} + \varphi\right), \qquad u_2 = u_0 \sin\left(\frac{\pi}{2} + \varphi\right).$$

Hiernach kann man die Koordinaten eines Speeres angeben, wenn (außer seinem Träger) sein Winkel gegen den positiven X-Speer vollständig, d. i. mod 2π gegeben ist.

Der Speer, der gegen den positiven X-Speer den Winkel $\dfrac{\pi}{4}$ bildet und durch den Nullpunkt der Koordinaten läuft, liegt auf der Geraden $x - y = 0$, d. i. es ist $u_1 : u_2 : u_3 = 1 : -1 : 0$, $u_0^2 = 2$. Nun soll nach der ersten Gleichung (18) sein:

$$\frac{1}{2}\sqrt{2} = \frac{-1}{u_0},$$

d. i. $u_0 = -\sqrt{2}$, wo $\sqrt{}$ den positiven Wurzelwert bedeutet. Der Speer heißt demnach:

$$-\sqrt{2}:1:-1:0 \quad \text{oder} \quad \sqrt{2}:-1:1:0.$$

Ein Speer kann in sich selbst erst bei einer Drehung durch den Drehungswinkel 2π übergeführt werden; eine gerade Linie bei einer Drehung durch den Winkel π. Der Speer auf der Y-Achse, der aus dem positiven X-Speer vermöge einer Drehung durch den Winkel $\frac{\pi}{2}$ hervorgeht, heißt *positiver Y-Speer*. Seine Koordinaten sind $-1:1:0:0$. Der entgegengesetzte Speer $1:1:0:0$ wird als negativer Y-Speer bezeichnet. Entsprechend nennt man den zum positiven X-Speer entgegengesetzten Speer $-1:0:1:0$ den negativen X-Speer.

Die nachfolgenden Ausführungen sollen, obwohl sie zum Teil Wiederholungen sind, dem an synthetische Behandlungsweise gewöhnten Leser die Unterschiede zwischen Speer und Gerade noch weiter auseinandersetzen.

1. Der Begriff des Speeres darf nicht mit einem anderen verwechselt werden, der in den Elementen häufig verwandt wird, dem der *Halbgeraden* oder des *Strahls*. Eine Gerade wird durch jeden ihrer Punkte in zwei Halbgerade oder Strahlen zerlegt. Beide haben den Anfangspunkt gemeinsam und zeigen nach verschiedenen Richtungen. *Ein Speer hat aber keinen Anfangspunkt.* Während ferner aus einer Geraden unzählig viele Strahlen gewonnen werden können, trägt sie nur zwei Speere. Eine Gerade kann bereits bei einer Drehung durch π mit sich selbst zur Deckung gebracht werden, ein Strahl und ebenso ein Speer erst bei einer Drehung durch 2π. Schließlich kann eine Schiebung eine Gerade und auch einen Speer in Ruhe lassen, aber niemals einen Strahl.

Sind die Träger zweier Speere parallel, so können die Speere selbst entweder „*syntaktisch*" oder „*antitaktisch*" sein. Im ersten Falle stimmen ihre Richtungen überein, im zweiten Falle sind sie entgegengesetzt.

2. *Unter dem Winkel* (S_1, S_2) *eines zweiten Speeres* S_2 *gegen einen ersten Speer* S_1 *verstehen wir den Betrag der Drehung im positiven Sinne, bei der der Speer* S_1 *in den Speer* S_2 *übergeführt wird.*

Dieser Betrag darf um 2π verstärkt werden (im Gegensatz zum Winkel zweier Geraden). Der Winkel φ zweier Speere geht in $2\pi - \varphi$ über, sobald Anfangsspeer und Endspeer vertauscht werden.

Auf der nebenstehenden Seite ist eine Anzahl von Beispielen für den Winkel zweier Speere gezeichnet, ebenso wie auf S. 101 für den Winkel zweier Geraden. Man wird gut tun, jene Figuren und die jetzigen nebeneinander zu betrachten.

3. Den Übergang von einer Geraden zu einem auf ihr liegenden Speere nennt man „*Orientierung*". Wie man das Koordinatensystem in der Ebene *orientiert*, d. h. welche Richtungen man den Koordinatenachsen beilegt, ist an sich gleichgültig; man hat die Auswahl zwischen vier Möglichkeiten. Hat man aber über die positiven Achsenspeere einmal verfügt, so muß man erklären:

Unter der positiven Drehungsrichtung ist die zu verstehen, bei welcher der positive X-Speer über den positiven Y-Speer in den negativen X-Speer übergeführt wird.

Diese Festsetzung ist es, welche der Goniometrie zugrunde liegt. Um jetzt einwandfrei vom Winkel zweier Geraden reden zu können, müssen wir diese als *Anfangsschenkel* und *Endschenkel* unterscheiden.

4. *Unter dem Winkel* (G_1, G_2) *einer zweiten Geraden* G_2 *gegen eine erste Gerade* G_1 *verstehen wir den Betrag der Drehung im positiven Sinne, bei der die Gerade* G_1 *in die Gerade* G_2 *übergeführt wird.*

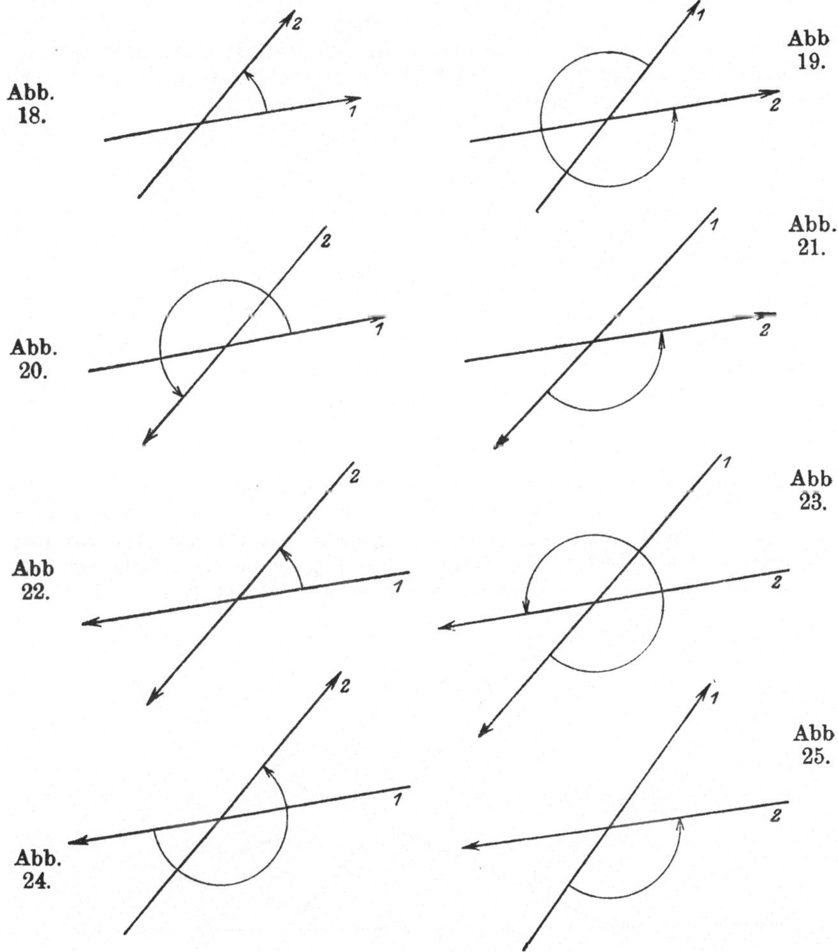

Dieser Winkel darf offenbar um 180° verstärkt werden, weil eben eine Gerade bei einer Drehung durch 180° in sich selbst übergeführt werden kann; der Winkel ist $\mathrm{mod}\,\pi$ bestimmt. Vertauscht man bei einem solchen Winkel Anfangs- und Endschenkel, so geht der Winkel in seinen Supplementwinkel über.

5. Die goniometrische Funktion, welche geeignet ist, einen solchen Winkel zu messen, ist der *Tangens*, denn dieser besitzt die Periode π, ist also imstande, die Vieldeutigkeit des Winkels geradezu aufzuheben.

Daher kommt sogleich in den Anfangskapiteln der analytischen Geometrie die Tangensfunktion vor; für den Winkel der beiden Geraden

und

$$G_1: \qquad y = A_1 x + b_1$$

$$G_2: \qquad y = A_2 x + b_2$$

hat man bekanntlich die Formel

$$\operatorname{tg}(G_1, G_2) = \frac{A_2 - A_1}{1 + A_1 A_2}.$$

Daß das Vorzeichen des Zählers richtig ist, bestätigt man durch Spezialisierung. Läßt man etwa G_1 in die X-Achse übergehen, so wird $A_1 = 0$. Die rechte Seite ergibt dann tatsächlich A_2, wie es ja sein muß.

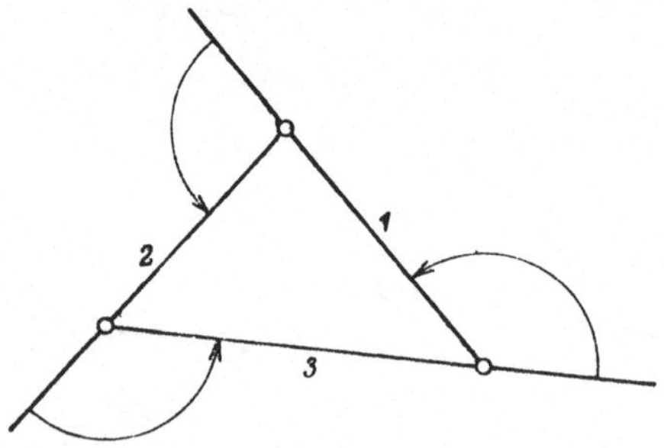

Abb. 26.

Die übliche Formulierung ist aber nicht einwandfrei. Man erklärt vielfach nämlich: in der Gleichung $y = Ax + b$ bedeutet der Richtungsfaktor A den Tangens des Winkels, welchen die dargestellte Gerade *mit dem positiven Teil* der X-Achse bildet. Diese Fassung bleibt ganz ebenso richtig bzw. unrichtig, wenn man das Wort positiv durch negativ ersetzt (vgl. **21**, Zus. 14).

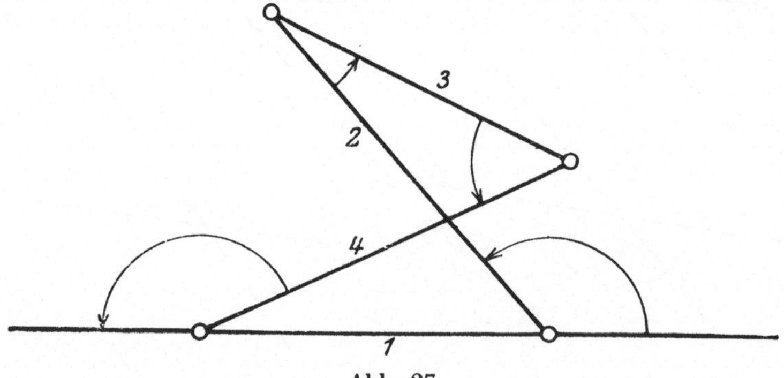

Abb. 27.

6. Um die Winkel eines Vielecks bestimmen zu können, hat man einen *Umlaufsinn* festzusetzen. Dann ist es möglich, die *Reihenfolge* der Seiten zu erklären, so daß man in jedem Winkelpunkte von Anfangs- bzw. Endschenkel reden kann. Führt man das aus, so ergeben sich als „Winkel" (Unterschied der jetzigen Aussage gegen **21**, Zus. 12) nicht die sonst so genannten, sondern die *Außenwinkel*. Hierzu Abb. 26 u. 27. Dann folgt ferner unmittelbar der

Satz: *Die Summe der Winkel in einem nicht überschlagenen n-Eck beträgt vier Rechte* (vgl. aber Zus. 10).

Diese Zählung der Winkel, die zu dem soeben genannten einfachen Satz geführt hat, ist (nach dem Vorgang von E. Study) bereits mehrfach in der sphärischen Trigonometrie eingeführt[1]). Dort zieht sie u. a. den Satz nach sich: *Die Winkel der Polarecke sind gleich den Seiten der ursprünglichen Ecke und umgekehrt.*

Man bemerkt, daß es im reellen Gebiet möglich ist, auf negative Winkel zu verzichten; für einen negativen Winkel lassen sich ja unzählig viele positive Winkel angeben, die als äquivalent anzusehen sind, darunter einer im Intervall $(0, 2\pi)$, bzw. $(0, \pi)$.

7. In einem regelmäßigen Fünfeck mit den Ecken 1, 2, 3, 4, 5 werden diese Ecken der Reihe nach verbunden. Wie groß ist jeder Winkel der Figur? (er ist nicht 108^0!). Jetzt verbinde man 1 3 5 2 4 1. Wie groß sind die Winkel dieser Figur? Wie groß die Winkelsumme? Endlich sollen immer zwei Ecken überschlagen werden: 1 4 2 5 3 1.

8. Der Ort aller Punkte P, für die der Winkel (PP_1, PP_2) seiner Verbindungsgeraden mit zwei festen getrennten reellen Punkten P_1 und P_2 konstant und von Null verschieden ist, ist ein Kreis durch P_1 und P_2. Vergleiche diese Fassung mit der sonst üblichen (zwei kongruente Kreisbögen!) Zeichnung!

9. Periode von $\cos^2\varphi$, $\sin 2\varphi$, $\cos\dfrac{x}{4}$, $\sin 2x - \cos^2\dfrac{x}{3}$. Gib eine Funktion von der Periode 8π an. Welche Funktionen sind außer $\operatorname{tg}\varphi$ noch imstande, den Winkel zweier gerader Linien zu messen? Beurteile die Gleichung $\cos\varphi = \sqrt{\dfrac{1+\cos 2\varphi}{2}}$. Stelle $\operatorname{tg}\alpha$ *rational* durch Funktionen von 2α dar (zwei Formeln!). Winkelsumme eines überschlagenen Trapezes! Zeichne ein Polygon von der Winkelsumme 6π. Winkel der beiden Geraden $x + 2y - i = 2$ und $3x + y - 7i = 0$. Dieselbe Frage für die geraden Linien $i - 5 : 5i + 1 : 0$ und $1 : -8i : 2$.

10. Wie groß ist die Summe der Winkel (Außenwinkel) in einem Dreieck von negativem Umlaufssinn? Abb. 28.

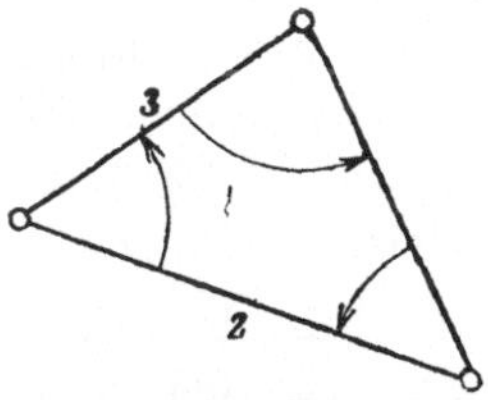

11. Bei einer Drehung bleiben drei Speere in Ruhe, ebenso bei einer Umwendung. Beschreibe sie! Bei einer Schiebung gibt es dagegen $2 \cdot \infty^1$ Ruhespeere, und bei der identischen Bewegung deren ∞^2.

12. Warum läßt sich eine Affinität nicht als Speertransformation darstellen?

Abb. 28.

13. Der Winkel (u, v) zweier R_{n-1}
$$u_0 + u_1 x_1 + \ldots + u_n x_n = 0, \qquad v_0 + v_1 x_1 + \ldots + v_n x_n = 0$$
des R_n wird durch seinen Kosinus erklärt:
$$\cos(u, v) = \frac{u_1 v_1 + u_2 v_2 + \ldots + u_n v_n}{\sqrt{u_1^2 + u_2^2 + \ldots + u_n^2}\ \sqrt{v_1^2 + v_2^2 + \ldots + v_n^2}}.$$

Um ihn *vollständig* zu bestimmen, muß man noch über eine Irrationalität verfügen.

---

[1]) Sphärische Trigonometrie, orthogonale Substitutionen und elliptische Funktionen. Abh. der math. phys. Klasse der Kgl. Sächs. Ges. d. Wiss. Leipzig bei S. Hirzel. 1893.

23. Entfernung nichtparalleler Punkte. Für die Punkte einer *anisotropen* Geraden $u_1 x + u_2 y + u_3 = 0$ ergibt sich nach 4, (4) die Parameterdarstellung:

$$\xi : \eta : 1 = -u_3 u_1 + u_2 T : -u_3 u_2 - u_1 T : u_1^2 + u_2^2.$$

Sie ist nicht ganz sachgemäß, da sie nicht völlig homogen ist. Auf der Geraden $3:4:9$ liegt der Punkt $(-3/0)$. Für ihn wird $T = -12$. Schreibt man aber bei Einführung eines Proportionalitätsfaktors die Koordinaten der Geraden $6:8:18$, so findet man für T den Wert -24. Man kann also dem Punkte $(-3/0)$ alle möglichen Parameterwerte außer Null zuordnen. Umgekehrt kann man jedem von Null verschiedenen Parameterwert alle möglichen Punkte der Geraden zuordnen, mit einer einzigen Ausnahme. *Der Parameter T individualisiert den Punkt auf der Geraden nicht.* Eine solche Parameterdarstellung nennen wir *schlecht.*

Um sie zu bessern, setzen wir $T = u_0 t$. Dadurch wird die Homogenität erreicht, denn $u_0 = \sqrt{u_1^2 + u_2^2}$ hat dasselbe *Gewicht* wie die Geradenkoordinaten u, d. i. u_0 wird mit dem Faktor μ multipliziert, sobald die übrigen u den Proportionalitätsfaktor μ erhalten. *Zugleich damit ist aber die Gerade u orientiert.* Wir haben jetzt:

$$(19) \qquad \xi : \eta : 1 = -u_3 u_1 + u_2 u_0 t : -u_3 u_2 - u_1 u_0 t : u_0^2.$$

Hier gehört, was für Proportionalitätsfaktoren wir auch einführen, zu jedem Punkte der Geraden ein einziger ganz bestimmter Parameterwert t, und umgekehrt zu jedem Parameterwert t ein ganz bestimmter Punkt. Hier dürfen wir daher vom Punkte t der Geraden reden. Der Punkt $t = 0$ heiße *Zentralpunkt* der Geraden; er ist der Fußpunkt des vom Nullpunkte auf die Gerade u gefällten Lotes. (S. 35.)

Für das Abstandsquadrat der beiden Punkte t_1 und t_2 finden wir jetzt den Ausdruck:

$$(t_2 - t_1)^2,$$

also ein vollständiges Quadrat. Daher können und wollen wir festsetzen:

Der auf dem Speere $u_0 : u_1 : u_2 : u_3$ gemessene Abstand der beiden Punkte

$$-u_3 u_1 + u_2 u_0 t_1 : u_0^2, \quad -u_3 u_2 - u_1 u_0 t_1 : u_0^2$$
$$-u_3 u_1 + u_2 u_0 t_2 : u_0^2, \quad -u_3 u_2 - u_1 u_0 t_2 : u_0^2$$

sei $t_2 - t_1$. Der Punkt t_1 heiße Anfangspunkt, der Punkt t_2 Endpunkt der Strecke $t_1 \to t_2$.

Um jetzt den Abstand zweier durch ihre *Koordinaten* (ξ_1, η_1) und (ξ_2, η_2) gegebenen Punkte des Speeres zu ermitteln, brauchen wir zuerst ihre Parameter in der Darstellung (19). Man findet

$$u_2\,\xi_1 - u_1\,\eta_1 = u_0\,t_1, \qquad u_2\,\xi_2 - u_1\,\eta_2 = u_0\,t_2.$$

wodurch sich besonders klar zeigt, daß diese von der Orientierung abhängen. Jetzt ergibt sich:

Der auf dem Speere $u_0 : u_1 : u_2 : u_3$ *gemessene Abstand der beiden Punkte* (ξ_1, η_1) *(Anfangspunkt) und* (ξ_2, η_2) *(Endpunkt) ist*

$$(20) \qquad \frac{u_2\,(\xi_2 - \xi_1) - u_1\,(\eta_2 - \eta_1)}{u_0}.$$

Die Entfernung ändert also ihr Vorzeichen:

1. wenn bei gleichbleibender Orientierung der Geraden die Endpunkte der Strecke vertauscht werden;

2. wenn bei ungeänderten Endpunkten der Strecke die Orientierung geändert wird.

Ist eine Gerade orientiert, so hat jede Strecke auf ihr ein ganz bestimmtes Vorzeichen.

Ist auf einer Geraden eine einzige Strecke dem Vorzeichen nach gegeben, so ist sie dadurch orientiert. Denn aus (20) ergibt sich dann eindeutig u_0.

Ist auf einer Geraden eine einzige Strecke dem Vorzeichen nach gegeben, so sind es alle Strecken auf ihr. Denn der Quotient zweier Ausdrücke (20) ist von u_0 unabhängig, also *rational*.

Es folgt, daß die übliche Erklärung $P_3 P_4 = \sqrt{(x_4 - x_3)^2 + (y_4 - y_3)^2}$ unter Umständen nicht benutzt werden darf. Sind nämlich $P_3\,(x_3, y_3)$ und $P_4\,(x_4, y_4)$ auf der Geraden durch die *getrennten* Punkte $P_1\,(x_1, y_1)$ und $P_2\,(x_2, y_2)$ gelegen, so folgt nach (20):

$$P_3 P_4 : P_1 P_2 = u_2\,(x_4 - x_3) - u_1\,(y_4 - y_3) : u_2\,(x_2 - x_1) - u_1\,(y_2 - y_1),$$

d. i.:

$$(21) \qquad P_3 P_4 = \frac{u_2\,(x_4 - x_3) - u_1\,(y_4 - y_3)}{u_2\,(x_2 - x_1) - u_1\,(y_2 - y_1)}\,\sqrt{(x_2 - x_1)^2 + (y_2 - y_1)^2}.$$

Jetzt hängt also $P_3 P_4$ von der Irrationalität $\sqrt{(x_2 - x_1)^2 + (y_2 - y_1)^2}$ ab. Daß diese den Orientierungsprozeß besorgt, sieht man auch aus:

$$u_1 : u_2 : u_3 = y_1 - y_2 : x_2 - x_1 : x_1 y_2 - x_2 y_1.$$

Nunmehr geht (21) über in:

$$(22) \qquad P_3 P_4 = \frac{(x_2 - x_1)(x_4 - x_3) + (y_2 - y_1)(y_4 - y_3)}{\sqrt{(x_2 - x_1)^2 + (y_2 - y_1)^2}}.$$

Geometrisch hat das Vorzeichen der Strecke, wenn es sich um reelle Punkte handelt, eine ganz bestimmte Bedeutung. Es gibt dann Aufschluß über die gegenseitige Lage der einzelnen Punkte.

1. In Abb. 29 sind vier Punkte P_1, P_2, P_3, P_4 gezeichnet, die auf einer Geraden liegen. Bis dahin ist eine Vorzeichenbestimmung der einzelnen Strecken nicht möglich. Setzen wir aber willkürlich fest, daß $P_1 P_2$ positiv sein soll, so haben alle übrigen Strecken sofort ein ganz bestimmtes Vorzeichen. Dann ist z. B. $P_3 P_2$ positiv, $P_4 P_2$ negativ, $P_1 P_3$ positiv, $P_3 P_1$ negativ usw. Zugleich mit der erstgenannten Festsetzung ist dann auch ein Speer auf der Geraden ausgezeichnet; er zeigt so, wie es in der Abb. 29 angedeutet ist.

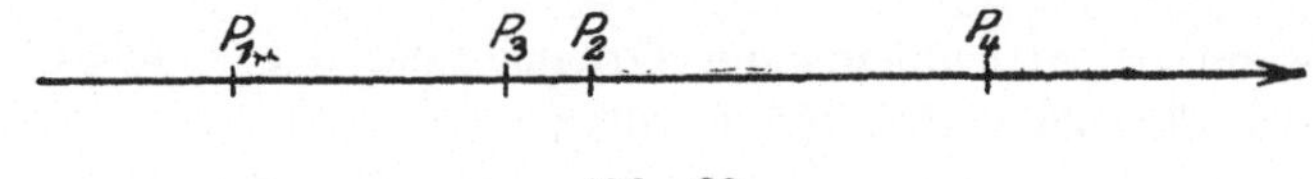

Abb. 29.

Umgekehrt sei der Durchlaufungssinn auf der Geraden so vorgeschrieben, wie es die Zeichnung zeigt. Dann sind alle Strecken dadurch eindeutig bestimmt; es ist dann $P_1 P_3$, $P_1 P_2$, $P_1 P_4$, $P_3 P_4$, $P_3 P_2$, $P_2 P_4$ positiv, alle übrigen Strecken negativ.

Hätten wir der Strecke $P_1 P_2$ das Minusvorzeichen vorgeschrieben, so hätten wir die Gerade entgegengesetzt orientieren müssen, wie es die Zeichnung angibt.

2. Statt (21) kann man auch schreiben;

$$(23) \quad P_3 P_4 = -P_4 P_3 = \frac{x_4 - x_3}{x_2 - x_1} \sqrt{(x_2 - x_1)^2 + (y_2 - y_1)^2} = \frac{y_4 - y_3}{y_2 - y_1} \sqrt{(x_2 - x_1)^2 + (y_2 - y_1)^2}.$$

Nachweis auf Grund der Identität

$$\frac{pa + qb}{pc + qd} = \frac{a}{c} + \frac{q(bc - ad)}{c(pc + qd)}.$$

Zusammenhang mit ähnlichen Dreiecken!

3. Wann ist für vier getrennte Punkte [vgl. (21)]:

$$[(x_2 - x_1)^2 + (y_2 - y_1)^2] \cdot [(a_2 - a_1)^2 + (b_2 - b_1)^2] = [(a_2 - a_1)(x_2 - x_1) + (b_2 - b_1)(y_2 - y_1)]^2 ?$$

4. Der Speer $u_0 : u_1 : u_2 : u_3$ falle mit dem positiven X-Speer zusammen. Zeige, daß dann (vgl. (20)):

$$P_1 P_2 = x_2 - x_1.$$

Wir sprechen die letzte Formel, gegen die sich Verstöße nachweisen lassen, ausdrücklich aus:

Die Entfernung zweier Punkte auf der „X-Achse" findet man, indem man die Abszisse des Anfangspunktes von der Abszisse des Endpunktes subtrahiert. (Historisch versteht man unter Achsen nicht gerade Linien, sondern Speere.)

5. Will man Strecken, die auf einer Geraden liegen, miteinander vergleichen, so muß auf der Geraden erst ein Speer ausgezeichnet werden, auf

dem dann alle Abstände zu messen sind. Ein anderes Verfahren befolgt man in der elementaren Optik, wo die Hauptsymmetrieachse einer Linse zwei verschiedene Orientierungen trägt, eine für die Messung der Bildweite und eine für die der Gegenstandsweite. Es hängt das mit der Abneigung des Physikers gegen negative Größen zusammen. Die Folge ist, daß man mehrere Linsengesetze statt eines einzigen erhält, und daß die Vorzeichen immer unsicher sind, sobald man Linsensysteme betrachtet. Sowie die Zahl der Linsen eines solchen Systemes auch nur drei beträgt, ist es kaum noch möglich, zwischen all diesen Orientierungen durchzufinden. Übrigens lassen sich bei diesem Verfahren negative Größen doch nicht immer vermeiden.

6. Will man also Strecken auf einer anisotropen Geraden vergleichen, so hat man in (22) der Quadratwurzel überall dasselbe Vorzeichen beizulegen; welches, ist gleichgültig. So beweist man:

$$P_2 P_3 + P_3 P_1 + P_1 P_2 = 0.$$

Diese Gleichung läßt sich auf keine andere Weise korrekt beweisen. Sie gilt für alle Lagebeziehungen (will man mit absoluten Längen arbeiten, so ist sie bekanntlich durch eine von drei verschiedenen zu ersetzen), auch wenn die drei Punkte teilweise oder sämtlich zusammenfallen.

7. Für vier Punkte einer Geraden gilt die Beziehung:

$$P_0 P_1 \cdot P_2 P_3 + P_0 P_2 \cdot P_3 P_1 + P_0 P_3 \cdot P_1 P_2 = 0.$$

8. In (19) bedeutet der Parameter t die Strecke, deren Anfangspunkt der Zentralpunkt, deren Endpunkt (ξ, η) ist, gemessen auf dem Speere $u_0 : u_1 : u_2 : u_3$.

9. Warum gelten die ganzen Entwicklungen dieses Abschnitts 23 nur für Strecken auf Euklidischen Geraden?

10. Zentralpunkt isotroper Geraden! Welche beiden Abstandsformeln behalten ihren Sinn?

11. Das Verhältnis zweier Entfernungen auf einer anisotropen Geraden ist rational. Beide Entfernungen müssen zwar auf demselben Speere gemessen werden; auf welchem, ist aber gleichgültig. Unter dem *Teilverhältnis*, in welches der Punkt t die Strecke $t_1 t_2$ teilt, versteht man den Quotienten $t_1 - t : t - t_2$; der Parameter des Teilpunkts soll also *zwischen* denen von Anfangspunkt und Endpunkt vorkommen. Der Punkt t teilt die Strecken $t_1 t_2$ und $t_2 t_1$ nach reziproken Teilverhältnissen. Drei Punkte A, B, C einer Geraden geben zu sechs Teilverhältnissen Anlaß. Eines davon sei λ; zeige, daß die übrigen die Gestalt $\dfrac{a\lambda + b}{c\lambda + d}$ haben. Dabei ist $ad - bc = \pm 1$.

Die Summe dieser sechs Werte ist -3. Besondere Tripel ergeben sich daraus in den drei Fällen, in denen mehrere Werte des Teilverhältnisses zusammenfallen:

a) Hat das Teilverhältnis einen der drei Werte -1, 0, ∞, so liegt einer der drei Punkte unendlich fern (Zus. 12) oder zwei der drei Punkte fallen zusammen;

b) hat das Teilverhältnis einen der drei Werte $+1$, -2, $-\frac{1}{2}$, so ist einer der drei Punkte die Mitte der beiden andern;

c) hat das Teilverhältnis einen der beiden Werte ε, ε^2, wo ε eine imaginäre dritte Einheitswurzel ist, so behält es seinen Wert bei allen zyklischen Vertauschungen der drei Punkte, vgl. 35, Zus. 9. 10.

12. Zeige: Der Punkt $P(\xi, \eta)$ auf der *Geraden* $P_1(x_1, y_1)$, $P_2(x_2, y_2)$ teilt die *Strecke* $P_1 P_2$ ins Verhältnis φ, wenn

$$\xi = \frac{x_1 + \varphi x_2}{1 + \varphi}, \qquad \eta = \frac{y_1 + \varphi y_2}{1 + \varphi}.$$

Voraussetzungen! Eindeutigkeit des Teilpunktes (Gegensatz zum elementaren Standpunkt). Welcher Wert des Teilverhältnisses kann nicht eintreten? Suche durch einen Grenzübergang den Wert des Teilverhältnisses im Punkte (x_2, y_2) zu ermitteln. Die letzten Formeln geben eine Parameterdarstellung der Punkte der Geraden durch P_1 und P_2 *auch dann noch*, wenn diese beiden Punkte parallel sind, und auch dann heißt φ das Teilverhältnis, obwohl es dann nicht mehr als Quotient zweier Strecken auf der (isotropen) Geraden erklärt werden kann. — Dem Teilverhältnis $\varphi = -1$ kann kein Punkt (ξ, η) zugeordnet werden. Vollzieht man den Grenzübergang zu $\varphi = -1$, so wächst das Quadrat der Entfernung $(P_1 P)$ seinem absoluten Betrag nach unbegrenzt. Daher ist es bequem, von *dem unendlich fernen* Punkt der (*anisotropen!*) Geraden $P_1 P_2$ zu reden. Dieser läßt sich nicht mehr durch Koordinaten angeben (vgl. 24). Warum darf man nicht von einem *unendlich fernen* Punkte einer Isotropen reden?

13. Bei der Dehnung **13**, (29 a b) werde jede *Sehne* (**14**, Zus. 19), also jede Strecke $(x, y) \rightarrow (x', y')$ ins Verhältnis $1 : \sqrt{p^2 + q^2}$ geteilt. Diese (beiden) Teilpunkte erfüllen bei den *gleichsinnigen* Dehnungen die ganze Ebene, aber bei den Streckungen fallen sie sämtlich in den Ruhepunkt, soweit der eine Wert der Quadratwurzel in Frage kommt. (Für den andern?) Sonderfall der Bewegungen (vgl. **14**, Zus. 19)! Bei ungleichsinnigen Dehnungen erfüllen diese Teilpunkte nur zwei gerade Linien. Sonderfall der Umlegungen (vgl. **14**. Zus. 20)!

14. Teilen die Punkte t_3 und t_4 die Strecke $t_1 t_2$ nach den Verhältnissen φ und $-\varphi$, so sagt man, das Punktepaar $t_1 t_2$ wird durch t_3 und t_4 *harmonisch getrennt* (**35**). Die Sehnen einer gegensinnigen Dehnung werden durch die beiden Ruhegeraden harmonisch getrennt.

15. Nach dem letzten Satze kann man von einer gegensinnigen Dehnung, die durch zwei Paare zugeordneter Punkte $P \rightarrow P'$, $Q \rightarrow Q'$ gegeben ist, die Ruhegeraden und den Ruhepunkt zeichnen. Voraussetzungen!

16. Unter dem Speere, der vom *reellen* Punkt $P_1 (x_1, y_1)$ nach dem *reellen* Punkte $P_2 (x_2, y_2)$ *zeigt*, versteht man den Speer, auf dem gemessen die Strecke mit dem Anfangspunkt P_1 und dem Endpunkt P_2 *positiv* ist. Er hat die Koordinaten:

$$u_0 : u_1 : u_2 : u_3 = \sqrt{(x_2 - x_1)^2 + (y_2 - y_1)^2} : y_1 - y_2 : x_2 - x_1 : x_1 y_2 - x_2 y_1 \,.$$

Er bildet gegen den positiven X-Speer einen Winkel, dessen Kosinus und Sinus das Vorzeichen von $x_2 - x_1$ bzw. $y_2 - y_1$ haben.

Hiernach kann man die Koordinaten der Seitenspeere eines Dreiecks mit reellen Ecken angeben, welches in der Reihenfolge $P_1 P_2 P_3$ umlaufen werden soll.

17. Alle zu einem Speere syntaktischen sollen angegeben werden. Der in **22**, Zus. 1 gebrachte synthetische Begriff syntaktischer Speere wird analytisch durch die Forderung gefaßt: Syntaktische Speere bilden gegen einen weiteren Speer denselben Winkel. Voraussetzungen! Erweiterung der Definition!

18. Es seien u und v zwei *Speere*. Die beiden Geraden

$$u_0 v_1 + u_1 v_0 : u_0 v_2 + u_2 v_0 : u_0 v_3 + u_3 v_0,$$
$$u_0 v_1 - u_1 v_0 : u_0 v_2 - u_2 v_0 : u_0 v_3 - u_3 v_0$$

heißen ihre erste und zweite *Mittelgerade*. Fallen die beiden Speere, die jetzt einmal beide als anisotrop vorausgesetzt werden, zusammen, so behält die erste Mittelgerade ihren Sinn (welchen?), während die zweite *unbestimmt* wird. Das Gegenteil findet statt, wenn die beiden Speere entgegengesetzt sind Für *parataktische* Speere, d. i. solche auf parallelen Trägern, wird eine Mittelgerade *uneigentlich*, die andere bleibt eigentlich. Fall der Syntaxie und der Antitaxie! Geometrische Bedeutung der Mittelgeraden bei nichtparataktischen

Speeren! Die erste Mittelgerade ist (immer?) Symmetrieachse der Figur der beiden Speere, *nicht aber die zweite.* Das heißt: nur bei der Spiegelung an der ersten Mittelgeraden werden die beiden Speere u und v miteinander vertauscht.

Jetzt soll untersucht werden, was aus den Mittelgeraden wird, wenn ein Speer (oder auch beide) isotrop oder uneigentlich wird.

19. Eine Bewegung werde als Speertransformation (21, Zus. 1. 22, S. 103) betrachtet, und man bilde die Mittelgeraden für alle Paare u, u' zugeordneter Speere.

$$U_1':U_2':U_3' = \alpha_0(\alpha_0 u_1+\alpha_3 u_2):-\alpha_0(\alpha_3 u_1-\alpha_0 u_2):\alpha_3(\alpha_1 u_1+\alpha_2 u_2+\alpha_3 u_3)+\alpha_0(\alpha_2 u_1-\alpha_1 u_2+\alpha_0 u_3),$$
$$U_1'':U_2'':U_3'' = \alpha_3(\alpha_3 u_1-\alpha_0 u_2):\alpha_3(\alpha_0 u_1+\alpha_3 u_2):-\alpha_3(\alpha_1 u_1+\alpha_2 u_2)+\alpha_0(\alpha_1 u_2-\alpha_2 u_1).$$

Die ersten Mittelgeraden erfüllen die ganze Ebene oder vereinigen sich ($\alpha_0 = 0$) für die Umwendungen sämtlich in der uneigentlichen Geraden.

Die zweiten Mittelgeraden nehmen nur ∞^1 Lagen ein (Parameter $u_1:u_2$) und laufen wegen $\alpha_1 U_1''+\alpha_2 U_2''+\alpha_3 U_3''=0$ durch den Drehungsmittelpunkt. Für $\alpha_3 = 0$, also für die Schiebungen fallen sie alle in die uneigentliche Gerade.

20. Bei einer Umlegung gibt es ∞^1 zweite Mittelgeraden, die das Parallelenbüschel senkrecht zur Umlegungsachse erfüllen. Auch die ersten Mittelgeraden kommen nur in ∞^1 Exemplaren vor und erfüllen dann das Parallelenbüschel parallel zur Umlegungsachse, oder es liegt eine Spiegelung vor, wo die Spiegelungsachse einzige erste Mittelgerade ist.

21. Das Mittellot (11, Zus. 1) auf der Sehne $(x, y) \rightarrow (x', y')$ einer (nicht identischen) Transformation (14, Zus. 19) heiße eine *Normale*[1]) der Transformation. Bei einer Bewegung gibt es dann ∞^1 Normalen, die durch den Drehungsmittelpunkt laufen, oder ein Parallelenbüschel erfüllen. Bei einer nichtinvolutorischen Umlegung gibt es ∞^2 Normalen; bei einer Spiegelung nur eine einzige, die Spiegelungsachse.

22. Bei der anisotropen Schiebung
$$x' = x + a, \qquad y' = y + b$$
wird jeder Punkt (x_0, y_0) auf einer durch ihn laufenden Geraden $x-x_0:y-y_0 = a:b$ fortgeführt. Sie hat die Koordinaten $-b:+a:-ay_0+bx_0$ und wird damit durch die Irrationalität $\sqrt{a^2+b^2}$ orientiert. Dann heißt der Winkel φ eines solchen Speeres gegen den positiven X-Speer, für den also
$$\cos \varphi = \frac{a}{\sqrt{a^2+b^2}}, \qquad \sin \varphi = \frac{b}{\sqrt{a^2+b^2}}$$

die *Schiebungsrichtung.* Für die Entfernung $(x_0, y_0) \rightarrow (x_0', y_0')$ findet man dann nach 23, (20) den Betrag $\sqrt{a^2+b^2}$, und dieser heiße die *Schrittweite* der Schiebung (*passo* bei den Italienern). Bezeichnen wir sie mit 2η, so ist rational
$$2\eta \cos \varphi = a, \qquad 2\eta \sin \varphi = b;$$

wählt man aber, was erlaubt ist, die Schiebungsrichtung entgegengesetzt, so ist φ durch $\pi + \varphi$ zu ersetzen, und η durch $-\eta$. Die Schiebung von der Schrittweite 2η in der Richtung φ hat die Parameter (vgl. 14, S. 49):
$$\alpha_0 : \alpha_1 : \alpha_2 : \alpha_3 = -1 : \eta \cos\left(\frac{\pi}{2}+\varphi\right) : \eta \sin\left(\frac{\pi}{2}+\varphi\right) : 0.$$

---

[1]) Nach **Study**, Math. Ann. **39** (1891), S. 447. Ebendort die Begriffe der Sehnenmitten und der beiden Mittelgeraden.

23. Zerlegt man eine anisotrope Schiebung in zwei Umwendungen (vgl. **15**, Zus. 4), so ist der Abstand der Umwendungsmittelpunkte gleich der halben Schrittweite. Genauer Sinn dieser Behauptung!

24. Zerlegt man eine Drehung in zwei Spiegelungen, so ist der Winkel der beiden Spiegelungsachsen gleich dem halben Drehungswinkel (vgl. **14**, S. 49).

25. Zerlegt man eine Schiebung in zwei Spiegelungen, so ist der Abstand der beiden parallelen Spiegelungsachsen gleich der halben Schrittweite. Genauer Sinn dieser Behauptung! Zeige allgemein, daß der Abstand paralleler Geraden, die als Anfangsgerade und Endgerade unterschieden sind, eindeutig bestimmt werden kann, wenn ein gemeinsames Lot orientiert ist [vgl. **25**, (25)].

26. Die Darstellungen der Gruppe der automorphen Dehnungen einer Geraden **16**, Zus. 10 sind schlecht im oben erklärten Sinne. Ersetze sie durch bessere!

27. Die Ausführungen des Textes über Abhängigkeit der Irrationalitäten für mehrere Punkte einer Geraden (eines R_1) sollen auf den R_n ausgedehnt werden.

24. Polarkoordinaten. Als Polarkoordinaten eines Punktes bezeichnet man zwei aus den Kartesischen (18, Zus. 3) Koordinaten (x, y) abzuleitende Zahlen (ϱ, φ), für die

$$\varrho \cos \varphi = x, \qquad \varrho \sin \varphi = y.$$

Hieraus ergibt sich

$$\varrho = \sqrt{x^2 + y^2},$$

wo die Wurzel beliebig genommen werden darf. Dann wird φ *vollständig*, d. i. mod 2π bestimmt durch *zwei* der folgenden drei Gleichungen

$$\cos\varphi = \frac{x}{\varrho}, \qquad \sin\varphi = \frac{y}{\varrho}, \qquad \operatorname{tg}\varphi = \frac{y}{x}.$$

(Die letzte Gleichung allein genügt nicht.)

Wird der Quadratwurzel der entgegengesetzte Wert beigelegt, so ändert sich die Größe φ um π.

Damit kommen wir zum ersten Übelstand der Polarkoordinaten. Jeder Punkt wird durch *zwei* Systeme von Polarkoordinaten geliefert, (ϱ, φ) und $(-\varrho, \pi + \varphi)$. Der zweite Übelstand besteht darin, daß sich die Punkte des reduziblen Kreises $x^2 + y^2 = 0$ der Darstellung durch Polarkoordinaten entziehen. (Im reellen Gebiet trifft das nur für den Punkt $(0, 0)$ zu.) Dann wird nämlich ϱ zu Null, während φ ganz unbestimmt bleibt.

Demgegenüber steht ein Vorteil. Man kann mit den Polarkoordinaten leicht gewisse Grenzübergänge vollziehen, die uns befähigen „unendlich ferne“, oder wie wir lieber sagen wollen, *uneigentliche* Punkte zu erfassen.

Wir zeigen das an einem Beispiel. Die anisotrope Gerade u hat in Polarkoordinaten die Gleichung $u_1 \varrho \cos\varphi + u_2 \varrho \sin\varphi + u_3 = 0$.

Da uns das Verhalten im Nullpunkt (der auch *Pol* der Polarkoordinaten heißt) nicht interessiert, dürfen wir schreiben

$$u_1 \cos\varphi + u_2 \sin\varphi + \frac{u_3}{\varrho} = 0.$$

Jetzt gehen wir zur Grenze $\varrho = \infty$, d. i. $\frac{1}{\varrho} = 0$, über. Das gibt für die Koordinate φ noch

$$\operatorname{tg}\varphi = -\frac{u_1}{u_2}.$$

Damit erhalten wir aber den Winkel φ der Geraden gegen die X-Achse.

Insofern uns die Frage nach unendlich fernen Punkten auf eine Richtung geführt hat, dürfen und wollen wir geradezu identifizieren:

Uneigentlicher Punkt = Richtung.

Bei unserm Grenzübergang ist u_3 ganz fortgefallen:

Parallelen Geraden darf derselbe uneigentliche Punkt beigelegt werden. Dieser so vielfach mißverstandene Satz bedeutet also ganz anspruchslos: Parallele Gerade haben dieselbe Richtung.

Dabei sind als identisch solche „Richtungen" anzusehen, die sich um π unterscheiden, d. i. antitaktische Speere haben dann dieselbe Richtung. Die Richtung war durch den Tangens definiert; als Koordinate eines uneigentlichen Punktes kann daher $\operatorname{tg}\varphi$ dienen. Es gibt ∞^1 uneigentliche Punkte.

Den Wert dieser Betrachtungsweise zeigen wir an einem andern Beispiel. Es soll ein eigentlicher Punkt mit einem uneigentlichen verbunden werden.

In **4**, (1)

$$(y_1 - y_2)\,x + (x_2 - x_1)\,y + x_1\,y_2 - x_2\,y_1 = 0$$

setzen wir $x_2 = \varrho\cos\varphi$, $y_2 = \varrho\sin\varphi$, so daß also der Punkt (x_2, y_2) uneigentlich werden soll. Das gibt beim Grenzübergang zu $\varrho = \infty$:

$$-\sin\varphi\,x + \cos\varphi\cdot y + x_1\sin\varphi - y_1\cos\varphi = 0;$$
$$\cos\varphi\,(y - y_1) = \sin\varphi\,(x - x_1).$$

In elementarer Sprache löst diese Gleichung eine ganz andere Aufgabe wie **4**, (1), und der Zusammenhang zwischen beiden bleibt verborgen. Von der letzten Gleichung aus kann man noch einen Schritt weiter gehen und jetzt nach der Verbindungsgeraden zweier uneigentlichen Punkte fragen, von denen der erste die Koordinate $\operatorname{tg}\varphi$ hat, während der andere davon getrennt sein soll. Er heiße $\operatorname{tg}\varphi_1$; $(\varphi_1 + \varphi + \varphi + \pi)$. So erhalten wir

$$\cos\varphi\,(y - \varrho\sin\varphi_1) = \sin\varphi\,(x - \varrho\cos\varphi_1).$$

8*

Die Koordinaten der Verbindungsgeraden heißen in der Grenze $0:0:\sin(\varphi-\varphi_1)=0:0:1$. Als Verbindungsgerade zweier uneigentlichen Punkte gewinnt man so die uneigentliche Gerade.

Auch mit der *Gleichung* eines Punktes gelingt auf diese Weise der Grenzübergang, der es ermöglicht, auch einem uneigentlichen Punkte eine Gleichung beizulegen. Die Gleichung des Punktes (x, y) lautete (vgl. **19**, Zus. 9).

$$x\,u_1 + y\,u_2 + u_3 = 0.$$

Daraus wird $\varrho\cos\varphi\,u_1 + \varrho\sin\varphi\,u_2 + u_3 = 0$, oder in der Grenze

$$\cos\varphi\,u_1 + \sin\varphi\,u_2 = 0.$$

Jetzt wird eine Einschränkung in **19**, Zus. 9 aufgeklärt. Die Gleichung $a\,u_1 + b\,u_2 + c\,u_3 = 0$ stellte einen Punkt nur dann dar, wenn $c \neq 0$. Ist aber $c = 0$, so gibt sie nach unsern jetzigen Überlegungen die *Gleichung des uneigentlichen Punktes* $\operatorname{tg}\varphi = \dfrac{b}{a}$. Wir fassen zusammen:

Die homogene lineare Gleichung in Geradenkoordinaten
$$a\,u_1 + b\,u_2 + c\,u_3 = 0$$
wird erfüllt

$(c \neq 0)$ von allen Geraden durch den *eigentlichen* Punkt $(a:c,\ b:c)$, $(c = 0)$ von allen Geraden des *Parallelenbüschels* $\operatorname{tg}\varphi = b:a$. $(b:a \neq 1:\pm i)$.

Man kann also auch identifizieren

eigentlicher Punkt　　　Geradenbüschel
uneigentlicher Punkt　　Büschel Euklidischer Parallelen.

Dagegen lassen sich, wenigstens an dieser Stelle, den beiden Büscheln isotroper Geraden keine uneigentlichen Punkte zuordnen.

Es ist aber immer zu beachten, daß die uneigentlichen Punkte nur durch einen Grenzübergang zustande gekommen sind. Man kann ohne sie auskommen, und dieser Standpunkt ist gewiß berechtigt. Indessen fällt durch diese Grenzübergänge Licht auf manche Gegenstände, so daß die Einführung der uneigentlichen Punkte in die *elementare* Geometrie doch von systematischem Interesse sein kann. (In andern Zweigen der Geometrie (**29**) sind uneigentliche Punkte in demselben Sinne existenzberechtigt, wie die eigentlichen Punkte.) Ein Nutzen der uneigentlichen Punkte besteht darin, daß mit ihrer Hilfe gewisse Ausnahmen beseitigt werden können. Das zeigen die beiden Paare von Sätzen, die von verschiedenen Standpunkten aus dasselbe besagen:

Zwei getrennte anisotrope Gerade haben *stets* einen einzigen Schnittpunkt.

Eine eigentliche Gerade hat mit der Parabel $y^2 - 2x = 0$ stets zwei zusammenfallende oder getrennte Punkte gemeinsam.

Zwei getrennte anisotrope Gerade haben *nicht immer* einen Schnittpunkt.

Eine eigentliche Gerade hat mit der Parabel zwei getrennte oder zusammenfallende Schnittpunkte, *oder endlich nur einen einzigen einfachzählenden Schnittpunkt.*

Aus $y = 0$, $y^2 - 2x = 0$ folgt als einziger einfach zählender *eigentlicher* Schnittpunkt der Nullpunkt. Dazu kommt noch der uneigentliche Punkt $\operatorname{tg}\varphi = 0$. Er ist nämlich sowohl Punkt der Parabel, als auch der Geraden.

In der Lehre von den Kurven zweiter Ordnung kann die Parabel häufig mit Vorteil als Grenzfall einer Ellipse oder Hyperbel angesehen werden (vgl. 18, Zus. 8). Dabei gehen gewisse Kreise, die mit der Ellipse verbunden sind (Leitkreis, Hauptkreis) in gerade Linien über (Leitgerade, Scheiteltangente). Wir wollen daher hier noch zeigen, wie ein Kreis in eine gerade Linie übergehen kann, wenn sein Mittelpunkt uneigentlich wird.

Die Gleichung des Kreises sei $(x - a)^2 + (y - b)^2 - r^2 = 0$. Von ihm soll nicht nur der Mittelpunkt uneigentlich werden, sondern auch der Radius unendlich groß. Dazu beseitigen wir den Einfluß des Radius durch die Forderung, daß der Kreis durch einen eigentlichen Punkt (x_0, y_0) gehe, der festgehalten wird. Dann ist

$$x^2 - x_0^2 + y^2 - y_0^2 = 2\,a\,(x - x_0) + 2\,b\,(y - y_0).$$

Jetzt kann man für a und b Polarkoordinaten einführen, denn hier soll der Mittelpunkt uneigentlich werden, und zur Grenze übergehen. Das gibt

$$\cos\varphi\,(x - x_0) + \sin\varphi\,(y - y_0) = 0,$$

wie hier auch durch die Anschauung geliefert wird.

1. Wie heißen die uneigentlichen Punkte der Ellipse $b^2 x^2 + a^2 y^2 - a^2 b^2 = 0$ und der Hyperbel $b^2 x^2 - a^2 y^2 - a^2 b^2 = 0$? Hat auch der Kreis uneigentliche Punkte? Wesen der Asymptoten!

2. Pole in bezug auf den Kreis für seine Durchmesser (vgl. 20, Zus. 4. 5).

3. Zeige, wie aus einem Leitkreis der Ellipse oder Hyperbel die Leitgerade der Parabel hervorgeht.

4. Bedeutung der Kurve $(\xi - x_1)(\xi - x_2) + (\eta - y_1)(\eta - y_2) = 0$. Gib vier Punkte auf ihr an! Besonderheit, wenn die Punkte (x_1, y_1) und (x_2, y_2) zueinander parallel sind.

5. Die Gleichung

$$\lambda\,[(\xi - x_1)(\xi - x_2) + (\eta - y_1)(\eta - y_2)] + \mu\,[(y_1 - y_2)(\xi - x_1) + (x_2 - x_1)(\eta - y_1)] = 0$$

stellt für veränderliches $\lambda : \mu$ ein *Kreisbüschel* dar, d. i. die Figur aller Kreise durch die beiden als getrennt vorausgesetzten Punkte (x_1, y_1) und (x_2, y_2). Ausnahme! Sind die beiden Punkte nicht parallel, so stellt die Gleichung

$$[(x_2 - x_1)^2 + (y_2 - y_1)^2]\,\sigma\,[(\xi - x_1)^2 + (\eta - y_1)^2] + \tau\,[(\xi - x_2)^2 + (\eta - y_2)^2] = 0$$

bei veränderlichem $\sigma : \tau$ ebenfalls ein Kreisbüschel dar. Die gemeinsamen Schnittpunkte aller Kreise dieses Büschels bilden mit denen des vorigen Büschels zusammen ein Elementarvierseit. Die beiden Büschel heißen *zueinander reziprok*.

6. Was entsteht aus den beiden zueinander reziproken Kreisbüscheln, wenn der Punkt (x_2, y_2) uneigentlich wird? Wodurch ist beim zweiten Büschel der Grenzübergang ermöglicht? Zusammenhang dieser Figur (und auch der vorhergehenden) mit physikalischen Frageh!

7. Mit der Figur aller Geraden durch einen Punkt und aller Kreise um ihn soll jetzt ein weiterer Grenzübergang vorgenommen werden, so daß der Mittelpunkt der Figur uneigentlich wird. Dazu nehme man etwa eine isotrope Gerade, die nicht durch den Mittelpunkt der Figur läuft, und auf ihr irgendeine Parameterdarstellung. Durch jeden ihrer Punkte läuft eine einzige Gerade des Büschels, und auch ein einziger Kreis vom fraglichen Mittelpunkt, den man jetzt uneigentlich werden lassen kann. Worin besteht das Wesentliche der Herleitung? Suche den Grenzübergang, der zwei aufeinander senkrechte Parallelenbüschel liefert, auch auf andere Weise zu vollziehen. In welchem Sinne kann man jetzt die Polarkoordinaten allgemeiner nennen als die Kartesischen?

8. Das Wesentliche an einem „System" von Punktkoordinaten kann jetzt so gefaßt werden: In der Ebene müssen zwei Scharen von je ∞^1 Kurven gegeben sein, so daß jedem Punkte des darzustellenden Gebietes, allenfalls abgesehen von einzelnen Ausnahmen, eine Kurve jeder Schar zugeordnet werden kann. Die Parameter der beiden Kurven können dann als neue Koordinaten des Punktes angesehen werden. Diese können für spezielle Probleme häufig mit Nutzen verwandt werden. Anwendung auf isotrope Koordinaten (**18**, Zus. 3).

9. Zur Darstellung von ∞^2 Punkten braucht man *zwei* Parameter. Diese werden gerne mit u und v bezeichnet. Zeige, daß bei der Darstellung

$$x = \frac{p}{2}\,uv, \qquad y = \frac{p}{2}\,(u + v)$$

die Kurven $u = \text{const.}$, $v = \text{const.}$ Tangenten der Parabel $y^2 - 2px = 0$ sind. u und v sind die neuen Koordinaten des Punktes (x, y). Zeige weiter, daß für reelle u, v (und p) nur die Punkte „außerhalb" der Parabel gewonnen werden. Fälle $u = v$! Graphische Lösung quadratischer Gleichungen! — Verallgemeinere das Verfahren auf die Punktgebiete außerhalb der Ellipse, der Hyperbel, des Kreises.

10. Zeige, daß die *nichtlineare* Transformation

$$x' = -x + \frac{y^2}{p}, \qquad y' = y$$

involutorisch ist und (im Bereich der reellen Punkte für $p = \bar{p}$) das Innere der Parabel $y^2 - 2px = 0$ mit dem Äußeren vertauscht. Wie werden die Punkte der Kurve selbst transformiert? Zeige, daß die Transformation ausnahmslos umkehrbar eindeutig ist. Sie heißt eine *birationale* Punkttransformation oder auch, nach dem italienischen Mathematiker, eine *Cremona*transformation. Sie läßt eine sehr einfache geometrische Konstruktion zu. Welche? (Man kommt ohne Benutzung paralleler Geraden aus.) Ist sie auch noch umkehrbar eindeutig, sobald man uneigentliche Punkte betrachtet? Die vorgelegte Transformation heiße *Inversion* an der Parabel $y^2 - 2px = 0$. Sie ist invariant gegenüber affinen Transformationen (genauer Sinn dieser Aussage!).

11. Jetzt findet man mit Hilfe der Inversion an der Parabel für die Punkte des Inneren ($p = \bar{p}$, $u = \bar{u}$, $v = \bar{v}$) die Parameterdarstellung

$$x = \frac{p}{4}\,(u^2 + v^2), \qquad y = \frac{p}{2}\,(u + v).$$

12. Verallgemeinere die geometrische Konstruktion der Inversion an der Parabel zu einer Inversion an der Ellipse, der Hyperbel, dem Kreise. Zeige, daß die Inversion am Kreise mit der in 10, Zus. 2 so genannten Transformation zusammenfällt. Transformationsformeln! Koordinaten für das Innere dieser Kurven! Zeige, daß jedesmal ein (eigentlicher) Punkt singuläres Verhalten aufweist.

13. Mit der Inversion am Kreise soll ein Grenzübergang vorgenommen werden, so daß sie in die Spiegelung an einer Geraden übergeht.

14. Mit den Drehungen um einen Punkt soll ein Grenzübergang vorgenommen werden, so daß sie in die Schiebungen übergehen.

15. In welchem Sinne durften in 5, Zus. 3 und 17 gewisse gerade Linien als solche von reeller Richtung bezeichnet werden? Warum können sie keinen reellen eigentlichen Punkt haben?

16. Bei einer Affinität werden auch die uneigentlichen Punkte transformiert, bei der Transformation 13, (27) in folgender Weise:

$$\operatorname{tg}\varphi' = p_2 + q_2\operatorname{tg}\varphi : p_1 + q_1\operatorname{tg}\varphi\,.$$

Danach kann man nach uneigentlichen Ruhepunkten fragen. Sie ergeben sich aus einer der beiden quadratischen Gleichungen

$$q_1\operatorname{tg}^2\varphi_0 + (p_1 - q_2)\operatorname{tg}\varphi_0 - p_2 = 0, \qquad q_1 + (p_1 - q_2)\cot\varphi_0 - p_2\cot^2\varphi_0 = 0\,.$$

Hier sind die verschiedenen Fälle von 6 zu unterscheiden. Mit zwei Gleichungen statt einer einzigen muß man rechnen, *weil die Unbekannte unendlich werden kann.* Wenn das zulässig ist, so vereinfachen sich die fünf Fälle von 6 auf drei. Das soll im einzelnen ausgeführt werden.

Aber es ist auch noch zu beachten, daß $\operatorname{tg}\varphi$ nicht die Werte $\pm i$ annehmen kann. Somit bleibt: Jede Affinität, die keine gleichsinnige Dehnung ist, hat zwei getrennte, zwei zusammenfallende, einen einfach zählenden oder endlich keinen uneigentlichen Ruhepunkt. Zähle die Kriterien für die einzelnen Fälle auf! Aus diesen vier Fällen werden später, wenn der Begriff des uneigentlichen Punktes erweitert wird, (vgl. 30) zwei Fälle.

17. Eine gleichsinnige Dehnung hat keinen uneigentlichen Ruhepunkt, oder alle uneigentlichen Punkte bleiben einzeln in Ruhe. Letzteres tritt bei den Streckungen (und daher insbesondere bei den Schiebungen) ein.

18. Bei jeder gegensinnigen Dehnung gibt es zwei getrennte uneigentliche Ruhepunkte. Wie lauten diese, in den Parametern ausgedrückt?

19. Wann stellt die Gleichung $au_1 + bu_2 + cu_3 = 0$, worin a, b und c nicht gleichzeitig verschwinden, keinen Punkt dar? (Zwei Fälle!)

20. Es soll in der Parameterdarstellung

$$\xi = \frac{a_1 + m a_2}{1 + m}, \qquad \eta = \frac{b_1 + m b_2}{1 + m}$$

(vgl. 23, Zus. 12) der Punkte der geraden Linie durch (a_1, b_1) und (a_2, b_2) der uneigentliche Punkt ermittelt werden. Man setze $\xi = \varrho\cos\varphi$, $\eta = \varrho\sin\varphi$ und bilde $\operatorname{tg}\varphi$. Dann zeigt man, daß der dafür gefundene Ausdruck $b_1 + b_2 m : a_1 + a_2 m$ in der Grenze für $m = -1$ den im Texte (S. 116) erklärten uneigentlichen Punkt liefert, der demnach (Voraussetzung!) auch als unendlich fern im Sinne von (23, Zus. 12) bezeichnet werden kann.

21. Wie heißen die Gleichungen der uneigentlichen Punkte der Koordinatenachsen?

22. Es seien $P = 0$ und $Q = 0$ die Gleichungen zweier Punkte. Wann stellt bei veränderlichem $\lambda : \mu$ die Gleichung $\lambda P + \mu Q = 0 \; \infty^1$ Punkte dar? Was für eine Figur bilden sie?

23. Die isotropen Geraden haben keinen uneigentlichen Punkt (vgl. aber 30).

24. $P = 0$ und $Q = 0$ seien die Gleichungen getrennter Punkte. Was läßt sich von den beiden Punkten $\lambda P + \mu Q = 0$ und $\lambda P - \mu Q$ aussagen? (S. 112.)

25. Löse *vollständig* die in 30, Zus. 11 und 6, Zus. 2 angegebenen Systeme von Gleichungen! Sie sollen mit Hilfe von Polarkoordinaten behandelt werden, und es sollen die Lösungen ermittelt werden, die uneigentliche Schnittpunkte der zugehörigen Kurven liefern.

26. Diskutiere die Systeme von Polarkoordinaten im R_3:

$$x_1 = r \cos \varphi \cos \psi \qquad\qquad x_1 = r \cos \varphi$$
$$x_2 = r \cos \varphi \sin \psi \qquad \text{und} \qquad x_2 = r \sin \varphi \qquad \text{(Zylinderkoordinaten)}.$$
$$x_3 = r \sin \varphi \qquad\qquad\qquad x_3 = \varrho$$

25. Speergleichung. Wir suchen zunächst den Abstand eines Punktes (ξ, η) von einer anisotropen geraden Linie u zu ermitteln. Der Fußpunkt des Lotes von (ξ, η) auf u heiße (x_0, y_0). Dann ist (vgl. 11, (24))

$$\xi - x_0 = u_1 (u_1 \xi + u_2 \eta + u_3) : u_1^2 + u_2^2,$$
$$\eta - y_0 = u_2 (u_1 \xi + u_2 \eta + u_3) : u_1^2 + u_2^2,$$

und das Quadrat des Abstandes wird

$$\{u_1 \xi + u_2 \eta + u_3\}^2 : u_1^2 + u_2^2.$$

Der Abstand eines Punktes von einer geraden Linie ist also doppeldeutig, während der Abstand eines Punktes von einem *Speere* eindeutig erklärt werden kann. Orientiert man die Gerade u so, daß der Speer $u_0 : u_1 : u_2 : u_3$ entsteht, so setzen wir fest: Der Abstand *soll sein*

$$(24) \qquad\qquad + \frac{u_1 \xi + u_2 \eta + u_3}{u_0}.$$

Der Ausdruck ist, wie es sein muß, in den Speerkoordinaten homogen. Das Vorzeichen ist so gewählt, daß im reellen Falle der *Abstand eines Punktes von einem Speere positiv* ausfällt, *wenn der Speer den Punkt in positivem Sinne zu umfahren sucht.* Insbesondere bedeutet $+ u_3 : u_0$ den Abstand des Speeres vom Nullpunkt. Die Formel versagt, wenn der Speer isotrop oder uneigentlich ist.

Zwei Speere u und v sind syntaktisch, wenn $v_0 : v_1 : v_2 = u_0 : u_1 : u_2$ (und?). Für den Abstand dieser beiden syntaktischen Speere setzen wir dann nach (24)

$$(25) \qquad\qquad (u, v) = \frac{v_3}{v_0} - \frac{u_3}{u_0}. \;\; ^1)$$

$^1)$ d. i. nicht $(u, v) = \frac{u_3}{u_0} - \frac{v_3}{v_0}$. (Analogie zur Formel in 23, Zus. 4.) Beide Speere sind als anisotrop vorausgesetzt.

Von den Geraden, die zu beiden Speeren senkrecht stehen, läuft eine durch den Nullpunkt. Sie trifft beide Speere in Punkten (den Zentralpunkten, vgl. 23), deren Abstand gleich dem durch (25) erklärten Abstand der beiden Speere sein soll. Dazu ist diese Gerade zu orientieren. Sie heißt $u_2 : -u_1 : 0$, so daß die Parameterdarstellung 23, (19) für sie so lautet:

$$\xi : \eta : 1 = -u_1\,u_0't : -u_2\,u_0't : u_0'^2 = -u_1\,t : -u_2\,t : u_0',$$

wo $u_0'^2 = u_1^2 + u_2^2 = u_0^2$.

Ihre Schnittpunkte mit den Speeren u und v haben dann die Parameter

$$t_u = u_3 : u_0', \qquad t_v = v_3\,u_0' : u_1\,v_1 + u_2\,v_2.$$

Die Größe u_0', die die Orientierung des Lotes $u_2 : -u_1 : 0$ bewirken soll, ist also so zu wählen, daß

$$(u,\,v) = t_v - t_u\cdot$$

den in (25) angegebenen Wert erhält. Das gibt (nach 23, (20) wegen $v_1 : u_1 = v_0 : u_0$ usw.) $u_0' = u_0$.

Bezeichnet man jetzt den Spoor $u_0 : u_2 : -u_1 : 0$ als *Normalspeer* des Speeres $u_0 : u_1 : u_2 : u_3$, so wird der *Abstand zweier syntaktischen Speere gleich der auf dem Normalspeer gemessenen Entfernung ihrer Zentralpunkte.*

Der Winkel, dessen Endschenkel der ursprüngliche Speer, dessen Anfangsschenkel der Normalspeer ist, hat nach 22, (17) den Wert $\frac{\pi}{2}$:

Man erhält den Normalspeer, wenn man den ursprünglichen Speer um seinen Zentralpunkt durch $\frac{\pi}{2}$ zurückdreht.

Der Winkel des *Normalspeeres* gegen den positiven X-Speer heiße *Stellung* des ursprünglichen Speeres. Man pflegt ihn mit dem Buchstaben ϑ zu bezeichnen. Dann ist nach 22, (17)

(26) $$\cos \vartheta = -u_1 : u_0, \qquad \sin \vartheta = -u_2 : u_0\cdot$$

Bezeichnet man endlich die Größe $+u_3 : u_0$, den Abstand des Speeres vom Nullpunkt, mit dem Buchstaben p, so wird der Ausdruck (24) für den Abstand des Punktes (ξ, η) vom Speere $u_0 : u_1 : u_2 : u_3$ zu

(27) $$\cos (\pi + \vartheta)\cdot\xi + \sin (\pi + \vartheta)\cdot\eta + p\cdot$$

Daher ist

$$\boxed{(28) \qquad \cos (\pi + \vartheta)\cdot x + \sin (\pi + \vartheta)\cdot y + p = 0}$$

die *Gleichung des Speeres* u, denn sie ist die Bedingung dafür, daß der Punkt (x, y) dem Speere angehört. Bei Benutzung von Speerkoordinaten heißt sie

$$\boxed{(29) \qquad \frac{u_1}{u_0}x + \frac{u_2}{u_0}y + \frac{u_3}{u_0} = 0.}$$

Wir haben somit drei Arten, einen Speer darzustellen, durch Koordinaten, durch die Gleichung (29) und durch die Gleichung (28). Die beiden Größen ϑ (Stellung) und p („Nullabstand") sollen *Speerzeiger* heißen. Sie leisten nicht ganz soviel, wie die Speerkoordinaten; für isotrope Speere und den uneigentlichen Speer versagen sie; für diese gibt es auch keine Speergleichung (29).

Die Gleichung (29) unterscheidet sich von der Gleichung $u_1 x + u_2 y + u_3 = 0$ einer *Geraden* dadurch, daß die Geradengleichung links mit beliebigen nicht verschwindenden Konstanten multipliziert werden darf, *die Speergleichung aber nicht* (26). Multipliziert man die Speergleichung mit -1, so hat man die Gleichung des *entgegengesetzten* Speeres gewonnen. Die Zeiger des zu (ϑ, p) entgegengesetzten Speeres sind $(\pi + \vartheta, -p)$.

1. Zeige, daß ohne Benutzung von Ausdrücken, wie rechts-links usw., die folgenden Sätze gelten: *Die Abszisse eines Punktes ist seine Entfernung vom negativen Y-Speer, die Ordinate sein Abstand vom positiven X-Speer.*

2. Die Gleichung (28) oder vielmehr eine äquivalente wird fast überall als „Hessesche Normalform der Gleichung einer geraden Linie" bezeichnet. Eine gerade Linie stellt sie dar, wenn man links die Faktoren $+1$ *und* -1 zuläßt. Die Folgerungen, die man aus ihr zieht, sind meist nicht einwandfrei. (Auch bei Hesse ist die Darstellung nicht korrekt.) Wir zitieren eine Autorität:

E. Study sagt (Archiv der Mathematik und Physik, dritte Reihe, Bd. 21, S. 218 und 220): „Selbst in Schriften sehr namhafter Verfasser wird dem Gegenstande nur geringe Aufmerksamkeit geschenkt. Viele konservieren, wie ein teures Gut, das was sie „Hessesche Normalform der Gleichung einer Geraden oder Ebene" nennen, ein wahres Monstrum von Unzweckmäßigkeit, das weder den Anforderungen der Algebra noch denen der Geometrie genügt. Wohl so ziemlich sämtliche Verfasser von Lehrbüchern der analytischen Geometrie versperren sich und ihren Lesern den Weg zu dem doch unentbehrlichen Imaginären durch Bestimmungen über Vorzeichen von Wurzelgrößen, deren ganzer fragwürdiger Nutzen darin besteht, daß sie das Nachdenken über die natürliche Mehrwertigkeit dieser Größen ersparen, deren Nachteile aber groß und völlig unzweifelhaft sind. . . ."

Die von Unbekannten freie Größe $\dfrac{u_3}{u_0}$ in der Gleichung (29) „wird gewöhnlich einer Ungleichung unterworfen", $\dfrac{u_3}{u_0} \geqq 0$ oder $\dfrac{u_3}{u_0} \leqq 0$. „Danach gehören zu einer reellen Geraden eine *oder* zwei Normalformen (worüber schon R. v. Lilienthal beredte Klage geführt hat, Math. Ann. Bd. 42, 1893, S. 497). Die Gleichung einer imaginären Geraden aber ist nach dieser Definition *niemals* einer ‚Normalform' fähig, und kein Lehrsatz, der auch im komplexen Gebiet noch richtig ist, kann mit diesem Hilfsmittel sachgemäß begründet werden. Bei jeder noch so kleinen Anwendung muß man immer auf der Jagd nach der Lage des Koordinatenanfangspunktes sein, wenn man nicht in Widersprüche geraten will. Aber wer kümmert sich um solche Kleinigkeiten"![1])

---

[1]) Im zweiten Zitat einige durch den verschiedenen Zusammenhang bedingte, unwesentliche Abänderungen.

3. Nachstehend ist eine Reihe von reellen Speeren gezeichnet, wobei jedesmal der Normalspeer (n) mit angegeben ist, ebenso ist jedesmal der Speerzeiger ϑ eingezeichnet. Die Gleichungen dieser Speere sind:

30) $-0,6\,x - 0,8\,y + 2,4 = 0,$ 32) $-0,6\,x - 0,8\,y - 2,4 = 0,$

34) $+0,6\,x - 0,8\,y + 2,4 = 0,$ 36) $+0,6\,x - 0,8\,y - 2,4 = 0.$

Die Speere 31), 33), 35), 37) sind der Reihe nach entgegengesetzt zu 30), 32), 34), 36). Man hat also deren Gleichungen mit -1 zu multiplizieren.

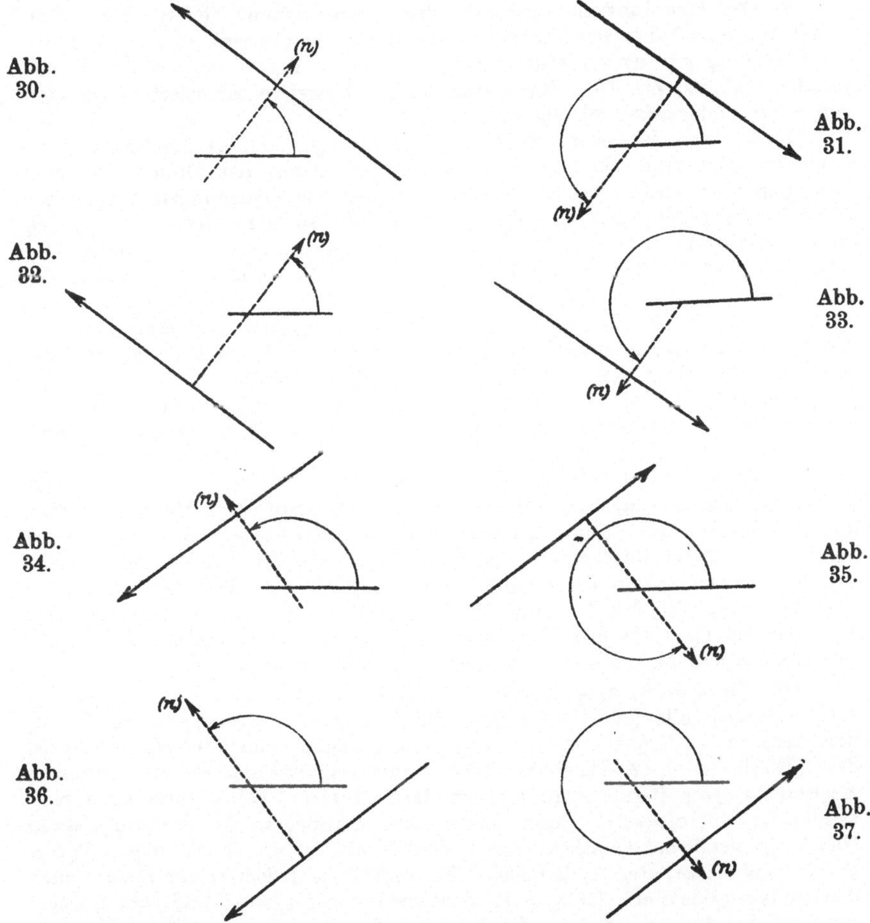

4. Der Winkel zweier Speere ist der Winkelbegriff, mit dem die Goniometrie arbeitet. Es wird dort als gemeinsamer Anfangsspeer aller Winkel der positive X-Speer angenommen. Ferner ist es auch der Winkelbegriff, den die elementare Einführung in die Geometrie auf der Schule benutzt. Dann verläßt man diesen klaren und einfachen Begriff allerdings bald. Der Winkel zweier *Geraden* wird dann gar nicht definiert, und in der Folge überläßt man es dann meistens dem Schüler, herauszufinden, was eigentlich gemeint ist

Wir machen darauf nur aufmerksam und überlassen naheliegende Folgerungen dem Leser.

5. In unserer Ableitung der Speergleichung stecken zwei willkürliche Schritte. Zunächst die Erklärung, wann der Abstand eines Punktes von einem Speere positiv sein soll. Diese Erklärung ist naturgemäß (vgl. Zus. 10). Anders fassen können hätte man die Erklärung des Normalspeeres. Dann wäre der Abstand syntaktischer Speere nicht in der sachgemäßen Gestalt (25) erschienen. Die Gestalt (28) wird tatsächlich allen billigerweise zu stellenden Anforderungen gerecht. In der bisherigen Literatur tritt sie wohl noch nicht auf.

6. Das Hauptanwendungsgebiet der Speergleichung liefert (24). Sind $S_1 = 0$ und $S_2 = 0$ die Gleichungen zweier anisotropen Speere, so ist $S_1 + S_2 = 0$ die Gleichung der ersten Mittelgeraden, $S_1 - S_2 = 0$ die der zweiten Mittelgeraden (vgl. **23**, Zus. 18). Kann man auch bei zwei (unorientierten) Geraden von *erster* und *zweiter* Mittelgerade reden?

7. Es seien die reellen Punkte (x_1, y_1), (x_2, y_2), (x_3, y_3) die Ecken eines Dreiecks. Wie sind die Seiten zu orientieren, damit das Dreieck in einem Zuge umlaufen wird? Vgl. **23**, Zus. 16. Heißen die Gleichungen der Speere (Voraussetzungen!) dann $S_1 = 0$, $S_2 = 0$, $S_3 = 0$, so wird durch $S_1 = S_2 = S_3$ *stets* der Mittelpunkt des Inkreises angegeben. Was wird geliefert, wenn einer oder zwei der drei Speere umorientiert werden? Wie groß ist der Radius des Inkreises?

8. Die in **21**, (6) aufgetretene absolute Invariante bedeutet [vgl. (24)] das Verhältnis der Abstände der beiden Punkte (x, y) und (ξ, η) von der *Geraden u*. Keiner dieser Abstände ist eindeutig bestimmt, ohne daß die Gerade orientiert wird; ihr Quotient ist aber von der Orientierung unabhängig. Warum kann man trotzdem nicht hieraus eine Speergleichung gewinnen, indem man etwa $x = 0$, $y = 0$ setzt?

9. Eine homogene Gleichung in Speerkoordinaten stellt, wenn sie nicht auf Grund von $u_0^2 - u_1^2 - u_2^2 = 0$ identisch erfüllt wird, eine Mannigfaltigkeit von ∞^1 Speeren dar. Diese können sich auf Büschel syntaktischer Speere verteilen, oder auf Büschel von Speeren durch eigentliche Punkte, oder beides zugleich. Wenn keiner dieser Fälle vorliegt, so umhüllen die Träger der Speere eine Kurve (vgl. **19**, Zus. 6. 7), die jetzt *orientiert* ist. (Es können auch alle drei Fälle bei ein und derselben Gleichung auftreten.) Wir betrachten im folgenden die *linearen* homogenen Gleichungen in Speerkoordinaten.

10. Für $a_0 \neq 0$, $a_3 \neq 0$ stellt die Gleichung $a_0 u_0 + a_1 u_1 + a_2 u_2 + a_3 u_3 = 0$ die Gesamtheit aller ∞^1 Speere dar, die vom Punkte $\xi_0 = a_1 : a_3$, $\eta_0 = a_2 : a_3$ den Abstand $-a_0 : a_3$ haben [vgl. (24)]. Sie umhüllen einen *orientierten Kreis*. Sein „Radius" $-a_0 : a_3$ ist eindeutig bestimmt, während man bei unorientierten Kreisen nur vom Radiusquadrat reden darf. Dieser Radius kann auch Null werden ($a_0 = 0$, $a_3 \neq 0$). Dann laufen die ∞^1 Speere, die der vorgelegten Gleichung genügen, sämtlich durch den Punkt ξ_0, η_0. Auch dieses Speerbüschel soll orientierter Kreis heißen. Es enthält zu jedem seiner Speere auch den entgegengesetzten. Ist $a_3 = 0$, so werden wegen $u_0^2 = u_1^2 + u_2^2$ *zwei* Büschel syntaktischer Speere geliefert, die für $a_0^2 = a_1^2 + a_2^2$ zusammenfallen. Eins von ihnen oder auch beide können aus isotropen Speeren bestehen. Bedingungen dafür!

11. Die Verbindungsstrecke $(\xi_0, \eta_0) \rightarrow (\xi_1, \eta_1)$ der Mittelpunkte zweier orientierter Kreise $(\xi_0, \eta_0, \varrho_0)$, $(\xi_1, \eta_1, \varrho_1)$ soll ins Verhältnis $-\varrho_0 : \varrho_1$ geteilt werden ($\varrho_1 \neq 0$). Das liefert (stets?) eindeutig einen Punkt, den „*Ähnlichkeitspunkt*" der beiden orientierten Kreise. Er bleibt ungeändert, wenn die beiden orientierten Kreise gleichzeitig umorientiert werden. Durch ihn laufen

die beiden gemeinsamen Tangenten der beiden orientierten Kreise. (Genauer Sinn dieser Behauptung! Tangenten = Speere. Tangenten eines orientierten Kreises vom Radius Null!) Es gibt nur *zwei* (nicht vier!) getrennte oder zusammenfallende Tangenten (Durchdringungsspeere), oder ∞^1. Wann letzteres?

12. Der Ähnlichkeitspunkt ist, wenn er eigentlich ist, Mittelpunkt einer Streckung, die (als Speertransformation) den einen orientierten Kreis in den andern überführt. Ausnahme! Im Sonderfall artet die Streckung in eine Schiebung aus. Wann?

13. Die Speertransformation

$$\vartheta' = \vartheta, \qquad p' = p + c$$

heißt *Dilatation* um den Betrag c. Es gibt ∞^1 Dilatationen, die eine Gruppe bilden. In Speerkoordinaten findet man $u_0' : u_1' : u_2' : u_3' = u_0 : u_1 : u_2 : u_3 + c\,u_0$, und·damit ist die Dilatation auch für isotrope Speere und den uneigentlichen Speer erklärt. Jeder isotrope Speer und ebenso der uneigentliche Speer bleibt bei sämtlichen Dilatationen in Ruhe. Jeder Euklidische Speer wird syntaktisch mit sich um denselben Betrag verschoben. Daher geht jeder orientierte Kreis in einen andern über, der denselben Mittelpunkt hat, dessen Radius aber um c größer ist, also auch Null werden kann. In der Geometrie der Dilatationen gibt es daher keinen Unterschied zwischen orientierten Kreisen vom Radius Null und solchen von nicht verschwindendem Radius; es gibt nur eine Klasse von orientierten Kreisen. Kanonischer Vertreter $u_3 = 0$.

14. Der Abstand syntaktischer Speere ist absolute Dilatationsinvariante (ebenso der Winkel zweier Speere). Durch diese Eigenschaft unterscheidet sich die Dilatation wesentlich von der Streckung. (Sie ist im übrigen keine Punkttransformation.)

15. Die beiden orientierten Kreise $a_0 u_0 + a_1 u_1 + a_2 u_2 + a_3 u_3 = 0$ und $b_0 u_0 + b_1 u_1 + b_2 u_2 + b_3 u_3 = 0$ werden gleichzeitig der Dilatation um den Betrag c unterworfen. Zeige, daß der Ausdruck

$$\Pi(a, b) = \Pi(b, a) = (b_1^2 + b_2^2 - b_0^2)\,a_3^2 + (a_1^2 + a_2^2 - a_0^2)\,b_3^2 - 2\,a_3 b_3 (a_1 b_1 + a_2 b_2 - a_0 b_0) : a_3^2\,b_3^2$$

eine simultane absolute Dilatationsinvariante ist. Sie heißt *Potenz* der beiden orientierten Kreise a und b und ist gleich dem Quadrat der Länge der beiden gemeinsamen Tangenten, diese zwischen den beiden Berührungspunkten gemessen. Zeige, daß sie im Sonderfalle in den in 7 so genannten Begriff übergeht. Woran liegt es, daß dann der Einfluß der Orientierung verschwindet? Potenz zweier orientierter Kreise vom Radius Null.

16. Der Begriff der Potenz gehört demnach außer in die elementare Geometrie in die Geometrie der *Dilatationen* (und noch in die Geometrie einer siebengliedrigen Gruppe von Speertransformationen, der sogenannten erweiterten Laguerreschen Gruppe, 45, Zus. 5).

Die Besonderheit dieser Geometrie offenbart sich z. B. in der folgenden Fassung der Lösung der Aufgabe, die beiden gemeinsamen Tangenten zweier orientierten Kreise zu finden: Man dilatiert so, daß der eine orientierte Kreis den Radius Null erhält, zieht von diesem (Punkte) die beiden Tangentenspeere an den dilatierten zweiten orientierten Kreis·und führt endlich die Dilatation rückwärts aus. Man mache sich das im einzelnen klar. Zeichnungen!

17. *Zur Differentialgeometrie.* Es sei $x = x(t)$, $y = y(t)$, wo $x(t)$ und $y(t)$ eindeutige analytische Funktionen sind, die in einem gemeinsamen Existenzbereich erklärt sind. Die Gesamtheit der Punkte $x(t)$, $y(t)$ heiße dann ein analytisches Kurvenstück[1]). Ist dann nicht gleichzeitig $x' = \dfrac{dx}{dt} = 0$, $y' = 0$,

---

[1]) Es kommt uns hier nur auf die Orientierung an; sonst wäre hier viel mehr zu sagen. Vgl. E. Study: EAK. S. 38 ff.

so heißt die Gerade mit den Koordinaten $-y':x':xy'-yx'$ Tangente im Punkte t. Sie wird durch den Ausdruck $\sqrt{x'^2+y'^2}$ orientiert. Ist dieser *identisch* Null, so ist das Kurvenstück eine isotrope Gerade (oder ein Stück einer solchen). Den Fall schließen wir aus. Ferner betrachten wir nur solche Stellen, wo *tatsächlich* $\sqrt{x'^2+y'^2}\neq 0$, schalten also isotrope Tangenten des Kurvenstücks aus. Dann wird die Kurve *orientiert*, wenn man $\sqrt{x'^2+y'^2}$ irgendwie erklärt. Die orientierte Tangente in t habe die Speerkoordinaten $\sqrt{x'^2+y'^2}:-y':x':xy'-yx'$. Das Lot auf ihr im Punkte t, die *Kurvennormale* soll *antitaktisch* mit dem Normalspeer orientiert werden. (Es ist das nicht notwendig, man kommt überhaupt meistens ohne die Orientierung der Normalen aus.) Dann hat die orientierte Normale die Koordinaten $-\sqrt{x'^2+y'^2}:x':y':-xx'-yy'$. Auf ihr liegt der (rationale) Krümmungsmittelpunkt. Für den Krümmungsradius verlangen wir, daß er der Abstand der orientierten Tangente vom Krümmungsmittelpunkt sein soll. Dann wird er zu $(x'^2+y'^2)\sqrt{x'^2+y'^2}:x'y''-x''y'$. Auch das Bogenelement ist jetzt eindeutig bestimmt: $ds=\sqrt{x'^2+y'^2}\,dt$. Natürlich ist hier der Quadratwurzel überall derselbe Wert beizulegen. Bedeutung von $x'y''-x''y'\equiv 0$, $x'y''-x''y'=0$!

18. Die Speermannigfaltigkeit $\xi\cos(\pi+\vartheta)+\eta\sin(\pi+\vartheta)+f'(\vartheta)=0$, wo $f'(\vartheta)$ eine eindeutige analytische Funktion ist, stellt, wenn $f'(\vartheta)+f'''(\vartheta)\not\equiv 0$, die orientierten Tangenten des *krummen* analytischen Kurvenstücks dar:
$$x=f'(\vartheta)\cos\vartheta-f''(\vartheta)\sin\vartheta,\qquad y=f'(\vartheta)\sin\vartheta+f''(\vartheta)\cos\vartheta.$$
Die (wie oben erklärte) orientierte Normale findet man durch Differenzieren der Gleichung der orientierten Tangente
$$-\sin(\pi+\vartheta)\,\xi+\cos(\pi+\vartheta)\,\eta+f''(\vartheta)=0.$$
Der Krümmungsmittelpunkt heißt:
$$x=-f''(\vartheta)\sin\vartheta-f'''(\vartheta)\cos\vartheta,\qquad y=+f''(\vartheta)\cos\vartheta-f'''(\vartheta)\sin\vartheta.$$
Der Krümmungsradius wird $f'(\vartheta)+f'''(\vartheta)$; für das Bogenelement erhält man $ds=[f'(\vartheta)+f'''(\vartheta)]\,d\vartheta$, so daß der Kurvenbogen $s=f(\vartheta)+f''(\vartheta)$ gesetzt werden kann.

19. Ein Analogon zum ersten Bilde eines imaginären Punktes (17) erhält man für den R_3, indem man den Minimalkegel (15, Zus. 21) vom Scheitel (x_1, x_2, x_3) zum Schnitt bringt mit dem Minimalkegel vom konjugiert imaginären Scheitel. Die Schnittfigur ist ein Kreis, dessen Mittelpunkt die Mitte zwischen den beiden Scheiteln (x_1, x_2, x_3) und $(\bar{x}_1, \bar{x}_2, \bar{x}_3)$ ist. Um eine eindeutig umkehrbare Zuordnung herzustellen, muß man den Kreis *orientieren*, dann erhält man in ihm ein reelles Bild des imaginären Punktes (x_1, x_2, x_3). Reelle Punkte!

26. Stäbe. Eine gerade Linie wurde durch drei Koordinaten u_1, u_2, u_3 dargestellt, auf deren *Verhältnisse* es nur ankam. Es erhebt sich nun die Frage, ob dem System dieser drei Zahlen *selbst* irgendeine geometrische Figur zugewiesen werden kann. Eine solche wäre dann nicht in ∞^2 Exemplaren vorhanden, wie die geraden Linien, sondern in ∞^3.

Die gerade Linie $u_1:u_2:u_3$ sei durch zwei Punkte $P_1(\xi_1,\eta_1)$ und $P_2(\xi_2,\eta_2)$ bestimmt, die wir zunächst als getrennt und nicht parallel voraussetzen. Es ist dann [4, 1]:
$$\varrho u_1=\eta_1-\eta_2,\qquad \varrho u_2=\xi_2-\xi_1,\qquad \varrho u_3=\xi_1\eta_2-\xi_2\eta_1.$$

Ist hier der Punkt P_1 gegeben und außerdem die Gerade u, so läßt sich P_2 nicht eindeutig ermitteln. Anders wird die Sachlage, wenn wir $\varrho = 1$ setzen

$$(30) \qquad u_1 = \eta_1 - \eta_2, \qquad u_2 = \xi_2 - \xi_1, \qquad u_3 = \xi_1 \eta_2 - \xi_2 \eta_1.$$

Dann muß noch immer sein, wie vorhin:

$$u_1 \xi_1 + u_2 \eta_1 + u_3 = 0, \qquad u_1 \xi_2 + u_2 \eta_2 + u_3 = 0,$$

d. i. P_1 und P_2 liegen auf der Geraden $u_1 : u_2 : u_3$. Jetzt aber läßt sich P_2 *eindeutig* durch P_1 ausdrücken:

$$\xi_2 = u_2 + \xi_1, \qquad \eta_2 = \eta_1 - u_1.$$

Orientieren wir die Gerade u, so wird [23, (20)]:

$$P_1 P_2 = \frac{u_2^2 + u_1^2}{u_0} = u_0.$$

Ist also das System (u_1, u_2, u_3) gegeben und ein Punkt $P_1 (\xi_1, \eta_1)$, der der Gleichung $u_1 \xi_1 + u_2 \eta_1 + u_3 = 0$ genügt, so läßt sich aus (30) der Punkt $P_2 (\xi_2, \eta_2)$ eindeutig berechnen, und nach Orientierung der Geraden $u_1 : u_2 : u_3$ hat die Länge $P_1 P_2$ einen ganz bestimmten Wert. *Dem System (u_1, u_2, u_3) läßt sich demnach ein Paar geordneter Punkte P_1, P_2 zuordnen, für welches $\overline{(P_1 P_2)}^2 = u_1^2 + u_2^2$ ist, und die beide auf der Geraden $u_1 : u_2 : u_3$ liegen.*

Aber P_1 ließ sich noch willkürlich auf der Geraden $u_1 : u_2 : u_3$ wählen. Dem System (u_1, u_2, u_3) lassen sich also ∞^1 solcher Punktepaare zuordnen. Aus *einem* solchen gehen die übrigen hervor durch Schiebung (besser: Umlegung) *längs der Geraden $u_1 : u_2 : u_3$.*

Die so gewonnene Figur von ∞^1 Punktepaaren gleicher Länge nennt man einen *Stab*, die Zahlen u_1, u_2, u_3 seine *Koordinaten*, die Gerade $u_1 : u_2 : u_3$ seinen *Träger*, den Punkt P_1 seinen *Anfangspunkt* und den Punkt P_2 seinen *Endpunkt*.

Länge des Stabes heißt die Größe $u_0 = \sqrt{u_1^2 + u_2^2}$, die eindeutig bestimmt ist, sobald der Träger orientiert ist. Dann kann man auch (Voraussetzungen!) eindeutig von der Richtung und der Stellung des Trägerspeeres reden; man bezeichnet sie dann auch als *Richtung* und *Stellung des Stabes*. Nennt man die Stellung ϑ [vgl. 25, (26)], die Länge l, so ist

$$(31) \qquad u_1 = l \cos(\pi + \vartheta), \qquad u_2 = l \sin(\pi + \vartheta), \qquad u_3 = lp,$$

wo p den Nullabstand des Speeres $u_0 : u_1 : u_2 : u_3$ bedeutet.

Der Ausdruck

$$u_1 x + u_2 y + u_3$$

ist wegen (30) der doppelte Inhalt (18, Zus. 2) des Dreiecks $P P_1 P_2$, wo P der Punkt (x, y) ist. Hält man diesen und den Träger des

Stabes fest, läßt also das Punktepaar $P_1 P_2$ auf dem Träger gleiten, so bleibt der Inhalt ungeändert, wie es sein muß (Dreiecke von gleicher Grundseite und Höhe). *Mithin kann der Stab, statt durch seine Koordinaten u_1, u_2, u_3 auch durch das lineare Polynom*

$$(32) \qquad u_1 x + u_2 y + u_3 = l \left\{ \cos(\pi + \vartheta) x + \sin(\pi + \vartheta) y + p \right\}$$

dargestellt werden, welches, gleich Null gesetzt, seinen orientierten Träger liefert.

Man erkennt: *Multipliziert man die linke Seite der Gleichung einer geraden Linie mit dem Faktor $\varrho \neq 0$, so bedeutet das Übergang von einem gewissen ihrer Stäbe zu einem andern, dessen Länge ϱ mal so groß ist.*

Ferner: *Die linke Seite der Speergleichung ((28), S. 121) bedeutet den Stab von der Länge eins.*

Der Stab ist im wesentlichen identisch mit dem, was man in der Mechanik als *Kraft* bezeichnet, die ja auch auf ihrem Träger verschoben werden darf. Der Zusatz „im wesentlichen" bezieht sich auf den Umfang der Begriffe, der in Mechanik und Geometrie verschieden ist.

Wir haben nämlich zu unterscheiden:

1. $u_1^2 + u_2^2 \neq 0$. *Euklidische* oder *anisotrope* Stäbe. ∞^3. Träger ist eine Euklidische Gerade, die auch den entgegengesetzten Stab $- u_1, - u_2, - u_3$ trägt (Anfangspunkte und Endpunkte vertauschen ihre Rollen). Nur von solchen Stäben gelten die bisherigen Entwicklungen.

2. $u_1^2 + u_2^2 = 0$, ohne daß u_1 und u_2 gleichzeitig verschwinden. *Isotrope* Stäbe. Ein solcher Stab hat die Länge Null, ist aber nicht als zu sich selbst entgegengesetzt zu bezeichnen. Träger ist eine Isotrope. ∞^2. Linksisotrope, rechtsisotrope Stäbe.

3. $u_1 = u_2 = 0$, $u_3 \neq 0$. *Uneigentliche* Stäbe. Träger ist die uneigentliche Gerade. ∞^1.

4. $u_1 = u_2 = u_3 = 0$. *Identischer* Stab. Sein Träger ist unbestimmt. Er allein kann als zu sich selbst entgegengesetzt bezeichnet werden, insofern Anfangspunkt und Endpunkt zusammenfallen; beide sind übrigens ganz unbestimmt; es gibt nicht ∞^2 identische Stäbe, sondern nur einen einzigen.

Aus Koordinaten von zwei Stäben u_1, u_2, u_3 und v_1, v_2, v_3 bilden wir die Koordinaten eines dritten Stabes $u_1 + v_1, u_2 + v_2, u_3 + v_3$. Bezeichnet man die *Stabzeiger* l, ϑ, p dieser drei Stäbe u, v, w durch die Indizes 1, 2, 3, so hat man für Euklidische Stäbe

$$\left\{ \begin{aligned} l_3 \cos \vartheta_3 &= l_1 \cos \vartheta_1 + l_2 \cos \vartheta_2, \\ l_3 \sin \vartheta_3 &= l_1 \sin \vartheta_1 + l_2 \sin \vartheta_2, \\ l_3 p_3 &= l_1 p_1 + l_2 p_2. \end{aligned} \right.$$

Schneiden sich also die Träger der beiden ersten Stäbe, und betrachten wir als ihren gemeinsamen Anfangspunkt den Schnittpunkt der Träger, so leitet man hieraus sogleich die Konstruktion des *Parallelogramms der Kräfte* ab, wenn man nämlich den Anfangspunkt des resultierenden Stabes, was hier möglich ist, mit den beiden anderen Anfangspunkten zusammenfallen läßt (vgl. Zus. 26, S. 57).

Sind die Träger der beiden ersten Stäbe parallel, so können wir alle drei syntaktisch orientieren. Das gibt $\vartheta_3 = \vartheta_2 = \vartheta_1$ (mod 2π), also

$$l_3 = l_1 + l_2, \qquad (l_1 + l_2)p_3 = l_1 p_1 + l_2 p_2.$$

Ist jetzt $l_1 + l_2 \neq 0$, so erhalten wir die Konstruktion der Zusammensetzung paralleler Kräfte. Für $l_1 + l_2 = 0$ resultiert (31) der *uneigentliche Stab* $0, 0, l_2(p_2 - p_1)$ oder $0, 0, l_1(p_1 - p_2)$. *Ein uneigentlicher Stab entspricht also einem Kräftepaar.*

Fallen die Träger der ersten beiden Stäbe zusammen, so lassen sie sich ebenfalls gleich orientieren. Man erhält den trivialen Fall der Zusammensetzung von Kräften auf demselben Träger (Addition bzw. Subtraktion), und im Sonderfall den identischen Stab (Gleichgewicht).

Die einzige von Null verschiedene Koordinate eines uneigentlichen Stabes ist das, was man als *Moment* des zugehörigen Kräftepaares bezeichnet (vgl. oben $l_2(p_2 - p_1)$ — Länge, multipliziert mit dem Abstand der komponierenden Stäbe).

Hieraus folgt sofort die Konstruktion der Zusammensetzung von Kräftepaaren oder eines Kräftepaares und einer Kraft.

Alle diese äußerlich recht verschiedenen Konstruktionen, und noch andere, die sich auf isotrope Stäbe beziehen, finden ihr einfaches analytisches Äquivalent in der Addition der Stabkoordinaten.

Entsprechend der Zusammensetzung der Kräfte erfolgt auch die Zerlegung. Insonderheit kann ein Euklidischer Stab auf ∞^1 Arten als Summe eines linksisotropen und eines rechtsisotropen Stabes dargestellt werden; es sind dies die Stäbe, die man auf den ∞^1 Elementarvierseiten erhält, die durch den Euklidischen Stab bestimmt sind. Vgl. die Formeln 11, (19) und Zus. 11, S. 130.

Die Stäbe (l, ϑ, p) und $(-l, \vartheta, p)$ sind entgegengesetzt. Die beiden Stäbe von den Zeigern (l, ϑ, p) und $(-l, \pi + \vartheta, -p)$ sind identisch.

1. Setze Stäbe von gleicher Länge zusammen! Zusammenhang mit dem Problem der Mittelgeraden (23, Zus. 18, 25, Zus. 6).

2. Der Stab $2x + 3y + 9$ soll so zerlegt werden, daß die eine Komponente $2x + y + 9$ wird. Wie heißt die andere? Wie lang ist sie?

3. Der Stab $4x + 3y + 20$ soll so zerlegt werden, daß die Richtung der einen Komponente gegeben ist. Wählt man die Anfangspunkte übereinstim-

mend, so soll gezeigt werden, daß die (∞^1) Endpunkte der beiden Komponenten durch eine Umwendung einander zugeordnet sind. Parameterdarstellung, wenn die Richtung der ersten Komponente senkrecht zu dem vorgegebenen Stab ist! Ort der Endpunkte der zweiten Komponente ist eine Gerade.

4. Ein Stab soll so zerlegt werden, daß die eine Komponente eine vorgeschriebene Länge erhält. Es läßt sich so einrichten, daß die Endpunkte der anderen Komponente einen Kreis erfüllen. Die Zuordnung zwischen den Endpunkten der beiden Komponenten ist wieder eine Umwendung.

5. $$2x + 3y + 6 \equiv (6x + 9y - 3) + (-4x - 6y + 9).$$

Diese Identität zeigt die Zerlegung einer Kraft in parallele Komponenten. Allgemeinste Lösung. (Von zwei Parametern abhängig!)

6. $$4x + 5y - 7 \equiv (4x + 5y - 8) + 1.$$

Hier liegt die Zerlegung in eine Kraft und ein Kräftepaar vor. Allgemeinste der ∞^1 Lösungen!

7.
$$5x - 6y + 8 \equiv (5x - 6y + 8) + 0 \equiv$$
$$(5x - 6y + 8) + (3x - 2y - 5) + (-3x + 2y + 5)$$
$$\equiv \underbrace{(8x - 8y + 3)} + (-3x + 2y + 5).$$

Hier sind zwei entgegengesetzt gleiche Kräfte an der gegebenen Kraft angebracht; von diesen ist dann die eine mit der ursprünglichen zusammengesetzt.

8. $$4 \equiv (x + 2y + 3) + (-x - 2y + 1).$$

Hier ist ein uneigentlicher Stab in zwei eigentliche zerlegt. *Diese Zerlegung ist es, die die Mechanik benutzt, um uneigentliche Stäbe der Anschauung zugänglich zu machen.* Sie ist auf ∞^3 Arten möglich.

9. $$5 \equiv 3 + 2.$$

Zerlegung eines Kräftepaares in zwei andere. ∞^1 Lösungen.

10. Die Mitten aller Strecken, die von einem festen Punkte ausgehen und auf einer Geraden G endigen, erfüllen eine Parallele zu G (oder?). Mit Hilfe dieses Satzes läßt sich die Konstruktion der Mitte zwischen zwei parallelen Punkten zurückführen auf die der Mitte zweier nicht parallelen Punkte. Sei P parallel zu Q. Durch Q legt man eine Gerade beliebig, aber so, daß sie P nicht enthält. Auf ihr nimmt man zwei getrennte Punkte R und S an, von denen keiner mit Q zusammenfällt. Dann sind die Paare P, R und P, S nicht parallel. Die Verbindungsgerade ihrer Mitten wird mit PQ zum Schnitt gebracht. — Durch entsprechende Überlegungen gibt man das Bild Q' eines Punktes Q bei der Umwendung um P an. Damit kann man dann das Punktepaar, welches einen isotropen Stab darstellt, auf seinem Träger auf jeden beliebigen Anfangspunkt bringen, also durch *lineare* Konstruktionen im Sinne von **11**, Zus. 2.

11. Der anisotrope Stab (u_1, u_2, u_3) wird in zwei andere zerlegt
$$\tfrac{1}{2}(u_1 + iu_2), \quad -\tfrac{1}{2}i(u_1 + iu_2), \quad \tfrac{1}{2}(u_3 + \lambda),$$
$$\tfrac{1}{2}(u_1 - iu_2), \quad +\tfrac{1}{2}i(u_1 - iu_2), \quad \tfrac{1}{2}(u_3 - \lambda),$$
wo λ veränderlich genommen wird. Bedeutung!

12. Gegeben sind zwei nicht uneigentliche Stäbe. Die Mitte M_1 ihrer Anfangspunkte werde um die Mitte der Endpunkte umgewendet und gelange so nach M_2. Dann ist $M_1 M_2$ die Länge des resultierenden Stabes, und $M_1 M_2$ ist selbst der resultierende Stab (wann?), oder doch zu diesem parallel. Der Satz verliert seine Bedeutung, wenn der resultierende Stab uneigentlich wird. Damit ist die Konstruktion des resultierenden Stabes als *linear* (**11**, Zus. 2) erkannt (Zus. 10).

27. Vektoren. Der Begriff des Stabes sollte uns eine genauere Einsicht in das Wesen der homogenen Geradenkoordinaten verschaffen. Wir haben erkannt, daß Geradenkoordinaten dem Wesen nach Stabkoordinaten sind. Damit eine Formel in Stabkoordinaten als Formel in Geradenkoordinaten gedeutet werden kann, ist erforderlich, daß sie homogen ist. Das heißt jetzt, sie muß für *alle* Stäbe des Trägers gelten.

Dabei könnten wir die Sache bewenden lassen, wenn nicht der Zusammenhang von Stäben und Kräften uns Veranlassung geben würde, den Begriff des Stabes gegen einen verwandten Begriff abzugrenzen, den des *Vektors*.

Von **26,** (30) behalten wir die beiden ersten Formeln bei:

$$u_1 = \eta_1 - \eta_2, \qquad u_2 = \xi_2 - \xi_1.$$

Ist der Anfangspunkt $P_1(\xi_1, \eta_1)$ gegeben, so läßt sich wieder der Endpunkt $P_2(\xi_2, \eta_2)$ des Stabes berechnen. Aber P_1 ist jetzt nicht mehr an die Gerade $u_1 : u_2 : u_3$ gebunden, sondern frei, kann also ∞^2 Lagen annehmen, nämlich überhaupt jede Lage in der Ebene. Wir haben also jetzt ∞^1 Stäbe vor uns, die alle von gleicher Länge sind, wenn wir ihre ∞^1 parallelen Träger syntaktisch orientieren. *Diese Figur von ∞^2 Punktepaaren heißt Vektor.* Es gibt demnach ∞^3 Vektoren. Ein Vektor (u_1, u_2) hat eine Stellung ϑ und eine Länge l, die sich (Voraussetzungen!) aus den beiden Gleichungen ergeben

$$l\cos(\pi + \vartheta) = u_1, \qquad l\sin(\pi + \vartheta) = u_2.$$

Die beiden Vektoren (l, ϑ) und $(-l, \pi + \vartheta)$ sind aber identisch. Der Anfangspunkt des Vektors kann in den Nullpunkt verlegt werden. Dadurch erhält der Endpunkt die Koordinaten $(u_2, -u_1)$.

Da ein Vektor dann durch diesen Punkt eindeutig gegeben ist, kann man also schließlich auch Punktkoordinaten als Vektorkoordinaten benutzen; letztere sind ja weiter nichts als Differenzen zwischen den Koordinaten zweier Punkte. Ein Wesensunterschied tritt aber zutage, wenn man die Gleichungen der Bewegungen oder Umlegungen, die in Punktkoordinaten durch **14,** (33) gegeben sind, in Vektorkoordinaten umrechnet.

Für Stabkoordinaten erhält man zunächst [vgl. **21,** (8 a b)]:

Bewegungen:

$$(33\,\mathrm{a}) \quad \begin{cases} u_1' = \cos\varphi \cdot u_1 - \sin\varphi \cdot u_2, \\ u_2' = \sin\varphi \cdot u_1 + \cos\varphi \cdot u_2, \\ u_3' = -(r_1\cos\varphi + r_2\sin\varphi)\,u_1 + (r_1\sin\varphi - r_2\cos\varphi)\,u_2 + u_3; \end{cases}$$

Umlegungen:

$$(33\,\mathrm{b})\quad \begin{cases} u_1' = -\cos\varphi\cdot u_1 - \sin\varphi\cdot u_2, \\ u_2' = -\sin\varphi\cdot u_1 + \cos\varphi\cdot u_2, \\ u_3' = (r_1\cos\varphi + r_2\sin\varphi)\,u_1 + (r_1\sin\varphi - r_2\cos\varphi)\,u_2 - u_3; \end{cases}$$

und daraus für Vektoren:

$$(34\,\mathrm{a})\quad \begin{cases} u_1' = \cos\varphi\cdot u_1 - \sin\varphi\cdot u_2, \\ u_2' = \sin\varphi\cdot u_1 + \cos\varphi\cdot u_2. \end{cases} \qquad (34\,\mathrm{b})\quad \begin{cases} u_1' = -\cos\varphi\cdot u_1 - \sin\varphi\cdot u_2, \\ u_2' = -\sin\varphi\cdot u_1 + \cos\varphi\cdot u_2. \end{cases}$$

Hierin kommt also nur noch eine einzige Konstante vor, dagegen in den Formeln für Punktkoordinaten drei. Zugleich sind die aus Vektorkoordinaten gebildeten Ausdrücke $u_1 v_2 - u_2 v_1$ und $u_1 v_1 + u_2 v_2$ invarianter Natur:

$$(35)\quad u_1' v_2' - u_2' v_1' = u_1 v_2 - u_2 v_1, \qquad u_1' v_2' - u_2' v_1' = -(u_1 v_2 - u_2 v_1).$$

$$(36)\quad u_1' v_1' + u_2' v_2' = u_1 v_1 + u_2 v_2, \qquad u_1' v_1' + u_2' v_2' = +(u_1 v_1 + u_2 v_2).$$

Deuten wir die u, v aber als Punktkoordinaten, so haben diese Ausdrücke *nicht* die Natur von Invarianten.

Der Ausdruck in (36) ist (absolute) Umlegungsinvariante, also auch Bewegungsinvariante; er hat die Bedeutung $l_u l_v \cos(u, v)$, [vgl. **22**, (16) und **23**, (20)] und wird wohl als *inneres Produkt* der beiden Vektoren bezeichnet. Der Ausdruck in (35) ist dagegen nur (absolute) Bewegungsinvariante, er hat den Wert $l_u l_v \sin(u, v)$ und heißt *äußeres Produkt* oder *Vektorprodukt*. Hierbei bedeuten l_u und l_v die Längen der beiden Vektoren, (u, v) den Winkel des Vektors v gegen den Vektor u. Bei Vertauschung der beiden Vektoren ändert nur das äußere Produkt sein Vorzeichen.

Nennt man für den Endpunkt des Vektors u die Punktkoordinaten (x_1, y_1), für den Endpunkt des Vektors v entsprechend (x_2, y_2), während die beiden Anfangspunkte in den Nullpunkt verlegt werden, so erhalten äußeres und inneres Produkt die Werte

$$u_1 v_2 - u_2 v_1 = x_1 y_2 - x_2 y_1, \qquad u_1 v_1 + u_2 v_2 = x_1 x_2 + y_1 y_2,$$

sind also formal gleich gebildet, ob wir in Vektorkoordinaten arbeiten oder in Koordinaten der Endpunkte, *aber in Punktkoordinaten sind sie nicht invariant.*

Die Addition der Vektoren wird ebenso erklärt, wie die der Stäbe. Auch sie kann zur Zusammensetzung von Kräften benutzt werden, *die nicht parallel sind.* Das Vektorparallelogramm kann zum Vektorpolygon erweitert werden, das Parallelogramm der Stäbe dagegen nicht, da Stäbe nicht parallel verschoben werden dürfen.

Die Vektoren von der Länge Null sind entweder isotrop $(2 \cdot \infty^1)$, oder es liegt der identische Vektor vor. Für den identischen Vektor fallen Anfangs- und Endpunkt zusammen.

1. Der Vektor (u_1, u_2) hat den Endpunkt $(u_2, -u_1)$, wenn als Anfangspunkt der Nullpunkt gewählt wird. Er repräsentiert die Schiebung $\xi' = \xi + u_2$, $\eta' = \eta - u_1$ von den Parametern $\alpha_0 : \alpha_1 : \alpha_2 : \alpha_3 = -2 : u_1 : u_2 : 0$. Die Addition der Vektoren erweist sich dann als spezieller Fall der Formeln 14, (35a).

2. Die Beliebtheit der Vektoren in der Physik rührt wohl in der Hauptsache daher, daß die beiden *rationalen* absoluten simultanen Bewegungsinvarianten, die von Graßmann als inneres und äußeres Produkt bezeichnet worden sind, *unabhängig davon sind, wie die Träger der einzelnen Vektoren orientiert werden.* Manche andere Vorzüge, die häufig für die Vektorenrechnung in Anspruch genommen werden, sind dieser nicht eigentümlich, sondern treffen auch für die Punktrechnung zu.

3. Das Wesentliche am Vektorbegriff ist, daß bei der Einführung des Vektors als Raumelement (vgl. 19, Zus. 1) die Formeln für die Bewegungen zwei Konstante verlieren, indem der Einfluß der Schiebungen verschwindet. Gelingt es bei einer Gruppe durch Einführung anderer Raumelemente die Konstantenzahl herabzudrücken, d. i. die Transformationen einer Untergruppe als äquivalent der identischen Transformation zu betrachten, so heißt die Untergruppe eine *invariante* Untergruppe. Die Schiebungen bilden eine invariante Untergruppe der Gruppe der Bewegungen, weil alle Schiebungen in Vektorkoordinaten durch $u_1' = u_1$, $u_2' = u_2$ wiederzugeben sind.

4. Aus dem in Zus. 3 erwähnten Grunde hat es Sinn, im R_n Vektoren einzuführen[1]. Ein solcher Vektor a ist durch ein System von Zahlen $(a_1, a_2, a_3, \ldots, a_n)$ gekennzeichnet, so daß die Gesamtheit der Vektoren auf die Gesamtheit der Punkte eindeutig umkehrbar bezogen ist. Beide Begriffe unterscheiden sich aber dadurch, daß man mit den Vektoren gewisse Rechenoperationen vollziehen will.

5. Zwei Vektoren a und b addieren, heißt den Vektor $(a_1 + b_1, a_2 + b_2, \ldots, a_n + b_n)$ bilden. Einen Vektor a mit der Zahl λ multiplizieren, heißt den Vektor $(\lambda a_1, \lambda a_2, \ldots, \lambda a_n)$ bilden. Der Vektor $0 \cdot a$ wird auch als 0 bezeichnet, der Vektor $(-1) \cdot a$ als $-a$. Die beiden Vektoren a und b heißen identisch, wenn $a + (-b) = a - b = 0$. Zeige $\lambda_1 (\lambda_2 a) = \lambda_2 (\lambda_1 a) = \lambda_1 \lambda_2 a = \lambda_2 \lambda_1 a$, $\lambda (a + b) = \lambda a + \lambda b$, $a + b = b + a$, $a + (b + c) = (a + b) + c$.

6. Der Zahlenausdruck

$$a b = b a = a_1 b_1 + a_2 b_2 + \ldots + a_n b_n$$

heißt das innere Produkt der beiden Vektoren a und b. Verschwindet es, so heißen die beiden Vektoren zueinander *orthogonal*. m Vektoren bilden, wie man sagt, eine *normierte Basis*, wenn irgend zwei verschiedene von ihnen zueinander orthogonal sind, während das innere Produkt jedes Vektors mit sich selbst den Wert 1 hat. Zeige durch Beispiele, daß es für jedes natürliche $m \leq n$ solche normierte Basen gibt.

7. Die m getrennten Vektoren $a_1, a_2, \ldots, a_m$ heißen *linear unabhängig*, wenn die Gleichung

$$\lambda_1 a_1 + \lambda_2 a_2 + \ldots + \lambda_m a_m = 0$$

nur durch lauter verschwindende λ erfüllt werden kann. Andernfalls heißen sie linear abhängig. Sind die Vektoren $a_1, a_2, a_3, \ldots, a_m$ linear unabhängig, so bildet das System

$$a = \lambda_1 a_1 + \lambda_2 a_2 + \ldots + \lambda_m a_m$$

---

[1] Das Folgende nach C. Carathéodory, Vorlesungen über reelle Funktionen, Leipzig bei Teubner 1918.

eine Mannigfaltigkeit von ∞^m Vektoren, die man ein *lineares Vektorgebilde vom Range m* nennt, und die Vektoren $\mathfrak{a}_1, \mathfrak{a}_2, \ldots, \mathfrak{a}_m$ bilden, sagt man, eine *Basis* des Gebildes $(m \leq n)$.

Zeige, daß man in jedem linearen Vektorgebilde statt der ursprünglichen Basis auf unzählige Weisen eine normierte Basis einführen kann. Zahlenbeispiele dafür!

8. Ein Vektor heißt *orthogonal* zu einem linearen Vektorgebilde, wenn er zu sämtlichen Vektoren des Gebildes orthogonal ist. Zeige, daß dafür notwendig und hinreichend ist, daß er zu allen Vektoren einer Basis orthogonal ist. Die Gesamtheit aller Vektoren, die zu einem linearen Vektorgebilde vom Range m im R_n orthogonal sind, bilden selbst ein lineares Vektorgebilde vom Range m'. Zeige ferner, daß $m + m' = n$. Beide Vektorgebilde heißen dann *zueinander orthogonal*.

9. Ist ein lineares Vektorgebilde

$$\lambda_1 \mathfrak{a}_1 + \lambda_2 \mathfrak{a}_2 + \ldots + \lambda_m \mathfrak{a}_m$$

gegeben, so kann jeder Vektor auf eine einzige Art in die Gestalt gesetzt werden

$$\mathfrak{x} = \mathfrak{a} + \mathfrak{n},$$

wo $\mathfrak{a}$ dem Vektorgebilde angehört und $\mathfrak{n}$ dazu orthogonal („normal") ist. Zeige, daß unter der Voraussetzung einer normierten Basis ist

$$\mathfrak{a} = (\mathfrak{x}\mathfrak{a}_1)\mathfrak{a}_1 + \ldots + (\mathfrak{x}\mathfrak{a}_m)\mathfrak{a}_m, \quad \mathfrak{n} = \mathfrak{x} - \mathfrak{a}.$$

Grenzfälle!

10. Zeige: Die m Vektoren $\mathfrak{a}_1, \mathfrak{a}_2, \ldots, \mathfrak{a}_m$ sind dann und nur dann linear unabhängig, wenn die Matrix

$$\begin{vmatrix} a_{11} & a_{12} & a_{13} \cdots a_{1n} \\ a_{21} & a_{22} & a_{23} \cdots a_{2n} \\ \vdots & \vdots & \vdots \quad\;\; \vdots \\ a_{m1} & a_{m2} & a_{m3} \cdots a_{mn} \end{vmatrix}$$

den Rang m hat.

11. *Anwendung auf lineare homogene Gleichungen.* Gegeben sind m Gleichungen in n Veränderlichen

$$a_{k1}x_1 + a_{k2}x_2 + \ldots + a_{kn}x_n = 0 \qquad (k = 1, 2, \ldots, m).$$

Durch Einführung der Vektoren $\mathfrak{a}_k$ und $\mathfrak{x}$ im R_n werden daraus die Forderungen

$$\mathfrak{a}_k\mathfrak{x} = 0 \qquad (k = 1, 2, \ldots, m).$$

Jede Lösung x des Gleichungssystems gibt einen Vektor $\mathfrak{x}$, der orthogonal zu allen Vektoren des linearen Vektorgebildes $\lambda_1\mathfrak{a}_1 + \ldots + \lambda_k\mathfrak{a}_k$ ist. Alle Lösungen ergeben also das zu diesem Vektorgebilde orthogonale. Hat das ursprüngliche lineare Vektorgebilde den Rang r, so hat das dazu orthogonale (Zus. 8) den Rang $n - r$, d. i. jede Lösung des Gleichungssystems läßt sich dann durch $n - r$ linear unabhängige Lösungen darstellen.

12. *Lineare inhomogene Gleichungen.* Die Gleichungen

$$a_{k1}x_1 + a_{k2}x_2 + \ldots + a_{kn}x_n = y_k \qquad (k = 1, 2, \ldots, m)$$

ersetzt man durch die $m + 1$ folgenden Gleichungen zwischen $(n + 1)$ dimensionalen Vektoren

$$\mathfrak{a}_k'\mathfrak{x}' = 0, \quad \mathfrak{e}'\mathfrak{x}' = 1, \qquad (k = 1, 2, \ldots, m).$$

Darin bedeutet $\mathfrak{x}'$ den Vektor $(x_1, x_2, \ldots, x_n, x_{n+1})$, $\mathfrak{e}'$ den Vektor $(0, 0, \ldots, 0, 1)$, $\mathfrak{a}_k'$ den Vektor $(a_{k1}, a_{k2}, \ldots, a_{kn}, -y_k)$.

Nach Zus. 9 ist dann

$$\mathfrak{e}' = \lambda_1\mathfrak{a}_1' + \ldots + \lambda_m\mathfrak{a}_m' + \mathfrak{n}', \quad \mathfrak{n}'\mathfrak{a}_k' = 0 \qquad (k = 1, 2, \ldots, m).$$

Zeige, daß $\mathfrak{n}' = 0$ auf $\mathfrak{e}'\mathfrak{x}' = 0$, also auf einen Widerspruch (auch im gegebenen System) führt, und daß für $\mathfrak{n}' \neq 0$ der Vektor $\mathfrak{x}_0' = \mathfrak{n}' : \mathfrak{n}'\mathfrak{n}'$ eine Lösung gibt, daß ferner sich jede andere Lösung $\mathfrak{x}'$ so darstellen läßt ı $\mathfrak{x}' = \mathfrak{x}_0' + \mathfrak{t}'$, wo $\mathfrak{a}_k'\mathfrak{t}' = 0$, $\mathfrak{e}'\mathfrak{t}' = 0$. Nimmt man aus $\mathfrak{x}'$ und $\mathfrak{x}_0'$ den letzten Bestandteil x_{n+1} und $x_{0\,n+1}$ weg, so erhält man so in den n-dimensionalen Vektoren $\mathfrak{x}$ und $\mathfrak{x}_0$ Lösungen des *vorgelegten* Gleichungsystems. Zeige, daß es Lösungen dann und nur dann gibt, wenn der $(n+1)$ dimensionale Vektor $\mathfrak{e}'$ dem linearen Vektorgebilde $(\mathfrak{a}_1', \mathfrak{a}_2', \ldots, \mathfrak{a}_m')$ fremd ist. Zeige ferner, daß die Lösung $\mathfrak{x}_0$ dadurch ausgezeichnet ist, daß das innere Produkt $\mathfrak{x}_0\mathfrak{x}_0$ den kleinsten absoluten Betrag hat. Zeige endlich: Das System $\mathfrak{a}_k\mathfrak{x} = y_k$ $(k = 1, 2, \ldots, m)$ hat dann und nur dann Lösungen, wenn die linearen Vektorgebilde $(\mathfrak{a}_1, \mathfrak{a}_2, \ldots, \mathfrak{a}_m)$ und $(\mathfrak{a}_1', \mathfrak{a}_2', \ldots, \mathfrak{a}_m')$ gleichen Rang haben.

28. Linienelemente. Unter einem Linienelement versteht man die Figur eines Punktes und einer Geraden in vereinigter Lage (S. 3). Zur Bestimmung des Punktes dienen seine beiden Koordinaten; die Gerade durch ihn wird dann durch den Richtungsfaktor z bestimmt, d. i. durch den Tangens des Winkels, den sie gegen die X-Achse bildet. Ein Linienelement ist also durch drei Koordinaten x, y, z gegeben; es gibt ∞^3 Linienelemente. Die Gerade des so erklärten Elements ist stets Euklidisch, da der Tangens die Werte i und $-i$ ausläßt, der Punkt des Elements ist eigentlich.

Wir betrachten einfache Mannigfaltigkeiten von ∞^1 Linienelementen. Eine solche kann durch zwei Gleichungen zwischen x, y, z gegeben sein, oder durch eine Parameterdarstellung.

1. Alle Linienelemente eines Punktes (a, b). Die Punkte dieser ∞^1 Elemente fallen zusammen, die Geraden umhüllen den Punkt. Parameterdarstellung: $x = a$, $y = b$, $z = t$. So erhält man alle Linienelemente des Punktes, mit Ausnahme eines einzigen, welches gegen die X-Achse den Winkel $\dfrac{\pi}{2}$ bildet. Solche Linienelemente entziehen sich aber überhaupt unserer Darstellung.

2. Die Linienelemente einer (Euklidischen) Geraden. $ax + by + c = 0$, $z = -a : b$. (Voraussetzung?) Punktort ist die Gerade. Alle Elemente haben die Gerade gemeinsam. Die erste Gleichung liefert alle ∞^2 Linienelemente, deren Punkte die Gerade erfüllen, ebenso die zweite alle ∞^2 Linienelemente, die mit der Geraden die Richtung gemein haben.

3. Die *Turbine*[1]). Ein Linienelement wird um einen Punkt gedreht, der nicht auf der Geraden des Elements liegen soll, und auch nicht auf der Normalen des Elements (der Geraden, die im Punkte des Elementes auf seiner Geraden senkrecht steht). Punktort ist ein Kreis, Geradenort ebenfalls ein Kreis, der zum ersten konzentrisch

---

[1]) E. Kasner, American Journal of Mathematics **33**, (1909), S. 193—202.

ist. Gemeinsamer Mittelpunkt beider Kreise ist der Drehungsmittel-punkt. Er heiße (a, b) und habe von der Geraden des Elements den Abstand ϱ, vom Punkte des Elements den Abstand r. Dann heißen die beiden Gleichungen der Turbine

$$(x - a)^2 + (y - b)^2 - r^2 = 0,$$
$$z \cdot \left\{ (y - b)\varrho + (a - x)\sqrt{r^2 - \varrho^2} \right\} = (a - x)\varrho - (y - b)\sqrt{r^2 - \varrho^2}.$$

Zu beachten ist, daß r nur als r^2 vorkommt. Abhängigkeit zwischen ϱ und $\sqrt{r^2 - \varrho^2}$! Bedeutung des Auftretens der Quadratwurzel!

Aus diesen beiden Gleichungen liest man die beiden Sonderfälle ab. Für $\varrho = 0$ bleibt der Punktort ein Kreis; Geradenort ist sein Mittelpunkt. Für $\varrho = r$ fallen Punktort und Geradenort zusammen. Zeichnungen!

4. Soeben haben wir einen Fall kennen gelernt, wo Punktort und Geradenort zusammenfallen. Der Punkt eines Elementes ist Berührungspunkt einer Kurventangente, und diese bildet die Gerade des Elementes. Es ist aber noch denkbar, daß Punktort und Ge-radenort zusammenfallen, daß aber der Berührungspunkt einer Ele-mentgeraden *nicht* durch den zugehörigen Elementpunkt geliefert wird. Dafür bringen wir ein Beispiel.

Die Kurve $x = t^3$, $y = t$, oder $x = y^3$ heißt in Geradenkoordi-naten $4u_2^3 + 27u_1 u_3^2 = 0$. (Nachweis nach **19**, Zus. 7.) Die Tangente im Punkte t heißt $x - 3t^2 y + 2t^3 = 0$ (**25**, Zus. 17). Sie trifft die Kurve zunächst doppelt zählend im Punkte t (Berührungspunkt). Dann aber noch im Punkte $- 2t$, der also die Koordinaten hat $x = - 8t^3$, $y = - 2t$. Ihr Richtungsfaktor ist $z = \dfrac{1}{3t^2}$.

Nun bilden wir die Mannigfaltigkeit der ∞^1 Linienelemente

$$x = - 8t^3, \quad y = - 2t, \quad z = 1 : 3t^2.$$

Punktort ist die Kurve $x = y^3$, und diese ist auch Geradenort. Aber Gerade und Punkt sind nicht Tangente und Berührungspunkt.

5. Jetzt betrachten wir die Mannigfaltigkeit der ∞^1 Linien-elemente

$$x = t^3, \quad y = t, \quad z = 1 : 3t^2.$$

Punktort und Geradenort fallen wieder zusammen, und zwar in die soeben behandelte Kurve $x = y^3$. *Jetzt ist aber für jedes Linien-element der Elementpunkt Berührungspunkt der Elementgeraden.*

Eine Mannigfaltigkeit von ∞^1 Linienelementen dieser Art nennt man einen *Elementverein*. Zu den Elementvereinen rechnet man auch die Punkte und geraden Linien; beide aufgefaßt (wie es unter 1 und 2 geschah) als Örter von ∞^1 Linienelementen. Während man also gerade Linien und krumme Kurven zugleich behandeln kann bei Benutzung des Punktes als Raumelement, und Punkte und Kurven, wenn man die Gerade als Raumelement einführt, umfaßt der Begriff eines Vereins von Linienelementen Punkte, gerade und krumme Linien zugleich. Nicht jede Mannigfaltigkeit von ∞^1 Linienelementen ist ein Verein (Zus. 3). Unter den Transformationen der Linienelemente spielen eine Sonderrolle diejenigen, die einen Elementverein immer wieder in einen Elementverein überführen: Sie heißen *Berührungstransformationen*. Über diese sehr interessanten Dinge hauptsächlich differentialgeometrischer Natur handelt das Buch von Sophus Lie und G. Scheffers, Geometrie der Berührungstransformationen. Leipzig bei Teubner. 1896.

1. Unter einem *orientierten Linienelement* versteht man die Figur eines Punktes und eines hindurchlaufenden Speeres. Ein orientiertes Linienelement kann durch vier Koordinaten dargestellt werden (x, y, u, v), wo x, y den Punkt des Elementes bedeutet, und $u = \cos \vartheta$, $v = \sin \vartheta$ die Stellung ϑ des Speeres (25, S. 121) bestimmen $(u^2 + v^2 - 1 = 0)$. *Das orientierte Linienelement ist im wesentlichen das, was man in den Elementen als Halbgerade oder Strahl zu bezeichnen pflegt* (vgl. 22, Zus. 1).

2. Da ein Linienelement durch drei Koordinaten gegeben ist, kann man einem Linienelement (x, y, z) zuordnen den Punkt (x, y, z) des Raumes. Welche Linienelemente lassen sich nicht abbilden? Die Ebene $z = 0$, in der die Linienelemente liegen, heiße Grundebene.

∞^1 Linienelemente eines Punktes:	∞^1 Punkte einer Vertikalgeraden.
∞^1 Linienelemente einer Geraden:	∞^1 Punkte einer Horizontalgeraden besonderer Art.
∞^2 Linienelemente durch die Punkte einer Kurve:	∞^2 Punkte eines vertikalen Zylinders.
$\quad$ *Elementverein darauf*:	*Kurve (besonderer Art) auf dem Zylinder.*
∞^2 Linienelemente:	Fläche.
∞^2 Linienelemente mit parallelen Geraden:	Horizontale Ebene.
$\quad$ Ausnahmefälle!	

3. Die Mannigfaltigkeit von ∞^1 Linienelementen:
$$x = x(t), \quad y = y(t), \quad z = z(t),$$
wo die x, y, z eindeutige analytische Funktionen eines Parameters t sind, ist dann und nur dann ein Elementverein, wenn $z \equiv \dfrac{dy}{dt} : \dfrac{dx}{dt}$. Die Transformation der Linienelemente:
$$x' = x + 2z, \quad y' = y + z^2, \quad z' = z$$
ist eine Berührungstransformation, denn
$$\frac{dy'}{dt} - z' \frac{dx'}{dt} = \frac{dy}{dt} + 2z \frac{dz}{dt} - z \left(\frac{dx}{dt} + 2 \frac{dz}{dt} \right) = \frac{dy}{dt} - z \frac{dx}{dt}.$$

Verschwindet also $\dfrac{dy}{dt} - z \dfrac{dx}{dt}$, so verschwindet auch $\dfrac{dy'}{dt} - z' \dfrac{dx'}{dt}$, d. i. ein ursprünglicher Elementverein wird wieder in einen Elementverein verwandelt. (Es ist aber bereits ausreichend für eine Berührungstransformation, daß die beiden letztgenannten Ausdrücke sich durch einen Faktor $\varrho\,(x,\,y,\,z)$ unterscheiden, der nicht identisch verschwindet.)

Die Linienelemente eines Punktes, etwa $x=0$, $y=0$, $z=t$ gehen bei dieser Transformation über in den Elementverein $x=2t$, $y=t^2$, $z=t$, d. i. in die Linienelemente einer Parabel. *Eine Berührungstransformation verwandelt also nicht notwendig Punkte wieder in Punkte.*

4. Die Gleichung $xz-y=0$ stellt ∞^2 Linienelemente dar, die man vermöge zweier Parameter u und v so darstellen kann:

$$x=u, \qquad y=uv, \qquad z=v.$$

Wir wollen von diesen ∞^2 Linienelementen ∞^1 heraussuchen, die einen Elementverein bilden. Dazu haben wir etwa zu setzen $v=f(u)$; dadurch ergeben sich die ∞^1 Linienelemente

$$x=u, \qquad y=u\cdot f(u), \qquad z=f(u).$$

Aber diese bilden nicht ohne weiteres einen Elementverein. Es ist noch zu fordern $\dfrac{dy}{du}-z\,\dfrac{dx}{du}=f(u)+uf'(u)-f(u)\cdot 1=uf'(u)=0$.

Das gibt zunächst $u=0$, d. i. den Elementverein

$$x=0, \qquad y=0, \qquad z=v.$$

(Alle Linienelemente eines Punktes; „Singuläre" Lösung.)

Außerdem aber $f(u)=\text{const.}$, also:

$$x=u, \qquad y=cu, \qquad z=c,$$

d. i. die Linienelemente der ∞^1 geraden Linien $y-cx=0$ durch den Nullpunkt. Diese heißen Integralkurven der Gleichung $xz-y=0$, die man jetzt auch schreiben kann $x\cdot\dfrac{dy}{dx}-y=0$:

Das Verfahren, eine gewöhnliche Differentialgleichung zu integrieren, bedeutet, man soll die durch die Gleichung dargestellten ∞^2 Linienelemente zu Elementvereinen (Integralkurven) zusammenfassen.

5. Die Figur, bestehend aus einer Ebene des R_3 und einem in ihr gelegenen Punkte, nennt man ein *Flächenelement*. Es gibt im R_3 ∞^5 Flächenelemente, ebenso ∞^5 Linienelemente. Die Figur von ∞^1 Flächenelementen wird ein *Streifen* genannt. Eine Kurve kann ebenso wie eine Fläche als Ort von ∞^2 Flächenelementen aufgefaßt werden.

Drittes Kapitel.

29. Kollineationen. In 21 haben wir die Dehnungen und (Zus. 7)
Affinitäten als Geradentransformationen dargestellt. Die Transformationsformeln ergeben die Koordinaten u' der transformierten
Geraden *homogen* und *linear* in den Koordinaten u der ursprünglichen Geraden, *ohne daß umgekehrt eine homogene lineare Transformation gerader Linien eine Affinität zu sein braucht.* Damit werden wir
vor die Untersuchung der allgemeinsten homogenen linearen Geradentransformation gestellt:

$$(1) \qquad \begin{cases} u_1' = A_{11}\, u_1 + A_{12}\, u_2 + A_{13}\, u_3, \\ u_2' = A_{21}\, u_1 + A_{22}\, u_2 + A_{23}\, u_3, \\ u_3' = A_{31}\, u_1 + A_{32}\, u_2 + A_{33}\, u_3. \end{cases}$$

Diese Transformation heißt eine *Kollineation.* Es gibt, da ein Koeffizient fortdividiert werden darf, ∞^8 Kollineationen. Die Determinante $A = |\,A_{11}\, A_{22}\, A_{33}\,|$ heißt *Transformationsdeterminante* (S. 41).

Wir setzen zwei Kollineationen zusammen. Nach der Kollineation (1) soll die folgende ausgeführt werden:

$$u_i'' = B_{i1}\, u_1' + B_{i2}\, u_2' + B_{i3}\, u_3'. \qquad (i = 1, 2, 3)$$

Die resultierende Transformation ist wieder eine Kollineation, da
sich bei Elimination der Zwischenwerte u' die u'' linear und homogen
durch die u darstellen. Man erhält

$$u_i'' = C_{i1}\, u_1 + C_{i2}\, u_2 + C_{i3}\, u_3, \qquad (i = 1, 2, 3)$$

wo die C sich linear und homogen durch die A und B ausdrücken:

$$(2) \quad \begin{cases} C_{11}=B_{11}A_{11}+B_{12}A_{21}+B_{13}A_{31}, \quad C_{12}=B_{11}A_{12}+B_{12}A_{22}+B_{13}A_{32}, \\ \qquad\qquad C_{13}=B_{11}A_{13}+B_{12}A_{23}+B_{13}A_{33}, \\ C_{21}=B_{21}A_{11}+B_{22}A_{21}+B_{23}A_{31}, \quad C_{22}=B_{21}A_{12}+B_{22}A_{22}+B_{23}A_{32}, \\ \qquad\qquad C_{23}=B_{21}A_{13}+B_{22}A_{23}+B_{23}A_{33}, \\ C_{31}=B_{31}A_{11}+B_{32}A_{21}+B_{33}A_{31}, \quad C_{32}=B_{31}A_{12}+B_{32}A_{22}+B_{33}A_{32}, \\ \qquad\qquad C_{33}=B_{31}A_{13}+B_{32}A_{23}+B_{33}A_{33}. \end{cases}$$

Daraus folgt:

Satz 1. *Die Kollineationen bilden eine achtgliedrige Gruppe.*

Nach dem Multiplikationssatz für Determinanten ist jetzt

$$(3) \qquad |A_{11} A_{22} A_{33}| \cdot |B_{11} B_{22} B_{33}| = |C_{11} C_{22} C_{33}|:$$

Satz 2. *Die Determinante der resultierenden Kollineation ist gleich dem Produkt der Determinanten der komponierenden Kollineationen.*

Hieraus folgt, daß alle Kollineationen von *verschwindender* Transformationsdeterminante für sich eine Gruppe bilden $(0 \cdot 0 = 0!)$, eine Untergruppe der Gruppe *aller* Kollineationen.

Das Verschwinden der Determinante ist nun die notwendige und hinreichende Bedingung für die Verträglichkeit der drei Gleichungen

$$\begin{cases} 0 = A_{11} u_1 + A_{12} u_2 + A_{13} u_3, \\ 0 = A_{21} u_1 + A_{22} u_2 + A_{23} u_3, \\ 0 = A_{31} u_1 + A_{32} u_2 + A_{33} u_3. \end{cases}$$

Das heißt, es gibt dann (mindestens) eine Gerade u, der keine transformierte Gerade u' entspricht. Wir verlangen aber, daß die Kollineation *ausnahmslos* jeder Geraden u eine Gerade u' zuordnet. Es muß dazu also die Transformationsdeterminante von Null verschieden sein. Dann heißt die Kollineation *nicht singulär.* Die *singulären* Kollineationen, d. i. die von verschwindender Determinante werden von nun ab von der Betrachtung ausgeschlossen.

Wir transformieren jetzt drei Gerade u, v, w „*kogredient*" kollinear, d. i. wir unterwerfen sie alle drei *derselben* Kollineation (1). Dann erweist sich die dreireihige Determinante ihrer Koordinaten als relative Invariante. Nach dem Multiplikationssatz wird nämlich

$$(4) \qquad \begin{vmatrix} u_1' & u_2' & u_3' \\ v_1' & v_2' & v_3' \\ w_1' & w_2' & w_3' \end{vmatrix} = \begin{vmatrix} A_{11} & A_{21} & A_{31} \\ A_{12} & A_{22} & A_{32} \\ A_{13} & A_{23} & A_{33} \end{vmatrix} \cdot \begin{vmatrix} u_1 & u_2 & u_3 \\ v_1 & v_2 & v_3 \\ w_1 & w_2 & w_3 \end{vmatrix}.$$

Wir schreiben dafür kurz

$$(4\,a) \qquad (u'\,v'\,w') = |A_{11} A_{22} A_{33}| \cdot (u\,v\,w).$$

Zu unterscheiden sind die beiden Fälle $(u\,v\,w) \neq 0$ und $(u\,v\,w) = 0$. Im ersten Falle sind die drei Geraden u, v, w weder zueinander parallel, noch laufen sie durch denselben eigentlichen Punkt. Das gleiche gilt dann von den drei Geraden u', v', w'. (Auch für singuläre Kollineationen?) Aber nicht die Determinante $(u\,v\,w)$ ist es, auf die es hier eigentlich ankommt, sondern ihr *Rang*. Um diesen als invariant nachzuweisen, berechnen wir die zweireihigen Determinanten:

$$(5) \begin{cases} v_2' w_3' - v_3' w_2' = (A_{22} A_{33} - A_{23} A_{32})(v_2 w_3 - v_3 w_2) + \\ \quad + (A_{23} A_{31} - A_{21} A_{33})(v_3 w_1 - v_1 w_3) + (A_{21} A_{32} - A_{22} A_{31})(v_1 w_2 - v_2 w_1), \\ v_3' w_1' - v_1' w_3' = (A_{32} A_{13} - A_{33} A_{12})(v_2 w_3 - v_3 w_2) + \\ \quad + (A_{33} A_{11} - A_{31} A_{13})(v_3 w_1 - v_1 w_3) + (A_{31} A_{12} - A_{32} A_{11})(v_1 w_2 - v_2 w_1), \\ v_1' w_2' - v_2' w_1' = (A_{12} A_{23} - A_{13} A_{22})(v_2 w_3 - v_3 w_2) + \\ \quad + (A_{13} A_{21} - A_{11} A_{23})(v_3 w_1 - v_1 w_3) + (A_{11} A_{22} - A_{12} A_{21})(v_1 w_2 - v_2 w_1). \end{cases}$$

Solcher Gleichungen gibt es noch sechs andere, die man erhält, wenn man rechts die Koeffizienten ungeändert läßt, aber statt der beiden Geraden v, w nacheinander die Paare w, u und u, v nimmt, ebenso links die Paare w', u' und u', v'.

Ist nun der Rang r von $(u v w)$ kleiner als 2, so gibt es in den neun Gleichungen (5) rechts keine aus Geradenkoordinaten gebildete zweireihige Determinante, die von Null verschieden wäre. Daher werden auch alle zweireihigen Determinanten links zu Null, d. i. der Rang r' von $(u' v' w')$ ist kleiner als 2.

Ist umgekehrt $r' < 2$, so verschwinden in den neun Gleichungen (5) die linken Seiten. Diese neun Gleichungen verteilen sich auf drei Systeme, von denen wir eins völlig hingeschrieben haben. Die Determinante eines solchen Systemes hat den Wert $|A_{11} A_{22} A_{33}|^2$, ist also von Null verschieden. Daraus folgt aber, daß diese Systeme nur solche Lösungen haben, die aus lauter Nullen bestehen $(3, 4\,\alpha)$ und daher ist $r < 2$.

Aus $r = 0$ folgt $r' = 0$ und umgekehrt (Gerade Linien werden dann gar nicht mehr dargestellt). Daher dürfen wir schließen, daß sich die Fälle $r = 1$ und $r' = 1$ *gegenseitig* bedingen.

Ebenso bedingen sich, wie wir bereits wissen, die Fälle $r = 3$ und $r' = 3$ gegenseitig, und daraus folgt, daß es auch $r = 2$ und $r' = 2$ tun.

Nennen wir den Rang der Determinante $(u v w)$ kurz den Rang der drei geraden Linien u, v, w, (vgl. 5), so haben wir

Satz 3. *Der Rang dreier geraden Linien bleibt bei (nicht singulären) Kollineationen invariant*

Damit haben wir einen ersten Satz eines neuen Zweiges der Geometrie erarbeitet, den man *Kollineationsgeometrie* nennt. Wir verweisen auf 15 und 16. So, wie damals die Gruppen der Dehnungen bzw. Bewegungen zugrunde gelegt wurden, haben wir jetzt die geometrischen Gebilde hinsichtlich ihres Verhaltens gegenüber Kollineationen zu untersuchen. Figuren, die durch Kollineationen ineinander übergeführt werden können, gelten jetzt als äquivalent; man nennt sie zueinander *kollinear*. Der Ausdruck kollinear tritt also neben die früheren Äquivalenzbegriffe gleichsinnig ähnlich, kongruent, affin usw. Ähnliche Gebilde sind stets kollinear, aber kollineare Gebilde brauchen nicht ähnlich zu sein Das gleiche gilt von affinen und kollinearen Figuren.

1. Die Kollineation $u_1' = u_1$, $u_2' = u_2$, $u_3' = u_1 + u_2 + u_3$ ist nicht singulär. Sie führt die uneigentliche Gerade $0 : 0 : 1$ wieder in sich selbst über. Man könnte meinen, das sei bei jeder Kollineation so. Aber die Kollineation $u_1' = u_1 + u_3$, $u_2' = u_2$, $u_3' = u_3$, die ebenfalls nicht singulär ist, führt die uneigentliche Gerade $0 : 0 : 1$ über in die *eigentliche* Gerade $1 : 0 : 1$. *Der Gegen-*

*satz zwischen eigentlichen und uneigentlichen Geraden existiert demnach in der
Geometrie der Kollineationen nicht.* Die letztgenannte Kollineation führt weiter
die *isotrope* Gerade $1:i:4$ über in die *Euklidische* Gerade $5:i:4$. *Auch der
Gegensatz zwischen isotropen und anisotropen Geraden fällt in der Geometrie
der Kollineationen fort,* (wie bereits in der affinen Geometrie). Es gibt hier
nur *eine einzige Klasse* von Geraden, während es in der affinen Geometrie
noch deren zwei gab. Als kanonischen Vertreter wählen wir etwa die Gerade
$1:0:0$, und es ist zu beweisen, daß jede Gerade in die kanonische Gerade
kollinear transformiert werden kann.

Der Nachweis wird in 37, Zus. 1 erbracht. Der Leser transformiere die
Geraden $0:0:1$, $i:1:5$, $1:1:1$ auf die kanonische Gerade!

2. Die Kollineation (1) läßt sich *umkehren*, sobald sie nicht singulär ist,
d. i. man kann dann zu einer transformierten Geraden u' die ursprüngliche
Gerade u berechnen:

$$\begin{cases} u_1 = a_{11}\,u_1' + a_{21}\,u_2' + a_{31}\,u_3', \\ u_2 = a_{12}\,u_1' + a_{22}\,u_2' + a_{32}\,u_3', \\ u_3 = a_{13}\,u_1' + a_{23}\,u_2' + a_{33}\,u_3'. \end{cases}$$

Hierin bedeutet

$$A \cdot a_{11} = A_{22}\,A_{33} - A_{23}\,A_{32}, \qquad A \cdot a_{12} = A_{23}\,A_{31} - A_{21}\,A_{33} \quad \text{usw.}$$

Allgemein

(6)　　$A \cdot a_{ii} = A_{kk}\,A_{ll} - A_{kl}\,A_{lk}, \quad A \cdot a_{kl} = A_{li}\,A_{ik} - A_{lk}\,A_{ii}, \quad A \cdot a_{ik} = A_{ll}\,A_{kl} - A_{ll}\,A_{kl},$

worin (i, k, l) eine der drei Zahlenfolgen ist $(1, 2, 3)$, $(2, 3, 1)$, $(3, 1, 2)$;
ferner ist

(7)　　　　　　$| a_{11}\,a_{22}\,a_{33} | = 1 : | A_{11}\,A_{22}\,A_{33} | = 1 : A.$

3. Die Transformation

(8)　　$\begin{cases} u_1' = a_{11}\,u_1 + a_{21}\,u_2 + a_{31}\,u_3, \\ u_2' = a_{12}\,u_1 + a_{22}\,u_2 + a_{32}\,u_3, \\ u_3' = a_{13}\,u_1 + a_{23}\,u_2 + a_{33}\,u_3 \end{cases}$

ist dann nicht singulär. Sie ist die zu (1) *inverse* Kollineation (vgl. **14**,
Zus. 14, 15), denn setzt man die Kollineationen (1) und (8) in irgendeiner
Reihenfolge zusammen, so erhält man die *identische* Kollineation

$$u_1' = u_1, \qquad u_2' = u_2, \qquad u_3' = u_3.$$

Diese führt jede Gerade in sich selbst über.

4. Die Kollineation (1) sei *singulär vom Range zwei,* d. i. ihre Determinante habe den Rang zwei. Dann gibt es *eine einzige* Gerade u, der keine
transformierte Gerade u' entspricht. Für sie ist (da $u_1' = u_2' = u_3'$ verschwinden muß)

$$u_1 : u_2 : u_3 = a_{11} : a_{12} : a_{13} = a_{21} : a_{22} : a_{23} = a_{31} : a_{32} : a_{33}.$$

(Was ist an dieser Schreibweise zu bemängeln?) Jeder anderen Geraden u ist
eine Gerade u' eindeutig zugeordnet. Zeige: Alle diese Geraden u' sind zueinander parallel oder laufen durch einen eigentlichen Punkt [vgl. (4)].

Zahlenbeispiel. $u_1' = u_1$, $u_2' = u_2$, $u_3' = u_1 + u_2$. Alle u' laufen durch den
Punkt $(-1, -1)$, denn $u_1' + u_2' - u_3' = 0$.

5. Die Kollineation (1) sei *singulär vom Range eins.* Dann gibt es
∞^1 Gerade u, denen keine transformierte Gerade u' zugeordnet werden kann.
Alle diese singulären Geraden erfüllen ein Geradenbüschel oder ein Parallelenbüschel. Alle übrigen Geraden u werden auf ein und dieselbe Gerade u'
transformiert. Auf welche?

Zahlenbeispiel: $u_1' = u_1$, $u_2' = 2\,u_1$, $u_3' = 3\,u_1$. Nicht transformiert werden alle Geraden, für die $u_1 = 0$ ist. Sie erfüllen ein Parallelenbüschel. Die ∞^2 Geraden, für die $u_1 \neq 0$ ist, werden auf die Gerade $1 : 2 : 3$ transformiert.

6. Diskutiere die beiden Kollineationen

$$u_1' = 2\,u_3, \quad u_2' = -u_3, \quad u_3' = u_3; \quad u_1' = u_1, \quad u_2' = u_1, \quad u_3' = u_2.$$

7. Aus der dritten Gleichung (5) folgt, daß parallele Gerade bei nicht singulärer Kollineation nicht wieder in parallele Gerade überzugehen brauchen. Beispiel: $u_1' = u_1 + u_3$, $u_2' = u_2$, $u_3' = u_3$. $v_1 : v_2 : v_3 = 1 : 2 : 3$, $w_1 : w_2 : w_3 = 1 : 2 : 4$. *Der Begriff des Parallelismus zweier Geraden gehört somit nicht in die Geometrie der Kollineationsgruppe.*

8. Ist der Winkel zweier geraden Linien (absolute oder relative) Kollineationsinvariante?

9. Jede Kollineation, die die uneigentliche Gerade in sich selbst überführt, ist eine Affinität.

10. Erkläre Kollineationen und Affinitäten im R_n. Welche Möglichkeiten gibt es im R_3 für den Rang singulärer Kollineationen?

30. Homogene Punktkoordinaten. Da die Kollineation 29, (1) linear und homogen ist, führt sie einen linearen homogenen Ausdruck $a_1 u_1 + a_2 u_2 + a_3 u_3$ in Geradenkoordinaten in einen ebensolchen Ausdruck $b_1 u_1' + b_2 u_2' + b_3 u_3'$ über. Das heißt (vgl. 19, Zus. 9), sie verwandelt Punkte in Punkte. Die Kollineation ist also nicht nur Geradentransformation, sondern auch *Punkttransformation* (dagegen ist sie nicht immer Speertransformation). So verwandelt die Kollineation $u_1' : u_2' : u_3' = u_1 : u_2 : 2\,u_3$, die nicht singulär ist, den Punkt $(2/3)$, der also die Gleichung $2\,u_1 + 3\,u_2 + u_3 = 0$ besitzt, in den Punkt von der Gleichung $4\,u_1' + 6\,u_2' + u_3' = 0$, der die Koordinaten $(4/6)$ hat.

Die nicht singuläre Kollineation $u_1' = u_1$, $u_2' = u_2 + u_3$, $u_3' = u_3$ führt den *eigentlichen* Punkt $(2\,i/1)$, also $2\,i\,u_1 + u_2 + u_3 = 0$ über in $2\,i\,u_1' + u_2' = 0$, d. i. in den *uneigentlichen* Punkt $\operatorname{tg}\varphi = 1 : 2\,i$ (vgl. 24). In der Kollineationsgeometrie erscheinen demnach eigentliche und uneigentliche Punkte als äquivalent.

Die nicht singuläre Kollineation $u_1' = 2\,u_1$, $u_2' = u_2$, $u_3' = u_3$ führt die Gleichung des zuletzt genannten uneigentlichen Punktes $2\,i\,u_1 + u_2 = 0$ über in $i\,u_1' + u_2' = 0$. Diese Gleichung stellt aber (vgl. 24, Zus. 19) keinen Punkt mehr dar. Ebensowenig die Gleichung $u_1 + i\,u_2 = 0$. Um diese beiden Ausnahmen zu beseitigen, erweitern wir den in 24 aufgestellten Begriff des uneigentlichen Punktes, und erklären jetzt:

Eine lineare homogene Gleichung in Geradenkoordinaten, deren Koeffizienten nicht sämtlich gleichzeitig verschwinden, stellt immer einen (eigentlichen oder uneigentlichen) Punkt dar.

Die beiden neu geschaffenen Punkte werden durch das Büschel linkseitiger $(i\,u_1 + u_2 = 0)$ und das Büschel rechtseitiger $(u_1 + i\,u_2 = 0)$ Isotropen repräsentiert. In der elementaren Geometrie heißen diese beiden Punkte *absolute* Punkte, in der Kollineationsgeometrie haben sie nichts vor anderen eigentlichen oder uneigentlichen Punkten voraus.

Jetzt können wir sagen:

Eine (nicht singuläre) Kollineation verwandelt einen Punkt immer wieder in einen Punkt.

Dem Punkte von der Gleichung $a_1\,u_1 + a_2\,u_2 + a_3\,u_3 = 0$ legen wir nun die *homogenen* Koordinaten $a_1 : a_2 : a_3$ bei, ganz ebenso, wie wir in **19** der Geraden von der Gleichung $a\,x + b\,y + c = 0$ die homogenen Koordinaten $a : b : c$ zuerteilt hatten.

Die *für alles Folgende grundlegenden* homogenen Punktkoordinaten wollen wir jetzt noch von einer andern Seite gewinnen, wobei wir uns zum Teil wiederholen werden.

Wir bezeichnen durch besondere Buchstaben die zweireihigen Determinanten

$$v_2\,w_3 - v_3\,w_2 = x_1, \qquad v_3\,w_1 - v_1\,w_3 = x_2, \qquad v_1\,w_2 - v_2\,w_1 = x_3.$$

Ist nun $v_1\,w_2 - v_2\,w_1 \neq 0$, so bedeutet $x = \dfrac{x_1}{x_3}$, $y = \dfrac{x_2}{x_3}$ den eigentlichen Schnittpunkt der beiden Geraden v und w, vgl. **19**, (1). Damit ergibt sich die Möglichkeit, einen eigentlichen Punkt der Ebene durch *drei homogene* Koordinaten $x_1 : x_2 : x_3$ darzustellen, deren letzte, x_3, nicht verschwindet.

Ist aber $v_1\,w_2 - v_2\,w_1 = 0$, ohne daß die beiden andern Ausdrücke $v_2\,w_3 - v_3\,w_2$, $v_3\,w_1 - v_1\,w_3$ gleichzeitig verschwinden, so sind die beiden Geraden v und w parallel. Dann haben wir ihnen (Voraussetzung!) den *uneigentlichen* Punkt beigelegt (vgl. **24**)

$$\operatorname{tg}\varphi = -\,v_1 : v_2 = -\,w_1 : w_2 = \mu.$$

Diesen stellen wir jetzt ebenfalls durch drei homogene Koordinaten dar, von denen aber die letzte verschwindet:

$$
\begin{aligned}
x_1 : x_2 : x_3 &= v_2\,w_3 - v_3\,w_2 : v_3\,w_1 - v_1\,w_3 &&: v_1\,w_2 - v_2\,w_1 \\
&= v_2\,w_3 - v_3\,w_2 : v_3\,w_1 - v_1\,w_3 &&: \quad 0 \\
&= v_2\,w_3 - v_3\,w_2 : (v_2\,w_3 - v_3\,w_2)\,\mu &&: \quad 0 \quad \text{(Voraussetzung!)}
\end{aligned}
$$

(10 a)	$=$	1	$:$	μ	$:$	0
(10 b)	$=$	1	$:$	$\operatorname{tg}\varphi$	$:$	0
(10 c)	$=$	v_2	$:$	$-\,v_1$	$:$	0
(10 d)	$=$	w_2	$:$	$-\,w_1$	$:$	0
(10 e)	$=$	$\cot\varphi$	$:$	1	$:$	$0.$

(10 b) trägt rechts den Zusatz (Voraussetzung!).

Wenigstens eins dieser Systeme bleibt immer brauchbar. Ist eine der beiden Geraden v und w uneigentlich, so kann entweder (10 c) oder (10 d) benutzt werden. (10 b) versagt, wenn die beiden Geraden zur Y-Achse parallel sind; dann hilft (10 e). Beide, (10 b) und (10 e) versagen für isotrope Gerade; dann wird durch (10 a), (10 c) oder (10 d) auch in den beiden Fällen ein System von drei homogenen Koordinaten geliefert, wo nach 24 kein uneigentlicher Punkt vorlag. Somit sind wir zu dem Ergebnis gelangt:

Ein System von drei homogenen Koordinaten $x_1 : x_2 : x_3$ stellt einen *eigentlichen* Punkt dar, solange $x_3 \neq 0$, und seine inhomogenen Koordinaten sind dann $x = x_1 : x_3$, $y = x_2 : x_3$. Ist aber $x_3 = 0$, so soll das System den *uneigentlichen* Punkt der (eigentlichen) Geraden $- x_2 : x_1 : t$ bedeuten, wo t noch beliebig gewählt werden kann.

Der Punkt $x_1 : x_2 : x_3$ (kurz: der Punkt x) liegt dann und nur dann mit der Geraden u vereinigt, wenn

$$x_1 u_1 + x_2 u_2 + x_3 u_3 = 0.$$

Diese Gleichung ist völlig symmetrisch gebaut.

Die beiden getrennten Geraden u und v haben nunmehr *in allen Fällen* den Punkt gemeinsam

$$x_1 : x_2 : x_3 = u_2 v_3 - u_3 v_2 : u_3 v_1 - u_1 v_3 : u_1 v_2 - u_2 v_1.$$

Die Verbindungsgerade der beiden getrennten Punkte x und y heißt jetzt *in allen Fällen*

$$u_1 : u_2 : u_3 = x_2 y_3 - x_3 y_2 : x_3 y_1 - x_1 y_3 : x_1 y_2 - x_2 y_1.$$

Aus 29, (5) folgt unter Voraussetzung einer nicht singulären Kollineation bei Division durch A unter Berücksichtigung von 29, (6):

$$(9) \quad \begin{cases} x_1' = a_{11} x_1 + a_{12} x_2 + a_{13} x_3, \\ x_2' = a_{21} x_1 + a_{22} x_2 + a_{23} x_3, \\ x_3' = a_{31} x_1 + a_{32} x_2 + a_{33} x_3, \end{cases}$$

und dies System zeigt wieder, daß die Kollineation auch eine *Punkttransformation* ist. Aus $x_3 = 0$ folgt nicht notwendig $x_3' = 0$: Eine Kollineation kann einen uneigentlichen Punkt in einen eigentlichen Punkt überführen. Auch das Umgekehrte gilt; in der Kollineationsgeometrie gibt es keinen Unterschied zwischen eigentlichen und uneigentlichen Punkten. Das ist nur ein anderer Ausdruck für die in 29, Zus. 7 erkannte Tatsache, daß Parallelismus zweier Geraden durch Kollineationen zerstört werden kann. Daß es nur eine einzige Klasse von Punkten gibt, wird in 37, (46) bewiesen. Kanonischer Vertreter etwa $x_1 : x_2 : x_3 = 0 : 0 : 1$.

Insofern die Gesamtheit aller ∞^2 eigentlichen und ∞^1 uneigentlichen Punkte durch *drei* homogene Koordinaten dargestellt werden kann, sagt man, die Gesamtheit aller eigentlichen und uneigentlichen

Punkte bildet ein *ternäres Gebiet.* Auch die Gesamtheit aller geraden Linien bildet danach ein ternäres Gebiet. In der Tat kann man ja ein System von drei Verhältnisgrößen nach Belieben als Koordinaten eines Punktes oder als solche einer Geraden deuten (vgl. Zus. 1, 2). Nur sind die Kollineationen jedesmal anders darzustellen (Zus. 15).

Um nun bereits durch die Bezeichnung zum Ausdruck zu bringen, ob ein System von drei Verhältnisgrößen Punktkoordinaten oder Geradenkoordinaten bedeuten soll, bezeichnen wir von jetzt ab Punktkoordinaten weiter durch kleine *lateinische* Buchstaben, während für Geradenkoordinaten nunmehr immer kleine *deutsche* Buchstaben benutzt werden sollen.

1. Die Polare des Punktes (ξ, η) in bezug auf den Kreis $x^2 + y^2 - 1 = 0$ heißt (vgl. 20, Zus. 4)

$$\xi_1 : \xi_2 : \xi_3 = \xi : \eta : -1.$$

Unter Einführung homogener Punktkoordinaten schreiben wir dafür

$$\xi_1 : \xi_2 : \xi_3 = x_1 : x_2 : -x_3,$$
$$x_1 : x_2 : x_3 = \xi_1 : \xi_2 : -\xi_3.$$

Jeder Geraden ξ ist so ein Punkt x, ihr Pol in bezug auf den Kreis zugeordnet. Der Pol ist eigentlich, solange $\xi_3 \neq 0$, d. i. solange ξ nicht Durchmesser ist. In diesem Ausnahmefall ergibt sich ein uneigentlicher Punkt als Pol. *Die ∞^1 uneigentlichen Punkte können also aufgefaßt werden als Pole der ∞^1 Durchmesser eines (irreduziblen) Kreises in bezug auf diesen.*

2. Deutet man ein System von drei Verhältnisgrößen als Punktkoordinaten x, dann als Geradenkoordinaten ξ, so sind x und ξ Pol und Polare in bezug auf den reellen Kreis $x^2 + y^2 + 1 = 0$, der keine reellen Punkte besitzt. Nullteiliger Kreis, 18, Zus. 4.)

3. Die Entfernung des Punktes x vom Nullpunkt hat das Quadrat $x_1^2 + x_2^2) : x_3^2$. Soll der Punkt x sich über alle Maßen entfernen, so muß man x_3 gegen Null konvergieren lassen. Umgekehrt wird die Entfernung eines uneigentlichen Punktes vom Nullpunkt unendlich groß. Ausnahmen!

4. Sind die beiden Punkte $i : 1 : 0$ und $1 : i : 0$ (absolute Punkte) als reell oder imaginär zu bezeichnen? Verallgemeinerung der Frage!

5. Die Kurve $4x^2 + 9y^2 - 36 = 0$ hat zwei imaginäre uneigentliche Punkte. Man führt homogene Koordinaten ein: $4x_1^2 + 9x_2^2 - 36x_3^2 = 0$, und geht zur Grenze $x_3 = 0$ über. Das gibt $x_1 : x_2 = \pm 3i : 2$, also die beiden uneigentlichen Punkte $3i : 2 : 0$ und $-3i : 2 : 0$.

6. Die Kurve $y^2 - 4x = 0$ heißt, homogen dargestellt, $x_2^2 - 4x_1 x_3 = 0$. Sie hat den doppeltzählenden reellen uneigentlichen Punkt $1 : 0 : 0$.

7. Die Kurve $4x^2 - 9y^2 - 36 = 0$ hat die beiden reellen uneigentlichen Punkte $3 : 2 : 0$ und $-3 : 2 : 0$.

8. Der Kreis $(x-a)^2 + (y-b)^2 - r^2 = 0$, oder $(x_1 - ax_3)^2 + (x_2 - bx_3)^2 - r^2 x_3^2 = 0$ hat die beiden absoluten Punkte (Zus. 4) zu uneigentlichen Punkten. Dabei sind die drei Konstanten a, b, r^2 beim Grenzübergang fortgefallen: *Alle Kreise der Ebene haben die beiden absoluten Punkte gemeinsam.* Daher können zwei getrennte Kreise sich höchstens in *zwei* (nicht in vier) *eigentlichen* Punkten

schneiden. (Eine Tatsache, die der synthetische Geometer zu erklären nicht imstande ist.) Während eine Ellipse durch 5 Punkte bestimmt ist, ist es ein Kreis daher bereits durch drei, denn jede (irreduzible) Kurve 2. Ordnung, die durch die absoluten Punkte läuft, ist ein Kreis. (Beweis!) Man nennt deswegen die absoluten Punkte auch wohl *Kreispunkte*.

9. Eine Asymptote einer Kurve 2. O. läuft durch einen uneigentlichen Punkt (vgl. 8). Es gilt jetzt nach Einführung uneigentlicher Punkte der Satz: Eine Gerade hat mit einer Kurve 2. Ordnung stets zwei getrennte oder zusammenfallende Punkte gemeinsam, oder ∞^1 Punkte.

10. Eine isotrope Gerade läuft durch einen der absoluten Punkte.

11. Ermittle die Schnittpunkte folgender Kurven:

a) $xy = 4$, $(x-1)(y+1) = 0$. Gibt es uneigentliche Schnittpunkte?

b) $xy = 4$, $(x+1)y = 6$. Welcher der drei Schnittpunkte zählt doppelt?

c) $xy = 4$, $xy = 6$. Multiplizität der Schnittpunkte!

d) $y^2 - 4x = 0$, $y^2 - 6x = 0$.

e) $y^2 - 4x = 0$, $y^2 - 2y - 4x + 1 = 0$. Dreifach zählender uneigentlicher Schnittpunkt.

f) $y^2 - 3x = 0$, $y = 3$. Zwei Schnittpunkte!

g) konzentrischer Kreise.

12. Unter dem *Rang* dreier Punkte x, y und z verstehen wir jetzt den Rang der Determinante

$$(11) \qquad (xyz) = x_1(y_2 z_3 - y_3 z_2) + x_2(y_3 z_1 - y_1 z_3) + x_3(y_1 z_2 - y_2 z_1).$$

Zeige, daß der Rang dreier Punkte gegenüber nicht singulären Kollineationen invariant ist. $(x'y'z') = |a_{11} a_{22} a_{33}| (xyz)$.

13. Ist der Ausdruck $(abc):(abd)$ absolute Kollineationsinvariante? (Vgl. 21.)

14. Eine absolute Invariante von sechs geraden Linien ist der Ausdruck

$$\frac{(abe)}{(abf)} : \frac{(cbe)}{(cbf)};$$

was bedeutet hier das Symbol $(\mathfrak{x} \mathfrak{y} \mathfrak{z})$?

15. Will man eine aus Punkten und Geraden bestehende Figur einer Kollineation unterwerfen, so sind die geraden Linien kogredient zu transformieren (29, S. 140). Auch die Punkte müssen alle ein und derselben Transformation unterworfen werden. Auch hier sagt man, sie werden kogredient transformiert. Ein Punkt und eine Gerade werden kontragredient transformiert (21). Kontragrediente Kollineationen sind 29 (1) und (30, 9). Es wird nämlich verlangt, daß bis auf einen Faktor, der von der Transformationsdeterminante abhängt, der Ausdruck $x_1 \mathfrak{x}_1 + x_2 \mathfrak{x}_2 + x_3 \mathfrak{x}_3$ übergeht in $x_1' \mathfrak{x}_1' + x_2' \mathfrak{x}_2' + x_3' \mathfrak{x}_3'$. Warum tritt dieser Faktor hier nicht zutage? Worin liegt die Schwäche der Formeln **30**, (9)? Wie schreibt man besser? Wie sind dann die Formeln (6), (7), (8) in **29**, Zuss. 2. 3 abzuändern? Geltungsbereich der alten und der abgeänderten Formeln!

16. Ermittle die *uneigentlichen* Ruhepunkte bei Dehnungen und Bewegungen (Umlegungen)! Bei allen gleichsinnigen Dehnungen gibt es (mindestens) zwei getrennte uneigentliche Ruhepunkte. Welche sind das! Fall der Streckungen! Schiebungen! Umwendungen! Vgl. hierzu **24**, Zus. 16—18.

17. Beschreibe die singulären Kollineationen, die jetzt als *Punkt*transformation gegeben sein sollen, d. i. die a_{ik} in **30**, (9) sollen nicht von den A_{ik} in **29**, (1) abhängen. Beispiele!

18. Im R_n $(n > 2)$ sollen dem Punkte $(x_1, x_2, \ldots, x_n)$ beigelegt werden die homogenen Koordinaten $x_0 : x_1 : x_2 : \ldots : x_n$. Dann bedeutet $x_0 = 0$ die Gleichung des uneigentlichen R_{n-1}.

19. Unterschied der einmal im Texte benutzten Schreibweise

$$u_1' : u_2' : u_3' = u_1 : u_2 : 2\,u_3$$

gegen $u_1' = u_1$, $u_2' = u_2$, $u_3' = 2\,u_3$. | Vgl. 26.

31. Gerade und Punkte.

Die Verbindungsgerade c zweier getrennten Punkte a und b hat die Koordinaten (vgl. etwa 4)

$$(12) \qquad c_1 : c_2 : c_3 = a_2\,b_3 - a_3\,b_2 : a_3\,b_1 - a_1\,b_3 : a_1\,b_2 - a_2\,b_1 \,.$$

Der Schnittpunkt c zweier getrennten geraden Linien $\mathfrak{a}$ und $\mathfrak{b}$ hat die homogenen Koordinaten [vgl. 19, (1)]

$$(13) \qquad c_1 : c_2 : c_3 = \mathfrak{a}_2\,\mathfrak{b}_3 - \mathfrak{a}_3\,\mathfrak{b}_2 : \mathfrak{a}_3\,\mathfrak{b}_1 - \mathfrak{a}_1\,\mathfrak{b}_3 : \mathfrak{a}_1\,\mathfrak{b}_2 - \mathfrak{a}_2\,\mathfrak{b}_1 \,.$$

Beide Formeln gelten *ohne jede Ausnahme*; in (12) kann ein Punkt uneigentlich werden, oder auch beide; in (13) darf die uneigentliche Gerade vorkommen; es dürfen auch die beiden Geraden $\mathfrak{a}$ und $\mathfrak{b}$ zueinander parallel sein.

Damit haben wir die *allereinfachsten* Aufgaben gelöst; die Aufgaben, zwei Punkte zu verbinden und zwei Gerade zum Schnitt zu bringen. Man wird nicht bestreiten können, daß der durch (12) und (13) dafür gelieferte analytische Apparat doch recht schwerfällig ist. Es soll im folgenden gezeigt werden, daß dieser Apparat einer Fortbildung in der Richtung fähig ist, daß man mit ihm mit derselben Leichtigkeit arbeiten kann, die die synthetische Geometrie für ihre Fundamentalkonstruktionen mit Recht in Anspruch nimmt, ja sogar mit größerer.

1. Zunächst bilden wir ein Symbol, welches einen deutschen und einen lateinischen Buchstaben enthält (*„Zweiersymbol“*):

$$(14) \qquad (x\mathfrak{x}) = (\mathfrak{x}x) = \mathfrak{x}_1\,x_1 + \mathfrak{x}_2\,x_2 + \mathfrak{x}_3\,x_3 \,.$$

Dann ist

$(\mathfrak{a}x) = 0$ die *Gleichung der Geraden* $\mathfrak{a}_1 : \mathfrak{a}_2 : \mathfrak{a}_3$ (in homogenen Punktkoordinaten). Jetzt hat auch die uneigentliche Gerade eine Gleichung $(x_3 = 0)$.

$(a\mathfrak{x}) = 0$ ist die *Gleichung des Punktes* $a_1 : a_2 : a_3$, $(a_3 \neq 0)$ d. i. sie wird von allen Geraden $\mathfrak{x}$ erfüllt, die durch den Punkt $\xi = a_1 : a_3$, $\eta = a_2 : a_3$ laufen, oder $(a_3 = 0)$ von lauter Parallelen, die alle durch den uneigentlichen Punkt $a_1 : a_2 : 0$ laufen $(\mathfrak{x}_1 : \mathfrak{x}_2 = a_2 : -a_1)$. (Fortschritt gegen 19, Zus. 9 und 24!)

2. *Dreiersymbole.* Ein solches soll entweder drei deutsche oder drei lateinische Buchstaben enthalten. Es sind die in 30, (11) und 29, (4) vorkommenden dreireihigen Determinanten gemeint:

$$(xyz) = x_1(y_2 z_3 - y_3 z_2) + x_2(y_3 z_1 - y_1 z_3) + x_3(y_1 z_2 - y_2 z_1),$$
$$(\mathfrak{x}\mathfrak{y}\mathfrak{z}) = \mathfrak{x}_1(\mathfrak{y}_2 \mathfrak{z}_3 - \mathfrak{y}_3 \mathfrak{z}_2) + \mathfrak{x}_2(\mathfrak{y}_3 \mathfrak{z}_1 - \mathfrak{y}_1 \mathfrak{z}_3) + \mathfrak{x}_3(\mathfrak{y}_1 \mathfrak{z}_2 - \mathfrak{y}_2 \mathfrak{z}_1).$$

Es ist also $(abc) = -(acb)$ usw.

Wir betrachten die Gleichung $(abx) = 0$. Entweder ist sie *identisch* erfüllt, d. i. unabhängig davon, wie man den Punkt x wählt. Dazu müssen die einzelnen Koeffizienten verschwinden, und das bedeutet, die Punkte a und b *fallen zusammen.* Fallen umgekehrt a und b zusammen, so verschwindet (abx) identisch, d. i. für jedes x. (Vgl. 54, Zus. 3.)

Satz 1. *Die Punkte a und b fallen dann und nur dann zusammen, wenn identisch*

$$(15) \qquad\qquad (abx) \equiv 0.$$

Ebenso weist man nach:

Satz 2. *Die geraden Linien $\mathfrak{a}$ und $\mathfrak{b}$ fallen dann und nur dann zusammen, wenn identisch*

$$(16) \qquad\qquad (\mathfrak{a}\mathfrak{b}\mathfrak{x}) \equiv 0.$$

Jetzt sei $(abx) \not\equiv 0$. Dann bedeutet die Gleichung $(abx) = 0$, daß die Punkte a, b und x, von denen a und b getrennt sind, den Rang zwei besitzen. Nach 5 liegt dann x auf der Verbindungsgeraden von a und b.

Satz 3. *Die Gleichung der (eigentlichen oder uneigentlichen) Verbindungsgeraden der getrennten Punkte a und b heißt*

$$(17) \qquad\qquad (abx) = 0. \qquad \{(abx) \not\equiv 0\}.$$

Entsprechend:

Satz 4. *Die Gleichung des (eigentlichen oder uneigentlichen) Schnittpunktes der getrennten Geraden $\mathfrak{a}$ und $\mathfrak{b}$ heißt*

$$(18) \qquad\qquad (\mathfrak{a}\mathfrak{b}\mathfrak{x}) = 0. \qquad \{(\mathfrak{a}\mathfrak{b}\mathfrak{x}) \not\equiv 0\}.$$

Durch Spezialisierung der letzten Formeln erhält man noch:

$$(19) \qquad\qquad (abc) = 0$$

bedeutet, daß die drei Punkte a, b und c eine einzige Verbindungsgerade haben, oder sämtlich zusammenfallen.

$$(20) \qquad\qquad (\mathfrak{a}\mathfrak{b}\mathfrak{c}) = 0$$

bedeutet, daß die drei Geraden $\mathfrak{a}$, $\mathfrak{b}$ und $\mathfrak{c}$ einen einzigen Schnittpunkt haben, oder sämtlich zusammenfallen.

Das Wesentliche an diesen Formeln ist, daß in ihnen die Koordinaten gar nicht einzeln zum Vorschein kommen, daß also die Indizes gespart werden können[1]).

Auch aus den Formeln (12) und (13) können die Indizes beseitigt werden durch die Identitäten in x bzw. $\mathfrak{x}$:

(12a) $$(\mathfrak{c}x) \equiv (\mathfrak{a}\mathfrak{b}x).$$

(13a) $$(\mathfrak{c}\mathfrak{x}) \equiv (\mathfrak{a}\mathfrak{b}\mathfrak{x}).$$

Jede dieser beiden Identitäten zerfällt in drei einzelne Gleichungen

(12b) $$\begin{cases} c_1 = a_2 b_3 - a_3 b_2, \\ c_2 = a_3 b_1 - a_1 b_3, \\ c_3 = a_1 b_2 - a_2 b_1, \end{cases} \qquad (13b) \begin{cases} c_1 = a_2 b_3 - a_3 b_2, \\ c_2 = a_3 b_1 - a_1 b_3, \\ c_3 = a_1 b_2 - a_2 b_1, \end{cases}$$

die mehr aussagen, als (12) und (13), wo nicht Gleichheit, sondern nur Proportionalität stattfand. Dieses Verfahren, eine Anzahl von Gleichungen zu einer Identität zusammenzufügen, werden wir noch häufig mit Vorteil verwenden.

Eine andere Art, die Formeln (12b), (13b) kürzer darzustellen, ist die folgende:

$$\mathfrak{c} = \widehat{\mathfrak{a}\mathfrak{b}}. \qquad\qquad c = \widehat{\mathfrak{a}\mathfrak{b}}_{\mathfrak{i}}$$

Wir wollen die eingeführten Symbole durch einige Beispiele geläufiger machen.

Der Schnittpunkt x von $\mathfrak{c} = \widehat{\mathfrak{a}\mathfrak{b}}$ mit der Geraden $\mathfrak{p}$ genügt den beiden Gleichungen

$$(\mathfrak{a}\mathfrak{b}x) = 0, \qquad (\mathfrak{p}x) = 0. \qquad\qquad \text{(Voraussetzung!)}$$

Daraus findet man nach (13)

$$x_1 = (a_3 b_1 - a_1 b_3)\mathfrak{p}_3 - (a_1 b_2 - a_2 b_1)\mathfrak{p}_2$$
$$= -(\mathfrak{b}\mathfrak{p})a_1 + (\mathfrak{a}\mathfrak{p})b_1.$$

Entsprechend wird

$$x_2 = -(\mathfrak{b}\mathfrak{p})a_2 + (\mathfrak{a}\mathfrak{p})b_2, \qquad x_3 = -(\mathfrak{b}\mathfrak{p})a_3 + (\mathfrak{a}\mathfrak{p})b_3.$$

Die Gleichung dieses Punktes heißt daher

(21) $$(x\mathfrak{x}) \equiv -(\mathfrak{b}\mathfrak{p})(\mathfrak{a}\mathfrak{x}) + (\mathfrak{a}\mathfrak{p})(\mathfrak{b}\mathfrak{x}) = 0.$$

Setzt man nun $-(\mathfrak{b}\mathfrak{p}) = \lambda_1$, $(\mathfrak{a}\mathfrak{p}) = \lambda_2$, so wird

(22) $$\begin{cases} x_1 = \lambda_1 a_1 + \lambda_2 b_1, \\ x_2 = \lambda_1 a_2 + \lambda_2 b_2, \\ x_3 = \lambda_1 a_3 + \lambda_2 b_3. \end{cases}$$

---

[1]) Vertreter der Vektorenrechnung nehmen es meist als charakteristisch für ihre Disziplin in Anspruch, daß die einzelnen Koordinaten entbehrt werden können, daß man also einen Vektor durch einen einzigen Buchstaben darstellen kann. *Entsprechendes gilt aber, bzw. muß gefordert werden, für jedes andere Raumelement.*

Das System (22) stellt, wie man auch λ_1 und λ_2 wählt (eine einzige Ausnahme!), stets einen Punkt der Verbindungsgeraden $\widehat{ab}$ dar, denn $(abx) = \lambda_1(aba) + \lambda_2(abb) = 0$. Umgekehrt können *alle* Punkte von $\widehat{ab}$ so erhalten werden, denn es ist für einen dieser Punkte x zunächst $(abx) = 0$, ferner läßt sich dann eine Gerade $\mathfrak{p} = \widehat{xy}$ $((aby) \neq 0)$ stets so wählen, daß $(\mathfrak{p}x) = 0$ wird.

Somit gibt das System (22) eine *Parameterdarstellung der Punkte der Geraden $\widehat{ab}$*. Sie ist freilich als *schlecht* im Sinne von **23** zu bezeichnen, weil sie der Homogenität der Koordinaten nicht Rechnung trägt. Immerhin ist sie häufig verwendbar. Vgl. Zus. 1 in **32**.

Durch Vertauschung der deutschen und lateinischen Buchstaben in den vorangegangenen Entwicklungen erhält man:

Die Verbindungsgerade $\mathfrak{x}$ von $c = \widehat{ab}$ mit dem Punkte p genügt den beiden Forderungen

$$(\mathfrak{ab}\mathfrak{x}) = 0, \qquad (p\mathfrak{x}) = 0. \qquad \text{(Voraussetzung!)}$$
$$\mathfrak{x}_i = -(\mathfrak{b}p)\mathfrak{a}_i + (\mathfrak{a}p)\mathfrak{b}_i. \qquad (i = 1, 2, 3).$$

Ihre Gleichung heißt

$$(23) \qquad (\mathfrak{x}x) = -(\mathfrak{b}p)(\mathfrak{a}x) + (\mathfrak{a}p)(\mathfrak{b}x) = 0.$$

Im System

$$(24) \qquad \begin{cases} \mathfrak{x}_1 = \lambda_1 \mathfrak{a}_1 + \lambda_2 \mathfrak{b}_1, \\ \mathfrak{x}_2 = \lambda_1 \mathfrak{a}_2 + \lambda_2 \mathfrak{b}_2, \\ \mathfrak{x}_3 = \lambda_1 \mathfrak{a}_3 + \lambda_2 \mathfrak{b}_3 \end{cases}$$

hat man eine (schlechte) *Parameterdarstellung der Geraden durch den Punkt $\widehat{ab}$*.

3. *Vierersymbole.* Ein Vierersymbol besteht aus zwei deutschen und zwei lateinischen Buchstaben, die paarweise zusammengehören.

$$(25) \quad (abab) = (abab) = (\widehat{ab}\,\widehat{ab}) = (\widehat{ab}\,\widehat{ab})$$
$$= (a_2 b_3 - a_3 b_2)(a_2 b_3 - a_3 b_2) + (a_3 b_1 - a_1 b_3)(a_3 b_1 - a_1 b_3)$$
$$+ (a_1 b_2 - a_2 b_1)(a_1 b_2 - a_2 b_1)$$

Das Vierersymbol ist also ein verwickelteres Zweiersymbol. Setzt man

$$c = \widehat{ab}, \qquad c = \widehat{ab},$$

so wird

$$(26) \qquad (abab) = (cc).$$

Auch als Dreiersymbol kann das Vierersymbol aufgefaßt werden:

$$(26) \qquad (abab) = (cab) = (abc).$$

Man kann hierin die Abkürzungen c, c vermeiden, wenn man Kommata verwendet. Auch die Dächerbezeichnung läßt sich dann entbehren:

$$(26) \; (abab) = (\widehat{ab}, \widehat{ab}) = (ab, ab) = (a, b, ab) = (ab, a, b) = -(ba, a, b) \text{ usw.}$$

Von großer Wichtigkeit ist nun der Satz, der in folgender Formel liegt:

$$(27) \qquad (abab) = (aa)(bb) - (ab)(ba).$$

Daher kann man statt (21) schreiben: $(ab\mathfrak{p}\mathfrak{x}) = 0$. Ebenso statt (22) $(ab p x) = 0$.

So sagt unter den Bedingungen $(abx) \gtreqless 0$, $(ab\mathfrak{x}) \gtreqless 0$ die Gleichung

$$(abab) = 0$$

aus:

(Zweiersymbol.) Die Verbindungsgerade der beiden Punkte a und b liegt mit dem Schnittpunkt der beiden Geraden $\mathfrak{a}$ und $\mathfrak{b}$ vereinigt.

(Dreiersymbol.) Die Punkte a, b und der Schnittpunkt der beiden Geraden $\mathfrak{a}$ und $\mathfrak{b}$ können durch eine Gerade verbunden werden.

(Dreiersymbol.) Die Geraden $\mathfrak{a}$, $\mathfrak{b}$ und die Verbindungsgerade der beiden Punkte a und b laufen durch ein und denselben (eigentlichen oder uneigentlichen) Punkt.

Die geometrische Äquivalenz dieser drei sprachlichen Fassungen findet ihr analytisches Gegenstück in der durch die Formeln (26) gezeigten Biegsamkeit des Vierersymbols. Darin darf eine Gewähr dafür erblickt werden, daß das Vierersymbol wirklich zweckmäßig gewählt ist. Zugleich ist der Weg gezeigt, wie man noch verwickeltere Symbole sachgemäß bildet. Wir zeigen das an folgender Aufgabe:

Gesucht ist die Gleichung der Geraden, die die getrennten Punkte $\widehat{ac}$ und $\widehat{bb}$ verbindet (Voraussetzung!). Unter Verwendung eines Fünfersymbols schreiben wir sie

$$(ac\mathfrak{b}\mathfrak{b}x) = 0.$$

Dies kann als Vierersymbol geschrieben werden:

$$(a, c, \widehat{\mathfrak{b}\mathfrak{b}}, x) = 0.$$

Nach (27) wird daraus

$$(28) \qquad (a\mathfrak{b}\mathfrak{b})(cx) - (c\mathfrak{b}\mathfrak{b})(ax) = 0.$$

Wir hätten nicht so vorgehen dürfen:

$$(\widehat{ac}, \mathfrak{b}, \mathfrak{b}, x) = 0,$$
$$(ac\mathfrak{b})(\mathfrak{b}x) - (acx)(\mathfrak{b}\mathfrak{b}) = 0,$$

denn hier stehen im zweiten Gliede im Zweiersymbol zwei deutsche Buchstaben, und ebenso ist das zweite Dreiersymbol unzulässig.

Schreibt man jetzt (Multiplikation mit -1)

$$(\mathfrak{b}\mathfrak{b}acx) = (\mathfrak{b}, \mathfrak{b}, \widehat{ac}, x) = 0,$$

so findet man für die Gerade (28) die weitere Gleichung

$$(29) \qquad (\mathfrak{b}ac)(\mathfrak{b}x) - (\mathfrak{b}ac)(\mathfrak{b}x) = 0.$$

Durch Addieren der linken Seiten der Formeln (28) und (29) erhalten wir demnach:

$$(a\mathfrak{c}\mathfrak{b}\mathfrak{b}x) + (\mathfrak{b}\mathfrak{b}a\mathfrak{c}x) \equiv (a\mathfrak{b}\mathfrak{b})(\mathfrak{c}x) - (\mathfrak{c}\mathfrak{b}\mathfrak{b})(ax) + (\mathfrak{b}a\mathfrak{c})(\mathfrak{b}x) - (\mathfrak{b}a\mathfrak{c})(\mathfrak{b}x) = 0,$$

oder

$$(30) \qquad (\mathfrak{b}\mathfrak{c}\mathfrak{b})(ax) \equiv (a\mathfrak{c}\mathfrak{b})(\mathfrak{b}x) + (a\mathfrak{b}\mathfrak{b})(\mathfrak{c}x) + (a\mathfrak{b}\mathfrak{c})(\mathfrak{b}x).$$

Das Bildungsgesetz dieser wichtigen *Identität zwischen vier Geraden* tritt klarer zutage, wenn man die vier Geraden a, $\mathfrak{b}$, $\mathfrak{c}$, $\mathfrak{b}$ als 0, 1, 2, 3 bezeichnet:

$$(30\,\mathrm{a}) \qquad (1\,2\,3)(0\,x) \equiv (0\,2\,3)(1\,x) + (0\,3\,1)(2\,x) + (0\,1\,2)(3\,x).$$

Hierin haben wir der mit Null numerierten Geraden eine Sonderstellung gegeben. Das äußert sich darin, daß die Gerade Null links im Zweiersymbol vorkommt, auf der rechten Seite in den Dreiersymbolen überall an erster Stelle, in den Zweiersymbolen dagegen gar nicht. Die drei anderen Geraden treten rechts in zyklischer Vertauschung auf. So prägt sich diese Identität dem Gedächtnis leicht ein.

Sie ist ferner *linear* in den Koeffizienten *eines jeden* darin vorkommenden Gebildes, wird also durch Einführung von Proportionalitätsfaktoren nicht affiziert.

Für vier Punkte a, b, c, d besteht entsprechend die Identität:

$$(30\,\mathrm{b}) \qquad (\mathfrak{b}\mathfrak{c}d)(a\mathfrak{x}) \equiv (a\mathfrak{c}d)(\mathfrak{b}\mathfrak{x}) + (ad\mathfrak{b})(\mathfrak{c}\mathfrak{x}) + (a\mathfrak{b}\mathfrak{c})(d\mathfrak{x}).$$

Beide Identitäten (30) und (30b) zerfallen in drei einzelne Gleichungen, wie man erkennt, wenn man x und $\mathfrak{x}$ so spezialisiert:

$$1:0:0, \qquad 0:1:0, \qquad 0:0:1.$$

Die Identität (30b) folgt aus (30) vermöge des sogenannten *Dualitätsprinzipes*. Rein formal besteht dieses bei unserer Bezeichnungsweise darin, daß man lateinische und deutsche Buchstaben miteinander vertauscht. Geometrisch werden dabei vertauscht die Begriffe

Punkt	Gerade
Schnittpunkt	Verbindungsgerade
Gerade	Punkt
Verbindungsgerade	Schnittpunkt
Punkte *auf* einer Geraden	Gerade *durch* einen Punkt

usw.

Die Gültigkeit des Dualitätsprinzips, welches wesentlich in dem Satze 46, Zus. 5 besteht, beruht darauf, daß (vgl. **30**) die geraden Linien der Ebene ein ternäres Gebiet bilden, und die Punkte der Ebene ebenso. Das ist aber erst erreicht worden .durch die Einführung der einen uneigentlichen Geraden, sowie der ∞^1 uneigentlichen Punkte. In unsern Symbolen zeigt sich das Dualitätsprinzip darin, daß es zwei verschiedene Dreiersymbole gibt, daß ferner im Zweiersymbol und im Vierersymbol gleichviel Gerade und Punkte vorkommen.

Die Schwierigkeit, die in dualen Übertragungen zuweilen gefunden wird, ist rein sprachlicher Art, insofern dual gleichwertige Dinge nicht auch in gleicher Weise sprachlich präzisiert werden. Dem sucht die amerikanische Literatur neuerdings durch ihre „On"-Terminologie[1]) abzuhelfen, indem sie von points *on* a line, lines *on* a point spricht und so einen organischen Zusammenhang zwischen mathematischem Gedanken und sprachlichem Ausdruck herstellt.

1. Sechs Punkte (gerade Linien; vgl. **30**, Zus. 14) 1, 2, 3, 4, 5, 6 besitzen die absolute Kollineationsvariante

$$\frac{(125)}{(126)} : \frac{(345)}{(346)}.$$

2. Zwischen sechs Punkten (Geraden) 0, 1, 2, 3, 4, 5 besteht die Gleichung

$$(31) \qquad (12\widehat{3})(045) = (023)(145) + (031)(245) + (012)(345).$$

(In **30**a ist $x = \widehat{45}$ zu setzen.) Sie ist linear in allen vorkommenden Größen.

3. Zwischen fünf Punkten (Geraden) besteht die Relation

$$(32) \qquad (401)(423) + (402)(431) + (403)(412) = 0.$$

Bildungsgesetz! Grad der vorkommenden Größen! Herleitung aus (31)!

4. Um eine geometrische Deutung der hier auftretenden Beziehungen zu erhalten, beachte man, daß der Ausdruck (xyz), solange alle drei Punkte eigentlich sind, den Wert $2\,x_3 y_3 z_3 \cdot J_{xyz}$ hat, wo J_{xyz} den Inhalt des Dreiecks x, y, z bedeutet.

Der doppelte Inhalt des von drei Geraden $\mathfrak{x}, \mathfrak{y}, \mathfrak{z}$ (Voraussetzungen!) gebildeten Dreiecks ist

$$(\mathfrak{x}\mathfrak{y}\mathfrak{z})^2 : (\mathfrak{y}_1\mathfrak{z}_2 - \mathfrak{y}_2\mathfrak{z}_1)(\mathfrak{z}_1\mathfrak{x}_2 - \mathfrak{z}_2\mathfrak{x}_1)(\mathfrak{x}_1\mathfrak{y}_2 - \mathfrak{x}_2\mathfrak{y}_1).$$

5. In der absoluten Invariante von Zus. 1 ersetze man die Elemente

$$1 \quad 2 \quad 3 \quad 4 \quad 5 \quad 6 \quad \text{durch} \quad 0 \quad 3 \quad 0 \quad 4 \quad 1 \quad 2.$$

Dadurch erhält man eine absolute Invariante von fünf Elementen (Punkten, Geraden)

$$(33) \qquad \frac{(013)}{(032)} : \frac{(014)}{(042)}.$$

Sie heiße das *Doppelverhältnis* des Elementes 0 mit den vier Elementen 1, 2, 3, 4 (in dieser Reihenfolge).

6. Um das Doppelverhältnis von 0 mit 1, 2, 3, 4 zu bilden, geht man so vor. Man schreibt die beiden durch den Doppelpunkt getrennten Bruchstriche hin und belegt überall die erste Stelle mit dem Element 0. Dann verteilt man die Elemente 1 und 2 so, wie das folgende Schema es zeigt:

$$\frac{(01.)}{(0.2)} : \frac{(01.)}{(0.2)}.$$

Endlich fügt man die Elemente 3 und 4 ein, das Element 3 im ersten Verhältnis, das Element 4 im zweiten. Das so gewonnene Doppelverhältnis bezeichnen wir auch kurz durch $(0; 1234)$. Motivierung durch **32**, Zus. 2.

---

[1]) **Veblen** and **Young**, Projektive Geometry. 1910.

7. Beweise:

$$(0;1234) \cdot (0;1243) = 1.$$
$$(0;3412) = (0;1234).$$
$$(0;1324) + (0;1234) = 1.$$

Zur Ableitung der letzten Gleichung benutze man (32) in der Gestalt

$$(012)(034) + (013)(042) + (014)(023) = 0.$$

8. Gehören die *Punkte* 1234 einer Geraden an, so darf man, wenn 1 und 2 getrennt sind (vgl. 22), setzen:

$$(3\,\mathfrak{x}) = \lambda_1 (1\,\mathfrak{x}) + \lambda_2 (2\,\mathfrak{x}), \qquad (4\,\mathfrak{x}) = \mu_1 (1\,\mathfrak{x}) + \mu_2 (2\,\mathfrak{x}),$$

oder
$$(013) = \lambda_1 (011) + \lambda_2 (012) = \lambda_2 (012),$$

$$(042) = \mu_1 (201) + \mu_2 (202) = \mu_1 (012) \text{ usw.}$$

Dann wird, wenn 0 der Geraden $\widehat{12}$ nicht angehört, *das Doppelverhältnis von* 0 *völlig unabhängig* und heißt jetzt Doppelverhältnis der *vier* Punkte 1, 2, 3, 4. Fälle $(012) = 0$!

9. Führe dieselbe Betrachtung durch, wenn 0, 1, 2, 3, 4 *gerade Linien* sind. Warum kann es für weniger als vier Punkte (vier Gerade) keine absolute Kollineationsinvariante geben?

10. Eine Euklidische Gerade u soll die eigentlichen Punkte 1, 2, 3, 4 tragen; in der Parameterdarstellung 23, (19) seien nach irgend einer Orientierung diesen Punkten zugeordnet die Parameter t_1, t_2, t_3, t_4. Zeige, daß das Doppelverhältnis den Wert hat

$$(34) \qquad\qquad (1234) = \frac{t_1 - t_3}{t_3 - t_2} : \frac{t_1 - t_4}{t_4 - t_2}.$$

Bau dieses Ausdrucks!

11. Die *inhomogenen* Koordinaten dieser letztgenannten Punkte seien $(x_1, y_1), (x_2, y_2), (x_3, y_3), (x_4, y_4)$. Nach 23, (23) können wir dann setzen:

$$(35) \qquad (1234) = \frac{x_1 - x_3}{x_3 - x_2} : \frac{x_1 - x_4}{x_4 - x_2}, \qquad (1234) = \frac{y_1 - y_3}{y_3 - y_2} : \frac{y_1 - y_4}{y_4 - y_2}.$$

Einer der beiden Ausdrücke kann unbestimmt werden. Wann?

12. Zeige, daß die Formeln (35) auch für vier *eigentliche* Punkte einer Isotropen gelten. Woran liegt es, daß (34) und (35) gleich gebaut sind?

13. Ersetze die beiden Formeln (35) durch eine einzige, die stets gültig bleibt (23, (21)).

14. Unterscheidende Merkmale zwischen den Ausdrücken 33—35! Wann sind *beide* Formeln (35) unbrauchbar (und erst nach Vornahme eines Grenzüberganges brauchbar)?

15. Die Identität $(abp\mathfrak{x}) \equiv 0$ bedeutet, daß die Punkte a und b entweder zusammenfallen, oder auf p liegen, oder endlich, daß beides der Fall ist.

16. Bedeutung der Identität $(abpx) \equiv 0$.

17. Wert der Ausdrücke $(aabc)$, $(abaa)$!

18. Warum kann die Schreibweise $(abcd)$, die wir in Zus. 10, 11 für das Doppelverhältnis von vier Punkten *einer Geraden* anwandten, zu keiner Verwechslung mit dem Vierersymbol führen?

19. Bilde (nach Zus. 5 und 8) das Doppelverhältnis für vier Gerade eines Büschels.

20. Die vier Geraden a, b, c, $\mathfrak{d}$ seien jetzt $\widehat{oa}$, $\widehat{ob}$, $\widehat{oc}$, $\widehat{od}$, wo a, b, c, d auf einer Geraden liegen, der der Punkt ϱ nicht angehört. Dann ist, wenn $(\mathfrak{p}\,o) \neq 0$ gewählt wird,

$$(\mathfrak{p};a\,b\,c\,\mathfrak{d}) = (\mathfrak{p};oa,ob,oc,od) = \frac{(\mathfrak{p},oa,oc)}{(\mathfrak{p},oc,ob)} : \frac{(\mathfrak{p},oa,od)}{(\mathfrak{p},od,ob)} =$$

$$= \frac{(\mathfrak{p}o)(aoc)}{(\mathfrak{p}o)(cob)} : \frac{(\mathfrak{p}o)(aod)}{(\mathfrak{p}o)(dob)} = \frac{(oac)}{(ocb)} : \frac{(oad)}{(odb)} = (o;a,b,c,d).$$

Da nun a,b,c,d auf einer Geraden liegen, so ist (Zus. 8) das letzte Doppelverhältnis von o ganz unabhängig:

Satz. *Das Doppelverhältnis von vier Geraden eines Büschels ist gleich dem Doppelverhältnis ihrer Schnittpunkte mit jeder fünften Geraden, die nicht durch den (eigentlichen oder uneigentlichen) Scheitel des Büschels läuft.* Dieser Satz bildet das Fundament der synthetischen Behandlungsweise der Kollineationsgeometrie. (J. Steiner.)

21. Das Doppelverhältnis von vier eigentlichen Punkten einer *Euklidischen* Geraden kann als Doppelverhältnis von vier Strecken erklärt werden. Wie ergibt sich das aus Zusatz 4, wo es als Doppelverhältnis von vier Dreiecksinhalten auftrat?

22. Ist das Doppelverhältnis $(x;a,b,c,d)$ konstant $= k$, so durchläuft der Punkt x eine Kurve 2. Ordnung, die durch die Punkte a,b,c,d geht:

$$(xac)(xdb) - k(xad)(xcb) = 0.$$

Sonderfall $k = 1$. [Vgl. (32)!] Für welche Werte von k werden sonst noch Geradenpaare geliefert?

23. Jetzt soll ein anderes Doppelverhältnis konstant sein: $(d;xabc) = $ const. (Unterschied gegen Zus. 22!). Zeige, daß der Ort für x eine Gerade durch d ist. Ausnahmefälle!

24. Im R_n wird das Zweiersymbol ersetzt durch

$$(x\xi) = (\xi x) = \xi_0 x_0 + \xi_1 x_1 + \ldots + \xi_n x_n.$$

Bedeutung von $(a\xi) = 0$, von $(ax) = 0$! An Stelle der Dreiersymbole treten die beiden aus je $n + 1$ Elementen gebildeten Determinanten

$$(xyz\ldots k) = |\,x_0 y_1 z_2 \ldots k_n\,|,$$
$$(\mathfrak{x}\mathfrak{y}\mathfrak{z}\ldots\mathfrak{k}) = |\,\mathfrak{x}_0 \mathfrak{y}_1 \mathfrak{z}_2 \ldots \mathfrak{k}_n\,|.$$

Im R_3 bedeutet $(abcx) = 0$ die Gleichung der Ebene durch die drei Punkte a,b,c; $(abcx) \equiv 0$ ist die Bedingung dafür, daß die drei Punkte a,b,c auf einer Geraden liegen. Ebenso ist $(\mathfrak{a}\mathfrak{b}\mathfrak{c}\mathfrak{x}) = 0$ die Gleichung des Schnittpunktes der drei Ebenen $\mathfrak{a}$, $\mathfrak{b}$, $\mathfrak{c}$. Diese durchsetzen sich längs einer Geraden, wenn $(\mathfrak{a}\mathfrak{b}\mathfrak{c}\mathfrak{x}) \equiv 0$. Ferner bedeutet $(abxy) \equiv 0$ die Bedingung dafür, daß die beiden Punkte a und b zusammenfallen; dabei hat die Identität für alle x und für alle y zu gelten. Entsprechendes gilt für $(\mathfrak{a}\mathfrak{b}\mathfrak{x}\mathfrak{y}) \equiv 0$, wo die beiden Ebenen $\mathfrak{a}$ und $\mathfrak{b}$ zusammenfallen.

25. Sind $(a_0:a_1:a_2:\ldots:a_n)$ und $(b_0:b_1:\ldots:b_n)$ zwei getrennte Punkte des R_n, so läßt sich jeder Punkt ihrer Verbindungslinie so darstellen $x = \lambda_1 a + \lambda_2 b$, d. i. also $(x\xi) \equiv \lambda_1(a\xi) + \lambda_2(b\xi)$. Hierbei dürfen λ_1 und λ_2 nicht gleichzeitig verschwinden.

26. Nach Einführung uneigentlicher Punkte des R_n haben zwei getrennte R_{n-1} immer einen R_{n-2} gemeinsam. Danach gilt für den R_3 folgendes:

$$(\mathfrak{x}x) \equiv \lambda_1(\mathfrak{a}x) + \lambda_2(\mathfrak{b}x)$$

stellt eine Ebene durch die Schnittgerade der beiden getrennten Ebenen $\mathfrak{a}$ und $\mathfrak{b}$ dar.

27. Bedeutung von $\mathfrak{b} = \widehat{a\mathfrak{b}c}$, $d = \widehat{a\mathfrak{b}c}$ im R_3! Zeige

$$(abc, \mathfrak{a}\mathfrak{b}c) = \begin{vmatrix} (a\mathfrak{a}) & (a\mathfrak{b}) & (ac) \\ (b\mathfrak{a}) & (b\mathfrak{b}) & (bc) \\ (c\mathfrak{a}) & (c\mathfrak{b}) & (cc) \end{vmatrix}.$$

Dazu ist zunächst zu zeigen (Multiplikationssatz der Determinanten):

$$(abcd)(\mathfrak{a}\mathfrak{b}c\mathfrak{b}) = |(a\mathfrak{a})(b\mathfrak{b})(cc)(d\mathfrak{b})|.$$

Darin ist dann zu setzen etwa $a = \widehat{\mathfrak{b}c\mathfrak{b}}$, so daß $(a\mathfrak{b}) = (ac) = (a\mathfrak{b}) = 0$ wird.

32. Punktreihe und Geradenbüschel. Für die Punkte der *Punktreihe* $\widehat{a\mathfrak{b}}$, d. i. die Punkte der geraden Linie durch die beiden getrennten Punkte a und b haben wir die schlechte Parameterdarstellung **31**, (22) kennen gelernt. Diese soll jetzt durch eine bessere ersetzt werden.

Dazu wählen wir eine Gerade $\mathfrak{g}$ beliebig, sie soll aber weder durch a noch durch b laufen:

$$(ab\mathfrak{z}) \equiv\!\!\!|\equiv 0, \qquad (\mathfrak{g}\,a) \doteq 0, \qquad (\mathfrak{g}\,b) \doteq 0.$$

Dann setzen wir

$$(36) \qquad (x\,\mathfrak{x}) \equiv \xi_1 (\mathfrak{g}\,b)(a\,\mathfrak{x}) - \xi_2 (\mathfrak{g}\,a)(b\,\mathfrak{x}).$$

Diese Identität in den $\mathfrak{x}$ zerfällt in drei einzelne Gleichungen

$$(36) \qquad x_i = \xi_1 (\mathfrak{g}\,b)\,a_i - \xi_2 (\mathfrak{g}\,a)\,b_i, \qquad\qquad (i = 1, 2, 3)$$

wofür man auch mit Unterdrückung der Indizes an den Koordinaten schreibt

$$(36) \qquad x = \xi_1 (\mathfrak{g}\,b)\,a - \xi_2 (\mathfrak{g}\,a)\,b.$$

Jedem Wertsystem ξ_1, ξ_2 entspricht eindeutig ein Punkt x, der auf $\widehat{a\mathfrak{b}}$ liegt, denn $(abx) = 0$, unabhängig von ξ_1, ξ_2. Nur das Wertsystem $\xi_1 = 0$, $\xi_2 = 0$ ist auszuschließen. Den beiden Systemen ξ_1, ξ_2 und $\varrho\,\xi_1$, $\varrho\,\xi_2$ ($\varrho \doteq 0$) entspricht derselbe Punkt x, wegen der Homogenität der Punktkoordinaten. Es kommt also nur auf das *Verhältnis* $\xi_1 : \xi_2$ an.

Umgekehrt gehört zu jedem Punkte von $\widehat{a\mathfrak{b}}$ ein einziges Wertesystem $\xi_1 : \xi_2$. Wählen wir nämlich einen Punkt p außerhalb der Geraden $\widehat{a\mathfrak{b}}$ beliebig $((ab\,p) \doteq 0)$, so wird (**31**, 30b)

$$(ab\,p)(x\,\mathfrak{x}) \equiv (x\,b\,p)(a\,\mathfrak{x}) + (x\,p\,a)(b\,\mathfrak{x}) + (x\,a\,b)(p\,\mathfrak{x}).$$

Soll der Punkt x der Geraden $\widehat{a\mathfrak{b}}$ angehören, so fällt das letzte Glied rechts fort:

$$(ab\,p)(x\,\mathfrak{x}) \equiv (x\,b\,p)(a\,\mathfrak{x}) + (x\,p\,a)(b\,\mathfrak{x}).$$

Jetzt haben wir zu setzen

$$(\mathfrak{g}\,b)\,\xi_1 = (x\,b\,p):(a\,b\,p), \qquad (\mathfrak{g}\,a)\,\xi_2 = (x\,a\,p):(a\,b\,p),$$

$$(\mathfrak{g}\,b)\,\xi_1 : (\mathfrak{g}\,a)\,\xi_2 = (x\,b\,p):(x\,a\,p).$$

Hätten wir den Hilfspunkt anders gewählt, etwa q, wo $(a\,b\,q) \neq 0$, so wäre geworden

$$(\mathfrak{g}\,b)\,\xi_1 : (\mathfrak{g}\,a)\,\xi_2 = (x\,b\,q):(x\,a\,q).$$

Es ist also noch zu zeigen:

$$(x\,b\,p):(x\,a\,p) = (x\,b\,q):(x\,a\,q).$$

Das folgt bei Berücksichtigung von $(a\,b\,x) = 0$ aus **31**, (32).

Die Gesamtheit der Punkte einer Geraden ist, insofern sie durch zwei homogene Koordinaten $\xi_1 : \xi_2$ dargestellt werden kann, als *binäres Gebiet* zu bezeichnen (vgl. **30**).

Die Parameterdarstellung (36) der Punkte einer Geraden ist den früheren Darstellungen, etwa **23**, (19), oder **4**, (4), (5), (4 a) überlegen. Sie gilt für *alle* geraden Linien, d. i. für isotrope und Euklidische in gleicher Weise; sie gilt auch noch für die uneigentliche Gerade. Der eine der beiden Punkte a und b kann auch uneigentlich werden, sogar beide noch. Damit ist aber durchaus nicht gesagt, daß die früheren Darstellungen nichts taugen. Es kommt auf die Zwecke an, die man verfolgt. In Fragen, die in die *elementare* Geometrie gehören, sind **4**, (4), (5) und **23**, (19) vorzuziehen.

Ein weiteres binäres Gebiet erkennen wir in der Gesamtheit der geraden Linien eines Büschels. Dieses sei durch die beiden getrennten Geraden $\mathfrak{a}$ und $\mathfrak{b}$ gegeben. Ein Punkt p wird willkürlich angenommen, aber so, daß er weder auf $\mathfrak{a}$ noch auf $\mathfrak{b}$ liegt:

$$(\mathfrak{a}\,\mathfrak{b}\,\mathfrak{x}) \gtrless 0, \qquad (p\,\mathfrak{a}) \neq 0, \qquad (p\,\mathfrak{b}) \neq 0.$$

Dann ist

$$(37) \qquad \mathfrak{x} = \xi_1\,(p\,\mathfrak{b})\,\mathfrak{a} - \xi_2\,(p\,\mathfrak{a})\,\mathfrak{b}$$

eine Parameterdarstellung aller Geraden durch den (eigentlichen oder uneigentlichen) Punkt $\widehat{\mathfrak{a}\mathfrak{b}}$. Alle Beweise, die wir im Anschluß an (36) gebracht haben, übertragen sich dual.

Das Doppelverhältnis eines Punktes p, $((a\,b\,p) \neq 0)$ gegen vier Punkte x, y, z, t der Geraden $\widehat{a\,b}$ mit den binären Koordinaten $\xi_1 : \xi_2$, $\eta_1 : \eta_2$, $\zeta_1 : \zeta_2$, $\tau_1 : \tau_2$ wird wegen

$$(p\,x\,z) = -\,(p\,a\,b)(\mathfrak{g}\,a)(\mathfrak{g}\,b)(\xi_1\,\zeta_2 - \xi_2\,\zeta_1), \quad \text{usw.}$$

zu

$$(38) \qquad (p;x\,y\,z\,t) = \frac{\xi_1\,\zeta_2 - \xi_2\,\zeta_1}{\zeta_1\,\eta_2 - \zeta_2\,\eta_1} : \frac{\xi_1\,\tau_2 - \xi_2\,\tau_1}{\tau_1\,\eta_2 - \tau_2\,\eta_1}.$$

Unter Benutzung des Symbols

$$\boxed{(39) \qquad\qquad (\xi\,\eta) = \xi_1\,\eta_2 - \xi_2\,\eta_1}$$

können wir dafür kürzer schreiben

$$(40) \qquad (x\,y\,z\,t) = (\xi\,\eta\,\zeta\,\tau) = \frac{(\xi\,\zeta)}{(\zeta\,\eta)} : \frac{(\xi\,\tau)}{(\tau\,\eta)}.$$

Aus dieser Herleitung erkennt man, daß das Doppelverhältnis einer Geraden $\mathfrak{g}$ gegen vier Gerade $\mathfrak{x}, \mathfrak{y}, \mathfrak{z}, \mathfrak{t}$ des Büschels $\widehat{\mathfrak{a}\mathfrak{b}}$, denen die binären Koordinaten $\xi_1 : \xi_2$, $\eta_1 : \eta_2$, $\zeta_1 : \zeta_2$, $\tau_1 : \tau_2$ in der Darstellung (37) zugeordnet sind, formal genau so gebildet wird

$$(\mathfrak{x}\,\mathfrak{y}\,\mathfrak{z}\,\mathfrak{t}) = \frac{(\xi\,\zeta)}{(\zeta\,\eta)} : \frac{(\xi\,\tau)}{(\tau\,\eta)}.$$

Diese Darstellungen (36) und (37) benutzten freilich als willkürliche Elemente die Punkte a, b bzw. die geraden Linien $\mathfrak{a}$, $\mathfrak{b}$. Von der Wahl dieser willkürlichen Elemente sind die Doppelverhältnisse wirklich unabhängig, denn diese sind ebenso wie die gleichfalls willkürlichen Elemente p und $\mathfrak{g}$ aus den Formeln herausgefallen.

1. Die schlechten Parameterdarstellungen **31**, (22) und (24) sind nur brauchbar, wenn man die willkürliche Festsetzung trifft, daß die beiden Punkte a und b, bzw. die beiden Geraden $\mathfrak{a}$ und $\mathfrak{b}$ nur mit *demselben* Proportionalitätsfaktor belastet werden sollen. Das führt aber in der Praxis, d. i. wenn man mit Zahlenbeispielen rechnet, zu Unzuträglichkeiten.

2. Über das Doppelverhältnis von vier Punkten auf einer *Euklidischen* Geraden **31**, (34) sowie über das Bildungsschema **31**, Zus. 6 sollen noch einige Bemerkungen gemacht werden, die sich zunächst nur auf den Fall beziehen, wo die vier Punkte *reell* sind.

Wir erklärten vgl. 23, Zus. 11: *Unter dem Verhältnis, in welches der Punkt X der Geraden A B die Strecke A B teilt, verstehen wir den Bruch* $AX : XB$. Hierbei sind die Punkte A und B als getrennt vorausgesetzt. Ferner ist sorgfältig die Reihenfolge der Buchstaben in unserer Erklärung zu beachten. Der Teilpunkt soll *zwischen* den beiden Endpunkten genannt werden; man soll also nicht etwa $AX : BX$ sagen. Jetzt ist stets die geteilte Strecke AB gleich der *Summe* der „Teile" AX und XB, d. i. $AX + XB + BA = 0$. Damit diese Bemerkung Sinn hat, muß die Gerade AB irgendwie orientiert sein.

Um nun das Doppelverhältnis von vier Punkten zu bilden, faßt man die ersten beiden als *End*punkte auf, die letzten beiden als *Teil*punkte. Man bildet das Teilverhältnis, in welches der dritte Punkt die Strecke teilt, ebenso das Teilverhältnis, in welches der vierte Punkt die Strecke teilt. Diese beiden Teilverhältnisse dividiert man durcheinander. Diese Herleitung scheint uns die naturgemäßeste zu sein.

3. Zeige: In **32**, (36) seien a und b Anfangspunkt und Endpunkt einer Strecke ($\xi_1 : \xi_2 = 1 : 0$, $\xi_1 : \xi_2 = 0 : 1$). Der Schnittpunkt p von $\widehat{\mathfrak{a}\mathfrak{b}}$ mit $\mathfrak{g}$ ($\xi_1 : \xi_2 = 1 : 1$) sei erster *Teil*punkt, der veränderliche Punkt x zweiter *Teil*punkt. Dann ist

$$\xi_1 : \xi_2 = (a\,b\,p\,x).$$

Dazu war die Einführung des Minuszeichens in **32**, (36) nötig.

4. Der somit zwischen binären Koordinaten und Doppelverhältnissen hergestellte Zusammenhang wird auch wohl so ausgedrückt:

$$\xi = (\infty\,0\,1\,\xi).$$

Dabei ist $\xi = \xi_1 : \xi_2$ gesetzt.

5. Bedeutung von $\xi_1 : \xi_2$ in **32**, (37)!

6. Wir sind zum binären Gebiet durch das ternäre hindurch gelangt. Man mag darin einen methodischen Mangel erblicken. Am Beispiel des Doppel-

verhältnisses können wir aber zeigen, mit welchen Schwierigkeiten der entgegengesetzte Weg zu kämpfen hat.

Zunächst würde man zur Definition **31**, (34) für das Doppelverhältnis von vier Punkten auf einer Euklidischen Geraden gelangt sein, wobei der uneigentliche Punkt nicht vorkommen durfte. Für isotrope Gerade sowie für die uneigentliche Gerade versagt die Erklärung völlig. Da sind neue Definitionen und somit immer neue Beweise nötig. Ferner setzt dieser Weg stets eine Orientierung der Geraden voraus; man gelangt zu einer rationalen Größe durch einen Umweg über Irrationales. Die Unabhängigkeit des Doppelverhältnisses von der zugrunde gelegten Parameterdarstellung muß erst besonders bewiesen werden, ebenso die Invarianz gegenüber Kollineationen. Die schließlich zu erarbeitende endgültige Erklärung **31**, (33) hat dann immer noch etwas Unmotiviertes an sich.

Ähnlich ist es mit dem Doppelverhältnis von vier geraden Linien eines Büschels. Ist der Scheitel eigentlich, so gibt der Synthetiker ja eine Erklärung. Diese versagt aber für vier parallele Gerade. Da muß der Synthetiker wieder von neuem definieren und es auf das Doppelverhältnis von vier Punkten zurückführen; einen andern Weg gibt es nicht. Alle diese Schwierigkeiten treten bei unserm Verfahren nicht auf. Die Invarianz gegenüber Kollineationen ist bei uns an den Anfang gestellt; die Definitionen haben sogleich allgemeine Gültigkeit.

7. Im R_3 bildet man aus sechs Elementen ein Doppelverhältnis

$$(p\,q;\,a\,b\,c\,d) = \frac{(p\,q\,a\,c)}{(p\,q\,c\,b)} : \frac{(p\,q\,a\,d)}{(p\,q\,d\,b)},$$

Wann ist dieses von p und q unabhängig? Entsprechend

$$(\mathfrak{p}\,\mathfrak{q};\,a\,\mathfrak{b}\,c\,\mathfrak{b}) = \frac{(\mathfrak{p}\,\mathfrak{q}\,a\,c)}{(\mathfrak{p}\,\mathfrak{q}\,c\,\mathfrak{b})} : \frac{(\mathfrak{p}\,\mathfrak{q}\,a\,\mathfrak{b})}{(\mathfrak{p}\,\mathfrak{q}\,\mathfrak{b}\,\mathfrak{b})}.$$

Hier stehen rechts keine Doppelverhältnisse, sondern vierreihige Determinanten. Wie ändern sich diese Doppelverhältnisse, wenn statt p und q zwei andere Punkte der Geraden $\widehat{p\,q}$, statt $\mathfrak{p}$ und $\mathfrak{q}$ zwei andere Ebenen der Geraden $\widehat{\mathfrak{p}\,\mathfrak{q}}$ genommen werden?

8. *Binäre Gebiete.* a) Die beiden Geraden $2:3:7$ und $4:6:i$ sind zueinander parallel. Die Gesamtheit aller Geraden $2\,\lambda_1 + 4\,\lambda_2 : 3\,\lambda_1 + 6\,\lambda_2 : 7\,\lambda_1 + i\,\lambda_2$ stellt ein binäres Gebiet dar. Dieses wird aber nicht durch die *eigentlichen* Geraden des Parallelenbüschels erschöpft, sondern es muß die uneigentliche Gerade hinzukommen ($\lambda_1 : \lambda_2 = 2 : -1$).

b) Es sei $K_1 \equiv (x - a_1)^2 + (y - b_1)^2 - r_1^2$, $K_2 \equiv (x - a_2)^2 + (y - b_2)^2 - r_2^2$. Dann gibt die Gleichung $\lambda_1 K_1 + \lambda_2 K_2 = 0$ ein binäres Gebiet; (Voraussetzung!) sie stellt ein Kreisbüschel (S. 118) dar; aber dieses erschöpft das binäre Gebiet wieder nicht; es muß (als uneigentlicher Kreis) die Gerade $\lambda_1 : \lambda_2 = 1 : -1$ hinzukommen.

c) Die Mittelpunkte der Kreise dieses Kreisbüschels bilden demnach auch erst ein binäres Gebiet, wenn ein uneigentlicher Punkt ($\lambda_1 : \lambda_2 = 1 : -1$) hinzugenommen wird.

d) Die Punkte der Parabel $x = \tfrac{1}{2}\tau^2$, $y = \tau$ bilden ein binäres Gebiet erst, wenn man noch einen uneigentlichen Punkt hinzunimmt.

e) Die Punkte des Kreises $x = \dfrac{\lambda_1^2 - \lambda_2^2}{\lambda_1^2 + \lambda_2^2}$, $y = \dfrac{2\,\lambda_1\,\lambda_2}{\lambda_1^2 + \lambda_2^2}$ bilden ein binäres Gebiet erst nach Hinzunahme *zweier* uneigentlicher Punkte ($\lambda_1 : \lambda_2 = 1 : \pm\,i$).

9. *Binäre Transformationen.* Die homogenen Koordinaten eines Elementes in einem binären Gebiet wollen wir durch kleine *griechische* Buchstaben bezeichnen. Dann gibt

$$\xi_1' = c_{11}\xi_1 + c_{12}\xi_2, \qquad \xi_2' = c_{21}\xi_1 + c_{22}\xi_2$$

die allgemeinste *binäre lineare Transformation.* Wann ordnet sie *ausnahmslos* jedem Element ξ ein Element ξ' zu? Wann ist sie umkehrbar? Wie heißt die inverse Transformation? Zusammensetzung zweier solcher Transformationen! — Dieselben Fragen beantworte man für die *binäre quasilineare Transformation* (vgl. S. 44)

$$\xi_1' = c_{11}\bar\xi_1 + c_{12}\bar\xi_2, \qquad \xi_2' = c_{21}\bar\xi_1 + c_{22}\bar\xi_2.$$

Ist die dreigliedrige Gruppe *aller* binären Transformationen gemischt oder kontinuierlich? (16). Die quasilinearen binären Transformationen bilden keine Gruppe.

10. Die allgemeinsten binären Transformationen, die auf der Parabel (Zus. 8 d) den uneigentlichen Punkt $\tau = \tau_1 : \tau_2 = 1 : 0$ in Ruhe lassen, sind

$$\xi_1' = c_{11}\xi_1 + c_{12}\xi_2. \qquad \xi_2' = c_{22}\xi_2,$$
$$\xi_1' = c_{11}\bar\xi_1 + c_{12}\bar\xi_2, \qquad \bar\xi_2' = c_{22}\bar\xi_2. \qquad c_{11}c_{22} \neq 0.$$

Sie bilden eine zweigliedrige gemischte Gruppe.

11. Die allgemeinsten binären Transformationen, die auf dem Kreise (Zus. 8 e) die beiden uneigentlichen Punkte

einzeln in Ruhe lassen, sind

$$\begin{cases} \xi_1' = \xi_1 \cos\varphi - \xi_2 \sin\varphi \\ \xi_2' = \xi_1 \sin\varphi + \xi_2 \cos\varphi \end{cases}$$

$$\begin{cases} \xi_1' = \xi_1 \cos\varphi + \bar\xi_2 \sin\varphi \\ \xi_2' = \bar\xi_1 \sin\varphi - \bar\xi_2 \cos\varphi \end{cases}$$

miteinander vertauschen, sind

$$\begin{cases} \xi_1' = \xi_1 \cos\varphi + \xi_2 \sin\varphi \\ \xi_2' = \xi_1 \sin\varphi - \xi_2 \cos\varphi \end{cases}$$

$$\begin{cases} \xi_1' = \bar\xi_1 \cos\varphi - \bar\xi_2 \sin\varphi \\ \xi_2' = \bar\xi_1 \sin\varphi + \bar\xi_2 \cos\varphi. \end{cases}$$

Wie werden dabei die eigentlichen Punkte des Kreises untereinander vertauscht? Welche der vier Transformationsscharen bildet für sich eine eingliedrige Gruppe. Welche zwei Scharen zusammengenommen? (3 Fälle.)

33. Satz von Desargues. Der sachgemäße analytische Apparat für alle Fragen der Kollineationsgeometrie der Ebene besteht, wie erklärt, in den Zweier, Dreier und Vierersymbolen. Daneben sind immer wieder die Identitäten **31**, (30)—(32) zu verwenden. Im folgenden geben wir ein weiteres Beispiel dafür, wie dieser Apparat in verwickelteren Fällen arbeitet.

1. Es seien drei Gerade $\mathfrak{a}, \mathfrak{b}, \mathfrak{c}$ vom Range drei gegeben, die also nicht durch einen (eigentlichen oder uneigentlichen) Punkt laufen. Ferner seien noch drei Gerade $\mathfrak{d}, \mathfrak{e}, \mathfrak{f}$ von derselben Eigenschaft gegeben:

$$(\mathfrak{a}\,\mathfrak{b}\,\mathfrak{c}) \neq 0, \qquad (\mathfrak{d}\,\mathfrak{e}\,\mathfrak{f}) \neq 0.$$

Wir setzen

$$(\mathfrak{a}\,\mathfrak{b}\,\mathfrak{x}) \equiv (h\,\mathfrak{x}), \qquad (\mathfrak{d}\,\mathfrak{e}\,\mathfrak{x}) \equiv (i\,\mathfrak{x}), \qquad (\mathfrak{c}\,\mathfrak{f}\,\mathfrak{x}) \equiv (k\,\mathfrak{x}),$$

d. i. $h = \widehat{\mathfrak{a}\mathfrak{b}}, \qquad i = \widehat{\mathfrak{d}\mathfrak{e}}, \qquad k = \widehat{\mathfrak{c}\mathfrak{f}}.$ Jetzt ist

$$(h\,i\,k) = (\mathfrak{a}\,\mathfrak{b}, \mathfrak{d}\,\mathfrak{e}, \mathfrak{c}\,\mathfrak{f}) = (\mathfrak{a}, \mathfrak{b}, \mathfrak{d}\,\mathfrak{e}, \mathfrak{c}\,\mathfrak{f}) = (\mathfrak{a}\,\mathfrak{b}\,\mathfrak{e})(\mathfrak{d}\,\mathfrak{c}\,\mathfrak{f}) - (\mathfrak{b}\,\mathfrak{d}\,\mathfrak{e})(\mathfrak{a}\,\mathfrak{c}\,\mathfrak{f}).$$

2. Jetzt führen wir die duale Überlegung aus:

$$(a\,b\,c) \neq 0, \qquad (d\,e\,f) \neq 0;$$
$$(a\,d\,x) \equiv (\mathfrak{h}\,x), \qquad (b\,e\,x) \equiv (\mathfrak{i}\,x), \qquad (c\,f\,x) \equiv (\mathfrak{k}\,x),$$
$$(\mathfrak{h}\,\mathfrak{i}\,\mathfrak{k}) = (a\,b\,e)(d\,c\,f) - (d\,b\,e)(a\,c\,f).$$

3. Nunmehr spezialisieren wir die Punkte a, b, c, d, e, f in folgender Weise:

$$(a\,\mathfrak{x}) \equiv (\mathfrak{b}\,\mathfrak{c}\,\mathfrak{x}), \qquad (b\,\mathfrak{x}) \equiv (\mathfrak{c}\,\mathfrak{a}\,\mathfrak{x}), \qquad (c\,\mathfrak{x}) \equiv (\mathfrak{a}\,\mathfrak{b}\,\mathfrak{x}),$$
$$(d\,\mathfrak{x}) \equiv (\mathfrak{e}\,\mathfrak{f}\,\mathfrak{x}), \qquad (e\,\mathfrak{x}) \equiv (\mathfrak{f}\,\mathfrak{b}\,\mathfrak{x}), \qquad (f\,\mathfrak{x}) \equiv (\mathfrak{b}\,\mathfrak{e}\,\mathfrak{x}).$$

Die sechs Punkte sind dann die Ecken der von den sechs Geraden $\mathfrak{a}, \mathfrak{b}, \mathfrak{c}, \mathfrak{d}, \mathfrak{e}, \mathfrak{f}$ gebildeten Dreiseite (wobei ein „Dreiseit" auch uneigentliche Ecken haben kann; es wird nur verlangt, daß die drei Geraden, die eine solche Figur bilden, den Rang drei besitzen). Zulässig ist diese Spezialisierung, denn

$$(abc) = (\mathfrak{a}\mathfrak{b}\mathfrak{c})^2 \neq 0, \qquad (def) = (\mathfrak{d}\mathfrak{e}\mathfrak{f})^2 \neq 0.$$

Für die in $(\mathfrak{h}\,\mathfrak{i}\,\mathfrak{k})$ vorkommenden Dreiersymbole findet man dann:

$$(a\,b\,e) = (\mathfrak{b}\,\mathfrak{c}, \mathfrak{c}\,\mathfrak{a}, \mathfrak{f}\,\mathfrak{b}) = (\mathfrak{b}, \mathfrak{c}, \mathfrak{c}\,\mathfrak{a}, \mathfrak{f}\,\mathfrak{b}) = (\mathfrak{b}\,\mathfrak{c}\,\mathfrak{a})(\mathfrak{c}\,\mathfrak{f}\,\mathfrak{b}) = (\mathfrak{a}\,\mathfrak{b}\,\mathfrak{c})(\mathfrak{c}\,\mathfrak{f}\,\mathfrak{b}),$$
$$(d\,c\,f) = (\mathfrak{e}\,\mathfrak{f}, \mathfrak{a}\,\mathfrak{b}, \mathfrak{b}\,\mathfrak{e}) = (\mathfrak{e}, \mathfrak{f}, \mathfrak{a}\,\mathfrak{b}, \mathfrak{b}\,\mathfrak{e}) = (\mathfrak{e}\,\mathfrak{a}\,\mathfrak{b})(\mathfrak{f}\,\mathfrak{b}\,\mathfrak{e}) = (\mathfrak{e}\,\mathfrak{a}\,\mathfrak{b})(\mathfrak{b}\,\mathfrak{e}\,\mathfrak{f}),$$
$$(d\,b\,e) = (\mathfrak{e}\,\mathfrak{f}, \mathfrak{c}\,\mathfrak{a}, \mathfrak{f}\,\mathfrak{b}) = (\mathfrak{e}, \mathfrak{f}, \mathfrak{c}\,\mathfrak{a}, \mathfrak{f}\,\mathfrak{b}) = - (\mathfrak{f}\,\mathfrak{c}\,\mathfrak{a})(\mathfrak{e}\,\mathfrak{f}\,\mathfrak{b}) = (\mathfrak{a}\,\mathfrak{c}\,\mathfrak{f})(\mathfrak{b}\,\mathfrak{e}\,\mathfrak{f}),$$
$$(a\,c\,f) = (\mathfrak{b}\,\mathfrak{c}, \mathfrak{a}\,\mathfrak{b}, \mathfrak{b}\,\mathfrak{e}) = (\mathfrak{b}, \mathfrak{c}, \mathfrak{a}\,\mathfrak{b}, \mathfrak{b}\,\mathfrak{e}) = - (\mathfrak{c}\,\mathfrak{a}\,\mathfrak{b})(\mathfrak{b}\,\mathfrak{b}\,\mathfrak{e}) = (\mathfrak{a}\,\mathfrak{b}\,\mathfrak{c})(\mathfrak{b}\,\mathfrak{b}\,\mathfrak{e}).$$

Hieraus ergibt sich endlich

$$(\mathfrak{h}\,\mathfrak{i}\,\mathfrak{k}) = (\mathfrak{a}\,\mathfrak{b}\,\mathfrak{c})(\mathfrak{d}\,\mathfrak{e}\,\mathfrak{f}) \cdot \{(\mathfrak{a}\,\mathfrak{b}\,\mathfrak{e})(\mathfrak{d}\,\mathfrak{c}\,\mathfrak{f}) - (\mathfrak{d}\,\mathfrak{b}\,\mathfrak{e})(\mathfrak{a}\,\mathfrak{c}\,\mathfrak{f})\} = (\mathfrak{a}\,\mathfrak{b}\,\mathfrak{c})(\mathfrak{d}\,\mathfrak{e}\,\mathfrak{f})(h\,i\,k).$$

Da $(\mathfrak{a}\,\mathfrak{b}\,\mathfrak{c})$ und $(\mathfrak{d}\,\mathfrak{e}\,\mathfrak{f})$ von Null verschieden vorausgesetzt waren, verschwinden $(\mathfrak{h}\,\mathfrak{i}\,\mathfrak{k})$ und $(h\,i\,k)$ gleichzeitig:

Ordnet man die Geraden zweier Dreiseite irgendwie einander zu und bringt zugeordnete Geraden der beiden Dreiseite zum Schnitt, so liegen die drei Schnittpunkte dann und nur dann auf einer Geraden, wenn die Verbindungslinien der zugeordneten Ecken der beiden Dreiseite durch einen Punkt laufen.

Der Leser begründe den dualen Satz und spreche ihn aus.

1. Verschwinden von den vier Dreiersymbolen von vier getrennten Punkten zwei, so verschwinden auch die beiden andern, und die vier Punkte liegen auf einer Geraden. Beweis vermöge der zwischen vier Punkten bestehenden Identität, die in drei Einzelgleichungen zu spalten ist. Dann 3, 2!

2. Dualer Satz!

3. Das Doppelverhältnis der vier Punkte a, b, $\lambda_1 a + \lambda_2 b$, $\lambda_1 a - \lambda_2 b$ ist unbestimmt (Bedingungen!), oder es hat den Wert -1. Das Paar der ersten beiden Punkte wird durch das andere Punktepaar *„harmonisch getrennt"*. Fortschritt gegen 23, Zus. 14! Zeige, daß dann auch das zweite Paar durch das erste harmonisch getrennt wird.

4. **Entsprechender Satz für vier Gerade eines Büschels.** Die vier Geraden heißen, wenn das Doppelverhältnis unbestimmt oder -1 ist, ebenfalls harmonisch; das Paar der Endgeraden und das der Teilgeraden (vgl. 32, Zus. 2) „*trennen*" sich gegenseitig *harmonisch*.

5. Folgt aus $(a\,b\,x)\equiv\!\mid\!\equiv 0$, $(a\,b\,c)=0$, $(a\,b\,p)\neq 0$ auch $(p\,a\,c)=0$? (Benutzung der Identität 31, (31) für die Punkte p, a, b, c, a, x).

6. Folgt aus $(a;\,b\,c\,d\,x)=(a;\,b\,c\,d\,y)$, daß x und y zusammenfallen? Vgl. 31, Zus. 23. Sorgfältige Rechnung!

7. Das Doppelverhältnis $(a\,b\,y\,z)$ von vier Punkten einer Geraden hat den Wert

$$(a\,b\,y\,z)=\frac{\mu}{\lambda}:\frac{\mu'}{\lambda'},$$

wenn
$$y=\lambda\,(\mathfrak{g}\,b)\,a-\mu\,(\mathfrak{g}\,a)\,b,$$
$$z=\lambda'\,(\mathfrak{g}\,b)\,a-\mu'\,(\mathfrak{g}\,a)\,b$$

gesetzt wird [vgl. 32, (36)]. Voraussetzung! Dualer Satz!

8. Die Gültigkeit der Sätze von Desargues soll an recht vielen Zeichnungen erläutert werden. Die Schnittpunkte zugeordneter Seiten sollen teilweise oder sämtlich uneigentlich werden; die Seiten (Ecken) der Dreiseite teilweise zusammenfallen usw. Man mache sich klar, daß es *synthetisch* nicht leicht ist, den sehr umfassenden Geltungsbereich der beiden Sätze zu ermitteln.

9. Unterwirft man zwei Elemente ξ und η eines binären Gebietes (32) den binären Transformationen in 32, Zus. 9, so wird unter Benutzung der in 32, (39), 40) eingeführten Symbole

$$(\xi'\eta')=D\,(\xi\eta),\qquad\qquad (\xi'\eta')=D\,(\overline{\xi\eta}),$$
$$(\xi'\eta'\zeta'\tau')=(\xi\eta\zeta\tau),\qquad\qquad (\xi'\eta'\zeta'\tau')=(\overline{\xi\eta\zeta\tau}),$$

wenn $D=c_{11}c_{22}-c_{12}c_{21}$ die Transformationsdeterminante bedeutet. Ist sie gleich Null, so heißt die binäre Transformation *singulär: Getrennte Elemente eines binären Gebietes werden bei nicht singulärer binärer Transformation in getrennte Elemente übergeführt. Das Doppelverhältnis von vier Elementen eines binären Gebietes ist absolut invariant gegenüber binären linearen Transformationen.* Auch gegenüber quasilinearen?

10. Soll eine binäre Transformation die Elemente α, β, γ der Reihe nach in α', β', γ' überführen, so muß sein (Zus. 9)

$$(\alpha'\beta'\gamma'\xi')=(\alpha\beta\gamma\xi),\qquad (\alpha'\beta'\gamma'\xi')=(\overline{\alpha\beta\gamma\xi}).$$

Zeige, daß die Transformationsdeterminante die Faktoren enthält

$$(\beta'\gamma'),\ (\gamma'\alpha'),\ (\alpha'\beta')\ \text{und}\ (\beta\gamma),\ (\gamma\alpha),\ (\alpha\beta)\ \text{bzw.}\ (\overline{\beta\gamma}),\ (\overline{\gamma\alpha}),\ (\overline{\alpha\beta}).$$

Nachweis vermöge der zwischen vier Elementen 0, 1, 2, 3 eines binären Gebietes bestehenden Relation

$$(0\,1)\,(2\,3)+(0\,2)\,(3\,1)+(0\,3)\,(1\,2)=0.$$

Dann folgt der wichtige Satz:

Es gibt stets eine und nur eine nicht singuläre

lineare   quasilineare

binäre Transformation, die drei getrennte Elemente eines binären Gebietes der Reihe nach in drei vorgegebene getrennte Elemente überführt.

11*

34. Vierseit und Viereck. Die nachfolgenden Entwicklungen werden später (36) viel eleganter erarbeitet; sie sollen dem Leser genügende Fertigkeit in der Handhabung der Zweier-, Dreier- und Vierersymbole verschaffen helfen, was für alles folgende *unerläßlich* ist.

Die Figur von vier getrennten Geraden, von denen keine drei durch einen Punkt laufen, heißt ein *Vierseit*.

Die Figur von vier getrennten Punkten, von denen keine drei auf einer Geraden liegen, heißt ein *Viereck*.

Die Geraden heißen *Seiten* des Vierseits.

Die Punkte heißen *Ecken* des Vierecks.

Die Seiten seien $\mathfrak{a}, \mathfrak{b}, \mathfrak{c}, \mathfrak{d}$.

Die Ecken seien a, b, c, d.

$(\mathfrak{bcd}) \neq 0$, $(\mathfrak{acd}) \neq 0$, $(\mathfrak{abd}) \neq 0$, $(\mathfrak{abc}) \neq 0$.

$(bcd) \neq 0$, $(acd) \neq 0$, $(abd) \neq 0$, $(abc) \neq 0$.

Die sechs Schnittpunkte

$$(\mathfrak{ab}\mathfrak{x}) = 0, \quad (\mathfrak{cd}\mathfrak{x}) = 0,$$
$$(\mathfrak{ac}\mathfrak{x}) = 0, \quad (\mathfrak{db}\mathfrak{x}) = 0,$$
$$(\mathfrak{ad}\mathfrak{x}) = 0, \quad (\mathfrak{bc}\mathfrak{x}) = 0$$

heißen *Ecken* des Vierseits.

Die sechs Verbindungsgeraden

$$(abx) = 0, \quad (cdx) = 0,$$
$$(acx) = 0, \quad (dbx) = 0,$$
$$(adx) = 0, \quad (bcx) = 0$$

heißen *Seiten* des Vierecks.

Zwei in einer Zeile aufgeführte Ecken heißen *gegenüberliegend*.

Zwei in einer Zeile aufgeführte Seiten heißen *gegenüberliegend*.

Die Verbindungsgeraden gegenüberliegender Ecken heißen *Diagonalen*:

Die Schnittpunkte gegenüberliegender Seiten heißen *Diagonalpunkte*:

$$(\mathfrak{ab},\mathfrak{cd},\mathfrak{x}) = (\mathfrak{acd})(\mathfrak{bx}) - (\mathfrak{bcd})(\mathfrak{ax}) = 0,$$
$$(\mathfrak{ac},\mathfrak{db},\mathfrak{x}) = (\mathfrak{abd})(\mathfrak{cx}) - (\mathfrak{cbd})(\mathfrak{ax}) = 0,$$
$$(\mathfrak{ab},\mathfrak{bc},\mathfrak{x}) = (\mathfrak{abc})(\mathfrak{bx}) - (\mathfrak{bbc})(\mathfrak{ax}) = 0,$$

oder

$$(\mathfrak{cd},\mathfrak{ab},\mathfrak{x}) = (\mathfrak{cab})(\mathfrak{bx}) - (\mathfrak{bab})(\mathfrak{cx}) = 0,$$
$$(\mathfrak{bb},\mathfrak{ac},\mathfrak{x}) = (\mathfrak{bac})(\mathfrak{bx}) - (\mathfrak{bac})(\mathfrak{bx}) = 0,$$
$$(\mathfrak{bc},\mathfrak{ab},\mathfrak{x}) = (\mathfrak{bab})(\mathfrak{cx}) - (\mathfrak{cab})(\mathfrak{bx}) = 0.$$

$$(ab,cd,\mathfrak{x}) = (acd)(b\mathfrak{x}) - (bcd)(a\mathfrak{x}) = 0,$$
$$(ac,db,\mathfrak{x}) = (adb)(c\mathfrak{x}) - (cdb)(a\mathfrak{x}) = 0,$$
$$(ad,bc,\mathfrak{x}) = (abc)(d\mathfrak{x}) - (dbc)(a\mathfrak{x}) = 0,$$

oder

$$(cd,ab,\mathfrak{x}) = (cab)(d\mathfrak{x}) - (dab)(c\mathfrak{x}) = 0,$$
$$(db,ac,\mathfrak{x}) = (dac)(b\mathfrak{x}) - (bac)(d\mathfrak{x}) = 0,$$
$$(bc,ad,\mathfrak{x}) = (bad)(c\mathfrak{x}) - (cad)(b\mathfrak{x}) = 0.$$

Die drei Schnittpunkte der Diagonalen heißen *Pole* des Vierseits.

Die drei Verbindungsgeraden der Diagonalpunkte heißen *Polaren* des Vierecks.

Auch sie lassen sich auf verschiedene Weise darstellen. Etwa:

Für eine solche Polare findet man:

$$(\mathfrak{ac}, \mathfrak{bb}; \mathfrak{ab}, \mathfrak{bc}; \mathfrak{x}) = (\mathfrak{ac}; \mathfrak{bb}; \mathfrak{ab}, \mathfrak{bc}; \mathfrak{x})$$
$$= (\mathfrak{ac},\mathfrak{ab},\mathfrak{bc})(\mathfrak{bbx}) - (\mathfrak{bb},\mathfrak{ab},\mathfrak{bc})(\mathfrak{acx})$$
$$= -(\mathfrak{cab})(\mathfrak{abc})(\mathfrak{bbx}) + (\mathfrak{bab})(\mathfrak{bbc})(\mathfrak{acx})$$
$$= -(\mathfrak{acb})(\mathfrak{acb})(\mathfrak{bbx}) + (\mathfrak{bba})(\mathfrak{bbc})(\mathfrak{acx})$$
$$= 0.$$

$$(db, ac; bc, ad; x) = (db; ac; bc, ad; x)$$
$$= (db, bc, ad)(acx) - (ac, bc, ad)(dbx)$$
$$= (dbc)(bad)(acx) - (abc)(cad)(dbx)$$
$$= -(dbc)(dba)(cax) - (acb)(acd)(dbx)$$
$$= 0.$$

So gewinnt man für die beiden Pole auf der Diagonalen $(ab, cb, x) = 0$:

$$(abb)(abc)(cbx) = (cba)(cbb)(abx),$$
$$(abb)(abc)(cbx) = -(cba)(cbb)(abx).$$

Bezeichnen wir sie als p_3 bzw. p_2, so wird ihr Doppelverhältnis mit den beiden auf der Diagonale liegenden Ecken

$$(p_3, p_2, ab, cb) = \frac{(o, p_3, ab)}{(o, ab, p_2)} : \frac{(o, p_3, cb)}{(o, cb, p_2)}.$$

$$\frac{(o, p_3, ab)}{(o, ab, p_2)} = \frac{(oa)(p_3 b) - (ob)(p_3 a)}{-(oa)(p_2 b) + (ob)(p_2 a)},$$

$$\frac{(o, p_3, cb)}{(o, cb, p_2)} = \frac{(oc)(p_3 b) - (ob)(p_3 c)}{-(oc)(p_2 b) + (ob)(p_2 c)}.$$

Wegen

$$(p_3 a) = -(abb)(abc)(cba) = -(p_2 a),$$
$$(p_3 b) = -(abb)(abc)(cbb) = -(p_2 b),$$
$$(p_3 c) = (cba)(cbb)(abc) = +(p_2 c),$$
$$(p_3 b) = (cba)(cbb)(abb) = +(p_2 b)$$

wird das Doppelverhältnis jetzt zu

$$+1 : -1 = -1.$$

Zwei gegenüberliegende Ecken eines Vierseits werden durch die beiden auf der zugehörigen Diagonalen liegenden Pole harmonisch getrennt.

Die beiden **Polaren** durch den Diagonalpunkt $(ab, cd, x) = 0$ heißen:

$$(abd)(abc)(cdx) = (cda)(cdb)(abx),$$
$$(abd)(abc)(cdx) = -(cda)(cdb)(abx).$$

Bezeichnen wir sie als $\mathfrak{p}_3$ bzw. $\mathfrak{p}_2$, so ist

$$\mathfrak{p}_3 = -\lambda\,\widehat{cd} + \mu\,\widehat{ab}$$
$$\mathfrak{p}_2 = +\lambda\,\widehat{cd} + \mu\,\widehat{ab},$$

wo $\lambda \neq 0$, $\mu \neq 0$. Daher wird

$$(\mathfrak{p}_3 a) = -(\mathfrak{p}_2 a) = -\lambda(cda) \neq 0,$$
$$(\mathfrak{p}_3 b) = -(\mathfrak{p}_2 b) = -\lambda(cdb) \neq 0,$$
$$(\mathfrak{p}_3 c) = +(\mathfrak{p}_2 c) = \mu(abc) \neq 0,$$
$$(\mathfrak{p}_3 d) = +(\mathfrak{p}_2 d) = \mu(abd) \neq 0.$$

Das Doppelverhältnis dieser beiden Polaren mit den beiden durch den Diagonalpunkt laufenden Seiten wird jetzt wegen

$$\frac{(o, \mathfrak{p}_3, ab)}{(o, ab, \mathfrak{p}_2)} = \frac{(oa)(\mathfrak{p}_3 b) - (ob)(\mathfrak{p}_3 a)}{-(oa)(\mathfrak{p}_2 b) + (ob)(\mathfrak{p}_2 a)},$$

$$\frac{(o, \mathfrak{p}_3, cd)}{(o, cd, \mathfrak{p}_2)} = \frac{(oc)(\mathfrak{p}_3 d) - (od)(\mathfrak{p}_3 c)}{-(oc)(\mathfrak{p}_2 d) + (od)(\mathfrak{p}_2 c)}$$

zu

$$(\mathfrak{p}_3, \mathfrak{p}_2, ab, cd) = -1.$$

Zwei gegenüberliegende Seiten eines Vierecks werden durch die beiden Polaren harmonisch getrennt, die mit ihnen einem Büschel angehören.

1. *Erraten.* Wie heißt die Gleichung der Geraden, welche die Punkte $\widehat{ab}$ und $\widehat{bc}$ verbindet? Die Gleichung muß linear sein und eine Reihe von Punktkoordinaten, sowie vier Reihen von Geradenkoordinaten enthalten. Daraus schließen wir, daß jedes Glied der Gleichung das Gesamtgewicht fünf hat. Das kann man aber nur als Produkt eines Dreiersymbols und eines Zweiersymbols erhalten, womit der Typus der einzelnen Glieder der gesuchten Gleichung feststeht. Da man ferner mit einem solchen Gliede nicht auskommen kann, so versucht man es zunächst mit zweien; man weiß jetzt schon

$$(\ldots)(.\,x) - (\ldots)(.\,x) = 0.$$

Beachtet man, daß die gesuchte Gerade durch den Punkt $\widehat{ab}$ gehen soll so kann man (vgl. S. 152, (29)) schreiben:

$$(\ldots)(bx) - (\ldots)(ax) = 0.$$

Nun müssen, damit das richtige Gewicht herauskommt, im ersten Dreiersymbol die Buchstaben $\mathfrak{a}$, $\mathfrak{b}$, $\mathfrak{c}$ auftreten, im zweiten $\mathfrak{b}$, $\mathfrak{c}$, $\mathfrak{b}$. Hier hat man noch eine Reihe an sich gleichwahrscheinlicher Fälle zur Auswahl; wir haben aber noch nicht beachtet, daß die Geraden $\mathfrak{b}$ und $\mathfrak{c}$ zusammengehören. Jetzt tastet man leicht heraus, daß die gesuchte Gleichung so heißt:

$$(\mathfrak{a}\,\mathfrak{b}\,\mathfrak{c})(\mathfrak{b}\,x) - (\mathfrak{b}\,\mathfrak{b}\,\mathfrak{c})(\mathfrak{a}\,x) = 0.$$

Daß die gewählte Gruppierung richtig ist, bestätigen die Überlegungen, daß die Gleichung identisch erfüllt sein muß, wenn die Geraden $\mathfrak{a}$ und $\mathfrak{b}$ zusammenfallen. Dann wird hier tatsächlich das erste Glied ebenso groß wie das zweite. Fallen aber die Geraden $\mathfrak{b}$ und $\mathfrak{c}$ zusammen, so verschwindet schon jedes einzelne Glied identisch.

Solche Überlegungen, wie wir sie hier angestellt haben, können häufig mit großem Nutzen verwertet werden. Führen sie auch bei geringerer Übung nicht immer zu einem vorgesteckten Ziel, welches dann mit landläufigen Methoden erarbeitet werden muß, so gestatten sie doch wenigstens, ein Resultat auf seine Richtigkeit hin zu prüfen, und tatsächlich müssen gewisse Fehler der Rechnung auf diese Weise sich stets offenbaren. Der Leser möge sich in solchem Erraten eine gewisse Übung verschaffen; auf diese Weise erzieht man sich einen gewissen mathematischen Instinkt an, der wohl höher zu schätzen ist, als das Arbeiten nach Methoden.

2. Zeige, daß der Begriff des Elementarvierseits unter den jetzt erklärten Begriff des Vierseits fällt. Wo ist die dritte Diagonale, wie heißen die fehlenden Ecken? Figur der Trapeze, der Parallelogramms als Vierseit!

3. Im R_3 sind fünf Punkte gegeben, 0, 1, 2, 3, 4, von denen keine vier einer Ebene angehören sollen. Wie heißt der Schnittpunkt 5 der Ebene $0\widehat{1\,2}$ mit der Geraden $\widehat{3\,4}$? Wie der Schnittpunkt 6 der Ebene $0\widehat{3\,4}$ mit der Geraden $\widehat{1\,2}$? Jeder Punkt der Geraden $0\widehat{5\,6}$ läßt sich nun auf zwei Arten darstellen, einmal durch die Punkte 0 und 5, das andere Mal durch 0 und 6. Es ist also $\lambda\,(0\underline{x}) + \mu\,(5\underline{x}) = \varrho\,(0\underline{x}) + \sigma\,(6\underline{x})$. Durch passende Spezialisierung von $\underline{x}$ gewinnt man die Koeffizienten λ, μ, ϱ, σ; man nehme etwa zuerst $\underline{x} = \widehat{1\,2\,3}$, dann $\underline{x} = \widehat{2\,3\,4}$. Das gibt schließlich die identische Relation

$$(1234)(0\underline{x}) \equiv (0234)(1\underline{x}) - (0341)(2\underline{x}) + (0412)(3\underline{x}) - (0123)(4\underline{x}).$$

4. Es sollen alle binären Transformationen angegeben werden, die die Elemente $0:1$ und $1:0$ des binären Gebietes einzeln in Ruhe lassen! Inhomogene Schreibweise: $(\xi = \xi_1 : \xi_2)$. Wie heißt die lineare (quasilineare) Transformation, die die Elemente $0:1$, $1:1$, $i:0$ der Reihe nach in $i:0$, $0:1$, $1:1$ überführt? (**33**, Zus. 10.) — Ruheelemente bei $\xi' = a\xi + b$ $(a \neq 0)$. Zwei Fälle. Dieselbe Frage für $\xi' - \gamma = \xi - \gamma : a + b\,(\xi - \gamma)$ und $\xi' - \gamma = a\,(\xi - \gamma)$, wo $a \neq 0$. *— Eine binäre lineare Transformation besitzt zwei getrennte oder zusammenfallende Ruheelemente, oder sie ist die identische Transformation. Gilt das auch für quasilineare Transformationen?* Ruheelemente für $\xi' = \bar{\xi}$!

35. Harmonische Lage. Bereits in **23**, Zus. 14 und **33**, Zus. 3 haben wir von vier Punkten einer Geraden gesprochen, die man als harmonisch bezeichnet, und dann in **33**, Zus. 4 von vier harmonischen Geraden eines Büschels. Angesichts der beiden Sätze in **34** soll jetzt näher darauf eingegangen werden.

Für vier Punkte a, b, c, d einer Geraden, für die
$$(abcd) = -1,$$
gilt nach **31**, (33):
$$(41)\quad (oac)(odb) + (ocb)(oad) = 0.$$

Für vier Gerade $\mathfrak{a}$, $\mathfrak{b}$, $\mathfrak{c}$, $\mathfrak{d}$ eines Büschels, für die
$$(\mathfrak{abcd}) = -1,$$
gilt:
$$(42)\quad (\mathfrak{oac})(\mathfrak{odb}) + (\mathfrak{ocb})(\mathfrak{oad}) = 0.$$

Diese Beziehungen haben einen ganz besonderen Bau. Sie ändern sich nicht, wenn man vertauscht

a mit b oder c mit d.

$\mathfrak{a}$ mit $\mathfrak{b}$ oder $\mathfrak{c}$ mit $\mathfrak{d}$.

Sie stellen demnach eine Relation dar

nicht zwischen Punkten, sondern zwischen *Punktepaaren* einer Geraden.

Man sagt: Die beiden Punktepaare (a, b) und (c, d) trennen sich harmonisoh.

nicht zwischen Geraden, sondern zwischen *Geradenpaaren* eines Büschels.

Man sagt: Die beiden Geradenpaare $(\mathfrak{a}, \mathfrak{b})$ und $(\mathfrak{c}, \mathfrak{d})$ trennen sich harmonisch.

Dazu hat man noch zu zeigen, daß die Beziehung eine *gegenseitige* ist, daß also die Relation (41) bzw. (42) auch ungeändert bleibt, wenn man die beiden *Paare* vertauscht.

Von nun ab werden harmonische Paare durch (41) und (42) definiert. Dann ist das Doppelverhältnis zweier harmonischen Paare -1 *oder unbestimmt*. Dazu ist aber erforderlich, daß man die Elemente des einen Paares als *End*elemente, die des anderen als *Teil*elemente auffaßt (vgl. **32**, Zus. 2); sonst kann das Doppelverhältnis noch die Werte 2 oder $^1/_2$ annehmen.

Damit das Doppelverhältnis
$$\frac{(oac)}{(ocb)} \cdot \frac{(odb)}{(oad)}$$
unbestimmt werde, müssen zwei der vier Dreiersymbole verschwinden, etwa
$$(oac) = 0, \qquad (ocb) = 0.$$
Da aber der Punkt o außerhalb der Geraden durch a, b, c, d ganz beliebig genommen werden·darf (**31**, Zus. 8), so tragen diese Gleichungen den Charakter von Identitäten, d. i. nach **31**, (15) fällt c mit a und b zusammen. Entsprechend schließt man in den drei anderen möglichen Fällen. *Damit das Doppelverhältnis unbestimmt werde, müssen immer (mindestens) drei der vier Elemente zusammenfallen.*

Nach **31**, Zus. 20 gilt:

Verbindet man die Punkte zweier harmonisch sich trennenden Paare („vier harmonische Punkte") mit einem Punkte außer-

Schneidet man zwei sich harmonisch trennende Geradenpaare eines Büschels („vier harmonische Gerade") durch eine Ge-

halb ihres Trägers, so erhält man zwei harmonisch sich trennende Geradenpaare („vier harmonische Gerade“).

rade, die den Scheitel des Büschels nicht enthält, so erhält man auf dieser zwei sich harmonisch trennende Punktepaare („vier harmonische Punkte“).

1. Sollen die beiden Punktepaare 1, 2 und 3, 4 auf einer Euklidischen Geraden (**31**, Zus. 10) sich harmonisch trennen, so geht $(1234) = -1$ über in
$$2(t_1 t_2 + t_3 t_4) = (t_1 + t_2)(t_3 + t_4),$$
und hieraus geht noch einmal in aller Schärfe hervor, daß die harmonische Beziehung eine solche zwischen Punkt*epaaren* ist.

2. Was wird bei harmonischer Beziehung aus den Formeln in **31**, Zus. 11?

3. Beweise die Berechtigung des Ausdrucks „harmonisch *trennen*“ im Falle einer reellen Euklidischen Geraden, auf der Paare mit reellen Punkten gemeint sind. Bleibt, wenn Komplexes in Frage kommt, noch die ursprüngliche Bedeutung des Begriffs „trennen“ bestehen?

4. Gegeben ist auf einer Geraden ein Paar a, b und ein weiterer Punkt c. a und b sollen getrennt sein. Jetzt soll d so ermittelt werden, daß die Paare a, b und c, d sich harmonisch trennen.

Man wähle einen Punkt p beliebig, aber so, daß $(pab) \neq 0$. Auf $\widehat{pc}$ wähle man einen Punkt q beliebig; er soll aber von p und c getrennt sein: $(qp\mathfrak{x}) \not\equiv 0$, $(qc\mathfrak{x}) \not\equiv 0$, $(cpq) = 0$.

Jetzt bringe man zum Schnitt[1])
$$\widehat{qb} \text{ und } \widehat{pa},$$
$$\widehat{qa} \text{ und } \widehat{pb}.$$
Die beiden Schnittpunkte seien $\mathfrak{r}$ und $\mathfrak{s}$. Die Gerade $\widehat{rs}$ trifft $\widehat{ab}$ im gesuchten Punkte d. (Abb. 38.)
Der Punkt d hat die Gleichung
$$(qb, pa; qa, pb; ab; \mathfrak{x}) = 0,$$
$$(qb, pa, ab)(qa, pb, \mathfrak{x})$$
$$- (qa, pb, ab)(qb, pa, \mathfrak{x}) = 0,$$
$$-(bpa)(qab)(qa, pb, \mathfrak{x})$$
$$+ (apb)(qab)(qb, pa, \mathfrak{x}) = 0,$$
$$(qa, pb, \mathfrak{x}) + (qb, pa, \mathfrak{x}) = 0,$$
$$(qpb)(a\mathfrak{x}) - (apb)(q\mathfrak{x}) + (qpa)(b\mathfrak{x})$$
$$- (bpa)(q\mathfrak{x}) = 0,$$
$$(qpb)(a\mathfrak{x}) + (qpa)(b\mathfrak{x}) = 0,$$
$$(bpq)(a\mathfrak{x}) + (apq)(b\mathfrak{x}) = 0.$$
Der Punkt c hat die Gleichung
$$(bpq)(a\mathfrak{x}) - (apq)(b\mathfrak{x}) = 0, \quad (\mathbf{34}, \text{Zus. } 1).$$
Jetzt **33**, Zus. 3, oder direkte Ausrechnung des Doppelverhältnisses $(abcd)$.

Gegeben ist in einem Büschel ein Geradenpaar $(\mathfrak{a}, \mathfrak{b})$ und eine weitere Gerade $\mathfrak{c}$. ($\mathfrak{a}$ und $\mathfrak{b}$ werden als getrennt vorausgesetzt.) Jetzt soll die Gerade $\mathfrak{d}$ so ermittelt werden, daß die Paare $\mathfrak{a}, \mathfrak{b}$ und $\mathfrak{c}, \mathfrak{d}$ sich harmonisch trennen.

Eine Gerade $\mathfrak{p}$ wird beliebig gewählt, aber so, daß $(\mathfrak{pab}) \neq 0$. Im Büschel $\widehat{pc}$ wird eine Gerade q beliebig gewählt; sie soll aber weder mit $\mathfrak{p}$ noch mit $\mathfrak{c}$ zusammenfallen: $(q\mathfrak{p}\mathfrak{x}) \not\equiv 0$, $(q\mathfrak{c}\mathfrak{x}) \not\equiv 0$, $(\mathfrak{cp}q) = 0$.

Jetzt verbinde man
$$\widehat{qb} \text{ und } \widehat{pa},$$
$$\widehat{qa} \text{ und } \widehat{pb}.$$
Die beiden Verbindungsgeraden $\mathfrak{r}$ und $\mathfrak{s}$ werden zum Schnitt gebracht und ihr Schnittpunkt $\widehat{rs}$ mit $\widehat{ab}$ verbunden. So erhält man die gesuchte Gerade $\mathfrak{d}$. (Abb. 39.)
Nachweis dual.
Anderer Beweis: Es soll sein
$$(\mathfrak{oac})(\mathfrak{odb}) + (\mathfrak{oab})(\mathfrak{ocb}) = 0, \text{ d. i.}$$
$$(\mathfrak{odb}) = \mu(\mathfrak{obc}), \quad (\mathfrak{oab}) = \mu(\mathfrak{oac}).$$
Ferner $(\mathfrak{abb}) = 0$.
Identität **31**, (30) für die Geraden $\mathfrak{b}, \mathfrak{a}, \mathfrak{d}, \mathfrak{o}$ gibt
$$(\mathfrak{abo})(\mathfrak{d}x) = (\mathfrak{dbo})(\mathfrak{a}x) + (\mathfrak{doa})(\mathfrak{b}x)$$
$$= \mu[(\mathfrak{obc})(\mathfrak{a}x) + (\mathfrak{oac})(\mathfrak{b}x)].$$
Der Faktor μ kann gleich $(\mathfrak{abo})$ gesetzt werden:
$$\mathfrak{d} = (\mathfrak{obc})\mathfrak{a} + (\mathfrak{oac})\mathfrak{b}.$$
Jetzt weiter wie links.

---

[1]) So sagen wir auch bei uneigentlichem Schnittpunkt.

Die Konstruktion ist auf ∞^3 Arten möglich. Sie versagt niemals, d. i. auch dann nicht, wenn c mit a oder b zusammenfällt (c mit a oder b).

Die ausnahmslose Gültigkeit ist hier aber erst durch die *Einführung willkürlicher Hilfspunkte (Hilfsgeraden)* erreicht worden. Das hat sich in die *Konstruktion* längst eingebürgert; bei *Rechnungen* ist das nicht der Fall; obgleich man allgemeingültige, brauchbare Formeln häufig gar nicht anders als durch Einführung willkürlicher Hilfselemente erreichen kann, hat man davon bis jetzt nur sehr spärlich Gebrauch gemacht. Vgl. **32**, (36), (37).

5. Vorteil der Darstellung

$$\mathfrak{b} = (\mathfrak{obc})\mathfrak{a} + (\mathfrak{oac})\mathfrak{b} \qquad \text{(rechts in Zus. 4)}$$

$$\text{vor} \qquad \mathfrak{d} = (\mathfrak{bpq})\mathfrak{a} + (\mathfrak{apq})\mathfrak{b} \qquad \text{(links in Zus. 4)!}$$

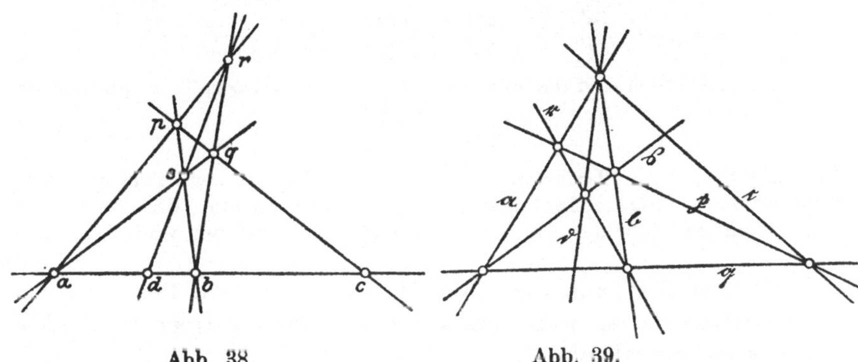

Abb. 38.   Abb. 39.

6. Es sei $G \equiv a_1 x_1 + a_2 x_2 + a_3 x_3$, $H \equiv b_1 x_1 + b_2 x_2 + b_3 x_3$. Zeige, daß die beiden Geraden $G = 0$ und $H = 0$ harmonisch getrennt werden durch das Geradenpaar $\lambda_1 G + \lambda_2 H = 0$ und $\lambda_1 G - \lambda_2 H = 0$. Sonderfall, daß $G = 0$ und $H = 0$ parallel sind! Können λ_1 und λ_2 eine geometrische Bedeutung haben?

7. Was läßt sich von zwei Euklidischen Geraden aussagen, die harmonisch getrennt werden durch das Paar der beiden Isotropen durch ihren Schnittpunkt?

8. Zeige, daß ein Paar sich schneidender Euklidischen Geraden durch das Paar der Winkelhalbierenden harmonisch getrennt wird (**23**, Zus. 18).

9. Stelle die sechs möglichen Werte auf, die das Doppelverhältnis $\lambda = (abcd)$ durch Vertauschung seiner Elemente annehmen kann. Sechs Werte müssen es sein; das Doppelverhältnis bleibt zwar ungeändert bei *drei* Doppelvertauschungen,

$$(ab)(cd), \qquad (ac)(db), \qquad (ad)(bc),$$

aber diese drei Doppelvertauschungen sind nicht voneinander unabhängig, vielmehr ergeben zwei von ihnen, hintereinander ausgeführt, bereits die dritte. Daher gibt es nicht $24 : 2^3$, sondern nur $24 : 2^2$ verschiedene Doppelverhältniswerte.

10. Weniger als sechs getrennte Werte nimmt das Doppelverhältnis an:

a) wenn es $\infty, 0, 1$ ist. Von den vier Elementen fallen zwei zusammen.

b) wenn es $-1, 2, \frac{1}{2}$ ist. Harmonische Lage.

Beide Male treten nur drei Doppelverhältniswerte auf. Auch hierin kann eine Motivierung der Sonderrolle gefunden werden, die die harmonische Beziehung spielt.

c) Es gibt noch eine andere Figur von 4 Punkten, bei der sogar nur zwei Doppelverhältniswerte vorkommen. Es sind das die Werte $-\varepsilon$, $-\varepsilon^2$, wo ε eine primitive dritte Einheitswurzel bedeutet. Die vier Punkte heißen dann *äquian-harmonisch*. Hierzu vgl. **23**, Zus. 11.

11. Es sei $x = \lambda(\mathfrak{g}b)a + \mu(\mathfrak{g}a)b$, $y = \lambda'(\mathfrak{g}b)a + \mu'(\mathfrak{g}a)b$, wo a und b zwei getrennte Punkte sind, durch deren keinen die Hilfsgerade $\mathfrak{g}$ läuft. Dann liegen x und y auf der Geraden $\widehat{ab}$. Unterschied in der Bezeichnung gegen **32**, (36)!

Aus $(x\mathfrak{p}) = \lambda(\mathfrak{g}b)(a\mathfrak{p}) + \mu(\mathfrak{g}a)(b\mathfrak{p})$, $(x\mathfrak{q}) = \lambda(\mathfrak{g}b)(a\mathfrak{q}) + \mu(\mathfrak{g}a)(b\mathfrak{q})$ folgt

$$(\mathfrak{g}b)\lambda = (x\mathfrak{p})(b\mathfrak{q}) - (x\mathfrak{q})(b\mathfrak{p}) : (a\mathfrak{p})(b\mathfrak{q}) - (a\mathfrak{q})(b\mathfrak{p}),$$

$$(\mathfrak{g}a)\mu = (x\mathfrak{q})(a\mathfrak{p}) - (x\mathfrak{p})(a\mathfrak{q}) : (a\mathfrak{p})(b\mathfrak{q}) - (a\mathfrak{q})(b\mathfrak{p}),$$

wenn die Hilfsgeraden $\mathfrak{p}$ und $\mathfrak{q}$ sich nicht auf $\widehat{ab}$ schneiden. Für das Doppelverhältnis $(abxy)$ erhält man so einen aus *Zweier*symbolen gebildeten Ausdruck:

$$(abxy) = \frac{\mu}{\lambda} : \frac{\mu'}{\lambda'} = \frac{(x\mathfrak{q})(a\mathfrak{p}) - (x\mathfrak{p})(a\mathfrak{q})}{(x\mathfrak{p})(b\mathfrak{q}) - (x\mathfrak{q})(b\mathfrak{p})} : \frac{(y\mathfrak{q})(a\mathfrak{p}) - (y\mathfrak{p})(a\mathfrak{q})}{(y\mathfrak{p})(b\mathfrak{q}) - (y\mathfrak{q})(b\mathfrak{p})}.$$

12. Involutorisch sind die folgenden ∞^3 binären *linearen* Transformationen

$$\xi' = \frac{a\xi + b}{c\xi - a} \qquad\qquad (a^2 + bc \neq 0).$$

Man nennt sie kurz *Involutionen*. Eine Involution hat stets zwei getrennte Ruheelemente. Zeige ohne Benutzung von Quadratwurzeln, daß jedes Paar ξ, ξ' durch das Paar der Ruheelemente harmonisch getrennt wird (Zus. 1).

36. Dreieckskoordinaten.

Alle Punkte des binären Punktgebietes einer Geraden lassen sich vermöge zweier ihrer getrennten Punkte a und b so darstellen:

$$x = \lambda_1 a + \lambda_2 b$$

(**31**, (22)). Entsprechend machen wir für das ternäre Punktgebiet der Ebene den Ansatz

$$x = \lambda_1 a + \lambda_2 b + \lambda_3 c.$$

Daß eine solche Darstellung möglich ist, geht schon daraus hervor, daß derselbe Wertevorrat erhalten wird, ob man $x_1 : x_2 : x_3$ alle möglichen Werte durchlaufen läßt, oder $\lambda_1 : \lambda_2 : \lambda_3$. Jedem System $\lambda_1 : \lambda_2 : \lambda_3$ — nur das System $\lambda_1 = \lambda_2 = \lambda_3 = 0$ ist auszuschließen — entspricht ein Punkt x der Ebene. Auch das Umgekehrte gilt. Ist der Punkt x vorgegeben, so wird

$$\lambda_1 = (xbc):(abc), \quad \lambda_2 = (xca):(bca), \quad \lambda_3 = (xab):(cab).$$

Es ist also vorauszusetzen $(abc) \neq 0$. Indessen ist auch diese Darstellung schlecht im Sinne von **23**, und wir bessern sie aus, indem wir noch einen vierten Punkt d so einführen, daß die vier Punkte a, b, c, d ein Viereck (**34**) bilden:

$$(dbc) \neq 0, \quad (dca) \neq 0, \quad (dab) \neq 0.$$

Dann schreiben wir

$$(43) \qquad x = \lambda_1(dbc)a + \lambda_2(dca)b + \lambda_3(dab)c.$$

Jetzt entspricht jedem Wertsystem $\lambda_1 : \lambda_2 : \lambda_3$ *ein einziger* Punkt x der Ebene, und umgekehrt läßt sich zu jedem x jetzt *ein einziges* System $\lambda_1 : \lambda_2 : \lambda_3$ finden:

$$(44) \qquad \lambda_1 = \frac{(xbc)}{(dbc)(abc)}, \qquad \lambda_2 = \frac{(xca)}{(dca)(abc)}, \qquad \lambda_3 = \frac{(xab)}{(dab)(abc)}.$$

Vorhin war das nicht der Fall; da konnte bei vorgegebenem x das System $\lambda_1 : \lambda_2 : \lambda_3$ durch Einführung von Proportionalitätsfaktoren in die a, b, c noch abgeändert werden.

Es ist jetzt offenbar gleichgültig, ob man sich der Punktkoordinaten x bedient, oder der λ.. Diese werden häufig als *Dreieckskoordinaten* bezeichnet; d. h. also nicht Koordinaten eines Dreiecks, sondern solche,. die sich in besonderer Art an ein vorgegebenes „Dreieck" $((abc) \neq 0)$ anschmiegen. Es sind nämlich $\lambda_1 : \lambda_2 : \lambda_3 = 1 : 0 : 0$, $0 : 1 : 0$, $0 : 0 : 1$ die Koordinaten der Ecken a, b, c des Dreiecks. Und jetzt erkennt man, daß auch die bisher benutzten homogenen Punktkoordinaten Dreieckskoordinaten sind, wenn nämlich eine Seite des Koordinatendreiecks uneigentlich und die beiden andern als zueinander senkrecht vorausgesetzt werden.

Damit ist Vorteil und Nachteil jeder der beiden Koordinatenarten bereits gegeben. Die bisherigen homogenen Punktkoordinaten ermöglichten einen raschen Übergang zu *inhomogenen* Punktkoordinaten; sie sind immer dann vorteilhafter, wenn das Uneigentliche in Frage kommt. Die neuen Dreieckskoordinaten eignen sich dagegen besonders für Probleme, in denen ein Dreieck bereits eine Sonderrolle spielt (vgl. Zus. 8—10).

Der Übergang (43) von den Dreieckskoordinaten $\lambda_1 : \lambda_2 : \lambda_3$ zu den bisherigen Koordinaten $x_1 : x_2 : x_3$ vollzieht sich linear und homogen, trägt also den Charakter einer Kollineation, und zwar einer nicht singulären. Daher muß eine gerade Linie sich durch eine lineare homogene Gleichung in Dreieckskoordinaten darstellen, eine Kurve 2. Ordnung durch eine homogene Gleichung zweiten Grades in Dreieckskoordinaten. Dagegen darf man aus der Kreisgleichung $x_1^2 + x_2^2 - x_3^2 = 0$ nicht etwa schließen, daß auch $\lambda_1^2 + \lambda_2^2 - \lambda_3^2 = 0$ ein Kreis wäre. Der Kreis gehört eben nicht in die Kollineationsgeometrie.

Solange es sich aber um Fragen der Kollineationsgeometrie handelt, ist es äußerlich gleichgültig, ob man die bisherigen Koordinaten anwendet oder Dreieckskoordinaten. So bei allen Aufgaben, die sich auf Verbinden zweier Punkte oder Schneiden zweier Geraden erstrecken. Als Beispiel dafür geben wir jetzt die in 34 angekündigte kürzere Behandlung des Vierecks. (Vgl. dazu Zus. 2—4.)

Die Ecken haben die Koordinaten

(a) $1 : 0 : 0$, (b) $0 : 1 : 0$, (c) $0 : 0 : 1$, (d) $1 : 1 : 1$.

Letzteres folgt aus (43) vermöge der Identität **31**, (30b).

Gleichungen der Seiten:

$$\widehat{da}; \quad \lambda_2 - \lambda_3 = 0, \qquad\qquad \widehat{bc}; \quad \lambda_1 = 0,$$
$$\widehat{db}; \quad \lambda_3 - \lambda_1 = 0, \qquad\qquad \widehat{ca}; \quad \lambda_2 = 0,$$
$$\widehat{dc}; \quad \lambda_1 - \lambda_2 = 0, \qquad\qquad \widehat{ab}; \quad \lambda_3 = 0.$$

Diagonalpunkte:

$$0:1:1, \qquad 1:0:1, \qquad 1:1:0.$$

Polaren:

$$-\lambda_1 + \lambda_2 + \lambda_3 = 0, \quad \lambda_1 - \lambda_2 + \lambda_3 = 0, \quad \lambda_1 + \lambda_2 - \lambda_3 = 0.$$

Die beiden letzten Gleichungen kann man schreiben:

$$\lambda_1 - (\lambda_2 - \lambda_3) = 0, \qquad \lambda_1 + (\lambda_2 - \lambda_3) = 0.$$

Hieraus folgt, daß diese beiden Polaren harmonisch getrennt werden durch das Paar der Seiten $\lambda_1 = 0$, $\lambda_2 - \lambda_3 = 0$ (**35**, Zus. 6). —

Endlich vergleiche man zur Lehre von den Dreieckskoordinaten das in **37**, Zus. 3 Gesagte.

1. Berechne das Doppelverhältnis des Punktes $x \,(\lambda_1 : \lambda_2 : \lambda_3)$ mit den Punkten a, b, c, d. Zeige ebenso:

$$(a;\ dxbc) = \lambda_2 : \lambda_3, \qquad (b;\ dxca) = \lambda_3 : \lambda_1, \qquad (c;\ dxab) = \lambda_1 : \lambda_2.$$

2. Die drei Punkte x, y, z haben die Dreieckskoordinaten λ, μ, ν. Zeige

$$(xyz) = (dbc)(dca)(dab)(abc)(\lambda\mu\nu).$$

Folgerungen!

3. In der letzten Formel werde x und y fest, z veränderlich angenommen. Zeige, daß in Dreieckskoordinaten die Gleichung der Geraden sich durch ein gleich Null gesetztes Dreiersymbol darstellen läßt, und daß auch die sonstige Symbolik sich formell und inhaltlich überträgt.

4. Das Vierseit soll ebenso behandelt werden, wie im Texte das Viereck! Man gelangt so zu besonderen Geradenkoordinaten (*„Dreiseitkoordinaten“*).

5. Ohne Durchführung der Rechnungen soll gezeigt werden, daß eine Kollineation sich auch in Dreieckskoordinaten als lineare homogene Beziehung darstellt. Ebenso in Dreiseitkoordinaten.

6. Die Gerade $(\mathfrak{g}x) = 0$, wo $x_1 : x_2 : x_3$ Dreieckskoordinaten sind, falle mit keiner Dreiecksseite zusammen; ebenso nicht die Gerade $(\mathfrak{x}x) = 0$. Auf jeder Dreiecksseite sind dadurch vier Punkte bestimmt. Zunächst die Ecken; diese sollen in dem zu bildenden Doppelverhältnis als *End*punkte betrachtet werden. Sodann die Schnittpunkte mit $\mathfrak{x}$ und $\mathfrak{g}$ (erster und zweiter *Teil*punkt; vgl. **32**, Zus. 2). Dann sind die drei Doppelverhältnisse

$$\mathfrak{g}_3\mathfrak{x}_2 : \mathfrak{g}_2\mathfrak{x}_3, \qquad \mathfrak{g}_1\mathfrak{x}_3 : \mathfrak{g}_3\mathfrak{x}_1, \qquad \mathfrak{g}_2\mathfrak{x}_1 : \mathfrak{g}_1\mathfrak{x}_2.$$

Ihr Produkt ist gleich $+1$. Vgl. hierzu **43**, S. 193.

7. Die Gerade $\mathfrak{g}$ sei so erklärt, wie in Zus. 6. Statt der Geraden $\mathfrak{x}$ ist jetzt aber ein Punkt p (Dreieckskoordinaten!) gegeben, der mit keiner Ecke des Koordinatendreiecks zusammenfalle. An jeder Ecke des Koordinatendreiecks betrachten wir folgende vier Gerade, aus denen das Doppelverhältnis ge-

bildet werden soll: die beiden Dreiecksseiten (*End*geraden), die Verbindungsgerade mit p (erste *Teil*gerade) und die Gerade, die nach dem Schnittpunkt von g mit der Gegenseite läuft (zweite *Teil*gerade). Die drei so zu bildenden Doppelverhältnisse sind

$$-p_3\,g_3 : p_2\,g_2, \qquad -p_1\,g_1 : p_3\,g_3, \qquad -p_2\,g_2 : p_1\,g_1.$$

(Welche Anordnung der beiden in einer Ecke zusammenstoßenden Seiten ist hier gewählt?

Ihr Produkt ist gleich -1. Vgl. hierzu **43**, S. 193.

8. Im Koordinatendreieck sei $1:1:1$ der Höhenschnittpunkt. Dann heißen die Fußpunkte der Höhen $0:1:1$, $1:0:1$, $1:1:0$. Gleichungen der Seiten des Fußpunktsdreiecks!

9. Jetzt sei im Koordinatendreieck $1:1:1$ der Mittelpunkt des Inkreises. Die Innenwinkelhalbierenden heißen dann $x_2 - x_3 = 0$, $x_3 - x_1 = 0$, $x_1 - x_2 = 0$. Die Außenwinkelhalbierenden demnach (**35**, Zus. 8) $x_2 + x_3 = 0$, $x_3 + x_1 = 0$, $x_1 + x_2 = 0$. Mittelpunkte der Ankreise: $-1:1:1$, $1:-1:1$, $1:1:-1$.

10. Wählt man im Koordinatendreieck den Schwerpunkt als $1:1:1$, so heißt die Gleichung der uneigentlichen Geraden $x_1 + x_2 + x_0 = 0$. Wie heißen die Schwerlinien, die Seitenmitten, die Parallelen zu den Seiten des Koordinatendreiecks durch seine Ecken?

11. Wie heißt die Involution mit den Ruheelementen α und β? Homogene Koordinaten! Vgl. **35**, Zus. 12 und **33**, Zus. 9.

37. Kollineationen. Erster Typus. Wir haben uns jetzt Rechenschaft darüber abzulegen, was eine Kollineation leisten kann, und stellen dazu bestimmte Forderungen. Zunächst fragen wir, ob eine Kollineation fünf Punkte a, b, c, d, e in fünf vorgeschriebene Lagen a', b', c', d', e' überführen kann. Das ist im allgemeinen nicht möglich. Soll es nämlich möglich sein, so muß die Doppelverhältnisgleichung bestehen:

$$(a'; b'c'd'e') = (a; bcde).$$

Das ist aber im allgemeinen nicht der Fall.

Jetzt ermäßigen wir die Forderung: es sollen vier Punkte a, b, c, d der Reihe nach in die Punkte a', b', c', d' übergeführt werden. Vorausgesetzt wird ferner, daß a, b, c, d ein Viereck bilden:

$$(dbc) + 0, \quad (dca) + 0, \quad (dab) + 0, \quad (abc) + 0.$$

Dann muß (Invarianz des Ranges dreier Punkte **30**, Zus. 12), damit eine Kollineation der verlangten Eigenschaft existieren kann, auch sein:

$$(d'b'c') + 0, \quad (d'c'a') + 0, \quad (d'a'b') + 0, \quad (a'b'c') + 0.$$

Unter diesen Voraussetzungen können wir für die Punkte x, x' Dreieckskoordinaten einführen:

$$x' = \lambda_1 (d'b'c')\,a' + \lambda_2 (d'c'a')\,b' + \lambda_3 (d'a'b')\,c',$$
$$x = \mu_1 (dbc)\,a + \mu_2 (dca)\,b + \mu_3 (dab)\,c.$$

Soll jetzt x' der durch die gesuchte Kollineation dem Punkte x zugeordnete Punkt sein, so ist (**31**, Zus. 6 und **36**, Zus. 1) wegen

$$(a'; d'x'b'c') = (a; dxbc), \quad (b'; d'x'c'a') = (b; dxca), \quad (c'; d'x'a'b') = (c; dxab)$$

zu setzen

$$\mu_1 : \mu_2 : \mu_3 = \lambda_1 : \lambda_2 : \lambda_3.$$

Nun ist aber (**36**, (44)):

$$(abc)\mu_1 = \frac{(xbc)}{(dbc)}, \quad (abc)\mu_2 = \frac{(xca)}{(dca)}, \quad (abc)\mu_3 = \frac{(xab)}{(dab)}.$$

Daher darf man setzen

$$(45) \qquad (abc)x' = \frac{(xbc)}{(dbc)}(d'b'c')a' + \frac{(xca)}{(dca)}(d'c'a')b' + \frac{(xab)}{(dab)}(d'a'b')c'$$

und damit ist die gesuchte Kollineation gewonnen.

Das Bildungsgesetz tritt klarer zutage, wenn wir schreiben:

$$(123)(x'\xi) = \frac{(x23)}{(023)}(0'2'3')(1'\xi) + \frac{(x31)}{(031)}(0'3'1')(2'\xi) + \frac{(x12)}{(012)}(0'1'2')(3'\xi).$$

Zunächst erkennt man, daß die x' linear und homogen von den x abhängen. Setzt man $x = a$, so bleibt rechts in (45) nur das erste Glied übrig:

$$x' = \frac{(d'b'c')}{(dbc)}a',$$

d. i. der Punkt a wird in den Punkt a' übergeführt. Ebenso findet man, daß b in b' und c in c' übergeht. Daß d in d' übergeführt wird, folgt wegen **31**, (30b). Jetzt dürfen wir bereits schließen, daß die Kollineation nicht singulär ist (etwa wegen $(a'b'c') \neq 0$); wir wollen aber die Transformationsdeterminante auch ausrechnen. Sie wird zu

$$\frac{(d'b'c')(d'c'a')(d'a'b')(a'b'c')}{(dbc)(dca)(dab)(abc)}.$$

Gehen nämlich $a, b, c,$ über in $x', y', z',$ so haben wir nach **30**, Zus. 12 $(x'\,y'\,z') : (abc)$ zu bilden. x' ist nicht a', sondern durch die vorletzte Formel wieder zu geben. Entsprechend y' und z'. — Dieser völlig symmetrische Ausdruck ist durch den Faktor (abc) links in (45) erreicht.

Es gibt stets eine und nur eine einzige Kollineation, die die Ecken eines Vierecks der Reihe nach in vorgeschriebene Ecken eines andern Vierecks überführt.

Gäbe es zwei, so sollen sie x in x' und x^* überführen. Dann wäre

$$(d'; x'a'b'c') = (d; xabc), \qquad (d'; x^*a'b'c') = (d; xabc),$$
$$(d'; x'a'b'c') = (d'; x^*a'b'c').$$

Daraus folgt aber, daß x^* auf der Verbindungsgeraden $d'x'$ liegt (**33**, Zus. 6). Es müßte aber auch sein

$$(c';\ x'd'a'b') = (c'_*\ x^*d'a'b').$$

Daraus schließt man, daß x^* auf der Geraden $c'x'$ liegt, usw. Mithin fallen x^* und x' zusammen. Damit ist der Beweis erbracht.

In der Formel (45) ist eine ganze Reihe von Sonderfällen enthalten. Erwähnt seien die folgenden:

1. Wir setzen zuerst $a = a'$, $b = b'$, $c = c'$, $d = d'$, d. i. die vier Punkte a, b, c, d sollen *Ruhepunkte* der Kollineation sein. Aus **31**, (30b) folgt dann, daß die Kollineation heißt $(x'\mathfrak{x}) \equiv (x\mathfrak{x})$, d. i. es liegt die *identische Kollineation* vor, die außer den vier genannten Punkten überhaupt alle ∞^2 Punkte der Ebene zu Ruhepunkten hat.

2. Es sei $a = a'$, $b = b'$, $c = c'$, $d \neq d'$. Da ein vorgegebenes d noch in ∞^2 Lagen d' übergeführt werden kann, gibt es ∞^2 Kollineationen dieser Art.

$$(46) \qquad (abc)x' = \frac{(xbc)}{(dbc)}(d'bc)\,a + \frac{(xca)}{(dca)}(d'ca)\,b + \frac{(xab)}{(dab)}(d'ab)\,c.$$

Es fragt sich nun, ob noch außer a, b und c andere Ruhepunkte auftreten können. Ein solcher könnte, da die identische Kollineation erledigt ist, nur noch auf den Seiten des Dreiecks a, b, c vorhanden sein.

Nun übersieht man aber leicht, wie sich die Punkte auf einer solchen Geraden transformieren. Für einen Punkt auf $\widehat{bc}$ hat man die Darstellung $\lambda_1 b + \lambda_2 c$. Er muß bei der Kollineation (46) wieder in einen Punkt von $\widehat{bc}$ übergehen (Invarianz des Ranges dreier Punkte), etwa in $\lambda_1' b + \lambda_2' c$. Es sei also

$$x = \lambda_1 b + \lambda_2 c, \qquad x' = \lambda_1' b + \lambda_2' c.$$

Dann wird

$$(xbc) = 0, \qquad (xca) = \lambda_1(abc), \qquad (xab) = \lambda_2(abc),$$
$$(x'bc) = 0, \qquad (x'ca) = \lambda_1'(abc), \qquad (x'ab) = \lambda_2'(abc).$$

Nun gibt (46):

$$\lambda_1' b + \lambda_2' c = \lambda_1 \frac{(d'ca)}{(dca)}\,b + \lambda_2 \frac{(d'ab)}{(dab)}\,c.$$

Hieraus folgt

$$\lambda_1'(abc) = \lambda_1 \frac{(d'ca)(abc)}{(dca)}, \qquad \lambda_2'(abc) = \lambda_2 \frac{(d'ab)(abc)}{(dab)},$$

$$\lambda_1' : \lambda_2' = \frac{(d'ca)}{(dca)}\lambda_1 : \frac{(d'ab)}{(dab)}\lambda_2.$$

Soll der Punkt $\lambda_1 : \lambda_2$ nun ein von b und c verschiedener Ruhepunkt werden, so muß sein

$$\frac{(d'\,ca)}{(dca)} : \frac{(d'\,ab)}{(dab)} = (a\,;\,dd'bc) = 1,$$

$$(d'\,ca)(d\,ab) - (d'\,ab)(dca) = 0,$$

$$(add')(abc) = 0 \;\; (\mathbf{31},\,(32)),$$

$$(add') = 0.$$

Damit also auf $\widehat{bc}$ noch weitere Ruhepunkte liegen, muß die Verbindungsgerade $\widehat{dd'}$ durch den Punkt a laufen; dann ist jeder Punkt

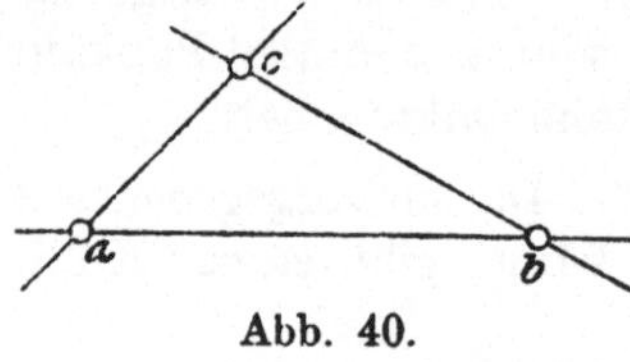

Abb. 40.

auf $\widehat{bc}$ Ruhepunkt. Entsprechendes gilt für die beiden andern Seiten des Dreiecks der Ruhepunkte. Hat d' nun keine der so bezeichneten Lagen, so sind a, b und c die einzigen Ruhepunkte. Die Kollineation heiße dann *vom ersten Typus.*

$$(46) \quad \begin{cases} (abc)(x'\,\mathfrak{x}) \equiv \dfrac{(xbc)}{(dbc)}(d'bc)(a\,\mathfrak{x}) + \dfrac{(xca)}{(dca)}(d'ca)(b\,\mathfrak{x}) + \dfrac{(xab)}{(dab)}(d'ab)(c\,\mathfrak{x}). \\[2mm] (dbc)(dca)(dab)(d'bc)(d'ca)(d'ab)(abc) \neq 0, \\[1mm] (add')(bdd')(cdd') \neq 0. \end{cases}$$

Die invariante Figur (a, b, c) (Abb. 40) ist in ∞^6 Exemplaren vorhanden. Zu einem vorgegebenen d läßt sich d' noch auf ∞^2 Arten wählen. Es gibt also ∞^8 Kollineationen vom ersten Typus.

1. Die Kollineation, die die vier geraden Linien $\mathfrak{a}$, $\mathfrak{b}$, $\mathfrak{c}$, $\mathfrak{d}$ der Reihe nach in die vier geraden Linien $\mathfrak{a}'$, $\mathfrak{b}'$, $\mathfrak{c}'$, $\mathfrak{d}'$ überführt, heißt

$$(\mathfrak{a}\,\mathfrak{b}\,\mathfrak{c})(\mathfrak{x}'\,x) \equiv \frac{(\mathfrak{b}'\,\mathfrak{b}'\,\mathfrak{c}')}{(\mathfrak{b}\,\mathfrak{b}\,\mathfrak{c})}(\mathfrak{x}\,\mathfrak{b}\,\mathfrak{c})(\mathfrak{a}'\,x) + \frac{(\mathfrak{b}'\,\mathfrak{c}'\,\mathfrak{a}')}{(\mathfrak{b}\,\mathfrak{c}\,\mathfrak{a})}(\mathfrak{x}\,\mathfrak{c}\,\mathfrak{a})(\mathfrak{b}'\,x) + \frac{(\mathfrak{b}'\,\mathfrak{a}'\,\mathfrak{b}')}{(\mathfrak{b}\,\mathfrak{a}\,\mathfrak{b})}(\mathfrak{x}\,\mathfrak{a}\,\mathfrak{b})(\mathfrak{c}'\,x).$$

Es ist die Transformationsdeterminante zu berechnen und daraus anzugeben, welchen Bedingungen die beiden Geradenquadrupel unterliegen müssen, damit die Kollineation nicht singulär wird. Ferner ist zu zeigen, daß es nur eine einzige Kollineation der verlangten Art gibt.

2. Die Kollineationen, welche die drei Punkte p, q, r der Reihe nach in p', q', r' überführen, lassen sich so schreiben:

$$\begin{cases} x_1' = \lambda p_1'\,(xqr) + \mu q_1'\,(xrp) + \nu r_1'\,(xpq), \\ x_2' = \lambda p_2'\,(xqr) + \mu q_2'\,(xrp) + \nu r_2'\,(xpq), \\ x_3' = \lambda p_3'\,(xqr) + \mu q_3'\,(xrp) + \nu r_3'\,(xpq). \end{cases}$$

Übelstand dieser Formeln!

3. Die Kollineation

$$(x'\,\mathfrak{x}) \equiv x_1\,(dbc)(a\,\mathfrak{x}) + x_2\,(dca)(b\,\mathfrak{x}) + x_3\,(dab)(c\,\mathfrak{x})$$

führt die Punkte $1:0:0$, $0:1:0$, $0:0:1$, $1:1:1$ der Reihe nach über in die Punkte a, b, c, d. Aus **36**, (43) erkennt man jetzt, daß die Koordinaten

$x_1 : x_2 : x_3$ des ursprünglichen Punktes die Dreieckskoordinaten des transformierten Punktes x' sind. *Damit kommt die Einführung von Dreieckskoordinaten darauf hinaus, daß man die Punkte $1:0:0$, $0:1:0$, $0:0:1$ in neue Lagen kollinear transformiert, und zur Beschreibung des transformierten Punktes die Koordinaten des ursprünglichen Punktes benutzt.* Die Tatsache, daß es ∞^8 Kollineationen der gewünschten Eigenschaft gibt, spiegelt sich darin wider, daß der Punkt $1:1:1$ in ∞^8 Lagen übergeführt werden kann.

4. Alle gleichsinnigen Dehnungen mit einem einzigen eigentlichen Ruhepunkt, soweit sie nicht Streckungen sind, gehören dem Kollineationstyp I an, ebenso alle gegensinnigen Dehnungen, soweit sie nicht Umlegungen sind. Welche Bewegungen gehören dem Kollineationstyp I nicht an?

5. In Zus. 1 setze $\mathfrak{a} = \widehat{bc}$, $\mathfrak{b} = \widehat{ca}$, $\mathfrak{c} = \widehat{ab}$, und entsprechend für a', b', c'. Dann läßt die Kollineation

$$(abc)^2(\mathfrak{x}'x) \equiv (a'b'c')\left\{ \frac{(\mathfrak{g}a')}{(\mathfrak{g}a)}(\mathfrak{x}a)(b'c'x) + \frac{(\mathfrak{g}b')}{(\mathfrak{g}b)}(\mathfrak{x}b)(c'a'x) + \frac{(\mathfrak{g}c')}{(\mathfrak{g}c)}(\mathfrak{x}c)(a'b'x) \right\}$$

die Gerade $\mathfrak{g}$ in Ruhe und führt die Ecken des Dreiecks abc der Reihe nach über in die des Dreiecks $a'b'c'$. Transformationsdeterminante! Voraussetzung über $\mathfrak{g}$! Wie heißt diese Kollineation in Punktkoordinaten?

6. Was bedeuten die Formeln

$$(\mathfrak{x}'z) \equiv \frac{(023)}{(0'2'3')}(z\,2'3')(1\mathfrak{x}) + \frac{(031)}{(0'3'1')}(z\,3'1')(2\mathfrak{x}) + \frac{(012)}{(0'1'2')}(z\,1'2')(3\mathfrak{x})?$$

Herleitung dieser Formeln! Bilde in (46) den Ausdruck $(x'y'z) = (\mathfrak{x}'z)$.)

7. Verallgemeinere die Formel (46) auf den R_3.

8. Zeige, daß die binäre lineare Transformation

$$(\alpha\beta\gamma\xi) = (\beta\alpha\gamma'\xi'), \qquad\qquad (\alpha\beta) \neq 0$$

eine Involution ist. Das Element γ' wird in γ übergeführt (31, Zus. 7). Sollen die Elemente β, α, γ', ξ' der Reihe nach in α, β, γ, ξ^* übergehen, so wird $\xi^* = \xi$. Sprich das (sehr wichtige) Ergebnis aus!

38. Kollineationen. Zweiter Typus. Der erste Typus der Kollineationen war durch das Auftreten dreier Ruhepunkte vom Range drei gekennzeichnet. Mit dieser Figur nehmen wir einen Grenzübergang vor. Die Ecke b soll bleiben, während die beiden andern Ecken a und c des Dreiecks der Ruhepunkte zusammenrücken sollen. Wir suchen jetzt also Kollineationen, bei denen in Ruhe bleiben: einfach zählend der Punkt b, doppelt zählend der Punkt a; ferner doppelt zählend die Gerade $(abx) = (\mathfrak{g}x) = 0$ und einfach zählend eine Gerade $\mathfrak{h}$ durch a, die Grenzlage der Verbindungsgeraden $(acx) = 0$ (Abb. 41).

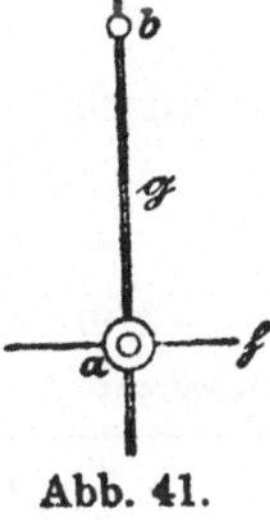

Abb. 41.

Der Grenzübergang ist nicht ganz einfach und erfordert allerlei Rechnungen. Wir setzen

$$c = \lambda\,(\mathfrak{x}p)\,a + \mu\,(\mathfrak{x}a)\,p, \qquad\qquad (apx) \equiv 0,$$

wo $(apx) = (\mathfrak{h}x) = 0$ die einfach zählende Ruhegerade sein soll, und $\mathfrak{f}$ nur zum Zweck einer brauchbaren Parameterdarstellung eingeführt ist; vgl. 32, (36); $(\mathfrak{f}a)(\mathfrak{f}b) \neq 0$. Sowohl $\mathfrak{f}$ als auch p fallen später aus den Rechnungen wieder heraus. Der Grenzübergang besteht darin, daß μ Null werden soll.

In 37, (46) haben wir die Werte einzutragen:

$$(xbc) = -\lambda(\mathfrak{f}p)(\mathfrak{g}x) + \mu(\mathfrak{f}a)(pxb), \qquad (abc) = \mu(\mathfrak{f}a)(\mathfrak{g}p),$$
$$(xca) = -\mu(\mathfrak{f}a)(\mathfrak{h}x), \qquad\qquad\qquad (xab) = (\mathfrak{g}x) \text{ usw.}$$

Links erhält man so $\mu(\mathfrak{f}a)(\mathfrak{g}p)(x'\mathfrak{x})$, während rechts $(b\mathfrak{x})$, $(p\mathfrak{x})$ und (an zwei Stellen) $(a\mathfrak{x})$ auftritt. Beim Vereinigen fällt im Koeffizienten von $(a\mathfrak{x})$ das Glied mit λ^2 fort. Alle Glieder der Formel erhalten so den Faktor $\mu(\mathfrak{f}a)$, den wir fortlassen (wodurch eben der Grenzübergang ermöglicht wird). Der Koeffizient von $(a\mathfrak{x})$ heißt nunmehr

$$\lambda(\mathfrak{f}p)\{(\mathfrak{g}x)(\mathfrak{g}d')(pdb) - (\mathfrak{g}x)(\mathfrak{g}d)(pd'b) - (\mathfrak{g}d)(\mathfrak{g}d')(pxb)\}$$
$$+ \mu(\mathfrak{f}a)(\mathfrak{g}d)(pxb)(pd'b):(\mathfrak{g}d)\{-\lambda(\mathfrak{f}p)(\mathfrak{g}d) + \mu(\mathfrak{f}a)(pdb)\}.$$

In der Grenze $\mu = 0$ fällt $\mathfrak{f}$ fort:

$$(\mathfrak{g}d)^2(\mathfrak{h}d)(\mathfrak{g}p)(x'\mathfrak{x}) - (\mathfrak{g}x)(\mathfrak{g}d')(\mathfrak{g}d)(\mathfrak{h}d)(p\mathfrak{x}) + (\mathfrak{h}x)(\mathfrak{h}d')(\mathfrak{g}d)^2(b\mathfrak{x})$$
$$\equiv [(\mathfrak{g}d)(\mathfrak{g}d')(pxb) - (\mathfrak{g}x)\{(\mathfrak{g}d')(pdb) - (\mathfrak{g}d)(pd'b)\}](\mathfrak{h}d)(a\mathfrak{x}).$$

Jetzt hilft ·31, (30b) weiter. Der Ausdruck in der geschweiften Klammer wird zunächst wegen $(b\mathfrak{g}) = 0$ zu

$$(\mathfrak{g}d')(pdb) - (\mathfrak{g}d)(pd'b) = (d'db)(\mathfrak{g}p).$$

Ferner wird

$$(xab)(p\mathfrak{x}) = (pab)(x\mathfrak{x}) + (pbx)(a\mathfrak{x}) + (pxa)(b\mathfrak{x}), \text{ d. i.}$$
$$(\mathfrak{g}x)(p\mathfrak{x}) = (\mathfrak{g}p)(x\mathfrak{x}) + (pbx)(a\mathfrak{x}) + (\mathfrak{h}x)(b\mathfrak{x}).$$

Dadurch wird die Kollineation zu

$$(\mathfrak{g}d)^2(\mathfrak{h}d)(\mathfrak{g}p)(x'\mathfrak{x}) \equiv (\mathfrak{g}x)(\mathfrak{g}p)(\mathfrak{h}d)(dd'b)(a\mathfrak{x}) + (\mathfrak{g}d)(\mathfrak{g}d')(\mathfrak{h}d)(\mathfrak{g}p)(x\mathfrak{x})$$
$$+ \{(\mathfrak{h}d)(\mathfrak{g}d') - (\mathfrak{g}d)(\mathfrak{h}d')\}(\mathfrak{g}d)(\mathfrak{h}x)(b\mathfrak{x}).$$

Endlich ist

$$(\mathfrak{h}d)(\mathfrak{g}d') - (\mathfrak{g}d)(\mathfrak{h}d') = (\mathfrak{h}\mathfrak{g}dd') = (ap, ab, dd') = (ap, dd', ba)$$
$$= (add')(pba) = (\mathfrak{g}p)(d'da).$$

Dadurch fällt überall $(\mathfrak{g}p)$ fort:

$$(\mathfrak{g}d)^2(\mathfrak{h}d)(x'\mathfrak{x}) \equiv (\mathfrak{g}x)(\mathfrak{h}d)(dd'b)(a\mathfrak{x}) + (\mathfrak{g}d)(\mathfrak{g}d')(\mathfrak{h}d)(x\mathfrak{x})$$
$$+ (\mathfrak{g}d)(\mathfrak{h}x)(d'da)(b\mathfrak{x}).$$

Um die Homogenität auch äußerlich hervortreten zu lassen, ersetzen wir $\mathfrak{g}$ durch $\widehat{ab}$, schreiben also:

$$(47) \quad \begin{cases} (\mathfrak{g}d)(\mathfrak{h}d)(abd)(x'\mathfrak{x}) \equiv (\mathfrak{h}d)\{(d'bd)(\mathfrak{g}x)(a\mathfrak{x}) + (d'ab)(\mathfrak{g}d)(x\mathfrak{x})\} \\ \qquad\qquad\qquad\qquad\qquad\qquad + (\mathfrak{g}d)(\mathfrak{h}x)(d'da)(b\mathfrak{x}). \\ (a\mathfrak{g}) = 0, \quad (b\mathfrak{g}) = 0, \quad (a\mathfrak{h}) = 0, \quad (b\mathfrak{h}) \neq 0, \quad (abx) \neq 0. \end{cases}$$

Daß der Punkt b in Ruhe bleibt, folgt aus

$$(d'ab)(\mathfrak{h}d) + (d'da)(\mathfrak{h}b) = (\mathfrak{g}d)(\mathfrak{h}d').$$

Der Faktor links, der ja fortgelassen werden könnte, bewirkt, daß die Transformationsdeterminante den Wert erhält:

$$(abd')(\mathfrak{g}d')(\mathfrak{h}d'):(abd)(\mathfrak{g}d)(\mathfrak{h}d) = (\mathfrak{g}d')^2(\mathfrak{h}d):(\mathfrak{g}d)^2(\mathfrak{h}d).$$

Zu ihrer Berechnung transformiert man a, b, p und nennt die transformierten Punkte a', b', p'. Dann bildet man $(a'b'p'):(abp)$.

Die invariante Figur $(a, b, \mathfrak{g}, \mathfrak{h})$ existiert in ∞^5 Exemplaren. Zu einem vorgegebenen d läßt sich d' dann noch auf ∞^2 Arten wählen. Es gibt demnach ∞^7 Kollineationen dieser Art; sie bilden, wie wir sagen wollen, den *zweiten* Typus.

Eine vorzügliche Übung für den Leser bildet der direkte Nachweis, daß keine weiteren Ruheelemente auftreten; Verfahren nach 21, Zus. 3.

1. Die nicht involutorischen Umlegungen gehören dem Kollineationstypus II an, ebenso die gleichsinnigen Dehnungen ohne eigentlichen Ruhepunkt, soweit sie nicht Schiebungen sind. (14, Zus. 1.)

2. Gib die Transformation (47) in Geradenkoordinaten an.

3. Berechne die Ausdrücke $(12, 34, x)$ und $(12, 34, 56)$.

4. Was ist unter dem Symbol $(12, 45; 23, 56; 34, 61)$ zu verstehen? Gestalte es in ein Aggregat zweier Produkte um, von denen jedes aus vier Dreiersymbolen besteht und jeden der sechs Punkte quadratisch enthält. Zusammenhang mit den Sätzen von Pascal und Brianchon!

5. Auf dem binären Gebiet der Punkte eines Kreises (32, Zus. 8e) soll ein Punktepaar angegeben werden, welches durch die beiden absoluten Punkte harmonisch getrennt wird. Geometrische Bedeutung!

6. Im binären Gebiet der Punkte einer Parabel (32, Zus. 8d) soll ein harmonisches Paar zum uneigentlichen Punkt und dem Scheitel ($\tau = 0$) angegeben werden. Bedeutung!

39. Kollineationen. Dritter Typus. Mit der Formel 38, (47) nehmen wir noch einen weiteren Grenzübergang vor. Die invariante Figur bestand dort aus zwei Punkten und zwei Geraden. Diese sollen jetzt zusammenfallen, so daß die invariante Figur nunmehr aus einem einzigen (dreifach zählenden) Punkte a und einer einzigen durch diesen Punkt hindurch laufenden (dreifach zählenden) Geraden $\mathfrak{g}$ bestehen soll. (Abb. 42).

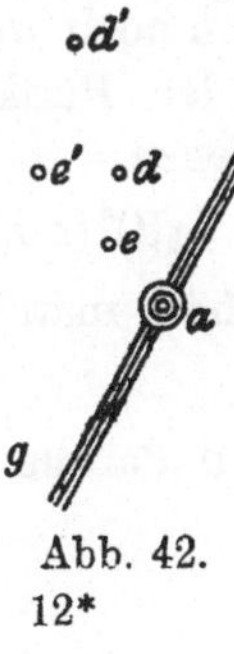

Die Gerade $\mathfrak{h}$ soll beim Grenzübergang in $\mathfrak{g}$ übergehen. Dazu setzen wir

$$(\mathfrak{h}x) \equiv \lambda(pad)(\mathfrak{g}x) + \mu(p\mathfrak{g})(adx).$$

Abb. 42.

Dabei ist der Hilfspunkt p, der nichts mit dem in 38 so genannten Punkte zu tun hat, so zu wählen, daß er weder auf $\mathfrak{g}$ noch auf $\widehat{ad}$ liegt. Geometrische Bedeutung der Darstellung!

Der Punkt b soll in der Grenze in a übergehen. Demgemäß setzen wir

$$b = \sigma(\mathfrak{g}\,d')(d\,d'\,p)\,a + \tau\,(a\,d'\,p)\{(\mathfrak{g}\,d')\cdot d - (\mathfrak{g}\,d)\cdot d'\}.$$

Geometrische Bedeutung des in der geschweiften Klammer stehenden Punktes!

Es ist also gleichzeitig zur Grenze $\mu = 0$ und $\tau = 0$ überzugehen. Dazu wählen wir

$$\sigma = \omega\,\lambda, \qquad \tau = \mu,$$

so daß dann nur noch der Grenzübergang für $\mu = 0$ zu bewerkstelligen ist.

In 38, (47) ist jetzt einzutragen:

$$(a\,b\,d) = \mu(a\,d\,d')(\mathfrak{g}\,d)(a\,d'\,p), \qquad (d'\,b\,d) = \omega\,\lambda\,(a\,d\,d')(\mathfrak{g}\,d')(d\,d'\,p),$$

$$(d'\,a\,b) = \mu(a\,d\,d')(\mathfrak{g}\,d')(a\,d'\,p), \qquad (\mathfrak{h}\,d) = \lambda\,(\mathfrak{g}\,d)(a\,d\,p).$$

Setzt man diese Werte ein, so geht der Faktor $(a\,d\,d')(\mathfrak{g}\,d)$ fort. Ferner fällt das Glied mit λ^2 weg. Jetzt dividiert man durch μ, worauf sich der Grenzübergang zu $\mu = 0$ vollziehen läßt. So erhält man

$$
(48) \quad
\begin{cases}
\qquad (a\,d\,p)(a\,d'\,p)(\mathfrak{g}\,d)^2\,x' = \\
= (a\,d\,p)(a\,d'\,p)\big[(\mathfrak{g}\,d)\cdot(\mathfrak{g}\,d')\,x + (\mathfrak{g}\,x)\{(\mathfrak{g}\,d)\cdot d' - (\mathfrak{g}\,d')\,d\}\big] \\
\qquad\quad - \omega\cdot(p\,\mathfrak{g})(p\,d\,d')(\mathfrak{g}\,d')(a\,d\,x)\,a. \\
(\mathfrak{g}\,d) + 0, \quad (\mathfrak{g}\,d') + 0, \quad (a\,d\,p) + 0, \quad (a\,d'\,p) + 0, \quad (p\,d\,d') + 0, \\
\qquad (p\,\mathfrak{g}) + 0, \quad (a\,\mathfrak{g}) = 0.
\end{cases}
$$

Wegen

$$(\mathfrak{g}\,d)(\mathfrak{g}\,x') = (\mathfrak{g}\,d')(\mathfrak{g}\,x)$$

folgt, daß $\mathfrak{g}$ in Ruhe bleibt, unabhängig vom Werte, den ω hat. Ebenso erkennt man, daß a in sich selbst übergeführt wird.

Die Konstante ω läßt sich nun so bestimmen, daß die Kollineation noch den Punkt e in e' überführt. Freilich ist bei vorgegebenem e der Punkt e' nicht mehr immer ganz willkürlich zu nehmen. Wegen

$$(\mathfrak{g}\,d)^2(a\,x\,x') = (\mathfrak{g}\,x)\{(\mathfrak{g}\,d)(d'\,a\,x) - (\mathfrak{g}\,d')(d\,a\,x)\} = (\mathfrak{g}\,x)^2(a\,d\,d')$$

erhält man die noch nicht völlig homogene Relation

$$(\mathfrak{g}\,d)^2(a\,e\,e') = (g\,e)^2(a\,d\,d'),$$

und daraus durch Multiplikation mit

$$(\mathfrak{g}\,d')(\mathfrak{g}\,e) = (\mathfrak{g}\,d)(\mathfrak{g}\,e')$$

die homogene Bedingung
$$(\mathfrak{g}d)(\mathfrak{g}d')(aee') - (\mathfrak{g}e)(\mathfrak{g}e')(add') = 0.$$

Wenn diese Forderung erfüllt ist, so läßt sich ω in (48) bestimmen. Aus

$$(adp)(ad'p)(\mathfrak{g}d)^2(x'ee') = (adp)(ad'p)[(\mathfrak{g}d)(\mathfrak{g}d')(xee') +$$
$$+ (x\mathfrak{g})\{(\mathfrak{g}d)(d'ee') - (\mathfrak{g}d')(dee')\}]$$
$$- \omega(p\mathfrak{g})(pdd')(\mathfrak{g}d')(adx)(aee')$$

folgt für $x = e$, $x' = e'$
$$\omega(p\mathfrak{g})(pdd')(\mathfrak{g}d') =$$
$$(adp)(ad'p)(\mathfrak{g}e)\{(\mathfrak{g}d)(d'ee') - (\mathfrak{g}d')(dee')\} : (ade)(aee').$$

So erhält man schließlich aus (48) die vom Hilfspunkt p freie Formel:

$$(49) \qquad \begin{cases} (ade)\cdot(aee')(\mathfrak{g}d)^2\cdot x' = \\ = (ade)(aee')[(\mathfrak{g}d)(\mathfrak{g}d')x + (\mathfrak{g}x)\{(\mathfrak{g}d)d' - (\mathfrak{g}d')d\}] + \\ + (\mathfrak{g}e)(adx)\{(\mathfrak{g}e)(dd'e') - (\mathfrak{g}e')(dd'e)\}a. \end{cases}$$

Die Transformationsdeterminante hat den Wert $\{(\mathfrak{g}d'):(\mathfrak{g}d)\}^3$. Darin liegt auch die Unsymmetrie der Formel (49) begründet, die Punktepaare d, d' und e, e' treten nicht gleichberechtigt auf. Die invariante Figur $(a, \mathfrak{g})$ existiert in ∞^3 Exemplaren; zu jeder solchen Figur können die Paare d, d'; e, e' noch auf ∞^3 Arten gewählt werden, so daß es ∞^6 Kollineationen vom Typus drei gibt.

Will man die Unsymmetrie in (49) vermeiden, so kann man die Größe ω in (48) so bestimmen, daß ein Linienelement $(d, \mathfrak{h})$ in ein vorgegebenes anderes Linienelement $(d', \mathfrak{h}')$ übergeht (vgl. 28). Dazu muß also sein $(\mathfrak{h}d) = (\mathfrak{h}'d') = 0$. Dann findet man, weil $\widehat{\mathfrak{g}\mathfrak{h}}$ in $\widehat{\mathfrak{g}\mathfrak{h}'}$ übergehen muß:

$$(50) \qquad \begin{cases} (\mathfrak{g}d)^2(\mathfrak{h}a)(\mathfrak{h}'a)(x'\mathfrak{x}) \equiv \\ \equiv (\mathfrak{h}a)(\mathfrak{h}'a)[(\mathfrak{g}d)(\mathfrak{g}d')(x\mathfrak{x}) + (\mathfrak{g}x)\{(\mathfrak{g}d)(d'\mathfrak{x}) - (\mathfrak{g}d')(d\mathfrak{x})\}] + \\ \qquad + (\mathfrak{g}d')(a\mathfrak{x})(adx)(\mathfrak{g}\mathfrak{h}\mathfrak{h}') \\ (\mathfrak{g}d) \neq 0, \quad (\mathfrak{g}d') \neq 0, \quad (\mathfrak{h}a) \neq 0, \quad (\mathfrak{h}'a) \neq 0, \quad (\mathfrak{g}a) = 0, \\ (\mathfrak{h}d) = 0, \quad (\mathfrak{h}'d') = 0, \quad (\mathfrak{g}\mathfrak{h}\mathfrak{h}') \neq 0. \end{cases}$$

Hier wird in der Tat
$$(\mathfrak{g}d)(\mathfrak{h}a)(x'\mathfrak{h}') = (\mathfrak{g}d')(\mathfrak{h}'a)(x\mathfrak{h}),$$

wie man unter Benutzung von
$$(adx)(\mathfrak{g}\mathfrak{h}\mathfrak{h}') = (x\mathfrak{g})(ad\mathfrak{h}\mathfrak{h}') + (x\mathfrak{h})(ad\mathfrak{h}'\mathfrak{g}) + (x\mathfrak{h}')(ad\mathfrak{g}\mathfrak{h})$$
$$= (x\mathfrak{g})(a\mathfrak{h})(\mathfrak{h}'d) + (x\mathfrak{h})(\mathfrak{h}'a)(\mathfrak{g}d) - (x\mathfrak{h}')(\mathfrak{g}d)(\mathfrak{h}a)$$

leicht bestätigt.

1. Unter den Dehnungen kommen keine Transformationen vom Kollineationstyp III vor.

2. Wann gehört die Affinität

$$\xi' = (1 + a)\,\xi - b\,\eta + r_1, \quad \eta' = \frac{a^2}{b}\,\xi + (1 - a)\,\eta + r_2 \qquad (b \neq 0)$$

dem Kollineationstyp III an? Welche Affinitäten dieses Typus werden so nicht geliefert?

3. Geometrische Bedeutung der Bedingung des Textes

$$(\mathfrak{g}\,d)\,(\mathfrak{g}\,d') : (a\,d\,d') = (\mathfrak{g}\,e)\,(\mathfrak{g}\,e') : (a\,e\,e')\,!$$

4. Unter einer Kollineation im R_n ist die Transformation zu verstehen (homogene Punktkoordinaten!)

$$x_0' = a_{00}\,x_0 + a_{01}\,x_1 + \ldots + a_{0n}\,x_n$$
$$x_1' = a_{10}\,x_0 + a_{11}\,x_1 + \ldots + a_{1n}\,x_n$$
$$\vdots$$
$$x_n' = a_{n0}\,x_0 + a_{n1}\,x_1 + \ldots + a_{nn}\,x_n.$$

Wenn die Determinante $|\,a_{00}\,a_{11}\,a_{22}\ldots a_{nn}\,|$ verschwindet, heißt die Kollineation singulär.

5. Im binären Gebiet aller Geraden eines Büschels mit eigentlichem Scheitel, soll ein Paar angegeben werden, welches durch die beiden Isotropen harmonisch getrennt wird. Geometrische Bedeutung!

6. Bedeutung der binären linearen Transformation

$$(\alpha\gamma')\,(\xi'\beta')\,(\gamma\beta)\,(\alpha\xi) - (\gamma'\beta')\,(\alpha\xi')\,(\alpha\gamma)\,(\xi\beta) = 0.$$

Voraussetzungen!

7. Aus der Formel in Zus. 6 soll durch einen Grenzübergang die folgende gewonnen werden

$$(\alpha\beta)\,(\xi'\beta')\,(\alpha\xi) - (\alpha\beta')\,(\alpha\xi')\,(\xi\beta) = 0.$$

Sie liefert alle binären linearen Transformationen, die α als doppelt zählendes Ruheelement besitzen. Verwendung der Relation in **33**, Zus. 10 zwischen vier Elementen eines binären Gebietes.

40. Kollineationen. Vierter Typus. In 37 sahen wir die Möglichkeit, daß bei einer Kollineation außer einem Punkte a noch jeder

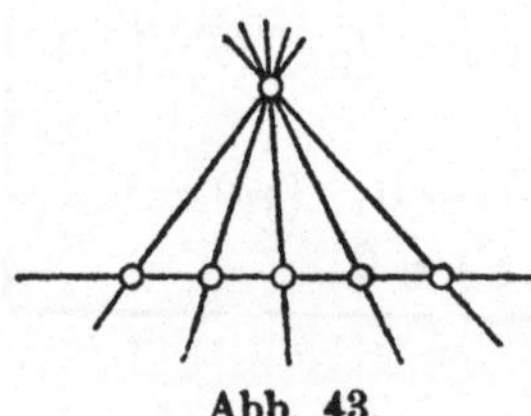

Punkt einer gewissen Geraden in Ruhe bleiben kann (Abb. 43). Läuft diese Gerade $\mathfrak{g}$ nicht durch den Punkt a, so soll die Kollineation *vom Typus vier* heißen. Alle diese Kollineationen, die zur Figur $(a, \mathfrak{g})$ gehören, lassen sich sofort hinschreiben:

Abb. 43.

$$(51) \qquad x' = \lambda\,(\mathfrak{g}\,x)\,a + \mu\,(\mathfrak{g}\,a)\,x.$$

Die Verhältnisgrößen λ, μ bestimmen sich dann, wenn man noch die Forderung stellt, daß Punkt d in d' übergehen soll. Dabei ist aber $(a\,d\,d') = 0$ zu nehmen (vgl. 37, S. 176). Für $x = a$ wird $x' = (\lambda + \mu)\,(\mathfrak{g}\,a)\,a$; es ist also $\lambda + \mu \neq 0$ zu wählen. Für $(\mathfrak{g}\,x) = 0$ wird $x' = \mu\,(\mathfrak{g}\,a)\,x$, d. i. für die Punkte der Geraden $\mathfrak{g}$ reduziert sich die Transformation auf die identische Kollineation; mithin muß $\mu \neq 0$ genommen werden. Daher darf man $\mu = 1$ setzen.

Wir wollen aber die Kollineation vom Typus vier unmittelbar aus **37**, (46) ableiten. Auf Grund von **31**, (31) beweist man leicht, daß für $(a\,d\,d') = 0$ sein muß $(b\,d\,d') \neq 0$, $(c\,d\,d') \neq 0$. Denn in

$$(p\,b\,c)(a\,d\,d') + (p\,c\,a)(b\,d\,d') + (p\,a\,b)(c\,d\,d') = (a\,b\,c)(p\,d\,d')$$

folgt für $p = d$

$$(d\,c\,a)(b\,d\,d') + (d\,a\,b)(c\,d\,d') = 0.$$

Aus $(b\,d\,d') = 0$ würde auch $(c\,d\,d') = 0$ folgen, und daher $(p\,d\,d') = 0$. Das ist aber, da p beliebig gewählt werden kann, mit einer Identität gleichbedeutend; d und d' würden zusammenfallen, d. i. d wäre ein weiterer Ruhepunkt.

Jetzt setzen wir

$$(b\,\mathfrak{x}) \equiv (\mathfrak{g}\,\mathfrak{h}\,\mathfrak{x}), \qquad (c\,\mathfrak{x}) \equiv (\mathfrak{g}\,\mathfrak{l}\,\mathfrak{x}).$$

Dann wird

$$(x\,b\,c) = (x, \mathfrak{g}\,\mathfrak{h}, \mathfrak{g}\,\mathfrak{l}) = (\mathfrak{g}\,\mathfrak{h}, \mathfrak{g}\,\mathfrak{l}, x) = (\mathfrak{g}, \mathfrak{h}, \mathfrak{g}\,\mathfrak{l}, x) = -(\mathfrak{h}\,\mathfrak{g}\,\mathfrak{l})(\mathfrak{g}\,x).$$

Demnach

$$(d\,b\,c) = -(\mathfrak{h}\,\mathfrak{g}\,\mathfrak{l})(\mathfrak{g}\,d), \qquad (d'\,b\,c) = -(\mathfrak{h}\,\mathfrak{g}\,\mathfrak{l})(\mathfrak{g}\,d').$$

Die beiden Geraden $\mathfrak{h}$ und $\mathfrak{l}$ waren bisher willkürlich durch b und c gelegt; sie sollen jetzt durch a laufen: $(a\,\mathfrak{x}) \equiv (\mathfrak{h}\,\mathfrak{l}\,\mathfrak{x})$. Dann wird wegen $(a\,\mathfrak{h}) = 0$, $(a\,\mathfrak{l}) = 0$:

$$(x\,b\,c) = (a\,\mathfrak{g})(\mathfrak{g}\,x), \quad (x\,c\,a) = (a\,\mathfrak{g})(\mathfrak{l}\,x), \quad (x\,a\,b) = -(a\,\mathfrak{g})(\mathfrak{h}\,x).$$

Hieraus entnimmt man ähnlich einfach gebaute Ausdrücke für $(d\,b\,c)$, $(d'\,b\,c)$ usw., wenn man x durch d bzw. d' ersetzt.

Dadurch geht **37**, (46) über in

$$(a\,\mathfrak{g})\,x' = \frac{(x\,\mathfrak{g})}{(d\,\mathfrak{g})}(d'\,\mathfrak{g})\,a + \frac{(\mathfrak{l}\,x)}{(\mathfrak{l}\,d)}(\mathfrak{l}\,d')\,b - \frac{(\mathfrak{h}\,x)}{(\mathfrak{h}\,d)}(\mathfrak{h}\,d')\,c.$$

Wegen $(a\,d\,d') = (\mathfrak{h}\,\mathfrak{l}\,d\,d') = (\mathfrak{h}\,d)(\mathfrak{l}\,d') - (\mathfrak{h}\,d')(\mathfrak{l}\,d) = 0$ wird weiter:

$$(a\,\mathfrak{g})\,x' = \frac{(x\,\mathfrak{g})}{(d\,\mathfrak{g})}(d'\,\mathfrak{g})\,a + \frac{(\mathfrak{l}\,d')}{(\mathfrak{l}\,d)}\{(\mathfrak{l}\,x)\,b - (\mathfrak{h}\,x)\,c\}.$$

Der Ausdruck in der Klammer soll umgestaltet werden. Nach **31**, (30) ist

$$(\mathfrak{g}\,\mathfrak{h}\,\mathfrak{p})(\mathfrak{l}\,x) = (\mathfrak{l}\,\mathfrak{h}\,\mathfrak{p})(\mathfrak{g}\,x) + (\mathfrak{l}\,\mathfrak{p}\,\mathfrak{g})(\mathfrak{h}\,x) + (\mathfrak{l}\,\mathfrak{g}\,\mathfrak{h})(\mathfrak{p}\,x).$$

Diese Identität in den $\mathfrak{p}$ spaltet sich in drei Gleichungen:

$$(\mathfrak{l}\,x)\,b - (\mathfrak{h}\,x)\,c = (\mathfrak{g}\,a)\,x - (\mathfrak{g}\,x)\,a.$$

Die Transformationsformel wird

$$(a\,\mathfrak{g})\,x' = \frac{(x\,\mathfrak{g})}{(d\,\mathfrak{g})}(d'\,\mathfrak{g})\,a + \frac{(\mathfrak{l}\,d')}{(\mathfrak{l}\,d)}\{(a\,\mathfrak{g})\,x - (\mathfrak{g}\,x)\,a\},$$

und damit sind die beiden Punkte b und c, die ja mit der jetzigen Aufgabe nichts mehr zu tun haben, weggefallen. Um die Formel noch einfacher zu gestalten, führen wir einen Hilfspunkt p ein:

$$(\mathfrak{r}\,x) \equiv (a\,p\,x),$$

wodurch die Hilfsgerade $\mathfrak{r}$ beseitigt wird. Nach **31**, (30b) wird dann

$$(a\,p\,d)(d'\,\mathfrak{g}) - (a\,p\,d')(d\,\mathfrak{g}) = (d\,d'\,p)(a\,\mathfrak{g}),$$

und man erhält schließlich

$$(51) \begin{cases} (p\,a\,d)(\mathfrak{g}\,d)(x'\,\mathfrak{r}) \equiv (p\,a\,d')(d\,\mathfrak{g})(x\,\mathfrak{r}) - (p\,d\,d')(x\,\mathfrak{g})(a\,\mathfrak{r}). \\ (\mathfrak{g}\,d) \neq 0, \quad (p\,d\,d') \neq 0, \quad (p\,a\,d) \neq 0, \quad (p\,a\,d') \neq 0, \\ (a\,d\,d') = 0, \quad (\mathfrak{g}\,a) \neq 0. \end{cases}$$

Will man den Hilfspunkt p vermeiden, so ergeben sich drei Einzelformeln, von denen aber jede versagen kann. Die Transformationsdeterminante hat den Wert

$$(p\,a\,d')^2\,(d'\,\mathfrak{g}) : (p\,a\,d)^2\,(d\,\mathfrak{g}).$$

Gehen nämlich a, d, p der Reihe nach in x', y', z' über, so wird:

$$(p\,a\,d)(\mathfrak{g}\,d)\,x' = \{(p\,a\,d')(\mathfrak{g}\,d) - (p\,d\,d')(\mathfrak{g}\,a)\}\,a = (\mathfrak{g}\,d')(p\,a\,d)\,a.$$

$$(\mathfrak{g}\,d)\,x' = (\mathfrak{g}\,d')\,a; \qquad (p\,a\,d)\,y' = (p\,a\,d')\,d - (p\,d\,d')\,a;$$

$$(\mathfrak{g}\,d)(p\,a\,d)\,z' = (p\,a\,d')(\mathfrak{g}\,d)\,p - (p\,d\,d')(p\,\mathfrak{g})\,a.$$

Hieraus folgt

$$(\mathfrak{g}\,d)^2\,(p\,a\,d)^2\,(x'\,y'\,z') = (\mathfrak{g}\,d)(\mathfrak{g}\,d')(p\,a\,d')^2\,(a\,d\,p)$$

$$(x'\,y'\,z') : (a\,d\,p) = (\mathfrak{g}\,d')(p\,a\,d')^2 : (\mathfrak{g}\,d)(pad)^2. \qquad \text{(30, Zus. 12.)}$$

Die invariante Figur $(\mathfrak{g}, a)$ kommt in ∞^4 Exemplaren vor; zu jeder solchen Figur gibt es, da bei vorgegebenem d der Punkt d' der Beschränkung $(a\,d\,d') = 0$ unterliegt, noch ∞^1 Transformationen. Es gibt also ∞^5 Kollineationen vom Typus IV.

1. Zu den Kollineationen vom Typus IV gehören die Spiegelungen an geraden Linien, ferner die Umwendungen, ebenso die Streckungen. Welche gleichsinnigen Dehnungen sonst noch?

2. Zeige durch Rechnung, daß jede Gerade durch den isolierten Ruhepunkt einer Kollineation vom Typus IV Ruhegerade ist.

3. Bilde die Kollineationen im R_3, bei denen ein Punkt a und außerdem eine durch ihn nicht hindurchlaufende Ebene ε punktweise in Ruhe bleibt.

4. Bedeutung des Symbols und der Gleichung $(12, 34, 56, 78) = 0$. Mehrere Fälle!

5. Im binären Gebiet gibt es stets ein einziges Elementpaar, welches zwei vorgegebene getrennte Paare gleichzeitig harmonisch trennt. Warum lassen sich die einzelnen Elemente des gemeinsamen harmonischen Paares nicht rational darstellen?

41. Kollineationen. Fünfter Typus. Eine Kollineation heiße *vom Typus fünf*, wenn bei ihr alle Punkte einer Geraden einzeln in Ruhe bleiben, und kein weiterer Punkt.

In 40, (51) haben wir die Gerade $\mathfrak{g}$ beizubehalten, ebenso das Punktepaar d, d'; der Punkt a liegt auf der Geraden $\widehat{d\,d'}$, er soll auf $\mathfrak{g}$ rücken. Wir setzen demgemäß

$$a = (\mathfrak{g}\,d')\,d - (\mathfrak{g}\,d)\,d'.$$

Dann wird

$$(p\,a\,d) = (\mathfrak{g}\,d)(p\,d\,d'), \qquad (p\,a\,d') = (\mathfrak{g}\,d')(p\,d\,d'),$$

und die gesuchte Transformationsformel lautet

$$(52) \qquad (\mathfrak{g}\,d)^2\,x' = (\mathfrak{g}\,d)(\mathfrak{g}\,d')\,x + (x\,\mathfrak{g})\{(\mathfrak{g}\,d)\,d' - (\mathfrak{g}\,d')\,d\}.$$

Die Transformationsdeterminante hat den Wert $(\mathfrak{g}\,d')^3 : (\mathfrak{g}\,d)^3$.

Da die Gerade $\mathfrak{g}$ der Ruhepunkte in ∞^2 Exemplaren auftritt und bei vorgegebenem d der Punkt d' auf ∞^2 Arten gewählt werden kann (wodurch a bestimmt wird), so gibt es ∞^4 Kollineationen vom Typus V.

Wir stellen zusammen

Invariante Figur	Typus	Anzahl
$a, b, c;\quad (a\,b\,c) \neq 0$	I	$\infty^6 \cdot \infty^2 = \infty^8$
$a, b;\ \mathfrak{g}, \mathfrak{h};\quad (\mathfrak{g}\,a)=(\mathfrak{g}\,b)=0,\ (\mathfrak{h}\,a)=0,\ (\mathfrak{h}\,b)\neq 0$	II	$\infty^5 \cdot \infty^2 = \infty^7$
$a, \mathfrak{g};\quad (\mathfrak{g}\,a) = 0$	III	$\infty^3 \cdot \infty^3 = \infty^6$
$a, \mathfrak{g}, y;\quad (a\,\mathfrak{g}) \neq 0,\ (y\,\mathfrak{g}) = 0$	IV	$\infty^4 \cdot \infty^1 = \infty^5$
$\mathfrak{g}, y;\quad (y\,\mathfrak{g}) = 0$	V	$\infty^2 \cdot \infty^2 = \infty^4$

Jetzt ist nachzuweisen, daß außer den Kollineationen dieser fünf Typen (und der identischen Kollineation) keine weiteren Typen auftreten können. Das soll im nächsten Abschnitt geschehen.

1. Zu den Kollineationen vom Typus V gehören die Schiebungen.

2. Zeige, daß es bei einer Kollineation vom Typus V ein Geradenbüschel gibt, dessen Geraden einzeln in Ruhe bleiben. Dadurch wird die Figur der Ruheelemente zu sich selbst dual (Abb. 44).

3. Die involutorischen binären quasilinearen Transformationen (32, Zus. 9) haben die Gestalt

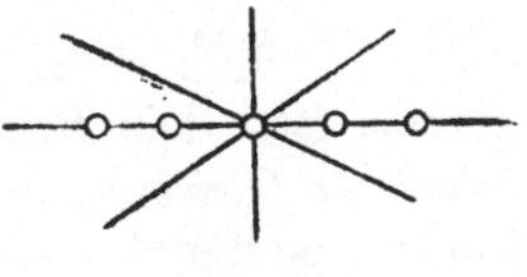

Abb. 44.

$$\xi_1' = (i\,\sigma_2 - \sigma_1)\,\bar\xi_1 + (-\sigma_0 + \sigma_3)\,\bar\xi_2$$
$$\xi_2' = (\sigma_0 + \sigma_3)\,\bar\xi_1 + (i\,\sigma_2 + \sigma_1)\,\bar\xi_2,$$

wo $\sigma_0 = \bar{\sigma}_0$, $\sigma_1 = \bar{\sigma}_1$, $\sigma_2 = \bar{\sigma}_2$, $\sigma_3 = \bar{\sigma}_3$, $\sigma_0{}^2 - \sigma_1{}^2 - \sigma_2{}^2 - \sigma_3{}^2 \gtrless 0$. Sie heißen auch wohl *Inversionen*. Eine Inversion hat keine Ruheelemente für $\sigma_0{}^2 - \sigma_1{}^2 - \sigma_2{}^2 - \sigma_3{}^2 > 0$; für $\sigma_0{}^2 - \sigma_1{}^2 - \sigma_2{}^2 - \sigma_3{}^2 < 0$ hat sie unzählig viele Ruheelemente, die von einem *reellen* Parameter abhängen. Zu den Inversionen der zweiten Art gehört das Konjugium (**13**, Zus. 2).

4. Zwei *Involutionen* sind miteinander vertauschbar, wenn ihre Ruheelemente zueinander harmonisch sind. Sie ergeben zusammengesetzt wieder eine Involution, die mit jeder der beiden ersten Involutionen vertauschbar ist, und deren Ruheelemente das gemeinsame harmonische Paar (**40**, Zus. 5) bilden zu den Ruheelementen der ursprünglichen Involutionen.

5. Zwei *Inversionen* können vertauschbar sein, wenn wenigstens eine von ihnen Ruheelemente besitzt. Bedingung! Sie ergeben dann eine *Involution*.

42. Charakteristische Gleichung. Bisher haben wir die Ruhepunkte (Ruhegeraden) einer Kollineation gegeben, und aus ihnen die Formeln der Transformation bestimmt. Jetzt schlagen wir den umgekehrten Weg ein. Gegeben ist die nicht singuläre Kollineation

$$\begin{cases} x_1' = a_{11} x_1 + a_{12} x_2 + a_{13} x_3, \\ x_2' = a_{21} x_1 + a_{22} x_2 + a_{23} x_3, \\ x_3' = a_{31} x_1 + a_{32} x_2 + a_{33} x_3. \end{cases}$$

Soll der Punkt y ein Ruhepunkt sein, so ist zu fordern (vgl. **21**, Zus. 3)

$$\varrho\, y_1 = y_1', \quad \varrho\, y_2 = y_2', \quad \varrho\, y_3 = y_3'. \qquad (\varrho \neq 0).$$

Das gibt zur Ermittlung von y das System

$$(53) \qquad \begin{cases} (a_{11} - \varrho)\, y_1 + a_{12}\, y_2 + a_{13}\, y_3 = 0, \\ a_{21}\, y_1 + (a_{22} - \varrho)\, y_2 + a_{23}\, y_3 = 0, \\ a_{31}\, y_1 + a_{32}\, y_2 + (a_{33} - \varrho)\, y_3 = 0. \end{cases}$$

Soll dies System Lösungen haben, die Punkte darstellen, so darf nicht sein $y_1 = y_2 = y_3 = 0$. Dazu ist notwendig und hinreichend, daß der Rang kleiner als drei ist:

$$\begin{vmatrix} a_{11} - \varrho & a_{12} & a_{13} \\ a_{21} & a_{22} - \varrho & a_{23} \\ a_{31} & a_{32} & a_{33} - \varrho \end{vmatrix} = 0,$$

$$(54) \qquad \varrho^3 - 3\,\Theta_1\,\varrho^2 + 3\,\Theta_2\,\varrho - D = 0,$$

wo

$$3\,\Theta_2 = A_{11} + A_{22} + A_{33} =$$

$$a_{22}\, a_{33} - a_{23}\, a_{32} + a_{33}\, a_{11} - a_{13}\, a_{31} + a_{11}\, a_{22} - a_{12}\, a_{21},$$

$$3\,\Theta_1 = a_{11} + a_{22} + a_{33}, \quad D = |\,a_{11}\, a_{22}\, a_{33}\,|$$

gesetzt ist. Die Bestimmungsgleichung (54) für ϱ heißt die *charakteristische Gleichung* der Kollineation. Ist aus ihr ein Wert für ϱ gefunden, so findet man zugehörige Systeme $y_1 : y_2 : y_3$ aus (53), dessen Rang jetzt zwei, eins oder null sein kann.

1. *Rang Null.* Dazu ist notwendig

$$a_{23} = a_{32} = a_{31} = a_{13} = a_{12} = a_{21} = 0, \quad \varrho = a_{11} = a_{22} = a_{33}.$$

Dann liegt die identische Kollineation vor.

2. *Rang Eins.* *Damit das System* (53) *den Rang eins erhält, muß* ϱ *eine (mindestens) doppelt zählende Wurzel der charakteristischen Gleichung sein.*

Dieser Satz ist zu beweisen.

Setzt man $A_{11} = a_{22} a_{33} - a_{23} a_{32}$, $A_{12} = a_{23} a_{31} - a_{21} a_{33}$, $A_{21} = a_{32} a_{13} - a_{12} a_{33}$ usw. (vgl. 46, (3)), so ergibt sich aus (53):

$$
\begin{array}{ccc}
y_1 & : \quad y_2 & : \quad y_3 \\
= A_{11} - (a_{22}+a_{33})\varrho + \varrho^2 : A_{12} + a_{21}\varrho & : A_{13} + a_{31}\varrho \\
= A_{21} + a_{12}\varrho & : A_{22} - (a_{33}+a_{11})\varrho + \varrho^2 : A_{23} + a_{32}\varrho \\
= A_{31} + a_{13}\varrho & : A_{32} + a_{23}\varrho & : A_{33} - (a_{11}+a_{22})\varrho + \varrho^2.
\end{array}
$$

Soll der Rang von (53) eins betragen, so müssen sämtliche neun Größen verschwinden. Dazu ist notwendig, daß die drei in der Hauptdiagonale stehenden Glieder verschwinden. Durch Addition dieser drei Glieder muß sich dann wiederum Null ergeben:

$$A_{11} + A_{22} + A_{33} - 2\varrho(a_{11} + a_{22} + a_{33}) + 3\varrho^2 = 0,$$

(55)
$$\Theta_2 - 2\varrho\,\Theta_1 + \varrho^2 = 0.$$

Aus (54) folgt jetzt noch

(55a)
$$-D + 2\varrho\,\Theta_2 - \varrho^2\,\Theta_1 = 0.$$

Bestehen aber (55) und (55a) neben (54), so ist ϱ eine (mindestens) doppelt zählende Wurzel von (54). Die Bedingung dafür, daß (55) und (55a) zusammen bestehen können, liefert die Diskriminante der kubischen Gleichung (54). (Vgl. den homologen Beweis in Zus. 1).

Man beachte, daß die bewiesene Bedingung nur notwendig, nicht aber hinreichend ist. Es ist also möglich, wenn ϱ eine Doppelwurzel von (54) ist, daß das System (53) den Rang zwei besitzt.

Nun können wir alle möglichen Fälle aufzählen:

1. Die charakteristische Gleichung hat drei getrennte Wurzeln. Die drei zugehörigen Systeme (53) haben jedesmal den Rang zwei. Es gibt drei getrennte Ruhepunkte. Typus I.

2. Die charakteristische Gleichung hat die einfach zählende Wurzel ϱ_1 und die Doppelwurzel ϱ_2. Die beiden Systeme (53) sollen die Rangzahlen r_1 und r_2 haben. r_1 kann nur den Wert zwei haben.

    a) $r_2 = 2$. Es gibt zwei Ruhepunkte, von denen einer doppelt zählt. Typus II.

    b) $r_2 = 1$. Außer einem Ruhepunkt bleiben noch sämtliche Punkte einer Geraden in Ruhe. Typus IV.

3. Die charakteristische Gleichung hat eine dreifach zählende Wurzel.

a) $r = 2$. Ein einziger Ruhepunkt. Typus III.

b) $r = 1$. Eine aus Ruhepunkten bestehende Gerade. Typus V.

c) $r = 0$. Alle Punkte der Ebene sind Ruhepunkte. Identische Kollineation.

Um auch die Ruhegeraden zu finden, stellen wir die vorgelegte Kollineation in Geradenkoordinaten dar. Dann ist das System zu lösen, dessen Determinante so aussieht:

$$\begin{vmatrix} A_{11} - \varrho' D & A_{12} & A_{13} \\ A_{21} & A_{22} - \varrho' D & A_{23} \\ A_{31} & A_{32} & A_{33} - \varrho' D \end{vmatrix} = 0.$$

Für die charakteristische Gleichung findet man

$$\left(\frac{1}{\varrho'}\right)^3 - 3\,\Theta_1 \left(\frac{1}{\varrho'}\right)^2 + 3\,\Theta_2 \left(\frac{1}{\varrho'}\right) - D = 0.$$

Das ist aber die Gleichung (54) für $\dfrac{1}{\varrho'}$ als Unbekannte. Dazu war in der obigen Determinante der Faktor D eingeführt.

Da $D \neq 0$, so gibt jede Doppelwurzel für ϱ auch eine solche für ϱ'. Alle übrigen Schlüsse übertragen sich ohne weiteres. So findet man, daß im Falle 1 (drei getrennte Wurzeln ϱ') drei Ruhegerade auftreten. Im Falle 2 gibt es eine einfach zählende und eine doppelt zählende Ruhegerade usw. Man sagt, die invarianten Figuren sind *zu sich selbst dual*, d. i. jedem Ruhepunkt entspricht auch eine Ruhegerade und umgekehrt. Ruhegeraden durch einen Punkt entsprechen gleichzeitig Ruhepunkte auf einer Geraden usw.

Somit ist nachgewiesen, daß es weitere Kollineationstypen außer den bisher aufgezählten nicht gibt.

1. *Durchschnitt zweier Kollineationen.* Die Frage nach den Ruheelementen einer Kollineation kann als spezieller Fall einer andern aufgefaßt werden: *Wieviel Punkte y gibt es, die von den beiden nicht singulären Kollineationen*

$$x_i' = a_{i1} x_1 + a_{i2} x_2 + a_{i3} x_3, \qquad x_i'' = b_{i1} x_1 + b_{i2} x_2 + b_{i3}, \qquad (i = 1,\, 2,\, 3)$$

in gleicher Weise transformiert werden? Soll der Punkt y beidemal in y' übergehen, so ist zu fordern

$$\varrho\, y_i' = a_{i1} y_1 + a_{i2} y_2 + a_{i3} y_3, \qquad \sigma\, y_i' = b_{i1} y_1 + b_{i2} y_2 + b_{i3} y_3,$$

$$(i = 1,\, 2,\, 3), \qquad (\varrho\,\sigma \neq 0)$$

oder

$$\text{(a)} \quad \begin{cases} (\sigma\, a_{11} - \varrho\, b_{11})\, y_1 + (\sigma\, a_{12} - \varrho\, b_{12})\, y_2 + (\sigma\, a_{13} - \varrho\, b_{13})\, y_3 = 0, \\ (\sigma\, a_{21} - \varrho\, b_{21})\, y_1 + (\sigma\, a_{22} - \varrho\, b_{22})\, y_2 + (\sigma\, a_{23} - \varrho\, b_{23})\, y_3 = 0, \\ (\sigma\, a_{31} - \varrho\, b_{31})\, y_1 + (\sigma\, a_{32} - \varrho\, b_{32})\, y_2 + (\sigma\, a_{33} - \varrho\, b_{33})\, y_3 = 0. \end{cases}$$

Damit es solche Punkte y gibt, muß nach **3, 4** β die Determinante verschwinden

(b)
$$\begin{vmatrix} \sigma\,a_{11} - \varrho\,b_{11} & \sigma\,a_{12} - \varrho\,b_{12} & \sigma\,a_{13} - \varrho\,b_{13} \\ \sigma\,a_{21} - \varrho\,b_{21} & \sigma\,a_{22} - \varrho\,b_{22} & \sigma\,a_{23} - \varrho\,b_{23} \\ \sigma\,a_{31} - \varrho\,b_{31} & \sigma\,a_{32} - \varrho\,b_{32} & \sigma\,a_{33} - \varrho\,b_{33} \end{vmatrix} = 0.$$

Das ist eine Bestimmungsgleichung für $\varrho : \sigma$, die nie mehr als drei Wurzeln besitzt; weder ϱ noch σ kann verschwinden. Jedes so gewonnene Wertsystem $\varrho : \sigma$ ist in das System (a) einzutragen und liefert ein Gleichungsystem für y, auf dessen Rang es jetzt ankommt.

Der Rang Null kann nur eintreten, wenn beide Kollineationen zusammenfallen. Jetzt fragen wir, wann das System (a) den Rang *eins* erhalten kann. Dazu müssen sämtliche zweireihigen Determinanten verschwinden. So die aus den beiden letzten Reihen gebildeten:

(c)
$$\begin{cases} \sigma^2\,A_{11} - \varrho\,\sigma\,(a_{22}\,b_{33} + a_{33}\,b_{22} - a_{23}\,b_{32} - a_{32}\,b_{23}) + \varrho^2\,B_{11} = 0, \\ \sigma^2\,A_{12} - \varrho\,\sigma\,(a_{23}\,b_{31} + a_{31}\,b_{23} - a_{21}\,b_{33} - a_{33}\,b_{21}) + \varrho^2\,B_{12} = 0, \\ \sigma^2\,A_{13} - \varrho\,\sigma\,(a_{21}\,b_{32} + a_{32}\,b_{21} - a_{22}\,b_{31} - a_{31}\,b_{22}) + \varrho^2\,B_{13} = 0, \end{cases}$$

wo die A_{ik}, B_{ik} durch **46**, (3) erklärt sind.

Diese multiplizieren wir mit a_{11}, a_{12}, a_{13} und addieren:

(d) $\quad \sigma^2\,|\,a\,a\,a\,| - \varrho\,\sigma\,(3A - b_{11}A_{11} - b_{12}A_{12} - b_{13}A_{13}) + \varrho^2\,(a_{11}B_{11} + a_{12}B_{12} + a_{13}B_{13}) = 0.$

Multipliziert man aber in (c) mit b_{11}, b_{12}, b_{13} und addiert, so wird

(e) $\quad \sigma^2\,(b_{11}A_{11} + b_{12}A_{12} + b_{13}A_{13}) - \varrho\,\sigma\,(3B - a_{11}B_{11} - a_{12}B_{12} - a_{13}B_{13}) + \varrho^2\,|\,b\,b\,b\,| = 0.$

Hierin haben A und B die folgende Bedeutung

$$3A = b_{11}A_{11} + b_{12}A_{12} + b_{13}A_{13} + b_{21}A_{21} + b_{22}A_{22} + b_{23}A_{23} + b_{31}A_{31} + b_{32}A_{32} + b_{33}A_{33},$$
$$3B = a_{11}B_{11} + a_{12}B_{12} + a_{13}B_{13} + a_{21}B_{21} + a_{22}B_{22} + a_{23}B_{23} + a_{31}B_{31} + a_{32}B_{32} + a_{33}B_{33},$$

so daß (b) auch geschrieben werden kann

$$\sigma^3\,|\,a\,a\,a\,| - 3A\,\sigma^2\,\varrho + 3B\,\sigma\,\varrho^2 - \varrho^3\,|\,b\,b\,b\,| = 0.$$

Jetzt verfährt man mit den zweireihigen Determinanten der beiden andern Reihenpaare von (b) ebenso, und erhält so zu (d) und (e) noch je zwei Relationen. Die drei Relationen (d) ergeben addiert und vom Faktor 3 befreit:

(f) $\qquad\qquad \sigma^2\,|\,a\,a\,a\,| - 2A\,\varrho\,\sigma + \varrho^2\,B = 0.$

Ebenso erhält man aus den drei Gleichungen (e) die weitere:

(g) $\qquad\qquad \sigma^2\,A - 2B\,\varrho\,\sigma + \varrho^2\,|\,b\,b\,b\,| = 0.$

Die beiden Bedingungen (f) und (g) sagen aber aus, daß $\varrho : \sigma$ eine Doppelwurzel von (b) ist.

Jetzt schließt man weiter wie im Text. Die Punkte y, die von beiden Kollineationen in gleicher Weise transformiert werden, bilden

    I. Ein Dreieck. Von diesem können

    II. zwei Ecken zusammenfallen, oder auch:

    III. Alle drei Ecken fallen zusammen.

    IV. Alle Punkte einer Geraden werden gleich transformiert und ein Punkt außerhalb, der

    V. auf die Gerade fallen kann.

    VI. Alle Punkte der Ebene werden in gleicher Weise transformiert (zusammenfallende Kollineationen).

Entsprechende Figuren bilden die transformierten Punkte y'.

Im Texte liegt der Sonderfall vor, daß die eine Kollineation die identische ist. Dann fällt die Figur der y' mit der der y zusammen und gibt die Ruhepunkte.

2. Das Problem, zwei imaginäre Euklidische Gerade zum Schnitt zu bringen, kann nach 17 reell so gedeutet werden: den Durchschnitt zweier reellen gegensinnigen Dehnungen zu suchen.

3. Verteile die folgenden Kollineationen auf die fünf Typen:

$$\begin{cases} x_1' = x_1, \\ x_2' = x_1 + 2x_2, \\ x_3' = x_1 + 2x_2 + 3x_3. \end{cases} \qquad \begin{cases} x_1' = x_1, \\ x_2' = x_1 + x_2, \\ x_3' = x_1 + 5x_2 + 2x_3. \end{cases} \qquad \begin{cases} x_1' = x_1, \\ x_2' = x_2, \\ x_3' = x_1 - x_2 + 2x_3. \end{cases}$$

$$\begin{cases} x_1' = 2x_1, \\ x_2' = 2x_2, \\ x_3' = 2x_3. \end{cases} \qquad \begin{cases} x_1' = x_1, \\ x_2' = x_1 + x_2, \\ x_3' = x_1 * + x_3. \end{cases} \qquad \begin{cases} x_1' = x_1, \\ x_2' = x_1 + x_2, \\ x_3' = x_1 + x_2 + x_3. \end{cases}$$

4. Behandle den Durchschnitt zweier binären linearen Transformationen und leite daraus die Ruheelemente ab.

5. Zwei Drehungen sollen zum Durchschnitt gebracht werden. Es gibt einen eigentlichen Punkt, der von beiden Drehungen in gleicher Weise transformiert wird. Zeichnung! Zwei Ausnahmefälle!

43. Affinitäten. Eine Kollineation ist *affin* oder eine *Affinität*, wenn sie die uneigentliche Gerade als Ruhegerade besitzt (13, 18, Zus. 1. 2, 21, Zus. 7). Da wir sämtliche Kollineationstypen kennen, so können wir auch alle Affinitätstypen angeben. Man hat nur die Formeln in 37—41 zu spezialisieren.

In der Geometrie der sechsgliedrigen Gruppe der Affinitäten tritt neu auf der Gegensatz zwischen eigentlichen und uneigentlichen Punkten, ein Gegensatz, der der Geometrie der Kollineationsgruppe noch fremd war. Die affine Geometrie kann daher mit *inhomogenen* Punktkoordinaten rechnen, und wird es mit Vorteil bei allen praktischen Zwecken tun. Trotzdem erhält man auch hier eine tiefere Einsicht in das Wesen der Sache, wenn man durch Benutzung *homogener* Punktkoordinaten fortwährend auf das Verhalten der uneigentlichen Punkte achtet. Dabei wird der Index 3 eine Sonderrolle spielen, wie man sofort erkennt, wenn man beachtet, daß die uneigentliche Gerade die Gleichung $x_3 = 0$ hat, und daß für uneigentliche Punkte demgemäß die dritte Koordinate verschwindet. Der Leser nehme mit den Formeln aus 37—41 diese Spezialisierungen selbst vor. Als Beispiel behandeln wir den Typus II, der sich bei den Affinitäten in zwei Sonderfälle spaltet, und spezialisieren die einzelnen Elemente.

II a. Die uneigentliche Gerade soll *einfach zählend* in Ruhe bleiben.

Wir setzen demgemäß $\mathfrak{h}_1 = 0$, $\mathfrak{h}_2 = 0$, $\mathfrak{h}_3 = 1$. Weiter sei $b_1 = 0$, $b_2 = 0$, $b_3 = 1$ der einfach zählende Ruhepunkt, $a_1 = 1$, $a_2 = 0$, $a_3 = 0$ der doppeltzählende, der auf $\mathfrak{h}$ liegen muß. Für die doppeltzählende Ruhegerade $\mathfrak{g}$ ist jetzt zu nehmen $\mathfrak{g}_1 = 0$, $\mathfrak{g}_2 = 1$, $\mathfrak{g}_3 = 0$.

Jetzt wird:

$$(d\mathfrak{g}) = d_2, \ (d\mathfrak{h}) = d_3, \ (abd) = -d_2, \ (d'da) = d_2'd_3 - d_3'd_2, \ (x\mathfrak{h}) = x_3,$$
$$(b\mathfrak{x}) = \mathfrak{x}_3, \ (d'bd) = d_1d_2' - d_1'd_2, \ (x\mathfrak{g}) = x_2, \ (a\mathfrak{x}) = \mathfrak{x}_1, \ (d'ab) = -d_2'.$$

Dadurch geht 38, (47) über in

$$- d_2^2 d_3 (x'\mathfrak{x}) \equiv d_2 x_3 \mathfrak{x}_3 (d_2' d_3 - d_3' d_2) + d_3 x_2 \mathfrak{x}_1 (d_1 d_2' - d_1' d_2) - d_2 d_2' d_3 (x\mathfrak{x}).$$

Spalten wir diese Identität nach den $\mathfrak{x}$, so entstehen die Formeln

$$\begin{cases} - d_2^2 d_3 x_1' = - d_2 d_2' d_3 x_1 + d_3 (d_1 d_2' - d_1' d_2) x_2, \\ - d_2^2 d_3 x_2' = \qquad\qquad\qquad - d_2 d_2' d_3 x_2, \\ - d_2^2 d_3 x_3' = \qquad\qquad\qquad\qquad\qquad - d_2^2 d_3' x_3. \end{cases}$$

Kanonischer Vertreter:

$$\boxed{\quad \text{(II a)} \qquad x' = 2x, \quad y' = x + 2y. \quad}$$

II b. Die uneigentliche Gerade soll *doppelt zählend* in Ruhe bleiben. Hier ist zu setzen $\mathfrak{g}_1 = 0$, $\mathfrak{g}_2 = 0$, $\mathfrak{g}_3 = 1$. Ferner sei $a_1 = 1$, $a_2 = 0$, $a_3 = 0$; $b_1 = 0$, $b_2 = 1$, $b_3 = 0$; endlich $\mathfrak{h}_1 = 0$, $\mathfrak{h}_2 = 1$, $\mathfrak{h}_3 = 0$.

Das gibt:

$$(\mathfrak{g}d) = d_3, \quad (\mathfrak{h}d) = d_2, \quad (abd) = d_3, \quad (d'da) = d_2' d_3 - d_3' d_2, \quad (x\mathfrak{h}) = x_2,$$
$$(b\mathfrak{x}) = \mathfrak{x}_2, \quad (d'bd) = d_3 d_1' - d_1 d_3', \quad (x\mathfrak{g}) = x_3, \quad (a\mathfrak{x}) = \mathfrak{x}_1, \quad (d'ab) = d_3'.$$

Jetzt wird 38, (47) zu

$$d_2 d_3^2 (x'\mathfrak{x}) \equiv d_3 (d_2' d_3 - d_3' d_2) x_2 \mathfrak{x}_2 + d_2 (d_3 d_1' - d_1 d_3') x_3 \mathfrak{x}_1 + d_2 d_3 d_3' (x\mathfrak{x}),$$

oder

$$\begin{cases} d_2 d_3^2 x_1' = d_2 d_3 d_3' x_1 \qquad\qquad\qquad + d_2 (d_3 d_1' - d_1 d_3') x_3, \\ d_2 d_3^2 x_2' = \qquad\qquad d_3^2 d_2' x_2, \\ d_2 d_3^2 x_3' = \qquad\qquad\qquad\qquad\qquad d_2 d_3 d_3' x_3. \end{cases}$$

Kanonischer Vertreter:

$$\boxed{\quad \text{(II b)} \qquad x' = 2x, \quad y' = y + 1. \quad}$$

Auf gleiche Weise verfährt man in den übrigen Fällen. Vgl. Zuss. 1—7.

Wir betrachten noch die invarianten Bildungen der affinen Geometrie. Dazu bezeichnen wir die uneigentliche Gerade mit $\mathfrak{l}$. Es wird $\mathfrak{l}_1 = \mathfrak{l}_2 = 0$, und es soll sein $\mathfrak{l}_3 = 1$. Dann läßt sich die relative Affinitätsinvariante zweier Geraden a und b so schreiben:

$$a_1 b_2 - a_2 b_1 = (ab\mathfrak{l}).$$

1. $(\mathfrak{l}a\mathfrak{x}) \not\equiv 0$. Die Gerade a ist eigentlich.

2. $(\mathfrak{l}a\mathfrak{x}) \equiv 0$. Die Gerade a ist die uneigentliche.

Ferner war der Rang dreier Geraden a, b, c Kollineationsinvariante. Er wird zur Affinitätsinvariante *zweier* Geraden a und b, sobald wir für c die uneigentliche Gerade $\mathfrak{l}$ wählen.

1. $(\mathfrak{l}ab) \not\equiv 0$. Die beiden Geraden haben einen *eigentlichen* Schnittpunkt.

2. $(\mathfrak{l}ab) = 0, (\mathfrak{l}a\mathfrak{x}) \not\equiv 0, (\mathfrak{l}b\mathfrak{x}) \not\equiv 0, (ab\mathfrak{x}) \not\equiv 0.$

Der Schnittpunkt der getrennten eigentlichen Geraden a und b liegt auf der uneigentlichen Geraden. Parallelismus zweier geraden Linien erweist sich also auch hier wieder als eine Eigenschaft, die nicht der Kollineationsgeometrie, sondern der affinen Geometrie angehört.

3. $(\mathfrak{l}a\mathfrak{x}) \not\equiv 0, (\mathfrak{l}b\mathfrak{x}) \equiv 0$ oder $(\mathfrak{l}b\mathfrak{x}) \not\equiv 0, (\mathfrak{l}a\mathfrak{x}) \not\equiv 0$. Die uneigentliche und eine eigentliche Gerade. Weitere Fälle:

4. $(ab\mathfrak{x}) \equiv 0, (\mathfrak{l}a\mathfrak{x}) \not\equiv 0,$

5. $(\mathfrak{l}a\mathfrak{x}) \equiv 0, (\mathfrak{l}b\mathfrak{x}) \equiv 0.$

Für einen Punkt a ist der Ausdruck $(a\mathfrak{l})$ zu untersuchen. $(a\mathfrak{l})$ wird dann zu a_3.

1. $(a\mathfrak{l}) \neq 0.$ Eigentlicher Punkt.

2. $(a\mathfrak{l}) = 0.$ Uneigentlicher Punkt.

Wir betrachten weiter das Doppelverhältnis von vier Punkten einer *eigentlichen* Geraden. Endpunkte (32, Zus. 2) seien die getrennten Punkte a und b. Erster Teilpunkt sei der Punkt

$$c = \xi_1 (\mathfrak{g}b)a - \xi_2 (\mathfrak{g}a)b. \qquad [\mathbf{32}, (36)].$$

Dann ist (32, Zus. 3) $\xi_2 : \xi_1$ das Doppelverhältnis $(abcp)$, wo p den Schnittpunkt von $\widehat{ab}$ mit $\mathfrak{g}$ bedeutet. Jetzt soll $\mathfrak{g}$ wieder die uneigentliche Gerade $\mathfrak{l}$ werden. Dann wird

$$c_1 = \xi_1 \cdot b_3 a_1 - \xi_2 a_3 b_1, \quad c_2 = \xi_1 b_3 a_2 - \xi_2 a_3 b_2, \quad c_3 = (\xi_1 - \xi_2) a_3 b_3$$

oder inhomogen:

$$\frac{c_1}{c_3} = \frac{\xi_1 \dfrac{a_1}{a_3} - \xi_2 \dfrac{b_1}{b_3}}{\xi_1 - \xi_2}, \quad \frac{c_2}{c_3} = \frac{\xi_1 \dfrac{a_2}{a_3} - \xi_2 \dfrac{b_2}{b_3}}{\xi_1 - \xi_2}.$$

Durch Vergleichung mit **23**, Zuss. 11. 12 folgt, daß $-\xi_2 : \xi_1$ das Teilverhältnis ist, in welches der Punkt c die Strecke $\widehat{ab}$ teilt. Somit haben wir:

Das Teilverhältnis, in welches der Punkt c die Strecke $\widehat{ab}$ teilt, ist, abgesehen vom Vorzeichen, gleich dem Doppelverhältnis, dessen Endpunkte a und b, dessen erster Teilpunkt c und dessen zweiter Teilpunkt der uneigentliche Punkt von $\widehat{ab}$ ist. Das Teilverhältnis erweist sich somit als absolute affine Invariante.

Insonderheit erweist sich die *Mitte* einer Strecke mit ihrem uneigentlichen Punkt zusammen als durch die Endpunkte harmonisch getrennt. Auch der Begriff der *Mitte* zwischen zwei Punkten gehört somit in die affine Geometrie.

Aus 36, Zus. 6 gewinnt man einen Satz der affinen Geometrie, wenn man die dortige Gerade g in die uneigentliche Gerade übergehen läßt (dazu ist nicht erforderlich, daß $g_1 = g_2 = 0$ ist, weil wir damals Dreieckskoordinaten benutzten). Die Doppelverhältnisse werden zu Teilverhältnissen, abgesehen vom Vorzeichen. Es folgt dann also:

Eine Gerade trifft die Seiten eines Dreiecks so, daß das Produkt der Teilverhältnisse den Wert -1 *hat.* (Satz von Menelaos.)

Dazu ist das Dreieck mit irgendeinem Umlaufungssinn zu versehen. Man sieht das besonders im Falle, daß die schneidende Gerade zu einer Dreiecksseite parallel läuft.

Ebenso erhält man aus 36, Zus. 7 einen Satz der affinen Geometrie, wenn man die Gerade g uneigentlich werden läßt. Es handelt sich dort um das Doppelverhältnis von vier Geraden, die von einer Dreiecksecke ausgehen. Dies kann man nach dem Fundamentalsatz der synthetischen Geometrie (31, Zus. 20) ersetzen durch das Doppelverhältnis der vier Punkte, in denen die Gegenseite das Geradenquadrupel schneidet. Die Doppelverhältnisse werden dann wieder, bis auf die Vorzeichen, zu Teilverhältnissen:

Die Verbindungsgeraden eines Punktes mit den Ecken eines Dreiecks treffen die Gegenseiten so, daß das Produkt der Teilverhältnisse den Wert $+1$ *hat.* (Satz von Ceva.)

Das Doppelverhältnis einer Geraden g gegen vier Gerade $\mathfrak{a}, \mathfrak{b}, \mathfrak{c}, \mathfrak{d}$ (vgl. 31, Zuss. 5. 6) gibt eine absolute affine Invariante der vier Geraden $\mathfrak{a}, \mathfrak{b}, \mathfrak{c}, \mathfrak{d}$ (*die keinem Büschel anzugehören brauchen*), wenn man g uneigentlich werden läßt:

$$(\mathfrak{l}; \mathfrak{a}\,\mathfrak{b}\,\mathfrak{c}\,\mathfrak{d}) = \frac{a_1 c_2 - a_2 c_1}{c_1 b_2 - c_2 b_1} : \frac{a_1 b_2 - a_2 b_1}{b_1 b_2 - b_2 b_1}.$$

Dieser Ausdruck ist, wenn sämtliche Geraden Euklidisch sind, gleich

$$\frac{\sin(\mathfrak{a}, \mathfrak{c})}{\sin(\mathfrak{c}, \mathfrak{b})} : \frac{\sin(\mathfrak{a}, \mathfrak{b})}{\sin(\mathfrak{b}, \mathfrak{b})}. \qquad\qquad (22, (16)).$$

Damit der letzte Ausdruck einen Sinn hat, muß jede der vier Geraden irgendwie orientiert werden. Die dazu nötigen Irrationalitäten heben sich dann gegenseitig fort. Dagegen ist der Quotient $\sin(\mathfrak{a}, \mathfrak{c}) : \sin(\mathfrak{c}, \mathfrak{b})$, das „Teilverhältnis", in welches die Gerade $\mathfrak{c}$ den Winkel der beiden Speere $\mathfrak{a}$ und $\mathfrak{b}$ teilt, keine affine Invariante.

Ein Vierseit mit einer uneigentlichen Ecke heißt *Trapez*, ein Vierseit, in welchem zwei gegenüberliegende Ecken (34) uneigentlich sind, heißt *Parallelogramm*. Dann sind noch zwei Diagonalen und ein Pol eigentlich. Es folgt sogleich, daß sich im Parallelogramm die (eigentlichen) Diagonalen gegenseitig halbieren.

Von Interesse ist auch der Sonderfall, daß eine *Seite* eines Vierseits uneigentlich wird. Im Gebiet der eigentlichen Punkte erscheinen dann drei Ecken, die ein Dreieck bilden, und drei Pole. Bedeutung!

Unterwirft man die drei Punkte (x_1, y_1), (x_2, y_2), (x_3, y_3) gleichzeitig der Affinität 13, (27), so wird

$$\begin{vmatrix} x_1' & y_1' & 1 \\ x_2' & y_2' & 1 \\ x_3' & y_3' & 1 \end{vmatrix} = (p_1 q_2 - p_2 q_1) \begin{vmatrix} x_1 & y_1 & 1 \\ x_2 & y_2 & 1 \\ x_3 & y_3 & 1 \end{vmatrix}.$$

Nach 18, Zus. 2 ist daher der Quotient zweier Dreiecksinhalte eine absolute affine Invariante. Weiter folgt, daß die Affinitäten von der Transformationsdeterminante $+1$ und -1 *flächentreu* sind. Man kann sie als *gleichsinnig flächentreu* $(p_1 q_2 - p_2 q_1 = +1)$ und *gegensinnig flächentreu* $(p_1 q_2 - p_2 q_1 = -1)$ unterscheiden (Grund!). Es gibt $2 \cdot \infty^5$ flächentreue Affinitäten. Sie bilden eine gemischte fünfgliedrige Gruppe.

Gewisse gleichsinnig flächentreue Affinitäten lassen sich aus gegensinnigen Dehnungen, die sich nicht auf Umlegungen reduzieren, durch den Schwenkungsprozeß (18, Zus. 5) gewinnen.

Eine Affinität läßt sich eindeutig durch die Forderung bestimmen, daß sie die drei eigentlichen Ecken (Seiten) eines Dreiecks (Dreiseits) der Reihe nach in drei vorgegebene Elemente derselben Eigenschaft überführen soll (37, Zus. 5, 37, Zus. 1).

1. **Wann stellt** $x' = ax$, $y' = by$ eine Affinität vom Typus I dar? (Fünf Bedingungen!)

2. **Typus der folgenden Affinitäten** $x' = x + y$, $y' = y + a$, $(a \neq 0)$. — $x' = ax$, $y' = ay$ für $a \neq 1$ und $a = 1$. Welchen Wert darf a nicht annehmen? $x' = ax$, $y' = y$ für $a \neq 1$, $a = 1$;　　　$x' = x + a$, $y' = y$. $(a \neq 0.)$ $x' = x + y$, $y' = y$.

3. **Als einfachste Affinitäten zählen wir die folgenden auf:**

$\boxed{x' = 2x, \qquad y' = 3y}$,	$\boxed{x' = x + y, \quad y' = y + 1}$,
$\boxed{x' = 2x, \qquad y' = 2y \quad \text{(IV a)}}$,	$\boxed{x' = 2x, \qquad y' = y \quad \text{(IV b)}}$,
$\boxed{x' = x + 1, \quad y' = y \quad \text{(V a)}}$,	$\boxed{x' = x + y, \quad y' = y \quad \text{(V b)}}$.

Es fehlen noch drei Fälle, von denen zwei im Text angegeben sind. Ergänze in den beiden ersten Fällen den fortgelassenen Typus. Unterscheidende Merkmale bei den Untertypen von IV und V! Überall sollen die Ruheelemente angegeben werden, wozu man mit Vorteil wieder homogene Koordinaten einführen wird. Endlich sollen alle diese Affinitäten in Geradenkoordinaten dargestellt werden.

4. **Es soll eine flächentreue Affinität angegeben werden, die die Ellipse** $b^2 x^2 + a^2 y^2 - a^2 b^2 = 0$ in einen Kreis überführt. Aus dem als bekannt vor-

ausgesetzten Flächeninhalt des Kreises soll dann der der Ellipse ermittelt werden.

5. Versuche Affinitäten in Speerkoordinaten zu bilden. Warum ist das im allgemeinen nicht möglich?

6. Beschreibe die *singulären* Affinitäten. Vgl. 29, Zuss. 4. 5. Beispiele:

$$x_1' = x_3, \quad x_2' = x_3, \quad x_3' = x_1; \quad x_1' = x_1, \quad x_2' = x_1, \quad x_3' = x_3.$$
$$x_1' = x_3, \quad x_2' = x_3, \quad x_3' = x_3; \quad x_1' = x_2, \quad x_2' = x_2, \quad x_3' = x_2.$$

7. Gib eine Affinität an, die den Kreis $x^2 + y^2 - 1 = 0$ in die Hyperbel $4x^2 - y^2 - 4 = 0$ überführt. Aus der Tatsache, daß alle Sehnen des Kreises durch den Mittelpunkt $(0/0)$ in diesem halbiert werden, folgt das gleiche für die Hyperbel. Deren „Mittelpunkt" ergibt sich durch affine Transformation des Kreismittelpunkts.

8. Warum kann man einen Kreis nicht affin in eine Parabel überführen?

9. *Automorphe Kollineationen einer Geraden* (16, Zus. 10). Die affinen Transformationen sind die automorphen Kollineationen der uneigentlichen Geraden. Suchen wir entsprechend die Kollineationen, die eine Gerade g (die nicht uneigentlich zu sein braucht) in Ruhe lassen, so haben wir in der Formel von 37, Zus. 1 etwa $b = b' = g$ zu setzen. Das gibt, da bei vorgegebenen a, b, c noch a', b', c' auf ∞^6 Arten gewählt werden können, eine sechsgliedrige Gruppe.

10. Häufig will man nicht wissen, wie sich bei einer automorphen Kollineation der Geraden g das ternäre Punktgebiet der Ebene transformiert, sondern nur, wie die Kollineation auf das binäre Punktgebiet der Geraden selbst wirkt. Man will, wie man sagt, die Kollineationen der Geraden g „*in sich*" haben. Die Gerade g sei zunächst $1 : 0 : 0$. Für die *automorphen* Kollineationen hat man dann sogleich:

(a) $\qquad \begin{cases} x_1' = a_{11} x_1 \qquad \ast \qquad \ast \;, \\ x_2' = a_{21} x_1 + a_{22} x_2 + a_{23} x_3, \qquad a_{11}(a_{22} a_{33} - a_{23} a_{32}) \neq 0. \\ x_3' = a_{31} x_1 + a_{32} x_2 + a_{33} x_3. \end{cases}$

Für die Punkte der Geraden gilt nun die Parameterdarstellung $x_1 : x_2 : x_3 = 0 : \sigma_2 : \sigma_3$, so daß die Koordinate x_1 ganz fortfällt. Wir arbeiten dann eben im binären Gebiet. Demnach heißen die Kollineationen der Geraden *in sich*:

(b) $\qquad \begin{cases} x_2' = a_{22} x_2 + a_{23} x_3, \\ x_3' = a_{32} x_2 + a_{33} x_3. \end{cases} \qquad (a_{22} a_{33} - a_{23} a_{32} \neq 0).$

Im allgemeinen Falle dürfen wir setzen:

(a) $\qquad \begin{cases} (g x') = a_{11}(g x) \qquad \ast \qquad \ast \;, \\ (\mathfrak{h} x') = a_{21}(g x) + a_{22}(\mathfrak{h} x) + a_{23}(i x), \qquad a_{11}(a_{22} a_{33} - a_{23} a_{32}) \neq 0. \\ (i x') = a_{31}(g x) + a_{32}(\mathfrak{h} x) + a_{33}(i x). \end{cases}$

(b) $\qquad \begin{cases} (\mathfrak{h} x') = a_{22}(\mathfrak{h} x) + a_{23}(i x), \\ (i x') = a_{32}(\mathfrak{h} x) + a_{33}(i x), \end{cases}$

wo die $\mathfrak{h}$ und i gemäß $(g \mathfrak{h} i) \neq 0$ zu wählen sind; oder endlich:

(b) $\qquad \begin{cases} \lambda' = a_{22} \lambda + a_{23} \mu, \\ \mu' = a_{32} \lambda + a_{33} \mu. \end{cases} \qquad (a_{22} a_{33} - a_{23} a_{32} \neq 0).$

Damit sind wir wieder auf die binären linearen Transformationen gekommen (32, Zus. 9).

44. Dehnungen. Jede Kollineation, die die absoluten Punkte einzeln in Ruhe läßt, ist eine gleichsinnige Dehnung. Jede Kollineation, die die absoluten Punkte untereinander vertauscht, ist eine gegensinnige Dehnung.

Den Nachweis erbringt man, indem man in **37**, (45) die allgemeinste Kollineation sucht, die die Punkte $1:i:0$ und $1:-i:0$ einzeln in Ruhe läßt oder vertauscht. Man erkennt dann ohne weiteres, daß eine Dehnung noch zwei Punkte in vorgegebene Lagen überführen kann, falls sie sowie die neuen Lagen mit den absoluten Punkten zusammen Vierecke bilden.

Die Geometrie der Dehnungen ist also durch das Auftreten der absoluten Ruhepunkte charakterisiert. Bezeichnen wir diese als $k_l(1:-i:0)$ und $k_r(1:i:0)$, so ist $(k_l k_r x) = 0$ die Gleichung der uneigentlichen Geraden.

$$(k_l k_r a) \neq 0. \quad \text{Der Punkt } a \text{ ist eigentlich.}$$

$$(k_l k_r a) = 0, \quad (k_l a x) \equiv\!\!\!\!/\ 0, \quad (k_r a x) \equiv\!\!\!\!/\ 0. \quad \text{Der Punkt } a \text{ ist uneigentlich, aber nicht absolut.}$$

$$(k_l a x) \equiv 0. \quad \text{Der linksabsolute Punkt.}$$

$$(k_r a x) \equiv 0. \quad \text{Der rechtsabsolute Punkt.}$$

Die Klassifikation der Geraden ergibt:

$$(k_l g) \neq 0, \quad (k_r g) \neq 0. \quad \text{Die Gerade } g \text{ ist Euklidisch.}$$

$$(k_l g) = 0, \quad (k_r g) \neq 0. \quad \text{Linksisotrope Gerade.}$$

$$(k_l g) \neq 0, \quad (k_r g) = 0. \quad \text{Rechtsisotrope Gerade.}$$

$$(k_l g) = 0, \quad (k_r g) = 0. \quad \text{Die uneigentliche Gerade.}$$

Zwei Gerade besitzen gegenüber gleichsinnigen Dehnungen eine absolute Simultaninvariante, den *Winkel*. Es ist jetzt zu zeigen, wie auch dieser sich in den Gedankenkreis der Kollineationsgeometrie einordnet, d. i. sich als *Kollineationsinvariante* mit Hilfe der absoluten Punkte darstellt.

Die beiden getrennten Geraden $\mathfrak{x}$ und $\mathfrak{y}$ sollen sich schneiden. Durch ihren Schnittpunkt legen wir die beiden Geraden (vgl. **32**, (37):)

$$(\mathfrak{z}_l x) \equiv \lambda_1 (p\mathfrak{y})(\mathfrak{x}x) - \mu_1 (p\mathfrak{x})(\mathfrak{y}x) = 0,$$
$$(\mathfrak{z}_r x) \equiv \lambda_2 (p\mathfrak{y})(\mathfrak{x}x) - \mu_2 (p\mathfrak{x})(\mathfrak{y}x) = 0. \qquad (p\mathfrak{x})(p\mathfrak{y}) \neq 0.$$

Dann wird (vgl. **33**, Zus. 7) das Doppelverhältnis:

$$(\mathfrak{x}\mathfrak{y}\mathfrak{z}_l\mathfrak{z}_r) = \frac{\mu_1}{\lambda_1} : \frac{\mu_2}{\lambda_2}.$$

Jetzt sollen $\mathfrak{z}_l$ und $\mathfrak{z}_r$ isotrop sein:

$$(\mathfrak{z}_l k_l) = 0, \qquad (\mathfrak{z}_r k_r) = 0.$$

Daraus läßt sich $\mu_1 : \lambda_1$ und $\mu_2 : \lambda_2$ bestimmen; der Hilfspunkt p fällt fort:

$$(\mathfrak{x}\,\mathfrak{y}\,\mathfrak{z}_l\mathfrak{z}_r) = \frac{(\mathfrak{x}\,k_l)}{(\mathfrak{y}\,k_l)} : \frac{(\mathfrak{x}\,k_r)}{(\mathfrak{y}\,k_r)} = \frac{\mathfrak{x}_1 - i\,\mathfrak{x}_2}{\mathfrak{y}_1 - i\,\mathfrak{y}_2} : \frac{\mathfrak{x}_1 + i\,\mathfrak{x}_2}{\mathfrak{y}_1 + i\,\mathfrak{y}_2}.$$

Aus **21**, (11) und Zuss. 9—11 folgt jetzt:

$$(\mathfrak{x}, \mathfrak{y}) = -(\mathfrak{y}, \mathfrak{x}) = -\frac{i}{2}\ \log\ \mathrm{nat}\ (\mathfrak{x}\,\mathfrak{y}\,\mathfrak{z}_l\mathfrak{z}_r):$$

Der Winkel der Geraden $\mathfrak{y}$ gegen die Gerade $\mathfrak{x}$ ist gleich dem mit $-\dfrac{i}{2}$ *multiplizierten natürlichen Logarithmus des Doppelverhältnisses, dessen Endgeraden* (vgl. **32**, Zus. 2) $\mathfrak{x}$ *und* $\mathfrak{y}$ *und dessen Teilgeraden die Linksisotrope und die Rechtsisotrope durch den Schnittpunkt von* $\mathfrak{x}$ *und* $\mathfrak{y}$ *sind.*

Man beachte, daß wir zu dieser wichtigen Erkenntnis nicht ohne Zuhilfenahme uneigentlicher und imaginärer Elemente hätten kommen können.

Man möge diesen *Fundamentalsatz der Euklidischen Metrik* noch auf andere Weise nachweisen, etwa durch Verzicht auf die Symbolik k_l, k_r oder dadurch, daß man durch den Nullpunkt Parallele zu $\mathfrak{x}$ und $\mathfrak{y}$ legt, wobei ja der Winkel erhalten bleibt, dann den Zusammenhang mit dem Doppelverhältnis erarbeitet und dessen Invarianz beim Rücktransformieren beachtet.

Bei einer gegensinnigen Dehnung, die den Schnittpunkt $\widehat{\mathfrak{x}\mathfrak{y}}$ in Ruhe läßt, wird $\mathfrak{z}_l$ mit $\mathfrak{z}_r$ vertauscht. Es wird dann $(\mathfrak{x}'\mathfrak{y}'_{\mathfrak{z}_l\mathfrak{z}_r})$ $= (\mathfrak{x}\,\mathfrak{y}\,\mathfrak{z}_r\mathfrak{z}_l) = 1 : (\mathfrak{x}\,\mathfrak{y}\,\mathfrak{z}_l\mathfrak{z}_r)$. Daher ändert der Winkel bei gegensinnigen Dehnungen sein Vorzeichen.

Jetzt erkennt man auch ohne weiteres, warum und in welchem Sinne der Winkelbegriff für isotrope Gerade und für die uneigentliche Gerade versagt. In dem fraglichen Doppelverhältnis fallen dann immer zwei oder mehr Gerade zusammen.

Da $\log \mathrm{nat}\,(-1) = i\pi$ gesetzt werden darf, so findet man noch: Wird das Geradenpaar $\mathfrak{x}$, $\mathfrak{y}$ harmonisch durch das Paar der durch seinen Schnittpunkt laufenden Isotropen getrennt, so ist $\mathfrak{x}$ senkrecht zu $\mathfrak{y}$, und umgekehrt. (**39**, Zus. 5.)

Jetzt wollen wir noch die Dehnungen unter die einzelnen Kollineationstypen verteilen. Nicht vorkommen kann Typus III. Gibt es bei *gleichsinnigen* Dehnungen einen einzigen eigentlichen Ruhepunkt, so liegt Typus I vor oder Typus IV (Streckungen). Zum Typus II gehören die in **14**, Zus. 1 mit 2 a b bezeichneten Dehnungen, zum Typus IV die dortigen Fälle 3 a b. Zum Typus V schließlich gehören die Schiebungen.

Bei den *gegensinnigen* Dehnungen liegt Typus I vor, oder sie sind Umlegungen. Diese gehören zum Typus II, oder wenn sie Spiegelungen sind, zu Typus IV.

Jetzt wäre noch ein letzter Schritt zu tun und zu zeigen, ob und wie sich die *Entfernung zweier Punkte*, die ja Bewegungsinvariante ist, in den Gedankenkreis der Kollineationsgeometrie einordnet. Dazu reichen aber unsere Hilfsmittel noch nicht aus; es ist dazu vielmehr der Umweg über die sogenannte Nichteuklidische Geometrie (vgl. 45, S. 203) erforderlich. Dann erst werden wir in der Lage sein, zu erkennen, daß auch dieser Begriff in der Kollineationsgeometrie wurzelt. (Vgl. **67**, S. 315.)

1. Führt man zuerst das Konjugium aus (**13**, Zus. 2) und darauf eine Kollineation, so erhält man eine neue Transformation:

$$\begin{cases} x_1' = a_{11}\bar{x}_1 + a_{12}\bar{x}_2 + a_{13}\bar{x}_3, \\ x_2' = a_{21}\bar{x}_1 + a_{22}\bar{x}_2 + a_{23}\bar{x}_3, \\ x_3' = a_{31}\bar{x}_1 + a_{32}\bar{x}_2 + a_{33}\bar{x}_3. \end{cases}$$

Sie heiße *Quasikollineation* oder (nach C. Segre) *Antikollineation*[1]). Es gibt ∞^8 Antikollineationen (spezielle Antikollineationen kamen in **13**, Zus 3 vor). Sie bilden aber keine Gruppe, denn zwei Quasikollineationen ergeben zusammengesetzt eine Kollineation. Somit bilden die Kollineationen mit den Quasikollineationen zusammen eine (gemischte) Gruppe. Bezeichnen S, S', S'' Kollineationen, T, T', T'' Quasikollineationen, so soll die symbolische Gleichung $SS' = S''$ die Tatsache ausdrücken, daß zwei Kollineationen zusammengesetzt wieder eine Kollineation ergeben. So sollen die symbolischen Gleichungen ausgesprochen und nachgewiesen werden:

$$ST' = T'', \quad TS' = T'', \quad TT' = S''.$$

2. Die nicht singulären Kollineationen und Quasikollineationen umfassen alle ausnahmslos eindeutigen umkehrbaren Punkttransformationen, die gerade Linien wieder in ebensolche verwandeln.

3. Das Doppelverhältnis von vier Punkten einer Geraden geht bei einer Quasikollineation in den konjugiert komplexen Wert über. Es ist gegenüber Quasikollineationen absolut invariant also nur, wenn es reell ist.

4. Die Gesamtheit aller Punkte einer Geraden, die mit drei vorgegebenen Punkten dieser Geraden ein reelles Doppelverhältnis bilden, heißt eine *Kette* (v. Staudt). Sind a, b, c, x vier Punkte einer Geraden, von denen die ersten drei getrennt sind, so ist

$$(abcx) = (\bar{a}\,\bar{b}\,\bar{c}\,\bar{x})$$

die Gleichung der Kette durch a, b, c. In binären Koordinaten (**32**, (40)) hat man entsprechend $(\alpha\beta\gamma\xi) = \overline{(\alpha\beta\gamma\xi)}$. Ein Beispiel einer Kette ist der reelle Zug einer reellen Geraden. Um die Punkte einer Kette darzustellen, braucht man einen *reellen* Parameter. Ein Beispiel ist $x_1 : x_2 : x_3 = 0 : t : 1$ $(t = \bar{t})$. Sagt man demnach, die Kette habe ∞^1 Punkte, so ist die Gesamtheit aller Punkte einer Geraden als ∞^2, die aller Punkte der Ebene als ∞^4 zu bezeichnen (**15**, 3). Die konsequente Ausgestaltung der Geometrie des komplexen Gebietes hat dann also Örter von ∞^1, ∞^2, ∞^3 komplexen Punkten zu betrachten.

---

[1]) Wir haben uns bereits in **13**, Zus. 3 absichtlich vom Segreschen Sprachbrauch entfernt, um einer Verwechslung von „Antidehnungen" mit gegensinnigen Dehnungen vorzubeugen.

5. Die Mannigfaltigkeit $x_1 : x_2 : x_3 = \cos t : \sin t : 1$ $(t = \bar t)$ enthält die ∞^1 reellen Punkte eines (speziellen irreduziblen) Kreises. Solche von einem reellen Parameter abhängige Gebilde nennt man *Fäden* (nach Segre). Der hier dargestellte besteht aus lauter reellen Punkten; das ist aber nicht allgemein nötig denn man kann durch eine komplexe Kollineation oder Quasikollineation Fäden gewinnen, die keinen einzigen reellen Punkt enthalten $(x_1 : x_2 : x_3 = i \cos t : i \sin t : 1;$ $t = \bar t)$. Zu den Fäden gehören auch die Ketten. Sie verhalten sich zu den übrigen Fäden wie die geraden Linien zu den sonstigen Kurven.

6. Das System $x_1 : x_2 : x_3 = 3u + iv : 3v - iu : 1$ $(u = \bar u,\ v = \bar v)$ stellt eine Mannigfaltigkeit von ∞^2 komplexen Punkten dar, eine *Membran* (Study). Auch die Kurven enthalten ∞^2 komplexe Punkte, aber die Membran ist der allgemeinere Begriff, dem sich die Kurven unterordnen. Die Membran $x_1 : x_2 : x_3 = 3\,(u + iv) : i\,(u + iv) : 1$ $(u = \bar u,\ v = \bar v)$ ist eine Kurve; ihre Gleichung heißt $ix - 3y = 0$; sie ist also insbesondere eine Gerade. Zwischen Membranen und Kurven besteht derselbe Unterschied wie zwischen komplexen Funktionen zweier reellen Unabhängigen u, v und analytischen Funktionen einer komplexen Veränderlichen $u + iv$.

Eine Membran, die keine Kurve ist, ist der reelle Zug der Ebene. Daraus entstehen durch komplexe Kollineationen ∞^8 andere spezielle Membranen, die sich ebenfalls linear durch die Parameter u und v ausdrücken.

Deutet man die komplexen Punkte einer Membran nach 17 reell, so entsteht eine Mannigfaltigkeit von ∞^2 Pfeilen, die eine Transformation der reellen Punkte der Ebene definiert (oder ausartet). Zeige, daß die Membran $\xi = 3u + iv$, $\eta = 3v - iu$ $(u = \bar u,\ v = \bar v)$ eine Streckung ergibt. Die zu den *Kurven* gehörigen reellen Transformationen heißen *gegensinnig konform*. Zur Kurve $\xi = 3\,(u + iv)$, $\eta = i\,(u + iv)$ $(u = \bar u,\ v = \bar v)$ gehört insbesondere eine gegensinnige Dehnung. Umgekehrt gehört zur identischen Transformation die Membran aller reellen Punkte $\xi = u$, $\eta = v$ $(u = \bar u,\ v = \bar v)$ usw.

7. Die Mannigfaltigkeiten von ∞^3 komplexen Punkten heißen *Punktkomplexe*. Ein solcher ist beispielsweise $x_1 : x_2 : x_3 = 1 + iu : v : w$ $(u = \bar u,\ v = \bar v,$ $w = \bar w)$.

Über diese Gegenstände, die noch wenig ausgebaut sind, handeln die Arbeiten von C. Segre: Un nuovo campo di ricerche geometriche. Turin 1890. Atti di Torino. 25. 26 (1889—91). Ferner E. Study, E. A. K.

8. Als *lineare* Konstruktionen der Kollineationsgeometrie gelten die beiden: zwei getrennte Punkte zu verbinden, und zwei getrennte gerade Linien zum Schnitt zu bringen. Wenn wir auf S. 35 von linearen Konstruktionen der Elementargeometrie redeten, so kommt das darauf hinaus, anzunehmen, die beiden absoluten Punkte seien einzeln bekannt.

45. Vergleichende Betrachtungen über neuere geometrische Forschungen.

Unter diesem Titel erschien im Oktober 1872 ein „Programm zum Eintritt in die philosophische Fakultät und den Senat der k. Friedrich-Alexanders-Universität zu Erlangen" von Felix Klein. Dieser Aufsatz, unter dem Namen „Erlanger Programm" bekannt, hat der geometrischen Forschung neue Wege gewiesen. Die darin entwickelten Ideen haben freilich zunächst gar keine Beachtung gefunden, so daß der Verfasser es für angezeigt hielt, die Arbeit 20 Jahre später noch einmal zu veröffentlichen (Math. Ann.

Bd. 43, (1893), S. 63—100. Aber auch seit dieser Zeit haben jene Ideen sich noch nicht allgemein durchsetzen können.

Wir haben mittlerweile das nötige Handwerkszeug beisammen, die Gedanken Kleins erfassen zu können (die im übrigen unserer bisherigen Darstellung zugrunde liegen), und wollen aus jener klassischen Schrift einige Stellen hierhersetzen. Zum Teil ergab sich die Notwendigkeit, einzelne Worte sinngemäß abzuändern, da sich F. Klein auf den Raum bezieht, während unsere bisherigen Überlegungen an die Ebene gebunden waren; indessen erschien diese Abänderung nicht überall geboten. Wir zitieren nach der Originalschrift (Erlangen 1872, bei Andreas Deichert):

„Unter den Leistungen der letzten fünfzig Jahre auf dem Gebiete der Geometrie nimmt die Ausbildung der projektivischen Geometrie[1]) die erste Stelle ein. Wenn es anfänglich schien, als sollten die sogenannten metrischen Beziehungen ihrer Behandlung nicht zugänglich sein, da sie beim Projizieren nicht ungeändert bleiben, so hat man in neuerer Zeit gelernt, auch sie vom projektivischen Standpuncte aufzufassen[2]), so daß nun die projektivische Methode die gesamte Geometrie umspannt. Die metrischen Eigenschaften erscheinen in ihr nur nicht mehr als Eigenschaften der räumlichen Dinge an sich, sondern als Beziehungen derselben zu einem Fundamentalgebilde[3]) . . .“ (S. 3.)

„Vergleicht man mit der so allmählich gewonnenen Auffassungsweise der räumlichen Dinge die Vorstellungen der gewöhnlichen (elementaren) Geometrie, so entsteht die Frage nach einem allgemeinen Prinzipe, nach welchem die beiden Methoden sich ausbilden konnten. Diese Frage erscheint um so wichtiger, als sich neben die elementare und die projektivische Geometrie, ob auch minder entwickelt, eine Reihe anderer Methoden stellt, denen man dasselbe Recht selbständiger Existenz zugestehen muß. Dahin gehören die Geometrie der reziproken Radien[4]), die Geometrie der rationalen Umformungen[5]) usw.“ (S. 3.)

„Wenn wir es im Nächstehenden unternehmen, ein solches Prinzip aufzustellen, so entwickeln wir wohl keinen eigentlich neuen Gedanken, sondern umgränzen nur klar und deutlich, was mehr oder minder bestimmt von Manchem gedacht worden ist.“ (S. 3, 4.)

„Der wesentlichste Begriff, der bei den folgenden Auseinander-

---

[1]) Das heißt hier: Kollineationsgeometrie.

[2]) Vgl. 44, S. 197.

[3]) d. i. in der Ebene zu den beiden absoluten Punkten.

[4]) Auch Inversionsgeometrie oder Geometrie der Kreisverwandtschaften oder Möbiussche Geometrie genannt, vgl. Zus. 1—3.

[5]) heute: der birationalen Transformationen, vgl. Zus. 4.

setzungen notwendig ist, ist der einer Gruppe von räumlichen Änderungen. Beliebig viele Transformationen ergeben zusammengesetzt immer wieder eine Transformation. Hat nun eine gegebene Reihe von Transformationen die Eigenschaft, daß jede Änderung, die aus den ihr angehörigen durch Zusammensetzung hervorgeht, ihr selbst wieder angehört, so soll die Reihe eine Transformationsgruppe genannt werden."

„Begriffsbildung wie Bezeichnung sind herübergenommen von der *Substitutionstheorie*, in der nur an Stelle der Transformationen eines continuierlichen Gebietes die Vertauschungen einer endlichen Zahl discreter Größen auftreten." (S. 5.)

„Es gibt nun räumliche Transformationen, welche die geometrischen Eigenschaften räumlicher Gebilde überhaupt ungeändert lassen. Geometrische Eigenschaften sind nämlich ihrem Begriffe nach unabhängig von der Lage, die das zu untersuchende Gebilde im Raume einnimmt, von seiner absoluten Größe, endlich auch von dem Sinne, in welchem seine Theile geordnet sind. Die Eigenschaften eines räumlichen Gebildes bleiben also ungeändert durch alle Bewegungen des Raumes, durch seine Ähnlichkeitstransformationen[1]), durch den Proceß der Spiegelung, sowie durch alle Transformationen, die sich aus diesen zusammensetzen. Den Inbegriff aller dieser Transformationen bezeichnen wir als die *Hauptgruppe*[2]).

Geometrische Eigenschaften werden durch die Transformationen der Hauptgruppe nicht geändert. Auch umgekehrt kann man sagen: *Geometrische Eigenschaften sind durch ihre Unveränderlichkeit gegenüber den Transformationen der Hauptgruppe charakterisiert.* Betrachtet man nämlich die Ebene einen Augenblick als unbeweglich, etc., als eine starre Mannigfaltigkeit, so hat jede Figur ein individuelles Interesse; von den Eigenschaften, die sie als Individuum hat, sind es nur die eigentlich geometrischen, welche bei den Änderungen der Hauptgruppe erhalten bleiben." (S. 6. 7.)

„Streifen wir jetzt das mathematisch unwesentliche sinnliche Bild ab, und erblicken im Raume nur eine mehrfach ausgedehnte Mannigfaltigkeit... Nach Analogie mit den räumlichen Transformationen reden wir von Transformationen der Mannigfaltigkeit; auch sie bilden Gruppen. Nur ist nicht mehr, wie im Raume, eine Gruppe vor den übrigen durch ihre Bedeutung ausgezeichnet; jede Gruppe ist mit jeder anderen gleichberechtigt. Als Verallgemeinerung der Geometrie entsteht so das folgende umfassende Problem:

---

[1]) Vgl. **13**, S. 42.
[2]) Als Hauptgruppe bezeichnet F. Klein also die aller Dehnungen. Man würde wohl heute mehr geneigt sein, so die Gruppe der Bewegungen und Umlegungen zu nennen.

*Es ist eine Mannigfaltigkeit und in derselben eine Transformations-
gruppe gegeben; man soll die der Mannigfaltigkeit angehörigen Gebilde
hinsichtlich solcher Eigenschaften untersuchen, die durch die Transformationen der Gruppe nicht geändert werden.*

In Anlehnung an die moderne Ausdrucksweise ... mag man
auch so sagen:

*Es ist eine Mannigfaltigkeit und in derselben eine Transformations-
gruppe gegeben. Man entwickle die auf die Gruppe bezügliche Invariantentheorie."* (S. 7.)

„Dies ist das allgemeine Problem, welches die gewöhnliche Geometrie nicht nur, sondern namentlich auch die ... neueren geometrischen Methoden und die verschiedenen Behandlungsweisen beliebig
ausgedehnter Mannigfaltigkeiten unter sich begreift." (S. 8.)

*„Ersetzt man die Hauptgruppe durch eine umfassendere Gruppe,
so bleibt nur ein Theil der geometrischen Eigenschaften erhalten. Die
übrigen erscheinen nicht mehr als Eigenschaften der räumlichen Dinge an
sich, sondern als Eigenschaften des Systems, welches hervorgeht, wenn
man denselben ein ausgezeichnetes Gebilde hinzufügt."* [1])

Soweit das Erlanger Programm. Über die Stellung der elementaren Geometrie im Rahmen der Kollineationsgeometrie ist das Nötige bereits gesagt. Der Platz der *reellen* elementaren Geometrie
(Erl. Progr. S. 12) kann jetzt so präzisiert werden: *Das ausgezeichnete
Gebilde der reellen elementaren Geometrie besteht außer dem Paare der
absoluten Punkte noch aus der Membran der reellen Punkte* (**44**, Zus. 6).

F. Klein spricht mehrfach von „neuerer" Geometrie, und diesen
Ausdruck haben sich auch die preußischen Lehrpläne für höhere
Schulen angeeignet. Darunter begreift man ein Konvolut von Sätzen
ganz verschiedener Geometrien. Aus der Kollineationsgeometrie gehört dahin die Lehre vom Vierseit und Viereck, sowie von Pol und
Polare [2]), aus der affinen Geometrie die Sätze von Menelaos und
Ceva (**43**). Zur Geometrie der Dilatationen [3]) kann gerechnet werden
vieles von dem, was sich an die Lehre von der Potenz eines Punktes
in bezug auf einen Kreis [4]) anschließt, zur Inversionsgeometrie [5])
schließlich das Apollonische Taktionsproblem. Es handelt sich dabei

---

[1]) In der affinen Geometrie ist das ausgezeichnete Gebilde die uneigentliche Gerade, in der Dehnungsgeometrie (Ähnlichkeitslehre) das Paar der absoluten Punkte. Vgl. **43**, **44**.

[2]) **20**, Zus. 4; **47**.

[3]) **25**, Zus. 13—16, und zur Geometrie einer siebengliedrigen Gruppe von
Speertransformationen (Laguerresche Geometrie), vgl. **45**, Zus. 5.

[4]) **25**, Zus. 16.

[5]) **10**, Zus. 2; **45**, Zus. 1—3.

immer nur um die ersten Sätze dieser Disziplinen, deren Eigenart
in der bisherigen Lehrbuchliteratur gar nicht zum Ausdruck kommt,
wie denn die Entwicklung dieser Disziplinen selbst noch ihrer syste-
matischen Ausbildung harrt.

Im Zusammenhang damit steht, daß diese neuere Geometrie mit
Mitteln entwickelt wird, die nicht sachgemäß sind. Die Erklärung
von Pol und Polare in bezug auf einen Kreis benutzt meistens die
konjugierten Punkte, d. i. Spiegelbilder im Sinne von 10, Zus. 2. Das
heißt, zur Begründung von Begriffen der Kollineationsgeometrie wird
hier eine Anleihe bei der Inversionsgeometrie gemacht. Die Folge
ist, daß *kein* Satz über Kreispolaren auf Ellipse, Hyperbel, Parabel
übernommen werden kann; man muß da stets von neuem definieren
und von neuem beweisen. Nicht nötig ist das, wenn man zur Erklärung die harmonischen Eigenschaften heranzieht; dann gilt jeder
der Kollineationsgeometrie angehörige Satz über Kreispolaren ohne
weiteres für die übrigen soeben genannten Kurven. Unsachgemäß
ist die Konstruktion der Kreispolaren mit Hilfe des Zirkels, wobei
man drei Fälle zu unterscheiden hat, von denen kein einziger für die
übrigen Kurven paßt. Sachgemäß ist die Konstruktion mit Hilfe
des Lineals allein.

Einen gequälten Eindruck macht es ferner, wenn für den Nachweis, daß drei Punkte A, B, C einer Geraden angehören, der Satz
des Menelaos verwandt wird. (Das elementargeometrische Kriterium
heißt: $AB + BC = AC$.)

Mit am schlimmsten steht es aber mit den in den Lehrbüchern
vorkommenden Lösungen des Apollonischen Berührungsproblems.
Hier werden zehn Hauptfälle unterschieden; bei sachgemäßer Behandlung kommt man mit zwei oder sogar einer Lösung aus (vgl.
E. Study, Math. Ann. 49, 1897). Neben Elementen der Kollineationsgeometrie und· solchen der Dilatationsgeometrie treten solche der
Inversionsgeometrie in den Lösungen auf; nur diese hätten benutzt
werden dürfen.

Man erkennt, daß diese „neuere" Geometrie der Lehrbücher
erst völlig umgeschaffen werden muß, bevor sie wissenschaftlichen
Ansprüchen genügen kann; dann würde sie aber von pädagogischem
Werte wohl nicht mehr sein (es gibt im übrigen auch jetzt Mathematiker, die ihr jeden pädagogischen Wert absprechen). —

Wir haben uns bisher mit Geometrien beschäftigt, deren Gruppen
Untergruppen der Kollineationsgruppe waren. Neben diese bis dahin
behandelten Geometrien tritt nun noch eine, die sogenannte *Nichteuklidische Geometrie.* In dieser wird eine dreigliedrige Gruppe von
Kollineationen zugrunde gelegt, bei der eine (irreduzible) Kurve
zweiter Ordnung in sich selbst übergeführt wird. Nach dem Er-

langer Programm hat diese Nichteuklidische Geometrie dieselbe
Existenzberechtigung wie alle übrigen erwähnten Zweige der Geometrie. Wir brauchen sie, um in das Bild der Elementargeometrie,
das wir bisher gewonnen haben, einen letzten wichtigen Zug einzu-
zeichnen, um nämlich über die Natur des Entfernungsbegriffes
(vgl. **44**, S. 198, **67**, S. 315) ins klare zu kommen, und diesen in seiner
Beziehung zur Kollineationsgeometrie verstehen zu lernen.

Auch diese hochinteressante Disziplin, von der aus Licht auf
so manche Gegenstände der Elementargeometrie („Euklidische Geometrie") fällt, muß leider heute als dem mathematischen Publikum
unbekannt angesehen werden. Schuld daran trägt in erster Linie
die historische Entwicklung dieser Wissenschaft.

Die Nichteuklidische Geometrie setzt eine genauere Kenntnis
der Kurven zweiter Ordnung voraus; diese bilden daher das Thema
des nächsten, vierten Kapitels.

1. *Inversionsgeometrie.* In **14** haben wir durch Spiegelungen an geraden
Linien die ganze Gruppe der Bewegungen und Umlegungen erhalten. Ebenso
können wir durch Zusammensetzung von Spiegelungen an Kreisen (**10**, Zus. 2)
eine sechsgliedrige gemischte Transformationsgruppe erhalten. Sie umfaßt die
Dehnungen, ihre sonstigen Transformationen gehören aber nicht zu den Kollineationen.

Man zeigt zunächst: *Satz 1.* Durch Zusammensetzung zweier Spiegelungen
an konzentrischen Kreisen entsteht eine Streckung.

Sodann setzt man die Spiegelungen an den drei Kreisen zusammen:

$$x^2 + (y - 1)^2 - 2 = 0, \quad x^2 + (y + 1)^2 - 2 = 0, \quad x^2 + y^2 - 1 = 0.$$

(In dieser Reihenfolge!). Es entsteht die Spiegelung an der Geraden $y = 0$.
Man zeichne die Figur und suche das Charakteristische an ihr, darauf beweist man:

Satz 2. Jede Spiegelung an einer Geraden läßt sich durch drei Spiegelungen an Kreisen darstellen.

Satz 3. Alle Bewegungen und Umlegungen lassen sich durch eine gerade
(ungerade) Anzahl von Spiegelungen an Kreisen darstellen (**14**).

Satz 4. Dasselbe gilt von allen gleichsinnigen (Satz 1, und **14**, Zus. 4)
und ungleichsinnigen Dehnungen (**14**, Zus. 16).

Nach Satz 1 braucht man die Dehnungen nun nicht mehr mit allen
∞^3 Spiegelungen an Kreisen zusammenzusetzen, sondern nur noch mit ∞^2,
indem man aus jeder Schar von ∞^1 konzentrischen Kreisen nur einen einzigen
auswählt, etwa den vom Radiusquadrat eins. Aus den gegensinnigen Dehnungen erhält man so eine kontinuierliche sechsgliedrige Gruppe, die Gruppe
der *gleichsinnigen Kreisverwandtschaften,* aus den gleichsinnigen Dehnungen
die Schar der ∞^6 *gegensinnigen Kreisverwandtschaften.* Die zugehörige Geometrie heißt Geometrie der Kreisverwandtschaften, oder Moebiussche Geometrie, oder Geometrie der Inversionen, oder konforme Geometrie (vgl. aber
den letzten Absatz von Zus. 3), auch zyklische Geometrie oder Geometrie der
reziproken Radien (vgl. **18**, Zus. 4).

Eine Kreisverwandtschaft verwandelt eine isotrope Gerade (vgl. Zus. 2!)
wieder in eine ebensolche, aber eine anisotrope Gerade nicht immer wieder in

eine anisotrope Gerade, sondern im allgemeinen in einen Kreis. Bei der Spiegelung am Kreise $x^2 + y^2 - 1 = 0$ wird die Gerade $x = 0$ in sich selbst transformiert (in vollem Umfange?), die Gerade $x = 1$ aber in $x' = 1 : (1 + y^2)$, $y' = y : (1 + y^2)$, d. i. in $x'^2 - x' + y'^2 = 0$, also in einen Kreis. Ebenso wird ein Kreis immer wieder in einen Kreis oder eine anisotrope Gerade übergeführt, niemals aber in eine Ellipse oder Hyperbel. Daher rührt der Name Kreisverwandtschaften.

2. In der Moebiusschen Geometrie, oder wie wir zu sagen vorziehen, *zyklischen* Geometrie, drückt sich die zugrunde gelegte Transformationsgruppe nicht linear in den bisherigen Punktkoordinaten aus. Diese Geometrie gehört nämlich ihrem Wesen nach nicht zu dem ternären Gebiet aller Punkte $x_1 : x_2 : x_3$ der Ebene. Wir nehmen daher einen Wechsel des Raumelements vor (19, Zus. 1), indem wir als solches die *isotrope Gerade* einführen. Wir setzen (18, Zus. 3)

$$x - iy = \frac{\lambda_1}{\lambda_2}, \qquad x + iy = \frac{\varrho_1}{\varrho_2}.$$

Jedem System $\lambda_1 : \lambda_2$ entspricht dann eine linkseitige Isotrope jedem System $\varrho_1 : \varrho_2$ eine rechtseitige Isotrope, sobald wir noch im Falle $\lambda_2 = 0$ und $\varrho_2 = 0$ die Ausnahme durch eine neue Begriffsschöpfung (vgl. 20) beseitigen. Wir sagen, das System $\lambda_1 : \lambda_2 = 1 : 0$ stellt die *linksakzessorische* Isotrope dar, das System $\varrho_1 : \varrho_2 = 1 : 0$ die *rechtsakzessorische* Isotrope. Dadurch wird jedes der beiden Büschel von Isotropen zu einem binären Gebiet ergänzt (32). Um mit diesen beiden akzessorischen Isotropen eine geometrische Vorstellung zu verbinden, kann man die uneigentliche Gerade doppelt rechnen und sie dann das eine mal zu den linksisotropen, das andere mal zu den rechtsisotropen Geraden zählen. Die Gesamtheit der Punkte der Ebene ist jetzt nicht mehr ein ternäres Gebiet, sondern Träger *zweier binären* Gebiete. Freilich ist dazu auch der Begriff des Punktes zu modifizieren. *Man versteht darunter die Figur einer Linksisotropen und einer Rechtsisotropen.* Soweit eigentliche Punkte in Frage kommen, liegt gar nichts Neues gegen früher vor (vgl. 17, 18, Zus. 3). Den eigentlichen Punkten sind aber hinzuzufügen ∞^1 Punkte $\lambda_1 : \lambda_2 = 1 : 0$, $\varrho_1 : \varrho_2$ und ∞^1 Punkte $\lambda_1 : \lambda_2$, $\varrho_1 : \varrho_2 = 1 : 0$, d. i. die Paare von Isotropen, von denen (wenigstens) eine akzessorisch ist. Diese Punkte sollen selbst *akzessorisch* heißen.

Wir fassen zusammen: Ein Punkt des *ternären* Gebietes wird durch *drei* homogene Koordinaten gegeben; die Gesamtheit der *uneigentlichen* Punkte bildet ein binäres Gebiet (vgl. 32, Zus. 8). Ein Punkt der *zyklischen* Geometrie wird durch zwei Paare homogener binärer Koordinaten $\lambda_1 : \lambda_2$, $\varrho_1 : \varrho_2$ gegeben. Hier gibt es keine uneigentlichen Punkte im Sinne der Kollineationsgeometrie, sondern die eigentlichen Punkte werden durch $2 \cdot \infty^1$ *akzessorische* Punkte ergänzt. Diese verteilen sich auf zwei Scharen, die sich in einem Punkte, dem *singulären akzessorischen* Punkt treffen ($\lambda_1 : \lambda_2 = 1 : 0$, $\varrho_1 : \varrho_2 = 1 : 0$).

Jetzt läßt sich die zyklische Gruppe so darstellen (über die Struktur der nachfolgenden Formeln vgl. Zus. 3):

(a) $\quad \begin{cases} \lambda_1' = \ \ (\gamma_0 + i\gamma_3)\,\lambda_1 + (\gamma_2 + i\gamma_1)\,\lambda_2, \\ \lambda_2' = (-\gamma_2 + i\gamma_1)\,\lambda_1 + (\gamma_0 - i\gamma_3)\,\lambda_2; \end{cases} \quad \begin{cases} \varrho_1' = \ \ (\delta_0 - i\delta_3)\,\varrho_1 + (\delta_2 - i\delta_1)\,\varrho_2, \\ \varrho_2' = (-\delta_2 - i\delta_1)\,\varrho_1 + (\delta_0 + i\delta_3)\,\varrho_2. \end{cases}$

„Gleichsinnig zyklische Transformationen".

(b) $\quad \begin{cases} \lambda_1' = (\gamma_2 + i\gamma_1)\,\varrho_1 - (\gamma_0 + i\gamma_3)\,\varrho_2, \\ \lambda_2' = (\gamma_0 - i\gamma_3)\,\varrho_1 + (\gamma_2 - i\gamma_1)\,\varrho_2, \end{cases} \quad \begin{cases} \varrho_1' = (\delta_2 - i\delta_1)\,\lambda_1 - (\delta_0 - i\delta_3)\,\lambda_2, \\ \varrho_2' = (\delta_0 + i\delta_3)\,\lambda_1 + (\delta_2 + i\delta_1)\,\lambda_2. \end{cases}$

„Gegensinnig zyklische Transformationen".

$$N(\gamma) = \gamma_0^2 + \gamma_1^2 + \gamma_2^2 + \gamma_3^2 \neq 0, \qquad N(\delta) = \delta_0^2 + \delta_1^2 + \delta_2^2 + \delta_3^2 \neq 0.$$

Die zyklischen Transformationen reduzieren sich auf Dehnungen, sobald das Paar der beiden akzessorischen Isotropen in Ruhe bleibt. In (a) haben wir demnach zu setzen $-\gamma_2 + i\gamma_1 = 0$, $-\delta_2 - i\delta_1 = 0$. Setzt man weiter:

$$\begin{cases} \gamma_0 = mi(\alpha_0 - i\alpha_3) + i(\alpha_0 + i\alpha_3), & \gamma_1 = -2m(\alpha_2 + i\alpha_1), \\ \gamma_2 = -2mi(\alpha_2 + i\alpha_1), & \gamma_3 = -m(\alpha_0 - i\alpha_3) + (\alpha_0 + i\alpha_3); \end{cases}$$

$$\begin{cases} \delta_0 = m(\alpha_0 + i\alpha_3) + \alpha_0 - i\alpha_3, & \delta_1 = 2mi(-\alpha_2 + i\alpha_1), \\ \delta_2 = 2m(-\alpha_2 + i\alpha_1), & \delta_3 = -mi(\alpha_0 + i\alpha_3) + i(\alpha_0 - i\alpha_3), \end{cases}$$

so gehen die Formeln (a) über in die Formeln der gleichsinnigen Dehnungen, **13**, Zus. 6. Befreit man die γ_0, γ_1, γ_2, γ_3 von dem gemeinsamen Faktor i, so gehen die δ aus den γ hervor, wenn man überall i durch $-i$ ersetzt.

Um aus der Schar (b) der gegensinnigen zyklischen Transformationen die gegensinnigen Dehnungen in **13**, Zus. 6 zu erhalten, hat man zu setzen $\gamma_0 - i\gamma_3 = 0$, $\delta_0 + i\delta_3 = 0$, und

$$\begin{cases} \gamma_0 = -2m(\alpha_0 + i\alpha_3), & \gamma_1 = -i(\alpha_2 + i\alpha_1) + im(\alpha_2 - i\alpha_1), \\ \gamma_2 = (\alpha_2 + i\alpha_1) + m(\alpha_2 - i\alpha_1), & \gamma_3 = 2mi(\alpha_0 + i\alpha_3); \end{cases}$$

$$\begin{cases} \delta_0 = -2m(\alpha_0 - i\alpha_3), & \delta_1 = i(\alpha_2 - i\alpha_1) - im(\alpha_2 + i\alpha_1), \\ \delta_2 = \alpha_2 - i\alpha_1 + m(\alpha_2 + i\alpha_1), & \delta_3 = -2mi(\alpha_0 - i\alpha_3). \end{cases}$$

Die bilineare Gleichung

$$k_{11}\lambda_1\varrho_1 + k_{12}\lambda_1\varrho_2 + k_{21}\lambda_2\varrho_1 + k_{22}\lambda_2\varrho_2 = 0$$

stellt, wie wir sagen wollen, einen *Moebiusschen Kreis* oder *Zykel* dar (18, Zus. 4). In der Tat kann man dafür schreiben:

$$k_{11}(x^2 + y^2) + k_{12}(x - iy) + k_{21}(x + iy) + k_{22} = 0,$$

so daß im Falle $k_{11} \neq 0$ ein Kreis im bisherigen Sinne des Wortes geliefert wird. Für $k_{11} = 0$, $k_{12}k_{21} \neq 0$ ergibt sich eine anisotrope Gerade.

Für $k_{11}k_{22} - k_{12}k_{21} = 0$ spaltet sich die bilineare Gleichung in zwei Faktoren, deren einer linear in $\lambda_1 : \lambda_2$ ist, während der andere linear in $\varrho_1 : \varrho_2$ ist. Dann stellt also die bilineare Gleichung ein Paar von Isotropen dar („Reduzibler" Moebiusscher Kreis). Zu den reduziblen Kreisen der früheren Terminologie (7) kommen noch solche Isotropenpaare, bei denen (wenigstens) eine Isotrope akzessorisch ist. Alle diese Figuren sollen unterschiedslos als Moebiussche Kreise oder Zykeln bezeichnet werden. Diejenigen darunter, die früher als anisotrope Gerade bezeichnet wurden, sind dadurch charakterisiert, daß sie irreduzibel sind und durch den singulären akzessorischen Punkt laufen. Sie sind in der zyklischen Geometrie den übrigen „runden" Zykeln äquivalent und sollen *gerade* Zykeln heißen; eine Klasse für sich bilden sie erst gegenüber solchen Transformationen, die den singulären akzessorischen Punkt in Ruhe lassen, und das sind die Dehnungen.

Somit gibt es *zwei* Dehnungsgeometrien. Die eine arbeitet im ternären Punktkontinuum, die andere im zyklischen. Beide sagen dasselbe aus, solange sie im Gebiet der eigentlichen Punkte arbeiten. Verläßt man dieses, so lauten die Aussagen grundverschieden. Wir geben einige Beispiele.

Ternäres Punktgebiet:

Zwei getrennte anisotrope Gerade haben einen einzigen Punkt gemeinsam. Er ist uneigentlich nur dann, wenn die beiden Geraden parallel sind.

Zyklisches Punktgebiet:

Zwei getrennte gerade Zykeln haben stets *zwei* Punkte gemeinsam, von denen der eine der singuläre akzessorische Punkt ist; auch der andere fällt in den singulären akzessorischen Punkt, sobald die beiden Geraden parallel sind. Die beiden geraden Zykeln berühren sich dann im akzessorischen Punkt.

Ein Kreis hat zwei uneigentliche Punkte (die beiden absoluten Punkte). Zwei getrennte Kreise haben dieselben uneigentlichen Punkte.

Ein (runder) Zykel hat zwei akzessorische ·Punkte. Zwei getrennte runde Zykeln haben dieselben akzessorischen Punkte *nur dann, wenn sie konzentrisch sind*.

Zwei getrennte Kreise haben *vier* Schnittpunkte.

Zwei getrennte (runde) Zykeln haben (*höchstens*) *zwei* Schnittpunkte.

Der Leser möge diese Liste weiterführen. Sie ist besonders dadurch lehrreich, weil sie zeigt, daß die nichteigentlichen Elemente aus den eigentlichen *nicht mit Notwendigkeit* erwachsen, sondern auf Grund eines *willkürlichen* Aktes. Diese Willkür in der Wahl der nichteigentlichen Elemente ist aber von sehr großer Tragweite; sie bringt es mit sich, daß z. B. im ternären Gebiet Kreis und Gerade verschiedene Dinge sind, in der zyklischen Geometrie dagegen nicht.

3. Das Wenige, was wir an dieser Stelle von der zyklischen Geometrie bringen konnten, muß noch nach zwei Richtungen hin ergänzt werden. Die gleichsinnigen und gegensinnigen zyklischen Transformationen verwandeln Moebiussche Kreise in ebensolche, und zwar irreduzible ($k_{11}k_{22} - k_{12}k_{21} \neq 0$) in irreduzible, reduzible in reduzible. Sie sind aber nicht die einzigen Transformationen dieser Art; vielmehr sind sie noch durch zwei andere Scharen von je ∞^6 Transformationen zu ergänzen, die man durch Hinzufügen des Konjugium $x' = \bar{x}$, $y' = \bar{y}$ erhält (**13**, Zus. 2):

$$(\text{c})\quad \begin{cases} \lambda_1' = (\gamma_2 + i\gamma_1)\,\bar{\lambda}_1 - (\gamma_0 + i\gamma_3)\,\bar{\lambda}_2, \\ \lambda_2' = (\gamma_0 - i\gamma_3)\,\lambda_1 + (\gamma_2 - i\gamma_1)\,\bar{\lambda}_2; \end{cases} \quad \begin{cases} \varrho_1' = (\delta_2 - i\delta_1)\,\bar{\varrho}_1 - (\delta_0 - i\delta_3)\,\bar{\varrho}_2, \\ \varrho_2' = (\delta_0 + i\delta_3)\,\bar{\varrho}_1 + (\delta_2 + i\delta_1)\,\bar{\varrho}_2; \end{cases}$$

$$(\text{d})\quad \begin{cases} \lambda_1' = (\gamma_0 + i\gamma_3)\,\bar{\varrho}_1 + (\gamma_2 + i\gamma_1)\,\bar{\varrho}_2, \\ \lambda_2' = (-\gamma_2 + i\gamma_1)\,\bar{\varrho}_1 + (\gamma_0 - i\gamma_3)\,\bar{\varrho}_2; \end{cases} \quad \begin{cases} \varrho_1' = (\delta_0 - i\delta_3)\,\bar{\lambda}_1 + (\delta_2 - i\delta_1)\,\bar{\lambda}_2, \\ \varrho_2' = (-\delta_2 - i\delta_1)\,\bar{\lambda}_1 + (\delta_0 + i\delta_3)\,\bar{\lambda}_2. \end{cases}$$

Sie sollen als *quasizyklische* Transformationen bezeichnet werden; Quasikollineationen (**44**, Zus. 1) unter ihnen sind die in **13**, Zus. 3 angegebenen Transformationen. Damit haben wir die gesamte zyklische Gruppe; sie enthält *alle* Transformationen, die irreduzible Moebiussche Kreise wieder in ebensolche verwandeln.

Ferner haben wir noch einen Blick auf die *reelle* zyklische Geometrie zu werfen. Ein Punkt $(\lambda_1 : \lambda_2, \varrho_1 : \varrho_2)$ ist reell, sobald $\varrho_1 : \varrho_2 = \bar{\lambda}_1 : \bar{\lambda}_2$. Als reelle zyklische und quasizyklische Transformationen sind daher die zu bezeichnen, die die Gleichung $\lambda_1\bar{\varrho}_2 - \lambda_2\bar{\varrho}_1 = 0$ invariant lassen, d. h. die Membran der reellen Punkte des zyklischen Kontinuum. Dazu ist notwendig und hinreichend $\delta_0 : \delta_1 : \delta_2 : \delta_3 = \bar{\gamma}_0 : \bar{\gamma}_1 : \bar{\gamma}_2 : \bar{\gamma}_3$. Man kann dann bei jeder der vier Transformationsscharen mit *einem* Formelsystem auskommen, wenn man nur reelle Punkte betrachtet; im Falle (a) zieht dann das System

$$\begin{cases} \lambda_1' = (\gamma_0 + i\gamma_3)\,\lambda_1 + (\gamma_2 + i\gamma_1)\,\lambda_2, \\ \lambda_2' = (-\gamma_2 + i\gamma_1)\,\lambda_1 + (\gamma_0 - i\gamma_3)\,\lambda_2, \end{cases}$$

das daneben stehende nach sich, und ebenso ist es in den andern drei Fällen. Die vier Formelsysteme reduzieren sich dann auf zwei; es fallen zusammen (d) mit (a), (c) mit (b); die beiden letztgenannten lassen sich dann so schreiben:

$$\begin{cases} \lambda_1' = (\gamma_2 + i\gamma_1)\,\bar{\lambda}_1 - (\gamma_0 + i\gamma_3)\,\bar{\lambda}_2, \\ \lambda_2' = (\gamma_0 - i\gamma_3)\,\bar{\lambda}_1 + (\gamma_2 - i\gamma_1)\,\bar{\lambda}_2. \end{cases}$$

Das Zusammenfallen der zwei Formelsysteme jeder Schar in ein einziges kommt dadurch zustande, daß ein *komplexer* Punkt durch *zwei* komplexe Koordinaten $\lambda_1 : \lambda_2$ und $\varrho_1 : \varrho_2$ gegeben ist, ein *reeller* Punkt aber (wegen $\varrho_1 : \varrho_2 = \bar{\lambda}_1 : \bar{\lambda}_2$) bereits durch *eine einzige* komplexe Koordinate $\lambda_1 : \lambda_2$ oder $\varrho_1 : \varrho_2$. Da von den akzessorischen Punkten nur der singuläre reell ist, so hat man den wichtigen Satz:

Die Gesamtheit der reellen eigentlichen Punkte der Ebene ist unter Hinzunahme des singulären akzessorischen Punktes ein komplex binäres Gebiet.

Darin liegt die Gaußische Abbildung komplexer Zahlen auf die Punkte der Ebene begründet (18, Zus. 3).

Hierin mag man auch eine teilweise Motivierung für den Bau der Koeffizienten in den Formeln (a) bis (d) erblicken. Sie sind ferner so eingerichtet, daß man irgend zwei Transformationen der vier Scharen bequem zusammensetzen kann, ebenso wie es mit den Bewegungen in 14, Zus. 23 (S. 56) geschah. Statt der Euklidischen Quaternionen haben wir jetzt aber ein anderes System komplexer Zahlen in vier Einheiten zu verwenden, das der *Hamiltonschen* Quaternionen, die die Multiplikationstafel befolgen

$$
\begin{array}{cccc}
e_0 & e_1 & e_2 & e_3 \\
e_1 & -e_0 & e_3 & -e_2 \\
e_2 & -e_3 & -e_0 & e_1 \\
e_3 & e_2 & -e_1 & -e_0
\end{array}
$$

Sei dann, wie auf S. 56

$$
\begin{aligned}
\gamma &= \gamma_0 e_0 + \gamma_1 e_1 + \gamma_2 e_2 + \gamma_3 e_3, & \delta &= \delta_0 e_0 + \delta_1 e_1 + \delta_2 e_2 + \delta_3 e_3, \\
\tilde{\gamma} &= \gamma_0 e_0 - \gamma_1 e_1 - \gamma_2 e_2 - \gamma_3 e_3, & \tilde{\delta} &= \delta_0 e_0 - \delta_1 e_1 - \delta_2 e_2 - \delta_3 e_3, \\
\bar{\gamma} &= \bar{\gamma}_0 e_0 + \bar{\gamma}_1 e_1 + \bar{\gamma}_2 e_2 + \bar{\gamma}_3 e_3, & \bar{\tilde{\delta}} &= \bar{\delta}_0 e_0 - \bar{\delta}_1 e_1 - \bar{\delta}_2 e_2 - \bar{\delta}_3 e_3,
\end{aligned}
$$

usw., so ist für $T T' = T''$ (44, Zus. 1)

$$
\begin{aligned}
T' = A: \quad & \gamma'' = \gamma \gamma', & \delta'' &= \delta \delta', \\
T' = B: \quad & \gamma'' = \delta \gamma', & \delta'' &= \gamma \delta', \\
T' = C: \quad & \gamma'' = \bar{\gamma} \gamma', & \delta'' &= \bar{\delta} \delta', \\
T' = D: \quad & \gamma'' = \bar{\delta} \gamma', & \delta'' &= \bar{\gamma} \delta',
\end{aligned}
$$

wenn die *Parameter* der Transformationen T, T', T'' der Reihe nach mit (γ, δ), (γ', δ'), (γ'', δ'') bezeichnet werden. $T' = A$ bedeutet, die Transformation T' gehört der Schar (a) an. Ohne weiteres verständlich sind jetzt die symbolischen Gleichungen

$$
\begin{aligned}
A A' &= A'', & B A' &= B'', & C A' &= C'', & D A' &= D'', \\
A B' &= B'', & B B' &= A'', & C B' &= D'', & D B' &= C'', \\
A C' &= C'', & B C' &= D'', & C C' &= A'', & D C' &= B'', \\
A D' &= D'', & B D' &= C'', & C D' &= B'', & D D' &= A''.
\end{aligned}
$$

Hieraus sieht man auch, daß Gruppen gebildet werden von

$$
\boxed{A, B, C, D}, \quad \boxed{A, B}, \quad \boxed{A, C}, \quad \boxed{A, D}, \quad \boxed{A}.
$$

Schließlich kann man noch fordern, die Transformationen der zyklischen Gruppe selbst, d. i. nicht bloß ihre Zusammensetzungsformeln, mit Hilfe der Hamiltonschen Quaternionen so anzugeben, wie es in 14, Zus. 24 für die Bewegungen geschah. Das gelingt bei anderer Koordinatenwahl.

Wir stellen einen Punkt des zyklischen Kontinuum nunmehr durch zwei Systeme von je drei Verhältnisgrößen dar:

$$X_{l_1} : X_{l_2} : X_{l_3}, \qquad X_{r_1} : X_{r_2} : X_{r_3},$$

zwischen denen die quadratischen Relationen bestehen:

$$X_{l_1}^2 + X_{l_2}^2 + X_{l_3}^2 = 0, \qquad X_{r_1}^2 + X_{r_2}^2 + X_{r_3}^2 = 0.$$

Es soll sein

$$X_{l_1} : X_{l_2} : X_{l_3} = \lambda_1^2 - \lambda_2^2 : i\,(\lambda_1^2 + \lambda_2^2) : - 2\,\lambda_1\lambda_2,$$
$$X_{r_1} : X_{r_2} : X_{r_3} = \varrho_1^2 - \varrho_2^2 : - i\,(\varrho_1^2 + \varrho_2^2) : - 2\,\varrho_1\varrho_2,$$
$$\lambda_1 : \lambda_2 = X_{l_1} - i\,X_{l_2} : - X_{l_3} = X_{l_3} : X_{l_1} + i\,X_{l_2},$$
$$\varrho_1 : \varrho_2 = X_{r_1} + i\,X_{r_2} : - X_{r_3} = X_{r_3} : X_{r_1} - i\,X_{r_2}.$$

Ferner sei

$$X_l = X_{l_1} e_1 + X_{l_2} e_2 + X_{l_3} e_3, \qquad \overline{X}_r = \overline{X}_{r_1} e_1 + \overline{X}_{r_2} e_2 + \overline{X}_{r_3} e_3$$

usw. Dann werden unsere Transformationsformeln sehr elegant:

(a) $\qquad\qquad X_l{}' = \tilde{\gamma} X_l \gamma; \qquad X_r{}' = \tilde{\delta} X_r \delta;$

(b) $\qquad\qquad X_l{}' = \tilde{\gamma} X_r \gamma, \qquad X_r{}' = \tilde{\delta} X_l \delta;$

(c) $\qquad\qquad X_l{}' = \tilde{\gamma} \overline{X}_l \gamma, \qquad X_r{}' = \tilde{\delta} \overline{X}_r \delta;$

(d) $\qquad\qquad X_l{}' = \tilde{\gamma} \overline{X}_r \gamma, \qquad X_r{}' = \tilde{\delta} \overline{X}_l \delta.$

Die symbolische Gleichung $BA' = B''$ beweist man jetzt so:

$$\left.\begin{aligned} X_l{}'' &= \tilde{\gamma}' X_l{}' \gamma' = \tilde{\gamma}'\tilde{\gamma} X_r \gamma\gamma' = \tilde{\gamma}'' X_r \gamma'', \\ X_r{}'' &= \tilde{\delta}' X_r{}' \delta' = \tilde{\delta}'\tilde{\delta} X_l \delta\delta' = \tilde{\delta}'' X_l \delta'', \end{aligned}\right\} \text{ vgl. } \mathbf{15},\ \text{Zus. 15. 16,}$$

wo $\gamma'' = \gamma\gamma'$, $\delta'' = \delta\delta'$ gesetzt ist. Entsprechend in den andern 15 Fällen.

Die Gleichung eines Moebiusschen Kreises

$$k_{11}\lambda_1\varrho_1 + k_{12}\lambda_1\varrho_2 + k_{21}\lambda_2\varrho_1 + k_{22}\lambda_2\varrho_2 = 0$$

hat drei wesentliche Koeffizienten. Diese lassen sich daher als homogene Koordinaten einer Ebene im R_3 deuten („Abbildung IV"). (Vgl. **18**, Zus. 4.)

Ein Moebiusscher Kreis ist reell zu nennen, sobald er das Konjugium gestattet. Dazu ist notwendig und hinreichend $k_{11} = \bar{k}_{11}$, $k_{22} = \bar{k}_{22}$, $k_{12} = \bar{k}_{21}$. (Zus. 2). Will man von diesem reellen Kreise nur reelle Punkte betrachten, so ist statt $k_{11}\lambda_1\varrho_1 + k_{12}\lambda_1\varrho_2 + \bar{k}_{12}\lambda_2\varrho_1 + k_{22}\lambda_2\varrho_2 = 0$ zu setzen:

$$k_{11}\lambda_1\bar{\lambda}_1 + k_{12}\lambda_1\bar{\lambda}_2 + \bar{k}_{12}\lambda_2\bar{\lambda}_1 + k_{22}\lambda_2\bar{\lambda}_2 = 0.$$

Die linke Seite dieser Gleichung ist eine binäre Hermitesche Form (**5**, Zus. 2; **18**, Zus. 4). Damit ist das geeignete Mittel gefunden, die Äquivalenz von gerader Linie und rundem Moebiusschem Kreis in der *reellen* zyklischen Geometrie auch analytisch zum Ausdruck zu bringen.

Die Bezeichnung „Geometrie der reziproken Radien" (Zus. 1) erklärt sich, wenn man der Spiegelung am Kreise $x^2 + y^2 - 1 = 0$ die Gesamtheit der zu ihm konzentrischen Kreise unterwirft (S. 32).

Ist in der gegensinnig zyklischen Transformation (b) in Zus. 2

$$\delta_0 : \delta_1 : \delta_2 : \delta_3 = \gamma_0 : - \gamma_1 : - \gamma_2 : - \gamma_3,$$

so ist sie die Inversion (Spiegelung) am (irreduziblen!) Moebiusschen Kreise

$$(\gamma_0 - i\gamma_3)\,\lambda_1\varrho_1 + (\gamma_2 - i\gamma_1)\,\lambda_1\varrho_2 - (\gamma_2 + i\gamma_1)\,\lambda_2\varrho_1 + (\gamma_0 + i\gamma_3)\,\lambda_2\varrho_2 = 0,$$

also insbesondere $(\gamma_0 - i\gamma_3 = 0)$ die Spiegelung an einer geraden Linie.

Setzt man $\dfrac{\lambda_1}{\lambda_2} = \lambda$, $\dfrac{\varrho_1}{\varrho_2} = \varrho$, verzichtet also auf die akzessorischen Gebilde, so hat man in den Formeln

$$\lambda' = f(\lambda), \quad \varrho' = \varphi(\varrho)$$
$$\lambda' = f(\varrho), \quad \varrho' = \varphi(\lambda)$$

die sogenannten gleichsinnig (gegensinnig) *konformen* Punkttransformationen, in

$$\lambda' = f(\overline{\lambda}), \qquad \varrho' = \varphi(\overline{\varrho}),$$
$$\lambda' = f(\overline{\varrho}), \qquad \varrho' = \varphi(\overline{\lambda}),$$

zwei weitere Scharen von Transformationen, die jetzt sachgemäß als *quasikonform* zu bezeichnen sind. Daher rührt der Name *konforme* Geometrie. Die zyklische Gruppe ist eine Untergruppe der aus den letzten vier Scharen bestehenden *konformen Gruppe*.

4. *Birationale* Transformationen haben wir bereits in der von uns so genannten Inversion an Ellipse, Parabel und Hyperbel (24, Zuss. 10. 12) kennen gelernt, und auch die Inversion am Kreise gehört dazu. Auch die Kollineationen sind dazuzurechnen, denn der Zusammenhang zwischen einem transformierten Punkt und dem ursprünglichen ist rational, ebenso wie der umgekehrte Zusammenhang. Die Gesamtheit aller birationalen Punkttransformationen bildet eine Gruppe, in der andere Invarianten auftreten, als in der Kollineationsgeometrie. Gegenüber Kollineationen bleibt der *Grad* einer algebraischen Kurve erhalten, gegenüber sonstigen birationalen Transformationen ist das nicht mehr der Fall. So geht bei der Inversion an der Parabel $y^2 - 2x = 0$ (24, Zus. 10) eine' Gerade $ax + by + c = 0$ über in $-ax' + by' + c + ay'^2 = 0$, und das ist (immer?) eine Parabel. Der Grad einer Kurve wird in der Geometrie der birationalen Transformationen ersetzt durch das *Geschlecht*. („Die Differenz zwischen der größten Anzahl von Doppel- und Rückkehrpunkten, welche die Kurve, ohne zu zerfallen, haben kann, und der Anzahl dieser Punkte, die sie wirklich hat.“)

5. *Laguerresche Geometrie.* An Stelle der bisherigen Speerkoordinaten $u_0 : u_1 : u_2 : u_3$ (vgl. 22), die durch die quadratische Relation $u_0^2 - u_1^2 - u_2^2 = 0$ verbunden waren, führen wir neue ein, die voneinander unabhängig sind. Dazu setzen wir

$$u_0 : u_1 : u_2 : u_3 = \sigma_1^2 + \sigma_2^2 : \sigma_1^2 - \sigma_2^2 : -2\sigma_1\sigma_2 : 2\sigma_{00},$$

wobei dann der Größe σ_{00} das doppelte Gewicht beizulegen ist, wie den σ_1, σ_2. Dann erhält man

$$\sigma_{00} = \varrho_1^2 u_3(u_0 + u_1), \quad \sigma_1 = \varrho_1(u_0 + u_1), \quad \sigma_2 = -\varrho_1 u_2 \qquad (\varrho_1 \neq 0),$$

oder

$$\sigma_{00} = \varrho_2^2 u_3(u_0 - u_1), \quad \sigma_1 = -\varrho_2 u_2, \quad \sigma_2 = \varrho_2(u_0 - u_1) \qquad (\varrho_2 \neq 0).$$

Als Koordinaten des Speeres $u_0 : u_1 : u_2 : u_3$ sollen dann die drei Größen (σ_{00}, σ_1, σ_2) benutzt werden. Sie sind nicht homogen im bisher üblichen Sinne, vielmehr stellen für $\varrho \neq 0$ die Systeme (σ_{00}; σ_1, σ_2) und ($\varrho^2\sigma_{00}$; $\varrho\sigma_1$, $\varrho\sigma_2$) denselben Speer dar („*Pseudohomogene*“ Koordinaten). Auszuschließen ist das System $(0; 0, 0)$. Der uneigentliche Speer wird durch $(1; 0, 0)$ geliefert; die isotropen Speere werden durch die Forderung $\sigma_1^2 + \sigma_2^2 = 0$ aus den eigentlichen Speeren ausgeschieden.

Der Zusammenhang zwischen den neuen Speerkoordinaten und den Speerzeigern (25, S. 122) wird durch die Formeln hergestellt

$$\sigma_1 : \sigma_2 = \operatorname{tg}\frac{\vartheta}{2}, \qquad \sigma_{00} : \sigma_2^2 = p : 2\cos^2\frac{\vartheta}{2},$$

so daß der Ausdruck $\dfrac{\sigma_1}{\sigma_2} + \varepsilon\dfrac{\sigma_{00}}{\sigma_2^2} = \operatorname{tg}\left(\dfrac{\vartheta}{2} + \dfrac{\varepsilon p}{2}\right)$ wird, wenn ε eine komplexe Zahl ist, die der Rechenregel $\varepsilon^2 = 0$ folgt[1]), indessen versagt diese Darstellung für ∞^1 syntaktische Speere $(\sigma_2 = 0)$ und für alle isotropen Speere (außerdem?).

Die allgemeinste ausnahmslos eindeutig umkehrbare analytische Speertransformation ist jetzt

$$(a)\begin{cases} \sigma_1' = (\gamma_0 - \gamma_2)\sigma_1 + (-\gamma_3 - \gamma_1)\sigma_2, \qquad (\gamma_0^2 - \gamma_1^2 - \gamma_2^2 + \gamma_3^2 \neq 0, \quad n \neq 0) \\ \sigma_2' = (\gamma_3 - \gamma_1)\sigma_1 + (\gamma_0 + \gamma_2)\sigma_2, \\ n\sigma_{00}' = \{(\gamma_2 - \gamma_0)(\delta_3 - \delta_1) - (\delta_2 - \delta_0)(\gamma_3 - \gamma_1)\}\sigma_1^2 + 2\{\gamma_2\delta_0 - \gamma_0\delta_2 - \gamma_3\delta_1 + \gamma_1\delta_3\}\sigma_1\sigma_2 \\ \qquad + \{(\gamma_3 + \gamma_1)(\delta_0 + \delta_2) - (\delta_3 + \delta_1)(\gamma_0 + \gamma_2)\}\sigma_2^2 + (\gamma_0^2 - \gamma_1^2 - \gamma_2^2 + \gamma_3^2)\sigma_{00}. \end{cases}$$

wobei die acht homogenen Größen γ_0, γ_1, γ_2, γ_3, δ_0, δ_1, δ_2, δ_3 noch der Bedingung unterworfen werden dürfen

$$\gamma_0\delta_0 - \gamma_1\delta_1 - \gamma_2\delta_2 + \gamma_3\delta_3 = 0.$$

Der Bau der Koeffizienten ist so gewählt, daß die Transformation die duale Größe $\dfrac{\sigma_1}{\sigma_2} + \varepsilon\dfrac{\sigma_{00}}{\sigma_2^2}$ linear und gebrochen substituiert, falls $n^2 = 1$ ist:

$$\frac{\{\gamma_0 - \gamma_2 + \varepsilon(\delta_0 - \delta_2)\}\left\{\dfrac{\sigma_1}{\sigma_2} + \varepsilon\dfrac{\sigma_{00}}{\sigma_2^2}\right\} + \{-\gamma_3 - \gamma_1 + \varepsilon(-\delta_3 - \delta_1)\}}{\{\gamma_3 - \gamma_1 + \varepsilon(\delta_3 - \delta_1)\}\left\{\dfrac{\sigma_1}{\sigma_2} + \varepsilon\dfrac{\sigma_{00}}{\sigma_2^2}\right\} + \{\gamma_0 + \gamma_2 + \varepsilon(\delta_0 + \delta_2)\}}$$

Für diesen Ausdruck ist zu setzen

$$n = 1: \quad \frac{\sigma_1'}{\sigma_2'} + \varepsilon\frac{\sigma_{00}'}{\sigma_2'^2}, \qquad n = -1: \quad \frac{\sigma_1'}{\sigma_2'} - \varepsilon\frac{\sigma_{00}'}{\sigma_2'^2}.$$

Während bei Benutzung der dualen Größen die Transformationskoeffizienten sich *linear* in den „Parametern" $\gamma_0 \ldots \delta_3$ ausdrücken, sind sie bilinear bzw. quadratisch, wenn man wieder zu den alten Koordinaten u übergeht:

$$(b)\begin{cases} u_0' = (\gamma_0^2 + \gamma_1^2 + \gamma_2^2 + \gamma_3^2)u_0 + 2(-\gamma_3\gamma_1 - \gamma_0\gamma_2)u_1 + 2(-\gamma_2\gamma_3 + \gamma_0\gamma_1)u_2, \\ u_1' = 2(\gamma_3\gamma_1 - \gamma_0\gamma_2)u_0 + (\gamma_0^2 - \gamma_1^2 + \gamma_2^2 - \gamma_3^2)u_1 + 2(-\gamma_1\gamma_2 + \gamma_0\gamma_3)u_2, \\ u_2' = 2(\gamma_2\gamma_3 + \gamma_0\gamma_1)u_0 + 2(-\gamma_1\gamma_2 - \gamma_0\gamma_3)u_1 + (\gamma_0^2 + \gamma_1^2 - \gamma_2^2 - \gamma_3^2)u_2, \\ nu_3' = 2(\gamma_3\delta_0 - \gamma_0\delta_3 + \gamma_1\delta_2 - \gamma_2\delta_1)u_0 + 2(\gamma_0\delta_1 - \gamma_1\delta_0 + \gamma_2\delta_3 - \gamma_3\delta_2)u_1 \\ \qquad + 2(\gamma_0\delta_2 - \gamma_2\delta_0 + \gamma_3\delta_1 - \gamma_1\delta_3)u_2 + (\gamma_0^2 - \gamma_1^2 - \gamma_2^2 + \gamma_3^2)u_3. \end{cases}$$

Diese Transformationen nennt W. Blaschke *erweiterte Laguerresche Transformationen*[2]). Sie bilden eine siebengliedrige Gruppe, die „*erweiterte Laguerresche Gruppe*". Für $n = \pm 1$ erhält man eine gemischte sechsgliedrige Gruppe, die W. Blaschke als *Laguerresche* Gruppe bezeichnet. Die Geometrie dieser Gruppen ist es, die als *Laguerresche Geometrie* bezeichnet werden soll.

---

[1]) Zahlen der Form $a + b\varepsilon$, wo $\varepsilon^2 = 0$ ist, nennt E. Study *duale* Zahlen. Siehe Geometrie der Dynamen, Leipzig 1903, Vorwort und § 23. Vgl. auch J. Grünwald, Über duale Zahlen und ihre Anwendung in der Geometrie. Monatsh. für Math. 17, (1906). S. 81—136, besonders § 6.

[2]) Monatshefte für Math. u. Physik, 21. Jahrg. 1910 „Untersuchungen übe die Geometrie der Speere in der Euklidischen Ebene". A. Loehrl, Die Laguerresche Gruppe der Ebene, The Tôhoku mathem. Journ. 2 (1912).

Die beiden ersten Gleichungen a) lassen sich schreiben

$$\sigma_1' + i\sigma_2' = (\gamma_0 + i\gamma_3)(\sigma_1 + i\sigma_2) - (\gamma_2 + i\gamma_1)(\sigma_1 - i\sigma_2),$$
$$\sigma_1' - i\sigma_2' = (-\gamma_2 + i\gamma_1)(\sigma_1 + i\sigma_2) + (\gamma_0 - i\gamma_3)(\sigma_1 - i\sigma_2).$$

Für $\gamma_2 = i\gamma_1$ verwandelt die Transformation (b) rechtsisotrope Speere $(\sigma_1 - i\sigma_2 = 0)$ in rechtsisotrope, aber nicht auch linksisotrope $(\sigma_1 + i\sigma_2 = 0)$ Speere in linksisotrope. Das ist nur dann der Fall, wenn $\gamma_1 = \gamma_2 = 0$ ist:

$$(c) \quad \begin{cases} u_0' = (\gamma_0^2 + \gamma_3^2)u_0, \\ u_1' = \qquad\qquad (\gamma_0^2 - \gamma_3^2)u_1 + 2\gamma_0\gamma_3 u_2, \\ u_2' = \qquad\qquad -2\gamma_0\gamma_3 u_1 + (\gamma_0^2 - \gamma_3^2)u_2, \\ nu_3' = 2(\gamma_3\delta_0 - \gamma_0\delta_3)u_0 + 2(\gamma_0\delta_1 - \gamma_3\delta_2)u_1 + 2(\gamma_0\delta_2 + \gamma_3\delta_1)u_2 + (\gamma_0^2 + \gamma_3^2)u_3. \end{cases}$$

Sollen umgekehrt rechtsisotrope Speere in linksisotrope und linksisotrope in rechtsisotrope übergehen, so hat man zu setzen $\gamma_0 = \gamma_3 = 0$:

$$(d) \quad \begin{cases} u_0' = (\gamma_1^2 + \gamma_2^2)u_0, \\ u_1' = \qquad\qquad (\gamma_2^2 - \gamma_1^2)u_1 - 2\gamma_1\gamma_2 u_2, \\ u_2' = \qquad\qquad -2\gamma_1\gamma_2 u_1 + (\gamma_1^2 - \gamma_2^2)u_2, \\ nu_3' = 2(\gamma_1\delta_2 - \gamma_2\delta_1)u_0 + 2(-\gamma_1\delta_0 + \gamma_2\delta_3)u_1 + 2(-\gamma_2\delta_0 - \gamma_1\delta_3)u_2 - (\gamma_1^2 + \gamma_2^2)u_3. \end{cases}$$

Die Transformationen (c) und (d) sind keine Geradentransformationen. Sollen sie das werden, so muß jedesmal in der letzten Zeile das Glied mit u_0 verschwinden d. i. entgegengesetzte Speere müssen wieder in ebensolche übergehen. Dann liefern immer zwei Speertransformationen dieselbe Geradentransformation, nämlich

c) n; γ_0, γ_3, δ_0, δ_1, δ_2, δ_3 und $-n$; $-\gamma_3$, γ_0, $-\delta_3$, δ_2, $-\delta_1$, δ_0 $(\gamma_3\delta_0 - \gamma_0\delta_3 = 0)$,

d) n; γ_1, γ_2, δ_0, δ_1, δ_2, δ_3 und $-n$; $-\gamma_2$, γ_1, δ_3, $-\delta_2$, δ_1, $-\delta_0$ $(\gamma_1\delta_2 - \gamma_2\delta_1 = 0)$.

Die Geradentransformation wird dann erhalten, indem man bei den Speertransformationen die erste Zeile fortläßt. Die Geradentransformation ist jetzt eine (c) gleichsinnige oder (d) gegensinnige Dehnung; um die Formeln in 21, Zus. 1. 2 zu erhalten, muß man setzen:

c) $\quad n = m$; $\quad \gamma_0 = \delta_0 = \alpha_0$, $\quad\gamma_3 = \delta_3 = \alpha_3$, $\quad \delta_1 = m\alpha_2$, $\quad \delta_2 = -m\alpha_1$,

d) $\quad n = m$; $\quad \gamma_1 = \delta_1 = -\alpha_2$, $\quad \gamma_2 = \delta_2 = \alpha_1$, $\quad \delta_0 = m\alpha_0$, $\quad \delta_3 = m\alpha_3$

oder

c) $\quad n = -m$; $\quad \gamma_0 = \delta_0 = -\alpha_3$, $\quad \gamma_3 = \delta_3 = \alpha_0$, $\quad \delta_1 = -m\alpha_1$, $\quad \delta_2 = -m\alpha_2$,

d) $\quad n = -m$; $\quad \gamma_1 = \delta_1 = \alpha_1$, $\quad \gamma_2 = \delta_2 = \alpha_2$, $\quad \delta_0 = -m\alpha_3$, $\quad \delta_3 = m\alpha_0$.

Hieraus geht hervor, warum eine Dehnung in **13**, Zuss. 4. 5 durch *zwei* Systeme von Parametern dargestellt werden konnte; es sind immer zwei verschiedene Speertransformationen, die Anlaß zur selben Geraden- und Punkttransformation geben. Die beiden Scharen der gleichsinnigen und gegensinnigen Dehnungen wurzeln demgemäß in *vier* Scharen von Speertransformationen. Aus zweien dieser Scharen werden die beiden andern erhalten, wenn man die ausgezeichnete Speertransformation hinzufügt, die jeden Speer in den entgegengesetzten verwandelt. Welche dieser vier Arten von *Speer*transformationen man als Dehnungen bezeichnen will, bleibt der Willkür überlassen; eine solche Festsetzung wie in **22**, S. 103 für die Bewegungen und Umlegungen kann im allgemeinen Falle nicht getroffen werden.

Die Speertransformationen c) und d) waren bisher unter den speziellen Annahmen

e) $$\gamma_3\delta_0 - \gamma_0\delta_3 = 0, \qquad\qquad \gamma_1\delta_2 - \gamma_2\delta_1 = 0$$

betrachtet. Läßt man diese Forderung fallen, so stellen sie eine gemischte fünfgliedrige Gruppe dar, die aus den soeben untersuchten Transformationen durch Zusammensetzung mit den Dilatationen (25, Zus. 13) entsteht („fünfgliedrige Dilatationsgruppe").

Die Scharen c) und d) können auch dadurch charakterisiert werden, daß sie alle analytische Transformationen enthalten, die *antitaktische* Speere ($\sigma_1\tau_1+\sigma_2\tau_2=0$) in ebensolche verwandeln, während *syntaktische* Speere ($\sigma_1\tau_2-\sigma_2\tau_1=0$) in ebensolche bei *allen* Laguerreschen Transformationen übergeführt werden. Dagegen werden bei den Transformationen c) und d) entgegengesetzte Speere nicht wieder in ebensolche übergeführt, dazu muß vielmehr jedesmal eine der beiden Bedingungen e) hinzukommen.

Wir bemerken noch, daß es hier gelungen ist, die Bewegungen und Umlegungen auf einen gemeinsamen Ursprung zurückzuverfolgen, d. i. eine kontinuierliche Gruppe anzugeben, die sie beide umfaßt.

Die Gleichung

$$a_{11}\sigma_1^2 + 2a_{12}\sigma_1\sigma_2 + a_{22}\sigma_2^2 + 2a_{00}\sigma_{00} = 0$$

stellt für $a_{00} \neq 0$ einen orientierten Kreis dar. Sein Mittelpunkt kann ebenfalls als orientierter Kreis aufgefaßt werden und hat dann die Gleichung (25, Zus. 10).

$$(a_{11} - a_{22})(\sigma_1^2 - \sigma_2^2) + 4a_{12}\sigma_1\sigma_2 + 4a_{00}\sigma_{00} = 0.$$

Der entgegengesetzt orientierte Kreis heißt

$$a_{22}\sigma_1^2 - 2a_{12}\sigma_1\sigma_2 + a_{11}\sigma_2^2 - 2a_{00}\sigma_{00} = 0,$$

denn der orientierte Kreis vom Radius r_0 und dem Mittelpunkt (ξ_0, η_0) hat die Gleichung

$$(r_0 - \xi_0)\sigma_1^2 + 2\eta_0\sigma_1\sigma_2 + (r_0 + \xi_0)\sigma_2^2 = 2\sigma_{00}.$$

Die Potenz der beiden orientierten Kreise

$$a_{11}\sigma_1^2 + 2a_{12}\sigma_1\sigma_2 + a_{22}\sigma_2^2 + 2a_{00}\sigma_{00} = 0 \quad \text{und} \quad b_{11}\sigma_1^2 + 2b_{12}\sigma_1\sigma_2 + b_{22}\sigma_2^2 + 2b_{00}\sigma_{00} = 0$$

wird (25, Zus. 15) zu

$$\Pi(a, b) = -\left\{(b_{11}a_{00} - a_{11}b_{00})(b_{22}a_{00} - a_{22}b_{00}) - (b_{12}a_{00} - a_{12}b_{00})^2\right\} : a_{00}^2 b_{00}^2.$$

Die Potenz der beiden orientierten Kreise $(\xi_0, \eta_0; r_0)$ und $(\xi_1, \eta_1; r_1)$ wird demnach,

$$(\xi_0 - \xi_1)^2 + (\eta_0 - \eta_1)^2 - (r_0 - r_1)^2.$$

Hieraus gewinnt man leicht die geometrische Bedeutung der Potenz für konzentrische orientierte Kreise.

Zwei getrennte orientierte Kreise berühren sich, wenn ihre Potenz Null ist. Berührung zweier orientierter Kreise bleibt gegenüber allen Laguerreschen Transformationen erhalten, *absolute* Invariante ist die Potenz aber nur, wenn die Transformationen nicht der erweiterten Gruppe angehören ($n^2 = 1$).

Aus orientierten Kreisen bildet man Mannigfaltigkeiten von solchen, so z. B. das *Büschel* orientierter Kreise

$$(\lambda a_{11} + \mu b_{11})\sigma_1^2 + 2(\lambda a_{12} + \mu b_{12})\sigma_1\sigma_2 + (\lambda a_{22} + \mu b_{22})\sigma_2^2 + 2(\lambda a_{00} + \mu b_{00})\sigma_{00} = 0,$$

wo $\lambda : \mu$ veränderlich zu nehmen ist, aber $\lambda a_{00} + \mu b_{00} \neq 0$. Ferner dürfen die a nicht proportional zu den b gewählt werden. In diesem Büschel existiert ein orientierter Kreis vom Radius Null; man erhält ihn für $\lambda(a_{11} + a_{22}) + \mu(b_{11} + b_{22}) = 0$. Sein Mittelpunkt ist der Ähnlichkeitspunkt von a und b (und überhaupt aller Paare orientierter Kreise, die man dem Büschel entnehmen kann) (25, Zus. 11.) Sonderfälle!

Alle orientierten Kreise eines Büschels haben zwei (getrennte oder zusammenfallende) Speere gemeinsam.

Unter den Laguerreschen Transformationen erwähnen wir noch die *Spiegelung am orientierten Kreise*. Es ist das eine involutorische Speertransformation

$$-a_{00}\,\sigma'_{00} = a_{00}\,\sigma_{00} + a_{11}\,\sigma_1^2 + 2\,a_{12}\,\sigma_1\,\sigma_2 + a_{22}\,\sigma_2^2, \quad \sigma'_1 = \sigma_1, \quad \sigma'_2 = \sigma_2. \qquad (a_{00} \neq 0)$$

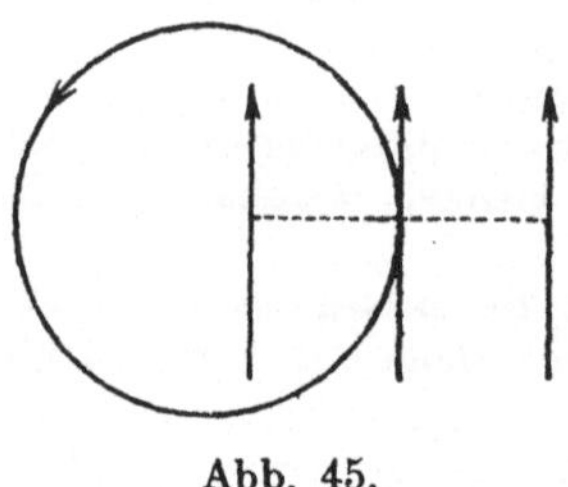

Zugeordnete Speere sind zueinander syntaktisch; ihr Abstand wird durch den zu beiden syntaktischen Speer des orientierten Kreises halbiert. Vgl. Abb. 45.

Die orientierten Kreise lassen sich den Punkten des Raumes so zuordnen, daß die Potenz zweier orientierter Kreise übergeht in das Quadrat der Entfernung der zugehörigen Raumpunkte, und die erweiterte Laguerresche Gruppe in die der Dehnungen des Raumes. Freilich geschieht der Zusammenhang durch das Imaginäre

Abb. 45.

hindurch. („Minimalprojektion", vgl. die angeführte Arbeit von Blaschke.)

Nach anderer Richtung hin läßt sich die Laguerresche Geometrie erweitern, wenn man Transformationen der Form

$$\operatorname{tg}\left(\frac{\vartheta'}{2} + \varepsilon\frac{p'}{2}\right) = f\!\left(\operatorname{tg}\left(\frac{\vartheta}{2} + \varepsilon\frac{p}{2}\right)\right), \qquad \operatorname{tg}\left(\frac{\vartheta'}{2} - \varepsilon\frac{p'}{2}\right) = f\!\left(\operatorname{tg}\left(\frac{\vartheta}{2} + \varepsilon\frac{p}{2}\right)\right)$$

betrachtet. Diese lassen das Quadrat der Tangentialentfernung zweier orientierter Kurven ungeändert und sind deshalb von G. Scheffers (Math. Ann. 60, 1905) als *äquilong*, von E. Study (Sitzungsberichte der Niederrhein. Ges. f. Natur und Heilkunde 1904) als *äquidistant* bezeichnet worden. Sie stehen zu den Laguerreschen Transformationen in einer ähnlichen Beziehung, wie die konformen Transformationen (Zus. 3) zu den Kreisverwandtschaften.

Deutet man die homogenen Speerkoordinaten u_0, u_1, u_2, u_3 als homogene Punktkoordinaten im R_3, so wird die Gesamtheit der Speere der Ebene dadurch auf die Gesamtheit der Punkte eines *Zylinders* (48, Zus. 2) abgebildet („Abbildung VE").

6. *Zweites Geradenkontinuum.* Am Schlusse von **45**, Zus. 2 wurde ausgesprochen, daß die Ergänzung der eigentlichen *Punkte* durch andere, nicht eigentliche, in verschiedener Weise erfolgen kann. Wir wollen jetzt zeigen, daß auch die Begriffsbildung der uneigentlichen *Geraden* nicht notwendig ist, sondern, daß man die Gesamtheit der eigentlichen Geraden noch auf andere Weise abschließen kann.

Die *eigentliche* Gerade $ax + by + c = 0$ schreiben wir jetzt

$$\mathfrak{g}\,\mathfrak{g}_1\,x + \mathfrak{g}\,\mathfrak{g}_2\,y + \mathfrak{g}_3 = 0.$$

Hieraus ergibt sich

(a) $$\mathfrak{g} = \sigma, \qquad \mathfrak{g}_1 = \varrho\,a, \qquad \mathfrak{g}_2 = \varrho\,b, \qquad \mathfrak{g}_3 = \varrho\,\sigma\,c \quad (\varrho \neq 0,\ \sigma \neq 0).$$

Darin ist $\mathfrak{g} \neq 0$, und $\mathfrak{g}_1$ und $\mathfrak{g}_2$ dürfen nicht gleichzeitig verschwinden. Hiernach dürfen zur Darstellung einer eigentlichen Geraden vier *pseudohomogene* Koordinaten (vgl. **45**, Zus. 5) verwandt werden, wenn man vereinbart, daß die Systeme

(b) $$(\mathfrak{g}; \mathfrak{g}_1, \mathfrak{g}_2; \mathfrak{g}_3) \quad \text{und} \quad (\sigma\mathfrak{g}; \varrho\mathfrak{g}_1, \varrho\mathfrak{g}_2; \varrho\sigma\mathfrak{g}_3)$$

für $\varrho\sigma \neq 0$ dieselbe Gerade ergeben. Ferner dürfen $\mathfrak{g}_1$ und $\mathfrak{g}_2$ nicht gleichzeitig verschwinden, und $\mathfrak{g}$ muß von Null verschieden sein.

Es stellt also nicht jedes System $(\mathfrak{g}; \mathfrak{g}_1, \mathfrak{g}_2; \mathfrak{g}_3)$ eine eigentliche Gerade dar, und es ist zu untersuchen, wie weit die Ausnahmen durch eine neue Begriffsschöpfung beseitigt werden können. Dazu vollführen wir einen ähnlichen Grenzübergang wie in 20.

Wir betrachten alle Systeme $(t\mathfrak{g}; \mathfrak{g}_1, \mathfrak{g}_2; \mathfrak{g}_3)$, worin $\mathfrak{g} \neq 0$, $\mathfrak{g}_3 \neq 0$ sei. Dadurch werden bei veränderlichem t alle eigentlichen Geraden eines Parallelenbüschels geliefert; ausgenommen die, welche durch den Nullpunkt läuft. Das Quadrat des Abstandes einer solchen Geraden vom Nullpunkt wird $\mathfrak{g}_3^2 : t^2 \mathfrak{g}^2 (\mathfrak{g}_1^2 + \mathfrak{g}_2^2)$, wobei wir noch $\mathfrak{g}_1^2 + \mathfrak{g}_2^2 \neq 0$ vorausgesetzt haben; der absolute Betrag dieser Größe wächst über alle Maßen, wenn t sich der Null nähert. In der Grenze $t = 0$ wird also eine unendlich ferne Gerade dargestellt, oder, wie wir, um Verwechslungen vorzubeugen, sagen wollen, eine *Grenzgerade*. Sie ist nicht mehr durch eine Gleichung in Punktkoordinaten darstellbar, sondern lediglich durch das System $(0; \mathfrak{g}_1, \mathfrak{g}_2; \mathfrak{g}_3)$ definiert. Die Bedingung für die Parallelität der beiden eigentlichen Geraden $(\mathfrak{g}; \mathfrak{g}_1, \mathfrak{g}_2; \mathfrak{g}_3)$ und $(\mathfrak{h}; \mathfrak{h}_1, \mathfrak{h}_2; \mathfrak{h}_3)$, nämlich die Gleichung $\mathfrak{g}_1 \mathfrak{h}_2 - \mathfrak{g}_2 \mathfrak{h}_1 = 0$ soll Parallelität auch dann definieren, wenn eine Grenzgerade in Frage kommt. Dann ist die Grenzgerade $(0; \mathfrak{g}_1, \mathfrak{g}_2; \mathfrak{g}_3)$ zu allen eigentlichen Geraden $(t\mathfrak{g}; \mathfrak{g}_1, \mathfrak{g}_2; \mathfrak{g}_3)$ parallel.

Nun könnte es noch so scheinen, als ob in diesem Parallelenbüschel ∞^1 Grenzgerade vorkämen; kann doch noch $\mathfrak{g}_3$ willkürlich gewählt werden. Aber nach der Pseudohomogenität sind alle Systeme $(0; \mathfrak{g}_1, \mathfrak{g}_2; \mathfrak{g}_3)$ und $(0; \mathfrak{g}_1, \mathfrak{g}_2; \sigma \mathfrak{g}_3)$ als äquivalent anzusehen, $(\sigma \neq 0)$ und daher auch in der Form $(0; \mathfrak{g}_1, \mathfrak{g}_2; 1)$ darstellbar: *In einem Parallelenbüschel gibt es nur eine einzige Grenzgerade.*

Wir erweitern den Begriff der Grenzgeraden, indem wir auch für $\mathfrak{g}_1^2 + \mathfrak{g}_2^2 = 0$ das System $(0; \mathfrak{g}_1, \mathfrak{g}_2; 1)$ als Koordinaten einer Grenzgeraden ansehen.

Jetzt kommt der wesentliche Unterschied gegen 20. Während man dort immer ein und dieselbe uneigentliche Gerade erhielt, wie man auch den Grenzübergang ausführte, so gewinnt man hier, wenn man von einem andern Parallelenbüschel $(t\mathfrak{h}; \mathfrak{h}_1, \mathfrak{h}_2; \mathfrak{h}_3)$ ausgeht, eine andere Grenzgerade $(0; \mathfrak{h}_1, \mathfrak{h}_2; 1)$. Sie ist nicht mit der vorigen identisch, weil $\mathfrak{g}_1 \mathfrak{h}_2 - \mathfrak{g}_2 \mathfrak{h}_1 \neq 0$ vorausgesetzt wurde:

Es gibt ∞^1 Grenzgerade, in jedem Parallelenbüschel eine einzige. Beiläufig sei bemerkt, daß darin für die „Anschauung" keine Schwierigkeit liegt; ja, es darf behauptet werden, daß die Vorstellung von ∞^1 solchen Grenzgeraden sogar ungezwungener ist, als die einer einzigen uneigentlichen Geraden.

Es sind noch die Fälle zu erledigen, wo $\mathfrak{g}_1$ und $\mathfrak{g}_2$, oder $\mathfrak{g}$ und $\mathfrak{g}_3$ gleichzeitig verschwinden. Dann ordnet man dem System keine Gerade zu, aus demselben Grunde, wie man etwa bei homogenen Punktkoordinaten x_1, x_2, x_3 das Wertesystem $(0, 0, 0)$ ausschließt. Durch geeignete Verfügung über die Proportionalitätsfaktoren ϱ und σ würde man nämlich sonst das System der Koordinaten *jeder* Geraden dem System $(0; \mathfrak{g}_1, \mathfrak{g}_2; 0)$ oder $(\mathfrak{g}; 0, 0; \mathfrak{g}_3)$ beliebig nahe bringen können.

Somit können wir zusammenfassen: *Jedes System $(\mathfrak{g}; \mathfrak{g}_1, \mathfrak{g}_2; \mathfrak{g}_3)$ mit der Äquivalenzbedingung* b) *stellt eine „Gerade" dar, wenn nicht $\mathfrak{g}$ und $\mathfrak{g}_3$ oder $\mathfrak{g}_1$ und $\mathfrak{g}_2$ gleichzeitig verschwinden. Für $\mathfrak{g} \neq 0$ ist die Gerade eigentlich, für $\mathfrak{g} = 0$ wird eine Grenzgerade geliefert.*

Der neue Parallelitätsbegriff hat zur Folge, daß jetzt *ausnahmslos* der Satz gilt: *Sind zwei Gerade einer dritten parallel, so sind sie auch unter sich parallel.*

Der Satz gilt *nicht*, wenn man, wie in der Kollineationsgeometrie, die eigentlichen Geraden durch die uneigentliche Gerade abschließt (vgl. 20, Zus. 2).

Die allgemeinste analytische Transformation, die Gerade in Gerade verwandelt, findet man dann, wenn man auf das Gewicht der einzelnen Koordinaten achtet, als

$$
\text{c)} \quad \begin{cases} \mathfrak{g}' = A\,\mathfrak{g}, \\ \mathfrak{g}_1' = A_{11}\,\mathfrak{g}_1 + A_{12}\,\mathfrak{g}_2, \\ \mathfrak{g}_2' = A_{21}\,\mathfrak{g}_1 + A_{22}\,\mathfrak{g}_2, \\ \mathfrak{g}_3' = A_{31}\,\mathfrak{g}\,\mathfrak{g}_1 + A_{32}\,\mathfrak{g}\,\mathfrak{g}_2 + A_{33}\,\mathfrak{g}_3. \end{cases} \qquad A\,A_{33}(A_{11}A_{22} - A_{12}A_{21}) \neq 0.
$$

In der ersten Zeile darf rechts kein weiteres Glied auftreten, weil außer $\mathfrak{g}$ keine Koordinate das Gewicht σ besitzt. Entsprechend erklären sich die beiden nächsten Zeilen. In der letzten Zeile hat jedes veränderliche Glied das Gewicht $\varrho\,\sigma$, und weitere Glieder der Art kann es nicht geben.

Durch passende Verfügung über die Proportionalitätsfaktoren ϱ und σ läßt sich (A_{33} und) A der Einheit gleich machen. Dann läßt sich leicht angeben, wie die *eigentlichen* Geraden durch die Transformationen der (nicht acht- sondern) sechsgliedrigen Gruppe c) vertauscht werden. Man darf dann homogene Geradenkoordinaten einführen und findet (vgl. 29, (1))

$$
\begin{cases} \mathfrak{x}_1' = A_{11}\,\mathfrak{x}_1 + A_{12}\,\mathfrak{x}_2, \\ \mathfrak{x}_2' = A_{21}\,\mathfrak{x}_1 + A_{22}\,\mathfrak{x}_2, \\ \mathfrak{x}_3' = A_{31}\,\mathfrak{x}_1 + A_{32}\,\mathfrak{x}_2 + A_{33}\,\mathfrak{x}_3. \end{cases}
$$

Das sind aber die Affinitäten (21, Zus. 7).

Auch die Grenzgeraden werden nur unter sich vertauscht (aus $\mathfrak{g} = 0$ folgt $\mathfrak{g}' = 0$).

Somit gibt es *zwei* affine Geometrien mit der Geraden als Raumelement. Sie unterscheiden sich dem oberflächlichen Blick durchaus nicht, sondern erst bei Einführung der uneigentlichen Geraden bzw. der ∞^1 Grenzgeraden. Einen solchen in beiden Geometrien verschieden lautenden Satz haben wir schon aufgeführt. Ein anderer würde sein:

Zwei (als Geradenmannigfaltigkeiten aufgefaßte) Parabeln haben *stets* die uneigentliche Gerade gemeinsam.	Zwei (als Geradenmannigfaltigkeiten aufgefaßte) Parabeln haben eine Grenzgerade nur dann gemeinsam, wenn ihre Achsen parallel sind.

Die einfachsten Geradenmannigfaltigkeiten in der neuen affinen Geometrie sind (wir geben jedesmal das Gewicht in den ϱ und σ an):

σ: $\mathfrak{g} = 0$. Die Gesamtheit aller ∞^1 Grenzgeraden.

ϱ: $a_1\,\mathfrak{g}_1 + a_2\,\mathfrak{g}_2 = 0$. Parallelenbüschel.

$\varrho\,\sigma$: $a_1\,\mathfrak{g}\,\mathfrak{g}_1 + a_2\,\mathfrak{g}\,\mathfrak{g}_2 + a_3\,\mathfrak{g}_3 = 0$. Für $a_3 = 0$ ist die Figur reduzibel und besteht aus einem Parallelenbüschel nebst der Schar aller Grenzgeraden. Für $a_3 \neq 0$ wird die Gesamtheit der Geraden durch einen eigentlichen Punkt geliefert (Geradenbüschel).

Es ist hier also nicht möglich, Geradenbüschel und Parallelenbüschel durch ein und dieselbe Formel darzustellen, wie es in der ursprünglichen affinen Geometrie war ($a_1\mathfrak{x}_1 + a_2\mathfrak{x}_2 + a_3\mathfrak{x}_3 = 0$); hier wird dann vielmehr das Parallelenbüschel nicht *rein* dargestellt, sondern in Verbindung mit der Schar aller Grenzgeraden.

$\varrho\,\sigma^2$: $\mathfrak{g}(a_1\,\mathfrak{g}\,\mathfrak{g}_1 + a_2\,\mathfrak{g}\,\mathfrak{g}_2 + a_3\,\mathfrak{g}_3) = 0$. Die Figur ist reduzibel.

$\varrho^2\sigma$: $(A_{11}\mathfrak{g}_1^2 + 2A_{12}\mathfrak{g}_1\mathfrak{g}_2 + A_{22}\mathfrak{g}_2^2)\mathfrak{g} + 2(A_{13}\mathfrak{g}_1 + A_{23}\mathfrak{g}_2)\mathfrak{g}_3 = 0$. Falls A_{13} und A_{23} nicht gleichzeitig verschwinden, werden die eigentlichen Tangenten einer

Parabel geliefert (vgl. 49. 70), dazu die Grenzgerade $(0;\ A_{23},\ -A_{13};\ 1)$. Ein Ausnahmefall!

Die Ellipsen, Kreise und Hyperbeln erscheinen aber unter einer anderen Gestalt ($|A_{11}A_{22}A_{33}| \neq 0$):

$$\varrho^2\sigma^2:\quad A_{11}\mathfrak{g}^2\mathfrak{g}_1^2 + 2A_{12}\mathfrak{g}^2\mathfrak{g}_1\mathfrak{g}_2 + A_{22}\mathfrak{g}^2\mathfrak{g}_2^2 + 2A_{13}\mathfrak{g}\mathfrak{g}_1\mathfrak{g}_3 + 2A_{23}\mathfrak{g}\mathfrak{g}_2\mathfrak{g}_3 + A_{33}\mathfrak{g}_3^2 = 0.$$

Hierin darf dann A_{33} nicht verschwinden. In dem ausgeschlossenen Falle wird aber nicht eine Parabel dargestellt, sondern eine reduzible Mannigfaltigkeit, bestehend aus einer Parabel und der Schar der Grenzgeraden. (Die Parabel wird nicht *rein* dargestellt.) Im Gegensatz dazu besteht für $A_{33} \neq 0$ die Mannigfaltigkeit nur aus eigentlichen Geraden.

In dem hier behandelten Zweige der Geometrie findet die Sonderstellung einen Ausdruck, die die Parabel der Ellipse und Hyperbel gegenüber in der elementaren Betrachtungsweise einnimmt. Die Koordinate $\mathfrak{g}$ (das Verhältnis $\mathfrak{g}_3 : \mathfrak{g}$) tritt das eine Mal in erster, das andere Mal in zweiter Potenz auf; d. i. die Parabel hat in jedem Parallelenbüschel nur eine Tangente, die übrigen irreduziblen Kurven 2. Ordnung dagegen zwei.

Allgemeinere Untersuchungen, die sich auf diesen Zweig der Geometrie beziehen, finden sich bei H. Mohrmann: Bestimmung aller Normalflächen mit transitiven automorphen Gruppen von projektiven Transformationen, Rendiconti del circolo matematico di Palermo Bd. 32 (1911). Elementarer ist die Behandlung des Verfassers in Zeitschrift für math. u. naturw. Unterr. Bd. 40, (1909) „Eine neue Liniengeometrie in der Ebene". Dort sind als Koordinaten der eigentlichen Geraden $ax + by + c = 0$ verwandt die Größen

$$\mathfrak{X}_1 = -b,\quad \mathfrak{X}_2 = a;\qquad \mathfrak{X}_{11} = -ac,\quad \mathfrak{X}_{22} = -bc,$$

so daß die Systeme

$$(\mathfrak{X}_1,\ \mathfrak{X}_2;\ \mathfrak{X}_{11},\ \mathfrak{X}_{22})\quad \text{und}\quad (\tau\mathfrak{X}_1,\ \tau\mathfrak{X}_2;\ \tau^2\mathfrak{X}_{11},\ \tau^2\mathfrak{X}_{22})\qquad (\tau \neq 0)$$

dieselbe Gerade liefern. Die Grenzgeraden erscheinen dann als $(0,\ 0;\ \mathfrak{X}_{11},\ \mathfrak{X}_{22})$.

Auch diese Koordinaten sind demnach pseudohomogen; sie sind aber nicht voneinander unabhängig, sondern genügen der Identität

$$\mathfrak{X}_1\mathfrak{X}_{11} + \mathfrak{X}_2\mathfrak{X}_{22} = 0.$$

Diese Koordinaten bringen den Zusammenhang dieses Zweiges der ebenen Geometrie mit einer großen räumlichen Theorie zum Ausdruck, der „Strahlengeometrie" von E. Study, die in dessen Geometrie der Dynamen, Leipzig 1903 ausführlich behandelt ist. Demgemäß ist in der Arbeit von 1909 der neue Begriff der geraden Linie durch das Wort *Strahl* bezeichnet.

Der Zusammenhang zwischen den Strahlenkoordinaten $(\mathfrak{X}_1,\ \mathfrak{X}_2;\ \mathfrak{X}_{11},\ \mathfrak{X}_{22})$ und den bisher benutzten wird dann durch die Formeln geliefert

$$\mathfrak{X}_1 = -\mathfrak{g}_2\sqrt{\mathfrak{g}},\quad \mathfrak{X}_2 = \mathfrak{g}_1\sqrt{\mathfrak{g}};\quad \mathfrak{X}_{11} = -\mathfrak{g}_1\mathfrak{g}_3,\quad \mathfrak{X}_{22} = -\mathfrak{g}_2\mathfrak{g}_3,$$

wobei das Vorzeichen von $\sqrt{\mathfrak{g}}$ gleichgültig ist (nur muß es beide Male gleich genommen werden).

Die Transformationsgruppe c), die dieser Strahlengeometrie zugrunde liegt, kann dann so geschrieben werden:

$$\text{d)}\quad \begin{cases} \mathfrak{X}_1' = A_{22}\mathfrak{X}_1 - A_{21}\mathfrak{X}_2, \\ \mathfrak{X}_2' = -A_{12}\mathfrak{X}_1 + A_{11}\mathfrak{X}_2, \\ \mathfrak{X}_{11}' = -A_{12}A_{32}\mathfrak{X}_1^2 + (A_{12}A_{31} + A_{11}A_{32})\mathfrak{X}_1\mathfrak{X}_2 - A_{11}A_{31}\mathfrak{X}_2^2 + A_{33}(A_{11}\mathfrak{X}_{11} + A_{12}\mathfrak{X}_{22}), \\ \mathfrak{X}_{22}' = -A_{22}A_{32}\mathfrak{X}_1^2 + (A_{22}A_{31} + A_{21}A_{32})\mathfrak{X}_1\mathfrak{X}_2 - A_{21}A_{31}\mathfrak{X}_2^2 + A_{33}(A_{21}\mathfrak{X}_{11} + A_{22}\mathfrak{X}_{22}). \end{cases}$$

7. *Zweites Speerkontinuum.* Nachdem es gelungen ist, die Mannigfaltigkeit der ∞^2 eigentlichen Geraden anders abzuschließen als in der Kollineationsgeometrie, nämlich durch ∞^1 Grenzgerade, wird es nicht mehr überraschen, daß auch die Mannigfaltigkeit der ∞^2 eigentlichen Speere sich statt durch den uneigentlichen Speer durch ∞^1 „*Grenzspeere*" ergänzen läßt, wodurch dann also wieder ein neuer Zweig der Geometrie erklärt ist, der zu einer, wie wir sehen werden, *siebengliedrigen* Transformationsgruppe gehört.

In 45, Zus. 5 war ein Speer durch die pseudohomogenen Koordinaten $(\sigma_{00}; \sigma_1, \sigma_2)$ dargestellt. Er sei eigentlich, so daß also σ_1 und σ_2 nicht gleichzeitig verschwinden. Dann setzen wir

$$(\text{a}) \qquad \sigma_{00} = \mathfrak{z}_{00}, \qquad \sigma_1 = \mathfrak{z}\,\mathfrak{z}_1, \qquad \sigma_2 = \mathfrak{z}\,\mathfrak{z}_2,$$

und benutzen als neue pseudohomogene Speerkoordinaten die Größen $(\mathfrak{z}; \mathfrak{z}_1, \mathfrak{z}_2; \mathfrak{z}_{00})$. Ihre Homogenität besteht darin, daß die Systeme

$$(\mathfrak{z}; \mathfrak{z}_1, \mathfrak{z}_2; \mathfrak{z}_{00}) \qquad \text{und} \qquad (\sigma \mathfrak{z}; \varrho\,\mathfrak{z}_1, \varrho\,\mathfrak{z}_2; \varrho^2 \sigma^2 \mathfrak{z}_{00})$$

denselben Speer darstellen $(\sigma \neq 0,\ \varrho \neq 0)$. Darin liegt der Unterschied gegen die äußerlich ebenso aussehenden pseudohomogenen Geradenkoordinaten.

Vorauszusetzen ist, daß $\mathfrak{z}_1$ und $\mathfrak{z}_2$ nicht gleichzeitig verschwinden; für einen eigentlichen Speer muß ferner $\mathfrak{z} \neq 0$ sein. Zwei eigentliche Speere $\mathfrak{z}$ und $\mathfrak{z}^*$ sind syntaktisch für $\mathfrak{z}_1 \mathfrak{z}_2{}^* - \mathfrak{z}_2 \mathfrak{z}_1{}^* = 0$, und durch diese Bedingung soll die Syntaxie auch erklärt werden, wenn die jetzt zu definierenden Grenzspeere mit in Frage kommen. Zu diesen gelangen wir nun ganz entsprechend, wie auf S. 215 zu den Grenzgeraden. Wir betrachten die eigentlichen Speere eines syntaktischen Büschels

$$t\,\mathfrak{z}; \mathfrak{z}_1, \mathfrak{z}_2; \mathfrak{z}_{00}$$

und gehen zur Grenze $t = 0$ über. Dadurch erhalten wir in jedem Büschel syntaktischer Speere einen unendlich fernen *Grenzspeer*, der durch das System $(0; \mathfrak{z}_1, \mathfrak{z}_2; \mathfrak{z}_{00})$ erklärt ist und auch wegen der Pseudohomogenität der neuen Speerkoordinaten so geschrieben werden kann: $(0; \mathfrak{z}_1, \mathfrak{z}_2; 1)$. In den früheren Speerkoordinaten kann er nicht dargestellt werden, ebensowenig wie der uneigentliche Speer in den jetzigen Speerkoordinaten.

Die Struktur der zugehörigen Transformationsgruppe findet man leicht, wenn man bedenkt, daß das Gewicht $\varrho^2 \sigma^2$ außer $\mathfrak{z}_{00}$ nur noch die Koordinatenverbindungen $\mathfrak{z}^2 \mathfrak{z}_1{}^2$, $\mathfrak{z}^2 \mathfrak{z}_1 \mathfrak{z}_2$ und $\mathfrak{z}^2 \mathfrak{z}_2{}^2$ besitzen:

$$(\text{b}) \quad \begin{cases} \mathfrak{z}' = a\,\mathfrak{z}, \quad * \quad\ * \\ \mathfrak{z}_1' = *\quad b_{11}\,\mathfrak{z}_1 + b_{12}\,\mathfrak{z}_2, \\ \cdot\,\mathfrak{z}_2' = *\quad b_{21}\,\mathfrak{z}_1 + b_{22}\,\mathfrak{z}_2, \\ \mathfrak{z}_{00}' = c\,\mathfrak{z}_{00} + c_{11}\,\mathfrak{z}^2 \mathfrak{z}_1^2 + 2\,c_{12}\,\mathfrak{z}^2 \mathfrak{z}_1 \mathfrak{z}_2 + c_{22}\,\mathfrak{z}^2 \mathfrak{z}_2^2. \end{cases} \qquad a\,c\,(b_{11}\,b_{22} - b_{12}\,b_{21}) \neq 0.$$

Von den neun Koeffizienten lassen sich zwei durch passende Wahl der Proportionalitätsfaktoren ϱ und σ auf eins bringen, so daß noch sieben Koeffizienten wesentlich sind; die Formeln (b) stellen eine *siebengliedrige* Gruppe von Speertransformationen dar.

Betrachten wir als Objekte dieser Transformationen lediglich *eigentliche* Speere, so finden wir sofort, daß die Gruppe (b) die *erweiterte Laguerresche Gruppe* ist, nur eben in andern Speerkoordinaten dargestellt. Statt (a) können wir nämlich auch schreiben

$$\sigma_{00} = \mathfrak{z}_{00} : \mathfrak{z}^2, \qquad \sigma_1 = \mathfrak{z}_1, \qquad \sigma_2 = \mathfrak{z}_2.$$

Setzt man nun noch in den Formeln (b) den Koeffizienten $a = 1$, so geht die letzte Zeile bei Division durch $\mathfrak{z}^2$ über in

$$\sigma_{00}' = c\,\sigma_{00} + c_{11}\,\sigma_1^2 + 2\,c_{12}\,\sigma_1 \sigma_2 + c_{22}\,\sigma_2^2,$$

und durch Vergleichung mit S. 211 Formeln (a) ist unsere Behauptung erwiesen.

Somit gibt es wieder *zwei* Laguerresche Geometrien, ähnlich wie es zwei affine Geradengeometrien gab (S. 216) und zwei Dehnungsgeometrien mit dem Punkte als Raumelement (S. 206).

Als Beispiel für korrespondierende Sätze führen wir nur an:

Sind zwei Speere zu einem dritten Speer syntaktisch, so brauchen sie nicht selbst syntaktisch zu sein.

Sind zwei Speere zu einem dritten syntaktisch, so sind sie auch selbst syntaktisch.

Ein Zusammenhang der hier behandelten, von W. Blaschke[1]) als *zweites Speerkontinuum* bezeichneten Speermannigfaltigkeit und dem auf S. 214 erklärten *zweiten Geradenkontinuum* läßt sich leicht angeben. Die Gerade $\mathfrak{g}; \mathfrak{g}_1, \mathfrak{g}_2; \mathfrak{g}_3$ wird orientiert durch Einführung der Größe $\mathfrak{g}_0 = \sqrt{\mathfrak{g}_1^2 + \mathfrak{g}_2^2}$. Jetzt kann man setzen (vgl. dazu die entsprechenden Formeln in Zus. 5):

$$\mathfrak{g}_0 = \mathfrak{z}_1^2 + \mathfrak{z}_2^2, \qquad \mathfrak{g}_1 = \mathfrak{z}_1^2 - \mathfrak{z}_2^2, \qquad \mathfrak{g}_2 = -2\,\mathfrak{z}_1\,\mathfrak{z}_2, \qquad \mathfrak{g} = \mathfrak{z}^2, \quad \mathfrak{g}_3 = 2\,\mathfrak{z}_{00}.$$

Damit hat man eine zweite Möglichkeit, die Speere des zweiten Kontinuum durch Koordinaten darzustellen; die Systeme

$$(\mathfrak{g}; \mathfrak{g}_0, \mathfrak{g}_1, \mathfrak{g}_2; \mathfrak{g}_3) \qquad \text{und} \qquad (\sigma^2\,\mathfrak{g}; \varrho^2\,\mathfrak{g}_0, \varrho^2\,\mathfrak{g}_1, \varrho^2\,\mathfrak{g}_2; \varrho^2\,\sigma^2\,\mathfrak{g}_3) \qquad (\varrho\,\sigma \neq 0)$$

oder also

$$(\mathfrak{g}; \mathfrak{g}_0, \mathfrak{g}_1, \mathfrak{g}_2; \mathfrak{g}_3) \qquad \text{und} \qquad (\sigma^*\,\mathfrak{g}; \varrho^*\,\mathfrak{g}_0, \varrho^*\,\mathfrak{g}_1, \varrho^*\,\mathfrak{g}_2; \varrho^*\,\sigma^*\,\mathfrak{g}_3) \qquad (\varrho^*\sigma^* \neq 0)$$

stellen dann denselben Speer dar. Diese Koordinaten (Koordinaten „zweiter" Art) haben vor den $(\mathfrak{z}; \mathfrak{z}_1, \mathfrak{z}_2; \mathfrak{z}_{00})$ (Koordinaten „erster" Art) den Vorteil, daß sie die Beziehung zwischen entgegengesetzten Speeren durchsichtiger zum Ausdruck bringen. Entgegengesetzt sind die Speere

$$(\mathfrak{g}; \mathfrak{g}_0, \mathfrak{g}_1, \mathfrak{g}_2; \mathfrak{g}_3) \qquad \text{und} \qquad (\mathfrak{g}; -\mathfrak{g}_0, \mathfrak{g}_1, \mathfrak{g}_2; \mathfrak{g}_3).$$

Es ist aber zu beachten, daß die Koordinaten zweiter Art der Relation genügen:

$$\mathfrak{g}_0^2 - \mathfrak{g}_1^2 - \mathfrak{g}_2^2 = 0.$$

Schließlich lassen sich für die Speere des zweiten Kontinuum noch andere Koordinaten angeben. Setzt man $\mathfrak{X}_0^2 - \mathfrak{X}_1^2 - \mathfrak{X}_2^2 = 0$, wo $\mathfrak{X}_1$ und $\mathfrak{X}_2$ die auf S. 217 angegebene Bedeutung haben, so kann man die Größen $\mathfrak{X}_0, \mathfrak{X}_1, \mathfrak{X}_2; \mathfrak{X}_{11}, \mathfrak{X}_{22}$ als Speerkoordinaten verwenden:

$$\mathfrak{X}_0 = \mathfrak{g}_0\sqrt{\mathfrak{g}}, \quad \mathfrak{X}_1 = -\mathfrak{g}_2\sqrt{\mathfrak{g}}, \quad \mathfrak{X}_2 = \mathfrak{g}_1\sqrt{\mathfrak{g}}; \quad \mathfrak{X}_{11} = -\mathfrak{g}_1\,\mathfrak{g}_3, \quad \mathfrak{X}_{22} = -\mathfrak{g}_2\,\mathfrak{g}_3.$$

Identisch sind dann die Speere

$$(\mathfrak{X}_0, \mathfrak{X}_1, \mathfrak{X}_2; \mathfrak{X}_{11}, \mathfrak{X}_{12}) \qquad \text{und} \qquad (\mu\,\mathfrak{X}_0, \mu\,\mathfrak{X}_1, \mu\,\mathfrak{X}_2; \mu^2\,\mathfrak{X}_{11}, \mu^2\,\mathfrak{X}_{22}) \qquad (\mu \neq 0).$$

Die Speere

$$(\mathfrak{X}_0, \mathfrak{X}_1, \mathfrak{X}_2; \mathfrak{X}_{11}, \mathfrak{X}_{22}) \qquad \text{und} \qquad (-\mathfrak{X}_0, \mathfrak{X}_1, \mathfrak{X}_2; \mathfrak{X}_{11}, \mathfrak{X}_{22})$$

sind entgegengesetzt.

Zwischen diesen Speerkoordinaten dritter Art bestehen aber *zwei* Relationen,

$$\mathfrak{X}_0^2 - \mathfrak{X}_1^2 - \mathfrak{X}_2^2 = 0, \qquad \mathfrak{X}_1\,\mathfrak{X}_{11} + \mathfrak{X}_2\,\mathfrak{X}_{22} = 0.$$

---

[1]) In der auf S. 211 zitierten Arbeit, § 11,

8. *Hermitesche Geometrie.* Alle bisher aufgeführten Zweige der Geometrie hatten die Eigenschaft, die elementare Geometrie zu umfassen, insofern die zugehörigen Gruppen die Gruppe der Dehnungen als Untergruppe enthielten. Es ist somit nicht nur die Kollineationsgeometrie eine Erweiterung der elementaren Geometrie, sondern ebensosehr die Geometrie der Kreisverwandtschaften, die affinen Geometrien im ersten und zweiten (Zus. 6) Geradenkontinuum nicht minder als die Laguerreschen Geometrien · im ersten (Zus. 5) und zweiten (Zus. 7) Speerkontinuum.

Nur die *reelle* elementare Geometrie umfaßt ein anderer Zweig der Geometrie, der im reellen Gebiet *völlig* mit der reellen elementaren Geometrie übereinstimmt, insofern auch er im Punktkontinuum der Kollineationsgeometrie arbeitet. *Im komplexen Gebiet verhält er sich dagegen ganz anders.*

Da uns das Verhalten der uneigentlichen Punkte hier nicht weiter interessiert, bedienen wir uns inhomogener Punktkoordinaten (x, y). Dann legen wir die Transformationsgruppe zugrunde

(a) $\quad \begin{cases} x' = e^{i\psi}(p_0 + i\,p_3)\,x + e^{i\psi}(p_2 + i\,p_1)\,y + q_1 + i\,r_1, \\ y' = e^{i\psi}(-p_2 + i\,p_1)\,x + e^{i\psi}(p_0 - i\,p_3)\,y + q_2 + i\,r_2. \end{cases} \quad (p_0^2 + p_1^2 + p_2^2 + p_3^2 \neq 0).$

Die Größen $\psi, p_0, \ldots p_3, q_1, q_2, r_1, r_2$ sind sämtlich als *reell* vorausgesetzt. Die Gruppe ist daher neungliedrig (bei Zählung *reeller* Konstanten, wo die Gruppe aller Kollineationen nicht als achtgliedrig, sondern als sechzehngliedrig zu bezeichnen ist; vgl. **15**, S. 58). Wir nennen sie im Anschluß an eine Terminologie von E. Study[1]) die Gruppe der (*Euklidischen*) *Hermiteschen Kollineationen.*

Wir transformieren zwei Punkte (x_1, y_1) und (x_2, y_2). Dann wird

$$x_1' - x_2' = e^{i\psi}(p_0 + i\,p_3)(x_1 - x_2) + e^{i\psi}(p_2 + i\,p_1)(y_1 - y_2),$$
$$y_1' - y_2' = e^{i\psi}(-p_2 + i\,p_1)(x_1 - x_2) + e^{i\psi}(p_0 - i\,p_3)(y_1 - y_2).$$

und daraus

(b) $\quad \begin{aligned} &(x_1' - x_2')(\bar{x}_1' - \bar{x}_2') + (y_1' - y_2')(\bar{y}_1' - \bar{y}_2') \\ &= (p_0^2 + p_1^2 + p_2^2 + p_3^2) \cdot \big\{ (x_1 - x_2)(\bar{x}_1 - \bar{x}_2) + (y_1 - y_2)(\bar{y}_1 - \bar{y}_2) \big\}. \end{aligned}$

Der *reelle* Ausdruck

$$(x_1 - x_2)(\bar{x}_1 - \bar{x}_2) + (y_1 - y_2)(\bar{y}_1 - \bar{y}_2),$$

der somit (relative) Simultaninvariante gegenüber Hermiteschen Kollineationen ist, heißt (nach Study) das Quadrat der *Hermiteschen Entfernung* der beiden Punkte (x_1, y_1) und (x_2, y_2) (vg. S. 22). Für zwei getrennte Punkte ist er stets positiv.

Betrachtet man nur *reelle* Hermitesche Kollineationen ($\psi = 0 \bmod \pi$, $p_1 = p_3 = r_1 = r_2 = 0$), so erkennt man sofort, daß sie reelle *gleichsinnige* Dehnungen im bisher üblichen Sinne sind. Betrachtet man dann als Objekte dieser Transformationen nur reelle Punkte, *so geht der Begriff der Hermiteschen Entfernung in den bisher als Entfernung bezeichneten Begriff über.* (Vgl. **7**, Zus.4.)

Das Quadrat der Hermiteschen Entfernung wird *absolute* Invariante, wenn man nur die Transformationen einer *acht*gliedrigen Gruppe von Hermiteschen Kollineationen zuläßt ($p_0^2 + p_1^2 + p_2^2 + p_3^2 = 1$), und diese bezeichnet E. Study als *Hermitesche Bewegungen.* Die reellen Hermiteschen Bewegungen

---

[1]) „Kürzeste Wege im komplexen Gebiet", Math. Ann. **60** (1905). Verh. des III. Internat. Math. Kongr. Heidelberg 1904.

stimmen wieder mit den gewöhnlich als Bewegungen bezeichneten Transformationen überein.

Der Ort aller Punkte, die gegen einen festen Punkt (a, b) konstante Hermitesche Entfernung haben, werde als *Hermitescher Kreis* bezeichnet:

$$(x - a)(\bar{x} - \bar{a}) + (y - b)(\bar{y} - \bar{b}) - r^2 = 0, \qquad\qquad (r = \bar{r} > 0).$$

Ist noch $a = \bar{a}$, $b = \bar{b}$, d. i. der „Mittelpunkt" reell,

$$(c) \qquad\qquad (x - a)(\bar{x} - a) + (y - b)(\bar{y} - b) - r^2 = 0,$$

so stimmt sein reeller Zug völlig mit dem reellen Zuge des reellen Kreises

$$(d) \qquad\qquad (x - a)^2 + (y - b)^2 - r^2 = 0$$

überein. Während dieser aber, bei Zählung *reeller* Konstanten, ∞^2 imaginäre Punkte besitzt, hat der Hermitesche Kreis (c) deren ∞^3. (Vgl. 7, Zus. 4.) Er ist also keine Kurve, sondern (44, Zus. 7) ein (spezieller) Punktkomplex. Während ferner der Kreis (d) zwei imaginäre uneigentliche Punkte besitzt, besteht der Hermitesche Kreis (c) auch im komplexen Gebiet *nur aus eigentlichen* Punkten, denn man kann (c) bei Einführung homogener Koordinaten auch so schreiben:

$$(x_1\, a_3 - x_3\, a_1)(\bar{x}_1\, \bar{a}_3 - \bar{x}_3\, \bar{a}_1) + (x_2\, a_3 - x_3\, a_2)(\bar{x}_2\, \bar{a}_3 - \bar{x}_3\, \bar{a}_2) - r^2\, a_3\, \bar{a}_3\, x_3\, \bar{x}_3 = 0.$$

Setzt man jetzt $x_3 = 0$, so bleibt übrig

$$a_3\, \bar{a}_3\, (x_1\, \bar{x}_1 + x_2\, \bar{x}_2) = 0.$$

Der Ausdruck in der Klammer ist stets reell und positiv, d. i. er kann nicht verschwinden, die andern Faktoren tun es nach Voraussetzung nicht. (Erst bei Einführung hyperimaginärer Punkte würde der Hermitesche Kreis uneigentliche Punkte erhalten.) Ebenso gibt es im komplexen Gebiet keine getrennten Punkte von der Hermiteschen Entfernung Null.

Als Fundamentalgebilde im Sinne des Erlanger Programms (S. 202) für die neue Art von Geometrie, vergleichbar dem Paar der absoluten Punkte (44),

$$x_3 = 0, \; x_1{}^2 + x_2{}^2 = 0$$

in der Geometrie der Dehnungen, gilt das Gebilde

$$(e) \qquad\qquad x_3 = 0, \qquad x_1\, \bar{x}_1 + x_2\, \bar{x}_2 = 0,$$

welches im Anschluß an 44, Zus. 5 als ein *Faden* zu bezeichnen wäre (der freilich als Punktmannigfaltigkeit erst im hyperimaginären Gebiet existiert). Um die automorphen Kollineationen (vgl. 16, Zus. 10, 43, Zus. 13) dieses Gebildes handelt es sich in der Hermiteschen Dehnungsgeometrie. D. i.: Es werden diejenigen Kollineationen betrachtet, für die infolge von (e) auch

$$x_3' = 0, \qquad x_1'\, \bar{x}_1' + x_2'\, \bar{x}_2' = 0$$

wird, oder die den Schnitt (e) einer binären Hermiteschen Form und einer linearen Form in sich überführen.

Man wird dann aber auch die *Quasikollineationen* (44, Zus. 1) dieser Eigenschaft betrachten:

$$(f) \quad \begin{cases} x' = e^{i\psi}\,(p_1 - i\,p_2)\,\bar{x} + e^{i\psi}\,(-p_3 + i\,p_0)\,\bar{y} + q_1 + i\,r_1, \\ y' = e^{i\psi}\,(-p_3 - i\,p_0)\,\bar{x} + e^{i\psi}\,(-p_1 - i\,p_2)\,\bar{y} + q_2 + i\,r_2, \end{cases} \quad (p_0^2 + p_1^2 + p_2^2 + p_3^2 \neq 0)$$

wo $\psi, p_0 \ldots p_3, q_1, q_2, r_1, r_2$ reell sind. Auch für sie gilt die Relation (b). Bezeichnen wir sie als *(Euklidische) Hermitesche Antikollineationen*, so ist also das Quadrat der Hermiteschen Entfernung auch ihnen gegenüber relativ invariant, und insbesondere für $p_0^2 + p_1^2 + p_2^2 + p_3^2 = 1$ (*„Hermitesche Umlegungen"*) absolut invariant. Die zu den Hermiteschen Kollineationen und Antikollineationen gehörige Geometrie soll als *Euklidische Hermitesche Geometrie* bezeichnet werden.

Die *reellen* Hermiteschen Antikollineationen ($\psi = 0 \mod \pi$, $p_2 = p_0 = r_1 = r_2 = 0$) vertauschen nun die *reellen* Punkte genau so wie die *reellen gegensinnigen Dehnungen*[1]). Es fällt dann ja der Unterschied zwischen Kollineationen und Antikollineationen fort.

Die Hermitesche Geometrie, zu deren Ausbau noch gar keine Ansätze vorliegen, gehört also zu einer (bei Zählung *reeller* Konstanten) neungliedrigen gemischten Gruppe. Diese würde man jetzt in Geradenkoordinaten herstellen und dann beweisen, daß der Ausdruck

$$\cos^2 [u, v] = \frac{(u_1 \bar{v}_1 + u_2 \bar{v}_2)(\bar{u}_1 v_1 + \bar{u}_2 v_2)}{(u_1 \bar{u}_1 + u_2 \bar{u}_2)(v_1 \bar{v}_1 + v_2 \bar{v}_2)}$$

eine absolute Invariante bildet; man würde den Ausdruck $[u, v]$ dann als *Hermiteschen Winkel* der beiden Geraden u und v bezeichnen. Sind diese beide reell, so fällt der neue Begriff mit dem bisher als Winkel bezeichneten zusammen. Damit hat man jetzt zwei Invarianten, aus denen sich die Hermitesche Geometrie in derselben Weise aufbauen läßt, wie es mit der elementaren Geometrie geschah.

---

[1]) Hier kann der Gebrauch des Wortes Antikollineation zu Verwechslungen nicht führen. Vgl. die Fußnote auf S. 198.

Viertes Kapitel.

46. Korrelationen. Wir haben bisher Transformationen kennen
gelernt, die Punkte in Punkte überführten, und auch solche, die
gerade Linien wieder in gerade Linien verwandelten. Man kann
nun auch verlangen, daß nach einem bestimmten Gesetze den geraden
Linien Punkte zugeordnet werden. Ein Beispiel dafür liefert der
Prozeß, nach welchem einer Geraden ihr Pol in bezug auf einen irreduziblen Kreis zugeordnet wird (30, Zus. 1. 2). Auch hier redet man
von einer Transformation. Die allgemeinste ausnahmslos eindeutig
umkehrbare Transformation dieser Art (vgl. aber Zus. 6) wird durch
das System geliefert:

$$(1) \qquad \begin{cases} x_1' = a_{11}\,\xi_1 + a_{12}\,\xi_2 + a_{13}\,\xi_3, \\ x_2' = a_{21}\,\xi_1 + a_{22}\,\xi_2 + a_{23}\,\xi_3, \\ x_3' = a_{31}\,\xi_1 + a_{32}\,\xi_2 + a_{33}\,\xi_3. \end{cases}$$

Die Ähnlichkeit dieser Formeln mit **29**, (1) und **30**, (9) ist evident.
Nur die geometrische Deutung ist eine andere, analytisch liegt dasselbe Problem vor. Wir können daher die Ergebnisse von **29** in
weitem Umfange verwerten.

Die Transformation (1) heißt eine *Korrelation* oder *Dualität*.
(Wir werden diese Abbildung (Formeln 13 a b) der geraden Linien
der Ebene auf die Punkte der Ebene als Abbildung III zählen).
Eine Korrelation ordnet ausnahmslos jeder Geraden ξ eindeutig einen
Punkt x' zu, sobald die Transformationsdeterminante

$$D = |\, a_{11}\, a_{22}\, a_{33}\,|$$

von Null verschieden ist. Dann redet man von *nicht singulären*
Korrelationen. Nur solche sollen betrachtet werden, so daß der Zusatz nicht singulär nicht mehr immer erforderlich ist.

Die nicht singuläre Korrelation ist umkehrbar. Das heißt, es
läßt sich zu jedem Punkte x' rückwärts die Gerade ξ wieder finden:

$$(2) \qquad \begin{cases} D\,\xi_1 = A_{11}\,x_1' + A_{21}\,x_2' + A_{31}\,x_3', \\ D\,\xi_2 = A_{12}\,x_1' + A_{22}\,x_2' + A_{32}\,x_3', \\ D\,\xi_3 = A_{13}\,x_1' + A_{23}\,x_2' + A_{33}\,x_3'. \end{cases}$$

Hierin bedeutet

$$(3) \quad A_{ii} = a_{kk}\,a_{ll} - a_{kl}\,a_{lk}, \quad A_{kl} = a_{ik}\,a_{li} - a_{ii}\,a_{lk}, \quad A_{lk} = a_{il}\,a_{ki} - a_{ii}\,a_{kl}.$$
$$(i, k, l = 2, 3, 1; \; 3, 1, 2; \; 1, 2, 3).$$

Wie in **29**, (4) schließt man jetzt

$$(4) \qquad\qquad (x'\,y'\,z') = D(\mathfrak{x}\,\mathfrak{y}\,\mathfrak{z}).$$

Allgemeiner geht bei (nicht singulärer) Korrelation *der Rang dreier Geraden* in den Rang der transformierten Punkte über; Beweis wie in **29**.

Nach **29**, (5) ergibt sich

$$(5) \quad \begin{cases} \mathfrak{x}_1' = A_{11}x_1 + A_{12}x_2 + A_{13}x_3, \\ \mathfrak{x}_2' = A_{21}x_1 + A_{22}x_2 + A_{23}x_3, \\ \mathfrak{x}_3' = A_{31}x_1 + A_{32}x_2 + A_{33}x_3. \end{cases}$$

wo $\widehat{y'\,z'} = \mathfrak{x}'$, $\widehat{\mathfrak{y}\,\mathfrak{z}} = x$ gesetzt ist. Die Korrelation ordnet also nicht nur einer Geraden $\mathfrak{x}$ einen Punkt x' zu, sondern auch jedem Punkte x eine Gerade $\mathfrak{x}'$. Beidemal sind aber die *kontragredienten* (**30**, Zus. 15) Transformationsformeln (1) und (5) zu verwenden. Aus beiden folgt:

$$(6) \qquad\qquad (x'\,\mathfrak{x}') = D(x\,\mathfrak{x}).$$

Satz. *Punkt und Gerade in vereinigter Lage werden durch eine Korrelation (besser: durch kontragrediente Korrelationen) übergeführt in Gerade und Punkt in vereinigter Lage.*

Durch Umkehrung von (5) erhält man

$$(7) \quad \begin{cases} D\,x_1 = a_{11}\,\mathfrak{x}_1' + a_{21}\,\mathfrak{x}_2' + a_{31}\,\mathfrak{x}_3', \\ D\,x_2 = a_{12}\,\mathfrak{x}_1' + a_{22}\,\mathfrak{x}_2' + a_{32}\,\mathfrak{x}_3', \\ D\,x_3 = a_{13}\,\mathfrak{x}_1' + a_{23}\,\mathfrak{x}_2' + a_{33}\,\mathfrak{x}_3'. \end{cases}$$

Man beachte genau die Verteilung der Indizes und Akzente in den Formeln (1), (2), (5), (7).

Jetzt können wir zwei Korrelationen zusammensetzen. Vermöge (1) mit den Koeffizienten a wird $\mathfrak{x}$ in x' übergeführt, vermöge (5) muß x' weiter transformiert werden, etwa mit den Koeffizienten B. Dabei geht x' in $\mathfrak{x}''$ über. Durch Elimination der Zwischenwerte x' gewinnt man eine lineare homogene Abhängigkeit zwischen $\mathfrak{x}''$ und $\mathfrak{x}$, d. i. eine *Kollineation*.

Die ∞^8 Korrelationen bilden keine Gruppe.

Für die resultierende *Kollineation*

$$\mathfrak{x}_i'' = c_{i1}\,\mathfrak{x}_1 + c_{i2}\,\mathfrak{x}_2 + c_{i3}\,\mathfrak{x}_3 \qquad\qquad (i = 1, 2, 3)$$

erhält man:

$$(8) \quad \begin{cases} c_{11} = B_{11}a_{11} + B_{12}a_{21} + B_{13}a_{31}, \quad c_{12} = B_{11}a_{12} + B_{12}a_{22} + B_{13}a_{32}, \\ \qquad c_{13} = B_{11}a_{13} + B_{12}a_{23} + B_{13}a_{33}, \\ c_{21} = B_{21}a_{11} + B_{22}a_{21} + B_{23}a_{31}, \quad c_{22} = B_{21}a_{12} + B_{22}a_{22} + B_{23}a_{32}, \\ \qquad c_{23} = B_{21}a_{13} + B_{22}a_{23} + B_{23}a_{33}, \\ c_{31} = B_{31}a_{11} + B_{32}a_{21} + B_{33}a_{31}, \quad c_{32} = B_{31}a_{12} + B_{32}a_{22} + B_{33}a_{32}, \\ \qquad c_{33} = B_{31}a_{13} + B_{32}a_{23} + B_{33}a_{33}. \end{cases}$$

Diese Kollineation ist im allgemeinen nicht die identische; auch nicht, wenn $B = A$, d. i. wenn ein und dieselbe Korrelation zweimal nacheinander angewandt wird. Wird dann $\mathfrak{x}$ in x' übergeführt, so darf man also nicht schließen, daß x' wieder in $\mathfrak{x}$ übergeht.

Vorkommen kann es indessen, daß das System (8) die identische Kollineation ergibt. Dazu ist zu fordern, daß zunächst $c_{12} = c_{13} = 0$ wird. Das liefert

$$B_{11} : B_{12} : B_{13} = A_{11} : A_{21} : A_{31},$$

und solcher Systeme ergeben sich noch zwei andere. Die Bestimmung der drei Proportionalitätsfaktoren erfolgt durch die Bedingung $c_{11} = c_{22} = c_{33} \neq 0$. So erhält man

$$B_{ii} = A_{ii}, \qquad B_{kl} = A_{lk}.$$

Daraus schließt man weiter

$$b_{ii} = a_{ii}, \qquad b_{kl} = a_{lk}.$$

Damit also zwei Korrelationen zusammengesetzt die Identität ergeben (zueinander *invers* sind, vgl. **29**, Zus. 3), müssen die Koeffizienten der einen denen der andern bei der Spiegelung an der Hauptdiagonale entsprechen.

Eine *involutorische* Korrelation muß also, da sie zu sich selbst invers ist, *symmetrisch* gebaut sein, d. i. es muß sein $a_{ik} = a_{ki}$. Solche involutorische Korrelationen nennt man auch wohl *Polaritäten*, denn ein Beispiel für eine solche liefert die Beziehung zwischen Pol und Polare in bezug auf einen irreduziblen Kreis.

In die Behandlung der Korrelationen haben wir eine gewisse Unsymmetrie dadurch gebracht, daß wir sie als Transformationen $\mathfrak{x} \longrightarrow x'$ auffaßten, die einer Geraden einen Punkt zuordnet. Sie sind aber, wie wir gesehen haben, auch Transformationen $x \longrightarrow \mathfrak{x}'$, d. i. wir hätten auch von folgender Darstellung ausgehen können, und werden es weiter tun:

$$(9) \quad \begin{cases} \mathfrak{x}'_1 = a_{11} x_1 + a_{12} x_2 + a_{13} x_3, \\ \mathfrak{x}'_2 = a_{21} x_1 + a_{22} x_2 + a_{23} x_3, \\ \mathfrak{x}'_3 = a_{31} x_1 + a_{32} x_2 + a_{33} x_3. \end{cases}$$

Dann wären wir, freilich durch andere Formelsysteme hindurch, zu denselben Ergebnissen gelangt.

1. Die Korrelation

$$x'_1 = \mathfrak{x}_1 + 2\,\mathfrak{x}_2, \qquad x'_2 = \mathfrak{x}_2 + 2\,\mathfrak{x}_3, \qquad x'_3 = 2\,\mathfrak{x}_3$$

hat die Determinante $D = 2$. Zu dem Punkte x' findet man die Gerade $\mathfrak{x}$ wieder:

$$2\,\mathfrak{x}_1 = 2\,x'_1 - 4\,x'_2 + 4\,x'_3, \qquad 2\,\mathfrak{x}_2 = 2\,x'_2 - 2\,x'_3, \qquad 2\,\mathfrak{x}_3 = x'_3.$$

Die kontragredienten Formeln sind:

$$\xi_1' = 2\,x_1, \qquad \xi_2' = -4\,x_1 + 2\,x_2, \qquad \xi_3' = 4\,x_1 - 2\,x_2 + x_3$$

oder
$$2\,x_1 = \xi_1', \qquad 2\,x_2 = 2\,\xi_1' + \xi_2', \qquad 2\,x_3 = 2\,\xi_2' + 2\,\xi_3'.$$

Es ist nämlich $A_{11} = A_{22} = 2$, $A_{33} = 1$, $A_{12} = A_{13} = A_{23} = 0$, $A_{21} = -4$, $A_{31} = 4$, $A_{32} = -2$.

2. Die beiden Korrelationen

$$x_1' = \xi_1 + 2\,\xi_2, \qquad x_2' = \xi_2 + 2\,\xi_3, \qquad x_3' = 2\,\xi_3,$$
$$x_1' = \xi_1, \qquad x_2' = 2\,\xi_1 + \xi_2, \qquad x_3' = 2\,\xi_2 + 2\,\xi_3$$

sind zueinander *invers*, d. i. sie ergeben, hintereinander ausgeführt, bei beliebiger Reihenfolge die identische *Kollineation*.

3. Besonderheit der Korrelation $\xi_1' = x_3$, $\xi_2' = -x_2$, $\xi_3' = x_1$.

4. Zeige: Eine Kollineation und eine Korrelation ergeben, in beliebiger Reihenfolge zusammengesetzt, wieder eine Korrelation. Demnach bilden die Korrelationen, die für sich keine Gruppe bilden, mit den Kollineationen zusammen eine gemischte achtgliedrige Gruppe, die man die *projektive* Gruppe der Ebene nennt. Die Geometrie der Kollineationen und Korrelationen heißt dann *projektive Geometrie*.

5. Zeige: Sind zwei Gerade $\mathfrak{g}_1$ und $\mathfrak{g}_2$ zwei Punkten p_1 und p_2 korrelativ zugeordnet, so entspricht in derselben Korrelation der Verbindungsgeraden $\overparen{p_1 p_2}$ der Schnittpunkt $\overparen{\mathfrak{g}_1 \mathfrak{g}_2}$. Das soll für *nicht involutorische* Korrelationen bewiesen werden. Der Leser führe die Rechnung sorgsam durch und achte genau darauf, welche Elemente als ursprünglich, welche als transformiert zu gelten haben, und was für Formeln jedesmal in Frage kommen. Dieser Satz ist das Wesentliche am *Dualitätsprinzip*, was wir bis dahin (**31**) nur formal gefaßt hatten.

6. Die Transformationen

$$\left\{ \begin{aligned} x_1' &= a_{11}\bar{\xi}_1 + a_{12}\bar{\xi}_2 + a_{13}\bar{\xi}_3, \\ x_2' &= a_{21}\bar{\xi}_1 + a_{22}\bar{\xi}_2 + a_{23}\bar{\xi}_3, \\ x_3' &= a_{31}\bar{\xi}_1 + a_{32}\bar{\xi}_2 + a_{33}\bar{\xi}_3 \end{aligned} \right.$$

heißen nach C. Segre *Antikorrelationen* (vgl. **44**, Zus. 1). Setze beliebig viele Kollineationen, Antikollineationen, Korrelationen und Antikorrelationen zusammen. Bezeichnet man sie der Reihe nach symbolisch als I, II, III, IV, so gilt u. a. III III′ = I″, I II′ = II″, IV I′ = IV″ usw. (**44**, Zus. 1). Gruppen werden gebildet von den Scharen (I, II, III, IV); (I, II), (I, III), (I, IV); (I).

7. Diskutiere die singulären Korrelationen

a) $\xi_1' : \xi_2' : \xi_3' = x_1 : x_1 : x_3$,   b) $\xi_1' : \xi_2' : \xi_3' = x_1 : x_1 : x_1$,

c) $x_1' : x_2' : x_3' = \xi_3 : \xi_3 : \xi_2$,   d) $x_1' : x_2' : x_3' = \xi_3 : \xi_3 : \xi_3$.

8. Diskutiere die Korrelation des R_3

$$\xi_0' : \xi_1' : \xi_2' : \xi_3' = x_1 : -x_0 : x_3 : -x_2.$$

Sie ist spezieller Art, denn jeder Punkt liegt auf der ihm korrelativ zugeordneten Ebene. Eine solche spezielle Korrelation nennt man ein *Nullsystem*.

47. Polaritäten. Wir stellen die Frage, ob es bei der Korrelation **46**, (9) vorkommen kann, daß jeder Punkt auf der ihm korrelativ zugeordneten Geraden liegt. Es soll also $(\xi' x) \equiv 0$ sein, oder

$$(10) \qquad a_{11} x_1^2 + (a_{23} + a_{32}) x_2 x_3 + a_{22} x_2^2 + (a_{31} + a_{13}) x_3 x_1 + a_{33} x_3^2 +$$
$$+ (a_{12} + a_{21}) x_1 x_2 = 0,$$

wie auch der Punkt x gewählt wird. Dazu muß sein

$$a_{11} = a_{22} = a_{33} = 0, \quad a_{23} + a_{32} = a_{31} + a_{13} = a_{12} + a_{21} = 0.$$

Eine solche Korrelation ist aber singulär, kommt also für uns nicht weiter in Betracht[1]).

Wenn es also bei einer *nicht singulären* Korrelation als unmöglich erwiesen ist, daß *jeder* Punkt mit der korrelativen Geraden vereinigt liegt, so gibt es doch *unendlich viele* Punkte, die diese Eigenschaft haben. Die Koordinaten eines solchen Punktes müssen der Relation (10) genügen, die jetzt nicht mehr identisch erfüllt ist: der Punkt *x* muß einer *Kurve zweiter Ordnung* angehören. Die Gleichung einer solchen ist homogen vom zweiten Grade in den Punktkoordinaten und hat daher sechs Koeffizienten, von denen einer fortdividiert werden kann. Demnach gibt es ∞^5 Kurven zweiter Ordnung („K. 2. O“).

Jede Korrelation bestimmt eine K. 2. O als Ort der Punkte, die mit ihren korrelativ zugeordneten Geraden vereinigt liegen. Umgekehrt gehören so zu einer K. 2. O ∞^3 Korrelationen. Heißt die Gleichung der Kurve

$$(11) \quad a_{11} x_1^2 + a_{22} x_2^2 + a_{33} x_3^2 + 2 a_{23} x_2 x_3 + 2 a_{31} x_3 x_1 + 2 a_{12} x_1 x_2 = 0,$$

so findet man die ∞^3 Korrelationen aus dem System

$$(12) \quad \begin{cases} \mathfrak{x}_1' = a_{11} x_1 + (a_{12} + \nu) x_2 + (a_{31} - \mu) x_3, \\ \mathfrak{x}_2' = (a_{12} - \nu) x_1 + a_{22} x_2 + (a_{23} + \lambda) x_3, \\ \mathfrak{x}_3' = (a_{31} + \mu) x_1 + (a_{23} - \lambda) x_2 + a_{33} x_3. \end{cases}$$

Unter diesen ∞^3 Korrelationen befindet sich nun eine einzige Polarität, sie ergibt sich für $\lambda = \mu = \nu = 0$:

$$(13a) \quad \begin{cases} \mathfrak{x}_1' = a_{11} x_1 + a_{12} x_2 + a_{13} x_3, \\ \mathfrak{x}_2' = a_{21} x_1 + a_{22} x_2 + a_{23} x_3, \\ \mathfrak{x}_3' = a_{31} x_1 + a_{32} x_2 + a_{33} x_3, \end{cases}$$

wobei der Symmetrie halber $a_{ki} = a_{ik}$ gesetzt ist.

Somit entspricht nicht nur jeder Polarität eine K. 2. O., sondern auch jeder K. 2. O. eine Polarität. Ist die Polarität (13a) singulär, so heißt auch die K. 2. O. (11) singulär. Die Determinante der Polarität heißt *Diskriminante* der K. 2. O., ihr Rang wird auch als *Rang* der K. 2. O. bezeichnet.

Der einer Geraden in dieser Polarität korrelativ zugeordnete Punkt heißt ihr *Pol* in bezug auf die K. 2. O., die einem Punkte korrelativ zugeordnete Gerade heißt seine *Polare* inbezug auf die K. 2. O.

---

[1]) Im Raume führt die entsprechende Fragestellung auf den sehr wichtigen Begriff des *Gewindes* oder *Nullsystems* (vgl. 46, Zus. 8), denn die schiefsymmetrischen Determinanten von *gerader* Reihenzahl verschwinden im allgemeinen nicht.

Die Korrelation, die die vier Punkte a, b, c, d der Reihe nach in die geraden Linien $\mathfrak{a}', \mathfrak{b}', \mathfrak{c}', \mathfrak{d}'$ überführt, heißt (vgl. 37, (45)).

$$(14) \quad (a\,b\,c)\,\mathfrak{x}' = \frac{(\mathfrak{b}'\mathfrak{b}'\mathfrak{c}')}{(d\,b\,c)}(x\,b\,c)\,\mathfrak{a}' + \frac{(\mathfrak{b}'\mathfrak{c}'\mathfrak{a}')}{(d\,c\,a)}(x\,c\,a)\,\mathfrak{b}' + \frac{(\mathfrak{b}'\mathfrak{a}'\mathfrak{b}')}{(d\,a\,b)}(x\,a\,b)\,\mathfrak{c}'.$$

Sie ist nicht singulär, sobald a, b, c, d ein Viereck, $\mathfrak{a}', \mathfrak{b}', \mathfrak{c}', \mathfrak{d}'$ ein Vierseit bilden, d. i. wenn alle Dreiersymbole von Null verschieden sind.

1. Die Geraden $\mathfrak{a}', \mathfrak{b}', \mathfrak{c}'\ \mathfrak{d}'$ sollen in folgender Weise spezialisiert werden:

$$\mathfrak{a}' = \widehat{c\,d}, \qquad \mathfrak{b}' = \widehat{d\,e}, \qquad \mathfrak{c}' = \widehat{e\,a}, \qquad \mathfrak{d}' = \widehat{a\,b},$$

wo e ein fünfter Punkt ist, der aber so gewählt werden muß, daß keins der Dreiersymbole $(c\,d\,e), (d\,e\,a), (e\,a\,b)$, verschwindet.

Dann wird

$$(\mathfrak{b}'\mathfrak{b}'\mathfrak{c}') = (a\,d\,e)(a\,b\,e), \quad (\mathfrak{d}'\mathfrak{c}'\mathfrak{a}') = (d\,c\,a)(a\,b\,e), \quad (\mathfrak{b}'\mathfrak{a}'\mathfrak{b}') = (d\,a\,b)(e\,c\,d).$$

Die Formel (14) schreiben wir nun in Form einer Identität in Punktkoordinaten k:

$$(a\,b\,c)\,(\mathfrak{x}'\,k) \equiv \frac{(a\,d\,e)(a\,b\,e)}{(d\,b\,c)}(x\,b\,c)\,(\mathfrak{a}'\,k) + (a\,b\,e)(x\,c\,a)\,(\mathfrak{b}'\,k) + (e\,c\,d)(x\,a\,b)\,(\mathfrak{c}'\,k).$$

Es wird gefragt, was aus dem Punkte e bei dieser Korrelation wird. Wir spezialisieren dazu k zuerst in b, dann in c. Wegen $(\mathfrak{a}'\,b) = (c\,d\,b)$ usw. wird dann

$$(a\,b\,c)\,(\mathfrak{x}'\,b) = (a\,b\,e)\big\{(d\,e\,a)(x\,b\,c) + (d\,e\,b)(x\,c\,a) + (d\,e\,c)(x\,a\,b)\big\},$$
$$(\mathfrak{x}'\,b) = (a\,b\,e)(d\,e\,x); \qquad [\mathbf{31},\,(30\,\mathrm{b})]$$
$$(a\,b\,c)\,(\mathfrak{x}'\,c) = (d\,e\,c)\big\{(b\,e\,a)(x\,c\,a) + (c\,e\,a)(x\,a\,b)\big\},$$
$$(\mathfrak{x}'\,c) = (d\,e\,c)(x\,e\,a).$$

Für $x = e$ verschwinden demnach $(\mathfrak{x}'\,b)$ und $(\mathfrak{x}'\,c)$, d. i. die dem Punkte e korrelativ zugeordnete Gerade $\mathfrak{x}'$ verbindet die Punkte b und c. Sie heiße $\mathfrak{e}'$.

Unsere Korrelation

$$(15) \quad (d\,b\,c)(a\,b\,c)\,(\mathfrak{x}'\,k) \equiv (a\,d\,e)(a\,b\,e)(x\,b\,c)(c\,d\,k) + (a\,b\,e)(d\,b\,c)(x\,c\,a)(d\,e\,k) +$$
$$+ (e\,c\,d)(d\,b\,c)(x\,a\,b)(e\,a\,k)$$

(Identität in den k) führt demnach die Ecken des Fünfecks $a\,b\,c\,d\,e$ in die gegenüberliegenden Seiten über.

Bei vorgegebenem Fünfeck, d. i., wenn kein[1] Dreiersymbol verschwindet, gibt es stets eine und nur eine solche Korrelation (15) — Beweis nach 37 — und sie ist nicht singulär. Aber sie ist auch involutorisch, *also eine Polarität.* Denn sie verwandelt die Seiten des Fünfecks, d. i. die Verbindungsgeraden *aufeinander folgender* Ecken, wieder in die gegenüberliegenden Ecken. (Vgl. 46, Zus. 5.)

Jedes Fünfeck $a\,b\,c\,d\,e$, von dem keine drei aufeinanderfolgender Ecken auf einer Geraden liegen, vermittelt eindeutig eine nicht singuläre Polarität, in der den Ecken die gegenüberliegenden Seiten zugeordnet werden.

---

[1] Notwendig ist nur, daß gewisse leicht zu beschreibende fünf von den zehn Dreiersymbolen von Null verschieden sind. Vgl. einen Aufsatz des. Verf. „Fünfecke und Polarsysteme“. Sitzungsber. des Kais. Akad. d. Wiss. Wien. Math.-nat. Klasse. **126**, (1917).

Jedes Fünfeck dieser Art bestimmt daher auch eine nicht singuläre Kurve zweiter Ordnung. Die Gleichung der K. 2. O. erhält man, indem man in (15) k durch x ersetzt, vermöge der Forderung $(\mathfrak{x}'x) = 0$:

$$(15\,\mathrm{a}) \qquad (a\,d\,e)(a\,b\,e)(b\,c\,x)(c\,d\,x) + (a\,b\,e)(d\,b\,c)(c\,a\,x)(d\,e\,x) + (e\,c\,d)(d\,b\,c)(a\,b\,x)(e\,a\,x) = 0.$$

Der hiermit bewiesene Satz stammt von v. Staudt, der ihn synthetisch abgeleitet hat. *Unseres Erachtens hat er die Grundlage einer erschöpfenden synthetischen Behandlung der Kurven zweiter Ordnung zu bilden und damit die Grundlage einer synthetischen Behandlung der Nicht-Euklidischen Geometrie.*

2. Es sollen zu folgenden K. 2. O. die zugehörigen ∞^3 Korrelationen angegeben werden:

$$x^2 + y^2 + 1 = 0, \qquad\qquad x^2 + y^2 - 1 = 0,$$
$$k^2\,x_1^2 + k^2\,x_2^2 + x_3^2 = 0, \qquad -k^2\,x_1^2 - k^2\,x_2^2 + x_3^2 = 0.$$

3. Zeichne ein Polarfünfeck für die Kreise $x^2 + y^2 + 1 = 0$ und $x^2 + y^2 - 1 = 0$.

4. Zeige, daß die Diskriminante der Kurve (15 a) geschrieben werden kann.

$$(e\,a\,b)^2\,(a\,b\,c)^2\,(b\,c\,d)^2\,(c\,d\,e)^2\,(d\,e\,a)^2.$$

Welche anfänglichen Einschränkungen für die Lage der vier Punkte a, b, c, d sind demnach hebbar?

5. Gib die ∞^6 Korrelationen an, die zu den in **14**, Zus. 27 genannten M_2^2 des R_3 gehören.

48. Singuläre Kurven zweiter Ordnung. Die Kurve zweiter Ordnung

$$a_{11}x_1^2 + a_{22}x_2^2 + a_{33}x_3^2 + 2\,a_{23}x_2x_3 + 2\,a_{31}x_3x_1 + 2\,a_{12}x_1x_2 = 0$$

war singulär genannt worden, wenn die Determinante

$$D = |\,a_{11}\,a_{22}\,a_{33}\,|, \qquad\qquad (a_{ki} = a_{ik})$$

die Diskriminante der K. 2. O., verschwindet, d. i. wenn die zugehörige Polarität singulär wird.

1. Zunächst habe der Rang der K. 2. O. den Wert *zwei*. Dann gibt es einen einzigen Punkt s, für den die drei Gleichungen bestehen:

$$(16) \qquad \begin{cases} a_{11}s_1 + a_{12}s_2 + a_{13}s_3 = 0, \\ a_{21}s_1 + a_{22}s_2 + a_{23}s_3 = 0, \\ a_{31}s_1 + a_{32}s_2 + a_{33}s_3 = 0. \end{cases}$$

Der Punkt heiße *singulärer* Punkt der K. 2. O. Für ihn wird die Gleichung der K. 2. O. erfüllt, denn es ist:

$$a_{11}s_1^2 + a_{22}s_2^2 + a_{33}s_3^2 + 2\,a_{23}s_2s_3 + 2\,a_{31}s_3s_1 + 2\,a_{12}s_1s_2 =$$
$$(a_{11}s_1 + a_{12}s_2 + a_{13}s_3)s_1 + (a_{21}s_1 + a_{22}s_2 + a_{23}s_3)s_2 + (a_{31}s_1 + a_{32}s_2 + a_{33}s_3)s_3.$$

Ebenso ist aber, wie auch der Punkt y gewählt wird:

$$a_{11}s_1y_1 + a_{22}s_2y_2 + a_{33}s_3y_3 + a_{23}(s_2y_3 + s_3y_2) + a_{31}(s_3y_1 + s_1y_3) +$$
$$+ a_{12}(s_1y_2 + s_2y_1) = 0.$$

Diese beiden Relationen werden übersichtlicher, wenn man ein neues Symbol einführt. Es sei stets, d. i. *wie groß auch der Rang der Diskriminante ist,*

$$(17)\quad (x/y) = (y/x) = a_{11}x_1y_1 + a_{22}x_2y_2 + a_{33}x_3y_3 + a_{23}(x_2y_3 + x_3y_2)$$
$$+ a_{31}(x_3y_1 + x_1y_3) + a_{12}(x_1y_2 + x_2y_1)^1).$$

Dann ist $(x/x) = 0$ die Gleichung der K. 2. O. Für den singulären Punkt s wird:

$$(18)\qquad\qquad (s/s) = 0, \quad (s/y) = 0.$$

Jeder Punkt x der Verbindungsgeraden $\widehat{sy}$ läßt sich in der Form darstellen [2]):

$$x = \lambda s + \mu y,$$

wobei y vom singulären Punkt getrennt vorausgesetzt wird.

Daraus folgt:

$$(x/x) = \lambda^2(s/s) + 2\lambda\mu(s/y) + \mu^2(y/y),$$

oder nach (18):

$$(x/x) = \mu^2(y/y).$$

Wir wollen die Gerade $\widehat{sy}$ zum Schnitt mit der K. 2. O. bringen. Es soll also (x/x), demnach auch $\mu^2(y/y)$ verschwinden:

Gehört y der K. 2. O. an, so gehört auch jeder Punkt seiner Verbindungsgeraden mit dem singulären Punkte der K. 2. O. an.

Gehört y der K. 2. O. nicht an [3]), so muß $\mu = 0$ sein. Die Verbindungsgerade $\widehat{ys}$ trifft die K. 2. O. dann nur im singulären Punkte.

Hieraus folgt, daß die K. 2. O. außer dem singulären Punkt keine weiteren Punkte besitzt, oder daß diese Punkte *sich auf gerade Linien durch den singulären Punkt verteilen,* und es ist zu untersuchen, wieviel gerade Linien das sind.

Dazu schneiden wir die K. 2. O. wieder durch eine Gerade $\widehat{yz}$, die jetzt aber nicht durch den singulären Punkt laufen soll:

$$x = \lambda y + \mu z, \qquad\qquad (syz) \neq 0.$$
$$(x/x) = \lambda^2(y/y) + 2\lambda\mu(y/z) + \mu^2(z/z).$$

Für die Schnittpunkte mit der K. 2. O. muß (x/x) verschwinden. Das gibt für $\lambda : \mu$ eine quadratische Bestimmungsgleichung. Es sei nun $(y/y) \neq 0$.

---

[1]) Das Symbol (x/y) lies „x in y".

[2]) Warum tut hier die schlechte Parameterdarstellung der Sache keinen Schaden?

[3]) Daß es einen solchen Punkt geben muß, folgt daraus, daß die Punkte
$$1 : 0 : 0, \quad 0 : 1 : 0, \quad 0 : 0 : 1$$
$$0 : 1 : 1, \quad 1 : 0 : 1, \quad 1 : 1 : 0$$
nicht gleichzeitig der K. 2. O. angehören können, deren Rang als von Null verschieden vorausgesetzt wird.

Dann hat die Gleichung:

$$\lambda^2\,(y|y) + 2\,\lambda\mu\,(y|z) + \mu^2\,(z|z) = 0$$

höchstens und immer zwei Lösungen $\lambda:\mu$, von denen keine den singulären Punkt ergibt. Mithin besteht die K. 2. O. aus *zwei* geraden Linien durch den singulären Punkt. Diese sind *getrennt*. Würden sie nämlich zusammenfallen, etwa in $(\mathfrak{p}x) = 0$, so würde die Gleichung der K. 2. O. lauten $(\mathfrak{p}x)^2 = 0$. Diese hat aber nur den Rang eins: *Eine K. 2. O. vom Range zwei besteht aus zwei getrennten Geraden durch den singulären Punkt.*

2. Nun ist noch der Fall der Kurven 2. Ordnung vom Range *eins* zu untersuchen. Das System (16) hat jetzt ∞^1 Lösungen $s_1:s_2:s_3$; es gibt ∞^1 singuläre Punkte. Diese erfüllen eine gerade Linie: von den drei Gleichungen (16) sind zwei eine Folge der dritten, oder identisch erfüllt. Die (eine) nicht identisch erfüllte Gleichung gibt die Gleichung der *singulären Geraden*, die wir $\mathfrak{z}$ nennen.

Jede nicht singuläre Gerade $\mathfrak{y}$ der Ebene besitzt also einen singulären Punkt der K. 2. O., nämlich den Schnittpunkt $\widehat{\mathfrak{y}\mathfrak{z}}$ mit der singulären Geraden. Um die Gerade $\mathfrak{y}$ mit der K. 2. O. zum Schnitt zu bringen, braucht man auf ihr zwei Punkte. Als einen von diesen wählen wir den soeben beschriebenen singulären Punkt. Dann dürfen wir auf Grund von (18) wie vorhin schließen, daß ein einziger doppelt zählender Schnittpunkt vorhanden ist — das ist der singuläre Punkt auf $\mathfrak{y}$ — oder ∞^1 Schnittpunkte. Der letzte Fall sagt aber aus, daß auch $\mathfrak{y}$ ganz der K. 2. O. angehört, deren Gleichung hier also $(\mathfrak{y}x)(\mathfrak{z}x) = 0$ sein würde. Dann wäre aber der Rang gleich zwei. Somit bleibt übrig:

Eine K. 2. O. vom Range eins besteht aus einer doppeltzählenden geraden Linie, der singulären Geraden.

Die singulären K. 2. O. sind demnach reduzibel.

1. Welche der folgenden K. 2. O. sind singulär?
$$x_1^2+4x_1x_2-2x_1x_3+4x_2^2-4x_2x_3+x_3^2 = 0, \qquad x_1^2-4x_2^2+4x_2x_3-x_3^2 = 0,$$
$$x_1^2-4x_2^2+4x_2x_3+x_3^2 = 0, \qquad x_1^2+x_2^2+x_3^2+2x_2x_3+2x_3x_1+2x_1x_2 = 0.$$
Gib bei diesen die singulären Elemente an.

2. Die M_2^2 in R_3, die einen einzigen singulären Punkt besitzen, heißen *Kegel*. In der affinen Geometrie des R_3 scheidet man sie in Kegel im eigentlichen Sinne (der singuläre Punkt ist eigentlich) und *Zylinder* (der singuläre Punkt ist uneigentlich).

3. Im R_n $(n \geq 3)$ teilt man die M_{n-1}^2 ein nach dem Range r.

1. $r = n+1$. Singularitätenfreie M_{n-1}^2.

2. $r = n$. Es existiert ein singulärer Punkt, usw.

Für $r = k$ existiert ein singulärer R_{n-k} auf der M_{n-1}^2. Reduzibel wird die M_{n-1}^2 aber erst für $r = 2$, $r = 1$.

4. In einem binären Gebiet (**32**, S. 158) sei ein Element durch die homogenen Koordinaten $\xi_1 : \xi_2$ gegeben. Eine *binäre quadratische* Form

$$a_{11}\xi_2^2 - 2a_{12}\xi_2\xi_1 + a_{22}\xi_1^2,$$

die nicht identisch verschwindet, hat zwei getrennte oder zusammenfallende Nullstellen, stellt also ein *Paar von Elementen* des binären Gebietes dar. Man achte auf die Schreibweise der Koeffizienten, die sich später (**53**, Zus. 1) als vorteilhaft erweisen wird.

5. Alle binären quadratischen Formen mit denselben Nullstellen betrachten wir als äquivalent. Wieviel binäre quadratische Formen gibt es danach? Denkt man sich das binäre Gebiet durch die Punkte einer Geraden repräsentiert, so werden durch solche Formen Punktepaare geliefert; sie bilden das Analogon im R_1 zu den K. 2. O. im R_2.

6. Bei einer binären linearen Transformation (**32**, S. 161) wird eine binäre quadratische Form wieder in eine ebensolche verwandelt. Wie verhält sie sich gegenüber quasilinearer Transformation?

49. Gleichung in Geradenkoordinaten.

Die mit der Kurve zweiter Ordnung $(x/x) = 0$ verbundene Polarität war durch **47**, (13a) gegeben. Dieses System liefert zu jedem Punkte seine Polare. Um umgekehrt zu einer Geraden ihren Pol zu finden, brauchen wir das System nur nach den x aufzulösen, denn die Polaritäten sind ja *involutorische* Korrelationen. Diese Auflösung ist aber nur möglich, wenn der Rang der K. 2. O. den Wert drei hat. Das Folgende bezieht sich also nur auf *nichtsinguläre* Kurven.

$$(13\,\mathrm{b}) \qquad \begin{cases} Dx_1' = A_{11}\mathfrak{x}_1 + A_{12}\mathfrak{x}_2 + A_{13}\mathfrak{x}_3, \\ Dx_2' = A_{21}\mathfrak{x}_1 + A_{22}\mathfrak{x}_2 + A_{23}\mathfrak{x}_3, \\ Dx_3' = A_{31}\mathfrak{x}_1 + A_{32}\mathfrak{x}_2 + A_{33}\mathfrak{x}_3. \end{cases}$$

Hierin ist $D = |\,a_{11}a_{22}a_{33}\,|$, während die A_{ik} dieselben Werte haben wie in **46**, (3). Hier ist aber $A_{ik} = A_{ki}$.

Soll der Punkt x' auf der K. 2. O. liegen, so ist (**47**, S. 226) zu fordern $(x'\mathfrak{x}) = 0$, also:

$$(19) \qquad A_{11}\mathfrak{x}_1^2 + A_{22}\mathfrak{x}_2^2 + A_{33}\mathfrak{x}_3^2 + 2A_{23}\mathfrak{x}_2\mathfrak{x}_3 + 2A_{31}\mathfrak{x}_3\mathfrak{x}_1 + 2A_{12}\mathfrak{x}_1\mathfrak{x}_2 = 0.$$

Unter Benutzung des Symbols:

$$(20) \quad (\mathfrak{x}/\mathfrak{y}) = (\mathfrak{y}/\mathfrak{x}) = A_{11}\mathfrak{x}_1\mathfrak{y}_1 + A_{22}\mathfrak{x}_2\mathfrak{y}_2 + A_{33}\mathfrak{x}_3\mathfrak{y}_3 + A_{23}(\mathfrak{x}_2\mathfrak{y}_3 + \mathfrak{x}_3\mathfrak{y}_2) + $$
$$+ A_{31}(\mathfrak{x}_3\mathfrak{y}_1 + \mathfrak{x}_1\mathfrak{y}_3) + A_{12}(\mathfrak{x}_1\mathfrak{y}_2 + \mathfrak{x}_2\mathfrak{y}_1)$$

können wir dafür schreiben:

$$(19) \qquad\qquad\qquad (\mathfrak{x}/\mathfrak{x}) = 0.$$

Die Gleichung (19) liefert alle geraden Linien, deren Pole der K. 2. O. angehören. Sie heißt die *Gleichung der K. 2. O. in Geradenkoordinaten*.

Mit den Symbolen (x/y) und $(\mathfrak{x}/\mathfrak{y})$ (lies: „$\mathfrak{x}$ in $\mathfrak{y}$") haben wir bereits den analytischen Apparat, der für die Behandlung einer K. 2. O.

ausreicht. $(p/x) = 0$ bedeutet die Gleichung der Polaren des Punktes p in bezug auf die K. 2. O. von der Gleichung $(x/x) = 0$, $(\mathfrak{p}/\mathfrak{x}) = 0$ stellt die Gleichung des Poles der Geraden $\mathfrak{p}$ in bezug auf die K. 2. O. dar. Zu beachten ist, daß im Symbol (x/y) die Koeffizienten a_{ik}, im Symbol $(\mathfrak{x}/\mathfrak{y})$ aber die Koeffizienten A_{ik} vorkommen. In diese Symbole treten immer *zwei lateinische* oder *zwei deutsche* Buchstaben ein, so daß der Trennungsstrich schließlich auch entbehrt werden könnte.

Jetzt führen wir zwei wichtige Relationen an, deren Beweis ohne jede Schwierigkeit ist, deren umständliche Nachprüfung wir aber dem Leser überlassen. Die erste dieser Relationen ist:

$$(21) \qquad (pq/rs) = (p/r)(q/s) - (p/s)(q/r).$$

Die Bedeutung der Ausdrücke rechts ist klar. Links stehen nicht Punktkoordinaten, sondern Geradenkoordinaten, nämlich die Koordinaten der Verbindungsgeraden $\widehat{pq}$ und $\widehat{rs}$. Demgemäß treten links die Koeffizienten A, rechts die Größen a auf. Es bedeutet also

$$(pq/rs) = A_{11}(p_2 q_3 - p_3 q_2)(r_2 s_3 - r_3 s_2) + \cdots$$
$$+ A_{12}\{(p_2 q_3 - p_3 q_2)(r_3 s_1 - r_1 s_3) + (p_3 q_1 - p_1 q_3)(r_2 s_3 - r_3 s_2)\}.$$

Der Leser wird zweckmäßig die rechte Seite von (21) ausrechnen. Dabei heben sich sechs Glieder weg. Dann bietet die Zusammenfassung der übrigen Glieder zu dem Ausdruck links keine Schwierigkeit.

Die zweite Relation lautet:

$$(22) \qquad D(\mathfrak{p}\mathfrak{q}/\mathfrak{r}\mathfrak{s}) = (\mathfrak{p}/\mathfrak{r})(\mathfrak{q}/\mathfrak{s}) - (\mathfrak{p}/\mathfrak{s})(\mathfrak{q}/\mathfrak{r}).$$

Hierin bedeuten die $\widehat{\mathfrak{p}\mathfrak{q}}$ und $\widehat{\mathfrak{r}\mathfrak{s}}$ links Punktkoordinaten. Links treten daher die Größen a auf, während die rechte Seite quadratisch in den A, mithin vom vierten Grade in den a ist. Darin liegt es eben begründet, daß links noch der Faktor D auftreten muß.

Der Bau der rechten Seiten dieser beiden Formeln prägt sich dem Gedächtnis sofort ein, wenn man sich an die Struktur des Vierersymbols 31, (27) erinnert. In der Tat lassen sich beide sehr leicht aus 31, (27) mit Hülfe der in 55 eingeführten Sternsymbolik gewinnen (55, Zus. 13).

1. Es seien $K_1 = 0$ und $K_2 = 0$ die Gleichungen zweier getrennter Kurven 2. Ordnung. Zeige, daß $\lambda_1 K_1 + \lambda_2 K_2 = 0$ ebenfalls eine Kurve 2. Ordnung ist. (Zeigt sich das auch bei Benutzung inhomogener Koordinaten immer?) Sie läuft durch die Schnittpunkte der ursprünglichen beiden Kurven.

2. Sonderfall $\lambda_1 K_1 + \lambda_2 G_1 G_2 = 0$, wo $G_1 = 0$ und $G_2 = 0$ getrennte Gerade sind.

3. Sonderfall $\lambda_1 K_1 + \lambda_2 G_1^2 = 0$.

4. Sonderfall $\lambda_1 G_1 G_2 + \lambda_2 G_3 G_4 = 0$.

5. Die sämtlichen Kurven 2. Ordnung, die durch die vier getrennten Punkte 0, 1, 2, 3 laufen, sind in der Gleichung enthalten:

$$\lambda_1\,(0\,1\,x)\,(2\,3\,x) + \lambda_2\,(0\,2\,x)\,(3\,1\,x) + \lambda_3\,(0\,3\,x)\,(1\,2\,x) = 0.$$

Für welche Wertsysteme λ_1, λ_2, λ_3 wird keine K. 2. O. dargestellt? Rang dieser Kurven!

6. Es seien 0, 1, 2, 3 vier gerade Linien. Bedeutung von

$$\lambda_1\,(0\,1\,\mathfrak{x})\,(2\,3\,\mathfrak{x}) + \lambda_2\,(0\,2\,\mathfrak{x})\,(3\,1\,\mathfrak{x}) + \lambda_3\,(0\,3\,\mathfrak{x})\,(1\,2\,\mathfrak{x}) = 0.$$

7. Unter Benutzung von **31**, (32) lassen sich einfachere, aber unsymmetrische Formen für die Gleichung der K. 2. O. durch vier Punkte angeben als in Zus. 5. Entsprechendes gilt für Zus. 6. So findet man für die K. 2. O. durch fünf Punkte 1, 2, 3, 4, 5 etwa:

$$(1\,4\,5)\,(2\,3\,5)\,(1\,2\,x)\,(3\,4\,x) - (1\,2\,5)\,(3\,4\,5)\,(1\,4\,x)\,(2\,3\,x) = 0. \quad (\text{Vgl. } \mathbf{38}, \text{ Zus. } 4.)$$

8. Bedeutung von:

$$-(1\,\mathfrak{g})\,(2\,3\,4)\,(1\,2\,x)\,(3\,4\,x) + (3\,\mathfrak{g})\,(1\,2\,4)\,(1\,4\,x)\,(2\,3\,x) = 0,$$

wo die 1, 2, 3, 4 Punkte sein sollen. Herleitung aus der Gleichung in Zus. 7!

9. Diskriminanten der K. 2. O. in Zuss. 7. 8!

10. Entwickle die Symbolik (x/y) bzw. $(\mathfrak{x}/\mathfrak{y})$ für den R_3-Ausdruck $(\mathfrak{a}\,\mathfrak{b}\,\mathfrak{c}/\mathfrak{d}\,\mathfrak{e}\,\mathfrak{f})$ und $(a\,b\,c/d\,e\,f)$!

11. Wann fallen die beiden Nullstellen der binären quadratischen Form in **48**, Zus. 4 zusammen? („Singuläre" Formen). Man braucht zwei Formeln für die Nullstellen, von denen jede zuweilen versagen kann.

12. Zeige, daß für die genannte binäre quadratische Form der Ausdruck

$$a_{11}\,a_{22} - a_{12}^2$$

relativ invariant ist gegenüber binären linearen Transformationen. Er heißt die *Diskriminante* der Form. Wie verhält sich die Diskriminante bei quasilinearer Transformation?

13. Welche binären quadratischen Formen entziehen sich der Darstellung durch inhomogene Koordinaten?

50. Kurven zweiter Ordnung. Schnitt mit einer Geraden. Eine Gerade sei durch zwei *getrennte* Punkte a und b gegeben. Dann (läßt sich jeder ihrer Punkte nach **32**, (36) so darstellen:

$$23) \qquad\qquad x = \lambda\,(\mathfrak{h}\,b)\,a - \mu\,(\mathfrak{h}\,a)\,b, \qquad\qquad ((\mathfrak{h}\,a)\,(\mathfrak{h}\,b) + 0)$$

wo $\mathfrak{h}$ eine Hilfsgerade ist. Damit dieser Punkt der K. 2. O. angehört, muß (x/x) verschwinden. Das liefert für $\lambda : \mu$ die Bestimmungsgleichung

$$(24) \qquad \lambda^2\,(\mathfrak{h}\,b)^2\,(a/a) - 2\,\lambda\mu\,(\mathfrak{h}\,b)\,(\mathfrak{h}\,a)\,(a/b) + \mu^2\,(\mathfrak{h}\,a)^2\,(b/b) = 0.$$

Der Fall $(a/a) = (a/b) = (b/b) = 0$ gibt ∞^1 Lösungen $\lambda : \mu$. Dann ist jeder Punkt von $\widehat{a\,b}$ auch Punkt der K. 2. O. In diesem Falle läßt sich das System (23) ohne weiteres verwenden.

Sind aber nicht alle Koeffizienten gleich Null, so gibt es zwei Lösungen $\lambda : \mu$, die noch zusammenfallen können. Somit haben wir:

Eine Gerade hat mit einer Kurve zweiter Ordnung entweder alle Punkte gemeinsam, oder zwei getrennte Punkte, oder endlich zwei zusammenfallende.

Für die beiden Schnittpunkte findet man dann:

$$(25) \qquad \lambda(\mathfrak{h}b) : \mu(\mathfrak{h}a) = (a/b) + \sqrt{(a/b)^2 - (a/a)(b/b)} : (a/a)$$
$$= (b/b) : (a/b) - \sqrt{(a/b)^2 - (a/a)(b/b)}.$$

Dabei hat man für jeden Schnittpunkt der Quadratwurzel beidemale *denselben* Wert beizulegen. Ändert man in (25) in *beiden* Formeln das Vorzeichen der Quadratwurzel ab, so erhält man den andern Schnittpunkt. Beide fallen zusammen für

$$(a/b)^2 - (a/a)(b/b) = 0.$$

Der Fall zweier getrennter oder zusammenfallender Schnittpunkte kann eintreten, denn es läßt sich ebenso wie in 48 zeigen, daß (etwa) (a/a) von Null verschieden gewählt werden kann. Zu untersuchen ist noch der Fall, wo die Gerade $\widehat{ab}$ ganz der K. 2. O. angehört. Wir vermuten dann bereits auf Grund von 48, daß die K. 2. O. singulär sein wird; es ist aber noch zu beweisen.

Dazu leiten wir einige wichtige Formeln ab.

Es seien, ähnlich wie in 33, zwei Dreiecke abc und def gegeben. Es sei also:

$$(abc) \neq 0, \qquad (def) \neq 0.$$

Die Seiten dieser Dreiecke sollen $\mathfrak{a}, \mathfrak{b}, \mathfrak{c}; \mathfrak{d}, \mathfrak{e}, \mathfrak{f}$ heißen, so daß also

$$(26) \qquad \begin{cases} (\mathfrak{a}x) \equiv (bcx), & (\mathfrak{b}x) \equiv (cax), & (\mathfrak{c}x) \equiv (abx), \\ (\mathfrak{d}x) \equiv (efx), & (\mathfrak{e}x) \equiv (fdx), & (\mathfrak{f}x) \equiv (dex), \end{cases}$$

und daher (vgl. die Entwickelungen etwa in (33)):

$$(27) \qquad \begin{cases} (a\mathfrak{x})(abc) \equiv (\mathfrak{b}c\mathfrak{x}), & (b\mathfrak{x})(abc) \equiv (c\mathfrak{a}\mathfrak{x}), & (c\mathfrak{x})(abc) \equiv (\mathfrak{a}b\mathfrak{x}), \\ (d\mathfrak{x})(def) \equiv (\mathfrak{e}f\mathfrak{x}), & (e\mathfrak{x})(def) \equiv (\mathfrak{f}\mathfrak{d}\mathfrak{x}), & (f\mathfrak{x})(def) \equiv (\mathfrak{d}e\mathfrak{x}). \end{cases}$$

Jetzt wird:

$$D^2(\mathfrak{a}/\mathfrak{d}) = D^2(bc/ef)$$
$$= D^2\{(b/e)(c/f) - (b/f)(c/e)\} \qquad (49, (21))$$
$$= D^2\{(\mathfrak{c}\mathfrak{a}/\mathfrak{f}\mathfrak{d})(\mathfrak{a}\mathfrak{b}/\mathfrak{d}\mathfrak{e}) - (\mathfrak{c}\mathfrak{a}/\mathfrak{d}\mathfrak{e})(\mathfrak{a}\mathfrak{b}/\mathfrak{f}\mathfrak{d})\} : (abc)^2(def)^2 \quad \text{(nach (27))}.$$

Der Zähler dieses Ausdrucks ergibt, nach **49**, (22) ausgerechnet:

$$(\mathfrak{a}/\mathfrak{d}) \begin{vmatrix} (\mathfrak{a}/\mathfrak{d}) & (\mathfrak{a}/\mathfrak{e}) & (\mathfrak{a}/\mathfrak{f}) \\ (\mathfrak{b}/\mathfrak{d}) & (\mathfrak{b}/\mathfrak{e}) & (\mathfrak{b}/\mathfrak{f}) \\ (\mathfrak{c}/\mathfrak{d}) & (\mathfrak{c}/\mathfrak{e}) & (\mathfrak{c}/\mathfrak{f}) \end{vmatrix}.$$

Da ferner $(abc)^2 = (\mathfrak{a}\mathfrak{b}\mathfrak{c}), (def)^2 = (\mathfrak{d}\mathfrak{e}\mathfrak{f})$, so folgt schließlich

$$(28) \qquad \begin{vmatrix} (\mathfrak{a}/\mathfrak{d}) & (\mathfrak{a}/\mathfrak{e}) & (\mathfrak{a}/\mathfrak{f}) \\ (\mathfrak{b}/\mathfrak{d}) & (\mathfrak{b}/\mathfrak{e}) & (\mathfrak{b}/\mathfrak{f}) \\ (\mathfrak{c}/\mathfrak{d}) & (\mathfrak{c}/\mathfrak{e}) & (\mathfrak{c}/\mathfrak{f}) \end{vmatrix} = D^2(\mathfrak{a}\mathfrak{b}\mathfrak{c})(\mathfrak{d}\mathfrak{e}\mathfrak{f}).$$

Insbesondere wird

$$(29) \qquad \begin{vmatrix} (a/a) & (a/b) & (a/c) \\ (b/a) & (b/b) & (b/c) \\ (c/a) & (c/b) & (c/c) \end{vmatrix} = D^2 (a b c)^2.$$

Ebenso beweist man

$$(30) \qquad \begin{vmatrix} (a/d) & (a/e) & (a/f) \\ (b/d) & (b/e) & (b/f) \\ (c/d) & (c/e) & (c/f) \end{vmatrix} = D (a b c)(d e f),$$

und daraus

$$(31) \qquad \begin{vmatrix} (a/a) & (a/b) & (a/c) \\ (b/a) & (b/b) & (b/c) \\ (c/a) & (c/b) & (c/c) \end{vmatrix} = D (a b c)^2.$$

Nach diesen Vorbereitungen kehren wir zu unserm Schnittpunkt-problem zurück. Es war der Fall zu untersuchen, wo $(a/a) = (a/b) = (b/b) = 0$ ist. Dann folgt aber, da sich wegen $(a b x) \equiv 0$ der Punkt c so wählen läßt, daß $(a b c) \neq 0$ wird, aus (31):

$$D = 0.$$

Damit eine Gerade die K. 2. O. in unzählig vielen Punkten treffe, muß die Kurve singulär sein. Diese Bedingung ist notwendig, nicht hinreichend; auch singuläre K. 2. O. können ja von einer Geraden in bloß zwei Punkten getroffen werden. Aber in unserm Falle haben die Punkte a und b eine sehr spezielle Lage; sie gehören beide der singulären K. 2. O. an, und überdies läuft ihre Verbindungsgerade durch (einen) den singulären Punkt.

Unsere Beantwortung des Schnittpunktsproblems durch die Formel (25) kann aber nicht als ganz befriedigend angesehen werden; sie hängt nämlich nicht von der geraden Linie ab, die mit der K. 2. O. zum Schnitt gebracht werden soll, sondern benutzt eine Parameterdarstellung auf ihr. Lassen sich auch im Einzelfalle die willkürlichen Punkte a und b der Geraden ohne Mühe aufstellen, so wird man doch fertige Formeln wünschen.

Dazu heiße die Gerade, die mit der K. 2. O. zum Schnitt gebracht werden soll, $\mathfrak{g}$. Ferner nehmen wir noch zwei gerade Linien $\mathfrak{a}$ und $\mathfrak{b}$ willkürlich an, aber so, daß sie sich nicht auf $\mathfrak{g}$ treffen: $(\mathfrak{g}\mathfrak{a}\mathfrak{b}) \neq 0$. Ihre Schnittpunkte mit $\mathfrak{g}$ benutzen wir als die Punkte a und b:

$$(a\mathfrak{x}) = (\mathfrak{g}\mathfrak{a}\mathfrak{x}), \qquad (b\mathfrak{x}) = (\mathfrak{g}\mathfrak{b}\mathfrak{x}).$$

Dann ist nach **49**, (22)

$$D (a/b) = (\mathfrak{g}/\mathfrak{g})(a/b) - (\mathfrak{g}/a)(\mathfrak{g}/b), \qquad D (a/a) = (\mathfrak{g}/\mathfrak{g})(a/a) - (\mathfrak{g}/a)^2.$$

Daraus folgt nach (29)

$$(32) \qquad D^2\left\{(a/b)^2 - (a/a)(b/b)\right\} = -D^2\,(\mathfrak{g}/\mathfrak{g})\,(\mathfrak{g}\,a\,b)^2.$$

Nun wird nach (25), wenn wir uns auf *nichtsinguläre* Kurven beschränken:

$$\lambda(\mathfrak{h}b):\mu(\mathfrak{h}a) = (\mathfrak{g}/\mathfrak{g})(a/b) - (\mathfrak{g}/a)(\mathfrak{g}/b) + D(\mathfrak{g}\,a\,b)\sqrt{-(\mathfrak{g}/\mathfrak{g})} : (\mathfrak{g}/\mathfrak{g})(a/a) - (\mathfrak{g}/a)^2.$$

Aus (23) fällt dann die Hilfsgerade $\mathfrak{h}$ heraus und wir erhalten als Gleichung der Schnittpunkte:

$$(34) \qquad\qquad\qquad (x\mathfrak{x}) =$$

$$(\mathfrak{g}\,a\,\mathfrak{x})\left[(\mathfrak{g}/\mathfrak{g})(a/b) - (\mathfrak{g}/a)(\mathfrak{g}/b) + D(\mathfrak{g}\,a\,b)\sqrt{-(\mathfrak{g}/\mathfrak{g})}\right] - (\mathfrak{g}\,b\,\mathfrak{x})\left[(\mathfrak{g}/\mathfrak{g})(a/a) - (\mathfrak{g}/a)^2\right]$$

$$= (\mathfrak{g}\,a\,\mathfrak{x})\left[(\mathfrak{g}/\mathfrak{g})(b/b) - (\mathfrak{g}/b)^2\right] + (\mathfrak{g}\,b\,\mathfrak{x})\left[(\mathfrak{g}/\mathfrak{g})(a/b) - (\mathfrak{g}/a)(\mathfrak{g}/b) - D(\mathfrak{g}\,a\,b)\sqrt{-(\mathfrak{g}/\mathfrak{g})}\right].$$

Diese wichtigen Formeln kann man noch wesentlich vereinfachen; vgl. 55, S. 256.

1. Suche im R_3 eine (nicht schlechte) Parameterdarstellung der Punkte auf der Verbindungslinie der beiden Punkte $x_0 : x_1 : x_2 : x_3$ und $y_0 : y_1 : y_2 : y_3$.

2. Eine M_2^2 im R_3 — man nennt diese Gebilde kurz *Flächen 2. Ordnung* — kann mit einer geraden Linie unzählig viele Punkte gemeinsam haben, ohne daß ihr Rang erniedrigt wird.

3. Bilde alle Flächen 2. Ordnung vom Rang eins und zwei.

4. Zwei binäre quadratische Formen

$$a_{11}\xi_2^2 - 2a_{12}\xi_2\xi_1 + a_{22}\xi_1^2 \quad \text{und} \quad b_{11}\xi_2^2 - 2b_{12}\xi_2\xi_1 + b_{22}\xi_1^2$$

sollen gleichzeitig linear transformiert werden. Zeige, daß der Ausdruck

$$\{a,\, b\} = a_{11}b_{22} + a_{22}b_{11} - 2a_{12}b_{12}$$

eine relative Simultaninvariante ist. Wie lassen sich unter Benutzung dieses Symbols die Diskriminanten (49, Zus. 12) schreiben? Verhalten von $\{a,\, b\}$ gegenüber quasilinearer Transformation!

5. Die in Zus. 4 auftretende Invariante $\{a,\, b\}$ sagt durch ihr Verschwinden aus, daß die Nullstellen der Formen a und b sich harmonisch trennen. Beweis auf rationalem Wege nach 35, Zus. 1. $\{a,\, b\}$ heißt daher auch die *harmonische* Invariante.

6. Betrachtet man die Nullstellen der binären quadratischen Form a als Endelemente, die der Form b als Teilelemente (32, Zus. 2), so sind dadurch zwei zueinander reziproke Doppelverhältnisse bestimmt. Für diese ist rational

$$\frac{1}{2}\left(\mathfrak{D} + \frac{1}{\mathfrak{D}}\right) = \frac{\{a,\, b\}^2 + \{a,\, a\}\{b,\, b\}}{\{a,\, b\}^2 - \{a,\, a\}\{b,\, b\}}.$$

51. Distanz zweier Punkte. Es seien wieder a und b zwei getrennte Punkte und

$$x = \lambda(\mathfrak{h}b)\,a - \mu(\mathfrak{h}a)\,b$$

ein beliebiger Punkt ihrer Verbindungsgeraden. Für zwei solche Punkte y und z, für die der Parameter $\lambda:\mu$ die speziellen Werte $\lambda_1:\mu_1$ und $\lambda_2:\mu_2$ haben soll, bilden wir das Doppelverhältnis mit den Punkten a und b, wobei a und b Endpunkte, y und z Teilpunkte sein sollen. Nach 33, Zus. 7 wird:

$$\mathfrak{D} = (abyz) = \frac{\mu_1}{\lambda_1} : \frac{\mu_2}{\lambda_2}.$$

Jetzt seien y und z die Schnittpunkte von $\widehat{ab}$ mit der K. 2. O. Nach 50, (25) kann man dann setzen:

$$(abyz) = (a/b) - \sqrt{(a/b)^2 - (a/a)(b/b)} : (a/b) + \sqrt{(a/b)^2 - (a/a)(b/b)}.$$

Diese Formel für das Doppelverhältnis befriedigt noch nicht, denn sie trägt der Tatsache nicht Rechnung, daß $\mathfrak{D}$ in den reziproken Wert übergeht, wenn b mit a vertauscht wird. Daher gestalten wir sie um:

$$1 - \mathfrak{D} : 1 + \mathfrak{D} = \sqrt{(a/b)^2 - (a/a)(b/b)} : (a/b).$$

Jetzt fügen wir auf beiden Seiten den Faktor. $-i$ hinzu und beschließen:

$$(33) \qquad \boxed{\sqrt{(a/b)^2 - (a/a)(b/b)} = i\sqrt{(a/a)(b/b) - (a/b)^2}}$$

„Irrationalität I“.

Dann wird:

$$i(\mathfrak{D} - 1) : (\mathfrak{D} + 1) = \sqrt{(a/a)(b/b) - (a/b)^2} : (a/b).$$

Die Größe links erinnert an die Tangensfunktion. Wir setzen daher:

$$\mathfrak{D} = (abyz) = e^{-2i\mu(a,\,b)},$$

wo μ ein ein für allemal festzusetzender, nicht verschwindender numerischer Faktor ist, über den wir später nach Bedarf verfügen werden. Es wird also:

$$(a,\,b) = \frac{i}{2\mu} \log \operatorname{nat}(abyz),$$

$$(35) \qquad \operatorname{tg}\mu(a,\,b) = \sqrt{(a/a)(b/b) - (a/b)^2} : (a/b).$$

Die Wichtigkeit der Größe links in der vorletzten Gleichung rechtfertigt es, eine besondere Benennung für sie einzuführen. Wir nennen sie die *Distanz* der Punkte a und b in bezug auf die K. 2. O. Sie ist mod $\dfrac{\pi}{\mu}$ bestimmt. Bei Vertauschung von b mit a muß sie ihr Vorzeichen wechseln. Aus (35) geht das noch immer nicht hervor. Daher gestalten wir weiter um.

Nach 49, (21) darf gesetzt werden:

$$\boxed{\sqrt{ab/ab} = \sqrt{(a/a)(b/b) - (a/b)^2} = \sqrt{\mathfrak{g}/\mathfrak{g}}} \qquad \text{„Irrationalität Ia“,}$$

und nach (33) daher:

$$\sqrt{-(\mathfrak{g}/\mathfrak{g})} = i\,\sqrt{\mathfrak{g}/\mathfrak{g}}$$

„Irrationalität Ib",

wenn $\mathfrak{g}$ die Verbindungsgerade a, b bedeutet[1]). Es ist dann $(\mathfrak{g}x) \equiv (abx)$, also insbesondere $(abp):(\mathfrak{g}p) = 1$, wo p ein beliebiger Punkt der Ebene ist. Durch Hinzufügung dieses Faktors rechts wird die rechte Seite der Formel (35) homogen:

$$(36) \qquad \operatorname{tg}\mu(a,b) = -\operatorname{tg}\mu(b,a) = \frac{(abp)}{(\mathfrak{g}p)}\,\frac{\sqrt{\mathfrak{g}/\mathfrak{g}}}{(a/b)}$$

und diese Formel ändert auf *beiden* Seiten das Vorzeichen, wenn b mit a vertauscht wird.

Der Hilfspunkt p muß außerhalb $\mathfrak{g}$ angenommen werden. Ferner ist zu beachten, daß bei Belastung der Geradenkoordinaten $\mathfrak{g}$ mit dem Proportionalitätsfaktor ϱ auch die Größe $\sqrt{\mathfrak{g}/\mathfrak{g}}$ mit ϱ, also nicht etwa mit $-\varrho$ zu multiplizieren ist.

Die Formel (36) leistet aber mehr. Wir können uns jetzt auf den Standpunkt stellen, daß zunächst $\mathfrak{g}$ gegeben ist, und daß dann erst die Punkte a und b auf ihr angenommen werden. Dann können wir uns von der anfänglichen Einschränkung frei machen, wonach a und b getrennt sein sollten. Hierdurch erhalten auch zusammenfallende Punkte eine Distanz; sie wird gleich $0 \bmod \left(\dfrac{\pi}{\mu}\right)$. Ebenso ist jetzt der Fall $(\mathfrak{g}/\mathfrak{g}) = 0$ zulässig, wo dann auch für getrennte Punkte a und b die Distanz Null wird.

Die Distanz oder vielmehr der Tangens der (mit μ) multiplizierten Distanz erfordert die Verfügung über die Irrationalität $\sqrt{\mathfrak{g}/\mathfrak{g}}$. Hat man aber zwei Punktepaare auf derselben Geraden, so ist der Quotient aus den Tangenten der (mit μ) multiplizierten Distanzen *rational*:

$$(37) \qquad \operatorname{tg}\mu(c,d):\operatorname{tg}\mu(a,b) = \frac{(cdp)}{(c/d)}:\frac{(abp)}{(a/b)}\,.$$

Ist also der Tangens der multiplizierten Distanz irgend zweier Punkte auf einer Geraden eindeutig bestimmt, so hat der Tangens der multiplizierten Distanz irgend zweier·andern Punkte auf der Geraden dadurch sein bestimmtes Vorzeichen; gleichzeitig ist damit die Irrationalität $\sqrt{\mathfrak{g}/\mathfrak{g}}$ definiert. Hierzu vgl. **23.** S. 109.

---

[1]) Das Wurzelzeichen macht die Klammer um $(\mathfrak{g}/\mathfrak{g})$ entbehrlich.

Auch das Produkt der Tangenten zweier multiplizierten Distanzen auf einer Geraden ist rational. Die beiden Punktepaare seien x, y und a, b. Dann sei

$$(\mathfrak{g}z) \equiv (xyz) \equiv (abz)\varrho, \qquad\qquad (\varrho \neq 0)$$

wobei allerdings angenommen werden muß, daß die Punkte jedes dieser beiden Paare getrennt sind. Dann dürfen wir setzen $(\mathfrak{g}/\mathfrak{g})$ $= \varrho\,(xy/ab)$, oder:

$$\operatorname{tg}\mu(x,\,y)\cdot\operatorname{tg}\mu\,(a,\,b) = \frac{(xy/ab)}{(x/y)(a/b)} = \frac{(x/a)(y/b)-(x/b)(y/a)}{(x/y)(a/b)}, \qquad (49,\,(21))$$

oder

$$(38)\ \operatorname{tg}\mu(x,y) = -\operatorname{tg}\mu(y,x) = \frac{(x/a)(y/b)-(x/b)(y/a)}{(x/y)}\cdot\frac{1}{\sqrt{(a/a)(b/b)-(a/b)^2}}.$$

Diese Distanzformel braucht keinen der Geraden $\mathfrak{g}$ fremden Punkt; allerdings hat sie den Übelstand, daß die Irrationalität, die ja zuweilen verschwinden kann, im Nenner auftritt. Jetzt dürfen die beiden Punkte x und y wieder zusammenfallen.

1. Mit der binären quadratischen Form $a_{11}\xi_2^2 - 2\,a_{12}\xi_2\xi_1 + a_{22}\xi_1^2$ ist die binäre *bilineare* Form verbunden

$$a_{11}\xi_2\eta_2 - a_{12}(\xi_2\eta_1 + \eta_2\xi_1) + a_{22}\xi_1\eta_1,$$

ihre *Polarform*. Bildungsgesetz!

2. Wie heißt die binäre quadratische Form mit den Nullstellen $\alpha_1:\alpha_2$ und $\beta_1:\beta_2$?

3. Setzt man die Polarform einer binären quadratischen Form gleich Null, so wird dadurch jedem Element ξ des binären Gebietes ein Element η so zugeordnet, daß beide durch die Nullstellen der quadratischen Form harmonisch getrennt werden. (Zus. 2, **50**, Zus. 5.) Diese Zuordnung ist daher eine *Involution* (S. 170). *Ausnahmefall!*

4. Zu zwei getrennten (**48**, Zus. 5) binären quadratischen Formen a und b gibt es stets eine dritte Form, deren Nullstellen zu denen der beiden ersten Formen gleichzeitig harmonisch liegen (**40**, Zus. 5). Nach **50**, Zus. 5 findet man für sie

$$(a_{11}b_{12} - a_{12}b_{11})\xi_2^2 - (a_{11}b_{22} - a_{22}b_{11})\xi_2\xi_1 + (a_{12}b_{22} - a_{22}b_{12})\xi_1^2;$$

sie heißt die *Jacobische Form* der beiden ursprünglichen.

5. Die Diskriminante (**49**, Zus. 12) der Jacobischen Form hat (**50**, Zus. 4) den Wert

$$\tfrac{1}{4}\left[\{a,\,a\}\cdot\{b,\,b\} - \{a,\,b\}^2\right].$$

Durch ihr Verschwinden sagt sie aus (**50**, Zus. 6), daß die beiden binären quadratischen Formen a und b eine Nullstelle gemeinsam haben. Daher heißt sie auch die *Resultante* der beiden Formen a und b.

6. Damit zwei binäre quadratische Formen äquivalent sind (**48**, Zus. 5), muß ihre Jacobische Form (Zus. 4) *identisch* verschwinden.

7. Für drei binäre quadratische Formen a, b, c verschwinde die Determinante

$$\begin{vmatrix} a_{11} & a_{12} & a_{22} \\ b_{11} & b_{12} & b_{22} \\ c_{11} & c_{12} & c_{22} \end{vmatrix}.$$

Bedeutung!

52. Kurven zweiter Klasse. Schnitt mit einem Büschel. Das Verhalten einer Geraden gegenüber einer Kurve zweiter Ordnung haben wir in **50** untersucht.

Es sei $(\mathfrak{g}x) = (abx)$. Dann haben wir die beiden Fälle zu unterscheiden, ob die Größe

$$(a/a)(b/b) - (a/b)^2 = (\mathfrak{g}/\mathfrak{g}) \qquad\qquad (\mathbf{49},\,(21))$$

verschwindet, oder nicht.

$(\mathfrak{g}/\mathfrak{g}) \neq 0$. Nach **50**, (25) gibt es dann zwei *getrennte* Schnittpunkte. $\mathfrak{g}$ heißt *Sekante*.

$(\mathfrak{g}/\mathfrak{g}) = 0$. Gibt es dann einen einzigen doppelt zählenden Schnittpunkt, so heißt $\mathfrak{g}$ *Tangente*. Die Tangenten einer singulären K. 2. O. vom Range zwei laufen durch den singulären Punkt.

Hat die Gerade aber alle ihre Punkte mit der K. 2. O. gemeinsam — es kann dies nur bei singulären K. 2. O. eintreten —, so heißt sie *Erzeugende* der K. 2. O.

Die Gleichung **49**, (19) einer K. 2. O. in Geradenkoordinaten wurde von allen Geraden erfüllt, die mit ihren Polen vereinigt liegen. Dafür können wir jetzt sagen, sie wird von allen *Tangenten* erfüllt, und damit stehen wir wieder in Einklang mit **19**, Zus. 10.

Wenn man also die Gleichung einer K. 2. O. in Geradenkoordinaten bildet, so heißt das, man stellt die Beziehung auf, der alle ihre Tangenten genügen. Die Figur dieser Tangenten ist es, was man meint, wenn man von einer *Kurve zweiter Klasse* spricht.

Diese letzten Überlegungen beruhen auf **49**, (13b), gelten also nur für nicht singuläre Kurven.

Für singuläre Kurven wird der Zusammenhang gestört. Freilich können wir dann auch noch **49**, (19) als „Gleichung der K. 2. O. in Geradenkoordinaten" beibehalten. Deren Determinante

$$(39) \qquad \begin{vmatrix} A_{11} & A_{12} & A_{13} \\ A_{21} & A_{22} & A_{23} \\ A_{31} & A_{32} & A_{33} \end{vmatrix}$$

wird aber Null; wegen $Da_{11} = A_{22}A_{33} - A_{23}A_{32}$ usw. folgt, daß alle ihre zweireihigen Determinanten verschwinden; *sie hat also höchstens den Rang eins*. Diesen besitzt sie, sobald die K. 2. O. den Rang zwei hat; ist aber die K. 2. O. vom Range eins, so verschwindet **49**, (19) identisch.

Es fehlt also in der Gleichung **49**, (19) der Fall, wo die Determinante (39) den Rang zwei hat. Das liegt daran, daß eben die A nicht als unabhängig betrachtet werden, sondern vermöge **46**, (3) von den a abhängen. Hebt man diesen Zusammenhang auf, so kann die *Kurve zweiter Klasse* $(\mathfrak{x}/\mathfrak{x}) = 0$ genau so behandelt werden, wie bisher die Kurve zweiter Ordung. Die Determinante (39) heißt ihre Diskriminante. Hat sie den Rang drei, so läßt sich wegen

$$a_{11} = A_{22}A_{33} - A_{23}^2 : \sqrt{\begin{vmatrix} A_{11} & A_{12} & A_{13} \\ A_{21} & A_{22} & A_{23} \\ A_{31} & A_{32} & A_{33} \end{vmatrix}} \quad \text{usw.}$$

die K. 2. O. wieder herstellen, deren Tangenten die $\mathfrak{x}$ sind, die der Gleichung $(\mathfrak{x}/\mathfrak{x}) = 0$ genügen.

Hat die Kurve zweiter Klasse den Rang zwei, so stellt sie ein Paar getrennter *Punkte* dar, die noch zusammenfallen, wenn der Rang eins wird. Man beweist das, wie die analogen Ergebnisse in **48**. Analytisch liegen genau dieselben Verhältnisse vor, die nur anders, nämlich dual (**31**) zu denen in **48** zu deuten sind.

Wir fassen zusammen:

Eine Kurve zweiter Ordnung ist die Mannigfaltigkeit aller ∞^1 Punkte, die der Gleichung $(x/x) = 0$ genügen.

Hat sie den Rang zwei, so besteht sie aus den Punkten zweier getrennter gerader Linien. Diese schneiden sich im singulären Punkt. Hat sie den Rang eins, so besteht sie aus den Punkten einer einzigen doppelt zählenden Geraden.

Die Tangenten einer nicht singulären K. 2. O. genügen der Gleichung einer nicht singulären K. 2. K.

Die Tangenten einer K. 2. O. vom Range zwei bilden eine K. 2. K. vom Range eins (Büschel durch den singulären Punkt).

Einer K. 2. O. vom Range eins läßt sich keine K. 2. K. zuordnen.

Eine Kurve zweiter Klasse („K. 2. K.") ist die Mannigfaltigkeit aller ∞^1 Geraden, die der Gleichung $(\mathfrak{x}/\mathfrak{x})$ genügen, wo die Koeffizienten A *unabhängige* Größen sind.

Hat sie den Rang zwei, so besteht sie aus den geraden Linien zweier getrennter Büschel. Diese durchdringen sich in der *„singulären Geraden"*. Hat sie den Rang eins, so besteht sie aus den Geraden eines einzigen doppelt zählenden Büschels.

Die „Tangentialpunkte" einer nicht singulären K. 2. K. genügen der Gleichung einer nicht singulären K. 2. O.

Die Tangentialpunkte einer K. 2. K. vom Range zwei bilden eine K. 2. O. vom Range eins (die singuläre Gerade).

Einer K. 2. K. vom Range eins läßt sich keine K. 2. O. zuordnen.

Die irreduziblen d. i. nicht singulären Kurven 2. Ordnung, die also auch als Kurven 2. Klasse aufgefaßt werden dürfen, werden gewöhnlich als *Kegelschnitte* bezeichnet. Doch schwankt der Begriff, insofern man manchmal darunter auch nur reelle K. 2. O. versteht; zuweilen sollen diese auch nicht nullteilig sein, vgl. (18, Zus. 4).

Die Kurven zweiter Klasse sind also Geradenmannigfaltigkeiten. Wir fragen nach den geraden Linien, die eine K. 2. K. mit einem Büschel gemeinsam hat. Das Problem ist dual zu dem in 50 behandelten; nur ist zu bedenken, daß die Formeln verschieden ausfallen je nach dem Standpunkt, den wir einnehmen.

Betrachten wir die Koeffizienten A der K. 2. K. als *unabhängig*, so können wir die Formeln 50, (23), (24), (25), (34) unmittelbar übernehmen, wenn wir alle kleinen lateinischen Buchstaben durch deutsche, alle kleinen deutschen Buchstaben durch lateinische ersetzen. *Uns liegt aber am Zusammenhang der K. 2. K. mit der K. 2. O.* Wir lösen also jetzt vielmehr das Problem: Die Tangenten einer Kurve *zweiter Ordnung* zu finden, die in einem vorgegebenen Büschel liegen. Dann ist zu beachten, daß die Diskriminante der vorher betrachteten Kurve zweiter *Klasse* zu ersetzen ist durch das *Quadrat* der Diskriminante der zugehörigen Kurve zweiter *Ordnung*. *In dieser Tatsache liegt es ja begründet, daß die Formelpaare* 49, (21) *und* (22), 50, (28) *und* (30), (29) *und* (31) *nicht völlig analog gebaut sind. Es liegen dann eben* **nicht** *duale Probleme vor.*

Wir geben kurz die Hauptpunkte der Rechnung an und fügen jedesmal in Klammern die analoge Stelle bei der Herleitung in 50 an.

$$\mathfrak{x} = \lambda\,(h\mathfrak{b})\,\mathfrak{a} - \mu\,(h\mathfrak{a})\,\mathfrak{b}. \qquad ((h\mathfrak{a})\,(h\mathfrak{b}) \neq 0). \quad (23)$$

$$\lambda^2\,(h\mathfrak{b})^2\,(\mathfrak{a}/\mathfrak{a}) - 2\,\lambda\mu\,(h\mathfrak{b})\,(h\mathfrak{a})\,(\mathfrak{a}/\mathfrak{b}) + \mu^2\,(h\mathfrak{a})^2\,(\mathfrak{b}/\mathfrak{b}) = 0. \quad (24)$$

$$(40)\quad \left\{ \begin{aligned} \lambda\,(h\mathfrak{b}) : \mu\,(h\mathfrak{a}) &= (\mathfrak{a}/\mathfrak{b}) + \sqrt{(\mathfrak{a}/\mathfrak{b})^2 - (\mathfrak{a}/\mathfrak{a})\,(\mathfrak{b}/\mathfrak{b})} : (\mathfrak{a}/\mathfrak{a}) \\ &= (\mathfrak{b}/\mathfrak{b}) : (\mathfrak{a}/\mathfrak{b}) - \sqrt{(\mathfrak{a}/\mathfrak{b})^2 - (\mathfrak{a}/\mathfrak{a})\,(\mathfrak{b}/\mathfrak{b})}. \end{aligned} \right\} \quad (25)$$

$$(\mathfrak{a}/\mathfrak{b}) = (p/p)\,(a/b) - (p/a)\,(p/b),$$

$$(\mathfrak{a}/\mathfrak{b})^2 - (\mathfrak{a}/\mathfrak{a})\,(\mathfrak{b}/\mathfrak{b}) = - D\,(p/p)\,(p\,a\,b)^2, \qquad\qquad (32)$$

wo $(\mathfrak{a}x) \equiv (p\,a\,x)$, $(\mathfrak{b}x) \equiv (p\,b\,x)$ gesetzt ist, so daß p den Scheitel des Büschels $\widehat{a\,b}$ bedeutet. $((p\,a\,b) \neq 0)$.

$$\lambda\,(h\mathfrak{b}) : \mu\,(h\mathfrak{a}) = (p/p)\,(a/b) - (p/a)\,(p/b) + (p\,a\,b)\,\sqrt{-D\,(p/p)} : (p/p)\,(a/a) - (p/a)^2.$$

Für die Schnittgeraden $\mathfrak{x}$ wird dann

$$(41)\quad \left\{ \begin{aligned} (\mathfrak{x}x) &\equiv (p\,a\,x)\,[(p/p)\,(a/b) - (p/a)\,(p/b) + (p\,a\,b)\,\sqrt{- D\,(p/p)}] \\ &\qquad - (p\,b\,x)\,[(p/p)\,(a/a) - (p/a)^2] \\ &\equiv (p\,a\,x)\,[(p/p)\,(b/b) - (p/b)^2] \\ &\quad - (p\,b\,x)\,[(p/p)\,(a/b) - (p/a)\,(p/b) - (p\,a\,b)\,\sqrt{- D\,(p/p)}]. \end{aligned} \right\} \quad (34)$$

Hier sind a und b beliebige Hilfspunkte, deren Verbindungsgerade dem Büschel p nicht angehört.

1. Wir betrachten die binäre quadratische Form

$$(s/s)\,\xi_2^2 - 2\,(s/r)\,\xi_2\xi_1 + (r/r)\,\xi_1^2,$$

wo r und s zwei getrennte Punkte des *ternären* Gebietes sind. Sie bestimmen ein binäres Gebiet, in welchem zwei Punkte

$$x = r\sigma_1 - s\sigma_2, \qquad y = r\tau_1 - s\tau_2$$

jetzt sowohl durch ternäre als auch durch binäre Koordinaten bestimmt werden können. Jetzt liefert die Distanzformel **51**, (36) für $\mathfrak{g} = \widehat{sr}$:

$$\operatorname{tg}\mu\,(x, y) = \frac{(\sigma_1\tau_2 - \sigma_2\tau_1)\,\sqrt{(r/r)\,(s/s) - (r/s)^2}}{(s/s)\,\sigma_2\tau_2 - (s/r)\,(\sigma_2\tau_1 + \tau_2\sigma_1) + (r/r)\,\sigma_1\tau_1},$$

und hier stehen rechts nur binäre Koordinaten; ebenso treten die Koeffizienten der K. 2. O. nur in solchen Verbindungen auf, die gleichzeitig Koeffizienten der *binären* quadratischen Form sind. Welche Bedeutung hat die letztere?

2. Aus Zus. 1 entnehmen wir den Begriff der „*Distanz*" zweier Elemente eines binären Gebietes in bezug auf eine *nicht singuläre* binäre quadratische Form:

$$\operatorname{tg}\mu\,(\sigma, \tau) = \frac{(\sigma_1\tau_2 - \sigma_2\tau_1)\,\sqrt{a_{11}a_{22} - a_{12}^2}}{a_{11}\sigma_2\tau_2 - a_{12}\,(\sigma_2\tau_1 + \tau_2\sigma_1) + a_{22}\sigma_1\tau_1}.$$

Zeige, daß $\mu\,(\sigma, \tau)$ gleich dem mit $\frac{1}{2}i$ multiplizierten natürlichen Logarithmus des Doppelverhältnisses ist, in dem ein Paar zugeordneter Elemente σ und τ, das andere Paar die Nullstellen der Form a sind. Bilde dazu nach **51**, Zus. 2 die binäre quadratische Form b mit den Nullstellen σ und τ. Dann ist zu setzen

$$\mathfrak{D} = \{a, b\} - \sqrt{\{a, a\}}\,\sqrt{\{b, b\}} : \{a, b\} + \sqrt{\{a, a\}}\,\sqrt{\{b, b\}}$$

$$\sqrt{\{a, a\}}\,\sqrt{\{b, b\}} = i\,\sqrt{\tfrac{1}{2}\{a, a\}}\,(\sigma_1\tau_2 - \sigma_2\tau_1)\cdot$$

3. Das binäre Gebiet sei durch ein Geradenbüschel mit eigentlichem Scheitel (p, q) repräsentiert; die Nullstellen der binären quadratischen Form sollen durch die beiden Isotropen geliefert werden, die durch (p, q) laufen. Dann kann die Distanz zweier Geraden mit ihrem Winkel identifiziert werden. Die Formeln fallen verschieden aus, je nach der Koordinatenwahl. Setzen wir etwa die beiden Geraden $\mathfrak{x}$ und $\mathfrak{y}$ so an

$$\sigma_2\,(x - p) - \sigma_1\,(y - q) = 0, \qquad \tau_2\,(x - p) - \tau_1\,(y - q) = 0,$$

so ist für die binäre quadratische Form zu setzen

$$a_{11} = a_{22} = 1, \qquad a_{12} = 0, \qquad \sqrt{\tfrac{1}{2}\{a, a\}} = +1,$$

und für $\mu = 1$ wird

$$\operatorname{tg}(\sigma, \tau) = \frac{\sigma_1\tau_2 - \sigma_2\tau_1}{\sigma_1\tau_1 + \sigma_2\tau_2} = \operatorname{tg}(\mathfrak{x}, \mathfrak{y})\cdot$$

53. Angulus zweier Geraden. Die Figur zweier Punkte a und b und einer Kurve zweiter Ordnung gab uns Veranlassung zur Bildung des Distanzbegriffs, der aus dem des Doppelverhältnisses hervorging. Die Figur zweier Geraden und einer K. 2. O. führt uns auf einen entsprechenden Begriff, den des *Angulus zweier gerader Linien in bezug auf die* K. 2. O. Es würden wieder nur kleine lateinische und deutsche

Buchstaben in den Formeln zu vertauschen sein, wenn nicht die Diskrepanz mit der Diskriminante einträte (52). Die Wichtigkeit des Angulusbegriffs rechtfertigt es, wenn wir die Ableitung mit derselben Ausführlichkeit geben, wie die der Distanz in 51.

Die beiden Geraden

$$\mathfrak{y} = \lambda_1 (h\mathfrak{b})\, \mathfrak{a} - \mu_1 (h\mathfrak{a})\, \mathfrak{b},$$
$$\mathfrak{z} = \lambda_2 (h\mathfrak{b})\, \mathfrak{a} - \mu_2 (h\mathfrak{a})\, \mathfrak{b},$$

des Büschels $\widehat{\mathfrak{a}\mathfrak{b}}$ bilden mit den *(getrennten)* Geraden $\mathfrak{a}$ und $\mathfrak{b}$ das Doppelverhältnis

$$\mathfrak{D} = (\mathfrak{a}\,\mathfrak{b}\,\mathfrak{y}\,\mathfrak{z}) = \frac{\mu_1}{\lambda_1} : \frac{\mu_2}{\lambda_2}. \qquad \text{(vgl. 33, Zus. 7)}$$

Jetzt sollen $\mathfrak{y}$ und $\mathfrak{z}$ die im Büschel vorkommenden Tangenten der K. 2. O. $(x/x) = 0$ sein, also der Gleichung $(\mathfrak{x}/\mathfrak{x}) = 0$ genügen. Nach 52, (40) wird daher

$$(42) \qquad (\mathfrak{a}\,\mathfrak{b}\,\mathfrak{y}\,\mathfrak{z}) = (\mathfrak{a}/\mathfrak{b}) - \sqrt{(\mathfrak{a}/\mathfrak{b})^2 - (\mathfrak{a}/\mathfrak{a})(\mathfrak{b}/\mathfrak{b})} : (\mathfrak{a}/\mathfrak{b}) + \sqrt{(\mathfrak{a}/\mathfrak{b})^2 - (\mathfrak{a}/\mathfrak{a})(\mathfrak{b}/\mathfrak{b})}.$$

Hieraus folgt wieder:

$$i\,(\mathfrak{D} - 1):(\mathfrak{D} + 1) = - i \sqrt{(\mathfrak{a}/\mathfrak{b})^2 - (\mathfrak{a}/\mathfrak{a})(\mathfrak{b}/\mathfrak{b})} : (\mathfrak{a}/\mathfrak{b}).$$

Wir setzen jetzt

$$\mathfrak{D} = (\mathfrak{a}\,\mathfrak{b}\,\mathfrak{y}\,\mathfrak{z}) = e^{-\,2\,i\,(\mathfrak{a},\,\mathfrak{b})},$$

fügen also *nicht* wie bei der entsprechenden Formel in 51 einen Faktor μ ein, so daß

$$(43) \qquad\qquad (\mathfrak{a},\mathfrak{b}) = \frac{i}{2} \log \mathrm{nat}\,(\mathfrak{a}\,\mathfrak{b}\,\mathfrak{y}\,\mathfrak{z}).$$

Unter der weiteren Festsetzung

$$\boxed{(44)\ \ \sqrt{(\mathfrak{a}/\mathfrak{b})^2 - (\mathfrak{a}/\mathfrak{a})(\mathfrak{b}/\mathfrak{b})} = i \sqrt{(\mathfrak{a}/\mathfrak{a})(\mathfrak{b}/\mathfrak{b}) - (\mathfrak{a}/\mathfrak{b})^2}}\quad \text{„Irrationalität II“,}$$

wird dann

$$(45) \qquad\qquad \mathrm{tg}\,(\mathfrak{a},\mathfrak{b}) = \sqrt{(\mathfrak{a}/\mathfrak{a})(\mathfrak{b}/\mathfrak{b}) - (\mathfrak{a}/\mathfrak{b})^2} : (\mathfrak{a}/\mathfrak{b}).$$

Die Größe $(\mathfrak{a},\mathfrak{b})$, die jetzt $\mathrm{mod}\,\pi$ bestimmt ist und nach (43) bei Vertauschung von $\mathfrak{b}$ mit $\mathfrak{a}$ ihr Vorzeichen ändert, heiße der *Angulus* der beiden Geraden $\mathfrak{a}$ und $\mathfrak{b}$ in bezug auf die K. 2. O. $(x/x) = 0$.

Die Formel (45) hat dieselben Übelstände wie 51, (35). Diese sollen jetzt ausgebessert werden.

Aus 49, (22) folgt, daß man für $(\mathfrak{a}\,\mathfrak{b}\,\mathfrak{x}) \equiv (p\,\mathfrak{x})$ festsetzen darf

$$\boxed{\sqrt{D(\mathfrak{a}\mathfrak{b}/\mathfrak{a}\mathfrak{b})} = \sqrt{(\mathfrak{a}/\mathfrak{a})(\mathfrak{b}/\mathfrak{b}) - (\mathfrak{a}/\mathfrak{b})^2} = \sqrt{D\,(p/p)}}\quad \text{„Irrationalität II a“.}$$

Daraus folgt wegen (44):

$$\boxed{\sqrt{-\,D(p/p)} = i\sqrt{D\,(p/p)}}\quad \text{„Irrationalität II b“.}$$

Jetzt geht (45) über in die noch nicht homogene Formel $\mathrm{tg}\,(\mathfrak{a},\mathfrak{b}) = \sqrt{D(p/p)}:(\mathfrak{a}/\mathfrak{b})$. Da aber für jede nicht durch p laufende Gerade $\mathfrak{g}$ $(\mathfrak{a}\mathfrak{b}\mathfrak{g}):(p\mathfrak{g}) = 1$ ist, folgt:

$$(46) \qquad \mathrm{tg}\,(\mathfrak{a},\mathfrak{b}) = -\,\mathrm{tg}\,(\mathfrak{b},\mathfrak{a}) = \frac{(\mathfrak{a}\mathfrak{b}\mathfrak{g})}{(p\mathfrak{g})}\cdot\frac{\sqrt{D(p/p)}}{(\mathfrak{a}/\mathfrak{b})}.$$

Die Hilfsgerade $\mathfrak{g}$ darf dem Büschel $\widehat{\mathfrak{a}\mathfrak{b}}$ nicht angehören. Bei Vertauschung von $\mathfrak{b}$ mit $\mathfrak{a}$ ändern, wie es sein muß, *beide* Seiten der Formel ihr Vorzeichen. Bei Belastung der Punktkoordinaten p mit dem Proportionalitätsfaktor ϱ ist auch $\sqrt{D(p/p)}$ mit ϱ, nicht etwa mit $-\varrho$ zu multiplizieren.

Ist zuerst p gegeben, so kann man die anfängliche Voraussetzung fallen lassen, wonach die Geraden $\mathfrak{a}$ und $\mathfrak{b}$ getrennt sein sollten. Zusammenfallende Gerade erhalten so den Angulus $0 \bmod \pi$. Dasselbe gilt von Geraden, die sich auf der K. 2. O. schneiden.

Der Tangens des Angulus ist eindeutig bestimmt, sobald man über die Irrationalität $\sqrt{D(p/p)}$ verfügt hat. Für vier Gerade $\mathfrak{x},\mathfrak{y}$, $\mathfrak{a},\mathfrak{b}$ des Büschels p wird

$$(47) \qquad \mathrm{tg}\,(\mathfrak{x},\mathfrak{y}):\mathrm{tg}\,(\mathfrak{a},\mathfrak{b}) = \frac{(\mathfrak{x}\mathfrak{y}\mathfrak{g})}{(\mathfrak{x}/\mathfrak{y})}:\frac{(\mathfrak{a}\mathfrak{b}\mathfrak{g})}{(\mathfrak{a}/\mathfrak{b})},$$

also rational. (Darf man dafür $(\mathfrak{a}/\mathfrak{b}):(\mathfrak{x}/\mathfrak{y})$ setzen?) Ist in einem Büschel *ein* Angulus durch seinen Tangens gegeben, so sind es alle, und gleichzeitig ist dann $\sqrt{D(p/p)}$ eindeutig erklärt.

Setzen wir jetzt

$$(p\mathfrak{z}) \equiv (\mathfrak{x}\mathfrak{y}\mathfrak{z}) \equiv (\mathfrak{a}\mathfrak{b}\mathfrak{z})\,\varrho, \qquad\qquad (\varrho \neq 0)$$

wo die beiden Geraden $\mathfrak{x},\mathfrak{y}$ und ebenso $\mathfrak{a},\mathfrak{b}$ getrennt vorauszusetzen sind, so wird auch das Produkt rational:

$$\mathrm{tg}\,(\mathfrak{x},\mathfrak{y})\cdot\mathrm{tg}\,(\mathfrak{a},\mathfrak{b}) = \frac{D(\mathfrak{x}\mathfrak{y}/\mathfrak{a}\mathfrak{b})}{(\mathfrak{x}/\mathfrak{y})(\mathfrak{a}/\mathfrak{b})} = \frac{(\mathfrak{x}/\mathfrak{a})(\mathfrak{y}/\mathfrak{b}) - (\mathfrak{x}/\mathfrak{b})(\mathfrak{y}/\mathfrak{a})}{(\mathfrak{x}/\mathfrak{y})(\mathfrak{a}/\mathfrak{b})}. \qquad (49,\,(22)).$$

Daraus ergibt sich eine Formel, die rechts ebenso gebaut ist, wie 51, (38), und auch dieselben Vorteile und Nachteile besitzt:

$$(48)\quad \mathrm{tg}\,(\mathfrak{x},\mathfrak{y}) = -\,\mathrm{tg}\,(\mathfrak{y},\mathfrak{x}) = \frac{(\mathfrak{x}/\mathfrak{a})(\mathfrak{y}/\mathfrak{b}) - (\mathfrak{x}/\mathfrak{b})(\mathfrak{y}/\mathfrak{a})}{(\mathfrak{x}/\mathfrak{y})}\cdot\frac{1}{\sqrt{(\mathfrak{a}/\mathfrak{a})(\mathfrak{b}/\mathfrak{b}) - (\mathfrak{a}/\mathfrak{b})^2}}.$$

Aronholdsche Symbolik. 1. Eine singuläre (**49**, Zus. 11) binäre quadratische Form von der doppelt zählenden Nullstelle $\alpha_1 : \alpha_2$ läßt sich (vgl. **51**, Zus. 2) kurz schreiben

$$(\alpha\,\xi)^2,$$

wobei $(\alpha\,\xi)$ die in **39**, S. 158 erklärte Bedeutung hat. Es ist dann nämlich

(a) $\qquad\qquad a_{11} = \alpha_1^2, \qquad a_{12} = \alpha_1\,\alpha_2, \qquad a_{22} = \alpha_2^2.$

Für nicht singuläre Formen gelten diese Formeln nicht mehr; diese lassen sich nicht als Quadrate darstellen. Trotzdem tut man so, als ob das der Fall wäre;

man schreibt auch jetzt $(\alpha \xi)^2$ und redet von einem *symbolischen* Quadrat. Das heißt, α_1 und α_2 sind jetzt nicht mehr binäre Koordinaten, sondern bloße *Symbole*. Man rechnet also zunächst so, *als ob* ein Quadrat vorläge:

$$(\alpha \xi)^2 = (\alpha_1 \xi_2 - \alpha_2 \xi_1)^2 = \alpha_1^2 \xi_2^2 - 2\, \alpha_1 \alpha_2 \xi_2 \xi_1 + \alpha_2^2 \xi_1^2 .$$

Dann aber ersetzt man nach (a) $\alpha_i \alpha_k$ durch den Koeffizienten a_{ik}:

$$(\alpha \xi)^2 = a_{11} \xi_2^2 - 2\, a_{12} \xi_2 \xi_1 + a_{22} \xi_1^2 .$$

Hierdurch ist die Schreibung der binären quadratischen Form in 48, Zus. 4 motiviert.

Die α selbst haben keine „reale" Bedeutung, d. i. sie sind sinnlos, ebenso ist sinnlos α_1^3, $\alpha_1 \alpha_2^2$, α_2^4 usw.; *nur die Verbindungen zweiten Grades* haben reale Bedeutung; sie sind durch einen Koeffizienten zu ersetzen.

2. Die harmonische Invariante (50, Zus. 5) der beiden Formen $(\alpha \xi)^2$ und $(\beta \xi)^2$ läßt sich kurz so schreiben: $(\alpha \beta)^2$. Es ist nämlich

$$(\alpha \beta)^2 = (\alpha_1 \beta_2 - \alpha_2 \beta_1)^2 = \alpha_1^2 \beta_2^2 - 2\, \alpha_1 \alpha_2 \beta_1 \beta_2 + \alpha_2^2 \beta_1^2$$
$$= a_{11} b_{22} - 2\, a_{12} b_{12} + a_{22} b_{11} .$$

3. Die Jacobische Form (51, Zus. 4) zweier Formen $(\alpha \xi)^2$ und $(\beta \xi)^2$ heißt symbolisch

$$(\vartheta \xi)^2 = (\alpha \beta)(\alpha \xi)(\beta \xi).$$

Der Ausdruck rechts hat reale Bedeutung, weil das Symbol α darin genau zweimal vorkommt, ebenso das Symbol β genau zweimal.

4. Die dreireihige Determinante in 51, Zus. 7 heißt symbolisch

$$- (\beta \gamma)(\gamma \alpha)(\alpha \beta).$$

5. Die Polarform (51, Zus. 1) von $(\alpha \xi)^2$ heißt symbolisch

$$(\alpha \xi)(\alpha \eta).$$

Daher läßt sich die mit der Form $(\alpha \xi)^2$ verbundene Involution (51, Zus. 3) so schreiben: $\eta = (\alpha \xi)\, \alpha$, d. i.

$$\eta_1 = (\alpha \xi)\, \alpha_1 = a_{11} \xi_2 - a_{12} \xi_1, \qquad \eta_2 = (\alpha \xi)\, \alpha_2 = a_{12} \xi_2 - a_{22} \xi_1 .$$

6. Um die binäre quadratische Form $(\alpha \xi)^2$ vermöge der linearen Transformation

(b)
$$\begin{aligned} \xi_1' &= c_{11} \xi_1 + c_{12} \xi_2 \\ \xi_2' &= c_{21} \xi_1 + c_{22} \xi_2 \end{aligned} \qquad D = c_{11} c_{22} - c_{12} c_{21} \neq 0$$

zu transformieren, hat man zuerst zu schreiben

$$\xi_1 = c_{22} \xi_1' - c_{12} \xi_2',$$
$$\xi_2 = - c_{21} \xi_1' + c_{11} \xi_2',$$

wo links der Faktor D fortgelassen werden darf, weil wir es mit homogenen Koordinaten zu tun haben. Dann gehe $(\alpha \xi)^2$ über in $(\alpha' \xi')^2$. Dabei wird

$$a_{11}' = c_{11}^2 a_{11} \qquad\;\; + 2\, c_{11} c_{12} a_{12} \qquad\qquad + c_{12}^2 a_{22},$$
$$a_{12}' = c_{11} c_{21} a_{11} + (c_{11} c_{22} + c_{12} c_{21})\, a_{12} + c_{12} c_{22} a_{22},$$
$$a_{22}' = c_{21}^2 a_{11} \qquad\;\; + 2\, c_{21} c_{22} a_{12} \qquad\qquad + c_{22}^2 a_{22} .$$

Dafür läßt sich symbolisch schreiben

$$\alpha_1' = c_{11} \alpha_1 + c_{12} \alpha_2,$$
$$\alpha_2' = c_{21} \alpha_1 + c_{22} \alpha_2.$$

Das ist aber wieder die Transformation (b):

Bei linearer Transformation vertauschen sich die Symbole einer binären quadratischen Form ebenso wie die Veränderlichen.

54. Transformation der Kurven zweiter Ordnung. Der Ausdruck

$$(49) \quad a_{11}x_1y_1 + a_{12}x_1y_2 + a_{13}x_1y_3 + a_{21}x_2y_1 + a_{22}x_2y_2 + a_{23}x_2y_3 +$$
$$+ a_{31}x_3y_1 + a_{32}x_3y_2 + a_{33}x_3y_3$$

heißt eine bilineare ternäre Form, die Größe $|\,a_{11}a_{22}a_{33}\,|$ ihre Determinante.

Diese Form heißt bilinear, weil sie sich mit dem Faktor $\varrho\sigma$ multipliziert, sobald die Veränderlichen x mit dem Proportionalitätsfaktor ϱ, die y mit dem Proportionalitätsfaktor σ belastet werden.

Die bilineare Form (49) soll der nicht singulären Kollineation

$$(a) \quad x_i' = b_{i1}x_1 + b_{i2}x_2 + b_{i3}x_3 \quad (i = 1, 2, 3), \quad |\,b_{11}b_{22}b_{33}\,| \neq 0$$

unterworfen werden. Das heißt, die Veränderlichen x und y sollen kogredient (**30**, Zus. 15) transformiert werden.

Dazu schreiben wir die Kollineation in der Form

$$(b) \quad |\,b_{11}b_{22}b_{33}\,|\,x_i = B_{1i}x_1' + B_{2i}x_2' + B_{3i}x_3'.$$

Die B hängen von den b ebenso ab, wie die A in **46**, (3) von den a.

Jetzt geht die bilineare Form (49) in eine neue ternäre bilineare Form

$$a_{11}'x_1'y_1' + a_{22}'x_2'y_2' + a_{33}'x_3'y_3' + a_{23}'x_2'y_3' + a_{32}'x_3'y_2' + a_{31}'x_3'y_1' +$$
$$+ a_{13}'x_1'y_3' + a_{12}'x_1'y_2' + a_{21}'x_2'y_1'$$

über. Die Koeffizienten der transformierten Form hängen *linear* von denen der ursprünglichen Form ab; es ist

$$(50) \quad |\,b_{11}b_{22}b_{33}\,|^2\,a_{rs}' = B_{r1}(a_{11}B_{s1} + a_{12}B_{s2} + a_{13}B_{s3}) +$$
$$+ B_{r2}(a_{21}B_{s1} + a_{22}B_{s2} + a_{23}B_{s3}) + B_{r3}(a_{31}B_{s1} + a_{32}B_{s2} + a_{33}B_{s3}).$$
$$(r, s = 1, 2, 3).$$

Aus dem Multiplikationssatz für Determinanten folgt jetzt

$$|\,B_{11}B_{22}B_{33}\,|^3 \cdot |\,a_{11}'a_{22}'a_{33}'\,| = |\,B_{11}B_{22}B_{33}\,|^2 \cdot |\,a_{11}a_{22}a_{33}\,|,$$
$$(51) \quad |\,b_{11}b_{22}b_{33}\,|^2 \cdot |\,a_{11}'a_{22}'a_{33}'\,| = |\,a_{11}a_{22}a_{33}\,|.$$

Eine bilineare ternäre Form wird bei nicht singulärer Kollineation wieder in eine bilineare ternäre Form übergeführt. War die Determinante der ursprünglichen Form von Null verschieden [gleich Null], so hat die Determinante der transformierten Form die gleiche Eigenschaft.

Aus (50) folgt noch für $a_{rs} = a_{sr}$, daß auch $a_{rs}' = a_{sr}'$ ist:

Der Charakter einer bilinearen Form, symmetrisch oder nicht symmetrisch zu sein, bleibt bei nicht singulärer Kollineation erhalten.

Eine bilineare ternäre Form heißt nämlich symmetrisch, wenn ihre Determinante es ist. In diesem Falle kann sie durch das Symbol (x/y) dargestellt werden, und es ist $(x'/y') = (x/y)$, wo im Symbol (x'/y') die durch (50) erklärten Koeffizienten a_{rs}' zu nehmen sind.

Jetzt folgt weiter $(x'/x') = (x/x)$.

Der Ausdruck (x/x) heißt eine *ternäre quadratische Form*. Als quadratisch ist die Form zu bezeichnen, weil sie den Faktor ϱ^2 annimmt, sobald die Veränderlichen x mit dem Proportionalitätsfaktor ϱ belastet werden. Wir haben also weiter:

Eine ternäre quadratische Form wird bei nicht singulärer Kollineation wieder in eine ternäre quadratische Form übergeführt. War die Determinante der ursprünglichen Form von Null verschieden [gleich Null], so hat die Determinante der transformierten Form die gleiche Eigenschaft.

Wir betrachten jetzt die *Nullstellen* der quadratischen Form. Erfüllt der Punkt x die Gleichung $(x/x) = 0$, so erfüllt der transformierte Punkt x' die Gleichung $(x'/x') = 0$. Das drückt man so aus:

Nicht singuläre [singuläre] Kurven zweiter Ordnung werden bei nicht singulärer Kollineation wieder in nicht singuläre [singuläre] Kurven zweiter Ordnung verwandelt.

Es ist nun zu vermuten, daß auch der *Rang* der Determinante einer ternären bilinearen oder quadratischen Form (kurz: der Rang der Form) gegenüber nicht singulären Kollineationen invariant ist. Um das nachzuweisen, haben wir etwas weiter auszuholen.

Die bilineare Form (49) schreiben wir so:

$$(a_{11}x_1 \mid a_{21}x_2 + a_{31}x_3)\,y_1 + (a_{12}x_1 + a_{22}x_2 + a_{32}x_3)\,y_2 +$$
$$+ (a_{13}x_1 + a_{23}x_2 + a_{33}x_3)\,y_3.$$

Darin sei

$$(52) \qquad \begin{cases} \mathfrak{x}_1 = a_{11}x_1 + a_{21}x_2 + a_{31}x_3, \\ \mathfrak{x}_2 = a_{12}x_1 + a_{22}x_2 + a_{32}x_3, \\ \mathfrak{x}_3 = a_{13}x_1 + a_{23}x_2 + a_{33}x_3. \end{cases}$$

Dann heißt die bilineare Form einfach $(\mathfrak{x}y)$. Jedem Punkte x ist vermöge (52) eine Gerade $\mathfrak{x}$ eindeutig zugeordnet; die Formeln (52) bestimmen also eine *Korrelation*. Ist die Determinante von Null verschieden, so ist die Korrelation nicht singulär. Hat sie den Rang zwei, so gibt es einen einzigen singulären Punkt s, dem keine Gerade $\mathfrak{x}$ korrelativ zugeordnet ist. Hat sie endlich den Rang eins, so gibt es ∞^1 solcher singulären Punkte. Vgl. 29, Zus. 4, 5.

Nun wird vermöge (50)

$$a_{1i}x_1 + a_{2i}x_2 + a_{3i}x_3 = b_{1i}(a'_{11}x'_1 + a'_{21}x'_2 + a'_{31}x'_3) +$$
$$+ b_{2i}(a'_{12}x'_1 + a'_{22}x'_2 + a'_{32}x'_3) + b_{3i}(a'_{13}x'_1 + a'_{23}x'_2 + a'_{33}x'_3)\,^1)$$
$$(i = 1, 2, 3).$$

Ist x ein singulärer Punkt, so verschwinden die linken Seiten, und da $|bbb| \neq 0$, so folgt, daß auch x' ein singulärer Punkt in bezug

---

$^1)$ Man multipliziere zur Bestätigung links mit y_1, y_2, y_3 und addiere. Rechts führt man dann vermöge (a) wieder y' ein.

auf die transformierte bilineare Form ist $(3, 4\alpha)$. Gibt es also bei der ursprünglichen Form einen einzigen singulären Punkt $[\infty^1]$, so gibt es auch bei der transformierten Form einen einzigen singulären Punkt $[\infty^1]$. Damit folgt aus dem Range zwei [eins] der ursprünglichen Form, daß auch die transformierte Form den Rang zwei [eins] besitzt. Das gleiche gilt nun von den K. 2. O., denn ∞^1 quadratische ternäre Formen geben immer dieselbe K. 2. O., und der Rang aller dieser Formen ist zugleich Rang der K. 2. O.

Ist die bilineare Form symmetrisch, so ist die zugehörige Korrelation eine Polarität. In der Form (x/y) ist (wegen $a_{ik} = a_{ki}$) die durch (52) erklärte Gerade $\mathfrak{x}$ die Polare des Punktes x in bezug auf die K. 2. O. $(x/x) = 0$ (vgl. 47, 13a). Ist $(x/y) = 0$, also $(\mathfrak{x}y) = 0$, so liegt der Punkt y auf der Polaren von x. Dann wird aber bei der Transformation $(x'/y') = 0$, d. i. der Punkt y' liegt auf der Polaren von x' in bezug auf die transformierte K. 2. O. $(x'/x') = 0$. Die Gesamtheit dieser Punkte y $[y']$ bildet die Polare von x $[x']$ in bezug auf die ursprüngliche [transformierte] Kurve.

Pol und Polare sind also mit der K. 2. O. *kovariant* verbunden. Damit meint man: Ist $\mathfrak{p}$ die Polare von p in bezug auf die K. 2. O. K, so ist auch $\mathfrak{p}'$ die Polare von p' in bezug auf die transformierte Kurve K', deren Koeffizienten durch (50) geliefert werden.

Die zur ternären quadratischen Form (x/x) gehörige bilineare Form (x/y) heißt eine *Kovariante* der quadratischen Form, weil $(x'/y') = (x/y)$. Von einer Invariante redet man hier nicht, weil außer Koeffizienten der Form auch Punktkoordinaten auftreten (vgl. Zus. 2). Die Größe (x/y) ist aber keine *absolute* Kovariante, weil die Koeffizienten a'_{rs} noch mit Proportionalitätsfaktoren belastet werden können, die von den a_{rs} unabhängig sind.

Eine absolute *Kovariante* wäre der Ausdruck

$$\frac{(x/z)}{(z/y)} \cdot \frac{(x/u)}{(u/y)}$$

wegen dessen Bildung man etwa 31, (33) beachte. Er kann auf Distanzen zurückgeführt werden.

Eine relative Kovariante ist auch der Ausdruck $(x/x)(y/y) - (x/y)^2$. Sein Verschwinden sagt (52), daß die Verbindungsgerade $\widehat{xy}$ die K. 2. O. berührt:

Berührt die Verbindungsgerade zweier Punkte eine Kurve zweiter Ordnung, so berührt auch die Verbindungsgerade der transformierten Punkte die transformierte Kurve.

Damit ist der kovariante Charakter der Tangenten und auch der Sekanten dargetan. Auch der der Erzeugenden folgt ohne weiteres.

Wir können festsetzen:

$$(53) \qquad \sqrt{(x'|x')\,(y'|y') - (x'|y')^2} = \sqrt{(x|x)\,(y|y) - (x|y)^2}$$

„Irrationalität III“.

Nach 51, (35) ist dann der Tangens der Distanz zweier Punkte eine *absolute Kovariante.*

Aus der kovarianten Natur der Tangenten folgt, daß auch die von den Tangenten einer Kurve zweiter Ordnung gebildete Kurve zweiter Klasse mit der K. 2. O. kovariant verbunden ist. Die geraden Linien sind dabei (unter sich kogredient, aber) *kontragredient* zu den Punkten zu transformieren. Über die Kontragredienz treffen wir die in 30, Zus. 15 bei dem damaligen Standpunkt noch nicht völlig zum Ausdruck gekommene Festsetzung, daß $(\mathfrak{x}'x') = (\mathfrak{x}x)$ sein soll, d. i. ohne weiteren Faktor.

Demgemäß haben wir zu setzen:

(c) $\qquad |\,b_{11}\,b_{22}\,b_{33}\,|\,\mathfrak{x}_i' = B_{i1}\mathfrak{x}_1 + B_{i2}\mathfrak{x}_2 + B_{i3}\mathfrak{x}_3,$

(d) $\qquad \mathfrak{x}_i = b_{1\,i}\mathfrak{x}_1' + b_{2\,i}\mathfrak{x}_2' + b_{3\,i}\mathfrak{x}_3'.$ $\qquad (i = 1, 2, 3).$

Eine bilineare Form in Geradenkoordinaten wird dann wieder zu einer bilinearen Form; uns interessieren hier nur die symmetrischen Formen. Die symmetrische bilineare Form in Geradenkoordinaten $(\mathfrak{x}|\mathfrak{y})$ wird in eine andere übergeführt, die mit $(\mathfrak{x}|\mathfrak{y})$ zugleich verschwindet. Wir könnten sie $(\mathfrak{x}'|\mathfrak{y}')$ nennen; wir nennen sie aber $|\,b_{11}\,b_{22}\,b_{33}\,|^2 \cdot (\mathfrak{x}'|\mathfrak{y}')$ (aus Rücksicht auf (51)).

Dann wird

$$(54) \qquad |\,b_{11}\,b_{22}\,b_{33}\,|^2\,A_{rs}' = b_{r1}\,(A_{11}\,b_{s1} + A_{12}\,b_{s2} + A_{13}\,b_{s3}) +$$
$$+ b_{r2}\,(A_{21}\,b_{s1} + A_{22}\,b_{s2} + A_{23}\,b_{s3}) + b_{r3}\,(A_{31}\,b_{s1} + A_{32}\,b_{s2} + A_{33}\,b_{s3}).$$

Aus (50) und (54) folgt jetzt

$$|\,b_{11}\,b_{22}\,b_{33}\,|^3 \cdot \{a_{1s}'A_{1s}' + a_{2s}'A_{2s}' + a_{3s}'A_{3s}'\} = |\,a_{11}\,a_{22}\,a_{33}\,| \cdot \{b_{s1}B_{s1} +$$
$$+ b_{s2}B_{s2} + b_{s3}B_{s3}\},$$
$$a_{1s}'A_{1t}' + a_{2s}'A_{2t}' + a_{3s}'A_{3t}' = 0. \quad (t \neq s;\ s, t = 1, 2, 3).$$

Daraus folgt aber (vgl. 46, (3)) wegen (51):

$$A_{ii}' = a_{kk}'a_{ll}' - a_{kl}'^2 \;\text{usw.},$$

und damit ist der Beweis erbracht, daß auch die ternäre Form in Geradenkoordinaten $(\mathfrak{x}|\mathfrak{y})$ mit der Kurve $(x|x)$ kovariant verbunden ist. Es wird also

$$(55) \qquad |\,b_{11}\,b_{22}\,b_{33}\,|^2\,(\mathfrak{x}'|\mathfrak{y}') = (\mathfrak{x}|\mathfrak{y}), \qquad |\,b_{11}\,b_{22}\,b_{33}\,|^2\,(\mathfrak{x}'|\mathfrak{x}') = (\mathfrak{x}|\mathfrak{x}).$$

Jetzt darf man weiter schließen, daß auch der Angulus zweier Geraden eine absolute Kovariante ist. Dazu bedarf man der Festsetzung (vgl. 53, (45))

$$(56)\quad |\, b_{11}\, b_{22}\, b_{33}\,|^2 \cdot \sqrt{(\mathfrak{x}'/\mathfrak{x}')\,(\mathfrak{y}'/\mathfrak{y}') - (\mathfrak{x}'/\mathfrak{y}')^2} = \sqrt{(\mathfrak{x}/\mathfrak{x})\,(\mathfrak{y}/\mathfrak{y}) - (\mathfrak{x}/\mathfrak{y})^2}$$

„Irrationalität IV".

Somit ist der invariante bzw. kovariante Charakter aller in den voraufgegangenen Abschnitten aufgeführten Begriffe nachgewiesen.

1. Der Angulus $(\mathfrak{x}, \mathfrak{y})$ ist eine absolute Kovariante der Kurve $(x/x) = 0$, bedeutet also: Ist φ der Angulus der beiden Geraden $\mathfrak{x}$ und $\mathfrak{y}$ in bezug auf die Kurve $(x/x) = 0$, und transformiert man $\mathfrak{x}$ und $\mathfrak{y}$ unter sich kogredient, aber zu den x kontragredient, wobei φ' der Angulus der transformierten Geraden $\mathfrak{x}'$ und $\mathfrak{y}'$ in bezug auf die transformierte Kurve $(x'/x') = 0$ mit den Koeffizienten a' wird, so ist der Zahlwert von φ' ebenso groß wie der von φ. Betrachtet man aber nur *automorphe* kontragrediente Transformationen der K. 2. O., die später eingehend behandelt werden, so nennt man den Angulus nicht mehr *kovariant*, weil die Kurve sich ja nicht mehr ändert, sondern *invariant*; die Koeffizienten der Kurve tragen dann eben numerischen Charakter.

2. Noch ein anderes wird durch die Bezeichnung *kovariant* zum Ausdruck gebracht. Legt man in (x/y) den x und y feste Werte bei, so hat der Ausdruck (x/y) einen bestimmten numerischen Wert und heißt dann (relative) *Invariante*. Bleibt aber x und y oder x allein oder y allein veränderlich, so wird (x/y) nicht numerisch. So etwa (p/x). Dann redet man lieber von *Kovarianten*. Eine solche Kovariante stellt, gleich Null gesetzt, ein *geometrisches Gebilde* dar, welches mit der Figur der K. 2. O. und des Punktes p verbunden ist, nämlich die Polare von p.

3. Wenn wir in 31 die Bedingung dafür, daß die Punkte a und b zusammenfallen, als $(abx) \equiv 0$ schrieben, so haben wir aus der Invariante (abc) eine Kovariante gebildet. Diese Kovariante liefert, gleich Null gesetzt, die Verbindungsgerade von a und b. Verschwindet sie, wie hier, *identisch*, so heißt das, die Verbindungsgerade wird unbestimmt, d. i. a und b fallen zusammen. Somit hat jenes Verfahren, eine Reihe von Gleichungen zu einer Identität, oder wie wir jetzt sagen dürfen, einer Kovariante zusammenzufassen, die dann identisch verschwinden soll, den Charakter des Gesuchten, den man bis dahin vielleicht darin finden mochte, verloren und besitzt eine unmittelbare geometrische Bedeutung.

4. Betrachtet man eine K. 2. O. als durch ihre Koeffizienten gegeben, stellt sie also als Raumelement durch die sechs homogenen Koordinaten dar $a_{11} : a_{22} : a_{33} : a_{23} : a_{31} : a_{12}$, und betrachtet dazu den Punkt x, so ist auch der Ausdruck (x/x) als Kovariante anzusprechen. Hierbei sind die a dann vermöge (50) zu transformieren. Ebenso kann man den Ausdruck $(\mathfrak{x}x)$ als absolute simultane Kovariante des Punktes x und der Geraden $\mathfrak{x}$ bezeichnen.

5. Was sind ternäre lineare Formen, und was ergeben sie, gleich Null gesetzt? (Zwei Fälle!) Wo sind uns binäre bilineare Formen entgegengetreten?

6. Wie transformieren sich die unsymmetrischen bilinearen ternären Formen in Geradenkoordinaten?

7. Die Kollineation

$$\begin{cases} x_1 = a_1 x_1' + b_1 x_2' + c_1 x_3', \\ x_2 = a_2 x_1' + b_2 x_2' + c_2 x_3', \\ x_3 = a_3 x_1' + b_3 x_2' + c_3 x_3', \end{cases} \qquad (abc) \neq 0$$

führt die ternäre quadratische Form (x/x) über in

$$(a/a)\, x_1'^2 + (b/b)\, x_2'^2 + (c/c)\, x_3'^2 + 2\,(b/c)\, x_2' x_3' + 2\,(c/a)\, x_3' x_1' + 2\,(a/b)\, x_1' x_2'.$$

8. Zeige, daß die Jacobische Form $(\vartheta\xi)^2$ zweier binärer quadratischer Formen $(\alpha\xi)^2$ und $(\beta\xi)^2$ (51, Zus. 4) mit diesen kovariant verbunden ist. Sie heißt deswegen auch wohl die kovariante Form oder die Jacobische Kovariante.

9. *Prinzip der Akzentuierung.* Ein symbolischer Ausdruck im Sinne von **53**, Zus. 1—6 hat nur dann Sinn, wenn die Symbole α_1, α_2 der binären quadratischen Form $(\alpha\xi)^2$ genau zweimal vorkommen und ist dann *linear* in den *Koeffizienten* a_{ik}. Quadratische Ausdrücke in den Koeffizienten würde man schon nicht mehr so darstellen können. Zwar würde man noch statt a_{12}^2 setzen können $(\alpha_1\alpha_2)^2 = \alpha_1^2 \alpha_2^2$, aber umgekehrt könnte man aus $\alpha_1^2 \alpha_2^2$ nicht auf a_{12}^2 schließen, sondern es wäre noch möglich, dafür $\alpha_1^2 \cdot \alpha_2^2 = a_{11} a_{22}$ zu setzen.

Um diesem Übelstand zu entgehen, denkt man sich einen Ausdruck k^{ten} Grades in den Koeffizienten *einer* Form ersetzt durch einen andern, in dem die Koeffizienten von k solchen Formen auftreten, *aber jeder linear.* Dann ist die Aronholdsche Symbolik anwendbar. Nun läßt man die k Formen noch zusammenfallen. Das deutet man dadurch an, daß man die Symbole der verschiedenen Formen *mit denselben Buchstaben* schreibt, aber *Akzente hinzufügt.*

So faßt man die Diskriminante (**49**, Zus. 12) der Form $(\alpha\xi)^2$, die vom zweiten Grade in den Koeffizienten a ist, auf als *bilinearen* Ausdruck zweier Formen, die man jetzt aber nicht $(\alpha\xi)^2$ und $(\beta\xi)^2$ nennt, sondern, da sie schließlich ja doch identifiziert werden sollen, $(\alpha\xi)^2$ und $(\alpha'\xi)^2$. So findet man

$$\tfrac{1}{2}(\alpha\alpha')^2 = \tfrac{1}{2}(\alpha_1\alpha_2' - \alpha_2\alpha_1')^2 = \tfrac{1}{2}(\alpha_1^2 \alpha_2'^2 - 2\alpha_1\alpha_2\,\alpha_1'\alpha_2' + \alpha_2^2 \alpha_1'^2)$$
$$= \tfrac{1}{2}(a_{11} a_{22} - 2 a_{12} a_{12} + a_{22} a_{11}) = a_{11} a_{22} - a_{12}^2.$$

10. Aus $(\vartheta\xi)^2 = (\alpha\beta)(\alpha\xi)(\beta\xi)$ folgt $(\vartheta\alpha')^2 = (\alpha\beta)(\alpha\alpha')(\beta\alpha').$

Aus $(\vartheta'\xi)^2 = (\alpha'\beta')(\alpha'\xi)(\beta'\xi)$ folgt $(\vartheta'\alpha)^2 = (\alpha'\beta')(\alpha'\alpha)(\beta'\alpha).$

Die Akzente an den β sind überflüssig. Es ist also

$$(\vartheta\alpha')^2 = (\alpha\beta)(\alpha\alpha')(\beta\alpha'); \quad (\vartheta'\alpha)^2 = (\alpha'\beta)(\alpha'\alpha)(\beta\alpha) = -(\alpha\beta)(\alpha\alpha')(\beta\alpha')$$

Die linken Seiten stellen aber denselben Ausdruck dar; mithin ist $2(\vartheta\alpha)^2 = 0$, $(\vartheta\alpha)^2 = 0$. In Worten! (**51**, Zus. 4.) Zeige ebenso $(\vartheta\beta)^2 = 0$.

Warum hätte man nicht so schließen dürfen:

$$(\vartheta\alpha)^2 = (\alpha\beta)(\alpha\alpha)(\beta\alpha) = 0, \text{ weil } (\alpha\alpha) = 0 \text{ ist?}$$

55. Pol und Polare. Es soll jetzt auf die Beziehungen zwischen Pol und Polare genauer eingegangen werden, obwohl es sich im wesentlichen um Eigenschaften handelt, die auch bei jeder unsymmetrischen Korrelation vorkommen. Es erscheint uns aber angemessen, den analytischen Apparat weiter auszugestalten; den Vorteil davon wird der Leser später bei der Behandlung der Nicht-Euklidischen Geometrie erkennen.

Wir bezeichnen *die durch* **47**, (13a) *definierte* Polare des Punktes p durch p^*, den *durch* **49**, (13b) *erklärten* Pol der Geraden $\mathfrak{g}$ durch $\mathfrak{g}^*$. Demnach bezieht sich alles Folgende auf *nicht singuläre* Kurven. Es hat also, worauf stets zu achten ist, p^* die Natur eines deutschen, $\mathfrak{g}^*$ die Natur eines lateinischen Buchstaben. Die $\mathfrak{g}^*$ haben in den Koeffizienten a_{ik} der Kurve das Gewicht -1, die p^* das Gewicht $+1$. Dann wird

$$(57\,\mathrm{a})\quad (x/y) = (x^*y) = (y^*x) \qquad\qquad (57\,\mathrm{b})\quad (\mathfrak{x}/\mathfrak{y}) = D(\mathfrak{x}^*\mathfrak{y}) = D(\mathfrak{y}^*\mathfrak{x}).$$

Durch Nullsetzen dieser Ausdrücke folgt:

Liegt y auf der Polaren von x, so liegt auch x auf der Polaren von y. Geht $\mathfrak{y}$ durch den Pol von $\mathfrak{x}$, so läuft auch $\mathfrak{x}$ durch den Pol von $\mathfrak{y}$.

Weiter ist

$$(x/x) = (x^*x) \qquad\qquad (\mathfrak{x}/\mathfrak{x}) = D(\mathfrak{x}^*\mathfrak{x})$$

Der Punkt x liegt nur dann mit seiner Polaren vereinigt, wenn er der K. 2. O. angehört. Die Gerade $\mathfrak{x}$ liegt nur dann mit ihrem Pol vereinigt, wenn sie Tangente der K. 2. O. ist.

Nach dem Multiplikationssatz der Determinanten wird

$$(58)\qquad\qquad (x^*y^*z^*) = D(xyz).$$

Liegen drei Punkte nicht auf einer Geraden, so laufen ihre Polaren nicht durch einen Punkt.

Fassen wir in (58) x und y als fest, z als veränderlich auf, schreiben also demgemäß

$$(a^*b^*x^*) = D\cdot(abx),$$

so verschwinden $(a^*b^*x^*)$ und (abx) gleichzeitig:

Durchläuft der Punkt x die Gerade $\widehat{ab}$, so durchläuft seine Polare das Büschel $\widehat{a^*b^*}$, wobei a^* und b^* die Polaren von a und b sind.

Die Formel, die das Gegenstück zu (58) bildet, heißt

$$(59)\qquad\qquad D(\mathfrak{x}^*\mathfrak{y}^*\mathfrak{z}^*) = (\mathfrak{x}\mathfrak{y}\mathfrak{z}).$$

Schreibt man hier $D(\mathfrak{a}^*\mathfrak{b}^*\mathfrak{x}^*) = (\mathfrak{a}\mathfrak{b}\mathfrak{x})$, so folgt:

Durchläuft die Gerade $\mathfrak{x}$ das Büschel $\widehat{\mathfrak{a}\mathfrak{b}}$, so durchläuft ihr Pol die Gerade $\widehat{\mathfrak{a}^*\mathfrak{b}^*}$, die die beiden Pole von $\mathfrak{a}$ und $\mathfrak{b}$ verbindet.

Schließlich beweist man noch durch Ausrechnung die beiden Formeln[1])

$$(60)\qquad\qquad (x^*/y^*) = D(x/y).$$
$$(61)\qquad\qquad D(\mathfrak{x}^*/\mathfrak{y}^*) = (\mathfrak{x}/\mathfrak{y}).$$

---

[1]) Man zeigt zuerst $x^{**} = x$, $\mathfrak{x}^{**} = \mathfrak{x}$ und benutzt dann (57):
$$(x^*/y^*) = D(x^{**}y^*) = D(xy^*) = D(x/y).$$

Daraus folgt, daß gleichzeitig verschwinden müssen die Ausdrücke

$$(x^*/x^*)(y^*/y^*) - (x^*/y^*)^2 \quad \text{und} \quad (x/x)(y/y) - (x/y)^2,$$
$$(\mathfrak{x}^*/\mathfrak{x}^*)(\mathfrak{y}^*/\mathfrak{y}^*) - (\mathfrak{x}^*/\mathfrak{y}^*)^2 \quad \text{und} \quad (\mathfrak{x}/\mathfrak{x})(\mathfrak{y}/\mathfrak{y}) - (\mathfrak{x}/\mathfrak{y})^2:$$

Der Pol einer Tangente gehört der K. 2. O. an, die Polare eines Punktes der K. 2. O. ist Tangente.

Verfügt man weiter

$$\boxed{\sqrt{p^*/p^*} = \sqrt{D(p/p)}} \qquad \text{„Irrationalität V“,}$$

mithin
$$\boxed{\sqrt{D(\mathfrak{g}^*/\mathfrak{g}^*)} = \sqrt{\mathfrak{g}/\mathfrak{g}}} \qquad \text{„Irrationalität VI“,}$$

so folgt wegen
$$(62) \qquad\qquad (x^*\mathfrak{x}^*) = (x\mathfrak{x}):$$

Der Angulus zweier Geraden ist gleich der mit dem Faktor μ multiplizierten Distanz ihrer Pole; die mit dem Faktor μ multiplizierte Distanz zweier Punkte ist gleich dem Angulus ihrer Polaren.

Ferner sprechen wir aus (**51**, (36)):

Die Polare von x ist der Ort der Punkte, die von ihm die Distanz $\dfrac{\pi}{2\,\mu}$ haben.

Der Satz behält seinen Sinn für die Schnittpunkte der Polaren mit der K. 2. O., wo die Distanz unbestimmt wird.

Ebenso ergibt **53**, (46):

Der Pol von $\mathfrak{x}$ ist der Ort aller Geraden, die mit $\mathfrak{x}$ den Angulus $\dfrac{\pi}{2}$ bilden.

Gilt auch für die Tangenten der K. 2. O. durch den Pol, weil dann der Angulus unbestimmt wird.

Drei Punkte vom Range drei, die zu je zweien die Distanz $\dfrac{\pi}{2\,\mu}$ haben, bilden ein Poldreieck (Polardreieck).

Dieser Definition stellen wir die andere an die Seite:

Drei gerade Linien vom Range drei, die zu je zweien den Angulus $\dfrac{\pi}{2}$ bilden, nennt man ein Poldreiseit (Polardreiseit).

Um ein Poldreieck zu bilden, nehmen wir eine Ecke willkürlich an. Dann kann die zweite Ecke noch auf der Polaren der ersten Ecke willkürlich gewählt werden. Die dritte Ecke ist dann eindeutig bestimmt als Pol der Verbindungsgeraden der beiden ersten Ecken. Es gibt demnach ∞^3 Poldreiecke. Die Seiten eines solchen Poldreiecks bilden ein Poldreiseit.

Damit die drei Punkte a, b, c ein Poldreieck bilden, muß sein

$$(b/c) = 0, \quad (c/a) = 0, \quad (a/b) = 0, \quad (abc) \neq 0.$$

Hierdurch werden den ∞^6 Punktetripeln der Ebene in der Tat drei Bedingungen auferlegt. Aus **49**, (21) folgt jetzt

$$(ca/ab) = (c/a)(a/b) - (c/b)(a/a) = 0,$$

oder $(b/c) = 0$; ebenso wird $(c/a) = 0$, $(a/b) = 0$, d. i. die drei Seiten a, b, c des Poldreiecks bilden paarweise miteinander den Angulus $\dfrac{\pi}{2}$.

1. Wir nehmen nunmehr das bis zur Formel **50**, (34) gediehene Problem wieder auf, die Schnittpunkte der K. 2. O. mit der Geraden $\mathfrak{g}$ zu finden. In der Formel traten zwei willkürliche Gerade $\mathfrak{a}$ und $\mathfrak{b}$ auf. Diese wählen wir jetzt gemäß den Bedingungen

$$(\mathfrak{b}/\mathfrak{a}) = 0, \qquad (\mathfrak{b}/\mathfrak{g}) = 0.$$

Nachdem also $\mathfrak{a}$ willkürlich gewählt ist, soll $\mathfrak{b}$ die Polare des Schnittpunkts von $\widehat{\mathfrak{a}\mathfrak{g}}$ sein. Der noch willkürlich bleibende Proportionalitätsfaktor kann so gewählt werden, daß

$$(\mathfrak{g}\mathfrak{b}\mathfrak{x}) = (\mathfrak{b}\mathfrak{x}\mathfrak{g}) = (\mathfrak{a}\mathfrak{g}/\mathfrak{x}\mathfrak{g}) \tag{57}$$

$$= \frac{1}{D}\{(\mathfrak{a}/\mathfrak{x})(\mathfrak{g}/\mathfrak{g}) - (\mathfrak{a}/\mathfrak{g})(\mathfrak{g}/\mathfrak{x})\}. \tag{49, (22)}$$

Insbesondere ist dann

$$(\mathfrak{g}\mathfrak{a}\mathfrak{b}) = \frac{1}{D}\{(\mathfrak{a}/\mathfrak{g})^2 - (\mathfrak{a}/\mathfrak{a})(\mathfrak{g}/\mathfrak{g})\}.$$

Jetzt wird **50**, (34) zu

$$(x\mathfrak{x}) \equiv D(\mathfrak{g}\mathfrak{a}\mathfrak{x})\sqrt{-(\mathfrak{g}/\mathfrak{g})} + (\mathfrak{a}/\mathfrak{x})(\mathfrak{g}/\mathfrak{g}) - (\mathfrak{a}/\mathfrak{g})(\mathfrak{g}/\mathfrak{x}),$$

wobei der Faktor $D^{-1}\{(\mathfrak{a}/\mathfrak{g})^2 - (\mathfrak{a}/\mathfrak{a})(\mathfrak{g}/\mathfrak{g})\}$ abgespalten ist. *Das Folgende bezieht sich demnach nur auf nicht singuläre Kurven; insbesondere darf $\mathfrak{a}$ die Gerade $\mathfrak{g}$ nicht auf der Kurve treffen.*

Endlich lassen wir $\mathfrak{a}$ durch den Pol von $\mathfrak{g}$ gehen. Dann wird $(\mathfrak{a}/\mathfrak{g}) = 0$. Nach Abspaltung des Faktors $\sqrt{-(\mathfrak{g}/\mathfrak{g})}$ wird dann schließlich

$$(63) \qquad\qquad (x\mathfrak{x}) \equiv D(\mathfrak{g}\mathfrak{a}\mathfrak{x}) - (\mathfrak{a}/\mathfrak{x})\sqrt{-(\mathfrak{g}/\mathfrak{g})}.$$

Das gibt gleich Null gesetzt die Schnittpunkte der als *nicht singulär* vorausgesetzten K. 2. O. mit der *Sekante* $\mathfrak{g}$. (Grund!)

Hieraus folgt auch eine ziemlich einfache *Parameterdarstellung der Punkte der Sekante* $\mathfrak{g}$[1]).

---

[1]) Daß in (64) $\sqrt{\mathfrak{g}/\mathfrak{g}}$ auftritt und nicht $\sqrt{-(\mathfrak{g}/\mathfrak{g})}$, ist Willkür. So werden die Distanzformeln am zweckmäßigsten. Vgl. Zus. 9.

$$(64) \qquad (x\mathfrak{x}) \equiv D(\mathfrak{a}\,\mathfrak{g}\,\mathfrak{x})\sigma_1 + (\mathfrak{a}/\mathfrak{x})\sqrt{\mathfrak{g}/\mathfrak{g}}\,\sigma_2. \qquad ((\mathfrak{a}/\mathfrak{g}) = 0).$$

Jedem Wertesystem $\sigma_1 : \sigma_2$ entspricht ein Punkt x der Sekante und umgekehrt.

Gehören so die Punkte y und z zu den Parameterwerten $\sigma_1 : \sigma_2$ und $\tau_1 : \tau_2$, so wird[1])

$$(y/z) = D(\mathfrak{g}/\mathfrak{g})(\mathfrak{a}/\mathfrak{a})(\sigma_1\tau_1 + \sigma_2\tau_2).$$

Daher bilden die Punkte

$$(65) \qquad \begin{cases} D(\mathfrak{g}\,\mathfrak{a}\,\mathfrak{x})\sigma_1 - (\mathfrak{a}/\mathfrak{x})\sqrt{\mathfrak{g}/\mathfrak{g}}\,\sigma_2 = 0, \\ D(\mathfrak{g}\,\mathfrak{a}\,\mathfrak{x})\sigma_2 + (\mathfrak{a}/\mathfrak{x})\sqrt{\mathfrak{g}/\mathfrak{g}}\,\sigma_1 = 0 \end{cases}$$

die Distanz $\dfrac{\pi}{2\,\mu}$ miteinander.

In diesen beiden Punkten und dem Pol $\mathfrak{g}^*$ von $\mathfrak{g}$ haben wir somit ein Polardreieck wirklich dargestellt, wofern nur $\sigma_1^2 + \sigma_2^2 \neq 0$ ist.

2. Entsprechend läßt sich das Problem vereinfachen, die Tangenten an die K. 2. O. zu finden, die durch den Punkt p laufen, welcher der Kurve nicht angehört (52, (41)). Man erhält

$$(66) \qquad (\mathfrak{x}x) = D(pbx) - (b/x)\sqrt{-D(p/p)},$$

wo der Hilfspunkt b nicht auf einer Tangente durch p liegen darf. Er muß aber der Polaren von p angehören. Daraus gewinnt man wieder[2]) eine *Parameterdarstellung der Geraden durch den Punkt p.*

$$(67) \qquad (\mathfrak{x}x) \equiv D(pbx)\sigma_1 - (b/x)\sqrt{D(p/p)}\,\sigma_2. \qquad ((p/b) = 0).$$

Jedem Werte $\sigma_1 : \sigma_2$ entspricht eine Gerade des Büschels p und umgekehrt. Entsprechen so den Geraden $\mathfrak{y}$ und $\mathfrak{z}$ die Parameterwerte $\sigma_1 : \sigma_2$ und $\tau_1 : \tau_2$, so wird

$$(\mathfrak{y}/\mathfrak{z}) = D^2(p/p)(b/b)(\sigma_1\tau_1 + \sigma_2\tau_2).$$

Daher bilden die Geraden

$$(68) \qquad \begin{cases} D(pbx)\sigma_1 - (b/x)\sqrt{D(p/p)}\,\sigma_2 = 0, \\ D(pbx)\sigma_2 + (b/x)\sqrt{D(p/p)}\,\sigma_1 = 0 \end{cases}$$

den Angulus $\dfrac{\pi}{2}$ miteinander.

In diesen beiden Geraden $(\sigma_1^2 + \sigma_2^2 \neq 0)$ und der Polaren p^* von p haben wir somit ein Polardreiseit wirklich aufgestellt.

---

[1]) Man setzt in (64) $\mathfrak{x} = y^*$. Dann ist nach (59) $(\mathfrak{a}\,\mathfrak{g}\,y^*) = D(\mathfrak{a}^*\mathfrak{g}^*y)$, nach (57b) $(\mathfrak{a}/y^*) = D(\mathfrak{a}y)$. Auf beide Ausdrücke läßt sich dann wieder (64) anwenden.

[2]) Am bequemsten, indem man (64) polarisiert, d. i. $x = \mathfrak{x}^*$, $\mathfrak{x} = x^*$, $\mathfrak{g} = p^*$, $\mathfrak{a} = b^*$ setzt. Dann tritt aber rechts noch der Faktor D auf, der in (67) fortgelassen ist.

Freilich hatten wir dazu, ebenso wie in (65) beim Polardreieck eine Irrationalität nötig. Man kann aber alle Polardreiecke *rational* darstellen. Sind a und b getrennte Punkte, von denen a der K. 2. O. nicht angehört, so ist

$$c = (a/b)a - (a/a)b$$

der Punkt auf der Geraden $\widehat{ab}$, der mit a die Distanz $\dfrac{\pi}{2\mu}$ bildet. Zu den Punkten c und $\mathfrak{a}$ nimmt man als dritte Ecke des Polardreiecks den nach **49**, (13 b) ebenfalls rational darstellbaren Pol der Geraden $\widehat{ab}$, die nicht Tangente sein darf.

Ebenso kann man alle Polardreiseite rational darstellen.

1. Beweise $(\mathfrak{gh}/\mathfrak{g}^*) = 0$, $(pq/p^*) = 0$.

Es folgt beides schon ohne jede Rechnung!

2. Zeige $(p/\mathfrak{g}^*) = (p\mathfrak{g})$. In Worten? Ebenso: $(\mathfrak{g}/p^*) = D(p\mathfrak{g})$.

3. Aus $p = \mathfrak{g}^*$ folgt $\mathfrak{g} = p^*$.

4. Zeige $(p\mathfrak{g}^*\mathfrak{h}^*) = \dfrac{1}{D}(p/\widehat{\mathfrak{gh}})$. Man setzt etwa $p = \mathfrak{k}^*$. Dann wird $(p\mathfrak{g}^*\mathfrak{h}^*)$

$= (\mathfrak{k}^*\mathfrak{g}^*\mathfrak{h}^*) = \dfrac{1}{D}(\mathfrak{kgh}) = \dfrac{1}{D}(p^*\mathfrak{gh}) = \dfrac{1}{D}(p/\mathfrak{gh})$. In allen solchen Formeln achte man sorgfältig auf die Gewichte der Koeffizienten der Kurve und der Koordinaten der vorkommenden Größen. Stimmen diese, so kann man bereits mit ziemlicher Sicherheit darauf rechnen, daß die Formel richtig ist. Insofern stellen die in diesem Abschnitt vorkommenden zahlreichen Formeln der Sternsymbolik kaum eine Mehrarbeit dar.

5. In **50**, (31) ersetze man die Punkte b und c durch $\mathfrak{g}^*$ und $\mathfrak{h}^*$. Dafür führt man dann vermöge **55**, (61) und Zuss. 2, 4 die Geraden $\mathfrak{g}$ und $\mathfrak{h}$ ein. So gewinnt man eine Relation zwischen einem Punkte und zwei Geraden:

$$\frac{1}{D}(a/a)\big\{(\mathfrak{g}/\mathfrak{g})(\mathfrak{h}/\mathfrak{h}) - (\mathfrak{g}/\mathfrak{h})^2\big\} + 2(a\mathfrak{g})(a\mathfrak{h})(\mathfrak{g}/\mathfrak{h}) - (a\mathfrak{g})^2(\mathfrak{h}/\mathfrak{h}) - (a\mathfrak{h})^2(\mathfrak{g}/\mathfrak{g}) = (a/\mathfrak{gh})^2.$$

6. Zeige $(\mathfrak{g}^*x/\mathfrak{h}) = (\mathfrak{h}\mathfrak{g}x^*) = (\mathfrak{h}\mathfrak{g}/x)$.

7. Ebenso ist $(p^*\mathfrak{g}/x) = D(xp\mathfrak{g}^*) = (xp/\mathfrak{g})$.

8. In **31**, (30 b) ersetze man $\mathfrak{x}$ durch x^*. Das gibt

$$(bcd)(a/x) = (acd)(b/x) + (adb)(c/x) + (abc)(d/x)$$

oder

$$\boxed{(123)(0/x) = (023)(1/x) + (031)(2/x) + (012)(3/x).}$$

9. Gehören die Punkte x und y auf $\mathfrak{g}$ in Formel (64) zu den Parameterwerten $\sigma_1 : \sigma_2$ und $\tau_1 : \tau_2$, so wird für ihre Distanz

$$\operatorname{tg}\mu(x,y) = \sigma_1\tau_2 - \sigma_2\tau_1 : \sigma_1\tau_1 + \sigma_2\tau_2.$$

Hieraus erhält man eine geometrische Bedeutung der Parameter $\sigma_1 : \sigma_2$. Es ist $\sigma_2 : \sigma_1 = \operatorname{tg}\mu(x_0, x)$, wo x_0 den Punkt $\widehat{a\mathfrak{g}}$ bedeutet, der zum Parameter $1 : 0$ gehört. Setzt man $(x_0, x) = t_1$, $(x_0, y) = t_2$, so wird

$$(x, y) = t_2 - t_1.$$

10. Nunmehr kann man statt (64) auch schreiben

$$(x\mathfrak{x}) \equiv D\,(\mathfrak{a}\,\mathfrak{g}\,\mathfrak{x}) + (\mathfrak{a}/\mathfrak{x})\,\sqrt{\mathfrak{g}/\mathfrak{g}}\,\,\mathrm{tg}\,\mu t\,.$$

Drei Punkte entziehen sich dieser Darstellung. Welche?

11. Wieviel Punkte fehlen in der Darstellung

$$(x\mathfrak{x}) \equiv D(\mathfrak{a}\,\mathfrak{g}\,\mathfrak{x})\cos\mu t + (\mathfrak{a}/\mathfrak{x})\,\sqrt{\mathfrak{g}/\mathfrak{g}}\,\sin\mu t\,?$$

12. Gehören die Geraden $\mathfrak{x}$ und $\mathfrak{y}$ auf p in (67) zu den Parameterwerten $\sigma_1 : \sigma_2$ und $\tau_1 : \tau_2$, so wird für ihren Angulus

$$\mathrm{tg}\,(\mathfrak{x},\mathfrak{y}) = \sigma_1\tau_2 - \sigma_2\tau_1 : \sigma_1\tau_1 + \sigma_2\tau_2\,.$$

Geometrische Bedeutung der Parameter!

13. Die Formeln **49**, (21), (22) sollen mit Hilfe der Sternsymbolik hergeleitet werden.

14. Übertrage die Sternsymbolik auf den Raum R_3.

56. Kollineare Kurven zweiter Ordnung. Zwei Kurven zweiter Ordnung heißen kollinear (vgl. **29**), wenn sie durch nicht singuläre Kollineationen ineinander übergeführt werden können. Alle zueinander kollinearen Kurven können auf dieselbe kanonische Form gebracht werden. An dieser kanonischen Kurve lassen sich sämtliche Eigenschaften der K. 2. O., soweit sie in die Kollineationsgeometrie gehören, ablesen und beweisen.

Wir fragen, wann zwei Kurven zweiter Ordnung zueinander kollinear sind und demgemäß als äquivalent (**15**) in der Geometrie der Kollineationen zu gelten haben.

Notwendig ist dazu die Gleichheit der Rangzahlen (**54**). Jetzt soll gezeigt werden, daß diese Bedingung auch hinreichend ist.

Rang eins. Die K. 2. O. besteht aus einer doppeltzählenden Geraden. Diese läßt sich (**29**, Zus. 1) in jede andere Gerade kollinear transformieren. Es gibt mithin *eine Klasse* von Kurven zweiter Ordnung vom Range eins. Kanonische Gleichung:

$$(69) \qquad\qquad x_1^2 = 0\,.$$

Rang zwei. Die K. 2. O. besteht aus zwei getrennten Geraden. Nach **37**, Zus. 1 lassen sich noch vier Gerade, die ein Vierseit bilden, in vier vorgegebene Lagen überführen, um so mehr zwei Gerade. Wir transformieren sie in $x_1 + ix_2 = 0$ und $x_1 - ix_2 = 0$.

Kanonische Gleichung:

$$(70) \qquad\qquad x_1^2 + x_2^2 = 0\,.$$

Es gibt also *eine einzige Klasse* von Kurven zweiter Ordnung des Ranges zwei.

Beide Male lassen sich die kanonischen Gleichungen *rational* herstellen. Etwas anders verhält sich der Fall der nicht singulären Kurven.

Rang drei. Wir bilden ein Polardreieck a, b, c, was sich nach 55 auf rationalem Wege erreichen läßt. Die Ecken dieses Polardreiecks transformieren wir vermöge 37, (45) der Reihe nach auf die Punkte $1:0:0$, $0:1:0$, $0:0:1$. Das ist auf ∞^2 Arten möglich und zwar wieder rational. Da $0:1:0$ und $0:0:1$ die Distanz $\dfrac{\pi}{2\mu}$ in Bezug auf die transformierte Kurve haben, deren Koeffizienten a'_{ik} sein mögen, ist $a'_{23} = 0$. Ebenso muß auch $a'_{31} = 0$, $a'_{12} = 0$ sein, so daß die Gleichung der transformierten K. 2. O. die Koordinaten nur als Quadrate, nicht als Produkte enthält:

$$a'_{11} x_1'^2 + a'_{22} x_2'^2 + a'_{33} x_3'^2 = 0.$$

Demnach scheint es so, als ob es hier ∞^2 Klassen gibt, da zwei wesentliche Konstante auftreten. Da sich aber die letzte Gleichung auf ∞^2 Arten herstellen läßt, so kann man noch mehr erreichen. Dabei darf indessen das Polardreieck $1:0:0$, $0:1:0$, $0:0:1$ nicht wieder verloren gehen. Wir können demnach noch so weiter transformieren:

$$x_1'' = \sqrt{a'_{11}}\, x_1', \qquad x_2'' = \sqrt{a'_{22}}\, x_2', \qquad x_3{}' = \sqrt{a'_{33}}\, x_3'.$$

Dadurch erhalten wir die kanonische Gleichung

$$(71) \qquad\qquad x_1^2 + x_2^2 + x_3^2 = 0,$$

wobei die Doppelakzente fortgelassen sind. Von den drei Größen a'_{11}, a'_{22}, a'_{33} darf keine verschwinden, da der Rang den Wert drei behalten muß. Deswegen ist die letztgenannte Kollineation nicht singulär, liefert also, mit der zuerst ausgeführten nicht singulären Kollineation zusammengesetzt, wieder eine nicht singuläre Kollineation:

Die nicht singulären Kurven zweiter Ordnung bilden eine einzige Klasse.

Man wird hier die expliziten Formeln vermissen, die eine erste K. 2. O. in eine zweite vorgegebene von gleichem Range überführen. Diese fallen sehr unübersichtlich aus, weil unser Problem nicht eindeutig bestimmt ist. Da es nämlich ∞^8 Kollineationen gibt, aber nur ∞^5 Kurven zweiter Ordnung, so gibt es (bei nicht singulären Kurven) ∞^3 Transformationen, die die Kurve in sich selbst überführen. Wir gehen darauf im nächsten Abschnitt ein.

1. Die Ergebnisse dieses Abschnitts lassen sich auf den R_n übertragen.

2. *Aronholdsche Symbolik.* Eine *binäre Hermitesche Form* (S. 85) läßt sich symbolisch so darstellen:

$$(\alpha\,\xi)\,\overline{(\alpha\,\xi)} = a_{11}\,\xi_2\,\bar\xi_2 - a_{12}\,\xi_2\,\bar\xi_1 - a_{21}\,\xi_1\,\bar\xi_2 + a_{22}\,\xi_1\,\bar\xi_1,$$

wo $\alpha_i\bar\alpha_k = a_{ik} = \bar a_{ki}$ gesetzt ist, so daß die Koeffizienten hier anders erscheinen als auf S. 209. Zwei binäre Hermitesche Formen gelten als äquivalent, wenn sie sich nur durch einen *reellen* nicht verschwindenden Faktor unterscheiden. Dann gibt es ∞^3 binäre Hermitesche Formen (bei Zählung *reeller* Konstanten).

3. Transformiert man linear

$$\xi_1' = c_{11}\xi_1 + c_{12}\xi_2, \qquad\qquad D = c_{11}c_{22} - c_{12}c_{21} \gtrless 0,$$
$$\xi_2' = c_{21}\xi_1 + c_{22}\xi_2,$$

so geht (vgl. hierzu **53**, Zus. 6) die Form $(\alpha\xi)\,(\overline{\alpha\xi})$ in eine andere $(\alpha'\xi')\,(\overline{\alpha'\xi'})$ über, so daß

$$a_{11}' = c_{11}\overline{c}_{11}a_{11} + c_{11}\overline{c}_{12}a_{12} + c_{12}\overline{c}_{11}a_{21} + c_{12}\overline{c}_{12}a_{22}$$
$$a_{12}' = c_{11}\overline{c}_{21}a_{11} + c_{11}\overline{c}_{22}a_{12} + c_{12}\overline{c}_{21}a_{21} + c_{12}\overline{c}_{22}a_{22}$$
$$a_{21}' = c_{21}\overline{c}_{11}a_{11} + c_{21}\overline{c}_{12}a_{12} + c_{22}\overline{c}_{11}a_{21} + c_{22}\overline{c}_{12}a_{22}$$
$$a_{22}' = c_{21}\overline{c}_{21}a_{11} + c_{21}\overline{c}_{22}a_{12} + c_{22}\overline{c}_{21}a_{21} + c_{22}\overline{c}_{22}a_{22}.$$

Viel einfacher als die *Koeffizienten* transformieren sich die *Symbole*:

$$\alpha_1' = c_{11}\alpha_1 + c_{12}\alpha_2,$$
$$\alpha_2' = c_{21}\alpha_1 + c_{22}\alpha_2.$$

Man sieht darin die Überlegenheit der neuen Bezeichnungsweise der binären Hermiteschen Form in Zus. 2 vor der früheren in **45**, Zus. 3, die näher liegen würde, wenn man etwa *ternäre* Hermitesche Formen zu binären spezialisieren wollte. *Das binäre Gebiet unterscheidet sich vom ternären eben **nicht nur in** der Dimensionenzahl!*

4. Quasilineare Transformation!

5. Zwei binäre Hermitesche Formen $(\alpha\xi)\,(\overline{\alpha\xi})$ und $(\beta\xi)\,(\overline{\beta\xi})$ haben die bilineare Invariante

$$a_{11}b_{22} + a_{22}b_{11} - a_{12}b_{21} - a_{21}b_{12} = (\alpha\beta)\,(\overline{\alpha\beta}).$$

Der invariante Charakter dieser *reellen* Größe geht hervor aus (vgl. Zus. 3)

$$(\alpha'\beta')\,(\overline{\alpha'\beta'}) = D\,\overline{D}\,(\alpha\beta)\,(\overline{\alpha\beta}).$$

Obwohl der Faktor $D\overline{D}$ reell und positiv ist, darf man nicht schließen, daß das Vorzeichen von $(\alpha\beta)\,(\overline{\alpha\beta})$ invariant wäre; es kann abgeändert werden, wenn man die erste Form mit einem positiven, die zweite Form mit einem negativen Proportionalitätsfaktor versieht.

6. Anders verhält es sich, wenn man die beiden Formen $(\alpha\xi)\,(\overline{\alpha\xi})$ und $(\beta\xi)\,(\overline{\beta\xi})$ zusammenfallen läßt. Hier ist nach dem Prinzip der Akzentuierung (**54**, Zus. 9) β zu ersetzen durch α', wo der Akzent also nicht mehr wie in Zus. 3 bis 5 eine Transformation bedeutet. Die bilineare Invariante in Zus. 5 führt auf

$$a_{11}a_{22} - a_{12}a_{21} = \tfrac{1}{2}\,(\alpha\alpha')\,(\overline{\alpha\alpha'}),$$

und dieser *reelle* Ausdruck heiße die *Diskriminante* der binären Hermiteschen Form $(\alpha\xi)\,(\overline{\alpha\xi})$. Ihr Vorzeichen kann durch binäre lineare und quasilineare Transformationen nicht zerstört werden.

7. Man hat daher drei Arten binärer Hermitescher Formen zu unterscheiden:

$$\tfrac{1}{2}\,(\alpha\alpha')\,(\overline{\alpha\alpha'}) > 0 \quad \text{„Definite“ Formen,}$$
$$\tfrac{1}{2}\,(\alpha\alpha')\,(\overline{\alpha\alpha'}) = 0 \quad \text{„Semidefinite“ Formen,}$$
$$\tfrac{1}{2}\,(\alpha\alpha')\,(\overline{\alpha\alpha'}) < 0 \quad \text{„Indefinite“ Formen (vgl. S. 85).}$$

8. Aus der Identität

$$a_{11}\left(a_{11}\,\xi_2\,\bar\xi_2 - a_{12}\,\xi_2\,\bar\xi_1 - a_{21}\,\xi_1\,\bar\xi_2 + a_{22}\,\xi_1\,\bar\xi_1\right) =$$
$$= \left(a_{11}\,\xi_2 - a_{21}\,\xi_1\right)\left(\bar a_{11}\,\bar\xi_2 - \bar a_{21}\,\bar\xi_1\right) + \left(a_{11}\,a_{22} - a_{12}\,a_{21}\right)\xi_1\,\bar\xi_1$$

schließt man:

Definite Formen besitzen keine Nullstellen. Eine semidefinite Form hat eine einzige Nullstelle. Eine indefinite Form hat ∞^1 *Nullstellen* (bei Zählung reeller Konstanten).

9. Deutet man die Elemente des binären Gebietes als Punkte einer Geraden, so entsprechen den ∞^1 Nullstellen einer indefiniten Hermiteschen Form die ∞^1 Punkte einer *v. Staudtschen Kette* (44, Zus. 4).

10. Deutet man die ∞^2 (reellen und imaginären) Elemente des binären Gebietes als die *reellen* Punkte des zyklischen Kontinuum (18, Zus. 3, 45, Zus. 3), also in der Gaußischen Ebene, so entsprechen sich

Definite Formen	Nullteilige Kreise
Semidefinite Formen	Reduzible Kreise
Indefinite Formen	Einteilige Kreise

Vgl. S. 86. Das Wort Kreis ist im Sinne von 45, Zus. 2 zu verstehen, so daß also unter die einteiligen Kreise auch die reellen geraden Linien fallen.

11. Die bilineare Invariante $(\alpha\beta)\,\overline{(\alpha\beta)}$ in Zus. 5 sagt durch ihr Verschwinden aus: die beiden (als einteilig vorausgesetzten) Kreise in der Deutung von Zus. 10 schneiden sich senkrecht. In allen übrigen Fällen *definiert* die Gleichung $(\alpha\beta)\,\overline{(\alpha\beta)} = 0$ die „orthogonale Lage" beider Kreise. Geometrische Bedeutung der einzelnen Fälle! Sei $\cos^2\varphi = [(\alpha\beta)\,\overline{(\alpha\beta)}]^2 : (\alpha\alpha')\,\overline{(\alpha\alpha')}\cdot(\beta\beta')\,\overline{(\beta\beta')}$. Wann ist φ ein Schnittwinkel der beiden Kreise?

12. Die (nicht semidefinite) binäre Hermitesche Form $(\alpha\xi)\,\overline{(\alpha\xi)}$ liefert eine *involutorische quasilineare* Transformation

$$(\alpha\eta)\,\overline{(\alpha\xi)} = 0.$$

Vgl. 53, Zus. 5. Zeige, daß sie die *Inversion* (10, Zus. 2) am Kreise $(\alpha\xi)\,\overline{(\alpha\xi)} = 0$ ist.

57. Automorphe Kollineationen. Wir haben in **56** bereits darauf hingewiesen, daß eine singularitätenfreie K. 2. O. bei ∞^3 Kollineationen wieder in sich selbst übergeführt wird, also als Ganzes betrachtet in Ruhe bleibt. Diese Kollineationen heißen nach 16, Zus. 10 *automorphe* Transformationen der Kurve; ihre Aufstellung soll uns jetzt beschäftigen.

In 47, (12) haben wir ∞^3 Korrelationen kennen gelernt, die mit einer K. 2. O. verbunden sind; die K. 2. O. wird von denjenigen Punkten gebildet, die mit den ihnen korrelativ zugeordneten Geraden vereinigt liegen (ohne daß letztere Tangenten zu sein brauchen). Übt man eine solche Korrelation zweimal nacheinander aus, so wird ein Punkt p in eine Gerade g, und diese wieder in einen Punkt p' übergeführt, m. a. W. man erhält eine *Kollineation*. Hat der Punkt p die Eigenschaft, auf g zu liegen, so muß auch p' auf g liegen, d. i. die Punkte p und p' sind die Schnittpunkte von g mit der K. 2. O. 47, (11). Diese bleibt also bei der erhaltenen Kollineation in Ruhe, und letztere gehört zu den automorphen Kollineationen der Kurve.

Später ist nachzuweisen, daß *alle* automorphen Kollineationen der Kurve so erhalten werden. (S. 279).

Die schlechte Darstellung der Korrelation 47, (12) ersetzen wir durch eine brauchbarere: ($a_{ki} = a_{ik}$; $i = 1,2,3$)

$$(72) \quad \begin{cases} \mathfrak{x}_1' = (a_{11}\alpha_0 + *\ )x_1 + (a_{12}\alpha_0 + a\alpha_3)x_2 + (a_{13}\alpha_0 - a\alpha_2)x_3, \\ \mathfrak{x}_2' = (a_{21}\alpha_0 - a\alpha_3)x_1 + (a_{22}\alpha_0 + *\ )x_2 + (a_{23}\alpha_0 + a\alpha_1)x_3, \\ \mathfrak{x}_3' = (a_{31}\alpha_0 + a\alpha_2)x_1 + (a_{32}\alpha_0 - a\alpha_1)x_2 + (a_{33}\alpha_0 + *\ )x_3. \end{cases}$$

Die in der früheren Darstellung auftretenden Größen λ, μ, ν sind durch $\alpha_1 : \alpha_0$, $\alpha_2 : \alpha_0$, $\alpha_3 : \alpha_0$ ersetzt. Die Größe a, die aus Homogenitätsrücksichten eingeführt ist, kann willkürlich gewählt werden; nur darf sie nicht verschwinden und muß an der Homogenität der a_{ik} teilnehmen, d. i. sie ist durch ϱa zu ersetzen, falls die a_{ik} mit dem Proportionalitätsfaktor ϱ belastet werden. Man darf als a irgendeinen nicht verschwindenden Koeffizienten a_{ik} wählen.

Schreiben wir das System (72) kurz

$$\mathfrak{x}_i' = b_{i1}x_1 + b_{i2}x_2 + b_{i3}x_3 \qquad (i = 1, 2, 3),$$

oder[1])

$$|b_{11}b_{22}b_{33}|x_i' = B_{i1}\mathfrak{x}_1 + B_{i2}\mathfrak{x}_2 + B_{i3}\mathfrak{x}_3,$$

wo die B_{ik} durch 46, (3) erklärt werden, so heißt (vgl. 46, (8)) die gesuchte automorphe Kollineation

$$(73) \qquad c_{00}x_i' = c_{i1}x_1 + c_{i2}x_2 + c_{i3}x_3 \qquad (i = 1, 2, 3),$$

wo

$$(74) \qquad c_{00} = |b_{11}b_{22}b_{33}|, \qquad c_{ik} = B_{i1}b_{1k} + B_{i2}b_{2k} + B_{i3}b_{3k}.$$

Jetzt sind in (74) noch die Größen b und B nach (72) zu ersetzen. Man findet

$$\begin{aligned} B_{11} &= A_{11}\alpha_0^2 + a^2\alpha_1^2, \\ B_{12} &= A_{12}\alpha_0^2 + a^2\alpha_1\alpha_2 + a\alpha_0\alpha_3^*, \\ B_{13} &= A_{13}\alpha_0^2 + a^2\alpha_1\alpha_3 - a\alpha_0\alpha_2^*, \quad \text{usw.} \end{aligned}$$

Die α_1, α_2, α_3 sind als Punktkoordinaten zu behandeln. Daher werden nach 55 und 47, (13a) die α^* erklärt; es ist

$$\alpha_i^* = a_{i1}\alpha_1 + a_{i2}\alpha_2 + a_{i3}\alpha_3.$$

Auch das sogleich auftretende Symbol (α/α) ist dadurch bestimmt.

Bei der Ausrechnung der c_{00}, c_{ik} findet man überall den gemeinsamen Faktor α_0, den wir daher fortlassen. Dann wird

$$(75) \quad \begin{cases} c_{00} = D\alpha_0^2 + a^2(\alpha/\alpha), \\ c_{ii} = D\alpha_0^2 - a^2(\alpha/\alpha) + 2a\{a\alpha_i\alpha_i^* + A_{il}\alpha_0\alpha_k - A_{ik}\alpha_0\alpha_l\}, \\ c_{kl} = 2a\{a\alpha_k\alpha_l^* + A_{kk}\alpha_0\alpha_i - A_{ki}\alpha_0\alpha_k\}, \\ c_{lk} = 2a\{a\alpha_l\alpha_k^* + A_{li}\alpha_0\alpha_l - A_{ll}\alpha_0\alpha_i\}, \\ \qquad (i, k, l = 2, 3, 1; \ 3, 1, 2; \ 1, 2, 3). \end{cases}$$

---

[1]) Dadurch, daß hier, abweichend von 46 (1), der Faktor $|b_{11}b_{22}b_{33}|$ eingeführt ist, werden die sogleich zu erklärenden c_{ik} Polynome in den a; vgl. (75).

Die Formeln (73), (75) geben noch für $\alpha_0 = 0$, wo die Herleitung versagt (Grund!), einen Sinn. Erst dann, wenn man den Fall $\alpha_0 = 0$ zuläßt und im übrigen

$$(76) \qquad D\alpha_0^2 + a^2(\alpha/\alpha) \neq 0$$

voraussetzt, geben sie *alle* automorphen Kollineationen, wie noch zu zeigen ist (60).

Die Formeln (73) werden jetzt

$$\{D\alpha_0^2 + a^2(\alpha/\alpha)\}x_i' = \{D\alpha_0^2 - a^2(\alpha/\alpha)\}x_i + 2a^2\alpha_i(\alpha/x) +$$
$$+ 2a\alpha_0\{A_{i1}(x_2\alpha_3 - x_3\alpha_2) + A_{i2}(x_3\alpha_1 - x_1\alpha_3) + A_{i3}(x_1\alpha_2 - x_2\alpha_1)\}.$$
$$(i = 1, 2, 3).$$

Dafür läßt sich die Identität schreiben:

$$(77) \quad \{D\alpha_0^2 + a^2(\alpha/\alpha)\}(x'\mathfrak{x}) \equiv \{D\alpha_0^2 - a^2(\alpha/\alpha)\}(x\mathfrak{x}) + 2a^2(\alpha\mathfrak{x})(\alpha/x)$$
$$+ 2a\alpha_0(x\alpha/\mathfrak{x}).$$

Man erkennt, daß der Punkt $\alpha_1 : \alpha_2 : \alpha_3$ (Voraussetzung!) Ruhepunkt der Transformation ist; aus $x = \alpha$ folgt $(x'\mathfrak{x}) \equiv (x\mathfrak{x})$, d. i. $x' = \alpha$.

Die vier homogenen Größen $\alpha_0 : \alpha_1 : \alpha_2 : \alpha_3$ heißen die *Parameter* der automorphen Kollineation. Jedes Parametersystem, welches der Ungleichung (76) genügt, bestimmt eine automorphe Kollineation, vgl. Zus. 6.

1. In (77) ersetze man $\mathfrak{x}$ durch x^*. Wegen $(x\alpha/\mathfrak{x}) = (x\alpha/x^*) = D(x\alpha x^{**})$ $= D(x\alpha x) = 0$ wird

$$\{D\alpha_0^2 + a^2(\alpha/\alpha)\}(x'/x) = \{D\alpha_0^2 - a^2(\alpha/\alpha)\}(x/x) + 2a^2(\alpha/x)^2.$$

2. Setzt man statt dessen $\mathfrak{x} = \alpha x$, so wird

$$\{D\alpha_0^2 + a^2(\alpha/\alpha)\}(xx'\alpha) = 2a\alpha_0\{(x/\alpha)^2 - (x/x)(\alpha/\alpha)\}.$$

3. Nach **51**, (36) werde jetzt $\operatorname{tg}\mu(x, x')$ ermittelt. Dabei sollen x und x' auf der Polaren von $\alpha_1 : \alpha_2 : \alpha_3$ liegen. Dann kann man den Hilfspunkt p mit α zusammenfallen lassen, wobei aber $(\alpha/\alpha) \neq 0$ vorauszusetzen ist:

$$\operatorname{tg}\mu(x, x') = \frac{-2a\alpha_0\sqrt{D(\alpha/\alpha)}}{D\alpha_0^2 - a^2(\alpha/\alpha)}.$$

Bemerkenswert ist, daß rechts kein x mehr steht. Der Tangens der mit μ multiplizierten Distanz zweier Punkte x und x' auf der Polaren von $\alpha_1 : \alpha_2 : \alpha_3$ ist also derselbe, welcher Punkt x auch der automorphen Kollineation unterworfen wird.

4. Die Distanz $\tfrac{1}{2}(x, x')$ ist mod $\dfrac{\pi}{2\mu}$ bestimmt (51). Demnach ist

$$\operatorname{tg}\frac{\mu}{2}(x, x') = D\alpha_0 : a\sqrt{D(\alpha/\alpha)} \quad \text{oder} \quad \operatorname{tg}\frac{\mu}{2}(x, x') = -a\sqrt{D(\alpha/\alpha)} : D\alpha_0.$$

Hierbei ist immer wieder zu beachten, daß x, mithin auch x' gegen den Punkt $\alpha_1 : \alpha_2 : \alpha_3$ die Distanz $\dfrac{\pi}{2\mu}$ haben, und daß $(\alpha/\alpha) \neq 0$ vorausgesetzt ist.

5. Für den Fall $(\alpha/\alpha) = 0$ wird

$$D\alpha_0^2(x'xp) = 2a^2(\alpha/x)(\alpha xp) + 2a\alpha_0\{(x/x)(\alpha/p) - (x/p)(x/\alpha)\},$$
$$D\alpha_0^2(x/x') = D\alpha_0^2(x/x) + 2a^2(x/\alpha)^2. \quad \text{(Zus. 1.)}$$

Wählt man jetzt x, mithin auch x' auf der Polaren von $\alpha_1 : \alpha_2 : \alpha_3$, so wird

$$\frac{D(xx'p)}{\sqrt{D(p/p)}\,(x/x')} = \frac{-2a(\alpha/p)}{\alpha_0\sqrt{D(p/p)}}$$

von x unabhängig. Dazu darf der Hilfspunkt p nicht der Kurve angehören und auch nicht auf der Polaren von $\alpha_1 : \alpha_2 : \alpha_3$ liegen.

6. In (77) setzt man $\mathfrak{x} = a^*$ und erhält $(x'/\alpha) = (x/\alpha)$. Dann setzt man $\mathfrak{x} = x'^*$ und erhält einen Ausdruck für. (x'/x'), in dem rechts (x/x') (Zus. 1), (x'/α) und $(xx'\alpha)$ (Zus. 2) stehen. Setzt man dafür die Werte ein, so ergibt sich $(x'/x') = (x/x)$. Darin findet der automorphe Charakter der Kollineation (77) seinen einfachsten Ausdruck.

7. Zeige entsprechend $(x'/y') = (x/y)$.

8. Der Schnittpunkt p der Verbindungsgeraden xx' mit der Polaren von $\alpha_1 : \alpha_2 : \alpha_3$ hat die Gleichung

$$(p\mathfrak{x}) = (x/\alpha)(x'\mathfrak{x}) - (x'/\alpha)(x\mathfrak{x}) = (x/\alpha)\{(x'\mathfrak{x}) - (x\mathfrak{x})\} = 0.$$

Beweise

$$\{D\alpha_0^2 + a^2(\alpha/\alpha)\}\,(p/p) = 4a^2(x/\alpha)^2\{(\alpha/\alpha)(x/x) - (\alpha/x)^2\}.$$

58. Ein System komplexer Zahlen. Aus vier Einheiten e_0, e_1, e_2, e_3 bauen wir die komplexe Größe auf (vgl. **14**, Zus. 23, **45**, Zus. 3).

$$\dot\alpha = \alpha_0 e_0 + \alpha_1 e_1 + \alpha_2 e_2 + \alpha_3 e_3,$$

wo die Koeffizienten $\alpha_0, \alpha_1, \alpha_2, \alpha_3$ *gewöhnliche* komplexe Zahlen sind. Die Größen $\dot\alpha$ sollen als *konische Quaternionen* bezeichnet werden.

Als *Summe* zweier solcher Zahlen $\dot\alpha$ und $\dot\beta$ wird die Zahl erklärt

$$\dot\alpha + \dot\beta = (\alpha_0 + \beta_0)e_0 + (\alpha_1 + \beta_1)e_1 + (\alpha_2 + \beta_2)e_2 + (\alpha_3 + \beta_3)e_3.$$

Entsprechend erklärt man die *Differenz* zweier solcher Quaternionen. Das *Produkt* bildet man nach distributivem Schema:

$$\begin{aligned}
\dot\alpha \cdot \dot\beta = \quad &\alpha_0\beta_0 e_0 e_0 + \alpha_0\beta_1 e_0 e_1 + \alpha_0\beta_2 e_0 e_2 + \alpha_0\beta_3 e_0 e_3 \\
+ &\alpha_1\beta_0 e_1 e_0 + \alpha_1\beta_1 e_1 e_1 + \alpha_1\beta_2 e_1 e_2 + \alpha_1\beta_3 e_1 e_3 \\
+ &\alpha_2\beta_0 e_2 e_0 + \alpha_2\beta_1 e_2 e_1 + \alpha_2\beta_2 e_2 e_2 + \alpha_2\beta_3 e_2 e_3 \\
+ &\alpha_3\beta_0 e_3 e_0 + \alpha_3\beta_1 e_3 e_1 + \alpha_3\beta_2 e_3 e_2 + \alpha_3\beta_3 e_3 e_3.
\end{aligned}$$

Damit die so erklärte Größe überhaupt Sinn hat, müssen wir noch die Produkte $e_i e_k$ der Einheiten e erklären. Damit sie ferner wieder eine konische Quaternion wird, müssen diese Produkte homogen und linear durch die Einheiten e definiert werden. Dabei wird von der Forderung der Kommutativität der Multiplikation abgesehen, d. i. es braucht nicht $e_i e_k = e_k e_i$ zu sein.

Diese Produkte entnehmen wir nun der folgenden Multiplikationstafel[1]):

$$(79)\begin{cases}
& 0. & & 1. \\
0. & De_0 & & De_1 \\
1. & De_1 & & -a^2 a_{11} e_0 \\
2. & De_2 & & -a^2 a_{21} e_0 - a(A_{31} e_1 + A_{32} e_2 + A_{33} e_3) \\
3. & De_3 & & -a^2 a_{31} e_0 + a(A_{21} e_1 + A_{22} e_2 + A_{23} e_3) \\
\hline
& 2. & & 3. \\
0. & De_2 & & De_3 \\
1. & -a^2 a_{12} e_0 + a(A_{31} e_1 + A_{32} e_2 + A_{33} e_3) & & -a^2 a_{13} e_0 - a(A_{21} e_1 + A_{22} e_2 + A_{23} e_3) \\
2. & -a^2 a_{22} e_0 & & -a^2 a_{23} e_0 + a(A_{11} e_1 + A_{12} e_2 + A_{13} e_3) \\
3. & -a^2 a_{32} e_0 - a(A_{11} e_1 + A_{12} e_2 + A_{13} e_3) & & -a^2 a_{33} e_0
\end{cases}$$

Das heißt, als Produkt $e_i e_k$ wird erklärt die Größe in der i^{ten} Reihe, die in der k^{ten} Kolonne steht. Es ist also $e_0 e_2 = De_2$, $e_2^2 = e_2 e_2 = -a^2 a_{22} e_0$,　$e_3 e_1 = -a^2 a_{31} e_0 + a A_{21} e_1 + a A_{22} e_2 + a A_{23} e_3$　usw.

Die Größen D, a_{11}, a_{22}, a_{33} usw. sind die Diskriminante und die Koeffizienten einer nicht singulären Kurve zweiter Ordnung; ebenso erklären sich die A. Die Größe a ist in 57 erläutert. Somit haben wir einer solchen K 2. O. ein System höherer komplexer Zahlen zugeordnet; den Nutzen davon werden wir bald erkennen.

Zunächst rechnen wir auf Grund der Multiplikationstafel das Produkt zweier konischen Quaternionen aus. Es sei

$$\dot{\alpha}'' = \dot{\alpha} \cdot \dot{\alpha}'.$$

Dann wird mit Rücksicht auf $A_{ki} = A_{ik}$[2])

$$(80)\begin{cases}
\alpha_0'' = D\,\alpha_0 \alpha_0' - a^2\,(\alpha/\alpha'), \\
\alpha_1'' = D(\alpha_0 \alpha_1' + \alpha_0' \alpha_1) + a A_{11}(\alpha_2 \alpha_3' - \alpha_3 \alpha_2') + a A_{12}(\alpha_3 \alpha_1' - \alpha_1 \alpha_3') \\
\qquad + a A_{13}(\alpha_1 \alpha_2' - \alpha_2 \alpha_1'), \\
\alpha_2'' = D(\alpha_0 \alpha_2' + \alpha_0' \alpha_2) + a A_{21}(\alpha_2 \alpha_3' - \alpha_3 \alpha_2') + a A_{22}(\alpha_3 \alpha_1' - \alpha_1 \alpha_3') \\
\qquad + a A_{23}(\alpha_1 \alpha_2' - \alpha_2 \alpha_1'). \\
\alpha_3'' = D(\alpha_0 \alpha_3' + \alpha_0' \alpha_3) + a A_{31}(\alpha_2 \alpha_3' - \alpha_3 \alpha_2') + a A_{32}(\alpha_3 \alpha_1' - \alpha_1 \alpha_3') \\
\qquad + a A_{33}(\alpha_1 \alpha_2' - \alpha_2 \alpha_1').
\end{cases}$$

---

[1]) Diese Anordnung der Multiplikationstafel ist durch das Papierformat nötig geworden; die letzten vier Reihen gehören rechts neben die ersten vier. Der Deutlichkeit halber haben wir Reihen und Kolonnen beziffert.

[2]) Die α_1, α_2, α_3 sind wieder als Punktkoordinaten zu behandeln.

Insbesondere wird

$$(\alpha_0 e_0 - \alpha_1 e_1 - \alpha_2 e_2 - \alpha_3 e_3)(\alpha_0 e_0 + \alpha_1 e_1 + \alpha_2 e_2 + \alpha_3 e_3) =$$
$$= \{ D\,\alpha_0^2 + a^2(\alpha|\alpha) \}\, e_0,$$

und hierbei lassen sich die beiden Faktoren auf der linken Seite vertauschen.

Es heiße

$$(81) \qquad \overset{\,\centerdot}{\tilde{\alpha}} = \alpha_0 e_0 - \alpha_1 e_1 - \alpha_2 e_2 - \alpha_3 e_3$$

die *Konjugierte* der Quaternion $\dot\alpha$, der Ausdruck

$$(82) \qquad N(\alpha) = D\,\alpha_0^2 + a^2(\alpha|\alpha)$$

die *Norm* von $\dot\alpha$. Dann läßt sich die letzte Formel kurz so schreiben:

$$(83) \qquad \overset{\,\centerdot}{\tilde{\alpha}} \cdot \dot\alpha = \dot\alpha \cdot \overset{\,\centerdot}{\tilde{\alpha}} = N(\alpha)\, e_0 = N(\tilde\alpha)\, e_0.$$

Wir brauchen weiterhin die Norm des Produktes zweier konischen Quaternionen. Sie läßt sich durch direkte Ausrechnung ermitteln, die aber recht umständlich ausfällt. Bequemer ist folgender Weg. Nach (80) wird

$$a_{i1}\alpha_1'' + a_{i2}\alpha_2'' + a_{i3}\alpha_3'' =$$
$$= D\,\alpha_0(a_{i1}\alpha_1' + a_{i2}\alpha_2' + a_{i3}\alpha_3') + D\,\alpha_0'(a_{i1}\alpha_1 + a_{i2}\alpha_2 + a_{i3}\alpha_3) +$$
$$+ a\,D(\alpha_k\alpha_l' - \alpha_l\alpha_k'),$$
$$(i,\, k,\, l = 2, 3, 1;\; 3, 1, 2;\; 1, 2, 3).$$

Daraus folgt (man multipliziert der Reihe nach mit α_i', α_i, $\widehat{\alpha\,\alpha_i'}{}^*$ und addiert):

$$(\alpha'|\alpha'') = D\,\alpha_0(\alpha'|\alpha') + D\,\alpha_0'(\alpha|\alpha'),$$
$$(\alpha|\alpha'') = D\,\alpha_0(\alpha|\alpha') + D\,\alpha_0'(\alpha|\alpha),$$
$$(\alpha''\,\alpha\,\alpha') = a\,(\alpha\,\alpha'|\alpha\,\alpha') = a\,\{ (\alpha|\alpha)(\alpha'|\alpha') - (\alpha|\alpha')^2 \}.$$

Jetzt läßt sich auch $(\alpha''|\alpha'')$ finden, wenn man der Reihe nach mit α_i'' multipliziert und addiert:

$$(\alpha''|\alpha'') = D\alpha_0(\alpha'|\alpha'') + D\alpha_0'(\alpha|\alpha'') + a\,D(\alpha''\,\alpha\,\alpha')$$
$$= D\,[\alpha_0^2 D(\alpha'|\alpha') + 2\alpha_0\alpha_0' D(\alpha|\alpha') + \alpha_0'^2 D(\alpha|\alpha) +$$
$$+ a^2 \{ (\alpha|\alpha)(\alpha'|\alpha') - (\alpha|\alpha')^2 \}].$$

Hierauf kann man leicht ausrechnen

$$D\,\alpha_0''^2 + a^2(\alpha''|\alpha'') = D\,\{ D\,\alpha_0^2 + a^2(\alpha|\alpha) \}\{ D\,\alpha_0'^2 + a^2(\alpha'|\alpha') \},$$

oder

$$(84) \qquad N(\dot\alpha\,\dot\alpha') = D\,N(\alpha) \cdot N(\alpha'):$$

Die Norm des Produktes zweier konischen Quaternionen findet man, wenn man die Diskriminante mit dem Produkt der Normen der einzelnen Faktoren multipliziert.

Die voraufgehenden Rechnungen werden z. T. übersichtlicher, wenn man sich der Sternsymbolik bedient.

Schreibt man in (80) die drei letzten Zeilen etwas anders:

$$- \alpha_1'' = D\{\alpha_0(-\alpha_1') + \alpha_0'(-\alpha_1)\} +$$
$$+ a\,A_{11}\{(-\alpha_3)(-\alpha_2') - (-\alpha_2)(-\alpha_3')\} + \text{ usw.},$$

so hat man sogleich den wichtigen Satz:

Die Konjugierte eines Produktes findet man, wenn man die Konjugierten der einzelnen Faktoren in entgegengesetzter Reihenfolge multipliziert.

$$(85) \qquad\qquad \widetilde{(\alpha\beta)} = \tilde{\beta} \cdot \tilde{\alpha}.$$

Der Grund, weswegen wir das System höherer komplexer Zahlen eingeführt haben, ist in folgendem Satze zu finden: Die Gleichung

$$(86) \qquad\qquad N(\alpha)\,\dot{x}' \cdot e_0 = \tilde{\dot{\alpha}} \cdot \dot{x} \cdot \dot{\alpha} \qquad\qquad (N(\alpha) \neq 0).$$

stellt die automorphen Kollineationen der K. 2. O. $(x/x) = 0$ dar, wenn darin

$$\dot{x} = x_1 e_1 + x_2 e_2 + x_3 e_3, \qquad \dot{x}' = x_1' e_1 + x_2' e_2 + x_3' e_3$$

gesetzt wird.

Schon in dieser Zusammenfassung der recht umständlichen Formeln 57, (77) zu einer einzigen liegt ein Vorteil. Man kann jetzt aber auch die *Zusammensetzung* zweier automorpher Kollineationen mit Leichtigkeit vornehmen, während die früheren Formeln zu einem undurchdringlichen Gestrüpp von Rechnungen führen würden.

Es sei

$$N(\alpha) \cdot x' \cdot e_0 = \tilde{\alpha} \cdot x \cdot \alpha, \qquad N(\beta) \cdot x'' \cdot e_0 = \tilde{\beta} \cdot x' \cdot \beta,$$

wo wir die Punkte auf den Symbolen der komplexen Größen fortgelassen haben, wie wir es auch künftig tun werden, wenn Mißverständnisse nicht zu befürchten sind.

Da die Einheit e_0 mit allen übrigen Einheiten vertauschbar ist $(e_0 e_i = e_i e_0)$, so dürfen wir schreiben

$$N(\beta) \cdot N(\alpha) \cdot x'' \cdot e_0^2 = \tilde{\beta} \cdot N(\alpha) \cdot e_0 \cdot x' \cdot \beta = \tilde{\beta} \cdot \tilde{\alpha} \cdot x \cdot \alpha \cdot \beta,$$
$$D\,N(\alpha)\,N(\beta) \cdot x'' \cdot e_0 = \tilde{\beta} \cdot \tilde{\alpha} \cdot x \cdot \alpha \cdot \beta.$$

Nach (84) und (85) folgt jetzt

$$N(\alpha\beta) \cdot x'' \cdot e_0 = \widetilde{\alpha\beta} \cdot x \cdot \alpha\beta,$$

oder $\qquad\qquad N(\gamma) \cdot x'' \cdot e_0 = \tilde{\gamma} \cdot x \cdot \gamma.$

Damit ist die Gruppeneigenschaft unserer automorphen Kollineationen in Evidenz gesetzt; ferner erhält man Aufschluß darüber, wie die Parameter der resultierenden Kollineation sich aus denen der einzelnen Kollineationen aufbauen. Jede unserer automorphen

Kollineationen bestimmt eine[1]) konische Quaternion, die aus ihren Parametern gebildet wird, und umgekehrt bestimmt jede solche konische Quaternion *von nicht verschwindender Norm* eine automorphe Kollineation der zugehörigen K. 2. O. *Die zur resultierenden Kollineation gehörige Quaternion wird erhalten, wenn man die zu den komponierenden Kollineationen gehörigen Quaternionen in der richtigen Reihenfolge multipliziert.*

Die Tatsache, daß für unser komplexes Zahlsystem die Multiplikation nicht kommutativ ist, verliert jetzt jedes Befremdende, denn die resultierende Transformation hängt ja auch von der Reihenfolge der Einzeltransformationen ab.

Für die Summe der beiden Produkte aus zwei Quaternionen ergibt sich ein einfacher Wert:

$$\dot\alpha\,\dot\beta + \dot\beta\,\dot\alpha = \{-2\,a^2\,(\alpha/\beta) - 2\,D\,\alpha_0\,\beta_0\}\,e_0 + 2\,D\,\alpha_0\cdot\beta + 2\,D\,\beta_0\cdot\dot\alpha.$$

Insbesondere folgt daraus

$$(87) \qquad \dot x\,\dot y + \dot y\,\dot x = -2\,a^2\,(x/y)\,e_0.$$

Hieraus läßt sich (x'/y') berechnen. Man findet

$$-2\,a^2\{N(\alpha)\}^2(x'/y')e_0^3 = \{N(\alpha)\}^2\cdot e_0^2\cdot\{x'\cdot y' + y'\cdot x'\} =$$
$$N(\alpha)\cdot\dot x'\cdot e_0\cdot N(\alpha)\cdot\dot y'\cdot e_0 + N(\alpha)\cdot\dot y'\cdot e_0\cdot N(\alpha)\cdot\dot x'\cdot e_0$$
$$= \tilde\alpha\cdot x\cdot\alpha\cdot\tilde\alpha\cdot y\cdot\alpha + \tilde\alpha\cdot y\cdot\alpha\cdot\tilde\alpha\cdot x\cdot\alpha \qquad \text{(nach 86)}$$
$$= \{\tilde\alpha\cdot x\cdot N(\alpha)\cdot y\cdot\alpha + \tilde\alpha\cdot y\cdot N(\alpha)\cdot x\cdot\alpha\}\,e_0.$$

Jetzt fügt man hinten den Faktor $\tilde\alpha$ zu; dadurch geht der Faktor $\{N(\alpha)\}^2\,e_0^2$ fort:

$$-2\,a^2\,(x'/y')\,e_0\,\tilde\alpha = \tilde\alpha\cdot x\cdot y + \tilde\alpha\cdot y\cdot x.$$

Ebenso fügt man vorne den Faktor α hinzu:

$$-2\,a^2\,(x'/y')\,e_0\,\alpha\cdot\tilde\alpha = N(\alpha)\,e_0\{\dot x\cdot\dot y + \dot y\cdot\dot x\},$$
$$-2\,a^2\,(x'/y')\,e_0 = \dot x\cdot\dot y + \dot y\cdot\dot x = -2\,a^2\,(x/y)\,e_0 \qquad \text{(nach 87).}$$

Schließlich wird

$$(88) \qquad (x'/y') = (x/y),$$

ein Ergebnis, welches ohne die Benutzung der komplexen Größen nur umständlich zu erreichen gewesen wäre. (**57**, Zus. 7.)

Die Ausdrücke (x/y) und (x'/y') sind hier, abweichend von **54**, auf *dieselbe* K. 2. O. zu beziehen. Der Tangens der mit μ multiplizierten Distanz zweier Punkte (vgl. **51**, (35)) erweist sich (**54**, (53)) als absolute *Invariante*. Während früher in **54** die Distanz zweier Punkte überging in die Distanz der transformierten Punkte *in bezug*

---

[1]) Oder vielmehr ∞^1, nämlich $\varrho\,\alpha_0\,e_0 + \varrho\,\alpha_1\,e_1 + \varrho\,\alpha_2\,e_2 + \varrho\,\alpha_3\,e_3$, wo $\varrho \neq 0$ beliebig angenommen werden kann.

auf die transformierte K. 2. O., ist diese jetzt, wo wir nur die *automorphen* Kollineationen zugrunde legen, mit der ursprünglichen Kurve identisch.

Der sehr wichtige Sonderfall von (88)

$$(x'|x') = (x|x)$$

kann auch leicht auf Grund von (84) bestätigt werden.

1. Verfolge die Ergebnisse dieses Abschnitts für die spezielle Kurve $x_2^2 - 2\,p\,x_1\,x_3 = 0$. Stelle das System der konischen Quaternionen für diesen Fall auf und auch die Gruppe der automorphen Kollineationen.

2. *Aronholdsche Symbolik.* Mit den beiden getrennten Hermiteschen Formen (vgl. 56, Zus. 2 bis 12) ist kovariant verbunden die binäre quadratische Form

$$\overline{(\alpha\beta)}\ (\alpha\xi)\ (\beta\xi).$$

Deutet man nämlich in der Gaußischen Ebene (56, Zus. 10) und unterwirft den Punkt ξ der Inversion am ersten Kreise (Voraussetzung), so erhält man als transformierten Punkt nach 56, Zus. 12 $\eta = \overline{(\alpha\xi)}\,\alpha$.

Jetzt soll ξ so bestimmt werden, daß ξ und η invers zueinander sind auch in bezug auf den zweiten Kreis

$$(\beta\eta)\ \overline{(\beta\xi)} = (\beta\alpha)\ \overline{(\alpha\xi)}\ \overline{(\beta\xi)} = 0, \quad \text{d. i.} \quad \overline{(\alpha\beta)}\ (\alpha\xi)\ (\beta\xi) = 0.$$

3. Die Diskriminante (49, Zus. 12) der quadratischen Form in Zus. 2 kann, abgesehen von einem numerischen Faktor, so geschrieben werden:

$$(\alpha\alpha')\ \overline{(\alpha\alpha')} \cdot (\beta\beta')\ \overline{(\beta\beta')} - (\alpha\beta)\ \overline{(\alpha\beta)} \cdot (\alpha'\beta')\ \overline{(\alpha'\beta')}.$$

Verschwindet sie, so berühren sich die beiden Kreise $(\alpha\xi)\ \overline{(\alpha\xi)} = 0$ und $(\beta\xi)\ \overline{(\beta\xi)} = 0$.

4. Drei binäre Hermitesche Formen bestimmen eine kovariante vierte binäre Hermitesche Form

$$\tfrac{1}{4}\Big\{(\gamma\alpha)\ \overline{(\alpha\beta)}\ (\beta\xi)\ \overline{(\gamma\xi)} - (\alpha\beta)\ \overline{(\gamma\alpha)}\ (\gamma\xi)\ \overline{(\beta\xi)}$$
$$+\ (\alpha\beta)\ \overline{(\beta\gamma)}\ (\gamma\xi)\ \overline{(\alpha\xi)} - (\beta\gamma)\ \overline{(\alpha\beta)}\ (\alpha\xi)\ \overline{(\gamma\xi)}$$
$$+\ (\beta\gamma)\ \overline{(\gamma\alpha)}\ (\alpha\xi)\ \overline{(\beta\xi)} - (\gamma\alpha)\ \overline{(\beta\gamma)}\ (\beta\xi)\ \overline{(\alpha\xi)}\Big\}.$$

Gleich Null gesetzt liefert sie den Kreis, der zu den drei Kreisen

$$(\alpha\xi)\ \overline{(\alpha\xi)} = 0, \quad (\beta\xi)\ \overline{(\beta\xi)} = 0, \quad (\gamma\xi)\ \overline{(\gamma\xi)} = 0$$

gleichzeitig orthogonal ist. *Voraussetzung!*

5. Sind die drei zuletzt genannten Kreise reduzibel, so läßt sich ihr Orthogonalkreis einfacher schreiben; die drei Summanden werden gleich groß, und es bleibt etwa

$$(\beta\gamma)\ \overline{(\gamma\alpha)}\ (\alpha\xi)\ \overline{(\beta\xi)} - (\gamma\alpha)\ \overline{(\beta\gamma)}\ (\beta\xi)\ \overline{(\alpha\xi)} = 0.$$

Vgl. 44, Zus. 4.

6. Wir haben an einzelnen Beispielen gezeigt, wie sich verwickeltere Tatbestände sehr einfach durch die *„symbolische Methode"* darstellen lassen. Indessen handelt es sich nicht um eine bloße Übertragung unsymbolischer Ausdrücke in die neue Formelsprache; *man kann vielmehr direkt mit den Symbolen rechnen,* und erst dann zeigt die symbolische Methode ihre volle Bedeutung; man kann mit ihrer Hilfe dann noch in Gebiete vordringen, die ohne sie nur unter außerordentlichen Schwierigkeiten zugänglich sind. Wir verweisen auf Clebsch, Theorie der binären algebraischen Formen. Leipzig, 1871, Gordan-Kerschensteiner, Vorlesungen über Invariantentheorie. 2. Band. Leipzig 1887, Clebsch-Lindemann, Vorlesungen über Geometrie, 2. Auflage, Leipzig, 1906, 1910; alle drei Werke bei B. G. Teubner.

59. Parameterdarstellungen. Die Gruppe der automorphen Kollineationen einer nicht singulären Kurve zweiter Ordnung haben wir zunächst in 57, (77) dargestellt. Die Verhältnisse der Koeffizienten drückten sich *quadratisch* in den Parametern $\alpha_0 : \alpha_1 : \alpha_2 : \alpha_3$ der Transformation aus. Eine formale Vereinfachung, brachte sodann die Einführung der konischen Quaternionen in 58, (86).

Die fraglichen Transformationen können aber auch *linear* in den Parametern α ausgedrückt werden; dazu braucht man andere Koordinaten, als bisher. Man hat zu diesem Zwecke einige vorbereitende Schritte zu tun.

1. *Alle Punkte einer nicht singulären K. 2. O. anzugeben.*

Dazu machen wir, veranlaßt durch die speziellen Beispiele in S. 21. 22, den Versuch, die Koordinaten eines Punktes der K. 2. O. als (homogene) quadratische Funktionen zweier homogener Größen σ_1 und σ_2 darzustellen:

$$x_i = p_i \cdot \sigma_1^2 + q_i \cdot 2\,\sigma_1\,\sigma_2 + r_i \cdot \sigma_2^2 \qquad (i = 1, 2, 3).$$

Soll die Gleichung $(x|x) = 0$ identisch für alle $\sigma_1 : \sigma_2$ erfüllt sein, so müssen in der Entwicklung sämtliche Koeffizienten einzeln verschwinden. Das gibt

$$(89) \quad (p|p) = 0, \quad (r|r) = 0, \quad (p|q) = 0, \quad (r|q) = 0, \quad 4(q|q) + 2(p|r) = 0.$$

Deutet man also, was schon durch die Bezeichnung in diesen Formeln zum Ausdruck kommt, die p, q, r als homogene Punktkoordinaten, so liegen die Punkte p und r auf der K. 2. O., während q der Pol ihrer Verbindungsgeraden ist. Dabei ist aber zu bedenken, daß es auf die mit den p, q, r zu verbindenden Proportionalitätsfaktoren ankommt. Wählt man p auf der K. 2. O. beliebig, und q gemäß der Bedingung $(p|q) = 0$, so braucht q keinen weiteren Proportionalitätsfaktor, da dieser in σ_2 einbezogen werden kann. Anders ist es mit r. Für diesen Punkt ist der Proportionalitätsfaktor nicht mehr willkürlich wählbar, sondern durch die letzte Gleichung (89) bestimmt.

Wir verwenden jetzt 55, (63). Diese Formel gibt zwar schon alle Punkte der K. 2. O., wenn man die Hilfsgerade $\mathfrak{g}$ variieren läßt, indessen wird so jeder Punkt der Kurve unendlich oft erhalten. Wir legen jetzt also im Gegensatz dazu *die Gerade $\mathfrak{g}$ fest*, aber so, daß sie *nicht Tangente* ist. Auch die *Gerade $\mathfrak{a}$ darf nicht Tangente sein; sie muß durch den Pol $\mathfrak{g}^*$ von $\mathfrak{g}$ laufen.* D. i.:

$$(\mathfrak{g}|\mathfrak{g}) \neq 0, \qquad (\mathfrak{a}|\mathfrak{a}) \neq 0, \qquad (\mathfrak{a}|\mathfrak{g}) = 0.$$

Dann setzen wir also, unter Abspaltung des Faktors D:

$$p_i = \widehat{\mathfrak{g}\,\mathfrak{a}_i} + \mathfrak{a}_i^* \sqrt{-(\mathfrak{g}|\mathfrak{g})};$$

ferner

$$q_i = \sqrt{-(\mathfrak{a}/\mathfrak{a})}\, \mathfrak{g}_i{}^*,$$
$$r_i = \varrho\, \widehat{\mathfrak{g}\,\mathfrak{a}}_i - \varrho\, \mathfrak{a}_i{}^* \sqrt{-(\mathfrak{g}/\mathfrak{g})}.$$

Hierin bedeutet ϱ den noch zu bestimmenden Proportionalitätsfaktor; der Faktor $\sqrt{-(\mathfrak{a}/\mathfrak{a})}$ im Ausdruck für q_i ist aus Homogenitätsrücksichten eingeführt; so erhalten die p, q, r dasselbe Gewicht.

Für ϱ ergibt sich aus $4\,(q/q) + 2\,(p/r) = 0$:

$$- 4\,(\mathfrak{a}/\mathfrak{a})\,(\mathfrak{g}^*/\mathfrak{g}^*) + 2\,\varrho\,[(\widehat{\mathfrak{g}\,\mathfrak{a}/\mathfrak{g}\,\mathfrak{a}}) + (\mathfrak{a}^*/\mathfrak{a}^*)\,(\mathfrak{g}/\mathfrak{g})] = 0.$$

Hieraus folgt nach 49, (22) und 55, (61)

$$\varrho = 1.$$

Demnach lautet die gesuchte *Parameterdarstellung für die Punkte der Kurve*

$$x_i = \{\widehat{\mathfrak{g}\,\mathfrak{a}}_i + \mathfrak{a}_i{}^* \sqrt{-(\mathfrak{g}/\mathfrak{g})}\}\,\sigma_1^2 + \sqrt{-(\mathfrak{a}/\mathfrak{a})}\,\mathfrak{g}_i{}^* \cdot 2\,\sigma_1\,\sigma_2 + \{\widehat{\mathfrak{g}\,\mathfrak{a}}_i - \mathfrak{a}_i{}^* \sqrt{-(\mathfrak{g}/\mathfrak{g})}\}\,\sigma_2^2,$$

oder, bei Hinzufügung eines Faktors D rechts und als Identität in den $\mathfrak{x}$ geschrieben:

$$\boxed{\begin{aligned}
(90) \qquad (x\,\mathfrak{x}) \equiv &\; D\,(\mathfrak{g}\,\mathfrak{a}\,\mathfrak{x})\,(\sigma_1^2 + \sigma_2^2) + (\mathfrak{a}/\mathfrak{x})\sqrt{-(\mathfrak{g}/\mathfrak{g})}\,(\sigma_1^2 - \sigma_2^2) + \\
&\; + (\mathfrak{g}/\mathfrak{x})\sqrt{-(\mathfrak{a}/\mathfrak{a})}\,2\,\sigma_1\,\sigma_2.
\end{aligned}}$$

Um hinterher zu bestätigen, daß die Gleichung $(x/x) = 0$ identisch durch (90) befriedigt wird, beachte man (vgl. 55, Zus. 1)

$$(\mathfrak{g}\,\mathfrak{a}/\mathfrak{g}^*) = 0, \qquad (\mathfrak{g}\,\mathfrak{a}/\mathfrak{a}^*) = 0.$$

Jedem Wertsystem $\sigma_1 : \sigma_2$ entspricht somit eindeutig ein Punkt der Kurve; umgekehrt entspricht aber auch jedem Kurvenpunkt x eindeutig ein System $\sigma_1 : \sigma_2$.

Aus (90) folgt nämlich

$$(\mathfrak{g}\,\mathfrak{a}/x) = (\mathfrak{g}/\mathfrak{g})\,(\mathfrak{a}/\mathfrak{a})\,(\sigma_1^2 + \sigma_2^2),$$
$$- \sqrt{-(\mathfrak{g}/\mathfrak{g})}\,(\mathfrak{a}\,x) = (\mathfrak{g}/\mathfrak{g})\,(\mathfrak{a}/\mathfrak{a})\,(\sigma_1^2 - \sigma_2^2),$$
$$- \sqrt{-(\mathfrak{a}/\mathfrak{a})}\,(\mathfrak{g}\,x) = (\mathfrak{g}/\mathfrak{g})\,(\mathfrak{a}/\mathfrak{a})\,2\,\sigma_1\,\sigma_2.$$

Daraus findet man sogleich

$$\begin{aligned}
(91) \qquad \sigma_1 : \sigma_2 &= -(\mathfrak{g}\,\mathfrak{a}/x) + (\mathfrak{a}\,x)\sqrt{-(\mathfrak{g}/\mathfrak{g})} : \sqrt{-(\mathfrak{a}/\mathfrak{a})}\,(x\,\mathfrak{g}) \\
&= -\sqrt{-(\mathfrak{a}/\mathfrak{a})}\,(x\,\mathfrak{g}) : (\mathfrak{g}\,\mathfrak{a}/x) + (\mathfrak{a}\,x)\sqrt{-(\mathfrak{g}/\mathfrak{g})}.
\end{aligned}$$

Daß beide Ausdrücke miteinander verträglich sind, folgt aus 55, Zus. 5 vermöge $(x/x) = 0$. Die Punkte der Kurve sind also ausnahmslos eindeutig umkehrbar den Wertsystemen zweier homogener Größen σ_1 und σ_2 zugeordnet:

Die Punkte einer nicht singulären Kurve zweiter Ordnung bilden ein binäres Gebiet.

2. Das gleiche gilt von ihren Tangenten. Für sie gewinnt man jetzt (man setze etwa in (90) $x = \mathfrak{x}^{*}$, d. h. übe die zur Kurve $(x/x) = 0$ gehörige Polarität aus) die als Identität in den x geschriebene Parameterdarstellung:

$$(92) \qquad (\mathfrak{x}x) \equiv D\{(\mathfrak{g}\mathfrak{a}/x)(\sigma_1^2 + \sigma_2^2) + (\mathfrak{a}x)\sqrt{-(\mathfrak{g}/\mathfrak{g})}(\sigma_1^2 - \sigma_2^2) + {} \\ {} + (\mathfrak{g}x)\sqrt{-(\mathfrak{a}/\mathfrak{a})}\,2\,\sigma_1\sigma_2\},$$

und zwar berührt diese Gerade $\mathfrak{x}$ die K. 2. O. in dem durch (90) erklärten Punkte, wenn $\mathfrak{a}$ und $\mathfrak{g}$ in (90) und (92) dieselbe Bedeutung haben.

Der Faktor D ist rechts hinzugefügt, damit die Gerade $\mathfrak{x}$ in (92) genau die Polare des Punktes x in (90) wird.

Ist umgekehrt eine Tangente $\mathfrak{x}$ vorgelegt, so findet man

$$(93) \qquad \sigma_1 : \sigma_2 = -D(\mathfrak{g}\mathfrak{a}\mathfrak{x}) + (\mathfrak{x}/\mathfrak{a})\sqrt{-(\mathfrak{g}/\mathfrak{g})} : (\mathfrak{x}/\mathfrak{g})\sqrt{-(\mathfrak{a}/\mathfrak{a})} \\ = -(\mathfrak{x}/\mathfrak{g})\sqrt{-(\mathfrak{a}/\mathfrak{a})} : D(\mathfrak{g}\mathfrak{a}\mathfrak{x}) + (\mathfrak{x}/\mathfrak{a})\sqrt{-(\mathfrak{g}/\mathfrak{g})},$$

und diese beiden Ausdrücke stimmen vermöge $(\mathfrak{x}/\mathfrak{x}) = 0$ auf Grund von 50, (29) überein. Man kann jetzt kurz von dem Punkte $\sigma_1 : \sigma_2$ der Kurve oder von der Tangente $\sigma_1 : \sigma_2$ reden.

3. Jetzt sollen die beiden getrennten Kurvenpunkte $\sigma_1 : \sigma_2$ und $\tau_1 : \tau_2$ miteinander verbunden werden. Das heißt, es sollen die Geradenkoordinaten ihrer Verbindungsgeraden ermittelt werden. Nach Abspaltung des gemeinsamen Faktors

$$- 2\sqrt{-(\mathfrak{a}/\mathfrak{a})}\sqrt{-(\mathfrak{g}/\mathfrak{g})}(\sigma_1\tau_2 - \sigma_2\tau_1)$$

erhält man für sie die Identität in den x:

$$(94) \qquad (\mathfrak{x}x) \equiv D\{(\mathfrak{g}\mathfrak{a}/x)(\sigma_1\tau_1 + \sigma_2\tau_2) + (\mathfrak{a}x)\sqrt{-(\mathfrak{g}/\mathfrak{g})}(\sigma_1\tau_1 - \sigma_2\tau_2) + {} \\ {} + (\mathfrak{g}x)\sqrt{-(\mathfrak{a}/\mathfrak{a})}(\sigma_1\tau_2 + \sigma_2\tau_1)\},$$

die im Sonderfalle $\sigma_1\tau_2 - \sigma_2\tau_1 = 0$ noch ihren Sinn behält und in (92) übergeht.

4. Entsprechend sollen die beiden Tangenten $\sigma_1 : \sigma_2$ und $\tau_1 : \tau_2$ zum Schnitt gebracht werden. Nach dem soeben erhaltenen Ergebnis wird man die Rechnung nicht mehr durchführen, sondern das zu erratende Ergebnis nur nachträglich bestätigen.

Für den Schnittpunkt x errät man aus (90) die Identität in den $\mathfrak{x}$

$$(95) \qquad (x\mathfrak{x}) \equiv D(\mathfrak{g}\mathfrak{a}\mathfrak{x})(\sigma_1\tau_1 + \sigma_2\tau_2) + (\mathfrak{a}/\mathfrak{x})\sqrt{-(\mathfrak{g}/\mathfrak{g})}(\sigma_1\tau_1 - \sigma_2\tau_2) + {} \\ {} + (\mathfrak{g}/\mathfrak{x})\sqrt{-(\mathfrak{a}/\mathfrak{a})}(\sigma_1\tau_2 + \sigma_2\tau_1),$$

die auch noch für $\sigma_1\tau_2 - \sigma_2\tau_1 = 0$ brauchbar bleibt und dann in (90) übergeht.

Ist $\mathfrak{y}$ die Tangente in $\sigma_1:\sigma_2$, $\mathfrak{z}$ die in $\tau_1:\tau_2$, so ist nach (92)

$$(\mathfrak{g}\,\mathfrak{a}\,\mathfrak{y})=(\mathfrak{g}/\mathfrak{g})(\mathfrak{a}/\mathfrak{a})(\sigma_1^2+\sigma_2^2), \qquad -(\mathfrak{y}/\mathfrak{a})\sqrt{-(\mathfrak{g}/\mathfrak{g})}=D(\mathfrak{a}/\mathfrak{a})(\mathfrak{g}/\mathfrak{g})(\sigma_1^2-\sigma_2^2),$$

$$-(\mathfrak{y}/\mathfrak{g})\sqrt{-(\mathfrak{a}/\mathfrak{a})}=D(\mathfrak{a}/\mathfrak{a})(\mathfrak{g}/\mathfrak{g})2\,\sigma_1\,\sigma_2,$$

$$(\mathfrak{g}\,\mathfrak{a}\,\mathfrak{z})=(\mathfrak{g}/\mathfrak{g})(\mathfrak{a}/\mathfrak{a})(\tau_1^2+\tau_2^2), \qquad -(\mathfrak{z}/\mathfrak{a})\sqrt{-(\mathfrak{g}/\mathfrak{g})}=D(\mathfrak{a}/\mathfrak{a})(\mathfrak{g}/\mathfrak{g})(\tau_1^2-\tau_2^2),$$

$$-(\mathfrak{z}/\mathfrak{g})\sqrt{-(\mathfrak{a}/\mathfrak{a})}=D(\mathfrak{a}/\mathfrak{a})(\mathfrak{g}/\mathfrak{g})2\,\tau_1\,\tau_2.$$

Aus (95) folgen nun wegen

$$(96) \quad \begin{cases} (\sigma_1\tau_1+\sigma_2\tau_2)(\sigma_1^2+\sigma_2^2)-(\sigma_1\tau_1-\sigma_2\tau_2)(\sigma_1^2-\sigma_2^2)-(\sigma_1\tau_2+\sigma_2\tau_1)2\,\sigma_1\,\sigma_2=0, \\ (\sigma_1\tau_1+\sigma_2\tau_2)(\tau_1^2+\tau_2^2)-(\sigma_1\tau_1-\sigma_2\tau_2)(\tau_1^2-\tau_2^2)-(\sigma_1\tau_2+\sigma_2\tau_1)2\,\tau_1\,\tau_2=0 \end{cases}$$

die beiden Gleichungen $(x\,\mathfrak{y})=0$, $(x\,\mathfrak{z})=0$, und damit ist die Richtigkeit von (95) dargetan.

Die Formeln (96) sind Sonderfälle der allgemeineren häufig verwandten Identität

$$(97) \quad (\sigma_1\tau_1+\sigma_2\tau_2)(\lambda_1\mu_1+\lambda_2\mu_2)-(\sigma_1\tau_1-\sigma_2\tau_2)(\lambda_1\mu_1-\lambda_2\mu_2)$$
$$-(\sigma_1\tau_2+\sigma_2\tau_1)(\lambda_1\mu_2+\lambda_2\mu_1)$$
$$=(\sigma_1\lambda_2-\sigma_2\lambda_1)(\tau_1\mu_2-\tau_2\mu_1)+(\sigma_1\mu_2-\sigma_2\mu_1)(\tau_1\lambda_2-\tau_2\lambda_1).$$

5. Jetzt können wir umgekehrt die Tangenten der K. 2. O. durch einen Punkt x angeben. Wegen der aus (97) folgenden Identität

$$(98) \quad (\sigma_1\tau_1+\sigma_2\tau_2)^2-(\sigma_1\tau_1-\sigma_2\tau_2)^2-(\sigma_1\tau_2+\sigma_2\tau_1)^2=-(\sigma_1\tau_2-\sigma_2\tau_1)^2$$

wird nämlich

$$(x/\mathfrak{g}\,\mathfrak{a})=(\mathfrak{g}/\mathfrak{g})(\mathfrak{a}/\mathfrak{a})(\sigma_1\tau_1+\sigma_2\tau_2),$$
$$-\sqrt{-(\mathfrak{g}/\mathfrak{g})}\,(x\,\mathfrak{a})=(\mathfrak{g}/\mathfrak{g})(\mathfrak{a}/\mathfrak{a})(\sigma_1\tau_1-\sigma_2\tau_2),$$
$$-\sqrt{-(\mathfrak{a}/\mathfrak{a})}\,(x\,\mathfrak{g})=(\mathfrak{g}/\mathfrak{g})(\mathfrak{a}/\mathfrak{a})(\sigma_1\tau_2+\sigma_2\tau_1).$$

Ferner hat man

$$(99) \quad (x/x)=-D(\mathfrak{g}/\mathfrak{g})(\mathfrak{a}/\mathfrak{a})(\sigma_1\tau_2-\sigma_2\tau_1)^2.$$

Daraus findet man, wenn man festsetzt

$$(100) \quad \sqrt{-D(x/x)}=-\sqrt{-(\mathfrak{a}/\mathfrak{a})}\,\sqrt{-(\mathfrak{g}/\mathfrak{g})}\,(\sigma_1\tau_2-\sigma_2\tau_1)\,D,$$

die Parameter der gesuchten Tangenten:

$$(101) \quad \begin{cases} \sigma_1:\sigma_2=D\{-(\mathfrak{g}\,\mathfrak{a}/x)+(\mathfrak{a}\,x)\sqrt{-(\mathfrak{g}/\mathfrak{g})}\}:\sqrt{-(\mathfrak{a}/\mathfrak{a})}\{D(\mathfrak{g}\,x)-\sqrt{-D(x/x)}\sqrt{-(\mathfrak{g}/\mathfrak{g})}\} \\ \quad =-\sqrt{-(\mathfrak{a}/\mathfrak{a})}\{D(\mathfrak{g}\,x)+\sqrt{-D(x/x)}\sqrt{-(\mathfrak{g}/\mathfrak{g})}\}:D\{(\mathfrak{g}\,\mathfrak{a}/x)+(\mathfrak{a}\,x)\sqrt{-(\mathfrak{g}/\mathfrak{g})}\} \\ \tau_1:\tau_2=D\{-(\mathfrak{g}\,\mathfrak{a}/x)+(\mathfrak{a}\,x)\sqrt{-(\mathfrak{g}/\mathfrak{g})}\}:\sqrt{-(\mathfrak{a}/\mathfrak{a})}\{D(\mathfrak{g}\,x)+\sqrt{-D(x/x)}\sqrt{-(\mathfrak{g}/\mathfrak{g})}\} \\ \quad =-\sqrt{-(\mathfrak{a}/\mathfrak{a})}\{D(\mathfrak{g}\,x)-\sqrt{-D(x/x)}\sqrt{-(\mathfrak{g}/\mathfrak{g})}\}:D\{(\mathfrak{g}\,\mathfrak{a}/x)+(\mathfrak{a}\,x)\sqrt{-(\mathfrak{g}/\mathfrak{g})}\}. \end{cases}$$

Die Ausdrücke für $\sigma_1:\sigma_2$ und $\tau_1:\tau_2$ unterscheiden sich nur durch das verschiedene Vorzeichen der Irrationalität $\sqrt{-D(x/x)}$. Verschwindet diese, liegt also der Punkt x auf der K. 2. O., so gehen beide Formeln (101) in (91) über.

6. Endlich ist noch die Aufgabe zu lösen, *die Parameter der Schnittpunkte der Geraden* $\mathfrak{x}$ *in* (94) *mit der Kurve zu bestimmen.*

Dazu setzt man in der Identität (94) für x der Reihe nach $\widehat{\mathfrak{ga}}$, $\mathfrak{a}^*$, $\mathfrak{g}^*$. Das liefert

$$D(\mathfrak{x}\,\mathfrak{g}\,\mathfrak{a}) = D\,(\mathfrak{a}/\mathfrak{a})\,(\mathfrak{g}/\mathfrak{g})\,(\sigma_1\tau_1 + \sigma_2\tau_2),$$
$$-\sqrt{-(\mathfrak{g}/\mathfrak{g})}\,'(\mathfrak{a}/\mathfrak{x}) = D\,(\mathfrak{a}/\mathfrak{a})\,(\mathfrak{g}/\mathfrak{g})\,(\sigma_1\tau_1 - \sigma_2\tau_2),$$
$$-\sqrt{-(\mathfrak{a}/\mathfrak{a})}\,(\mathfrak{g}/\mathfrak{x}) = D\,(\mathfrak{a}/\mathfrak{a})\,(\mathfrak{g}/\mathfrak{g})\,(\sigma_1\tau_2 + \sigma_2\tau_1).$$

Ferner findet man

$$(\mathfrak{x}/\mathfrak{x}) = -\,(\mathfrak{a}/\mathfrak{a})\,(\mathfrak{g}/\mathfrak{g})\,(\sigma_1\tau_2 - \sigma_2\tau_1)^2\,D^2.$$

Jetzt setzen wir

$$(102)\qquad \sqrt{-(\mathfrak{x}/\mathfrak{x})} = -\sqrt{-(\mathfrak{a}/\mathfrak{a})}\,\sqrt{-(\mathfrak{g}/\mathfrak{g})}\,(\sigma_1\tau_2 - \sigma_2\tau_1)\,D.$$

Das gibt

$$(103)\quad
\begin{cases}
\sigma_1:\sigma_2 = -D(\mathfrak{g}\,\mathfrak{a}\,\mathfrak{x}) + (\mathfrak{a}/\mathfrak{x})\sqrt{-(\mathfrak{g}/\mathfrak{g})}:\sqrt{-(\mathfrak{a}/\mathfrak{a})}\{(\mathfrak{g}/\mathfrak{x}) - \sqrt{-(\mathfrak{g}/\mathfrak{g})}\sqrt{-(\mathfrak{x}/\mathfrak{x})}\}\\[4pt]
\qquad = -\sqrt{-(\mathfrak{a}/\mathfrak{a})}\{(\mathfrak{g}/\mathfrak{x}) + \sqrt{-(\mathfrak{g}/\mathfrak{g})}\sqrt{-(\mathfrak{x}/\mathfrak{x})}\}:D(\mathfrak{g}\,\mathfrak{a}\,\mathfrak{x}) + (\mathfrak{a}/\mathfrak{x})\sqrt{-(\mathfrak{g}/\mathfrak{g})},\\[4pt]
\tau_1:\tau_2 = -D(\mathfrak{g}\,\mathfrak{a}\,\mathfrak{x}) + (\mathfrak{a}/\mathfrak{x})\sqrt{-(\mathfrak{g}/\mathfrak{g})}:\sqrt{-(\mathfrak{a}/\mathfrak{a})}\{(\mathfrak{g}/\mathfrak{x}) + \sqrt{-(\mathfrak{g}/\mathfrak{g})}\sqrt{-(\mathfrak{x}/\mathfrak{x})}\}\\[4pt]
\qquad = -\sqrt{-(\mathfrak{a}/\mathfrak{a})}\{(\mathfrak{g}/\mathfrak{x}) - \sqrt{-(\mathfrak{g}/\mathfrak{g})}\sqrt{-(\mathfrak{x}/\mathfrak{x})}\}:D(\mathfrak{g}\,\mathfrak{a}\,\mathfrak{x}) + (\mathfrak{a}/\mathfrak{x})\sqrt{-(\mathfrak{g}/\mathfrak{g})}.
\end{cases}$$

Die Ausdrücke für $\sigma_1:\sigma_2$ und $\tau_1:\tau_2$ unterscheiden sich nur durch das Vorzeichen der Irrationalität $\sqrt{-(\mathfrak{x}/\mathfrak{x})}$. Verschwindet diese, so gehen die Formeln (103) in (93) über.

Die Formelsysteme (103) und (101) beruhen auf den Festsetzungen (100) und (102), die wir auch schreiben können.

$$\boxed{\ \sqrt{D(x/x)} = -\,iD\sqrt{\mathfrak{a}/\mathfrak{a}}\,\sqrt{\mathfrak{g}/\mathfrak{g}}\,(\sigma_1\tau_2 - \sigma_2\tau_1).\ }\qquad \text{„Irrationalität VII“.}$$

$$\boxed{\ \sqrt{\mathfrak{x}/\mathfrak{x}} = -\,iD\sqrt{\mathfrak{a}/\mathfrak{a}}\,\sqrt{\mathfrak{g}/\mathfrak{g}}\,(\sigma_1\tau_2 - \sigma_2\tau_1).\ }\qquad \text{„Irrationalität VIII“.}$$

Diese stehen im Zusammenhang miteinander. Wählt man in allen vier Formeln für $\sigma_1:\sigma_2$ und $\tau_1:\tau_2$ dieselben Werte, so sind $\mathfrak{x}$ und x Polare und Pol; es ist dann $\mathfrak{x} = x^*$, $\mathfrak{x}^* = x$, *und dazu mußten wir in* (92) *und* (94) *rechts den Faktor* D *einführen.*

Jetzt ist im Einklang mit 55, Irr. V:

$$(104)\qquad \sqrt{\mathfrak{x}/\mathfrak{x}} = \sqrt{D(x/x)}.$$

In den Festsetzungen (100) und (102) liegt die Unterscheidung der beiden Tangenten durch x und der beiden Schnittpunkte der Geraden $\mathfrak{x}$ mit der K. 2. O. Diese werden durch Verfügung über die Irrationalitäten $\sqrt{-D(x/x)}$ und $\sqrt{-(\mathfrak{x}/\mathfrak{x})}$ in eine bestimmte Reihenfolge gesetzt. Mithin können diese Irrationalitäten einen Orientierungsprozeß vertreten (vgl. 23). Wir kommen später eingehend darauf zurück und sprechen hier nur die Formel (104) aus: *Durch die Orientierung eines Punktes in bezug auf eine K. 2. O. wird auch seine Polare orientiert.* Diese der Anschauung unmittelbar zugängliche Tatsache findet ihren analytischen Ausdruck eben in (104).

1. *Binäre Symbolik.* Um eine *binäre bilineare Form* (vgl.18, Zus. 4; S. 206) symbolisch darzustellen, hat man zwei Reihen von Symbolen nötig, α_1, α_2 und β_1, β_2. Setzt man dann fest, daß erst die $\alpha_i \beta_k$ die reale Bedeutung a_{ik} haben sollen, so wird

$$(\alpha \xi)(\beta \eta) = a_{11}\xi_2\eta_2 - a_{12}\xi_2\eta_1 - a_{21}\xi_1\eta_2 + a_{22}\xi_1\eta_1.$$

Setzt man eine solche bilineare binäre Form gleich Null, also

$$\eta = (\alpha \xi)\beta,$$

so wird dadurch (vgl. **53**, Zus. 5, **56**, Zus. 12) eine binäre lineare Transformation geliefert, wenn nicht die Determinante (vgl. **54**, Zus. 9)

$$\tfrac{1}{2}(\alpha \alpha')(\beta \beta') = \tfrac{1}{2}(\alpha_1\beta_1 \cdot \alpha_2'\beta_2' - \alpha_1\beta_2 \cdot \alpha_2'\beta_1' - \alpha_2\beta_1 \cdot \alpha_1'\beta_2' + \alpha_2\beta_2 \cdot \alpha_1'\beta_1')$$
$$= a_{11}a_{22} - a_{12}a_{21},$$

die *Diskriminante* der binären bilinearen Form, verschwindet.

2. Die Invariante

$$(\alpha \beta) = a_{12} - a_{21}$$

sagt durch ihr Verschwinden aus, daß die lineare Transformation $(\alpha \xi)(\beta \eta) = 0$ eine *Involution* ist (**51**, Zus. 3). Die bilineare Form ist dann *symmetrisch* in bezug auf ξ und η, und ist die Polarform einer quadratischen Form (**51**, Zus. 1).

3. Allgemein ist daher

$$(\alpha \xi)(\beta \eta) = (\alpha \xi)(\alpha \eta) + \tfrac{1}{2}(\alpha \beta)\cdot(\xi \eta),$$

wo im ersten Glied rechts eine Polarform steht ($\alpha_i\alpha_k = a_{ik}$).

4. Nach der linearen Transformation $(\alpha \xi)(\beta \eta) = 0$ soll die lineare Transformation $(\gamma \xi)(\delta \eta) = 0$ ausgeübt werden. (Wir vermeiden es hier, die Koordinaten transformierter Elemente durch Akzente zu bezeichnen, um einer Verwechslung mit der in **54**, Zus. 9 aufgetretenen Akzentuierung vorzubeugen). Es wird dann $\eta = (\alpha \xi)\beta$, und dies tritt an die Stelle von ξ in der zweiten Transformation. Das gibt als resultierende Transformation $(\alpha \xi)(\gamma \beta)(\delta \eta) = 0$. Bei Verwendung von Transformationsakzenten wird das Bildungsgesetz klarer:

$$(\alpha \xi)(\alpha' \beta)(\beta' \eta) = 0.$$

5. Symbolische Darstellung quasilinearer Transformationen!

6. Nach **18**, Zus. 4 stellt eine bilineare binäre Gleichung einen Kreis dar im Sinne von **45**, Zus. 2, insbesondere $(\xi \eta) = 0$ die Gerade der reellen Punkte. Diese wird senkrecht durchsetzt von allen Kreisen, die zu symmetrischen bilinearen Formen gehören. Nachweis durch Bildung einer bilinearen Simultaninvariante nach dem Vorbild von **56**, Zus. 5. Verallgemeinerung von **58**, Zus. 4!

60. Automorphe Kollineationen. Zweite Darstellung.

Wir nehmen die zu Anfang von **59** angekündigte einfachere Darstellung der automorphen Kollineationen einer nicht singulären K. 2. O. jetzt, nachdem die nötigen Vorbereitungen erledigt sind, in Angriff. Die automorphen Kollineationen einer K. 2. O. vertauschen die Kurvenpunkte unter sich. Daher muß es möglich sein, sie in den Parametern $\sigma_1 : \sigma_2$ eines Kurvenpunktes (**59**, (90), (91)) darzustellen.

Nach 59, (91) setzen wir demnach

$$\sigma_1' : \sigma_2' = -\,(\mathfrak{g}\mathfrak{a}/x') + (\mathfrak{a}x')\,\sqrt{-(\mathfrak{g}/\mathfrak{g})} : \sqrt{-(\mathfrak{a}/\mathfrak{a})}\,(\mathfrak{g}x').$$

Hierin ist nach 57, (77) einzuführen

$$\{D\alpha_0^2 + a^2(\alpha/\alpha)\}(x'/\mathfrak{g}\mathfrak{a}) = \{D\alpha_0^2 - a^2(\alpha/\alpha)\}(x/\mathfrak{g}\mathfrak{a}) + 2\,a^2(x/\alpha)(\mathfrak{g}\mathfrak{a}/\alpha) +$$
$$+ 2\,a\alpha_0 D\{(\mathfrak{g}x)(\mathfrak{a}\alpha) - (\mathfrak{a}x)(\mathfrak{g}\alpha)\},$$

$$\{D\alpha_0^2 + a^2(\alpha/\alpha)\}(\mathfrak{a}x') = \{D\alpha_0^2 - a^2(\alpha/\alpha)\}(\mathfrak{a}x) + 2\,a^2(x/\alpha)(\mathfrak{a}\alpha) +$$
$$+ 2\,a\alpha_0(x\alpha/\mathfrak{a}),$$

$$\{D\alpha_0^2 + a^2(\alpha/\alpha)\}(\mathfrak{g}x') = \{D\alpha_0^2 - a^2(\alpha/\alpha)\}(\mathfrak{g}x) + 2\,a^2(x/\alpha)(\mathfrak{g}\alpha) +$$
$$+ 2\,a\alpha_0(x\alpha/\mathfrak{g}).$$

Dadurch wird

$$\sigma_1' : \sigma_2' =$$
$$\{D\alpha_0^2 - a^2(\alpha/\alpha)\}\{-(\mathfrak{g}\mathfrak{a}/x) + (\mathfrak{a}x)\sqrt{-(\mathfrak{g}/\mathfrak{g})}\}$$
$$+ 2\,a^2(x/\alpha)\{-(\mathfrak{g}\mathfrak{a}/\alpha) + (\mathfrak{a}\alpha)\sqrt{-(\mathfrak{g}/\mathfrak{g})}\} + 2\,a\alpha_0\{-D(x\alpha\mathfrak{g}\mathfrak{a}) + (x\alpha/\mathfrak{a})\sqrt{-(\mathfrak{g}/\mathfrak{g})}\}$$
$$: \sqrt{-(\mathfrak{a}/\mathfrak{a})}[\{D\alpha_0^2 - a^2(\alpha/\alpha)\}(\mathfrak{g}x) + 2\,a^2(x/\alpha)(\mathfrak{g}\alpha) + 2\,a\alpha_0(x\alpha/\mathfrak{g})].$$

Hierin sind jetzt die x vermöge 59, (90) wieder durch die $\sigma_1 : \sigma_2$ zu ersetzen.

Dabei wird

$$-(\mathfrak{g}\mathfrak{a}/x) + (\mathfrak{a}x)\sqrt{-(\mathfrak{g}/\mathfrak{g})} = -2(\mathfrak{g}/\mathfrak{g})(\mathfrak{a}/\mathfrak{a})\sigma_1^2,$$
$$(\mathfrak{g}x)\sqrt{-(\mathfrak{a}/\mathfrak{a})} = -2(\mathfrak{g}/\mathfrak{g})(\mathfrak{a}/\mathfrak{a})\sigma_1\sigma_2,$$
$$(x/\alpha) = D[(\mathfrak{g}\mathfrak{a}/\alpha)(\sigma_1^2 + \sigma_2^2) + (\mathfrak{a}\alpha)\sqrt{-(\mathfrak{g}/\mathfrak{g})}(\sigma_1^2 - \sigma_2^2) + \mathfrak{g}\alpha)\sqrt{-(\mathfrak{a}/\mathfrak{a})}\cdot 2\sigma_1\sigma_2],$$
$$(\mathfrak{g}x)(\mathfrak{a}\alpha) - (\mathfrak{a}x)(\mathfrak{g}\alpha) = (\mathfrak{g}/\mathfrak{g})(\mathfrak{a}\alpha)\sqrt{-(\mathfrak{a}/\mathfrak{a})}\,2\sigma_1\sigma_2 - (\mathfrak{a}/\mathfrak{a})(\mathfrak{g}\alpha)\sqrt{-(\mathfrak{g}/\mathfrak{g})}(\sigma_1^2 - \sigma_2^2),$$
$$(x\alpha/\mathfrak{a}) = D[(\mathfrak{g}\alpha)(\mathfrak{a}/\mathfrak{a})(\sigma_1^2 + \sigma_2^2) - (\mathfrak{g}\mathfrak{a}/\alpha)\sqrt{-(\mathfrak{a}/\mathfrak{a})}\,2\sigma_1\sigma_2],$$
$$(x\alpha/\mathfrak{g}) = D[-(\mathfrak{a}\alpha)(\mathfrak{g}/\mathfrak{g})(\sigma_1^2 + \sigma_2^2) + (\mathfrak{g}\mathfrak{a}/\alpha)\sqrt{-(\mathfrak{g}/\mathfrak{g})}(\sigma_1^2 - \sigma_2^2)].$$

Bei Einführung dieser Werte drückt sich bei Beachtung von 55, Zus. 5 $\sigma_1' : \sigma_2'$ als ein Quotient aus, in dessen Zähler und Nenner der gemeinsame Faktor

$$-2D\{\sqrt{-(\mathfrak{a}/\mathfrak{a})}(\alpha_0\sqrt{-(\mathfrak{g}/\mathfrak{g})} + a(\mathfrak{g}\alpha))\sigma_1 + a\,((\mathfrak{g}\mathfrak{a}/\alpha) - (\mathfrak{a}\alpha)\sqrt{-(\mathfrak{g}/\mathfrak{g})})\,\sigma_2\}$$

fortgehoben werden darf. Dann bleibt übrig

$$(105)\quad \begin{cases} \sigma_1' = \sqrt{-(\mathfrak{a}/\mathfrak{a})}\,\{\alpha_0\sqrt{-(\mathfrak{g}/\mathfrak{g})} + a(\mathfrak{g}\alpha)\}\,\sigma_1 + a\,\{(\mathfrak{g}\mathfrak{a}/\alpha) - (\mathfrak{a}\alpha)\sqrt{-(\mathfrak{g}/\mathfrak{g})}\}\,\sigma_2, \\[2mm] \sigma_2' = -a\,\{(\mathfrak{g}\mathfrak{a}/\alpha) + (\mathfrak{a}\alpha)\sqrt{-(\mathfrak{g}/\mathfrak{g})}\}\sigma_1 + \sqrt{-(\mathfrak{a}/\mathfrak{a})}\,\{\alpha_0\sqrt{-(\mathfrak{g}/\mathfrak{g})} - a(\mathfrak{g}\alpha)\}\,\sigma_2, \end{cases}$$

und die Transformationsdeterminante hat den Wert (55, Zus. 5)

$$\frac{1}{D}(\mathfrak{g}/\mathfrak{g})(\mathfrak{a}/\mathfrak{a})\cdot\{D\alpha_0^2 + a^2(\alpha/\alpha)\}.$$

Die Formeln (105) geben die automorphen Kollineationen der K. 2. O., wobei als Raumelemente nicht alle Punkte der Ebene, sondern nur die der Kurve auftreten. Das Wesentliche ist, daß die Parameter $\alpha_0 : \alpha_1 : \alpha_2 : \alpha_3$ der Kollineation jetzt in den Koeffizienten *linear* auftreten.

Aus dieser zweiten Darstellung der automorphen Kollineationen läßt sich die erste Darstellung 57, (77) wieder gewinnen. Man benutzt etwa 59, (95) und transformiert die $\sigma_1 : \sigma_2$, $\tau_1 : \tau_2$ einzeln. Bei Anwendung von 59, (94) erhält man so die automorphen Kollineationen in Geradenkoordinaten.

Diese kann man auch gewinnen, wenn man in 57, (77) statt der x den Pol der Geraden $\mathfrak{x}$ einführt und dann umformt. Das wollen wir ausführen. Wir setzen also in 57, (77) $x = \mathfrak{y}^*$.

$$\{ D\alpha_0^2 + a^2(\alpha/\alpha) \} (\mathfrak{y}'^*\mathfrak{x}) \equiv$$
$$\{ D\alpha_0^2 - a^2(\alpha/\alpha) \} (\mathfrak{y}^*\mathfrak{x}) + 2 a^2(\alpha\mathfrak{x})(\alpha|\mathfrak{y}^*) + 2 a\alpha_0 (\mathfrak{y}^*\alpha/\mathfrak{x}).$$

Nun ist

$$(\mathfrak{y}^*\mathfrak{x}) = \frac{1}{D}(\mathfrak{y}/\mathfrak{x}) \quad (55, (57\,\mathrm{b})), \quad (\alpha/\mathfrak{y}^*) = (\alpha\mathfrak{y}) \quad (55, \mathrm{Zus.}\ 2),$$

$$(\mathfrak{y}^*\alpha/\mathfrak{x}) = (\mathfrak{x}\mathfrak{y}/\alpha) \quad (55, \mathrm{Zus.}\ 6).$$

Somit erhält man die Identität in den $\mathfrak{x}$

$$\{ D\alpha_0^2 + a^2(\alpha/\alpha) \} (\mathfrak{y}'/\mathfrak{x}) \equiv \{ D\alpha_0^2 - a^2(\alpha/\alpha) \} (\mathfrak{y}/\mathfrak{x}) + 2 a^2 D (\alpha\mathfrak{x})(\alpha\mathfrak{y}) +$$
$$+ 2 a\alpha_0 D (\mathfrak{x}\mathfrak{y}/\alpha).$$

Man wird diese Formel aber lieber als Identität in Punktkoordinaten haben wollen. Wir setzen daher $\mathfrak{x} = x^*$. Dann wird

$$(\mathfrak{y}/x^*) = D(\mathfrak{y}x) \quad (55, \mathrm{Zus.}\ 2), \quad (\alpha x^*) = (\alpha/x) \quad (55, (57\,\mathrm{a})),$$
$$(x^*\mathfrak{y}/\alpha) = (\alpha x/\mathfrak{y}) \quad (55, \mathrm{Zus.}\ 7).$$

Unter Abspaltung des Faktors D gewinnt man so

$$\{ D\alpha_0^2 + a^2(\alpha/\alpha) \} (\mathfrak{y}'x) \equiv \{ D\alpha_0^2 - a^2(\alpha/\alpha) \} (\mathfrak{y}x) + 2 a^2(\alpha\mathfrak{y})(\alpha/x) +$$
$$+ 2 a\alpha_0(\alpha x/\mathfrak{y}).$$

Dann kann man auch wieder die Veränderlichen $\mathfrak{y}$ durch $\mathfrak{x}$ ersetzen und erhält für die automorphen Kollineationen der K. 2. O. in Geradenkoordinaten schließlich die Identität in den x:

$$\boxed{(106) \quad \{ D\alpha_0^2 + a^2(\alpha/\alpha) \}(\mathfrak{x}'x) \equiv \{ D\alpha_0^2 - a^2(\alpha/\alpha) \}(\mathfrak{x}x) + 2 a^2(\alpha\mathfrak{x})(\alpha/x) + 2 a\alpha_0(\alpha x/\mathfrak{x}).}$$

Jetzt können wir auch die bisher zurückgestellte Frage erledigen, ob *alle* automorphen Kollineationen der K. 2. O. durch unsere Formeln (106) und 57, (77) geliefert werden. Eine automorphe Kollineation muß die Punkte der Kurve eindeutig umkehrbar vertauschen. Es muß also vermöge 59, (90) möglich sein, sie als ausnahmlos umkehrbar eindeutige Transformation in den $\sigma_1 : \sigma_2$ darzustellen. Die allgemeinste Transformation dieser Art ist aber

$$(107) \qquad \begin{cases} \sigma_1' = p_{11}\sigma_1 + p_{12}\sigma_2, \\ \sigma_2' = p_{21}\sigma_1 + p_{22}\sigma_2. \end{cases} \qquad\qquad p_{11}p_{22} - p_{12}p_{21} \neq 0.$$

Wir haben nun zu zeigen, daß sich bei vorgegebenen p_{ik} die Parameter $\alpha_0 : \alpha_1 : \alpha_2 : \alpha_3$ eindeutig herstellen lassen. Durch Vergleichung mit (105) findet man

$$p_{11} + p_{22} = 2\alpha_0\sqrt{-(\mathfrak{a}/\mathfrak{a})}\sqrt{-(\mathfrak{g}/\mathfrak{g})}, \qquad p_{11} - p_{22} = 2a\sqrt{-(\mathfrak{a}/\mathfrak{a})}\,(\mathfrak{g}\alpha),$$
$$p_{12} + p_{21} = -2a\sqrt{-(\mathfrak{g}/\mathfrak{g})}\,(\mathfrak{a}\alpha), \qquad p_{12} - p_{21} = 2a(\mathfrak{g}\mathfrak{a}/\alpha).$$

Hieraus wird dann eindeutig

$$(108) \quad \begin{cases} \alpha_0 = (p_{11} + p_{22}) : 2\sqrt{-(\mathfrak{a}/\mathfrak{a})}\,\sqrt{-(\mathfrak{g}/\mathfrak{g})}, \\[2mm] \dfrac{2a(\mathfrak{a}/\mathfrak{a})(\mathfrak{g}/\mathfrak{g})}{D}\,\alpha_i = \\[2mm] (p_{22} - p_{11})\sqrt{-(\mathfrak{a}/\mathfrak{a})}\,\mathfrak{g}_i{}^* + (p_{12} + p_{21})\sqrt{-(\mathfrak{g}/\mathfrak{g})}\,\mathfrak{a}_i{}^* + (p_{12} - p_{21})\widehat{\mathfrak{g}\mathfrak{a}}_i. \\ \hspace{3cm} (i = 1, 2, 3.) \end{cases}$$

Die drei letzten Formeln gewinnt man durch direkte Ausrechnung von drei linearen Gleichungen in α_1, α_2, α_3, oder auf Grund einer nach Analogie von **55**, Zus. 5 zu bildenden Formel für $(a/\mathfrak{g}\mathfrak{h})\cdot(b/\mathfrak{g}\mathfrak{h})$. Sie lassen sich zu der Identität in den x zusammenfassen:

$$\frac{2a(\mathfrak{a}/\mathfrak{a})(\mathfrak{g}/\mathfrak{g})(\alpha/x)}{D} \equiv (p_{22} - p_{11})\sqrt{-(\mathfrak{a}/\mathfrak{a})}\,(\mathfrak{g}x) + (p_{12} + p_{21})\sqrt{-(\mathfrak{g}/\mathfrak{g})}\,(\mathfrak{a}x) +$$
$$+ (p_{12} - p_{21})(\mathfrak{g}\mathfrak{a}/x).$$

Die Formeln (107) und (108) zeigen, daß man wirklich *alle* automorphen Kollineationen der **K. 2. O.** erhält, wenn man in **57**, (77), oder also in **58**, (86) oder in **60**, (106) die Verhältnisse der $\alpha_0 : \alpha_1 : \alpha_2 : \alpha_3$ alle möglichen Werte durchlaufen läßt, die mit der Ungleichung **57**, (76)

$$D\alpha_0^2 + a^2(\alpha/\alpha) \neq 0$$

verträglich sind. Aus (107) folgt noch, daß die Gruppe der automorphen Kollineationen einer nicht singulären **K. 2. O.** *dreigliedrig* ist. Dieser Tatbestand trat bisher nicht klar hervor, weil wir im Interesse der Allgemeingültigkeit der Formeln die Größe a mitgeführt hatten, zu der bei der zweiten Darstellung auch noch die Hilfsgeraden $\mathfrak{g}$ und $\mathfrak{a}$ traten.

1. Aus **60**, (106) folgt, wenn man x durch $\mathfrak{x}^*$ ersetzt,
$$\{D\alpha_0^2 + a^2(\alpha/\alpha)\}(\mathfrak{x}'/\mathfrak{x}) = \{D\alpha_0^2 - a^2(\alpha/\alpha)\}(\mathfrak{x}/\mathfrak{x}) + 2a^2 D(\alpha\mathfrak{x})^2.$$

2. Setzt man statt dessen $x = \widehat{\alpha^*\mathfrak{x}}$, so erhält man
$$\{D\alpha_0^2 + a^2(\alpha/\alpha)\}(\mathfrak{x}'\mathfrak{x}\alpha^*) = 2a\alpha_0\{(\mathfrak{x}/\mathfrak{x})(\alpha/\alpha) - D(\alpha\mathfrak{x})^2\}.$$

3. Nach **53**, (46) werdé jetzt $\operatorname{tg}(\mathfrak{x}, \mathfrak{x}')$ ermittelt. Dabei sollen $\mathfrak{x}$ und $\mathfrak{x}'$ durch den Punkt $\alpha_1 : \alpha_2 : \alpha_3$ laufen. Dann kann man die Hilfsgerade $\mathfrak{g}$ mit α^* zusammenfallen lassen, wobei $(\alpha/\alpha) \neq 0$ vorauszusetzen ist:

$$\operatorname{tg}(\mathfrak{x}, \mathfrak{x}') = \frac{-2 a \alpha_0 \sqrt{D(\alpha/\alpha)}}{D\alpha_0^2 - a^2(\alpha/\alpha)}.$$

Vgl. **57**, Zus. 3. Die rechte Seite ist von $\mathfrak{x}$ frei.

4. Der Angulus $\dfrac{1}{2}(\mathfrak{x}, \mathfrak{x}')$ ist mod $\dfrac{\pi}{2}$ bestimmt (**53**). Es ist also

$$\operatorname{tg}\frac{1}{2}(\mathfrak{x}, \mathfrak{x}') = D\alpha_0 : a\sqrt{D(\alpha/\alpha)} \quad oder \quad \operatorname{tg}\frac{1}{2}(\mathfrak{x}, \mathfrak{x}') = -a\sqrt{D(\alpha/\alpha)} : D\alpha_0.$$

Vgl. **57**, Zus. 4. Zu beachten ist, daß $\mathfrak{x}$, mithin auch $\mathfrak{x}'$, durch den Punkt $\alpha_1 : \alpha_2 : \alpha_3$ läuft.

5. Jetzt sei $(\alpha/\alpha) = 0$. Dann wird

$$D\alpha_0^2 (\mathfrak{x}'\mathfrak{x}\mathfrak{p}) = 2 a^2 (\alpha\mathfrak{x})(\alpha/\mathfrak{x}\mathfrak{p}) + 2 a \alpha_0 \left\{ (\mathfrak{p}\alpha)(\mathfrak{x}/\mathfrak{x}) - (\mathfrak{x}\alpha)(\mathfrak{p}/\mathfrak{x}) \right\}.$$
$$D\alpha_0^2 (\mathfrak{x}'/\mathfrak{x}) = D\alpha_0^2 (\mathfrak{x}/\mathfrak{x}) + 2 a^2 D(\alpha\mathfrak{x})^2.$$

Läßt man jetzt $\mathfrak{x}$, mithin auch $\mathfrak{x}'$, durch den Punkt $\alpha_1 : \alpha_2 : \alpha_3$ laufen, so wird

$$\frac{D(\mathfrak{x}\mathfrak{x}'\mathfrak{p})}{\sqrt{(\mathfrak{p}/\mathfrak{p})}(\mathfrak{x}/\mathfrak{x}')} = \frac{-2a(\mathfrak{p}\alpha)}{\sqrt{(\mathfrak{p}/\mathfrak{p})}\,\alpha_0},$$

also wieder von $\mathfrak{x}$ unabhängig. Die Hilfsgerade $\mathfrak{p}$ muß Sekante sein und darf nicht durch den Punkt $\alpha_1 : \alpha_2 : \alpha_3$ laufen. Vgl. **57**, Zus. 5. Zeige, daß der dort entwickelte Ausdruck in den jetzigen übergeht, sobald x, x', p durch $\mathfrak{x}^*$, $\mathfrak{x}'^*$, $\mathfrak{p}^*$ ersetzt werden.

6. Verfolge die Ergebnisse dieses Abschnitts wieder an der Hand der Kurve $x_2^2 - 2 p x_1 x_3 = 0$; vgl. **58**, Zus. 1.

61. Parameter und Koeffizienten einer automorphen Kollineation.

Die automorphen Kollineationen schreiben wir nach **57**, (73) in Punktkoordinaten:

$$c_{00} x_i' = c_{i1} x_1 + c_{i2} x_2 + c_{i3} x_3 \qquad (i = 1, 2, 3).$$

Dann ergeben sich die Werte der Koeffizienten c_{ik} aus **57**, (75). Wir geben sie an, indem wir von drei Gleichungen nur eine hinschreiben, wenn sich die anderen daraus durch zyklische Vertauschung der Indizes ergeben. Das deuten wir durch die Hinzufügung [3] rechts an. Dazu bedeute i, k, l eine der drei Ziffernfolgen

$$1, 2, 3; \quad 2, 3, 1; \quad 3, 1, 2.$$

$$c_{00} = D\alpha_0^2 + a^2(\alpha/\alpha),$$

$$(109) \quad \begin{cases} c_{ii} = D\alpha_0^2 - a^2(\alpha/\alpha) + 2a^2\alpha_i\alpha_i^* + 2aA_{il}\alpha_0\alpha_k - 2aA_{ik}\alpha_0\alpha_l, & [3] \\ c_{kl} = 2a^2\alpha_k\alpha_l^* + 2aA_{kk}\alpha_0\alpha_i - 2aA_{ki}\alpha_0\alpha_k, & [3] \\ c_{lk} = 2a^2\alpha_l\alpha_k^* - 2aA_{ll}\alpha_0\alpha_i + 2aA_{li}\alpha_0\alpha_l. & [3] \end{cases}$$

Hieraus entnehmen wir:

$$(110) \quad \begin{cases} \Sigma a_{ji} c_{ji} = a_{ii}\left\{ D\alpha_0^2 - a^2(\alpha/\alpha) \right\} + 2a^2\alpha_i^{*2}, & [3] \\ \Sigma a_{jk} c_{jl} = a_{lk}\left\{ D\alpha_0^2 - a^2(\alpha/\alpha) \right\} + 2a^2\alpha_l^*\alpha_k^* + 2Da\alpha_0\alpha_i, & [3] \\ \Sigma a_{jl} c_{jk} = a_{kl}\left\{ D\alpha_0^2 - a^2(\alpha/\alpha) \right\} + 2a^2\alpha_k^*\alpha_l^* - 2Da\alpha_0\alpha_i. & [3] \end{cases}$$

Das Summenzeichen bedeutet, daß j die Werte 1, 2, 3 durchlaufen soll. Durch Subtraktion geeigneter Formeln (110) findet man jetzt:

$$(111) \qquad 4\,a\,D\alpha_0\,\alpha_i = \Sigma\,a_{jk}\,c_{jl} - \Sigma\,a_{jl}\,c_{jk}. \qquad\qquad [3]$$

Nimmt man dazu noch:

$$(111) \qquad 4\,a\,D\alpha_0^2 = a\,(c_{00} + c_{11} + c_{22} + c_{33}),$$

so lassen sich die *Verhältnisse der Parameter* der automorphen Kollineation angeben, wenn die *Koeffizienten* bekannt sind. Diese Formeln können aber noch versagen, und wir müssen deshalb noch weiter ausholen:

$$\begin{aligned}
\Sigma\,A_{ij}\,c_{ij} &= A_{ii}\{D\alpha_0^2 - a^2\,(\alpha/\alpha)\} + 2\,a^2\,D\alpha_i^2, && [3]\\
\Sigma\,A_{kj}\,c_{lj} &= A_{kl}\{D\alpha_0^2 - a^2\,(\alpha/\alpha)\} + 2\,a^2\,D\alpha_l\alpha_k - 2\,a\,D\alpha_0\alpha_i{}^*, && [3]\\
\Sigma\,A_{lj}\,c_{kj} &= A_{lk}\{D\alpha_0^2 - a^2\,(\alpha/\alpha)\} + 2\,a^2\,D\alpha_k\alpha_l + 2\,a\,D\alpha_0\alpha_i{}^*. && [3]
\end{aligned}$$

Hieraus ergibt sich:

$$\Sigma\,A_{kj}\,c_{lj} + \Sigma\,A_{lj}\,c_{kj} = 2\,A_{kl}\{D\alpha_0^2 - a^2\,(\alpha/\alpha)\} + 4\,a^2\,D\alpha_k\alpha_l. \qquad [3]$$

Da ferner:

$$-c_{00} + c_{11} + c_{22} + c_{33} = 2\,\{D\alpha_0^2 - a^2\,(\alpha/\alpha)\},$$

so wird:

$$(111) \quad \begin{cases} 4\,a^2\,D\alpha_k\alpha_l = \Sigma\,A_{kj}\,c_{lj} + \Sigma\,A_{lj}\,c_{kj} + A_{kl}(c_{00} - c_{11} - c_{22} - c_{33}), & [3]\\[4pt] 4\,a^2\,D\alpha_i^2 = 2\,\Sigma\,A_{ij}\,c_{ij} + A_{ii}(c_{00} - c_{11} - c_{22} - c_{33}). & [3] \end{cases}$$

Jetzt haben wir in den Formeln (111) alle Mittel beisammen, um bei einer durch ihre *Koeffizienten* gegebenen automorphen Kollineation die Parameter auszurechnen. Es wird, wenn man noch $c = c_{00} - c_{11} - c_{22} - c_{33}$ abkürzt:[1])

$$(112) \qquad\qquad \alpha_0 \qquad\qquad : \qquad\qquad \alpha_1 \qquad\qquad :$$

$$\begin{aligned}
&= a^2(c_{00}+c_{11}+c_{22}+c_{33}) : a\,(\Sigma\,a_{j2}\,c_{j3} - \Sigma\,a_{j3}\,c_{j2}) \qquad :\\
&= a\,(\Sigma\,a_{j2}\,c_{j3} - \Sigma\,a_{j3}\,c_{j2}) : \Sigma\,A_{1j}\,c_{1j} + \Sigma\,A_{1j}\,c_{1j} + A_{11}\,c \quad :\\
&= a\,(\Sigma\,a_{j3}\,c_{j1} - \Sigma\,a_{j1}\,c_{j3}) : \Sigma\,A_{1j}\,c_{2j} + \Sigma\,A_{2j}\,c_{1j} + A_{21}\,c \quad :\\
&= a\,(\Sigma\,a_{j1}\,c_{j2} - \Sigma\,a_{j2}\,c_{j1}) : \Sigma\,A_{1j}\,c_{3j} + \Sigma\,A_{3j}\,c_{1j} + A_{31}\,c \quad :
\end{aligned}$$

$$\qquad\qquad : \qquad\qquad \alpha_2 \qquad\qquad\qquad : \qquad\qquad \alpha_3$$

$$\begin{aligned}
&: a\,(\Sigma\,a_{j3}\,c_{j1} - \Sigma\,a_{j1}\,c_{j3}) \qquad : a\,(\Sigma\,a_{j1}\,c_{j2} - \Sigma\,a_{j2}\,c_{j1})\\
&: \Sigma\,A_{2j}\,c_{1j} + \Sigma\,A_{1j}\,c_{2j} + A_{12}\,c : \Sigma\,A_{3j}\,c_{1j} + \Sigma\,A_{1j}\,c_{3j} + A_{13}\,c,\\
&: \Sigma\,A_{2j}\,c_{2j} + \Sigma\,A_{2j}\,c_{2j} + A_{22}\,c : \Sigma\,A_{3j}\,c_{2j} + \Sigma\,A_{2j}\,c_{3j} + A_{23}\,c,\\
&: \Sigma\,A_{2j}\,c_{3j} + \Sigma\,A_{3j}\,c_{2j} + A_{32}\,c : \Sigma\,A_{3j}\,c_{3j} + \Sigma\,A_{3j}\,c_{3j} + A_{33}\,c.
\end{aligned}$$

---

[1]) Aus demselben Grunde wie auf S. 266 hat man hier und in (115) die letzten fünf Zeilen rechts im Anschluß an die ersten fünf weiterzulesen.

Ist die automorphe Kollineation in Geradenkoordinaten gegeben,

$$(113) \qquad d_{00}\,\mathfrak{x}_i' = d_{i1}\mathfrak{x}_1 + d_{i2}\mathfrak{x}_2 + d_{i3}\mathfrak{x}_3, \qquad\qquad (i = 1, 2, 3)$$

so hat man nach **60**, (106):

$$d_{00} = D\alpha_0^2 + a^2\,(\alpha/\alpha),$$

$$(114)\;\begin{cases} d_{ii} = D\alpha_0^2 - a^2\,(\alpha/\alpha) + 2\,a^2\alpha_i\alpha_i^* - 2\,aA_{li}\alpha_0\alpha_k + 2\,aA_{ki}\alpha_0\alpha_l, & [3]\\[4pt] d_{kl} = \hspace{6em} 2\,a^2\alpha_l\alpha_k^* + 2\,aA_{ll}\alpha_0\alpha_i - 2\,aA_{il}\alpha_0\alpha_l, & [3]\\[4pt] d_{lk} = \hspace{6em} 2\,a^2\alpha_k\alpha_l^* - 2\,aA_{kk}\alpha_0\alpha_i + 2\,aA_{ik}\alpha_0\alpha_k. & [3] \end{cases}$$

Sind nun die d_{ik} gegeben, so lassen sich auch jetzt wieder die Verhältnisse der Parameter α rational ermitteln. Der Weg dazu ist ganz analog dem vorhin eingeschlagenen. Man bildet die Summen $\Sigma\,a_{1j}d_{1j}$, $\Sigma\,a_{2j}d_{1j}$ usw.

$$\Sigma\,a_{ij}d_{ij} = a_{ii}\{D\alpha_0^2 - a^2\,(\alpha/\alpha)\} + 2\,a^2\alpha_i^{*2}, \qquad\qquad [3]$$

$$\Sigma\,a_{kj}d_{lj} = a_{kl}\{D\alpha_0^2 - a^2\,(\alpha/\alpha)\} + 2\,a^2\alpha_k^*\alpha_l^* - 2\,aD\alpha_0\alpha_i, \qquad [3]$$

$$\Sigma\,a_{lj}d_{kj} = a_{lk}\{D\alpha_0^2 - a^2\,(\alpha/\alpha)\} + 2\,a^2\alpha_l^*\alpha_k^* + 2\,aD\alpha_0\alpha_i. \qquad [3]$$

Durch Subtraktion erhält man wieder:

$$4\,aD\alpha_0\alpha_i = \Sigma\,a_{lj}d_{kj} - \Sigma\,a_{kj}d_{lj}. \qquad\qquad [3]$$

Dazu kommt:

$$4\,D\alpha_0^2 = d_{00} + d_{11} + d_{22} + d_{33}.$$

Weiterhin wird:

$$\Sigma\,A_{ji}d_{ji} = A_{ii}\{D\alpha_0^2 - a^2\,(\alpha/\alpha)\} + 2\,a^2D\alpha_i^2, \qquad\qquad [3]$$

$$\Sigma\,A_{jk}d_{jl} = A_{lk}\{D\alpha_0^2 - a^2\,(\alpha/\alpha)\} + 2\,a^2D\alpha_k\alpha_l + 2\,aD\alpha_0\alpha_i^*, \qquad [3]$$

$$\Sigma\,A_{jl}d_{jk} = A_{kl}\{D\alpha_0^2 - a^2\,(\alpha/\alpha)\} + 2\,a^2D\alpha_l\alpha_k - 2\,aD\alpha_0\alpha_i^*. \qquad [3]$$

Durch Addition der letzten beiden Formeln findet man wegen

$$-d_{00} + d_{11} + d_{22} + d_{33} = 2\,\{D\alpha_0^2 - a^2\,(\alpha/\alpha)\}:$$

$$4\,a^2D\alpha_k\alpha_l = \Sigma\,A_{jk}d_{jl} + \Sigma\,A_{jl}d_{jk} + A_{kl}(d_{00} - d_{11} - d_{22} - d_{33}). \qquad [3]$$

Führt man endlich zur Abkürzung

$$d = d_{00} - d_{11} - d_{22} - d_{33}$$

ein, so erhält man demnach für die Parameter der automorphen Kollineation (113):

$$(115)\qquad\qquad \alpha_0 \hspace{8em} : \hspace{6em} \alpha_1 \hspace{6em} :$$

$$= a^2(d_{00} + d_{11} + d_{22} + d_{33}) : a\,(\Sigma\,a_{3j}d_{2j} - \Sigma\,a_{2j}d_{3j}) \qquad :$$

$$= a\,(\Sigma\,a_{3j}d_{2j} - \Sigma\,a_{2j}d_{3j}) \quad : \Sigma\,A_{j1}d_{j1} + \Sigma\,A_{j1}d_{j1} + A_{11}d :$$

$$= a\,(\Sigma\,a_{1j}d_{3j} - \Sigma\,a_{3j}d_{1j}) \quad : \Sigma\,A_{j1}d_{j2} + \Sigma\,A_{j2}d_{j1} + A_{21}d :$$

$$= a\,(\Sigma\,a_{2j}d_{1j} - \Sigma\,a_{1j}d_{2j}) \quad : \Sigma\,A_{j1}d_{j3} + \Sigma\,A_{j3}d_{j1} + A_{31}d :$$

$$: \hspace{6em} \alpha_2 \hspace{8em} : \hspace{6em} \alpha_3$$

$$: a\,(\Sigma\,a_{1j}d_{3j} - \Sigma\,a_{3j}d_{1j}) \hspace{4em} : a\,(\Sigma\,a_{2j}d_{1j} - \Sigma\,a_{1j}d_{2j}),$$

$$: \Sigma\,A_{j2}d_{j1} + \Sigma\,A_{j1}d_{j2} + A_{12}d : \Sigma\,A_{j3}d_{j1} + \Sigma\,A_{j1}d_{j3} + A_{13}d,$$

$$: \Sigma\,A_{j2}d_{j2} + \Sigma\,A_{j2}d_{j2} + A_{22}d : \Sigma\,A_{j3}d_{j2} + \Sigma\,A_{j2}d_{j3} + A_{23}d,$$

$$: \Sigma\,A_{j2}d_{j3} + \Sigma\,A_{j3}d_{j2} + A_{32}d : \Sigma\,A_{j3}d_{j3} + \Sigma\,A_{j3}d_{j3} + A_{33}d.$$

1. Stelle diese Formelsysteme in aller Vollständigkeit für die Kurve $x_2^2 - 2\,p\,x_1 x_3 = 0$ auf! Wann versagen die einzelnen Formeln?

2. *Ternäre Symbolik.* Unter Verwendung des Symbols $(a\,x)$ schreibt man eine ternäre quadratische Form (54, S. 249) kurz $(a\,x)^2$. Der Ausdruck stellt ein symbolisches Quadrat dar, d. i. er ist formal genau so zu behandeln, als ob er ein Quadrat wäre. Die a_1, a_2, a_3 sind keine Geradenkoordinaten; sie sind lediglich *Symbole* der quadratischen Form, d. i. nur in Verbindung zu zweien sollen sie eine reale Bedeutung haben, und zwar ist dann $a_i a_k = a_k a_i = a_{ik}$ zu setzen. So lassen sich Ausdrücke symbolisch darstellen, die *linear* in den Koeffizienten sind.

3. Will man Ausdrücke symbolisch darstellen, die nicht linear in den Koeffizienten sind, so greift man zum Prinzip der Akzentuierung (54, Zus. 9). Zur Bildung der Diskriminante, die vom dritten Grade in den Koeffizienten ist, hat man neben den unakzentuierten Symbolen noch zwei Reihen verschieden akzentuierter Symbole zu benutzen. Das heißt, man bildet einen Ausdruck, der in den Koeffizienten von drei ternären quadratischen Formen linear ist und läßt dann diese drei Formen zusammen fallen:

$$D = \begin{vmatrix} a_{11} & a_{12} & a_{13} \\ a_{21} & a_{22} & a_{23} \\ a_{31} & a_{32} & a_{33} \end{vmatrix} = \begin{vmatrix} a_1\,a_1 & a_1\,a_2 & a_1\,a_3 \\ a_2{'}\,a_1{'} & a_2{'}\,a_2{'} & a_2{'}\,a_3{'} \\ a_3{''}\,a_1{''} & a_3{''}\,a_2{''} & a_3{''}\,a_3{''} \end{vmatrix}.$$

Hier haben wir die Elemente der zweiten Reihe einmal, die der dritten Reihe zweimal, die der ersten Reihe garnicht akzentuiert. Das gibt

$$D = a_1\,a'_2\,a''_3\,(a\,a'\,a'').$$

Hätten wir in der ersten Reihe einmal, in der zweiten nicht, in der dritten Reihe zweimal akzentuiert, so wäre geworden

$$D = -\,a_1{'}\,a_2\,a_3{''}\,(a\,a'\,a'').$$

So hätten wir auf genau sechs verschiedene Arten vorgehen können. Durch Addition dieser Einzelergebnisse folgt sogleich

$$D = \tfrac{1}{6}\,(a\,a'\,a'')^2.$$

4. Wende das Verfahren von Zus. 3 an, um die symbolische Schreibung der Diskriminante einer binären quadratischen Form (54, Zus. 9) direkt herzuleiten.

62. Einteilung der automorphen Kollineationen. Es soll jetzt die Frage in Angriff genommen werden, wie sich die automorphen Kollineationen einer nichtsingulären Kurve zweiter Ordnung auf die verschiedenen in 37—41 behandelten Kollineationstypen verteilen. Man hat, wie wir vorweg angeben:

1. $\alpha_0 \neq 0$, $(\alpha/\alpha) \neq 0$. Typus I.
2. $\alpha_0 = 0$, $(\alpha/\alpha) \neq 0$. Typus IV.
3. $\alpha_0 \neq 0$, $(\alpha/\alpha) = 0$, $(\mathfrak{x}\alpha) \equiv\!\not\equiv 0$. Typus III.
4. $\alpha_0 \neq 0$, $(\mathfrak{x}\alpha) \equiv 0$. Identische Kollineation.

Der Fall $\alpha_0 = 0$, $(\alpha/\alpha) = 0$ kann wegen 57, (76) nicht eintreten.

Fall 4 ist aus 57, (77) oder 60, (106) ohne weiteres klar. In allen übrigen Fällen ist der Punkt $\alpha_1 : \alpha_2 : \alpha_3$ bestimmt. Er ist, wie bereits im Anschluß an 57, (77) bemerkt wurde, Ruhepunkt und heiße *Zentrum* der automorphen Kollineation. Seine Polare $\alpha_1^*:\alpha_2^*:\alpha_3^*$ bezeichnen wir als *Achse* der automorphen Kollineation. Sie ist Ruhegerade, und ihre Schnittpunkte mit der Kurve sind weitere Ruhepunkte.

Im Falle 1 und 2 gehört das Zentrum der Kollineation der Kurve nicht an. Die drei Ruhepunkte sind getrennt. Für die Punkte der Achse $((x/\alpha) = 0)$ reduziert sich die Kollineation auf

$$\{D\alpha_0^2 + a^2\,(\alpha/\alpha)\}\,(x'\mathfrak{x}) \equiv \{D\alpha_0^2 - a^2\,(\alpha/\alpha)\}\,(x\mathfrak{x}) + 2\,a\,\alpha_0\,(x\,\alpha/\mathfrak{x}),$$

wird also im Falle 2 zur identischen Transformation; *jeder* Punkt der Achse ist dann Ruhepunkt. Hier liegt also Typus IV vor.

Im Falle 1 liegt auf der Achse wegen $\alpha_0 \neq 0$ kein weiterer Ruhepunkt außer ihren Schnittpunkten mit der K. 2. O. Aber es könnte auf den andern beiden Seiten des Dreiecks der Ruhepunkte außer den Ecken noch Ruhepunkte geben. Die Ecken seien $\alpha,\ p,\ q$. Das Vorhandensein eines weiteren Ruhepunktes auf $\widehat{\alpha p}$ würde sofort nach sich ziehen, daß alle Punkte dieser Geraden Ruhepunkte sind. Damit wären auch alle geraden Linien durch q Ruhegerade. Daraus würde wieder folgen, daß auch ihre zweiten Schnittpunkte mit der K. 2. O., mithin überhaupt alle Punkte der K. 2. O. Ruhepunkte sind. Eine solche Konfiguration der Ruhepunkte ist aber in 42 für nichtidentische Kollineationen als unmöglich erkannt. Mithin liegt Typus I vor.

Der Leser mache sich klar, warum man für die Punkte der Geraden $\widehat{pq}$ nicht so schließen darf.

Im Falle 3 endlich sind die drei Punkte $\alpha,\ p$ und q zusammengerückt. Hier gibt es weitere Ruhepunkte auf der K. 2. O. nicht. Um das nachzuweisen, ermittelt man die Ruhepunkte *auf der K. 2. O.* direkt nach dem in 21, Zus. 3 auseinandergesetzten Verfahren, welches auch auf die *zweite* Darstellung unserer automorphen Kollineationen 60, (105) anzuwenden ist. Dann folgt, daß die charakteristische Gleichung (vgl. 42), die hier nach 60, (107) so geschrieben werden kann (Benutzung von 55, Zus. 5):

$$p_{11}p_{22} - p_{12}p_{21} - (p_{11}+p_{22})\varrho + \varrho^2 = 0,$$

$$\frac{1}{D}\,(\mathfrak{g}/\mathfrak{g})\,(a/a)\,\{D\alpha_0^2 + a^2\,(\alpha/\alpha)\} - 2\,\alpha_0\,V\overline{-(a/a)}\,V\overline{-(\mathfrak{g}/\mathfrak{g})}\,\varrho + \varrho^2 = 0,$$

zusammenfallende Wurzeln hat (wegen $(\alpha/\alpha) = 0$). Außer dem Zentrum gibt es dann keinen Ruhepunkt auf der Kurve.

Aber auch außerhalb der Kurve gibt es keine Ruhepunkte. Das Vorhandensein eines solchen würde mindestens einen weiteren

Ruhepunkt auf der Kurve nach sich ziehen (die Berührungspunkte der Tangenten, von denen sicher einer von α verschieden ist). Das ist aber soeben als unmöglich erkannt.

Damit ist aber Typus V ausgeschlossen, und es liegt Typus III vor.

1. Teile die automorphen Kollineationen der Kurve $x_2^2 - 2\,p\,x_1 x_3 = 0$ ein!

2. *Ternäre Symbolik.* Die Polarform der ternären quadratischen Form $(\mathfrak{a} x)^2$ heißt $(\mathfrak{a} x)(\mathfrak{a} y)$. Gleich Null gesetzt vermittelt sie nicht, wie man auf den ersten Blick vermuten könnte, eine Kollineation, sondern eine *Korrelation.* Schreibt man nämlich

$$(\mathfrak{a} x)(\mathfrak{a} y) = (\mathfrak{x} y) = 0,$$

so wird $\mathfrak{x} = (\mathfrak{a} x)\mathfrak{a}$ die Polare des Punktes x in bezug auf die K. 2. O. $(\mathfrak{a} x)^2 = 0$.

3. Nach 31, (27) ist, wenn $\mathfrak{x} = \widehat{yz}$ gesetzt wird,

$$(\mathfrak{a} y)(\mathfrak{b} z) - (\mathfrak{a} z)(\mathfrak{b} y) = (\mathfrak{a}\mathfrak{b}\mathfrak{x}).$$

Durch Quadrieren folgt daraus

$$(\mathfrak{a} y)^2 \cdot (\mathfrak{b} z)^2 \mid (\mathfrak{a} z)^2 \cdot (\mathfrak{b} y)^2 - 2\,(\mathfrak{a} y)(\mathfrak{a} z) \cdot (\mathfrak{b} y)(\mathfrak{b} z) - (\mathfrak{a}\mathfrak{b}\mathfrak{x})^2 = 0.$$

Setzt man $\mathfrak{b} = \mathfrak{a}'$, so wird wegen $(\mathfrak{a}' y)^2 = (\mathfrak{a} y)^2$ usw.

$$(\mathfrak{a} y)^2 \cdot (\mathfrak{a}' z)^2 - (\mathfrak{a} y)(\mathfrak{a} z) \cdot (\mathfrak{a}' y)(\mathfrak{a}' z) - \tfrac{1}{2}\,(\mathfrak{a}\mathfrak{a}'\mathfrak{x})^2 = 0.$$

Das ist eine Relation zwischen den Koordinaten zweier Punkte und den *Koeffizienten* einer ternären quadratischen Form spezieller Art, nämlich einer solchen, die das Quadrat einer linearen Form ist. Wir können die linke Seite auffassen als ein Polynom in den neun Größen $a_i\,a_k$, die *linear unabhängig voneinander sind.* Die Koeffizienten dieses Polynoms müssen also einzeln verschwinden. Damit verschwinden die Koeffizienten der a_{ik} einzeln. Sie sind nur von y und z abhängig. Daraus folgt aber, daß unsere Relation auch dann noch gilt, wenn die quadratische Form *nicht mehr* das Quadrat einer linearen Form ist. *Diese Überlegung begründet das Rechnen mit Symbolen.*

Wir schreiben jetzt

$$(\mathfrak{a} y)^2 \cdot (\mathfrak{a} z)^2 - (\mathfrak{a} y)(\mathfrak{a} z) \cdot (\mathfrak{a} y)(\mathfrak{a} z) = \tfrac{1}{2}\,(\mathfrak{a}\mathfrak{a}'\mathfrak{x})^2,$$

wo der Multiplikationspunkt gesetzt ist, wenn auf seinen beiden Seiten Ausdrücke realer Bedeutung stehen. Nur dadurch ist es zulässig, links die Akzente zu unterdrücken.

4. Aus den drei Polaren

$$\mathfrak{x} = (\mathfrak{a} x)\,\mathfrak{a}, \qquad \mathfrak{y} = (\mathfrak{a} y)\,\mathfrak{a}, \qquad \mathfrak{z} = (\mathfrak{a} z)\,\mathfrak{a}$$

bilde man das Dreiersymbol $(\mathfrak{x}\mathfrak{y}\mathfrak{z})$. Dazu ist zu akzentuieren. Setzt man etwa

$$\mathfrak{x} = (\mathfrak{a} x)\,\mathfrak{a}, \qquad \mathfrak{y} = (\mathfrak{a}'' y)\,\mathfrak{a}'', \qquad \mathfrak{z} = (\mathfrak{a}' z)\,\mathfrak{a}',$$

so wird

$$(\mathfrak{x}\mathfrak{y}\mathfrak{z}) = -(\mathfrak{a} x)(\mathfrak{a}'' y)(\mathfrak{a}' z)(\mathfrak{a}\mathfrak{a}'\mathfrak{a}'').$$

So kann man noch auf fünf andere Weisen akzentuieren. Durch Addition folgt dann

$$(\mathfrak{x}\mathfrak{y}\mathfrak{z}) = \tfrac{1}{6}\,(\mathfrak{a}\mathfrak{a}'\mathfrak{a}'') \mid (\mathfrak{a} x)(\mathfrak{a}' y)(\mathfrak{a}'' z) \mid,$$

und daraus nach dem Multiplikationssatz der Determinanten

$$(\mathfrak{x}\mathfrak{y}\mathfrak{z}) = \tfrac{1}{6}\,(\mathfrak{a}\mathfrak{a}'\mathfrak{a}'')^2 \cdot (xyz).$$

Wegen 61, Zus. 3 ist das die Formel 55, (58).

5. Genau wie in Zus. 4 leitet man 50, (31) ab. Es ist nur $(y/z) = (\mathfrak{a}y)(\mathfrak{a}z)$ zu setzen usw. So erhält man diese wichtige Formel in der Gestalt

$$(\mathfrak{a}x)^2\left\{(\mathfrak{a}y)^2 \cdot (\mathfrak{a}z)^2 - ((\mathfrak{a}y)(\mathfrak{a}z))^2\right\} + 2\,(\mathfrak{a}y)(\mathfrak{a}z) \cdot (\mathfrak{a}z)(\mathfrak{a}x) \cdot (\mathfrak{a}x)\,\mathfrak{a}y) =$$

$$= (\mathfrak{a}y)^2 \cdot \left\{(\mathfrak{a}z)(\mathfrak{a}x)\right\}^2 + (\mathfrak{a}z)^2\left\{(\mathfrak{a}x)(\mathfrak{a}y)\right\}^2 + D\,(xyz)^2.$$

An diesem Beispiel sieht man bequem *Vorteile und Nachteile der Aronholdschen Symbolik*. Solange man es nur mit linearen Formen zu tun hat, hat die Frage keinen Sinn. Bei einer einzigen quadratischen Form arbeitet die im Texte auseinander gesetzte nicht symbolische Bezeichnungsweise ebenso bequem, wenn nicht bequemer. Erst bei mehreren Formen zweiter Ordnung, oder bei einer einzigen Form höherer Ordnung offenbart die symbolische Methode ihre Überlegenheit; gleichzeitig bemerkt man, daß die soeben hergeleitete Formel sich zwangloser ergab, als in 50. Über die Symbolik im ternären Gebiet handelt E. Study, Methoden zur Theorie der ternären Formen. Leipzig 1889.

63. Untergruppen automorpher Kollineationen. Die ∞^3 automorphen Kollineationen einer nichtsingulären K. 2. O. verteilen sich auf ∞^2 eingliedrige Untergruppen. Es gilt nämlich der Satz:

Alle ∞^1 automorphen Kollineationen vom selben Zentrum bilden eine eingliedrige Gruppe.

1. Zunächst betrachten wir den Fall, daß das Zentrum der Kollineation der Kurve nicht angehört $((\alpha/\alpha) \neq 0)$. Die Zusammensetzung der beiden Transformationen von den Parametern $\alpha_0 : \alpha_1 : \alpha_2 : \alpha_3$ und $\alpha_0' : \alpha_1 : \alpha_2 : \alpha_3$ gibt dann nach 58, (80):

$$(116)\quad \alpha_0'' : \alpha_1'' : \alpha_2'' : \alpha_3'' = D\alpha_0\alpha_0' - a^2(\alpha/\alpha) : D\alpha_1(\alpha_0 + \alpha_0') : D\alpha_2(\alpha_0 + \alpha_0') : D\alpha_3(\alpha_0 + \alpha_0').$$

Abgesehen von der identischen Kollineation ist also immer $\alpha_1'' : \alpha_2'' : \alpha_3'' = \alpha_1 : \alpha_2 : \alpha_3$, d. i. die resultierende Kollineation besitzt dasselbe Zentrum wie die beiden komponierenden.

Noch klarer tritt die Gruppeneigenschaft zutage, wenn man setzt:

$$(117)\qquad \cot\vartheta = -\,D\alpha_0 : a\,\sqrt{D\,(\alpha/\alpha)},$$

und $\cot\vartheta'$, $\cot\vartheta''$ entsprechend erklärt. Infolge von (116) wird dann

$$(118)\qquad \vartheta'' = \vartheta + \vartheta'.$$

Nun ist nach **60**, Zus. 4

$$\vartheta = \tfrac{1}{2}(\mathfrak{x},\,\mathfrak{x}'),$$

wo $(\mathfrak{x},\,\mathfrak{x}')$ den Angulus zweier beliebiger zugeordneten Geraden *durch das Zentrum* bedeutet. Nennt man die Größe $2\,\vartheta$ den *Angulus der automorphen Kollineation*, so sagt (118) aus, daß sich bei der Zusammensetzung zweier automorphen Kollineationen vom selben Zentrum die Anguli addieren:

$$(\mathfrak{x},\,\mathfrak{x}') + (\mathfrak{x}',\,\mathfrak{x}'') = (\mathfrak{x},\,\mathfrak{x}'').$$

Die Größe $2\,\vartheta$ ist aber auch gleich der mit μ multiplizierten Distanz $(x,\,x')$ zweier zugeordneter Punkte *auf der Achse* (vgl. **57**, Zus. 4).

Auch diese Distanzen addieren sich bei der Zusammensetzung koaxialer Kollineationen.

Zentrum x und Angulus 2ϑ bestimmen die Kollineation völlig; ihre Parameter sind, wie sich aus (117) ergibt:

$$(119)^{\cdot} \qquad \alpha_0 : \alpha_1 : \alpha_2 : \alpha_3 = -a\sqrt{D(x|x)}\cot\vartheta : Dx_1 : Dx_2 : Dx_3.$$

Wählt man ϑ veränderlich bei festem x, so erhält man alle Kollineationen der eingliedrigen Gruppe, abgesehen von der identischen.

Ist $\vartheta = \dfrac{\pi}{2}$, so liegt Typus IV vor; diese automorphen Kollineationen, und abgesehen von der identischen nur diese, sind *involutorisch* (in (116) wird $\alpha_0'' : \alpha_1'' : \alpha_2'' : \alpha_3'' = 1 : 0 : 0 : 0$).

Nun kann man nach der Bahn fragen, die ein Punkt y bei den Kollineationen einer solchen eingliedrigen Gruppe beschreibt. Wenn wir von der identischen Kollineation absehen, so bleiben, weil die Transformationen der Gruppe dann sämtlich dem Typus I oder IV angehören, die beiden Tangenten der K. 2. O. durch das Zentrum in Ruhe, ebenso die Achse. Diese Geraden sind also Bahnkurven von Punkten spezieller Lage. Davon abgesehen muß sein (**51**, (35)):

$$(y'|\alpha)^2 : (y'|y')(\alpha|\alpha) = (y|\alpha)^{\overline{2}} : (y|y)(\alpha|\alpha) = \cos^2\mu\varrho,$$

wo ϱ die Distanz des Punktes y vom Zentrum ist. Es ist daher:

$$(\alpha|x)^2 - \cos^2\mu\varrho\,(\alpha|\alpha)(x|x) = 0$$

die *Gleichung der Bahnkurve* des Punktes x, und wenn man $\cos^2\mu\varrho$ veränderlich wählt, hat man die Schar aller ∞^1 Bahnkurven vor sich. Die Fälle $\cos^2\mu\varrho = 0$ und $\cos^2\mu\varrho = 1$ sind bereits besprochen; in allen übrigen Fällen liegen nichtsinguläre K. 2. O. vor. Diese treffen die K. 2. O. $(x|x) = 0$ in ihren Schnittpunkten mit der Polaren $(x|\alpha) = 0$ des Zentrums doppelt zählend:

Die Bahnkurven bei den Kollineationen der eingliedrigen Gruppe (119) *sind außer drei geraden Linien nichtsinguläre Kurven zweiter Ordnung, die die ursprüngliche K. 2. O. in ihren Schnittpunkten mit der Achse* $\alpha_1{}^* : \alpha_2{}^* : \alpha_3{}^*$ *doppelt berühren*, und dazu kommt noch die ursprüngliche K. 2. O. selbst als Bahnkurve.

2. Jetzt gehöre das Zentrum der Kurve an; es sei also $(\alpha|\alpha) = 0$. Die Formeln **58**, (80) für die Zusammensetzung zweier Transformationen werden jetzt:

$$(120) \qquad \alpha_0'' : \alpha_1'' : \alpha_2'' : \alpha_3'' = D\alpha_0\alpha_0' : D\alpha_1(\alpha_0 + \alpha_0') : D\alpha_2(\alpha_0 + \alpha_0') : D\alpha_3(\alpha_0 + \alpha_0').$$

Abgesehen von der identischen Transformation ist auch hier wieder $\alpha_1'' : \alpha_2'' : \alpha_3'' = \alpha_1 : \alpha_2 : \alpha_3$, womit die Gruppeneigenschaft nachgewiesen ist. Um sie ebenso elegant vor Augen zu sehen wie bei (118), führen wir eine willkürliche Hilfsgerade $\mathfrak{p}$ ein, die Sekante ist und nicht durch das Zentrum läuft. Dann ist wegen $\alpha_i = \alpha_i'$ $(i = 1, 2, 3)$.

$$(\mathfrak{p}\alpha'') = D(\mathfrak{p}\alpha)(\alpha_0 + \alpha_0') = D(\mathfrak{p}\alpha)\alpha_0' + D(\mathfrak{p}\alpha')\alpha_0,$$

$$\frac{(\mathfrak{p}\alpha'')}{\alpha_0''} = \frac{(\mathfrak{p}\alpha)}{\alpha_0} + \frac{(\mathfrak{p}\alpha')}{\alpha_0'}.$$

Der Ausdruck $\dfrac{(\mathfrak{p}\alpha)}{\alpha_0}$ kann aber als Maß für die Kollineation noch nicht benutzt werden, da er nicht homogen ist. Es ist aber:

$$\frac{-2a(\mathfrak{p}\alpha'')}{\sqrt{\mathfrak{p}/\mathfrak{p}}\,\alpha_0''} = \frac{-2a(\mathfrak{p}\alpha)}{\sqrt{\mathfrak{p}/\mathfrak{p}}\,\alpha_0} + \frac{-2a(\mathfrak{p}\alpha')}{\sqrt{\mathfrak{p}/\mathfrak{p}}\,\alpha_0'},$$

wofür wir schreiben:

$$\omega'' = \omega + \omega',$$

Die Größe ω trat in **60**, Zus. 5 auf; sie ist der Grenzwert, dem die Größe $D(\mathfrak{p}\alpha)\,\mathrm{tg}\,(\mathfrak{x}, \mathfrak{x}') : \sqrt{\mathfrak{p}/\mathfrak{p}}\,\sqrt{D(\alpha/\alpha)}$ zustrebt, wenn das Zentrum $\alpha_1 : \alpha_2 : \alpha_3$ auf die K. 2. O. rückt (**60**, Zus. 3), und kann auch durch den Ausdruck:

$$D(\mathfrak{x}\mathfrak{x}'\mathfrak{p}) : (\mathfrak{x}/\mathfrak{x}')\sqrt{\mathfrak{p}/\mathfrak{p}}$$

dargestellt werden, wo $\mathfrak{x}$ eine Gerade durch das Zentrum ist, die bei der Kollineation in $\mathfrak{x}'$ übergeht (**60**, Zus. 5). Dieser Ausdruck, den man als *Öffnung* der beiden Geraden $\mathfrak{x}, \mathfrak{x}'$ erklären könnte, ist aber nicht zur Charakterisierung der Kollineation geeignet, da er von $\mathfrak{p}$ abhängig ist; wir müssen zu dem Zweck vielmehr die Fragestellung ändern: *Wie heißen die Parameter der automorphen Kollineation, deren Zentrum x auf der Kurve liegt, wenn sie die Gerade $\mathfrak{x}$ in $\mathfrak{x}'$ überführen soll, wobei beide Geraden durch das Zentrum laufen müssen.* Die Antwort ergibt sich aus **60**, Zus. 5 unmittelbar:

$$\boxed{(121)\quad \alpha_0 : \alpha_1 : \alpha_2 : \alpha_3 = -2a(\mathfrak{p}x)(\mathfrak{x}/\mathfrak{x}') : D(\mathfrak{x}\mathfrak{x}'\mathfrak{p})x_1 : D(\mathfrak{x}\mathfrak{x}'\mathfrak{p})x_2 : D(\mathfrak{x}\mathfrak{x}'\mathfrak{p})x_3.}$$

Hierin kommt das Verhältnis $(\mathfrak{p}x) : (\mathfrak{x}\mathfrak{x}'\mathfrak{p})$ vor, d. i. die Größe $\sqrt{\mathfrak{p}/\mathfrak{p}}$ ist fortgefallen. Dieser Ausdruck ist aber von $\mathfrak{p}$ unabhängig; nach **31**, (30) findet man nämlich wegen $(\mathfrak{x}x) = (\mathfrak{x}'x) = 0$:

$$(\mathfrak{p}x) : (\mathfrak{x}\mathfrak{x}'\mathfrak{p}) = (\mathfrak{q}x) : (\mathfrak{x}\mathfrak{x}'\mathfrak{q}).$$

Die Bahnkurve durch den Punkt y für die Kollineationen der eingliedrigen Gruppe (121) erhält man durch einen Grenzübergang aus dem allgemeinen Falle:

$$(x/\alpha)^2 : (x/x)(\alpha/\alpha) = (y/\alpha)^2 : (y/y)(\alpha/\alpha),$$

indem man das Zentrum α auf einer der Tangenten an die K. 2. O. entlang wandern läßt, bis es auf die K. 2. O. gelangt. Dazu setzt man $\alpha = \lambda\beta + \mu\gamma$, wo $(\beta/\beta) \neq 0$, $(\gamma/\gamma) = 0$, $(\beta/\gamma) = 0$ zu nehmen ist. Jetzt .geht ein Faktor λ^2 fort, und man kann zur Grenze $\lambda = 0$ übergehen. So erhält man, wenn man nachträglich wieder α statt γ schreibt, für die Bahnkurve eines Punktes y bei den Kollineationen vom Zentrum α:

$$(y/y)\,(x/\alpha)^2 - (x/x)\,(y/\alpha)^2 = 0 \qquad\qquad ((\alpha/\alpha) = 0).$$

Unter diesen Kurven befinden sich die Achse, die jetzt die K. 2. O. berührt, und die K. 2. O. selbst. *Alle übrigen Bahnkurven sind nichtsinguläre K. 2. O., die die ursprüngliche K. 2. O. im Zentrum α vierpunktig berühren.*

Das wesentliche Ergebnis dieser Überlegungen läßt sich so zusammenfassen: *Außer der Achse und den Tangenten des Zentrums gibt es bei einer eingliedrigen Gruppe von automorphen Kollineationen keine geradlinigen Bahnkurven.*

1. Bilde die eingliedrigen Untergruppen der automorphen Kollineationen folgender drei Kurven:

$$x_1^2 + x_2^2 + x_3^2 = 0, \quad -x_1^2 - x_2^2 + x_3^2 = 0, \quad x_2^2 - 2p\,x_1 x_3 = 0.$$

2. *Ternäre Symbolik.* Damit der Punkt $\lambda y + \mu z\,((yzx) \equiv 0)$ der K. 2. O. angehöre, ist $\lambda : \mu$ der Gleichung zu entnehmen (vgl. **61**, Zus. 2, **62**, Zus. 2)

$$\lambda^2 (\alpha y)^2 + 2\,\lambda\mu\,(\alpha y)\,(\alpha z) + \mu^2 (\alpha z)^2 = 0.$$

Daher ist die Gerade $\mathfrak{x} - \widehat{y\,\mathfrak{z}}$ Tangente für

$$(\alpha y)^2 \cdot (\alpha z)^2 - (\alpha y)\,(\alpha z) \cdot (\alpha y)\,(\alpha z) = 0$$

oder nach **62**, Zus. 3

$$\tfrac{1}{2}\,(\alpha\,\alpha'\,\mathfrak{x})^2 = 0.$$

Damit ist die Gleichung der K. 2. O. in Geradenkoordinaten gewonnen.

3. Aus der bilinearen Gleichung

$$\tfrac{1}{2}\,(\alpha\,\alpha'\,\mathfrak{y})\,(\alpha\,\alpha'\,\mathfrak{x}) = 0$$

entnehmen wir den Pol y der Geraden $\mathfrak{x}$ als

$$\tfrac{1}{6}\,(\alpha\,\alpha'\,\alpha'')^2 \cdot y = \tfrac{1}{2}\,(\alpha\,\alpha'\,\mathfrak{y})\,\alpha\,\alpha',$$

wo der Faktor $D = \tfrac{1}{6}\,(\alpha\,\alpha'\,\alpha'')^2$ (vgl. **61**, Zus. 3) hinzugefügt ist,. um völlige Übereinstimmung mit **49**, (13b) zu erzielen.

4. Rechts in der letzten Formel von Zus. 3 führen wir statt $\mathfrak{y}$ wieder den Pol y ein (vgl. **62**, Zus. 2) $\mathfrak{y} = (\alpha'' y)\,\alpha''$. Das gibt

(a) $$D\,(y\,\mathfrak{x}) \equiv \tfrac{1}{2}\,(\alpha\alpha'\alpha'')\,(\alpha\,\alpha'\,\mathfrak{x})\,(\alpha'' y).$$

Direkter Nachweis: Aus **31**, (30a)

$$(\mathfrak{a}\,\mathfrak{b}\,\mathfrak{c})\,(\mathfrak{x}\,y) \equiv (\mathfrak{x}\,\mathfrak{b}\,\mathfrak{c})\,(\mathfrak{a}\,y) + (\mathfrak{x}\,\mathfrak{c}\,\mathfrak{a})\,(\mathfrak{b}\,y) + (\mathfrak{x}\,\mathfrak{a}\,\mathfrak{b})\,(\mathfrak{c}\,y)$$

erhalten wir eine Relation für das System, bestehend aus einem Punkt, einer Geraden und drei K. 2. O., wenn wir mit $(\mathfrak{a}\,\mathfrak{b}\,\mathfrak{c})$ multiplizieren:

$$(\mathfrak{a}\,\mathfrak{b}\,\mathfrak{c})^2 \cdot (\mathfrak{x}\,y) \equiv (\mathfrak{b}\,\mathfrak{c}\,\mathfrak{a})\,(\mathfrak{b}\,\mathfrak{c}\,\mathfrak{x})\,(\mathfrak{a}\,y) + (\mathfrak{c}\,\mathfrak{a}\,\mathfrak{b})\,(\mathfrak{c}\,\mathfrak{a}\,\mathfrak{x})\,(\mathfrak{b}\,y) + (\mathfrak{a}\,\mathfrak{b}\,\mathfrak{c})\,(\mathfrak{a}\,\mathfrak{b}\,\mathfrak{x})\,(\mathfrak{c}\,y).$$

Lassen wir die drei K. 2. O. zusammenfallen, so werden alle drei Glieder rechts gleich groß:

$$(\alpha\,\alpha'\,\alpha'')^2 \cdot (y\,\mathfrak{x}) \equiv 3\,(\alpha\,\alpha'\,\alpha'')\,(\alpha\,\alpha'\,\mathfrak{x})\,(\alpha'' y).$$

5. Aus **31**, (30a) läßt sich noch eine andere Relation durch Quadrieren gewinnen. Bringt man dazu zuerst das erste Glied von rechts nach links, so wird

$$(\mathfrak{abc})^2 \cdot (\mathfrak{x}x)^2 + (\mathfrak{xb c})^2 \cdot (\mathfrak{a}x)^2 - 2\,(\mathfrak{abc})\,(\mathfrak{x b c})\,(\mathfrak{a}x) \cdot (\mathfrak{x}x)$$
$$= (\mathfrak{x c a})^2 \cdot (\mathfrak{b}x)^2 + (\mathfrak{x a b})^2 \cdot (\mathfrak{c}x)^2 + 2\,(\mathfrak{x c a})\,(\mathfrak{x a b})\,(\mathfrak{b}x)\,(\mathfrak{c}x).$$

Läßt man jetzt die drei K. 2. O. wieder zusammenfallen, schreibt also $\mathfrak{b} = \mathfrak{a}'$, $\mathfrak{c} = \mathfrak{a}''$, so bleibt

$$6\,D\,(\mathfrak{x}x)^2 - (\mathfrak{a a}'\mathfrak{x})^2 \cdot (\mathfrak{a}''x)^2 = 2\,(\mathfrak{x}x) \cdot 2\,D\,(\mathfrak{x}x) + 2\,(\mathfrak{x c a})\,(\mathfrak{x a b})\,(\mathfrak{b}x)\,(\mathfrak{c}x),$$

wo das erste Glied rechts durch (a) in Zus. 4 zustande gekommen ist. Schließlich wird

(b) $$\qquad (\mathfrak{x a a}')\,(\mathfrak{a}''\boldsymbol{x})\,(\mathfrak{x}\,\mathfrak{a}''\mathfrak{a})\,(\mathfrak{a}'x) = D\,(\mathfrak{x}x)^2 - \tfrac{1}{2}\,(\mathfrak{a a}'\mathfrak{x})^2 \cdot (\mathfrak{a}x)^2.$$

6. Hätten wir in Zus. 5 überall $\mathfrak{x} = \mathfrak{b}$ geschrieben, so wären wir zu einer Relation gelangt, die sich auf ein System, bestehend aus einem Punkte und vier K. 2. O., bezieht. Läßt man dann diese wieder zusammenfallen ($\mathfrak{b} = \mathfrak{a}'''$), so tritt rechts in (b) noch einmal D auf, und es wird

(c) $$\qquad (\mathfrak{a a}'\mathfrak{a}'')\,(\mathfrak{a a}'\mathfrak{a}''')\,(\mathfrak{a}''x)\,(\mathfrak{a}'''x) = 2\,D\,(\mathfrak{a}x)^2.$$

7. Hätten wir in **31**, (30a) noch $x = \widehat{\mathfrak{e f}}$ gesetzt, so wäre die Formel (c) eine solche für sechs K. 2. O. geworden:

(d) $$\qquad (\mathfrak{a}''\mathfrak{a a}')\,(\mathfrak{a}'''\mathfrak{a a}')\,(\mathfrak{a}''\,\mathfrak{a}^{\mathrm{IV}}\,\mathfrak{a}^{\mathrm{V}})\,(\mathfrak{a}'''\,\mathfrak{a}^{\mathrm{IV}}\,\mathfrak{a}^{\mathrm{V}}) = 12\,D^2.$$

Mit Hilfe der Formeln (a)—(d) lassen sich alle Fragen, die eine K. 2. O. betreffen, symbolisch bequem erledigen.

64. Nichteuklidische Geometrie. Die Lehre von einer nichtsingulären Kurve zweiter Ordnung gewinnt an Durchsichtigkeit, wenn man sich einer besonderen Terminologie bedient, die wir im folgenden entwickeln.

1. Die Kurve zweiter Ordnung heißt *absoluter Kegelschnitt* („A. K."), ihre Punkte und ebenso ihre Tangenten werden durch den Zusatz *absolut* von andern Punkten und Geraden unterschieden, die *nicht absolut* heißen[1]). Der Pol einer Geraden in bezug auf den A. K. heißt ihr *absoluter* Pol, entsprechend die Polare eines Punktes in bezug auf den A. K. seine *absolute* Polare. Die Polarität am A. K. wird als *absolute Polarität* oder *absolute Korrelation* bezeichnet.

Der Punkt x ist absolut für $(x/x) = 0$, nicht absolut für $(x/x) \neq 0$.

Die Gerade $\mathfrak{x}$ ist absolut für $(\mathfrak{x}/\mathfrak{x}) = 0$, nicht absolut für $(\mathfrak{x}/\mathfrak{x}) \neq 0$.

Es gibt ∞^2 nichtabsolute Punkte (Gerade), ∞^1 absolute Punkte (Gerade).

Alle absoluten Punkte werden durch **59**, (90), alle absoluten Geraden durch **59**, (92) geliefert. Die absoluten Punkte bilden ebenso wie die absoluten Geraden ein binäres Gebiet. Man kann nach **59**, (90) und (92) kurz von der absoluten Geraden $\sigma_1 : \sigma_2$ und von dem absoluten Punkte $\sigma_1 : \sigma_2$ reden. Wie man diese *Parameter* findet,

---

[1]) Nicht zu verwechseln mit den in **30** so bezeichneten beiden Punkten.

wenn die Koordinaten x bzw. $\mathfrak{x}$ eines absoluten Elementes gegeben sind, zeigen die Formeln 59, (91) und (93).

2. Eine nichtabsolute Gerade hat zwei getrennte absolute Punkte. Sie heißen ihre *Endpunkte*. Eine absolute Gerade hat nur einen (doppelt zählenden) Endpunkt. Durch einen nichtabsoluten Punkt laufen zwei absolute Gerade. Sie heißen seine *Endgeraden*. Ein absoluter Punkt hat demnach nur eine (doppelt zählende) Endgerade.

Sind von einem Punkte oder einer Geraden die *Koordinaten* gegeben, so findet man die Parameter der Endgeraden bzw. Endpunkte aus 59, (101) und 59, (103).

Sind umgekehrt die *Parameter* der Endpunkte einer Geraden oder der Endgeraden eines Punktes gegeben, so findet man die Koordinaten ihrer Verbindungsgeraden bzw. ihres Schnittpunktes aus 59, (94) und 59, (95).

3. Zwei getrennte Gerade heißen *inzident*, wenn ihr Schnittpunkt nicht absolut ist. Ist ihr Schnittpunkt absolut, so heißen sie *parataktisch*.

Zwei getrennte Punkte heißen *inzident*, wenn ihre Verbindungsgerade nicht absolut ist. Ist diese aber absolut, so heißen sie *parataktisch*.

S a t z 1. *Zu einer nichtabsoluten Geraden gibt es durch einen Punkt außerhalb stets zwei getrennte parataktische Gerade.*

Zu einer Geraden gibt es durch einen ihrer Punkte, der nicht Endpunkt ist, keine parataktische Gerade. Durch einen ihrer (ihren) Endpunkte gibt es zu ihr aber ∞^1 parataktische Gerade. Die Gesamtheit der zu einer nichtabsoluten Geraden parataktischen Geraden erfüllen (völlig?) zwei Büschel; zu einer absoluten Geraden gibt es nur ein einziges Büschel parataktischer Geraden.

Die beiden Geraden $\mathfrak{x}$ und $\mathfrak{y}$ sind:

$(\mathfrak{x}/\mathfrak{x})(\mathfrak{y}/\mathfrak{y}) - (\mathfrak{x}/\mathfrak{y})^2 \neq 0$: inzident,

$(\mathfrak{x}/\mathfrak{x})(\mathfrak{y}/\mathfrak{y}) - (\mathfrak{x}/\mathfrak{y})^2 = 0$: parataktisch. Vgl. 49, (22).

Die beiden Punkte x und y sind:

$(x/x)(y/y) - (x/y)^2 \neq 0$: inzident,

$(x/x)(y/y) - (x/y)^2 = 0$: parataktisch. Vgl. 49, (21).

Durch den Punkt p sollen die beiden parataktischen Geraden zur Geraden $\mathfrak{y}$ gelegt werden.

Dazu liefert 55, (63) die beiden Endpunkte der Geraden, wenn man $\mathfrak{g}$ durch $\mathfrak{y}$ ersetzt. Diese sind mit p zu verbinden, Die Hilfsgerade $\mathfrak{a}$ legen wir durch p hindurch, $\mathfrak{a} = \widehat{p\mathfrak{y}}$*. So erhält man nach einigen Umformungen, wozu 55 die Mittel liefert:

$$(122) \qquad (\mathfrak{y}p)(\mathfrak{y}/px) + \sqrt{-(\mathfrak{y}/\mathfrak{y})}\,\{(p/p)(\mathfrak{y}x) - (p/x)(\mathfrak{y}p)\} = 0.$$

Dies ist die Gleichung der einen oder andern der beiden parataktischen Geraden, je nachdem man das Wurzelzeichen wählt.

Auf der Geraden $\mathfrak{h}$ sollen die beiden zum Punkte p parataktischen Punkte angegeben werden.

Durch 55, (66) werden die Endgeraden von p geliefert. Den Hilfspunkt b wählen wir auf $\mathfrak{h}$, es sei also $b = \widehat{\mathfrak{h}p}^{*}$. So erhält man die Gleichungen der gesuchten beiden Punkte:

$$(123) \qquad D\,(p\,\mathfrak{h})\,(p/\mathfrak{h}\mathfrak{x}) + \sqrt{-D\,(p/p)}\,\{(\mathfrak{h}/\mathfrak{h})\,(p\mathfrak{x}) - (\mathfrak{h}/\mathfrak{x})\,(p\,\mathfrak{h})\} = 0,$$

wenn man beide Wurzelwerte nimmt. Man leite diese Formel auch direkt aus (122) ab! Jetzt läßt sich auch der zu Satz 1 absolut korrelative aussprechen:

Satz 2. *Zu einem nicht absoluten Punkte gibt es auf einer nicht durch ihn hindurchlaufenden Geraden stets zwei getrennte parataktische Punkte.*

4. Zwei Gerade heißen zueinander *orthogonal*, wenn jede durch den absoluten Pol der andern läuft.

Die beiden Geraden $\mathfrak{x}$ und $\mathfrak{h}$ sind demnach zueinander orthogonal, sobald

$$(\mathfrak{x}/\mathfrak{h}) = 0.$$

Zwei Punkte heißen zueinander *orthogonal*, wenn jeder auf der absoluten Polaren des andern liegt.

Die beiden Punkte x und y sind demnach zueinander orthogonal, sobald

$$(x/y) = 0.$$

An dieser Stelle können wir bereits eine Andeutung geben, die den schließlichen Zweck unserer neuen Terminologie etwas hervortreten läßt. Die beiden Geraden $\mathfrak{x}$ und $\mathfrak{h}$ heißen zueinander *senkrecht* (11; 19, (3)), wenn $\mathfrak{x}_1\mathfrak{h}_1 + \mathfrak{x}_2\mathfrak{h}_2 = 0$. Der Ausdruck links läßt sich durch das Symbol $(\mathfrak{x}/\mathfrak{h})$ wiedergeben, wenn man den absoluten Kegelschnitt in Geradenkoordinaten in der Gestalt wählt $\mathfrak{x}_1^2 + \mathfrak{x}_2^2 = 0$. Freilich ist dieser singulär. Es liegt hier aber eine erste Spur eines tieferen *außerordentlich wichtigen* Zusammenhanges vor, der uns noch ausführlich beschäftigen wird, und der den Begriff der senkrechten Lage zweier Geraden mit dem der orthogonalen Geraden, also mit der Lehre von den Kurven zweiter Ordnung verknüpft. Der in **11** erklärte Begriff der Orthogonalität (senkrechten Lage) stammt ab von dem jetzt erklärten, der *nicht* senkrechte Lage bedeutet.

Zu einer nichtabsoluten Geraden liegen ∞^1 nichtabsolute Gerade orthogonal und zwei absolute Gerade, nämlich die Endgeraden ihres absoluten Poles.

Satz 3. *Jede absolute Gerade ist zu sich selbst orthogonal.*

Zu einem nichtabsoluten Punkte liegen ∞^1 nichtabsolute Punkte orthogonal und zwei absolute Punkte, nämlich die Endpunkte seiner absoluten Polaren.

Satz 4. *Jeder absolute Punkt ist zu sich selbst orthogonal.*

In Satz 3 haben wir ein Analogon zu der in **11** erwähnten Tatsache, die damals recht seltsam anmutete, daß nämlich eine Isotrope auf sich selbst senkrecht steht. Demnach würden die Isotropen von den absoluten Geraden abstammen. In der Tat haben wir die Gleichung $(\mathfrak{x}/\mathfrak{x}) = 0$ nur in der bereits angedeuteten Weise zu spezialisieren. Jetzt aber, im allgemeinen Falle, verliert die Tatsache, die in Satz 3 zum Ausdruck kommt, jedes Befremdende; sie sagt ja nur aus, daß eine Tangente einer K. 2. O. durch ihren Pol läuft.

Satz 5. *Durch einen Punkt gibt es zu einer Geraden, die nicht seine Polare ist, stets eine einzige orthogonale Gerade.*

Sie ist die Verbindungsgerade des Punktes mit dem Pol[1]) der Geraden.

Durch p soll zu $\mathfrak{h}$ die orthogonale Gerade gelegt werden. Ihre Gleichung ist $(xp\mathfrak{h}^*) = 0$, oder nach **55**, Zus. 7:

$$(124) \qquad (xp/\mathfrak{h}) = 0.$$

Der Schnittpunkt dieser Geraden mit $\mathfrak{h}$ heiße ihr *Fußpunkt* auf $\mathfrak{h}$. Seine Gleichung ist

$$(p\mathfrak{h}^*\mathfrak{h}\mathfrak{x}) = 0,$$

d. i.:

$$(125) \quad (p\mathfrak{h})(\mathfrak{h}/\mathfrak{x}) - (p\mathfrak{x})(\mathfrak{h}/\mathfrak{h}) = 0.$$

Satz 6. *Zu einem Punkte gibt es auf einer Geraden, die nicht seine Polare ist, stets einen einzigen orthogonalen Punkt.*

Er ist der Schnittpunkt der Geraden mit der Polaren[1]) des Punktes.

Auf $\mathfrak{h}$ soll der zu p orthogonale Punkt gefunden werden. Seine Gleichung ist $(\mathfrak{x}\mathfrak{h}p^*) = 0$, oder nach **55**, Zus. 6:

$$(126) \qquad (\mathfrak{x}\mathfrak{h}/p) = 0.$$

Seine Verbindungsgerade mit p hat die Gleichung

$$(\mathfrak{h}p^*px) = 0,$$

d. i.:

$$(127)\ (\mathfrak{h}p)(p/x) - (\mathfrak{h}x)(p/p) = 0.$$

Man bilde die Gleichung (124) wieder unter der speziellen Annahme $A_{11} = A_{22} = 1$, $A_{33} = 0$, $A_{23} = A_{31} = A_{12} = 0$. Das gibt:

$$(x_2p_3 - x_3p_2)\mathfrak{h}_1 + (x_3p_1 - x_1p_3)\mathfrak{h}_2 = 0$$

oder

$$-p_3\mathfrak{h}_2x_1 + p_3\mathfrak{h}_1x_2 + (p_1\mathfrak{h}_2 - p_2\mathfrak{h}_1)x_3 = 0.$$

Das ist aber die Gleichung des *Lotes* durch den Punkt p zur Geraden $\mathfrak{g}$. Vgl. **11**, (23). Ebenso liefert (125) bei unserer Spezialisierung den durch **11**, (24) erklärten Fußpunkt dieses Lotes, wie der Leser sorgfältig nachrechne.

Satz 7. *Zwei getrennte Gerade bestimmen stets eine einzige dritte Gerade, die zu den beiden ersten gleichzeitig orthogonal liegt.* Sie heißt deren *gemeinsame Normale.*

---

[1]) Dort, wo ein Mißverständnis nicht zu befürchten ist, lassen wir das Beiwort *absolut* bei Pol und Polare der Kürze halber fort.

Die gemeinsame Normale von $\mathfrak{a}$ und $\mathfrak{b}$ verbindet also die beiden Pole $\mathfrak{a}^*$ und $\mathfrak{b}^*$. Sie hat daher die Gleichung $(\mathfrak{a}^*\mathfrak{b}^*x) = 0$ oder nach 55, Zus. 4:

$$(128) \qquad (x/\mathfrak{a}\mathfrak{b}) = 0.$$

Man bemerkt, daß wir in diesem ganzen Abschnitt zur Lehre von den K. 2. O. kein einziges neues Ergebnis gewonnen haben. Es ist lediglich der Inhalt einer Reihe einfacher Sätze aus der Polarentheorie in eine andere Sprache gefaßt worden. Dieser Sprache bedient sich die *Nichteuklidische Geometrie*, eine Disziplin, die im wesentlichen nur eben in dieser Terminologie besteht und nichts von dem mystischen Schimmer an sich hat, der ihr nach einer noch heute vielfach verbreiteten Meinung anhaften soll.

Demnach könnte man den ganzen Abschnitt für nutzlos halten, und doch besitzt er eine systematische Bedeutung, von der uns bereits Spuren entgegengetreten sind in der Verwandtschaft, die zwischen dem hier erklärten Begriff der Orthogonalität und dem der Elementargeometrie besteht. Der Zusammenhang erstreckt sich aber viel weiter und eröffnet, wie wir sehen werden, erst das restlose Verständnis der metrischen Elementargeometrie. Hier können wir noch andeuten, daß der Begriff der Parataxie *von Punkten* das Analogon ist zu dem des Parallelismus von Punkten (9). Das geht hervor aus dem über den Zusammenhang zwischen absoluten Geraden und Isotropen Gesagten, aus Satz 2 in Verbindung mit 9, Satz 6, und den beiden Sätzen:

Parataktische Punkte liegen auf einer absoluten Geraden. Parallele Punkte liegen auf einer Isotropen.

Man hätte demgemäß statt von parataktischen Punkten sogleich von parallelen Punkten reden können. *Wir bringen aber absichtlich hier, wie auch weiterhin, den ungeläufigeren Ausdruck, um Verwechslungen mit den analogen Begriffen der Elementargeometrie vorzubeugen.*

Erwähnt werde noch, daß die Überlegungen dieses Abschnitts, so die im Anschluß an (124) und (125) angestellten, den Weg zeigen, wie man metrische Probleme der Elementargeometrie in sachgemäßer Symbolik behandelt. Vgl. 67.

1. Im R_3 legt man eine singularitätenfreie (48, Zus. 3, 50, Zus. 2) Fläche zweiter Ordnung als *absolute Fläche* zugrunde. Diese vermittelt die *absolute Korrelation*, d. i. die Polarität an der absoluten Fläche. Daraus lassen sich die Begriffe der Orthogonalität zweier Ebenen, oder einer Geraden und einer Ebene, oder zweier gerader Linien leicht übertragen. Ebenso der Begriff der Parataxie.

2. Bilde den zu Satz 7 absolut korrelativen.

3. In ternärer Symbolik (61, Zus. 2) sei $(\mathfrak{a}x)^2 = 0$ die Gleichung des absoluten Kegelschnitts. Dann sind die beiden Punkte p und q orthogonal für $(\mathfrak{a}p)(\mathfrak{a}q) = 0$, parataktisch für $\tfrac{1}{3}(\mathfrak{a}\mathfrak{a}'pq)^2 = 0$. Die beiden Geraden $\mathfrak{g}$ und $\mathfrak{h}$ sind orthogonal für $\tfrac{1}{3}(\mathfrak{a}\mathfrak{a}'\mathfrak{g})(\mathfrak{a}\mathfrak{a}'\mathfrak{h}) = 0$, parataktisch für $(\mathfrak{a}\mathfrak{g}\mathfrak{h})^2 = 0$.

4. Die Punkte des A. K. bilden nach **59**, (90) ein binäres Gebiet. Die Gerade $\mathfrak{x}$ trifft den A. K. in zwei Punkten, bestimmt also eine binäre quadratische Form. Wie heißt diese? (vgl. **60, 106**). Dann entsprechen sich

<table>
<tr><td>Ternäres Gebiet:</td><td>Binäres Gebiet:</td></tr>
<tr><td>Gerade:</td><td>Quadratische Form (48, Zus. 4).</td></tr>
<tr><td>absolute Gerade:</td><td>Singuläre Form (49, Zus. 11. 12).</td></tr>
<tr><td>zwei Gerade:</td><td>Zwei Formen.</td></tr>
<tr><td>sie sind orthogonal:</td><td>Ihre harmonische Invariante (50, Zus. 5) verschwindet.</td></tr>
<tr><td>Gemeinsame Normale:</td><td>Jacobische Kovariante (51, Zus. 4, 54, Zus. 8).</td></tr>
<tr><td>Parataxie:</td><td>Verschwindende Resultante (51, Zus. 5).</td></tr>
</table>

65. Nichteuklidische Metrik. Wir haben uns jetzt genauer mit den beiden in **51**, (35), (36), (38) und **53**, (45), (46), (48) erklärten Begriffen der Distanz und des Angulus zu befassen. Die in den Distanzformeln auftretende Größe μ kann beliebig gewählt werden; nur muß sie von Null verschieden sein. Man nennt μ^2 das *Krümmungsmaß* der Nichteuklidischen Geometrie. Die Gründe zur Einführung dieser Größe liegen in letzter Linie im Gedankenkreise der Differentialgeometrie. Vgl. auch **79**.

Für uns tritt die entscheidende Wichtigkeit dieses Begriffes nur an einer einzigen Stelle hervor (**67**, S. 315).

Aus **51**, (35), (36) folgt:

Satz 1. *Parataktische Punkte haben die Distanz Null.*

Ebenso ergibt **53**, (45), (46):

Satz 2. *Parataktische Gerade haben den Angulus Null.*

Sehr wichtig ist der folgende Satz:

Satz 3. *Für irgend drei Punkte x, y, z einer Geraden ist*

$$(x, y) + (y, z) = (x, z),$$

wobei die Vieldeutigkeit der Distanz zu beachten ist; die Distanz ist nur mod $\dfrac{\pi}{\mu}$ bestimmt.

Für eine absolute Gerade wird der Satz trivial (Satz 1). Es sei also die Gerade $\mathfrak{h}$ der drei Punkte x, y, z jetzt nicht absolut.

Nach **55**, Zus. 8 wird, wenn die dort auftretenden Punkte 0, 1, 2, 3, x der Reihe nach durch p, x, y, z, y ersetzt werden (wegen $(xyz) = 0$)

$$\frac{(xyp)}{(x|y)} + \frac{(yzp)}{(y|z)} = \frac{(xzp)}{(x|z)} \cdot \frac{(x|z)(y|y)}{(x|y)(y|z)},$$

wobei noch vorauszusetzen ist, daß die drei im Nenner auftretenden Größen nicht verschwinden.

Aus **50**, (30) ergibt sich für $(xyp)(yzp)$ eine Determinantenformel, die sich wesentlich vereinfacht, wenn der Hilfspunkt p in der Formel (**51**, (36)),

$$\operatorname{tg}\mu\,(x,\,y) = \frac{(xyp)}{(x/y)}\cdot\frac{V(\mathfrak{h}/\mathfrak{h})}{(p\,\mathfrak{h})},$$

durch $\mathfrak{h}^*$ ersetzt wird. Dann wird

$$D^2(xyp)\,(yzp) = (\mathfrak{h}/\mathfrak{h})\,\{(x/y)\,(y/z) - (y/y)\,(x/z)\}.$$

Nach diesen Vorbereitungen ergibt sich

$$\operatorname{tg}\{\mu(x,y)+\mu(y,z)\} = \frac{(y/y)(z/x)}{(x/y)(y/z)}\cdot\operatorname{tg}\mu(x,z):1-\frac{(x/y)(y/z)-(y/y)(z/x)}{(x/y)(y/z)}$$
$$= \operatorname{tg}\mu\,(x,\,z) = \operatorname{tg}\{\pi-\mu\,(z,\,x)\}.$$

Hieraus schließen wir

$$(129)\qquad \mu\,(x,\,y)+\mu\,(y,\,z)+\mu\,(z,\,x)=0 \bmod \pi,$$

und damit ist unser Satz bewiesen, wenn man jedesmal geeignete Vielfache von $\pi:\mu$ in Rechnung stellt.

Den Inhalt der letzten Formel spricht man auch so aus:

Satz 4. *Die Summe aller Distanzen auf einer nicht absoluten Geraden hat den Wert* $\pi:\mu$.

Ebenso gilt:

Satz 5. *Die Summe aller Anguli um einen nicht absoluten Punkt herum beträgt* π.

Man beweist ihn ebenso wie Satz 4, oder durch Übergang zu den absolut korrelativen Elementen. Wir führen den zu zweit empfohlenen Beweis aus:

$$\operatorname{tg}\mu(x,y)=\frac{(xyp)}{(x/y)}\cdot\frac{V\mathfrak{h}/\mathfrak{h}}{(p\mathfrak{h})}=\frac{(\mathfrak{x}^*\mathfrak{y}^*\mathfrak{p}^*)}{(\mathfrak{x}^*/\mathfrak{y}^*)}\cdot\frac{V\overline{h^*/h^*}}{(\mathfrak{p}^*h^*)}=\frac{(\mathfrak{x}\mathfrak{y}\mathfrak{p})}{(\mathfrak{x}/\mathfrak{y})}\cdot\frac{V\overline{D(h/h)}}{(\mathfrak{p}h)}=\operatorname{tg}(\mathfrak{x},\mathfrak{y}),$$

wobei die Formeln **55**, (59)—(62) verwandt sind, und Irrationalität V in **55**.

Es muß aber zugegeben werden, daß der Beweis des Satzes 4 recht umständlich ist. Daß liegt daran, daß wir mit der Tangensfunktion gearbeitet haben, statt mit der Distanz (dem Angulus) selbst. Wir beweisen daher Satz 5 noch einmal, und überlassen den analogen einfachen Beweis für Satz 4 dem Leser.

Nach **53**, (43) ist

$$(\mathfrak{y},\,\mathfrak{z}) = \frac{i}{2}\log\operatorname{nat}(\mathfrak{a}\,\mathfrak{b}\,\mathfrak{y}\,\mathfrak{z}),$$

wo $\mathfrak{a}$ und $\mathfrak{b}$ irgend zwei getrennte Gerade des Büschels sind, dem $\mathfrak{x}$, $\mathfrak{y}$ und $\mathfrak{z}$ angehören. Dann wird

$$(\mathfrak{y}, \mathfrak{z}) + (\mathfrak{z}, \mathfrak{x}) + (\mathfrak{x}, \mathfrak{y}) = \frac{i}{2} \log \mathrm{nat} \{(\mathfrak{a}\mathfrak{b}\mathfrak{y}\mathfrak{z}) \cdot (\mathfrak{a}\mathfrak{b}\mathfrak{z}\mathfrak{x}) \cdot (\mathfrak{a}\mathfrak{b}\mathfrak{x}\mathfrak{y})\}$$

$$= \frac{i}{2} \log \mathrm{nat}\, 1 \qquad \text{(vgl. } \mathbf{21},\ \text{Zus. } \mathbf{10},\ \mathbf{31},\ \text{Zus. } \mathbf{5\!-\!9})$$

$$= \frac{i}{2} \cdot 2 i k \pi = 0 \bmod \pi.$$

Die Tatsache, daß der Angulus zweier Geraden und die mit μ multiplizierte Distanz zweier Punkte mod π bestimmt ist, gleich dem Winkel zweier Geraden, legt die Frage nahe, ob es nicht gelingt, eine Erweiterung dieser Begriffe in der Richtung vorzunehmen, daß man eine mod 2π bestimmte Maßgröße erhält, analog dem mod 2π bestimmten Winkel zweier Speere. Das gelingt in der Tat, wenn wir zwei neue Begriffe einführen.

Unter einem *Pfeil*[1]) verstehen wir das System der vier homogenen Koordinaten

$$(130) \qquad \qquad \mathfrak{g}_0 = \frac{1}{\underline{a}} \sqrt{\overline{\mathfrak{g}/\mathfrak{g}}} : \mathfrak{g}_1 : \mathfrak{g}_2 : \mathfrak{g}_3 \,.$$

Die Größe $\underline{a}$ ist wie in **57**, (72) die Größe a nur aus Homogenitätsrücksichten eingeführt. Sie soll also von Null verschieden sein und das Gewicht der a_{ik} haben. Es wird sich als zweckmäßig erweisen, $\underline{a} \neq a$ zu setzen.

Die Gerade $\mathfrak{g}_1 : \mathfrak{g}_2 : \mathfrak{g}_3$ heißt der *Träger* des Pfeiles. Man sagt ferner, der Pfeil $\mathfrak{g}_0 : \mathfrak{g}_1 : \mathfrak{g}_2 : \mathfrak{g}_3$ und auch der dazu *entgegengesetzte* Pfeil $-\mathfrak{g}_0 : \mathfrak{g}_1 : \mathfrak{g}_2 : \mathfrak{g}_3$ *liegen auf* der Geraden $\mathfrak{g}_1 : \mathfrak{g}_2 : \mathfrak{g}_3$. Auf einer nichtabsoluten Geraden liegen demnach zwei Pfeile, die *getrennt* zu nennen sind, weil sie verschiedene Koordinatenverhältnisse haben. Auf einer absoluten Geraden liegt nur ein Pfeil, der wegen $\mathfrak{g}_0 = 0$ als zu sich selbst entgegengesetzt bezeichnet werden darf. Man vergleiche das in **22** über isotrope Speere Gesagte.

Durch die Bevorzugung eines Pfeiles auf einer Geraden werden deren Endpunkte in eine bestimmte Reihenfolge gesetzt (**55**, (63)). Es liegt also eine Art Orientierungsprozeß vor.

Ferner folgt aus **51**, (36) jetzt

$$(131) \qquad \qquad \mathrm{tg}\, \mu (x, y) = \frac{(x\,y\,p)}{(x/y)} \cdot \frac{\underline{a}\,\mathfrak{g}_0}{(p\,\mathfrak{g})},$$

---

[1]) Es handelt sich hier um einen ganz anderen Begriff, als in **17**.

d. i. zur Ermittlung des Tangens der mit μ multiplizierten Distanz ist erforderlich, daß auf einem Pfeile gemessen wird[1]). Bemerkt sei noch, daß die Pfeilirrationalität $\sqrt{\mathfrak{g}/\mathfrak{g}}$ in die Speerirrationalität $\sqrt{\mathfrak{g}_1^2 + \mathfrak{g}_2^2}$ übergeht, wenn man die bereits in **64** benutzte Spezialisierung

$$A_{11} = A_{22} = 1, \quad A_{33} = 0, \quad A_{23} = A_{31} = A_{12} = 0$$

vornimmt. Als *Pfeilgleichung* kann die folgende erklärt werden (**25**, (29)).

$$(132) \qquad \frac{\mathfrak{g}_1}{\mathfrak{g}_0}\frac{x_1}{x_3} + \frac{\mathfrak{g}_2}{\mathfrak{g}_0}\frac{x_2}{x_3} + \frac{\mathfrak{g}_3}{\mathfrak{g}_0}\frac{x_3}{x_3} = 0.$$

Die Pfeilkoordinaten werden zu Speerkoordinaten, wenn man die soeben erwähnte Spezialisierung durch $\underline{a} = 1$ ergänzt usw.

Wir wenden uns zum zweiten der beiden einzuführenden Begriffe.

Unter einem *orientierten Punkt* verstehen wir das System der vier homogenen Koordinaten

$$(133) \qquad x_0 = \frac{1}{a^2}\sqrt{D\,(x\,/\,x)} : x_1 : x_2 : x_3.$$

Die Größe $\underline{a}$ hat die gleiche Bedeutung wie in (130). Der Punkt $x_1 : x_2 : x_3$ heißt der *Träger* der beiden orientierten Punkte $x_0 : x_1 : x_2 : x_3$ und $-x_0 : x_1 : x_2 : x_3$, die zueinander *entgegengesetzt* heißen. Beide „*liegen auf*" dem unorientierten Punkte $x_1 : x_2 : x_3$ und sind getrennt, wenn dieser nicht absolut ist. Auf einem absoluten unorientierten Punkte liegt nur ein einziger orientierter Punkt, der wegen $x_0 = 0$ zu sich selbst entgegengesetzt zu nennen ist.

Durch die Orientierung eines Punktes werden die beiden Endgeraden durch ihn in eine bestimmte Reihenfolge gesetzt (**55**, (66)). Die Angulusformel **53**, (46) wird

$$(134) \qquad \operatorname{tg}(\mathfrak{x}, \mathfrak{y}) = \frac{(\mathfrak{x}\,\mathfrak{y}\,\mathfrak{g})}{(\mathfrak{x}/\mathfrak{y})} \cdot \frac{a^2 p_0}{(\mathfrak{g}\,p)}.$$

Ist also der Punkt p orientiert, so hat damit der Tangens des Angulus zweier in eine bestimmte Reihenfolge gesetzten geraden Linien durch ihn ein bestimmtes Vorzeichen. Ist umgekehrt der Tangens des Angulus zweier Geraden eindeutig gegeben, so ist damit ihr Schnittpunkt orientiert und damit der Tangens des Angulus irgend welcher anderen Geraden durch ihn bestimmt. Vgl. **23**, S. 109 und **76**, S. 368.

Nach diesen Vorbereitungen können wir zwei neue Maßbegriffe erklären, den *Angulus zweier Pfeile* und die *Distanz zweier orientierter Punkte*.

---

[1]) Vgl. **51**, S. 239; überhaupt wird es ratsam sein, jetzt die Abschnitte **22**, **23**, **25** noch einmal vorzunehmen, um im Bisherigen und Nachfolgenden die Analogien völlig klar zu erkennen.

Aus 51, (35) und 53, (45) folgt nämlich

$$\cos^2 \mu(x, y) = \frac{(x/y)^2}{(x/x)(y/y)} = \frac{D^2}{\underline{a}^8} \cdot \frac{(x/y)^2}{x_0^2 y_0^2},$$

$$\cos^2 (\mathfrak{x}, \mathfrak{y}) = \frac{(\mathfrak{x}/\mathfrak{y})^2}{(\mathfrak{x}/\mathfrak{x})(\mathfrak{y}/\mathfrak{y})} = \frac{1}{\underline{a}^4} \cdot \frac{(\mathfrak{x}/\mathfrak{y})^2}{\mathfrak{x}_0^2 \mathfrak{y}_0^2}.$$

Daher können wir festsetzen

$$(135) \qquad \cos \mu(x, y) = \frac{D}{\underline{a}^4} \cdot \frac{(x/y)}{x_0 y_0},$$

$$(136) \qquad \cos (\mathfrak{x}, \mathfrak{y}) = \frac{1}{\underline{a}^2} \cdot \frac{(\mathfrak{x}/\mathfrak{y})}{\mathfrak{x}_0 \mathfrak{y}_0}.$$

Die durch (135) und (131) erklärte Größe (x, y) ist nunmehr mod $\dfrac{2\pi}{\mu}$ bestimmt, ebenso die durch (136) und (134) erklärte Größe $(\mathfrak{x}, \mathfrak{y})$ bis auf ein Vielfaches von 2π.

Nun vervollständigen wir die bisherigen Formeln durch die folgenden:

$$(137) \qquad \sin \mu(x, y) = \frac{D}{\underline{a}^3} \cdot \frac{(xyp)}{(\mathfrak{g}p)} \cdot \frac{\mathfrak{g}_0}{x_0 y_0},$$

$$(138) \qquad \sin (\mathfrak{x}, \mathfrak{y}) = \frac{(\mathfrak{x}\mathfrak{y}\mathfrak{g})}{(p\mathfrak{g})} \cdot \frac{p_0}{\mathfrak{x}_0 \mathfrak{y}_0},$$

wo die Bedeutung der Hilfselemente p und $\mathfrak{g}$ auf der Hand liegt.

Der Kosinus der mit μ multiplizierten Distanz verlangt lediglich die Orientierung der beiden Punkte, nicht aber die der Verbindungsgeraden. Umgekehrt genügt zur Bestimmung des Tangens bereits die Orientierung der Verbindungsgeraden, ohne daß die einzelnen Punkte orientiert zu werden brauchen. Der Sinus endlich erfordert die Orientierung aller drei Gebilde.

Ganz entsprechende Sätze gelten über den Angulus.

1. *Ternäre Symbolik.* Eine *bilineare ternäre* Form in zwei Reihen von Punktkoordinaten (54) stellt, gleich Null gesetzt eine *Korrelation* dar (46). Wir schreiben sie $(\mathfrak{a}x)(\mathfrak{b}y) = 0$ (vgl. 59, Zus. 1). Wie sind die Verbindungen $\mathfrak{a}_i \mathfrak{b}_k$ der Symbole durch Koeffizienten zu ersetzen, damit $\mathfrak{x}' = (\mathfrak{a}x)\mathfrak{b}$ die Korrelation 46, (9) liefert? Kovariant mit der Korrelation verbunden ist die quadratische Form $(\mathfrak{a}x)(\mathfrak{b}x) = 0$, die linke Seite von 47, (10); es ist

$$2(\mathfrak{a}x)(\mathfrak{b}y) \equiv \left\{ (\mathfrak{a}x)(\mathfrak{b}y) + (\mathfrak{a}y)(\mathfrak{b}x) \right\} + (\mathfrak{a}\mathfrak{b}xy),$$

wo die in der geschweiften Klammer stehende bilineare Form gleich Null gesetzt, die Polarität an der K. 2. O. $(\mathfrak{a}x)(\mathfrak{b}x) = 0$ bedeutet. Die Korrelation $(\mathfrak{a}x)(\mathfrak{b}y) = 0$ ist also eine Polarität, sobald $(\mathfrak{a}\mathfrak{b}\mathfrak{x}) \equiv 0$.

2. Unterwirft man der Korrelation zwei Punkte y und z

$$\mathfrak{y}' = (\mathfrak{a}\,y)\,\mathfrak{b}, \qquad \mathfrak{z}' = (\mathfrak{a}\,z)\,\mathfrak{b},$$

so erhält man bei der einen Art von Akzentuierung

$$(\mathfrak{y}'\mathfrak{z}'\mathfrak{g}) = (\mathfrak{a}\,y)\,(\mathfrak{a}'\,z)\,(\mathfrak{b}\,\mathfrak{b}'\,\mathfrak{g}),$$

bei der anderen

$$(\mathfrak{y}'\mathfrak{z}'\mathfrak{g}) = -\,(\mathfrak{a}'\,y)\,(\mathfrak{a}\,z)\,(\mathfrak{b}\,\mathfrak{b}'\,\mathfrak{g}),$$

also durch Vereinigen

$$2\,(\mathfrak{y}'\mathfrak{z}'\mathfrak{g}) = (\mathfrak{a}\,\mathfrak{a}'\,y\,z)\,(\mathfrak{b}\,\mathfrak{b}'\,\mathfrak{g}).$$

Daraus folgt die bisher als Transformation $x \longrightarrow \mathfrak{x}'$ angegebene Korrelation jetzt auch als Transformation $\mathfrak{x} \longrightarrow x'$:

$$x' = \tfrac{1}{2}\,(\mathfrak{a}\,\mathfrak{a}'\,\mathfrak{x})\,\mathfrak{b}\,\mathfrak{b}'.$$

3. Nach Zus. 2 läßt sich jetzt hinter der Korrelation $(\mathfrak{a}\,x)\,(\mathfrak{b}\,y) = 0$ die Korrelation $(\mathfrak{c}\,x)\,(\mathfrak{b}\,y) = 0$ ausüben. Es entsteht die Kollineation

$$z' = \tfrac{1}{2}\,(\mathfrak{c}\,\mathfrak{c}'\,\mathfrak{z})\,\mathfrak{b}\,\mathfrak{b}' = \tfrac{1}{2}\,(\mathfrak{a}\,z)\,(\mathfrak{b}\,\mathfrak{c}\,\mathfrak{c}')\,\mathfrak{b}\,\mathfrak{b}'.$$

4. Die Determinante der Korrelation $(\mathfrak{a}\,x)\,(\mathfrak{b}\,y) = 0$ heißt

$$(\mathfrak{a}\,\mathfrak{a}'\,\mathfrak{a}'')\,(\mathfrak{b}\,\mathfrak{b}'\,\mathfrak{b}'').$$

66. Trigonometrie. Ein Dreieck sei jetzt die Figur dreier nicht absoluter Punkte x, y, z vom Range drei, *von denen keine zwei parataktisch sind.* Dann sind die Seiten $\mathfrak{x} = \widehat{yz}$, $\mathfrak{y} = \widehat{zx}$, $\mathfrak{z} = \widehat{xy}$ ebenfalls nicht absolut, und keine der sechs Irrationalitäten x_0, y_0, z_0, $\mathfrak{x}_0$, $\mathfrak{y}_0$, $\mathfrak{z}_0$ verschwindet. Für ein vorgegebenes Dreieck lassen sich diese sechs Irrationalitäten auf $2^6 = 64$ Arten wählen; wenn eine oder mehrere von ihnen abgeändert werden, so ändern sich mehrere oder alle der folgenden Formeln (139). Wir suchen nun solche Relationen, die von allen derartigen Vertauschungen unberührt bleiben.

Es sei

$$(\mathfrak{y},\mathfrak{z}) = \alpha_1, \qquad (\mathfrak{z},\mathfrak{x}) = \alpha_2, \qquad (\mathfrak{x},\mathfrak{y}) = \alpha_3,$$
$$(y,z) = a_1, \qquad (z,x) = a_2, \qquad (x,y) = a_3.$$

In der Formel

$$\operatorname{tg}\alpha_1 = \frac{(\mathfrak{y}\,\mathfrak{z}\,\mathfrak{g})}{(\mathfrak{y}/\mathfrak{z})} \cdot \frac{a^2 p_0}{(\mathfrak{g}\,p)}$$

setzen wir nun $p = x$, $\mathfrak{g} = \mathfrak{x}$. Wegen $(\mathfrak{x}\,\mathfrak{y}\,\mathfrak{z}) = (x\,y\,z)^2$ wird dann

$$\operatorname{tg}\alpha_1 = \frac{(x\,y\,z)}{(\mathfrak{y}/\mathfrak{z})}\,a^2\,x_0.$$

Auf diesem Wege erhält man die Formeln

$$(139)\quad
\begin{cases}
\operatorname{tg}\alpha_1 = \dfrac{(x\,y\,z)}{(\mathfrak{y}/\mathfrak{z})}\,a^2\,x_0, \qquad
\sin\alpha_1 = (x\,y\,z)\,\dfrac{x_0}{\mathfrak{y}_0\,\mathfrak{z}_0}, \qquad
\cos\alpha_1 = \dfrac{1}{a^2}\,\dfrac{(\mathfrak{y}/\mathfrak{z})}{\mathfrak{y}_0\,\mathfrak{z}_0}, \\[3ex]
\operatorname{tg}\mu\,a_1 = \dfrac{a\,\mathfrak{x}_0}{(y/z)}, \qquad\qquad
\sin\mu\,a_1 = \dfrac{D}{a^3}\cdot\dfrac{\mathfrak{x}_0}{y_0\,z_0}, \qquad
\cos\mu\,a_1 = \dfrac{D}{a^4}\,\dfrac{(y/z)}{y_0\,z_0},
\end{cases}$$

und durch zyklische Vertauschung folgen die entsprechenden Formeln für α_2, α_3, a_2, a_3.

Alle diese Größen sind demnach mod $2\pi:\mu$ bzw. mod 2π bestimmt, *sobald die Irrationalitäten* x_0, y_0, z_0, $\mathfrak{x}_0$, $\mathfrak{y}_0$, $\mathfrak{z}_0$ *irgendwie erklärt sind.* Es handelt sich darum, diese Irrationalitäten zu eliminieren.

Zunächst findet man

$$\frac{\sin\mu\,a_1}{\sin\alpha_1} = \frac{D}{\underline{a}^3(xyz)}\cdot\frac{\mathfrak{x}_0\,\mathfrak{y}_0\,\mathfrak{z}_0}{x_0\,y_0\,z_0}.$$

Da dieser Ausdruck völlig symmetrisch gebaut ist, wird

$$(140)\qquad \frac{\sin\mu\,a_1}{\sin\alpha_1} = \frac{\sin\mu\,a_2}{\sin\alpha_2} = \frac{\sin\mu\,a_3}{\sin\alpha_3}.\qquad\text{„Sinussatz".}$$

Weiter ist

$$\cos\alpha_1 = \frac{1}{\underline{a}^2}\frac{(\mathfrak{y}|\mathfrak{z})}{\mathfrak{y}_0\,\mathfrak{z}_0} = \frac{(z|x)\cdot(x|y)-(x|x)(z|y)}{\underline{a}^2\,\mathfrak{y}_0\,\mathfrak{z}_0}.\qquad(\mathbf{49},\,(21))$$

Nun ist nach (139)

$$(z|x) = \frac{a^4}{D}\,z_0\,x_0\,\cos\mu\,a_2,\quad\text{usw.}$$

und nach 65, (133)

$$(x|x) = \frac{a^4}{D}\,x_0^2.$$

Daher wird

$$\frac{D^2}{\underline{a}^3\cdot z_0\,x_0\cdot x_0\,y_0}\cos\alpha_1 = \frac{\cos\mu\,a_2\cos\mu\,a_3-\cos\mu\,a_1}{\underline{a}^2\,\mathfrak{y}_0\,\mathfrak{z}_0},$$

oder

$$\cos\alpha_1\sin\mu\,a_2\sin\mu\,a_3 = \cos\mu\,a_2\cos\mu\,a_3-\cos\mu\,a_1,$$

oder endlich

$$(141)\qquad \cos\mu\,a_1 = \cos\mu\,a_2\cos\mu\,a_3 - \sin\mu\,a_2\sin\mu\,a_3\cos\alpha_1.$$

„Erster Kosinussatz".

Auf dieselbe Weise findet man, von $\cos\mu\,a_1$ ausgehend, wegen

$$(xyz)x = \widehat{\mathfrak{y}\mathfrak{z}},\qquad (xyz)y = \widehat{\mathfrak{z}\mathfrak{x}},\qquad (xyz)z = \widehat{\mathfrak{x}\mathfrak{y}}$$
$$D(xyz)^2(y|z) = D(\mathfrak{z}\mathfrak{x}|\mathfrak{x}\mathfrak{y}) = (\mathfrak{z}|\mathfrak{x})(\mathfrak{x}|\mathfrak{y})-(\mathfrak{x}|\mathfrak{x})(\mathfrak{y}|\mathfrak{z})\qquad(\mathbf{49},\,(22))$$

den „zweiten Kosinussatz":

$$(142)\qquad \cos\alpha_1 = \cos\alpha_2\cos\alpha_3 - \sin\alpha_2\sin\alpha_3\cos\mu\,a_1.$$

Damit sind die Grundlagen der Dreieckslehre in der Nichteuklidischen Geometrie gegeben. In Wirklichkeit liegt weiter nichts vor, als die Lehre von einem System, welches aus drei Punkten und einer nicht singulären K. 2. O. besteht; nur die Terminologie ist neu.

Die Begriffe Distanz und Angulus sind absolute Invarianten zweier Punkte bzw. Geraden gegenüber allen *automorphen* Kollineationen des absoluten Kegelschnitts. Diese automorphen Kollineationen spielen demnach in der Nichteuklidischen Geometrie dieselbe Rolle, wie in der Elementargeometrie die Bewegungen. Man nennt sie daher auch *Nichteuklidische Bewegungen.*

Freilich waren diese automorphen Kollineationen nur als Transformationen *unorientierter* Punkte und Geraden erklärt. Den bisherigen Formeln 57, (77) und 60, (106) ist dann noch hinzuzufügen (vgl. 57, Zus. 6. 7)

$$(143) \qquad x_0' = x_0 \quad \text{bzw.} \quad \mathfrak{x}_0' = \mathfrak{x}_0.$$

Dann ist auch der mod 2π bestimmte Angulus zweier Pfeile und ebenso die mod $2\pi : \mu$ bestimmte Distanz zweier orientierter Punkte absolut invariant.

Insbesondere war der Angulus $(\mathfrak{x}, \mathfrak{x}')$ zweier zugeordneter *Geraden* durch das Zentrum $\alpha_1 : \alpha_2 : \alpha_3$ von $\mathfrak{x}$ unabhängig. Da er mod π bestimmt ist, ergaben sich in 60, Zus. 4 zwei Formeln für $\text{tg} \frac{1}{2} (\mathfrak{x}, \mathfrak{x}')$. In 63, (117) haben wir uns für eine von ihnen entschieden, und nur den daraus sich ergebenden mod 2π bestimmten Wert von $(\mathfrak{x}, \mathfrak{x}')$ als Angulus *der automorphen Kollineation* bezeichnet. Dieser ist jetzt der Angulus zugeordneter *Pfeile* durch das Zentrum. Nachweis durch 65, (138), 60, Zus. 2, 65, (130), (133), 66, (143), 60, Zus. 3.

Die automorphe Kollineation $\alpha_0 : \alpha_1 : \alpha_2 : \alpha_3$ ließ den Punkt $\alpha_1 : \alpha_2 : \alpha_3$ in Ruhe. Insofern kann sie, wenn dieser Punkt nicht absolut ist, als *Nichteuklidische Drehung* um das Zentrum $\alpha_1 : \alpha_2 : \alpha_3$ bezeichnet werden.

Sie läßt aber auch die absolute Polare $\alpha_1{}^* : \alpha_2{}^* : \alpha_3{}^*$ des Zentrums in Ruhe, die wir als *Achse* der Transformation bezeichnet hatten (62). Man kann sie daher auch als *Gleitung* längs dieser Achse bezeichnen.

Dann ist die Distanz (x, x') zweier zugeordneter *Punkte* auf der Achse $\alpha_1{}^* : \alpha_2{}^* : \alpha_3{}^*$ von x unabhängig. Sie ist mod $\dfrac{\pi}{\mu}$ bestimmt, so daß sich in 57, Zus. 4 zwei Formeln für $\text{tg} \frac{1}{2} \mu (x, x')$ ergaben. Gemäß 63, (117) entscheiden wir uns jetzt für

$$(117) \qquad \cot \mu\eta = - D\alpha_0 : a\sqrt{D}\,\overline{(\alpha/\alpha)},$$

und nennen die dadurch mod $\dfrac{2\pi}{\mu}$ bestimmte Größe 2η die Distanz *der automorphen Kollineation.* Sie ist dann gleich der Distanz zugeordneter *orientierter* Punkte der Achse. Nachweis durch 65, (137), 57, Zus. 2, 65, (130), (133), 66, (143), 57, Zus. 3.

Im Falle $\alpha_0 = 0$ ist die Nichteuklidische Bewegung involutorisch, der Angulus $2\vartheta = \pi$. Diese Transformationen bezeichnet man daher als Nichteuklidische *Umwendungen* um den Punkt $\alpha_1 : \alpha_2 : \alpha_3$ (um die Gerade $\alpha_1^* : \alpha_2^* : \alpha_3^*$). Da auch $2\mu\eta = \pi$, so geht jeder *orientierte* Punkt der Achse in den *entgegengesetzt orientierten* Punkt über.

Für $(\alpha/\alpha) = 0$ sind Zentrum und Achse absolut. Hier hat man verschiedene Namen für die Transformation vorgeschlagen, z. B. Grenzdrehung, horozyklische Bewegung, Schiebung, Grenzgleitung. Wir werden von *Grenzdrehung* reden. Es sei aber ausdrücklich bemerkt, daß sie mit den übrigen Nichteuklidischen Drehungen nichts zu tun haben; sie gehören (abgesehen von der identischen Transformation) einem anderen Kollineationstypus an.

Die Bahnkurven einer eingliedrigen Gruppe von Nichteuklidischen Drehungen, soweit sie nicht gerade sind und nicht mit dem A. K. zusammenfallen, nennt man *Nichteuklidische Kreise*. In der Gleichung eines solchen Kreises, vgl. 63, S. 287,

$$(y/\alpha)^2 - (y/y)(\alpha/\alpha)\cdot\cos^2\mu\varrho = 0$$

heißt die (unendlich vieldeutige) Größe ϱ der *Radius*, der Punkt α der Mittelpunkt, und jetzt überträgt sich die weitere Terminologie von selbst.

Sieht man die Drehungen aber als Gleitungen an, richtet also sein Hauptaugenmerk statt auf das Zentrum jetzt auf die Achse, so nennt man die Kurve *Gleitkurve*. Zwischen Gleitkurve und Kreis ist demnach kein Unterschied hier, wo wir im komplexen Gebiet arbeiten. Anders wird es, wenn Realitätsfragen mitspielen, vgl. 76, 77.

Sehr abweichend von den Kreisen der Euklidischen Geometrie verhalten sich die jetzt erklärten Gebilde Kreis und Gleitkurve durch folgende Eigenschaft.

Alle Punkte eines Kreises haben von seiner Achse gleiche Distanz. Das heißt also, daß auf jedem Durchmesser seine beiden Schnittpunkte mit dem Kreise von der Polare des Mittelpunkts dieselbe Distanz haben, von welchem Durchmesser man auch ausgeht.

Das ist ohne weiteres klar, wenn man überlegt, daß nach 65,

(135) Pol und Polare die Distanz $\dfrac{\pi}{2\mu}$ mod $\dfrac{\pi}{\mu}$ haben. Daher ist die Distanz eines Punktes des Kreises von seiner Achse bis auf das unbestimmt bleibende Vorzeichen gleich $\left(\dfrac{\pi}{2\mu} - \varrho\right)$ mod $\dfrac{\pi}{\mu}$. Nennen wir diese Größe d, so kann die Gleichung des Kreises oder, wie wir dann lieber sagen, die Gleichung der *Gleitkurve von der Achse α^* und dem Abstand d* so geschrieben werden:

$$(y/\alpha)^2 - (y/y)(\alpha/\alpha)\sin^2\mu d = 0,$$

oder auch, wenn man die Achse $\mathfrak{g}$ wählt:

$$D(y\,\mathfrak{g})^2 - (y/y)\,(\mathfrak{g}/\mathfrak{g})\,\sin^2 \mu\, d = 0.$$

Wir machen noch einmal darauf aufmerksam, daß außer den Endgeraden des Zentrums und der Achse bei einer Nichteuklidischen Bewegung keine geradlinigen Bahnkurven vorhanden sind.

Die Bahnkurven bei eingliedrigen Gruppen von Grenzdrehungen heißen *Grenzkurven* oder *Horozyklen*. Vgl. 63, S. 289.

1. *Ternäre Symbolik.* Um eine *Kollineation* darzustellen, setzt man eine bilineare ternäre Form gleich Null, die eine Reihe von Punktkoordinaten und eine Reihe von Geradenkoordinaten enthält:

$$(a\,x)\,(b\,\xi) = 0.$$

Wie sind die Verbindungen $a_i b_k$ durch Koeffizienten zu ersetzen?

Berechne die unsymbolischen Ausdrücke der Invarianten

$$(a\,b), \quad (a\,a'b\,b'), \quad (a\,a'a'')\,(b\,b'b'').$$

2. Die charakteristische Gleichung (S. 186) der Kollineation heißt:

$$\varrho^3 - (a\,b)\,\varrho^2 + \tfrac{1}{2}\,(a\,a'b\,b')\,\varrho - \tfrac{1}{6}\,(a\,a'a'')\,(b\,b'b'') = 0.$$

3. In Geradenkoordinaten (vgl. **65**, Zus. 2) kann die Kollineation geschrieben werden:

$$(\xi'x) \equiv \tfrac{1}{2}\,(a\,a'\xi)\,(b\,b'x).$$

4. Führt man nach der Kollineation $(a\,x)\,(b\,\xi) = 0$ die Kollineation aus $(c\,x)\,(d\,\xi) = 0$, so resultiert die Kollineation

$$(a\,x)\,(b\,c)\,(d\,\xi) = 0.$$

5. Setze eine Kollineation und eine Korrelation in beliebiger Reihenfolge zusammen! Jedesmal zwei Formeln: $x \longrightarrow \xi'$ und $\xi \longrightarrow x'$.

6. Bilde in symbolischer Schreibweise die charakteristische Gleichung einer binären linearen Transformation.

67. Natur der elementaren Geometrie. Wir kommen jetzt zum interessantesten Gebiet der ebenen Geometrie. Vielfache Analogien der soeben entwickelten Nichteuklidischen Geometrie zur elementaren Geometrie legen die Frage nahe, ob das bloße Zufälligkeiten sind, oder ob ein tieferer Zusammenhang besteht. In einigen Fällen konnten wir durch eine Spezialisierung der Koeffizienten in der Gleichung $(\xi/\xi) = 0$ Aufschluß erhalten. Aber dieser so erkannte Zusammenhang war doch von Lücken durchbrochen; ganz abgesehen davon, daß jene Spezialisierung nicht legitim war, denn die Diskriminante wurde zu Null. Wir wollen daher zunächst in voller Schärfe aussprechen: *Die elementare Geometrie ist kein spezieller Fall der Nichteuklidischen.*

Wir können aber hinzufügen:

Die elementare Geometrie besteht aus den Trümmern einer Nichteuklidischen Geometrie. Um von der Nichteuklidischen Geometrie zur elementaren oder, wie man sagt, *Euklidischen*-Geometrie überzugehen, hat man einen Grenzübergang auszuführen.

Dieser soll jetzt vorgenommen werden. Angesichts der Tatsache, daß wir am wichtigsten Punkte der ebenen Geometrie stehen, der uns über die Natur der scheinbar einfachsten Dinge volle Klarheit verschaffen soll, wollen wir recht ausführlich zu Werke gehen.

Die Gleichung des absoluten Kegelschnitts besitzt fünf wesentliche Konstante. Diesen bisherigen Grad der Allgemeinheit brauchen wir nun nicht mehr beizubehalten. Wir reduzieren die fünf Konstanten auf eine einzige; alle nicht singulären K. 2. O. gelten ja als äquivalent. Es soll von jetzt ab daher sein

(a)
$$(x|x) = k^2 x_1^2 + k^2 x_2^2 + x_3^2,$$

mithin

(b)
$$(\mathfrak{x}|\mathfrak{x}) = k^2 \mathfrak{x}_1^2 + k^2 \mathfrak{x}_2^2 + k^4 \mathfrak{x}_3^2.$$

Dann wird $D = k^4$.

Aus **47**, (13a) und **49**, (13b) folgt

(c)
$$x_1^* = k^2 x_1, \qquad x_2^* = k^2 x_2, \qquad x_3^* = x_3;$$

(d)
$$\mathfrak{x}_1^* = \frac{1}{k^2}\mathfrak{x}_1, \qquad \mathfrak{x}_2^* = \frac{1}{k^2}\mathfrak{x}_2, \qquad \mathfrak{x}_3^* = \mathfrak{x}_3.$$

Über die in **59** und **60** auftretenden Hilfsgeraden $\mathfrak{g}$ und $\mathfrak{a}$ verfügen wir folgendermaßen:

$$\mathfrak{g}_1 = 0, \qquad \mathfrak{g}_2 = 0, \qquad \mathfrak{g}_3 = 1, \qquad \sqrt{-(\mathfrak{g}|\mathfrak{g})} = -k^2 i,$$
$$\mathfrak{a}_1 = i, \qquad \mathfrak{a}_2 = 0, \qquad \mathfrak{a}_3 = 0, \qquad \sqrt{-(\mathfrak{a}|\mathfrak{a})} = -k.$$

Endlich werde die Hilfsgröße $a = k^2$ gesetzt.

Der Grenzübergang besteht nun darin, daß man k^2 gegen Null konvergieren läßt.

1. *Das Absolute.* Die Gleichung $(x|x) = 0$ wird dann zu

$$x_3^2 = 0.$$

Der als Punktort aufgefaßte absolute Kegelschnitt wird in der Grenze zur uneigentlichen Geraden, die man in der Elementargeometrie ja *unendlich fern* nennt. Darum nennen einzelne Vertreter der Nichteuklidischen Geometrie („N. E. G.") die absoluten Punkte, die also, von höchstens zwei Ausnahmen abgesehen, *eigentliche* Punkte sind, ebenfalls unendlich fern. Wir halten das für unzweckmäßig, denn dadurch kommen in die durchaus klare Sache mystische Nebenvorstellungen hinein.

Die Tangenten des A. K. genügen der Gleichung

$$\mathfrak{x}_1^2 + \mathfrak{x}_2^2 + k^2 \mathfrak{x}_3^2 = 0.$$

Dadurch, daß wir den Faktor k^2 abgespalten haben, wird der Grenzübergang ermöglicht und liefert

$$\mathfrak{x}_1^2 + \mathfrak{x}_2^2 = 0.$$

Die Tangenten des absoluten Kegelschnitts werden in der Grenze zu Isotropen. Man darf daher die absoluten Geraden als Minimalgerade oder isotrope Gerade im Sinne der N. E. G. bezeichnen.

Wir haben also als erstes (gewolltes) Ergebnis das gewonnen, daß der absolute Kegelschnitt als Ort seiner Tangenten beim Grenzübergang völlig zerplatzt ist. Als absolutes Gebilde der Euklidischen Geometrie („E. G.") fungiert die doppeltzählende uneigentliche Gerade nebst der Gesamtheit der $2\infty^1$ Isotropen, d. i. aller Geraden durch jene beiden Punkte, die wir früher allein als *absolute Punkte* bezeichnet hatten (**30**, Zuss. 4, 8).

2. *Orthogonalität.* Aus $(x/y) = 0$ wird in der Grenze

$$x_3 y_3 = 0.$$

Die Punkte, die in der E. G. zu einem *eigentlichen* Punkt als orthogonal zu bezeichnen wären, sind sämtlich uneigentlich. Zu einem uneigentlichen Punkte kann jeder Punkt als orthogonal angesehen werden:

Der Begriff orthogonaler Punkte wird in der E. G. unbrauchbar. Als Polare eines jeden Punktes kann man nach (c) die uneigentliche Gerade ansehen. Ein uneigentlicher Punkt kann zu sich selbst orthogonal genannt werden.

Die Gleichung $(\mathfrak{x}/\mathfrak{y}) = 0$ muß erst wieder vom Faktor k^2 befreit werden. Dann wird sie in der Grenze zu

$$\mathfrak{x}_1 \mathfrak{y}_1 + \mathfrak{x}_2 \mathfrak{y}_2 = 0.$$

Orthogonale Gerade werden in der Grenze zu Geraden, die zueinander im Sinne der E. G. senkrecht sind. Nunmehr darf man auch in der N. E. G. von *senkrechtem* Schneiden zweier Geraden reden.

Die Aufgabe, zu einer Geraden den Pol zu finden, behält ihren Sinn. In den Formeln (d) muß man zuerst mit k^2 hinaufmultiplizieren und findet in der Grenze

$$\mathfrak{x}_1{}^* : \mathfrak{x}_2{}^* : \mathfrak{x}_3{}^* = \mathfrak{x}_1 : \mathfrak{x}_2 : 0.$$

Der absolute Pol einer *eigentlichen* Geraden ist also in der E. G. *uneigentlich*. Für eine Isotrope wird der Pol der absolute Punkt, durch den sie hindurchläuft. Für eine nicht absolute Gerade, diese heißen ja in der E. G. *Euklidische Gerade*, ist der Pol der uneigentliche Punkt aller Senkrechten zu ihr. *Zwei Gerade sind zueinander auch in der E. G. orthogonal, wenn jede durch den absoluten Pol der andern läuft.* Diese beiden Pole liegen dann harmonisch zu dem Paar der absoluten Punkte. Isotrope stehen auf sich selbst senkrecht, weil sie durch ihren eigenen absoluten Pol laufen usw. Der Leser versuche diese Dinge noch weiter fortzusetzen und die überall auftretenden Spuren der zerplatzten Polarenbeziehung ausfindig zu machen.

3. *Parataxie.* Zwei Gerade $\mathfrak{x}$ und $\mathfrak{y}$ hießen (64, 3) parataktisch, wenn

$$(\mathfrak{x}|\mathfrak{x})\,(\mathfrak{y}|\mathfrak{y}) - (\mathfrak{x}|\mathfrak{y})^2 = D\,(z|z) = 0,$$

wo z ihren Schnittpunkt bedeutet. Spalten wir den Faktor k^4 ab, so heißt die Bedingung in der Grenze $z_3^2 = 0$:

Parataktische Gerade werden in der Grenze zu parallelen Geraden. Nun kann man in der N. E. G. statt von parataktischen Geraden auch von *parallelen* Geraden reden. Dann erhält 64, Satz 1 die Fassung: In der N. E. G. kann es durch einen Punkt zu einer Geraden zwei *Parallele* geben. Sofort ist jener einfache Satz, *den niemand bezweifelt*, wenn man das Wort *parataktisch* benutzt, zu einer Quelle des Mißtrauens geworden. *Deswegen haben wir uns mit Absicht der weniger gebräuchlichen Terminologie bedient.* In so geringfügigen Ursachen kann der ablehnende Standpunkt begründet sein, den man einer Disziplin entgegenbringt! Auch die Bezeichnung der absoluten Punkte der N. E. G. als unendlich ferner Punkte hat hier Schaden angerichtet. Denn es gilt dann in der N. E. G. der Satz: *Parallele schneiden sich im Unendlichen.* Der Satz heißt ganz anspruchslos: Parataktische Gerade schneiden sich auf dem absoluten Kegelschnitt. (In Wirklichkeit liegt hier kein Satz, sondern eine Definition vor.)

Der Begriff der Euklidischen Parallelen wurzelt also in dem der parataktischen Geraden. Die Bedingung $(\mathfrak{x}|\mathfrak{x})\,(\mathfrak{y}|\mathfrak{y}) - (\mathfrak{x}|\mathfrak{y})^2 = 0$ ist *quadratisch* in den Koeffizienten jeder der beiden Geraden. In der Grenze wird daraus

$$z_3^2 = (\mathfrak{x}_1\,\mathfrak{y}_2 - \mathfrak{x}_2\,\mathfrak{y}_1)^2 = 0,$$

und hieraus erkennt man, wie es zustande gekommen ist, daß in der E. G. die Bedingung nur *linear* in den Koeffizienten zu sein scheint.

Zwei Punkte x und y hießen parataktisch (**64**, 3), sobald

$$(x|x)\,(y|y) - (x|y)^2 = (\mathfrak{z}|\mathfrak{z}) = 0,$$

wo $\mathfrak{z} = \widehat{xy}$ ihre Verbindungsgerade bedeutet. Nach Abspaltung des Faktors k^2 wird daraus in der Grenze

$$\mathfrak{z}_1^2 + \mathfrak{z}_2^2 = 0,$$

oder: *Parataktische Punkte werden in der Grenze zu parallelen Punkten* (**9**), S. 26, d. i. zu Punkten auf einer Isotropen. Hier ist in der Grenze noch der Satz erhalten geblieben: *Auf einer Geraden kann es zu einem Punkte zwei getrennte parataktische (parallele) Punkte geben* (**64**, Satz 2).

Jetzt ist die Terminologie in 9, Erkl. 2 motiviert.

4. *Gemeinsame Normale.* Hier führen bereits Überlegungen zum Ziel, die zwar nicht als völlig streng angesehen werden können, aber doch nicht ohne heuristischen Wert sind.

Die gemeinsame Normale zweier nicht parataktischen Geraden verbindet ihre absoluten Pole. Diese sind in der Grenze *getrennt und* uneigentlich. Die gemeinsame Normale nicht parataktischer Geraden wird demnach in der Grenze die uneigentliche Gerade, also unbrauchbar. Sind die beiden Geraden parallel, so fallen ihre Pole zusammen. Jede Gerade durch diesen Pol kann dann als gemeinsame Normale angesehen werden.

Jetzt prüfen wir diese Ergebnisse mit der Rechnung nach. Soll $\mathfrak{z}$ die gemeinsame Normale von $\mathfrak{x}$ und $\mathfrak{y}$ sein, so muß sein

$$(\mathfrak{z}/\mathfrak{x}) = 0, \qquad (\mathfrak{z}/\mathfrak{y}) = 0.$$

Diese liefern stets eine einzige Gerade $\mathfrak{z}$, solange $k^2 \neq 0$ und $\mathfrak{x}$ und $\mathfrak{y}$ getrennt sind. In der Grenze ist aber das System zu lösen

$$\mathfrak{x}_1 \mathfrak{z}_1 + \mathfrak{x}_2 \mathfrak{z}_2 = 0, \qquad \mathfrak{y}_1 \mathfrak{z}_1 + \mathfrak{y}_2 \mathfrak{z}_2 = 0.$$

Für $\mathfrak{x}_1 \mathfrak{y}_2 - \mathfrak{x}_2 \mathfrak{y}_1 \neq 0$ wird $\mathfrak{z}_1 = \mathfrak{z}_2 = 0$ (uneigentliche Gerade); für $\mathfrak{x}_1 \mathfrak{y}_2 - \mathfrak{x}_2 \mathfrak{y}_1 = 0$ reduzieren sich beide Gleichungen auf eine einzige. Jede Senkrechte zu $\mathfrak{x}$ ist dann auch senkrecht zu $\mathfrak{y}$. So gelangen zwei Euklidische Parallele zu ∞^1 gemeinsamen Normalen! Hierdurch sind unsere vorhergehenden Ergebnisse legitimiert.

5. *Parameterdarstellungen.* Die Formel 59, (90) wird hier sehr einfach. Wir haben zu setzen

$$\widehat{\mathfrak{g}\mathfrak{a}_1} = 0, \qquad \widehat{\mathfrak{g}\mathfrak{a}_2} = i, \qquad \widehat{\mathfrak{g}\mathfrak{a}_3} = 0;$$

$$\mathfrak{a}_1{}^* = \frac{i}{k^2}, \qquad \mathfrak{a}_2{}^* = 0, \qquad \mathfrak{a}_3{}^* = 0;$$

$$\mathfrak{g}_1{}^* = 0, \qquad \mathfrak{g}_2{}^* = 0, \qquad \mathfrak{g}_3{}^* = 1,$$

und erhalten so nach Abspaltung von k^4 rechts die Parameterstellung der absoluten Punkte

$$(144) \qquad x_1 = \sigma_1^2 - \sigma_2^2, \qquad x_2 = i(\sigma_1^2 + \sigma_2^2), \qquad x_3 = -2k\sigma_1\sigma_2.$$

In der Grenze wird das eine Parameterdarstellung der uneigentlichen Punkte.

Aus 59, (95) wird hier ebenso

$$(145) \qquad x_1 = \sigma_1\tau_1 - \sigma_2\tau_2, \qquad x_2 = i(\sigma_1\tau_1 + \sigma_2\tau_2), \qquad x_3 = -k(\sigma_1\tau_2 + \sigma_2\tau_1),$$

und diese Formel bringt in der Grenze ebensowenig Nutzen wie die vorhergehende.

Die Formeln 59, (92) und (94) werden hier nach Abspaltung von k^4 rechts:

$$(146) \qquad \mathfrak{x}_1 = k^2(\sigma_1^2 - \sigma_2^2), \qquad \mathfrak{x}_2 = k^2 i(\sigma_1^2 + \sigma_2^2), \qquad \mathfrak{x}_3 = -2k\sigma_1\sigma_2;$$

$$(147) \qquad \mathfrak{x}_1 = k^2(\sigma_1\tau_1 - \sigma_2\tau_2), \qquad \mathfrak{x}_2 = k^2 i(\sigma_1\tau_1 + \sigma_2\tau_2), \qquad \mathfrak{x}_3 = -k(\sigma_1\tau_2 + \sigma_2\tau_1).$$

Auch sie werden in der Grenze unbrauchbar, insofern sie nur die uneigentliche Gerade liefern.

6. *Die Nichteuklidischen Bewegungen.* Nach Abspaltung des Faktors $k^3 i$ rechts wird aus **60**, (105):

$$(148) \qquad \begin{cases} \sigma_1' = (\alpha_0 + \alpha_3 i)\,\sigma_1 + k\,(\alpha_2 + \alpha_1 i)\,\sigma_2\,, \\ \sigma_2' = k\,(-\alpha_2 + \alpha_1 i)\,\sigma_1 + (\alpha_0 - \alpha_3 i)\,\sigma_2\,. \end{cases}$$

Diese Formeln haben noch in der Grenze einen Sinn (welchen?). Die Multiplikationstafel **58**, (79) unseres komplexen Zahlensystems wird hier

$$\begin{array}{cccc} k^4 e_0 & k^4 e_1 & k^4 e_2 & k^4 e_3 \\ k^4 e_1 & -\,k^6 e_0 & k^6 e_3 & -\,k^4 e_2 \\ k^4 e_2 & -\,k^6 e_3 & -\,k^6 e_0 & k^4 e_1 \\ k^4 e_3 & k^4 e_2 & -\,k^4 e_1 & -\,k^4 e_0\,. \end{array}$$

Ferner wird **58**, (82) zu

$$N(\alpha) = k^4 \alpha_0^2 + (\alpha/\alpha).$$

Die Formel **58**, (86) für die automorphen Kollineationen des absoluten Kegelschnitts erhält, wenn man $\tilde{x}' e_0$ ausrechnet, den Faktor k^8 auf beiden Seiten. Nimmt man daher jetzt als Multiplikationstafel die folgende[1]),

$$(149) \qquad \begin{cases} e_0 & e_1 & e_2 & e_3 \\ e_1 & -\,k^2 e_0 & k^2 e_3 & -\,e_2 \\ e_2 & -\,k^2 e_3 & -\,k^2 e_0 & e_1 \\ e_3 & e_2 & -\,e_1 & -\,e_0\,, \end{cases}$$

so kann man auch schreiben:

$$(150) \qquad N(\alpha)\cdot x' = \tilde{\alpha}\cdot x\cdot\alpha. \qquad\qquad (N(\alpha) \neq 0),$$

$$N(\alpha) = \alpha_0^2 + k^2\alpha_1^2 + k^2\alpha_2^2 + \alpha_3^2\,.$$

Setzt man wieder

$$(151) \qquad c_{00}\,x_i' = c_{i1}\,x_1 + c_{i2}\,x_2 + c_{i3}\,x_3 \qquad (i = 1,\,2,\,3),$$

so wird:

$$(151) \quad \begin{cases} c_{00} = \alpha_0^2 + k^2\alpha_1^2 + k^2\alpha_2^2 + \alpha_3^2\,, \\[2pt] c_{11} = \alpha_0^2 + k^2\alpha_1^2 - k^2\alpha_2^2 - \alpha_3^2\,, \qquad c_{23} = 2\,(\alpha_2\alpha_3 + \alpha_0\alpha_1)\,, \\[2pt] c_{22} = \alpha_0^2 - k^2\alpha_1^2 + k^2\alpha_2^2 - \alpha_3^2\,, \qquad c_{31} = 2\,k^2(\alpha_3\alpha_1 + \alpha_0\alpha_2)\,, \\[2pt] c_{33} = \alpha_0^2 - k^2\alpha_1^2 - k^2\alpha_2^2 + \alpha_3^2\,, \qquad c_{12} = 2\,(k^2\alpha_1\alpha_2 + \alpha_0\alpha_3)\,, \\[2pt] \qquad c_{32} = 2\,k^2\,(\alpha_2\alpha_3 - \alpha_0\alpha_1)\,, \\[2pt] \qquad c_{13} = 2\,(\alpha_3\alpha_1 - \alpha_0\alpha_2)\,, \\[2pt] \qquad c_{21} = 2\,(k^2\alpha_1\alpha_2 - \alpha_0\alpha_3)\,. \end{cases}$$

Diese Werte erhält man auch aus **61**, (109); allerdings tritt dann rechts überall der Faktor k^4 auf.

---

[1]) Für $k^2 = 1$ wird diese Multiplikationstafel dann die der *Hamilton*schen Quaternionen. Vgl. S. 208.

Beim Übergang zur Grenze werden die Formeln (151) der Nicht-euklidischen Bewegungen zu *Euklidischen* Bewegungen 14, (34a):

$$(152) \begin{cases} (\alpha_0^2 + \alpha_3^2)\,x_1' = (\alpha_0^2 - \alpha_3^2)\,x_1 + 2\,\alpha_0\,\alpha_3\,x_2 + 2\,(\alpha_3\,\alpha_1 - \alpha_0\,\alpha_2)\,x_3, \\ (\alpha_0^2 + \alpha_3^2)\,x_2' = -\,2\,\alpha_0\,\alpha_3\,x_1 + (\alpha_0^2 - \alpha_3^2)\,x_2 + 2\,(\alpha_2\,\alpha_3 + \alpha_0\,\alpha_1)\,x_3, \\ (\alpha_0^2 + \alpha_3^2)\,x_3' = \qquad * \qquad\qquad * \qquad\qquad (\alpha_0^2 + \alpha_3^2)\,x_3. \end{cases}$$

$$(\alpha_0^2 + \alpha_3^2 \neq 0).$$

Um jetzt zu erkennen, wie die einzelnen Typen der Nicht-euklidischen Bewegungen den Typen den Euklidischen Bewegungen entsprechen, beachten wir **63**, (117):

$$\cot\vartheta = -\,k^4\alpha_0 : k^2\,\sqrt{k^4\,(\alpha/\alpha)},$$

wobei also $(\alpha/\alpha) \neq 0$ vorausgesetzt ist, so daß das Zentrum der Bewegung *nicht absolut* ist.

Unter der Festsetzung

$$(153) \qquad\qquad \sqrt{k^4\,(\alpha/\alpha)} = k^2\,\sqrt{\alpha/\alpha}, \quad \text{„Irrationalität IX“}$$

wird $\cot\vartheta = -\,\alpha_0 : \sqrt{\alpha/\alpha}$.

ϑ ist der halbe Angulus der als Nichteuklidische *Drehung* aufgefaßten Nichteuklidischen Bewegung, mithin nach **66** auch die Größe $\mu\eta$, wo η die halbe *Gleitdistanz* ist, wenn man die Bewegung als Gleitung auffaßt. Dann wird eben jeder Punkt der Achse um die Distanz $2\,\mu\eta$ fortgeführt.

Eine Nichteuklidische Bewegung konnte nach Belieben als N. E.-Drehung und als Gleitung aufgefaßt werden. In der Grenze erhält man aber verschiedene Ergebnisse.

Hält man das nicht absolute Zentrum $\alpha_1 : \alpha_2 : \alpha_3$ fest, so wird die Achse $\alpha_1^* : \alpha_2^* : \alpha_3^*$ der Bewegung uneigentlich. Unter der wichtigen Festsetzung, auf die wir noch zurückzukommen haben, daß in der Grenze

$$(154) \qquad\qquad \sqrt{\alpha_3^2} = \alpha_3 \quad \text{„Irrationalität X“}$$

wird, geht $\cot\vartheta$ über in

$$\cot\vartheta = -\,\alpha_0 : \alpha_3,$$

und (152) wird bei Einführung inhomogener Koordinaten zu

$$x' = \cos 2\,\vartheta \cdot x - \sin 2\,\vartheta \cdot y + 2\,(\alpha_3\,\alpha_1 - \alpha_0\,\alpha_2) : (\alpha_0^2 + \alpha_3^2),$$
$$y' = \sin 2\,\vartheta \cdot x + \cos 2\,\vartheta \cdot y + 2\,(\alpha_2\,\alpha_3 + \alpha_0\,\alpha_1) : (\alpha_0^2 + \alpha_3^2).$$
$$(\alpha_0^2 + \alpha_3^2 \neq 0).$$

Man vergleiche hiermit 14, (33a). Für $\vartheta \neq \pi$, also $\alpha_0 \neq 0$, bleibt der Punkt $\alpha_1 : \alpha_3$, $\alpha_2 : \alpha_3$ in Ruhe:

Die Nichteuklidischen Drehungen werden in der Grenze zu Euklidischen Drehungen. Insbesondere werden die Nichteuklidischen Umwendungen zu Euklidischen Umwendungen.

Jetzt fassen wir die Nichteuklidische Bewegung als *Gleitung* auf, halten also die Gleitachse $\mathfrak{g}_1 : \mathfrak{g}_2 : \mathfrak{g}_3$ fest. Nach (d) werde dann

$$\alpha_1 = \mathfrak{g}_1, \quad \alpha_2 = \mathfrak{g}_2, \quad \alpha_3 = k^2 \mathfrak{g}_3.$$

Setzt man das in (151) oder (152) ein, so gewinnt man in der Grenze

$$(152\,\mathrm{a}) \quad \left\{ \begin{array}{l} \alpha_0 x_1{}' = \alpha_0 x_1 \quad * \quad - 2\,\alpha_2 x_3, \\ \alpha_0 x_2{}' = \quad * \quad \alpha_0 x_2 + 2\,\alpha_1 x_3, \\ \alpha_0 x_3{}' = \quad * \quad * \quad \alpha_0 x_3. \end{array} \right. \qquad (\alpha_0 \neq 0).$$

Die Gleitungen werden in der Grenze zu Schiebungen.

Führt man in die Formeln (152a) die Koordinaten $\mathfrak{g}$ der Achse ein, so bemerkt man, daß $\mathfrak{g}_3$ in der Grenze weggefallen ist. Als Achse einer Euklidischen Schiebung kann daher jede Gerade eines unschwer zu beschreibenden Parallelenbüschels angesehen werden.

Der Angulus wird für eine Euklidische Schiebung Null; die Distanz geht in die *Schrittweite* (23, S. 113) über, wenn man (vgl. S. 315) für μ den Wert k wählt:

$$2\,\eta = - 2\,\sqrt{\alpha_1^2 + \alpha_2^2} : \alpha_0$$

(wegen $\lim\limits_{\varkappa = 0} \varkappa \cot \varkappa \eta = 1 : \eta$ und Irr. XI in (157)). Die Schiebungsrichtung ist dann syntaktisch zum Speere $\sqrt{\alpha_1^2 + \alpha_2^2} : \alpha_1 : \alpha_2 : 0$, im Einklang mit 23, Zus. 22.

Endlich beschäftigen wir uns mit den Grenzdrehungen. Hier ist $(\alpha|\alpha) = 0$, oder in der Grenze $\alpha_3 = 0$. Aus (152) erkennt man sofort:

Die Grenzdrehungen werden in der Grenze zu Schiebungen.

Die Euklidischen Bewegungen lassen sich nun durch die kurze Formel angeben:

$$(155) \qquad N(\alpha) \cdot x' = \tilde{\alpha} \cdot x \cdot \alpha, \qquad (N(\alpha) \neq 0).$$

wenn man in der Multiplikationstafel (149) wieder $k^2 = 0$ setzt, also folgende Tafel wählt:

$$(156) \quad \left\{ \begin{array}{cccc} e_0 & e_1 & e_2 & e_3 \\ e_1 & 0 & 0 & -e_2 \\ e_2 & 0 & 0 & e_1 \\ e_3 & e_2 & -e_1 & -e_0. \end{array} \right.$$

Damit sind wir aber wieder bei den singulären oder Euklidischen Quaternionen von 14, Zus. 23 angelangt.

In Geradenkoordinaten erhält man die Nichteuklidischen Bewegungen, wenn man in 58, (86) die x durch $\mathfrak{x}^*$ ersetzt, also

$$N(\alpha) \cdot \mathfrak{x}^{*\prime} \cdot e_0 = \tilde{\alpha} \cdot \mathfrak{x}^* \cdot \alpha \qquad (N(\alpha) \neq 0).$$

Schreibt man sie, wie in 61, (113)

$$d_{00}\, \mathfrak{x}_i{}' = d_{i1}\, \mathfrak{x}_1 + d_{i2}\, \mathfrak{x}_2 + d_{i3}\, \mathfrak{x}_3 \qquad (i = 1, 2, 3),$$

so wird für unsere Spezialisierung des A. K. (vgl. (151))

$$d_{00} = c_{00}, \quad d_{11} = c_{11}, \quad d_{22} = c_{22}, \quad d_{33} = c_{33}, \quad d_{12} = c_{12}, \quad d_{21} = c_{21}$$

$$d_{23} = 2\,k^2(\alpha_2\,\alpha_3 + \alpha_0\,\alpha_1), \qquad d_{13} = 2\,k^2(\alpha_3\,\alpha_1 - \alpha_0\,\alpha_2),$$

$$d_{32} = 2\,(\alpha_2\,\alpha_3 - \alpha_0\,\alpha_1), \qquad d_{31} = 2\,(\alpha_3\,\alpha_1 + \alpha_0\,\alpha_2),$$

und bei Benutzung der Multiplikationstafel (149) wird

$$N(\alpha) \cdot \{\mathfrak{x}_1'\,e_1 + \mathfrak{x}_2'\,e_2 + k^2\,\mathfrak{x}_3'\,e_3\} = \tilde{a} \cdot \{\mathfrak{x}_1\,e_1 + \mathfrak{x}_2\,e_2 + k^2\,\mathfrak{x}_3\,e_3\} \cdot \alpha.$$

Diese Quaternionenformel wird in der Grenze unbrauchbar (Grund!); die Koeffizienten d gehen aber in die einer Euklidischen Bewegung über (vgl. 21, Zus. 1).

Nichteuklidische *Umlegungen* gibt es nicht; die automorphen Kollineationen einer nicht singulären K. 2. O. bilden nur ein einziges Kontinuum. Somit erhebt sich die Frage nach der Herkunft der *Euklidischen Umlegungen*. Auch diese lassen sich durch einen Grenzübergang aus den Nichteuklidischen *Bewegungen* gewinnen. Dazu muß die Achse festgehalten werden. Man könnte also ebenso vorgehen, wie bei der Herleitung der Euklidischen Schiebungen:

$$\alpha_1 = \gamma_1, \qquad \alpha_2 = \gamma_2, \qquad \alpha_3 = k^2\,\gamma_3.$$

Nun muß man aber Sorge dafür tragen, daß diese Achse $\alpha_1^* : \alpha_2^* : \alpha_3^* = \gamma_1 : \gamma_2 : \gamma_3$ in der Grenze nicht unbestimmt wird. Das erreicht man durch die weitere Festsetzung

$$\alpha_0 = k^2\,\gamma_0.$$

Trägt man diese Werte in die Koeffizienten (151) ein, so erhalten diese sämtlich den Faktor k^2. Nach dessen Abspaltung kann man den Grenzübergang vollziehen:

$$(\gamma_1^2 + \gamma_2^2)\,x_1' = (\gamma_1^2 - \gamma_2^2)\,x_1 + 2\,\gamma_1\,\gamma_2\,x_2 + 2\,(\gamma_3\,\gamma_1 - \gamma_0\,\gamma_2)\,x_3,$$

$$(\gamma_1^2 + \gamma_2^2)\,x_2' = 2\,\gamma_1\,\gamma_2\,x_1 + (\gamma_2^2 - \gamma_1^2)\,x_2 + 2\,(\gamma_2\,\gamma_3 + \gamma_0\,\gamma_1)\,x_3,$$

$$(\gamma_1^2 + \gamma_2^2)\,x_3' = \text{\textasteriskcentered} \qquad \text{\textasteriskcentered} \qquad - (\gamma_1^2 + \gamma_2^2)\,x_3,$$

$$(\gamma_1^2 + \gamma_2^2 \neq 0).$$

Das sind aber die Formeln **14**, (34b) der Euklidischen *Umlegungen*. Jetzt ist γ_3 nicht weggefallen; die völlig bestimmte Gerade $\gamma_1 : \gamma_2 : \gamma_3$ ist die *Umlegungsachse*. Der Angulus erhält den Wert π. Mit der Distanz gelingt der Grenzübergang nicht so glatt (Grund!). Setzt man aber $2k\,\eta = \pi + 2\,k\,\eta^*$ $(\mu = k)$, so findet man in der Grenze die *Schrittweite* der Euklidischen Umlegung als

$$2\,\eta^* = +\,2\,\gamma_0 : \sqrt{\gamma_1^2 + \gamma_2^2},$$

gemessen auf dem Speere $\sqrt{\gamma_1^2 + \gamma_2^2} : \gamma_1 : \gamma_2 : \gamma_3$ (hierzu vgl. Nr. 7, S. 314). Die Euklidischen Spiegelungen an geraden Linien gehen auf diese Weise aus den Nicht-Euklidischen *Umwendungen* hervor.

7. *Orientierte Elemente.* In **65**, (130) können wir noch über die Größe $\underline{a}$ verfügen. Wir setzen $\underline{a} = k$. Unter der weiteren Festsetzung

$$\boxed{(157) \quad \sqrt{k^2\,\mathfrak{x}_1^2 + k^2\,\mathfrak{x}_2^2 + k^4\,\mathfrak{x}_3^2} = k\,\sqrt{\mathfrak{x}_1^2 + \mathfrak{x}_2^2 + k^2\,\mathfrak{x}_3^2}} \qquad \text{„Irrationalität XI“}$$

wird die Pfeilirrationalität

$$\mathfrak{x}_0 = \sqrt{\mathfrak{x}_1^2 + \mathfrak{x}_2^2 + k^2\,\mathfrak{x}_3^2}$$

in der Grenze zur Speerirrationalität $\sqrt{\mathfrak{x}_1^2 + \mathfrak{x}_2^2}$; die Pfeilgleichung wird zur Speergleichung, die Pfeilkoordinaten zu Speerkoordinaten. Der Pfeil kann nunmehr als Speer im Sinne der N. E. G. bezeichnet werden.

Die Festsetzung (157) führt nicht zur Unterscheidung zweier verschiedener Fälle. Wäre die Quadratwurzel links entgegengesetzt erklärt, so hätte man ja $a = -k$ wählen können.

Anders liegen die Verhältnisse bei den orientierten Punkten. Aus **65**, (133) gewinnt man jetzt, nach Beachtung von (153),

$$x_0 = \sqrt{x/x}\,,$$

also in der Grenze nach (154):

$$x_0 = x_3\,.$$

Zwei entgegengesetzt orientierte Punkte erhalten demnach in der Grenze die homogenen Koordinaten

$$(158) \qquad x_3 : x_1 : x_2 : x_3 \quad \text{und} \quad -x_3 : x_1 : x_2 : x_3\,.$$

Deutet man $x_0 : x_1 : x_2 : x_3$ als homogene Punktkoordinaten im R_3, so liegt hierin eine Abbildung der orientierten Punkte der Euklidischen Ebene auf die Punkte zweier parallelen Ebenen (*„Abbildung* VI E“). Für $x_3 = 0$ findet man: Uneigentliche Punkte sind, als orientierte Punkte betrachtet, zu sich selbst entgegengesetzt.

Zwischen orientierten Punkten der N. E. G. und denen der E. G. besteht aber ein tiefgreifender Unterschied. Für einen orientierten Punkt $x_0 : x_1 : x_2 : x_3$ der N. E. G. kann man wegen

$$x_0^2 - k^2 x_1^2 - k^2 x_2^2 - x_3^2 = 0$$

die Parameterdarstellung einführen

$$x_0 : x_1 : x_2 : x_3 = k \sin u : \cos v : i \cos u : -k \sin v\,.$$

Hält man hier etwa v fest und läßt u variieren, so ist es möglich, *stetig* von dem orientierten Punkte zum entgegengesetzt orientierten zu kommen. Dazu braucht man nur u von einem Anfangswert u_0 irgendwie nach $-u_0$ wandern zu lassen. Das ist immer so möglich, daß der Wert $u = 0$ vermieden wird (vgl. etwa **7**, S. 19, 20). D. i. man kann von einem nicht absoluten orientierten Punkte unter Vermeidung absoluter Punkte *stetig* zum entgegengesetzt orientierten Punkt übergehen.

In der Euklidischen Geometrie ist das nicht mehr der Fall. Dort
bilden die orientierten Punkte zwei *getrennte* Scharen, zwischen denen
im Gebiet der eigentlichen Punkte· ein stetiger Übergang unmöglich
ist, wie man aus (158) ohne weiteres sieht. Darum ist es in der
E. G. unnötig, die beiden Scharen nebeneinander zu betrachten. Man
beschränkt sich auf die eine Schar. Dann pflegt man sich dessen
gar nicht mehr bewußt zu werden, daß man mit orientierten Punkten
arbeitet.

Man wählt die Schar

$$x_3 : x_1 : x_2 : x_3$$

und kann dann die erste Koordinate x_3 weglassen. Diese Wahl·ist
willkürlich, sofern sie auf der Willkür in (154) beruht. *Diese aber
bestimmt den gemeinsamen positiven Drehungssinn um alle Punkte der Ebene,*
wie sogleich noch klarer werden wird. Hätten wir den positiven
Drehungssinn anders festgesetzt, so würde das bedeuten, daß man
in der andern Schar $- x_3 : x_1 : x_2 : x_3$ orientierter Punkte arbeitet.

Während also in der N. E. G. jeder Punkt gesondert zu orientieren ist, genügt in der E. G. eine einzige Festsetzung (154) für alle
Punkte der Ebene.

Dieses wichtige Ergebnis zeigt einen ersten wirklichen Nutzen
der N. E. G. Die E. G. ist mit ihren Mitteln nicht imstande zu sagen,
warum jede Gerade besonders zu orientieren ist, während für alle
Punkte dieselbe Festsetzung genügt.

Jetzt können wir uns auch Rechenschaft darüber ablegen,
warum beim Übergang von Nichteuklidischen Bewegungen zu Euklidischen *Umlegungen* $2\mu\eta = \pi + 2\mu\eta^*$ gesetzt werden mußte. Dann
ist $2\eta^*$ nicht gleich der Distanz (x, x') des orientierten Punktes x'
der Achse vom orientierten Punkt x der Achse, sondern gleich der
Distanz des zu x' *entgegengesetzt* orientierten Punktes vom orientierten
Punkt x. Den zu x' entgegengesetzten orientierten Punkt braucht
man aber für den Grenzübergang. Denn bei einer Nichteuklidischen
Umwendung beispielsweise geht jeder orientierte Punkt der Achse in
den entgegengesetzt orientierten Punkt über; *bei einer Euklidischen
Spiegelung ist das nicht mehr der Fall*; dort bleibt man immer in
derselben der beiden völlig getrennten Scharen orientierter Punkte.

8. *Metrik.* Aus 65, (134) wird in der Grenze bei Beachtung
von (133) und (154) für $\mathfrak{g}_1 = \mathfrak{g}_2 = 0$, $\mathfrak{g}_3 = 1$:

$$\operatorname{tg}(\mathfrak{x}, \mathfrak{y}) = \mathfrak{x}_1 \mathfrak{y}_2 - \mathfrak{x}_2 \mathfrak{y}_1 : \mathfrak{x}_1 \mathfrak{y}_1 + \mathfrak{x}_2 \mathfrak{y}_2 .$$

Durch Vergleichung mit **21**, (12) sieht man, daß die Festsetzung (154)
wirklich den in **22**, Zus. 3 erklärten positiven Drehungssinn involviert.
Man behalte immer im Auge, daß die Tangensformel nur scheinbar
von Irrationalitäten frei ist.

Aus 65, (136) folgt bei Beachtung von (157) in der Grenze

$$\cos(\mathfrak{x},\mathfrak{y}) = \frac{\mathfrak{x}_1\mathfrak{y}_1 + \mathfrak{x}_2\mathfrak{y}_2}{\sqrt{\mathfrak{x}_1^2 + \mathfrak{x}_2^2}\,\sqrt{\mathfrak{y}_1^2 + \mathfrak{y}_2^2}}.$$

Das ist aber die erste Formel 22, (16).

Der Angulus zweier geraden Linien oder Speere der N. E. G. geht in der Grenze über in den Winkel zweier geraden Linien oder Speere im Sinne der E. G.

Nunmehr kann man das Wort Angulus in der N. E. G. durch das Wort Winkel ersetzen.

Wir wenden uns zu den Distanzformeln. Hier stehen wir vor der Notwendigkeit, uns über das Krümmungsmaß schlüssig zu werden. Wir setzen, wie bereits auf S. 311, 312 $\mu = k$.

Die Formel 65, (131) liefert jetzt

$$\frac{1}{k}\,\mathrm{tg}\,k\,(x,y) = \frac{\sqrt{\mathfrak{g}_1^2 + \mathfrak{g}_2^2 + k^2\mathfrak{g}_3^2}}{k^2 x_1 y_1 + k^2 x_2 y_2 + x_3 y_3}.$$

Nun ist aber

$$\lim_{k=0} \frac{1}{k}\,\mathrm{tg}\,k\,(x,y) = (x,y).$$

Mithin wird in der Grenze

$$(159) \qquad (x,y) = \frac{\sqrt{\mathfrak{g}_1^2 + \mathfrak{g}_2^2}}{x_3 y_3} = \frac{\sqrt{(x_2 y_3 - x_3 y_2)^2 + (x_3 y_1 - x_1 y_3)^2}}{x_3 y_3}.$$

Auf diesem Wege sind wir daher von der Distanz zum Begriff der Euklidischen Entfernung gelangt, wie noch deutlicher zutage tritt, wenn man inhomogene Koordinaten einführt. Die Formel 65, (135) versagt in der Grenze (Grund!); 65, (137) liefert von neuem das Ergebnis (159) wegen

$$\lim_{k=0} \frac{1}{k}\,\sin k\,(x,y) = (x,y).$$

Aus 51, (38) folgt in der Grenze (Vorsicht!) bei Einführung inhomogener Koordinaten die Formel 23, (22), deren innerer Bau auf diese Weise klar zutage tritt. *Somit ist auch die Euklidische Entfernung zweier Punkte als in der Kollineationsgeometrie wurzelnd erkannt worden.* (Vgl. 44, S. 198, 45, S. 204.)

9. *Trigonometrie.* Im Sinussatz 66, (140) der N. E. G. hat man nur überall den Faktor $1:\mu$ hinzuzufügen, um zu erkennen, daß er in der Grenze in den Sinussatz der E. G. übergeht.

Beim ersten Kosinussatz (66, (141)) haben wir $\mu = k$ zu setzen und dann in Reihen zu entwickeln, die wir nach Potenzen von k ordnen. Das Glied mit k^0 verschwindet. Spaltet man jetzt, da Glieder mit k^1 nicht auftreten, den Faktor k^2 ab und geht zur Grenze über, so erhält man

$$a_1^2 = a_2^2 + a_3^2 + 2\,a_2\,a_3\,\cos\alpha_1\,.$$

Das ist aber der Kosinussatz der E. G.; auf den Grund der scheinbaren Diskrepanz im letzten Gliede haben wir bereits in **21**, Zus. **12** und **22**, Zus. **6** aufmerksam gemacht. Es ist eben α_1 nicht der Innenwinkel, sondern der Außenwinkel hergebrachter Zählung.

Bequemer vollzieht sich noch der Übergang zur Grenze beim zweiten Kosinussatz **66**, (142). Um aber dem an die herkömmliche Bezeichnungsweise gewöhnten Leser das Ergebnis sogleich in mundgerechter Form zu bieten, setzen wir unter Einführung der Innenwinkel

$$\beta_1 = \pi - \alpha_1\,, \qquad \beta_2 = \pi - \alpha_2\,, \qquad \beta_3 = \pi - \alpha_3\,,$$

mithin

$$- \cos\beta_1 = \cos\beta_2\,\cos\beta_3 - \sin\beta_2\,\sin\beta_3\,\cos k a_1\,.$$

Entwickelt man jetzt $\cos k a_1$ und geht zur Grenze über, so wird

$$\cos(\pi - \beta_1) = \cos\beta_2\,\cos\beta_3 - \sin\beta_2\,\sin\beta_3$$
$$= \cos(\beta_2 + \beta_3),$$

oder endlich

$$\beta_1 + \beta_2 + \beta_3 = \pi\,.$$

Aus dem zweiten Kosinussatz wird in der Grenze der Satz: Die Summe der Innenwinkel im Dreieck beträgt zwei Rechte.

Ein sehr interessantes Ergebnis, welches zugleich zeigt, daß die Summe der Innenwinkel im Falle der *Nichteuklidischen* Geometrie von 180^0 verschieden sein muß. Machen wir uns die Bedeutung der letzten beiden Grenzübergänge klar. Der zweite Kosinussatz geht aus dem ersten durch die absolute Korrelation hervor, d. i. er ist der erste Kosinussatz für das absolut polare Dreieck. Dieser Übergang zum polaren Dreieck vollzieht sich durch die Formeln

$$(x^*, y^*) = \mu\,(x, y), \qquad \mu\,(\mathfrak{x}^*, \mathfrak{y}^*) = (\mathfrak{x}, \mathfrak{y})\,.$$

In diesem Sinne kann man jedem Satze der N. E. G. einen andern an die Seite stellen; solche Sätze pflegt man nicht ganz korrekt als zueinander dual zu bezeichnen.

In der Grenze kann das Band, welches zwei solche duale Sätze verknüpft, völlig verschwinden. So in dem vorgeführten Falle; der Satz von der Winkelsumme ist dem Kosinussatz der E. G. so heterogen wie möglich, und doch haben beide dieselbe Wurzel, *die zu erkennen freilich der Umweg über die Nichteuklidische Geometrie nötig war.* Man bemerkt, „daß unter Umständen zu einem tiefer dringenden Verständnis selbst sehr elementarer Abschnitte der Euklidischen

Geometrie die Kenntnis der Nichteuklidischen Geometrie nicht wohl entbehrt werden kann"[1]). Dazu wollen wir jetzt ein anders geartetes Beispiel geben.

10. *Keile. Stäbe.* Zu einem vorgegebenen Zentrum $x_1 : x_2 : x_3$ gehört, wie wir in **63** gesehen haben, eine eingliedrige Gruppe von Nichteuklidischen Drehungen $((x/x) \neq 0)$. Die Parameter dieser Drehungen sind nach **63**, (119) und **67**, (153) jetzt

$$-\sqrt{x/x}\,\cot\vartheta : x_1 : x_2 : x_3,$$

und darin bedeutet 2ϑ den Angulus der N. E.-Drehung, d. i. nach **60**, Zus. 4 den Angulus, um den jede Gerade *durch das Zentrum* fortgeführt wird. Wird dieser veränderlich gewählt, so erhält man die sämtlichen Drehungen der Gruppe.

Als geometrisches Bild einer solchen Drehung kann man also die Figur zweier gerader Linien durch das Zentrum ansehen, die in eine bestimmte Reihenfolge gesetzt werden, so daß die erste die ursprüngliche, die zweite die transformierte ist. Nennen wir die Figur einmal einen *Keil*. Dann muß es aber gleichgültig sein, wie die Anfangsgerade gewählt wird. Soll also die Figur ein brauchbares Bild der Drehung ergeben, so muß vereinbart werden, daß alle solchen Geradenpaare $\mathfrak{x} \to \mathfrak{y}$ als äquivalent angesehen werden, die denselben Angulus 2ϑ einschließen. Durch den Punkt x gibt es ∞^2 Geradenpaare, aber nur ∞^1 von vorgeschriebenem Angulus 2ϑ. Diese Figur ist es, die wir meinen, wenn wir vom Keil reden. Ein Keil besteht also aus ∞^1 Geradenpaaren $\mathfrak{x} \to \mathfrak{y}$ durch einen nicht absoluten Punkt x („Zentrum" des Keiles), die alle denselben Angulus $2\vartheta = (\mathfrak{x}, \mathfrak{y})$ einschließen. Die Größe $\operatorname{tg}\vartheta$ heiße Öffnung des Keiles $(2\vartheta \neq 0,\ \neq \pi)$.

Jetzt kann ein Keil durch *vier homogene* Koordinaten

$$\mathfrak{K}_0 : \mathfrak{K}_1 : \mathfrak{K}_2 : \mathfrak{K}_3 = -\sqrt{x/x}\,\cot\vartheta : x_1 : x_2 : x_3$$

dargestellt werden, eben die Parameter der dargestellten Drehung.

Daraus ergeben sich die *drei inhomogenen* Koordinaten

$$\frac{x_1}{-\sqrt{x/x}}\operatorname{tg}\vartheta, \qquad \frac{x_2}{-\sqrt{x/x}}\operatorname{tg}\vartheta, \qquad \frac{x_3}{-\sqrt{x/x}}\operatorname{tg}\vartheta.$$

Die Verhältnisse dieser drei inhomogenen Keilkoordinaten sind die *homogenen* Koordinaten des Zentrums. Damit sind wir zu einer vertieften Auffassung vom Wesen der homogenen Punktkoordinaten gelangt:

---

[1]) E. Study, „Über Nichteuklidische und Liniengeometrie". Jahresb. d. D. Math. Vgg. **11**, (1902).

Die homogenen Punktkoordinaten sind inhomogene Keilkoordinaten. Multipliziert man sie mit einem Proportionalitätsfaktor, so geht man dadurch zu einem andern Keil über, der dasselbe Zentrum, aber eine andere Öffnung besitzt.

Der Grenzübergang zur E. G. bietet keine Schwierigkeiten. Indessen läßt sich mit dem Keil in der *ebenen* Euklidischen Geometrie nicht viel anfangen.

Anders verhält es sich damit bei dem nächsten Begriff, dem des *Stabes.* Hier können wir uns mit Rücksicht auf **26** kürzer fassen.

Ein Stab im Sinne der N. E. G. soll eine Gleitung repräsentieren. Er besteht daher aus zwei Punkten $x \longrightarrow y$ auf einer Geraden $\mathfrak{g}$, die auf dieser entlang gleiten; d. i. von den ∞^2 Punktepaaren auf der Geraden $\mathfrak{g}$ sollen die ∞^1 Paare $(x \longrightarrow y)$ ausgeschieden werden, für die die Distanz (x, y) einen vorgeschriebenen Betrag $2\,\eta$ besitzt.

Demnach kann ein Stab durch *vier homogene* Koordinaten dargestellt werden, eben die Parameter der zugeordneten Gleitung (vgl. **55**, Irr. VI und **67**, Irr. XI)

$$\mathfrak{S}_0 : \mathfrak{S}_1 : \mathfrak{S}_2 : \mathfrak{S}_3 = - k \cot k \eta \sqrt{\mathfrak{g}_1^2 + \mathfrak{g}_2^2 + k^2 \mathfrak{g}_3^2} : \mathfrak{g}_1 : \mathfrak{g}_2 : k^2 \mathfrak{g}_3 ,$$

oder durch drei inhomogene Koordinaten

$$- \frac{1}{k} \operatorname{tg} k\eta \, \frac{\mathfrak{g}_1}{\sqrt{\mathfrak{g}_1^2 + \mathfrak{g}_2^2 + k^2 \mathfrak{g}_3^2}} , \qquad - \frac{1}{k} \operatorname{tg} k\eta \, \frac{\mathfrak{g}_2}{\sqrt{\mathfrak{g}_1^2 + \mathfrak{g}_2^2 + k^2 \mathfrak{g}_3^2}} ,$$

$$- \frac{1}{k} \operatorname{tg} k\eta \, \frac{k^2 \mathfrak{g}_3}{\sqrt{\mathfrak{g}_1^2 + \mathfrak{g}_2^2 + k^2 \mathfrak{g}_3^2}} .$$

Der Zusammenhang dieser inhomogenen Stabkoordinaten mit den homogenen Geradenkoordinaten ist durch das Auftreten des Faktors k^2 in der letzten Zeile getrübt. Dieser Umstand hat bedeutsame Folgen. In der Grenze erhält man nicht mehr vier homogene Koordinaten, sondern nur drei:

$$- \sqrt{\mathfrak{g}_1^2 + \mathfrak{g}_2^2} : \mathfrak{g}_1 \eta : \mathfrak{g}_2 \eta : 0 .$$

Hier tritt demnach beim Grenzübergang eine Verringerung der Dimensionenzahl ein; das übrig gebliebene Gebilde kann durch *zwei* inhomogene Koordinaten dargestellt werden:

$$- \frac{\mathfrak{g}_1 \eta}{\sqrt{\mathfrak{g}_1^2 + \mathfrak{g}_2^2}} , \qquad - \frac{\mathfrak{g}_2 \eta}{\sqrt{\mathfrak{g}_1^2 + \mathfrak{g}_2^2}} .$$

Durch Vergleichung mit **27** erkennt man sogleich, wenn man den Faktor -2 anbringt:

Der Stab der N. E. G. geht bei unserm Grenzübergang nicht in den Stab der E. G. über, sondern in den Vektor.

In der Tat sind die in **27** erklärten Vektorkoordinaten u_1, u_2 nicht die Parameter der Schiebung $\alpha_0 : \alpha_1 : \alpha_2 : 0$ selbst, die den Anfangspunkt des Vektors in seinen Endpunkt überführt, sondern (S. 49)

$$u_1 = -\,2\,\alpha_1 : \alpha_0, \qquad u_2 = -\,2\,\alpha_2 : \alpha_0.$$

Jetzt erhebt sich aber die Frage nach der Herkunft des Stabes der *Euklidischen* Geometrie. Auch er kann aus dem Stabe der N. E. G. durch einen Grenzübergang erhalten werden; man muß wieder dafür sorgen, daß der Träger in der Grenze nicht unbestimmt wird: *Der Stab der Euklidischen Geometrie repräsentiert eine Umlegung.* Daher schreiben wir die Koordinaten des N. E.-Stabes so, daß der Grenzübergang zu den *Umlegungen* möglich wird:

$$\mathfrak{S}_0 : \mathfrak{S}_1 : \mathfrak{S}_2 : \mathfrak{S}_3 = +\,k\,\mathrm{tg}\,k\eta^* \sqrt{\mathfrak{g}_1{}^2 + \mathfrak{g}_2{}^2 + k^2\,\mathfrak{g}_3{}^2} : \mathfrak{g}_1 : \mathfrak{g}_2 : k^2\,\mathfrak{g}_3.$$

Das gibt in der Grenze das System

$$\eta^* \sqrt{\mathfrak{g}_1{}^2 + \mathfrak{g}_2{}^2} : \mathfrak{g}_1 : \mathfrak{g}_2 : \mathfrak{g}_3,$$

also genau die Umlegung, die dem durch **26** erklärten Stabe $\mathfrak{g}_1$, $\mathfrak{g}_2$, $\mathfrak{g}_3$ zugeordnet ist.

Damit sind aus dem Stabe der N. E. G. in der Grenze zwei verschiedene Begriffe hervorgegangen, der des Stabes und der des Vektors.

Auch eine Grenzdrehung (**66**, S. 303) der N. E. G. definiert eine Figur von ∞^1 *parataktischen* Geraden $(\mathfrak{x}, \mathfrak{x}')$, als deren Koordinaten man die vier homogenen Größen in (**63**, (121)) ansehen kann. Der Grenzübergang bietet keine Schwierigkeit und liefert eine Ausartung eines Keils, einen sogenannten *Translator*: die beiden Schenkel des Keils sind zueinander parallel geworden.

Alle diese Figuren, Keil („*Rotor*"), Translator, Vektor, Stab können zur Zusammensetzung von Kräften dienen; mit rechtem Nutzen freilich (nebst weiteren derartigen Figuren) erst in der Geometrie des Raumes. Diese Theorie bildet den ersten Teil von Studys Geometrie der Dynamen.

Über die Stäbe der N. E. G. handelt die Dissertation von E. Davis, Die geometrische Addition der Stäbe in der hyperbolischen Geometrie. Greifswald 1904.

11. *Bahnkurven.* Wir haben bereits in Nr. 6 gesehen, was in der Grenze aus den einzelnen Nichteuklidischen Bewegungen wird, und wollen jetzt den Grenzübergang mit den Bahnkurven eingliedriger Gruppen vornehmen.

Der Nichteuklidische Kreis (vgl. **66**, S. 303)

$$(x/\alpha)^2 - (x/x)\,(\alpha/\alpha)\cos^2 k\varrho = 0$$

läßt sich so schreiben:

$$(x/x)\,(\alpha/\alpha) - (\alpha/x)^2 - (x/x)\,(\alpha/\alpha)\sin^2 k\varrho = 0.$$

Setzt man für den Augenblick $\mathfrak{z} = \widehat{x\alpha}$, so wird nach **49**, (21)

$$(\mathfrak{z}|\mathfrak{z}) - (x|x)\,(\alpha|\alpha)\sin^2 k\varrho = 0,$$

$$\mathfrak{z}_1^2 + \mathfrak{z}_2^2 + k^2\mathfrak{z}_3^2 - (x|x)\,(\alpha|\alpha)\,\frac{\sin^2 k\varrho}{k^2} = 0.$$

Jetzt läßt sich der Grenzübergang vollziehen

$$\mathfrak{z}_1^2 + \mathfrak{z}_2^2 - x_3^2\,\alpha_3^2\,\varrho^2 = 0,$$

$$(x_2\,\alpha_3 - x_3\,\alpha_2)^2 + (x_3\,\alpha_1 - x_1\,\alpha_3)^2 - x_3^2\,\alpha_3^2\,\varrho^2 = 0,$$

und das ist der Euklidische Kreis vom Radiusquadrat ϱ^2 und dem Mittelpunkt α.

Die Gleitkurve (**66**, S. 303)

$$k^4(x\mathfrak{g})^2 - (x|x)\,(\mathfrak{g}|\mathfrak{g})\sin^2 k\eta = 0$$

zerfällt in der Grenze in

$$(x\mathfrak{g})^2 - (\mathfrak{g}_1^2 + \mathfrak{g}_2^2)\,x_3^2\,\eta^2 = 0.$$

Das ist aber ein Geradenpaar

$$\left\{(x\mathfrak{g}) + \sqrt{\mathfrak{g}_1^2 + \mathfrak{g}_2^2}\,x_3\,\eta\right\}\left\{(x\mathfrak{g}) - \sqrt{\mathfrak{g}_1^2 + \mathfrak{g}_2^2}\,x_3\,\eta\right\} = 0.$$

Beide Gerade sind zur Achse $\mathfrak{g}_1 : \mathfrak{g}_2 : \mathfrak{g}_3$ parallel und haben von ihr den Abstand $-\eta$ bzw. $+\eta$. Vgl. **25**, (24).

Die Gleitkurve zerfällt in der Grenze in ein Paar von parallelen Geraden. Dies Ergebnis ließ sich voraussehen, da alle Punkte eines N. E. Kreises von der Achse gleiche Distanz haben (**66**, S. 303).

Eine etwas andere Behandlung verlangt die Grenzkurve (**66**, S. 304, **63**, S. 289). Wir betrachten die Grenzkurve, die durch den Punkt z läuft. Diese lautet:

$$(x|\alpha)^2(z|z) - (x|x)\,(z|\alpha)^2 = 0. \qquad\qquad ((\alpha|\alpha) = 0).$$

Hierin soll der Punkt z jetzt festgehalten werden. Nun sind zwei Fälle zu unterscheiden, je nachdem $\alpha_3 \neq 0$ oder $\alpha_3 = 0$ ist.

Für $\alpha_3 = 0$ spaltet sich der Faktor k^4 ab und in der Grenze hat man

$$(x_1\,\alpha_1 + x_2\,\alpha_2)^2 z_3^2 - (z_1\,\alpha_1 + z_2\,\alpha_2)^2 x_3^2 = 0.$$

Diese Gleichung stellt aber wegen $(\alpha|\alpha) = 0$ ein *Paar paralleler Isotropen* im Sinne der E. G. dar, von denen die eine durch z läuft.

Ist $\alpha_3 \neq 0$, so ist

$$(x|\alpha)\,(z|z) - (x|z)\,(\alpha|z) = (\mathfrak{z}\,x) = 0$$

die Gleichung des in z auf $z\,\alpha$ errichteten Lotes (**64**, (124) und **49**, (21)). Die Gleichung der Grenzkurve kann bei Einführung von $\mathfrak{z}$ dann so geschrieben werden:

$$(x|\alpha)\,(\mathfrak{z}\,x) + (z|\alpha)\left\{(x|z)\,(x|\alpha) - (x|x)\,(z|\alpha)\right\} = 0;$$

$$(x|\alpha)\,(\mathfrak{z}\,x) + (z|\alpha)\,(x\,\alpha|z\,x) = 0. \quad (\textbf{49}, (21).)$$

Beim Übergang zur Grenze verschwindet das zweite Glied; es bleibt

$$a_3\, x_3\, (\mathfrak{z}x) = 0,$$

so daß die Grenzkurve jetzt in die uneigentliche Gerade und die *Euklidische* Gerade $(\mathfrak{z}x) = 0$ zerfallen ist, die vorher Tangente der Grenzkurve im Punkte z war.

12. Am Ziele des Kapitels angelangt, wollen wir die Ergebnisse kurz zusammenfassen. Das Fundament der beiden Kapitel III und IV war die Erklärung eines Systems dreier homogener Zahlen als *Punkt*. Die Gesamtheit aller solcher Punkte, die einer linearen homogenen Gleichung genügten, war als *Gerade* definiert worden. Der Begriff der eindeutig umkehrbaren Zuordnung führte dann auf die Gruppe der Kollineationen, deren Invarianten aufgesucht wurden, sowie auf die Korrelationen, die die Kurven zweiter Ordnung lieferten.

Weiter ist nichts benutzt worden, weder der Begriff der Entfernung, noch der des Winkels, noch der der isotropen Geraden, noch der der Bewegungen.

Die Lehre von den Kurven zweiter Ordnung führte zu der neuen Terminologie, die man als Nichteuklidische Geometrie bezeichnet. Von hier aus kamen wir durch einen Grenzübergang zu den Begriffsbildungen der elementaren Euklidischen Geometrie, deren wahres Wesen erst so klar wird.

Es muß aber trotz dieses klaren Zusammenhanges noch einmal darauf aufmerksam gemacht werden, daß wir *abstrakte* Koordinatengeometrie treiben (vgl. 18). Fragen, wie die, ob im Erfahrungsraum Euklidische oder Nichteuklidische Geometrie herrscht, gehören in die angewandte Mathematik, oder wo hin man sonst will. Über diese hochwichtigen Dinge, die in den letzten Jahren noch erheblich an Interesse gewonnen haben (Relativitätstheorie), lese man in dem bereits auf S. 83 zitierten Buche von E. Study nach.

Daß sich auf die Lehre von den Kegelschnitten eine Art Metrik begründen läßt, hat Cayley gefunden (A sixth memoir upon Quantics. Phil. Trans. 149, (1859). Diese Cayleysche Metrik erfüllt das sogenannte Euklidische Parallelenaxiom nicht, ist also mit der von Gauß, Lobatschewsky und J. Bolyai ausgebildeten Nichteuklidischen Geometrie identisch. Das erkannte F. Klein („Über die sogenannte Nichteuklidische Geometrie“. Math. Ann. 4, (1871), S. 573—625).

Die Nichteuklidische Geometrie stimmt mit der Euklidischen überein in dem, was invarianten Charakter gegenüber *allen* Kollineationen und Korrelationen trägt, d. i. in allen projektiven (S. 226) oder *Lage*eigenschaften. Ihre Unterschiede bestehen in dem, was invariant ist, *nur gegenüber den automorphen Kollineationen des ab-*

soluten Gebildes, oder in den *Maß*eigenschaften. Die reinliche Scheidung beider Arten von Eigenschaften war bei der älteren synthetischen Behandlungsweise nicht leicht, und darin erblicken wir einen Grund für die ablehnende Haltung, die man der N. E. G. gegenüber als einer „Metageometrie" solange eingenommen hat.

Über die ältere Literatur zur N. E. G. unterrichtet man sich bei **Bonola-Liebmann**: Die Nichteuklidische Geometrie, eine historisch-kritische Darstellung ihrer Entwicklung, Leipzig bei Teubner, 1908. Ferner in den Urkunden zur Geschichte der Nichteuklidischen Geometrie, herausgegeben von **Fr. Engel** und **P. Stäckel**. I. Bd. 1899, II. Bd. 1913.

Wir benutzen die Gelegenheit, um auf zwei während des Druckes erschienene Aufsätze hinzuweisen: C. **Carathéodory**, Die Bedeutung des Erlanger Programms, und A. **Schoenflies**, Klein und die Nichteuklidische Geometrie, beide im Sonderheft „Felix Klein zur Feier seines siebzigsten Geburtstages gewidmet" (Jahrgang 1919, Heft 17 der „Naturwissenschaften". Verlag von Julius Springer, Berlin).

Fünftes Kapitel.

68. Reelle Kollineationen. Eine Kollineation heißt reell, wenn
die Verhältnisse ihrer Koeffizienten durchweg reell sind. Sie führt
dann einen reellen Punkt immer wieder in einen reellen Punkt über.
Ist sie nicht singulär, so ist sie umkehrbar, und dann darf man
weiter schließen, daß sie einen imaginären Punkt immer wieder in
einen imaginären Punkt überführt. Dann folgt auch, daß der
Charakter einer Geraden, reell oder imaginär zu sein, invariant gegenüber nicht singulären reellen Kollineationen bleibt.

Bereits hieraus ergeben sich zwei Forschungswege. Es genügt
jetzt, als Objekte der reellen Kollineationen die *reellen* Punkte und
Geraden zu betrachten. Man kann aber auch nach wie vor im Gebiete
aller komplexen Punkte, deren Anzahl jetzt bei Zählung reeller Konstanten als ∞^4 zu bezeichnen ist, arbeiten. Tiefere Einsicht in das
Wesen der Sache gewährt der zweite Weg; die zugehörige geometrische
Disziplin ist außerdem inhaltsreicher als die im *reellen* ternären
Kontinuum operierende. So treten erst hier z. B. die auf S. 199 betrachteten Gebilde, Fäden, Membranen, Komplexe in Erscheinung. Der
Unterschied beider Standpunkte äußert sich in der Formulierung
der beiden Sätze:

Die Gerade $x_3 = 0$ hat mit der Kurve $x_1^2 + x_2^2 - x_3^2 = 0$
keinen Punkt gemeinsam. zwei konjugiert komplexe Punkte gemeinsam.

Wir wollen uns auf das *reelle* ternäre Gebiet beschränken, also
auf die Disziplin, die die synthetische Geometrie behandelt.

Die reellen Kollineationen sind, sowohl als Punkt- als auch als
Geradentransformationen, ausnahmlos umkehrbar eindeutig, sobald
sie nicht singulär sind. Die Transformationsdeterminante ist reell.
Die ∞^8 reellen Kollineationen bilden eine Gruppe, eine Untergruppe
der (jetzt als sechszehngliedrig zu bezeichnenden) Gruppe aller Kollineationen. Bei einer reellen Kollineation bleibt der Rang dreier
reeller Punkte (Geraden) invariant, solange sie nicht singulär ist.
Überhaupt lassen sich alle bisherigen Überlegungen ohne weiteres
übertragen, die sich auf *rationale* Prozesse gründen, der Satz von

21*

Desargues (33) ebenso wie die Lehre vom Vierseit und Viereck (34), von der harmonischen Lage (35) und von den Dreieckskoordinaten (36). Man hat eben sämtliche vorkommenden Größen und Gebilde reell zu nehmen. Es läßt sich auch sagen, daß sich alle Ergebnisse ohne weiteres übertragen, zu deren Begründung *lineare* Gleichungen oder Gleichungsysteme notwendig sind. Das Bild ändert sich dagegen, sobald Gleichungen zweiten oder höheren Grades auftreten.

Das war zuerst bei der charakteristischen Gleichung 42, (54) einer Kollineation der Fall. Diese erhält jetzt reelle Koeffizienten. Hier muß noch der Fall gesondert betrachtet werden, wo nur eine ihrer Wurzeln einfach zählend reell ist. Diese liefert einen reellen Ruhepunkt der Kollineation; die beiden andern sind konjugiert imaginär und haben somit eine reelle Verbindungsgerade. Die invariante Figur besteht dann also aus einer reellen Geraden $\mathfrak{g}$ und einem reellen Punkte a außerhalb $\mathfrak{g}$.

Wir nehmen also das Problem auf: Wie heißt die reelle Kollineation, die $\mathfrak{g}$ und a in Ruhe läßt und die reellen Punkte p und q in p' bzw. q' überführt?

Damit $\mathfrak{g}$ in Ruhe bleibt, muß sein

$$(\mathfrak{g}\,x') = \varphi_1\,(\mathfrak{g}\,x).$$

Soll a in Ruhe bleiben, so muß gleichzeitig erfüllt sein:

$$(p'\,a\,x') = \varphi_2(p\,a\,x), \qquad (q'\,a\,x') = \varphi_3(q\,a\,x),$$

wo die von Null verschiedenen reellen Größen $\varphi_1, \varphi_2, \varphi_3$ noch zu bestimmen sind.

Unter den Bedingungen $(a\,\mathfrak{g}) \neq 0$, $(p'\,q'\,a) \neq 0$ können wir aus den drei letzten Gleichungen x' ausrechnen. Dazu ersetzt man in **31**, (30 a) die Geraden 0, 1, 2, 3 der Reihe nach durch $\mathfrak{x}$, $\mathfrak{g}$, $\widehat{p'\,a}$, $\widehat{q'\,a}$. Es wird

$$(a\,\mathfrak{g})(p'\,q'\,a)(x'\,\mathfrak{x}) \equiv \varphi_1(x\,\mathfrak{g})(p'\,q'\,a)(a\,\mathfrak{x}) + \varphi_2(p\,a\,x)(q'\,a\,\mathfrak{g}\,\mathfrak{x}) + \varphi_3(q\,a\,x)(a\,p'\,\mathfrak{g}\,\mathfrak{x}).$$

Soll jetzt p in p' übergehen, so lassen sich unter den weiteren Voraussetzungen

$$(\mathfrak{g}\,p) \neq 0, \qquad (\mathfrak{g}\,p') \neq 0, \qquad (p\,q\,a) \neq 0$$

φ_1 (für $\mathfrak{x} = \mathfrak{g}$) und φ_3 ausrechnen:

$$\varphi_1 = (p'\,\mathfrak{g}) : (p\,\mathfrak{g}), \qquad \varphi_3 = (p'\,q'\,a) : (p\,q\,a).$$

Weil schließlich noch q in q' übergeführt werden soll, folgt unter den Voraussetzungen

$$(\mathfrak{g}\,q) \neq 0, \qquad (\mathfrak{g}\,q') \neq 0$$

ein zweiter Wert für φ_1, worauf wir setzen dürfen

$$(p'\,\mathfrak{g})(q\,\mathfrak{g}) : (p\,\mathfrak{g})(q'\,\mathfrak{g}) = 1.$$

Diese Formel benutzen wir sogleich, um das mittelste Glied rechts homogen zu machen. Ferner wird $\varphi_2 = \varphi_3$. Schließlich ergibt sich:

$$(1) \quad (a\mathfrak{g})(q'\mathfrak{g})(p\mathfrak{g})(pqa)(x'\mathfrak{x}) \equiv (p'\mathfrak{g})(q'\mathfrak{g})(\mathfrak{g}x)(a\mathfrak{x})(pqa) + \\ + (p'\mathfrak{g})(q\mathfrak{g})(pax)(q'a\mathfrak{g}\mathfrak{x}) + (q'\mathfrak{g})(p\mathfrak{g})(qax)(ap'\mathfrak{g}\mathfrak{x}).$$

Daß bei dieser Kollineation der Punkt a in Ruhe bleibt, sieht man sofort. Untersucht werden muß, wie sich die Punkte auf der gleichfalls in Ruhe bleibenden Geraden $\mathfrak{g}$ vertauschen. Dazu führen wir auf $\mathfrak{g}$ eine Parameterdarstellung ein:

$$(x\mathfrak{x}) \equiv \lambda \frac{(ap\mathfrak{g}\mathfrak{x})}{(p\mathfrak{g})} + \mu \frac{(aq\mathfrak{g}\mathfrak{x})}{(q\mathfrak{g})}.$$

Jetzt wird

$$(x\mathfrak{g}) = 0, \quad (pax) = -\mu(a\mathfrak{g})(pqa):(q\mathfrak{g}), \quad (qax) = \lambda(a\mathfrak{g})(pqa):(p\mathfrak{g}).$$

Hierdurch geht (1) über in

$$(p\mathfrak{g})(q'\mathfrak{g})\left\{\lambda'\frac{(ap\mathfrak{g}\mathfrak{x})}{(p\mathfrak{g})} + \mu'\frac{(aq\mathfrak{g}\mathfrak{x})}{(q\mathfrak{g})}\right\} \equiv \lambda(q'\mathfrak{g})(ap'\mathfrak{g}\mathfrak{x}) - \mu(p'\mathfrak{g})(q'a\mathfrak{g}\mathfrak{x}).$$

Nunmehr spezialisieren wir $\mathfrak{x}$ zunächst in $\widehat{aq}$, dann in $\widehat{ap}$. Dadurch wird

$$(p\mathfrak{g})(q'\mathfrak{g})(pqa)\lambda' = (p\mathfrak{g})(q'\mathfrak{g})(p'qa)\lambda + (p'\mathfrak{g})(p\mathfrak{g})(q'qa)\mu,$$
$$(p\mathfrak{g})(q'\mathfrak{g})(pqa)\mu' = (q\mathfrak{g})(q'\mathfrak{g})(p'ap)\lambda + (p'\mathfrak{g})(q\mathfrak{g})(q'ap)\mu.$$

Für die Ruheelemente auf $\mathfrak{g}$ muß sich eine von Null verschiedene Größe ϱ so finden lassen, daß $\lambda' = \varrho\lambda$, $\mu' = \varrho\mu$ (vgl. 42 und 62).

Für ϱ erhalten wir dann unter Beachtung von **31**, (32) die Gleichung

$$\varrho^2(p\mathfrak{g})(q'\mathfrak{g})(pqa) - \varrho\{(p\mathfrak{g})(q'\mathfrak{g})(p'qa) + (p'\mathfrak{g})(q\mathfrak{g})(pq'a)\} + \\ + (p'\mathfrak{g})(q\mathfrak{g})(p'q'a) = 0,$$

die nie mehr als zwei Lösungen besitzt, sodaß hier sicher nicht Typus IV der Kollineationen (40) vorliegt. Jetzt ist das Vorzeichen der Größe

$$\Omega = \{(p\mathfrak{g})(q'\mathfrak{g})(p'qa) - (p'\mathfrak{g})(q\mathfrak{g})(pq'a)\}^2 \\ - 4(p\mathfrak{g})(p'\mathfrak{g})(q\mathfrak{g})(q'\mathfrak{g})(p'pa)(q'qa)$$

maßgebend.

Für $\Omega > 0$ liegt der Fall vor, wo es auf der Geraden $\mathfrak{g}$ zwei getrennte *reelle* Ruhepunkte gibt. „Typus Ia".

Ist $\Omega = 0$, so fallen die beiden soeben genannten Punkte zusammen, und es liegt Typus II vor.

Im Falle $\Omega < 0$ reden wir vom Typus Ib. Hier gibt es auf der Geraden $\mathfrak{g}$ keinen Ruhepunkt.

In den ersten beiden Fällen arbeiteten die bisherigen Formeln (37, 38) bedeutend bequemer, und es lag kein Anlaß zur Änderung der Aufgabestellung vor. Der Typus Ib zeigt bereits, wieviel verwickelter die Dinge werden können, wenn man sich die Beschränkung auferlegt, nur mit den Hilfsmitteln des reellen Gebietes auszukommen.

1. *Ternäre Symbolik.* Die Formel $\xi' = (\bar{a}\,\bar{x})\,a$, in der $a_i\,\bar{a}_k = a_{ik}$ gesetzt werden soll, stellt eine *Quasikorrelation* dar (S. 226). In der daraus gebildeten Form $(\xi'y) \equiv (\bar{a}\bar{x})\,(ay)$ gelten für die ausgerechneten Koeffizienten die Beziehungen $a_{ki} = \bar{a}_{ik}\,(i, k = 1, 2, 3)$. Der Ort der Punkte x, die mit den zugeordneten Geraden ξ' vereinigt liegen, hat die Gleichung

$$(\bar{a}\bar{x})\,(a x) = 0 \,.$$

Die linke Seite fällt stets reell aus und stellt eine *ternäre Hermitesche Form* dar. (Vgl. S. 15. S. 209.) Die Determinante der Quasikorrelation

$$\tfrac{1}{6}\,(\bar{a}\,\bar{a}'\,\bar{a}'')\,(a\,a'\,a'')$$

heißt auch *Diskriminante* der Hermiteschen Form. Sie ist reell.

2. Zwei ternäre Hermitesche Formen gelten als äquivalent, wenn sie sich nur durch einen *reellen* nicht verschwindenden konstanten Faktor unterscheiden. Dann gibt es bei Zählung reeller Konstanten ∞^8 ternäre Hermitesche Formen. Die ∞^7 unter ihnen, deren Diskriminante verschwindet, heißen *singulär*. Das von den ∞^8 Nullstellen (vgl. aber 69, Zus. 4, 5) einer ternären Hermiteschen Form dargestellte Gebilde heiße ein *Hermitescher Punktkomplex* (S. 199).

3. Nennt man die Gerade $\xi' = (\bar{a}\bar{\xi})\,a$ die *Polare* des Punktes x in bezug auf den Hermiteschen Punktkomplex $(\bar{a}\bar{x})\,(ax) = 0$, so findet man wie in 62, Zus. 4

$$(\xi'\,\eta'\,\zeta') = \tfrac{1}{6}\,(\bar{a}\,\bar{a}'\,\bar{a}'')\,(a\,a'\,a'') \cdot (\overline{x\,y\,z}).$$

In Worten?

4. Als Transformation $\xi \longrightarrow x'$ läßt sich die Quasikorrelation $\xi' = (\bar{a}\,\bar{x})\,a$ so schreiben (vgl. 65, Zus. 2)

$$x' = \tfrac{1}{2}\,(\bar{a}\,\bar{a}'\,\bar{\xi})\,a\,a'.$$

Hieraus entnimmt man für die Geraden, die mit den zugeordneten Punkten vereinigt liegen (vgl. 63, Zus. 2) die Gleichung

$$\tfrac{1}{2}\,(\bar{a}\,\bar{a}'\overline{\xi})\,(a\,a'\xi) = 0$$

5. Den *Pol* der Geraden ξ in bezug auf den Hermiteschen Punktkomplex erklären wir (vgl. 63, Zus. 4) durch

$$\tfrac{1}{6}\,(\bar{a}\,\bar{a}'\,\bar{a}'')\,(a\,a'\,a'') \cdot x = \tfrac{1}{2}\,(\bar{a}\,\bar{a}'\overline{\xi})\,a\,a'.$$

Dann läßt sich die Symbolik der quadratischen Formen in weitem Umfange übertragen.

69. Reelle Kurven zweiter Ordnung. Eine Korrelation heißt reell, wenn die Verhältnisse ihrer Koeffizienten sämtlich reell sind. Dann kann man es erreichen, daß diese Koeffizienten selbst reell sind. Eine reelle Korrelation verwandelt reelle Elemente immer wieder in reelle Elemente, und, wenn sie nicht singulär ist, auch imaginäre Elemente immer wieder in imaginäre Elemente. Die ∞^8 reellen Korrelationen bilden mit den ∞^8 reellen Kollineationen zusammen die achtgliedrige gemischte *reelle projektive* Gruppe (46, Zus. 4), eine Untergruppe der jetzt als sechszehngliedrig zu bezeichnenden Gruppe *aller* projektiven Transformationen.

Die reellen Polaritäten begründen (47) den Begriff der reellen Kurven zweiter Ordnung. *Eine K. 2. O. ist demnach reell zu nennen, wenn ihre Koeffizienten sämtlich reell sind* (oder gemacht werden können). Man läßt dann nur reelle Proportionalitätsfaktoren an den a_{ik}, nur positive an den A_{ik} zu. Wie das Beispiel $x_1^2 + x_2^2 + x_3^2 = 0$ zeigt, gehört zu einem reellen Punkte der Ebene immer eine reelle Polare, aber reelle *Kurvenpunkte* braucht es darum noch nicht zu geben (vgl. S. 19).

Damit sind wir vor die erste Frage gestellt: Wann hat eine reelle K. 2. O. reelle Punkte?

Wir gehen an diese Frage heran, indem wir die Transformation auf kanonische Formen aus 56 wieder aufnehmen. Jetzt werden nur reelle Kollineationen zugelassen, so daß (etwaige) reelle Punkte der K. 2. O. wieder in reelle Punkte übergeführt werden. Ferner sei die K. 2. O. nicht singulär.

Das am Schlusse von 55 erwähnte Polardreieck mit den Ecken $(p\xi) = 0$, $(p/q)(p\xi) - (p/p)(q\xi) = 0$, $(pq/\xi) = 0$ soll *reell* sein. Dabei ist zu wählen

$$(p/p) \neq 0, \qquad (pq/pq) \neq 0.$$

Diese drei Punkte werden der Reihe nach in die Punkte $1:0:0$, $0:1:0$, $0:0:1$ *reell* kollinear transformiert durch

$$(2) \quad (x\xi) \equiv \frac{(d/p)}{(p/p)}(p\xi)\frac{x_1'}{d_1'} + \frac{(dp/pq)}{(p/p)(pq/pq)}\frac{x_2'}{d_2'}\{(p/q)\cdot(p\xi) - (p/p)\cdot(q\xi)\}$$
$$+ \frac{(dpq)}{(pq/pq)}(pq/\xi)\frac{x_3'}{d_3'},$$

wobei noch der Punkt d in d' übergeführt wird[1]).

Nun findet man unschwer[2])

$$(3) \quad D(x/x) = \frac{D^2(d/p)^2}{D(p/p)}\cdot\frac{x_1'^2}{d_1'^2} + \frac{D^2(dp/pq)^2}{D(p/p)\cdot(pq/pq)}\cdot\frac{x_2'^2}{d_2'^2} + \frac{D^2(dpq)^2}{(pq/pq)}\cdot\frac{x_3'^2}{d_3'^2}.$$

Jetzt kommt alles auf die Vorzeichen der Koeffizienten an, die uns seinerzeit in 56 nichts angingen. Maßgebend sind die Vorzeichen von

$$D(p/p) \quad \text{und} \quad (pq/pq).$$

Ist $D(p/p) > 0$, $(pq/pq) > 0$, so lassen sich die Punkte d und d' so bestimmen, daß alle drei Koeffizienten rechts den Wert $+1$ erhalten. Die Transformation (2) wird für

$$d_1' = \frac{D(d/p)}{\sqrt{D(p/p)}}, \qquad d_2' = \frac{D(dp/pq)}{\sqrt{D(p/p)}\sqrt{pq/pq}}, \qquad d_3' = \frac{D(dpq)}{\sqrt{pq/pq}}$$

---

[1]) Man bildet aus 37, (45) die Ausdrücke $(x'b'c')$, $(x'c'a')$, $(x'a'b')$ und rechnet dann $(x\xi)$ vermöge 31, (30b) aus.

[2]) Man ersetze in (2) ξ der Reihe nach durch p^*, q^*, $\widehat{pq}$, x^* (55).

zu

$$(2\,\mathrm{a}) \qquad (x\mathfrak{x}) \equiv \frac{(p\mathfrak{x})}{\sqrt{D(p|p)}}\,x_1' + \frac{(p|q)(p\mathfrak{x}) - (p|p)(q\mathfrak{x})}{\sqrt{D(p|p)}\,\sqrt{pq|pq}}\,x_2' + \frac{(pq|\mathfrak{x})}{D\sqrt{pq|pq}}\,x_3',$$

und (3) geht über in

$$(3\,\mathrm{a}) \qquad D(x|x) = x_1'^{\,2} + x_2'^{\,2} + x_3'^{\,2}.$$

Die rechte Seite kann für reelle $x_1' : x_2' : x_3'$ nicht verschwinden, daher hat $(x|x)$ jetzt im reellen Gebiet keine Nullstellen. Die Kurve heißt (vgl. S. 86) *nullteilig*.

Wir haben also:

Läßt sich für eine reelle nicht singuläre Kurve zweiter Ordnung ein reeller Punkt p angeben, sodaß $D(p|p) > 0$, und außerdem eine durch diesen Punkt laufende reelle Gerade $\mathfrak{g}$ so, daß $(\mathfrak{g}|\mathfrak{g}) > 0$, so ist die Kurve nullteilig.

Läßt sich für eine reelle nicht singuläre Kurve zweiter Ordnung ein reeller Punkt p und eine reelle Gerade $\mathfrak{g}$ durch ihn angeben, sodaß

$$D(p|p) > 0, \qquad (\mathfrak{g}|\mathfrak{g}) > 0,$$

so ist für alle reellen Punkte der Ebene $D(x|x) > 0$, und für alle reellen geraden Linien der Ebene $(\mathfrak{x}|\mathfrak{x}) > 0$.[1] Die reelle ternäre Form $(x|x)$ heißt dann *definit*.

In den anderen drei Fällen geht man entsprechend vor. Wenn etwa $D(p|p) < 0$, $(pq|pq) > 0$, so setzt man

$$d_1' = \frac{D(d|p)}{\sqrt{-D(p|p)}}, \qquad d_2' = \frac{D(dp|pq)}{\sqrt{-D(p|p)}\,\sqrt{pq|pq}}, \qquad d_3' = \frac{D(dpq)}{\sqrt{pq|pq}}$$

und erhält

$$(3\,\mathrm{b}) \qquad D(x|x) = -\,x_1'^{\,2} - x_2'^{\,2} + x_3'^{\,2}.$$

Hier heißt die Kurve *einteilig*, sie hat ∞^1 reelle Punkte, und ebenso in den beiden Fällen $(pq|pq) < 0$:

Läßt sich für eine reelle nicht singuläre Kurve zweiter Ordnung ein reeller Punkt p und eine hindurchlaufende reelle Gerade $\mathfrak{g}$ so angeben, daß die beiden Ausdrücke $D(p|p)$ und $(\mathfrak{g}|\mathfrak{g})$ entgegengesetztes Vorzeichen haben, oder beide negativ sind, so können die Ausdrücke $D(x|x)$ und $(\mathfrak{x}|\mathfrak{x})$ das Vorzeichen wechseln. Die reelle ternäre Form $(x|x)$ heißt dann indefinit.

---

[1] Auf Grund von **55**, Zus. 5 und der ihr entsprechenden aus **50**, (29) zu entwickelnden Relation ($\mathfrak{b} = x^*$, $\mathfrak{c} = y^*$) für eine Gerade und zwei Punkte:
$$(\mathfrak{a}|\mathfrak{a})\big\{(x|x)(y|y) - (x|y)^2\big\} + 2\,D(\mathfrak{a}x)(\mathfrak{a}y)(x|y) - D(\mathfrak{a}x)^2(y|y) - D(\mathfrak{a}y)^2(x|x) = (xy|\mathfrak{a})^2,$$

In diesen drei Fällen kann man auf reellem Wege jedesmal die kanonische Form

$$x_1^2 + x_2^2 - x_3^2 = 0$$

herstellen:

Gegenüber reellen Kollineationen gibt es zwei Klassen reeller nicht singulärer Kurven zweiter Ordnung. Kanonische Gleichungen:

$x_1^2 + x_2^2 + x_3^2 = 0$. Nullteilige oder definite Kurven.

$x_1^2 + x_2^2 - x_3^2 = 0$. Einteilige oder indefinite Kurven.

Jetzt haben wir die Behandlung der nicht singulären reellen K. 2. O. in zwei Zweige zu gabeln.

Für *definite* Kurven versagen die Formeln **50**, (34) und **52**, (41). Die Frage nach den *reellen* Schnittpunkten mit einer *reellen* Geraden, oder den *reellen* Schnittgeraden mit einem *reellen* Büschel wird überflüssig. Dagegen behält der Angulus zweier Geraden (**53**, (46)) seinen Sinn, *obwohl er nicht gut erklärt worden kann, ohne daß man eine Anleihe im imaginären Gebiet macht.* Dasselbe gilt nach **51**, (36) von der Distanz zweier Punkte, wobei man die Größe μ reell annehmen wird, damit reelle Punkte eine reelle Distanz erhalten. Somit läßt sich die gesamte Nichteuklidische Trigonometrie im reellen Gebiet beibehalten, obwohl dann keiner ihrer Begriffe ungezwungen mit den Hilfsmitteln des reellen Gebietes begründet werden kann. Die synthetische Behandlung hätte auf Grund des Satzes von v. Staudt in **47**, Zus. 1 zu erfolgen. Diesen Zweig der N. E. G., der sich auf die Betrachtung eines definiten, also *reellen* absoluten Kegelschnitts gründet, nennt man *elliptische Geometrie.* Wir werden uns noch eingehend mit ihr zu beschäftigen haben (**77**).

Im Falle der *indefiniten* Kurven zerfällt die Ebene in zwei Gebiete, je nachdem $D(x|x)$ positiv oder negativ ist. Dieser Unterschied bedeutet den Gegensatz *Inneres — Äusseres.* Aus der kanonischen Gleichung (3b) erkennt man (vgl. **7**), daß der *reelle* Punkt x

im Inneren liegt, wenn $D(x|x) > 0$.

im Äußern liegt, wenn $D(x|x) < 0$.

Die *reelle* Gerade $\mathfrak{x}$ dringt ins Innere ein, wenn $(\mathfrak{x}|\mathfrak{x}) < 0$, sie bleibt ganz im äußeren Gebiet, wenn $(\mathfrak{x}|\mathfrak{x}) > 0$. Für einen Punkt im Äußeren kann man nach den beiden Tangenten durch ihn an die Kurve fragen, für eine Gerade, die ins Innere eindringt, nach ihren Schnittpunkten mit der K. 2. O. (**55**, (63), (66)). Die auf eine *indefinite* K. 2. O. als absoluten Kegelschnitt zu gründende N. E. G. nennt man *hyperbolische* Geometrie. Erst, wenn wir diese behandeln (**76**), werden wir auf die Besonderheiten der indefiniten K. 2. O. näher eingehen.

1. Die beiden Klassen reeller Kurven zweiter Ordnung vom Range *zwei* haben die kanonischen Gleichungen (55, Zus. 5):

$$x_1^2 + x_2^2 = 0. \quad \text{Ein Punkt.}$$

$$x_1^2 - x_2^2 = 0. \quad \text{Zwei getrennte Gerade.}$$

Schließlich gibt es vom Range *eins* eine einzige Klasse von K. 2. O. Kanonische Gleichung:

$$x_3^2 = 0.$$

2. Warum können die Vorzeichen von (x/x) und D einzeln keine geometrische Bedeutung haben?

3. *Trägheitsgesetz der quadratischen Formen.* Im R_n läßt sich eine quadratische Form vom Range r durch nicht singuläre komplexe Kollineationen auf eine Summe von r Quadraten transformieren, und zwar auf unendlich viele Arten. Läßt man nur reelle Kollineationen zu, so kann eine Normalform, die von Produkten der Veränderlichen frei ist, wieder auf unendlich viele Arten hergestellt werden. Seien zwei solche Normalformen

$$c_1 x_1^2 + c_2 x_2^2 + \ldots + c_r x_r^2 \quad \text{und} \quad d_1 x_1^2 + d_2 x_2^2 + \ldots + d_r x_r^2,$$

so haben beide Formen gleich viel positive Koeffizienten. Diesen Satz nennt man das Trägheitsgesetz der quadratischen Formen. Ein entsprechender Satz gilt für Hermitesche Formen.

4. Die nicht singulären ternären Hermiteschen Formen lassen sich durch komplexe Kollineationen auf eine der folgenden kanonischen Gestalten bringen:

$$\pm (x_1 \bar{x}_1 + x_2 \bar{x}_2 + x_3 \bar{x}_3). \quad \infty^8. \quad \text{Keine Nullstellen.} \quad \text{\textit{„Definite“} Formen.}$$

$$\pm (x_1 \bar{x}_1 + x_2 \bar{x}_2 - x_3 \bar{x}_3). \quad \infty^8. \quad \infty^3 \text{ Nullstellen.} \quad \text{\textit{„Indefinite“} Formen.}$$

5. Welche ternären Hermiteschen Formen haben nur ∞^2 Nullstellen?

6. Die Membran der reellen Punkte (S. 199) der Ebene ist *partieller* Durchschnitt zweier Hermiteschen Komplexe (68, Zus. 2). Welche Punkte muß man hinzunehmen, um den *vollständigen* Durchschnitt der beiden Komplexe zu erhalten? Um die Membran der reellen Punkte *rein* (vgl. S. 216) darzustellen, braucht man *drei* Hermitesche Komplexe.

70. Affine Geometrie der Kurven zweiter Ordnung. Die affine Geometrie ist (43) durch die Sonderstellung der uneigentlichen Geraden gekennzeichnet. Fragen wir, ob diese als Tangente der K. 2. O. auftreten kann, so haben wir sofort die folgende Einteilung der K. 2. O. vom Range drei:

$$A_{33} \neq 0. \quad \text{„Zentrische Kurve“.}$$

$$A_{33} = 0. \quad \text{„Parabel“.}$$

Eine Sonderrolle muß demnach auch der Pol der uneigentlichen Geraden spielen. Er heißt *Mittelpunkt* der K. 2. O. (vgl. S. 192) und hat die Koordinaten $A_{13} : A_{23} : A_{33}$. Für zentrische Kurven ist er somit eigentlich, für Parabeln uneigentlich.

Die K. 2. O. besitzt zwei uneigentliche Punkte, die für zentrische Kurven getrennt sind, für Parabeln mit dem Mittelpunkt zusammenfallen.

Die uneigentlichen Punkte entnimmt man aus den beiden Gleichungen

$$x_3 = 0, \quad a_{11} x_1^2 + 2 a_{12} x_1 x_2 + a_{22} x_2^2 = 0;$$

so erhält man die ersten beiden der nachstehenden Zeilen. Die dritte geht aus ihnen hervor, wenn man mit $-a_{23}$ und a_{13} multipliziert und dann addiert.

$$(4) \quad \begin{cases} x_1 : x_2 : x_3 = -a_{12} + \sqrt{-A_{33}} : \quad a_{11} \quad : 0 \\ = \quad -a_{22} \quad : a_{12} + \sqrt{-A_{33}} : 0 \\ = A_{13} - a_{23}\sqrt{-A_{33}} : A_{23} + a_{13}\sqrt{-A_{33}} : 0. \end{cases}$$

Die Gleichung des (als *Kurve zweiter Klasse* aufgefaßten) Paares der uneigentlichen Punkte lautet

$$(4\,a) \quad a_{11}\xi_2^2 - 2\,a_{12}\xi_2\xi_1 + a_{22}\xi_1^2 = 0;$$

die linke Seite heiße die *charakteristische* binäre quadratische Form der K. 2. O.

Die Polare eines uneigentlichen Punktes heißt *Asymptote.* Jede der beiden Asymptoten verbindet den Mittelpunkt mit einem uneigentlichen Kurvenpunkt. Für ihre Geradenkoordinaten erhält man aus (4) drei Formelsysteme, von denen wir nur das letzte hinschreiben:

$$(5) \quad -a_{13}A_{33} + A_{23}\sqrt{-A_{33}} : -a_{23}A_{33} - A_{13}\sqrt{-A_{33}} : D - a_{33}A_{33};$$

für die Parabeln wird die Asymptote uneigentlich.

Die Polaren der uneigentlichen Punkte heißen allgemein *Durchmesser.* Daß sie im Mittelpunkt, soweit dieser eigentlich ist, halbiert werden, folgt aus 43. Alle Durchmesser der Parabel sind parallel.

Vier Durchmesser einer zentrischen Kurve geben zu einem Doppelverhältnis Anlaß. Eine Sonderrolle spielen unter den Durchmessern die Asymptoten, und man kann verlangen, daß die beiden andern durch sie harmonisch getrennt werden. Dann heißen diese beiden *zueinander konjugierte Durchmesser.*

Das Asymptotenpaar läuft durch den Mittelpunkt und genügt der Gleichung (4a) der uneigentlichen Kurvenpunkte, läßt sich also bei *zentrischen* Kurven *rational* so darstellen:

$$(6) \quad a_{22}(A_{33}x_2 - A_{23}x_3)^2 - 2\,a_{12}(A_{33}x_2 - A_{23}x_3)(A_{31}x_3 - A_{33}x_1) + \\ + a_{11}(A_{31}x_3 - A_{33}x_1)^2 = 0.$$

Die beiden Durchmesser des Paares

$$(7) \quad b_{22}(A_{33}x_2 - A_{23}x_3)^2 - 2\,b_{12}(A_{33}x_2 - A_{23}x_3)(A_{31}x_3 - A_{33}x_1) + \\ + b_{11}(A_{31}x_3 - A_{33}x_1)^2 = 0$$

sind zueinander konjugiert, wenn

$$(7) \quad a_{11}b_{22} + a_{22}b_{11} - 2\,a_{12}b_{12} = 0. \quad \text{(vgl. 50, Zus. 4)}$$

Jede Asymptote ist zu sich selbst konjugiert.

Damit ist die Lehre von den affinen Eigenschaften der K. 2. O. im wesentlichen erschöpft. Die Rückführung auf kanonische Gleichungen ist für die zentrischen Kurven leicht. Die uneigentlichen Kurvenpunkte bilden mit dem Mittelpunkt zusammen ein Dreieck, welches auf die Punkte $1:i:0$, $1:-i:0$, $0:0:1$ transformiert werden kann. Das läßt·sich kollinear auf $6\cdot\infty^2$ Weisen bewerkstelligen, affin noch auf $2\cdot\infty^2$ Arten. Jetzt ist der Koeffizient a'_{12} fortgefallen, während $a'_{11} = a'_{22} \neq 0$ wird. Aus $A'_{13} = A'_{23} = 0$ schließt man weiter $a'_{31} = 0$, $a'_{32} = 0$. Die transformierte Kurve hat jetzt also die Gestalt $x_1'^2 + x_2'^2 + \varrho\, x_3'^2 = 0$, und wie man diesen letzten Koeffizienten ϱ auf 1 bringen kann (durch eine *affine* Transformation, die die drei Punkte $1:i:0$, $1:-i:0$, $0:0:1$ nicht stört!), ist evident. Beide Affinitäten lassen sich in eine einzige zusammenfassen.

Im Falle der Parabeln kann man nicht so vorgehen. Hier ist von vornherein nur ein Schritt indiziert, nämlich die Transformation des Mittelpunktes in eine spezielle Lage auf der uneigentlichen Geraden. Von da ab leitet kein geometrischer Gedanke mehr. In solchen Fällen befolgt man das Prinzip, *soviel Koeffizienten wie möglich fortzuschaffen.*

Wir transformieren affin vermöge der Affinität in 54, Zus. 7, wo also $a_3 = b_3 = 0$ zu setzen ist. Wie aus der dort stehenden Gleichung der transformierten K. 2. O. hervorgeht, wird dann

$$a'_{12} = (a/b), \qquad a'_{13} = (a/c), \qquad a_{22} = (b/b) \quad \text{usw.}$$

Der Koeffizient a'_{33} von $x_3'^2$ wird gleich (c/c). Um ihn zum Verschwinden zu bringen, bilden wir eine *Parameterdarstellung* für die Punkte der Kurve. Diese läßt sich hier *rational* gewinnen, da wir ja bereits einen Kurvenpunkt, den Mittelpunkt, kennen. Durch ihn legen wir das Geradenbüschel (Parallelenbüschel) und bringen jede Gerade dieses Büschels mit der Kurve zum Schnitt. Damit ist aber die Parameterdarstellung bereits vollzogen. Um sie homogen zu gestalten, führt man eine Größe a^2 ein, die nicht verschwindet, wobei a das Gewicht der a_{ik} hat.

Man stellt also etwa die Punkte p der nicht durch den Mittelpunkt laufenden Geraden $a_{13}:a_{23}:0$ mittelst eines Parameters $\sigma_1:\sigma_2$ dar:

$$p_1:p_2:p_3 = a^2 a_{23}\,\sigma_2 : -\,a^2 a_{13}\,\sigma_2 : D\sigma_1.$$

Diesen Punkt verbindet man mit dem Mittelpunkt durch die Punktreihe

$$x_1:x_2:x_3 = \lambda p_1 + \mu A_{13} : \lambda p_2 + \mu A_{23} : \lambda p_3.$$

Der Punkt x liegt auf der Parabel, wenn

$$\lambda\,(p/p) + \mu\cdot 2Dp_3 = 0.$$

Wegen $(p/p) = D(Da_{33}\sigma_1^2 - a^4\sigma_2^2)$ wird $\lambda : \mu = -2D\sigma_1 : Da_{33}\sigma_1^2 - a^4\sigma_2^2$. Setzt man diesen Wert und die obigen Werte für p in die $x_1 : x_2 : x_3$ ein, so erhält man die gesuchte Parameterdarstellung:

$$(8) \quad \begin{cases} x_1 = -A_{13}a^4\sigma_2^2 - 2Da^2a_{23}\sigma_1\sigma_2 + Da_{33}A_{13}\sigma_1^2, \\ x_2 = -A_{23}a^4\sigma_2^2 + 2Da^2a_{13}\sigma_1\sigma_2 + Da_{33}A_{23}\sigma_1^2, \\ x_3 = \qquad\qquad\qquad\qquad\qquad -2D^2\ \ \sigma_1^2. \end{cases}$$

Die Größen rechts können also bei (ganz?) beliebiger Wahl von $\sigma_1 : \sigma_2$ als c_1, c_2, c_3 verwandt werden; dann verschwindet a_{33}'.

Damit ferner a_{13}' verschwinde, ist zu setzen:

$$a_1 = 2D\sigma_1\varphi(A_{13}a^2\sigma_2 + Da_{23}\sigma_1), \qquad a_2 = 2D\sigma_1\varphi(A_{23}a^2\sigma_2 - Da_{13}\sigma_1),$$

wo φ ein Proportionalitätsfaktor ist. Jetzt erhält a_{11}' den Wert $-4\varphi^2 D^5\sigma_1^4$.

Soll endlich a_{22}' verschwinden, so hat man zu nehmen:

$$b_1 = \varrho A_{13}, \qquad b_2 = \varrho A_{23},$$

wo ϱ ein weiterer Proportionalitätsfaktor ist. Gleichzeitig verschwindet auch a_{12}', und a_{23}' erhält den Wert $-2D^3\sigma_1^2\varrho$. Jetzt wird man noch $\varrho = 2D^2\varphi^2\sigma_1^2$ wählen; dann geht die ternäre Form $D(x/x)$ über in $-4D^6\varphi^2\sigma_1^4(x_1'^2 + 2x_3'x_3')$.

So führt beispielsweise $(D\varphi = a^2,\ \sigma_1 = \sigma_2 = 1)$ die Affinität

$$\begin{cases} x_1 = A_{13}a^4\{2x_1' + 2x_2' - x_3'\} + 2Da^2a_{23}\{x_1' - x_3'\} + Da_{33}A_{13}x_3', \\ x_2 = A_{23}a^4\{2x_1' + 2x_2' - x_3'\} - 2Da^2a_{13}\{x_1' - x_3'\} + Da_{33}A_{23}x_3', \\ x_3 = \qquad\qquad\qquad\qquad\qquad\qquad\qquad\qquad\qquad\qquad -2D^2x_3', \end{cases}$$

die vorgegebene Parabel über in

$$-4D^3a^4(x_1'^2 + 2x_2'x_3') = 0.$$

Die nichtsingulären Kurven zweiter Ordnung zerfallen gegenüber komplexen Affinitäten in zwei Klassen. Kanonische Vertreter:

$$x_1^2 + x_2^2 + x_3^2 = 0. \quad \text{Zentrische Kurven.} \quad \infty^5.$$

$$x_1^2 + 2x_2x_3 = 0. \quad \text{Parabeln.} \quad \infty^4.$$

Die Korrelationen können in der affinen Geometrie keine Rolle spielen; das liegt daran, daß es ∞^1 ausgezeichnete Punkte, aber nur eine einzige ausgezeichnete Gerade gibt. Das Dualitätsprinzip verliert seine Bedeutung.

1. Es sei $L = 0$ eine K. 2. O. und $G = 0$ die uneigentliche Gerade. Was läßt sich von allen Kurven $\sigma L + \tau G^2 = 0$ aussagen?

2. Mittelpunkt für $x_1^2 - 7x_1x_2 + x_2^2 - 3x_2x_3 + x_3^2 = 0$. Dieselbe Frage für $x_1^2 - 4x_1x_2 + 4x_2^2 - x_3^2 = 0$.

3. Kann der singuläre Punkt einer K. 2. O. vom Range zwei als Mittelpunkt im Sinne des Textes bezeichnet werden?

4. Asymptoten der Kurven $xy-12 = 0$, $4x^2+y^2-4 = 0$, $x^2+y^2 = 4$.

5. Folgende Kurven sollen *affin* auf die kanonische Gleichung transformiert werden:

$$4x_1^2+5x_2^2-10x_3^2-2x_2x_3-5x_3x_1+4x_1x_2 = 0,$$
$$3x_1^2+x_2^2+21x_3^2-2x_2x_3-3x_3x_1+4x_1x_2 = 0,$$
$$3x_1^2+2x_1x_2-x_1x_3 = 0, \quad 2x_1x_3+5x_2x_3-x_3^2 = 0.$$

6. Alle Durchmesser von $x_1^2-2x_1x_2+x_2^2-2x_2x_3+x_3^2 = 0$ sollen angegeben werden.

7. Klassifikation der Kurven zweiter *Klasse* gegenüber komplexen Affinitäten:

a) $\xi_1^2+\xi_2^2+\xi_3^2 = 0$; ∞^5. b) $\xi_1^2+\xi_2\xi_3 = 0$; ∞^4. c) $\xi_2^2+\xi_3^2 = 0$; ∞^4.

d) $\xi_2\xi_3 = 0$; ∞^3. e) $\xi_1^2+\xi_2^2 = 0$; ∞^3. f) $\xi_3^2 = 0$; ∞^2. g) $\xi_1^2 = 0$; ∞^1.

Gib die Kriterien an und beschreibe insbesondere die *singulären* Kurven.

8. Der Ort der Mitten paralleler Sehnen einer zentrischen K. 2. O. ist ein Durchmesser (8, Zus. 2). (Man braucht die Koordinaten der Schnittpunkte nicht selbst; es ist daher die Auflösung einer quadratischen Gleichung zu vermeiden.) Zusammenhang mit der Polarentheorie!

9. Übelstand des Systems (5). Bilde allgemein gültige Formeln (50).

10. Klassifikation der singulären Kurven zweiter Ordnung:

$x_1x_2 = 0$. Paar nichtparalleler eigentlicher Geraden. ∞^4.

$x_1(x_1+x_3)$. Paar paralleler eigentlicher Geraden. ∞^3.

$x_1x_3 = 0$. Die uneigentliche Gerade und eine eigentliche. ∞^2.

$x_1^2 = 0$. Doppelt zählende eigentliche Gerade. ∞^2.

$x_3^2 = 0$. Die doppelt zählende uneigentliche Gerade. ∞^0.

11. Die Kriterien für die affinen Typen der K. 2. O. lassen sich sehr einfach angeben, wenn man die charakteristische Form mit A bezeichnet (wegen „affin"). Dann können nicht zusammen bestehen die beiden Bedingungen $A \equiv 0$, $r = 3$ und $A_{33} \neq 0$, $r = 1$. Alle übrigen Kombinationen sind zulässig, wobei allerdings zu bedenken ist, daß infolge von $A \equiv 0$ die Größe A_{33} verschwinden muß. Der Leser untersuche die Bedingungen für die einzelnen Fälle.

71. Reelle Affinitäten. Wenn wir jetzt die *reellen* Kurven zweiter Ordnung gegenüber *reellen* Affinitäten klassifizieren, so ist zu beachten, daß bereits gegenüber reellen *Kollineationen* zwei Klassen von nicht singulären K. 2. O. auftreten, die definiten und die indefiniten. Dieser Gegensatz kann infolgedessen auch durch eine reelle *Affinität* nicht überbrückt werden.

Bei den zentrischen Kurven ist also zu unterscheiden, ob sie definit oder indefinit sind. Bei den indefiniten Kurven gewinnt jetzt das Vorzeichen von A_{33} Bedeutung, welches hier durch Proportionalitätsfaktoren nicht mehr abgeändert werden kann.

$A_{33} > 0$. Es gibt keine Asymptoten. „Ellipsen".

$A_{33} < 0$. Es gibt getrennte Asymptoten. „Hyperbeln" (70, (5)).

Die Ellipsen haben keine uneigentlichen Punkte, die Hyperbeln besitzen zwei getrennte uneigentliche Punkte (70, (4)). Der Mittelpunkt liegt bei den Ellipsen im Innern, bei den Hyperbeln im Äußern (69), denn der dafür charakteristische Ausdruck $D(x/x)$ wird hier zu $A_{33} D^2$. Die Punkte der Hyperbel zerfallen in zwei getrennte Äste, zwischen denen im Bereich der eigentlichen Punkte kein stetiger Übergang möglich ist. F. Klein nennt die Hyperbel daher *zweiteilig*.

Man kann hier die Kreise vermissen. Ein Kreis läßt sich aber affin in eine Ellipse überführen, so daß das Wort Kreis in der affinen Geometrie sinnlos wird. (Anders ausgedrückt: Die affine Geometrie betrachtet nur solche Eigenschaften, die Kreis und Ellipse gemeinsam sind.)

Der Gegensatz Ellipse-Hyperbel gehört in die reelle affine Geometrie, nicht in die affine Geometrie schlechtweg. Im komplexen Gebiet verliert der Gegensatz seine Bedeutung. Es hat keinen Sinn, von einer imaginären Hyperbel zu reden[1]).

Sowohl bei der Ellipse als auch bei der Hyperbel gibt es konjugierte Durchmesser. Freilich versagt bei der Enge des gewählten Standpunktes die in 70 gebrachte Erklärung für die Ellipse. Die reelle affine Geometrie hat also die Aufgabe, die Lehre von den konjugierten Durchmessern für beide Kurvenarten zu begründen, *ohne das reelle Gebiet zu verlassen.*

Das geschieht, indem man nachweist, daß von zwei konjugierten Durchmessern jeder die zum andern parallelen Sehnen halbiert (70, Zus. 8).

Bei dem Bestreben, die reelle affine Geometrie mit den ihr eigentümlichen Hilfsmitteln zu behandeln, wird man sich an die inhomogenen Punktkoordinaten, die auch in der *komplexen* affinen Geometrie mit Nutzen verwandt werden können, und an die *Polarkoordinaten* (24) erinnern. Zu beachten ist dabei, daß singuläre Kurven nicht immer so behandelt werden dürfen, z. B. nicht die singuläre K. 2. O. $x_1 x_3 = 0$. (Grund!)

Wir wollen jetzt zeigen, daß die Einteilung der nicht singulären K. 2. O. in 70 auch hier noch vollständig ist. Dabei dürfen wir von dem neuen Standpunkt *nicht* wie bei 70 vorgehen, da komplexe Elemente vermieden werden sollen. Man wird also z. B. den Typus Ib in 68, (1) verwenden können.

---

[1]) Die Benennungen elliptisch, hyperbolisch werden häufig angewandt, wo es sich um einen Gegensatz handelt, der durch das Vorzeichen der Diskriminante einer quadratischen Gleichung hervorgerufen wird, *und der im komplexen Gebiet seine Bedeutung verliert.*

Aber man kann sich sogar auf einen noch engeren Standpunkt stellen und sich auf die Betrachtung der (reellen) *eigentlichen* Punkte beschränken. Dann *muß* man inhomogene Punktkoordinaten benutzen. Die reelle *zentrische* Kurve

$$(9) \quad a_{11}x^2 + 2a_{12}xy + a_{22}y^2 + 2a_{13}x + 2a_{23}y + a_{33} = 0 \quad (A_{33} \neq 0)$$

hat dann den Mittelpunkt $(A_{13}:A_{33}, \; A_{23}:A_{33})$. Diesen bringt man reell affin auf den Nullpunkt. Das leisten die ∞^4 reellen Affinitäten

$$x - \frac{A_{13}}{A_{33}} = \lambda_{11}x' + \lambda_{12}y', \qquad y - \frac{A_{23}}{A_{33}} = \lambda_{21}x' + \lambda_{22}y',$$

wo $\lambda_{11}\lambda_{22} - \lambda_{12}\lambda_{21} \neq 0$ anzunehmen ist.

Hierdurch fallen bei der transformierten Kurve die Koeffizienten a'_{13} und a'_{23} weg, ohne daß man die Transformationskoeffizienten λ irgendwie zu spezialisieren nötig hat. Es sind dann:

$$a'_{11} = a_{11}\lambda_{11}^2 + 2a_{12}\lambda_{11}\lambda_{21} + a_{22}\lambda_{21}^2,$$
$$a'_{22} = a_{11}\lambda_{12}^2 + 2a_{12}\lambda_{12}\lambda_{22} + a_{22}\lambda_{22}^2, \quad a'_{33} = D:A_{33},$$
$$a'_{12} = (a_{11}\lambda_{11} + a_{12}\lambda_{21})\lambda_{12} + (a_{12}\lambda_{11} + a_{22}\lambda_{21})\lambda_{22}.$$

Um a'_{12} zum Verschwinden zu bringen, setzt man:

$$\lambda_{12} = -(a_{12}\lambda_{11} + a_{22}\lambda_{21})t, \qquad \lambda_{22} = (a_{11}\lambda_{11} + a_{12}\lambda_{21})t,$$

wodurch gleichzeitig a'_{22} in $A_{33}t^2a'_{11}$ übergeht. Jetzt kann man durch geeignete Verfügung über t (zwei Fälle!) $a'^2_{22} = a'^2_{11}$ erreichen. Dann bleiben immer noch die beiden Koeffizienten λ_{11} und λ_{21} zur Verfügung, mit denen man $a'^2_{33} = a'^2_{11}$ machen kann.

Es genügt jetzt aber, wo wir bereits wissen, was durch reelle affine Transformation *nicht* geleistet werden kann, wenn wir eine Transformation wirklich angeben, die die zentrische K. 2. O. auf eine der drei kanonischen Gleichungen bringt.

1. $A_{33} > 0$, $Da_{11} > 0$. Die Kurve ist definit. (Sätze von **69**; jetzt ist $\mathfrak{g}$ die uneigentliche Gerade, p der auf ihr liegende reelle Punkt $1:0:0$.) Hier kann a_{11} nicht verschwinden.

Reelle Affinität:

$$\sqrt{Da_{11}}\,(A_{33}x - A_{13}) = D(\sqrt{A_{33}}\,x' - a_{12}y'),$$
$$\sqrt{Da_{11}}\,(A_{33}y - A_{23}) = D(\quad * \quad + a_{11}y').$$

Die linke Seite von (9) geht über in:

$$\frac{D}{A_{33}}(x'^2 + y'^2 + 1).$$

2. $A_{33} > 0$, $Da_{11} < 0$. Die Kurve ist indefinit und einteilig. a_{11} kann nicht verschwinden. (Grund!)

Reelle Affinität:

$$\sqrt{-Da_{11}}\,(A_{33}x - A_{13}) = D(\sqrt{A_{33}}\,x' - a_{12}y'),$$
$$\sqrt{-Da_{11}}\,(A_{33}y - A_{23}) = D(\quad * \quad + a_{11}y').$$

Die linke Seite von (9) wird zu:

$$-\frac{D}{A_{33}}\,(x'^2 + y'^2 - 1).$$

3. $A_{33} < 0$. Die Kurve ist indefinit, aber jetzt zweiteilig. Hier kann a_{11} verschwinden. Eine allgemeingültige Formel fällt zu schwerfällig aus; wir unterscheiden daher mehrere Fälle.

Für $Da_{11} < 0$ führt die reelle Affinität

$$\sqrt{-Da_{11}}\,(A_{33}x - A_{13}) = D(\sqrt{-A_{33}}\,x' - a_{12}y'),$$
$$\sqrt{-Da_{11}}\,(A_{33}y - A_{23}) = D(\quad * \quad + a_{11}y')$$

die linke Seite von (9) über in:

$$\frac{D}{A_{33}}\,(x'^2 - y'^2 + 1).$$

Dasselbe leistet für $Da_{11} > 0$ die reelle Affinität:

$$\sqrt{Da_{11}}\,(A_{33}x - A_{13}) = D(-a_{12}x' + \sqrt{-A_{33}}\,y'),$$
$$\sqrt{Da_{11}}\,(A_{33}y - A_{23}) = D(a_{11}x' + \quad * \quad),$$

und schließlich wird für $a_{11} = 0$ (wo a_{12} wegen $A_{33} \neq 0$ nicht verschwinden kann) durch die reelle Affinität

$$2\,a_{12}\,(A_{33}x - A_{13}) = (D - a_{22}A_{33})x' - (D + a_{22}A_{33})y',$$
$$2\,a_{12}\,(A_{33}y - A_{23}) = \quad 2\,a_{12}A_{33}x' \quad + \quad 2\,a_{12}A_{33}y'$$

rational dasselbe erreicht.

Da die Affinität, die in 70 die Parabeln auf die kanonische Gleichung brachte, sich *rational* durch die Koeffizienten der Kurve ausdrückte, so gibt sie ohne weiteres die Reduktion der *reellen Parabeln* vermöge einer *reellen* Affinität.

Somit gibt es nur die *vier* Klassen reeller nicht singulärer Kurven zweiter Ordnung in der *reellen affinen* Geometrie zu unterscheiden:

$A_{33} > 0.\ Da_{11} > 0.\ x^2 + y^2 + 1 = 0.$ Definite oder nullteilige Kurve. ∞^5.

$A_{33} > 0.\ Da_{11} < 0.\ x^2 + y^2 - 1 = 0.$ Ellipse. ∞^5.

$A_{33} < 0.\qquad\qquad x^2 - y^2 + 1 = 0.$ Hyperbel. ∞^5.

$A_{33} = 0.\qquad\qquad x^2 \quad + \ 2y \ = 0.$ Parabel. ∞^4.

Daß diese Typen auftreten mußten, zeigte der Anfang des Abschnittes, aber erst durch die wirkliche Aufstellung der Affinitäten, die aus der allgemeinen Gleichung die kanonischen Gleichungen herstellen, ist der Nachweis erbracht, daß weitere Klassen nicht vorhanden sind. Es gelten demnach vier Sätze wie der folgende:

Alle Hyperbeln sind zueinander reell affin.

Die Beschränkung auf einen engeren Standpunkt, von der wir hier sprachen, als wir das Transformationsgeschäft ohne Zuhilfenahme imaginärer und uneigentlicher Elemente vornahmen, hängt eng mit dem zusammen, was man als *Reinheit der Methode* fordert. Der Vertreter dieser Forderung hat in unserm Falle die Aufgabe, die Definitionen von Ellipse und Hyperbel, die Begriffe Mittelpunkt, Asymptoten usw. *rein aus den Hilfsmitteln des Gebietes der reellen eigentlichen Punkte* zu entwickeln. Solche Forderungen haben gewiß ihren Reiz und sind auch nicht ohne Wert, nur arten sie in *Scheuklappengeometrie* aus, wenn sich der Vertreter dieses Standpunktes durch Verzicht auf die Vorteile, die die Erweiterung des Punktkontinuum und der Gruppe bieten, der tieferen Einsicht in seine Probleme, sowie in deren Zusammenhänge untereinander beraubt, ganz zu schweigen vom heuristischen Wert, den die abgelehnten Gedankengänge in sich schließen. *Das eine tun und das andere nicht lassen!*

1. *Ternäre Symbolik.* Die K. 2. O. sei durch $(\alpha x)^2 = 0$ gegeben (61, Zus. 2), die uneigentliche Gerade sei wieder $I_1 : I_2 : I_3 = 0 : 0 : 1$ (S. 191). Dann ist

$$A_{33} = \tfrac{1}{2}(\alpha \alpha' I)^2.$$

Die Gleichung der Kurve in Geradenkoordinaten ist $\tfrac{1}{2}(\alpha \alpha' \mathfrak{x})^2 = 0$; man erkennt dann aus der vorhergehenden Formel sofort, daß die uneigentliche Gerade Tangente aller Parabeln ist. Der Mittelpunkt hat die Gleichung $\tfrac{1}{2}(\alpha \alpha' I)(\alpha \alpha' \mathfrak{x}) = 0$; eine Gerade $\mathfrak{g}$, für die $\tfrac{1}{2}(\alpha \alpha' I)(\alpha \alpha' \mathfrak{g}) = 0$, ist Durchmesser.

2. Der Ausdruck $(Ix)^2$ ist jetzt nicht nur symbolisches Quadrat, sondern wirklich das Quadrat einer ternären linearen Form. Die Gleichung

$$\lambda (\alpha x)^2 + \mu (Ix)^2 = 0$$

stellt ein (spezielles) *Büschel* von K. 2. O. dar. Alle Kurven des Büschels haben den Mittelpunkt und die uneigentlichen Punkte, damit also auch die Asymptoten gemeinsam. Solche K. 2. O. nennt man auch wohl *homothetisch.* Die Diskriminante der Kurve $\lambda (\alpha x)^2 + \mu (Ix)^2 = 0$ hat den Wert $\lambda^3 D + \mu \lambda^2 A_{33}$, wo $D = \tfrac{1}{4}(\alpha \alpha' \alpha'')^2$ ist. Für $\lambda = 0$ wird die Kurve singulär vom Range eins und stellt die doppeltzählende uneigentliche Gerade dar. Für $\lambda : \mu = A_{33} : - D$ tritt für $A_{33} = 0$ dasselbe ein; für $A_{33} \neq 0$ erhält die Kurve den Rang zwei, und stellt das Paar der Asymptoten dar:

$$A_{33}(\alpha x)^2 - D(Ix)^2 = 0.$$

Der Durchmesser, der zu dem Durchmesser durch den Punkt y konjugiert ist, heißt

$$A_{33}(\alpha y)(\alpha x) - D(Iy)(Ix) = 0.$$

In welches Verhältnis teilt eine Gerade die Strecke zwischen ihrem Pol y und dem Mittelpunkt der Kurve? Zusammenhang mit der Potenz eines Punktes in bezug auf einen Kreis!

3. Das Paar der uneigentlichen Punkte von $(\alpha x)^2 = 0$ hat die Gleichung $(\mathfrak{l}\alpha\mathfrak{x})^2 = 0$, deren linke Seite die binäre charakteristische Form ist. Die beiden Durchmesser $\mathfrak{g}$ und $\mathfrak{h}$, für die also (Zus. 1)

$$\tfrac{1}{2}\,(\alpha\alpha'\mathfrak{l})\,(\alpha\alpha'\mathfrak{g}) = 0, \qquad \tfrac{1}{2}\,(\alpha\alpha'\mathfrak{l})\,(\alpha\alpha'\mathfrak{h}) = 0,$$

sind zueinander konjugiert für $(\mathfrak{l}\alpha\mathfrak{g})(\mathfrak{l}\alpha\mathfrak{h}) = 0$, d. i. unsymbolisch

$$a_{22}\mathfrak{g}_1\mathfrak{h}_1 - a_{12}(\mathfrak{g}_1\mathfrak{h}_2 + \mathfrak{g}_2\mathfrak{h}_1) + a_{11}\mathfrak{g}_2\mathfrak{h}_2 = 0.$$

Der zum Durchmesser $\mathfrak{g}$ konjugierte Durchmesser ist $(\alpha\mathfrak{g}\mathfrak{l})(\alpha x) = 0$ oder unsymbolisch

$$a_{11}\mathfrak{g}_2 - a_{12}\mathfrak{g}_1 : a_{12}\mathfrak{g}_2 - a_{22}\mathfrak{g}_1 : a_{13}\mathfrak{g}_2 - a_{23}\mathfrak{g}_1\,.$$

Das Doppelverhältnis des Paares $\mathfrak{g}$, $\mathfrak{h}$ von (nicht notwendigerweise konjugierten) Durchmessern gegen das Asymptotenpaar ist

$$(\mathfrak{l}\alpha\mathfrak{g})(\mathfrak{l}\alpha\mathfrak{h}) - \sqrt{-A_{33}}\,(\mathfrak{l}\mathfrak{g}\mathfrak{h}) : (\mathfrak{l}\alpha\mathfrak{g})(\mathfrak{l}\alpha\mathfrak{h}) + \sqrt{-A_{33}}\,(\mathfrak{l}\mathfrak{g}\mathfrak{h})$$

(oder dazu reziprok).

4. Bedeutung der Formeln

$$(xyz) : (\mathfrak{l}x)(\mathfrak{l}y)(\mathfrak{l}z) \qquad \text{und} \qquad (\mathfrak{x}\mathfrak{y}\mathfrak{z})^2 : (\mathfrak{l}\mathfrak{y}\mathfrak{z})(\mathfrak{l}\mathfrak{z}\mathfrak{x})(\mathfrak{l}\mathfrak{x}\mathfrak{y})!$$

Herleitung der zweiten aus der ersten!

72. Geometrie der Dehnungen. Bisher hatten wir zur Reduktion der ∞^5 Kurven zweiter Ordnung auf Normalformen ∞^8 Kollineationen bzw. ∞^6 Affinitäten zur Verfügung. Daher war es möglich, aus der Kurvengleichung alle Koeffizienten zu entfernen, d. i. es gab von jedem Kurventyp eine einzige Klasse. Die verschiedenen Exemplare der Kurven jedes solchen Typus unterscheiden sich durch nichts, sondern waren in der Kollineationsgeometrie, entsprechend in der affinen Geometrie, völlig äquivalent.

Damit verhält es sich ganz anders, wenn wir jetzt mit der Gruppe der ∞^4 Dehnungen arbeiten. Es können von den fünf wesentlichen Konstanten der Kurvengleichung höchstens vier beseitigt werden, so daß eine K. 2. O. jetzt im allgemeinen *eine* absolute Invariante besitzen wird. Es wird dann von einem bisherigen Kurventyp ∞^1 Klassen geben können (vgl. **15**, S. 60).

Eine solche Invariante bietet sich sogleich dar. Die Dehnungen lassen (44) das Paar der absoluten Punkte in Ruhe. Hat nun eine K. 2. O. zwei *getrennte* uneigentliche Punkte, so ist das Doppelverhältnis dieser vier Punkte gegenüber allen gleichsinnigen Dehnungen absolut invariant. Verbinden wir sie mit einem eigentlichen Punkte, so führt das Doppelverhältnis der vier Verbindungsgeraden nach **44**, S. 197 sogleich auf den *Winkel* zweier dieser Geraden (die andern beiden sind isotrop im Sinne von **9**). Dabei ist es nach. **31**, Zus. 20 gleichgültig, wo wir den eigentlichen Schnittpunkt annehmen. Ungezwungen bietet sich dazu der Mittelpunkt dar, und sogleich läßt sich aussprechen:

Eine absolute Dehnungsinvariante der nicht singulären Kurven zweiter Ordnung, die keine Parabeln sind, ist der Asymptotenwinkel (der unbestimmt werden kann).

Völlig eindeutig ist diese Größe dadurch natürlich noch nicht bestimmt. Dazu bedarf es noch der Verfügung über die Irrationalität $\sqrt{-A_{33}}$. Beschließt man, daß diese an der Homogenität der a_{ik} teilnimmt, und nennt man den Asymptotenwinkel 2φ, so ergibt sich unter Beachtung von **70**, (5) und **44**, S. 197:

$$(10) \qquad \operatorname{tg} 2\varphi = 2\sqrt{-A_{33}} : (a_{11} + a_{22}) = 2\sqrt{-A_{33}} : H.$$

Der Tangens läßt die Werte $+i$ und $-i$ aus, vgl. **8**, Zus. 7; daher sind hier die Sonderfälle erkennbar

$$(a_{11} - a_{22} - 2a_{12}\,i)(a_{11} - a_{22} + 2a_{12}\,i) = 0.$$

Deren Bedeutung wird klar, wenn wir nach den uneigentlichen Kurvenpunkten fragen und ihre Lage zu den absoluten Punkten untersuchen. Dann findet man (**70**, (4)):

Damit die K. 2. O. einen absoluten Punkt besitzt, muß einer der beiden Faktoren

$$R_l = a_{11} - a_{22} - 2a_{12}i, \qquad R_r = a_{11} - a_{22} + 2a_{12}i$$

verschwinden, und umgekehrt.

Daraus gewinnt man folgende Einteilung der nicht singulären Kurven zweiter Ordnung:

1. $A_{33} \neq 0$, $R_l R_r \neq 0$. Kein absoluter Kurvenpunkt. ∞^5.
2. $A_{33} \neq 0$, R_l oder $R_r = 0$. „Semizirkuläre Kurve". Ein absoluter Punkt. ∞^4.
3. $A_{33} \neq 0$, $R_l = R_r = 0$. Kreis. ∞^3.
4. $A_{33} = 0$, $R_l R_r \neq 0$. „Anisotrope" Parabel d. i. eine solche von nicht absolutem Mittelpunkt. ∞^4.
5. $A_{33} = 0$, R_l oder $R_r = 0$. „Isotrope" Parabel. ∞^3.

Später ist noch nachzuweisen, daß diese Klassifikation erschöpfend ist.

Eine Sonderrolle spielen in der Dehnungsgeometrie neben der uneigentlichen Geraden noch die Isotropen. Es ist also sachgemäß, weiter zu fragen, wieviel Tangenten der K. 2. O. isotrop sein können. Deren gibt es im ersten, „allgemeinen" Falle vier, von denen bei den semizirkulären Kurven zwei zusammenfallen, während die beiden andern getrennt sind. Zwei doppelt zählende isotrope Tangenten gibt es beim Kreise; es sind das die Asymptoten; zwei einfach zählende bei den anisotropen Parabeln, eine einzige bei den isotropen Parabeln.

Es sind nämlich die Gleichungen zu lösen:

$$(11) \quad \begin{cases} (A_{11} - A_{22} - 2iA_{12})\mathfrak{x}_1^2 + 2(A_{13} - iA_{23})\mathfrak{x}_1\mathfrak{x}_3 + A_{33}\mathfrak{x}_3^2 = 0, \quad \mathfrak{x}_2 = -i\mathfrak{x}_1, \\ (A_{11} - A_{22} + 2iA_{12})\mathfrak{x}_1^2 + 2(A_{13} + iA_{23})\mathfrak{x}_1\mathfrak{x}_3 + A_{33}\mathfrak{x}_3^2 = 0, \quad \mathfrak{x}_2 = i\mathfrak{x}_1. \end{cases}$$

Daraus findet man für die Koordinaten der isotropen Tangenten einer zentrischen K. 2. O.:

$$\mathfrak{x}_1 : \mathfrak{x}_2 : \mathfrak{x}_3 = A_{33} : -iA_{33} : -(A_{13} - iA_{23}) \pm \sqrt{DR_l},$$
$$\mathfrak{x}_1 : \mathfrak{x}_2 : \mathfrak{x}_3 = A_{33} : \;\; iA_{33} : -(A_{13} + iA_{23}) \pm \sqrt{DR_r};$$

im Falle der Parabeln versagen diese Lösungsformeln; die Gleichungen (11) selbst vereinfachen sich, da in jedem Falle $A_{33} = 0$ wird, für die Parabeln von absolutem Mittelpunkt außerdem auch noch $A_{13} + iA_{23}$ bzw. $A_{13} - iA_{23}$ verschwindet. Die für alle K. 2. O. bestehenden Relationen

$$4\,A_{33} = H^2 - R_l R_r,$$
$$A_{33}(A_{11} + A_{22}) - (A_{13}^2 + A_{23}^2) = HD,$$

wo wieder $H = a_{11} + a_{22}$ gesetzt ist, vereinfachen sich dann beträchtlich. Die beiden isotropen Tangenten werden zu

$$\mathfrak{x}_1 : \mathfrak{x}_2 : \mathfrak{x}_3 = 2\sqrt{DR_l} : \;\; 2\,i\,\sqrt{DR_l} : a_{33} R_l - (a_{13} - ia_{23})^2,$$
$$\mathfrak{x}_1 : \mathfrak{x}_2 : \mathfrak{x}_3 = 2\sqrt{DR_r} : +2\,i\,\sqrt{DR_r} : a_{33} R_r - (a_{13} + ia_{23})^2,$$

denn die allgemeinen Relationen

$$DR_l - (A_{13} - iA_{23})^2 + A_{33}(A_{11} - A_{22} - 2\,i\,A_{12}) = 0,$$
$$DR_r - (A_{13} + iA_{23})^2 + A_{33}(A_{11} - A_{22} + 2\,i\,A_{12}) = 0$$

erlauben es, bei der Parabel festzusetzen

$$\sqrt{DR_l} = A_{13} - iA_{23}, \quad \sqrt{DR_r} = A_{13} + iA_{23}.$$

Die eigentlichen Schnittpunkte der isotropen Tangenten miteinander heißen Brennpunkte (S. 32). Demnach gibt es im allgemeinsten Falle vier Brennpunkte, die die Ecken eines der Kurve umschriebenen Elementarvierseits (S. 31) bilden. Von ihnen fallen zwei und zwei zusammen bei den semizirkulären Kurven, und alle vier beim Kreise. Die Parabel besitzt Brennpunkte nur, wenn ihr Mittelpunkt nicht absolut ist, und zwar einen einzigen.

Die Brennpunkte haben demnach für die zentrischen Kurven die homogenen Koordinaten

$$(12) \quad A_{13} + \frac{1}{2}(\sqrt{DR_l} + \sqrt{DR_r}) : A_{23} + \frac{i}{2}(\sqrt{DR_l} - \sqrt{DR_r}) : A_{33},$$

worin man den beiden Irrationalitäten, die an der Homogenität der A_{ik} teilnehmen, alle möglichen Werte beizulegen hat; für die Parabel heißt der Brennpunkt $b_1 : b_2 : b_3$

$$(13) \quad = A_{13}(A_{11} + A_{22}) + 2a_{13}D : A_{23}(A_{11} + A_{22}) + 2a_{23}D : -2HD.$$

Diese Formel läßt sich symmetrischer schreiben, aber nur unter Verzicht auf die Allgemeingültigkeit. Fall der isotropen Parabel!

Die Verbindungsgeraden der Brennpunkte mit dem Mittelpunkt heißen Achsen. Im allgemeinsten Falle existieren nicht vier, sondern nur zwei Achsen, die aufeinander senkrecht stehen. Die beiden Brennpunkte

$$A_{13} + \frac{1}{2}(\sqrt{DR_l} + \sqrt{DR_r}) : A_{23} + \frac{i}{2}(\sqrt{DR_l} - \sqrt{DR_r}) : A_{33}$$

$$A_{13} - \frac{1}{2}(\sqrt{DR_l} + \sqrt{DR_r}) : A_{23} - \frac{i}{2}(\sqrt{DR_l} - \sqrt{DR_r}) : A_{33}$$

liegen auf einem Durchmesser, und diese Achse hat bei den zentrischen Kurven die Geradenkoordinaten

$$(14) \quad A_{33}(\sqrt{DR_l} - \sqrt{DR_r}) : i A_{33}(\sqrt{DR_l} + \sqrt{DR_r}) : (A_{13} - i A_{23})\sqrt{DR_r}$$
$$- (A_{13} + i A_{23})\sqrt{DR_l}.$$

Diese Koordinaten bleiben ungeändert, wenn man beide Irrationalitäten entgegengesetzt nimmt, so daß es im allgemeinsten Falle nicht vier, sondern nur zwei Achsen gibt. Für semizirkuläre Kurven bleibt nur eine Achse, die isotrop und gleichzeitig Asymptote ist. Für Kreise wird die Achse unbestimmt.

Die Achse der Parabel von nicht absolutem Mittelpunkt wird

$$(15) \qquad H(A_{23} x_1 - A_{13} x_2) + (a_{13} A_{23} - a_{23} A_{13}) x_3 = 0;$$

einfachere Gestalten lassen sich nur wieder unter Verzicht auf die Allgemeingültigkeit herstellen. Für Parabeln von absolutem Mittelpunkt liefert (15) die uneigentliche Gerade.

Die Schnittpunkte der Achsen mit der Kurve heißen Scheitel. Im allgemeinsten Falle gibt es vier Scheitel. Für semizirkuläre Kurven gibt es keinen eigentlichen Scheitel mehr, für den Kreis werden die Scheitel unbestimmt. Bei den Parabeln kann der Mittelpunkt als Scheitel angesehen werden; ist er nicht absolut, so gibt es noch einen eigentlichen Scheitel. Er hat die Koordinaten

$$(16) \qquad DA_{13} + H b_1 : DA_{23} + H b_2 : * + H b_3,$$

wo b_1, b_2, b_3 die in (13) angegebenen Koordinaten des Brennpunktes sind. Für die allgemeinste zentrische Kurve verlangt die Ermittlung der Scheitel natürlich eine weitere Irrationalität. Führt man auf der Achse (14) die Parameterdarstellung ein

$$A_{13} + \lambda\{\sqrt{DR_l} + \sqrt{DR_r}\} : A_{23} + i\lambda\{\sqrt{DR_l} - \sqrt{DR_r}\} : A_{33},$$

so wird für die Scheitel auf ihr

$$\lambda^2 = \sqrt{DR_l}\sqrt{DR_r} - HD : 8\sqrt{DR_l}\sqrt{DR_r}.$$

Dieser Ausdruck ändert sich nicht, wenn $\sqrt{DR_l}$ und $\sqrt{DR_r}$ gleichzeitig entgegengesetzt genommen werden. Daher gibt es nicht acht, sondern vier Scheitel.

Der Mittelpunkt der Kurve ist die Mitte nicht nur zwischen den beiden Brennpunkten auf einer Axe, sondern auch zwischen den beiden Scheiteln auf ihr.

Die Polaren der Brennpunkte heißen Leitgerade. Deren kann es daher bis zu vier geben.

Damit haben wir das aufgezählt, was in der *Ähnlichkeitslehre* neu in die Theorie der Kurven zweiter Ordnung hineinkommt.

Die vorgeführten Formeln werden für die zentrischen Kurven durchsichtiger, wenn wir darauf verzichten, die Koordinaten in jedem Falle einzeln sichtbar zu machen. Es sei wieder $\mathfrak{l}$, wie in **43** die uneigentliche Gerade, $\mathfrak{l}_1 = \mathfrak{l}_2 = 0$, $\mathfrak{l}_3 = 1$. Die absoluten Punkte, die in **44** mit k_l und k_r bezeichnet waren, sollen jetzt einfach l und r heißen:

$$l_1 = 1,\; l_2 = -i,\; l_3 = 0; \qquad r_1 = 1,\; r_2 = +i,\; r_3 = 0.$$

Dann ist zu beachten, daß $(lrx) = 2\,i\,(\mathfrak{l}x)$ und nicht $(\mathfrak{l}x)$.

Zur projektiven Invariante D und affinen Invariante A_{33} sind in diesem Abschnitt drei Dehnungsinvarianten hinzugekommen; sie lassen sich jetzt kurz so erklären:

$$R_l = (l/l), \qquad H = (l/r), \qquad R_r = (r/r).$$

Aus ihnen lassen sich a_{11}, a_{12}, a_{22} eindeutig berechnen, so daß auch diese drei Koeffizienten invarianten Charakter tragen.

Die Polaren der absoluten Punkte, $(l/x) = 0$ und $(r/x) = 0$ laufen durch den Mittelpunkt, so daß sich alle Durchmesser in der Form $\lambda l^* + \mu r^*$ darstellen. Darunter sind zunächst die beiden Isotropen

$$R_l(r/x) - H(l/x) = 0, \qquad R_r(l/x) - H(r/x) = 0;$$

sodann das Paar der Asymptoten

$$R_l(r/x)^2 - 2H(r/x)(l/x) + R_r(l/x)^2 = 0,$$

und endlich das Paar der Achsen

$$R_l(r/x)^2 - R_r(l/x)^2 = 0.$$

Diese Formeln geben für alle K. 2. O. einen Sinn, soweit es die vorkommenden Begriffe noch tun. Die folgenden Formeln gelten jedoch nicht mehr für die Parabeln.

Die beiden isotropen Tangenten

$$2\sqrt{DR_l}\,(\mathfrak{l}x) + R_l(r/x) - H(l/x) = 0,$$

$$2\sqrt{DR_r}\,(\mathfrak{l}x) + R_r(l/x) - H(r/x) = 0$$

schneiden sich im Brennpunkt

$$2\,(\mathfrak{l}/\mathfrak{k}) + \sqrt{DR_l}\,(r\mathfrak{k}) + \sqrt{DR_r}\,(l\mathfrak{k}) = 0,$$

der auf der Achse

$$\sqrt{DR_l}\,(r/x) - \sqrt{DR_r}\,(l/x) = 0$$

liegt und die Leitgerade hat

$$2\,D\,(\mathfrak{l}x) + \sqrt{DR_l}\,(r/x) + \sqrt{DR_r}\,(l/x) = 0.$$

Für die Parabeln gelten nicht so einfache Formeln. Hier braucht man einen willkürlichen *eigentlichen* Hilfspunkt, der bei den *anisotropen* Parabeln dann zweckmäßig auf $a_{13} : a_{23} : -H$ spezialisiert werden kann (die Spitze der Evolute; sie hängt von den Koeffizienten der Kurve vom ersten Grade ab und ist in den Formeln (13) enthalten. —

Jetzt ist zu zeigen, daß unsere Klassifikation *vollständig* ist.

1. Im ersten Falle („*Haupttypus*") $A_{33} \neq 0$, $R_l R_r \neq 0$ sieht man sofort, daß alle diese Kurven von gleichem Asymptotenwinkel gleichsinnig und auch ungleichsinnig ähnlich sind. Denn zwei Brennpunkte auf derselben Achse sind nicht parallel (9), bilden also mit den beiden absoluten Punkten zusammen ein Viereck. Diese beiden absoluten Punkte müssen jetzt festgehalten werden; dann kann man nach 37, (45) für die beiden genannten Brennpunkte ganz beliebige getrennte nicht parallele Lagen vorschreiben; es gibt dann, wenn man die Reihenfolge der neuen Brennpunkte festsetzt, stets eine einzige gleichsinnige und stets eine einzige gegensinnige Dehnung, die das Verlangte leistet. Wir versuchen die Gleichung der Kurve von den Gliedern zu befreien, die .die Unbekannten im Produkt enthalten, setzen also die transformierte Kurve so an:

$$b_{11}x_1'^2 + b_{22}x_2'^2 + b_{33}x_3'^2 = 0. \qquad (b_{11}b_{22}b_{33} \neq 0)$$

Wegen der Invarianz des Asymptotenwinkels ist nach (10) nur zu fordern

$$(b_{11} + b_{22}) : 2\sqrt{-b_{11}b_{22}} = H : 2\sqrt{-A_{33}}.$$

Setzt man noch fest, daß $\sqrt{R_l R_r}$ an der Homogenität der a_{ik} teilnimmt, so läßt sich die letzte Forderung auch so schreiben:

$$b_{11} : b_{22} = H + \sqrt{R_l R_r} : H - \sqrt{R_l R_r} = -\cot^2 \varphi : 1\,^1).$$

Für $b_{22} : b_{33}$ läßt sich dann, da eine weitere Dehnungsinvariante nicht existiert, noch jeder beliebige Wert vorschlagen, der von Null verschieden ist. Nehmen wir $b_{22} = b_{33}$, so ergibt sich als kanonische Gleichung dieses *Haupttypus* von Kurven zweiter Ordnung:

---

^{1}) Wir hätten ebensogut schreiben können $1 : -\cot^2\varphi$. Grund!

$$(17) \quad \begin{cases} (H + \sqrt{R_l R_r})\, x_1^2 + (H - \sqrt{R_l R_r})(x_2^2 + x_3^2) = 0. \\[2mm] -\cot^2 \varphi \cdot x_1^2 + x_2^2 + x_3^2 = 0 \end{cases} \qquad \left(\varphi \neq 0, \neq \frac{\pi}{2}\right).$$

Gegenüber Ähnlichkeiten gibt es ∞^1 Klassen von nicht singulären Kurven zweiter Ordnung mit vier getrennten Brennpunkten.

Die Brennpunkte der kanonischen Kurve sind $1 : 0 : \pm \cos\varphi$ und $0 : 1 : \pm i \cos\varphi$. Je nachdem man diese den Brennpunkten der ursprünglichen Kurve zuordnet, erhält man zwei gleichsinnige und zwei ungleichsinnige Dehnungen, die die Transformation auf die kanonische Gleichung nach **37**, (45) leisten.

2. *Semizirkuläre Kurven.* Wir betrachten zunächst den Fall $R_l \neq 0$, $R_r = 0$. Hier ist dann

$$2\,(a_{11} - a_{22}) = R_l \neq 0, \qquad H^2 = 4\,A_{33} \neq 0, \qquad 2\,a_{12} = i\,(a_{11} - a_{22}) \neq 0.$$

Die Kurve hängt nur noch von vier wesentlichen Konstanten ab, so daß man versuchen kann, sie alle zu beseitigen. Als Viereck welches wir der Transformation zugrunde legen, wählen wir die beiden absoluten Punkte und die eigentlichen Berührungspunkte der beiden isotropen Tangenten (S. 341), die man dem System entnimmt (vgl. **49**, (13b)):

$$-D(a_{22} + i a_{12}) + A_{13}\sqrt{DR_l} : D(a_{12} + i a_{11}) + A_{23}\sqrt{DR_l} : * + A_{33}\sqrt{DR_l}.$$

Diese sollen auf die Punkte $1 : 3i : \sqrt{2}$ durch eine *gleichsinnige* Ähnlichkeit gebracht werden. Das läßt sich auf zwei Arten bewerkstelligen. So führen die beiden gleichsinnigen Dehnungen

$$\begin{cases} A_{33}\,x_1 - A_{13}\,x_3 = a_{11}\,x_1' + i\,a_{22}\,x_2', \\[1mm] A_{33}\,x_2 - A_{23}\,x_3 = -i\,a_{22}\,x_1' + a_{11}\,x_2', \\[1mm] \qquad\quad - A_{33}\,x_3 = \dfrac{-A_{33}\sqrt{2}\,\sqrt{DR_l}\,x_3'}{D} \end{cases}$$

die Kurve über in

$$(18\,\mathrm{a}) \qquad x_1'(x_1' + i x_2') + x_3'^2 = 0.$$

Entsprechend hätten wir die semizirkuläre Kurve für $R_l = 0$, $R_r \neq 0$ überführen können in

$$(18\,\mathrm{b}) \qquad x_1'(x_1' - i x_2') + x_3'^2 = 0.$$

Die beiden Kurven (18a) und (18b) lassen sich durch *gleichsinnige* Dehnungen nicht ineinander verwandeln, wohl aber durch eine *gegensinnige* Dehnung, die Spiegelung an der Geraden $x_2 = 0$. Somit haben wir:

Die ∞^4 semizirkulären Kurven zweiter Ordnung zerfallen gegenüber gleichsinnigen Dehnungen in zwei Klassen; gegenüber allen Dehnungen bilden sie eine einzige Klasse.

3. *Die Kreise.* Hier ist wegen $R_l = 0$, $R_r = 0$ zunächst $a_{12} = 0$, sodann $a_{11} = a_{22}$, und wegen $A_{33} \neq 0$ auch $a_{11} \neq 0$. Als Grundviereck der Transformation fassen wir ein solches auf, welches aus den beiden absoluten Punkten, dem Mittelpunkt und *irgendeinem* eigentlichen Kurvenpunkt gebildet wird. Die beiden letzten Punkte sollen der Reihe nach übergehen in $0:0:1$ und $i:0:1$.

Es gibt eine gleichsinnige und eine gegensinnige Dehnung, die das leisten. Die Kurvengleichung wird dabei von allen Koeffizienten befreit:

$$(19) \qquad x_1'^2 + x_2'^2 + x_3'^2 = 0.$$

In der Ableitung dieser kanonischen Gleichung stak aber ein willkürliches Element. Der Kurvenpunkt, der auf $i:0:1$ transformiert werden sollte, kann auf ∞^1 Arten gewählt werden. Mithin ist die Reduktion der Kreise auf die kanonische Gleichung (19) auf 2. ∞^1 Arten möglich. Es hängt das damit zusammen, daß der Kreis eine eingliedrige gemischte Gruppe von automorphen Dehnungen zuläßt (vgl. S. 348. 349.).

Gegenüber Dehnungen gibt es nur eine Klasse von Kreisen. Anders ausgesprochen: Alle Kreise (soweit sie nicht singulär sind!) sind zueinander ähnlich.

4. *Die anisotropen Parabeln.* Hier wird

$$a_{11} D = - A_{23}^2, \qquad a_{12} D = A_{13} A_{23}, \qquad a_{22} D = - A_{31}^2,$$
$$A_{31} + i A_{32} \neq 0, \qquad A_{31} - i A_{32} \neq 0, \qquad H \neq 0.$$

Zum Transformationsviereck wählen wir außer den beiden absoluten Punkten den Scheitel und den Brennpunkt. Letztere beiden Punkte sollen der Reihe nach auf $0:0:1$ und $-1:0:2$ transformiert werden. Das gibt vermöge einer gleichsinnigen und einer ungleichsinnigen Dehnung die kanonische Gleichung

$$(20) \qquad x_2^2 + 2 x_3 x_1 = 0.$$

Gegenüber Dehnungen gibt es nur eine Klasse anisotroper Parabeln, oder alle solchen Parabeln sind zueinander ähnlich.

5. *Die isotropen Parabeln.* Sei $R_r = 0$. Die Bedingung $A_{33} = 0$ befriedigen wir auf die allgemeinste Weise durch

$$a_{11} = \tau_1^2, \qquad a_{12} = \tau_1 \tau_2, \qquad a_{22} = \tau_2^2.$$

Aus
$$R_r = (\tau_1 + i\,\tau_2)^2 = 0$$
folgt $\tau_2 = i\,\tau_1$. So erhält man
$$a_{12} = i\,a_{11}, \quad a_{22} = -\,a_{11} \neq 0, \quad D = a_{11}(a_{13} + i\,a_{23})^2 \neq 0,$$
so daß die Kurvengleichung die Gestalt annimmt
$$a_{11}(x_1 + i\,x_2)^2 + 2\,a_{13}x_1x_3 + 2\,a_{23}x_2x_3 + a_{33}x_3^2 = 0.$$
Der einzige eigentliche Punkt der Kurve, der eine Sonderstellung einnimmt, ist der Berührungspunkt y der isotropen Tangente
$$y_1 : y_2 : y_3 = (-\,3\,a_{23}i - a_{13})(a_{13} - i\,a_{23}) - 4\,a_{33}a_{11} :$$
$$(-\,a_{23} + 3\,a_{13}i)(a_{13} - i\,a_{23}) - 4\,a_{33}a_{11}i : 8\,a_{11}(a_{13} + i\,a_{23}).$$
Dieser soll auf den Nullpunkt transformiert werden. Das leisten alle ∞^2 gleichsinnigen Dehnungen (13, (29b))
$$x_1 = p\,y_3x_1' - q\,y_3x_2' + y_1x_3', \quad x_2 = q\,y_3x_1' + p\,y_3x_2' + y_2x_3', \quad x_3 = y_3x_3'.$$
$$(p^2 + q^2 \neq 0).$$

Hierin setzen wir:
$$p = \frac{\lambda_1(\lambda_1 + \lambda_2)(a_{13} + i\,a_{23})}{4\,a_{11}\lambda_2^2}, \quad q = \frac{i\,\lambda_1(\lambda_1 - \lambda_2)(a_{13} + i\,a_{23})}{4\,a_{11}\lambda_2^2}. \quad (\lambda_1\lambda_2 \neq 0)$$
Dadurch geht die Kurve über in

$$\boxed{(21\,\mathrm{a}) \qquad (x_1' + i\,x_2')^2 + 2\,x_3'(x_1' - i\,x_3') = 0.}$$

Unter diesen ∞^1 gleichsinnigen Dehnungen befinden sich überdies drei Bewegungen:
$$\lambda_1^3 : \lambda_2^3 = 4\,a_{11}^2 : (a_{13} + i\,a_{23})^2,$$
so daß alle isotropen Parabeln vom selben absoluten Punkt kongruent sind.

Wären wir von der Annahme $R_l = 0$ ausgegangen, so hätten wir durch gleichsinnige Dehnungen (oder Bewegungen) die kanonische Gleichung herstellen können:

$$\boxed{(21\,\mathrm{b}) \qquad (x_1' - i\,x_2')^2 + 2\,x_3'(x_1' + i\,x_2') = 0.}$$

Die beiden Kurven (21a) und (21b) lassen sich nur durch eine gegensinnige Dehnung ineinander überführen; man vergleiche das auf S. 345 über die semizirkulären Kurven Gesagte:

Die ∞^3 isotropen Parabeln bilden eine Klasse gegenüber der Gruppe aller Dehnungen; sie verteilen sich auf zwei Klassen gegenüber der Gruppe der gleichsinnigen Dehnungen.

Der Gegensatz zwischen diesen beiden Klassen läßt sich, ebenso wie bei den semizirkulären Kurven durch die Worte links — rechts beschreiben.

Wir betrachten noch die *automorphen Dehnungen* der einzelnen Kurvenarten. Daß es solche geben muß, folgt aus der Tatsache, daß die Transformationen auf die Normalform nicht eindeutig ausführbar waren.

1. Die K. 2. O. mit vier getrennten Brennpunkten gestattet eine Gruppe von vier Dehnungen; diese Gruppe wird durch die Spiegelungen an den beiden Achsen *„erzeugt"*. Führt man nach der einen die andere aus, so erhält man die Umwendung um den Mittelpunkt, und diese ergibt, zweimal nacheinander ausgeführt, die Identität. Für die kanonische Kurve (17) dieses Haupttypus lauten diese vier Transformationen:

$$S_1 \qquad x_1' = -x_1, \qquad x = x_2, \qquad x_3' = x_3,$$
$$S_2 \qquad x_1' = x_1, \qquad x_2' = -x_2, \qquad x_3' = x_3,$$
$$S_3 \qquad x_1' = -x_1, \qquad x_2' = -x_2, \qquad x_3' = x_3,$$
$$S_0 \qquad x_1' = x_1, \qquad x_2' = x_2, \qquad x_3' = x_3.$$

Die Aufeinanderfolge von S_1 und S_2 gibt die Transformation S_3. Symbolisch:

$$S_1 S_2 = S_3.$$

Alle Beziehungen dieser Art entnimmt man der folgenden Tafel, wo $S_i S_k$ in der i^{ten} Reihe und k^{ten} Kolonne steht:

$$\begin{matrix} S_0 & S_1 & S_2 & S_3 \\ S_1 & S_0 & S_3 & S_2 \\ S_2 & S_3 & S_0 & S_1 \\ S_3 & S_2 & S_1 & S_0. \end{matrix}$$

Damit ist die Gruppeneigenschaft dieser Schar von zwei Bewegungen und zwei Umlegungen nachgewiesen. Ferner sieht man, daß die Paare S_0, S_1; S_0, S_2; S_0, S_3 je eine Untergruppe bilden, nicht aber die übrigen Paare.

2. *Die semizirkulären Kurven* gestatten die Gruppe von zwei *gleichsinnigen* Dehnungen, die durch die Umwendung am Mittelpunkt erzeugt wird. Die beiden Dehnungen heißen, wenn die Kurve in der kanonischen Gleichung (18a) oder (18b) vorliegt:

$$S_1 \qquad x_1' = -x_1, \qquad x_2' = -x_2, \qquad x_3' = x_3,$$
$$S_0 \qquad x_1' = x_1, \qquad x_2' = x_2, \qquad x_3' = x_3.$$

Zusammensetzungsschema:

$$\begin{matrix} S_0 & S_1 \\ S_1 & S_0. \end{matrix}$$

3. *Die Kreise* gestatten die eingliedrige gemischte Gruppe, die von den Spiegelungen an den ∞^1 Durchmessern erzeugt wird, und

die außer diesen noch die kontinuierliche Gruppe der Drehungen um den Mittelpunkt enthält.

Für die kanonische Gleichung (19) sind diese Transformationen:

$$x_1' = x_1 \cos \varphi - x_2 \sin \varphi, \qquad x_2' = x_1 \sin \varphi + x_2 \cos \varphi, \qquad x_{3'} = x_3,$$
$$x_1' = x_1 \cos \varphi + x_2 \sin \varphi, \qquad x_2' = x_1 \sin \varphi - x_2 \cos \varphi, \qquad x_3' = x_3. \cdot$$

In der ersten Schar befinden sich an *involutorischen* Transformationen die Identität und die Umwendung um den Mittelpunkt, die Transformationen der andern Schar sind sämtlich involutorisch, nämlich Spiegelungen, also Umlegungen.

4. *Die anisotropen Parabeln.* Die Spiegelung an der Achse und die Identität.

Für die kanonische Gleichung (20):

$$S_1 \qquad x_1' = x_1, \qquad x_2' = - x_2, \qquad x_3' = x_3,$$
$$S_0 \qquad x_1' = x_1, \qquad x_2' = x_2, \qquad x_3' = x_3.$$
$$S_0 \quad S_1$$
$$S_1 \quad S_0.$$

5. *Die isotropen Parabeln.* Die bisher gefundenen automorphen Dehnungen gehörten sämtlich der Untergruppe der Bewegungen und Umlegungen an. Jetzt verhält es sich damit anders. Die Gruppe der automorphen Dehnungen für die Kurve (21a) heißt

$$x_1 + i x_2 = 2 \lambda_1 \lambda_2 (x_1' + i x_2'),$$
$$x_1 - i x_2 = 2 \lambda_1^2 (x_1' - i x_2'),$$
$$x_3 = 2 \lambda_2^2 x_3',$$

oder

$$(22) \quad \begin{cases} x_1 = \lambda_1(\lambda_1 + \lambda_2)x_1' - i\lambda_1(\lambda_1 - \lambda_2)x_2', \\ x_2 = i\lambda_1(\lambda_1 - \lambda_2)x_1' + \lambda_1(\lambda_1 + \lambda_2)x_2', \end{cases} \quad x_3 = 2\lambda_2^2 x_3',$$

wo $\lambda_1 \lambda_2 \neq 0$ zu nehmen ist. In diesen ∞^1 gleichsinnigen Dehnungen sind nur drei Bewegungen enthalten ($\lambda_1 : \lambda_2 = \sqrt[3]{1}$), von denen die eine die Identität ist; die beiden andern sind Drehungen durch den Winkel $\pm \dfrac{2\pi}{3}$ um den Berührungspunkt der isotropen Tangente. Ein bemerkenswertes Ergebnis!

Die *involutorischen* automorphen Bewegungen und Umlegungen begründen *Symmetriebegriffe*. Der eigentliche Ruhepunkt einer automorphen Umwendung heißt Symmetriezentrum, die Achse einer automorphen Spiegelung Symmetrieachse der Figur. Bei allen zentrischen Kurven ist der Mittelpunkt Symmetriezentrum. Symmetrieachsen sind beim Haupttypus die Achsen, beim Kreise jeder Durchmesser, bei der anisotropen Parabel die Achse. Dagegen kann es bei den semizirkulären Kurven und den isotropen Parabeln keine Symmetrieachsen geben. Der uneigentliche Mittelpunkt bei den Parabeln ist kein Symmetriezentrum (Grund!), die Achse der semizirkulären Kurven nicht Symmetrieachse. Ein *Pseudozentrum* ist der Berührungspunkt der isotropen Tangente bei der isotropen Parabel als Mittelpunkt der automorphen Drehungen von der Periode *drei*.

1. Zeige die Invarianz der Ausdrücke H, $R_l \cdot R_r$, A_{33} gegenüber der gleichsinnigen Dehnung **13**, (29a) durch den Beweis der Formeln

$$a_{11} + a_{22} = (p^2 + q^2)(a'_{11} + a'_{22}), \qquad A_{33} = (p^2 + q^2)^2 A'_{33}$$
$$R_l = (p + iq)^2 R_l', \qquad R_r = (p - qi)^2 R_r'.$$

2. Wie ändern sich diese Formeln bei gegensinnigen Dehnungen?

3. Die Gruppe der automorphen *Affinitäten* ist eingliedrig und gemischt für zentrische Kurven, zweigliedrig und kontinuierlich bei den Parabeln.

4. Die sachgemäße Darstellung für alle Fragen der Elementargeometrie einer zentrischen Kurve zweiter Ordnung ergibt sich aus **50**, (31) für $a = x$, $b = l$, $c = r$ (S. 343) bei Beachtung von **49**, (21):

$$4\,(l/l)\,(x/x) = 4\,D\,(l x)^2 - (l/l)\,(r/x)^2 + 2\,(l/r)\,(r/x)\,(l/x) - (r/r)\,(l/x)^2.$$

5. *Algebra und Geometrie.* Der Algebraiker zieht eine Darstellung durch drei Quadrate linearer Formen dar. Für ihn sind aber auch andere Gesichtspunkte maßgebend. Er betrachtet die quadratischen Formen selbst, den Geometer interessieren in erster Linie ihre Nullstellen. Der Algebraiker betrachtet, in unserer Sprache, die Gruppe *aller* Kollineationen; der Geometer hat sich mit Untergruppen abzugeben und findet erst da sein eigentlichstes Arbeitsfeld. Schließlich interessieren den Algebraiker vor allem solche Eigenschaften, die unabhängig von der Dimensionenzahl sind, also für alle Räume gelten; für ihn sind die Lehre von den ternären und die von den quaternären quadratischen Formen nicht so sehr verschieden, wie für den Geometer die Lehre von den Kegelschnitten und die von den Flächen zweiter Ordnung. Der Geometer muß aber auch die Unterschiede herausarbeiten. Er wird also unter Umständen verschiedene Methoden anwenden, wo der Algebraiker mit einer einzigen auskommt. Gerade die Eigenart eines Raumes kann besondere Mittel verlangen. So existiert die Darstellung der automorphen Kollineationen durch ein System homogener Parameter in dieser Weise *nur* im R_2. Die Geometrie der Ebene wird eben *nicht* erschöpft, wenn man im R_3 eine Koordinate unterdrückt.

6. *Ternäre Symbolik.* Die drei Dehnungsinvarianten R_l, R_r, H lassen sich für die Kurve $(ax)^2 = 0$ so schreiben:

$$R_l = (al)^2, \qquad H = (al)(ar), \qquad R_r = (ar)^2.$$

Die Polaren der absoluten Punkte sind $(al)(ax) = 0$ und $(ar)(ax) = 0$. Deren uneigentliche Punkte sind $(al)(al_\xi) = 0$, $(ar)(al_\xi) = 0$; die der Achsen sind

$$\sqrt{(al)^2} \cdot (ar)(al_\xi) - \sqrt{(ar)^2} \cdot (al)(al_\xi) = 0, \quad \sqrt{(al)^2} \cdot (ar)(al_\xi) + \sqrt{(ar)^2} \cdot (al)(al_\xi) = 0.$$

7. In der affinen Geometrie war bereits eine Kovariante aufgetreten, die charakteristische Form S. 331:

$$A \equiv a_{11}\xi_2^2 - 2\,a_{12}\xi_2\xi_1 + a_{22}\xi_1^2 \equiv (a l_\xi)^2.$$

Dazu tritt jetzt eine zweite solche Form

$$K \equiv \xi_2^2 + \xi_1^2 \equiv (l_\xi)(r_\xi),$$

deren Nullstellen die beiden Kreispunkte (S. 147) sind. Solche Kovarianten in Geradenkoordinaten werden zuweilen, weil ihre Veränderlichen kontragredient zu den x transformiert werden müssen, als *Kontravarianten* bezeichnet.

Diese beiden Kontravarianten können hier als *binäre* quadratische Formen aufgefaßt werden. Die Größe H ist dann ihre *harmonische* Invariante (50, Zus. 5); ihre *Resultante* (51, Zus. 5) hat den Wert $R_l \cdot R_r$. Aus diesem Grunde waren die Buchstaben H und R gewählt.

Die Jacobische Kovariante von K und A (51, Zus. 4)

$$a_{12}\,\mathfrak{x}_2^2 + (a_{11} - a_{22})\,\mathfrak{x}_2\mathfrak{x}_1 - a_{12}\mathfrak{x}_1^2$$

gibt, mit $4\,i$ multipliziert

$$R_l\,(r\mathfrak{x})^2 - R_r\,(l\mathfrak{x})^2 .$$

Gleich Null gesetzt, stellt diese Form wieder die uneigentlichen Punkte der Achsen dar. Diese Darstellung hat vor der in Zusatz 6, wo noch der Faktor A_{33} auftritt, den Vorteil, daß sie auch für die Parabeln noch gilt. Man erhält sie aus Zusatz 6, wenn man setzt

$$(a\,r)\,(a\,l\mathfrak{x}) = \frac{1}{2\,i}\,(a\,r)\,(\mathfrak{x}\,a\,l\,r) = \frac{1}{2\,i}\,(a\,r)\,\big\{(a\,r)\,(\mathfrak{x}\,l) - (a\,l)\,(\mathfrak{x}\,r)\big\} = \frac{1}{2\,i}\,\big\{R_r\,(\mathfrak{x}\,l) - H\,(\mathfrak{x}\,r)\big\}$$

und entsprechend für $(a\,l)\,(a\,l\mathfrak{x})$. Für die Kreise verschwindet diese Jacobische Kovariante identisch. Für welche Kurven hat sie den Rang eins?

73. Reelle Dehnungen. Nunmehr werden wieder nur *reelle* nichtsinguläre Kurven betrachtet. Damit fallen die semizirkulären Kurven sowie die isotropen Parabeln fort. Der Zusatz anisotrop bei der Parabel wird daher überflüssig. Hier muß sich die Einteilung von 71 in definite Kurven, Ellipsen, Hyperbeln und Parabeln wieder finden, und neu tritt der Unterschied zwischen Ellipsen und Kreisen auf; ähnlich gabeln sich die definiten Kurven in zwei Typen. Die damaligen Kriterien lassen erkennen, daß der Asymptotenwinkel für die Hyperbeln reell ausfällt, und nur für diese; für die Kreise wird er unbestimmt, und für die Parabeln liefert 72, (10) stets den Wert Null (mod π).

Die Ausdrücke R_l und R_r werden konjugiert imaginär. Man erhält daher von vier getrennten Brennpunkten zwei reelle, so daß ihre reelle Verbindungsgerade als *Hauptachse* von der andern Achse (*Nebenachse*) unterschieden werden kann. Aber auch diese erweist sich als reell, da die beiden anderen Brennpunkte konjugiert imaginär sind. Reell ist auch die Achse der Parabel und ihr Brennpunkt. So wird es als möglich, von den definiten Kreisen die übrigen definiten K. 2. O. als *bifokal* zu unterscheiden.

Die Scheitel sind sämtlich imaginär bei den definiten Kurven. Vier Scheitel hat die bifokale Ellipse; man kann sie als Hauptscheitel und Nebenscheitel unterscheiden. Bei der Hyperbel gibt es noch zwei Scheitel, die auf der Hauptachse liegen. Endlich ist der (eigentliche) Scheitel der Parabel reell.

Von diesen Aussagen darf die reine Methode (vgl. 71) verschiedene gar nicht kennen. Sie kennt auch nicht die elegante Erklärung der

Brennpunkte und muß diese mit den Hilfsmitteln des reellen Gebietes — auf nicht ganz einfache Weise — erarbeiten. Sie darf nicht zugeben, daß die Hyperbel vier Brennpunkte hat usw.

Berechtigt ist aber der Grundsatz, Reelles auch reell darzustellen. Das ist der tiefere Grund, weswegen man z. B. die Funktionen in die Analysis *des Reellen* einführt, die als Sinus hyperbolicus und Cosinus hyperbolicus, sowie Tangens hyperbolicus durch die Formeln erklärt werden (vgl. Zus. 2):

$$\sin h\,\varphi = -\,i\sin i\,\varphi, \quad \cos h\,\varphi = \cos i\,\varphi, \quad \operatorname{tg} h\,\varphi = -\,i\operatorname{tg} i\,\varphi.$$

Setzt man nun in 72, (10)

$$\sqrt{-A_{33}} = -\,i\,\sqrt{A_{33}}, \quad i\,\varphi = \psi,$$

so gewinnt man

$$(23) \qquad \operatorname{tg} h\,2\psi = -\,2\sqrt{A_{33}} : H,$$

und für die definiten Kurven und Ellipsen ist die so gewonnene Größe ψ der *reelle, absolut invariante* Vertreter des Asymptotenwinkels.

Im Falle der bifokalen definiten Kurven transformieren wir jetzt die reellen Brennpunkte auf $0:1:\sin h\,\psi$ und $0:1:-\sin h\,\psi$; für die bifokalen Ellipsen aber auf $1:0:\sin h\,\psi$ und $1:0:-\sin h\,\psi$. Das läßt sich jedesmal durch zwei reelle gleichsinnige und zwei reelle gegensinnige Dehnungen erreichen (72). So erhalten wir die kanonische Gleichung

$$(24) \qquad x_1^2\operatorname{tg} h^2\,\psi + x_2^2 + x_3^2 = 0 \qquad (\psi \neq 0)$$

für die bifokalen definiten Kurven; für die bifokalen Ellipsen ergibt sich

$$(25) \qquad x_1^2\operatorname{tg} h^2\,\psi + x_2^2 - x_3^2 = 0. \qquad (\psi \neq 0).$$

Hauptachse der definiten Kurve (24) ist die Gerade $x_1 = 0$, Hauptachse der Ellipse (25) die Gerade $x_2 = 0$; man beachte dazu, daß $\operatorname{tg} h\,\psi$ stets ein echter Bruch ist.

Für die Hyperbeln kann man die Gleichung 72, (17) herstellen; nur ist dann φ reell zu nehmen. Ebenso ist jetzt die Reduktion der Parabeln auf 72, (20) unverändert durchzuführen.

In den Formeln (24) und (25) fehlen die Kreise, weil die Funktion $\operatorname{tg} h\,\psi$ die Werte $+1$ und -1 ausläßt. Hier gewinnt man die kanonische Gleichung

$$(26) \qquad x_1^2 + x_2^2 + x_3^2 = 0$$

für die definiten Kreise; für die indefiniten Kreise, d. i. die im gewöhnlichen Sinne des Wortes, ergibt sich:

$$(27) \qquad x_1^2 + x_2^2 - x_3^2 = 0.$$

Wir fassen zusammen:

Von den nicht singulären reellen Kurven zweiter Ordnung mit zwei getrennten Brennpunkten gibt es gegenüber reellen Dehnungen drei Typen von je ∞^1 Klassen, die definiten bifokalen Kurven, Ellipsen und Hyperbeln. Von den Kurven mit einem Brennpunkt gibt es drei Typen von je einer Klasse, die Parabeln, definiten und indefiniten Kreise.

Eine geometrische Deutung der reellen absoluten Dehnungs-invariante $\operatorname{tg} h \psi$ bei der Ellipse läßt sich leicht geben; es ist (abge-sehen von Vorzeichen)

$$\operatorname{tg} h \psi = \sin \vartheta,$$

wo ϑ einen Winkel bedeutet, den ein Brennstrahl nach einem Neben-scheitel mit der Hauptachse bildet, oder gleich dem Verhältnis des Abstandes der Nebenscheitel zum Abstand der Hauptscheitel. Man kann daher (25) auch ersetzen durch

$$x_1^2 \sin^2 \vartheta + x_2^2 - x_3^2 = 0.$$

1. Warum ist gegenüber reellen Dehnungen das Vorzeichen von A_{33} und das von Da_{11} wesentlich, das von H nicht? Vgl. 72, Zuss. 1. 2.

2. Die Hauptformeln für die hyperbolischen Funktionen sind die folgenden:

a) $\quad 2 \cos h \varphi = e^\varphi + e^{-\varphi}, \qquad 2 \sin h \varphi = e^\varphi - e^{-\varphi}.$

b) $\quad \cos h^2 \varphi - \sin h^2 \varphi = 1, \ \cos h \varphi = \cos h^2 \frac{\varphi}{2} + \sin h^2 \frac{\varphi}{2}, \ \sin h \varphi = 2 \sin h \frac{\varphi}{2} \cos h \frac{\varphi}{2}.$

c) $\quad \sin h \varphi = 2 \operatorname{tg} h \frac{\varphi}{2} : 1 - \operatorname{tg} h^2 \frac{\varphi}{2}; \quad \cos h \varphi = 1 + \operatorname{tg} h^2 \frac{\varphi}{2} : 1 - \operatorname{tg} h^2 \frac{\varphi}{2}.$

d) $\quad \sin h (\alpha \pm \beta) = \sin h \alpha \cos h \beta \pm \sin h \beta \cos h \alpha,$
$\quad \cos h (\alpha \pm \beta) = \cos h \alpha \cos h \beta \pm \sin h \alpha \sin h \beta.$

e) Das Gegenstück zum Moivreschen Satz lautet:
$\quad (\cos h \alpha + j \sin h \alpha)(\cos h \beta + j \sin h \beta) = \cos h (\alpha + \beta) + j \sin h (\alpha + \beta),$
wo aber jetzt $j^2 = +1$ zu setzen ist.

f) $\quad \sin h \varphi = \operatorname{tg} h \varphi : \sqrt{1 - \operatorname{tg} h^2 \varphi}, \quad \cos h \varphi = 1 : \sqrt{1 - \operatorname{tg} h^2 \varphi}.$

g) Zu beachten ist, daß $\cos h \varphi$ stets ein unechter, $\operatorname{tg} h \varphi$ stets ein echter Bruch ist. Ferner ist $\cos h \varphi$ positiv. So läßt sich $\operatorname{tg} h \varphi$ aus $\operatorname{tg} h 2 \varphi$ *eindeutig* ermitteln usw.

h) $\quad 1 + \cos h \alpha = 2 \cos h^2 \frac{\alpha}{2}, \quad 1 - \cos h \alpha = -2 \sin h^2 \frac{\alpha}{2}.$

i) $\quad \sin h x \pm \sin h y = 2 \sin h \frac{x \pm y}{2} \cos h \frac{x \mp y}{2},$

$\quad \cos h x + \cos h y = 2 \cos h \frac{x + y}{2} \cos h \frac{x - y}{2},$

$\quad \cos h x - \cos h y = + 2 \sin h \frac{x + y}{2} \sin h \frac{x - y}{2}.$

3. Um eine Darstellung der Parabeln zu gewinnen, die der Darstellung in 72, Zus. 4 für die zentrischen Kurven gleichwertig ist, setze man in 50, (30) $a = x, \ b = e = p, \ d = y, \ c = f = q.$ Da es sich um eine Parabel handelt, so ist

$(\mathfrak{l}/\mathfrak{l}) = 0$. Sei q der uneigentliche Mittelpunkt: $(q\mathfrak{l}) = 0$, $(q/q) = 0$, und p eigentlich: $(p/q) = (p/\mathfrak{l}^*) = (p\mathfrak{l}) \neq 0$. Dann folgt aus 50, (30):

$$(p\mathfrak{l})^2 (x/y) - (p\mathfrak{l}) (x\mathfrak{l}) (y/p) - (p\mathfrak{l}) (y\mathfrak{l}) (x/p) + (p/p) (x\mathfrak{l}) (y\mathfrak{l}) + \frac{1}{D} (xp/\mathfrak{l})(yp/\mathfrak{l}) = 0,$$

und das gibt die sachgemäße Gestalt der Parabeln für alle Fragen der affinen Geometrie, wenn man noch $y = x$ setzt

$$(p\mathfrak{l})^2 (x/x) - 2 (p\mathfrak{l}) (x\mathfrak{l}) (x/p) + (p/p) (x\mathfrak{l})^2 + \frac{1}{D} (xp/\mathfrak{l})^2 = 0.$$

Auch diese Darstellung benützt nicht drei Quadrate.

74. Bewegungen und Umlegungen. Gegen die Geometrie der Dehnungen tritt jetzt neu auf der Begriff der Entfernung zweier Punkte. Für die Reduktion der ∞^5 nicht singulären K. 2. O. stehen jetzt nur $2 \cdot \infty^3$ Transformationen zur Verfügung, so daß eine Kurve zweiter Ordnung *zwei* absolute Bewegungsinvarianten haben kann, von denen als die eine der Asymptotenwinkel benutzt werden darf. Welche Größe als die zweite, die eigentliche Bewegungsinvariante benutzt werden soll, hängt vom Typus der Kurve in **72** ab; es bieten sich die verschiedenen Abstände von Scheiteln, Brennpunkten und Mittelpunkt dar, oder besser deren Quadrate.

1. Wir beginnen mit dem *Haupttypus*. Es sei e^2 das Quadrat des Abstandes eines Brennpunktes (**72**, (12)) vom Mittelpunkt. Dann ist:

$$(28) \qquad e^2 = \frac{\sqrt{DR_l}\ \sqrt{DR_r}}{A_{33}^2} = \frac{D\sqrt{R_l R_r}}{A_{33}^2}.$$

Zwei Brennpunkte auf einer Achse können jetzt nicht mehr beliebig transformiert werden, sondern nur auf solche Lagen vom Abstandsquadrat $4e^2$. Wir verlegen die Brennpunkte auf:

$$\pm e : 0 : 1 \quad \text{und} \quad 0 : \pm ei : 1.$$

Das gibt vermöge zweier Bewegungen und zweier Umlegungen (vgl. S. 348) die kanonische Gleichung für den *Haupttypus* ($\cos 2\varphi = H : \sqrt{R_l R_r}$):

$$\boxed{\begin{aligned} &(29) \quad A_{33} (H + \sqrt{R_l R_r})\, x_1^2 + A_{33} (H - \sqrt{R_l R_r})\, x_2^2 + 2 D x_3^2 = 0, \\ &\qquad -\cot^2 \varphi\, x_1^2 + x_2^2 + e^2 \cos^2 \varphi\, x_3^2 = 0 \qquad \left(\varphi \neq 0,\ \neq \frac{\pi}{2}\right). \end{aligned}}$$

2. *Semizirkuläre Kurven.* Die beiden Brennpunkte sind jetzt parallel, so daß die vorhin beschriebene Größe e^2 versagt. Die eigentlichen Berührungspunkte der isotropen Tangenten (S. 345) sind aber nicht parallel. Ihr Abstand vom Mittelpunkt ist gleich f, wo

$$f^2 = -4 D : A_{33} H.$$

Bringt man den Mittelpunkt auf den Nullpunkt, den nicht absoluten uneigentlichen Kurvenpunkt nach $0:1:0$, so ergeben sich die kanonischen Gleichungen ($R_r = 0$):

$$(30) \qquad \begin{aligned} A_{33}\, H\, x_1\,(x_1 + i x_2) + D\, x_3^2 &= 0, \\ 4\, x_1\,(x_1 + i x_2) - f^2\, x_3^2 &= 0. \end{aligned}$$

Durch eine Umlegung können auch die semizirkulären Kurven $R_l = 0$ auf diese Gestalt gebracht werden.

3. *Die Kreise.* Alle (?) Punkte haben jetzt vom Mittelpunkt denselben Abstand r, wo

$$r^2 = -8\, D : H^3 = -D : a_{11}^3.$$

Bereits bei einer Schiebung (Grund!), die den Mittelpunkt in den Nullpunkt überführt, erhalten wir die kanonische Gleichung:

$$(31) \qquad \begin{aligned} H^3\,(x_1^2 + x_2^2) + 8\, D x_3^2 &= 0, \\ x_1^2 + x_2^2 - r^2 x_3^2 &= 0 \end{aligned} \qquad (r \neq 0).$$

4. *Die anisotropen Parabeln.* Der Brennpunkt (72, (13)) hat vom Scheitel (72, (16)) die Entfernung $\frac{p}{2}$, wo

$$p^2 = -D : H^3.$$

Bringt man den Scheitel auf den Nullpunkt, darauf, was noch auf zwei Arten möglich ist, den Brennpunkt auf die Gerade $0:1:0$, so erhält man die kanonische Gleichung:

$$(32) \qquad \begin{aligned} H^2\, x_2^2 + 2\, \sqrt{-D\,H}\, x_3 x_1 &= 0, \\ x_2^2 - 2\, p\, x_3 x_1 &= 0 \end{aligned} \qquad (p \neq 0).$$

Welches der beiden Vorzeichen man der Quadratwurzel beilegt, ist gleichgültig; es steckt darin erst die Erklärung der bis dahin nur durch ihr Quadrat gegebenen Größe p.

5. *Die isotropen Parabeln.* Diese ∞^3 Kurven haben wir in 72 bereits als zueinander kongruent kennen gelernt, so daß keine absolute Invariante mehr auftreten kann. Damit können die dort aufgestellten kanonischen Gleichungen 72, (21a) und (21b) auch hier nicht mehr vereinfacht werden.

Die nicht singulären Kurven zweiter Ordnung vom Haupttypus verteilen sich gegenüber Bewegungen und gegenüber Umlegungen auf ∞^2 Klassen, die Kreise und Parabeln auf je ∞^1 Klassen. Die semizirkulären Kurven bilden gegenüber Bewegungen $2 \cdot \infty^1$ Klassen, gegenüber der gemischten

Gruppe der Bewegungen und Umlegungen ∞^1 *Klassen. Von den isotropen Parabeln gibt es zwei Klassen gegenüber Bewegungen, und eine einzige gegenüber Umlegungen.*

1. Gibt es K. 2. O. mit einbeschriebenem (nicht ausgeartetem) Elementarvierseit? Man nenne die absoluten Punkte wieder l und r; eine Ecke des gesuchten Elementarvierseits auf der K. 2. O. heiße y. Wegen $(y/y) = 0$ lassen sich dann die weiteren Schnittpunkte von $\widehat{ly}$ und $\widehat{ry}$ mit der Kurve linear angeben. Schließlich sollen zwei Kurvenpunkte mit r auf einer Geraden liegen. Die Bedingung ist aufzustellen.

Sind unter den gesuchten K. 2. O. *reelle* vorhanden? Gibt es mehr als ein einbeschriebenes Elementarvierseit?

2 Die invariante Darstellung der Parabeln in der Dehnungsgeometrie ist schwerfällig, weil die beiden absoluten Punkte l und r auf einer Tangente liegen. Man bildet etwa nach 50, (30) den Ausdruck $D\,(xpl)\,(xpr)$, wo p ein eigentlicher Punkt ist. Dann wird

$$(x/x)\,(pl/pr) + (p/x)\left\{(l/p)\,(r/x) + (r/p)\,(l/x)\right\} - (l/r)\,(p/x)^2 - (p/p)\,(l/x)\,(r/x)$$
$$= D\,(lpx)\,(rpx).$$

Diese Darstellung genügt für alle *anisotropen* Parabeln.

Die beiden isotropen Tangenten werden

$$2\,(pl/l)\,(plx) - (pl/pl)\,(lx) = 0,$$
$$2\,(pr/l)\,(prx) - (pr/pr)\,(lx) = 0.$$

Hier ist aber (vgl. S. 341)

$$(pl/l) = i\,(lp)\,\sqrt{D\,R_l}, \qquad (pr/l) = -i\,(lp)\,\sqrt{D\,R_r}.$$

Für den Brennpunkt ergibt sich die Gleichung

$$4\,HD\,(lp)\,(p\xi) + (pl/pl)\,\sqrt{D\,R_r}\,(r\xi) + (pr/pr)\,\sqrt{D\,R_l}\,(l\xi) = 0.$$

75. Reelle Bewegungen und Umlegungen.

.Jetzt sollen endlich die *reellen* nicht singulären Kurven zweiter Ordnung gegenüber *reellen* Bewegungen und Umlegungen klassifiziert werden.

1. *Definite bifokale Kurven.* Die (reellen) Brennpunkte werden nach $0 : \pm\, e : 1$ gebracht. So gewinnt man (vgl. **73**, Zus. 2) die kanonische Gleichung:

$$\boxed{(36) \qquad \operatorname{tg} h^2 \psi\; x_1^2 + x_2^2 + e^2 \sin h^2 \psi\; x_3^2 = 0 \qquad\qquad (\psi \neq 0).}$$

∞^2 Klassen.

2. *Ellipsen.* Die Brennpunkte (**72**, (12)) sollen nach $\pm\, e : 0 : 1$ gebracht werden.

$$\boxed{(37) \qquad \operatorname{tg} h^2 \psi\; x_1^2 + x_2^2 - e^2 \sin h^2 \psi\; x_3^2 = 0 \qquad\qquad (\psi \neq 0).}$$

∞^2 Klassen.

Die übliche kanonische Gleichung lautet anders. Sie benutzt nur *Bewegungs*invarianten, während in (37), wo es uns auf den Zusammenhang mit umfassenderen Standpunkten ankommt, außer einer *Bewegungs*invariante noch die *Dehnungs*invariante ψ auftritt. Jenes andere Verfahren ist natürlich vom Standpunkt der reinen Methode aus durchaus berechtigt, ja notwendig.

3. *Hyperbeln.* Die Gleichung 74, (29) gilt unverändert, nur ist zu beachten, daß φ und e jetzt reell sind.

In den bisherigen Fällen läßt sich die Reduktion auf die kanonische Gleichung jedesmal durch zwei reelle Bewegungen und zwei reelle Umlegungen vollziehen.

4. *Definite Kreise.* Hier ist $Da_{11} > 0$ (71, S. 336) und daher $\varrho^2 = D : a_{11}^3$ positiv (vgl. damit 74, 3). ∞^1 Klassen.

$$(38) \qquad \begin{aligned} H^3(x_1^2 + x_2^2) + 8\,Dx_3^2 &= 0, \\ x_1^2 + x_2^2 + \varrho^2 x_3^2 &= 0 \end{aligned} \qquad (\varrho \neq 0).$$

5. *Indefinite Kreise.* Jetzt ist wegen $Da_{11} < 0$ (71) die Größe $r^2 = -D : a_{11}^3$ positiv (74, 3). ∞^1 Klassen.

$$(39) \qquad \begin{aligned} H^3(x_1^2 + x_2^2) + 8\,Dx_3^2 &= 0, \\ x_1^2 + x_2^2 - r^2 x_3^3 &= 0 \end{aligned} \qquad (r \neq 0).$$

6. *Parabeln.* Hier ist 74, (32) unverändert brauchbar; die Größe p ist aber reell. ∞^1 Klassen.

Die Reduktion der beiden Kreistypen auf die Normalform wird von ∞^1 reellen Bewegungen und ∞^1 reellen Umlegungen geleistet (Grund!), die der Parabel durch eine einzige Bewegung und eine einzige Umlegung.

Wir werfen noch einen Blick auf die *Parameterdarstellungen* des Punktgebietes einer nicht singulären K. 2. O. Auch diese Parameterdarstellungen fallen verschieden aus, je nach dem Standpunkt, den man einnimmt. Nimmt man die Größe r beim Kreise (39) positiv, so genügt die Darstellung

$$(40) \qquad x = r\cos t, \qquad y = r\sin t$$

für die Bedürfnisse der *reellen, elementaren* Geometrie und liefert dann stets einen reellen eigentlichen Punkt der Kurve, wenn t reell genommen wird. Wählen wir t komplex, so reicht die Darstellung noch aus, wenn wir im Gebiete der *eigentlichen* komplexen Punkte arbeiten. Man darf dann aber nicht setzen

$$x = r \cdot \frac{\lambda_1^2 - \lambda_2^2}{\lambda_1^2 + \lambda_2^2}, \qquad y = r \cdot \frac{2\lambda_1 \lambda_2}{\lambda_1^2 + \lambda_2^2},$$

weil sonst die ausnahmslos umkehrbare Zuordnung zwischen Punkten des Kreises und Parameterwerten $\lambda_1 : \lambda_2$ durchbrochen wird. Dagegen ist die Darstellung

$$x_1 = r\,(\lambda_1^2 - \lambda_2^2), \qquad x_2 = r \cdot 2\,\lambda_1\,\lambda_2, \qquad x_3 = \lambda_1^2 + \lambda_2^2$$

brauchbar, wenn man im Gebiet *aller* komplexen Punkte arbeitet. Dann wäre es wieder nicht zulässig, wollte man die Formeln (40) homogen schreiben:

$$x_1 = r \cos t, \qquad x_2 = r \sin t, \qquad x_3 = 1 .$$

1. *Parameterdarstellungen für die Hyperbel.* Formell die schönste Darstellung für die Punkte der Hyperbel $b^2 x^2 - a^2 y^2 - a^2 b^2 = 0$ ist

$$x = a \cos h t, \qquad y = b \sin h t .$$

Darin bedeutet $\tfrac{1}{2}\,a b t$ die Fläche des Sektors, der von der Hauptachse, einem Kurvenstück und dem Durchmesser nach dem Endpunkt dieses Kurvenbogens begrenzt wird. (Entsprechendes gilt für die übliche Darstellung $x = a \cos t$, $y = b \sin t$ bei der Ellipse.) *Man erhält aber nur einen Ast der Hyperbel.*

Nur eine· andere Schreibweise dieser Formeln ist

$$2\,x = a\,(e^t + e^{-t}), \qquad 2\,y = b\,(e^t - e^{-t}) .$$

Mehr leisten die hieraus ($\sigma = e^t$) herzuleitenden Formeln

$$2\,x = a\left(\sigma + \frac{1}{\sigma}\right), \qquad 2\,y = b\left(\sigma - \frac{1}{\sigma}\right) ;$$

jetzt werden beide Äste geliefert; sie unterscheiden sich durch das Vorzeichen des Parameters σ, dem wir jetzt auch negative Werte beilegen.

Bei homogener Schreibweise wird hieraus

$$x = a\,(\sigma_1^2 + \sigma_2^2) : 2\,\sigma_1\,\sigma_2, \qquad y = b\,(\sigma_1^2 - \sigma_2^2) : 2\,\sigma_1\,\sigma_2 ,$$

und bei Einführung gewöhnlicher goniometrischer Funktionen für

$$\sigma_1 : \sigma_2 = \operatorname{tg}\left(\frac{\pi}{4} + \frac{\tau}{2}\right),$$

$$x = a : \cos \tau, \qquad y = b \operatorname{tg} \tau .$$

Bei Benutzung dieser Parameter sieht man leicht, in welcher Weise die vier sich ins Unendliche erstreckenden Zweige der Hyperbel miteinander in Zusammenhang gebracht werden können; es gehören immer zwei Enden zusammen, die sich derselben Asymptote nähern. — Die Aufgabe, für die Punkte der Hyperbel eine Parameterdarstellung zu finden, hat zur Einführung der „hyperbolischen" Funktionen (S. 352) Anlaß gegeben.

2. Bei der Gleichung $b^2 x^2 - a^2 y^2 - a^2 b^2 = 0$ erklärt man vielfach, $2\,b$ sei die imaginäre Nebenachse. Das ist sinnlos. Eine sachgemäße Erklärung darf natürlich das reelle Gebiet nicht verlassen. b^2 ist die Potenz eines Brennpunktes in bezug auf den Hauptkreis $x^2 + y^2 - a^2 = 0$. Ganz entsprechend für die Ellipse.

3. Die Tangente der *Parabel* bildet gleiche Winkel mit der Achse und dem Brennstrahl nach dem Berührungspunkt. Statt dieser anspruchslosen Erklärung gibt man die folgende: sie bildet gleiche Winkel mit dem Brennstrahl und dem *Durchmesser* durch den Berührungspunkt. Wiewohl das nicht falsch ist, ist es durchaus zu verwerfen. Man ist bei der Ausführung eines richtigen Gedankens auf ein falsches Geleise gekommen. Man müßte dann aber sagen: Die Tangente bildet gleiche Winkel mit *den beiden* Brennstrahlen. In ähnlicher Weise bleibt in der Kegelschnittslehre noch manches zu säubern übrig.

76. Hyperbolische Geometrie. Die bisherigen Ausführungen dieses Kapitels zeigten, wie jedesmal ein anderer Zweig der Geometrie entsteht, wenn man eine andere Untergruppe der Kollineationsgruppe zugrunde legt. Wir bringen dazu jetzt ein weiteres Beispiel, indem wir die Untergruppe betrachten, die aus den automorphen Kollineationen einer nicht singulären *indefiniten* Kurve zweiter Ordnung besteht, womit schon gesagt ist, daß es sich um einen im *reellen* Gebiet arbeitenden Ausschnitt aus der Nichteuklidischen Geometrie handelt. Diese Disziplin, die man *hyperbolische* Geometrie nennt, hat demnach vom gruppentheoretischen Standpunkt nichts vor der reellen affinen Geometrie oder der reellen Dehnungsgeometrie voraus.

Der Leser nehme die Abschnitte **64—67** wieder auf. Dort sind die hier behandelten Probleme sämtlich bereits unter einem höheren Gesichtspunkt aber ohne Rücksicht auf Realitätsfragen erledigt; trotzdem wird der Leser gut tun, die Sätze dieses Abschnitts von neuem selbständig zu beweisen.

Der absolute Kegelschnitt wird als *indefinit*, also als *reell mit reellen Punkten* vorausgesetzt. Es sei $(\varkappa > 0)$:

$$(41) \qquad (x/y) = -\varkappa^2 x_1 y_1 - \varkappa^2 x_2 y_2 + x_3 y_3$$

und demgemäß:

$$(42) \qquad (\mathfrak{x}/\mathfrak{y}) = -\varkappa^2 \mathfrak{x}_1 \mathfrak{y}_1 - \varkappa^2 \mathfrak{x}_2 \mathfrak{y}_2 + \varkappa^4 \mathfrak{x}_3 \mathfrak{y}_3.$$

Der A. K. hat also die Gleichungen:

$$(43) \qquad \begin{cases} (x/x) = -\varkappa^2 x_1^2 - \varkappa^2 x_2^2 + x_3^2 = 0, \\ (\mathfrak{x}/\mathfrak{x}) = -\varkappa^2 \mathfrak{x}_1^2 - \varkappa^2 \mathfrak{x}_2^2 + \varkappa^4 \mathfrak{x}_3^2 = 0. \end{cases}$$

Gegen die im komplexen Gebiet arbeitende N. E. G. tritt hier neu auf der Gegensatz *innen-außen* (**69**, S. 329). Das „Innere" des A. K. nennt man hier das *zugängliche Gebiet*.

Der Punkt x heißt *zugänglich* oder *unzugänglich*, je nachdem (x/x) positiv oder negativ ist. Das zugängliche Gebiet wird durch die absoluten Punkte begrenzt, für die $(x/x) = 0$ ist, und vom „*unzugänglichen*" Gebiet getrennt.

Um die Parameterdarstellung **59**, (90) der absoluten Punkte sachgemäß zu spezialisieren, hat man dafür Sorge zu tragen, daß möglichst *zu reellen Punkten auch reelle Parameterwerte gehören*. Das leisten folgende Festsetzungen:

$$\mathfrak{g}_1 = -\varkappa, \quad \mathfrak{g}_2 = 0, \quad \mathfrak{g}_3 = 0, \quad \sqrt{-(\mathfrak{g}/\mathfrak{g})} = -\varkappa^2;$$
$$\mathfrak{a}_1 = 0, \quad \mathfrak{a}_2 = 1, \quad \mathfrak{a}_3 = 0, \quad \sqrt{-(\mathfrak{a}/\mathfrak{a})} = \varkappa;$$
$$a = -\varkappa^2.$$

Dann geht **59**, (90) über in:

$$(44) \qquad x_1 : x_2 : x_3 = 2\varkappa^4 \sigma_1 \sigma_2 : \varkappa^4(\sigma_1^2 - \sigma_2^2) : -\varkappa^5(\sigma_1^2 + \sigma_2^2).$$

Umkehrung **59**, (91):

$$(45) \qquad \sigma_1 : \sigma_2 = \varkappa x_2 - x_3 : \varkappa x_1 = \varkappa x_1 : -\varkappa x_2 - x_3 .$$

Die Gesamtheit der (reellen) absoluten Punkte bildet ein (reell) binäres Gebiet. Man kann jetzt kurz vom absoluten Punkt $\sigma_1 : \sigma_2$ reden.

Die Verbindungsgerade der absoluten Punkte $\sigma_1 : \sigma_2$ und $\tau_1 : \tau_2$ heißt nach **59**, (94):

$$(46) \quad \mathfrak{x}_1 : \mathfrak{x}_2 : \mathfrak{x}_3 = -\varkappa^6(\sigma_1\tau_2 + \sigma_2\tau_1) : -\varkappa^6(\sigma_1\tau_1 - \sigma_2\tau_2) : -\varkappa^5(\sigma_1\tau_1 + \sigma_2\tau_2).$$

Umgekehrt findet man für die Endpunkte der Geraden $\mathfrak{x}$ (**59**, (103)):

$$(47) \begin{cases} \sigma_1 : \sigma_2 = \varkappa(\mathfrak{x}_2 + \varkappa\mathfrak{x}_3) : \varkappa\mathfrak{x}_1 + \sqrt{-(\mathfrak{x}/\mathfrak{x})} = \varkappa\mathfrak{x}_1 - \sqrt{-(\mathfrak{x}/\mathfrak{x})} : \varkappa(-\mathfrak{x}_2 + \varkappa\mathfrak{x}_3), \\ \tau_1 : \tau_2 = \varkappa(\mathfrak{x}_2 + \varkappa\mathfrak{x}_3) : \varkappa\mathfrak{x}_1 - \sqrt{-(\mathfrak{x}/\mathfrak{x})} = \varkappa\mathfrak{x}_1 + \sqrt{-(\mathfrak{x}/\mathfrak{x})} : \varkappa(-\mathfrak{x}_2 + \varkappa\mathfrak{x}_3), \end{cases}$$

wo (**59**, (102)) gesetzt ist:

$$(48) \qquad \sqrt{-(\mathfrak{x}/\mathfrak{x})} = \varkappa^7(\sigma_1\tau_2 - \sigma_2\tau_1).$$

Hieraus schließt man:

Die Gerade $\mathfrak{x}$ hat nur dann zwei (getrennte) Endpunkte, wenn $(\mathfrak{x}/\mathfrak{x}) < 0$, und heißt dann *zugänglich*. Für $(\mathfrak{x}/\mathfrak{x}) > 0$ besitzt sie keine Endpunkte und heißt *unzugänglich*. Ist endlich $(\mathfrak{x}/\mathfrak{x}) = 0$, so fallen die beiden Endpunkte zusammen; die Gerade ist Tangente des A. K. und heißt *absolut*, Isotrope oder Minimalgerade (im Sinne der hyperbolischen Geometrie). In der hyperbolischen Geometrie („h. G.") gibt es demnach reelle Isotrope. Somit erhalten wir aus (46) oder nach **59**, (92) *die Parameterdarstellung für die absoluten Geraden*:

$$(49) \qquad \mathfrak{x}_1 : \mathfrak{x}_2 : \mathfrak{x}_3 = -\varkappa^6 \cdot 2\sigma_1\sigma_2 : -\varkappa^6(\sigma_1^2 - \sigma_2^2) : -\varkappa^5(\sigma_1^2 + \sigma_2^2).$$

Umkehrung (**59**, (93)) oder (47):

$$(50) \qquad \sigma_1 : \sigma_2 = \mathfrak{x}_2 + \varkappa\mathfrak{x}_3 : \mathfrak{x}_1 = \mathfrak{x}_1 : -\mathfrak{x}_2 + \varkappa\mathfrak{x}_3 .$$

Die Gesamtheit der absoluten Geraden bildet ein (reell) binäres Gebiet.

Man kann jetzt kurz von der absoluten Geraden $\sigma_1 : \sigma_2$ reden. Sie berührt den A. K. im absoluten Punkte $\sigma_1 : \sigma_2$.

Für den Schnittpunkt x der absoluten Geraden $\sigma_1 : \sigma_2$ und $\tau_1 : \tau_2$ ergibt **59**, (95):

$$(51) \quad x_1 : x_2 : x_3 = \varkappa^4(\sigma_1\tau_2 + \sigma_2\tau_1) : \varkappa^4(\sigma_1\tau_1 - \sigma_2\tau_2) : -\varkappa^5(\sigma_1\tau_1 + \sigma_2\tau_2).$$

Hier ist (**59**, (99)) $(x/x) = -\varkappa^{10}(\sigma_1\tau_2 - \sigma_2\tau_1)^2$, der Punkt x ist also *unzugänglich*. Die verschiedenen Potenzen von $\varkappa$ in den Formeln (44), (46), (47), (48), (51) sind beibehalten, um die Anwendbarkeit gewisser früherer Formeln, insbesondere von **49**, (21) und (22) zu gewährleisten.

Nach **59**, (100) wird $\sqrt{-\varkappa^4(x/x)} = +\varkappa^7(\sigma_1\tau_2 - \sigma_2\tau_1)$, nach **53**, Irrationalität II b: $\sqrt{-\varkappa^4(x/x)} = i\sqrt{\varkappa^4(x/x)}$.

Ferner wird nach Irrationalität IX in 67, (153):

$$\sqrt{\varkappa^4 (x|x)} = -\varkappa^2 \sqrt{x|x}.$$

(k² ist durch $-\varkappa^2$ ersetzt! vgl. 67, (a) S. 305 und (43) S. 359)

Setzt man nun noch fest:

$$(52) \qquad \sqrt{-(x|x)} = i \sqrt{x|x}$$

(dazu wird man durch die Spezialisierung $D = 1$ veranlaßt), so wird:

$$(53) \qquad \sqrt{-(x|x)} = -\varkappa^5 (\sigma_1 \tau_2 - \sigma_2 \tau_1).$$

Für die beiden absoluten Geraden $\sigma_1 : \sigma_2$ und $\tau_1 : \tau_2$ durch den Punkt x findet man ·dann aus 59, (101):

$$(54) \begin{cases} \sigma_1 : \sigma_2 = \varkappa x_2 - x_3 : \varkappa x_1 + \sqrt{-(x|x)} = \varkappa x_1 - \sqrt{-(x|x)} : -\varkappa x_2 - x_3, \\ \tau_1 : \tau_2 = \varkappa x_2 - x_3 : \varkappa x_1 - \sqrt{-(x|x)} = \varkappa x_1 + \sqrt{-(x|x)} : -\varkappa x_2 - x_3. \end{cases}$$

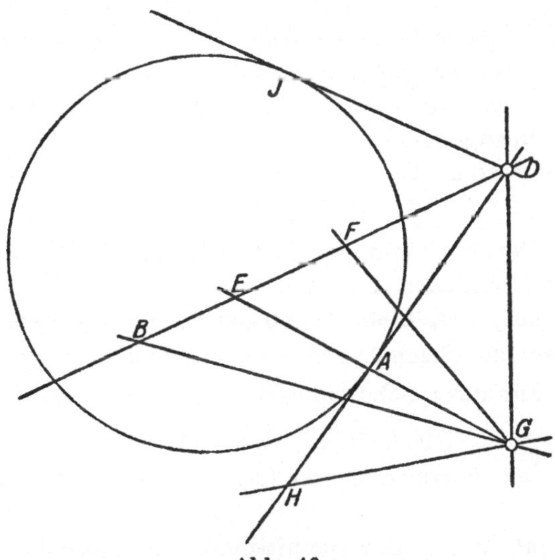

Abb. 46.

Hieraus erkennt man wieder:

Durch einen zugänglichen Punkt gibt es keine Endgeraden.

In Abb. 46 sind

> *zugänglich*: die Punkte E und F, die Geraden AE, GB, GF und EF,
>
> *absolut*: die Punkte A und J, die Geraden DA und DJ,
>
> *unzugänglich*: die Punkte G, H und D, die Geraden GH und GD.

Die absolute Polare von D verbindet die Punkte J und A, und das sind ihre Endpunkte; der Endpunkt von HD ist A. Die Endgeraden von D sind DA und DJ, die Endgerade von A ist DH.

Die absolute Korrelation wird durch die Formeln gegeben (vgl. **67**, (c), (d), S. 305):

$$(55) \quad \begin{cases} x_1{}^* = -\varkappa^2 x_1, \quad x_2{}^* = -\varkappa^2 x_2, \quad x_3{}^* = x_3, \\ \mathfrak{x}_1{}^* = -\dfrac{1}{\varkappa^2}\mathfrak{x}_1, \quad \mathfrak{x}_2{}^* = -\dfrac{1}{\varkappa^2}\mathfrak{x}_2, \quad \mathfrak{x}_3{}^* = \mathfrak{x}_3. \end{cases}$$

Das gibt die Formeln (vgl. **55**, (60), (61)):

$$(x^*/x^*) = \varkappa^4\,(x/x), \qquad (\mathfrak{x}^*/\mathfrak{x}^*) = \frac{1}{\varkappa^4}\,(\mathfrak{x}/\mathfrak{x}):$$

Die absolute Polare eines zugänglichen Punktes ist unzugänglich, der absolute Pol einer zugänglichen Geraden ist unzugänglich.

Geben wir uns zunächst Rechenschaft darüber, was beim Grenzübergang zur E. G. aus dem zugänglichen und unzugänglichen Gebiet wird.

Für unzugängliche Punkte soll $(x/x) = -\varkappa^2 x_1^2 - \varkappa^2 x_2^2 + x_3^2$ negativ ausfallen. Das ist beim Grenzübergang zu $\varkappa = 0$ nicht mehr möglich, es sei denn für $x_3 = 0$. *Das unzugängliche Gebiet verschwindet in der Grenze*; unzugängliche Punkte werden dann auf die uneigentliche Gerade geworfen. Der A. K. erhält in der Grenze die Gleichungen

$$x_3^2 = 0, \qquad \mathfrak{x}_1^2 + \mathfrak{x}_2^2 = 0;$$

die absoluten Geraden sind zu Isotropen geworden, die absoluten Punkte zu uneigentlichen Punkten. Dieser Grenzübergang ist auch dadurch lehrreich, weil hier die Anschauung *völlig* versagt.

Wir gehen zur Betrachtung zweier getrennten geraden Linien $\mathfrak{x}$ und $\mathfrak{y}$ über. Für ihren Schnittpunkt $z = \widehat{\mathfrak{x}\mathfrak{y}}$ findet man nach **49**, (22):

$$(56) \qquad \varkappa^4\,(z/z) = (\mathfrak{x}/\mathfrak{x})\,(\mathfrak{y}/\mathfrak{y}) - (\mathfrak{x}/\mathfrak{y})^2.$$

Je nach dem Vorzeichen von (z/z) sind hier drei Fälle zu unterscheiden:

$(\mathfrak{x}/\mathfrak{x})\,(\mathfrak{y}/\mathfrak{y}) - (\mathfrak{x}/\mathfrak{y})^2 > 0.$ Der Schnittpunkt ist *zugänglich*. „*Inzidente*" Gerade.

$(\mathfrak{x}/\mathfrak{x})\,(\mathfrak{y}/\mathfrak{y}) - (\mathfrak{x}/\mathfrak{y})^2 = 0.$ Schnittpunkt *absolut*. *Parataktische* oder *parallele* Gerade.

$(\mathfrak{x}/\mathfrak{x})\,(\mathfrak{y}/\mathfrak{y}) - (\mathfrak{x}/\mathfrak{y})^2 < 0.$ Der Schnittpunkt ist *unzugänglich*. „*Ultraparallele*" Gerade.

Nun gibt es in der hyperbolischen Geometrie einen Standpunkt, der das unzugängliche Gebiet ignoriert und sich nur mit zugänglichen Elementen beschäftigt. Für diesen Standpunkt haben nur im ersten Falle die beiden Geraden einen Schnittpunkt; nur solche Geraden mit zugänglichem Schnittpunkt werden als *sich schneidend* bezeichnet; ultraparallele und parallele Gerade haben dann keinen Schnittpunkt.

Entsprechend hat man für zwei getrennte Punkte x und y von der Verbindungsgeraden $\mathfrak{z} = \widehat{xy}$ nach **49**, (21):

$$\text{57)} \qquad (\mathfrak{z}/\mathfrak{z}) = (x/x)\,(y/y) - (x/y)^2.$$

$(x/x)\,(y/y) - (x/y)^2 < 0$. Die Verbindungsgerade ist zugänglich. „*Inzidente*" Punkte.

$(x/x)\,(y/y) - (x/y)^2 = 0$. *Parataktische* oder *parallele* Punkte. Sie liegen auf einer Tangente des A. K.

$(x/x)\,(y/y) - (x/y)^2 > 0$. „*Ultraparallele*" Punkte. Ihre Verbindungsgerade ist unzugänglich.

Für den soeben erwähnten engeren Standpunkt gibt es natürlich keine parallelen und ultraparallelen Punkte.

In Abb. 46, S. 361 sind

> *inzident*: die Geraden BF und EG, die Punktepaare E, F und E, G,
>
> *parataktisch*: das Geradenpaar GE und HD, die Punktepaare J, D und H, D.
>
> *ultraparallel*: GH und GD, AE und FG, G und D.

Ganz ebenso wie in **67** zeigt man jetzt, daß beim Grenzübergang zur E. G. parataktische Gerade in parallele Geraden übergehen, und parataktische Punkte in parallele Punkte[1]). Für den Schnittpunkt z ultraparalleler Geraden $\mathfrak{x}$ und $\mathfrak{y}$ muß $(z/z) < 0$ sein. Lassen wir $\varkappa^2$ so abnehmen, daß (z/z) immer negativ bleibt, d. i. daß $\mathfrak{x}$ und $\mathfrak{y}$ immer ultraparallel bleiben, so kann in der Grenze $\varkappa = 0$ ein Widerspruch nur dann vermieden werden, wenn $(z/z) = 0$ wird: *Ultraparallele Gerade gehen in der Grenze in parallele Gerade über.*

Zur Erklärung der Koordinaten der orientierten Elemente mußte in **65**, (130), (133) die Größe $\underline{a}$ willkürlich angenommen werden. Wir bestimmen sie so, daß ein Speer[2]) auf einer zugänglichen Geraden *reelle* Koordinaten erhält.

Demgemäß setzen wir:

$$\underline{a} = -i\varkappa.$$

Weil aber nach Irrationalität I b, S. 239

$$\sqrt{-(\mathfrak{x}/\mathfrak{x})} = i\,\sqrt{\mathfrak{x}/\mathfrak{x}},$$

so wird nach **65**, (130) $\varkappa\mathfrak{x}_0 = \sqrt{-(\mathfrak{x}/\mathfrak{x})}$, und wir setzen fest:

$$\text{(58)} \qquad \mathfrak{x}_0 = \frac{1}{\varkappa}\,\sqrt{-(\mathfrak{x}/\mathfrak{x})} = \sqrt{\mathfrak{x}_1^2 + \mathfrak{x}_2^2 - \varkappa^2\mathfrak{x}_3^2}.$$

---

[1]) Es wird nach unseren eingehenden Darlegungen unbedenklich sein, auch in der $h \cdot G$ den Ausdruck parallel zu benutzen.

[2]) Bisher hatten wir den Ausdruck Pfeil benutzt, und der würde ausreichen, wenn es nicht in der N. E. G. des R_3 zwei Arten von orientierten Geraden gäbe; da ist das Wort Speer dann doch nicht vermeidbar.

Zwischen den Speerkoordinaten der h. G. besteht also die quadratische Relation:

$$(59) \qquad \mathfrak{x}_0^2 - \mathfrak{x}_1^2 - \mathfrak{x}_2^2 + \varkappa^2 \mathfrak{x}_3^2 = 0.$$

Nach **67**, (153) ist zu setzen (vgl. S. 361):

$$\sqrt{\varkappa^4 (x/x)} = - \varkappa^2 \sqrt{x/x},$$

und daher wird nach **65**, (133):

$$(60) \qquad x_0 = \sqrt{x/x}.$$

Zwischen den Koordinaten orientierter Punkte der h. G. besteht also die quadratische Relation:

$$(61) \qquad x_0^2 + \varkappa^2 x_1^2 + \varkappa^2 x_2^2 - x_3^2 = 0.$$

Die Angulusformeln aus **65** gehen jetzt über in:

$$
(62) \quad
\begin{cases}
\operatorname{tg} (\mathfrak{x}, \mathfrak{y}) = \dfrac{(\mathfrak{x}\mathfrak{y}\mathfrak{z})}{(\mathfrak{x}/\mathfrak{y})} \cdot \dfrac{-\varkappa^2 z_0}{(\mathfrak{z}z)} = - \dfrac{\varkappa^2 (\mathfrak{x}\mathfrak{y}\mathfrak{z}) \sqrt{z/z}}{(\mathfrak{x}/\mathfrak{y})(\mathfrak{z}z)}, \\[2ex]
\cos (\mathfrak{x}, \mathfrak{y}) = \dfrac{(\mathfrak{x}/\mathfrak{y})}{\sqrt{\mathfrak{x}/\mathfrak{x}}\,\sqrt{\mathfrak{y}/\mathfrak{y}}} = - \dfrac{1}{\varkappa^2} \dfrac{(\mathfrak{x}/\mathfrak{y})}{\mathfrak{x}_0 \mathfrak{y}_0} = \dfrac{-(\mathfrak{x}/\mathfrak{y})}{\sqrt{-(\mathfrak{x},\mathfrak{x})}\,\sqrt{-(\mathfrak{y}/\mathfrak{y})}}, \\[2ex]
\sin (\mathfrak{x}, \mathfrak{y}) = \dfrac{(\mathfrak{x}\mathfrak{y}\mathfrak{z})}{(z\mathfrak{z})} \cdot \dfrac{z_0}{\mathfrak{x}_0 \mathfrak{y}_0} = + \varkappa^2 \dfrac{(\mathfrak{x}\mathfrak{y}\mathfrak{z})}{(z\mathfrak{z})} \cdot \dfrac{\sqrt{z/z}}{\sqrt{-(\mathfrak{x}/\mathfrak{x})}\,\sqrt{-(\mathfrak{y}/\mathfrak{y})}}.
\end{cases}
$$

Hier bedeutet z den Schnittpunkt von $\mathfrak{x}$ und $\mathfrak{y}$, und $\mathfrak{z}$ eine nicht durch ihn laufende Gerade.

Die Distanzformeln aus **65** verlangen jetzt noch die Verfügung über die Größe μ, wo μ^2 das Krümmungsmaß ist. Wir verlangen, daß *zugängliche* Punkte eine *reelle* Distanz erhalten. Dazu muß μ^2 negativ genommen werden; es sei

$$\mu = - i\varkappa.$$

Ferner führen wir, um die reelle Distanz dann auch reell darzustellen, statt der goniometrischen Funktionen wieder hyperbolische Funktionen ein. So gewinnt man wegen **73**, S. 352 die Formeln:

$$
(63) \quad
\begin{cases}
\operatorname{tg} h\varkappa (x, y) = \varkappa \dfrac{(xyz)}{(x/y)} \cdot \dfrac{\mathfrak{z}_0}{(z\mathfrak{z})} = \dfrac{(xyz)}{(x/y)} \cdot \dfrac{\sqrt{-(\mathfrak{z}/\mathfrak{z})}}{(z\mathfrak{z})}, \\[2ex]
\cos h\varkappa (x, y) = \dfrac{(x/y)}{x_0 y_0} = \dfrac{(x/y)}{\sqrt{x/x}\,\sqrt{y/y}}, \\[2ex]
\sin h\varkappa (x, y) = \varkappa \dfrac{(xyz)}{(z\mathfrak{z})} \cdot \dfrac{\mathfrak{z}_0}{x_0 y_0} = \dfrac{(xyz)}{(\mathfrak{z}z)} \cdot \dfrac{\sqrt{-(\mathfrak{z}/\mathfrak{z})}}{\sqrt{x/x}\,\sqrt{y/y}}.
\end{cases}
$$

Diese Formeln gilt es nun zu interpretieren. Das geht ohne weiteres bei den beiden Tangentenformeln:

Ultraparallele Gerade bilden einen imaginären Angulus, parallele Gerade bilden den Augulus Null, inzidente Gerade bilden einen reellen Angulus.

Ultraparallele Punkte haben imaginäre Distanz, parallele Punkte haben die Distanz Null.

Bei *inzidenten* Punkten hat man zu bedenken, daß $\operatorname{tg} h\varphi$ ein echter Bruch sein muß. Ist der eine Punkt zugänglich, der andere unzugänglich, so wird $\cos h^2\varkappa(x,y)$ negativ, also die Distanz imaginär. Sind aber *beide zugänglich* oder *beide unzugänglich*, so wird $\cos h^2\varkappa\,(x,y)$ positiv, ebenso $\sin h^2\varkappa\,(x,y)$ und jetzt wird $\operatorname{tg} h^2\varkappa(x,y) = (x|y)^2 - (x|x)\,(y|y):(x|y)^2$ ein echter Bruch:

Auf einer zugänglichen Geraden haben zwei zugängliche Punkte eine reelle Distanz, und ebenso zwei unzugängliche Punkte.

Verwickelt werden die Verhältnisse, wenn man die Sinus- und Kosinusformeln betrachtet. Dazu müssen wir ziemlich weit ausholen und einen Blick auf die Besonderheit der orientierten Elemente werfen.

Die Speerkoordinaten genügen den Gleichungen (58) und (59). Für Speere auf unzugänglichen Geraden fällt die Speerkoordinate $\mathfrak{x}_0$ imaginär aus, *ein solcher Speer ist demnach imaginär zu nennen.*

Das Kontinuum der reellen Speere in der hyperbolischen Geometrie wird erhalten, indem man zu den (reellen) absoluten Geraden die doppelt überdeckte Mannigfaltigkeit der (reellen) **zugänglichen** *Geraden hinzunimmt.*

Hier ist wieder eine starke Diskrepanz zwischen Anschauung und analytischem Gedanken festzustellen. Die Anschauung kann sich Speere auf (reellen) unzugänglichen Geraden mit Leichtigkeit „reell“ vorstellen, ganz ebenso wie die auf zugänglichen Geraden. Trotzdem sind die einen als reell anzusehen, die anderen nicht.

Die Formeln (46) bis (48) werden nach Unterdrückung des Faktors $\varkappa^4$ bzw. $\varkappa$ rechts jetzt vermöge (58) zu:

$$
\boxed{
\begin{aligned}
&(64) \qquad\qquad\qquad\qquad \mathfrak{x}_0 : \mathfrak{x}_1 : \mathfrak{x}_2 : \mathfrak{x}_3 = \\[4pt]
&+\varkappa^2(\sigma_1\tau_2 - \sigma_2\tau_1) : -\varkappa^2(\sigma_1\tau_2 + \sigma_2\tau_1) : -\varkappa^2(\sigma_1\tau_1 - \sigma_2\tau_2) : -\varkappa(\sigma_1\tau_1 + \sigma_2\tau_2).
\end{aligned}
}
$$

$$
(65) \qquad
\begin{cases}
\sigma_1 : \sigma_2 = \mathfrak{x}_2 + \varkappa\mathfrak{x}_3 : \mathfrak{x}_1 + \mathfrak{x}_0 = \mathfrak{x}_1 - \mathfrak{x}_0 : -\mathfrak{x}_2 + \varkappa\mathfrak{x}_3, \\[4pt]
\tau_1 : \tau_2 = \mathfrak{x}_2 + \varkappa\mathfrak{x}_3 : \mathfrak{x}_1 - \mathfrak{x}_0 = \mathfrak{x}_1 + \mathfrak{x}_0 : -\mathfrak{x}_2 + \varkappa\mathfrak{x}_3,
\end{cases}
$$

und hieraus geht hervor, daß *das Kontinuum der (reellen) Speere in der hyperbolischen Geometrie Träger zweier reell binärer* Gebiete ist.

Anders liegen die Verhältnisse bei den orientierten Punkten. Aus (51), (53), (54) folgt nach Unterdrückung des Faktors $\varkappa^4$ rechts vermöge (52) und (60):

$$(66) \qquad x_0 : x_1 : x_2 : x_3 =$$
$$+ i\varkappa(\sigma_1\tau_2 - \sigma_2\tau_1) : \sigma_1\tau_2 + \sigma_2\tau_1 : \sigma_1\tau_1 - \sigma_2\tau_2 : -\varkappa(\sigma_1\tau_1 + \sigma_2\tau_2).$$

$$(67) \qquad \begin{cases} \sigma_1 : \sigma_2 = \varkappa x_2 - x_3 : \varkappa x_1 + i x_0 = \varkappa x_1 - i x_0 : -\varkappa x_2 - x_3, \\ \tau_1 : \tau_2 = \varkappa x_2 - x_3 : \varkappa x_1 - i x_0 = \varkappa x_1 + i x_0 : -\varkappa x_2 - x_3. \end{cases}$$

Diese Formeln sind brauchbar, wenn man im *komplexen* Gebiet arbeitet. Sollen sie einen *reellen* orientierten Punkt darstellen, so hat man $\tau_1 : \tau_2$ konjugiert komplex zu $\sigma_1 : \sigma_2$ zu wählen:

$$(68) \qquad x_0 : x_1 : x_2 : x_3 =$$
$$+ i\varkappa(\sigma_1\bar\sigma_2 - \sigma_2\bar\sigma_1) : \sigma_1\bar\sigma_2 + \sigma_2\bar\sigma_1 : \sigma_1\bar\sigma_1 - \sigma_2\bar\sigma_2 : -\varkappa(\sigma_1\bar\sigma_1 + \sigma_2\bar\sigma_2),$$

$$\sigma_1 : \sigma_2 = \bar\tau_1 : \bar\tau_2 = \varkappa x_2 - x_3 : \varkappa x_1 + i x_0 = \varkappa x_1 - i x_0 : -\varkappa x_2 - x_3 \quad (x = \bar x).$$

Das Kontinuum der (reellen) orientierten Punkte in der hyperbolischen Geometrie ist Träger eines komplex binären Gebietes.

Auch diese Darstellung wird vielleicht noch nicht als befriedigend angesehen werden. Setzt man:

$$(69\,a) \qquad \sigma_1 + i\sigma_2 : \sigma_1 - i\sigma_2 = -i \cot h \frac{\varkappa\varrho}{2} e^{-i\varphi}, \qquad (\varrho = \bar\varrho, \; \varphi = \bar\varphi)$$

so gewinnt man nach einigen Umformungen mit Hilfe von 73, Zus. 2 die völlig reelle Darstellung der *reellen* orientierten Punkte:

$$(70\,a) \qquad x_0 : x_1 : x_2 : x_3 = 1 : \frac{1}{\varkappa} \sin h\varkappa\varrho \cos\varphi : \frac{1}{\varkappa} \sin h\varkappa\varrho \sin\varphi : \cos h\varkappa\varrho,$$

und hierin sind die absoluten orientierten Punkte fortgefallen[1].

Setzt man aber:

$$(69\,b) \qquad \sigma_1 + i\sigma_2 : \sigma_1 - i\sigma_2 = -i \operatorname{tg} h \frac{\varkappa\varrho}{2} e^{-i\varphi}, \qquad (\varrho = \bar\varrho, \; \varphi = \bar\varphi)$$

so gewinnt man statt (70a) jetzt:

$$(70\,b) \qquad x_0 : x_1 : x_2 : x_3 = -1 : \frac{1}{\varkappa} \sin h\varkappa\varrho \cos\varphi : \frac{1}{\varkappa} \sin h\varkappa\varrho \sin\varphi : \cos h\varkappa\varrho.$$

---

[1] Die direkte Rechnung fällt recht umständlich aus. Bequemer ist es, die Formeln rückwärts zu bestätigen. Durch Vergleichung von (70 a b) mit (68) erhält man eine gemeinsame Formel für $x_2 : x_1$; diese liefert (Fußnote auf S. 31) $e^{2i\varphi}$. Für $x_3 : x_0$ hat man aus (70 a) und (70 b) getrennte Ausdrücke; sie liefern (72, Zus. 2 h) $\operatorname{tg} h^2 \tfrac{1}{2}\varkappa\varrho$. Durch Kombination beider Ausdrücke mit dem für $e^{2i\varphi}$ gewinnt man sofort zwei Formeln für $(\sigma_1 + i\sigma_2 : \sigma_1 - i\sigma_2)^2$. Die Vorzeichenbestimmung erfolgt dann durch Vermittlung von $x_2 : x_3$.

Damit sind alle orientierten Punkte dargestellt, soweit sie nicht absolut sind. Sowohl in (70a) wie in (70b) ist $(x/x) > 0$; unzugängliche reelle Punkte sind nicht Träger reeller orientierter **Punkte.**

Die nicht absoluten reellen orientierten Punkte der hyperbolischen Geometrie verteilen sich auf zwei getrennte Scharen. Tatsächlich ist kein orientierter Punkt der Schar (70a) in (70b) enthalten. Man sieht das bereits daran, daß $\cos h\varkappa\varrho$ stets positiv und unecht sein muß; daher ist in (70a) $x_0 : x_3 > 0$, in (70b) aber $x_0 : x_3 \cdot < 0$.

Jedem orientierten Punkte, soweit er nicht absolut ist, läßt sich ein Wertepaar (ϱ, φ) nach (70a) oder (70b) zuordnen, wobei allerdings die Systeme (ϱ, φ) und $(-\varrho, \pi + \varphi)$ als äquivalent zu gelten haben.

Daher können die (ϱ, φ) als *Koordinaten* des orientierten Punktes dienen; beim Grenzübergang zur Euklidischen Geometrie, also für $\varkappa = 0$, liefern die Systeme (70a) und (70b):

$$x_0 : x_1 : x_2 : x_3 = 1 : \varrho \cos\varphi : \varrho \sin\varphi : 1,$$
$$x_0 : x_1 : x_2 : x_3 = -1 : \varrho \cos\varphi : \varrho \sin\varphi : 1,$$

d. i. die *Polarkoordinaten* (24). Vgl. hierzu auch die Ausführungen über das komplexe Gebiet in 67, S. 313. 314.

Besonders anschaulich wird das Zerfallen der reellen orientierten Punkte in zwei Schichten, wenn man in (61) die Werte $x_1 : x_0$, $x_2 : x_0$, $x_3 : x_0$ als Punktkoordinaten im Raume deutet. Dann stellt (61) eine Fläche zweiter Ordnung dar, nämlich ein *zweischaliges Hyperboloid*, dessen eine Schale oberhalb der Grundebene $x_3 = 0$ liegt, dessen andere dazu symmetrisch unterhalb liegt. Jedem reellen orientierten Punkt der h. G. entspricht dann eindeutig ein reeller Punkt dieser Fläche, den absoluten orientierten Punkten die uneigentlichen Punkte der Fläche. Entgegengesetzt orientierte Punkte (65) werden abgebildet auf Punkte der Fläche, die auf einem Durchmesser liegen. („*Abbildung VI h*".) In der Grenze $\varkappa^2 = 0$ wird die Fläche zu einem Parallelebenenpaar, so daß auch in der E. G. die eigentlichen orientierten Punkte zwei getrennte Scharen bilden, *dann aber auch im komplexen Gebiet, während das Hyperboloid im komplexen Gebiet nicht zerfällt.*

Versuchen wir, ein räumliches Bild auch von der Verteilung der reellen *Speere* zu erhalten. Dazu haben wir in der Gleichung (59) die $\mathfrak{x}_1 : \mathfrak{x}_0$, $\mathfrak{x}_2 : \mathfrak{x}_0$, $\mathfrak{x}_3 : \mathfrak{x}_0$ als Punktkoordinaten im Raume zu deuten („*Abbildung V h*"). Dann stellt die Gleichung (59) ein *einschaliges Hyperboloid* dar. Jedem reellen Speer der h. G. entspricht eindeutig ein reeller Punkt der Fläche; den absoluten Speeren sind die uneigentlichen Flächenpunkte zugeordnet. Entgegengesetzte Speere bilden sich ab als Flächenpunkte, die auf einem Durchmesser liegen. Aber das einschalige Hyperboloid zerfällt nicht in zwei getrennte Stücke. Daher bilden die reellen nicht absoluten Speere der h. G. *ein einziges Kontinuum.* In der Grenze $\varkappa^2 = 0$ wird das einschalige Hyperboloid zum *Zylinder,* auf den sich die Euklidischen Speere abbilden lassen (Abbildung V E, vgl. S. 214). Auch der Zylinder zerfällt nicht, so daß die Euklidischen Speere nicht auf zwei getrennte Scharen verteilt werden können.

Nach diesen Vorbereitungen können wir jetzt die hyperbolische Metrik erledigen. *Wir betrachten nur die eine Schicht orientierter Punkte,* nämlich die, für welche $x_0 : x_3 > 0$ ist. Diese Wahl wird durch die erste Formel (62) motiviert. Für zwei Gerade, die sich im zugänglichen Gebiet schneiden, darf man die Hilfsgerade dort zu $0:0:1$ wählen. Dann wird

$$\mathbf{tg}\,(\mathfrak{x},\mathfrak{y}) = \frac{(\mathfrak{x}_1\mathfrak{y}_2 - \mathfrak{x}_2\mathfrak{y}_1)\cdot - \varkappa^2 z_0}{(-\varkappa^2\mathfrak{x}_1\mathfrak{y}_1 - \varkappa^2\mathfrak{x}_2\mathfrak{y}_2 + \varkappa^4\mathfrak{x}_3\mathfrak{y}_3)\cdot z_3} = \frac{(\mathfrak{x}_1\mathfrak{y}_2 - \mathfrak{x}_2\mathfrak{y}_1)}{\mathfrak{x}_1\mathfrak{y}_1 + \mathfrak{x}_2\mathfrak{y}_2 - \varkappa^2\mathfrak{x}_3\mathfrak{y}_3}\cdot\frac{z_0}{z_3}.$$

Hierdurch ist das Vorzeichen von $\mathbf{tg}\,(\mathfrak{x},\mathfrak{y})$ *eindeutig* bestimmt. *Die Einschränkung, nur in der einen Schicht orientierter Punkte arbeiten zu wollen, ist daher gleichbedeutend mit der Festsetzung eines positiven Drehungssinnes in der hyperbolischen Ebene.*

Ganz anders verhält sich darin, wie wir sehen werden, die elliptische Geometrie (77). An unserer letzten Formel sieht man schließlich, daß man, wenn dieser positive Drehungssinn in der Grenze $\varkappa^2 = 0$ in den in 22, Zus. 3 erklärten übergehen soll, in der Grenze zu setzen hat (vgl. (60), S. 364)

$$\lim_{\varkappa=0}\frac{x_0}{x_3} = \lim_{\varkappa=0}\left\{\frac{1}{x_3}\sqrt{-\varkappa^2 x_1^2 - \varkappa^2 x_2^2 + x_3^2}\right\} = +1.$$

Die zweite Formel (63) zeigt, daß der Ausdruck $\varkappa\,(x,y)$ imaginär wird, wenn y und x entg gengesetzt orientiert sind. Damit haben wir: *Orientierte Punkte verschiedener Schichten haben imaginäre Distanz.* Denn im zugänglichen Gebiet kann die Koordinate x_3 nicht verschwinden; wählen wir sie stets positiv, so ist in der einen Schar auch x_0 positiv, in der andern stets negativ; für reelle Argumente muß aber die Funktion $\cos h\,\varphi$ stets positiv sein. Endlich folgt aus der zweiten und dritten Gleichung (63):

Orientierte Punkte derselben Schicht haben reelle Distanz,

Wir fassen zusammen.

Das Gebiet der reellen *Geraden* der hyperbolischen Geometrie umfaßt alle reellen Geraden, ist also ein (*reell*) *ternäres* Gebiet. Ebenso bildet ein (*reell*) *ternäres* Gebiet die Gesamtheit aller reellen

unorientierten Punkte der h. G. Die Gesamtheit der reellen *Speere* der
h. G. besteht aber nur aus den Speeren, deren Träger nicht unzugänglich sind. Ein reeller Speer hat also im Gegensatz zur reellen Geraden
stets zwei reelle Endpunkte. Die Mannigfaltigkeit der reellen Speere
der h. G bildet zwei *reell binäre* Gebiete. Die Gesamtheit der reellen
orientierten Punkte ist Träger eines *komplex binären* Gebietes. Sie
zerfällt in zwei Schichten, die durch die absoluten orientierten
Punkte hindurch zusammenhängen. Die unzugänglichen reellen
Punkte können nicht reell orientiert werden. Betrachtet man also
orientierte Elemente, so fällt das unzugängliche Gebiet fort. Das
Kontinuum der reellen orientierten Punkte besteht somit aus dem
Innern des absoluten Kegelschnitts, welches doppelt überdeckt ist.
Obere Schicht heiße diejenige, in der $x_3 : x_0$ positiv ist. Beide
Schichten wachsen am Rande des absoluten Kegelschnitts aneinander.

*Die hyperbolische Metrik betrachtet nur orientierte Punkte der oberen
Schicht.* Diese haben dann reelle Distanzen.

Nunmehr können wir die Formeln der hyperbolischen Trigonometrie entwickeln, wobei unter einem Dreieck ein solches zu verstehen ist, dessen orientierte Ecken in der oberen Schicht liegen.

Bedienen wir uns derselben Bezeichnungsweise wie in **66**, so
soll zunächst durch Proportionalitätsfaktoren dafür gesorgt werden,
daß die dritten Koordinaten x_3, y_3, z_3 der drei Dreiecksecken *positiv*
ausfallen. Dann sind die Irrationalitäten x_0, y_0, z_0 *positiv* zu nehmen,
und nach (68) zeigt man dann, daß die drei Ausdrücke (y/z), (ε/x), (x/y)
sämtlich *positiv* werden[1]). Die drei Formeln (**66**, (139), $\underline{a} = \mu = -i\varkappa$)

$$\operatorname{tg} h\varkappa a_1 = \varkappa \mathfrak{x}_0 : (y/z), \qquad \operatorname{tg} h\varkappa a_2 = \varkappa \mathfrak{y}_0 : (z/x), \qquad \operatorname{tg} h\varkappa a_3 = \varkappa \mathfrak{z}_0 : (x/y)$$

veranlassen uns weiter, auch die drei Irrationalitäten $\mathfrak{x}_0, \mathfrak{y}_0, \mathfrak{z}_0$ positiv
zu nehmen. Dadurch fallen die drei Seiten des Dreiecks positiv
aus, das Dreieck wird in einem Zuge durchlaufen.

Aus **50**, (31) zeigt man jetzt wegen

$$(x/x)(\mathfrak{x}/\mathfrak{x}) + (x/y)(\mathfrak{x}/\mathfrak{y}) + (x/z)(\mathfrak{x}/\mathfrak{z}) = \varkappa^4 (xyz)^2 > 0,$$

daß von den drei Ausdrücken $(\mathfrak{y}/\mathfrak{z})$, $(\mathfrak{z}/\mathfrak{x})$, $(\mathfrak{x}/\mathfrak{y})$ keine zwei gleichzeitig
negativ ausfallen können[2]). Hieraus und aus den Formeln

$$\sin \alpha_1 = (xyz)\frac{x_0}{\mathfrak{y}_0 \mathfrak{z}_0}, \qquad \sin \alpha_2 = (xyz)\frac{y_0}{\mathfrak{z}_0 \mathfrak{x}_0}, \qquad \sin \alpha_3 = (xyz)\frac{z_0}{\mathfrak{x}_0 \mathfrak{y}_0},$$

$$\cos \alpha_1 = -\frac{1}{\varkappa^2}\frac{(\mathfrak{y}/\mathfrak{z})}{\mathfrak{y}_0 \mathfrak{z}_0}, \qquad \cos \alpha_2 = -\frac{1}{\varkappa^2}\frac{(\mathfrak{z}/\mathfrak{x})}{\mathfrak{z}_0 \mathfrak{x}_0}, \qquad \cos \alpha_3 = -\frac{1}{\varkappa^2}\frac{(\mathfrak{x}/\mathfrak{y})}{\mathfrak{x}_0 \mathfrak{y}_0},$$

---

[1]) $(x/y) = \varkappa^2 \left\{ (\sigma_1 \bar{\tau}_2 - \sigma_2 \bar{\tau}_1)(\bar{\sigma}_1 \tau_2 - \bar{\sigma}_2 \tau_1) + (\sigma_1 \tau_2 - \sigma_2 \tau_1)(\bar{\sigma}_1 \bar{\tau}_2 - \bar{\sigma}_2 \bar{\tau}_1) \right\}$,
wo $y_0 = i\varkappa (\tau_1 \bar{\tau}_2 - \tau_2 \bar{\tau}_1)$ usw. gesetzt ist.

[2]) Man entwickelt die Determinante in **50**, (31) nach Elementen einer
Reihe und beachtet $\mathfrak{x} = \widehat{yz}$ usw.

sieht man, daß es zwei Arten von Dreiecken gibt, je nach dem Vorzeichen des Ausdrucks (xyz), welches durch Proportionalitätsfaktoren nicht mehr abgeändert werden kann.

Für $(xyz) > 0$, $(\mathfrak{y}/\mathfrak{z})(\mathfrak{z}/\mathfrak{x})(\mathfrak{x}/\mathfrak{y}) > 0$ liegen die drei Winkel α_1, α_2, α_3 sämtlich im Intervall $\dfrac{\pi}{2}$ bis π, so daß $\dfrac{3\,\pi}{4} < \dfrac{\alpha_1 + \alpha_2 + \alpha_3}{2} < \dfrac{3\,\pi}{2}$.

Für $(xyz) > 0$, $(\mathfrak{y}/\mathfrak{z})(\mathfrak{z}/\mathfrak{x})(\mathfrak{x}/\mathfrak{y}) < 0$ liegen zwei Winkel im soeben genannten Intervall, der dritte zwischen 0 und $\dfrac{\pi}{2}$, so daß

$$\frac{\pi}{2} < \frac{\alpha_1 + \alpha_2 + \alpha_3}{2} < \frac{5\,\pi}{4}.$$

Ebenso erhält man

$$(xyz) < 0, \quad (\mathfrak{y}/\mathfrak{z})(\mathfrak{z}/\mathfrak{x})(\mathfrak{x}/\mathfrak{y}) > 0. \qquad \frac{3\,\pi}{2} < \frac{\alpha_1 + \alpha_2 + \alpha_3}{2} < \frac{9\,\pi}{4}.$$

$$(xyz) < 0, \quad (\mathfrak{y}/\mathfrak{z})(\mathfrak{z}/\mathfrak{x})(\mathfrak{x}/\mathfrak{y}) < 0. \qquad \frac{7\,\pi}{4} < \frac{\alpha_1 + \alpha_2 + \alpha_3}{2} < \frac{5\,\pi}{2}.$$

Die Dreiecksformeln ergeben sich wie in **66**:

$$(71) \quad \begin{cases} \sin h\varkappa a_1 : \sin \alpha_1 = \sin h\varkappa a_2 : \sin \alpha_2 = \sin h\varkappa a_3 : \sin \alpha_3. \text{ „Sinussatz“.} \\[4pt] \cos h\varkappa a_1 = \cos h\varkappa a_2 \cos h\varkappa a_3 + \sin h\varkappa a_2 \sin h\varkappa a_3 \cos \alpha_1. \\ \qquad\qquad \text{„Erster Kosinussatz“.} \\[4pt] \cos \alpha_1 = \cos \alpha_2 \cos \alpha_3 - \sin \alpha_2 \sin \alpha_3 \cos h\varkappa a_1. \\ \qquad\qquad \text{„Zweiter Kosinussatz“.} \end{cases}$$

Beim Grenzübergang zur Euklidischen Geometrie geht der Sinussatz der h. G. in den Sinussatz der E. G. über, der erste Kosinussatz der h. G. in den Kosinussatz der E. G., während der zweite Kosinussatz in der Grenze wieder den Satz liefert, daß in der E. G. die Summe der Winkel im Dreieck zwei Rechte beträgt. Dabei ist aber wieder zu beachten, daß die Winkel α_1, α_2, α_3 in die *Supplemente* der Innenwinkel des Dreiecks übergehen; vgl. **67**, 9, S. 316.

Ersetzt man im ersten Kosinussatz $\cos \alpha_1$ zuerst durch $\sin \dfrac{\alpha_1}{2}$ und dann durch $\cos \dfrac{\alpha_1}{2}$, so erhält man (**73**, Zus. 2) zwei Formelreihen, die als I a b c, II a b c bezeichnet werden sollen und deren erste Formeln so lauten:

$$(\mathrm{I\,a}) \qquad \sin h\varkappa s \, \sin h\varkappa (s - a_1) = \sin^2 \frac{\alpha_1}{2} \sin h\varkappa a_2 \, \sin h\varkappa a_3,$$

$$(\mathrm{II\,a}) \qquad \sin h\varkappa (s - a_2) \, \sin h\varkappa (s - a_3) = \cos^2 \frac{\alpha_1}{2} \sin h\varkappa a_2 \, \sin h\varkappa a_3,$$

während die übrigen daraus durch zyklische Vertauschung hervorgehen. Dabei bedeutet, wie auch sonst üblich,

$$2s = a_1 + a_2 + a_3.$$

Grenzübergang! Grund der Diskrepanz gegen die in der E. G. übliche Bezeichnungsweise!

Multipliziert man Ia mit IIa, so sieht man, daß der Ausdruck

$$(72) \qquad \Omega^2 = \sin h\varkappa s \cdot \sin h\varkappa(s-a_1) \cdot \sin h\varkappa(s-a_2) \cdot \sin h\varkappa(s-a_3)$$

positiv ist.

Dividiert man IIb durch IIc, so gewinnt man unter Benutzung des Sinussatzes

$$\sin h\varkappa(s-a_1) : \mathrm{tg}\,\frac{\alpha_1}{2} = \sin h\varkappa(s-a_2) : \mathrm{tg}\,\frac{\alpha_2}{2} = \sin h\varkappa(s-a_3) : \mathrm{tg}\,\frac{\alpha_3}{2}.$$

Grenzübergang!

Bei Division von Ia durch IIa findet man

$$\sin^2 h\varkappa(s-a_1) : \mathrm{tg}^2\,\frac{\alpha_1}{2} = \Omega^2 : \sin^2 h\varkappa s$$

und kann daher setzen

$$(\mathrm{IIIa}) \quad \mathrm{tg}\,\frac{\alpha_1}{2} = \sin h\varkappa s \cdot \sin h\varkappa(s-a_1) : \Omega = \Omega : \sin h\varkappa(s-a_2)\sin h\varkappa(s-a_3);$$

ebenso ergeben sich zwei weitere Formeln IIIb und IIIc für $\mathrm{tg}\,\dfrac{\alpha_2}{2}$

und $\mathrm{tg}\,\dfrac{\alpha_3}{2}$.

Bei Beachtung der beiden Identitäten[1]

$$\sin h\varkappa(s-a_1) + \sin h\varkappa(s-a_2) + \sin h\varkappa(s-a_3) - \sin h\varkappa s =$$
$$= -4 \sin h\varkappa\,\frac{a_1}{2} \sin h\varkappa\,\frac{a_2}{2} \sin h\varkappa\,\frac{a_3}{2},$$

$$\frac{1}{\sin h\varkappa s} - \frac{1}{\sin h\varkappa(s-a_1)} - \frac{1}{\sin h\varkappa(s-a_2)} - \frac{1}{\sin h\varkappa(s-a_3)} =$$
$$= -\frac{2}{\Omega^2}\sin h\varkappa\,\frac{a_1}{2}\sin h\varkappa\,\frac{a_2}{2}\sin h\varkappa\,\frac{a_3}{2}\{1 + \cos h\varkappa a_1 + \cos h\varkappa a_2 + \cos h\varkappa a_3\}$$

---

[1] Man faßt die Glieder zu zweien zusammen. Die erste Identität folgt dann durch im ganzen dreimalige Anwendung von 73, Zus. 2i. Bei der zweiten führt man in die beiden Nenner die Ausdrücke aus (Ia), (IIa) ein und ersetzt die im Quadrat vorkommenden Sinus und Kosinus des halben Winkels durch $\cos \alpha_1$. Im Zähler wird darauf der erste Kosinussatz eingeführt, und zweimal die erste Formel von 73, Zus. 2h benutzt. Schließlich entnimmt man $\sin^2 \alpha_1$ durch Multiplikation von (Ia) und (IIa).

wird jetzt aus III:

$$(73) \qquad \operatorname{tg} \frac{\alpha_1 + \alpha_2 + \alpha_3}{2} = 2\,\Omega : \{ 1 + \cos h\varkappa a_1 + \cos h\varkappa a_2 + \cos h\varkappa a_3 \}.$$

Da aber[1])

$$\frac{\sin h\varkappa a_1}{\sin \alpha_1} = \sin h\varkappa a_1 \sin h\varkappa a_2 \sin h\varkappa a_3 : 2\,\Omega,$$

so erkennt man, daß für $(xyz) > 0$ auch $\Omega > 0$, für $(xyz) < 0$ auch $\Omega < 0$ sein muß. Denn im ersten Falle ist $\sin \alpha_1 > 0$, während $\sin h\varkappa a_1$ stets positiv ist (vgl. (63), S. 364). Das Dreieck wird daher *positiv* umlaufen, für $(xyz) < 0$ in negativem Sinne.

.Aus (73) folgt nun, daß für $(xyz) > 0$ der Betrag $\frac{1}{2}(\alpha_1 + \alpha_2 + \alpha_3)$ im ersten, dritten, fünften, ... Quadranten liegt. Andererseits haben wir diesen Betrag bereits zwischen die Grenzen

$$\frac{3\,\pi}{4} \text{ bis } \frac{3\,\pi}{2} \quad \text{bzw.} \quad \frac{\pi}{2} \text{ bis } \frac{5\,\pi}{4}$$

eingeengt. Somit folgt

$$\pi < \tfrac{1}{2}(\alpha_1 + \alpha_2 + \alpha_3) < \frac{3\,\pi}{2}. \qquad \pi < \tfrac{1}{2}(\alpha_1 + \alpha_2 + \alpha_3) < \frac{5\,\pi}{4}.$$

Die Innenwinkel $\beta_1, \beta_2, \beta_3$ des Dreiecks genügen, da der Umlaufsinn *positiv* ist, den Formeln

$$\beta_1 = \pi - \alpha_1, \qquad \beta_2 = \pi - \alpha_2, \qquad \beta_3 = \pi - \alpha_3.$$

Daher wird

$$(74\,\mathrm{a}) \qquad 0 < \beta_1 + \beta_2 + \beta_3 < \pi, \qquad \frac{\pi}{2} < \beta_1 + \beta_2 + \beta_3 < \pi.$$

Jetzt betrachten wir die Fälle $(xyz) < 0$. Der Betrag $\frac{1}{2}(\alpha_1 + \alpha_2 + \alpha_3)$ liegt nach (73) im zweiten, vierten, ... Quadranten und kann daher nach dem Voraufgegangenen noch zwischen den Grenzen

$$\frac{3\,\pi}{2} \text{ und } 2\,\pi, \qquad \frac{7\,\pi}{4} \text{ und } 2\,\pi$$

enthalten sein. Die Innenwinkel $\beta_1, \beta_2, \beta_3$ des Dreiecks sind jetzt, weil das Dreieck *negativ* umlaufen wird, aber

$$\beta_1 = \alpha_1 - \pi, \qquad \beta_2 = \alpha_2 - \pi, \qquad \beta_3 = \alpha_3 - \pi.$$

Daher wird

$$(74\,\mathrm{b}) \qquad 0 < \beta_1 + \beta_2 + \beta_3 < \pi, \qquad \frac{\pi}{2} < \beta_1 + \beta_2 + \beta_3 < \pi.$$

In jedem Falle haben wir also:

Die Summe der Innenwinkel eines Dreiecks beträgt in der hyperbolischen Geometrie weniger als zwei Rechte.

---

[1]) Aus IIIa berechnet man zunächst $\sin \alpha_1$ und beachtet die Identität
$\sin h\varkappa a_2 \cdot \sin h\varkappa a_3 = \sin h\varkappa s \sin h\varkappa (s - a_1) + \sin h\varkappa (s - a_2) \sin h\varkappa (s - a_3).$

Dieser Satz hat in Wirklichkeit gar nicht die **Bedeutung**, die der Leser ihm angesichts des umständlichen Beweises vielleicht beimessen wird. Er hat aber historisch eine zu große Rolle gespielt, als daß er unerwähnt bleiben könnte. Vgl. darüber die auf S. 322 aufgeführten Schriften von **Stäckel** und **Engel**.

Die Größe $\Omega : \varkappa^2$ geht in der Grenze in den Inhalt des Dreiecks über, und vertritt diesen auch, wie die Formeln (72) und (IIIa) zeigen, in der h. G. in ziemlichem Umfang. Wir nennen sie die *Fassung* des Dreiecks; es ist

$$2\,\Omega = \sin h\varkappa a_2 \sin h\varkappa a_3 \sin \alpha_1 = \ldots = \sin h\varkappa a_1 \sin h\varkappa a_2 \sin \alpha_3$$
$$= \varkappa^2\,(xyz) : x_0 y_0 z_0.$$

Vom *Inhalt* spricht man in der h. G. hier nicht; dieser ist durch ein Doppelintegral erklärt. Vgl. S. 407.

Wir wenden uns zu den hyperbolischen Bewegungen, d. i. also den reellen automorphen Kollineationen von $(x/x) = 0$.

Die Koeffizienten **61**, (109) werden, wenn man rechts überall den Faktor $\varkappa^4$ fortläßt, $(a = -\varkappa^2)$

$$
\begin{aligned}
(75)\qquad c_{00} &= \alpha_0^2 - \varkappa^2\alpha_1^2 - \varkappa^2\alpha_2^2 + \alpha_3^2,\\
c_{11} &= \alpha_0^2 - \varkappa^2\alpha_1^2 + \varkappa^2\alpha_2^2 - \alpha_3^2, & c_{23} &= 2\;(\alpha_2\alpha_3 + \alpha_0\alpha_1), & c_{32} &= 2\varkappa^2(\;\alpha_2\alpha_3 + \alpha_0\alpha_1),\\
c_{22} &= \alpha_0^2 + \varkappa^2\alpha_1^2 - \varkappa^2\alpha_2^2 - \alpha_3^2, & c_{01} &= -2\varkappa^2(\alpha_3\alpha_1 + \alpha_0\alpha_2), & c_{13} &= 2\;(\alpha_3\alpha_1 - \alpha_0\alpha_2),\\
c_{33} &= \alpha_0^2 + \varkappa^2\alpha_1^2 + \varkappa^2\alpha_2^2 + \alpha_3^2, & c_{12} &= 2(-\varkappa^2\alpha_1\alpha_2 + \alpha_0\alpha_3), & c_{21} &= -2(\varkappa^2\alpha_1\alpha_2 + \alpha_0\alpha_3).
\end{aligned}
$$

Aus **60**, (105) wird nach Absonderung des Faktors $-\varkappa^3\cdot$ rechts:

$$
(76)\qquad
\begin{cases}
\sigma_1' = (\alpha_0 - \varkappa\alpha_1)\,\sigma_1 + (\varkappa\alpha_2 - \alpha_3)\,\sigma_2,\\
\sigma_2' = (\varkappa\alpha_2 + \alpha_3)\,\sigma_1 + (\alpha_0 + \varkappa\alpha_1)\,\sigma_2.
\end{cases}
$$

Die **Multiplikationstafel 58**, (79) des Systems komplexer Zahlen wird zu

$$
\begin{array}{cccc}
\varkappa^4 e_0 & \varkappa^4 e_1 & \varkappa^4 e_2 & \varkappa^4 e_3\\
\varkappa^4 e_1 & \varkappa^6 e_0 & -\varkappa^6 e_3 & -\varkappa^4 e_2\\
\varkappa^4 e_2 & \varkappa^6 e_3 & \varkappa^6 e_0 & \varkappa^4 e_1\\
\varkappa^4 e_3 & \varkappa^4 e_2 & -\varkappa^4 e_1 & -\varkappa^4 e_0.
\end{array}
$$

Läßt man überall den Faktor $\varkappa^4$ fort, schreibt also[1])

$$
(77)\qquad
\begin{array}{cccc}
e_0 & e_1 & e_2 & e_3\\
e_1 & \varkappa^2 e_0 & -\varkappa^2 e_3 & -e_2\\
e_2 & \varkappa^2 e_3 & \varkappa^2 e_0 & e_1\\
e_3 & e_2 & -e_1 & -e_0.
\end{array}
$$

---

[1]) Die dieser Multiplikationsregel (77) unterworfenen höheren komplexen Zahlen heißen zweckmäßig hyperbolische Quaternionen. Vgl. **67**, S. 309.

so läßt sich die Gleichung **58**, (86) etwas einfacher schreiben:

$$(78) \qquad N(\alpha)\,\dot{x}' = \ddot{\alpha}\cdot\dot{x}\cdot\dot{\alpha}. \qquad\qquad N(\alpha)\,\neq\,0.$$

Hierin hat $N(\alpha)$ jetzt die Bedeutung

$$N(\alpha) = \alpha_0^2 - \varkappa^2\alpha_1^2 - \varkappa^2\alpha_2^2 + \alpha_3^2 \neq 0,$$

und **58**, (84) vereinfacht sich zu

$$(79) \qquad N(\alpha\cdot\alpha') = N(\alpha)\,N(\alpha').$$

Für die Zusammensetzung der hyperbolischen Bewegungen gelten (rechts ist der Faktor $\varkappa^4$ fortgelassen) nach **58**, (80) die Formeln:

$$(80) \quad \begin{cases} \alpha_0'' = \alpha_0\alpha_0' + \varkappa^2\alpha_1\alpha_1' + \varkappa^2\alpha_2\alpha_2' - \alpha_3\alpha_3' \\ \alpha_1'' = \alpha_0\alpha_1' + \alpha_1\alpha_0' + \alpha_2\alpha_3' - \alpha_3\alpha_2' \\ \alpha_2'' = \alpha_0\alpha_2' + \alpha_2\alpha_0' + \alpha_3\alpha_1' - \alpha_1\alpha_3' \\ \alpha_3'' = \alpha_0\alpha_3' + \alpha_3\alpha_0' - \varkappa^2(\alpha_1\alpha_2' - \alpha_2\alpha_1'). \end{cases}$$

Beim Grenzübergang liefert (78) die reellen Euklidischen Bewegungen. Vgl. **14**, Zus. 23, 24. Die Formeln (80) gehen über in (35a), S. 48.

Jetzt sollen die hyperbolischen Bewegungen eingeteilt werden. Vgl. dazu **63** und **66**.

1. $\alpha_0 \neq 0$, $(\alpha/\alpha) > 0$. Das Zentrum ist *zugänglich*. Die Bewegung heißt hyperbolische *Drehung* um den Punkt $\alpha_1 : \alpha_2 : \alpha_3$. Die Achse der Bewegung ist unzugänglich. Kein weiterer zugänglicher Punkt bleibt in Ruhe.

Um den Drehungswinkel zu ermitteln, hat man zu beachten, daß die Invarianz der Angulus- und Distanzformeln erfordert, die Formeln (78), die man auch nach **57**, (77) und **60**, (106) so schreiben kann:

$$(81a) \quad \{\alpha_0^2 + (\alpha/\alpha)\}(x'\mathfrak{x}) \equiv \{\alpha_0^2 - (\alpha/\alpha)\}(x\mathfrak{x}) + 2(\alpha\mathfrak{x})(\alpha/x) + \frac{2\alpha_0}{\varkappa^2}(\alpha x/\mathfrak{x}),$$

$$(82) \quad \{\alpha_0^2 + (\alpha/\alpha)\}(\mathfrak{x}'x) \equiv \{\alpha_0^2 - (\alpha/\alpha)\}(\mathfrak{x}x) + 2(\alpha\mathfrak{x})(\alpha/x) + \frac{2\alpha_0}{\varkappa^2}(x\alpha/\mathfrak{x}),$$

durch die beiden folgenden zu ergänzen ($x_3 > 0$):

$$(83) \qquad \mathfrak{x}_0' = \mathfrak{x}_0, \qquad x_0' = x_0.$$

Dann wird für zwei Gerade $\mathfrak{x}$ und $\mathfrak{x}'$ durch das Drehungszentrum (**60**, Zus. 1 und 3)

$$\cos(\mathfrak{x},\mathfrak{x}') = \alpha_0^2 - (\alpha/\alpha) : \alpha_0^2 + (\alpha/\alpha), \qquad \mathrm{tg}(\mathfrak{x},\mathfrak{x}') = \frac{-2\alpha_0\sqrt{\alpha/\alpha}}{\alpha_0^2 - (\alpha/\alpha)},$$

wo $\sqrt{\alpha/\alpha}$ das Vorzeichen von α_3 hat. Daraus folgt für den halben Drehungswinkel ϑ

$$(84) \qquad \cot\vartheta = -\alpha_0 : \sqrt{\alpha/\alpha}.$$

Die Parameter der hyperbolischen Drehung um den Punkt x durch den Winkel 2ϑ sind demnach (63, (119))

$$(85) \qquad - x_0 \cot \vartheta : x_1 : x_2 : x_3.$$

Läßt man hierin den Drehungsmittelpunkt x fest und ändert ϑ, so erhält man, wie (80) bestätigt, eine eingliedrige Gruppe von Drehungen.

Ein Punkt y, der vom Drehungsmittelpunkt die Distanz ϱ hat, muß diese bei allen Drehungen der eingliedrigen Gruppe behalten; er ist also an die Kurve

$$(86) \qquad \cosh^2 \varkappa \varrho = (y|\alpha)^2 : (y|y)(\alpha|\alpha)$$

gebunden, die man daher einen *Kreis* im Sinne der h. G. nennt (66). Seine Gleichung läßt sich nach 73, Zus. 2b auch so schreiben:

$$(87) \qquad (y|\alpha)^2 - (y|y)(\alpha|\alpha) = (y|y)(\alpha|\alpha) \sinh^2 \varkappa \varrho,$$

und von hier aus läßt sich der Grenzübergang zur E. G. vollziehen, der wirklich einen Kreis im üblichen Sinne des Wortes liefert (67, S. 320).

Die Kreise der hyperbolischen Geometrie haben, wie man aus (87) sieht, mit dem absoluten Kegelschnitt eine imaginäre Doppelberührung (vgl. 63). Die Berührungspunkte sind die (imaginären) Endpunkte der Achse, d. i. der absoluten Polaren des Mittelpunktes. Es haben also nicht mehr wie in der E. G. alle Kreise dieselben absoluten Punkte gemeinsam; das gilt vielmehr nur für konzentrische Kreise.

2. $\alpha_0 = 0$, $(\alpha|\alpha) \gtrless 0$. Diese *involutorischen* Drehungen traten bereits in der soeben betrachteten eingliedrigen Drehungsgruppe mit auf. Außer dem Zentrum $\alpha_1 : \alpha_2 : \alpha_3$ bleibt kein *zugänglicher* Punkt in Ruhe. „*Umwendung*" um den Punkt α (S. 310, S. 312). Eine Umwendung gehört zum Kollineationstyp IV (62, 40). Es bleibt also noch jede (zugängliche) Gerade durch das Zentrum in Ruhe, und außerdem ∞^1 unzugängliche Punkte mit ihrem Träger, der Achse der Bewegung, d. i. der Polare des Zentrums. Als Drehung durch den Betrag $2\vartheta = \pi$ hat die Umwendung um den Punkt x die Parameter

$$(88) \qquad 0 : x_1 : x_2 : x_3.$$

3. $\alpha_0 \neq 0$, $(\alpha|\alpha) = 0$. Hier liegt für $\alpha_1 = \alpha_2 = \alpha_3 = 0$ die *identische Bewegung* vor, die ebenfalls bereits in der Drehungsgruppe auftrat. In allen übrigen Fällen ist das Zentrum absolut. Die Bewegung gehört zum Kollineationstyp III (62, 39); das Zentrum ist der einzige Ruhepunkt, die Achse die einzige Ruhegerade. *Grenzdrehung* um den absoluten Punkt α. Zu einem absoluten Punkt gehören ∞^1 Grenzdrehungen, die eine eingliedrige Gruppe bilden (63, (121)). Die Bahnkurven dieser eingliedrigen Gruppen werden *Grenzkurven* oder *Horozyklen* genannt (63, 66). Die Parameter einer vorgeschriebenen Grenzdrehung entnimmt man aus 63, (121).

Die Grenzdrehungen werden zuweilen als hyperbolische *Schiebungen* bezeichnet. Diese Benennung bleibt besser vermieden, *da sie Analogien suggeriert, die nicht existieren.* Weder sind die Bahnkurven geradlinig, noch bilden diese ∞^2 „Schiebungen" eine Gruppe. Schließlich gibt es keine absolute Invariante, die der Schiebungsgröße (Schrittweite) der E. G. (S. 113) vergleichbar wäre.

4. $\alpha_0 \neq 0$, $(\alpha/\alpha) < 0$. Hier ist das Zentrum unzugänglich, die Achse zugänglich. Man redet hier daher nicht mehr von Drehungen, sondern nur von *Gleitungen*, ebenso wie man bei unzugänglicher Achse nicht von Gleitungen, sondern nur von Drehungen spricht.

Die Gleitungen zerfallen wegen $N(\alpha) \neq 0$ in zwei getrennte Scharen:

$$N(\alpha) = \alpha_0^2 + (\alpha/\alpha) > 0. \quad \textit{Eigentliche Gleitungen.}$$
$$N(\alpha) = \alpha_0^2 + (\alpha/\alpha) < 0. \quad \textit{Uneigentliche Gleitungen.}$$

Nennt man allgemein eine hyperbolische Bewegung *eigentlich*, sobald $N(\alpha) > 0$, *uneigentlich*, sobald $N(\alpha) < 0$, so folgt aus (79):

Zwei eigentliche Bewegungen ergeben zusammengesetzt eine eigentliche Bewegung. Ebenso ergeben zwei uneigentliche Bewegungen zusammengesetzt eine eigentliche Bewegung. Schließlich ergibt eine eigentliche und eine uneigentliche Bewegung in beliebiger Reihenfolge zusammengesetzt eine uneigentliche Bewegung. Die *eigentlichen* Bewegungen bilden also eine Gruppe, die uneigentlichen nicht. Eine uneigentliche Bewegung ist immer eine (uneigentliche) Gleitung.

Wir schreiben die Parameter der Gleitung unter Einführung des Faktors $\varkappa^2$ und der Koordinaten der Achse $\mathfrak{g} = \alpha^*$ jetzt so:

$$(89) \qquad \varkappa^2 \alpha_0 : -\mathfrak{g}_1 : -\mathfrak{g}_2 : \varkappa^2 \mathfrak{g}_3.$$

Jetzt ist nach **59**, (104) $\sqrt{\mathfrak{g}/\mathfrak{g}} = \sqrt{\varkappa^4(\alpha/\alpha)} = -\varkappa^2\sqrt{\alpha/\alpha}$.

Daher $\mathfrak{g}_0 = -i\varkappa\sqrt{\alpha/\alpha}$. ((58), S. 363, (52), S. 361.)

Die Formel (81a) ist jetzt durch folgende zu ersetzen:

$$(81\,\mathrm{b})\ \{\alpha_0^2\varkappa^4 + (\mathfrak{g}/\mathfrak{g})\}(x'\mathfrak{x}) \equiv \{\alpha_0^2\varkappa^4 - (\mathfrak{g}/\mathfrak{g})\}(x\mathfrak{x}) + 2(\mathfrak{g}/\mathfrak{x})(\mathfrak{g}x) - 2\alpha_0\varkappa^2(x/\mathfrak{g}\mathfrak{x}).$$

Jeder Punkt der Gleitachse wird auf dieser um einen Betrag 2η („Gleitweite") weitergeführt, für den nach (63), (81b) und (58)

$$\operatorname{tg} h\, 2\varkappa\eta = 2\varkappa\alpha_0\mathfrak{g}_0 : \alpha_0^2\varkappa^2 + \mathfrak{g}_0^2.$$

Um hieraus $\operatorname{tg} h\,\eta$ auszurechnen, hat man zu unterscheiden, ob die Gleitung eigentlich oder uneigentlich ist, denn $\operatorname{tg} h\,\eta$ muß ein **echter** Bruch werden.

Man findet:

$$N(\alpha) > 0: \quad \operatorname{tg} h\,\varkappa\eta = \mathfrak{g}_0 : \varkappa\alpha_0, \qquad N(\alpha) < 0: \quad \operatorname{tg} h\,\varkappa\eta = \varkappa\alpha_0 : \mathfrak{g}_0.$$

Demnach sind die Parameter der Gleitung längs der orientierten Achse $\mathfrak{g}$ von der Gleitweite 2η:

für *eigentliche* Gleitungen

$$(90) \qquad \varkappa \mathfrak{g}_0 \cot h\varkappa\eta : -\mathfrak{g}_1 : -\mathfrak{g}_2 : \varkappa^2 \mathfrak{g}_3,$$

für *uneigentliche* Gleitungen

$$(91) \qquad \varkappa \mathfrak{g}_0 \operatorname{tg} h\varkappa\eta : -\mathfrak{g}_1 : -\mathfrak{g}_2 : \varkappa^2 \mathfrak{g}_3.$$

Wählen wir bei den *eigentlichen* Gleitungen unter Beibehaltung der Achse die Gleitweite veränderlich, so erhalten wir eine eingliedrige Gruppe von Gleitungen, deren Bahnkurven nach **66**, S. 304 lauten:

$$(92) \qquad \varkappa^4 (x\mathfrak{g})^2 + (x/x)(\mathfrak{g}/\mathfrak{g}) \sin h^2 \varkappa d = 0.$$

Eine solche Gleitkurve ist dadurch gekennzeichnet, daß alle ihre Punkte gleiche Distanz von der Achse haben; vgl. **67**, S. 320.

Aus $\sin h\varkappa d = \pm \varkappa (x\mathfrak{g}) : x_0 \mathfrak{g}_0$ ((58), S. 363, (60), S. 364) findet man, daß sie aus zwei getrennten Ästen besteht, die zu beiden Seiten der Achse verlaufen und diese in ihren Endpunkten treffen, wo sie den A. K. berühren. Beim Grenzübergang zur E. G. gehen diese beiden Äste in die beiden Euklidischen Parallelen zur Achse über, vgl. S. 320. *Der Ort aller Punkte, die von einer Geraden gleiche Distanz haben, ist also in der h. G. nicht gerade.* Die Gleitkurve ist deshalb auch wohl als *Abstandskurve* bezeichnet worden. Nennt man die Verbindungsgerade zweier nicht absoluter Punkte der Gleitkurve eine Sehne, so sind zwei Arten von Sehnen zu unterscheiden, Längssehnen und Quersehnen. Längssehnen sollen diejenigen heißen, die zur Kurvenachse ultraparallel sind, Quersehnen die übrigen. Die Quersehnen werden dann von der Achse halbiert.

Bei einer eigentlichen Gleitung ist die Verbindungsgerade xx' eines Punktes mit dem transformierten Punkte Längssehne, bei einer uneigentlichen Gleitung Quersehne. Für den Schnittpunkt p von xx' mit a^* folgt nämlich nach **57**, Zus. 8:

$$(p/p) = 4(x/a)^2 \{(a/a)(x/x) - (a/x)^2\} : N(a);$$

da die geschweifte Klammer (ax/ax) stets negativ ist — solange x zugänglich angenommen wird —, so hat (p/p) das entgegengesetzte Vorzeichen von $N(a)$.

Die Gleitachse teilt das zugängliche Gebiet in zwei Teile. Jeder Punkt bleibt in seinem Teilgebiet bei einer eigentlichen Gleitung; er wechselt das Gebiet bei einer uneigentlichen Gleitung.

Unter den uneigentlichen Gleitungen gibt es *involutorische*, nämlich alle die, für welche die Gleitweite 2η den Wert Null besitzt. Die Verbindungsgerade eines Punktes x mit dem transformierten trifft dann die Gleitachse orthogonal. Eine solche Gleitung nennt man daher *Umwendung* um die Achse. Die Umwendung um die Achse $\mathfrak{g}$ hat also die Parameter

(93)
$$0 : -\mathfrak{g}_1 : -\mathfrak{g}_2 : \varkappa^2 \mathfrak{g}_3 .$$

Nun kann jede uneigentliche Gleitung erhalten werden, indem man eine eigentliche Gleitung längs ihrer Achse mit der Umwendung an dieser zusammensetzt. In der Tat ergeben die Formeln (80) für

$$\alpha_0 : \alpha_1 : \alpha_2 : \alpha_3 = \varkappa \mathfrak{g}_0 \cot h\varkappa\eta : -\mathfrak{g}_1 : -\mathfrak{g}_2 : \varkappa^2 \mathfrak{g}_3 ,$$
$$\alpha_0' : \alpha_1' : \alpha_2' : \alpha_3' = \quad\quad 0 \quad\quad : -\mathfrak{g}_1 : -\mathfrak{g}_2 : \varkappa^2 \mathfrak{g}_3$$

die resultierende Bewegung von den Parametern

$$\alpha_0'' : \alpha_1'' : \alpha_2'' : \alpha_3'' = \varkappa^2 \mathfrak{g}_0^2 : -\varkappa \mathfrak{g}_0 \mathfrak{g}_1 \cot h\varkappa\eta : -\varkappa \mathfrak{g}_0 \mathfrak{g}_2 \cot h\varkappa\eta : \varkappa^3 \mathfrak{g}_0 \mathfrak{g}_3 \cot h\varkappa\eta ,$$
$$= \varkappa \mathfrak{g}_0 \operatorname{tg} h\varkappa\eta : -\mathfrak{g}_1 : -\mathfrak{g}_2 : \varkappa^2 \mathfrak{g}_3 .$$

Damit wird der Zusammenhang zwischen eigentlichen und uneigentlichen Gleitungen besonders anschaulich.

Die uneigentlichen Gleitungen sind in Parallele zu den *Umlegungen* der Euklidischen Geometrie gesetzt worden. Das ist unrichtig. Umlegungen der hyperbolischen Geometrie gibt es im Bereich der unorientierten Punkte und Geraden nicht. Zwischen eigentlichen und uneigentlichen Gleitungen besteht ein Zusammenhang durch das komplexe Gebiet hindurch; sie bilden dort ein einziges Kontinuum, da sie durch ein und denselben analytischen Apparat dargestellt werden. Bei den Bewegungen und Umlegungen der E. G. besteht ein solcher Zusammenhang auch im komplexen Gebiet nicht. Hierzu vgl. **79**.

1. Die Normale vom Punkte x auf die Gerade $\mathfrak{g}$, die nicht seine absolute Polare ist, heißt $\mathfrak{n} = \widehat{x\mathfrak{g}}^*$. Für ihren Fußpunkt f gilt nach 64, (125)

$$\varkappa^4 f = (\mathfrak{g}/\mathfrak{g})\, x - \varkappa^4 (\mathfrak{g} x)\, \mathfrak{g}^* .$$

Dann wird $(f/x) = -\varkappa^2 \mathfrak{n}_0^2$, $(fxz) = (\mathfrak{g} x)(\mathfrak{n} z)$, $f_0^2 = \mathfrak{g}_0^2 \mathfrak{n}_0^2$. Beschließt man, daß $f_0 = \mathfrak{g}_0 \mathfrak{n}_0$ sein soll, so wird

$$\sin h\varkappa (f, x) = \sin h\varkappa p = \varkappa (\mathfrak{g} x) : \mathfrak{g}_0 x_0 .$$

Diese Größe p geht in der Grenze genau in die S. 121 so genannte über. Sie heiße daher auch in der h. G., wo sie von *zwei* Irrationalitäten abhängt, *Abstand* des (orientierten) Punktes x vom Speer $\mathfrak{g}$.

2. Nach **64**, (122) bilden wir die Parallele $\mathfrak{p}$ zu $\mathfrak{g}$ durch x, wo jetzt $(\mathfrak{g} x) \neq 0$ sein möge:

$$\mathfrak{p} = \varkappa^4 (\mathfrak{g} x)\, \mathfrak{n} + \varkappa \mathfrak{g}_0 \big\{ (\mathfrak{g} x)\, x^* - (x/x)\, \mathfrak{g} \big\} .$$

Jetzt wird $(\mathfrak{p} \mathfrak{n}_{\tilde{\delta}}) = -\varkappa \mathfrak{g}_0 (\mathfrak{g} x)(\mathfrak{n}/\mathfrak{n})$, $(\mathfrak{p}/\mathfrak{n}) = \varkappa^4 (\mathfrak{g} x)(\mathfrak{n}/\mathfrak{n})$; daraus

$$\operatorname{tg} (\mathfrak{p}, \mathfrak{n}) = 1 : \sin h\varkappa p .$$

Diesen Winkel nennt man den *Parallelenwinkel* an x in bezug auf $\mathfrak{g}$; es ist üblich, ihn durch den Buchstaben Π zu bezeichnen

$$\cot \Pi = \sin h\varkappa p .$$

An dieser Stelle hat historisch die Entwicklung der hyperbolischen Metrik eingesetzt. Grenzübergang! Fall, daß $(\mathfrak{g}x) = 0$ ist! Bemerkenswert sind noch die Formeln

$$\cot \tfrac{1}{2}\,\Pi = e^{\varkappa p}, \quad \sin \Pi = 1 : \cos h \varkappa p.$$

3. Will man nur hyperbolische Geometrie treiben, ohne die Zusammenhänge im komplexen Gebiet und die mit der elliptischen Geometrie (77) zu berücksichtigen, so kann man viele Formeln des Textes vereinfachen. Da für einen Punkt x die Koordinate x_3 nicht verschwinden kann, so ersetzt man die Darstellung (44) der absoluten Punkte durch

$$x_1 : x_2 : x_3 = \cos \varphi : \sin \varphi : \varkappa.$$

Der absolute Punkt ist dann einer Winkelgröße φ äquivalent, und zwar stimmt diese Winkelgröße in der Grenze $\varkappa = 0$ genau mit der überein, die wir in 24 benutzt hatten, wo wir die uneigentlichen Punkte als Richtungen erklärten. Man zeige, daß die Übereinstimmung auch dann noch besteht, wenn man einen absoluten Punkt mit einem zugänglichen Punkte verbindet usw.

Die Bedeutung von φ läßt sich auch mit Hilfe nicht absoluter Elemente erkennen. φ ist der Angulus, durch den man die X-Achse in positivem Sinne um den Nullpunkt drehen muß, bis sie durch den fraglichen absoluten Punkt läuft, d. i. der Winkel, durch den der positive X-Speer $1:0:1:0$ im positiven Sinne um den Nullpunkt $(z_0 : z_3 = 1 : 1)$ gedreht werden muß, bis er in den Speer $1 : -\sin \varphi : \cos \varphi : 0$ übergeht.

Der absolute Punkt $x_1 : x_2 : x_3 = \cos \varphi : \sin \varphi : \varkappa$ heiße *Endpunkt* des ebengenannten Speeres, während sein anderer absoluter Punkt, $x_1 : x_2 : x_3 = -\cos \varphi : -\sin \varphi : \varkappa$, nunmehr als *Anfangspunkt* bezeichnet werde. Beim positiven X-Speer heißt der Anfangspunkt dann $-1:0:\varkappa$, der Endpunkt $+1:0:\varkappa$ (Spezialisierung von (65), S. 365). In (64) ist $\sigma_1 : \sigma_2$ der Anfangspunkt, $\tau_1 : \tau_2$ der Endpunkt des Speeres.

4. In (64) werde $\sigma_1 : \sigma_2 = \mathrm{tg}\left(\dfrac{\psi}{2} - \dfrac{\pi}{4}\right)$, $\tau_1 : \tau_2 = \mathrm{tg}\left(\dfrac{\varphi}{2} - \dfrac{\pi}{4}\right)$ gesetzt. Dann wird

$$\boxed{\,\xi_0 : \xi_1 : \xi_2 : \xi_3 = -\varkappa^2 \sin \tfrac{1}{2}(\varphi - \psi) : \varkappa^2 \cos \tfrac{1}{2}(\varphi + \psi) : \varkappa^2 \sin \tfrac{1}{2}(\varphi + \psi) : -\varkappa \cos \tfrac{1}{2}(\varphi - \psi).\,}$$

In der Größe $\tfrac{1}{2}(\varphi - \psi)$ erkennen wir den Parallelenwinkel am Nullpunkt wieder (Zus. 1 und 2; $x_1 = 0$, $x_2 = 0$, $x_3 = 1$). Bezeichnet man ihn mit Π und setzt noch $\varphi + \psi = 2\vartheta$, so wird

$$\xi_1 : \xi_0 = \frac{\cos(\pi + \vartheta)}{\sin \Pi},$$

$$\xi_2 : \xi_0 = \frac{\sin(\pi + \vartheta)}{\sin \Pi},$$

$$\xi_3 : \xi_0 = \frac{1}{\varkappa}\cot \Pi$$

oder

$$\xi_1 : \xi_0 = \cos h \varkappa p \cos(\pi + \vartheta),$$

$$\xi_2 : \xi_0 = \cos h \varkappa p \sin(\pi + \vartheta),$$

$$\xi_3 : \xi_0 = \frac{1}{\varkappa}\sin h \varkappa p,$$

wo p den Nullabstand des Speeres bedeutet. Grenzübergang! Vgl. Abb. 47. Der dort gezeichnete gemeinsame An-

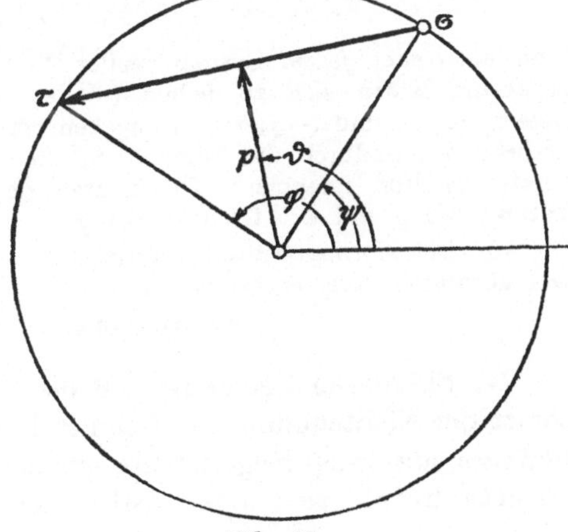

Abb. 47.

fangsschenkel von φ und ψ schneidet den *Endpunkt* des positiven X-Speeres aus dem A. K. heraus.

5. Der Zentralpunkt des Speeres wird wie in 23 erklärt. Er heißt (**64**, (125)) dann $\mathfrak{x}_3\mathfrak{x}_1 : \mathfrak{x}_3\mathfrak{x}_2 : -\mathfrak{x}_1^2 - \mathfrak{x}_2^2$. Dadurch gewinnt man eine Parameterdarstellung der *zugänglichen* Punkte des Speeres, die beim Grenzübergang in **23**, (19) übergeht:

$$x_1 : x_2 : x_3 = -\mathfrak{x}_3\mathfrak{x}_1 + \frac{1}{\varkappa}\mathfrak{x}_2\mathfrak{x}_0 \operatorname{tg} h\varkappa t : -\mathfrak{x}_3\mathfrak{x}_2 - \frac{1}{\varkappa}\mathfrak{x}_1\mathfrak{x}_0 \operatorname{tg} h\varkappa t : \mathfrak{x}_1^2 + \mathfrak{x}_2^2.$$

6. Gehören in der Parameterdarstellung von Zus. 5 die Punkte x, y bzw. zu den Parametern t_1, t_2, so ist dist $(x, y) = -$dist $(y, x) = t_2 - t_1$. Vgl. 23, S. 108. (Vgl. auch **55**, Zuss. 9—11.)

7. Daher hat man ein Analogon zu den Kartesischen Koordinaten, wenn man den positiven X-Speer $1:0:1:0$ und den positiven Y-Speer $(-1:1:0:0)$ zugrunde legt, von dem darzustellenden Punkte P aus die Lote auf diese Speere fällt und die Parameter der Fußpunkte in der Darstellung von Zus. 5 als Koordinaten des Punktes P erklärt:

$$x_1 : x_2 : x_3 = \frac{1}{\varkappa}\operatorname{tg} h\varkappa\xi : 0 : 1, \qquad x_1 : x_2 : x_3 = 0 : \frac{1}{\varkappa}\operatorname{tg} h\varkappa\eta : 1.$$

ξ und η sind dann die Abstände der Fußpunkte vom Nullpunkt. So erhält also der Punkt mit der „Abszisse" ξ und der „Ordinate" η die homogenen Koordinaten

$$x_1 : x_2 : x_3 = \operatorname{tg} h\varkappa\xi : \operatorname{tg} h\varkappa\eta : \varkappa.$$

Grenzübergang! Mit diesen Koordinaten arbeitet die hyperbolische Geometrie von Cyrillo Vörös, Budapest 1910. „Analitica geometrio absoluta, unua volumo: la ebeno Bolyaia" (Esperanto). Es ist aber der Übelstand zu beachten, daß die ξ und η für unzugängliche Punkte teils reell, teils imaginär ausfallen.

8. Ein anderes Analogon zu den Kartesischen Koordinaten würde man erhalten, wenn man von dem Punkte P aus nicht die Lote fällt, sondern die Parallelen zieht. Dann würde es aber bereits zugängliche Punkte geben, die teilweise imaginäre Koordinaten haben.

9. Als wirklich brauchbare Punktkoordinaten bleiben die hyperbolischen Polarkoordinaten (vgl. (70a, b)). Man betrachtet nur die obere Schicht orientierter Punkte und setzt bequemer nicht x_0, sondern $x_3 = 1$:

$$x_1 : x_2 : x_3 = \frac{1}{\varkappa}\operatorname{tg} h\varkappa\varrho \cos\varphi : \frac{1}{\varkappa}\operatorname{tg} h\varkappa\varrho \sin\varphi : 1.$$

Dann entspricht *jedem* System reeller Werte (ϱ, φ) ein zugänglicher Punkt; umgekehrt lassen sich zu jedem (reellen) zugänglichen Punkt zwei reelle Systeme (ϱ, φ) und $(-\varrho, \pi + \varphi)$ angeben. Man darf dann ϱ auf positive Werte beschränken, wodurch die Darstellung eindeutig wird. *Alle* unzugänglichen Punkte erhalten imaginäre Koordinaten und umgekehrt. Geometrische Bedeutung von ϱ und φ. Grenzübergang!

10. Der Normalabstand n ultraparalleler Geraden $\mathfrak{g}$ und $\mathfrak{h}$ (die Distanz ihrer absoluten Pole) ermittelt sich aus

$$\cos h^2\varkappa n = (\mathfrak{g}/\mathfrak{h})^2 : (\mathfrak{g}/\mathfrak{g})\cdot(\mathfrak{h}/\mathfrak{h}).$$

77. Elliptische Geometrie. Bisher haben wir den reellen Ausschnitt der Nichteuklidischen Geometrie behandelt, der sich auf einen *indefiniten* absoluten Kegelschnitt gründete, nämlich die hyperbolische (**Lobatschefskysche** oder **Bolyaische**) Geometrie. Jetzt machen wir die andere noch mögliche Annahme und setzen den A. K. als *definit* voraus, also *reell*, aber ohne reelle Punkte. Dann erhalten wir die sogenannte *elliptische* (oder Riemannsche) *Geometrie* („e. G.“). Der A. K. wird wie in 67 vorausgesetzt, wo k positiv sein soll. Seine Gleichungen seien also:

$$(x/x) = k^2 x_1^2 + k^2 x_2^2 + x_3^2 = 0, \qquad (\mathfrak{x}/\mathfrak{x}) = k^2 \mathfrak{x}_1^2 + k^2 \mathfrak{x}_2^2 + k^4 \mathfrak{x}_3^2 = 0.$$

Zunächst folgt der wesentliche Unterschied gegen die h. G.:

In der elliptischen Geometrie gibt es keine (reellen) absoluten Punkte.

Damit fällt der Unterschied zwischen zugänglichem und unzugänglichem Gebiet fort. Weil $D(x/x) = k^4 (x/x)$ stets positiv ist, wollen wir sagen:

In der elliptischen Geometrie gibt es kein unzugängliches Gebiet.
Schließlich folgt ohne weiteres:

In der elliptischen Geometrie kann man zu einer Geraden keine Parallelen (parataktische gerade Linien) *ziehen.*

Damit zeigt die e. G. ein ganz anderes Gesicht als die h. G.

Von den Formeln in 67 müssen manche für die Bedürfnisse des reellen Gebietes zurechtgemacht werden. Wir erinnern an die Festsetzungen

$$a = \mu = k, \quad x_0 = \sqrt{x/x} \ \ (65, (133)), \quad k\mathfrak{x}_0 = \sqrt{\mathfrak{x}/\mathfrak{x}} \ \ (65, (130)).$$

Aus 59, (95), (100) gewinnt man bei Beseitigung von k^4 das System:

$$(94) \qquad x_0 : x_1 : x_2 : x_3 = - k(\sigma_1\tau_2 - \sigma_2\tau_1) : \sigma_1\tau_1 - \sigma_2\tau_2 : i(\sigma_1\tau_1 + \sigma_2\tau_2) : - k(\sigma_1\tau_2 + \sigma_2\tau_1)$$

und daraus kann man eine Parameterdarstellung der *reellen* orientierten Punkte erhalten, wenn man die Parameter $\sigma_1 : \sigma_2$ und $\tau_1 : \tau_2$ zueinander

konjugiert komplex, entgegengesetzt und *reziprok*

annimmt. So gewinnt man ($\tau_1 = \bar\sigma_2, \ \tau_2 = - \bar\sigma_1$):

$$(95) \qquad x_0 : x_1 : x_2 : x_3 = + k(\sigma_1\bar\sigma_1 + \sigma_2\bar\sigma_2) : \sigma_1\bar\sigma_2 + \sigma_2\bar\sigma_1 : i(\sigma_1\bar\sigma_2 - \sigma_2\bar\sigma_1) : k(\sigma_1\bar\sigma_1 - \sigma_2\bar\sigma_2).$$

Die Auflösung der vorigen Formeln

$$(96) \qquad \begin{cases} \sigma_1 : \sigma_2 = x_3 + x_0 : k(x_1 + ix_2) = k(- x_1 + ix_2) : x_3 - x_0, \\ \tau_1 : \tau_2 = x_3 - x_0 : k(x_1 + ix_2) = k(- x_1 + ix_2) : x_3 + x_0 \end{cases}$$

geht über in

$$(96) \qquad \sigma_1 : \sigma_2 = x_3 + x_0 : k(x_1 + ix_2) = k(- x_1 + ix_2) : x_3 - x_0.$$

Daraus gewinnt man die wichtigen Sätze:

Die Gesamtheit der komplexen orientierten Punkte der Nichteuklidischen Geometrie ist Träger zweier komplex binärer Gebiete.

Die Gesamtheit der (reellen) orientierten Punkte der elliptischen Geometrie ist Träger eines einzigen komplex binären Gebietes.

Will man jetzt die reellen orientierten Punkte auch mit Hilfe *reeller* Parameter darstellen, so setzt man

$$(97) \qquad \sigma_1 : \dot{\sigma}_2 = \cot \frac{k\varrho}{2} \cdot e^{-i\varphi} \qquad\qquad (\varrho = \bar{\varrho},\; \varphi = \bar{\varphi})$$

und erhält nach kurzer Umformung:

$$(98) \quad x_0 : x_1 : x_2 : x_3 = 1 : \frac{1}{k} \sin k\varrho \cos \varphi : \frac{1}{k} \sin k\varrho \sin \varphi : \cos k\varrho.$$

Beim Grenzübergang zur E. G. gewinnt man hieraus die in **24** betrachteten Polarkoordinaten. Daher können die (ϱ, φ) als elliptische Polarkoordinaten angesehen werden. Die Systeme

$$\left(\frac{2\,n\pi}{k} + \varrho,\; 2\,m\pi + \varphi\right) \quad \text{und} \quad \left(\frac{2\,n\pi}{k} - \varrho,\; (2\,m+1)\pi + \varphi\right)$$

ergeben denselben orientierten Punkt, wenn m und n ganze Zahlen sind. Ein orientierter Punkt der elliptischen Geometrie kann also durch unzählig viele Systeme von Polarkoordinaten dargestellt werden. Zum orientierten Punkt (ϱ, φ) entgegengesetzt ist der orientierte Punkt, der u. a. durch $\left(\dfrac{\pi}{k} - \varrho,\; \pi + \varphi\right)$ dargestellt wird.

Die orientierten Punkte der elliptischen Geometrie bilden ein einziges Kontinuum. Deutet man nämlich in der Relation

$$(99) \qquad x_0^2 - k^2 x_1^2 - k^2 x_2^2 - x_3^2 = 0$$

die $x_1 : x_0$, $x_2 : x_0$, $x_3 : x_0$ als Koordinaten eines Punktes im Raume, vgl. S. 367, so entspricht jedem orientierten Punkte der e. G. umkehrbar eindeutig ein reeller Punkt eines Rotationsellipsoides (*„Abbildung* VI e“). Es liegen hier somit ganz andere Verhältnisse vor als in der h. G. Hier kann man von einem orientierten Punkte stetig zum entgegengesetzt orientierten übergehen; solchen Punkten der e. G. entsprechen im Raume die Schnittpunkte des Ellipsoides mit einem Durchmesser.

Jeder unorientierte Punkt trägt in der e. G. zwei reelle entgegengesetzte orientierte Punkte, im Gegensatz zur h. G., wo nur zugängliche Punkte zu reellen orientierten Punkten Anlaß gaben.

Wir gehen zur Betrachtung der Speere über. Die Formeln **59, (94), 102)**

$$(100) \quad \xi_0 : \xi_1 : \xi_2 : \xi_3 = -k(\sigma_1\tau_2 - \sigma_2\tau_1) : k(\sigma_1\tau_1 - \sigma_2\tau_2) : ik(\sigma_1\tau_1 + \sigma_2\tau_2) : -(\sigma_1\tau_2 + \sigma_2\tau_1)$$

müssen ebenso behandelt werden, wie vorhin die entsprechenden, d. i. die Parameter $\sigma_1 : \sigma_2$ und $\tau_1 : \tau_2$ müssen wieder für einen reellen Speer zueinander

konjugiert komplex, entgegengesetzt und *reziprok*

angenommen werden. So gewinnen wir alle reellen Speere der e. G.:

$$(101) \quad \mathfrak{x}_0 : \mathfrak{x}_1 : \mathfrak{x}_2 : \mathfrak{x}_3 = + k(\sigma_1\bar\sigma_1 + \sigma_2\bar\sigma_2) : k(\sigma_1\bar\sigma_2 + \sigma_2\bar\sigma_1) : ki(\sigma_1\bar\sigma_2 - \sigma_2\bar\sigma_1) : \sigma_1\bar\sigma_1 - \sigma_2\bar\sigma_2.$$

Aus der Umkehrung der vorigen Formel:

$$(100) \quad \begin{cases} \sigma_1 : \sigma_2 = -\mathfrak{x}_1 + i\mathfrak{x}_2 : -\mathfrak{x}_0 + k\mathfrak{x}_3 = +\mathfrak{x}_0 + k\mathfrak{x}_3 : \mathfrak{x}_1 + i\mathfrak{x}_2, \\ \tau_1 : \tau_2 = -\mathfrak{x}_1 + i\mathfrak{x}_2 : +\mathfrak{x}_0 + k\mathfrak{x}_3 = -\mathfrak{x}_0 + k\mathfrak{x}_3 : \mathfrak{x}_1 + i\mathfrak{x}_2 \end{cases}$$

wird jetzt

$$(101) \quad \sigma_1 : \sigma_2 = -\mathfrak{x}_1 + i\mathfrak{x}_2 : -\mathfrak{x}_0 + k\mathfrak{x}_3 = \mathfrak{x}_0 + k\mathfrak{x}_3 : \mathfrak{x}_1 + i\mathfrak{x}_2,$$

so daß man wieder aussprechen kann:

Die Gesamtheit der komplexen Speere der Nichteuklidischen Geometrie ist Träger zweier komplex binären Gebiete.

Die Gesamtheit der reellen Speere der elliptischen Geometrie ist Träger eines einzigen komplex binären Gebietes.

Ganz anders verhielt es sich mit den Speeren der hyperbolischen Geometrie.

Aus der Relation

$$(102) \qquad k^2\mathfrak{x}_0^2 \quad k^2\mathfrak{x}_1^2 \quad k^2\mathfrak{x}_2^2 - k^4\mathfrak{x}_3^2 = 0$$

schließt man, indem man die $\mathfrak{x}_1 : \mathfrak{x}_0$, $\mathfrak{x}_2 : \mathfrak{x}_0$, $\mathfrak{x}_3 : \mathfrak{x}_0$ als Koordinaten eines Punktes im Raume deutet vgl. S. 367, daß die Speere der e. G. ein einziges Kontinuum bilden; denn jedem Speere läßt sich dann umkehrbar eindeutig ein reeller Punkt eines Rotationsellipsoides zuordnen (welches von dem in (99) im allgemeinen verschieden ist) („*Abbildung* V e"). Hier gibt es also wieder stetige Übergänge von einem Speere zum entgegengesetzten, wie in der h. G.; denn entgegengesetzten Speeren entsprechen die Schnittpunkte des Ellipsoides mit einem Durchmesser.

Da $(\mathfrak{x}/\mathfrak{x})$ stets positiv ist, so liegen, *im Gegensatz zur h. G.*, auf *jeder* reellen Geraden zwei reelle entgegengesetzt orientierte Speere.

Die Darstellung (100) der reellen Speere ersetzen wir wieder durch eine andere vermöge *reeller* Parameter. Die Substitution (97) gibt

$$\mathfrak{x}_0 : \mathfrak{x}_1 : \mathfrak{x}_2 : \mathfrak{x}_3 = 1 : \sin k\varrho \cos\varphi : \sin k\varrho \sin\varphi : \frac{1}{k}\cos k\varrho.$$

Mit diesen Formeln läßt sich aber der Grenzübergang zur E. G. noch nicht vollziehen. Daher setzen wir

$$(103) \qquad k\varrho = kp - \frac{\pi}{2}, \quad \varphi = \vartheta$$

und gewinnen so

$$(104) \quad \mathfrak{x}_0 : \mathfrak{x}_1 : \mathfrak{x}_2 : \mathfrak{x}_3 = 1 : -\cos kp \cos\vartheta : -\cos kp \sin\vartheta : \frac{1}{k}\sin kp;$$

hieraus ergibt sich beim Grenzübergang

$$\mathfrak{x}_0 : \mathfrak{x}_1 : \mathfrak{x}_2 : \mathfrak{x}_3 = 1 : \cos(\pi+\vartheta) : \sin(\pi+\vartheta) : p,$$

d. i. die Darstellung der reellen eigentlichen Speere der E. G. aus **25**, so daß wir die Größe p und ϑ als *Speerzeiger* in der elliptischen Geometrie bezeichnen können.

Wichtiger als dieser Zusammenhang zwischen Euklidischen und elliptischen Speerzeigern ist der hier zutage getretene Zusammenhang zwischen *elliptischen Speerzeigern* und *elliptischen Polarkoordinaten*, dessen Spuren in der E. G. nur noch recht undeutlich erkennbar sind. Dadurch, daß wir beide Male die Substitution (97) vornahmen, ist der Speer (104) zum orientierten Punkte (98) wegen **67** (d) und **59**, (104) *absolut polar*. In der E. G. artet die absolute Korrelation aber aus, daher gibt es dort keinen ungezwungenen Zusammenhang zwischen Polarkoordinaten und Speerzeigern mehr. Geht man vielmehr mit dem orientierten Punkte (98) und dem dazu absolut polaren Speere (104) gleichzeitig zur Grenze über, so wird der orientierte Punkt zum *Zentralpunkt* des Speeres (**25**, (26) ff.; **23**, (19)).

Im komplexen Gebiet waren diese Überlegungen nicht ausführbar, weil dort infolge Auftretens absoluter Elemente die erste Speerkoordinate $\mathfrak{x}_0$ nicht immer gleich eins gemacht werden kann.

In der hyperbolischen Geometrie ist die absolute Korrelation, soweit sie orientierte Elemente betrifft, nicht mehr reell. Daher konnten dort keine Speerzeiger im obigen Sinne erklärt werden.

Die Metrik der elliptischen Geometrie gestaltet sich viel einfacher als die der h. G., da hier keine ultraparallelen oder parallelen Elemente vorkommen. Zwei (reelle) Punkte haben stets reelle Distanz, zwei (reelle) Gerade stets reellen Angulus.

Nach **65** hat man hier $(z = \widehat{\mathfrak{x}\mathfrak{y}},\ (\mathfrak{z}z) \neq 0)$:

$$(105) \quad \operatorname{tg}(\mathfrak{x},\mathfrak{y}) = \frac{(\mathfrak{x}\mathfrak{y}\mathfrak{z})}{(\mathfrak{x}/\mathfrak{y})}\cdot\frac{k^2 z_0}{(z\mathfrak{z})}, \quad \cos(\mathfrak{x},\mathfrak{y}) = \frac{1}{k^2}\frac{(\mathfrak{x}/\mathfrak{y})}{\mathfrak{x}_0\,\mathfrak{y}_0}, \quad \sin(\mathfrak{x},\mathfrak{y}) = \frac{(\mathfrak{x}\mathfrak{y}\mathfrak{z})}{(\mathfrak{z}z)}\cdot\frac{z_0}{\mathfrak{x}_0\,\mathfrak{y}_0}$$

und $(\mathfrak{z} = \widehat{xy},\ (\mathfrak{z}z) \neq 0)$:

$$(106) \quad \left\{ \begin{aligned} &\operatorname{tg} k(x,y) = \frac{(xyz)}{(x/y)}\cdot\frac{k\,\mathfrak{z}_0}{(z\mathfrak{z})}, \quad \cos k(x,y) = \frac{(x/y)}{x_0\,y_0}, \\ &\sin k(x,y) = \frac{k(xyz)}{(\mathfrak{z}z)}\cdot\frac{\mathfrak{z}_0}{x_0\,y_0}. \end{aligned} \right.$$

Die Formeln der Trigonometrie (66) werden

$$(107) \qquad \sin k a_1 : \sin \alpha_1 = \sin k a_2 : \sin \alpha_2 = \sin k a_3 : \sin \alpha_3.$$

„Sinussatz“.

$$(108) \qquad \cos k a_1 = \cos k a_2 \cos k a_3 - \sin k a_2 \sin k a_3 \cos \alpha_1.$$

„Erster Kosinussatz“.

$$(109) \qquad \cos \alpha_1 = \cos \alpha_2 \cos \alpha_3 - \sin \alpha_2 \sin \alpha_3 \cos k a_1.$$

„Zweiter Kosinussatz“.

Der zweite Kosinussatz liefert in der Grenze wieder den Satz von der Summe der Innenwinkel im Dreieck der E. G. *In der elliptischen Geometrie ist aber die Summe der Innenwinkel im Dreieck größer als zwei Rechte.* Den Beweis dafür dürfen wir nach den eingehenden Entwicklungen in **76** dem Leser überlassen. Es werde hier nur auf besondere Dreiecke aufmerksam gemacht, bei denen die Summe der Innenwinkel *drei* Rechte beträgt, nämlich die Polardreiecke, etwa auf das Dreieck $1:0:0$; $0:1:0$; $0:0:1$. In der h. G. mußte von einem Polardreieck mindestens eine Ecke unzugänglich sein, und solche Figuren gehören nicht unter den dort erörterten Dreiecksbegriff.

Die Formeln für die *elliptischen Bewegungen* bleiben wie in **67**, S. 309 mit der Maßgabe, daß k reell zu nehmen ist. Dann sollen die zugehörigen konischen Quaternionen als *elliptisch* bezeichnet werden. Für $k = 1$ gehen sie in die Hamiltonschen Quaternionen über (S. 208). Die Einteilung der Bewegungen ist jetzt aber lange nicht so kompliziert, wie in der h. G., denn zunächst fällt wegen $N(\alpha) > 0$ der Unterschied zwischen eigentlichen und uneigentlichen Bewegungen fort. *Die elliptischen Bewegungen bilden ein einziges Kontinuum.* Ferner kann es, da $(\alpha/\alpha) > 0$, sobald nicht $\alpha_1 = \alpha_2 = \alpha_3 = 0$ ist, in der e. G. keine Grenzdrehungen geben. Jede elliptische Bewegung ist vielmehr eine *Drehung und zugleich Gleitung*, oder insbesondere $(\alpha_0 = 0)$ *Umwendung um einen Punkt*, und damit zugleich *Umwendung um eine Gerade*, die Polare des soeben betrachteten Punktes. Die Bahnkurven eingliedriger Gruppen können jetzt als *Kreise*, aber ebensogut als *Abstandskurven* bezeichnet werden. Demgemäß schreibt man die Gleichung einer solchen Kurve in einer der beiden Formen

$$(110) \qquad \begin{cases} (x/\alpha)^2 - (x/x)(\alpha/\alpha) \cos^2 k\varrho = 0, \\ k^4 (x\mathfrak{g})^2 - (x/x)(\mathfrak{g}/\mathfrak{g}) \sin^2 kd = 0, \end{cases}$$

vgl. **66**, wo kd und $k\varrho$ sich zu $\dfrac{\pi}{2}$ ergänzen. Denn die Abstände eines Punktes p von einem Punkte q und seiner Polaren q^* ergänzen sich zu $\dfrac{\pi}{2\,k}$. *Das war bereits der Grund für die Substitution* (103), die von den Polarkoordinaten zu den Speerkoordinaten führte.

Die Abstandskurve der e. G. trifft ihre Achse nicht.

Zu einer Figur der e. G. läßt sich vermöge der absoluten Korrelation stets eine andere, die „*Polarfigur*", angeben; zur Figur $(x, y, z, \ldots; \mathfrak{x}, \mathfrak{y}, \mathfrak{z}, \ldots)$ die Figur $(x^*, y^*, z^*, \ldots; \mathfrak{x}^*, \mathfrak{y}^*, \mathfrak{z}^*, \ldots)$. In der h. G. ist die Polarfigur einer zugänglichen Figur unzugänglich und umgekehrt. Bezüglich der Übertragung der metrischen Verhältnisse gilt nach **65**, S. 296 $(\mu = k)$:

$$(111) \quad (\mathfrak{x}, \mathfrak{y}) = (x^*, y^*) = k\,(x, y), \qquad (x, y) = (\mathfrak{x}^*, \mathfrak{y}^*) = \frac{1}{k}\,(\mathfrak{x}, \mathfrak{y}).$$

Dabei wird die absolute Korrelation als Transformation orientierter Elemente durch die Formeln geliefert

$$(112\,\mathrm{e}) \quad \begin{cases} x_0^* : x_1^* : x_2^* : x_3^* = k x_0 : k^2 x_1 : k^2 x_2 : x_3 \\ \mathfrak{x}_0^* : \mathfrak{x}_1^* : \mathfrak{x}_2^* : \mathfrak{x}_3^* = k^3 \mathfrak{x}_0 : k^2 \mathfrak{x}_1 : k^2 \mathfrak{x}_2 : k^4 \mathfrak{x}_3. \end{cases}$$

So geht aus dem einen Kosinussatz der andere hervor. Der zweite Kosinussatz ist der erste Kosinussatz für das absolut korrelative Dreieck.

Die absolute Korrelation existiert auch in der h. G. Dort sind die Formeln (111) und (112 e) aber durch die folgenden zu ersetzen $(\mu = -\,i\varkappa)$:

$$(113) \quad (\mathfrak{x}, \mathfrak{y}) = (x^*, y^*) = -\,i\varkappa\,(x, y); \quad (x, y) = (\mathfrak{x}^*, \mathfrak{y}^*) = \frac{i}{\varkappa}\,(\mathfrak{x}, \mathfrak{y}).$$

$$(112\,\mathrm{h}) \quad \begin{cases} x_0^* : x_1^* : x_2^* : x_3^* = -\,i\varkappa x_0 : -\,\varkappa^2 x_1 : -\,\varkappa^2 x_2 : x_3 \\ \mathfrak{x}_0^* : \mathfrak{x}_1^* : \mathfrak{x}_2^* : \mathfrak{x}_3^* = i\varkappa^3 \mathfrak{x}_0 : -\,\varkappa^2 \mathfrak{x}_1 : -\,\varkappa^2 \mathfrak{x}_2 : \varkappa^4 \mathfrak{x}_3. \end{cases}$$

Der metrische Zusammenhang ist also komplizierter. Trotzdem er imaginär ist, gewinnt man auch dort jeden Kosinussatz durch die absolute Korrelation aus dem andern. Vgl. die Formeln **76**, (71).

Die absolute Korrelation wird denkbarst elegant, wenn man $k = 1$ setzt, d. i. für die elliptische Geometrie vom *Krümmungsmaß eins*. Dann geht (111) über in

$$(x^*, y^*) = (x, y), \qquad (\mathfrak{x}^*, \mathfrak{y}^*) = (\mathfrak{x}, \mathfrak{y}).$$

In der elliptischen Geometrie vom Krümmungsmaß eins herrscht völlige Dualität. Das liegt bereits an den dort geltenden Formeln:

$$x^* = x, \qquad y^* = y, \qquad z^* = z, \ldots$$
$$\mathfrak{x}^* = \mathfrak{x}, \qquad \mathfrak{y}^* = \mathfrak{y}, \qquad \mathfrak{z}^* = \mathfrak{z}, \ldots$$

Ein und dasselbe System von drei homogenen Koordinaten stellt Punkt und absolute Polare dar im Sinne der e. G. vom Krümmungsmaß eins.

Sonst kann man nur die Korrelationsinvarianten dual übertragen, vgl. die Bemerkungen in **31** S. 154 über die On-Terminologie. Bei metrischen Beziehungen ist der duale Zusammenhang nur in der e. G. vom Krümmungsmaß 1 vollkommen. Ändert man das Krümmungsmaß ab, so machen sich, wenn auch für positives Krümmungsmaß noch nicht sehr störend, bereits jene Einflüsse geltend, die als Spuren der Dekadenz angesehen werden können und schließlich beim Grenzübergang zur Euklidischen Geometrie die Katastrophe herbeiführen, die das Bewußtsein des gemeinsamen Ursprungs zweier Sätze in der N. E. G. und ihres einstigen Zusammenhanges unter Umständen völlig zu zerstören im stande sind. Beispiele dafür haben wir kennen gelernt; genauer werden wir in **80** darauf eingehen.

1. Um in der e. G. die absolute Polare eines Punktes p zu zeichnen, wendet man diesen Punkt zunächst um den Nullpunkt $0:0:1$ um. Von dem so gewonnenen Punkte zeichnet man die Polare in bezug auf den einteiligen Kegel· schnitt $-k^2 x_1^2 - k^2 x_2^2 + x_3^2 = 0$ („Urkreis"). Eine *invariante* Konstruktion hätte sich auf den Satz von v. Staudt zu stützen (S. 229).

2. Zeichne ein Dreieck mit drei rechten Winkeln. Wann gibt es durch einen Punkt mehrere Lote zu einer Geraden? Zeichne die gemeinsame Normale zweier geraden Linien.

3. *Konstruktion einer Umwendung.* Die Umwendungsachse $\mathfrak{g}$ sei gegeben. Damit ist ihr absoluter Pol $\mathfrak{g}^*$ bestimmt. Ein Punkt x soll nicht mit $\mathfrak{g}^*$ zusammenfallen und auch nicht auf $\mathfrak{g}$ liegen. Dann liegt der ihm in der Umwendung um $\mathfrak{g}\,(\mathfrak{g}^*)$ zugeordnete Punkt x' auf dem Lote durch x auf $\mathfrak{g}$. Der Fußpunkt f dieses Lotes bleibt in Ruhe, ebenso $\mathfrak{g}^*$. Da die Umwendung involutorisch ist, müssen die beiden Doppelverhältnisse gleich groß sein $(x\,x'f\mathfrak{g}^*) = (x'\,x f\mathfrak{g}^*)$. Das zweite Doppelverhältnis ist aber auch der reziproke Wert des ersten (S. 155, Zus. 7). Daher ist $(x\,x'f\mathfrak{g}^*)^2 = 1$, und da die vier Punkte getrennt sind (S. 169, Zus. 10), so kann nur sein $(x\,x'f\mathfrak{g}^*) = -1$. Irgend zwei zugeordnete Punkte werden also durch $\mathfrak{g}$ und $\mathfrak{g}^*$ harmonisch getrennt. Damit kann man zu jedem Punkte x den ihm in einer Umwendung zugeordneten Punkt x' zeichnen. Durch Zusammensetzung zweier Umwendungen läßt sich aber jede elliptische Bewegung konstruieren.

4. Die Strecke $x\,x'$ in Zus. 3 wird durch f und $\mathfrak{g}^*$ halbiert. Eine Strecke hat in der e. G. zwei völlig gleichberechtigte Mitten, deren jede auf der absoluten Polare der andern liegt. Allgemeine Formeln! Grenzübergang!

78. Erweiterung der Nichteuklidischen Gruppen. Von nun ab betrachten wir als Raumelemente durchweg *orientierte* Punkte und *orientierte* gerade Linien, und zwar nebeneinander für die h. G. und e. G. Obwohl unsere Überlegungen zunächst vom komplexen Gebiet ausgehen, bringen wir nicht, wie in **67**, gemeinsame Formeln, sondern getrennte, die den besonderen Bedürfnissen des gerade zu betrachtenden reellen Ausschnittes der N.E.G. angepaßt sind.

1. *Orientierte Punkte.* Ein orientierter Punkt war bisher durch *ein* System von *vier* homogenen Koordinaten dargestellt, zwischen denen *eine* quadratische Relation bestand:

$$x_0 : x_1 : x_2 : x_3 = i\varkappa(\sigma_1\tau_2 - \sigma_2\tau_1) : \sigma_1\tau_2 + \sigma_2\tau_1 : \sigma_1\tau_1 - \sigma_2\tau_2 : -\varkappa(\sigma_1\tau_1 + \sigma_2\tau_2),$$

$$(114\,\mathrm{h}) \qquad x_0^2 + \varkappa^2 x_1^2 + \varkappa^2 x_2^2 - x_3^2 = 0 \qquad (\mathbf{76},\,(66),\,(61)).$$

$$x_0 : x_1 : x_2 : x_3 = -k(\sigma_1\tau_2 - \sigma_2\tau_1) : \sigma_1\tau_1 - \sigma_2\tau_2 : i(\sigma_1\tau_1 + \sigma_2\tau_2) : -k(\sigma_1\tau_2 + \sigma_2\tau_1),$$

$$(114\,\mathrm{e}) \qquad x_0^2 - k^2 x_1^2 - k^2 x_2^2 - x_3^2 = 0 \qquad (\mathbf{77},\,(94),\,(99)).$$

Statt dessen führen wir neue Koordinaten ein, und zwar *zwei* Systeme von je *drei* homogenen Größen, zwischen denen *zwei* quadratische Relationen bestehen:

$$(115\,\mathrm{h}) \quad \begin{cases} X_{l_1} : X_{l_2} : X_{l_3} = 2\,\sigma_1\sigma_2 : \sigma_1^2 - \sigma_2^2 : -\varkappa(\sigma_1^2 + \sigma_2^2), \\ X_{r_1} : X_{r_2} : X_{r_3} = 2\,\tau_1\tau_2 : \tau_1^2 - \tau_2^2 : -\varkappa(\tau_1^2 + \tau_2^2). \end{cases} \qquad (\mathbf{76},\,(44))$$

$$(115\,\mathrm{e}) \quad \begin{cases} X_{l_1} : X_{l_2} : X_{l_3} = \sigma_1^2 - \sigma_2^2 : i(\sigma_1^2 + \sigma_2^2) : -2k\sigma_1\sigma_2, \\ X_{r_1} : X_{r_2} : X_{r_3} = \tau_1^2 - \tau_2^2 : i(\tau_1^2 + \tau_2^2) : -2k\tau_1\tau_2. \end{cases} \qquad (\mathbf{67},\,(144))$$

Diese Größen sind ihrem Wesen nach gewöhnliche ternäre Punktkoordinaten; sie stellen die absoluten Punkte dar, deren absolute Tangenten durch den órientierten Punkt laufen. Zwischen ihnen gelten also die Formeln

$$(116\,\mathrm{h}) \quad -\varkappa^2 X_{l_1}^2 - \varkappa^2 X_{l_2}^2 + X_{l_3}^2 = 0, \quad -\varkappa^2 X_{r_1}^2 - \varkappa^2 X_{r_2}^2 + X_{r_3}^2 = 0.$$

$$(116\,\mathrm{e}) \quad k^2 X_{l_1}^2 + k^2 X_{l_2}^2 + X_{l_3}^2 = 0, \quad k^2 X_{r_1}^2 + k^2 X_{r_2}^2 + X_{r_3}^2 = 0.$$

Somit haben wir drei Arten, einen orientierten Punkt darzustellen, die sich in vollem Umfange vertreten können; sie sind aber nicht für alle Zwecke gleich brauchbar.

Der zum orientierten Punkt $(\sigma_1 : \sigma_2,\ \tau_1 : \tau_2)$ *konjugiert komplexe* $\sigma_1' : \sigma_2',\ \tau_1' : \tau_2'$ heißt (vgl. **76**, (67); **77**, (96))

$$(117\,\mathrm{h}) \qquad \sigma_1' : \sigma_2' = \bar\tau_1 : \bar\tau_2, \qquad \tau_1' : \tau_2' = \bar\sigma_1 : \bar\sigma_2.$$

$$(117\,\mathrm{e}) \qquad \sigma_1' : \sigma_2' = \bar\tau_2 : -\bar\tau_1, \qquad \tau_1' : \tau_2' = \bar\sigma_2 : -\bar\sigma_1.$$

Diese Formeln, oder aber

$$(117) \qquad x' = \bar x; \qquad X_l' = \bar X_r,\ X_r' = \bar X_l$$

stellen also das Konjugium (S. 44) dar als Transformation orientierter Punkte.

Ein orientierter Punkt ist *reell* (117) für $x = \bar x$, $X_l = \bar X_r$, also für

$$(118\,\mathrm{h}) \quad \sigma_1 : \sigma_2 = \bar\tau_1 : \bar\tau_2. \qquad\qquad (118\,\mathrm{e}) \quad \sigma_1 : \sigma_2 = \bar\tau_2 : -\bar\tau_1.$$

Der Übergang zum *entgegengesetzt* orientierten Punkt wird vermittelt durch

$$(119\,\mathrm{h\,e}) \qquad x_0' : x_1' : x_2' : x_3' = -x_0 : x_1 : x_2 : x_3;$$

$$X_l' = X_r,\ X_r' = X_l; \qquad \sigma_1' : \sigma_2' = \tau_1 : \tau_2,\ \tau_1' : \tau_2' = \sigma_1 : \sigma_2.$$

Diese *involutorische* Transformation U orientierter Punkte heiße *Umkehrung*.

Aus den Quaternionengleichungen einer Bewegung

$$(120\,\mathrm{he}) \qquad X_l{}' = \tilde{\alpha} \cdot X_l \cdot \alpha, \qquad X_r{}' = \tilde{\alpha} \cdot X_r \cdot \alpha, \qquad (N(\alpha) \neq 0)$$

wo für (120h) hyperbolische, für (120e) elliptische Quaternionen zu nehmen sind (S. 373, S. 385) und die Bedeutung der Zeichen dieselbe ist wie auf S. 208ff, kommen wir zu einer Erweiterung der Gruppe:

$$A. \qquad X_l{}' = \tilde{\alpha} \cdot X_l \cdot \alpha, \qquad X_r{}' = \tilde{\beta} \cdot X_r \cdot \beta.$$

Das heißt, es sind jetzt die beiden Punkte X_l und X_r *unabhängig* voneinander transformiert. Diese Formeln ergeben für komplexe α, β eine bei Zählung reeller Parameter *zwölfgliedrige* Gruppe.

Wir erweitern sie noch und setzen $B = UA$. Das heißt (vgl. S. 198), wir üben zuerst die Umkehrung aus, und dann eine Transformation der Gruppe A. Die Gesamtheit der so erhaltenen Transformationen orientierter Punkte heiße die Schar B (Nicht-Gruppe!):

$$B. \qquad X_l{}' = \tilde{\alpha} \cdot X_r \cdot \alpha, \qquad X_r{}' = \tilde{\beta} \cdot X_l \cdot \beta.$$

Nennen wir das Konjugium kurz K, so werden zwei weitere Transformationsscharen durch die symbolischen Gleichungen definiert

$$C = KB, \qquad D = KA.$$

So erhält man die Formeln

$$C. \qquad X_l{}' = \tilde{\alpha} \cdot \overline{X}_l \cdot \alpha, \qquad X_r{}' = \tilde{\beta} \cdot \overline{X}_r \cdot \beta.$$

$$D. \qquad X_l{}' = \tilde{\alpha} \cdot \overline{X}_r \cdot \alpha, \qquad X_r{}' = \tilde{\beta} \cdot \overline{X}_l \cdot \beta.$$

Die Transformationen dieser vier Scharen A, B, C, D bilden, zusammen genommen, eine zwölfgliedrige Gruppe G_{12} von Transformationen *orientierter* Punkte. Jedesmal ist $N(\alpha)\,N(\beta) \neq 0$ zu nehmen. Für die Zusammensetzung gelten ganz dieselben Formeln wie auf S. 208.

Sollen diese Transformationen *Punkt*transformationen sein, so müssen sie entgegengesetzt orientierte Punkte wieder in ebensolche verwandeln. Dazu müssen die β gleich den α gewählt werden. Das gibt eine sechsgliedrige Untergruppe G_6^* von G_{12}, die aus vier Scharen A^*, B^*, C^*, D^* besteht, von denen wir nur die erste hinschreiben:

$$A^*. \qquad X_l{}' = \tilde{\alpha} \cdot X_l \cdot \alpha, \qquad X_r{}' = \tilde{\alpha} \cdot X_r \cdot \alpha.$$

Die Transformationen von G_6^* lassen den als Ort orientierter (und auch als Ort unorientierter) Punkte aufgefaßten absoluten Kegelschnitt in Ruhe. (Ein orientierter Punkt ist absolut für $X_l = X_r$.)

Eine andere sechsgliedrige Untergruppe $\mathfrak{G}_6$ besteht aus allen *reellen* Transformationen von G_{12}. Dazu ist zu setzen $\beta = \bar{\alpha}$. Diese Untergruppe $\mathfrak{G}_6$ besteht aus vier Scharen $\mathfrak{A}$, $\mathfrak{B}$, $\mathfrak{C}$, $\mathfrak{D}$:

$\mathfrak{A}.$
$$X_l' = \tilde{\alpha} \cdot X_l \cdot \alpha, \quad X_r' = \tilde{\bar{\alpha}} \cdot X_r \cdot \bar{\alpha}.$$

Der Leser schreibe die übrigen drei Scharen selbst hin, um die folgende Behauptung bestätigen zu können.

Betrachten wir als Objekte der Transformationen von $\mathfrak{G}_6$ lediglich *reelle* orientierte Punkte, so ist bei allen vier Scharen die rechtsstehende Formel eine bloße Folge der linksstehenden (118 h e). Aber mehr: es fallen auch noch die Formeln $\mathfrak{D}$ dann mit $\mathfrak{A}$, $\mathfrak{C}$ mit $\mathfrak{B}$ zusammen:

$\mathfrak{A}\mathfrak{D}$ (121)
$$X_l' = \tilde{\alpha} \cdot X_l \cdot \alpha.$$

$\mathfrak{B}\mathfrak{C}$ (122)
$$X_l' = \tilde{\alpha} \cdot \bar{X}_l \cdot \alpha.$$

Ein *reeller* orientierter Punkt läßt sich nämlich schon durch ein einziges System von Koordinaten X darstellen.

Endlich können wir in den letzten beiden Formeln die Parameter α reell nehmen. Das ergibt dann eine dreigliedrige Gruppe $\mathfrak{G}_3$, deren kontinuierliche Untergruppe $\mathfrak{A}\mathfrak{D}$ die (hyperbolischen und elliptischen) Bewegungen als Transformationen reeller orientierter Punkte liefert.

Hier haben wir also die Möglichkeit, die „elementare" Nichteuklidische Geometrie in ähnlicher Weise zu erweitern, wie seinerzeit die elementare Euklidische Geometrie zur projektiven Geometrie.

Wir wollen aber die Gruppe G_{12} noch in den anderen Arten von Koordinaten orientierter Punkte darstellen. Da haben wir wieder zwischen h. G. und e. G. zu unterscheiden (was durch die Benutzung der X_l, X_r unnötig wurde).

$$A\,\mathrm{h} \text{ (123h). Vgl. 76, (76).}$$

$$\begin{cases} \sigma_1' = (\alpha_0 - \varkappa\alpha_1)\sigma_1 + (-\alpha_3 + \varkappa\alpha_2)\sigma_2, \\ \sigma_2' = (\alpha_3 + \varkappa\alpha_2)\sigma_1 + (\alpha_0 + \varkappa\alpha_1)\sigma_2, \end{cases} \begin{cases} \tau_1' = (\beta_0 - \varkappa\beta_1)\tau_1 + (-\beta_3 + \varkappa\beta_2)\tau_2, \\ \tau_2' = (\beta_3 + \varkappa\beta_2)\tau_1 + (\beta_0 + \varkappa\beta_1)\tau_2. \end{cases}$$

$B\,\mathrm{h}.$ Es ist in *beiden* Formeln von $A\,\mathrm{h}$ rechts, *nicht aber links* vom Gleichheitszeichen überall σ mit τ zu vertauschen.

$C\,\mathrm{h}.$ Es ist rechts in $A\,\mathrm{h}$ (*nicht aber links*) σ durch $\bar{\sigma}$, τ durch $\bar{\tau}$ zu ersetzen. Die dadurch entstehenden Formeln wollen wir (124 h) nennen.

$D\,\mathrm{h}.$ In $C\,\mathrm{h}$ ist rechts, *nicht aber links* σ mit τ zu vertauschen.

$$A\,\mathrm{e} \text{ (123 e). Vgl. 67, (148).}$$

$$\begin{cases} \sigma_1' = (\alpha_0 + \alpha_3 i)\,\sigma_1 + k(\alpha_2 + \alpha_1 i)\sigma_2 \\ \sigma_2' = k(-\alpha_2 + \alpha_1 i)\sigma_1 + (\alpha_0 - \alpha_3 i)\sigma_2, \end{cases} \begin{cases} \tau_1' = (\beta_0 + \beta_3 i)\tau_1 + k(\beta_2 + \beta_1 i)\tau_2 \\ \tau_2' = k(-\beta_2 + \beta_1 i)\tau_1 + (\beta_0 - \beta_3 i)\tau_2. \end{cases}$$

$B\,\mathrm{e}.$ Rechts, *nicht aber links* ist überall σ mit τ zu vertauschen.

$$C\mathrm{e}\ (124\,\mathrm{e}).$$

$$\begin{cases} \sigma_1'=k(\alpha_2+\alpha_1 i)\,\bar\sigma_1+(-\alpha_0-\alpha_3 i)\,\bar\sigma_2 \\ \sigma_2'=(\alpha_0-\alpha_3 i)\,\bar\sigma_1+k(\alpha_2-\alpha_1 i)\,\bar\sigma_2, \end{cases} \begin{cases} \tau_1'=k(\beta_2+\beta_1 i)\,\bar\tau_1+(-\beta_0-\beta_3 i)\,\bar\tau_2 \\ \tau_2'=(\beta_0-\beta_3 i)\,\bar\tau_1+k(\beta_2-\beta_1 i)\,\bar\tau_2. \end{cases}$$

$D\mathrm{e}$. Rechts, *nicht aber links* ist σ mit τ zu vertauschen.

Die Formeln sind so geschrieben, daß achtmal links $\sigma_1':\sigma_2'$, ebenso achtmal links $\tau_1':\tau_2'$ vorkommt.

In den Koordinaten x endlich schreiben wir.

$A\mathrm{eh}\ (125)\qquad x_j'=c_{j0}\,x_0+c_{j1}\,x_1+c_{j2}\,x_2+c_{j3}\,x_3.\qquad (j=0,1,2,3)$

Dann ändern sechs Koeffizienten bei Vertauschung von α mit β ihr Vorzeichen, nämlich c_{0i} und c_{i0} $(i=1,2,3)$. Es ist

$$(125\,\mathrm{h}).$$

$$\begin{aligned} c_{01}&=-\varkappa^2 i\,(\alpha_1\beta_0-\alpha_0\beta_1+\alpha_3\beta_2-\alpha_2\beta_3), & c_{10}&=i\,(\alpha_1\beta_0-\alpha_0\beta_1+\alpha_2\beta_3-\alpha_3\beta_2),\\ c_{02}&=-\varkappa^2 i\,(\alpha_2\beta_0-\alpha_0\beta_2+\alpha_1\beta_3-\alpha_3\beta_1), & c_{20}&=i\,(\alpha_2\beta_0-\alpha_0\beta_2+\alpha_3\beta_1-\alpha_1\beta_3),\\ c_{03}&=+i\,(\alpha_3\beta_0-\alpha_0\beta_3-\varkappa^2\alpha_2\beta_1+\varkappa^2\alpha_1\beta_2), & c_{30}&=i\,(\alpha_3\beta_0-\alpha_0\beta_3-\varkappa^2\alpha_1\beta_2+\varkappa^2\alpha_2\beta_1). \end{aligned}$$

Die übrigen zehn Koeffizienten bleiben bei Vertauschung von α mit β ungeändert. Beachte ihre Beziehung zu den ebenso lautenden in **76**, (75).

$$\begin{aligned} c_{00}&=\alpha_0\beta_0-\varkappa^2\alpha_1\beta_1-\varkappa^2\alpha_2\beta_2+\alpha_3\beta_3, & c_{11}&=\alpha_0\beta_0-\varkappa^2\alpha_1\beta_1+\varkappa^2\alpha_2\beta_2-\alpha_3\beta_3,\\ c_{22}&=\alpha_0\beta_0+\varkappa^2\alpha_1\beta_1-\varkappa^2\alpha_2\beta_2-\alpha_3\beta_3, & c_{33}&=\alpha_0\beta_0+\varkappa^2\alpha_1\beta_1+\varkappa^2\alpha_2\beta_2+\alpha_3\beta_3;\\ c_{23}&=\alpha_2\beta_3+\alpha_3\beta_2+\alpha_0\beta_1+\alpha_1\beta_0, & c_{32}&=-\varkappa^2(\alpha_2\beta_3+\alpha_3\beta_2-\alpha_0\beta_1-\alpha_1\beta_0),\\ c_{31}&=-\varkappa^2(\alpha_3\beta_1+\alpha_1\beta_3+\alpha_0\beta_2+\alpha_2\beta_0), & c_{13}&=\alpha_3\beta_1+\alpha_1\beta_3-\alpha_0\beta_2-\alpha_2\beta_0,\\ c_{12}&=-\varkappa^2\alpha_1\beta_2-\varkappa^2\alpha_2\beta_1+\alpha_0\beta_3+\alpha_3\beta_0, & c_{21}&=-\varkappa^2\alpha_1\beta_2-\varkappa^2\alpha_2\beta_1-\alpha_0\beta_3-\alpha_3\beta_0. \end{aligned}$$

$$(125\,\mathrm{e}).$$

Die alternierenden Koeffizienten sind hier

$$\begin{aligned} c_{01}&=k^2 i\,(\alpha_1\beta_0-\alpha_0\beta_1+\alpha_3\beta_2-\alpha_2\beta_3), & c_{10}&=i\,(\alpha_1\beta_0-\alpha_0\beta_1+\alpha_2\beta_3-\alpha_3\beta_2),\\ c_{02}&=k^2 i\,(\alpha_2\beta_0-\alpha_0\beta_2+\alpha_1\beta_3-\alpha_3\beta_1), & c_{20}&=i\,(\alpha_2\beta_0-\alpha_0\beta_2+\alpha_3\beta_1-\alpha_1\beta_3),\\ c_{03}&=i\,(\alpha_3\beta_0-\alpha_0\beta_3+k^2\alpha_2\beta_1-k^2\alpha_1\beta_2), & c_{30}&=i\,(\alpha_3\beta_0-\alpha_0\beta_3+k^2\alpha_1\beta_2-k^2\alpha_2\beta_1). \end{aligned}$$

Die symmetrischen werden

$$\begin{aligned} c_{00}&=\alpha_0\beta_0+k^2\alpha_1\beta_1+k^2\alpha_2\beta_2+\alpha_3\beta_3, & c_{11}&=\alpha_0\beta_0+k^2\alpha_1\beta_1-k^2\alpha_2\beta_2-\alpha_3\beta_3,\\ c_{22}&=\alpha_0\beta_0-k^2\alpha_1\beta_1+k^2\alpha_2\beta_2-\alpha_3\beta_3, & c_{33}&=\alpha_0\beta_0-k^2\alpha_1\beta_1-k^2\alpha_2\beta_2+\alpha_3\beta_3;\\ c_{23}&=\alpha_2\beta_3+\alpha_3\beta_2+\alpha_0\beta_1+\alpha_1\beta_0, & c_{32}&=k^2\,(\alpha_2\beta_3+\alpha_3\beta_2-\alpha_0\beta_1-\alpha_1\beta_0),\\ c_{31}&=k^2\,(\alpha_3\beta_1+\alpha_1\beta_3+\alpha_0\beta_2+\alpha_2\beta_0), & c_{13}&=\alpha_3\beta_1+\alpha_1\beta_3-\alpha_0\beta_2-\alpha_2\beta_0,\\ c_{12}&=k^2\alpha_1\beta_2+k^2\alpha_2\beta_1+\alpha_0\beta_3+\alpha_3\beta_0, & c_{21}&=k^2\alpha_1\beta_2+k^2\alpha_2\beta_1-\alpha_0\beta_3-\alpha_3\beta_0. \end{aligned}$$

Beziehung zu den gleichlautenden Koeffizienten in **67**, (151)!

Damit ist die Gruppe $A\mathrm{h}$ $(A\mathrm{e})$ dargestellt.

$B\mathrm{he}$. Man hat in (125) die Koeffizienten der ersten Spalte durch ihre entgegengesetzten Werte zu ersetzen.

*C*he. *D*he. Diese Transformationen stellen sich in den x *quasilinear* dar (vgl. S. 198). *D*he entsteht aus *A*he, wenn man rechts, nicht aber links, x durch $\bar{x}$ ersetzt; und auf dieselbe Weise entsteht aus *B*he die Schar *C*he.

Damit haben wir die Gruppe G_{12} auf alle möglichen Arten dargestellt und auf diese Weise das Fundament *einer die Nichteuklidische Geometrie umfassenden allgemeinen Disziplin* gelegt. *Zu beachten ist aber, daß diese neue Geometrie nicht im ternären Punktkontinuum arbeitet, sondern in einem doppelt binären.* Daher muß sie enge Beziehungen zur Moebiusschen Geometrie haben (S. 204—210), wie wir im nächsten Abschnitt erkennen werden.

Diese drei Arten von Koordinaten orientierter Punkte verhalten sich beim Grenzübergang zur Euklidischen Geometrie verschieden. Dann werden die σ und τ nutzlos, ebenso die X_l, X_r; aus der Formel (125) aber gewinnt man eine merkwürdige Gruppe, deren Bildungsgesetz zutage tritt, wenn man sie nach $x_0 + x_3$, $x_0 - x_3$, $x_1 + ix_2$, $x_1 - ix_2$ ordnet.

$$(126)\ \text{A.}$$

$$x_0' + x_3' = (\alpha_0 + i\alpha_3)(\beta_0 - i\beta_3)(x_0 + x_3),$$
$$x_0' - x_3' = (\alpha_0 - i\alpha_3)(\beta_0 + i\beta_3)(x_0 - x_3),$$
$$x_1' + ix_2' = (\beta_0 - i\beta_3)(-\alpha_2 + i\alpha_1)(x_0 + x_3) + (\alpha_0 - i\alpha_3)(\beta_2 - i\beta_1)(x_0 - x_3)$$
$$+ (\alpha_0 - i\alpha_3)(\beta_0 - i\beta_3)(x_1 + ix_2),$$
$$x_1' - ix_2' = -(\alpha_0 + i\alpha_3)(\beta_2 + i\beta_1)(x_0 + x_3) + (\alpha_2 + i\alpha_1)(\beta_0 + i\beta_3)(x_0 - x_3)$$
$$+ (\alpha_0 + i\alpha_3)(\beta_0 + i\beta_3)(x_1 - ix_2).$$

Diese Gruppe steht, im R_3 gedeutet, in naher Beziehung zu Blaschkes „quasielliptischer" Geometrie[1]). In der Ebene können ihre Transformationen als solche orientierter Punkte gedeutet werden (vgl. S. 313ff); eine der beiden ersten Reihen in (126) fällt dann fort, etwa die zweite; die Gruppe wird, bei Zählung komplexer Konstanten, *viergliedrig* und erweist sich als identisch mit der der *gleichsinnigen Dehnungen*, freilich werden hier die reellen Dehnungen ($\beta = \bar{\alpha}$) nicht durch reelle Parameter geliefert. Für $\beta = \alpha$ erhält man die Euklidischen Bewegungen. Modifiziert man die Parameter α, β in derselben Weise wie in S. 312, so kann man aus (125*A*) auch die *gegensinnigen Dehnungen* gewinnen. Die Scharen *B* liefern nichts Neues. Aus *C* (und *D*) erhält man beim Grenzübergang die Quasidehnungen (S. 44), und zwar beide Arten, wenn man den Grenzübergang wieder jedesmal in doppelter Weise vollzieht.

---

[1]) Euklidische Kinematik und Nichteuklidische Geometrie. Zeitschr. für Math. u. Phys. **60** (1911), S. 61—91.

Es hat sich also die unseres Wissens noch nicht bemerkte Tatsache ergeben, *daß auch die Ähnlichkeitstransformationen sich als Grenzfall einer Nichteuklidischen Gruppe erweisen.*

2. *Orientierte Gerade.* Ein Speer war durch *ein* System von *vier* homogenen Koordinaten dargestellt, zwischen denen *eine* quadratische Relation bestand.

$$(127\,\mathrm{h}) \qquad \mathfrak{x}_0 : \mathfrak{x}_1 : \mathfrak{x}_2 : \mathfrak{x}_3 = \varkappa(\sigma_1\tau_2 - \sigma_2\tau_1) : -\varkappa(\sigma_1\tau_2 + \sigma_2\tau_1) :$$
$$: -\varkappa(\sigma_1\tau_1 - \sigma_2\tau_2) : -(\sigma_1\tau_1 + \sigma_2\tau_2).$$
$$\mathfrak{x}_0{}^2 - \mathfrak{x}_1{}^2 - \mathfrak{x}_2{}^2 + \varkappa^2\mathfrak{x}_3{}^2 = 0. \qquad (\mathbf{76},\,(64),\,(59).)$$

$$(127\,\mathrm{e}) \qquad \mathfrak{x}_0 : \mathfrak{x}_1 : \mathfrak{x}_2 : \mathfrak{x}_3 = -k(\sigma_1\tau_2 - \sigma_2\tau_1) : k(\sigma_1\tau_1 - \sigma_2\tau_2) :$$
$$: i\,k(\sigma_1\tau_1 + \sigma_2\tau_2) : -(\sigma_1\tau_2 + \sigma_2\tau_1).$$
$$\mathfrak{x}_0{}^2 - \mathfrak{x}_1{}^2 - \mathfrak{x}_2{}^2 - k^2\mathfrak{x}_3{}^2 = 0. \qquad (\mathbf{77},\,(100),\,(102).)$$

Nach **77**, S. 386 ist der Speer (127) der Polarspeer des orientierten Punktes (114). Daher können wir ihm ebenfalls die durch (115) erklärten Koordinaten X_l, X_r beilegen, die seinen Anfangspunkt und Endpunkt darstellen. So erhält man wieder eine zwölfgliedrige, aus vier Scharen bestehende Gruppe von *Speer*transformationen. In den $\mathfrak{x}$ gewinnt man sie, indem man in (125) x durch $\mathfrak{x}^*$ ersetzt (S. 278).

Die interessantere der beiden zwölfgliedrigen Gruppen ist die zur hyperbolischen Geometrie gehörige. Sie läßt sich bei Benutzung der $\mathfrak{x}$ sehr elegant darstellen:

$$\text{A. } \mathfrak{x}' = \alpha \cdot \mathfrak{x} \cdot \beta, \qquad\qquad \text{C. } \mathfrak{x}' = \tilde{\alpha} \cdot \bar{\mathfrak{x}} \cdot \beta,$$
$$\text{B. } \mathfrak{x}' = \tilde{\alpha} \cdot \tilde{\mathfrak{x}} \cdot \beta, \qquad\qquad \text{D. } \mathfrak{x}' = \tilde{\alpha} \cdot \tilde{\bar{\mathfrak{x}}} \cdot \beta.$$

Hier ist $N(\alpha)\,N(\beta) \neq 0$ zu nehmen und

$$\mathfrak{x} = \varkappa\,\mathfrak{x}_0 e_0 - \mathfrak{x}_1 e_1 - \mathfrak{x}_2 e_2 + \varkappa^2\mathfrak{x}_3 e_3.$$

Diese Gruppe ist eingehend vom Verfasser behandelt[1]).

Wir wollen noch den Grenzübergang zu den Speeren der Euklidischen Ebene kurz streifen. Dazu setzen wir in (127)

$$(128\,\mathrm{h}) \qquad \begin{aligned} \sigma_1 &= \mu + \varkappa m, & \tau_1 &= \lambda - \varkappa l, \\ \sigma_2 &= -(\lambda + \varkappa l); & \tau_2 &= \mu - \varkappa m. \end{aligned}$$

$$(128\,\mathrm{e}) \qquad \begin{aligned} \sigma_1 &= \lambda + ikl + i(\mu + ikm), & \tau_1 &= (\lambda - ikl) + i(\mu - ikm), \\ \sigma_2 &= \lambda + ikl - i(\mu + ikm), & \tau_2 &= -(\lambda - ikl) + i(\mu - ikm). \end{aligned}$$

Dadurch geht (127) über in

$$(129\,\mathrm{h}) \qquad \mathfrak{x}_0 : \mathfrak{x}_1 : \mathfrak{x}_2 : \mathfrak{x}_3 = \lambda^2 + \mu^2 - \varkappa^2(l^2 + m^2) : \lambda^2 - \mu^2 - \varkappa^2(l^2 - m^2) :$$
$$: -2\lambda\mu - \varkappa^2(-2lm) : 2(l\mu - \lambda m).$$

$$(129\,\mathrm{e}) \qquad \mathfrak{x}_0 : \mathfrak{x}_1 : \mathfrak{x}_2 : \mathfrak{x}_3 = \lambda^2 + \mu^2 + k^2(l^2 + m^2) : \lambda^2 - \mu^2 + k^2(l^2 - m^2) :$$
$$: -2\lambda\mu + k^2(-2lm) : 2(l\mu - \lambda m).$$

---

[1]) **Ein Seitenstück zur Moebiusschen Geometrie der Kreisverwandtschaften.** Transactions of the Amer. Math. Soc. **11** (1910), S. 414—448.

Mit diesen beiden Formeln läßt sich nun der Grenzübergang vollziehen und liefert die erste Formel in **45,** Zus. 5, S. 210, wenn man dort setzt

$$\sigma_1 : \sigma_2 = \lambda : \mu, \quad \sigma_{00} = l\,\mu - \lambda\,m.$$

Die Speerkoordinaten λ, μ, l, m vermitteln eine Abbildung der Speere der N. E. G. auf die Punkte des Raumes, auf die wir hier nicht näher eingehen können; die Transformationsformeln (123) haben im Falle A für $\beta = \alpha$ eine bemerkenswerte Struktur.

$$(130\,\mathrm{h}) \qquad \begin{cases} \lambda' = \alpha_0\lambda - \alpha_3\mu + \varkappa^2\alpha_1 l - \varkappa^2\alpha_2 m, \\ \mu' = \alpha_3\lambda + \alpha_0\mu - \varkappa^2\alpha_2 l - \varkappa^2\alpha_1 m, \\ l' = \alpha_1\lambda - \alpha_2\mu + \alpha_0 l - \alpha_3 m, \\ m' = -\alpha_2\lambda - \alpha_1\mu + \alpha_3 l + \alpha_0 m, \end{cases}$$

$$(130\,\mathrm{e}) \qquad \begin{cases} \lambda' = \alpha_0\lambda - \alpha_3\mu - k^2\alpha_1 l + k^2\alpha_2 m, \\ \mu' = \alpha_3\lambda + \alpha_0\mu + k^2\alpha_2 l + k^2\alpha_1 m, \\ l' = \alpha_1\lambda - \alpha_2\mu + \alpha_0 l - \alpha_3 m, \\ m' = -\alpha_2\lambda - \alpha_1\mu + \alpha_3 l + \alpha_0 m, \end{cases}$$

Diese Formeln lassen sich in eine zusammenfassen mit denen, die aus ihnen durch Grenzübergang zur E. G. entstehen.

$$\lambda' + j\,l' = (\alpha_0 + j\,\alpha_1)(\lambda + j\,l) + (-\alpha_3 - \alpha_2 j)(\mu + j\,m),$$
$$\mu' + j\,m' = (\alpha_3 - j\,\alpha_2)(\lambda + j\,l) + (\alpha_0 - j\,\alpha_1)(\mu + j\,m),$$

wo j eine komplexe Einheit bedeutet, die den Rechenregeln genügt

$$j^2 = \varkappa^2 \qquad\qquad j^2 = 0 \qquad\qquad j^2 = -k^2.$$
$$\text{h. G.} \qquad\qquad \text{E. G.} \qquad\qquad \text{e. G.}$$

Dann wird ein Speer durch die eine binäre hyperkomplexe Koordinate gegeben

$$\lambda + j\,l : \mu + j\,m = -\mathfrak{x}_2 + j\,\mathfrak{x}_3 : \mathfrak{x}_0 - \mathfrak{x}_1 = \operatorname{tg}\left\{ \frac{\vartheta}{2} + \operatorname{arc\,tg}\left(\operatorname{tg} h\frac{j\,p}{2}\right)\right\},$$

die die besondere Darstellung auf S. 211 umfaßt[1]). Nichteuklidisch ist diese Größe

$$\text{h. G.} \qquad \sin\vartheta \cos h\varkappa p + \frac{j}{\varkappa}\sin h\varkappa p : 1 + \cos\vartheta \cos h\varkappa p,$$

$$\text{e. G.} \qquad \sin\vartheta \cos k p + \frac{j}{k}\sin k p : 1 + \cos\vartheta \cos k p,$$

---

[1]) Es ist nämlich $\cos h\,j\,p$ der Reihe nach zu ersetzen durch $\cos h\varkappa p$, 1, $\cos k p$, ebenso $\frac{1}{j}\sin h\,j\,p$ durch $\frac{1}{\varkappa}\sin h\varkappa p$, p, $\frac{1}{k}\sin k p$.

wenn ϑ und p Stellung und Nullabstand des Speeres bedeuten (S. 379, S. 384). Die Formeln

$$\frac{\lambda' + jl'}{\mu' + jm'} = f\left(\frac{\lambda + jl}{\mu + jm}\right), \qquad \frac{\lambda' - jl'}{\mu' - jm'} = f\left(\frac{\lambda + jl}{\mu + jm}\right)$$

liefern auch in der N. E. G. äquidistante Speertransformationen (S. 214).

Zur rechten Ausnutzung der hier gestreiften geometrischen Disziplinen sind aber Kenntnisse aus der Geometrie des Raumes nötig; die Formeln (130) führen bereits in die Nähe· der Lieschen Kugelgeometrie. Darüber und über die Formeln (128) vergleiche man zwei Arbeiten des Verfassers[1]), ebenso den auf S. 214 zitierten Studyschen Aufsatz, der noch weiter reichende Probleme enthält.

1. Zwei orientierte Punkte X und Y sollen α-*parataktisch* heißen, wenn $X_l = Y_l$ (115), ω-*parataktisch* für $X_r = Y_r$. Gegenüber den Transformationen der Scharen A und C bleiben beide Arten von Parataxie invariant; bei Transformationen der Scharen B und D gehen α-parataktisch orientierte Punkte in ω-parataktische über, und umgekehrt. Geht man von zwei α-parataktischen orientierten Punkten zu den entgegengesetzt orientierten Punkten über, so erweisen sich diese als ω-parataktisch. Es gibt stets einen einzigen orientierten Punkt, der zu einem ersten α-parataktisch und zu einem zweiten gleichzeitig ω-parataktisch ist.

2. Vier orientierte Punkte bestimmen zwei voneinander unabhängige Doppelverhältnisse, das „α-Doppelverhältnis" und das „ω-Doppelverhältnis", die beide absolut invariant gegenüber Transformationen A sind und bei Transformationen B miteinander vertauscht werden. Verhalten gegenüber Transformationen der Scharen C und D! Sind beide Doppelverhältnisse gleich groß, so gehören die vier orientierten Punkte einem *Zykel* an, d. i. einem durch eine lineare Gleichung in den $x_0 : x_1 : x_2 : x_3$ gelieferten Gebilde, welches als orientierter Kreis anzusprechen ist (vgl. S. 209). Diese Figuren werden demnach durch die Transformationen der zwölfgliedrigen Gruppe untereinander vertauscht. Fälle, daß die beiden Doppelverhältnisse zueinander konjugiert komplex oder beide reell sind!

3. Zwei Speere sollen α-parataktisch heißen, wenn sie denselben Anfangspunkt (S. 379) haben, und ω-parataktisch, wenn sie denselben Endpunkt besitzen. Zusammenhang dieser Begriffe mit den ebenso genannten in Zus. 1! Es gibt stets einen einzigen Speer, der zu einem ersten α-parataktisch und zugleich zu einem zweiten ω-parataktisch ist. Auch vier Speere besitzen zwei unabhängige Doppelverhältnisse. Sind beide gleich groß, so umhüllen die Speere wieder einen Zykel.

4. Unter *Spiegelung am Zykel* soll folgende involutorische Speertransformation verstanden werden. Man zieht die beiden Speere des Zykels, die zu dem Speere S parataktisch sind. Es gibt stets einen einzigen solchen *Zykel*speer S_α der zu S α-parataktisch ist, und stets einen einzigen *Zykel*speer S_ω, der zu S ω-parataktisch ist. Nach Zus. 3 gibt es ferner einen einzigen Speer S' der zugleich zu S_ω α-parataktisch und zu S_α ω-parataktisch ist. S' ist das Spiegel-

---

[1]) Sitzber. d. Sächs. Ges. d. Wiss. **64** (1912), S. 53—56. Sitzber. d. Bayr. Ak. d. Wiss. 1917, S. 51—74.

bild von S in bezug auf den Zykel, der als irreduzibel vorausgesetzt wird, d. i. nicht in zwei Büschel parataktischer Speere ausarten darf. Durch Grenzübergang entsteht hieraus die auf S. 214 behandelte Spiegelung am orientierten Kreise.

5. Die beiden Mitten einer Strecke in der h. G. bilden das gemeinsame harmonische Paar zu den Endpunkten der Strecke und den Endpunkten ihrer Trägergeraden.

79. Die vier sphärischen Geometrien. Wir betrachten als Raumelemente jetzt *reelle orientierte* Punkte. Damit der orientierte Punkt 78, (114) reell ist, müssen die σ und τ

h. G.　konjugiert komplex　　　　　　e. G.　entgegengesetzt, reziprok
　　　　　　　　　　　　　　　　　　　　und konjugiert komplex

sein. So folgt die Darstellung der *reellen* orientierten Punkte (76, (68), 77, (95))

$$(131\,\mathrm{h}) \quad x_0:x_1:x_2:x_3 = i\varkappa\,(\sigma_1\bar\sigma_2 - \sigma_2\bar\sigma_1):\sigma_1\bar\sigma_2 + \sigma_2\bar\sigma_1:\sigma_1\bar\sigma_1 - \sigma_2\bar\sigma_2:-\varkappa\,(\sigma_1\bar\sigma_1 + \sigma_2\bar\sigma_2).$$

$$(131\,\mathrm{e}) \quad x_0:x_1:x_2:x_3 = k\,(\sigma_1\bar\sigma_1 + \sigma_2\bar\sigma_2):\sigma_1\bar\sigma_2 + \sigma_2\bar\sigma_1:i\,(\sigma_1\bar\sigma_2 - \sigma_2\bar\sigma_1):k\,(\sigma_1\bar\sigma_1 - \sigma_2\bar\sigma_2).$$

Die Gesamtheit der reellen orientierten Punkte der N. E. G. bildet ein komplex binäres Gebiet.

Auch die Gesamtheit der reellen *eigentlichen* Punkte der Ebene nach Hinzurechnung des singulären akzessorischen Punktes (S. 205), kurz die *Gaußische Ebene* war ein solches komplex binäres Gebiet. Daraus folgt:

Die Gesamtheit der reellen orientierten Punkte der Nichteuklidischen Ebene läßt sich lückenlos umkehrbar eindeutig abbilden auf die Gesamtder (reellen, unorientierten) Punkte der Gaußischen Ebene.

Die dadurch aus der

hyperbolischen　　　　　　　　　　elliptischen

Geometrie entstehende neue Disziplin heißt

pseudosphärische Geometrie.　　　　*sphärische Geometrie.*

Die reellen orientierten Punkte　　Die reellen orientierten Punkte
der h. G. erhielt man, wenn man　　der e. G. erhielt man, wenn man
die Punkte *im Innern* des A. K.　　das reell ternäre Gebiet *aller* eigent-
doppelt überdeckte (S. 367) und　　lichen und uneigentlichen Punkte
dazu als Verzweigungsmannigfal-　　doppelt überdeckte.
tigkeit die Punkte des A. K. nahm.

Beide Mannigfaltigkeiten haben also trotz dieser scheinbar recht verschiedenen Struktur denselben Zusammenhang, eben den der Gaußischen Ebene.

Reeller *orientierter* Punkt der h. G (e. G) ▶—→ .
reeller Punkt der pseudosphärischen (sphärischen) Geometrie.

1. Setzen wir (S. 85, S. 205) in der Gaußebene

$$x + iy = \sigma_1 : \sigma_2,$$

so können wir dem orientierten Punkt $\sigma_1 : \sigma_2$ als Bildpunkt in der Gaußebene zuweisen den Punkt (x, y). So finden wir sogleich, daß entgegengesetzt orientierte Punkte auseinander gebracht werden. Für entgegengesetzt orientierte Punkte σ und τ hat man (vgl. (118), (119))

h. G. $\quad \tau_1 : \tau_2 = \bar\sigma_1 : \bar\sigma_2;$

e. G. $\quad \tau_1 : \tau_2 = -\bar\sigma_2 : \bar\sigma_1;$

Die Bildpunkte entgegengesetzt orientierter Punkte entsprechen sich dann

in der *Spiegelung an der Achse der reellen Zahlen* $y = 0$.

in der Spiegelung (Inversion) am nullteiligen Kreise (S. 32, 86)

$$x^2 + y^2 + 1 = 0.$$

Absolute Punkte sind zu sich selbst entgegengesetzt orientiert:

Die absoluten orientierten Punkte werden auf die Achse der reellen Zahlen abgebildet.

Absolute orientierte Punkte gibt es nicht (der nullteilige Kreis hat keine Punkte).

Als absolutes Gebilde erscheint also in der pseudosphärischen Geometrie *eine gerade Linie*, in der sphärischen Geometrie *ein nullteiliger Kreis*. Das wird verständlich, wenn wir uns daran erinnern, daß wir jetzt in der Gaußebene arbeiten, wo (S. 209) die geraden Linien als besondere einteilige Kreise im Sinne von Moebius aufzufassen sind. Diese Tatsache kommt analytisch dadurch zum Ausdruck, daß es sich um die Nullstellen einer *binären Hermiteschen Form* (S. 85) handelt. Wir stellen die absoluten Gebilde der einzelnen Disziplinen gegenüber.

Hyperbolische Geometrie:

Ein *einteiliger irreduzibler Kegelschnitt* (der eine Ellipse sein kann, aber niemals eine gerade Linie).

Elliptische Geometrie:

Ein *nullteiliger irreduzibler Kegelschnitt* (der getrennte Brennpunkte haben kann).

Pseudosphärische Geometrie:

Ein *einteiliger Zykel* (S. 206) (der eine gerade Linie sein kann aber niemals eine Ellipse), die Gesamtheit der Nullstellen einer *indefiniten* binären Hermiteschen Form (S. 261).[1])

Sphärische Geometrie:

Ein *nullteiliger Zykel* (der niemals getrennte Brennpunkte hat); Nullstellen einer *definiten* binären Hermiteschen Form (S. 262).

---

[1]) Das Wort Zykel bedeutet also a) einen Moebiusschen Kreis, b) einen Nichteuklidischen Kreis als Ort *orientierter* Punkte oder Geraden. Wir empfinden schon diesen Übelstand störend; manche Autoren nennen aber auch c) die Kreise der N. E. G. Zykeln, wenn sie Örter *nicht orientierter* Punkte oder Geraden sind. Das wenigstens sollte man vermeiden.

Das zugängliche Gebiet der h. G., genauer die Gesamtheit der orientierten Punkte der oberen Schicht (S. 369), wird jetzt auf die *obere Halbebene* abgebildet, d. i. die Gesamtheit der Punkte, für die $y > 0$.

Jetzt betrachten wir die zugehörigen Gruppen:

Die automorphen *Kollineationen* des absoluten *Kegelschnitts* bilden die dreigliedrige Gruppe der *hyperbolischen* und *elliptischen Bewegungen*. Sie ist *kontinuierlich* (S. 66), wiewohl sie in der h. G. aus zwei getrennten Transformationsscharen besteht. (S. 376.)

Die automorphen *zyklischen* Transformationen (S. 205—209) des absoluten *Zykels* bilden eine dreigliedrige kontinuierliche Gruppe; sie heiße die Gruppe der *pseudosphärischen* und *sphärischen Bewegungen*.

Die automorphen *quasizyklischen* Transformationen des absoluten *Zykels* bilden eine dreigliedrige Schar. Diese nennen wir *pseudosphärische* und *sphärische Umlegungen*.

Von der zwölfgliedrigen Gruppe der Transformationen orientierter Punkte (S 389) kommen jetzt nur noch die beiden Scharen (121), (122) in Frage: von den Koordinaten X_l und X_r bleibt nur eine nötig.

$$X_l' = \tilde{a} \cdot X_l \cdot a, \qquad X_l' = \tilde{a} \cdot \bar{X}_l \cdot a, \qquad (\alpha = \bar{\alpha},\; N(\alpha) \neq 0)$$
oder

Bewegungen (123 he):

$$(132) \quad \begin{cases} \sigma_1' = (\alpha_0 - \varkappa\alpha_1)\sigma_1 + (-\alpha_3 + \varkappa\alpha_2)\sigma_2, & \sigma_1' = (\alpha_0 + \alpha_3 i)\sigma_1 + k(\alpha_2 + \alpha_1 i)\sigma_2, \\ \sigma_2' = (\alpha_3 + \varkappa\alpha_2)\sigma_1 + (\alpha_0 + \varkappa\alpha_1)\sigma_2. & \sigma_2' = k(-\alpha_2 + \alpha_1 i)\sigma_1 + (\alpha_0 - \alpha_3 i)\sigma_2. \end{cases}$$

Umlegungen (124 he):

$$(133) \quad \begin{cases} \sigma_1' = (\alpha_0 - \varkappa\alpha_1)\bar{\sigma}_1 + (-\alpha_3 + \varkappa\alpha_2)\bar{\sigma}_2, & \sigma_1' = k(\alpha_2 + i\alpha_1)\bar{\sigma}_1 + (-\alpha_0 - \alpha_3 i)\bar{\sigma}_2, \\ \sigma_2' = (\alpha_3 + \varkappa\alpha_2)\bar{\sigma}_1 + (\alpha_0 + \varkappa\alpha_1)\bar{\sigma}_2. & \sigma_2' = (\alpha_0 - \alpha_3 i)\bar{\sigma}_1 + k(\alpha_2 - \alpha_1 i)\bar{\sigma}_2. \end{cases}$$

$$\alpha \doteq \bar{\alpha},\; N(\alpha) \neq 0.$$

Diese Formeln stellen zunächst nur Transformationen orientierter Punkte dar; aber wir haben die Koordinatenwahl in der Gaußebene ja noch völlig in der Hand. Ein Punkt der Gaußebene kann dargestellt werden:

1. durch *zwei* homogene Koordinaten $\sigma_1 : \sigma_2$. Dadurch werden die Formeln (132) wirklich zu Bewegungen, die Formeln (133) wirklich zu Umlegungen im vorhin erklärten Sinne;

2. durch *vier* homogene Koordinaten x (131 he). Um dann die Bewegungen zu erhalten, hat man in (125) $\alpha = \bar{\alpha} = \beta = \bar{\beta}$ zu setzen; für die Umlegungen (vgl. S. 388) ist dann rechts, nicht aber links x durch $\bar{x}$ zu ersetzen;

3. durch *drei* homogene Koordinaten, zwischen denen, wie auch im vorigen Falle, eine quadratische Relation besteht (115, 116):

$$(134) \qquad X_1 : X_2 : X_3 =$$

$$2\sigma_1\sigma_2 : \sigma_1^2 - \sigma_2^2 : -\varkappa(\sigma_1^2 + \sigma_2^2); \qquad \sigma_1^2 - \sigma_2^2 : i(\sigma_1^2 + \sigma_2^2) : -2k\sigma_1\sigma_2;$$

$$-\varkappa^2 X_1^2 - \varkappa^2 X_2^2 + X_3^2 = 0. \qquad k^2 X_1^2 + k^2 X_2^2 + X_3^2 = 0.$$

Dann werden die Formeln am elegantesten:

$$\text{Bewegungen } X' = \tilde{\alpha} \cdot X \cdot \alpha.$$

$$\text{Umlegungen } X' = \tilde{\alpha} \cdot \overline{X} \cdot \alpha.$$

4. Die *inhomogenen* Koordinaten (x, y) sind nicht sachgemäß, da sie den akzessorischen Punkt nicht liefern, und auch die Moebiusschen Kreise bald durch lineare, bald durch quadratische Gleichungen darstellen.

Der Umstand, daß die pseudosphärischen und sphärischen Gruppen gemischt sind, kommt daher, daß der *Umkehrung* (S. 388), die jeden orientierten Punkt in den entgegengesetzt orientierten verwandelt, in der Gaußebene entspricht die *Inversion am absoluten Zykel* (119):

$$\sigma_1' : \sigma_2' = \overline{\sigma}_1 : \overline{\sigma}_2; \qquad\qquad \sigma_1' : \sigma_2' = -\overline{\sigma}_2 : \overline{\sigma}_1;$$

$$(135) \qquad x_0' : x_1' : x_2' : x_3' = -x_0 : x_1 : x_2 : x_3;$$

$$X_1' : X_2' : X_3' = \overline{X}_1 : \overline{X}_2 : \overline{X}_3.$$

Diese Transformation kam in der hyperbolischen und elliptischen Geometrie der unorientierten Elemente nicht vor. In dem Sinne gibt es keine hyperbolischen und elliptischen Umlegungen (vgl. S. 378).

Die Umkehrung bedeutete in der pseudosphärischen Geometrie die Spiegelung an der Achse der reellen Zahlen, also eine spezielle *Umlegung* auch im Sinne der Euklidischen Geometrie. Diese wird in der hyperbolischen Geometrie zur Identität; dadurch erklärt es sich, daß wir in **67**, S. 312 die *Euklidischen Umlegungen* auch als Grenzfall der *Nichteuklidischen Bewegungen* erhalten konnten.

Weiterhin bedienen wir uns der *binären* Koordinaten. Dann kann jede binäre reelle lineare Transformation (S. 161) als Bewegung, jede quasilineare als Umlegung gedeutet werden. *Die einfachsten Punktmannigfaltigkeiten* werden dann durch die Nullstellen (nicht semidefiniter) Hermitescher Formen geliefert, sind also *Moebiussche Kreise oder Zykeln*, und *nicht mehr gerade Linien* wie in der hyperbolischen und elliptischen Geometrie. In der Tat sahen wir in **56**, Zus. 3, 4, daß Hermitesche Formen bei linearer und quasilinearer Transformation in ebensolche verwandelt werden. Nach **56**, Zus. 6 bleibt der Charakter einer Hermiteschen Form, definit, indefinit oder semidefinit zu sein, erhalten. Scheiden wir die letzteren aus, so verteilen sich die

∞^3 Zykeln auf zwei Klassen, von denen uns in erster Linie die indefiniten interessieren, da sie allein (reelle) Nullstellen haben. Aber diese ∞^3 Zykeln besitzen, auch im anderen Falle, eine zweifach ausgedehnte invariante Teilmannigfaltigkeit. Nach 56, Zus. 5, 11 haben zwei Zykeln eine simultane Invariante, deren Verschwinden *orthogonale* Lage der beiden Zykeln aussagt. Die erwähnte Teilmannigfaltigkeit besteht nun aus allen ∞^2 Zykeln, *die zum absoluten Zykel orthogonal sind.* Diese werden durch Bewegungen und Umlegungen nur untereinander vertauscht und spielen daher in der pseudosphärischen und sphärischen Geometrie eine ähnliche Rolle, wie die geraden Linien in der hyperbolischen und elliptischen Geometrie. Denn *zwei getrennte Punkte können durch einen einzigen Zykel dieser besonderen Art verbunden werden.* Man sieht das am besten in der pseudosphärischen Geometrie, wo die erwähnten besonderen Zykeln durch die Achse der reellen Zahlen halbiert werden. Man hat diese Zykeln daher auch wohl als *Gerade* bezeichnet, ein Verfahren, das wir nicht billigen können. Denn es gilt der Satz: *Zwei „Gerade" können sich in zwei getrennten Punkten schneiden.* Das stört nicht so sehr in der pseudosphärischen Geometrie, wo man schließlich von der unteren Halbebene absehen kann (wodurch man hyperbolische Geometrie treibt), als in der sphärischen Geometrie, wo die beiden Schnittpunkte völlig gleichberechtigt sind. Wir schlagen den Ausdruck *Hauptzykel* vor.

Der absolute Zykel heißt

(h) $i(\sigma_1\bar{\sigma}_2 - \sigma_2\bar{\sigma}_1) = 0.$ (e) $\sigma_1\bar{\sigma}_1 + \sigma_2\bar{\sigma}_2 = 0.$

Der Zykel $a_{11}\sigma_1\bar{\sigma}_1 + a_{12}\sigma_1\bar{\sigma}_2 + a_{21}\sigma_2\bar{\sigma}_1 + a_{22}\sigma_2\bar{\sigma}_2 = 0$ ist Hauptzykel für

(h) $a_{12} - a_{21} = 0.$ (e) $a_{11} + a_{22} = 0.$

Vgl. 56, Zus. 5, 11[1]). Hauptzykeln werden bei Gebrauch der Koordinaten (x, y) $(x + iy = \sigma_1 : \sigma_2)$ so dargestellt $(a_{i\varkappa} = \bar{a}_{\varkappa i})$:

$$a_{11}(x^2 + y^2) + 2a_{12}x + a_{22} = 0.$$

$$a_{11}(x^2 + y^2 - 1) + a_{12}(x + iy) + a_{21}(x - iy) = 0.$$

Bequemer ist die Darstellung durch die quaternären Koordinaten. Denn *jede lineare Gleichung*

$$a_0 x_0 + a_1 x_1 + a_2 x_2 + a_3 x_3 = 0,$$

wo auf die quadratische Relation zwischen den x zu achten ist (vgl. S. 388), *stellt einen Zykel dar*; die a hängen linear von den $a_{i\varkappa}$ ab; für beide Geometrien vermöge (131) in verschiedener Weise, vgl.

---

[1]) Man beachte, daß diese Formeln auch bei der damaligen anderen Bezeichnung der Koeffizienten gelten!

unten (136); beide Male gilt aber der Satz: Für die Hauptzykeln ist $a_0 = 0$. Während die übrigen Zykeln *quadratisch* von den *drei* Koordinaten x_1, x_2, x_3 abhängen, kommen diese bei den Hauptzykeln nur *linear* vor. Die übrigen Zykeln sind Bilder von hyperbolischen und elliptischen *Kreisen* (S. 375, S. 385), diese als Örter orientierter Punkte aufgefaßt, *die Hauptzykeln sind Bilder von geraden Linien.* Eben darum dürfen sie nicht als Gerade bezeichnet werden, obwohl auch ∞^1 wirkliche Gerade unter ihnen vorkommen; es sind die übrigen ∞^2 eben *nicht* gerade Linien.

Nun erhebt sich die Frage, was aus dem Winkel (Angulus) zweier Geraden im Sinne der hyperbolischen und elliptischen Geometrie wird. Die sogleich zu errechnende absolute Invariante für zwei Hauptzykeln wollen wir dann auch ihren Winkel nennen. Der Zykel $a_0 x_0 + a_1 x_1 + a_2 x_2 + a_3 x_3 = 0$ hat in *binären* Koordinaten die Gleichung (vgl. (131))

$$(136\,\mathrm{h})\quad (a_0 - \varkappa a_3)\sigma_1\bar\sigma_1 + (i\varkappa a_0 + a_1)\sigma_1\bar\sigma_2 + (-i\varkappa a_0 + a_1)\sigma_2\bar\sigma_1 + (-a_2 - \varkappa a_3)\sigma_2\bar\sigma_2 - {}^{[1]}.$$

$$(136\,\mathrm{e})\quad k(a_0 + a_3)\sigma_1\bar\sigma_1 + (a_1 + i a_2)\sigma_1\bar\sigma_2 + (a_1 - i a_2)\sigma_2\bar\sigma_1 + k(a_0 - a_3)\sigma_2\bar\sigma_2 = 0.$$

Schreiben wir dafür wieder

$$a_{11}\sigma_1\bar\sigma_1 + a_{12}\sigma_1\bar\sigma_2 + a_{21}\sigma_2\bar\sigma_1 + a_{22}\sigma_2\bar\sigma_2 = 0,$$

so wird für zwei *Hauptzykeln* a und b (a und b) wegen $a_0 = 0$ $b_0 = 0$

$$(137\,\mathrm{h})\quad 4\,(a|b) = 2\varkappa^2\{a_{11}b_{22} + a_{22}b_{11} - a_{12}b_{21} - a_{21}b_{12}\}.$$

$$(137\,\mathrm{e})\quad 4\,(a|b) = -2k^2\{a_{11}b_{22} + a_{22}b_{11} - a_{12}b_{21} - a_{21}b_{12}\}.$$

Wegen der Symbole (a/b) links vgl. **76**, (42), **67** (b), S. 305.

Daraus fogt, wenn wir für den Ausdruck in der geschweiften Klammer einen Augenblick das Zeichen $\{a, b\}$ einführen, beide Male (vgl. (62), (105))

$$\cos^2 (a, b) = \{a, b\}^2 : \{a, a\}\{b, b\} = \cos^2\varphi.$$

Die Größe φ rechts stellt aber (vgl. S. 262) den Winkel der beiden Zykeln (Moebiusschen Kreise) a und b dar, *im Sinne der Euklidischen Geometrie:*

Bei der Abbildung der orientierten Punkte der Nichteuklidischen Ebene auf die Punkte der Gaußischen Ebene geht der Nichteuklidische Winkel zweier Geraden über in den Euklidischen Winkel der zugehörigen Hauptzykeln.

Die korrekte Begründung dieses Ergebnisses hat noch die Tangensformeln zu benutzen.

Hier hat man eine Einfügung der Nichteuklidischen Metrik in die Euklidische vor sich, die besonders anschaulich im Falle der pseudosphärischen Geometrie ist. An die Stelle der geraden Linien der hyperbolischen Geometrie hat man die Kreise (geraden Linien) treten zu lassen, die die Achse der reellen Zahlen senkrecht durchsetzen. So kann man Dreiecke veranschaulichen, in denen ein (oder sogar alle) Winkel Null sind. Um sicher zu sein, wirklich hyperbolische Geometrie zu treiben, hat man sich auf die obere Halbebene zu beschränken.

Auch die Hauptzykeln der sphärischen Geometrie sind noch einigermaßen zu übersehen; sie müssen nach reiner Methode (S. 338) mit den Mitteln des reellen Gebietes erklärt werden. Es sind das die Zykeln, die einen ganz bestimmten einteiligen Zykel (hier $x^2 + y^2 - 1 = 0$) in den Endpunkten eines seiner Durchmesser schneiden. Um die Gesamtheit aller Hauptzykeln in der sphärischen Geometrie zu erhalten, nimmt man also ein Kreisbüschel (S. 118), dessen sämtliche Kreise durch die Endpunkte eines beliebigen Durchmessers des, sagen wir Urkreises, gehen und unterwirft dieses Büschel allen Drehungen um den Mittelpunkt des Urkreises. Dazu kommen noch die Durchmesser des Urkreises. Die konstruktive Behandlung der sphärischen Geometrie hat weniger Beachtung gefunden, als die der pseudosphärischen.

Die Distanzmessung in der pseudosphärischen und sphärischen Geometrie hat nicht so einfache Beziehungen zur Euklidischen. Nach (63) hat man (vgl. die Fußnote auf S. 369 und (131h))

$$\cos h \varkappa (x, y) = \cos h \varkappa (\sigma, \tau) = - \{(\sigma \bar{\tau})(\bar{\sigma} \tau) + (\sigma \tau)(\overline{\sigma \tau})\} : (\sigma \bar{\sigma})(\tau \bar{\tau}),$$

oder nach **73**, Zus. $2\,h$

$$(138\text{h}) \quad \cos h^2 \tfrac{1}{2} \varkappa (x, y) = - \frac{(\sigma \bar{\tau})(\bar{\sigma} \tau)}{(\sigma \bar{\sigma})(\tau \bar{\tau})}, \quad \sin h^2 \tfrac{1}{2} \varkappa (x, y) = - \frac{(\sigma \tau)(\overline{\sigma \tau})}{(\sigma \bar{\sigma})(\tau \bar{\tau})},$$

wo (vgl. (39), S. 158) das Zeichen $(\sigma \tau) = \sigma_1 \tau_2 - \sigma_2 \tau_1$ gesetzt ist[1]).

Entsprechend wird in der sphärischen Geometrie durch (106), (131e):

$$(138\text{e}) \quad \begin{cases} \cos^2 \tfrac{1}{2} k (x, y) = \dfrac{(\sigma_1 \bar{\tau}_1 + \sigma_2 \bar{\tau}_2)(\bar{\sigma}_1 \tau_1 + \bar{\sigma}_2 \tau_2)}{(\sigma_1 \bar{\sigma}_1 + \sigma_2 \bar{\sigma}_2)(\tau_1 \bar{\tau}_1 + \tau_2 \bar{\tau}_2)}, \\[2ex] \sin^2 \tfrac{1}{2} k (x, y) = \dfrac{(\sigma_1 \tau_2 - \sigma_2 \tau_1)(\bar{\sigma}_1 \bar{\ }_2 - \bar{\sigma}_2 \bar{\tau}_1)}{(\sigma_1 \bar{\sigma}_1 + \sigma_2 \bar{\sigma}_2)(\tau_1 \bar{\tau}_1 + \tau_2 \bar{\tau}_2)}. \end{cases}$$

2. Man mag es als störend empfinden, daß das absolute Gebilde der pseudosphärischen Geometrie hier nicht als *runder* einteiliger Kreis erscheint, und daher das zugängliche Gebiet scheinbar offen ist. Das liegt aber nur an unserer für den Augenblick allerdings

---

[1]) Beachte die Identität zwischen vier Elementen eines binären Gebietes S. 163, Zus. 4.

recht anschaulichen, aber nicht für alle Zwecke sachgemäßen Koordinatenwahl $x + iy = \sigma_1 : \sigma_2$.

Statt dessen machen wir jetzt einen anderen Ansatz:

(139h) $$\sigma_1 : \sigma_2 = i(\varkappa i \omega_1 + \omega_2) : (-\varkappa i \omega_1 + \omega_2).$$

(139e) $$\sigma_1 : \sigma_2 = \omega_2 : k \omega_1.$$

Dann gehen die Darstellungen (131) über in

(140h)
$$x_0 : x_1 : x_2 : x_3 = \omega_2 \bar\omega_2 - \varkappa^2 \omega_1 \bar\omega_1 : \omega_1 \bar\omega_2 + \omega_2 \bar\omega_1 : i(\omega_2 \bar\omega_1 - \omega_1 \bar\omega_2) : \omega_2 \bar\omega_2 + \varkappa^2 \omega_1 \bar\omega_1.$$

(140e)
$$x_0 : x_1 : x_2 : x_3 = \omega_2 \bar\omega_2 + k^2 \omega_1 \bar\omega_1 : \omega_1 \bar\omega_2 + \omega_2 \bar\omega_1 : i(\omega_2 \bar\omega_1 - \omega_1 \bar\omega_2) : \omega_2 \bar\omega_2 - k^2 \omega_1 \bar\omega_1.$$

Setzt man jetzt $\omega_1 : \omega_2 = x + iy$, so wird der absolute Zykel zu

$$- \varkappa^2 x^2 - \varkappa^2 y^2 + 1 = 0. \qquad k^2 x^2 + k^2 y^2 + 1 = 0.$$

Diese Form wird aber erhalten, wenn man in die Gleichung des absoluten Kegelschnitts der hyperbolischen und elliptischen Geometrie die inhomogenen Koordinaten einführt

$$x = x_1 : x_3, \qquad y = x_2 : x_3.$$

Daher wollen wir beide Ebenen, die ternäre und die Gaußische, aufeinanderlegen und können das jetzt so machen, *daß die absoluten Gebilde der hyperbolischen und pseudosphärischen Ebene zusammenfallen, und ebenso die der elliptischen und sphärischen.* Fallen die beiden Ebenen dann jedesmal punktweise zusammen? Offenbar nicht, denn erst wenn man die Punkte der elliptischen Ebene doppelt überdeckt, erhält man eine umkehrbar *eindeutige* Zuordnung zu den Punkten der sphärischen Ebene; bei der hyperbolischen Ebene bleiben aber die unzugänglichen Punkte, weil nicht Träger reeller orientierter Punkte, von vornherein außer Betracht. Aus (140) folgt vielmehr

(141h) $$x_1 : x_2 : x_3 = 2x : 2y : 1 + \varkappa^2 x^2 + \varkappa^2 y^2,$$

(141e) $$x_1 : x_2 : x_3 = 2x : 2y : 1 - k^2 x^2 - k^2 y^2,$$

und diese Formeln stellen auf einfachste Weise den Zusammenhang zwischen der ternären und der Gaußischen Ebene dar. Dem *Punkte* $x_1 : x_2 : x_3 = x : y : 1$ der ternären Ebene ist zugeordnet das *Punktepaar*

$$x_1 : x_2 : x_3 + x_0 \quad \text{und} \quad x_1 : x_2 : x_3 - x_0$$

der Gaußischen Ebene; die beiden Punkte dieses Paares sind invers in bezug auf den absoluten Zykel. Die Eindeutigkeit der Abbildung wird erreicht, wenn man dem *orientierten* Punkt $x_0 : x_1 : x_2 : x_3$ zuordnet den Punkt $x_1 : x_2 : x_3 + x_0$ der Gaußischen Ebene.

Der Inhalt der Formeln (141), also der Übergang von der hyperbolischen (elliptischen) Geometrie zur pseudosphärischen (sphärischen) läßt sich in der Sprache der *Euklidischen* Geometrie leicht durch eine räumliche Konstruktion interpretieren:

Man projiziert den Punkt (x, y) der

pseudosphärischen	sphärischen

Ebene „stereographisch" vom „Südpol" $(0, 0, -1)$ der Fläche

$$\varkappa^2 x^2 + \varkappa^2 y^2 + z^2 = 1 \qquad\qquad -k^2 x^2 - k^2 y^2 + z^2 = 1$$

auf dieses Rotationsellipsoid	auf dieses zweischalige Rotationshyperboloid

und lotet den so gewonnenen Punkt auf die „Äquatorebene" $z = 0$ herab. Der Fußpunkt ist der zugeordnete Punkt der

hyperbolischen Ebene.	elliptischen Ebene.

Jetzt kann man die Sätze der hyperbolischen und elliptischen Geometrie ohne weiteres konstruktiv übertragen. In der Sprache der *Nichteuklidischen* Geometrie läßt sich dieses Übertragungsprinzip sogar noch einfacher fassen; man braucht dann die Ebene gar nicht zu verlassen: Man verlängere die Strecke vom Punkte $(0, 0)$ nach dem Punkte (x, y) über diesen hinaus um sich selbst, dann erhält man den zugehörigen Punkt $x_1 : x_2 : x_3$ (Zus. 5). Bei der Umkehrung beachte man, daß eine Strecke zwei Mitten hat.

Nun können wir wieder den Grenzübergang zur Euklidischen Geometrie ausführen. Aus (140 h e) folgt

$$(140\,\mathrm{E}) \qquad x_0 : x_1 : x_2 : x_3 = \omega_2 \bar{\omega}_2 : \omega_1 \bar{\omega}_2 + \omega_2 \bar{\omega}_1 : i(\omega_2 \bar{\omega}_1 - \omega_1 \bar{\omega}_2) : \omega_2 \bar{\omega}_2 ,$$

wodurch nur die eine „obere" Schicht orientierter Punkte der Euklidischen Geometrie geliefert wird. *Die Abbildung der Euklidischen Ebene auf die Gaußebene folgt aus* (141)

$$(141\,\mathrm{E}) \qquad\qquad x_1 : x_2 : x_3 = 2x : 2y : 1 .$$

Ein sehr bemerkenswertes Ergebnis, welches unsers Wissens noch nicht beachtet ist; man hat also in der Geometrie der Gaußebene *nicht* zu setzen, wie üblich

$$\frac{x_1}{x_3} + \frac{i x_2}{x_3} = x + iy = \omega,$$

sondern $\dfrac{x_1}{x_3} + \dfrac{i x_2}{x_3} = 2\,\omega.$ Das läßt sich ohne Vermittlung der Nichteuklidischen Geometrie nicht erkennen. Wir zeigen die Zweckmäßigkeit dieses Vorschlags an einem Beispiel. Die Bewegungsgruppen (132) lauten in den $\omega_1 : \omega_2$ jetzt:

$$(142\,\mathrm{h}) \qquad \begin{cases} \omega_1' = & (\alpha_0 - i\alpha_3)\,\omega_1 + (-\alpha_2 + i\alpha_1)\,\omega_2, \\ \omega_2' = \varkappa^2(-\alpha_2 - i\alpha_1)\,\omega_1 + & (\alpha_0 + i\alpha_3)\,\omega_2. \end{cases}$$

$$(142\,\mathrm{e}) \qquad \begin{cases} \omega_1' = & (\alpha_0 - i\alpha_3)\,\omega_1 + (-\alpha_2 + i\alpha_1)\,\omega_2, \\ \omega_2' = \ k^2(\alpha_2 + i\alpha_1)\,\omega_1 + & (\alpha_0 + i\alpha_3)\,\omega_2. \end{cases}$$

In der Grenze werden daraus die Euklidischen **Bewegungen.** Vergleicht man die dann gewonnenen Formeln

$$(142\,\text{E}) \quad \begin{cases} \omega_1' = (\alpha_0 - i\alpha_3)\,\omega_1 + (-\,\alpha_2 + i\alpha_1)\,\omega_2, \\ \omega_2' = \hphantom{(\alpha_0 - i\alpha_3)\,\omega_1 + (-\,\alpha_2 + i\alpha_1)} (\alpha_0 + i\alpha_3)\,\omega_2 \end{cases}$$

mit der ersten Formel in Zus. 6, S. 45 ($m = 1$), so erkennt man warum dort der Faktor zwei im letzten Gliede auftreten muß.

Man beachte, daß das räumliche Übertragungsprinzip zwischen ternärer und Gaußischer Ebene auch für die Euklidische Geometrie seinen Sinn behält, desgleichen das ebene; nur wird jetzt die Umkehrung eindeutig und. gerade Linien des ternären Gebietes gehen nicht in Hauptzykeln, sondern stets in gerade Linien über; anders ausgesprochen: *alle* Hauptzykeln werden dann gerade.

Als absolutes Gebilde der Euklidischen Geometrie der Gaußebene fungiert *der akzessorische Punkt*, Nullstelle wieder einer binären Hermiteschen und zwar *semidefiniten* Form $\omega_2\,\overline{\omega}_2 = 0$. Er bleibt aber nicht nur bei den zyklischen Transformationen (142 E) in Ruhe, sondern bei einer viergliedrigen Gruppe, den *Ähnlichkeiten.* Damit sind wir wieder auf die zweite Art der Dehnungsgeometrie gekommen (S. 206).

Können wir nun aus den Formeln (133) durch unsern Grenzübergang zu den *Umlegungen der Euklidischen Geometrie* gelangen? Ganz glatt kann sich dieser Grenzübergang nicht vollziehen, denn die pseudosphärischen und sphärischen Umlegungen. gehen aus den Bewegungen hervor vermöge der *Umkehrung* (S. 388), die jeden orientierten Punkt in den entgegengesetzt orientierten verwandelt; in der Grenze ist aber nach (140 E) die eine Schicht orientierter Punkte ($x_3 : x_0 < 0$, vgl. S. 368) fortgefallen. Wir müssen daher entsprechend vorgehen wie in 67, S. 312 und setzen wieder

$$\alpha_0 = -\,\varkappa^2\gamma_0, \quad \alpha_1 = \gamma_1, \quad \alpha_2 = \gamma_2, \quad \alpha_3 = -\,\varkappa^2\gamma_3,$$
$$\alpha_0 = \hphantom{-\,}k^2\gamma_0, \quad \alpha_1 = \gamma_1, \quad \alpha_2 = \gamma_2, \quad \alpha_3 = \hphantom{-\,}k^2\gamma_3.$$

Dann erhalten wir in den ω-Parametern für die Umlegungen die Formeln

(143h) (143e)

$$\omega_1' = \hphantom{\varkappa^2}(\gamma_2 - i\gamma_1)\overline{\omega}_1 + (\gamma_0 - i\gamma_3)\overline{\omega}_2, \qquad \omega_1' = \hphantom{-\,k^2}(\gamma_2 - i\gamma_1)\overline{\omega}_1 + (\gamma_0 - i\gamma_3)\overline{\omega}_2,$$
$$\omega_2' = \varkappa^2(\gamma_0 + i\gamma_3)\overline{\omega}_1 + (\gamma_2 + i\gamma_1)\overline{\omega}_2, \qquad \omega_2' = -\,k^2(\gamma_0 + i\gamma_3)\overline{\omega}_1 + (\gamma_2 + i\gamma_1)\overline{\omega}_2,$$

und daraus wird in der Grenze wirklich die dritte Formel in Zus. 6, S. 45) ($m = 1$), d. i. es entstehen die reellen Euklidischen Umlegungen. Wegen des auf S. 45 auftretenden Faktors 2 vgl. man S. 404.

Daß die Umlegungen wirklich die Winkel umlegen, sieht man am bequemsten aus der ersten Formel 76, (62) und 77, (105) auf Grund der Tatsache, daß die *Umkehrung* als Transformation *orientierter* Elemente durch die Formeln geliefert wird

$$x_0' : x_1' : x_2' : x_3' = - x_0 : x_1 : x_2 : x_3 .$$

$$\mathfrak{x}_0' : \mathfrak{x}_1' : \mathfrak{x}_2' : \mathfrak{x}_3' = - \mathfrak{x}_0 : \mathfrak{x}_1 : \mathfrak{x}_2 : \mathfrak{x}_3 .$$

3. Endlich führen wir für die orientierten Punkte der *elliptischen* Geometrie noch andere Koordinaten ein, und setzen

$$x_0 : x_1 : x_2 : x_3 = \hat{x}_0 : \hat{x}_1 : \hat{x}_2 : k\,\hat{x}_3 .$$

Die neuen Koordinaten $\hat{x}$ genügen dann der Relation (vgl. (114 e))

$$\hat{x}_0^2 - k^2 \hat{x}_1^2 - k^2 \hat{x}_2^2 - k^2 \hat{x}_3^2 = 0 .$$

Deutet man wieder $\hat{x}_1 : \hat{x}_0$, $\hat{x}_2 : \hat{x}_0$, $\hat{x}_3 : \hat{x}_0$ als Punktkoordinaten im R_3, so sind damit die orientierten Punkte der elliptischen Geometrie lückenlos umkehrbar eindeutig abgebildet auf die Punkte einer *Kugel* vom Radiusquadrat $1 : k^2$, also vom *Krümmungsmaß* k^2 (Abbildung VII). *Auf die Punkte dieser Kugel sind damit auch die Punkte der sphärischen Ebene lückenlos umkehrbar eindeutig abgebildet.*

Diese Abbildung ist nun von besonderer Wichtigkeit. Für zwei orientierte Punkte $\hat{x}$ und $\hat{y}$ wird (vgl. **67**, (a) S. 305)

$$(x/y) = k^2 (\hat{x}_1 \hat{y}_1 + \hat{x}_2 \hat{y}_2 + \hat{x}_3 \hat{y}_3) .$$

Setzt man noch (vgl. S. 313)

$$x_0 = k \sqrt{\hat{x}_1^2 + \hat{x}_2^2 + \hat{x}_3^2} ,$$

so wird (**77**, (106))

$$\cos k\,(x, y) = \frac{\hat{x}_1 \hat{y}_1 + \hat{x}_2 \hat{y}_2 + \hat{x}_3 \hat{y}_3}{\sqrt{\hat{x}_1^2 + \hat{x}_2^2 + \hat{x}_3^2} \; \sqrt{\hat{y}_1^2 + \hat{y}_2^2 + \hat{y}_3^2}} .$$

Damit geht die Entfernung zweier orientierten Punkte der elliptischen Ebene über in den *sphärischen Abstand* der zugeordneten Kugelpunkte, dieser genommen im Sinne der *Euklidischen* Geometrie.

Die Gleichung einer geraden Linie der e. G.

$$\mathfrak{a}_1 x_1 + \mathfrak{a}_2 x_2 + \mathfrak{a}_3 x_3 = \hat{\mathfrak{a}}_1 \hat{x}_1 + \hat{\mathfrak{a}}_2 \hat{x}_2 + \hat{\mathfrak{a}}_3 \hat{x}_3 = 0 ,$$

$$\mathfrak{a}_1 = \hat{\mathfrak{a}}_1, \quad \mathfrak{a}_2 = \hat{\mathfrak{a}}_2, \quad k\,\mathfrak{a}_3 = \hat{\mathfrak{a}}_3 ,$$

geht über in die Gleichung eines *Hauptkreises* der Kugel. Auf Grund von (vgl. **67**, (b) S. 305)

$$(\mathfrak{x}/\mathfrak{y}) = k^2 (\hat{\mathfrak{x}}_1 \hat{\mathfrak{y}}_1 + \hat{\mathfrak{x}}_2 \hat{\mathfrak{y}}_2 + \hat{\mathfrak{x}}_3 \hat{\mathfrak{y}}_3)$$

und der Festsetzung (vgl. **67**, (157))

$$\sqrt{k^2 (\hat{\mathfrak{x}}_1^2 + \hat{\mathfrak{x}}_2^2 + \hat{\mathfrak{x}}_3^2)} = k \sqrt{\hat{\mathfrak{x}}_1^2 + \hat{\mathfrak{x}}_2^2 + \hat{\mathfrak{x}}_3^2} = k \mathfrak{x}_0$$

wird nach **77**, (105)

$$\cos(\mathfrak{x}, \mathfrak{y}) = \frac{\hat{\mathfrak{x}}_1 \hat{\mathfrak{y}}_1 + \hat{\mathfrak{x}}_2 \hat{\mathfrak{y}}_2 + \hat{\mathfrak{x}}_3 \hat{\mathfrak{y}}_3}{\sqrt{\hat{\mathfrak{x}}_1^2 + \hat{\mathfrak{x}}_2^2 + \hat{\mathfrak{x}}_3^2}\ \sqrt{\hat{\mathfrak{y}}_1^2 + \hat{\mathfrak{y}}_2^2 + \hat{\mathfrak{y}}_3^2}}.$$

Der Winkel zweier geraden Linien der elliptischen Ebene ist damit übergegangen in den *Euklidisch* gemessenen Winkel der zugeordneten Hauptkreise auf der Kugel.

Führen wir wieder die Gaußische Ebene ein, so haben wir sogleich:

Die Metrik der sphärischen Geometrie vom Krümmungsmaß k^2 der Ebene ist identisch mit der Euklidischen Metrik auf einer Kugel vom Krümmungsmaß k^2. Die Trigonometrie der genannten Ebene ist identisch mit der gewöhnlich so genannten *sphärischen Trigonometrie* auf einer Kugel vom Radiusquadrat $1 : k^2$.

Deswegen hat F. Klein, von dem die in diesem Abschnitt **79** bisher vorgetragenen Gedanken in der Hauptsache herrühren, für die elliptische Geometrie in der Gaußischen Ebene den Namen *sphärische Geometrie* eingeführt. Jetzt ist ferner aufgeklärt die Übereinstimmung der Formeln **77**, (107)—(109) mit solchen der sphärischen Trigonometrie.

Weiter liegt darin die Möglichkeit einer bequemeren Behandlungsweise der elliptischen Geometrie; so folgt sogleich, daß die Summe der Innenwinkel im Dreieck in der e. G. größer ist als zwei Rechte (S. 385). Von dieser Winkelsumme hängt aber der Dreiecksinhalt auf der Kugel ab; wir können damit als Flächeninhalt eines Dreiecks in der e. G. von den Innenwinkeln α_1, α_2, α_3 erklären den Ausdruck

$$\frac{1}{k^2}(\alpha_1 + \alpha_2 + \alpha_3 - \pi);$$

für die hyperbolische Geometrie ersetzt man in dieser Formel k^2 durch $-\varkappa^2$.

Man kann ferner die Zuordnung zwischen Ebene und Kugel anschaulich zum Ausdruck bringen, wenn man einen Punkt der elliptischen Ebene projiziert vom *Mittelpunkt* der passend gelegten Kugel aus. Ordnet man dem Punkte der Ebene zu den durch ihn laufenden *Durchmesser* der Kugel (Geometrie im *Geradenbündel*), so treibt man elliptische Geometrie. Geht man vom Durchmesser zu seinen beiden Endpunkten über (Geometrie auf der *Kugel*), so treibt man sphärische Geometrie.

So entsprechen sich:

<table>
<tr><td>elliptische Geometrie:</td><td>Geradenbündel:</td></tr>
<tr><td>Punkt.</td><td>Gerade.</td></tr>
<tr><td>Gerade.</td><td>Ebene im Bündel.</td></tr>
<tr><td>Zwei getrennte Gerade schneiden sich in einem einzigen Punkte.</td><td>Zwei getrennte Ebenen schneiden sich in einer einzigen Geraden.</td></tr>
<tr><td>sphärische Geometrie:</td><td>Kugel:</td></tr>
<tr><td>Punkt.</td><td>Punkt.</td></tr>
<tr><td>Hauptzykel.</td><td>Hauptkreis.</td></tr>
<tr><td>Zwei getrennte Hauptzykeln schneiden sich in zwei getrennten Punkten.</td><td>Zwei getrennte Hauptkreise schneiden sich in zwei getrennten Punkten.</td></tr>
</table>

Ein entsprechender Zusammenhang zwischen hyperbolischer und Euklidischer Metrik läßt sich leicht aufstellen; die Kugel würde dann aber das Radiusquadrat $- \varkappa^2$ erhalten, mithin rein imaginären Radius haben, eine „Pseudosphäre" sein. Daher ist, zuerst wohl von Study, der Ausdruck pseudosphärische Geometrie geprägt worden. Wir halten ihn für ebenso wenig glücklich, wie den Ausdruck sphärische Geometrie von Klein, da er eine Eigenschaft zum Ausdruck bringt, die zwar historisch eine große Rolle gespielt hat, sonst aber nicht so charakteristische Bedeutung hat. Viel wichtiger wäre es, wenn man in der Bezeichnung andeuten würde, daß diese Disziplinen nicht in der ternären (projektiven) Ebene arbeiten, sondern im binären (zyklischen, S. 206) Gebiet der Gaußebene. Es würde also sachgemäß sein, von ternär-elliptischer und zyklisch-elliptischer, von ternär-hyperbolischer und zyklisch-hyperbolischer Geometrie, von *ternär-Euklidischer* und *zyklisch-Euklidischer Geometrie* (S. 206) zu reden.

Wir füllen noch eine Lücke aus. Wir haben in der hyperbolischen Ebene nur die Gesamtheit der reellen *zugänglichen* Punkte doppelt überdeckt, und sind dadurch zur pseudosphärischen Geometrie gelangt. Jetzt soll noch die Gesamtheit der reellen *unzugänglichen* Punkte doppelt überdeckt werden. Nimmt man als Verzweigungsmannigfaltigkeit hinzu die Punkte des A. K., so läßt sich die Gesamtheit dieser (größtenteils imaginären [vgl. S. 367]) orientierten Punkte lückenlos umkehrbar eindeutig abbilden auf die Gesamtheit der reellen Punkte eines einschaligen Hyperboloids. Denn jedem der betrachteten orientierten Punkte ist eindeutig ein reeller Speer zugeordnet, sein Polarspeer (S. 362); die Gesamtheit der reellen Speere der h. G. ist aber Träger zweier *reell binärer* Gebiete. (S. 365.)

Die Bewegungen sind diejenigen automorphen Transformationen dieser Mannigfaltigkeit, die entgegengesetzt orientierte Punkte in ebensolche überführen. Sie unterscheiden sich von den bisherigen hyperbolischen Bewegungen nur durch die Objekte, die transformiert werden sollen. Diese Übereinstimmung hört aber auf, wenn wir die Gruppen erweitern. Dann liefert das neue Kontinuum orientierter Punkte eine ganz andere zwölfgliedrige Gruppe als das bisher betrachtete. Damit ist ein neuer Zweig der Geometrie gewonnen, der die gewöhnliche hyperbolische Geometrie umfaßt, und vom Verfasser eingehend behandelt und mit dem Namen *parasphärische Geometrie* bezeichnet ist[1]). Der Name ist auch nicht sehr passend, weil er nicht zum Ausdruck bringt, daß diese Disziplin in *zwei reell-binären* Gebieten arbeitet; er ist aber berechtigt, wenn man die Benennungen sphärisch und pseudosphärisch beibehält. Die zwölfgliedrige Gruppe läßt sich bei geeigneter Koordinatenwahl durch die vier Quaternionengleichungen auf S. 393 darstellen.

1. In der pseudosphärischen Geometrie sei das absolute Gebilde eine Gerade. Zeichne zwei parallele Hauptzykeln. Durch einen Punkt sollen zu einem Hauptzykel die beiden parallelen Hauptzykeln gelegt werden. In einem Punkte eines Hauptzykels soll auf diesem der senkrechte Hauptzykel errichtet werden. Von einem Punkte aus soll auf einen Hauptzykel der Normalhauptzykel gefällt werden. Der gemeinsame Normalhauptzykel zu zwei getrennten Hauptzykeln soll gezeichnet werden.

2. Die letzten drei Aufgaben für die sphärische Geometrie. Wir erinnern daran, daß in der Literatur die Hauptzykeln zuweilen als Gerade bezeichnet werden, deren Rolle sie in der Tat spielen, und deren Bilder sie sind.

3. Die Aufgaben von Zus. 1, wenn der absolute Zykel rund ist. In allen Fällen hat man in elementarer Ausdrucksweise den Orthogonalkreis zu drei Moebiusschen Kreisen (S. 270) zu bilden. Daraus ergeben sich die analytischen Ausdrücke (S. 270, Zus. 4, 5).

4. Um eine Strecke ab über b hinaus um sich selbst zu verlängern (S. 404), bringt man die Gerade ab zum Schnitt mit der absoluten Polare von b. Sei c der Schnittpunkt. Dann wird das Paar bc harmonisch getrennt durch das Paar ax, wo x der gesuchte Endpunkt ist; die Strecke bx ist ebensolang als ab.

5. Die Gruppe der automorphen Kollineationen eines irreduziblen K. 2. O. läßt sich noch durch Quasikollineationen erweitern, so daß dann ebenfalls eine gemischte Gruppe entsteht.

6. *Nichteuklidisch Hermitesche Geometrien.* Als absolutes Gebilde wird zugrunde gelegt

eine *definite* ternäre Hermitesche Form,

eine *indefinite* ternäre Hermitesche Form. Vgl. S. 330, Zus. 4.

Die automorphen Kollineationen, Quasikollineationen, Korrelationen und Quasikorrelationen dieses absoluten Punktkomplexes bilden eine (bei Zählung reeller Parameter) *achtgliedrige* Gruppe, die aus vier getrennten Transformationsscharen besteht. Die Kollineationen kann man dann Bewegungen nennen. Beide Zweige der Geometrie stehen in derselben Beziehung zueinander, wie die elliptische Geometrie zur hyperbolischen; vgl. dazu S. 220—222. Study, Kürzeste Wege im komplexen Gebiet. Math. Ann. 60 (1904), S. 321—377.

---

[1]) Vgl. die auf S. 393 angeführte Arbeit.

7. *Bewegungs- und Dehnungsinvarianten.* Eine Reihe von Arbeiten neueren Datums aus der Feder von R. Weitzenböck[1]) veranlaßt uns zu einem Nachtrag über absolute *Euklidische* Invarianten.

Der Winkel zweier geraden Linien

$$\mathrm{tg}\,(\mathfrak{x},\mathfrak{y}) = 2\,(\mathfrak{x}\mathfrak{y}l) : (l\mathfrak{x})(r\mathfrak{y}) + (l\mathfrak{y})(r\mathfrak{x})$$
$$= i\,(\mathfrak{x}\mathfrak{y}\,lr) : (l\mathfrak{x})(r\mathfrak{y}) + (l\mathfrak{y})(r\mathfrak{x})$$

(über die Bedeutung von $l, r, \mathfrak{l}$ vgl. S. 343) ist absolute Invariante gegenüber gleichsinnigen Dehnungen. Denn bei einer solchen (S. 44, S. 97) wird

$$m^4\,(\mathfrak{x}'\mathfrak{y}'\mathfrak{z}') = (\mathfrak{x}\mathfrak{y}\mathfrak{z}), \qquad m^2\,(x'y'z') = (xyz), \qquad m^2\,(x'\mathfrak{x}') = (x\mathfrak{x}),$$

insbesondere

$$m\,(l\mathfrak{x}') = (l\mathfrak{x}), \qquad m\,(r\mathfrak{x}') = (r\mathfrak{x}), \qquad m^2\,(\mathfrak{x}'\mathfrak{y}'l) = (\mathfrak{x}\mathfrak{y}l).$$

Zähler und Nenner der Tangensformel multiplizieren sich bei einer gleichsinnigen Dehnung daher mit *derselben* Potenz von m. Das gilt auch noch für gegensinnige Dehnungen (S. 45, S. 98);

$$m^4\,(\mathfrak{x}'\mathfrak{y}'\mathfrak{z}') = (\mathfrak{x}\mathfrak{y}\mathfrak{z}), \qquad - m^2\,(x'y'z') = (xyz), \qquad - m^2\,(x'\mathfrak{x}') = (x\mathfrak{x})$$
$$m\,(l\mathfrak{x}') = (r\mathfrak{x}), \qquad m\,(r\mathfrak{x}') = (l\mathfrak{x}), \qquad - m^2\,(\mathfrak{x}'\mathfrak{y}'l) = (\mathfrak{x}\mathfrak{y}l);$$

hier tritt aber noch ein Minuszeichen auf, wie es sein muß (S. 197).

Anders verhält es sich bei der Formel für den Abstand zweier Punkte $\mathfrak{x}$ und $\mathfrak{y}$. Hier gewinnt man leicht aus (63), S. 364 die Formeln

$$(\mathfrak{x},\mathfrak{y}) = \frac{(\mathfrak{x}\mathfrak{y}z)}{(\mathfrak{z}z)} \cdot \frac{\sqrt{(l\mathfrak{z})(r\mathfrak{z})}}{(l\mathfrak{x})(l\mathfrak{y})} = \frac{\sqrt{(l\mathfrak{x}\mathfrak{y})(r\mathfrak{x}\mathfrak{y})}}{(l\mathfrak{x})(l\mathfrak{y})},$$

wo $\mathfrak{z}=\widehat{\mathfrak{x}\mathfrak{y}}$ und z einen nicht auf $\mathfrak{z}$ liegenden Punkt bedeutet. Hier nehmen Zähler und Nenner verschiedene Potenzen von m an; der Ausdruck ist also absolut invariant nur für $m = 1$, also im allgemeinen keine absolute Dehnungsinvariante. Vgl. auch Study, Über Bewegungsinvarianten und elementare Geometrie. Leipz. Ber. 48 (1896), S. 649—664.

80. Zur Elementargeometrie.

Die Wichtigkeit der N. E. G. für eine vertiefte Kenntnis der elementaren Euklidischen Geometrie ist uns bereits in einer ganzen Anzahl von Fällen entgegengetreten. Die Grenzübergänge von der N. E. G. zur E. G. sind an sich lehrreich, aber sie besitzen auch praktische Bedeutung. Sie können manchmal Dinge aufklären, die aus der E. G. heraus nicht oder nur schwierig entschieden werden können. So etwa die Tatsache, daß der Stab der E. G. eine Umlegung repräsentiert und nicht, wie es zuerst den Anschein hat, eine Schiebung, so ferner die Tatsache, daß die Formel für den Tangens eines Winkels in der E. G. rational ausfällt usw. Daß der Grenzübergang zuweilen auf mehrere Arten ausführbar ist, haben wir am Beispiel der Bewegungen der N. E. G. gesehen, die in die Euklidischen Bewegungen, aber auch in die Euklidischen Umlegungen übergeführt werden können (S. 310—312).

Hierzu ist aber immer erforderlich, daß man einen Satz der N. E. G. bereits kennt. Gewöhnlich muß man aber umgekehrt von

---

[1]) Sitzber. der Kais. Ak. d. Wiss. in Wien. Über Bewegungsinvarianten. I—IV, 122 (1913); V—VII, 123 (1914); VIII, 124 (1915); IX, 125 (1916).

einem Satz der E. G. aus erst sein Urbild in der N. E. G. herstellen, ihn in die N. E. G. *übertragen*. Das läßt sich zuweilen gar nicht ausführen. Der Satz von der Gleichheit der Peripheriewinkel über demselben Kreisbogen gilt in der N. E. G. nicht. Hier erkennt man, daß dieser Satz der Euklidischen Geometrie eigentümlich ist; man kann also, wenn man will, zwischen *niedereuklidischen* und *hocheuklidischen* Eigenschaften unterscheiden, und gerade das .Studium der letzteren, die kein Gegenstück in der N. E. G. haben, ist besonders zu pflegen. Diese Scheidung bedeutet einen Wesensunterschied, auf den man achten sollte, selbst wenn sich in Zukunft herausstellen sollte, daß hier eine vollständige Disjunktion nicht vorliegt.

Zuweilen läßt sich die Übertragung eines Satzes der E. G. auf die N. E. G. auf mehrere Arten so ausführen, daß die gewonnenen Sätze beim Grenzübergang in den ursprünglichen Satz zurückkehren. Beispielsweise kommt man von den Euklidischen Schiebungen aus zu den Grenzdrehungen, aber auch zu den Gleitungen (S. 311). Die Geradlinigkeit der Bahnkurven erweist sich dabei als eine hocheuklidische Eigenschaft.

Zur Arbeit in der N. E. G. wird man sich mit Vorteil häufig statt der Koordinatenmethode der Trigonometrie bedienen können, deren Formeln man sich für die Innenwinkel zurecht macht, oder der Kongruenzsätze. Überhaupt harrt die synthetische Soite der N. E. G. noch ihrer Ausbildung (vgl. S. 229). Zur Bearbeitung dieser sehr lohnenden Aufgabe soll hiermit aufgefordert werden.

Die Kongruenzsätze der N. E. G., sechs an der Zahl, sind zu zweien dual (S. 386), denn es gilt der Satz: Zwei Dreiecke, die in den drei Winkeln übereinstimmen, sind kongruent. Hier haben wir ein Beispiel dafür, daß von zwei zueinander dualen Sätzen der N. E. G. beim Grenzübergang der eine erhalten bleibt, der andere aber verunglückt, insofern an die Stelle der Kongruenz die Ähnlichkeit tritt.

Es kann auch der Fall vorkommen, daß von zwei dualen Sätzen beide den Grenzübergang unbeschädigt überstehen. So der Satz von den Seiten im Tangentenviereck, von den Winkeln im Sehnenviereck, wobei in letzterem der hocheuklidische vom niedereuklidischen Bestandteil getrennt wird: Die Summe des einen Paares gegenüberliegender Winkel im Sehnenviereck ist ebenso groß wie die Summe der Winkel des anderen Paares.

Ferner können beim Grenzübergang von zwei dualen Sätzen beide wohlbehalten davonkommen, aber verschiedene Realitätseigenschaften zeigen: Parallele Gerade gibt es im reellen Gebiet, parallele Punkte nur im imaginären.

Am bemerkenswertesten sind die Fälle, wo von zwei zueinander dualen Sätzen der N. E. G. beide beim Grenzübergang einen Sinn geben, aber die ursprünglichen Sätze so verstümmelt sind, daß man ihren Zusammenhang in der E. G. nicht mehr sieht. Dahin gehören der Pythagoraeische Lehrsatz und der Satz von der Winkelsumme im Dreieck (S. 316).

Diese beiden Sätze sind *nicht* zueinander dual, d. i. es kann nicht der eine aus dem andern durch die absolute Korrelation erhalten werden. Denn diese verflüchtigt sich, da in der E. G. der A. K. singulär ist, als Klassenkurve den Rang zwei, als Punktort den Rang eins besitzt (S. 305).

Trotzdem nennen wir zwei solche Sätze der E. G. zueinander dual, weil sie eben Grenzfälle dualer Sätze der N. E. G. sind.

Als weiteres Beispiel für solche dualen Sätze der E. G. führen wir an:

Die Summe der Quadrate zweier *Dreieck*seiten ist doppelt so groß als die Summe der Quadrate der halben dritten Seite und der sie halbierenden Transversale.	Der Winkel zwischen einer Höhe und der von derselben Ecke eines *Dreiseits* ausgehenden Winkelhalbierenden ist gleich der halben Differenz der beiden anderen Winkel.

Herleitung durch die beiden Kosinussätze; dann Grenzübergang.

Hiermit haben wir ein dankbares Forschungsgebiet aufgezeigt. Einen schönen Beitrag dazu verdankt man P. Epstein[1]), der aus der Erwägung heraus, daß der Kreis der N. E. G. zu sich selbst dual ist, die Lehre von der Potenz eines Punktes in bezug auf einen Kreis verwandelt hat in eine Theorie der Potenz einer *Geraden* in bezug auf einen Kreis, *ein ganz elementares Kapitel der Euklidischen Geometrie, welches man tatsächlich nicht gefunden hat, bevor der Umweg über die N. E. G. angetreten wurde.* Einen weiteren Beitrag dieser Art wird demnächst L. Berwald veröffentlichen, der die sogenannten Brocardschen Gebilde durch ihre dualen Gegenstücke ersetzt.

Wir zeigen noch an einem Beispiel, wie man aufdecken kann, daß die Elementarmathematik unsachgemäß verfahren ist. Man definiert das Parallelogramm als Viereck, in dem jede Seite zur Gegenseite parallel ist. Hier ist man von einer *ganz nebensächlichen* Eigenschaft ausgegangen und hat daraus den Namen gewählt. Die sachgemäße Erklärung lautet (S. 57): *Das Parallelogramm ist ein Viereck, welches ein Symmetriezentrum besitzt.* Daraus folgen die wesent-

---

1) Die dualistische Ergänzung des Potenzbegriffs in der Geometrie des Kreises. Zeitschr. f. math. u. nat. Unterr. 37 (1906), S. 499—520.

lichen Sätze, die auch in der N. E. G. noch gelten. Dort sind die Gegenseiten der Figur nicht parallel; in der h. G. sind sie ultraparallel, in der e. G. schneiden sie sich. Im Parallelismus der Gegenseiten haben wir wieder eine hocheuklidische Eigenschaft vor uns, und wenn man Reinheit der Methode fordert, so darf man nicht diese an den Anfang stellen, um daraus niedereuklidische Eigenschaften herzuleiten.

Was lehrt nun die N. E. G. weiter! Fassen wir das Parallelogramm einmal als Viereck auf, so wird es erhalten, wenn man die Figur zweier *Punkte* an einem weiteren Punkte umwendet. In der e. G. ist nun die Umwendung um einen Punkt gleichzeitig Umwendung um eine Gerade, d. i. *das Viereck besitzt auch eine Symmetrieachse.* Von dem Gesichtspunkt aus hätte man es als *gleichschenkliges Trapez* zu bezeichnen. In der h. G. wird man die Figur als Parallelogramm bezeichnen, wenn das Symmetriezentrum zugänglich ist, im andern Falle als gleichschenkliges Trapez, und diese Spaltung der in der e. G. noch einheitlichen Figur findet man auch in der E. G. Jedem Satze über Parallelogramme kann daher ein solcher über Trapeze zugeordnet werden. Sprachlich kommt dieser Zusammenhang nicht zum Ausdruck, weil man zwei Ecken der Figur in der e. G., die man bei der einen Auffassung als benachbart anspricht, bei der andern als gegenüberliegend zu betrachten hat:

Parallelogramm:	*Gleichschenkliges Trapez:*
Jede Seite ist so lang wie die Gegenseite.	Die „Nebenseiten" sind gleich lang, ebenso die Diagonalen.
Die Diagonalen halbieren sich gegenseitig.	Die Verbindungsgerade der Mitten der beiden „Hauptseiten" steht auf diesen senkrecht.
Jeder Winkel ist so groß wie der gegenüberliegende.	Jede Hauptseite erscheint von den beiden Ecken der andern Hauptseite unter gleichen Winkeln.

Aber mehr! Fassen wir das Parallelogramm jetzt als Vier*seit* auf, so entsteht es, wenn man die Figur zweier sich schneidenden *Geraden* um einen Punkt umwendet. In der e. G. kann diese Figur, da sie dann gleichzeitig eine Symmetrieachse besitzt, auch als *Drache* angesprochen werden[1]). Es folgt wieder, daß die Eigenschaften des

---

[1]) Es ist bezeichnend, daß die Elementargeometrie für dieses wichtigste aller Vierecke, welches bei den Konstruktionen des Halbierens von Strecken und Winkeln und beim Fällen und Errichten von Loten gebraucht wird, in Deutschland wenigstens, keinen Namen geprägt hat. Man hilft sich mit schwerfälligen Umschreibungen und redet von zwei gleichschenkligen Dreiecken über derselben Basis.

Parallelogramms dual auch beim Drachen auftreten müssen; die Scheidung zwischen beiden Figuren erfolgt wieder bereits in der h. G.

<table>
<tr><td>Parallelogramm:</td><td>Drache:</td></tr>
<tr><td>Jeder Winkel ist ebenso groß wie der gegenüberliegende.</td><td>Die Winkel an den „Hauptecken" sind gleich groß.</td></tr>
<tr><td>Die Diagonalen sind gleich lang.</td><td>Die Verbindungsgerade der Hauptecken wird von der der beiden Nebenecken halbiert.</td></tr>
<tr><td>Jede Seite ist so lang wie die gegenüberliegende.</td><td>Zu jeder Seite gibt es eine gleichlange an der andern Hauptecke.</td></tr>
</table>

Der Unterschied in der sprachlichen Fassung beruht wieder darauf, daß zwei Seiten bei der einen Auffassung der Figur in der e. G. als benachbart, bei der andern Auffassung als gegenüberliegend zu bezeichnen sind. Jetzt ist auch die Brücke geschlagen zwischen dem Drachen und dem gleichschenkligen Trapez. Die Ausdehnung auf die Vierecke mit drei zueinander senkrechten Symmetrieachsen und drei zueinander orthogonalen Symmetriezentren („Rechtecke") und die Vierseite dieser Eigenschaft („Rhomben") bedarf keiner weiteren Erläuterung. Hier sieht auch die elementare Euklidische Behandlung die Dualität klar vor Augen.

Als letztes Beispiel bringen wir eine bisher noch nicht bemerkte *Beziehung zwischen den Asymptoten und Brennpunkten der Kegelschnitte in der Euklidischen Geometrie.*

In der N. E. G. definiert man zweckmäßig als Brennpunkte einer K. 2. O. die Schnittpunkte der absoluten Tangenten (S. 290), d. i. der gemeinsamen Tangenten des A. K. und der von ihm als verschieden vorausgesetzten K. 2. O. Dann gibt es (immer?) sechs Brennpunkte, und diese gliedern sich in drei Paare. Jedes Paar bestimmt eine Symmetrieachse der K. 2. O., und diese treffen sich in den drei Symmetriezentren der Kurve.

Ein Paar getrennter, nicht absoluter Punkte sei $(p\mathfrak{x})(q\mathfrak{x}) = 0$. Das ist eine K. 2. K. und bestimmt mit dem als K. 2. K. aufgefaßten A. K. $(\mathfrak{x}/\mathfrak{x}) = 0$ zusammen ein *Büschel von Kurven zweiter Klasse.* Unter Benutzung eines *numerischen* Parameters $\lambda : \mu$ schreiben wir dies Büschel so:

$$(144) \qquad \lambda p_0 q_0 (\mathfrak{x}/\mathfrak{x}) - k^2 \mu (p\mathfrak{x})(q\mathfrak{x}) = 0.$$

Wählt man $\lambda : \mu$ konstant, so erhält man eine K. 2. K. des Büschels. Daraus folgt, daß für jede dieser Kurven zweiter Klasse konstant ist der Ausdruck

$$(145) \qquad \frac{\lambda}{\mu} = \frac{k^2 (p\mathfrak{x})(q\mathfrak{x})}{(\mathfrak{x}/\mathfrak{x}) p_0 q_0} = \frac{\sin k (\mathfrak{x},p) \sin k (\mathfrak{x},q)}{k^2} \qquad \text{(S. 385)}.$$

Suchen wir jetzt die Brennpunkte für die irreduzible Kurve (144), so haben wir dort $(\mathfrak{x}/\mathfrak{x}) = 0$ zu setzen; die absoluten Tangenten von (144) laufen durch die Punkte p und q, und diese sind daher Brennpunkte für *jede* K. 2. K. des Büschels. (Büschel konfokaler Kurven zweiter Klasse.) In der Formel (145) steckt ein Satz, der beim Grenzübergang zur E. G. so ausgesprochen zu werden pflegt: *Das Produkt der Abstände einer Tangente einer K. 2. O. von den beiden Brennpunkten ist konstant.*

Damit (144) eine nicht singuläre K. 2. K., also auch eine K. 2. O. darstellt, muß sein $(\lambda : \mu \neq 0)$ $\lambda : \mu \neq (p/q) \pm p_0 q_0 : 2 k^2 p_0 q_0$. Für jeden dieser beiden hiermit ausgeschlossenen Werte stellt (144) wieder ein Punktepaar dar, und diese beiden Paare liefern die andern vier Brennpunkte aller Kurven des konfokalen Büschels (144), die getrennt sind, wenn wir noch voraussetzen, daß die anfangs gewählten Brennpunkte p und q nicht zueinander parallel sind. Der Satz, den wir aus (145) hergeleitet haben, gilt also in der N. E. G. *dreimal*, nämlich für jedes Brennpunktepaar. Beim Grenzübergang zur E. G. bleiben nur zwei Paare über; dort gilt der Satz also nur zweimal; das dritte Paar von Brennpunkten ist in die beiden absoluten Punkte der E. G. gerückt.

Jetzt führen wir die duale Betrachtung durch. Es seien $\mathfrak{p}$ und $\mathfrak{q}$ zwei getrennte nicht parallele und nicht absolute Gerade. Das Geradenpaar $(\mathfrak{p}x)(\mathfrak{q}x) = 0$ bildet mit dem als Ordnungskurve aufgefaßten A. K. das *Büschel von Kurven zweiter Ordnung*

$$(146) \qquad \lambda \, \mathfrak{p}_0 \mathfrak{q}_0 \, (x/x) - \mu \, (\mathfrak{p}x)(\mathfrak{q}x) = 0.$$

Die Faktoren $\mathfrak{p}_0$ und $\mathfrak{q}_0$ sind wie bei (144) eingeführt, um allseitige Homogenität zu erzielen, und bewirken, daß $\lambda : \mu$ *numerisch* wird.

An die Stelle der Schnittpunkte der absoluten Tangenten von vorhin treten jetzt die *Verbindungslinien der absoluten Punkte* der Kurven (146); sie sind dieselben für alle Kurven dieses Büschels und sollen die gemeinsamen *Asymptoten* aller K. 2. O. des Büschels heißen. Übertragen wir auch einen Ausdruck von S. 338 auf die N. E. G., so können wir sagen, durch (146) werde ein Büschel *homothetischer* Kurven zweiter Ordnung dargestellt; ein Paar der im ganzen sechs gemeinsamen Asymptoten wird dann durch $\mathfrak{p}$ und $\mathfrak{q}$ geliefert.

Für eine K. 2. O. im Büschel (146) ist $\lambda : \mu$ konstant, also

$$(147) \qquad \frac{\lambda}{\mu} = \frac{(\mathfrak{p}x)(\mathfrak{q}x)}{\mathfrak{p}_0 \mathfrak{q}_0 (x/x)} = \frac{\sin k (x, \mathfrak{p}) \cdot \sin k (x, \mathfrak{q})}{k^2}.$$

Der darin steckende Satz gilt wieder dreimal, nämlich für jedes der drei Asymptotenpaare.

Beim Grenzübergang zur E. G. gehen nun zwei Paare verloren; sie werden auf die uneigentlichen Gerade geworfen. *Das dritte Paar geht aber in das in der Euklidischen Geometrie als Asymptoten bezeichnete Geradenpaar über.* Stellen wir den Beweis dafür einen Augenblick zurück, so folgt zunächst, daß der in (147) steckende Satz in der N. E. G. wieder *dreimal* gilt; in der E. G. wird daraus (*einmal*):

Das Produkt der Abstände eines Punktes einer zentrischen K. 2 O. von den beiden Asymptoten ist konstant.

Somit sind als zueinander dual die Sätze der E. G. erkannt.

Das Produkt der Abstände einer Tangente eines zentrischen Kegelschnitts von zwei auf einer Achse liegenden Brennpunkten ist konstant.	Das Produkt der Abstände eines Punktes eines zentrischen Kegelschnitts von seinen Asymptoten ist konstant.

Nichteuklidisch hat die in den Sätzen (145), (147) auftretende Konstante unter den gemachten Annahmen jedesmal drei verschiedene Werte; Euklidisch sind in dem Satze links noch zwei verschiedene Werte geblieben, rechts nur einer.

Somit ist erkannt, daß die Sätze über Brennpunkte in der N. E. G. sich zu Tripeln anordnen lassen, ebenso die über Asymptoten.

So gelten dreimal die Sätze:

Der Ort der Punkte, die man durch Umwendung eines Brennpunktes um alle Tangenten eines Kegelschnitts erhält, ist ein Kreis um den andern Brennpunkt.

Es gibt also im allgemeinen Falle sechs solcher „*Leitkreise*"!

Weiter kann man aus jedem Satz über Brennpunkte einen solchen über Asymptoten herleiten, einfach durch Anwendung des Dualitätsprinzips.

So gewinnt man z. B. folgende duale Sätze der E. G.

Die Tangente bildet mit den Brennstrahlen nach ihrem Berührungspunkte gleiche Winkel.	Die Strecke auf einer Tangente zwischen den beiden Asymptoten wird durch den Berührungspunkt halbiert.

Allgemeiner sind solche Brüdersätze:

Die beiden Tangenten von einem Punkte an einen Kegelschnitt bilden gleiche Winkel mit den beiden Brennstrahlen durch ihn.	Eine Sekante schneidet zwischen der Kurve und ihren Asymptoten gleiche Stücke aus.

Endlich führen wir noch an:

| Ein Punkt einer Ellipse bildet mit den beiden Brennpunkten zusammen ein Dreieck von konstantem *Umfang*. | Eine Tangente der Hyperbel bildet mit den beiden Asymptoten der Hyperbel ein Dreiseit konstanten *Inhaltes* (vgl. S. 407). |

Diese Liste wird der Leser ohne Schwierigkeit weiterführen können. Wir haben nur noch den Beweis nachzuholen, daß die von uns erklärten Asymptoten der N. E. G. wirklich in der Grenze die beiden Asymptoten der Euklidischen Geometrie liefern. Wir tun das an einem Beispiel, an dem sich unsere etwas summarisch vorgetragenen Behauptungen Schritt für Schritt nachprüfen lassen.

Die Kurve zweiter Ordnung heiße

$$k^2 \cot^2 ka \cdot x_1^2 + k^2 \cot^2 kb \cdot x_2^2 - x_3^2 = 0.$$

Setzt man

$$\sin^2 ka - \sin^2 kb = \sin^2 ke \cos^2 kb,$$

so werden die absoluten Punkte geliefert durch

$$\pm i \sin ka : \pm \sin kb : k \sin ke \cos kb.$$

Ihre Asymptoten sind daher

$$
\begin{array}{ccc}
0 & : \pm\, k \sin ke \cos kb & : \sin kb, \\
\pm\, ik \sin ke \cos kb : & 0 & : \sin ka, \\
\pm\, i\, \sin kb : & \sin ka & : 0.
\end{array}
$$

Mit allen diesen Formeln läßt sich der Grenzübergang zur Euklidischen Geometrie sofort vollziehen, und zeigt, daß die ersten beiden Asymptotenpaare auf die uneigentliche Gerade geworfen werden, das dritte Paar in die Asymptoten im Sinne der Euklidischen Geometrie übergeht.

Wir wollen noch einem Mißverständnis vorbeugen. Unsere K. 2. O. hat die Geradengleichung

$$\operatorname{tg}^2 ka \cdot \mathfrak{x}_1^2 + \operatorname{tg}^2 kb \cdot \mathfrak{x}_2^2 - k^2 \cdot \mathfrak{x}_3^2 = 0;$$

die Polarfigur unserer Kurve zweiter Ordnung ist aber die Kurve zweiter Klasse

$$\cot^2 ka \cdot \mathfrak{x}_1^2 + \cot^2 kb \cdot \mathfrak{x}_2^2 - k^2 \cdot \mathfrak{x}_3^2 = 0,$$

und *deren* Brennpunkte sind es, die zu den Asymptoten der ursprünglichen Kurve dual sind.

Häufig vorkommende Formeln.

31, (27): $(ab\,ab) = (a\,a)(bb) - (ab)(b\,a)$.

31, (30a): $(123)(0x) \equiv (023)(1x) + (031)(2x) + (012)(3x)$.

31, (32): $(401)(423) + (402)(431) + (403)(412) = 0$.

49, (21): $(ab/cd) = (a/c)(b/d) - (a/d)(b/c)$.

49, (22): $D(ab/cb) = (a/c)(b/b) - (a/b)(b/c)$.

50, (28): $|(a/b)(b/e)(c/f)| = D^2(abc)(bef)$.

50, (30): $|(a/d)(b/e)(c/f)| = D(abc)(def)$.

Irr. Ib: $\sqrt{-(\mathfrak{g}/\mathfrak{g})} = i\sqrt{\mathfrak{g}/\mathfrak{g}}$.   **Irr. IIb:** $\sqrt{-D(p/p)} = i\sqrt{D(p/p)}$.

51, (36): $\operatorname{tg}\mu(a, b) = \dfrac{(ab\,p)}{(\mathfrak{g}\,p)}\dfrac{\sqrt{\mathfrak{g}/\mathfrak{g}}}{(a/b)}$.   **53, (46):** $\operatorname{tg}(a, b) = \dfrac{(ab\mathfrak{g})}{(p\mathfrak{g})}\dfrac{\sqrt{D(p/p)}}{(a/b)}$

55, (57): $(x/y) = (x^*y)$. $(\mathfrak{x}/\mathfrak{y}) = D(\mathfrak{x}^*\mathfrak{y})$.

55, (60), (61): $(x^*/y^*) = D(x/y)$. $D(\mathfrak{x}^*/\mathfrak{y}^*) = (\mathfrak{x}/\mathfrak{y})$.

55, (58), (59): $(x^*y^*z^*) = D(xyz)$. $D(\mathfrak{x}^*\mathfrak{y}^*\mathfrak{z}^*) = (\mathfrak{x}\mathfrak{y}\mathfrak{z})$.

Irr. V: $\sqrt{p^*/p^*} = \sqrt{D(p/p)}$.   **Irr. VI:** $\sqrt{D(\mathfrak{g}^*/\mathfrak{g}^*)} = \sqrt{\mathfrak{g}/\mathfrak{g}}$.

Parameterdarstellung der Punkte von $(x/x) = 0$:

59, (90): $(x\mathfrak{x}) \equiv D(\mathfrak{g}\,a\mathfrak{x})(\sigma_1'^2 + \sigma_2^2) + (a/\mathfrak{x})\sqrt{-(\mathfrak{g}/\mathfrak{g})}(\sigma_1^2 - \sigma_2^2) + (\mathfrak{g}/\mathfrak{x})\sqrt{-(a/a)}\,2\sigma_1\sigma_2$.

Parameterdarstellung der Tangenten von $(x/x) = 0$:

59, (92): $(\mathfrak{x}x) \equiv D\{(\mathfrak{g}\,a/x)(\sigma_1^2 + \sigma_2^2) + (ax)\sqrt{-(\mathfrak{g}/\mathfrak{g})}(\sigma_1^2 - \sigma_2^2) + (\mathfrak{g}x)\sqrt{-(a/a)}\,2\sigma_1\sigma_2\}$.

65, (130), (133): $\mathfrak{g}_0 = \dfrac{1}{\underline{a}}\sqrt{\mathfrak{g}/\mathfrak{g}}$, $p_0 = \dfrac{1}{\underline{a}^2}\sqrt{D(p/p)}$.

65, (135), (136): $\cos\mu(x, y) = \dfrac{D}{\underline{a}^4}\dfrac{(x/y)}{x_0y_0}$, $\cos(\mathfrak{x}, \mathfrak{y}) = \dfrac{1}{\underline{a}^2}\dfrac{(\mathfrak{x}/\mathfrak{y})}{\mathfrak{x}_0\mathfrak{y}_0}$.

Spezialisierung für elliptische Geometrie. 67. 77.

$(x/x) = k^2x_1^2 + k^2x_2^2 + x_3^2$. $(\mathfrak{x}/\mathfrak{x}) = k^2\mathfrak{x}_1^2 + k^2\mathfrak{x}_2^2 + k^4\mathfrak{x}_3^2$.

$(\mathfrak{g}\,a\mathfrak{x}) = i\mathfrak{x}_2$. $(a/\mathfrak{x}) = k^2i\mathfrak{x}_1$. $(\mathfrak{g}/\mathfrak{x}) = k^4\mathfrak{x}_3$.

$(\mathfrak{g}\,a/x) = k^2ix_2$. $(ax) = ix_1$. $(\mathfrak{g}x) = x_3$.

$$V\overline{-(\mathfrak{g}/\mathfrak{g})} = -k^2 i. \quad V\overline{-(\mathfrak{a}/\mathfrak{a})} = -k. \quad a = k^2. \quad \underline{a} = \mu = k.$$

$$x_0^* : x_1^* : x_2^* : x_3^* = kx_0 : k^2 x_1 : k^2 x_2 : x_3.$$

$$\mathfrak{x}_0^* : \mathfrak{x}_1^* : \mathfrak{x}_2^* : \mathfrak{x}_3^* = k\mathfrak{x}_0 : \mathfrak{x}_1 : \mathfrak{x}_2 : k^2 \mathfrak{x}_3.$$

$$\operatorname{tg}(\mathfrak{x}, \mathfrak{y}) = \frac{(\mathfrak{x}\mathfrak{y}\mathfrak{z})}{(\mathfrak{x}/\mathfrak{y})} \frac{k^2 z_0}{(z_\mathfrak{z})}. \quad \operatorname{tg} k(x, y) = \frac{(xyz)}{(x/y)} \frac{k\mathfrak{z}_0}{(\mathfrak{z}z)}.$$

$$\mathfrak{x}_0 = V\overline{\mathfrak{x}_1^2 + \mathfrak{x}_2^2 + k^2 \mathfrak{x}_3^2}. \quad x_0 = V\overline{k^2 x_1^2 + k^2 x_2^2 + x_3^2}.$$

Spezialisierung für hyperbolische Geometrie. 76.

$$(x/x) = -\varkappa^2 x_1^2 - \varkappa^2 x_2^2 + x_3^2. \quad (\mathfrak{x}/\mathfrak{x}) = -\varkappa^2 \mathfrak{x}_1^2 - \varkappa^2 \mathfrak{x}_2^2 + \varkappa^4 \mathfrak{x}_3^2.$$

$$(\mathfrak{g}\,\mathfrak{a}\,\mathfrak{x}) = -\varkappa \mathfrak{x}_3. \qquad (\mathfrak{a}/\mathfrak{x}) = -\varkappa^2 \mathfrak{x}_2. \qquad (\mathfrak{g}/\mathfrak{x}) = +\varkappa^3 \mathfrak{x}_1.$$

$$(\mathfrak{g}\,\mathfrak{a}/x) = -\varkappa x_3. \qquad (\mathfrak{a}x) = x_2. \qquad (\mathfrak{g}x) = -\varkappa x_1.$$

$$V\overline{-(\mathfrak{g}/\mathfrak{g})} = -\varkappa^2. \quad V\overline{-(\mathfrak{a}/\mathfrak{a})} = \varkappa. \quad \alpha = -\varkappa^2. \quad \underline{a} = \mu = -i\varkappa.$$

$$x_0^* : x_1^* : x_2^* : x_3^* = -i\varkappa x_0 : -\varkappa^2 x_1 : -\varkappa^2 x_2 : x_3.$$

$$\mathfrak{x}_0^* : \mathfrak{x}_1^* : \mathfrak{x}_2^* : \mathfrak{x}_3^* = i\varkappa \mathfrak{x}_0 : -\mathfrak{x}_1 : -\mathfrak{x}_2 : \varkappa^2 \mathfrak{x}_3.$$

$$\operatorname{tg}(\mathfrak{x}, \mathfrak{y}) = -\frac{(\mathfrak{x}\mathfrak{y}\mathfrak{z})}{(\mathfrak{x}/\mathfrak{y})} \frac{\varkappa^2 z_0}{(z_\mathfrak{z})}. \quad \operatorname{tg} h\varkappa(x, y) = \frac{(xyz)}{(x/y)} \frac{\varkappa \mathfrak{z}_0}{(\mathfrak{z}z)}.$$

$$\mathfrak{x}_0 = V\overline{\mathfrak{x}_1^2 + \mathfrak{x}_2^2 - \varkappa^2 \mathfrak{x}_3^2}. \quad x_0 = V\overline{-\varkappa^2 x_1^2 - \varkappa^2 x_2^2 + x_3^2}.$$

Namen- und Sachverzeichnis.

(Seitenzahlen.)

(Die Bedeutung der Abkürzungen findet man bei ihren Anfangsbuchstaben z. B. NEG unter N.)